水力发电厂
安全性评价查评依据

国家电网有限公司安全监察部　编

中国电力出版社
CHINA ELECTRIC POWER PRESS

图书在版编目（CIP）数据

水力发电厂安全性评价查评依据/国家电网有限公司安全监察部编. —北京：中国电力出版社，2020.4
ISBN 978-7-5198-3276-6

Ⅰ．①水…　Ⅱ．①国…　Ⅲ．①水力发电站－安全评价－研究－中国　Ⅳ．①TV737

中国版本图书馆 CIP 数据核字（2019）第 115759 号

出版发行：中国电力出版社
地　　址：北京市东城区北京站西街 19 号（邮政编码 100005）
网　　址：http://www.cepp.sgcc.com.cn
责任编辑：孙建英（010-63412369）　安小丹　娄雪芳　赵云红
责任校对：黄　蓓　李　楠　郝军燕
装帧设计：赵姗姗
责任印制：吴　迪

印　　刷：三河市万龙印装有限公司
版　　次：2020 年 4 月第一版
印　　次：2020 年 4 月北京第一次印刷
开　　本：880 毫米×1230 毫米　16 开本
印　　张：43.75
字　　数：1367 千字
定　　价：260.00 元

编 制 说 明

　　本书按照《水力发电厂安全性评价规范》（以下简称《评价》）评价项目的序号排列。

　　查评时，若本书引用的标准或反措已经修订或作废，请以新的标准或反措为准。标准之间有矛盾时，一般以颁发日期较后者为准。

　　引用的标准内容中提出参见其他标准的，一般不再编入本书。

　　本书由国家电网有限公司安全监察部提出并解释。

　　本书起草编制单位：国网新源控股有限公司、华东天荒坪抽水蓄能有限责任公司、国网新源水电有限公司新安江水力发电厂、国网新源控股有限公司北京十三陵蓄能电厂、松花江水力发电有限公司吉林丰满发电厂、辽宁蒲石河抽水蓄能有限公司、福建仙游抽水蓄能有限公司、山西西龙池抽水蓄能电站有限责任公司、国网新源控股有限公司技术中心、国网浙江省电力公司。

　　本书主要起草编制人：王传庆、王理金、曹坤茂、李华、宋绪国、姜丰、罗涛、张洋、王吉康、游光华、蒋春钢、张曦、王宁、郭为金、高占杰、叶友卫、崔健康、于承跃、李文龙、李涛、王立勇、袁冰峰、姜爱军、晁新刚、万晶宇、郁小彬、何张进、杨众杰、方军民、王加强、钱峰、张帆、王帅帅、王昊飞、吕维军、杨占良、王进、李红梅、吉孝斌、武海鑫、施美霖、刘俊鹏、宁如平、董飞燕、朱青山、胡南、朱传芳、庄坚菱、薛建超、方品政、邹仕鑫、李向阳、潘凡、袁帆、郭东楷。

　　本书为首次发布。

　　本书在执行过程中的意见或建议反馈至国家电网有限公司安全监察部。

编制说明

6.1 水力机械

6.1.1 水轮机（含水泵水轮机、蓄能泵）及其附属设备

6.1.1.1 转轮

6.1.1.1（1）本项目的查评依据如下。

【依据1】《水轮机基本技术条件》（GB/T 15468—2006）

5.3 空化、空蚀和磨蚀的保证

5.3.1 应对水轮机的空化系数作出保证。

5.3.2 反击式水轮机在一般水质条件下的空蚀损坏保证应符合 GB/T 15469 的规定。冲击式水轮机在一般水质条件下的空蚀损坏保证应符合 GB/T 19184—2003 的规定。需方应保留保证期内的运行记录，运行记录中至少应有水头、功率、运行时间和相应尾水位的数据。

5.3.3 当水中含沙量较大时，应对水轮机的磨蚀损坏作出保证。其保证值可根据过机流速、泥沙含量、泥沙特性及电站运行条件等，由需方和供方商定。

5.4 水轮机的稳定运行范围

5.4.1 在空载情况下应能稳定地运行。

5.4.2 在 4.1.4 规定的最大和最小水头范围内，水轮机应在表 4 所列功率范围内稳定运行。

表 4　　　　　　　相应水头下水轮机机组保证功率范围

水轮机型式	相应水头下的机组保证功率范围（%）	水轮机型式	相应水头下的机组保证功率范围（%）
混流式	（45～100）	转桨式	（35～100）
定桨式	（75～100）	冲击式	（25～100）

对于混流式水轮机，如在保证运行范围内出现强振，应采取相应措施或避振运行。

5.4.3 原型水轮机在 5.4.2 所规定的保证运行范围内，应对混流式水轮机尾水管内的压力脉动的混频峰—峰值或均方根值做出保证。

当以导叶中心平面为基准面，在电站空化系数下测取尾水管压力脉动混频峰—峰值，在最大水头与最小水头之比小于 1.6 时，其保证值应不大于相应运行水头的 3%～11%，低比转速取小值，高比转速取大值；原型水轮机尾水管进口下游侧压力脉动峰—峰值不应大于 10m 水柱。

5.4.4 应在模型试验中对叶道涡、叶片进水边正背面空化及其他可能影响稳定性的水力现象进行观察和评估。

5.5 振动

5.5.1 在各种运行工况下（包括甩负荷），水轮机各部件不应产生共振和有害变形。

5.5.2 在保证的稳定运行范围内，立式水轮机顶盖以及卧式水轮机轴承座的垂直方向和水平方向的振动值，应不大于表 5 的规定要求。测量方法按 GB/T 6075.5—2002 执行。

5.5.3 在正常运行工况下，主轴相对振动（摆度）应不大于 GB/T 11348.5—2002 图 A.2 中所规定的 B 区上限线（见附录 D），且不超过轴承间隙的 75%。

表5   μm

项目	额定转速/（r/min）			
	<100	>100～250	>250～375	>375～750
	振动允许值（双振幅）			
立式机组顶盖水平振动	90	70	50	30
立式机组顶盖垂直振动	110	90	60	30
卧式机组水轮机轴承的水平振动	120	100	100	100
卧式机组水轮机轴承的垂直振动	110	90	70	50

注：振动值系指机组在除过速运行以外的各种运行工况下的双振幅值。

5.5.4   水轮发电机组轴系的临界转速应由水轮机和水轮发电机供方分别计算确定，轴系的第一阶临界转速应不小于最大飞逸转速的120%。

5.8   噪声

水轮机正常运行时，在水轮机机坑地板上方1m处所测得的噪声不应大于90dB（A），在距尾水管进人门1m处所测得的噪声不应大于95dB（A），冲击式水轮机机壳上方1m处所测得的噪声不应大于85dB（A），贯流式水轮机转轮室周围1m内所测得的噪声不应大于90dB（A）。

【依据2】《混流式水泵水轮机基本技术条件》（GB/T 22581—2008）

5.3.7   空化、空蚀和磨损的保证

5.3.7.1   应对水泵水轮机的空化系数做出保证。

5.3.7.2   在一般水质条件下的空蚀损坏保证应符合GB/T 15469.2或IEC 60609-1的规定。需方需保留保证期内的运行，运行记录中至少应有水头／扬程、功率/输入功率、流量、运行时间和相应尾水位的数据。

5.3.7.3   当水中含沙量较大时，应对水泵水轮机的磨蚀损坏做出保证。其保证值可根据过机流速、泥沙含量、泥沙特性及电站运行条件等确定。

【依据3】《水轮机、蓄能泵和水泵水轮机空蚀评定   第1部分：反击式水轮机的空蚀评定》（GB/T 15469.1—2008）

4.1   保证期限

除非协议中另有说明，空蚀保证期或空蚀保证运行时间应与合同中协议规定的水轮机的保证期一致。

【依据4】《水轮机、蓄能泵和水泵水轮机空蚀评定   第2部分：蓄能泵和水泵水轮机的空蚀评定》（GB/T 15469.2—2007）

4.1   保证期限

除非协议中有说明，空蚀保证期或空蚀保证运行小时数应与合同中协议规定的水力机械的保证期一致。

【依据5】《发电企业设备检修导则》（DL/T 838—2003）

7.1.1   主要设备的检修项目分标准项目和特殊项目两类（主要设备A级检修项目参见附录A）

7.1.1.1   A级检修标准项目的主要内容：

a）制造厂要求的项目；

b）全面解体、定期检查、清扫、测量、调整和修理；

c）定期监测、试验、校验和鉴定；

d）按规定需要定期更换零部件的项目；

e）按各项技术监督规定检查项目；

f）消除设备和系统的缺陷和隐患。

7.1.1.2   B级检修项目是根据机组设备状态评价及系统的特点和运行状况，有针对性地实施部分A级检修项目和定期滚动检修项目。

7.1.1.3 C级检修标准项目的主要内容：

a）消除运行中发生的缺陷；

b）重点清扫、检查和处理易损、易磨部件，必要时进行实测和试验；

c）按各项技术监督规定检查项目。

7.1.1.4 D级检修的主要内容是消除设备和系统的缺陷。

7.1.1.5 发电企业可根据设备的状况调整各级检修的项目，原则上在一个A级检修周期内所有的标准项目都必须进行检修。

7.1.1.6 特殊项目为标准项目以外的检修项目以及执行反事故措施、节能措施、技改措施等项目；重大特殊项目是指技术复杂、工期长、费用高或对系统设备结构有重大改变的项目。发电企业可根据需要安排在各级检修中。

【依据6】《水电厂金属监督规程》（DL/T 1318—2014）

8.1.6 水轮机主要部件检修项目应符合表B.1的要求。

【依据7】《抽水蓄能电站检修导则》（Q/GDW 1544—2015）

7.2.1.7 抽水蓄能电站单元机组A/C级检修标准项目，参见附录A。其中：

a）水泵水轮机及其附属设备A、C级检修标准项目参考见表A.1。

【依据8】 电厂运行/检修规程

6.1.1.1（2） 本项目的查评依据如下。

【依据1】《水轮发电机组安装技术规范》（GB/T 8564—2003）

5.2.1 混流式水轮机分瓣转轮应按专门制定的组焊工艺进行组装、焊接及热处理，并符合下列要求：

a）转轮下环的焊缝不允许有咬边现象，按制造厂规定进行探伤检查，应符合要求。

b）上冠组合缝间隙符合4.7要求。

c）上冠法兰下凹值不大于0.07mm/m，上凸值不应大于0.03mm/m，最大不得超过0.06mm。对于主轴采用摩擦传递力矩的结构，一般不允许上凸。

d）下环焊缝处错牙不应大于0.5mm。

e）分瓣叶片及叶片填补块安装焊接后，叶型应符合设计要求。

【依据2】《水轮机、蓄能泵和水泵水轮机通流部件技术条件》（GB/T 10969—2008）

4.7.1.5 间隙

应对转轮/叶轮密封间隙、叶片端部间隙及反击式水轮机的活动导叶间隙进行检查。

原型的间隙一般应不超过按模型比例换算的间隙，但也不应小于满足结构和刚度要求的最小值。高水头混流式止漏环间隙的配比和间隙值应满足防止密封引起自激振动的要求。

无论是模型还是原型，都应该考虑压力对活动导叶端面间隙可能造成的影响。

原型转轮/叶轮密封的长度不应小于按模型比例换算的相应的尺寸。

【依据3】《水轮机基本技术条件》（GB/T 15468—2006）

4.2 主要部件的结构和材料

4.2.1 结构设计的一般要求

4.2.1.1 水轮机通流部件应符合GB/T 10969的要求。

4.2.1.2 水轮机结构应做到便于拆装、维修，方便易损部件的检查和更换，水轮机必须保证在不拆卸发电机转子、定子和水轮机转轮、主轴等部件的情况下更换下列零部件：

a）水轮机导轴承瓦、冷却器和主轴密封。

b）反击式水轮机导水机构接力器的密封及活塞环、导水机构的传动部件、导叶轴径密封件及保护元件。

c）转桨式水轮机应能在不拆卸转轮叶片的情况下更换转轮叶片的密封零件。

d）冲击式水轮机的喷嘴、喷针及折向器等。

e）对于多泥沙的电站，对水轮机拆修有特殊要求时，按供需双方商定的技术协议或技术条款执行。

4.2.1.3　水轮机标准零部件应保证其通用性。采用摩擦传动的转轮，以及喷嘴、喷针应能互换。

4.2.1.4　反击式水轮机宜在通流部分的适当部位，设置用相对效率法测量相对流量和压力脉动的测点，其位置应与模型模拟。

4.2.1.5　水轮机转轮宜采用不锈钢材料制造，水轮机的其他易空蚀部件宜采用抗空蚀材料制造或采用必要的防护措施。若空蚀部位采用堆焊不锈钢时，加工后的不锈钢层厚度不应小于 3mm。

4.2.1.6　竖轴水轮机转轮公称直径为 3.3m 或以上时，水轮机室顶部宜设置起吊设施。

4.2.1.7　转轮应做静平衡试验。静平衡后应符合 GB/T 9239 中的 G 6.3 级的要求。

4.2.1.8　立式水轮机轴向间隙应保证在发电机顶转子时转动部分能上抬到所需要的高度。

4.2.1.9　水轮机在各种运行工况时，其稀油润滑的导轴承的轴瓦最高温度不应超过 70℃；卧式水轮机的径向推力轴承轴瓦最高温度不超过 70℃。油的最高温度不超过 65℃。

4.2.1.10　反击式水轮机的导水机构必须设有防止破坏及事故扩大的保护装置，其导叶的水力矩在全开至接近空载开度间应有自关闭趋向。并有全关和全开位置的锁定装置。

4.2.1.11　水轮机应设置必要的防飞逸设施。水轮机允许在最高飞逸转速下持续运行时间应不小于配套发电机允许的飞逸时间，并保证水轮机转动部件不产生有害变形。

4.2.1.12　导叶端部与之相应的抗磨板之间宜有硬度差异。

4.2.1.13　水轮机的顶盖排水设施，应有备用设备轴流式水轮机，必要时应有双重备用，主用和备用设备宜采用不同的驱动方式。排水设备应配备可靠的水位控制和信号装置。

4.2.1.14　蜗壳及尾水管的形状和尺寸应结合水电站厂房布置的需要进行设计，并进行模型试验或技术论证，提供模型试验的水压脉动值和频率值。

4.2.1.15　反击式水轮机蜗壳设计中应考虑需方所提供的周围混凝土可承受的最大允许应力及埋入期间的内部压力。座环设计中应考虑由座环支撑的混凝土重量和其他垂直的负荷。

4.2.1.16　水轮机进水阀后的蜗壳进口段顶部和卧式水轮机的蜗壳顶部应设置自动排气、补气装置。

4.2.1.17　水轮机应设置观察孔和进人门，蜗壳上的进人门不宜小于 ϕ600mm，尾水管上进人门尺寸不宜小于 ϕ600mm 或 600mm×600mm，采用方形进人门时，四角应倒圆，进人门的下侧应设验水阀。在进人门处，应按 GB 150 钢制压力容器的要求进行补强。进人门、观察孔的位置、数量、尺寸由供需双方商定。

4.2.1.18　立式反击式水轮机尾水管内应设置易于拆装的、有足够承载能力的、轻型检修平台。冲击式水轮机机坑内的稳水栅应有足够的强度，以便于水轮机转轮、喷嘴等的拆装和检修。

4.2.1.19　当有调相运行要求时应设置调相压水进排气装置。

4.2.1.20　水轮机及其辅助设备需进行耐压试验的部件除需在工地组焊的部分外，均需按试验压力在厂内进行耐压试验，耐压试验的压力为设计压力（包括升压）的 1.5 倍。试压时间应持续稳压 10min 受压部件不得产生有害变形和渗漏等异常现象。反击式水轮机的金属蜗壳和冲击式水轮机的配水管可根据合同要求进行水压试验。

4.2.1.21　水轮机设备配备的仪表（见附录 C），应安装在专门的盘柜上。

4.2.1.22　水轮机自动化元件及系统应符合 GB/T 11805—1999 中的有关规定。

如水轮机要实现计算机监控并要求监测振动和蠕动时由供需双方商定并提供成组调节的接口。

4.2.1.23　水轮机自动控制系统应能安全可靠地实现以下基本功能：

a）正常开机和停机；

b）在系统中处于备用状态，随时可以启动投入；

c）从发电转调相或由调相转发电运行（当有调相要求时）；

d）当运行中发生故障时能及时发出信号、警报或停机；

e）凡由计算机控制的水电站各机组应能实现成组调节。水轮机应能自动保持在给定的负荷范围内稳定高效率运行；冲击式水轮机投入的喷嘴及其数量应能自动切换，并保持在稳定和高效率运行。

4.2.1.24　发生（但不限于）下列情况之一时，水轮机应能自动紧急停机：

a）转速超过过速保护值；

b）压油罐内油压低于事故低油压；

c）导轴承温度超过允许值时；

d）水润滑导轴承的润滑水中断时；

e）机组突然发生异常振动（当设有振动测量装置时）；

f）其他紧急事故停机信号；

g）在运行中控制电源消失时。

4.2.2 工作应力和安全系数

4.2.2.1 水轮机结构设计中应进行安全性能分析，对经受交变应力、振动或冲击力的零部件，设计时应留有安全余量。在所有预期的工况下，都应具有足够的刚度和强度。

4.2.2.2 部件的工作应力可采用经典公式解析计算，也可采用有限元法分析计算，对结构复杂的重要部件建议采用有限元法分析计算。

4.2.2.3 水轮机部件的工作应力应按工况分别考核，分为正常运行工况和特殊工况，其中正常运行工况是指机组正常工作状态下所发生的各种载荷工况，特殊工况是指打压试验、飞逸、导叶保护装置破坏等非正常工况。

4.2.2.4 所有部件的工作应力不得超过规定的许用应力。其中正常工况条件下采用经典公式计算的断面应力不大于表2规定的许用应力，特殊工况条件下采用经典公式计算的断面应力不大于材料屈服极限的2/3。

4.2.2.5 对于承受剪切和扭转力矩的零部件，铸铁的最大剪应力不得超过21MPa，其他黑色金属最大剪应力不得超过许用拉应力的70%，但其中机组主轴和导叶轴的最大剪应力不得超过许用应力的60%。

4.2.2.6 当要求有预应力时，螺栓、螺杆和连杆等零部件均应进行预应力处理，零部件的预应力不得超过材料屈服强度的7/8。螺栓的荷载不应小于连接部分设计荷载的2倍。

表2　　　　　　　　　　　　　　　部件正常运行工况许用应力　　　　　　　　　　　　　　　　MPa

材料名称	许用应力	
	拉应力	压应力
灰铸铁	U.T.S/10	70
碳素铸钢和合金铸钢	U.TS/5 或 Y.S/3	U.T.S/5 或 Y.S/3
碳钢锻件	Y.S/3	Y.S/3
主要受力部件的碳素钢板	U.T.S/4	U.T.S/4
高应力部件的高强度钢板	Y.S/3	Y.S/3
其他材料	U.T.S/5 或 Y.S/3	U.T.S/5 或 Y.S/3

注1：U.T.S为强度极限。
注2：Y.S为屈服极限。

4.2.2.7 由有限元方法得到的应力分析结果，局部应力值可超出上述许用应力值，但需经需方认可。并且在正常工况条件下最大应力不得超过材料屈服强度的2/3，特殊工况条件下最大应力不得超过材料的屈服强度。

4.2.2.8 混流式和转桨式水轮机转轮叶片在预期的最大荷载条件下正常运行时，转轮各部位最大应力不应超过材料屈服极限的1/5；在最高飞逸转速时，最大应力不应超过材料屈服极限的2/5。冲击式转轮在预期的最大荷载条件下正常运行时，转轮各部位最大应力不应超过材料屈服极限的1/18。并应进行疲劳强度核算。

4.2.2.9 主轴最大复合应力 S_{max} 的定义为：$S_{max}=(S_2+3T_2)1/2$，其值不应超过材料屈服极限的1/4。式中，S 为由于水力、动载荷和静载荷引起的轴向应力和弯曲应力的总和；T 为水轮机最大功率时的扭转切应力。按上式计算出最大复合应力 S_{max}。并计入应力集中后出现的最大应力不应超过材料屈服极限的 2/5。且水轮机在最大出力时主轴扭转切应力不应超过 42MPa。横轴贯流式水轮机主轴应进行疲劳强度核算。

4.2.3 材料和制造要求

4.2.3.1 水轮机主要结构部件的铸锻件应符合 CCH-70-3 及 JB/T 127。标准或合同规定的相应标准。重要铸锻件应有需方代表参加验收。上述标准中认为是重大缺陷的缺陷处理应征得需方同意。

4.2.3.2 经过考试合格的并持有证书的焊接人员才能担任主要部件的焊接工作。主要部件的主要受力焊缝应进行 100%的无损探伤。应符合 GB/T 3323—1987，GB/T 11345—1989，GB/T 12469—1990，JB 4730—1992，JB/T 6061—1992，JB/T 6062—1992 标准或合同规定的相应标准。

4.2.3.3 水轮机设备表面应有防锈涂层。并应规定：

a）表面处理的要求；

b）对漆及其他防护保护方法和其使用说明；

c）发运前和在工地时的使用要求；

d）涂层数；

e）每层膜厚和总厚；

f）检查和控制质量规定。

对装饰性电镀层应符合 GB/T 9797—1997 的规定。

4.2.3.4 凡是与水接触的紧固件均应采用防锈或耐腐蚀的材料制造或采取相应措施。

4.2.3.5 采用巴氏合金的轴瓦，其与瓦基的结合情况应进行 100%超声波检查，接触面应不小于 95%，且单个脱壳面积不大于 1%；表面用渗透法探伤应无缺陷。

5.10 转轮裂纹保证供方应在设计制造过程中采取措施，保证产品质量。在合同规定的保证期和稳定运行范围内转轮不产生裂纹。

【依据4】《水电厂金属监督规程》（DL/T 1318—2014）

8.1.6 水轮机主要部件检修项目应符合表 B.1 的要求。

【依据5】电厂运行/检修规程

6.1.1.1（3）本项目的查评依据如下。

【依据1】《水轮发电机组安装技术规范》（GB/T 8564—2003）

5.2.6 转桨式水轮机转轮叶片操作试验和严密性耐压试验应符合下列要求：

a）试验用油的油质应合格，油温不应低于 5℃；

b）在最大试验压力下，保持 16h；

c）在试验过程中，每小时操作叶片全行程开关 2～3 次；

d）各组合缝不应有渗漏现象，单个叶片密封装置在加与未加试验压力情况下的漏油限量，不超过表 10 规定，且不大于出厂试验时的漏油量；

表 10　　　　　　　　　每小时单个桨叶密封装置漏油限量

转轮直径 D mm	$D<3000$	$3000 \leqslant D<6000$	$6000 \leqslant D<8000$	$8000 \leqslant D<10000$	$D \geqslant 10000$
每小时单个桨叶密封漏油限量 mL/h	5	7	10	12	15

e）转轮接力器动作应平稳，开启和关闭的最低油压一般不大于额定工作压力的 15%；

f）绘制转轮接力器行程与叶片转角的关系曲线。

【依据2】《水轮机基本技术条件》（GB/T 15468—2006）

4.3.2.5 转轮叶片的操作机构应动作灵活。协联装置应准确可靠。转轮叶片密封的漏油量应符合表 3 的要求，不允许水通过转轮密封进入转轮体的供油腔内。

表 3　　　　　　　　　　　　　　　　每小时单个桨叶密封装置漏油量

转轮直径 D mm	3000≤D_1<6000	6000≤D_1<8000	8000≤D_1<10000	D_1≥10000
漏油限量 mL/h	7	10	12	15

【依据 3】《水轮机运行规程》（DL/T 710—1999）

6.9.6　转桨式水轮机的叶片密封正常，受油漆无漏油现象。

【依据 4】《发电企业设备检修导则》（DL/T 838—2003）

7.1.1　主要设备的检修项目分标准项目和特殊项目两类（主要设备 A 级检修项目参见附录 A）

7.1.1.1　A 级检修标准项目的主要内容：

a）制造厂要求的项目；

b）全面解体、定期检查、清扫、测量、调整和修理；

c）定期监测、试验、校验和鉴定；

d）按规定需要定期更换零部件的项目；

e）按各项技术监督规定检查的项目；

f）消除设备和系统的缺陷和隐患。

7.1.1.2　B 级检修项目是根据机组设备状态评价及系统的特点和运行状况，有针对性地实施部分 A 级检修项目和定期滚动检修的项目。

7.1.1.3　C 级检修标准项目的主要内容：

a）消除运行中发生的缺陷；

b）重点清扫、检查和处理易损、易磨部件，必要时进行实测和试验；

c）按各项技术监督规定检查项目。

7.1.1.4　D 级检修的主要内容是消除设备和系统的缺陷。

7.1.1.5　发电企业可根据设备的状况调整各级检修的项目，原则上在一个 A 级检修周期内所有的标准项目都必须进行检修。

7.1.1.6　特殊项目为标准项目以外的检修项目以及执行反事故措施、节能措施、技改措施等项目；重大特殊项目是指技术复杂、工期长、费用高或对系统设备结构有重大改变的项目。发电企业可根据需要安排在各级检修中。

6.1.1.1（4）　本项目的查评依据如下。

【依据 1】《水轮发电机组安装技术规范》（GB/T 8564—2003）

4.7　设备组合面应光洁无毛刺。合缝间隙用 0.05mm 塞尺检查，不能通过；允许有局部间隙，用 0.10mm 塞尺检查，深度不应超过组合面宽度的 1/3，总长不应超过周长的 20%；组合螺栓及销钉周围不应有间隙。组合缝处安装面错牙一般不超过 0.10mm。

4.9　有预紧力要求的连接螺栓，其预应力偏差不超过规定值的±10%。制造厂无明确要求时，预紧力不小于设计工作压力的 2 倍，且不超过材料屈服强度的 3/4。

安装细牙连接螺栓时，螺纹应涂润滑剂；连接螺栓应分次均匀紧固；采用热态拧紧的螺栓，紧固后应在室温下抽查 20%左右螺栓的预紧度。

各部件安装定位后，应按设计要求钻铰销钉孔并配装销钉。

螺栓、螺母、销钉均应按设计要求锁定牢固。

【依据 2】《水电厂金属监督规程》（DL/T 1318—2014）

8.3.6　螺栓紧固件检验项目应符合表 B.1 的要求。

【依据 3】《国家电网公司关于印发防止水电厂水淹厂房反事故补充措施的通知》（国家电网基建〔2017〕61 号）

三、重要部位螺栓

10.球阀连接螺栓、主轴联接螺栓、顶盖与座环把合螺栓等重要部位螺栓应进行强度、应力及疲劳计算分析，合理确定螺栓使用更换周期。

11．有预紧力要求的螺栓，其预紧力不应小于在各工况下螺栓最大工作荷载的2倍。

12．重要部位螺栓应做好原始位置状态标记并制定防止松动措施。

13．重要部位螺栓应制定检修安装工艺，螺栓紧固宜采用扭矩（拉伸力）与伸长量相互校核。

14．机组在A级检修、飞逸及其他必要情况时，应对重要部位螺栓扭矩或伸长量进行全面检测。

15．重要部位螺栓无损检测时宜同时进行超声波与磁粉检测；新购置螺栓厂家应提供螺栓材质、无损检测、力学性能等出厂试验报告。若采用新型螺栓，厂家应提供设计报告，使用单位应对全部更换螺栓进行无损检测，特殊情况可委托第三方进行力学性能等抽检。

【依据4】电厂运行/检修规程

6.1.1.1（5） 本项目的查评依据如下。

【依据1】《水轮机基本技术条件》（GB/T 15468—2006）

5.3 空化、空蚀和磨蚀的保证

5.3.1 应对水轮机的空化系数做出保证。

5.3.2 反击式水轮机在一般水质条件下的空蚀损坏保证应符合 GB/T 15469 的规定。冲击式水轮机在一般水质条件下的空蚀损坏保证应符合 GB/T 19184—2003 的规定。需方应保留保证期内的运行记录，运行记录中至少应有水头、功率、运行时间和相应尾水位的数据。

5.3.3 当水中含沙量较大时，应对水轮机的磨蚀损坏做出保证。其保证值可根据过机流速、泥沙含量、泥沙特性及电站运行条件等，由需方和供方商定。

5.4 水轮机的稳定运行范围

5.4.1 在空载情况下应能稳定地运行。

5.4.2 在 4.1.4 规定的最大和最小水头范围内，水轮机应在表4所列功率范围内稳定运行。

表4

水轮机型式	相应水头下的机组保证功率范围/%	水轮机型式	相应水头下的机组保证功率范围/%
混流式	（45～100）	转桨式	（35～100）
定桨式	（75～100）	冲击式	（25～100）

对于混流式水轮机，如在保证运行范围内出现强振，应采取相应措施或避振运行。

5.4.3 原型水轮机在 5.4.2 所规定的保证运行范围内，应对混流式水轮机尾水管内的压力脉动的混频峰—峰值或均方根值做出保证。

当以导叶中心平面为基准面，在电站空化系数下测取尾水管压力脉动混频峰-峰值，在最大水头与最小水头之比小于 1.6 时，其保证值应不大于相应运行水头的 3%～11%，低比转速取小值，高比转速取大值；原型水轮机尾水管进口下游侧压力脉动峰—峰值不应大于 10m 水柱。

5.4.4 应在模型试验中对叶道涡、叶片进水边正背面空化及其他可能影响稳定性的水力现象进行观察和评估。

5.5 振动

5.5.1 在各种运行工况下（包括甩负荷），水轮机各部件不应产生共振和有害变形。

5.5.2 在保证的稳定运行范围内，立式水轮机顶盖以及卧式水轮机轴承座的垂直方向和水平方向的振动值，应不大于表5的规定要求。测量方法按 GB/T 6075.5—2002 执行。

表5

项 目	额定转速/（r/min）			
	<100	>100～250	>250～375	>375～750
	振动允许值（双振幅）			
立式机组顶盖水平振动	90	70	50	30

项　目	额定转速/（r/min）			
	<100	>100～250	>250～375	>375～750
	振动允许值（双振幅）			
立式机组顶盖垂直振动	110	90	60	30
卧式机组水轮机轴承的水平振动	120	100	100	100
卧式机组水轮机轴承的垂直振动	110	90	70	50

注：振动值系指机组在除过速运行以外的各种运行工况下的双振幅值。

5.5.3　在正常运行工况下，主轴相对振动（摆度）应不大于 GB/T 11348.5—2002 图 A.2 中所规定的 B 区上限线（见附录 D），且不超过轴承间隙的 75%。

5.5.4　水轮发电机组轴系的临界转速应由水轮机和水轮发电机供方分别计算确定，轴系的第一阶临界转速应不小于最大飞逸转速的 120%。

5.8　噪声

水轮机正常运行时，在水轮机机坑地板上方 1m 处所测得的噪声不应大于 90dB（A），在距尾水管进人门 1m 处所测得的噪声不应大于 95dB（A），冲击式水轮机机壳上方 1m 处所测得的噪声不应大于 85dB（A），贯流式水轮机转轮室周围 1m 内所测得的噪声不应大于 90dB（A）。

【依据 2】《混流式水泵水轮机基本技术条件》（GB/T 22581—2008）

5.3.7　空化、空蚀和磨蚀的保证。

5.3.7.1　应对水泵水轮机的空化系数做出保证。

5.3.7.2　在一般水质条件下的空蚀损坏保证应符合 GB/T 15469.2 或 IEC 60609-1 的规定。需方应保留保证期内的运行记录，运行记录中至少应有水头/扬程、功率/输入功率、流量、运行时间和相应尾水位的数据。

5.3.7.3　当水中含沙量较大时，应对水泵水轮机的磨蚀损坏做出保证。其保证值可根据过机流速、泥沙含量、泥沙特性及电站运行条件等确定。

【依据 3】《水轮机、蓄能泵和水泵水轮机空蚀评定　第 1 部分：反击式水轮机的空蚀评定》（GB/T 15469.1—2008）

4.1　保证期限

除非协议中另有说明，空蚀保证期或空蚀保证运行时间应与合同中协议规定的水轮机的保证期一致。

【依据 4】《水轮机、蓄能泵和水泵水轮机空蚀评定　第 2 部分：蓄能泵和水泵水轮机的空蚀评定》（GB/T 15469.2—2007）

4.1　保证期限

除非协议中有说明，空蚀保证期或空蚀保证运行小时数应与合同中协议规定的水力机械的保证期一致。

【依据 5】《发电企业设备检修导则》（DL/T 838—2003）

7.1.1　主要设备的检修项目分标准项目和特殊项目两类（主要设备 A 级检修项目参见附录 A）。

7.1.1.1　A 级检修标准项目的主要内容：

a）制造厂要求的项目；

b）全面解体、定期检查、清扫、测量、调整和修理；

c）定期监测、试验、校验和鉴定；

d）按规定需要定期更换零部件的项目；

e）按各项技术监督规定检查项目；

f）消除设备和系统的缺陷和隐患。

7.1.1.2　B 级检修项目是根据机组设备状态评价及系统的特点和运行状况，有针对性地实施部分 A

级检修项目和定期滚动检修项目。

7.1.1.3 C级检修标准项目的主要内容：

a）消除运行中发生的缺陷；

b）重点清扫、检查和处理易损、易磨部件，必要时进行实测和试验；

c）按各项技术监督规定检查项目。

7.1.1.4 D级检修的主要内容是消除设备和系统的缺陷。

7.1.1.5 发电企业可根据设备的状况调整各级检修的项目，原则上在一个A级检修周期内所有的标准项目都必须进行检修。

7.1.1.6 特殊项目为标准项目以外的检修项目以及执行反事故措施、节能措施、技改措施等项目；重大特殊项目是指技术复杂、工期长、费用高或对系统设备结构有重大改变的项目。发电企业可根据需要安排在各级检修中。

【依据6】《水电厂金属监督规程》（DL/T 1318—2014）

8.1.6 水轮机主要部件检修项目应符合表B.1的要求。

【依据7】《抽水蓄能电站检修导则》（Q/GDW 1544—2015）

7.2.1.7 抽水蓄能电站单元机组A/C级检修标准项目，参见附录A。其中：

a）水泵水轮机及其附属设备A、C级检修标准项目参考见表A.1。

【依据8】《水轮发电机组安装技术规范》（GB/T 8564—2003）

5.4.2 转轮安装的最终高程、各止漏环间隙或叶片与转轮室的间隙的允许偏差，当制造厂无规定时应符合表14的要求。

表14　　　　　　　　　　　　　转轮安装高程及间隙允许偏差　　　　　　　　　　　　（mm）

项目		转轮安装高程及间隙允许偏差					说明
		$D<3000$	$3000\leqslant D<6000$	$6000\leqslant D<8000$	$8000\leqslant D<10000$	$D\geqslant10000$	
高程	混流式	±1.5	±2	±2.5	±3		测量固定与转动止漏环高低错牙
	轴流式	0～+2	0～+3	0～+4	0～+5		测量底环至转轮体顶面距离
	斜流式	0～+0.8	0～+1.0	-			测量叶片与转轮室间隙
间隙	额定水头＜200m	各间隙与实际平均间隙之差不应超过平均间隙的±20%					叶片与转轮室间隙，在全关位置测进水、出水和中间三处
	额定水头≥200m	a_1 a_2	各间隙与实际平均间隙之差不应超过设计间隙的±10%				
		b_1 b_2	各间隙与实际平均间隙之差不应超过设计间隙的±10%				

注：表中的转轮安装高程是考虑了由于水推力造成的转轮下沉后的实际高程值。

【依据9】电厂运行/检修规程

6.1.1.1（6）　本项目的查评依据如下。

【依据1】《水轮机基本技术条件》（GB/T 15468—2006）

4.2 主要部件的结构和材料

4.2.1 结构设计的一般要求

4.2.1.1 水轮机通流部件应符合GB/T 10969的要求。

4.2.1.2 水轮机结构应做到便于拆装、维修，方便易损部件的检查和更换。水轮机必须保证在不拆卸发电机转子、定子和水轮机转轮、主轴等部件的情况下更换下列零部件：

　　a）水轮机导轴承瓦、冷却器和主轴密封。

　　b）反击式水轮机导水机构接力器的密封及活塞环、导水机构的传动部件、导叶轴径密封件及保护元件。

　　c）转桨式水轮机应能在不拆卸转轮叶片的情况下更换转轮叶片的密封零件。

　　d）冲击式水轮机的喷嘴、喷针及折向器等。

　　e）对于多泥沙的电站，对水轮机拆修有特殊要求时，按供需双方商定的技术协议或技术条款执行。

　　4.2.1.3　水轮机标准零部件应保证其通用性。采用摩擦传动的转轮，以及喷嘴、喷针应能互换。

　　4.2.1.4　反击式水轮机宜在通流部分的适当部位，设置用相对效率法测量相对流量和压力脉动的测点，其位置应与模型模拟。

　　4.2.1.5　水轮机转轮宜采用不锈钢材料制造。水轮机的其他易空蚀部件宜采用抗空蚀材料制造或采用必要的防护措施。若空蚀部位采用堆焊不锈钢时，加工后的不锈钢层厚度不应小于 3mm。

　　4.2.1.6　竖轴水轮机转轮公称直径为 3.3m 或以上时，水轮机室顶部宜设置起吊设施。

　　4.2.1.7　转轮应做静平衡试验。静平衡后应符合 GB/T 9239 中的 G 6.3 级的要求。

　　4.2.1.8　立式水轮机轴向间隙应保证在发电机顶转子时转动部分能上抬到所需要的高度。

　　4.2.1.9　水轮机在各种运行工况时，其稀油润滑的导轴承的轴瓦最高温度不应超过 70℃；卧式水轮机的径向推力轴承轴瓦最高温度不超过 70℃。油的最高温度不超过 65℃。

　　4.2.1.10　反击式水轮机的导水机构必须设有防止破坏及事故扩大的保护装置，其导叶的水力矩在全开至接近空载开度间应有自关闭趋向。并有全关和全开位置的锁定装置。

　　4.2.1.11　水轮机应设置必要的防飞逸设施水轮机允许在最高飞逸转速下持续运行时间应不小于配套发电机允许的飞逸时间，并保证水轮机转动部件不产生有害变形。

　　4.2.1.12　导叶端部与之相应的抗磨板之间宜有硬度差异。

　　4.2.1.13　水轮机的顶盖排水设施，应有备用设备轴流式水轮机。必要时应有双重备用，主用和备用设备宜采用不同的驱动方式。排水设备应配备可靠的水位控制和信号装置。

　　4.2.1.14　蜗壳及尾水管的形状和尺寸应结合水电站厂房布置的需要进行设计，并进行模型试验或技术论证，提供模型试验的水压脉动值和频率值。

　　4.2.1.15　反击式水轮机蜗壳设计中应考虑需方所提供的周围混凝土可承受的最大允许应力及埋入期间的内部压力。座环设计中应考虑由座环支撑的混凝土重量和其他垂直的负荷。

　　4.2.1.16　水轮机进水阀后的蜗壳进口段顶部和卧式水轮机的蜗壳顶部应设置自动排气、补气装置。

　　4.2.1.17　水轮机应设置观察孔和进人门，蜗壳上的进人门不宜小于 φ600mm，尾水管上进人门尺寸不宜小于 φ600mm 或 600mm×600mm，采用方形进人门时，四角应倒圆，进人门的下侧应设验水阀。在进人门处，应按 GB 150 钢制压力容器的要求进行补强。进人门、观察孔的位置、数量、尺寸由供需双方商定。

　　4.2.1.18　立式反击式水轮机尾水管内应设置易于拆装的、有足够承载能力的、轻型检修平台。冲击式水轮机机坑内的稳水栅应有足够的强度，以便于水轮机转轮、喷嘴等的拆装和检修。

　　4.2.1.19　当有调相运行要求时应设置调相压水进排气装置。

　　4.2.1.20　水轮机及其辅助设备需进行耐压试验的部件除需在工地组焊的部分外，均需按试验压力在厂内进行耐压试验，耐压试验的压力为设计压力（包括升压）的 1.5 倍。试压时间应持续稳压 10min 受压部件不得产生有害变形和渗漏等异常现象。反击式水轮机的金属蜗壳和冲击式水轮机的配水管可根据合同要求进行水压试验。

　　4.2.1.21　水轮机设备配备的仪表（见附录 C），应安装在专门的盘柜上。

　　4.2.1.22　水轮机自动化元件及系统应符合 GB/T 11805—1999 中的有关规定。

如水轮机要实现计算机监控并要求监测振动和蠕动时由供需双方商定并提供成组调节的接口。

　　4.2.1.23　水轮机自动控制系统应能安全可靠地实现以下基本功能：

a）正常开机和停机；

b）在系统中处于备用状态，随时可以启动投入；

c）从发电转调相或由调相转发电运行（当有调相要求时）；

d）当运行中发生故障时能及时发出信号、警报或停机；

e）凡由计算机控制的水电站各机组应能实现成组调节。水轮机应能自动保持在给定的负荷范围内稳定高效率运行；冲击式水轮机投入的喷嘴及其数量应能自动切换，并保持在稳定和高效率运行。

4.2.1.24　发生（但不限于）下列情况之一时，水轮机应能自动紧急停机：

a）转速超过过速保护值；

b）压油罐内油压低于事故低油压；

c）导轴承温度超过允许值时；

d）水润滑导轴承的润滑水中断时；

e）机组突然发生异常振动（当设有振动测量装置时）；

f）其他紧急事故停机信号；

g）在运行中控制电源消失时。

4.2.2　工作应力和安全系数

4.2.2.1　水轮机结构设计中应进行安全性能分析，对经受交变应力、振动或冲击力的零部件，设计时应留有安全余量。在所有预期的工况下，都应具有足够的刚度和强度。

4.2.2.2　部件的工作应力可采用经典公式解析计算，也可采用有限元法分析计算，对结构复杂的重要部件建议采用有限元法分析计算。

4.2.2.3　水轮机部件的工作应力应按工况分别考核，分为正常运行工况和特殊工况，其中正常运行工况是指机组正常工作状态下所发生的各种载荷工况，特殊工况是指打压试验、飞逸、导叶保护装置破坏等非正常工况。

4.2.2.4　所有部件的工作应力不得超过规定的许用应力。其中正常工况条件下采用经典公式计算的断面应力不大于表2规定的许用应力，特殊工况条件下采用经典公式计算的断面应力不大于材料屈服极限的2/3。

4.2.2.5　对于承受剪切和扭转力矩的零部件，铸铁的最大剪应力不得超过21MPa，其他黑色金属最大剪应力不得超过许用拉应力的70%，但其中机组主轴和导叶轴的最大剪应力不得超过许用应力的60%。

4.2.2.6　当要求有预应力时，螺栓、螺杆和连杆等零部件均应进行预应力处理，零部件的预应力不得超过材料屈服强度的7/8。螺栓的荷载不应小于连接部分设计荷载的2倍。

表2　　　　　　　　　　　　　部件正常运行工况许用应力

材 料 名 称	许 用 应 力	
	拉 应 力	压 应 力
灰铸铁	U. T. S/10	70
碳素铸钢和合金铸钢	U. T. S/5 或 Y. S/3	U. T. S/5 或 Y. S/3
碳钢锻件	Y. S/3	Y. S/3
主要受力部件的碳素钢板	U. T. S/4	U. T. S/4
高应力部件的高强度钢板	Y. S/3	Y. S/3
其他材料	U. T. S/5 或 Y. S/3	U. T. S/5 或 Y. S/3

注1：U. T. S 为强度极限。
注2：Y. S 为屈服极限。

4.2.2.7　由有限元方法得到的应力分析结果，局部应力值可超出上述许用应力值，但需经需方认可。并且在正常工况条件下最大应力不得超过材料屈服强度的2/3，特殊工况条件下最大应力不得超过材料的屈服强度。

4.2.2.8　混流式和转桨式水轮机转轮叶片在预期的最大荷载条件下正常运行时，转轮各部位最大应力不应超过材料屈服极限的1/5；在最高飞逸转速时，最大应力不应超过材料屈服极限的2/5。冲击式转轮在预期的最大荷载条件下正常运行时，转轮各部位最大应力不应超过材料屈服极限的1/18。并应进行疲劳强度核算。

4.2.2.9　主轴最大复合应力 S_{max} 的定义为：$S_{max}=(S_2+3T_2)1/2$，其值不应超过材料屈服极限的1/4。式中，S 为由于水力、动载荷和静载荷引起的轴向应力和弯曲应力的总和；T 为水轮机最大功率时的扭转切应力。按上式计算出最大复合应力 S_{max}。并计入应力集中后出现的最大应力不应超过材料屈服极限的2/5。且水轮机在最大出力时主轴扭转切应力不应超过42MPa。横轴贯流式水轮机主轴应进行疲劳强度核算。

4.2.3　材料和制造要求

4.2.3.1　水轮机主要结构部件的铸锻件应符合CCH-70-3及JB/T 127标准或合同规定的相应标准。重要铸锻件应有需方代表参加验收。上述标准中认为是重大缺陷的缺陷处理应征得需方同意。

4.2.3.2　经过考试合格的并持有证书的焊接人员才能担任主要部件的焊接工作。主要部件的主要受力焊缝应进行100%的无损探伤。应符合GB/T 3323—1987，GB/T 11345—1989，GB/T 12469—1990，JB 4730—1992，JB/T 6061—1992，JB/T 6062—1992标准或合同规定的相应标准。

4.2.3.3　水轮机设备表面应有防锈涂层。并应规定：

a）表面处理的要求；

b）对漆及其他防护保护方法和其使用说明；

c）发运前和在工地时的使用要求；

d）涂层数；

e）每层膜厚和总厚；

f）检查和控制质量规定。

对装饰性电镀层应符合GB/T 9797—1997的规定。

4.2.3.4　凡是与水接触的紧固件均应采用防锈或耐腐蚀的材料制造或采取相应措施。

4.2.3.5　采用巴氏合金的轴瓦，其与瓦基的结合情况应进行100%超声波检查，接触面应不小于95%，且单个脱壳面积不大于1%。表面用渗透法探伤应无缺陷。

【依据2】《水轮发电机组安装技术规范》（GB/T 8564—2003）

5.2.7 主轴与转轮连接，应符合下列要求：

a）法兰组合面应无间隙，用0.03mm塞尺检查，不能塞入；

b）法兰护罩的螺栓凹坑应填平；

c）泄水锥螺栓应点焊牢固，护板焊接应采取防止变形措施，焊缝应磨平。

【依据3】《水电厂金属监督规程》（DL/T 1318—2014）

8.1.6 水轮机主要部件检修项目应符合表B.1的要求。

【依据4】《发电企业设备检修导则》（DL/T 838—2003）

7.1.1 主要设备的检修项目分标准项目和特殊项目两类（主要设备A级检修项目参见附录A）

7.1.1.1　A级检修标准项目的主要内容：

a）制造厂要求的项目；

b）全面解体、定期检查、清扫、测量、调整和修理；

c）定期监测、试验、校验和鉴定；

d）按规定需要定期更换零部件的项目；

e）按各项技术监督规定检查项目；

f）消除设备和系统的缺陷和隐患。

7.1.1.2　B级检修项目是根据机组设备状态评价及系统的特点和运行状况，有针对性地实施部分A

级检修项目和定期滚动检修项目。

7.1.1.3 C 级检修标准项目的主要内容：

a）消除运行中发生的缺陷；

b）重点清扫、检查和处理易损、易磨部件，必要时进行实测和试验；

c）按各项技术监督规定检查项目。

7.1.1.4 D 级检修的主要内容是消除设备和系统的缺陷。

7.1.1.5 发电企业可根据设备的状况调整各级检修的项目，原则上在一个 A 级检修周期内所有的标准项目都必须进行检修。

7.1.1.6 特殊项目为标准项目以外的检修项目以及执行反事故措施、节能措施、技改措施等项目；重大特殊项目是指技术复杂、工期长、费用高或对系统设备结构有重大改变的项目。发电企业可根据需要安排在各级检修中。

6.1.1.1（7）本项目的查评依据如下。

【依据 1】《水轮发电机组安装技术规范》（GB/T 8564—2003）

5.4.2 转轮安装的最终高程、各止漏环间隙或叶片与转轮室的间隙的允许偏差，当制造厂无规定时应符合表 14 的要求。

表 14　　　　　　　　　　转轮安装高程及间隙允许偏差　　　　　　　　　　（mm）

项目		转轮安装高程及间隙允许偏差					说明
		$D<3000$	$3000 \leq D <6000$	$6000 \leq D <8000$	$8000 \leq D <10000$	$D \geq 10000$	
高程	混流式	± 1.5	± 2	± 2.5	± 3		测量固定与转动止漏环高低错牙
	轴流式	$0 \sim +2$	$0 \sim +3$	$0 \sim +4$	$0 \sim +5$		测量底环至转轮体顶面距离
	斜流式	$0 \sim +0.8$	$0 \sim +1.0$	-			测量叶片与转轮室间隙
间隙	额定水头 <200m	各间隙与实际平均间隙之差不应超过平均间隙的 $\pm 20\%$					叶片与转轮室间隙，在全关位置测进水、出水和中间三处
	额定水头 ≥ 200m	a_1 a_2	各间隙与实际平均间隙之差不应超过设计间隙的 $\pm 10\%$				
		b_1 b_2	各间隙与实际平均间隙之差不应超过设计间隙的 $\pm 10\%$				

注：表中的转轮安装高程是考虑了由于水推力造成的转轮下沉后的实际高程值。

【依据 2】电厂运行/检修规程

6.1.1.2 导水机构

6.1.1.2（1）本项目的查评依据如下。

【依据 1】《水轮机基本技术条件》（GB/T 15468—2006）

5.3 空化、空蚀和磨蚀的保证

5.3.1 应对水轮机的空化系数作出保证。

5.3.2 反击式水轮机在一般水质条件下的空蚀损坏保证应符合 GB/T 15469 的规定。冲击式水轮机在一般水质条件下的空蚀损坏保证应符合 GB/T 19184—2003 的规定。需方应保留保证期内的运行记录，运行记录中至少应有水头、功率、运行时间和相应尾水位的数据。

5.3.3 当水中含沙量较大时，应对水轮机的磨蚀损坏作出保证。其保证值可根据过机流速、泥沙含量、泥沙特性及电站运行条件等，由需方和供方商定。

5.4 水轮机的稳定运行范围

5.4.1 在空载情况下应能稳定地运行。

5.4.2 在4.1.4规定的最大和最小水头范围内,水轮机应在表4所列功率范围内稳定运行。

表4

水轮机型式	相应水头下的机组保证功率范围/(%)	水轮机型式	相应水头下的机组保证功率范围/(%)
混流式	(45~100)	转桨式	(35~100)
定桨式	(75~100)	冲击式	(25~100)

对于混流式水轮机,如在保证运行范围内出现强振,应采取相应措施或避振运行。

5.4.3 原型水轮机在5.4.2所规定的保证运行范围内,应对混流式水轮机尾水管内的压力脉动的混频峰—峰值或均方根值作出保证。

当以导叶中心平面为基准面,在电站空化系数下测取尾水管压力脉动混频峰—峰值,在最大水头与最小水头之比小于1.6时,其保证值应不大于相应运行水头的3%~11%,低比转速取小值,高比转速取大值;原型水轮机尾水管进口下游侧压力脉动峰—峰值不应大于10m水柱。

5.4.4 应在模型试验中对叶道涡、叶片进水边正背面空化及其他可能影响稳定性的水力现象进行观察和评估。

5.5 振动

5.5.1 在各种运行工况下(包括甩负荷),水轮机各部件不应产生共振和有害变形。

5.5.2 在保证的稳定运行范围内,立式水轮机顶盖以及卧式水轮机轴承座的垂直方向和水平方向的振动值,应不大于表5的规定要求。测量方法按GB/T 6075.5—2002执行。

表5

项目	额定转速/(r/min)			
	<100	>100~250	>250~375	>375~750
	振动允许值(双振幅)			
立式机组顶盖水平振动	90	70	50	30
立式机组顶盖垂直振动	110	90	60	30
卧式机组水轮机轴承的水平振动	120	100	100	100
卧式机组水轮机轴承的垂直振动	110	90	70	50

注:振动值系指机组在除过速运行以外的各种运行工况下的双振幅值。

5.5.3 在正常运行工况下,主轴相对振动(摆度)应不大于GB/T 11348.5—2002图A.2中所规定的B区上限线,且不超过轴承间隙的750%。

5.5.4 水轮发电机组轴系的临界转速应由水轮机和水轮发电机供方分别计算确定,轴系的第一阶临界转速应不小于最大飞逸转速的120%。

5.8 噪声

水轮机正常运行时,在水轮机机坑地板上方1m处所测得的噪声不应大于90dB(A),在距尾水管进人门1m处所测得的噪声不应大于95dB(A),冲击式水轮机机壳上方1m处所测得的噪声不应大于85dB(A),贯流式水轮机转轮室周围1m内所测得的噪声不应大于90dB(A)。

【依据2】《混流式水泵水轮机基本技术条件》(GB/T 22581—2008)

5.3.7 空化、空蚀和磨蚀的保证

5.3.7.1 应对水泵水轮机的空化系数做出保证。

5.3.7.2 在一般水质条件下的空蚀损坏保证应符合GB/T 15469.2或IEC 60609-1的规定。需方应保留保证期内的运行记录,运行记录中至少应有水头/扬程、功率/输入功率、流量、运行时间和相应尾水位的数据。

5.3.7.3　当水中含沙量较大时，应对水泵水轮机的磨蚀损坏做出保证。其保证值可根据过机流速、泥沙含量、泥沙特性及电站运行条件等确定。

【依据 3】《水轮机、蓄能泵和水泵水轮机空蚀评定　第 1 部分：反击式水轮机的空蚀评定》（GB/T 15469.1—2008）

4.1　保证期限

除非协议中另有说明，空蚀保证期或空蚀保证运行时间应与合同中协议规定的水轮机的保证期一致。

【依据 4】《水轮机、蓄能泵和水泵水轮机空蚀评定　第 2 部分：蓄能泵和水泵水轮机的空蚀评定》（GB/T 15469.2—2007）

4.1　保证期限

除非协议中有说明，空蚀保证期或空蚀保证运行小时数应与合同中协议规定的水力机械的保证期一致。

【依据 5】《发电企业设备检修导则》（DL/T 838—2003）

7.1.1　主要设备的检修项目分标准项目和特殊项目两类（主要设备 A 级检修项目参见附录 A）

7.1.1.1　A 级检修标准项目的主要内容：

a）制造厂要求的项目；

b）全面解体、定期检查、清扫、测量、调整和修理；

c）定期监测、试验、校验和鉴定；

d）按规定需要定期更换零部件的项目；

e）按各项技术监督规定检查项目；

f）消除设备和系统的缺陷和隐患。

7.1.1.2　B 级检修项目是根据机组设备状态评价及系统的特点和运行状况，有针对性地实施部分 A 级检修项目和定期滚动检修项目。

7.1.1.3　C 级检修标准项目的主要内容：

a）消除运行中发生的缺陷；

b）重点清扫、检查和处理易损、易磨部件，必要时进行实测和试验；

c）按各项技术监督规定检查项目。

7.1.1.4　D 级检修的主要内容是消除设备和系统的缺陷。

7.1.1.5　发电企业可根据设备的状况调整各级检修的项目，原则上在一个 A 级检修周期内所有的标准项目都必须进行检修。

7.1.1.6　特殊项目为标准项目以外的检修项目以及执行反事故措施、节能措施、技改措施等项目；重大特殊项目是指技术复杂、工期长、费用高或对系统设备结构有重大改变的项目。发电企业可根据需要安排在各级检修中。

【依据 6】《水电厂金属监督规程》（DL/T 1318—2014）

8.1.6　水轮机主要部件检修项目应符合表 B.1 的要求。

【依据 7】《抽水蓄能电站检修导则》（Q/GDW 1544—2015）

7.2.1.7　抽水蓄能电站单元机组 A/C 级检修标准项目，参见附录 A。其中：

a）水泵水轮机及其附属设备 A、C 级检修标准项目参考见表 A.1；

【依据 8】电厂运行/检修规程

6.1.1.2（2）本项目的查评依据如下。

【依据 1】《水轮发电机组安装技术规范》（GB/T 8564—2003）

5.5　导叶及接力器安装调整

5.5.1　导叶端面间隙应符合设计要求。导叶止推环轴向间隙不应大于该导叶上部间隙值的 50%，导叶应转动灵活。

5.5.2 在最大开度位置时，导叶与挡块之间距离应符合设计要求，无规定时应留 5mm～10mm。

连杆应在导叶和控制环位于某一小开度位置的情况下进行连接和调整，在全关位置下进行导叶立面间隙检查。连杆的连接也可在导叶用钢丝绳捆紧及控制环在全关位置的情况进行。导叶关闭圆偏差应符合设计要求。连杆应调水平，两端高低差不大于 1mm。测量并记录两轴孔间的距离。

5.5.3 导叶立面间隙，在用钢丝绳捆紧的情况下，用 0.05mm 塞尺检查，不能通过；局部间隙不超过表 15 的要求。其间隙的总长度，不超过导叶高度的 25%。当设计有特殊要求时，应符合设计要求。

表 15 　　　　　　　　　　　　　　　　导叶允许局部立面间隙　　　　　　　　　　　　　　　（mm）

项目	导叶高度 h					说明
	$h<600$	$600\leqslant h<1200$	$1200\leqslant h<2000$	$2000\leqslant h<4000$	$h\geqslant4000$	
不带密封条的导叶	0.05	0.10	0.13	0.15	0.20	
带密封条的导叶	0.15			0.20		在密封条装入后检查导叶立面，应无间隙

【依据 2】《发电企业设备检修导则》（DL/T 838—2003）

7.1.1 主要设备的检修项目分标准项目和特殊项目两类（主要设备 A 级检修项目参见附录 A）

7.1.1.1 A 级检修标准项目的主要内容：

a）制造厂要求的项目；

b）全面解体、定期检查、清扫、测量、调整和修理；

c）定期监测、试验、校验和鉴定；

d）按规定需要定期更换零部件的项目；

e）按各项技术监督规定检查项目；

f）消除设备和系统的缺陷和隐患。

7.1.1.2 B 级检修项目是根据机组设备状态评价及系统的特点和运行状况，有针对性地实施部分 A 级检修项目和定期滚动检修项目。

7.1.1.3 C 级检修标准项目的主要内容：

a）消除运行中发生的缺陷；

b）重点清扫、检查和处理易损、易磨部件，必要时进行实测和试验；

c）按各项技术监督规定检查项目。

7.1.1.4 D 级检修的主要内容是消除设备和系统的缺陷。

7.1.1.5 发电企业可根据设备的状况调整各级检修的项目，原则上在一个 A 级检修周期内所有的标准项目都必须进行检修。

7.1.1.6 特殊项目为标准项目以外的检修项目以及执行反事故措施、节能措施、技改措施等项目；重大特殊项目是指技术复杂、工期长、费用高或对系统设备结构有重大改变的项目。发电企业可根据需要安排在各级检修中。

【依据 3】电厂运行/检修规程

6.1.1.2（3）本项目的查评依据如下。

【依据 1】《水轮发电机组安装技术规范》（GB/T 8564—2003）

8.3.10 从开、关两个方向，测绘导叶接力器行程与导叶开度的关系曲线。每点应测 4～8 个导叶开度，取其平均值；在导叶全开时，应测量全部导叶的开度值，其偏差一般不超过设计值的±2%。

【依据 2】电厂运行/检修规程

6.1.1.2（4）本项目的查评依据如下。

【依据 1】《发电企业设备检修导则》（DL/T 838—2003）

7.1.1 主要设备的检修项目分标准项目和特殊项目两类（主要设备 A 级检修项目参见附录 A）

7.1.1.1　A 级检修标准项目的主要内容：

a）制造厂要求的项目；

b）全面解体、定期检查、清扫、测量、调整和修理；

c）定期监测、试验、校验和鉴定；

d）按规定需要定期更换零部件的项目；

e）按各项技术监督规定检查项目；

f）消除设备和系统的缺陷和隐患。

7.1.1.2　B 级检修项目是根据机组设备状态评价及系统的特点和运行状况，有针对性地实施部分 A 级检修项目和定期滚动检修项目。

7.1.1.3　C 级检修标准项目的主要内容：

a）消除运行中发生的缺陷；

b）重点清扫、检查和处理易损、易磨部件，必要时进行实测和试验；

c）按各项技术监督规定检查项目。

7.1.1.4　D 级检修的主要内容是消除设备和系统的缺陷。

7.1.1.5　发电企业可根据设备的状况调整各级检修的项目，原则上在一个 A 级检修周期内所有的标准项目都必须进行检修。

7.1.1.6　特殊项目为标准项目以外的检修项目以及执行反事故措施、节能措施、技改措施等项目；重大特殊项目是指技术复杂、工期长、费用高或对系统设备结构有重大改变的项目。发电企业可根据需要安排在各级检修中。

【依据 2】《水电厂金属监督规程》（DL/T 1318—2014）

8.1.6　水轮机主要部件检修项目应符合表 B.1 的要求。

6.1.1.2（5）本项目的查评依据如下。

【依据 1】《发电企业设备检修导则》（DL/T 838—2003）

7.1.1　主要设备的检修项目分标准项目和特殊项目两类（主要设备 A 级检修项目参见附录 A）

7.1.1.1　A 级检修标准项目的主要内容：

a）制造厂要求的项目；

b）全面解体、定期检查、清扫、测量、调整和修理；

c）定期监测、试验、校验和鉴定；

d）按规定需要定期更换零部件的项目；

e）按各项技术监督规定检查项目；

f）消除设备和系统的缺陷和隐患。

7.1.1.2　B 级检修项目是根据机组设备状态评价及系统的特点和运行状况，有针对性地实施部分 A 级检修项目和定期滚动检修项目。

7.1.1.3　C 级检修标准项目的主要内容：

a）消除运行中发生的缺陷；

b）重点清扫、检查和处理易损、易磨部件，必要时进行实测和试验；

c）按各项技术监督规定检查项目。

7.1.1.4　D 级检修的主要内容是消除设备和系统的缺陷。

7.1.1.5　发电企业可根据设备的状况调整各级检修的项目，原则上在一个 A 级检修周期内所有的标准项目都必须进行检修。

7.1.1.6　特殊项目为标准项目以外的检修项目以及执行反事故措施、节能措施、技改措施等项目；重大特殊项目是指技术复杂、工期长、费用高或对系统设备结构有重大改变的项目。发电企业可根据需要安排在各级检修中。

【依据 2】《国家电网公司电力安全工作规程 第 3 部分：水电厂动力部分》（Q/GDW 1799.3—2015）

7.1.13 在油管的法兰盘和阀门周围，如敷设有热管道或其他热体，为了防止漏油而引起火灾，应在这些热体保温层外面再包上金属皮。无论在检修或运行中，如有油漏到保温层上，应将保温层更换。油管应尽量少用法兰盘连接。在热体附近的法兰盘，应装金属罩壳。禁止使用塑料垫或胶皮垫。油管的法兰和阀门以及轴承、调速系统等应保持严密不漏油。如有漏油现象，应及时修好；漏油应及时拭净，不许任其留在地面上。

6.1.1.2（6）本项目的查评依据如下。

【依据 1】《水轮发电机组安装技术规范》（GB/T 8564—2003）

5.5.4 接力安装应符合下列要求：

a）需在工地分解的接力器进行分解、清洗、检查和装配后，各配合间隙应符合设计要求，各组合面间隙应符合 4.7 条的要求。

b）接力器应按 4.11 条的要求作严密性耐压试验。摇摆式接力器在试验时，分油器套应来回转动 3 次～5 次。

c）接力器安装的水平偏差，在活塞处于全关、中间、全开位置时，测套筒或活塞杆水平不应大于 0.10mm/m。

d）接力器的压紧行程应符合制造厂设计要求，制造厂无要求时，按表 16 要求确定。

表 16 接力器压紧行程值 单位为毫米

项　　目		转轮直径 D					说　明
		$D<3000$	$3000 \leqslant D<6000$	$6000 \leqslant D<8000$	$8000 \leqslant D<10000$	$D \geqslant 10000$	
直缸式接力器	不带密封条的导叶	4～7	6～8	7～10	8～13	10～15	撤除接力器油压，测量活塞返回距离的行程值
	带密封条的导叶	3～6	5～7	6～9	7～12	9～14	
摇摆式接力器		导叶在全关位置，当接力器自无压升至工作油压的 50%时，其活塞移动值，即为压紧行程					如限位装置调整方便，也可按直缸接力器要求来确定

e）节流装置的位置及开度大小应符合设计要求。

f）接力器活塞移动应平稳灵活，活塞行程应符合设计要求。直缸接力器两活塞行程偏差不应大于 1mm。

g）摇摆式接力器的分油器配管后，接力器动作应灵活。

【依据 2】《混流式水泵水轮机基本技术条件》（GB/T 22581—2008）

4.2.1.12 导水机构必须设有防止破坏及事故扩大的保护装置，导叶在任何情况下均不得与转轮相碰撞，并有全关和全开位置的锁定装置。

【依据 3】《抽水蓄能可逆式水泵水轮机运行规程》（DL/T 293—2011）

4.3.3.4 导水机构应合理设置接力器的压紧行程，设置导叶异步保护装置；当导叶非正常异步时应报警。

【依据 4】《水轮机运行规程》（DL/T 710—1999）

3.2.8 水轮机导水机构的接力器应设有机械锁定装置。

【依据 5】电厂运行/检修规程

6.1.1.2（7）本项目的查评依据如下。

【依据 1】《水轮发电机组安装技术规范》（GB/T 8564—2003）

5.5.4 接力安装应符合下列要求：

a）需在工地分解的接力器进行分解、清洗、检查和装配后，各配合间隙应符合设计要求，各组合面间隙应符合 4.7 的要求。

b）接力器应按 4.11 的要求作严密性耐压试验。摇摆式接力器在试验时，分油器套应来回转动 3 次～

5 次。

c）接力器安装的水平偏差，在活塞处于全关、中间、全开位置时，测套筒或活塞杆水平不应大于0.10mm/m。

d）接力器的压紧行程应符合制造厂设计要求，制造厂无要求时，按表16要求确定。

表 16 接力器压紧行程值 单位为毫米

项目		转轮直径 D					说明
		D<3000	3000≤D<6000	6000≤D<8000	8000≤D<10000	D≥10000	
直缸式接力器	不带密封条的导叶	4~7	6~8	7~10	8~13	10~15	撤除接力器油压，测量活塞返回距离的行程值
	带密封条的导叶	3~6	5~7	6~9	7~12	9~14	
摇摆式接力器		导叶在全关位置，当接力器自无压升至工作油压的50%时，其活塞移动值即为压紧行程					在密封条装入后检查导叶立面，应无间隙

e）节流装置的位置及开度大小应符合设计要求。

f）接力器活塞移动应平稳灵活，活塞行程应符合设计要求。直缸接力器两活塞行程偏差不应大于1mm。

g）摇摆式接力器的分油器配管后，接力器动作应灵活。

【依据 2】《水轮机基本技术条件》（GB/T 15468—2006）

4.2.1.10 反击式水轮机的导水机构必须设有防止破坏及事故扩大的保护装置，其导叶的水力矩在全开至接近空载开度间应有自关闭趋向。并有全关和全开位置的锁定装置。

【依据 3】《发电企业设备检修导则》（DL/T 838—2003）

7.1.1 主要设备的检修项目分标准项目和特殊项目两类（主要设备 A 级检修项目参见附录 A）

7.1.1.1 A 级检修标准项目的主要内容：

a）制造厂要求的项目；

b）全面解体、定期检查、清扫、测量、调整和修理；

c）定期监测、试验、校验和鉴定；

d）按规定需要定期更换零部件的项目；

e）按各项技术监督规定检查项目；

f）消除设备和系统的缺陷和隐患。

7.1.1.2 B 级检修项目是根据机组设备状态评价及系统的特点和运行状况，有针对性地实施部分 A 级检修项目和定期滚动检修项目。

7.1.1.3 C 级检修标准项目的主要内容：

a）消除运行中发生的缺陷；

b）重点清扫、检查和处理易损、易磨部件，必要时进行实测和试验；

c）按各项技术监督规定检查项目。

7.1.1.4 D 级检修的主要内容是消除设备和系统的缺陷。

7.1.1.5 发电企业可根据设备的状况调整各级检修的项目，原则上在一个 A 级检修周期内所有的标准项目都必须进行检修。

7.1.1.6 特殊项目为标准项目以外的检修项目以及执行反事故措施、节能措施、技改措施等项目；重大特殊项目是指技术复杂、工期长、费用高或对系统设备结构有重大改变的项目。发电企业可根据需要安排在各级检修中。

【依据 4】《水轮机运行规程》（DL/T 710—1999）

6.9.2 水轮机室的接力器无抽动、无漏油，回复机构传动钢丝绳无松动和发卡现象，机构工作正常。

【依据5】《抽水蓄能可逆式水泵水轮机运行规程》（DL/T 293—2011）

6.3.2 导叶接力器无抽动、漏油现象；导叶异步保护装置无动作，信号装置正常。

【依据6】电厂运行/检修规程

6.1.1.2（8）本项目的查评依据如下。

【依据1】《水轮发电机组自动化元件（装置）及其系统基本技术条件》（GB/T 11805—2008）

5.1.2.17 剪断销信号器应有良好的防潮性能，其引出电缆应具有良好的耐油性能，当剪断销剪断时应正确发出报警信号。

5.1.2.18 当一个或多个剪断销剪断时，剪断销信号报警装置应能正确发出报警信号。同时剪断销信号报警装置还应指示出被剪断的剪断销的编号。

【依据2】《水轮机运行规程》（DL/T 710—1999）

6.9.4 导叶剪断销无剪断或跳出，信号装置完好，机组运转声音正常，无异常振动、摆动现象。

6.1.1.2（9）本项目的查评依据如下。

【依据1】《发电企业设备检修导则》（DL/T 838—2003）

7.1.1 主要设备的检修项目分标准项目和特殊项目两类（主要设备A级检修项目参见附录A）

7.1.1.1 A级检修标准项目的主要内容：

a）制造厂要求的项目；

b）全面解体、定期检查、清扫、测量、调整和修理；

c）定期监测、试验、校验和鉴定；

d）按规定需要定期更换零部件的项目；

e）按各项技术监督规定检查项目；

f）消除设备和系统的缺陷和隐患。

7.1.1.2 B级检修项目是根据机组设备状态评价及系统的特点和运行状况，有针对性地实施部分A级检修项目和定期滚动检修项目。

7.1.1.3 C级检修标准项目的主要内容：

a）消除运行中发生的缺陷；

b）重点清扫、检查和处理易损、易磨部件，必要时进行实测和试验；

c）按各项技术监督规定检查项目。

7.1.1.4 D级检修的主要内容是消除设备和系统的缺陷。

7.1.1.5 发电企业可根据设备的状况调整各级检修的项目，原则上在一个A级检修周期内所有的标准项目都必须进行检修。

7.1.1.6 特殊项目为标准项目以外的检修项目以及执行反事故措施、节能措施、技改措施等项目；重大特殊项目是指技术复杂、工期长、费用高或对系统设备结构有重大改变的项目。发电企业可根据需要安排在各级检修中。

【依据2】电厂运行/检修规程

6.1.1.2（10）本项目的查评依据如下。

【依据1】《水轮机运行规程》（DL/T 710—1999）

6.9 水轮机部分的检查和维护

6.9.1 水导轴承油槽油色、油位合格，油槽无漏油、甩油，外壳无异常过热现象，冷却水压指示正常。定期进行油质化验。

6.9.2 水轮机室的接力器无抽动、无漏油，回复机构传动钢丝绳无松动和发卡现象，机构工作正常。

6.9.3 检查漏油装置油泵和电动机工作正常，漏油泵在自动状态，漏油箱油位在正常范围内，控制浮子及信号器完好。

6.9.4 导叶剪断销无剪断或跳出，信号装置完好，机组运转声音正常，无异带振动、摆动现象。

6.9.5 水轮机主轴密封无大量漏水，导叶轴套、顶盖补气阀无漏水，顶盖各部件无振动松动，排水畅通，排水泵工作正常。

6.9.6 转桨式水轮机的叶片密封正常，受油器无漏油现象。

6.9.7 各管路阀门位置正确，无漏油、漏气、漏水现象。过滤器工作正常，前后压差不应过大，否则应打开排污阀清扫排污。

6.9.8 各电磁阀和电磁配压阀位置正确，各电气引线装置完好，无过热变色氧化现象。

6.9.9 蜗壳、尾水管进人孔门螺栓齐全、紧固，无剧烈振动现象，压力钢管伸缩节正常，地面排水保持畅通。

6.9.10 水轮机充水前后的检查按 DL/T 507 的要求进行。

【依据 2】《发电企业设备检修导则》（DL/T 838—2003）

7.1.1 主要设备的检修项目分标准项目和特殊项目两类（主要设备 A 级检修项目参见附录 A）

7.1.1.1 A 级检修标准项目的主要内容：

a）制造厂要求的项目；

b）全面解体、定期检查、清扫、测量、调整和修理；

c）定期监测、试验、校验和鉴定；

d）按规定需要定期更换零部件的项目；

e）按各项技术监督规定检查项目；

f）消除设备和系统的缺陷和隐患。

7.1.1.2 B 级检修项目是根据机组设备状态评价及系统的特点和运行状况，有针对性地实施部分 A 级检修项目和定期滚动检修项目。

7.1.1.3 C 级检修标准项目的主要内容：

a）消除运行中发生的缺陷；

b）重点清扫、检查和处理易损、易磨部件，必要时进行实测和试验；

c）按各项技术监督规定检查项目。

7.1.1.4 D 级检修的主要内容是消除设备和系统的缺陷。

7.1.1.5 发电企业可根据设备的状况调整各级检修的项目，原则上在一个 A 级检修周期内所有的标准项目都必须进行检修。

7.1.1.6 特殊项目为标准项目以外的检修项目以及执行反事故措施、节能措施、技改措施等项目；重大特殊项目是指技术复杂、工期长、费用高或对系统设备结构有重大改变的项目。发电企业可根据需要安排在各级检修中。

6.1.1.2（11）本项目的查评依据如下。

【依据 1】《水轮机基本技术条件》（GB/T 15468—2006）

4.2.1.10 反击式水轮机的导水机构必须设有防止破坏及事故扩大的保护装置，其导叶的水力矩在全开至接近空载开度间应有自关闭趋向。并有全关和全开位置的锁定装置。

【依据 2】《水轮机运行规程》（DL/T 710—1999）

3.2.7 反击式水轮机的导水机构必须设有防止破坏及事故扩大的保护装置。

3.2.8 水轮机导水机构的接力器应设有机械锁定装置。

【依据 3】《抽水蓄能可逆式水泵水轮机运行规程》（DL/T 293—2011）

6.3.2 导叶接力器无抽动、漏油现象；导叶异步保护装置无动作，信号装置正常。

【依据 4】《国家电网公司关于印发水电厂重大反事故措施的通知》（国家电网基建〔2015〕60 号）

5.1 防止机组飞逸事故

5.1.1 设计阶段

5.1.1.1 应设置完善的停机过程剪断销剪断（或其他导叶发卡保护）、调速系统低油压、低油位、电气和机械过速等保护装置，同时为防止在机组甩负荷而调速器又失灵时发生飞逸事故，应装设过速限制器（包含事故配压阀、电磁换向阀、纯机械过速保护装置等）。

5.1.1.2 按无人值班设计的水电厂应采用"失电动作"规则，即当调速器控制回路电压消失时，自动动作关闭机组导叶。

5.1.1.3 工作闸门（主阀）应具备动水关闭功能，在导水机构拒动时应保证工作闸门（主阀）能在最大流量动水关闭，关闭时间应保证机组在最大飞逸转速下的运行时间小于允许值。贯流式水轮机应设置防止飞逸的关闭重锤，导水机构拒动时应能够动水关闭，重锤关机的时间应能保证机组在最大飞逸转速下的运行时间小于允许值。反击式水轮机导叶的水力矩应有自关闭功能设计。

5.1.2 基建阶段

5.1.2.1 调试期应根据合同约定进行动水关闭试验以验证工作闸门（主阀）性能，贯流式水轮机应进行重锤关机试验。

5.1.2.2 新投运（改造）的调速系统，应进行水轮机调节系统静态模拟试验、动态特性试验、功能性试验、导叶关闭规律检验、低油压及低油位试验等，各项指标合格后方可投入运行。

5.1.2.3 新机组投运前应进行过速试验，过速整定值校验合格，过速保护装置动作可靠；同时新机组投运前应按照要求进行甩负荷试验，检查甩负荷过程中水压上升率、转速上升率和尾水管真空度应符合调节保证要求。

5.1.2.4 水轮机电气过速和机械过速的整定值应结合机组调节保证最大瞬态转速规定值进行整定。

5.1.3 运行阶段

5.1.3.1 调速系统、工作闸门（主阀）、重锤的启闭控制系统、事故停机系统均应投入正常运行。

5.1.3.2 过速保护装置应定期检验，并正常投入。对水机过速保护装置、事故停机剪断销剪断（或其他导叶发卡保护）等在机组检修时应进行传动试验。

5.1.3.3 调速系统大修后，应进行水轮机调节系统静态模拟试验、动态特性试验和导叶关闭规律检验等。

5.1.3.4 机组A级检修后应进行甩负荷试验，检查甩负荷过程中水压上升率、转速上升率和尾水管真空度应符合调节保证要求。

5.1.3.5 远方和现地紧急停机回路完备可靠，且能够远方手动紧急关闭主阀或工作闸门。

【依据5】电厂检修规程

6.1.1.3 主轴密封（含检修密封）

6.1.1.3（1）本项目的查评依据如下。

【依据1】《发电企业设备检修导则》（DL/T 838—2003）

7.1.1 主要设备的检修项目分标准项目和特殊项目两类（主要设备A级检修项目参见附录A）

7.1.1.1 A级检修标准项目的主要内容：

a）制造厂要求的项目；

b）全面解体、定期检查、清扫、测量、调整和修理；

c）定期监测、试验、校验和鉴定；

d）按规定需要定期更换零部件的项目；

e）按各项技术监督规定检查项目；

f）消除设备和系统的缺陷和隐患。

7.1.1.2 B级检修项目是根据机组设备状态评价及系统的特点和运行状况，有针对性地实施部分A级检修项目和定期滚动检修项目。

7.1.1.3 C级检修标准项目的主要内容：

a）消除运行中发生的缺陷；

b）重点清扫、检查和处理易损、易磨部件，必要时进行实测和试验；

c）按各项技术监督规定检查项目。

7.1.1.4 D级检修的主要内容是消除设备和系统的缺陷。

7.1.1.5　发电企业可根据设备的状况调整各级检修的项目，原则上在一个 A 级检修周期内所有的标准项目都必须进行检修。

7.1.1.6　特殊项目为标准项目以外的检修项目以及执行反事故措施、节能措施、技改措施等项目；重大特殊项目是指技术复杂、工期长、费用高或对系统设备结构有重大改变的项目。发电企业可根据需要安排在各级检修中。

【依据 2】《抽水蓄能可逆式水泵水轮机运行规程》（DL/T 293—2011）

4.3.2.3　主轴密封运行时应无异常的渗水、漏气、温度高和严重磨损等情况。

【依据 3】《水轮机运行规程》（DL/T 710—1999）

6.9.5　水轮机主轴密封无大量漏水，导叶轴套、顶盖补气阀无漏水，顶盖各部件无振动松动，排水畅通，排水泵工作正常。

【依据 4】电厂运行/检修规程

6.1.1.3（2）本项目的查评依据如下。

【依据 1】《抽水蓄能可逆式水泵水轮机运行规程》（DL/T 293—2011）

4.3.2.3　主轴密封运行时应无异常的渗水、漏气、温度高和严重磨损等情况。

【依据 2】《国家电网公司关于印发水电厂重大反事故措施的通知》（国家电网基建〔2015〕60 号）

5.7　防止主轴密封过热损坏事故

5.7.1　设计阶段

5.7.1.1　主轴密封设计应能满足水轮机各工况下的密封要求，应设置两路独立的水源作为润滑水水源。供水流量和压力应设置合理，以保证主轴密封正常运行时无异常的渗水（漏气）、温度高和严重磨损的情况。

5.7.1.2　主轴密封应设置冷却水流量和压力等测量元件，对于水泵水轮机还应设置密封环温度、磨损量等测量装置。

5.7.1.3　主轴密封应配有水压力异常报警装置，对于水泵水轮机还应配有主轴密封温度过高及磨损量过大的报警装置。

5.7.2　基建阶段

5.7.2.1　主轴检修密封安装前应进行漏气试验，安装后应作充、排气试验，检查检修密封复位情况，同时应作保压试验，保压试验压降应符合要求。工作密封和检修密封安装间隙应符合设计要求。

5.7.3　运行阶段

5.7.3.1　主轴密封供水应保证水质清洁、水流畅通和水压正常，流量计、压力变送器、示流器等装置应定期检验确保其工作正常，对设计有主备用供水水源的主轴密封应定期进行切换试验。

5.7.3.2　主轴密封压力、流量、温度等报警装置工作正常，定值整定正确。

5.7.3.3　应定期巡视检查主轴密封的漏水情况，漏水量大时应查明原因并采取措施。

【依据 3】电厂运行/检修规程

6.1.1.3（3）本项目的查评依据如下。

【依据 1】《水轮发电机组安装技术规范》（GB/T 8564—2003）

5.6.4　主轴检修密封安装应符合下列要求：

a）空气围带在装配前通 0.05MPa 的压缩空气，在水中作漏气试验，应无漏气现象；

b）安装后，径向间隙应符合设计要求，偏差不应超过设计间隙值的±20%；

c）安装后，应作充排气试验和保压试验，压降应符合要求，一般在 1.5 倍工作压力保压 1h，压降不宜超过额定工作压力的 10%。

5.6.5　主轴工作密封安装应符合下列要求：

a）工作密封安装的轴向、径向间隙应符合设计要求，允许偏差不应超过实际平均间隙值的±20%；

b）密封件应能上下自由移动，与转环密封面接触良好；供排水管路应畅通。

【依据2】电厂运行/检修规程

6.1.1.4 水轮机导轴承

6.1.1.4（1）本项目的查评依据如下。

【依据1】《水轮发电机基本技术条件》（GB/T 7894—2009）

6.3 轴承温度

水轮发电机在额定运行工况下，其轴承的最高温度采用埋置检温计法测量，应不超过下列数值：

推力轴承巴氏合金瓦	80℃
导轴承巴氏合金瓦	75℃
推力轴承塑料瓦体	55℃
导轴承塑料瓦体	55℃
座式滑动轴承巴氏合金瓦	80℃

【依据2】《水轮机基本技术条件》（GB/T 15468—2006）

4.2.1.9 水轮机在各种运行工况时，其稀油润滑的导轴承的轴瓦最高温度不应超过70℃；卧式水轮机的径向推力轴承轴瓦最高温度不超过70℃。油的最高温度不超过65℃。

【依据3】《水轮发电机组安装技术规范》（GB/T 8564—2003）

3.1 水轮发电机组的安装应根据设计单位和制造厂已审定的机组安装图及有关技术文件，按本规范要求进行。制造厂有特殊要求的，应按制造厂有关技术文件的要求进行。凡本规范和制造厂技术文件均未涉及者，应拟定补充规定。当制造厂的技术要求与本规范有矛盾时，一般按制造厂要求进行或与制造厂协商解决。

【依据4】《水轮发电机运行规程》（DL/T 751—2001）

3.5 轴承

3.5.1 发电机应根据制造厂的规定与实际运行经验，确定各部轴瓦报警和停机的温度值，报警时应迅速查明原因并消除。

3.5.2 轴承润滑油的选择应满足设备技术条件的要求。发电机各轴承油槽的运行油面和静止油面位置应按制造厂要求，分别标出。

3.5.3 为防止轴承绝缘损坏造成轴电流损伤镜板，应装设轴电流保护。

3.5.4 推力轴承油槽绝缘，未充油前用1000V绝缘电阻表测量时，其绝缘电阻不低于1.0MΩ；充油后，绝缘电阻不得低于0.3MΩ。

3.5.5 推力轴承和导轴承为浸油式的油槽油温允许最低值，应按制造厂规定执行。制造厂无规定的不能低于10℃；强迫外循环润滑油油温不能低于15℃，否则应设法加温。

3.5.6 外循环润滑冷却（强油循环）的发电机轴承，油压应按制造厂规定执行。油泵应有备用的交流电源，以提高轴承运行的可靠性。

3.5.7 立式机组在停机期间，可隔一定时间（新机不超过24h，运转3个月以后性能良好的机组不超过72h，运转一年以后性能良好的机组不超过240h）空载转动一次，或用油泵将机组转子顶起一次。

当停机超过上述规定时间或油槽排油检修，在机组启动前，必须用油泵将转子顶起，使推力轴瓦与镜板间进油。立式水轮发电机的推力轴承采用高压油顶起或电磁吸力减载方式时，应按规定的启动程序启动。

3.5.8 推力轴承为巴氏合金轴瓦的机组运行中冷却水不得中断。

3.5.9 装有高压油顶起装置的发电机推力轴承，应安装两台高压油泵，其装置配有两套可靠的工作电源。

3.5.10 发电机的推力轴承、导轴承的结构，应有密封，以防止油雾污染绕组、滑环。

3.5.11 采用弹性金属塑料推力轴承的机组应遵守以下规定：

a）瓦体最高允许运行温度一般控制在55℃，轴瓦报警和停机温度按发电机额定运行工况时瓦体温度增加10℃～15℃。

b）定期清扫推力油槽及槽内各部件，经常保持油的清洁程度，油槽热油温度控制不超过50℃。

c）正常停机后，可以连续启动，其间隔时间和启动次数不作限制；瓦温在5℃以上时，允许冷态启动。

d）停机时间在30d以内时，可以不顶起转子开机；停机时，允许转速降低至10%额定转速，投入掣动；在制动系统故障，需要立即停机时，方允许惰性停机，但一年内不超过3次。

e）运行中如出现冷却水中断，应立即排除；当瓦体温度不超过55℃，油槽内热油温度不超过50℃时，可以暂时运行，继续运行时间根据断水试验结果确定；在此期间应时刻监视油温、瓦温上升情况，恢复冷却水时，要缓慢调整至正常压力。

【依据5】《水轮机运行规程》（DL/T 710—1999）

6.9.1 水导轴承油槽油色、油位合格，油槽无漏油、甩油，外壳无异常过热现象，冷却水压指示正常。定期进行油质化验。

【依据6】《抽水蓄能可逆式水泵水轮机运行规程》（DL/T 293—2011）

4.3.1 水导轴承

4.3.1.1 水导轴承应设置流量、瓦温、油温和油位的自动化测量元件。

4.3.1.2 水泵水轮机在各种工况运行时，其稀油润滑的水导轴承的轴瓦最高温度不应超过70℃；润滑油的最高运行温度不超过50℃。

4.3.1.3 水导轴承油冷却器投入运行前应经过耐压试验，这是水导轴承油混水报警装置。

4.3.1.4 当轴承润换油采用外循环冷却时，应有相应的自动化元件监控润滑油的循环和冷却水的供给。

6.3.1.5 水导轴承油槽油色、油位正常，油槽无漏油、甩油，定期进行油质化验；冷却水管路无松动、脱落、渗漏，水压正常；外循环泵运行无振动大、异音、过负荷等异常现象；导轴承的螺栓无松动。

【依据7】电厂运行/检修规程

6.1.1.4（2）本项目的查评依据如下。

【依据1】《水轮发电机组安装技术规范》（GB/T 8564—2003）

5.6.3 轴承安装应符合下列要求：

a）稀油轴承油箱，不允许漏油，一般要按4.12要求作煤油渗漏试验；

b）轴承冷却器应按4.11要求作耐压试验；

c）油质应合格，油位高度应符合设计要求，偏差一般不超过±10mm。

【依据2】《水轮发电机基本技术条件》（GB/T 7894—2009）

10.4.8 推力轴承和导轴承应设置防止油雾逸出和甩油的可靠密封装置。位于非驱动端的推力轴承和导轴承应设置防止轴电流的可靠绝缘。

【依据3】《立式水轮发电机组检修技术规程》（DL/T 817—2002）

5.7.1.7 导轴瓦装复应符合下列要求：

a）轴瓦装复应在机组轴线及推力瓦受力调整合格后，水轮机止漏环间隙及发电机空气间隙均符合要求，即机组轴线处于实际回转中心位置的条件下进行。为了方便复查轴承中心位置，应在轴承固定部分合适地方建立测点，并记录有关数据。

b）导轴瓦装配后，间隙调整应根据主轴中心位置，并考虑盘车的摆度方位和大小进行间隙调整，安装总间隙应符合设计要求。对采用液压支柱式推力轴承的发电机，其中一部导轴承轴瓦间隙的调整可不必考虑摆度值，可按设计值均匀调整。

c）导轴瓦间隙调整前，必须检查所有轴瓦是否已顶紧靠在轴领上。

d）分块式导轴瓦间隙允许偏差不应超过±0.02mm。

5.7.1.10 导轴承装复后应符合下列要求：

a）导轴承油槽清扫后进行煤油渗漏试验，至少保持4h，应无渗漏现象。

b）油质应合格，油位高度应符合设计要求，偏差不超过±10mm。

c）导轴承冷却器应按设计要求的试验压力进行耐压试验，设计无规定时，试验压力一般为工作压力的两倍，但不得低于 0.4MPa，保持 60min，无渗漏现象。

【依据 4】《水轮机运行规程》（DL/T 710—1999）

3.3 水轮机导轴承

3.3.1 油润滑导轴承的油位和瓦温应满足设计规定值。

3.3.2 水润滑导轴承，其润滑水的供水要求可靠，必须设置两路独立的水源作润滑水水源。

6.9.1 水导轴承油槽油色、油位合格，油槽无漏油、甩油，外壳无异常过热现象，冷却水压指示正常。定期进行油质化验。

【依据 5】《抽水蓄能可逆式水泵水轮机运行规程》（DL/T 293—2011）

6.3.1 水导轴承油槽油色、油位正常，油槽无漏油、甩油，定期进行油质化验；冷却水管路无松动、脱落、渗漏，水压正常；外循环泵运行无振动大、异音、过负荷等异常现象；导轴承的螺栓无松动。

【依据 6】《水电厂金属监督规程》（DL/T 1318—2014）

8.1.6 水轮机主要部件检修项目应符合表 B.1 的要求。

【依据 7】《发电企业设备检修导则》（DL/T 838—2003）

7.1.1 主要设备的检修项目分标准项目和特殊项目两类（主要设备 A 级检修项目参见附录 A）

7.1.1.1 A 级检修标准项目的主要内容：

a）制造厂要求的项目；

b）全面解体、定期检查、清扫、测量、调整和修理；

c）定期监测、试验、校验和鉴定；

d）按规定需要定期更换零部件的项目；

e）按各项技术监督规定检查项目；

f）消除设备和系统的缺陷和隐患。

7.1.1.2 B 级检修项目是根据机组设备状态评价及系统的特点和运行状况，有针对性地实施部分 A 级检修项目和定期滚动检修项目。

7.1.1.3 C 级检修标准项目的主要内容：

a）消除运行中发生的缺陷；

b）重点清扫、检查和处理易损、易磨部件，必要时进行实测和试验；

c）按各项技术监督规定检查项目。

7.1.1.4 D 级检修的主要内容是消除设备和系统的缺陷。

7.1.1.5 发电企业可根据设备的状况调整各级检修的项目，原则上在一个 A 级检修周期内所有的标准项目都必须进行检修。

7.1.1.6 特殊项目为标准项目以外的检修项目以及执行反事故措施、节能措施、技改措施等项目；重大特殊项目是指技术复杂、工期长、费用高或对系统设备结构有重大改变的项目。发电企业可根据需要安排在各级检修中。

【依据 8】《国家电网公司电力安全工作规程 第 3 部分：水电厂动力部分》（Q/GDW 1799.3—2015）

7.1.13 在油管的法兰盘和阀门周围，如敷设有热管道或其他热体，为了防止漏油而引起火灾，应在这些热体保温层外面再包上金属皮。无论在检修或运行中，如有油漏到保温层上，应将保温层更换。油管应尽量少用法兰盘连接。在热体附近的法兰盘，应装金属罩壳。禁止使用塑料垫或胶皮垫。油管的法兰和阀门以及轴承、调速系统等应保持严密不漏油。如有漏油现象，应及时修好；漏油应及时拭净，不许任其留在地面上。

【依据 9】《混流式水泵水轮机基本技术条件 》（GB/T 22581—2008）

4.2.3.6 采用巴氏合金的轴瓦，其与瓦基的结合情况应进行 100%超声波检查，接触面应不少于 95%，且单个脱壳面积不大于 1%；表面用渗透法探伤应无缺陷。

【依据10】《水电站金属结构无损检测技术规范》（Q/GDW 11698—2017）

5.2.3.11 运维检修阶段水轮机及其附件的无损检测项目见表 3。

【依据11】电厂运行/检修规程

6.1.1.4（3）本项目的查评依据如下。

【依据1】《水轮发电机组自动化元件（装置）及其系统基本技术条件》（GB/T 11805—2008）

5.1.2.16 当油中混入水分时，油混水信号装置应可靠发出报警信号。当水分被排除时报警信号消除。带有混水量显示的仪表应能显示油中水的含量（容器中水的体积与油的体积之比），具有显示或 4mA～20mA 模拟量输出的油混水信号装置，其显示值及 4mA～20mA 模拟量输出值应与油中混水量成正比（0～10%范围内）。油中混水量报警信号在 0～10%范围内可调，其动作误差≤1%（容器中水的体积与油的体积之比）。

【依据2】《涡轮机油》（GB 11120—2011）第 4、5 章

6.1.1.5 压力钢管、蜗壳、座环及尾水管

6.1.1.5（1）本项目的查评依据如下。

【依据1】《发电企业设备检修导则》（DL/T 838—2003）

7.1.1 主要设备的检修项目分标准项目和特殊项目两类（主要设备 A 级检修项目参见附录 A）

7.1.1.1 A 级检修标准项目的主要内容：

a）制造厂要求的项目；

b）全面解体、定期检查、清扫、测量、调整和修理；

c）定期监测、试验、校验和鉴定；

d）按规定需要定期更换零部件的项目；

e）按各项技术监督规定检查项目；

f）消除设备和系统的缺陷和隐患。

7.1.1.2 B 级检修项目是根据机组设备状态评价及系统的特点和运行状况，有针对性地实施部分 A 级检修项目和定期滚动检修项目。

7.1.1.3 C 级检修标准项目的主要内容：

a）消除运行中发生的缺陷；

b）重点清扫、检查和处理易损、易磨部件，必要时进行实测和试验；

c）按各项技术监督规定检查项目。

7.1.1.4 D 级检修的主要内容是消除设备和系统的缺陷。

7.1.1.5 发电企业可根据设备的状况调整各级检修的项目，原则上在一个 A 级检修周期内所有的标准项目都必须进行检修。

7.1.1.6 特殊项目为标准项目以外的检修项目以及执行反事故措施、节能措施、技改措施等项目；重大特殊项目是指技术复杂、工期长、费用高或对系统设备结构有重大改变的项目。发电企业可根据需要安排在各级检修中。

【依据2】《水电厂金属监督规程》（DL/T 1318—2014）

8.1.6 水轮机主要部件检修项目应符合表 B.1 的要求。

【依据3】电厂运行/检修规程

6.1.1.5（2）本项目的查评依据如下。

【依据1】《发电企业设备检修导则》（DL/T 838—2003）

7.1.1 主要设备的检修项目分标准项目和特殊项目两类（主要设备 A 级检修项目参见附录 A）

7.1.1.1 A 级检修标准项目的主要内容：

a）制造厂要求的项目；

b）全面解体、定期检查、清扫、测量、调整和修理；

c）定期监测、试验、校验和鉴定；

d）按规定需要定期更换零部件的项目；

e）按各项技术监督规定检查项目；

f）消除设备和系统的缺陷和隐患。

7.1.1.2　B 级检修项目是根据机组设备状态评价及系统的特点和运行状况，有针对性地实施部分 A 级检修项目和定期滚动检修项目。

7.1.1.3　C 级检修标准项目的主要内容：

a）消除运行中发生的缺陷；

b）重点清扫、检查和处理易损、易磨部件，必要时进行实测和试验；

c）按各项技术监督规定检查项目。

7.1.1.4　D 级检修的主要内容是消除设备和系统的缺陷。

7.1.1.5　发电企业可根据设备的状况调整各级检修的项目，原则上在一个 A 级检修周期内所有的标准项目都必须进行检修。

7.1.1.6　特殊项目为标准项目以外的检修项目以及执行反事故措施、节能措施、技改措施等项目；重大特殊项目是指技术复杂、工期长、费用高或对系统设备结构有重大改变的项目。发电企业可根据需要安排在各级检修中。

【依据 2】电厂运行/检修规程

6.1.1.5（3）本项目的查评依据如下。

【依据 1】《发电企业设备检修导则》（DL/T 838—2003）

7.1.1　主要设备的检修项目分标准项目和特殊项目两类（主要设备 A 级检修项目参见附录 A）

7.1.1.1　A 级检修标准项目的主要内容：

a）制造厂要求的项目；

b）全面解体、定期检查、清扫、测量、调整和修理；

c）定期监测、试验、校验和鉴定；

d）按规定需要定期更换零部件的项目；

e）按各项技术监督规定检查项目；

f）消除设备和系统的缺陷和隐患。

7.1.1.2　B 级检修项目是根据机组设备状态评价及系统的特点和运行状况，有针对性地实施部分 A 级检修项目和定期滚动检修项目。

7.1.1.3　C 级检修标准项目的主要内容：

a）消除运行中发生的缺陷；

b）重点清扫、检查和处理易损、易磨部件，必要时进行实测和试验；

c）按各项技术监督规定检查项目。

7.1.1.4　D 级检修的主要内容是消除设备和系统的缺陷。

7.1.1.5　发电企业可根据设备的状况调整各级检修的项目，原则上在一个 A 级检修周期内所有的标准项目都必须进行检修。

7.1.1.6　特殊项目为标准项目以外的检修项目以及执行反事故措施、节能措施、技改措施等项目；重大特殊项目是指技术复杂、工期长、费用高或对系统设备结构有重大改变的项目。发电企业可根据需要安排在各级检修中。

【依据 2】《水轮机运行规程》（DL/T 710—1999）

6.9.9　蜗壳、尾水管进人孔门螺栓齐全、紧固，无剧烈振动现象，压力钢管伸缩节正常，地面排水保持畅通。

【依据 3】《抽水蓄能可逆式水泵水轮机运行规程》（DL/T 293—2011）

6.3.6　蜗壳、尾水管进人孔门螺栓齐全、紧固，无漏水、无剧烈振动现象。

【依据4】《水轮机基本技术条件》（GB/T 15468—2006）

4.2.1.16　水轮机进水阀后的蜗壳进口段顶部和卧式水轮机的蜗壳顶部应设置自动排气、补气装置。

4.2.1.17　水轮机应设置观察孔和进人门，蜗壳上的进人门不宜小于ϕ600mm，尾水管上进入门尺寸不宜小于ϕ600mm 或 600mm×600mm，采用方形进人门时，四角应倒圆，进人门的下侧应设验水阀。在进人门处，应按 GB 150 制压力容器的要求进行补强。进人门、观察孔的位置、数量、尺寸由供需双方商定。

4.2.1.18　立式反击式水轮机尾水管内应设置易于拆装的、有足够承载能力的、轻型检修平台。冲击式水轮机机坑内的稳水栅应有足够的强度，以便于水轮机转轮、喷嘴等的拆装和检修。

4.2.3.3　水轮机设备表面应有防锈涂层。并应规定：

a）表面处理的要求；

b）对漆及其他防护保护方法和其使用说明；

c）发运前和在工地时的使用要求；

d）涂层数；

e）每层膜厚和总厚；

f）检查和控制质量规定。

对装饰性电镀层应符合 GB/T 9797—1997 的规定。

4.2.3.4　凡是与水接触的紧固件均应采用防锈或耐腐蚀的材料制造或采取相应措施。

【依据5】《水轮发电机组安装技术规范》（GB/T 8564—2003）

5.7.2　蜗壳及尾水管排水闸阀或盘形阀的接力器，均应按 4.11 要求作严密性耐压试验。

5.7.3　盘形阀的阀座安装，其水平偏差不应大于 0.20mm/m。盘形阀安装后，检查密封面应无间隙，阀组动作应灵活，阀杆密封应可靠。

【依据6】电厂运行/检修规程

6.1.1.6　顶盖与底环

6.1.1.6（1）本项目的查评依据如下。

【依据1】《水轮机基本技术条件》（GB/T 15468—2006）

5.3　空化、空蚀和磨蚀的保证

5.3.1　应对水轮机的空化系数作出保证。

5.3.2　反击式水轮机在一般水质条件下的空蚀损坏保证应符合 GB/T 15469 的规定冲击式水轮机在一般水质条件下的空蚀损坏保证应符合 GB/T 19184—2003 的规定。需方应保留保证期内的运行记录，运行记录中至少应有水头、功率、运行时间和相应尾水位的数据。

5.3.3　当水中含沙量较大时，应对水轮机的磨蚀损坏作出保证。其保证值可根据过机流速、泥沙含量、泥沙特性及电站运行条件等，由需方和供方商定。

5.4　水轮机的稳定运行范围

5.4.1　在空载情况下应能稳定地运行。

5.4.2　在 4.1.4 规定的最大和最小水头范围内，水轮机应在表 4 所列功率范围内稳定运行：

表4

水轮机型式	相应水头下的机组保证功率范围/（%）	水轮机型式	相应水头下的机组保证功率范围/（%）
混流式	（45～100）	转桨式	（35～100）
定桨式	（75～100）	冲击式	（25～100）

对于混流式水轮机，如在保证运行范围内出现强振，应采取相应措施或避振运行。

5.4.3　原型水轮机在 5.4.2 所规定的保证运行范围内，应对混流式水轮机尾水管内的压力脉动的混频峰—峰值或均方根值作出保证。

当以导叶中心平面为基准面，在电站空化系数下测取尾水管压力脉动混频峰—峰值，在最大水头与最小水头之比小于 1.6 时，其保证值应不大于相应运行水头的 3%～11%，低比转速取小值，高比转速取大值；原型水轮机尾水管进口下游侧压力脉动峰—峰值不应大于 10m 水柱。

5.4.4　应在模型试验中对叶道涡、叶片进水边正背面空化及其他可能影响稳定性的水力现象进行观察和评估。

5.5　振动

5.5.1　在各种运行工况下（包括甩负荷），水轮机各部件不应产生共振和有害变形。

5.5.2　在保证的稳定运行范围内，立式水轮机顶盖以及卧式水轮机轴承座的垂直方向和水平方向的振动值，应不大于表 5 的规定要求。测量方法按 GB/T 6075.5—2002 执行。

表 5　　μm

项　目	额定转速/（r/min）			
	<100	>100～250	>250～375	>375～750
	振动允许值（双振幅）			
立式机组顶盖水平振动	90	70	50	30
立式机组顶盖垂直振动	110	90	60	30
卧式机组水轮机轴承的水平振动	120	100	100	100
卧式机组水轮机轴承的垂直振动	110	90	70	50

注：振动值系指机组在除过速运行以外的各种运行工况下的双振幅值。

5.5.3　在正常运行工况下，主轴相对振动（摆度）应不大于 GB/T 11348.5—2002 图 A.2 中所规定的 B 区上限线（见附录 D），且不超过轴承间隙 75%。

5.5.4　水轮发电机组轴系的临界转速应由水轮机和水轮发电机供方分别计算确定，轴系的第一阶临界转速应不小于最大飞逸转速的 120%。

5.8　噪声

水轮机正常运行时，在水轮机机坑地板上方 1m 处所测得的噪声不应大于 90dB（A），在距尾水管进人门 1m 处所测得的噪声不应大于 95dB（A），冲击式水轮机机壳上方 1m 处所测得的噪声不应大于 85dB（A），贯流式水轮机转轮室周围 1m 内所测得的噪声不应大于 90dB（A）。

【依据 2】《混流式水泵水轮机基本技术条件》（GB/T 22581—2008）

5.3.7　空化、空蚀和磨蚀的保证

5.3.7.1　应对水泵水轮机的空化系数做出保证。

5.3.7.2　在一般水质条件下的空蚀损坏保证应符合 GB/T 15469.2 或 IEC 60609—1 的规定。需方应保留保证期内的运行记录，运行记录中至少应有水头/扬程、功率/输入功率、流量、运行时间和相应尾水位的数据。

5.3.7.3　当水中含沙量较大时，应对水泵水轮机的磨蚀损坏做出保证。其保证值可根据过机流速、泥沙含量、泥沙特性及电站运行条件等确定。

【依据 3】《水轮机、蓄能泵和水泵水轮机空蚀评定　第 1 部分：反击式水轮机的空蚀评定》（GB/T 15469.1—2008）

4.1　保证期限

除非协议中另有说明，空蚀保证期或空蚀保证运行时间应与合同中协议规定的水轮机的保证期一致。

【依据 4】《水轮机、蓄能泵和水泵水轮机空蚀评定　第 2 部分：蓄能泵和水泵水轮机的空蚀评定》（GB/T 15469.2—2007）

4.1　保证期限

除非协议中有说明，空蚀保证期或空蚀保证运行小时数应与合同中协议规定的水力机械的保证期一致。

【依据 5】《发电企业设备检修导则》（DL/T 838—2003）

7.1.1　主要设备的检修项目分标准项目和特殊项目两类（主要设备 A 级检修项目参见附录 A）

7.1.1.1　A 级检修标准项目的主要内容：

a）制造厂要求的项目；

b）全面解体、定期检查、清扫、测量、调整和修理；

c）定期监测、试验、校验和鉴定；

d）按规定需要定期更换零部件的项目；

e）按各项技术监督规定检查项目；

f）消除设备和系统的缺陷和隐患。

7.1.1.2　B 级检修项目是根据机组设备状态评价及系统的特点和运行状况，有针对性地实施部分 A 级检修项目和定期滚动检修项目。

7.1.1.3　C 级检修标准项目的主要内容：

a）消除运行中发生的缺陷；

b）重点清扫、检查和处理易损、易磨部件，必要时进行实测和试验；

c）按各项技术监督规定检查项目。

7.1.1.4　D 级检修的主要内容是消除设备和系统的缺陷。

7.1.1.5　发电企业可根据设备的状况调整各级检修的项目，原则上在一个 A 级检修周期内所有的标准项目都必须进行检修。

7.1.1.6　特殊项目为标准项目以外的检修项目以及执行反事故措施、节能措施、技改措施等项目；重大特殊项目是指技术复杂、工期长、费用高或对系统设备结构有重大改变的项目。发电企业可根据需要安排在各级检修中。

【依据 6】《水电厂金属监督规程》（DL/T 1318—2014）

8.1.6　水轮机主要部件检修项目应符合表 B.1 的要求。

【依据 7】《抽水蓄能电站检修导则》（Q/GDW 1544—2015）

7.2.1.7　抽水蓄能电站单元机组 A/C 级检修标准项目，参见附录 A。其中：

a）水泵水轮机及其附属设备 A、C 级检修标准项目参考见表 A.1；

【依据 8】电厂运行/检修规程

6.1.1.6（2）本项目的查评依据如下。

【依据 1】《发电企业设备检修导则》（DL/T 838—2003）

7.1.1　主要设备的检修项目分标准项目和特殊项目两类（主要设备 A 级检修项目参见附录 A）

7.1.1.1　A 级检修标准项目的主要内容：

a）制造厂要求的项目；

b）全面解体、定期检查、清扫、测量、调整和修理；

c）定期监测、试验、校验和鉴定；

d）按规定需要定期更换零部件的项目；

e）按各项技术监督规定检查项目；

f）消除设备和系统的缺陷和隐患。

7.1.1.2　B 级检修项目是根据机组设备状态评价及系统的特点和运行状况，有针对性地实施部分 A 级检修项目和定期滚动检修项目。

7.1.1.3　C 级检修标准项目的主要内容：

a）消除运行中发生的缺陷；

b）重点清扫、检查和处理易损、易磨部件，必要时进行实测和试验；

c）按各项技术监督规定检查项目。

7.1.1.4　D 级检修的主要内容是消除设备和系统的缺陷。

7.1.1.5 发电企业可根据设备的状况调整各级检修的项目，原则上在一个 A 级检修周期内所有的标准项目都必须进行检修。

7.1.1.6 特殊项目为标准项目以外的检修项目以及执行反事故措施、节能措施、技改措施等项目；重大特殊项目是指技术复杂、工期长、费用高或对系统设备结构有重大改变的项目。发电企业可根据需要安排在各级检修中。

【依据 2】《水轮机运行规程》（DL/T 710—1999）

6.1.3 水轮机遇下列情况应加强机动性检查：

a）水轮机检修后第一次投入运行和新设备投入运行；

b）水轮机遇事故处理后投入运行；

c）水轮机有比较严重的设备缺陷尚未消除；

d）水轮机超有功功率和无功功率运行；

e）顶盖漏水较大或顶盖排水不畅通；

f）洪水期或下游水位较高；

g）在振动区运行或做振动试验；

h）试验工作结束后。

【依据 3】《抽水蓄能可逆式水泵水轮机运行规程》（DL/T 293—2011）

6.6.5 顶盖无异常渗水，排水系统运行正常。

【依据 4】电厂运行/检修规程

6.1.1.6（3）本项目的查评依据如下。

【依据 1】《水轮发电机组安装技术规范》（GB/T 8564—2003）

5.3.2 分瓣底环、顶盖、支持盖等组合面应涂密封胶，组合面间隙应符合 4.7 要求。止漏环需冷缩或机械压入时，应符合设计要求。

5.3.24 不进行预装而直接正式安装的导水机构，也应符合 5.3.1～5.3.3 有关规定的要求。

【依据 2】《国家电网公司关于印发防止水电厂水淹厂房反事故补充措施的通知》（国家电网基建〔2017〕61 号）

三、重要部位螺栓

10.球阀连接螺栓、主轴联接螺栓、顶盖与座环把合螺栓等重要部位螺栓应进行强度、应力及疲劳计算分析，合理确定螺栓使用更换周期。

11.有预紧力要求的螺栓，其预紧力不应小于在各工况下螺栓最大工作荷载的 2 倍。

12.重要部位螺栓应做好原始位置状态标记并制定防止松动措施。

13.重要部位螺栓应制定检修安装工艺，螺栓紧固宜采用扭矩（拉伸力）与伸长量相互校核。

14.机组在 A 级检修、飞逸及其他必要情况时，应对重要部位螺栓扭矩或伸长量进行全面检测。

15.重要部位螺栓无损检测时宜同时进行超声波与磁粉检测；新购置螺栓厂家应提供螺栓材质、无损检测、力学性能等出厂试验报告。若采用新型螺栓，厂家应提供设计报告，使用单位应对全部更换螺栓进行无损检测，特殊情况可委托第三方进行力学性能等抽检。

【依据 3】电厂运行/检修规程

6.1.1.7 主轴

6.1.1.7（1）本项目的查评依据如下。

【依据】电厂运行/检修规程

6.1.1.7（2）本项目的查评依据如下。

【依据 1】《国家电网公司关于印发防止水电厂水淹厂房反事故补充措施的通知》（国家电网基建〔2017〕61 号）

三、重要部位螺栓

10.球阀连接螺栓、主轴联接螺栓、顶盖与座环把合螺栓等重要部位螺栓应进行强度、应力及疲劳计算分析，合理确定螺栓使用更换周期。

11．有预紧力要求的螺栓，其预紧力不应小于在各工况下螺栓最大工作荷载的 2 倍。

12．重要部位螺栓应做好原始位置状态标记并制定防止松动措施。

13．重要部位螺栓应制定检修安装工艺，螺栓紧固宜采用扭矩（拉伸力）与伸长量相互校核。

14．机组在 A 级检修、飞逸及其他必要情况时，应对重要部位螺栓扭矩或伸长量进行全面检测。

15．重要部位螺栓无损检测时宜同时进行超声波与磁粉检测；新购置螺栓厂家应提供螺栓材质、无损检测、力学性能等出厂试验报告。若采用新型螺栓，厂家应提供设计报告，使用单位应对全部更换螺栓进行无损检测，特殊情况可委托第三方进行力学性能等抽检。

【依据 2】《水电厂金属监督规程》（DL/T 1318—2014）

8.1.6 水轮机主要部件检修项目应符合表 B.1 的要求。

6.1.1.8 受油器（仅适用于转桨式水轮机）

6.1.1.8（1）本项目的查评依据如下。

【依据】电厂运行/检修规程

6.1.1.8（2）本项目的查评依据如下。

【依据】电厂运行/检修规程

6.1.1.8（3）本项目的查评依据如下。

【依据】电厂运行/检修规程

6.1.1.8（4）本项目的查评依据如下。

【依据】电厂运行/检修规程

6.1.1.8（5）本项目的查评依据如下。

【依据】电厂运行/检修规程

6.1.1.8（6）本项目的查评依据如下。

【依据 1】《水轮发电机组安装技术规范》（GB/T 8564—2003）

5.4.4 操作油管和受油器安装应符合下列要求：

a）操作油管应严格清洗，连接可靠，不漏油；螺纹连接的操作油管，应有锁紧措施。

b）操作油管的摆度，对固定瓦结构，一般不大于 0.20mm；对浮动瓦结构，一般不大于 0.30mm。

c）受油器水平偏差，在受油器座的平面上测量，不应大于 0.05mm/m。

d）旋转油盆与受油器座的挡油环间隙应均匀，且不小于设计值的 70%。

e）受油器对地绝缘电阻，在尾水管无水时测量，一般不小于 0.5MΩ。

【依据 2】《水轮机基本技术条件》（GB/T 15468—2006）

4.3.2.8 转桨式水轮机的受油器及其装配部件应有绝缘材料与发电机所有联接处隔开以防止产生轴电流。

【依据 3】电厂检修规程

6.1.1.9 补气装置

6.1.1.9（1）本项目的查评依据如下。

【依据】电厂运行/检修规程

6.1.1.9（2）本项目的查评依据如下。

【依据 1】《水轮机基本技术条件》（GB/T 15468—2006）

4.2.1.16 水轮机进水阀后的蜗壳进口段顶部和卧式水轮机的蜗壳顶部应设置自动排气、补气装置。

4.3.1.5 混流式水轮机应设置减轻振动的自然补气装置，或采取其他措施。

4.3.2.6 定桨式水轮机应设置减轻振动的自然补气装置，或采取其他措施。

4.3.2.7 轴流式水轮机应设置紧急停机时的自然补气装置。

【依据 2】《水轮发电机组安装技术规范》（GB/T 8564—2003）

5.7 附件安装

5.7.1　真空破坏阀和补气阀应做动作试验和渗漏试验，其起始动作压力和最大开度值，应符合设计要求。

5.7.4　主轴中心孔补气装置安装，应符合设计要求。如设计有要求，主轴中心补气管应参加盘车检查，摆度值不应超过其密封间隙实际平均值的 20%，最大不超过 0.30mm。连接螺栓应可靠锁定。支承座安装后应测对地绝缘电阻，一般不小于 0.5MΩ。裸露的管路应有防结露设施。

【依据3】电厂运行/检修规程

6.1.1.10　调相压水系统

6.1.1.10（1）本项目的查评依据如下。

【依据1】《中华人民共和国特种设备安全法》

第三十五条　特种设备使用单位应当建立特种设备安全技术档案。安全技术档案应当包括以下内容：

（一）特种设备的设计文件、产品质量合格证明、安装及使用维护保养说明、监督检验证明等相关技术资料和文件；

（二）特种设备的定期检验和定期自行检查记录；

（三）特种设备的日常使用状况记录；

（四）特种设备及其附属仪器仪表的维护保养记录；

（五）特种设备的运行故障和事故记录。

【依据2】《固定式压力容器安全技术监察规程》（TSG 21—2016）

1.3　本规程适用于特种设备目录所定义的、同时具备以下条件的压力容器：

（1）工作压力大于或等于 0.1MPa；

（2）容积大于或等于 0.03m³ 并且内直径大于或者等于 150mm；

（3）盛装介质为气体、液化气体以及介质最高工作温度高于或者等于其标准沸点的液体。

【依据3】《压力容器定期检验规则》（TSG R7001—2013）第三十二条：安全附件检验的主要内容如下：

（一）安全阀，检验是否在校验有效期内；

（二）爆破片装置，检验是否按期更换；

（三）压力表，检验是否在检定有效期内（适用于有检定要求的压力表）。

【依据4】《国家电网公司电力安全工作规程　第3部分：水电厂动力部分》（Q/GDW 1799.3—2015）

7.1.18　特种设备［锅炉、压力容器（含气瓶）、压力管道、电梯、起重机械、场（厂）内专用机动车辆］，在使用前应经特种设备检验检测机构检验合格，取得合格证并制定安全使用规定和定期检验维护制度。检验合格有效期届满前 1 个月向特种设备检验机构提出定期检验要求。同时，在投入使用前或者投入使用后 30 日内，使用单位应当向直辖市或者设有区的市的特种设备安全监督管理部门登记。

【依据5】《防止电力生产事故的二十五项重点要求》

7.1.2　各种压力容器安全阀应定期进行校验。

6.1.1.10（2）本项目的查评依据如下。

【依据1】《混流式水泵水轮机基本技术条件》（GB/T 22581—2008）

4.2　主要部件的结构和材料

4.2.1　结构设计的一般要求

4.2.1.1　水泵水轮机通流部件应符合 GB/T 10969 的要求。

4.2.1.2　水泵水轮机允许在最高飞逸转速下持续运行时间应不小于配套发电机允许的飞逸时间，并保证水泵水轮机转动部件不产生有害变形。

4.2.1.3　水泵水轮机结构应做到便于拆装、维修，方便易损部件的检查和更换。水泵水轮机必须保证在不拆卸发电机转子、定子和水轮机转轮、主轴等部件的情况下更换下列零部件（对水泵水轮机拆修有特殊要求时，按技术协议或技术条款执行）：

a）水泵水轮机导轴承瓦、冷却器和主轴密封；

b）导水机构接力器的密封及活塞环、导水机构的传动部件、导叶轴颈密封件及保护元件。

4.2.1.4　水泵水轮机标准零部件应保证其通用性。转轮应能互换。

4.2.1.5　在过流部件的适当部位，设置用相对效率法测量相对流量和压力脉动的测点，其位置应与模型相似。

4.2.1.6　立式水泵水轮机轴向间隙应保证在发电机顶转子时转动部分能上抬到所需要的高度。

4.2.1.7　水泵水轮机转轮宜采用不锈钢材料制造。水泵水轮机的其他易空蚀部件宜采用抗空蚀材料制造或采用必要的防护措施，若空蚀部位采用堆焊不锈钢时，加工后的不锈钢层厚度不应小于3mm。

4.2.1.8　转轮、导叶和固定导叶等主要过流部件的固有频率应与各种水力激振频率错频。

4.2.1.9　转轮的转动迷宫环或止漏环与固定迷宫环或止漏环硬度差应不小于20HB。

4.2.1.10　转轮应做静平衡试验。静平衡后应符合GB/T 9239—2006中G6.3的要求。

4.2.1.11　水泵水轮机在各种运行工况时，其稀油润滑的导轴承的轴瓦最高温度不应超过70℃；油的最高温度不超过65℃。一般情况下采用GB/T 11120 L-TSA汽轮机油。

4.2.1.12　导水机构必须设有防止破坏及事故扩大的保护装置，导叶在任何情况下均不得与转轮相碰撞，并有全关和全开位置的锁定装置。

4.2.1.13　导叶端部与之相应的抗磨板之间宜有不小于20HB硬度差异。

4.2.1.14　水泵水轮机的顶盖排水设施，应有备用设备。主用和备用设备宜采用不同的驱动方式。排水设备应配备可靠的水位控制和信号装置。

4.2.1.15　蜗壳及尾水管的形状和尺寸应结合水电站厂房布置的需要进行设计。

4.2.1.16　蜗壳可选择直埋、保压或弹性层浇筑混凝土方式。蜗壳设计应按GB 150或ASME Ⅷ的要求进行，并且应综合考虑需方所提供的周围混凝土可承受的最大允许应力及对机组运行稳定性的影响。座环设计中应考虑由座环支撑的混凝土重量和其他垂直的负荷。

4.2.1.17　进水阀后的蜗壳进口段顶部应设置自动排气、补气装置。

4.2.1.18　应设置观察孔和进人门，蜗壳上的进人门不宜小于ϕ600mm，尾水管上进人门尺寸不宜小于ϕ600mm或600mm×800mm，采用矩形进人门时，四角应倒圆，进人门的下侧应设验水阀。在进人门处，应按GB 150或ASME Ⅷ的要求进行补强。

4.2.1.19　尾水管应按压力容器设计。

4.2.1.20　水泵水轮机机坑内宜设置起吊设施。

4.2.1.21　水泵水轮机及其辅助设备需进行耐压试验的部件除需在工地组焊的部分外，均需按试验压力在厂内进行耐压试验，耐压试验的压力为设计压力（包括升压）的1.5倍。试压时间应持续稳压30min。受压部件不得产生有害变形和渗漏等异常现象。金属蜗壳可根据合同要求进行水压试验。

4.2.1.22　水泵水轮机设备配备的自动化元件和仪表一般情况下应参照附录A，规定范围以外的由供需双方协商确定。仪表应安装在专门的盘柜上，一般技术要求应符合GB/T 11805中的有关规定。如水泵水轮机要实现计算机监控并要求监测振动和蠕动时由供需双方商定监视、控制接口，供方应提供成组调节的运行曲线或数据库。

4.2.1.23　水泵水轮机应能安全可靠地实现以下基本功能：

a）发电工况的正常开机和停机；

b）抽水工况的正常开机和停机（变频和背靠背）；

c）旋转备用及向各工况的转换；

d）从发电工况转水轮机方向调相或由水轮机方向调相转发电工况运行；

e）从水泵方向调相转抽水工况或由抽水工况转水泵方向调相；

f）从水泵工况转水轮机工况（正常和紧急）。

4.2.1.24　在水泵工况运行时应按扬程与导叶开度协联关系运行。

4.2.1.25　机组发生下列情况时，机组自动化元件（装置）及其系统能按要求发出事故停机信号及报警信号，并实现事故停机。

a）机组各轴承及发电机定子过热；

b）水润滑轴承主、备用水均中断或降到一定值并且超过规定时限；

c）机组调相运行时失去电源，与电网解列，机组转速下降至规定值；

d）电气事故保护动作；

e）机组火警。

【依据2】《可逆式抽水蓄能机组起动试验规程》（GB/T 18482—2010）

10.3　检查主轴密封、尾水管充气压水系统、转轮止漏环冷却水系统工作应正常。

【依据3】电厂运行/检修规程

6.1.1.11　顶盖排水系统

本项目的查评依据如下。

【依据1】《水轮机基本技术条件》（GB/T 15468—2006）

4.2.1.13　水轮机的顶盖排水设施，应有备用设备。轴流式水轮机必要时有双重备用，主用和备用设备宜采用不同的驱动方式。排水设备应配备可靠的水位控制和信号装置。

【依据2】电厂运行/检修规程

6.1.1.12　水力检测系统

本项目的查评依据如下。

【依据1】《水轮机基本技术条件》（GB/T 15468—2006）

6.1.3　水力观测仪表和自动化元件：包括水轮机及其辅助设备在运行中需要监测的各种压力、温度、真空、流量、转速、振动、摆度仪表和有关盘柜。油、气、水管路上为满足自动控制的各种差压信号计，液位信号计，示流信号器或流量变送器，温度信号器，各种液压、气压元件，电器控制元件、保护元件，行程信号器、测速设备和合同规定的各种变送器，以及机坑内各元件与设备的连接电缆，供至机坑端子箱。

【依据2】电厂运行/检修规程

6.1.2　调速器系统及油压装置

6.1.2.1　调速器系统

6.1.2.1（1）本项目的查评依据如下。

【依据1】《水轮机控制系统试验》（GB/T 9652.2—2007）

5　试验项目

可分四类，即出厂试验、电站试验、型式试验和验收试验，详见表1。

表1

序号	条	试　验　项　目	出厂试验	电站试验	型式试验	验收试验
1	6.1	测速装置检查试验	△[a]		△	
2	6.2	电—液和电—机转换器试验	△		△	
3	6.3	缓冲装置试验	△	△	△	
4	6.4	电气协联函数发生器的调整试验	△	△	△	△
5	6.5	操作回路动作试验	△	△		△
6	6.6	电气回路绝缘试验	△	△	△	
7	6.7	电气回路工频耐受电压试验	△	△	△	
8	6.8	电气装置抗干扰试验			△	
9	6.9	实用开环增益测定及开环增益整定试验		△	△	
10	6.10	转速指令信号、开度指令信号、功率指令信号、永态转差系数 b_p 校验	△	△	△	

续表

序号	条	试 验 项 目	出厂试验	电站试验	型式试验	验收试验
11	6.11	暂态转差系数 b_t、缓冲时间常数 T_d 的校验或比例增益 K_p、积分增益 K_I 和微积增益 K_D 的校验	△a	△a	△	
12	6.12	综合漂移试验	△	△	△	
13	6.13	调速器静态特性（包括人工转速死区）、转速死区 i_x 和接力器摆动值测定试验	△	△	△	△
14	6.14	协联曲线及桨叶随动系统不确度 i_a 测定试验	△	△	△	△
15	6.15	导叶（喷针）间同步试验		△	△	△
16	6.16	接力器关闭时间 T_f 与开启时间 T_g 调整	△	△	△	△
17	6.17	接力器关闭与开启时间范围测定			△	
18	6.18	调速器总油耗测定	△		△	
19	6.19	接力器反应时间常数 T_y（主配压阀的流量特性）测定试验			△	
20	6.20	接力器不动时间 T_q 测定试验	△	△	△	
21	6.21	空载试验		△	△	△
22	6.22	孤立负荷试验			△	
23	6.23	甩负荷试验		△	△	△
24	6.24	带负荷连续 72h 运行试验		△	△	△
25	6.25	压力罐耐压试验	△			
26	6.26	油压装置密封性试验及总漏油量测定	△b	△	△	△
27	6.27	油泵试运转及检查		△	△	
28	6.28	安全阀或阀组试验	△	△	△	
29	6.29	油压装置各油压、油位信号整定值校验	△b	△	△	
30	6.30	油压装置自动运行模拟试验	△b	△		
31	6.31	故障模拟和控制模式切换试验	△	△	△	

注：如无相应的环节功能，该项试验可不作；对未列入表 1 的环节功能和外构件，可按厂家规定进行试验。

a 微机型调速器除外。
b 指容积 4m³ 及其以下的组合式油压装置。

【依据 2】《发电企业设备检修导则》（DL/T 838—2003）

7.1.1 主要设备的检修项目分标准项目和特殊项目两类（主要设备 A 级检修项目参见附录 A）。

【依据 3】《抽水蓄能电站检修导则》（Q/GDW 1544—2015）

7.2.1.7 抽水蓄能电站单元机组 A/C 级检修标准项目，参见附录 A。其中：

a）水泵水轮机及其附属设备 A、C 级检修标准项目参考见表 A.1；

【依据 4】《国家电网公司关于印发水电厂重大反事故措施的通知》（国家电网基建〔2015〕60 号）

14.2.2.1 发电厂应根据有关调度部门电网稳定计算分析要求，开展励磁系统（包括 PSS）、调速系统、原动机的建模及参数实测工作，实测建模报告需通过有资质试验单位的审核，并将试验报告报有关调度部门。

【依据 5】 电厂检修规程

6.1.2.1（2） 本项目的查评依据如下。

【依据 1】《水轮机控制系统技术条件》（GB/T 9652.1—2007）

4.6.7 调速器应能实现机组的自动、手动起动和停机。当调速器自动部分失灵时，应能手动运行。中、小调速器的接力器如无机械手动操作机构时，油压装置必须装有备用油泵；对通流式调速器，必须装设接力器手动操作机构。

4.6.10.3 大型电调和中型电调稳定运行时，如测速装置输入信号、水头信号、功率信号或接力器位置信号消失时，应能使机组保持所带的负荷，水轮机主接力器的开度变化不得超过其全行程的±1%，同时要求不影响机组的正常停机和事故停机。

【依据2】《水轮机电液调节系统及装置技术规程》（DL/T 563—2016）

5.1.18 电液调节装置应具备下列故障保护与容错功能：

a）电源装置应能同时接入交、直流电源，或同时接入两路直流电源，且能互为备用。其中任意一路电源故障时，应能自动切换并发出报警信号。电源切换引起的水轮机主接力器行程变化不得大于全行程的2%。

b）在机组稳定发电运行时，当网频信号、水头信号、功率信号消失时，应能使机组保持信号故障前所带的负荷，引起的水轮机主接力器的行程变化不得超过其全行程的2%，同时要求不影响机组的正常停机和事故停机。

c）对于有人值班的电站，当工作电源完全消失，或机频信号、接力器反馈信号等重要信号消失时，在并网发电状态，接力器行程应保持当前位置不变，在离网状态，应实行关机保护；当电源或信号恢复时，接力器位移波动不得超过2%。对于无人值班电站，调节装置可采取关机保护的原则。

6.1.2.1（3）本项目的查评依据如下。

【依据1】《水轮机控制系统技术条件》（GB/T 9652.1—2007）

4.6.10.1 大型电调应设冗余电源，当工作电源故障时，应自动切换至备用电源。电气装置工作电源和备用电源相互切换时，水轮机主接力器的开度变化不得超过其全行程的±1%。

【依据2】《水轮机电液调节系统及装置技术规程》（DL/T 563—2016）

5.1.18 电液调节装置应具备下列故障保护与容错功能：

a）电源装置应能同时接入交、直流电源，或同时接入两路直流电源，且能互为备用。其中任意一路电源故障时，应能自动切换并发出报警信号。电源切换引起的水轮机主接力器行程变化不得大于全行程的2%。

b）在机组稳定发电运行时，当网频信号、水头信号、功率信号消失时，应能使机组保持信号故障前所带的负荷，引起的水轮机主接力器的行程变化不得超过其全行程的2%，同时要求不影响机组的正常停机和事故停机。

【依据3】《水轮机运行规程》（DL/T 710—1999）

3.2.5 电源装置应安全可靠，并应设置两套电源，交直流为备用，故障时可自动转换并发出信号。电源转换引起的导叶接力器行程变化不得大于导叶接力器全行程的2%。

【依据4】《可逆式水泵水轮机调节系统技术条件》（DL/T 1549—2016）

6.5.1.2 电源装置应采用冗余配置，冗余电源可以用交、直流各一路或两路直流电源。当工作电源故障时，应自动切换至备用电源并发出信号。

【依据5】《国家电网公司关于印发防止水电厂水淹厂房反事故补充措施的通知》（国家电网基建〔2017〕61号）

9 主进水阀、调速器的控制回路应由交、直流双回路供电，在控制回路电压消失的情况下具备"失电关闭"功能，即失电时自动关闭主进水阀及导叶。

6.1.2.1（4）本项目的查评依据如下。

【依据】《水轮机电液调节系统及装置技术规程》（DL/T 563—2016）

5.1.24 对数字式电液调节装置数字调节器部分的基本技术要求：

a）宜采用工业级控制器作为数字调节器的微机硬件平台。

b）用于机组及电网频率测量的高速计数器计数频率，对于大型调节装置及重要电站的中小型调节装置，宜不低于2MHz～10MHz；对于一般电站的中小型调节装置，宜不低于250kHz～1MHz；对于特小型调节装置，宜不低于125kHz～200kHz。

c）宜具备故障诊断能力。一般可包括控制器的主要模板或模块、频率测量信号、功率测量信号、位移测量信号、水头/扬程信号、电气-机械/液压转换组件、滤油器、电液随动装置故障诊断等。

d）采用双微机系统时，应具有双微机跟踪功能，且应满足无扰动的切换要求，主、备用微机切换时，引起的水轮机主接力器的行程变化不得超过其全行程的2%。

e）与外部输入、输出环节之间，应采取隔离及抗干扰措施。

f）与电站控制系统之间的信号接口，宜根据电站情况配置下列形式的接口：

1）与电站级或监控系统现地控制级计算机之间的串行通信接口或以太网接口。

2）脉冲控制给定方式的输入接口。

3）绝对值给定方式的模拟量输入接口，信号标准为0V～5V或4mA～20mA。

g）计算机的软件应采用模块化设计，并具备程序和数据的失电保护功能。

h）应能显示或测量电液调节系统的主要参量。

i）应能显示不同工况下的各调节参数，并方便用户查询、修改。

j）应能对电液调节装置主要故障发出报警及显示信息，并能上传至计算机监控系统。

6.1.2.1（5）本项目的查评依据如下。

【依据】《水轮机电液调节系统及装置技术规程》（DL/T 563—2016）

5.2.8.11 电气装置应具有良好的电磁兼容性能，在电站正常工作条件下，不得因各种干扰信号引起主接力器及指示仪表的异常变动。

6.1.2.1（6）本项目的查评依据如下。

【依据】《水轮机电液调节系统及装置技术规程》（DL/T 563—2016）

5.2.8.9 在本标准5.2.8.8规定的环境及海拔2000m的条件下，各电气回路间及其与机壳和大地间按表4要求进行历时1min，漏电流不大于5mA的工频耐受电压试验，不得出现击穿与闪络现象。

表4　工频耐受电压试验　单位：V

工作电压	50Hz试验电压	工作电压	50Hz试验电压
$U \leqslant 60$	500	$125 < U \leqslant 250$	1500
$60 < U \leqslant 125$	1000	$250 < U \leqslant 500$	2000

可将表4中规定的试验电压提高10%历时1s进行试验。试验地点海拔高度低于2000m时，海拔高度每降低100m，表4中试验电压值应增加1%；海拔高度高于2000m时，海拔高度每升高100m，表4中试验电压值应减小1%。重复进行工频耐受电压试验时，其试验电压值应为前次的75%。

6.1.2.1（7）本项目的查评依据如下。

【依据】《水轮机电液调节系统及装置技术规程》（DL/T 563—2016）

5.3 检测、信号和参数显示

5.3.1 电气装置的下列环节宜具有可检测性：

a）测频（测速）环节；

b）永态差值环节；

c）暂态转差环节；

d）缓冲时间环节；

e）加速度环节；

f）比例环节；

g）积分环节；

h）微分环节；

i）电子调节器；

j）频率给定环节；

k）开度/功率给定环节；

l）人工死区环节；

m）综合放大器；

n）位移传感器；

o）功率变送器；

p）水头/扬程传感器；

q）电源。

5.3.2　电液调节装置宜设置下列信号指示：

a）转速指示；

b）导叶/轮叶、折向器/喷针接力器位置或开度指示；

c）工作电源和备用电源指示；

d）导叶接力器锁锭状态指示；

e）机组运行工况指示；

f）电液转换组件控制电流的平衡指示；

g）喷针工作方式指示；

h）大网/孤网运行状态指示；

i）一次调频动作指示；

j）手/自动状态指示；

k）调节（控制）模式指示；

l）快速事故停机指示；

m）故障信号指示。

5.3.3　电液调节装置应能显示下列参数：

a）导叶或喷针开度；

b）导叶或喷针开度限制；

c）轮叶或折向器开度；

d）电网频率；

e）机组频率；

f）开度给定值；

g）功率给定值；

h）频率给定值；

i）人工频率（转速）死区；

j）人工开度或功率死区；

k）机组有功功率；

l）各调节参数；

m）永态差值系数；

n）调节（控制）输出；

o）水轮机工作水头；

p）水泵扬程（可逆式机组）。

5.3.4　所有指示表计的精度不应低于2.5级。

6.1.2.1（8）本项目的查评依据如下。

【依据1】《水轮机电液调节系统及装置技术规程》（DL/T 563—2016）

5.1.21　电液调节装置应具有对机组的一次调频功能。

【依据2】《水轮机电液调节系统及装置基本技术条件》（SL 615—2013）

5.2.9　电液调节装置应具有一次调频功能，一次调频转速死区、响应滞后时间应满足当地电网要求，永态转差系数应小于 5%。

6.1.2.1（9）本项目的查评依据如下。

【依据1】《水轮机控制系统技术条件》（GB/T 9652.1—2007）

4.4.1 调速器应保证机组在各个工况和运行方式下的稳定性。在空载工况下自动运行时，施加一阶跃型转速指令信号，观察过渡过程，以便选择调速器的运行参数。待稳定后记录转速摆动相对值，对大型电调不超过±0.15%，对中、小型调速器不超过±0.25%，特小型调速器不超过±0.3%。如果机组手动空载转速摆动相对值大于规定值，其自动空载转速摆动相对值不得大于相应手动空载转速摆动相对值。

【依据2】《水轮机电液调节系统及装置技术规程》（DL/T 563—2016）

5.1.13 电液调节装置应保证机组在下列工况下稳定运行：

a. 空转或空载运行。

b. 并联运行。

c. 单机带负荷运行。

d. 调相运行。

e. 可逆式蓄能机组的抽水运行。

f. 可逆式蓄能机组的背靠背启动运行。

5.2.2 平均故障间隔时间（MTBF）不少于 12000h。

【依据3】电厂运行规程

6.1.2.1（10）本项目的查评依据如下。

【依据1】《水轮机控制系统技术条件》（GB/T 9652.1—2007）

4.3 调速系统静态特性应符合下列规定：

4.3.1 静态特性曲线应近似为直线。

4.3.2 测至主接力器的转速死区和在水轮机静止及输入转速信号恒定的条件下接力器摆动值不超过表 2 规定值。

表 2

项目　　　　　　　　调速器类型	大型	中型	小型		特小型
	电调	电调	电调	机调	
转速死区 i_x /%	0.02	0.06	0.10	0.18	0.20
接力器摆动值/%	0.1	0.25	0.4	0.75	0.8

4.3.3 转桨式水轮机调速系统，桨叶随动系统的不准确度 i_x 不大于 0.8%。实测协联曲线与理论协联关系曲线的偏差不大于桨叶接力器全行程的 1%。

4.3.4 冲击式水轮机调速系统静态品质应达到：

4.3.4.1 测至喷针接力器的转速死区应符合表 2 规定；

4.3.4.2 在稳态工况下，对多喷嘴冲击式水轮机的任何两喷针之间的位置偏差，在整个范围内均不大于 1%；每个喷针位置对所有喷针位置平均值的偏差不大于 0.5%。

4.3.5 对每个导叶单独控制的水轮机，任何两个导叶接力器的位置偏差不大于 1%；每个导叶接力器位置对所有导叶接力器位置平均值的偏差不大于 0.5%。

【依据2】《水轮机电液调节系统及装置技术规程》（DL/T 563—2016）

5.2.5 电液调节装置的静态性能

5.2.5.1 频率测量分辨率，对于大型调节装置及重要电站的中小型调节装置，应小于 0.003Hz；对于一般中、小型调节装置，应小于 0.005Hz；对于特小型调节装置，应小于 0.01Hz。

5.2.5.2 静态特性曲线的线性度误差 ε 不超过 5%。

5.2.5.3 测至导叶或喷针主接力器的转速死区 i_x 按下述规定考核：

a）以永态转差系数 b_p 为基数，大型电液调节装置不超过 $0.5\%b_p$，中型电液调节装置不超过 $1.5\%b_p$，小型电液调节装置不超过 $2.5\%b_p$，特小型电液调节装置不超过 $5\%b_p$。

b）在输入转速信号恒定的条件下接力器摆动值 Δy：对大型电液调节装置不得超过 0.2%，对中小型电液调节装置不得超过 0.3%，对于特小型电液调节装置不得超过 0.4%。

c）在进行转速死区测定试验时，永态转差系数 b_p 一律按 4% 取值。

5.2.5.4　转桨式机组电液调节装置的协联随动系统不准确度 i_a 不得超过 0.8%，实测协联关系曲线与理论（设计）协联关系曲线的偏差应不大于轮叶接力器全行程的 1%。

5.2.5.5　在稳态工况下，对多喷嘴冲击式水轮机的任何两喷针之间的位置偏差，在整个范围内均不大于 1%；每个喷针位置对所有喷针位置平均值的偏差不大于 0.5%。

5.2.5.6　对每个导叶单独控制的水轮机，任何两个导叶接力器的位置偏差不大于 1%；每个导叶接力器位置对所有导叶接力器位置平均值的偏差不大于 0.5%。

5.2.5.7　对于蓄能机组电液调节装置，实测的扬程与导叶开度关系曲线与理论（设计）关系曲线的偏差，应不大于导叶接力器全行程的 1%。

5.2.6　电液调节装置调节器的动态响应特性

5.2.6.1　在电液调节装置或电液随动系统开环增益不小于 60% 极限开环增益的条件下，输入阶跃频率信号，各种调节参数组合下的动态响应过程，应具有比例—积分（PI）或比例—积分—微分（PID）调节规律，不得出现控制信号抖动或接力器抽动及其他异常现象。

5.2.6.2　由电子调节器的时域动态响应示波图上求取的 k_p、k_1、k_D 或 b_t、T_d、T_n，与理论值的偏差不得超过 10%。

5.2.7　水轮机电液调节系统的动态响应性能

5.2.7.1　水轮机电液调节系统应保证在各种工况下均能稳定运行。

5.2.7.2　自机组启动开始至空载转速（频率）达到同期带，即 $99.5\%f_r\sim101\%\,f_r$，所经历的时间 t_{SR} 不得大于从机组启动开始至机组转速达到 80% 额定转速 n_r（或额定频率 f_r）的升速时间 $t_{0.8}$ 的 5 倍，如图 11 所示。

5.2.7.3　机组开机升速过程应简单、可靠，宜根据水压变化、机组振动和主轴摆度、水推力、转轮动应力、机组结构强度等所允许的开启速度、机组惯性时间常数、水流惯性时间常数等确定启动规律。

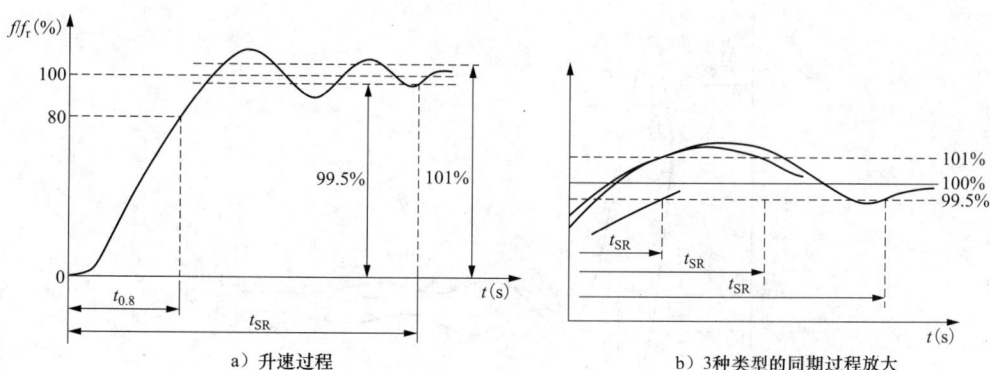

a）升速过程　　　　　　　　　　　b）3种类型的同期过程放大

图 11　开机升速至同期转速过程曲线

5.2.7.4　机组在空载工况运行，当频率阶跃变化的有效频差不小于 4% 额定频率时，电液调节系统空载扰动响应过程的动态调节品质应满足如下要求：

a．频率变化衰减度 ψ 应不大于 25%。

b．频率最大超调量 Δf_{max} 不得超过扰动量 Δf_0 的 35%。

c．由扰动开始到调节稳定为止的调节时间 T_p 不得超过 25s。

d．在调节时间 T_p 内，频差超过 ±0.35Hz 的波动次数 Z 不得超过 2 次。

5.2.7.5　自动空载运行时，3min 内机组转速摆动相对值 δx_n 满足如下要求：

a）对于配置不同类型电液调节装置的机组，当手动空载转速摆动相对值满足本标准 4.8h）的规定值时任意 3min 内机组转速摆动相对值不得超过表 3 的规定值。

b）手动空载转速摆动相对值不满足本标准 4.8h 规定值的机组，其自动空载 3min 内转速摆动相对值不得超过相应手动空载转速摆动相对值。

表3　　　　　　　　　　　　水轮机电液调节系统自动空载转速摆动规定值　　　　　　　　　　（％）

机组形式	调 节 系 统		
	大　型	中　型	小型、特小型
冲击式	±0.18	±0.18	±0.2
混流式	±0.15	±0.2	±0.25
轴流转桨或斜流式	±0.18	±0.25	±0.35
定桨式	±0.2	±0.3	+0.35
贯流式	±0.2	±0.33	±0.35
可逆混流式机组	±0.2	±0.25	±0.3

5.2.7.6　转速或指令信号按规定形式变化，接力器不动时间 T_q：对于配用主配压阀（接力器控制阀）直径 200mm 及以下的电液调节装置的系统，不得超过 0.2s；对于配用主配压阀直径 200mm 以上的电液调节装置的系统，不得超过 0.3s。对于采用先慢后快特殊关机规律的除外。

注：接力器不动时间除了受到调节装置的测频环节及实现方式、控制周期、死区、电气—机械/液压转换组件的响应速度、主配流量增益及搭叠量、接力器活塞直径等影响外，还受到外部操作油管路的管径、长度、布置及走向等因素的影响。

5.2.7.7　机组甩 100％负荷时的动态品质应满足下列要求（甩负荷调节过程曲线如图 12 所示）：

a）最大转速上升与最大水压上升满足调节保证计算设计要求。

b）在甩负荷调节过程中，偏离稳态转速 3％（1.5Hz）以上的波动次数 Z 不超过 2 次；对于解列后需要带厂用电的机组，甩负荷后机组最低转速 n_{min} 不低于额定转速 n_r 的 85％。

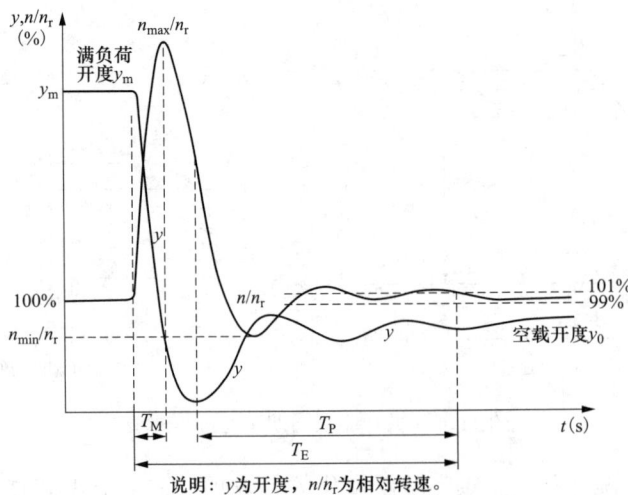

图 12　甩负荷调节过程曲线

c）调节时间应满足如下要求之一：

1）从甩负荷后接力器首次向开启方向移动时起，到机组转速摆动相对值不超过 ±1％为止，历时 T_P 不大于 40s。

2）从甩负荷开始到机组转速摆动相对值不超过±1%为止的调节时间 T_E 也可按下述原则考核：从甩负荷开始到机组转速升至最大值所经历的升速时间 T_M 为基数，中低水头反击式水轮机电液调节系统的调节时间 r_E 不超过 $8T_M$，冲击式和高水头反击式水轮机电液调节系统的调节时间 T_E 不超过 $15T_M$。

d）上述 b）、c）考核要求对于下列情况除外：不满足本标准 4.8 f）、g）规定的机组、轮叶全行程关闭时间大于 45s 或投入浪涌控制的转桨式机组、接力器分段关闭拐点高于空载开度且分段关闭速率整定值小于 0.5%/s 的机组、采用先慢后快特殊关机规律的可逆式机组、甩负荷后直接作用于停机的机组。但应不影响机组的安全稳定运行。

5.2.7.8 电液调节系统一次调频性能要求按 DL/T 1245 执行。

5.2.7.9 对于具有功率调节模式的电液调节系统：机组在带负荷工况下稳定运行，电液调节系统处于功率控制模式，当有功功率的阶跃扰动量不小于额定有功功率 g 的 25%时，按照图 13 所示的电液调节系统负荷扰动响应过程的动态调节品质应达到：

a）有功功率最大超调量 Δp_{max} 不得超过机组额定有功功率 P_r 的 5%。

b）在调节过程中每分钟的平均有功功率调节量，即 $|P_{set}-P_0| \times 60/T_p$，应不小于额定有功功率 P_r 的 50%。

c）在调节过程稳定后，功率稳定性指数宜在-1%～1%范围内。

d）上述考核要求对于下列情况除外：不满足本标准 4.8 f）、g）规定的机组、轮叶全行程关闭时间整定值大于 40s 的转桨式机组、接力器开启或关闭速率整定值小于 0.5%/s 的机组。

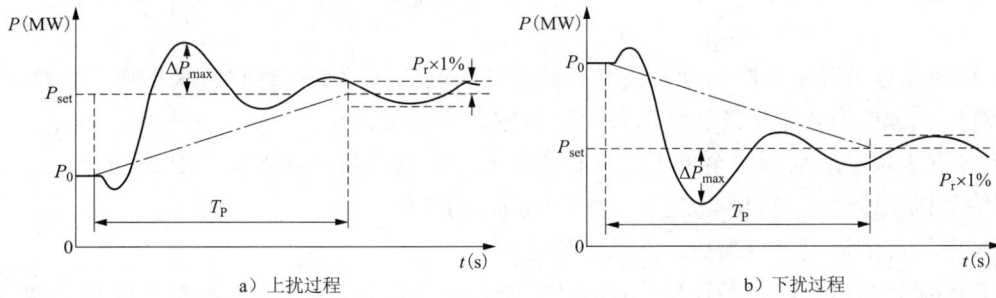

图 13 电液调节系统负荷扰动响应过程

5.2.7.10 机组在带负荷工况下运行，电液调节系统处于开度控制模式，当导叶或喷针主接力器开度阶跃扰动量不小于接力器全行程的 20%时，按照图 14 所示的电液调节系统开度扰动响应过程的动态调节品质应达到：

a）开度最大超调量 ΔY_{max} 得超过接力器全行程 Y_r 的 2%。

b）在调节过程中每分钟的平均开度调节量，即 $|Y_{set} - Y_0| \times 60/T_p$，应不小于接力器全行程 Y_r 的 98%。

c）当机组及调节保证计算设计要求的接力器运动速率低于上述规定值时，每分钟的开度调节量应满足设提出的要求。

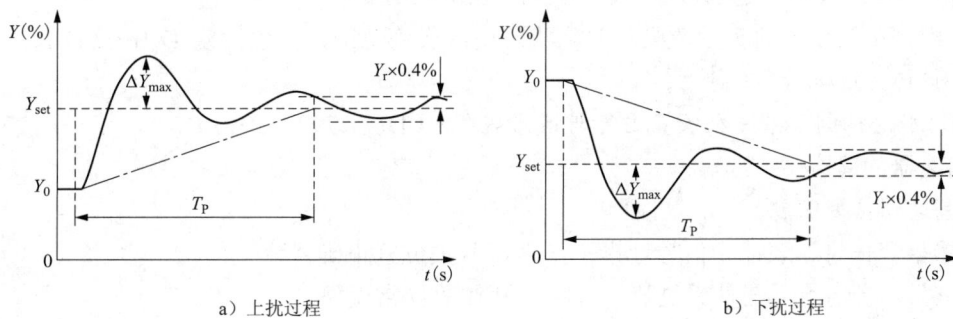

图 14

d）在调节过程稳定后，接力器实际开度与给定值（目标值）的偏差应在−0.4%Y_r～0.4%Y_r范围内。

5.2.7.11　电液调节装置应具有孤网自动识别能力，保证机组在单机带负荷、孤岛运行工况下的稳定运行；当外部负荷发生变化而引起频率变化时，调节过程中频率变化衰减度 ψ 应不大于 25%；在无外部负荷突变的条件下，频率摆动应在±3%范围内。

【依据3】《可逆式水泵水轮机调节系统技术条件》（DL/T 1549—2016）

5.3.1　静态特性：

a）永态转差系数 b_p 为 4% 时，测拿接力器的转速死区 i_x 小大于 0.02%。

b）在机组静止及输入转速信号恒定的条件下接力器摆动值不超过 0.2%。

c）对每个导叶单独控制的水泵水轮机，任何两个导叶接力器（非同步导叶除外）的位置偏差不大于 1%。每个导叶接力器位置对所有导叶接力器位置平均值的偏差不大于 0.5%。

d）导叶开度设定值与导叶电气反馈值偏差应小于 0.4%。

e）双重化配置的活动导叶电气反馈之间的偏差不大于 0.4%。

f）综合漂移量折算为转速相对值，不得超过 0.3%。

5.3.2　动态特性：

a）在整个水头范围内，水泵水轮机在空载额定转速下自动运行时，永态转差率整定为零，调速系统应能保证机组转速持续波动值不超过额定转速的±0.2%。手动空载转速摆动相对值大于规定值的机组，其自动空载 3min 内转速摆动值不得大于相应手动空载转速摆动相对值。

b）水泵水轮机在孤立电网中运行时，调速系统应能保证机组转速持续续波动值不超过额定转速的±0.5%。

c）当机组在发电工况下并网运行，在零到额定负荷间的任何负荷点时，水态转差率整定在 2% 或以上，调速系统应保证机组功率持续波动值不超过额定功率的±1%。

d）发电工况下机组启动开始至机组空载转速偏差小于同期带（−0.5%～+1%）的时 t_{SR} 不得大于从机组启动开始至机组转速达到 80%额定转速的时间 $t_{0.8}$ 的 5 倍。

5.3.3　发电工况下机组甩负荷后动态品质应达到：

a）甩 100%额定负荷后，在转速变化过程中，偏离稳态转速 3% 以上的波峰不超过 2 次。

b）从机组甩负荷时起，到机组转速相对偏差小于±1%为止的调节时间 t_E 与从甩负荷开始至转速升至最高转速所经历的时间 t_M 的比值，应不大于 15。

c）接力器不动时间：转速或指令信号按规定形式变化，接力器不动时间不大于 0.2s。

d）上述 a）、b）考核要求对于下列情况除外：采用先慢后快特殊关闭规律的机组、甩负荷后直接作用于停机的机组。但应不影响机组的安全稳定运行。

6.1.2.1（11）本项目的查评依据如下。

【依据1】《水轮机控制系统技术条件》（GB/T 9652.1—2007）

4.7.4　电—液和电—机转换器

4.7.4.1　在符合规定的使用条件下，应能正确、可靠工作。

【依据2】《水电站设备状态检修导则》（DL/T 1246—2013）

7.4.1　应根据电站设备的实际情况，明确状态检修实施范围，参照附录 D 中表 D.1～表 D.6，制定设备关键部件具体评价标准。

【依据3】《水轮机调节系统及装置运行与检修规程》（DL/T 792—2013）

6.2.1　调速器的巡检

a）检查调速器报警信息。

b）调速器报警信息、表计、信号灯指示正常，开关位置正确。

c）供电正常，各电气元器件无过热、异味、断线等异常现象。

d）水头指示值与当前实际水头一致，控制输出与接力器位移信号基本一致。

e）运行方式和运行模式正常。

f）调速器运行稳定，控制输出与接力器位移信号无异常波动与跳变。

g）调速器各阀件、管路无渗漏，阀件、限位螺杆及锁紧螺母位置正确。

h）调速器各杆件、传动机构工作正常，钢丝绳无脱落、发卡、断股现象，销子及紧固件无松动或脱落。

i）滤油器压差应在规定的范围内。

j）调速器各部位螺钉、锁紧螺母无松动脱落现象。

k）接力器动作正常，无抽动现象；推拉杆旋套位置正确，无背帽松动现场；锁定位置正确，不渗漏。

【依据4】《国家电网公司电力安全工作规程　第三部分：水电厂动力部分》（Q/GDW 1799.3—2015）

7.1.13　在油管的法兰盘和阀门周围，如敷设有热管道或其他热体，为了防止漏油而引起火灾，应在这些热体保温层外面再包上金属皮。无论在检修或运行中，如有油漏到保温层上，应将保温层更换。油管应尽量少用法兰盘连接。在热体附近的法兰盘，应装金属罩壳。禁止使用塑料垫或胶皮垫。油管的法兰和阀门以及轴承、调速系统等应保持严密不漏油。如有漏油现象，应及时修好；漏油应及时拭净，不许任其留在地面上。

【依据5】电厂运行/检修规程

6.1.2.1（12）本项目的查评依据如下。

【依据】《水轮机控制系统技术条件》（GB/T 9652.1—2007）

4.6.5　开度限制机构应能在自零至最大开度范围内任意整定。对大型电调和中型电调，开度限制机构远距离控制装置的动作时间应符合设计规定。

6.1.2.1（13）本项目的查评依据如下。

【依据1】《水轮机电液调节系统及装置技术规程》（DL/T 563—2016）

5.1.9　接力器的开启和关闭时间，应能在调节保证计算规定的设计范围内任意整定。

【依据2】《国家电网公司关于印发水电厂重大反事故措施的通知》（国家电网基建〔2015〕60号）

5.1.2.2　新投运（改造）的调速系统，应进行水轮机调节系统静态模拟试验、动态特性试验、功能性试验、导叶关闭规律检验、低油压及低油位试验等，各项指标合格后方可投入运行。

【依据3】电厂检修规程

6.1.2.1（14）本项目的查评依据如下。

【依据1】《水轮机控制系统技术条件》（GB/T 9652.1—2007）

4.3.3　转桨式水轮机调速系统，桨叶随动系统的不准确度 i_a 不大于 0.8%。实测协联曲线与理论协联关系曲线的偏差不大于桨叶接力器全行程的 1%。

【依据2】《水轮机电液调节系统及装置技术规程》（DL/T 563—2016）

5.1.14　对于转桨式水轮机电液调节装置，应具备：

根据转桨式水轮机协联关系曲线实现协联关系的装置或功能。

能接受水头信号并按实际水头自动选择转桨式水轮机相应协联关系的功能。

在停机过程完成后，自动将转桨式水轮机轮叶调整至启动转角。

在机组启动过程中，使转桨式水轮机的轮叶转角从启动转角自动转换到正常的协联关系。

手动控制轮叶转角的组件或功能。

【依据3】电厂检修规程

6.1.2.1（15）本项目的查评依据如下。

【依据1】《国家电网公司关于印发水电厂重大反事故措施的通知》（国家电网基建〔2015〕60号）

8.3.1.1　机组测速装置应配有一路齿盘测频通道、一路残压测频通道，互为冗余。

8.3.1.2　电气过速装置、输入信号源电缆应采取可靠的抗干扰措施，防止对输入信号源及装置造成干扰。

8.3.1.3　测速装置出现故障时，调速器应具备完善的容错功能。测速装置软件应具备故障自诊断功能，全部装置故障时输出报警信号，防止发电机高速加闸和飞逸。

8.3.1.4　测速装置装设位置应合理，测速探头安装应牢靠，防止机组运行时振动造成松动而影响到测速结果。

8.3.1.5 电气测速装置最小工作信号电压应不大于设计值。

【依据2】电厂运行/检修规程

6.1.2.1（16）本项目的查评依据如下。

【依据1】《国家电网公司关于印发水电厂重大反事故措施的通知》（国家电网基建〔2015〕60号）

5.1 机组应设置纯机械过速保护装置；机械过速保护装置完好、可靠。

【依据2】电厂运行/检修规程

6.1.2.2 油压装置

6.1.2.2（1）本项目的查评依据如下。

【依据1】《水轮机调节系统及装置运行与检修规程》（DL/T 792—2013）

6.2.2 油压装置的巡检

a）检查油压装置报警信息。

b）油压装置油温在允许范围内（10℃～50℃）。

c）压力油罐油压在"正常工作压力上限"与"正常工作压力下限"之间；油位介于"上限油位"与"下限油位"之间。

d）自动补气装置应完好，自动补气失效时应手动补气。

e）回油箱油位介于"上限油位"与"下限油位"之间，无渗漏。

f）漏油箱油位正常，漏油泵运行正常，无异常振动和噪声；油箱各部位不渗漏。

g）压油泵打油正常，无异常噪声，停运时不反转，无过热现象，电动机电流正常，接触器或软启动器工作正常；组合阀动作正常，无异常振动，无渗漏。

h）稳定状态下，对于间歇运行的油泵，若制造厂无特殊要求，其启动间隔不应小于30min。

i）各管路、阀件、油位计无漏油、漏气现象，各阀件及锁紧螺母位置正确。

j）各元件、组件、液压阀及管路温度正常。

【依据2】《水轮机电液调节系统及装置技术规程》（DL/T 563—2016）

4.5 电液调节装置所用油的质量应符合GB 11120中46号～68号汽轮机油或黏度相近的同类型油的规定，工作油温范围为10℃～50℃。油液的清洁度等级为GB/T 14039第21/18/15级。

【依据3】《国家电网公司电力安全工作规程 第三部分：水电厂动力部分》（Q/GDW 1799.3—2015）

7.1.13 在油管的法兰盘和阀门周围，如敷设有热管道或其他热体，为了防止漏油而引起火灾，应在这些热体保温层外面再包上金属皮。无论在检修或运行中，如有油漏到保温层上，应将保温层更换。油管应尽量少用法兰盘连接。在热体附近的法兰盘，应装金属罩壳。禁止使用塑料垫或胶皮垫。油管的法兰和阀门以及轴承、调速系统等应保持严密不漏油。如有漏油现象，应及时修好；漏油应及时拭净，不许任其留在地面上。

【依据4】《国家电网公司关于印发水电厂重大反事故措施的通知》（国家电网基建〔2015〕60号）

8.1 防止调速系统压力异常事故

8.1.3 运行阶段

8.1.3.1 应定期校验机组油压装置和压力油罐的安全阀。

8.1.3.2 机组A、B级检修后应做低油压事故停机试验。

8.1.3.3 油压装置油压降低到事故低油压时，事故低油压压力开关应立即动作，其整定值应符合设计要求。设有自动调整和保护装置的压力容器，其保护装置的退出应经本单位分管生产（技术）的领导批准，保护退出后，加强监视，且应限期恢复。

8.1.3.4 压油罐的自动补气装置及集油槽的油位监测装置应动作准确可靠。

8.1.3.5 机组A级检修后，应进行水轮机调速系统油压装置的调整试验，各项指标合格后方可投入运行。

【依据5】电厂运行/检修规程

6.1.2.2（2）本项目的查评依据如下。

【依据1】《水轮机控制系统技术条件》（GB/T 9652.1—2007）

4.7.7 安全阀动作应正确、可靠、无强烈振动和噪声。

【依据2】《水轮机调节系统及装置运行与检修规程》（DL/T 792—2013）

6.2.2 油压装置的巡检

a）检查油压装置报警信息。

b）油压装置油温在允许范围内（10℃～50℃）。

c）压力油罐油压在"正常工作压力上限"与"正常工作压力下限"之间；油位介于"上限油位"与"下限油位"之间。

d）自动补气装置应完好，自动补气失效时应手动补气。

e）回油箱油位介于"上限油位"与"下限油位"之间，无渗漏。

f）漏油箱油位正常，漏油泵运行正常，无异常振动和噪声；油箱各部位不渗漏。

g）压油泵打油正常，无异常噪声，停运时不反转，无过热现象，电动机电流正常，接触器或软启动器工作正常；组合阀动作正常，无异常振动，无渗漏。

h）稳定状态下，对于间歇运行的油泵，若制造厂无特殊要求，其启动间隔不应小于30min。

i）各管路、阀件、油位计无漏油、漏气现象，各阀件及锁紧螺母位置正确。

j）各元件、组件、液压阀及管路温度正常。

【依据3】电厂运行/检修规程

6.1.2.2（3） 本项目的查评依据如下。

【依据1】《水轮机调节系统及装置运行与检修规程》（DL/T 792—2013）

3.9 油压装置调整检查的基本要求和投运前应具备的条件：

a）用油质量符合GB/T 9652.1和DL/T 563的规定。

b）油泵及阀组工作正常、运行平稳。

c）压力油罐压力、油位与回油箱油位、油温在规定范围内。

d）自动补气装置及压力、液位信号元件、油冷却/加热装置、油外循环过滤装置动作正常。

e）事故低油压、低油位的整定值在规定范围内。

f）漏油装置手动、自动调试合格。

g）各液压管路、阀件、接头、法兰等各部件均无渗漏现象。

5.2.1.1 油泵自动运行

a）应至少保持一台"主用"、一台"备用"。

b）设置油泵控制方式为"自动"。

c）检查油泵运转时应无异常噪声。

d）检测油泵的启停或加载、卸载是否能按照程序要求在相应液位、压力设定值作出相应的动作。

e）应定期进行油泵主备用轮换与备用油泵的启动试验。

【依据2】《国家电网公司关于印发水电厂重大反事故措施的通知》（国家电网基建〔2015〕60号）

8.2 防止调速器主配压阀损坏事故

8.2.1 设计阶段

8.2.1.1 机械液压系统中应有合适的油过滤装置；液压部件的设计应有防震、防卡、防止油粘滞的措施，以保证机械液压部件能正常地工作。

8.2.1.2 油过滤器前后应设有差压变送器，当差压过大时应发送报警信号。

8.2.3 运行阶段

8.2.3.1 对运行超过10年的调速系统，应加强技术监督工作并逐步安排更新改造。

8.2.3.2 应定期进行油质检验，保证调速器回油箱和压力油罐油质的清洁。

【依据3】电厂运行/检修规程

6.1.2.2（4） 本项目的查评依据如下。

【依据1】《中华人民共和国特种设备安全法》

第三十三条 特种设备使用单位应当在特种设备投入使用前或者投入使用后三十日内，向负责特种设备安全监督管理的部门办理使用登记，取得使用登记证书。登记标志应当置于该特种设备的显著位置。

第三十五条 特种设备使用单位应当建立特种设备安全技术档案。安全技术档案应当包括以下内容：

（一）特种设备的设计文件、产品质量合格证明、安装及使用维护保养说明、监督检验证明等相关技术资料和文件；

（二）特种设备的定期检验和定期自行检查记录；

（三）特种设备的日常使用状况记录；

（四）特种设备及其附属仪器仪表的维护保养记录；

（五）特种设备的运行故障和事故记录。

第四十条 特种设备使用单位应当按照安全技术规范的要求，在检验合格有效期届满前一个月向特种设备检验机构提出定期检验要求。

特种设备检验机构接到定期检验要求后，应当按照安全技术规范的要求及时进行安全性能检验。特种设备使用单位应当将定期检验标志置于该特种设备的显著位置。

未经定期检验或者检验不合格的特种设备。不得继续使用。

【依据2】《固定式压力容器安全技术监察规程》（TSG 21—2016）

1.3 适用范围

本规程适用于特种设备目录所定义的、同时具备以下条件的压力容器：

（1）工作压力大于或者等于0.1MPa（注1-2）；

（2）容积大于或者等于0.03m^{3}并且内直径（非圆形截面指截面内边界最大几何尺寸）大于或者等于150mm（注1-3）；

（3）盛装介质为气体、液化气体以及介质最高工作温度高于或者等于其标准沸点的液体（注1-4）。

注1-2：工作压力是指正常工作情况，压力容器顶部可能达到的最高压力（表压力）。

注1-3：容积是指压力容器的几何容积，即由设计图样标注的尺寸计算（不考虑制造公差）并且圆整。一般需要扣除永久连接在压力容器内部的内件的体积。

注1-4：容器内介质为最高工作温度低于其标准沸点的液体时，如果气相空间的容积大于或者等于0.03m^{3}时，也属于本规程适用范围。

【依据3】《压力容器定期检验规则》（TSG R7001—2013）

第四章 安全状况等级评定

第三十五条 安全状况等级根据压力容器检验结果综合评定，以其中项目等级最低者为评定等级。

需要改造或者维修的压力容器，按照改造或者维修结果进行安全状况等级评定。

安全附件检验不合格的压力容器不允许投入使用。

第三十六条 主要受压元件材料与原设计不符、材质不明或材质劣化时，按照以下要求进行安全状况等级评定：

（一）用材与原设计不符，如果材质清楚，强度校核合格，经过检验未查出新生缺陷（不包括正常的均匀腐蚀）；检验人员认为可以安全使用的，不影响定级；如果使用中产生缺陷，并且确认是用材不当所致，可以定为4级或者5级。

（二）材质不明，对于经过检验未查出新生缺陷（不包括正常的均匀腐蚀），强度校核合格的（按照同类材料的最低强度进行），在常温下工作的一般压力容器，可以定为3级或者4级；罐车和液化石油气储罐，定为5级。

（三）材质劣化，发现存在表面脱碳、渗碳、石墨化、蠕变、回火脆化、高温氢腐蚀等材质劣化现象并且已经产生不可修复的缺陷或者损伤时，根据材质劣化程度，定为4级或者5级；如果劣化程度轻微，能够确认在规定的操作条件下和检验周期内安全使用的，可以定为3级。

第三十七条 有不合理结构的，按照以下要求评定安全状况等级：

（一）封头主要参数不符合相应制造标准，但是经过检验未查出新生缺陷（不包括正常的均匀腐蚀），可以定为 2 级或者 3 级；如果有缺陷，可以根据相应的条款进行安全状况等级评定。

（二）封头与筒体的连接，如果采用单面焊对接结构，而且存在未焊透时，罐车定为 5 级，其他压力容器，可以根据未焊透情况，按照本规则第四十四条的规定定级；如果采用搭接结构，可以定为 4 级或者 5 级；不等厚度板（锻件）对接接头未按照规定进行削薄（或者堆焊）处理，经过检验未查出新生缺陷（不包括正常的均匀腐蚀）的，可以定为 3 级，否则定为 4 级或者 5 级。

（三）焊缝布置不当（包括采用"十"字焊缝），或者焊缝间距不符合相应标准的要求，经过检验未查出新生缺陷（不包括正常的均匀腐蚀），可以定为 3 级；如果查出新生缺陷，并且确认是由于焊缝布置不当引起的，则定为 4 级或者 5 级。

（四）按照规定应当采用全焊透结构的角接焊或者接管角焊缝，而没有采用全焊透结构的，如果未查出新生缺陷（不包括正常的均匀腐蚀），可以定为 3 级，否则定为 4 级或者 5 级。

（五）如果开孔位置不当，经过检验未查出新生缺陷（不包括正常的均匀腐），对一般压力容器，可以定为 2 级或者 3 级；对于有特殊要求的压力容器，可以定为 3 级或者 4 级；如果开孔的几何参数不符合相应标准的要求，其计算和补强结构经过特殊考虑的，不影响定级，未做特殊考虑的，可以定为 4 级或者 5 级。

第三十八条　内、外表面不允许有裂纹。如果有裂纹，应当打磨消除，打磨后形成的凹坑在允许范围内的，不影响定级；否则，应当补焊或者进行应力分析，经过补焊合格或者应力分析结果表明不影响安全使用的，可以定为 2 级或者 3 级。

裂纹打磨后形成凹坑的深度如果小于壁厚余量（壁厚余量=实测壁厚－名义厚度+腐蚀裕量），则该凹坑允许存在。否则，将凹坑按照其外接矩形规则化为长轴长度、短轴长度及深度分别为 $2A$（mm）、$2B$（mm）及 C（mm）的半椭球形凹坑，计算无量纲参数 G_0，如果 $G_0 < 0.10$，则该凹坑在允许范围内。

进行无量纲参数计算的凹坑应当满足如下条件：

（一）凹坑表面光滑、过渡平缓，凹坑半宽 B 不小于凹坑深度 C 的 3 倍，并且其周围无其他表面缺陷或者埋藏缺陷；

（二）凹坑不靠近几何不连续或者存在尖锐棱角的区域；

（三）压力容器不承受外压或者疲劳载荷；

（四）T/R 小于 0.18 的薄壁圆筒壳或者 T/R 小于 0.10 的薄壁球壳；

（五）材料满足压力容器设计规定，未发现劣化；

（六）凹坑深度 C 小于壁厚 T 的 1/3 并且小于 12mm，坑底最小厚度（$T-C$）不小于 3mm；

（七）凹坑半长 $A \leqslant 1.4\sqrt{RT}$。

凹坑缺陷无量纲参数式（1）计算：$G_0 = \dfrac{C}{T} \times \dfrac{A}{\sqrt{RT}}$　　　　　　　　　　　　　　（1）

式中：T——凹坑所在部位压力容器的壁厚（取实测壁厚减去至下次检验的腐蚀量），mm；

　　　R——压力容器平均半径，mm。

第三十九条　变形、机械接触损伤、工卡具焊迹、电弧灼伤等，按照以下要求评定安全状况等级：

（一）变形不处理不影响安全的，不影响定级；根据变形原因分析，不能满足强度和安全要求的，可以定位 4 级或者 5 级；

（二）机械接触损伤、工卡具焊迹、电弧灼伤等，打磨后按照本规则第三十八条的规定定级。

第四十条　内表面焊缝咬边深度不超过 0.5mm、咬边连续长度不超过 100mm，并且焊缝两侧咬边总长度不超过该焊缝长度的 10% 时；外表面焊缝咬边深度不超过 1.0mm、咬边连续长度不超过 100mm，并且焊缝两侧咬边总长度不超过该焊缝长度的 15% 时，按照以下要求评定其安全状况等级：

（一）一般压力容器不影响定级，超过时应当予以修复；

（二）罐车或者有特殊要求的压力容器，检验时如果未查出新生缺陷（例如焊趾裂纹），可以定为 2 级或者 3 级；查出新生缺陷或者超过本条要求的，应当予以修复。

低温压力容器不允许有焊缝咬边。

第四十一条 有腐蚀的压力容器，按照以下要求评定安全状况等级。

（一）分散的点腐蚀，如果腐蚀深度不超过壁厚（扣除腐蚀裕量）的 1/3，不影响定级；如果在任意 200mm 直径的范围内，点腐蚀的面积之和不超过 4500mm^2，或者沿任一直径点腐蚀长度之和不超过 50mm，不影响定级。

（二）均匀腐蚀，如果按照剩余壁厚（实测壁厚最小值减去至下次检验期的腐蚀量）强度校核合格的，不影响定级；经过补焊合格的，可以定为 2 级或者 3 级。

（三）局部腐蚀，腐蚀深度超过壁厚余量的，应当确定腐蚀坑形状和尺寸，并充分考虑检验周期内腐蚀坑的变化，可以按照本规则第三十八条的规定定级。

（四）对内衬和复合板压力容器，腐蚀深度不超过衬板或者覆材厚度 1/2 的不影响定级，否则应当定级为 3 级或者 4 级。

第四十二条 存在环境开裂倾向或者产生机械损伤现象的压力容器，发现裂纹，应当打磨消除，并且按照第三十八条的要求进行处理，可以满足在规定的操作条件下和检验周期内安全使用的，定为 3 级，否则定为 4 级或者 5 级。

第四十三条 错变量和棱角度超出相应制造标准，根据以下具体情况综合评定安全状况等级：

（一）错变量和棱角度尺寸在表 1 范围内，压力容器不承受疲劳荷载并且该部位不存在裂纹、未融合、未焊头等缺陷时，可以定为 2 级或者 3 级。

表1　　　　　　　　　　　　　　错变量和棱角度尺寸范围　　　　　　　　　　　　　单位：mm

对口处钢材厚度 t	错边量	棱角度（注 5）
$t \leq 20$	$\leq 1/3t$，且 ≤ 5	$\leq (1/10t+3)$，且 ≤ 8
$20 > t \leq 50$	$\leq 1/4t$，且 ≤ 8	
$t > 50$	$\leq 1/6t$，且 ≤ 20	
对所有厚度锻焊压力容器		$\leq 1/6t$，且 ≤ 8

注 5：测量棱角度所使用样板按照相应制造标准的要求选取。

（二）错边量和棱角度不在表 1 范围内，或者在表 1 范围内的压力容器承受疲劳载荷或者该部位伴有未熔合、未焊透等缺陷时，应当通过应力分析，确定能否继续使用；在规定的操作条件下和检验周期内，能安全使用的定为 3 级或者 4 级。

第四十四条 相应制造标准允许的焊缝埋藏缺陷，不影响定级；超出相应制造标准的，按照以下要求评定安全状况等级。

（一）单个圆形缺陷的长径大于壁厚的 1/2 或者大于 9mm，定为 4 级或者 5 级；圆形缺陷的长径小于壁厚的 1/2 并且小于 9mm，其相应的安全状况等级评定见表 2 和表 3。

（二）非圆形缺陷与相应的安全状况等级评定，见表 4 和表 5。

对所有超标非圆形缺陷均应当测定其高度和长度，并且在下次检验时对缺陷尺寸进行复验。

（三）如果能采用有效方式确认缺陷是非活动的，则表 4、表 5 中的缺陷长度容限值可以增加 50%。

表2　　　　　　　规定只要求局部无损检测的压力容器（不包括低温压力容器）

圆形缺陷与相应的安全状况等级

安全状况等级	评定区（mm）					
	10×10			10×20		10×30
	实测厚度（mm）					
	$t \leq 10$	$10 < t \leq 15$	$15 < t \leq 25$	$25 < t \leq 50$	$50 < t \leq 100$	$t > 100$
	缺陷点数					
2 级或者 3 级	6～15	12～21	18～27	24～33	30～39	36～45
4 级或者 5 级	>15	>21	>27	>33	>39	>45

表 3 规定要求 **100%** 无损检测的压力容器（包括低温压力容器）圆形缺陷与相应的安全状况等级（注 **6**）

安全状况等级	评定区（mm）					
	10×10		10×20		10×30	
	实测厚度（mm）					
	$t\leqslant10$	$10<t\leqslant15$	$15<t\leqslant25$	$25<t\leqslant50$	$50<t\leqslant100$	$t>100$
	缺陷点数					
2 级或者 3 级	3～12	6～15	9～18	12～21	15～24	18～27
4 级或者 5 级	>12	>15	>18	>21	>24	>27

注 6：表 2、表 3 中圆形缺陷尺寸换算成缺陷点数，以及不计点数的缺陷尺寸要求，见 JB/T 4730 相应规定。

表 4 一般压力容器非圆形缺陷与相应的安全状况等级

缺陷位置	缺陷尺寸			安全状况等级
	未熔合	未焊透	条状夹渣	
球壳对接焊缝；圆筒体焊缝，以及与封头连接的环焊缝	$H\leqslant0.1t$，且 $H\leqslant2mm$；$L\leqslant2t$	$H\leqslant0.15t$，且 $H\leqslant3mm$；$L\leqslant3t$	$H\leqslant0.2t$，且 $H\leqslant4mm$；$L\leqslant6t$	3 级
圆筒体环焊缝	$H\leqslant0.15t$，且 $H\leqslant3mm$；$L\leqslant4t$	$H\leqslant0.2t$，且 $H\leqslant4mm$；$L\leqslant6t$	$H\leqslant0.25t$，且 $H\leqslant5mm$；$L\leqslant12t$	

表 5 有特殊要求的压力容器非圆形缺陷与相应的安全状况等级（注 **7**）

缺陷位置	缺陷尺寸			安全状况等级
	未熔合	未焊透	条状夹渣	
球壳对接焊缝；圆筒体焊缝，以及与封头连接的环焊缝	$H\leqslant0.1t$，且 $H\leqslant2mm$；$L\leqslant t$	$H\leqslant0.15t$，且 $H\leqslant3mm$；$L\leqslant2t$	$H\leqslant0.2t$，且 $H\leqslant4mm$；$L\leqslant3t$	3 级或者 4 级
圆筒体环焊缝	$H\leqslant0.15t$，且 $H\leqslant3mm$；$L\leqslant2t$	$H\leqslant0.2t$，且 $H\leqslant4mm$；$L\leqslant4t$	$H\leqslant0.25t$，且 $H\leqslant5mm$；$L\leqslant6t$	

注 7：表 4、表 5 中 H 是指缺陷在板厚方向的尺寸，也称缺陷高度；L 指缺陷长度（单位为 mm）。

第四十五条 母材有分层的，按照以下要求安全状况等级：

（一）与自由表面平行的分层，不影响定级；

（二）与自由表面夹角小于 10° 的分层，可以定为 2 级或者 3 级；

（三）与自由表面夹角大于或者等于 10° 的分层，检验人员可以采用其他检测或者分析方法进行综合判定，确认分层不影响压力容器安全使用的，可以定为 3 级，否则定为 4 级或者 5 级。

第四十六条 使用过程中产生的鼓包，应当查明原因，判断其稳定状况，如果能查清鼓包的起因并且确定其不再扩展，而且不影响压力容器安全使用的，可以定为 3 级；无法查清起因时，或者虽查明原因但是仍然会继续扩展的，定为 4 级或者 5 级。

第四十七条 固定式真空绝热热容器，真空度及日蒸发率测量结果在表 6 范围内，不影响定级；大于表 6 规定指标，但不超出其 2 倍时，可以定为 3 级或者 4 级；否则定为 4 级或者 5 级。

第四十八条 属于压力容器本身原因导致耐应试验不合格的，可以定为 5 级。

表 6　　　　　　　　　　　　　　真空密度及日蒸发率测量

绝 热 方 式	真 空 度		日蒸发率测量
	测量状态	数值（Pa）	
粉末绝热	未装介质	≤65	实测日蒸发率数值小于 2 倍额定日蒸发率指标
	装有介质	≤10	
多层绝热	未装介质	≤20	
	装有介质	≤0.2	

【依据 4】《国家电网公司电力安全工作规程　第 3 部分：水电厂动力部分》（Q/GDW 1799.3—2015）

7.1.18　特种设备［锅炉、压力容器（含气瓶）、压力管道、电梯、起重机械、场（厂）内专用机动车辆］，在使用前应经特种设备检验检测机构检验合格，取得合格证并制定安全使用规定和定期检验维护制度。检验合格有效期届满前 1 个月向特种设备检验机构提出定期检验要求。同时，在投入使用前或者投入使用后 30 日内，使用单位应当向直辖市或者设有区的市的特种设备安全监督管理部门登记。

【依据 5】《国家电网公司关于印发水电厂重大反事故措施的通知》（国家电网基建〔2015〕60 号）

8.1.3.1　应定期校验机组油压装置和压力油罐的安全阀。

6.1.2.2（5）本项目的查评依据如下。

【依据 1】《水轮机调节系统及装置运行与检修规程》（DL/T 792—2013）

5.2.1.1　油泵自动运行

a）应至少保持一台"主用"、一台"备用"。

b）设置油泵控制方式为"自动"。

c）检查油泵运转时应无异常噪声。

d）监测油泵的启停或加载、卸载是否能按照程序要求在相应液位、压力设定值作出相应的动作。

e）应定期进行油泵主备轮换与备用油泵的启动试验。

【依据 2】《国家电网公司关于印发水电厂重大反事故措施的通知》（国家电网基建〔2015〕60 号）

8.1　防止调速系统压力异常事故

8.1.1　设计阶段

8.1.1.1　压力油罐油位计应采用钢质磁翻板液位计或由其他不易老化破裂的原材料生产的液位计，禁止采用塑料浮球、有机玻璃管型磁珠液位计，作用于停机的信号应整定可靠，防止误动。

8.1.1.2　调速器操作压力油罐应配置双套独立互为备用的油泵和电源系统，且应能根据压力变化自动启停，保证机组随时安全启动。

8.1.1.3　调速系统油罐压力、容积应能在油泵失效情况下保证可靠地关闭导叶。可逆式机组和有黑启动任务的常规机组应保证油罐的启动压力和容积。

8.1.3　运行阶段

8.1.3.1　应定期校验机组油压装置和压力油罐的安全阀。

8.1.3.2　机组 A、B 级检修后应做低油压事故停机试验。

8.1.3.3　油压装置油压降低到事故低油压时，事故低油压压力开关应立即动作，其整定值应符合设计要求。设有自动调整和保护装置的压力容器，其保护装置的退出应经本单位分管生产（技术）的领导批准，保护退出后，加强监视，且应限期恢复。

8.1.3.4　压油罐的自动补气装置及集油槽的油位监测装置应动作准确可靠。

8.1.3.5　机组 A 级检修后，应进行水轮机调速系统油压装置的调整试验，各项指标合格后方可投入运行。

【依据 3】电厂运行/检修规程

6.1.2.2（6）本项目的查评依据如下。

【依据1】《水轮机运行规程》（DL/T 710—1999）

3.1.5　机组在下列情况下应事故停机：

a）油压装置油压降到事故低油压规定值；

b）各部轴承温度超过事故停机规定值；

c）水润滑轴承主、备用水均中断或降到规定值并超过规定时间；

d）机组调相运行失压；

e）有关的电气事故保护动作；

f）机组转速超过过速保护动作规定值；

g）机组发生异常振动和摆度或超过事故停机规定值（当设有自动振动、摆度测量装置时）；

h）蜗壳水压与工业用水取水口水压的压差超过事故停机规定值；

i）拦污栅前后压差超过事故停机规定值；

j）其他危及水轮机安全运行的紧急事故。

【依据2】电厂运行/检修规程

6.1.2.2（7）本项目的查评依据如下。

【依据1】《国家电网公司关于印发水电厂重大反事故措施的通知》（国家电网基建〔2015〕60号）

8.1　防止调速系统压力异常事故

8.1.1　设计阶段

8.1.1.1　压力油罐油位计应采用钢质磁翻板液位计或由其他不易老化破裂的原材料生产的液位计，禁止采用塑料浮球、有机玻璃管型磁珠液位计，作用于停机的信号应整定可靠，防止误动。

8.1.3　运行阶段

8.1.3.1　应定期校验机组油压装置和压力油罐的安全阀。

8.1.3.2　机组A、B级检修后应做低油压事故停机试验。

8.1.3.3　油压装置油压降低到事故低油压时，事故低油压压力开关应立即动作，其整定值应符合设计要求。设有自动调整和保护装置的压力容器，其保护装置的退出应经本单位分管生产（技术）的领导批准，保护退出后，加强监视，且应限期恢复。

8.1.3.4　压油罐的自动补气装置及集油槽的油位监测装置动作应准确可靠。

8.1.3.5　机组A级检修后，应进行水轮机调速系统油压装置的调整试验，各项指标合格后方可投入运行。

【依据2】电厂运行/检修规程

6.1.3　进水阀及油压装置

6.1.3.1　进水阀

6.1.3.1（1）本项目的查评依据如下。

【依据1】《大中型水轮机进水阀门基本技术条件》（GB/T 14478—2012）

4.1　进水阀门设计、制造、检验应符合GB/T 15468、GB 150（所有部分）或ASME第Ⅷ卷第一分册。

4.2　机组正常停机或检修时，进水阀门应能可靠关闭。

4.3　机组在任何运行工况下，进水阀门应能动水关闭不产生有害振动。

4.4　进水阀门活门工作状态应处于全开或全关位置，不做调节流量用。

4.5　蝴蝶阀活门的型线设计应避免卡门涡引起的振动。蝴蝶阀在全开时的阻力系数应小于0.15。

4.6　在进水阀门两侧压力差不大于30%最大静水压时，应能正常开启。

4.9　蝴蝶阀活门密封宜采用实心围带密封，并设置在蝴蝶阀的下游侧，围带与密封座应有足够的压紧量。

若蝴蝶阀活门密封采用空气围带密封，应采用外径为 50mm、内径为 30mm 统一的标准断面尺寸，围带的工作气压一般比最大静水压高 0.1MPa～0.2MPa，最高气压允许调整到比静水压高 0.4MPa。

球形阀工作密封、检修密封应采用不锈钢制作，要求密封各处贴合紧密。

4.10 进水阀在全关位置应设置可靠的自动液压锁定装置，全开、全关位置应设置检修用的手动机械锁定装置。

蝴蝶阀在全开位置原则不应设自动液压锁定装置，是否设置自动液压锁定装置由供需协商确定；球形阀在全开位置不应设置自动液压锁定装置。

进水活门的检修密封应设置自动液压锁定装置。

4.15 进水阀的移动密封环可采用水压操作或油压操作；若水压操作，应采用清洁水源，并考虑密封腔底部排污措施；若油压操作，应保证操作油压大于钢管水压，并考虑油水混合排污措施。

【依据 2】《水轮发电机组及其附属设备出厂检验导则》（DL/T 443—2016）

8.2 球阀

8.2.1 阀体、活门、阀轴、轴承、密封材料等应具有材质检验报告，材质检定应符合附录 A 的规定。

8.2.2 球阀各部件的加工表面、非加工表面外观检查应符合附录 B 的规定。

8.2.3 阀体、活门、阀轴、密封环及焊接部位应进行无损检测，按照附录 C 的规定执行。

8.2.4 加工尺寸及装配检查项目应包括：

a）阀体轴孔的尺寸公差、形位公差、粗糙度；

b）活门阀轴的轴径尺寸公差、形位公差、粗糙度；

c）轴瓦内/外圆的尺寸公差和形位公差；

d）密封环配合尺寸公差；

e）密封环与相配合的零件研磨情况。

8.2.5 性能试验按照 GB/T 14478、JB/T 9092 的规定执行，应包括：

a）阀体水压试验；

b）活门焊缝渗漏试验；

c）密封环气密性试验；

d）阀门动作试验；

e）阀门漏水试验。

8.3 电动操作机构及其控制装置

8.3.1 传动轴、减速器、联轴器应具有材质检验报告，材质检定应符合附录 A 的规定。

8.3.2 控制装置应具有型式试验报告、电磁兼容试验报告及电动机特性试验报告、电动机力矩控制器的整定报告、电动机绝缘电阻测量报告。互感器、变送器、电源变压器、继电器、接触器等元件应具有检验报告和合格证明，并抽样复核。

8.3.3 操作机构各部件加工表面、非加工表面及焊接部位、电气盘柜及元器件外观检查应符合附录 B 的规定。

8.3.4 传动轴、减速器、联轴器及焊缝应进行无损检测，按照附录 C 的规定执行。

8.3.5 装配检查及性能试验按照 GB/T 11805、GB/T 14478 的规定执行，应包括：

a）联轴器的同轴度；

b）绝缘电阻测量；

c）工频耐压试验；

d）行程控制机构的调整试验；

e）开度指示器一致性检查；

f）减速器空载、温升试验；

g）执行机构的操作功能试验，应包括远方开/关、现地开/关、低电压动作测试、手动-电动切换、紧急事故关闭等；

h）故障模拟试验，应包括失电动作、反馈信号故障、电源故障等；

i）电动机的保护功能测试。

8.4 液压操作机构及其控制装置

8.4.1 缸体、活塞、活塞环、活塞杆、传动支臂、密封材料等应具有材质检验报告。材质检定应符合附录 A 的规定。

8.4.2 控制装置应具有型式试验报告、电磁兼容试验报告。互感器、变送器、电源变压器、继电器、接触器等元件应具有检验报告和合格证明，并抽样复核。

8.4.3 操作机构各部件的加工表面、非加工表面及焊接部位、电气盘柜及元器件外观检查应符合附录 B 的规定。

8.4.4 操作机构各部件及焊缝应进行无损检测，按照附录 C 的规定执行。

8.4.5 加工尺寸及装配检查项目应包括：

a）缸体、活塞配合尺寸及形位公差；

b）接力器底座螺孔分度圆；

c）缸体、活塞杆表面粗糙度检测；

d）活塞杆若有抗磨涂层，应检查涂层厚度。

8.4.6 操作机构及其控制装置性能试验按照 GB/T 11805、GB/T 14478 的规定执行，应包括：

a）接力器双向耐压及渗漏试验；

b）接力器动作试验；

c）锁定或锁定配压阀动作试验；

d）重锤关闭试验；

e）绝缘电阻测量；

f）工频耐压试验；

g）行程控制机构的调整试验；

h）开度指示器一致性检查；

i）油压和油位信号整定值校验；

j）油混水信号检验；

k）油泵间歇运行试验，应包括油泵加/卸载、油泵自动启动/停止、油泵手动启动/停止等；

l）漏油箱泵自动启动/停止、手动启动/停止试验；

m）操作功能试验，应包括远方开/关、现地开/关、紧急事故关闭、液压锁定投入/退出等；

n）故障模拟实验，应包括失电动作，通道故障、反馈信号故障、电源故障等；

o）油泵电动机的保护功能测试。

8.5 进水阀其他附属设备

8.5.1 空气阀、弹簧、旁通阀、伸缩节、锁定、密封材料等应具有材质检验报告。材质检定应符合附录 A 的规定。

8.5.2 空气阀、弹簧、旁通阀、伸缩节、锁定等部件外观检查应符合附录 B 的规定。

8.5.3 空气阀、弹簧、旁通阀、伸缩节、锁定等部件应进行无损检测，按照附录 C 的规定执行。

8.5.4 装配检查及试验项目应包括：

a）旁通阀开关位置及动作灵活性检查；

b）空气阀在无水状态下的行程试验；

c）空气阀弹簧特性试验；

d）水压试验（空气阀、弹簧、旁通阀、伸缩节等部件的单独试验）。

【依据3】《水电水利基本建设工程 单元工程质量等级评定标准 第3部分 水轮发电机组安装工程》

（DL/T 5113.3—2012）

8.2.2 球阀安装按表 8.2.2 的要求进行评定

表 8.2.2　　　　　　　　　　　　　球阀安装质量评定标准

项　次	检查项目	评定等级		检验方法
		合格	优良	
1	阀座与基础板组合缝	符合 GBFY 8564—2003 第 47 条要求		用塞尺检查
△2	阀体与蜗壳进口中心偏差（mm）	3	2	挂钢琴线用钢板尺检查
3	阀体横向中心偏差（mm）	10	8	用钢卷尺检查
△4	阀体水平度及垂直度（mm/m）	每米不超过 1.0	每米不超过 0.8	用水准仪、钢板尺检查
5	阀壳各组合缝	符合 JB/T 8564—2003 第 47 条要求		用塞尺检查
6	活门与阀体间隙	符合设计要求		用塞尺检查
7	工作及检修密封间隙	不超过 0.05		用塞尺检查
△8	静水严密性试验	符合设计要求		测量漏水量

【依据 4】《水轮机运行规程》（DL/T 710—1999）

3.4　主阀

3.4.1　主阀关闭位置止水装置的漏水量不超过规定值。

3.4.2　主阀及其操作机构应有足够的强度，主阀操作应有可靠的压力油源。

3.4.3　主阀在动水条件下能迅速关闭，使机组飞逸时间不超过规定值。

3.4.4　主阀正常运行只有全开与全关两个位置，不允许做部分开启来调节流量。

【依据 5】《国家电网公司关于印发水电厂重大反事故措施的通知》（国家电网基建〔2015〕60 号）

9.1.1　主进水阀枢轴应采用铜基镶嵌自润滑、双金属自润滑或其他具有在类似运行条件使用证明是可靠和具有长期使用寿命型式的轴瓦。枢轴轴瓦与阀体之间应设有可靠固定方式，确保不发生相对位移。

【依据 6】《国家电网公司关于印发防止水电厂水淹厂房反事故补充措施的通知》（国家电网基建〔2017〕61 号）

10．球阀连接螺栓、主轴联接螺栓、顶盖与座环把合螺栓等重要部位螺栓应进行强度、应力及疲劳计算分析，合理确定螺栓使用更换周期。

11．有预紧力要求的螺栓，其预紧力不应小于在各工况下螺栓最大工作荷载的 2 倍。

12．重要部位螺栓应做好原始位置状态标记并制定防止松动措施。

13．重要部位螺栓应制定检修安装工艺，螺栓紧固宜采用扭矩（拉伸力）与伸长量相互校核。

14．机组在 A 级检修、飞逸及其他必要情况时，应对重要部位螺栓扭矩或伸长量进行全面检测。

15．重要部位螺栓无损检测时宜同时进行超声波与磁粉检测；新购置螺栓厂家应提供螺栓材质、无损检测、力学性能等出厂试验报告。若采用新型螺栓，厂家应提供设计报告，使用单位应对全部更换螺栓进行无损检测，特殊情况可委托第三方进行力学性能等抽检。

【依据 7】电厂运行/检修规程

6.1.3.1（2） 本项目的查评依据如下。

【依据 1】《大中型水轮机进水阀门基本技术条件》（GB/T 14478—2012）

4.10　进水阀在全关位置应设置可靠的自动液压锁定装置，全开、全关位置应设置检修用的手动机械锁定装置。

蝴蝶阀在全开位置原则不应设自动液压锁定装置，是否设置自动液压锁定装置由供需协商确定；球形阀在全开位置不应设置自动液压锁定装置。

进水活门的检修密封应设置自动液压锁定装置。

【依据2】《水轮发电机组及其附属设备出厂检验导则》（DL/T 443—2016）

8.3 电动操作机构及其控制装置

8.3.1 传动轴、减速器、联轴器应具有材质检验报告，材质检定应符合附录A的规定。

8.3.2 控制装置应具有型式试验报告、电磁兼容试验报告及电动机特性试验报告、电动机力矩控制器的整定报告、电动机绝缘电阻测量报告。互感器、变送器、电源变压器、继电器、接触器等元件应具有检验报告和合格证明，并抽样复核。

8.3.3 操作机构各部件加工表面、非加工表面及焊接部位、电气盘柜及元器件外观检查应符合附录B的规定。

8.3.4 传动轴、减速器、联轴器及焊缝应进行无损检测，按照附录C的规定执行。

8.3.5 装配检查及性能试验按照GB/T 11805、GB/T 14478的规定执行，应包括：

a）联轴器的同轴度；

b）绝缘电阻测量；

c）工频耐压试验；

d）行程控制机构的调整试验；

e）开度指示器一致性检查；

f）减速器空载、温升试验；

g）执行机构的操作功能试验，应包括远方开/关、现地开/关、低电压动作测试、手动-电动切换、紧急事故关闭等；

h）故障模拟试验，应包括失电动作、反馈信号故障、电源故障等；

i）电动机的保护功能测试。

8.4 液压操作机构及其控制装置

8.4.1 缸体、活塞、活塞环、活塞杆、传动支臂、密封材料等应具有材质检验报告。材质检定应符合附录A的规定。

8.4.2 控制装置应具有型式试验报告、电磁兼容试验报告。互感器、变送器、电源变压器、继电器、接触器等元件应具有检验报告和合格证明，并抽样复核。

8.4.3 操作机构各部件的加工表面、非加工表面及焊接部位、电气盘柜及元器件外观检查应符合附录B的规定。

8.4.4 操作机构各部件及焊缝应进行无损检测，按照附录C的规定执行。

8.4.5 加工尺寸及装配检查项目应包括：

a）缸体、活塞配合尺寸及形位公差；

b）接力器底座螺孔分度圆；

c）缸体、活塞杆表面粗糙度检测；

d）活塞杆若有抗磨涂层，应检查涂层厚度。

8.4.6 操作机构及其控制装置性能试验按照GB/T 11805、GB/T 14478的规定执行，应包括：

e）接力器双向耐压及渗漏试验；

f）接力器动作试验；

g）锁定或锁定配压阀动作试验；

h）重锤关闭试验；

i）绝缘电阻测量；

j）工频耐压试验；

k）行程控制机构的调整试验；

l）开度指示器一致性检查；

m）油压和油位信号整定值校验；

n）油混水信号检验；

o）油泵间歇运行试验，应包括油泵加/卸载、油泵自动启动/停止、油泵手动启动/停止等；

p）漏油箱泵自动启动/停止、手动启动/停止试验；

q）操作功能试验，应包括远方开/关、现地开/关、紧急事故关闭、液压锁定投入/退出等；

r）故障模拟实验，应包括失电动作，通道故障、反馈信号故障、电源故障等；

s）油泵电动机的保护功能测试。

8.6.3 电动操作机构及其控制装置

a）联轴器的同轴度测量记录；

b）绝缘电阻测量记录；

c）工频耐压试验记录；

d）行程控制机构的调整试验记录；

e）开度指示器一致性检查记录；

f）减速器空载、温升试验记录；

g）执行机构的操作功能试验记录；

h）故障模拟试验记录；

i）电动机的保护功能测试记录。

8.6.4 液压操作机构及其控制装置

a）加工尺寸及装配检查记录；

b）接力器双向耐压及渗漏试验记录；

c）接力器动作试验记录；

d）锁定或锁定配压阀动作试验记录；

e）重锤关闭试验记录；

f）绝缘电阻测量记录；

g）工频耐压试验记录；

h）行程控制机构的调整试验记录；

i）开度指示器一致性检查记录；

j）油压和油位信号整定值校验记录；

k）油混水信号检验记录；

l）油泵间歇运行试验记录；

m）漏油箱泵自动启动/停止、手动启动/停止试验记录；

n）操作功能试验记录；

o）故障模拟试验记录；

p）油泵电动机的保护功能测试记录。

【依据3】《国家电网公司电力安全工作规程 第3部分：水电厂动力部分》（Q/GDW 1799.3—2015）

7.1.13 在油管的法兰盘和阀门周围，如敷设有热管道或其他热体，为了防止漏油而引起火灾，应在这些热体保温层外面再包上金属皮。无论在检修或者运行中，如有油漏到保温层上，应将保温层更换。油管应尽量减少法兰盘连接。在热体附近的法兰盘，应装金属罩壳。禁止使用塑料垫或胶皮垫。油管的法兰和阀门以及轴承、调速系等应保持严密不漏油。如有漏油现象，应及时修好；漏油应及时拭净，不许任其留在地面上。

【依据 4】《国家电网公司关于印发防止水电厂水淹厂房反事故补充措施的通知》（国家电网基建〔2017〕61号）

18．主进水阀接力器软管在机组 A 级检修、渗油、老化或达到设计使用寿命时，应进行更换。

【依据 5】电厂运行/检修规程

6.1.3.1（3）本项目的查评依据如下。

【依据 1】《大中型水轮机进水阀门基本技术条件》（GB/T 14478—2012）

4.15　进水阀的移动密封环可采用水压操作或油压操作；若水压操作，应采用清洁水源，并考虑密封腔底部排污措施；若油压操作，应保证操作油压大于钢管水压，并考虑油水混合排污措施。

【依据 2】《可逆式抽水蓄能机组启动试验规程》（GB/T 18482—2010）

6.2.4　进水阀检查

a）主阀油压装置安装调试合格。手自动操作灵活可靠，卸载阀、安全阀动作值符合设计要求。油压装置投入自动运行状态。

b）主阀安装调试完成，无水启闭时间符合设计要求，与尾水事故闸门等相关设备联锁试验正确，并处于关闭状态。

c）主阀检修密封、工作密封安装调试完毕，检修密封在机组启动前手动退出，处于开启状态，工作密封处于投入状态。

d）接力器锁定装置调试完毕，锁定拔出，投入灵活可靠。

e）主阀旁通阀（若有），压力钢管排水阀，主阀底部排水阀处于关闭状态。

f）油压装置投入自动运行状态。

【依据 3】《国家电网公司电力安全工作规程　第三部分：水电厂动力部分》（Q/GDW 1799.3—2015）

7.1.13　在油管的法兰盘和阀门周围，如敷设有热管道或其他热体，为了防止漏油而引起火灾，应在这些热体保温层外面再包上金属皮。无论在检修或者运行中，如有油漏到保温层上，应将保温层更换。油管应尽量减少法兰盘连接。在热体附近的法兰盘，应装金属罩壳。禁止使用塑料垫或胶皮垫。油管的法兰和阀门以及轴承、调速系等应保持严密不漏油。如有漏油现象，应及时修好；漏油应及时拭净，不许任其留在地面上。

【依据 4】《国家电网公司关于印发水电厂重大反事故措施的通知》（国家电网基建〔2015〕60号）

9.3.1　设计阶段

9.3.1.1　球阀活门和下游密封动作顺序应有闭锁装置，只有活门全关后下游密封方可关闭，下游密封打开后活门方可开始开启，且球阀打开时下游密封不得投入。

9.3.1.2　球阀工作密封环的投、退腔密封应采用可靠的密封结构形式，防止长期使用后由于磨损造成密封漏水而使工作密封环操作力降低。

9.3.1.3　球阀工作密封应设有备用操作水源。

【依据 5】电厂运行/检修规程

6.1.3.1（4）本项目的查评依据如下。

【依据 1】《大中型水轮机进水阀门基本技术条件》（GB/T 14478—2012）

4.10　进水阀在全关位置应设置可靠的自动液压锁定装置，全开、全关位置应设置检修用的手动机械锁定装置。

蝴蝶阀在全开位置原则不应设自动液压锁定装置，是否设置自动液压锁定装置由供需协商确定；球形阀在全开位置不应设置自动液压锁定装置。

进水活门的检修密封应设置自动液压锁定装置。

4.11　进水阀门应设置旁通阀，或采用能起到相同作用的其他结构。对跨过压力钢管伸缩节的旁通管路应设置伸缩节。旁通管路应采取可靠的固定措施。

旁通阀的公称直径一般应为进水阀门公称直径的10%。

4.12　进水阀应设置空气阀，空气阀应具有自动进、排气的功能，其公称直径不小于进水阀门公称直径的5%～10%。

4.13　进水阀门应设置伸缩节，其结构应装拆方便。在电站安装后伸缩节不得漏水。

4.14　旁通阀、空气阀前一般应设置检修阀门。

4.15 进水阀的移动密封环可采用水压操作或油压操作；若水压操作，应采用清洁水源，并考虑密封腔底部排污措施；若油压操作，应保证操作油压大于钢管水压，并考虑油水混合排污措施。

4.16 进水阀门采用油压接力器操作时，宜设置漏油装置，用以收集自动化元件的泄油及接力器检修时的排油。

进水阀门在操作油源采用单独的油压装置的情况下，若用一套油压装置控制 2 或 3 台进水阀门，在油泵不能启动的情况下，应保证进水阀门能动水关闭。

4.17 进水阀门应能自动或手动操作。

4.18 进水阀门一般应设下列信号装置：

a）活门开启和关闭位置信号；

b）移动密封环的位置信号；

c）锁定投入和拔出的信号；

d）旁通阀开关信号；

e）活门上、下游压差信号；

f）空气围带压力信号（若有）；

g）液压系统油压过高、过低和事故低油压信号。

【依据 2】《水轮发电机组启动试验规程》（DL/T 507—2014）

8.3.8 机组带额定负荷下，进行下列各项试验：

a）调速器低油压关闭导水叶试验；

b）事故配压阀动作关闭导水叶试验；

c）根据设计要求和电站具体情况，进行动水关闭工作闸门或水轮机以及关闭水轮机筒阀的试验。

【依据 3】《国家电网公司电力安全工作规程 第三部分：水电厂动力部分》（Q/GDW 1799.3—2015）

8.8.4 尾水事故闸门检修后，应检查确认主进水阀与尾水事故闸门的闭锁正常。

【依据 4】《国家电网公司关于印发水电厂重大反事故措施的通知》（国家电网基建〔2015〕60 号）

9.4.1 设计阶段

9.4.1.1 抽水蓄能机组和尾水闸门可自动控制的常规机组，主进水阀与尾闸应有主进水阀全关后尾闸方可关闭，尾闸全开后主进水阀方可开启的闭锁关系。

9.4.1.2 高水头机组压力钢管直连接阀门应采用针阀或球阀。

9.4.3 运行阶段

9.4.3.1 应定期检查主进水阀高振动区域管路连接部位，高振动区域避免使用卡套接头。

9.4.3.2 应定期进行钢管管壁焊缝、壁厚、应力检测。定期检查压力钢管明管段锈蚀情况。对与压力钢管直接连接的阀门和管路焊缝应定期进行无损检测。

9.5 防止主进水阀控制系统失灵事故

9.5.1 基建阶段

9.5.1.1 应对主进水阀自动操作回路进行模拟试验，验证其动作的正确性、可靠性和准确性。

9.5.1.2 调试期应根据合同约定进行动水关闭试验以验证主进水阀的动作性能。

【依据 5】《国家电网公司关于印发防止水电厂水淹厂房反事故补充措施的通知》（国家电网基建〔2017〕61 号）

9. 主进水阀、调速器的控制回路应由交、直流双回路供电，在控制回路电压消失的情况下具备"失电关闭"功能，即失电时自动关闭主进水阀及导叶。

【依据 6】电厂运行/检修规程

6.1.3.2 油压装置

6.1.3.2（1）本项目的查评依据如下。

【依据 1】《水轮机电液调节系统及装置试验导则》（DL/T 496—2016）

4.2 油压装置的调整试验

4.2.1　油泵试验

4.2.1.1　油泵运转前的准备

a）油泵腔体内注满工作油。

b）人工转动油泵，检查是否灵活，然后通电检查油泵转动方向是否正确。

4.2.1.2　油泵磨合运转试验

4.2.1.2.1　试验在阀组调整前进行，油泵先空载运转 1h，然后分别在 25%、50%、75%额定油压下各运行 10min，最后在额定油压下运行 1h。

4.2.1.2.2　试验中，油泵应连续运转，工作应平稳正常，无异常震动和噪声；在每个压力下运转过程中应监视电动机电流无异常变化。

4.2.1.2.3　运行中油温不得超过 50℃，如超出应停泵，待油温降低后继续试验，此时运转时间可累计。

4.2.2.2　安全阀调整试验

4.2.2.2.1　调整安全阀的调节螺栓，使油压高于工作油压上限 2%时，安全阀开始排油，油压高于工作油压上限 10%以前，安全阀应全部开启，且压力罐/蓄能器中油压不再升高。

4.2.2.2.2　油压低于工作油压下限以前，安全阀应完全关闭，此时安全阀的漏油量不得大于油泵输油量的 1%。

4.2.2.2.3　在上述调整试验过程中安全阀应无剧烈的振动和噪声。

4.2.3　油压装置的密封性试验

4.2.3.1　压力罐/蓄能器的油压和油位均保持在正常的工作范围内，关闭所有阀门，8h 后油压下降不得大于额定油压的 4%；宜在油泵停动 30min 后开始记录压力和油位，8h 内环境温差应不大于 8℃。

4.2.3.2　若油压下降而油位不变，则说明是漏气所致。当油压、油位均下降时，可启动油泵将油位恢复到原值，若油压能恢复至原值，则说明是漏油所致；若油压仍低于原值，则表明在漏油的同时，还有漏气的现象。

4.2.3.3　对于采用油、气分离式蓄能器的油压装置，考虑到蓄能器的油位无法直接观测，可根据回油箱油位变化反推蓄能器油位变化。

4.2.4　压力信号器和油位信号器整定

通过对压力罐/蓄能器输油和排油的方式来改变油压和油位，进行压力信号器和油位信号器的整定。压力信号器动作值和整定值的允许偏差为整定值的±2%；油位信号器的动作值允许偏差为±10mm。对于油、气分离式蓄能器的油位，可通过回油箱油位间接反映。

【依据 2】《水轮机调速器及油压装置运行规程》（DL/T 792—2013）

3.9　油压装置调整检查的基本要求和投运前应具备的条件：

a）用油质量符合 GB/T 9652.1 和 DL/T 563 的规定。

b）油泵及阀组工作正常、运行平稳。

c）压力油罐压力、油位与回油箱油位、油温在规定范围内。

d）自动补气装置及压力、液位信号元件、油冷却/加热装置、油外循环过滤装置动作正常。

e）事故低油压、低油位的整定值在规定范围内。

f）漏油装置手动、自动调试合格。

g）各液压管路、阀件、接头、法兰等各部件均无渗漏现象。

5.2.1.1　油泵自动运行

a）应至少保持一台"主用"、一台"备用"。

b）设置油泵控制方式为"自动"。

c）检查油泵运转时应无异常噪声。

d）检测油泵的启停或加载、卸载是否能按照程序要求在相应液位、压力设定值作出相应的动作。

e）应定期进行油泵主备用轮换与备用油泵的启动试验。

6.2.2 油压装置的巡检

a）检查油压装置报警信息。

b）油压装置油温在允许范围内（10℃～50℃）。

c）压力油罐油压在"正常工作压力上限"与"正常工作压力下限"之间；油位介于"上限油位"与"下限油位"之间。

d）自动补气装置应完好，自动补气失效时应手动补气。

e）回油箱油位介于"上限油位"与"下限油位"之间，无渗漏。

f）漏油箱油位正常，漏油泵运行正常，无异常振动和噪声；油箱各部位不渗漏。

g）压油泵打油正常，无异常噪声，停运时不反转，无过热现象，电动机电流正常，接触器或软启动器工作正常；组合阀动作正常，无异常振动，无渗漏。

h）稳定状态下，对于间歇运行的油泵，若制造厂无特殊要求，其启动间隔不应小于30min。

i）各管路、阀件、油位计无漏油、漏气现象，各阀件及锁紧螺母位置正确。

j）各元件、组件、液压阀及管路温度正常。

【依据3】《国家电网公司电力安全工作规程 第三部分：水电厂动力部分》（Q/GDW 1799.3—2015）

7.1.13 在油管的法兰盘和阀门周围，如敷设有热管道或其他热体，为了防止漏油而引起火灾，应在这些热体保温层外面再包上金属皮。无论在检修或运行中，如有油漏到保温层上，应将保温层更换。油管应尽量少用法兰盘连接。在热体附近的法兰盘，应装金属罩壳。禁止使用塑料垫或胶皮垫。油管的法兰和阀门以及轴承、调速系统等应保持严密不漏油。如有漏油现象，应及时修好；漏油应及时拭净，不许任其留在地面上。

【依据4】电厂运行/检修规程

6.1.3.2（2）本项目的查评依据如下。

【依据1】《水轮机控制系统技术条件》（GB/T 9652.1—2007）

4.7.7 安全阀动作应正确、可靠、无强烈振动和噪声。

【依据2】《水轮机电液调节系统及装置技术规程》（DL/T 563—2016）

5.2.10 油压装置的性能要求：

a）油压装置正常工作油压的变化范围应在名义工作油压的±5%以内。

b）当油压高于工作油压上限2%以上时，安全阀应开始排油；当油压高于工作油压上限的16%以上，安全阀应全部开启，并使压力罐中的油压不再升高；当油压低于工作油压下限以前，安全阀应完全关闭，此时安全阀的漏油量不得大于油泵输油量的1%。

c）油压装置宜至少设置2台油泵，油泵运转平稳，油泵的输油量应能满足电液调节系统正常用油需要；对于非孤网运行的油压装置，油泵从正常工作油压下限启动开始至压力升至停泵压力，即正常工作油压上限，所经历的最长时间宜不大于60s；在用于孤网运行时，宜不大于35s。

d）当油压低于工作油压下限的6%～8%时，备用油泵应启动。

e）当油压继续降低至事故油压时，作用于紧急停机的压力信号器应立即动作。当主接力器在事故低油压下完全关闭后，压力罐/蓄能器的剩余压力应高于最低操作油压。

f）油压装置各压力信号器动作油压值与整定值的偏差，不得超过名义工作油压的±2%。

g）压力罐/蓄能器应具有足够的容量，在不启动油泵的情况下，自正常工作油压下限至最低操作油压之前，其可用油体积至少应满足如下要求：对于混流式及定桨式机组的单调整调节装置为导叶接力器总容积的3倍；对于转桨式机组的双调整调节装置为导叶接力器总容积的3倍再加轮叶接力器容积的2倍；对于冲击式机组的双调整调节装置为折向器接力器总容积的3倍再加喷针接力器总容积的2倍；对于带调压阀控制的双调整调节装置为导叶接力器总容积的3倍再加调压阀接力器容积的4倍。

h）压力罐/蓄能器在额定油压下，油位处于正常位置时，关闭各连通阀门，保持8h，油压下降值不得大于额定油压的4%。

i）空气安全阀的动作值应为名义工作油压的114%。空气安全阀动作应准确、可靠，无强烈噪声。

【依据3】《国家电网公司关于印发水电厂重大反事故措施的通知》（国家电网基建〔2015〕60号）

8.1.1.4 油压装置应设置安全阀，其动作整定值及泄漏量满足相关规定。

【依据4】电厂运行/检修规程

6.1.3.2（3）本项目的查评依据如下。

【依据1】《水轮机控制系统技术条件》（GB/T 9652.1—2007）

3.7 调速系统所用油的质量必须符合 GB 11120 中 46 号汽轮机油或粘度相近的同类型油的规定，使用油温范围为 10℃～50℃。为获得液压控制系统工作地高可靠性，必须确保油的高清洁度，过滤精度应符合产品的要求。

4.7.7 安全阀动作应正确、可靠、无强烈振动和噪声。

【依据2】《水轮机调速器及油压装置运行规程》（DL/T 792—2013）

3.9 油压装置调整检查的基本要求和投运前应具备的条件：

a）用油质量符合 GB/T 9652.1 和 DL/T 563 的规定。

b）油泵及阀组工作正常、运行平稳。

c）压力油罐压力、油位与回油箱油位、油温在规定范围内。

d）自动补气装置及压力、液位信号元件、油冷却/加热装置、油外循环过滤装置动作正常。

e）事故低油压、低油位的整定值在规定范围内。

f）漏油装置手动、自动调试合格。

g）各液压管路、阀件、接头、法兰等各部件均无渗漏现象。

【依据3】《国家电网公司关于印发水电厂重大反事故措施的通知》（国家电网基建〔2015〕60号）

8.2 防止调速器主配压阀损坏事故

8.2.1 设计阶段

8.2.1.1 机械液压系统中应有合适的油过滤装置；液压部件的设计应有防震、防卡、防止油粘滞的措施，以保证机械液压部件能正常地工作。

8.2.1.2 油过滤器前后应设有差压变送器，当差压过大时应发送报警信号。

8.2.3 运行阶段

8.2.3.1 对运行超过 10 年的调速系统，应加强技术监督工作并逐步安排更新改造。

8.2.3.2 应定期进行油质检验，保证调速器回油箱和压力油罐油质的清洁。

【依据4】电厂运行/检修规程

6.1.3.2（4）本项目的查评依据如下。

【依据1】《中华人民共和国特种设备安全法》

第三十三条 特种设备使用单位应当在特种设备投入使用前或者投入使用后三十日内，向负责特种设备安全监督管理的部门办理使用登记，取得使用登记证书。登记标志应当置于该特种设备的显著位置。

第三十五条 特种设备使用单位应当建立特种设备安全技术档案。安全技术档案应包括以下内容：

（一）特种设备的设计文件、产品质量合格证明、安装及使用维护保养说明、监督检验证明等相关技术资料和文件；

（二）特种设备的定期检验和定期自行检查记录；

（三）特种设备的日常使用状况记录；

（四）特种设备及其附属仪器仪表的维护保养记录；

（五）特种设备的运行故障和事故记录；

第四十条 特种设备使用单位应当按照安全技术规范的要求，在检验合格有效期届满前一个月向特种设备检验机构提出定期检验要求。

【依据2】《固定式压力容器安全技术监察规程》（TSG 21—2016）

7.1.2 使用登记

使用单位应当按照规定在压力容器投入使用前或投入使用后 30 日内，向所在地负责特种设备使用登记的部门（以下简称使用登记机关）申请办理《特种设备使用登记证》（以下简称使用登记证）。办理使用登记时，安全状况登记和首次检验日期按照以下要求确定：

（1）使用登记机关确认制造资料齐全的新压力容器，其安全状况登记为 1 级；进口压力容器安全状况登记由实施进口压力容器监督检验的特种设备检验机构评定。

（2）压力容器首次定期检验日期按照本规程 8.1.6 和 8.1.7 的规定确定，产品标准或者使用单位认为有必要缩短检验周期除外；特殊情况，需要延长首次定期检验日期时，由使用单位提出书面说明情况，经使用单位安全管理负责人批准，延长期不得超过 1 年。

7.1.6　定期检验

使用单位应当在压力容器定期检验有效期满的 1 个月以前，向特种设备检验机构提出定期检验申请，并且做好定期检验相关的准备工作。

定期检验完成后，由使用单位组织对压力容器进行管道连接、密封、附件（含安全附件及仪表）和内件安装等工作，并对其安全性负责。

7.2.3.1.3　安全阀检验周期

7.2.3.1.3.1　基本要求

安全阀一般每年至少校验一次，符合本规程 7.2.3.1.3.2 和 7.2.3.1.3.3 校验周期延长的特殊要求，经过使用单位安全管理负责人批准可以按照其要求适当延长校验周期。

【依据 3】《压力容器定期检验规则》（TSG R7001—2013）

第三十五条　安全状况等级根据压力容器检验结果综合评定，以其中项目等级最低者为评定等级。

需要改造或者维修的压力容器，按照改造或者维修结果进行安全状况等级评定。

安全附件检验不合格的压力容器不允许投入使用。

【依据 4】《特种设备安全监察条例》（2009 年修订版）

第二十八条　特种设备使用单位应当按照安全技术规范的定期检验要求，在安全检验合格有效期届满前 1 个月向特种设备检验检测机构提出定期检验要求。

未经定期检验或者检验不合格的特种设备，不得继续使用。

【依据 5】《国家电网公司电力安全工作规程　第三部分：水电厂动力部分》（Q/GDW 1799.3—2015）

7.1.18　特种设备［锅炉、压力容器（含气瓶）、压力管道、电梯、起重机械、场（厂）内专用机动车辆］，在使用前应经特种设备检验检测机构检验合格，取得合格证并制定安全使用规定和定期检验维护制度。检验合格有效期届满前 1 个月向特种设备检验机构提出定期检验要求。同时，在投入使用前或者投入使用后 30 日内，使用单位应当向直辖市或者设有区的市的特种设备安全监督管理部门登记。

【依据 6】《国家电网公司关于印发水电厂重大反事故措施的通知》（国家电网基建〔2015〕60 号）

8.1.3　运行阶段

8.1.3.1　应定期校验机组油压装置和压力油罐的安全阀。

【依据 7】电厂运行/检修规程

6.1.3.2（5）本项目的查评依据如下。

【依据 1】《水轮机调速器及油压装置运行规程》（DL/T 792—2013）

5.2.1.1　油泵自动运行

a）应至少保持一台"主用"、一台"备用"。

b）设置油泵控制方式为"自动"。

c）检查油泵运转时应无异常噪声。

d）检测油泵的启停或加载、卸载是否能按照程序要求在相应液位、压力设定值作出相应的动作。

e）应定期进行油泵主备用轮换与备用油泵的启动试验。

【依据 2】《水轮机电液调节系统及装置技术规程》（DL/T 563—2016）

5.2.10　油压装置的性能要求：

a）油压装置正常工作油压的变化范围应在名义工作油压的 ±5% 以内。

b）当油压高于工作油压上限 2% 以上时，安全阀应开始排油；当油压高于工作油压上限的 16% 以前，安全阀应全部开启，并使压力罐中的油压不再升高；当油压低于工作油压下限以前，安全阀应完全关闭，此时安全阀的漏油量不得大于油泵输油量的 1%。

c）油压装置宜至少设置 2 台油泵，油泵运转平稳，油泵的输油量应能满足电液调节系统正常用油需要；对于非孤网运行的油压装置，油泵从正常工作油压下限启动开始至压力升至停泵压力，即正常工作油压上限，所经历的最长时间宜不大于 60s；在用于孤网运行时，宜不大于 35s。

d）当油压低于工作油压下限的 6%～8% 时，备用油泵应启动。

e）当油压继续降低至事故油压时，作用于紧急停机的压力信号器应立即动作。当主接力器在事故低油压下完全关闭后，压力罐/蓄能器的剩余压力应高于最低操作油压。

f）油压装置各压力信号器动作油压值与整定值的偏差，不得超过名义工作油压的 ±2%。

g）压力罐/蓄能器应具有足够的容量，在不启动油泵的情况下，自正常工作油压下限至最低操作油压之前，其可用油体积至少应满足如下要求：对于混流式及定桨式机组的单调整调节装置为导叶接力器总容积的 3 倍；对于转桨式机组的双调整调节装置为导叶接力器总容积的 3 倍再加轮叶接力器容积的 2 倍；对于冲击式机组的双调整调节装置为折向器接力器总容积的 3 倍再加喷针接力器总容积的 2 倍；对于带调压阀控制的双调整调节装置为导叶接力器总容积的 3 倍再加调压阀接力器容积的 4 倍。

h）压力罐/蓄能器在额定油压下，油位处于正常位置时，关闭各连通阀门，保持 8h，油压下降值不得大于额定油压的 4%。

i）空气安全阀的动作值应为名义工作油压的 114%。空气安全阀动作应准确、可靠，无强烈噪声。

j）回油箱容积应能容纳电液调节系统所有用油量并至少有 10% 的余量。

k）自动补气装置动作应正确、可靠，不得出现漏气现象。

l）液位信号器动作值与整定值的偏差，不得超过 ±10mm。

【依据3】《水轮机电液调节系统及装置试验导则》（DL/T 496—2016）

4.1.3　电气接线检查

对电气接线进行正确性检查，其标志应与图纸相符，屏蔽线的接法应符合抗干扰的要求。

4.2　油压装置的调整试验

4.3.5　绝缘试验

4.3.5.1　试验时应采取措施，防止电子元器件及表计损坏，对于不能承受规定的绝缘电阻表电压的元件如半导体元件、电容器等，试验时应将其短接，或采取绝缘措施。

4.3.5.2　分别用 250V 电压等级的绝缘电阻表（回路电压小于 100V）和 500V 电压等级的绝缘电阻表（回路电压为 100V～250V 时）测定各电气回路间及其与机壳、大地间的绝缘电阻，在温度为 15℃～35℃、相对湿度为 45%～75% 的环境中，其值应不小于 1MΩ。

4.3.5.3　在绝缘电阻合格后，按 DL/T 563 的有关规定进行绝缘强度试验，应无击穿或闪络现象。试验时对于不能承受规定电压的元件或组件模块，应将其短路或断开；安装在带点部件和裸露导电部件之间的抗干扰电容器不应断开，应能耐受试验电压。

【依据4】《水轮机运行规程》（DL/T 710—1999）

3.2.9　油压装置的性能要求：

a）油压装置正常工作油压的变化范围应在工作油压的 ±5% 以内。当油压高于工作油压上限 2% 以上时，安全阀应开始排油；当油压高于工作油压上限的 16% 以前，安全阀应全部打开，并使压力罐中的油压不再升高；当油压低于工作油压下限以前，安全阀应安全关闭；当油压低于工作油压下限的 6%～8% 时，备用油泵应启动；当油压继续降低至事故低油压时，作用于紧急停机的压力信号器应立即动作。

b）油压装置各压力信号器动作油压值与整定值的偏差不应超过整定值的 ±2%。

c）油泵运转应平稳，其输油量不小于设计规定值。

d）自动补气装置及油位信号装置，动作应正确、可靠。

【依据 5】电厂运行/检修规程

6.1.3.2（6）本项目的查评依据如下。

【依据 1】《水轮机运行规程》（DL/T 710—1999）

3.1.5　机组在下列情况下应事故停机：

a）油压装置油压降到事故低油压规定值；

b）各部轴承温度超过事故停机规定值；

c）水润滑轴承主、备用水均中断或降到规定值并超过规定时间；

d）机组调相运行失压；

e）有关的电气事故保护动作；

f）机组转速超过过速保护动作规定值；

g）机组发生异常振动和摆度或超过事故停机规定值（当设有自动振动、摆度测量装置时）；

h）蜗壳水压与工业用水取水口水压的压差超过事故停机规定值；

i）拦污栅前后压差超过事故停机规定值；

j）其他危及水轮机安全运行的紧急事故。

【依据 2】《水轮机电液调节系统及装置技术规程》（DL/T 563—2016）

5.2.10　油压装置的性能要求：

a）油压装置正常工作油压的变化范围应在名义工作油压的±5%以内。

b）当油压高于工作油压上限2%以上时，安全阀应开始排油；当油压高于工作油压上限的16%以前，安全阀应全部开启，并使压力罐中的油压不再升高；当油压低于工作油压下限以前，安全阀应完全关闭，此时安全阀的漏油量不得大于油泵输油量的1%。

c）油压装置宜至少设置2台油泵，油泵运转平稳，油泵的输油量应能满足电液调节系统正常用油需要；对于非孤网运行的油压装置，油泵从正常工作油压下限启动开始至压力升至停泵压力，即正常工作油压上限，所经历的最长时间宜不大于60s；在用于孤网运行时，宜不大于35s。

d）当油压低于工作油压下限的6%~8%时，备用油泵应启动。

e）当油压继续降低至事故油压时，作用于紧急停机的压力信号器应立即动作。当主接力器在事故低油压下完全关闭后，压力罐/蓄能器的剩余压力应高于最低操作油压。

f）油压装置各压力信号器动作油压值与整定值的偏差，不得超过名义工作油压的±2%。

g）压力罐/蓄能器应具有足够的容量，在不启动油泵的情况下，自正常工作油压下限至最低操作油压之前，其可用油体积至少应满足如下要求：对于混流式及定桨式机组的单调整调节装置为导叶接力器总容积的3倍；对于转桨式机组的双调整调节装置为导叶接力器总容积的3倍再加轮叶接力器容积的2倍；对于冲击式机组的双调整调节装置为折向器接力器总容积的3倍再加喷针接力器总容积的2倍；对于带调压阀控制的双调整调节装置为导叶接力器总容积的3倍再加调压阀接力器容积的4倍。

h）压力罐/蓄能器在额定油压下，油位处于正常位置时，关闭各连通阀门，保持8h，油压下降值不得大于额定油压的4%。

i）空气安全阀的动作值应为名义工作油压的114%。空气安全阀动作应准确、可靠，无强烈噪声。

j）回油箱容积应能容纳电液调节系统所有用油量并至少有10%的余量。

k）自动补气装置动作应正确、可靠，不得出现漏气现象。

l）液位信号器动作值与整定值的偏差，不得超过±10mm。

【依据 3】《水轮机电液调节系统及装置试验导则》（DL/T 496—2016）

4.2.4　压力信号器和油位信号器整定

通过对压力罐/蓄能器输油和排油的方式来改变油压和油位，进行压力信号器和油位信号器的整定。压力信号器动作值和整定值的允许偏差为整定值的±2%，油位信号器的动作值允许偏差为±10mm。对于油、气分离式蓄能器的油位，可通过回油箱油位间接反映。

【依据 4】电厂运行/检修规程

6.1.3.2（7）本项目的查评依据如下。

【依据 1】《水轮机电液调节系统及装置试验导则》（DL/T 496—2016）

4.2.4 压力信号器和油位信号器整定

通过对压力罐/蓄能器输油和排油的方式来改变油压和油位，进行压力信号器和油位信号器的整定。压力信号器动作值和整定值的允许偏差为整定值的±2%，油位信号器的动作值允许偏差为±10mm。对于油、气分离式蓄能器的油位，可通过回油箱油位间接反映。

【依据 2】《水轮机电液调节系统及装置技术规程》（DL/T 563—2016）

5.2.10 油压装置的性能要求：

a）油压装置正常工作油压的变化范围应在名义工作油压的±5%以内。

b）当油压高于工作油压上限2%以上时，安全阀应开始排油；当油压高于工作油压上限的16%以前，安全阀应全部开启，并使压力罐中的油压不再升高；当油压低于工作油压下限以前，安全阀应完全关闭，此时安全阀的漏油量不得大于油泵输油量的1%。

c）油压装置宜至少设置2台油泵，油泵运转平稳，油泵的输油量应能满足电液调节系统正常用油需要；对于非孤网运行的油压装置，油泵从正常工作油压下限启动开始至压力升至停泵压力，即正常工作油压上限，所经历的最长时间宜不大于60s；在用于孤网运行时，宜不大于35s。

d）当油压低于工作油压下限的6%～8%时，备用油泵应启动。

e）当油压继续降低至事故油压时，作用于紧急停机的压力信号器应立即动作。当主接力器在事故低油压下完全关闭后，压力罐/蓄能器的剩余压力应高于最低操作油压。

f）油压装置各压力信号器动作油压值与整定值的偏差，不得超过名义工作油压的±2%。

g）压力罐/蓄能器应具有足够的容量，在不启动油泵的情况下，自正常工作油压下限至最低操作油压之前，其可用油体积至少应满足如下要求：对于混流式及定桨式机组的单调整调节装置为导叶接力器总容积的3倍；对于转桨式机组的双调整调节装置为导叶接力器总容积的3倍再加轮叶接力器容积的2倍；对于冲击式机组的双调整调节装置为折向器接力器总容积的3倍再加喷针接力器总容积的2倍；对于带调压阀控制的双调整调节装置为导叶接力器总容积的3倍再加调压阀接力器容积的4倍。

h）压力罐/蓄能器在额定油压下，油位处于正常位置时，关闭各连通阀门，保持8h，油压下降值不得大于额定油压的4%。

i）空气安全阀的动作值应为名义工作油压的114%。空气安全阀动作应准确、可靠，无强烈噪声。

j）回油箱容积应能容纳电液调节系统所有用油量并至少有10%的余量。

k）自动补气装置动作应正确、可靠，不得出现漏气现象。

l）液位信号器动作值与整定值的偏差，不得超过±10mm。

【依据 3】《水轮机调速器及油压装置运行规程》（DL/T 792—2013）

3.9 油压装置调整检查的基本要求和投运前应具备的条件：

a）用油质量符合GB/T 9652.1和DL/T 563的规定。

b）油泵及阀组工作正常、运行平稳。

c）压力油罐压力、油位与回油箱油位、油温在规定范围内。

d）自动补气装置及压力、液位信号元件、油冷却/加热装置、油外循环过滤装置动作正常。

e）事故低油压、低油位的整定值在规定范围内。

f）漏油装置手动、自动调试合格。

g）各液压管路、阀件、接头、法兰等各部件均无渗漏现象。

5.2.1.1 油泵自动运行

a）应至少保持一台"主用"、一台"备用"。

b）设置油泵控制方式为"自动"。

c）检查油泵运转时应无异常噪声。

d）检测油泵的启停或加载、卸载是否能按照程序要求在相应液位、压力设定值作出相应的动作。

e）应定期进行油泵主备用轮换与备用油泵的启动试验。

【依据4】《国家电网公司关于印发水电厂重大反事故措施的通知》（国家电网基建〔2015〕60号）

8.1 防止调速系统压力异常事故

8.1.1 设计阶段

8.1.1.1 压力油罐油位计应采用钢质磁翻板液位计或由其他不易老化破裂的原材料生产的液位计，禁止采用塑料浮球、有机玻璃管型磁珠液位计，作用于停机的信号应整定可靠，防止误动。

8.1.1.2 调速器操作压力油罐应配置双套独立互为备用的油泵和电源系统，且应能根据压力变化自动启停，保证机组随时安全启动。

8.1.1.3 调速系统油罐压力、容积应能在油泵失效情况下保证可靠地关闭导叶。可逆式机组和有黑启动任务的常规机组应保证油罐的启动压力和容积。

8.1.3 运行阶段

8.1.3.1 应定期校验机组油压装置和压力油罐的安全阀。

8.1.3.2 机组A、B级检修后应做低油压事故停机试验。

8.1.3.3 油压装置油压降低到事故低油压时，事故低油压压力开关应立即动作，其整定值应符合设计要求。设有自动调整和保护装置的压力容器，其保护装置的退出应经本单位分管生产（技术）的领导批准，保护退出后，加强监视，且应限期恢复。

8.1.3.4 压油罐的自动补气装置及集油槽的油位监测装置应动作准确可靠。

8.1.3.5 机组A级检修后，应进行水轮机调速系统油压装置的调整试验，各项指标合格后方可投入运行。

【依据5】电厂运行/检修规程

6.1.4 闸门系统（含快速、尾水、上下库进出口闸门、检修门）

6.1.4（1）本项目的查评依据如下。

【依据1】《水工钢闸门和启闭机安全检测技术规程》（DL/T 835—2003）

3.6 安全检测应定期进行，检测周期可根据水工钢闸门和启闭机的运行时间及运行状况确定。

a）水工钢闸门和启闭机安装完毕蓄水运行，闸门承受水头达到或接近设计水头时，应进行第一次安全检测。如未达到设计水头，应在运行5年以内，进行第一次安全检测。检测应按3.4逐项进行。

b）第1次安全检测后，根据工程实际运行情况。应每隔10年～15年对水工钢闸门和启闭机进行一次定期安全检测。检测按3.4规定进行，项目可有所侧重。

c）凡投入运行超过5年未进行安全检测的水工钢闸门和启闭机，应立即进行一次全面的安全检测。以后应按本条b）执行。

5 闸门外观检测

5.4 门体外观检测应记录以下内容：

a）闸门体明显变形、扭曲；

b）主梁、支撑、纵梁等构件的直线度、局部不平度、碰撞变形、位置偏差等；

c）面板的局部不平度；

d）吊耳变形、开裂及轴孔磨损等；

e）焊缝及其热影响区状况。

5.5 闸门上水外观检测及记录以下内容：

a）柔性止水的磨损、老化、龟裂、破损；

b）刚性止水的压痕、挤痕、磨蚀；

c）止水垫板、压板、挡板的腐蚀及缺件；

d）螺栓的腐蚀及缺件。

5.6 闸门的支承行走装置外观检测应记录以下内容：

a）主轮（滑道）、侧向支承、反向支承的腐蚀、抖动、润滑、缺件等。

b）弧形闸门支铰的铰链、铰座的缺陷，轴及轴承的润滑等。

5.7 闸门锁定装置外观检测应记录以下内容：

a）整体运用可靠性和操作方便性；

b）零件的腐蚀和破损。

5.8 平压设备及连接件外观检测底记录以下内容：

a）吊杆的变形、腐蚀、开裂、轴孔压溃及磨损；

b）平压设备（充水阀或旁通阀）的完整性及可靠性。

5.9 闸门槽外观检测座记录以下内容：

a）门槽混凝土的剥蚀及对闸门运行影响；

b）主轨、侧轨、反轨、止水座板及闸槽护角的磨损、腐蚀、脱落、缺件、错位；

c）钢胸墙的腐蚀、裂缝及妨碍闸门运行的突起等，一、二期混凝土接缝的渗漏。

7 腐蚀检测

7.1 腐蚀检测可采用各种型式的测厚仪或其他量测工具进行。

7.2 腐蚀检测内容如下：

a）腐蚀部位及其分布状况，蚀坑（或蚀孔）的深度、大小、发生部位密度；

b）严重腐蚀面积占闸门和启闭机构件表面积的百分比。

c）腐蚀构件的蚀余截面尺寸。

7.3 腐蚀程度评定标准如下：

a）A 级，轻微腐蚀。表面涂层基本完好，局部有少量蚀度或不太明显的蚀迹，金属表面无麻面现象或只有少量浅面分散的蚀坑，一般在 300mm×300mm 范围内只有 1 个～2 个蚀坑，密集处不超过 4 个。

b）B 级，一般腐蚀。涂层局部脱落，有明显的蚀度，蚀坑。蚀坑深小于 0.5mm，或虽有较深的蚀坑，深度在 1.0mm～2.0mm 之间，但较分散。一般在 300mm×300mm 范围内不超过 30 个蚀坑，密集处不超过 60 个，构件尚未明显削弱。

c）C 级，较重腐蚀。表面涂层大片脱落，脱落面积不小于 100mm×100mm，或涂层与金属分离且叶间夹有腐蚀皮，有密集成片的蚀坑，深度在 1.0mm～2.0mm 范围，一般在 300mm×300mm 范围内超过 60 个，或表面现象较重，在 300mm×300mm 范围内虽不超过 60 个蚀坑，但深度在 2.5mm 以上。构件已有一定程度的削弱。

d）D 级，严重腐蚀，但坑较深且密集成片，构件局部有深的蚀坑，深度在 3.0mm 以上，并有蚀，出现孔洞，缺肉等现象、构件已严重削弱。

7.4 构件蚀余尺寸的测量应遵循下列原则

根据闸门和启闭机结构型式划分若干测量单元，将单元检测截面测点不少于 2 个。

a）检测截面应位于构件的腐蚀严重部位。

b）每根构件的检测截面应不少于 2 个。

c）每块节点板的测点应不少于 2 点。

d）闸门面板应根据板及厚及腐蚀状况划分为若干个测量单元，每个测量单元的测点应不少于 5 点。

e）测量构件余尺寸洞，废除去构件表面涂层，如带涂层测量，必须扣除涂层厚度。

7.5 根据构件腐蚀的严重程度，应适当增加隐蔽部位或严重部位的检测截面和测点。

7.8 检测数据应遵照腐蚀数据统计分析标准方法 GB/T 12336 进行分析处理。

【依据 2】《水利水电工程闸门及启闭机、升船机设备管理等级评定标准》（SL 240—1999）

3.4 设备运行状况

3.4.1 闸门运行应平稳，操作必须准确安全、可靠。

3.4.2 闸门在启闭过程中应无卡阻、跳动、异常响声和异常振动等现象。

3.5 门体状况

3.5.1 门叶结构无明显变形。

3.5.2 梁系局部无明显变形。

3.5.5 吊耳板在大修时必须进行探伤检查，应无任何裂纹或其他缺陷。

3.5.6 所有紧固件不得松动、缺件。

3.5.7 多节闸门节间连接应牢靠。

3.5.8 全部焊缝应无开裂、漏焊等肉眼可见的缺陷

3.5.9 钢筋混凝土闸门（含钢丝网水泥面板闸门）外形应完整，不得缺损、露石、露筋。

3.5.10 钢丝网水泥面板必须有防护涂层。防护涂层应完整、光滑，无起皮、露砂、锈痕等。

3.6 行走支承装置

3.6.1 平面闸门的行走轮、台车、链轮等主要行走支承件，均应转动灵活，工作可靠。

3.6.2 闸门在工作位置上，行走轮应与主轨良好接触。

3.6.3 平面闸门行走轮圆度偏差不得超过轮径的5‰。

3.6.4 闸门的侧轮、反轮应齐全，无缺损、丢失，轮子均应能转动。

3.6.5 胶木滑道（或其他复合材料）的工作面应光滑平整。滑道表面应无破损、脱落和老化。

3.6.6 滑道工作面磨出沟槽时，深度不得超过2.0mm。

3.6.7 闸门上的滑道应在同一平面上，其相对误差应小于±2.0mm。

3.6.9 支铰轴及轴承不得有裂纹、锈痕。

3.6.10 紧固件不得松动、脱落。

3.7 止水装置

3.7.1 止水应严密。经运行后漏水量不得超过0.15L/（s·m）。

3.7.2 止水应连续、完整，无卷曲、脱落、凹陷、撕裂等破损。

3.7.3 止水橡皮弹性好，表面无老化现象。

3.7.4 压板无变形、隆起等。

3.7.5 压板螺栓、螺母齐全。

【依据3】《水电厂金属监督规程》（DL/T 1318—2014）

8.4.2 水工钢闸门的巡视检查、外观检测、材质检测、无损检测、应力检测、振动检测、腐蚀检测等应按 DL/T 835 的规定执行。

8.4.8 闸门、拦污栅、压力钢管、进水阀门检验项目应符合表 B.1 的要求。

表 B.1　　　　　　　　在役金属部件检验项目表（部分）

序号	设备名称	部件名称	检验项目	检修级别	备注
21	闸门、拦污栅、压力钢管、进水阀门	压力钢管	巡视检查、外观检测、材质检测、无损检测、应力检测、振动检测、腐蚀检测等	结合检修	按 DL/T 709 的规定执行
			防腐处理	结合检修	按 DL/T 5358 的规定执行
22		钢闸门	巡视检查、外观检测、材质检测、无损检测、应力检测、振动检测、腐蚀检测等	结合检修	按 DL/T 835 的规定执行
			防腐处理	结合检修	按 DL/T 709 的规定执行
23		拦污栅	外观检查	定期检查	结合运维情况制定检查周期
24		进水阀门	外观检查	A、B	

【依据4】《国家电网公司电力安全工作规程　第3部分：水电厂动力部分》（Q/GDW 1799.3—2015）

8.1.1 水轮机（水泵）检修前，检修工作负责人应检查防止机组转动的措施已齐备，检查油、水、气管路系统已有阀/闸门可靠隔断，阀/闸门应上锁并挂上"禁止操作，有人工作"安全标志牌。电动阀门还应切断电源，并挂"禁止合闸，有人工作"安全标志牌。检修排水阀已可靠打开并挂上"禁止操作，有人工作"安全标志牌。

8.2.1 进入水轮机（水泵）内部工作时，应采取下列措施：

a）严密关闭进水闸门（或进水阀），排除输水管内积水，并保持输水管道排水阀和蜗壳排水阀全开启，做好隔离水源措施，防止突然来水。

b）落下尾水门，并做好堵漏工作。

c）尾水管水位应保证在工作点以下。

d）切断调速器操作油压，并在调速器上挂"禁止操作，有人工作"安全标志牌，做好防止活动导水叶和转轮桨叶突然转动的措施。

e）切断水导轴承油（水）源、主轴密封润滑水源和调相充气气源等，并挂"禁止操作，有人工作"安全标志牌。

11.1 钢闸门（含人字闸门、平面闸门、弧形闸门等）

11.1.1 闸门的吊耳及承重构件应列为重点安全检查部位，发现缺陷，禁止进行闸门的启闭操作。

【依据5】《国家电网公司关于印发水电厂重大反事故措施的通知》（国家电网基建〔2015〕60号）

11.2.3.10 水工钢闸门（包括拦污栅）、启闭机（包括门式起重机），第一次安全检测应在投产运行5年内完成，之后根据工程实际运行情况，每隔10年~15年进行一次定期安全检测。

【依据6】《国家电网公司关于印发防止水电厂水淹厂房反事故补充措施的通知》（国家电网基建〔2017〕61号）

6. 抽蓄电站发电机层逃生通道应设置至少一处手动启动水淹厂房保护按钮，可一键实现所有机组紧急停机、关闭上库进出水口和尾水事故闸门功能。回路设计应采用独立于电站监控系统的硬布线（包括独立光缆），电源应独立提供。

【依据7】电厂运行/检修规程

6.1.4（2）本项目的查评依据如下。

【依据1】《特种设备安全监察条例》（2009年修订版）

第二条 本条例所称特种设备是指涉及生命安全、危险性较大的锅炉、压力容器（含气瓶，下同）、压力管道、电梯、起重机械、客运索道、大型游乐设施和场（厂）内专用机动车辆。

第十七条 锅炉、压力容器、起重机械、客运索道、大型游乐设施的安装、改造、维修以及场（厂）内专用机动车辆的改造、维修，必须由依照本条例取得许可的单位进行。

第二十七条 特种设备使用单位应当对在用特种设备进行经常性日常维护保养，并定期自行检查。

第二十八条 特种设备使用单位应当按照安全技术规范的定期检验要求，在安全检验合格有效期届满前1个月向特种设备检验检测机构提出定期检验要求。

未经定期检验或者检验不合格的特种设备，不得继续使用。

【依据2】《液压式启闭机》（GB/T 14627—2011）

6 技术要求

6.2 工作环境条件

6.2.1 工作环境温度：−25℃~+45℃。超出时应与制造商协商。

6.2.2 工作环境相对湿度：不大于90%（40℃时）。

6.2.3 允许在海拔4000m以下工作，当海拔大于1000m时应对电动机容量进行校核。

6.2.4 启闭机油缸的布置，应尽量避免长期浸泡在水中和受到水流冲击（外伸的活塞杆不受限制），油缸应设置活塞杆刮污圈。

6.2.5 需在水下工作或腐蚀性环境、重污染水质条件下工作的油缸，应与制造商协商特制。

6.2.6 雷击多发地区,室外布置的启闭机的测控系统宜具备防雷能力,周边环境应构建有效的防雷设施。

6.3 使用性能

6.3.1 油缸在进行低压试验时应符合下列规定：

a）运行过程中不应有爬行、振动和速度明显变化等不正常现象；

b）活（柱）塞杆在全伸出至全缩回时的行程应符合设计要求；

c) 活（柱）塞杆伸出时表面应存在油膜，但运动时不应形成油滴或油环；

d) 所有静密封部位不应有外渗漏现象；

e) 各紧固件和可调整部位不应有外渗漏现象；

f) 采用焊接工艺的部位不应有外渗漏现象；

g) 最低启动压力不应大于 0.5MPa。

6.3.2　油缸在进行耐压试验时，不允许有永久变形、紧固件松弛或零件损坏等现象。同时，应符合 6.3.1 d）、e）、f）的规定。

6.3.3　油缸在进行内渗漏试验时，内渗漏量不应超过表 9 的规定。

表 9　　　　　　　　　　　　　　　　油缸内渗漏量允许值

额定压力 MPa	内渗漏量 mL/10min		
	D=100～300	D＞300～600	D＞600～900
≤10	≤D×0.045	≤D×0.06	≤D×0.09
＞10，≤20	≤D×0.05	≤D×0.07	≤D×0.11
＞20	≤D×0.055	≤D×0.08	≤D×0.13

注：D 为油缸内径，单位为毫米（mm）。

6.3.4　启闭机在载荷试运行时，油缸应运行平稳、操动元件应动作灵活、测控系统应可靠准确。

6.3.5　油缸活（柱）塞在工作行程的任意位置应能可靠地液压锁定（快速闸门启闭机例外），且应具有及时、可靠地解决液压锁定的功能。

6.3.6　启闭机应装设行程和极限位置测控装置，必要时应具备冗余极限位置控制功能。

6.3.7　双吊点启闭机的同步系统，应保证闸门在启闭过程中运行速度、位移一致，且保持平稳、不卡阻。系统应可靠、简单、经济合理，且安装、调整和维护方便。

6.3.8　电气设备应有必需的电气保护系统，自动化程度较高的测控系统宜具备故障检测功能。

6.3.9　快速闸门启闭机的减速缓冲机构应有效和可靠，活塞接近行程终端时的速度不应大于 5m/min。

6.3.10　活塞和活塞杆动密封使用寿命：甲级密封不少于 10 年或累计行程不少于 300km；乙级密封不少于 5 年或累计行程不少于 150km。

6.3.11　液压泵站应具备满足启闭机可靠运行的备用泵组，特殊环境（如易地震地区）和必要的工作场合，应增设手动操作油泵系统。

6.3.12　液压泵站工作噪声不应大于 85dB（A）。

6.5　液压控制系统

6.5.1　油箱

6.5.1.1　油箱内壁和焊缝应光滑平整，有加强筋板的不应形成清洗死角。

6.5.1.2　油箱进入试装前应进行渗漏试验和彻底清理，注油前箱内不允许有任何污物（如切屑、焊渣、毛刺、氧化皮、纤维状杂质等）存在，严禁用棉纱、纸张等纤维易脱落物擦拭内腔和装配面。

6.5.2　油泵组

6.5.2.1　油泵和电动机的组装及油漆系统的组装应符合油泵的电动机制造商的规定。

6.5.2.2　组合式油泵电机组的总装应符合油泵电机组制造商的规定。

6.5.3　控制阀组

6.5.3.1　经配管和试装后，控制阀组进入总装时不允许油路和容腔内有任何残留物或变形、摔伤、擦痕、锈蚀等。

6.5.3.2　控制阀组与组合件的连接和紧固应符合阀件制造商的规定。

6.5.4　压力测控元件

元件的布置和装配应位于调节和维修方便之处，且不允许有因装配不当引起的失灵和预兆性事故。

6.5.5 管路

6.5.5.1 优质碳素钢无缝钢管的力学性能应符合 GB/T 8163 的规定，不锈钢无缝钢管的力学性能应符合 GB/T 14976 的规定。

6.5.5.2 需在工地配装的系统压力油路管材，出厂前宜进行管道耐压试验，试验压力为系统工作压力的 1.5 倍。

6.5.5.3 钢管宜经清洗后出厂，工地配管后还应对管路进行系统冲洗，管路冲洗应符合 JB/T 6996 的相关规定。

6.5.5.4 管接头应符合 JB/T 966 的规定。

6.5.5.5 高压软管应符合 GB/T 3683.1 的规定。

6.5.6 静密封件

O 形密封圈应符合 GB/T 3452.2 的规定，组合密封垫圈应符合 JB/T 982 的规定。

【依据3】《卷扬式启闭机》（GB/T 10597—2011）

6 技术要求

6.1 通用技术要求

6.1.1 启闭机工作级别的划分应符合 DL/T 5167 的规定，机构的配制应满足工作级别的要求。

6.1.2 钢结构件焊接和元损检测应符合 SL 381—2007 中 4.7、4.8 的规定。

6.1.3 机械加工件应符合 JB/T 8828—2001 中第 3、4、5、6、7 章的规定。

6.1.4 机械装配应符合 JB/T 5000.10—2007 中第 3、4、5 章的规定。

6.1.5 启闭机载荷安全保护装置应符合 GB 12602 的规定，闸门开度测控元器件应符合 JT/T 575 的规定。

6.1.6 电气设备应符合 GB 5226.2 的规定。

6.1.7 移动卷扬式启闭机的轨道安装应符合 GB/T 10183—2005 中第 5、6 章的规定。

6.1.8 启闭机的整机噪声 g 当电动机单台功率＜30kW 时不应大于 85dB（A），≥30kW 时不应大于 90dB（A）。

6.2 工作环境条件

6.2.1 工作环境温度应−25℃～+40℃。

6.2.2 工作环境相对湿度不大于 90%（40℃时）。

6.2.3 海拔：≤1000m，超过 1000m 时应对电动机容量进行校核。

注2：超过上述规定的工作环境条件时，可与制造商协商订货。

6.3 安全使用性能

6.3.1 启闭机的卷扬装置在闸门到达下极限位置时，固定在卷筒（或卷绳盘）上的钢丝绳的安全圈（不含压绳圈）为 2 圈。

6.3.2 启闭机起升机构的制动系统应安全、可靠。在重要工作场合，应具备双制动功能或增加对卷筒直接制动功能，必要时应增设手动应急操作系统。

6.3.3 对于泄水建筑物工作闸门和其他应急闸门的启闭机，宜设置用户自备保安电源（如柴油发电机组），且电源转换应操作可靠。

6.3.4 启闭机起升机构应装备行程和极限位置测控装置，必要时应具备冗余极限位置控制功能。

6.3.5 启闭机应有载荷控制装置（小型机按合同或协议要求），系统测控误差不应大于载荷的 H%，双吊点启闭机应有双路载街测控显示功能。

6.3.6 采用单独驱动的双吊点启闭机，应有满足输出扭矩的同步轴机构，双吊点启闭机在钢丝绳张紧后，两吊轴中心线高度差在孔口范围不应超过 5mm，全行程范围内不应超过 30mm。

6.3.7 采用电动机变频调速技术实现变速运行的启闭机，变频系统应有良好的低速性能，转矩平滑、无爬行，操作维护方便。

6.3.8 快速闭门启闭机应有闸门快速下降时的限加速功能，快速闭门时间应满足设计要求，闸门接近底坎时的速度不应超过 5m/min。

6.3.9 启闭机卷扬机构的钢丝绳在卷筒上的缠绕应排绳有序，采用自由双层缠绕时钢丝绳进入第二层的返回角不宜大于 2°，也不宜小于 0.5°。采用折线卷筒多层缠绕时层间返回角不宜大于 1.6°，也不宜小于 0.4°。采用双双联缠绕机构时钢丝绳不应有干涉。

6.3.10 中、高扬程启闭机宜采用多股不扭转型钢丝绳。

6.3.11 移动式启闭机的行走机构宜采用双轨驱动，分别驱动时应有同步措施。馈电系统的布置应合理、安全，安装维护方便。带电力驱动和测控的抓梁馈电装置，应与起升机构同步且具备防电缆拉断功能。

6.3.12 盘香式启闭机应有钢丝绳拉力均衡调整装置，且结构合理调整方便，钢丝绳出厂前应预拉处理。

6.3.13 具备手电两用功能的启闭机应有可靠的互锁机构。

6.3.14 起升机构带机械锁定功能的启闭机，锁定装置应灵活可掌、操作方便，且与起升机构联锁。

6.3.15 露天工作的电动机、制动器、带电测控元器件等应设防雨装置。可能造成不安全的外露旋转件应设防护罩。

6.3.16 与闸门吊耳（或技杆）连接的动滑轮组至卷筒之间、动滑轮组至定滑轮组之间的钢丝绳中心线，与卷筒绳槽或滑轮槽中心线构成的绕人夹角不应在超出 GB/T 3811 中相关的规定值条件下运行。

6.4 主要零部件

6.4.1 钢丝绳及绳具

6.4.1.1 钢丝绳应符合 GB 8918 的规定.钢丝绳的安装、维护、检验和报废应符合 GBfT 5972 的规定。

6.4.1.2 钢丝绳压板、重型套环、绳夹和镇形接头，应分别符合 GB/T 5975、GB/T 5974.2、GB/T 5976 和 GB/T 5973 的规定。

6.4.2 起升机构主要传动件

起升机构可采用闭式齿轮传动和开式齿轮传动两种型式。

6.4.2.1 减速器：

a）囚柱齿轮减速器的制造，应符合 JB/T 9050.1 的规定；

b）行星齿轮减速器的制造，应符合 JB/T 8712 的规定；

c）采用其他类型减速器的制造，应符合其相关标准的规定；

6.4.2.2 开式齿轮：

a）开式齿轮副的材料力学性能，小齿轮不应低于 GB/T 699 中的 45 号钢的规定，大齿轮不应低于 GB/T 11352 中 ZG 310—570 的规定。

b）齿轮精度不应低于 GB/T 10095 中的 9-8-8 级，齿部啃合面表面粗糙度 R_a 值，模数小于等于 8mm 时不应大于 6.3μm。模数大于 8mm 时不应大于 12.5μm。

c）齿轮副齿面热处理硬度 z 软齿面小齿轮不应低于 240HB，大齿轮不应低于 190HB，小、大齿轮齿面硬度差值不应小于 30HB；中硬齿面小、大齿轮硬度应大致相同，且小齿轮略高于大齿轮。

6.4.3 制动器及制动轮（盘）

6.4.3.1 液压推杆制动器应符合 JB/T 6406 的规定。

6.4.3.2 盘式制动器应符合 JB/T 7020 的规定。

6.4.3.3 采用其他类型的制动器应符合其相关标准的规定。

6.4.3.4 制动轮（盘）的材料力学位能不应低于 GB/T 699 中 45 号钢或 GB/T 11352 中 ZG 310-570 的规定。制动轮圆柱面与轴孔中心线的同轴度公差不应低于 GB/T 1184 中的 8 级，制动盘摩擦面对轴孔中心线的全跳动公差不应低于 GB/T 1184 中的 9 级，制动面表面粗糙度 R_a 值不应大于 1.6μm。制动轮（盘）的热处理硬度为（273～320）HB。制动面的热处理硬度为（35～45）HRC，淬硬深度不应小于 2mm。

6.4.4 联轴器

6.4.4.1　弹性联轴器应符合 GB/T.4323 和 GB/T 5272 的规定。

6.4.4.2　齿式联轴器应符合 JB/T 8854.2 的规定。

6.4.4.3　卷筒用球面滚子联轴器应符合 JB/T 7009 的规定。

6.4.5　卷扬机构主要件

6.4.5.1　卷筒

6.4.5.1.1　铸造卷筒的制造应符合 JB/T 9006.3 的规定,且成品卷筒壁厚的最薄处不应小于设计壁厚。

6.4.5.1.2　铜板卷制焊接卷俯的筒体对接纵焊缝质量不应低于 GB/T 3323 中的 E 级或 JB/T 10559 中的 3 级要求,简体分段对接环焊缝质量不应低于 GB/T 3323 中的 E 级或 JB/T 10559 中的 1 级要求。焊后应进行焊接应力消除处理。

6.4.5.1.3　单吊点启闭机卷筒绳槽底径公差不应大于 GB/T 1801 中的 h)10。双吊点启闭机卷筒绳槽底径公差不应大于 h)9。绳槽底径四柱度公差不应大于直径公差的一半,回绳槽表面粗糙度 R_a 值不应大于 12.5μm。

6.4.5.1.4　盘香式启闭机卷绳盘的半径公差不应大于 GB/T 1801 中的 h)9。双吊点启闭机卷绳盘半径公差不应大于 h)8。卷绳盘绕绳面的表团粗糙度 R_a 值不应大于 12.5μm。

6.4.5.2　滑轮组

6.4.5.2.1　铸造滑轮的制造应符合 JB/T 9005.10 的规定。

6.4.5.2.2　钢质压制滑轮应符合 JB/T 8398 的规定。

6.4.5.2.3　不浸入水中的动滑轮轴承宜采用滚动轴承,浸入水中的动滑轮轴承宜采用耐蚀性能不低于 GB/T 1176 中 ZCuA19Mn2 的滑动轴承或自润滑轴承。

6.4.5.2.4　动滑轮轴和吊耳销轴表面应镀乳白铬防腐,镀层厚度不应小于 30μm。

6.4.6　车轮及驱动机构

6.4.6.1　移动式启闭机车轮的制造应符合 JB/T 6392 的规定。

6.4.6.2　车轮驱动减速器

a)集中驱动宜采用起重机立式减速器,且应符合 JB/T 8905.3 的规定;

b)分别驱动宜采用起重机三合一减速器,且应符合 JB/T 9003 的规定;

c)采用其他型式的减速器应符合相关标准的规定。

6.4.7　轴承座及轴承

6.4.7.1　滑动轴承座的制造应符合 JB/T 2564 的规定,滚动轴承座的制造应符合 JB/T 8874 的规定。

6.4.7.2　滑动轴承座的轴瓦或轴衬的材料力学性能不应低于 GB/T 1176 中 ZCuA110Fe3 的规定,宜优先采用自润滑轴承。

6.4.8　机(车)架

6.4.8.1　移动式启闭机车架主梁的静态刚性额定载荷位于跨中,载荷和自重(含滑轮组、钢丝绳、平衡梁、抓梁等)载荷在主梁跨中引起的垂直静挠度 f,当起升机构元定位精度要求时应满足 $f \leqslant S/500$,当起升机构有定位精度要求时应满足 $f \leqslant S/750$,S 为移动式启闭机跨度。

6.4.8.2　启闭机机(车)架扳构承载梁的翼缘板和腹板焊接后的误差应符合 SL 381—2007 中附录 A 的规定。

6.4.8.3　机(车)架焊接梁的翼缘板和腹板的加长对接焊缝不应处在同一截面上,其相互错位间距不应小于 200mm。

6.4.8.4　机(车)架上各部件安装基座饭装配面宜焊后进行整体机械加工,同一等高面的相对误差不应大于 0.5mm~1.0mm,各装配面的平行度误差不应大于 GB/T 1184 中的 10 级,表面粗糙度 R_a 值不应大于 25μm。

6.5.2　滑轮组

6.5.2.1　采用滑动轴承时,轴衬与轮毂应良好定位。采用滚动轴承时,轴承外端面应密封良好,水下工作时,密封装置应有防进水功能。

6.5.2.2　装配完成的滑轮组，每个滑轮应能手动转动灵活。

6.5.2.3　定滑轮组对称中心线与机架吊点中心线的偏移误差不应大于 1.5mm。

6.5.2.4　动滑轮组组装，不允许采取强制措施装配吊耳销轴，吊耳销轴在吊板孔中应拆装灵活。

6.5.3.3　鼓式制动器的瓦块中心线与制动轮中心线的偏移量不应大于 3mm。盘式制动器制动臂盘的对称中心线与制动盘制动面的平行中线的偏移量不应大于 2mm。其他类型制动器的安装应符合其相关标准的要求。

6.5.4　车轮组

6.5.5　润滑机构

6.5.5.1　各单点润滑轴承和开式齿轮副在装配时应注入适量清洁润滑脂。

6.5.5.2　凡通过孔、道注入润滑油、脂的输油油路，应无切削、无污物、油路畅通。

6.5.5.3　集中润滑机构，各润滑点和油路应布置合理、方便操作、润滑可靠。

6.5.5.4　减速器试机时应检查润滑方式及其效果，且应符合要求。出厂前应按合同规定加注润滑油。

6.6　电气、电子设备

6.6.1　起升机构电动机除特殊要求外宜采用起重及冶金用三相异步电动机系列。

6.6.2　制动器的驱动装置宜采用液压推杆式和液压臂盘式。

6.6.3　机械式行程和极限位置控制开关应性能可靠、动作灵敏、调整方便。

6.6.4　电子荷重传感器宜采用压力裂，闸门开度传感器宜采用绝对型，荷重仪和开度测控仪应性能稳定、环境适应性强、控制显示准确可靠。

6.6.5　锁电装置的配制应符合 GB/T 3811 相关规定和供需双方技术协议要求。

6.6.6　一般随机配套现地电气控制屏（柜）。控制屏（柜）应具备防潮、散热和必需的电路保护功能。对地绝缘电阻，一般环编中不应小于 1.0MΩ，潮湿环境中不应小于 0.5MΩ。

6.7　表面除锈和涂装

6.7.1　启闭机所有钢质非加工表面，涂装前的除锈等级应符合 GB/T 8923 中 Sa2 1/2 级的规定。

6.7.2　涂料保护应符合图样要求，漆色应符合 GB/T 3181 规定。

6.7.3　除非特殊要求，漆膜总厚度不应低于 200μm，漆膜附着力不应低于 GB/T 9286 中一级质量要求。

6.7.4　漆膜外观应光亮和色泽一致，不应有粗糙不平、漏漆、皱纹、针孔和严重流挂等缺陷。

6.7.5　启闭机出厂前，所有非涂装加工面应进行涂油防锈。

【依据 4】《水利水电工程闸门及启闭机、升船机设备管理等级评定标准》（SL 240—1999）

4　启闭机评级单元标准

4.3　设备运行状况

4.3.1　启闭机必须达到规定的额定能力。

4.3.2　设备必须保持完好状态，并能随时投入运行。

4.4　操作系统

4.4.1　必须有可靠的供电电源和备用电源。

4.4.2　电气线路布线应整齐，连接牢靠。

4.4.3　线路不得有破损、受潮、老化等异常现象，绝缘电阻值应符合规定。

4.4.4　各种电气开关、继电保护元件应定期校验，损坏的要及时更换。启动器、空气开关、控制器、继电器、操作按钮、限位开关等的使用应符合规定要求。

4.4.5　电气设备中的各种保护装置工作必须可靠，其整定值应符合规定。

4.4.6　移动式启闭机的滑线应无锈迹，运行中接触应良好，无跳动及打火现象。采用电缆时，电缆应清洁无油污，不得施在地上或任意堆放。

4.4.7　操作台（柜）的接地必须牢固可靠，电阻值应符合规定。

4.5　指示系统及信号装置

4.5.1 高度指示器盘面清晰、准确。

4.5.2 坝上门机、桥机的风速仪等均应按规定装设，指示正确，定期校验。

4.5.3 各种表计均应按规定装设，指示正确，定期校验。

4.5.4 各种信号指示，应完好无缺，并能按要求反应、显示。

4.6 润滑要求

4.6.1 凡需注油润滑的部位均应按规定要求注油。

4.6.2 所用润滑油的油质、油量应符合规定。

4.6.3 油封密封性应良好、不漏油。机旁无油污痕迹。

4.6.4 开式齿轮应涂敷润滑油脂。

4.6.6 润滑设施及其零件应齐全、完好。

4.6.7 采用集中供油时，供油装置必须动作可靠，往复2～3次即能将油压出。

4.6.8 油路系统管路应畅通无阻。

4.7 电机

4.7.1 电机的铭牌应清晰，功率应符合设计要求，并能随时投入运行。

4.7.2 电机运行电流不得超过额定电流。

4.7.3 电机温升和轴承温度应符合铭牌要求。

4.7.4 电机运转中不得有异常噪声或振动。

4.7.5 电机的绝缘电阻应符合 GB/T 6067.1—2010《起重机械安全规程 第1部分：总则》中的有关规定。

4.7.6 电机外壳接地应牢固可靠，接地电阻值应符合 GB/T 6067.1—2010 的要求。

4.7.7 工作桥上的避雷器应定期进行校验。

4.8 制动器

4.8.1 制动器工作应准确可靠、动作灵活。

4.8.2 制动轮表面不得有划痕、裂纹等缺陷。

4.8.3 制动器的闸瓦或制动带铆钉，在摩擦材料磨损后离表面距离仍不得小于1.0mm。

4.8.4 制动器的闸瓦或制动带周围不得有油漆、油污和水等。

4.8.5 制动器闸瓦的退程应按设备的规定要求调整使用。

4.8.6 制动器上的主弹簧应满足工作长度要求。

4.8.7 制动器上所有的轴销、螺钉、弹簧等均应完好。

4.8.8 电磁铁在通电时应无杂音，温度应低于规定值。

4.8.9 液压制动器不得渗漏油液。

4.9 传动系统

4.9.1 传动轴不得有裂纹、斑坑或锈蚀。

4.9.2 传动轴的直线度不得超过标准规定值。

4.9.3 滚动轴承转动时不得出现振动冲击或异常噪声。

4.9.4 轴承工作温度不得超过标准规定。

4.9.5 弹性联轴节的弹性圈不得出现老化、破损等现象，与销轴的装配应紧密。螺纹连接件的防松装置应可靠有效。

4.9.6 齿轮联轴节内、外套不得有裂纹。

4.9.7 联轴节连接的两轴同轴度应符合规定。

4.9.8 减速器内经常保持正常油位，油质应符合规定。

4.9.9 减速器油封应良好，不得渗漏油液。

4.9.10 齿轮应啮合良好、转动平稳、无冲击声或异常噪声。

4.9.11 开式齿轮齿面应润滑良好，无严重磨损和锈蚀。

4.10 启闭机构

4.10.1 卷扬式启闭机。

1 卷筒表面、幅板、轮缘、轮毂不得有裂纹或明显的伤损。

2 卷筒轴、轴承、轴承体安装定位应准确，转动应灵活。

3 钢丝绳在卷筒上固定应牢固；压板、螺栓应齐全，固定应有效。

4 卷筒上预绕圈应符合规定。

5 用钢丝绳夹头夹紧钢丝绳时，夹头数量及距离应符合规定。

6 对钢丝绳应定期进行检查和保养，有足够的润滑，并采用合理的防腐措施。

7 必须按 GB/T 5972—2016《起重机 钢丝绳 保养、维护、检验和报废》的规定使用钢丝绳。

4.10.2 液压式启闭机。

1 油压启闭机的缸体、端盖、活塞杆、支承、凸缘、轴套等零件不得有损伤或裂纹。

2 液压缸应按设计、安装工艺要求装配，保证活塞杆正确运行。

3 液压缸的摆动支座必须随闸门的启闭运动而摆动。

4 液压缸的密封垫片和油管接头、阀件以及油箱、管路均不得渗漏。

5 油压启闭机油泵站的主泵出油量及压力应达到额定值，运行平稳，无异常噪音或振动。

6 液压油的油质和油量应按规定使用。

7 液压油应定期进行过滤及化验。

8 液压阀动作应灵活准确、安全可靠。

9 液压管路及附件应按规定涂刷不同颜色的油漆标记。

10 压力表计应反应灵敏，指示准确，并定期进行校验。

4.10.3 螺杆式启闭机。

1 螺杆螺母不得有裂纹或严重伤痕。

2 螺杆、螺母不得有严重磨损，螺纹磨损量不得超过螺纹厚度的 20%。

3 螺杆及压杆的弯曲不得超过设计规范规定值。

4 螺杆与吊耳连接应符合设计要求，牢固可靠。

5 必须设置有效的限位装置避免螺杆及压杆被压弯。

4.11 吊具

4.11.1 吊具上的紧固件应完整，并拧紧。

4.11.2 吊环、悬挂吊板、心轴等不得有裂纹、严重变形或损伤。灌铅钢丝绳吊头不得松动和断丝。

4.11.3 滑轮轴应经常润滑，滑轮组在运行中应转动灵活，不允许钢丝绳在绳槽内滑动。

4.11.4 滑轮组零件不得有严重损伤。

4.11.5 吊具应按规定起重量使用。

4.11.6 抓梁动作应准确，每次抓取和放下动作均应完整有效。有电缆的抓梁电缆收放应与抓梁升降同步。

4.11.7 加重装置的重量应准确

4.12 机架

4.12.1 机架（包括固定启闭机的机座、台车式启闭机的台车架、门式启闭机的门架桥式、启闭机的桥架等）不得有明显变形或损伤。

4.12.2 机架的焊缝不得有裂纹。

4.12.3 机架的结构件连接应牢固可靠。高强度螺栓的紧固程度应达到设计要求值。

4.13 移动式启闭机的行走机构

4.13.1 电机按本标准 4.7 的规定执行。

4.13.2 制动器按本标准 4.8 的规定执行。

4.13.3 传动系统按本标准 4.9 的规定执行。

4.13.4 车轮不得有裂纹等缺陷。

4.13.5 行走应平稳，并不得有啃轨等现象。

4.13.6 夹轨器的支铰应定期进行维护保养，钳口张闭灵活，开度均匀。锁闭时应卡紧轨道。

4.13.7 限位装置应牢固、准确。

4.13.8 轨道应符合起重机轨道安装标准的要求。

4.14 防腐蚀要求

4.14.1 非摩擦表面应进行防腐处理，涂层应保持光滑完整。

4.14.2 涂层应均匀，整机涂料颜色应协调美观。

4.15 安全防护

4.15.1 启闭机室与工作桥应安装有效设施以同外界隔离。

4.15.2 启闭机室或启闭工作桥及附近不得堆放易燃易爆物品。

4.15.3 启闭机室或启闭工作桥应设置消防用具、器材，并有消防组织。

4.15.4 凡运行人员能触及的齿轮、皮带等传动件，均应加设防护罩。

4.15.5 凡裸露的电气元件、导线等，应按规定加设防护装置。

4.15.6 启闭机上的行人梯及平台应完整，其周围应设栏杆及安全防护网。垂直爬梯应设置防护圈。

4.16 工作场所

4.16.1 操作室内应整齐、清洁，其布置应便于操作，与操作无关的设备不得堆积在操作室内。

4.16.2 启闭机室（或启闭机平台）应保持整洁，不得有油污、鸟巢、蛛网或其他杂物。门窗应完整、无腐烂、缺损。

4.16.3 工作桥、启闭室内外通道照明设施应完好。

4.16.4 启闭室、启闭机罩应严密不漏水。

4.17 环境保护

4.17.1 闸门室及启闭机室周围应设有与外界隔离的设施，并应因地制宜地进行绿化、美化。在附近应设有卫生设施。

4.17.2 油压启闭机漏油应及时进行处理，以免污染水域。不得随意抛撒废弃油料和污物等。

【依据5】《水工钢闸门和启闭机安全检测技术规程》（DL/T 835—2003）

6 启闭机性能状态检测

6.1 固定卷扬式启闭机

6.1.1 机架

机架腐蚀、损伤及焊缝状况。

6.1.2 电动机

a）电动机电压、电流，绝缘电阻、温升等；

b）运转噪声。

6.1.3 制动器

a）制动器装配正常，无缺件；

b）电磁铁温升；

c）压式制动器油液外渗；

d）摩擦片磨损剩余厚度；

e）制动轮腐蚀、磨损、圆度等；

f）运转噪声。

6.1.4 联轴器

a）联轴器的同轴度；

b）腐蚀、漏油、噪声等。

6.1.5 减速器

a）减速器的油质、油量、渗漏等；

b）轴承磨损，破损、润滑；

c）齿轮啮合状况，齿面腐蚀、磨损、胶合、必要时侧齿面硬度；

d）运转噪声。

6.1.6　传动轴

a）传动轴腐蚀、裂纹及磨损；

b）明显的变形。

6.1.7　卷筒及开式齿轮

a）卷筒表面、卷筒辐板、轮缘、轮毂的损伤和裂纹缺陷等；

b）轴及轴承的润滑及磨损等；

c）开式齿轮的润滑状况，轮齿的断折，崩裂、必要时测齿面硬度；

d）齿面的腐蚀、磨损等。

6.1.8　滑轮组及钢丝绳。

a）滑轮组总体完整性；

b）轮架及滑轮的腐蚀、磨损及变形等；

c）轴及轴承的润滑及磨损；

d）钢丝绳在卷筒上的固定、排列状况；

e）钢丝绳应按 GB/T 5972 的规定使用、报废。

6.2　移动式启闭机

6.2.1　卷扬式起重机构

按 6.1 规定检测。

6.2.2　行走机构的传动部分

按 6.1.1～6.1.6 检测。

6.2.3　行走轮与轨道

a）同一端梁下行走轮同位点；

b）啃轨、起皮状况；

c）必要时检测行走轮及轨道硬度。

6.2.4　门架、桥架

a）焊缝及热影响区状况；

b）门架的高强度螺栓完整性及扭紧程度；

c）门架、桥架明显的变形及损伤；

d）夹轨器的有效性。

6.3　螺杆启闭机

6.3.1　传动部分

按 6.1.1～6.1.6 检测。

6.3.2　螺母螺杆

a）螺母螺杆磨损、裂纹、腐蚀；

b）螺杆的直线度。

6.4　液压启闭机

6.4.1　液压缸

a）缸体、端盖、支承凸台、支座等损伤和裂纹；

b）活塞杆的磨损和变形；

c）泄漏状况。

6.4.2　液压系统

a）油箱、油泵、阀件、管路等腐蚀、泄漏；

b）液压系统中的仪表灵敏度，准确度。

【依据6】《国家电网公司电力安全工作规程　第三部分：水电厂动力部分》（Q/GDW 1799.3—2015）

7.1.13　在油管的法兰盘和阀门周围，如敷设有热管道或其他热体，为了防止漏油而引起火灾，应在这些热体保温层外面再包上金属皮。无论在检修或运行中，如有油漏到保温层上，应将保温层更换。油管应尽量少用法兰盘连接。在热体附近的法兰盘，应装金属罩壳。禁止使用塑料垫或胶皮垫。油管的法兰和阀门以及轴承、调速系统等应保持严密不漏油。如有漏油现象，应及时修好；漏油应及时拭净，不许任其留在地面上。

7.1.18　特种设备［锅炉、压力容器（含气瓶）、压力管道、电梯、起重机械、场（厂）内专用机动车辆］，在使用前应经特种设备检验检测机构检验合格，取得合格证并制定安全使用规定和定期检验维护制度。检验合格有效期届满前1个月向特种设备检验机构提出定期检验要求。同时，在投入使用前或者投入使用后30日内，使用单位应当向直辖市或者设有区的市的特种设备安全监督管理部门登记。

11.2　启闭机（含固定式卷扬启闭机、液压启闭机、移动式启闭机、升船机启闭设备等）

11.2.1　启闭机的吊耳、钢丝绳、滑轮、卷筒、制动器及吊具等承重构件应列为重点安全检查部位，发现缺陷，禁止进行闸门的启闭操作，并立即安排检修。

【依据7】《国家电网公司关于印发水电厂重大反事故措施的通知》（国家电网基建〔2015〕60号）

11.2.3　运行阶段

11.2.3.1　应定期对闸门的吊耳、承重部件及重要焊缝进行无损检测检查，及时消除主梁结构或吊耳变形、母材或焊缝开裂、支铰或顶底枢损坏等重大安全隐患。

11.2.3.9　应定期对液压启闭机机架、液压缸吊头等承重部件进行无损检测检查，及时消除机架结构或吊头变形、母材或焊缝开裂等重大安全隐患。

【依据8】电厂运行/检修规程

6.1.4（3）本项目的查评依据如下。

【依据1】《中华人民共和国特种设备安全法》

第三十三条　特种设备使用单位应当在特种设备投入使用前或者投入使用后三十日内，向负责特种设备安全监督管理的部门办理使用登记，取得使用登记证书。登记标志应当置于该特种设备的显著位置。

第三十五条　特种设备使用单位应当建立特种设备安全技术档案。安全技术档案应包括以下内容：

（一）特种设备的设计文件、产品质量合格证明、安装及使用维护保养说明、监督检验证明等相关技术资料和文件；

（二）特种设备的定期检验和定期自行检查记录；

（三）特种设备的日常使用状况记录；

（四）特种设备及其附属仪器仪表的维护保养记录；

（五）特种设备的运行故障和事故记录；

第四十条　特种设备使用单位应当按照安全技术规范的要求，在检验合格有效期届满前一个月向特种设备检验机构提出定期检验要求。

【依据2】《固定式压力容器安全技术监察规程》（TSG 21—2016）

7.1.2　使用登记

使用单位应当按照规定在压力容器投入使用前或投入使用后30日内，向所在地负责特种设备使用登记的部门（以下简称使用登记机关）申请办理《特种设备使用登记证》（以下简称使用登记证）。办理使用登记时，安全状况登记和首次检验日期按照以下要求确定：

（1）使用登记机关确认制造资料齐全的新压力容器，其安全状况登记为1级；进口压力容器安全状况登记由实施进口压力容器监督检验的特种设备检验机构评定；

（2）压力容器首次定期检验日期按照本规程8.1.6和8.1.7的规定确定，产品标准或者使用单位认为有必要缩短检验周期除外；特殊情况，需要延长首次定期检验日期时，由使用单位提出书面说明情况，经使用单位安全管理负责人批准，延长期不得超过1年。

7.2.3.1.3 安全阀检验周期

7.2.3.1.3.1 基本要求

安全阀一般每年至少校验一次，符合本规程 7.2.3.1.3.2、7.2.3.1.3.3 校验周期延长的特殊要求，经过使用单位安全管理负责人批准可以按照其要求适当延长校验周期。

7.1.6 定期检验

使用单位应当在压力容器定期检验有效期满的 1 个月以前，向特种设备检验机构提出定期检验申请，并且做好定期检验相关的准备工作。

定期检验完成后，由使用单位组织对压力容器进行管道连接、密封、附件（含安全附件及仪表）和内件安装等工作，并对其安全性负责。

【依据 3】《压力容器定期检验规则》（TSG R7001—2004）

第四条 压力容器定期检验工作包括全面检验和耐压试验。

（一）全面检验是压力容器停机时的检验。全面检验应当由检验机构进行。其检验周期为：

1. 安全状况等级为 1、2 级的，一般每 6 年一次；

2. 安全状况等级为 3 级的，一般每 3～6 年一次；

3. 安全状况等级为 4 级的，其检验周期由检验机构确定。

（二）耐压试验是批压力容器全面检验合格后，所进行的超过最高压力的液压试验或者气压试验。每两次全面检验期间内，原则上应当进行一次耐压试验。

【依据 4】《特种设备安全监察条例》（2009 年修订版）

第二十八条 特种设备使用单位应当按照安全技术规范的定期检验要求，在安全检验合格有效期届满前 1 个月向特种设备检验检测机构提出定期检验要求。

未经定期检验或者检验不合格的特种设备，不得继续使用。

【依据 5】《国家电网公司电力安全工作规程 第三部分：水电厂动力部分》（Q/GDW 1799.3—2015）

7.1.18 特种设备［锅炉、压力容器（含气瓶）、压力管道、电梯、起重机械、场（厂）内专用机动车辆］，在使用前应经特种设备检验检测机构检验合格，取得合格证并制定安全使用规定和定期检验维护制度。检验合格有效期届满前 1 个月向特种设备检验机构提出定期检验要求。同时，在投入使用前或者投入使用后 30 日内，使用单位应当向直辖市或者设有区的市的特种设备安全监督管理部门登记。

【依据 6】《国家电网公司关于印发水电厂重大反事故措施的通知》（国家电网基建〔2015〕60 号）

8.1.3 运行阶段

8.1.3.1 应定期校验机组油压装置和压力油罐的安全阀。

6.1.4（4）本项目的查评依据如下。

【依据】《国家电网公司关于印发防止水电厂水淹厂房反事故补充措施的通知》（国家电网基建〔2017〕61 号）

16. 上、下库闸门应配置一路独立于厂用电的应急电源（如柴油发电机、UPS 或地区电源）。

17. 每半年进行一次事故闸门应急电源切换，抽蓄电站应进行上水库、尾水事故闸门及下水库事故检修闸门全行程提落门试验，做好闸门全关机械位置（钢丝绳）标记。

6.1.4（5）本项目的查评依据如下。

【依据 1】《水工钢闸门和启闭机安全检测技术规程》（DL/T 835—2003）

3.4 水工钢闸门和启闭机安全检测应按以下项目进行：

a）巡视检查；

b）闸门外观检测；

c）启闭机性能状态检测；

d）腐蚀检测；

e）材料检测；

f）无损探伤；

g）应力检测；

h）结构振动检测；

i）启动力检测；

j）启闭机考核；

k）特殊项目检测。

3.5　3.4 中的 a）、b）、c）项为必检项目，应逐孔进行检测。d）～i）项为抽检项目，抽检项目应根据同类型门孔齿和同类型启闭机台数，按比例抽样检测，抽样比例按表 1 执行。选择时应考虑闸门和启闭机运行状况及布置位置等因素。

表 1　　　　　　　　　　　　　　　　抽 样 比 例 表

闸门孔数	（%）	闸门孔数	（%）
1～5	100～50	11～20	30～20
6～10	30～50	20 以上	20

3.6　安全检测应定期进行，检测周期可根据水工钢闸门和启闭机的运行时间及运行状况确定。

a）水工钢闸门和启闭机安装完毕蓄水运行，闸门承受水头达到或接近设计水头时，应进行第一次安全检测。如未达到设计水头，应在运行 5 年以内，进行第一次安全检测。检测应按 3.4 逐项进行。

b）第一次安全检测后，根据工程实际运行情况。应每隔 10～15 年对水工钢闸门和启闭机进行一次定期安全检测。检测按 3.4 规定进行，项目可有所侧重。

c）凡投入运行超过 5 年未进行安全检测的水工钢闸门和启闭机，应立即进行一次全面的安全检测。以后应按本条 b）执行。

3.7　特殊情况的安全检测

遇地震烈度为 7 度及 7 度以上地震、超设计标准洪水或发生相关事故之后，必须对水工钢闸门和启闭机进行一次安全检测，检测时先进行 3.4 的 a）、b）项，必要时，再进行其他项目检测。

4　巡视检查

4.1　巡视检查是安全检测必检项目，属于目测检查项目，主要检查水工钢闸门启闭机相关的水流条件、水工建筑物、附属设施等。

4.2　巡视检查前应详细了解与水工钢闸门和启闭机相关水工建筑物的维修、养护、观测情况。

4.3　巡视检查时，应做好现场检查记录，记录表见附录 A。

4.4　巡视检查的主要内容如下：

a）观察闸门、启闭机运行情况；

b）泄水时，闸门所在水道及闸槽前后的水流流态；

c）闸门关闭时的漏水状况；

d）闸墩、胸墙、牛腿等部位裂缝、剥蚀、老化等；

e）门槽及附近区域空蚀、冲刷、淘空等；

f）闸墩及底板伸缩缝的开合错动，对闸门和启闭机的影响；

g）通气孔坍塌、堵塞或排气不畅等；

h）启闭机室裂缝、漏水、漏雨等异常现象；

i）寒冷地区闸门的防冻设施是否有效；

j）液压系统及其控制保护是否完整；

k）电气及保护系统设备及备用电源是否能正常工作。

5　闸门外观检测

5.1　外观检测是安全检测必检项目，以目测为主，配合必要的量测工具及仪器。

5.2　外观检测前应详细了解闸门和启闭机制造、安装、运行、保养、检修情况。

5.3 外观检测时，应做现场记录，记录表见附录 B。

5.4 门体外观检测应记录以下内容：

a）闸门体明显变形、扭曲；

b）主梁、支撑、纵梁等构件的直线度、局部不平度、碰撞变形、位置偏差等；

c）面板的局部不平度；

d）吊耳变形、开裂及轴孔磨损等；

e）焊缝及其热影响区状况。

5.5 闸门上水外观检测及记录以下内容：

a）柔性止水的磨损、老化、龟裂、破损；

b）刚性止水的压痕、挤痕、磨蚀；

c）止水垫板、压板、挡板的腐蚀及缺件；

d）螺栓的腐蚀及缺件。

5.6 闸门的支承行走装置外观检测应记录以下内容：

a）主轮（滑道）、侧向支承、反向支承的腐蚀、抖动、润滑、缺件等。

b）弧形闸门支铰的铰链、铰座的缺陷，轴及轴承的润滑等。

5.7 闸门锁定装置外观检测应记录以下内容：

a）整体运用可靠性和操作方便性；

b）零件的腐蚀和破损。

5.8 平压设备及连接件外观检测底记录以下内容：

a）吊杆的变形、腐蚀、开裂、轴孔压溃及磨损；

b）平压设备（充水阀或旁通阀）的完整性及可靠性。

5.9 闸门槽外观检测应记录以下内容：

a）门槽混凝土的剥蚀及对闸门运行影响；

b）主轨、侧轨、反轨、止水座板及闸槽护角的磨损、腐蚀、脱落、缺件、错位；

c）钢胸墙的腐蚀、裂缝及妨碍闸门运行的突起等，一、二期混凝土接缝的渗漏。

6 启闭机性能状态检测

6.1 固定卷扬式启闭机

6.1.1 机架

机架腐蚀、损伤及焊缝状况。

6.1.2 电动机

a）电动机电压、电流，绝缘电阻、温升等；

b）运转噪声。

6.1.3 制动器

a）制动器装配正常，无缺件；

b）电磁铁温升；

c）压式制动器油液外渗；

d）摩擦片磨损剩余厚度；

e）制动轮腐蚀、磨损、圆度等；

f）运转噪声。

6.1.4 联轴器

a）联轴器的同轴度；

b）腐蚀、漏油、噪声等。

6.1.5 减速器

a）减速器的油质、油量、渗漏等；

b）轴承磨损，破损、润滑；

c）齿轮啮合状况，齿面腐蚀、磨损、胶合、必要时侧齿面硬度；

d）运转噪声。

6.1.6 传动轴

a）传动轴腐蚀、裂纹及磨损；

b）明显的变形。

6.1.7 卷筒及开式齿轮

a）卷筒表面、卷筒辐板、轮缘、轮毂的损伤和裂纹缺陷等；

b）轴及轴承的润滑及磨损等；

c）开式齿轮的润滑状况，轮齿的断折，崩裂、必要时测齿面硬度；

d）齿面的腐蚀、磨损等。

6.1.8 滑轮组及钢丝绳。

a）滑轮组总体完整性；

b）轮架及滑轮的腐蚀、磨损及变形等；

c）轴及轴承的润滑及磨损；

d）钢丝绳在卷筒上的固定、排列状况；

e）钢丝绳应按 GB/T 5972 的规定使用、报废。

6.2 移动式启闭机

6.2.1 卷扬式起重机构

按 6.1 规定检测。

6.2.2 行走机构的传动部分

按 6.1.1～6.1.6 检测。

6.2.3 行走轮与轨道

a）同一端梁下行走轮同位点；

b）啃轨、起皮状况；

c）必要时检测行走轮及轨道硬度。

6.2.4 门架、桥架

a）焊缝及热影响区状况；

b）门架的高强度螺栓完整性及扭紧程度；

c）门架、桥架明显的变形及损伤；

d）夹轨器的有效性。

6.3 螺杆启闭机

6.3.1 传动部分

按 6.1.1～6.1.6 检测。

6.3.2 螺母螺杆

a）螺母螺杆磨损、裂纹、腐蚀；

b）螺杆的直线度。

6.4 液压启闭机

6.4.1 液压缸

a）缸体、端盖、支承凸台、支座等损伤和裂纹；

b）活塞杆的磨损和变形；

c）泄漏状况。

6.4.2 液压系统

a）油箱、油泵、阀件、管路等腐蚀、泄漏；

b）液压系统中的仪表灵敏度，准确度。

7 腐蚀检测

7.1 腐蚀检测可采用各种型式的测厚仪或其他量测工具进行。

7.2 腐蚀检测内容如下：

a）腐蚀部位及其分布状况，蚀坑（或蚀孔）的深度、大小、发生部位密度；

b）严重腐蚀面积占闸门和启闭机构件表面积的百分比。

c）腐蚀构件的蚀余截面尺寸。

7.3 腐蚀程度评定标准如下：

a）A 级，轻微腐蚀。表面涂层基本完好，局部有少量蚀度或不太明显的蚀迹，金属表面无麻面现象或只有少量浅面分散的蚀坑，一般在 300mm×300mm 范围内只有 1 个～2 个蚀坑，密集处不超过 4 个。

b）B 级，一般腐蚀。涂层局部脱落，有明显的蚀度，蚀坑。蚀坑深小于 0.5mm，或虽有较深的蚀坑，深度在 1.0mm～2.0mm 之间，但较分散。一般在 300mm×300mm 范围内不超过 30 个蚀坑，密集处不超过 60 个，构件尚未明显削弱。

c）C 级，较重腐蚀。表面涂层大片脱落，脱落面积不小于 100mm×100mm，或涂层与金属分离且叶间夹有腐蚀皮，有密集成片的蚀坑，深度在 1.0mm～2.0mm 范围，一般在 300mm×300mm 范围内超过 60 个，或表面现象较重，在 300mm×300mm 范围内虽不超过 60 个蚀坑，但深度在 2.5mm 以上。构件已有一定程度的削弱。

d）D 级，严重腐蚀，蚀坑较深且密集成片，构件局部有很深的蚀坑，深度在 3.0mm 以上，并有蚀损，出现孔洞，缺肉等现象、构件已严重削弱。

7.4 构件蚀余尺寸的测量应遵循下列原则

根据闸门和启闭机结构型式划分若干测量单元，将单元检测截面测点不少于 2 个。

a）检测截面应位于构件的腐蚀严重部位。

b）每根构件的检测截面应不少于 2 个。

c）每块节点板的测点应不少于 2 点。

d）闸门面板应根据板及厚及腐蚀状况划分为若干个测量单元，每个测量单元的测点应不少于 5 点。

e）测量构件余尺寸洞，废除去构件表面涂层，如带涂层测量，必须扣除涂层厚度。

7.5 根据构件腐蚀的严重程度，应适当增加隐蔽部位或严重部位的检测截面和测点。

7.8 检测数据应遵照腐蚀数据统计分析标准方法 GB/T 12336 进行分析处理。

8 材料检测

8.1 工程管理单位的材料出厂牌号证明及质量证明书和工程验收等文件，足以证明水工钢闸门和启闭机所用材料牌号和性能符合设计要求时，不再进行材料牌号检测。

8.2 当主要材料牌号不或对主要材料牌号有疑问时，应做材质检测并确定材料牌号。

8.3 水工钢闸门和启闭机发生破坏事故，应对失效构件、零件的材料进行机械性能试验及金相分析，同时做失效分析。

8.4 材料牌号鉴别检测方法应符合以下要求：

a）设备允许取样时，按金属材料化学分析和机械性能试验试件标准要求取样试验，确定材料牌号。

b）设备不允许机械性能试验试样时，应在非受力部位取干净的（不含油漆、渗层、 碳层等）样进行化学分析，同时测量其材料硬度，按 GB/T 1172 换算出抗拉强度 σ_h 的近似值。综合分析确定材料牌号。

c）允许用其他无损检测方法鉴别材料牌号。

8.5 对于冰冻地区运行多年的工作、事故闸门钢材，有可能和必要时还应作低温冲击试验，以鉴定材料脆化程度。

9 无损探伤

9.1 对 DL/T 5018、DL/T 5019 规定的一、二类焊缝，外观检测怀疑有裂纹但难以确定时，应采用渗透或磁粉探伤方法进行表面或近表面裂纹检查。渗透探伤方法及磁粉探伤方法按 JB 4730 执行。

9.2 对水工钢闸门主要受力焊缝内部缺陷应进行射线探伤或超声波探伤，两种方法任选一种。射线探伤方法按 GB/T 3323 进行，超声波探伤方法按 GB/T 1345 执行。

9.3 焊缝探伤长度占焊缝全长的百分比按下列原则确定：

a）一类焊缝，超声波探伤应不少于 20%，射线探伤应不少于 10%。

b）二类焊缝，超声波探伤应不少于 10%，射线探伤应不少于 5%。

9.4 裂纹是焊缝的危险缺陷，发现裂纹时，应根据具体情况在裂纹的延伸方向增加探伤长度，直至焊缝全长。

9.5 对于探伤中发现的裂纹，必须分析其产生原因，判断发展趋势，并提出处理意见。

10.2 运动状态结构应力检测

10.2.1 闸门开启、关闭过程中，主要受力构件产生附加应力。为此，应测定运动状态主要受力构件的应力应变过程线。

10.2.2 运动状态应力检测，应选择附加应力作用影响大的主要受力构件、危险构件或具有特殊要求的构件布置测点。

10.2.3 运动状态应力检测必须重复进行 3 次。

12 闸门启闭力检测

12.1 一般规定

12.1.1 闸门启闭力检测必须在完成 4、5、6 章所规定的检测工作后进行。

12.1.2 检测工作开始前，应满足下列条件：

a）门槽状况良好，槽内无异物卡阻。

b）闸门整体能正常运行；

12.3 检测方法

12.3.1 闸门启闭力检测可采用传感器法、应变片法或其他方法。

12.3.2 当采用应变片法时，应注意测点位置，测点应布置在启闭机吊具、吊杆、闸门吊耳等构件的受力均匀部位、闸门每个吊点上的测点不应少于 4 个。

12.3.3 闸门启闭方检测各次检测数据相差较大时，应找出原因，重新进行检测。

12.4 检测注意事项

12.4.1 检测快速闸门启闭力时，应做好手动停机的准备，以防闸门过速下降。

12.4.2 闸门启闭力检测完毕，应全面检查闸门的支承装置、止水装置、起吊装置及启闭机传动系统的零部件、机架、电气设备等，有无明显的异常现象和残余变形，并做好记录。

13 启闭机考核

启闭机考核主要对象为门式启闭机及液压式启闭机。有加载条件的固定卷扬式及台车式启闭机也可进行考核。

13.1 一般规定

13.1.1 启闭机系统，必须在完成 12 章检测工作和必要的维修后进行。

13.1.2 启闭机的电气装置应接线正确，接地可靠，绝缘电阻符合有关电力规程的要求。

13.1.3 启闭机的过负荷保护装置、负荷指示器、限位开关、信号装置等零部件完好，动作正确，可靠。

13.1.4 启闭机的所有机械部件、连接装置、润滑系统等都必须处于能正常工作状态。

13.1.5 移动式启闭机的轨道两旁无影响运行的杂物，制动器动作正确、可靠。

13.1.6 门式启闭机门架的高强度螺栓紧固可靠。

13.1.7 液压式启闭机液压系统工作正确，液压缸密封和活塞杆密封的泄漏不超过允许值，液压缸的支撑或悬挂装置牢固可靠。

13.1.8 考核时，应做好考核记录，考核记录表见附录 D。

13.2 考核荷载

13.2.1 以启闭机设计文件或图样中规定的静载或动载试验值作为其考核荷载。若无规定则按下列规定考核：

a）对卷扬式启闭机构，以额定特性的 1.25 倍作为静载试验考核荷载，以额定容量的 1.10 倍作为动载试验的考核荷载。

b）对液压启闭机，液压系统的试验压力应为额定工作压力的 1.50 倍，当额定工作压力超过 16MPa 时，试验压力为额定工作压力的 1.25 倍。

13.2.2 静载试验的荷载可分 2 级～3 级，动载试验的荷载不分级。

【依据 2】《水利水电工程钢闸门设计规范》（DL/T 5039—95）

8.3 自动挂脱梁

8.3.1 当采用移动式启闭机操作多孔口闸门或闸门在操作过程中，吊杆装卸频繁时，宜采用自动挂脱梁，其型式可根据工作条件选用机械式或液压式等。

8.3.2 为改善自动挂脱梁的使用条件，提高挂脱闸门的准确性，应注意以下情况：

（1）闸门应尽量设置上游止水。如闸门设置下游止水时，应注意自动挂脱梁水下工作的可靠性。

（2）自动挂脱梁入水工作时，应注意水流扰动对其稳定性的影响。

（3）应注意门槽施工安装精度，以适应自动挂脱梁能在多孔口门槽内使用。

（4）自动挂脱梁应作静平衡试验，以便操作平稳，入槽前不应有倾斜、阻卡等现象。

（5）自动挂脱梁的转动轴和销轴应设置轴套，并应采取润滑、防腐蚀等措施。

（6）自动挂脱梁应设导向、定位、安全装置和排气（水）孔，以保证机构灵活可靠。

（7）当工作温度低于 0℃时，尚应有防止操作时或入水后挂脱部件结冰的设施。

【依据 3】《水利水电工程闸门及启闭机、升船机设备管理等级评定标准》（SL 240—1999）

3 闸门评级单元标准

3.2 润滑要求

3.2.1 闸门上所有转动轴、转动轮、转动铰等需要润滑部位应按期加注润滑油脂，使部件运转灵活，无异常声响。

3.2.2 润滑设备及其零件应齐全、完好。

3.2.3 油路系统应畅通无阻。

3.2.4 润滑油脂选择合理，油质合格。

3.3 防腐蚀要求

3.3.1 外表单个锈蚀面积不得超过 $8.0cm^2$，锈蚀面积之和不得大于防腐面积的 1%。

3.3.2 不得出现锈蚀深度达构件厚度 15%的进行性锈坑。

3.3.3 应具有行之有效的防腐措施，一般情况下，涂料涂层的防护期应达到 6 年～8 年。下限适用于海水，上限适用于淡水。

3.3.4 闸门附属设施的防腐措施与闸门要求相同。

3.3.5 闸门埋设件的外露表面必须做防腐处理。

3.3.6 闸门槽附近的扶梯、栏杆、盖板等部位防腐状况应良好

3.4 设备运行状况

3.4.1 闸门运行应平稳，操作必须准确安全、可靠。

3.4.2 闸门在启闭过程中应无卡阻、跳动、异常响声和异常振动等现象。

3.5 门体状况

3.5.1 门叶结构无明显变形。

3.5.2 梁系局部无明显变形。

3.5.5 吊耳板在大修时必须进行探伤检查，应无任何裂纹或其他缺陷。

3.5.6 所有紧固件不得松动、缺件。

3.5.7 多节闸门节间连接应牢靠。

3.5.8 全部焊缝应无开裂、漏焊等肉眼可见的缺陷。

3.5.9 钢筋混凝土闸门（含钢丝网水泥面板闸门）外形应完整，不得缺损、露石、露筋。

3.5.10 钢丝网水泥面板必须有防护涂层。防护涂层应完整、光滑，无起皮、露砂、锈痕等。

3.6 行走支承装置

3.6.1 平面闸门的行走轮、台车、链轮等主要行走支承件，均应转动灵活，工作可靠。

3.6.2 闸门在工作位置上，行走轮应与主轨良好接触。

3.6.3 平面闸门行走轮圆度偏差不得超过轮径的 5‰。

3.6.4 闸门的侧轮、反轮应齐全，无缺损、丢失，轮子均应能转动。

3.6.5 胶木滑道（或其他复合材料）的工作面应光滑平整。滑道表面应无破损、脱落和老化。

3.6.6 滑道工作面磨出沟槽时，深度不得超过 2.0mm。

3.6.7 闸门上的滑道应在同一平面上，其相对误差应小于±2.0mm。

3.6.9 支铰轴及轴承不得有裂纹、锈痕。

3.6.10 紧固件不得松动、脱落。

3.7 止水装置

3.7.1 止水应严密。经运行后漏水量不得超过 0.15L/（s·m）。

3.7.2 止水应连续、完整，无卷曲、脱落、凹陷、撕裂等破损。

3.7.3 止水橡皮弹性好，表面无老化现象。

3.7.4 压板无变形、隆起等。

3.7.5 压板螺栓、螺母齐全。

3.8 充水装置

3.8.1 设在闸门上的充水阀止水应严密，启闭应平稳、无冲击。

3.8.2 旁通阀止水应严密，运行中不得有异常噪声。

3.9 锁定装置

3.9.1 锁定装置必须安全可靠，操作方便，动作灵活。

3.9.2 闸门两侧锁定装置必须受力均匀。

3.10 闸门槽及埋设件

3.10.1 闸门槽及底板处不得有石块、沉木、漂木或树枝等杂物。

3.10.2 主轨、弧门侧轨板、水封座板不得出现大于 1.0mm 的啃轨痕迹。

3.10.3 闸门槽内的轨道、护板、弧门轨板、底坎、钢胸墙、钢衬砌等不得出现大于 2.0mm 深的气蚀坑等。

3.10.4 副轨、侧轨、反轨等导向轨道工作表面应清洁平整。

3.10.5 埋设件与混凝土之间不得渗水。

3.10.6 一期与二期混凝土之间不得渗水。

3.10.7 输水洞、深孔闸门井的通气孔应畅通无阻，在通气孔进口处应设置安全格栅。

3.10.8 寒冷地区闸门及门槽的防冰冻设备或设施应完好、有效。

3.11 安全防护

3.11.1 闸门槽上部盖板应完整、齐全，经常铺盖于闸槽上，并应平整，便于行走通过。无条件设盖板处应设防护栏杆。

3.11.2 到闸门下部的爬梯应符合标准，并设有保护圈。

3.12 工作场所

3.12.1 闸门外观整洁，梁格及门顶无积水，且无砂石、树枝、杂草等污物。

3.12.3 闸门门库内应有秩序地存放检修闸门或闸门附件（如压重、吊杆、吊梁、移动式锁定等），整齐排列，不得有杂物、积水。

3.12.4 闸门及其附件均应按指定地点排列整齐存放。

3.12.5　闸门、检修平台及门槽附近不得有明显的油污等痕迹。

3.13　环境保护

3.13.1　不得随意抛撒废弃油料及污物。

3.13.2　管理范围内应绿化、美化。

4　启闭机评级单元标准

4.3　设备运行状况

4.3.1　启闭机必须达到规定的额定能力。

4.3.2　设备必须保持完好状态，并能随时投入运行。

4.4　操作系统

4.4.1　必须有可靠的供电电源和备用电源。

4.4.2　电气线路布线应整齐，连接牢靠。

4.4.3　线路不得有破损、受潮、老化等异常现象，绝缘电阻值应符合规定。

4.4.4　各种电气开关、继电保护元件应定期校验，损坏的要及时更换。启动器、空气开关、控制器、继电器、操作按钮、限位开关等的使用应符合规定要求。

4.4.5　电气设备中的各种保护装置工作必须可靠，其整定值应符合规定。

4.4.6　移动式启闭机的滑线应无锈迹，运行中接触应良好，无跳动及打火现象。采用电缆时，电缆应清洁无油污，不得施在地上或任意堆放。

4.4.7　操作台（柜）的接地必须牢固可靠，电阻值应符合规定。

4.5　指示系统及信号装置

4.5.1　高度指示器盘面清晰、准确。

4.5.2　坝上门机、桥机的风速仪等均应按规定装设，指示正确，定期校验。

4.5.3　各种表计均应按规定装设，指示正确，定期校验。

4.5.4　各种信号指示，应完好无缺，并能按要求反应、显示。

4.6　润滑要求

4.6.1　凡需注油润滑的部位均应按规定要求注油。

4.6.2　所用润滑油的油质、油量应符合规定。

4.6.3　油封密封性应良好、不漏油。机旁无油污痕迹。

4.6.4　开式齿轮应涂敷润滑油脂。

4.6.6　润滑设施及其零件应齐全、完好。

4.6.7　采用集中供油时，供油装置必须动作可靠，往复 2 次～3 次即能将油压出。

4.6.8　油路系统管路应畅通无阻。

4.7　电机

4.7.1　电机的铭牌应清晰，功率应符合设计要求，并能随时投入运行。

4.7.2　电机运行电流不得超过额定电流。

4.7.3　电机温升和轴承温度应符合铭牌要求。

4.7.4　电机运转中不得有异常噪声或振动。

4.7.5　电机的绝缘电阻应符合 GB 6067—1985《起重机械安全规程》中的有关规定。

4.7.6　电机外壳接地应牢固可靠接地电阻值应符合 GB 6067—1985 的要求。

4.7.7　工作桥上的避雷器应定期进行校验。

4.8　制动器

4.8.1　制动器工作应准确可靠、动作灵活。

4.8.2　制动轮表面不得有划痕、裂纹等缺陷

4.8.3　制动器的闸瓦或制动带铆钉，在摩擦材料磨损后离表面距离仍不得小于 1.0mm。

4.8.4　制动器的闸瓦或制动带周围不得有油漆、油污和水等。

4.8.5　制动器闸瓦的退程应按设备的规定要求调整使用。

4.8.6　制动器上的主弹簧应满足工作长度要求。

4.8.7　制动器上所有的轴销、螺钉、弹簧等均应完好。

4.8.8　电磁铁在通电时应无杂音，温度应低于规定值。

4.8.9　液压制动器不得渗漏油液。

4.9　传动系统

4.9.1　传动轴不得有裂纹、斑坑或锈蚀。

4.9.2　传动轴的直线度不得超过标准规定值。

4.9.3　滚动轴承转动时不得出现振动冲击或异常噪声。

4.9.4　轴承工作温度不得超过标准规定。

4.9.5　弹性联轴节的弹性圈不得出现老化、破损等现象，与销铀的装配应紧密。螺纹连接件的防松装置应可靠有效。

4.9.6　齿轮联轴节内、外套不得有裂纹。

4.9.7　联轴节连接的两轴同轴度应符合规定。

4.9.8　减速器内经常保持正常油位，油质应符合规定。

4.9.9　减速器油封应良好，不得渗漏油液。

4.9.10　齿轮应啮合良好、转动平稳、无冲击声或异常噪声。

4.9.11　开式齿轮齿面应润滑良好，无严重磨损和锈蚀。

4.10　启闭机构

4.10.1　卷扬式启闭机。

1　卷筒表面、幅板、轮缘、轮毂不得有裂纹或明显的伤损。

2　卷筒轴、轴承、轴承体安装定位应准确，转动应灵活。

3　钢丝绳在卷筒上固定应牢固；压板、螺栓应齐全，固定应有效。

4　卷筒上预绕圈应符合规定。

5　用钢丝绳夹头夹紧钢丝绳时，夹头数量及距离应符合规定。

6　对钢丝绳应定期进行检查和保养，有足够的润滑，并采用合理的防腐措施。

7　必须按 GB/T 5972—2016《起重机　钢丝绳　保养、维护、检验和报废》的规定使用钢丝绳。

4.10.2　液压式启闭机。

1　油压启闭机的缸体、端盖、活塞杆、支承、凸缘、轴套等零件不得有损伤或裂纹。

2　液压缸应按设计、安装工艺要求装配，保证活塞杆正确运行。

3　液压缸的摆动支座必须随闸门的启闭运动而摆动。

4　液压缸的密封垫片和油管接头、阀件以及油箱、管路均不得渗漏。

5　油压启闭机油泵站的主泵出油量及压力应达到额定值，运行平稳，无异常噪音或振动。

6　液压油的油质和油量应按规定使用。

7　液压油应定期进行过滤及化验。

8　液压阀动作应灵活准确、安全可靠。

9　液压管路及附件应按规定涂刷不同颜色的油漆标记。

10　压力表计应反应灵敏，指示准确，并定期进行校验。

4.10.3　螺杆式启闭机。

1　螺杆螺母不得有裂纹或严重伤痕。

2　螺杆、螺母不得有严重磨损，螺纹磨损量不得超过螺纹厚度的 20%。

3　螺杆及压杆的弯曲不得超过设计规范规定值。

4　螺杆与吊耳连接应符合设计要求，牢固可靠。

5　必须设置有效的限位装置避免螺杆及压杆被压弯。

4.11 吊具

4.11.1 吊具上的紧固件应完整，并拧紧。

4.11.2 吊环、悬挂吊板、心轴等不得有裂纹、严重变形或损伤。灌铅钢丝绳吊头不得松动和断丝。

4.11.3 滑轮轴应经常润滑，滑轮组在运行中应转动灵活，不允许钢丝绳在绳槽内滑动。

4.11.4 滑轮组零件不得有严重损伤。

4.11.5 吊具应按规定起重量使用。

4.11.6 抓梁动作应准确，每次抓取和放下动作均应完整有效。有电缆的抓梁电缆收放应与抓梁升降同步。

4.11.7 加重装置的重量应准确

4.12 机架

4.12.1 机架（包括固定启闭机的机座、台车式启闭机的台车架、门式启闭机的门架桥式、启闭机的桥架等）不得有明显变形或损伤。

4.12.2 机架的焊缝不得有裂纹。

4.12.3 机架的结构件连接应牢固可靠。高强度螺栓的紧固程度应达到设计要求值。

4.13 移动式启闭机的行走机构

4.13.1 电机按本标准4.7的规定执行。

4.13.2 制动器按本标准4.8的规定执行。

4.13.3 传动系统按本标准4.9的规定执行。

4.13.4 车轮不得有裂纹等缺陷。

4.13.5 行走应平稳，并不得有啃轨等现象。

4.13.6 夹轨器的支铰应定期进行维护保养，钳口张闭灵活，开度均匀。锁闭时应卡紧轨道。

4.13.7 限位装置应牢固、准确。

4.13.8 轨道应符合起重机轨道安装标准的要求。

4.14 防腐蚀要求

4.14.1 非摩擦表面应进行防腐处理，涂层应保持光滑完整。

4.14.2 涂层应均匀，整机涂料颜色应协调美观。

4.15 安全防护

4.15.1 启闭机室与工作桥应安装有效设施以同外界隔离。

4.15.2 启闭机室或启闭工作桥及附近不得堆放易燃易爆物品。

4.15.3 启闭机室或启闭工作桥应设置消防用具、器材，并有消防组织。

4.15.4 凡运行人员能触及的齿轮、皮带等传动件，均应加设防护罩。

4.15.5 凡裸露的电气元件、导线等，应按规定加设防护装置。

4.15.6 启闭机上的行人梯及平台应完整，其周围应设栏杆及安全防护网。垂直爬梯应设置防护圈。

4.16 工作场所

4.16.1 操作室内应整齐、清洁，其布置应便于操作，与操作无关的设备不得堆积在操作室内。

4.16.2 启闭机室（或启闭机平台）应保持整洁，不得有油污、鸟巢、蛛网或其他杂物。门窗应完整，无腐烂、缺损。

4.16.3 工作桥、启闭室内外通道照明设施应完好。

4.16.4 启闭室、启闭机罩应严密不漏水。

4.17 环境保护

4.17.1 闸门室及启闭机室周围应设有与外界隔离的设施，并应因地制宜地进行绿化、美化。在附近应设有卫生设施。

4.17.2 油压启闭机漏油应及时进行处理，以免污染水域。不得随意抛撒废弃油料和污物等。

【依据4】《国家电网公司电力安全工作规程 第三部分：水电厂动力部分》（Q/GDW 1799.3—2015）

11.2 启闭机（含固定式卷扬启闭机、液压启闭机、移动式启闭机、升船机启闭设备等）

11.2.13 自动机械抓梁在起吊前应确认吊钩已完全锁住，并经三次小幅起落试验无异常后，方可起吊。

11.2.15 自动液压抓梁在使用前应检查液压装置和电缆的密闭性，检查销轴行程显示无异常。无法确认投退确已到位时禁止起吊。

【依据 5】《国家电网公司关于印发防止水电厂水淹厂房反事故补充措施的通知》（国家电网基建〔2017〕61 号）

6. 抽蓄电站发电机层逃生通道应设置至少一处手动启动水淹厂房保护按钮，可一键实现所有机组紧急停机、关闭上库进出水口和尾水事故闸门功能。回路设计应采用独立于电站监控系统的硬布线（包括独立光缆），电源应独立提供。

17. 每半年进行一次事故闸门应急电源切换，抽蓄电站应进行上水库、尾水事故闸门及下水库事故检修闸门全行程提落门试验，做好闸门全关机械位置（钢丝绳）标记。

【依据 6】《国家电网公司关于印发水电厂重大反事故措施的通知》（国家电网基建〔2015〕60 号）

3.1.1.2 抽水蓄能电站中控室应配置紧急停机和紧急关闭上、下水库事故闸门的可靠设施。大中型常规电站中控室也应配置紧急停机和紧急关闭进水口闸门的可靠设施。

11.2.2.1 新安装的闸门应在无水情况下做全行程启闭试验。动水启闭闸门应作动水启闭试验，有条件时，事故闸门应作动水关闭试验，检查闸门、门槽埋件整体结构应完好，挂钩、滚轮、支铰及顶、底枢等转动部位运转灵活，水封无破损情况。

【依据 7】电厂运行/检修规程

6.1.5 油系统

6.1.5（1）本项目的查评依据如下。

【依据 1】《涡轮机油》（GB 11120—2011）

4 要求和试验方法

4.1 一般要求

在室温可见光下，交货油品外观应清亮透明，不含任何可见颗粒物。涡轮机油不含黏度指数改进剂。

4.2 技术要求

涡轮机油技术要求和试验方法见表 1～表 3。涡轮机油与密封材料的兼容性用橡胶相容性指数表示，评定方法和可接受限制按照附录 A 进行。

表 1 　　　　　　　　　　　　　L-TSA 和 L-TSE 汽轮机油技术要求

项　目	质　量　指　标							试验方法
	A 级			B 级				
黏度等级（GB/T 3141）	32	46	68	32	46	68	100	
外观	透明			透明				目测
色度/号	报告			报告				GB/T 6540
运动黏度（40℃）/（mm²/s）	28.8～35.2	41.4～50.6	61.2～74.8	28.8～35.2	41.4～50.6	61.2～74.8	90.0～110.0	GB/T 265
黏度指数不小于	90			85				GB/T 1995ª
倾点ᵇ/℃ 不高于	−6			−6				GB/T 3535
密度（20℃）/（kg/m³）	报告			报告				GB/T 1884 和 GB/T 1885ᶜ
闪电（开口）/℃ 不低于	186		195	186		195		GB/T 3536

表1（续）

项目	质量指标 A级			质量指标 B级				试验方法
黏度等级（GB/T 3141）	32	46	68	32	46	68	100	
酸值（以 KOH 计）/（mg/g）不大于	0.2			0.2				GB/T 4945[d]
水分（质量分数）/%不大于	0.02			0.02				GB/T 11133[e]
泡沫性（泡沫倾向/泡沫稳定性）[f]/（mL/mL）								
程序Ⅰ（24℃）	450/0			450/0				
程序Ⅱ（93.5℃）	50/0			100/0				
程序Ⅱ（后24℃）	450/0			450/0				GB/T 12579
空气释放值（50℃）/min 不大于	5	6	5	6	8	—		SH/T 0308
铜片腐蚀（100℃，3h）/级 不大于	1			1				GB/T 5096
液相锈蚀（24h）	无锈			无锈				GB/T 11143（B法）
抗乳化性（乳化液达到3mL 的时间）/min 不大于								
54℃	15	30		15	30	—		
82℃	—	—		—	—	30		GB/T 7305
旋转氧弹[g]/min	报告			报告				SH/T 0193
氧化安定性								
1000h 后总酸值（以 KOH 计）/（mg/g）不大于	0.3	0.3	0.3	报告	报告	报告	—	GB/T 12581
总酸值达2.0（以 KOH 计）/（mg/g）的时间/h 不小于	3500	3000	2500	2000	2000	1500	1000	GB/T 12581
1000h 后油泥/mg 不大于	200	200	200	报告	报告	报告	—	SH/T 0565
承载能力[h]								
齿轮机试验/失效级 不小于	8	9	10	—				GB/T 19936.1
过滤性干法/% 不小于 湿法	85 通过			报告 报告				SH/T 0805
清洁度[i]/级 不大于	—/18/15			报告				GB/T 14039

注：L-TSA 类分 A 级和 B 级，B 级不适用于 L-TSE 类。

[a] 测定方法也包括 GB/T 2541，结果有争议时，以 GB/T 1995 为仲裁方法。
[b] 可与供应商协商较低的温度。
[c] 测定方法也包括 SH/T 0604。
[d] 测定方法也包括 GB/T 7304 和 SH/T 0163，结果有争议时，以 GB/T 4945 为仲裁方法。
[e] 测定方法也包括 GB/T 7600 和 SH/T 0207，结果有争议时，以 GB/T 11133 为仲裁方法。
[f] 对于该程序Ⅰ和程序Ⅲ，泡沫稳定性在 300s 时记录，对于程序Ⅱ，在 60s 时记录。
[g] 该数值对使用中油品监控是有用的。低于 250min 属于不正常。
[h] 仅适用于 TSE。测定方法也包括 SH/T 0306，结果有争议时，以 GB/T 19936，1 为仲裁方法。
[i] 按 GB/T 18854 校正自动粒子计数器。（推荐采用 DL/T 432 方法计算和测量粒子）

表 2 L-TGA 和 L-TGE 燃气轮机技术要求

项　目	质　量　指　标						试验方法
	L-TGA			L-TGE			
黏度等级（GB/T 3141）	32	46	68	32	46	68	
外观	透明			透明			目测
色度/号	报告			报告			GB/T 6540
运动黏度（40℃）/（mm²/s）	28.8～35.2	41.4～50.6	61.2～74.8	28.8～35.2	41.4～50.6	61.2～74.8	GB/T 265
黏度指数不小于	90			90			GB/T 1995[a]
倾点[b]/℃不高于	−6			−6			GB/T 3535
密度（20℃）/（kg/m³）	报告			报告			GB/T 1884 和 GB/T 1885[c]
闪电/℃　不低于　（开口）　（闭口）	186 170			186 170			GB/T 3536 GB/T 261
酸值（以 KOH 计）/（mg/g）不大于	0.2			0.2			GB/T 4945[d]
水分（质量分数）/%不大于	0.02			0.02			GB/T 11133[e]
泡沫性（泡沫倾向/泡沫稳定性）[f]/（mL/mL）不大于　程序Ⅰ（24℃）　程序Ⅱ（93.5℃）　程序Ⅱ（后24℃）	450/0 50/0 450/0			450/0 100/0 450/0			GB/T 12579
空气释放值（50℃）/min 不大于	5		6	5		6	SH/T 0308
铜片腐蚀（100℃，3h）/级 不大于	1			1			GB/T 5096
液相锈蚀（24h）	无锈			无锈			GB/T 11143（B 法）
旋转氧弹[g]/min	报告			报告			SH/T 0193
氧化安定性 1000h 后总酸值（以 KOH 计）/（mg/g）不大于	0.3	0.3	0.3	0.3	0.3	0.3	GB/T 12581
总酸值达 2.0（以 KOH 计）/（mg/g）的时间/h 不小于	3500	3000	2500	3500	3000	2500	GB/T 12581
1000h 后油泥/mg 不大于	200	200	200	200	200	200	SH/T 0565
承载能力 齿轮机试验/失效级 不小于	—			8	9	10	GB/T 19936.1[h]
过滤性 干法/% 不小于 湿法	85 通过			85 通过			SH/T 0805
清洁度[i]/级　不大于	−/17/14			−/17/14			GB/T 14039

[a] 测定方法也包括 GB/T 2541，结果有争议时，以 GB/T 1995 为仲裁方法。
[b] 可与供应商协商较低的温度。
[c] 测定方法也包括 SH/T 0604。
[d] 测定方法也包括 GB/T 7304 和 SH/T 0163，结果有争议时，以 GB/T 4945 为仲裁方法。
[e] 测定方法也包括 GB/T 7600 和 SH/T 0207，结果有争议时，以 GB/T 11133 为仲裁方法。
[f] 对于该程序Ⅰ和程序Ⅲ，泡沫稳定性在 300s 时记录，对于程序Ⅱ，在 60s 时记录。
[g] 该数值对使用中油品监控是有用的。低于 250min 属于不正常。
[h] 测定方法也包括 SH/T 0306，结果有争议时，以 GB/T 19936，1 为仲裁方法
[i] 按 GB/T 18854 校正自动粒子计数器。（推荐采用 DL/T 432 方法计算和测量粒子）。

表 3   **L-TGSB 和 L-TGSE 燃气轮机技术要求**

项　　目	质　量　指　标						试验方法
	L-TGSB			L-TGSE			
黏度等级（GB/T 3141）	32	46	68	32	46	68	
外观	透明			透明			目测
色度/号	报告			报告			GB/T 6540
运动黏度（40℃）/（mm²/s）	28.8～35.2	41.4～50.6	61.2～74.8	28.8～35.2	41.4～50.6	61.2～74.8	GB/T 265
黏度指数不小于	90			90			GB/T 1995[a]
倾点[b]/℃不高于	−6			−6			GB/T 3535
密度（20℃）/（kg/m³）	报告			报告			GB/T 1884 和 GB/T 1885[c]
闪电/℃不低于 （开口） （闭口）	200 190			200 190			GB/T 3536 GB/T 261
酸值（以 KOH 计）/（mg/g）不大于	0.2			0.2			GB/T 4945[d]
水分（质量分数）/%不大于	0.02			0.02			GB/T 11133[e]
泡沫性（泡沫倾向/泡沫稳定性）[f]/（mL/mL）不大于 程序Ⅰ（24℃） 程序Ⅱ（93.5℃） 程序Ⅱ（后24℃）	 450/0 50/0 450/0			 50/0 5/0 50/0			GB/T 12579
空气释放值（50℃）/min不大于	5	5	6	5	5	6	SH/T 0308
铜片腐蚀（100℃，3h）/级不大于	1			1			GB/T 5096
液相锈蚀（24h）	无锈			无锈			GB/T 11143（B 法）
旋转氧弹/min不小于	750			750			SH/T 0193
改进旋转氧弹[g]/%不小于	85			85			SH/T 0193
氧化安定性总酸值达 2.0（以 KOH 计）/（mg/g）的时间/h 不小于	3500	3000	2500	3500	3000	2500	GB/T 12581
高温氧化安定性（175℃，72h） 黏度变化/% 酸值变化（以 KOH 计）/（mg/g） 金属片重量变化/（mg/cm²） 钢 铝 镉 铜 镁	 报告 报告 ±0.250 ±0.250 ±0.250 ±0.250 ±0.250			 报告 报告 ±0.250 ±0.250 ±0.250 ±0.250 ±0.250			ASTM D4636[h]

表3（续）

项　　目	质　量　指　标			试验方法
	L-TGSB	L-TGSE		
承载能力 齿轮机试验/失效级 不小于	—	8	9　　10	GB/T 19936.1i
过滤性 干法/%不小于 湿法	85 通过	85 通过		SH/T 0805
清洁度j/级不大于	—/17/14	—/17/14		GB/T 14039

a 测定方法也包括 GB/T 2541，结果有争议时，以 GB/T 1995 为仲裁方法。

b 可与供应商协商较低的温度。

c 测定方法也包括 SH/T 0604。

d 测定方法也包括 GB/T 7304 和 SH/T 0163，结果有争议时，以 GB/T 4945 为仲裁方法。

e 测定方法也包括 GB/T 7600 和 SH/T 0207，结果有争议时，以 GB/T 11133 为仲裁方法。

f 对于该程序Ⅰ和程序Ⅲ，泡沫稳定性在 300s 时记录，对于程序Ⅱ，在 60s 时记录。

g 取 300mL 油样，在 121℃下，以 3L/h 的速度通入清洁干燥的氮气，经 48h 后，按照 SH/T 0193 进行试验，用所得结果与未经处理的样品所得结果的比值的百分数表示。

h 测定方法也包括 GJB 563，结果有争议时，以 ASTM D4636 为仲裁方法。

i 测定方法也包括 SH/T 0306，结果有争议时，以 GB/T 19936.1 为仲裁方法。

j 按照 GB/T 18854 校正自动粒子计数器。（推荐采用 DL/T 432 方法计算和测量粒子）。

5 检验规则

5.1 检验分类和检验项目

5.1.1 出厂检验

出厂批次检验项目包括：外观、色度、运动黏度、黏度指数、密度、闪电、酸值、水分、泡沫性、空气释放值、抗乳化性、铜片腐蚀、液相锈蚀、旋转氧弹和清洁度。

在原材料、生产工艺没有发生可能影响产品质量变化时，出厂周期检验项目包括过滤性、承载能力和高温氧化安定性每年至少测定一次。

5.1.2 型式检验

型式检验项目为 4.2 规定的所有检验项目。

在下列情况下进行型式检验：

a）新产品投产或产品定型鉴定时；

b）原材料、生产工艺等发生较大变化，可能影响产品质量时；

c）出厂检验结果与上次型式检验结果有较大差异时。

5.2 组批

在原材料和生产工艺不变的条件下，每生产一罐或釜为一批。

5.3 取样

按照 GB/T 4756 进行，取 3L 样品作为检验和留样。

5.4 判定规则

出厂检验和型式检验结果全部符合第 4 章技术要求时，则判定该批次产品合格。

5.5 复验规则

如出厂检验和型式检验结果有不符合第 4 章技术要求规定时，按 GB/T 4756 的规定自同批产品中重新抽取双倍量样品，对不合格项目进行复验，如复验结果仍不符合技术要求，则判定该批次产品不合格。

【依据2】《水力发电厂水力机械辅助设备系统设计技术规定》（NB/T 35035—2014）

4.9.1 油化验的主要任务应是：对新油进行分析化验，按《涡轮机油》GB 11120 进行鉴定；对运行油进行定期取样化验，判断是否需要处理。

4.9.2 水电厂（总厂除外）宜配置简易分析化验设备。

【依据3】《电厂辅机用油运行及维护管理导则》（DL/T 290—2012）

6.2.2 用油量大于 100L 的辅机用油应按照表 3～表 5 中的检验项目和周期进行检验。汽轮机油应按照 GB/T 7596 执行。6 号液力传动油应按照表 3 执行。

表 3 运行液压油的质量指标及检验周期

序号	项　目	质量指标	检验周期	试验方法
1	外观	透明，无机械杂质	1 年或必要时	外观目视
2	颜色	无明显变化	1 年或必要时	外观目视
3	运动黏度（40℃） mm²/s	与新油原始值相差在±10%内	1 年、必要时	GB/T 265
4	闪点（开口杯） ℃	与新油原始值比不低于 15℃	必要时	GB/T 267 GB/T 3536
5	洁净度 （NAS 1683）级	报告	1 年或必要时	DL/T 432
6	酸值 mgKOH/g	报告	1 年或必要时	GB/T 264
7	液相锈蚀（蒸馏水）	无锈	必要时	GB/T 11143
8	水分	无	1 年或必要时	SH/T 0257
9	铜片腐蚀试验（100℃，3h）级	≤2a	必要时	GB/T 5096

表 4 运行齿轮油的质量指标及检验周期

序号	项　目	质量指标	检验周期	试验方法
1	外观	透明，无机械杂质	1 年或必要时	外观目视
2	颜色	无明显变化	1 年或必要时	外观目视
3	运动黏度（40℃） mm²/s	与新油原始值相差在±10%内	1 年、必要时	GB/T 265
4	闪点（开口杯） ℃	与新油原始值比不低于 15℃	必要时	GB/T 267 GB/T 3536
5	机械杂质 %	≤0.2	1 年或必要时	DL/T 511
6	液相锈蚀（蒸馏水）	无锈	必要时	GB/T 11143
7	水分	无	1 年或必要时	SH/T 0257
8	铜片腐蚀试验（100℃，3h）级	≤2a	必要时	GB/T 5096
9	极压性能（Timken 试验机法） OK 负荷值 N（1b）	报告	必要时	GB/T 11144

表 5 运行空气压缩机油的质量指标及检验周期

序号	项　目	质量指标	检验周期	试验方法
1	外观	透明，无机械杂质	1 年或必要时	外观目视
2	颜色	无明显变化	1 年或必要时	外观目视
3	运动黏度（40℃） mm²/s	与新油原始值相差在±10%内	1 年、必要时	GB/T 265
4	洁净度 （NAS 1683）级	报告	1 年或必要时	DL/T 432
5	酸值 mgKOH/g	与新油原始值比增加≤0.2	1 年或必要时	GB/T 264
6	液相锈蚀（蒸馏水）	无锈	必要时	GB/T 11143
7	水分 mg/L	报告	1 年或必要时	SH/T 0257
8	旋转氧弹（150℃） min	≥60	必要时	SH/T 0193

6.1.5（2）本项目的查评依据如下。

【依据 1】《电厂辅机用油运行及维护管理导则》（DL/T 290—2012）

8.1 库存油的管理

对库存油应做好油品入库、储存、发放工作，防止油的错用、混用及油质劣化。库存油管理应负荷下列要求：

　　a）新购油验收合格后方可入库。

　　b）库存油应分类存放，油桶标记清楚。

　　c）库存油应严格执行油质检验。除应对每批入库、出库油做检验外，还要加强库存油移动时的检验与监督。

　　d）库房应清洁、阴凉、干燥，通风良好。

【依据2】电厂运行/检修规程

6.1.5（3）本项目的查评依据如下。

【依据1】《水力发电厂水力机械辅助设备系统设计技术规定》（NB/T 35035—2014）

　　4.5.2　油泵应满足输油量及扬程的要求，对于排油泵，应校核气吸程。透平油或绝缘油系统的油泵不宜少于2台。向设备充排油使用的油泵，其容量宜保证在4h～6h内充满最大一个用油部件或在4h～6h内充满最大一台变压器。接受新油的油泵，其容量应保证在油罐车允许的停车时间内将油卸完，20t以下的油罐车停车时间宜取2h，20t～40t的油罐车停车时间宜取4h。

　　4.5.3　滤油机宜选用透平油过滤机和真空净油机，透平油系统生产率按8h内能够过滤最大一台机组的用油量确定，绝缘油系统按在24h内过滤最大一台变压器的用油量确定。计入压力滤油机更换滤纸时间，应将其生产率减小30%。装机4台以上时，透平油系统压力滤油机不宜少于2台，并应配滤纸烘箱一台。

【依据2】电厂运行/检修规程

6.1.5（4）本项目的查评依据如下。

【依据1】《水利水电工程机电设计技术规范》（SL 511—2011）

　　6.1.3　机电设备布置应能满足防火、防爆、防潮、防淹、防尘、防虫、防腐、防电磁辐射、防振动和抗地震等特殊要求，并为工程有序建设、安全运行创造条件。

【依据2】《国家电网公司电力安全工作规程　第三部分：水电厂动力部分》（Q/GDW 1799.3—2015）

　　7.1.13　在油管的法兰盘和阀门周围，如敷设有热管道或其他热体，为了防止漏油而引起火灾，应在这些热体保温层外面再包上金属皮。无论在检修或运行中，如有油漏到保温层上，应将保温层更换。油管应尽量少用法兰盘连接。在热体附近的法兰盘，应装金属罩壳。禁止使用塑料垫或胶皮垫。油管的法兰和阀门以及轴承、调速系统等应保持严密不漏油。如有漏油现象，应及时修好；漏油应及时拭净，不许任其留在地面上。

【依据3】电厂运行/检修规程

6.1.6　气系统

6.1.6（1）本项目的查评依据如下。

【依据1】《中华人民共和国特种设备安全法》

　　第三十三条　特种设备使用单位应当在特种设备投入使用前或者投入使用后三十日内，向负责特种设备安全监督管理的部门办理使用登记，取得使用登记证书。登记标志应当置于该特种设备的显著位置。

　　第三十五条　特种设备使用单位应当建立特种设备安全技术档案。安全技术档案应当包括以下内容：

　　（一）特种设备的设计文件、产品质量合格证明、安装及使用维护保养说明、监督检验证明等相关技术资料和文件；

　　（二）特种设备的定期检验和定期自行检查记录；

　　（三）特种设备的日常使用状况记录；

　　（四）特种设备及其附属仪器仪表的维护保养记录；

　　（五）特种设备的运行故障和事故记录。

　　第四十条　特种设备使用单位应当按照安全技术规范的要求，在检验合格有效期届满前一个月向特种设备检验机构提出定期检验要求。

特种设备检验机构接到定期检验要求后，应当按照安全技术规范的要求及时进行安全性能检验。特种设备使用单位应当将定期检验标志置于该特种设备的显著位置。

未经定期检验或者检验不合格的特种设备不得继续使用。

【依据2】《固定式压力容器安全技术监察规程》（TSG 21—2016）

1.3 适用范围

本规程适用于特种设备目录所定义的、同时具备以下条件的压力容器：

（1）工作压力大于或者等于0.1MPa（注1-2）；

（2）容积大于或者等于0.03m³并且内直径（非圆形截面指截面内边界最大几何尺寸）大于或则等于150mm（注1-3）；

（3）盛装介质为气体、液化气体以及介质最高工作温度高于或者等于其标准沸点的液体（注1-4）。

注1-2：工作压力，是指正常工作情况，压力容器顶部可能达到的最高压力（表压力）。

注1-3：容积，是指压力容器的几何容积，即由设计图样标注的尺寸计算（不考虑制造公差）并且圆整。一般需要扣除永久连接在压力容器内部的内件的体积。

注1-4：容器内介质为最高工作温度低于其标准沸点的液体时，如果气相空间的容积大于或者等于0.03m³时，也属于本规程适用范围。

【依据3】《压力容器定期检验规则》（TSG R7001—2013）

第三十五条 安全状况等级根据压力容器检验结果综合评定，以其中项目等级最低者为评定等级。

需要改造或者维修的压力容器，按照改造或者维修结果进行安全状况等级评定。

安全附件检验不合格的压力容器不允许投入使用。

第三十六条 主要受压元件材料与原设计不符、材质不明或材质劣化时，按照在以下要求进行安全状况等级评定：

（一）用材与原设计不符，如果材质清楚，强度校核合格，经过检验未查出新生缺陷（不包括正常的均匀腐蚀）；检验人员认为可以安全使用的，不影响定级；如果使用中产生缺陷，并且确认是用材不当所致，可以定为4级或者5级。

（二）材质不明，对于经过检验未查出新生缺陷（不包括正常的均匀腐蚀），强度校核合格的（按照同类材料的最低强度进行），在常温下工作的一般压力容器，可以定为3级或者4级；罐车和液化石油气储罐，定为5级。

（三）材质劣化，发现存在表面脱碳、渗碳、石墨化、蠕变、回火脆化、高温氢腐蚀等材质劣化现象并且已经产生不可修复的缺陷或者损伤时，根据材质劣化程度，定为4级或者5级；如果劣化程度轻微，能够确认在规定的操作条件下和检验周期内安全使用的，可以定为3级。

第三十七条 有不合理结构的，按照以下要求评定安全状况等级：

（一）封头主要参数不符合相应制造标准，但是经过检验未查出新生缺陷（不包括正常的均匀腐蚀），可以定为2级或者3级；如果有缺陷，可以根据相应的条款进行安全状况等级评定。

（二）封头与简体的连接，如果采用单面焊对接结构，而且存在未焊透时，罐车定为5级，其他压力容器，可以根据未焊透情况，按照本规则第四十四条的规定定级；如果采用搭接结构，可以定为4级或者5级；不等厚度板（锻件）对接接头未按照规定进行削薄（或者堆焊）处理，经过检验未查出新生缺陷（不包括正常的均匀腐蚀）的，可以定为3级，否则定为4级或者5级。

（三）焊缝布置不当（包括采用"十"字焊缝），或者焊缝间距不符合相应标准的要求，经过检验未查出新生缺陷（不包括正常的均匀腐蚀），可以定为3级；如果查出新生缺陷，并且确认是由于焊缝布置不当引起的，则定为4级或者5级。

（四）按照规定应当采用全焊透结构的角接焊或者接管角焊缝，而没有采用全焊透结构的，如果未查出新生缺陷（不包括正常的均匀腐蚀），可以定为3级，否则定为4级或者5级。

（五）如果开孔位置不当，经过检验未查出新生缺陷（不包括正常的均匀腐），对一般压力容器，可以定为2级或者3级；对于有特殊要求的压力容器，可以定为3级或者4级；如果开孔的几何参数不符合相应标准的要求，其计算和补强结构经过特殊考虑的，不影响定级，未做特殊考虑的，可以定为 4 级或者 5 级。

第三十八条　内、外表面不允许有裂纹。如果有裂纹，应当打磨消除，打磨后形成的凹坑在允许范围内的，不影响定级；否则，应当补焊或者进行应力分析，经过补焊合格或者应力分析结果表明不影响安全使用的，可以定为 2 级或者 3 级。

裂纹打磨后形成凹坑的深度如果小于壁厚余量（壁厚余量=实测壁厚−名义厚度+腐蚀裕量），则该凹坑允许存在。否则，将凹坑按照其外接矩形规则化为长轴长度、短轴长度及深度分别为 $2A$（mm）、$2B$（mm）及 C（mm）的半椭球形凹坑，计算无量纲参数 G_o，如果 $G_o < 0.10$，则该凹坑在允许范围内。

进行无量纲参数计算的凹坑应当满足如下条件：

（一）凹坑表面光滑、过渡平缓，凹坑半宽 B 不小于凹坑深度 C 的 3 倍，并且其周围无其他表面缺陷或者埋藏缺陷；

（二）凹坑不靠近几何不连续或者存在尖锐棱角的区域；

（三）压力容器不承受外压或者疲劳载荷；

（四）T/R 小于 0.18 的薄壁圆筒壳或者 T/R 小于 0.10 的薄壁球壳；

（五）材料满足压力容器设计规定，未发现劣化；

（六）凹坑深度 C 小于壁厚 T 的 1/3 并且小于 12mm，坑底最小厚度（$T-C$）不小于 3mm；

（七）凹坑半长 $A \leqslant 1.4\sqrt{RT}$。

凹坑缺陷无量纲参数式（1）计算：

$$G_o = \frac{C}{T} \times \frac{A}{\sqrt{RT}} \tag{1}$$

式中：T——凹坑所在部位压力容器的壁厚（取实测壁厚减去至下次检验的腐蚀量），mm；

R——压力容器平均半径，mm。

第三十九条　变形、机械接触损伤、工卡具焊迹、电弧灼伤等，按照以下要求评定安全状况等级：

（一）变形不处理不影响安全的，不影响定级；根据变形原因分析，不能满足强度和安全要求的，可以定位 4 级或者 5 级；

（二）机械接触损伤、工卡具焊迹、电弧灼伤等，打磨后按照本规则第三十八条的规定定级。

第四十条　内表面焊缝咬边深度不超过 0.5mm、咬边连续长度不超过 100mm，并且焊缝两侧咬边总长度不超过该焊缝长度的 10% 时；外表面焊缝咬边深度不超过 1.0mm、咬边连续长度不超过 100mm，并且焊缝两侧咬边总长度不超过该焊缝长度的 15% 时，按照以下要求评定其安全状况等级：

（一）一般压力容器不影响定级，超过时应当予以修复；

（二）罐车或者有特殊要求的压力容器，检验时如果未查出新生缺陷（例如焊趾裂纹），可以定为 2 级或者 3 级；查出新生缺陷或者超过本条要求的，应当予以修复。

低温压力容器不允许有焊缝咬边。

第四十一条　有腐蚀的压力容器，按照以下要求评定安全状况等级。

（一）分散的点腐蚀，如果腐蚀深度不超过壁厚（扣除腐蚀裕量）的 1/3，不影响定级；如果在任意 200mm 直径的范围内，点腐蚀的面积之和不超过 4500mm²，或者沿任一直径点腐蚀长度之和不超过 50mm，不影响定级。

（二）均匀腐蚀，如果按照剩余壁厚（实测壁厚最小值减去至下次检验期的腐蚀量）强度校核合格的，不影响定级；经过补焊合格的，可以定为 2 级或者 3 级。

（三）局部腐蚀，腐蚀深度超过壁厚余量的，应当确定腐蚀坑形状和尺寸，并充分考虑检验周期内腐蚀坑的变化，可以按照本规则第三十八条的规定定级。

（四）对内衬和复合板压力容器，腐蚀深度不超过衬板或者覆材厚度 1/2 的不影响定级，否则应当定级为 3 级或者 4 级。

第四十二条　存在环境开裂倾向或者产生机械损伤现象的压力容器，发现裂纹，应当打磨消除，并且按照第三十八条的要求进行处理，可以满足在规定的操作条件下和检验周期内安全使用的，定为 3 级，否则定为 4 级或者 5 级。

第四十三条 错变量和棱角度超出相应制造标准，根据以下具体情况综合评定安全状况等级：

（一）错变量和棱角度尺寸在表 1 范围内，压力容器不承受疲劳荷载并且该部位不存在裂纹、未融合、未焊头等缺陷时，可以定为 2 级或者 3 级。

表 1   错变量和棱角度尺寸范围   单位：mm

对口处钢材厚度 t	错边量	棱角度
$t \leq 20$	$\leq 1/3t$，且 ≤ 5	$\leq (1/10t+3)$，且 ≤ 8
$20 < t \leq 50$	$\leq 1/4t$，且 ≤ 8	
$t > 50$	$\leq 1/6t$，且 ≤ 20	
对所有厚度锻焊压力容器		$\leq 1/6t$，且 ≤ 8

注：测量棱角度所使用样板按照相应制造标准的要求选取。

（二）错边量和棱角度不在表 1 范围内，或者在表 1 范围内的压力容器承受疲劳载荷或者该部位伴有未熔合、未焊透等缺陷时，应当通过应力分析，确定能否继续使用；在规定的操作条件下和检验周期内，能安全使用的定为 3 级或者 4 级。

第四十四条 相应制造标准允许的焊缝埋藏缺陷，不影响定级；超出相应制造标准的，按照以下要求评定安全状况等级：

（一）单个圆形缺陷的长径大于壁厚的 1/2 或者大于 9mm，定为 4 级或者 5 级；圆形缺陷的长径小于壁厚的 1/2 并且小于 9mm，其相应的安全状况等级评定见表 2 和表 3。

表 2   按规定只要求局部无损检测的压力容器（不包括低温压力容器）
圆形缺陷与相应的安全状况等级

安全状况等级	评定区（mm）					
	10×10			10×20		10×30
	实测厚度（mm）					
	$t \leq 10$	$10 < t \leq 15$	$15 < t \leq 25$	$25 < t \leq 50$	$50 < t \leq 100$	$t > 100$
	缺陷点数					
2 级或者 3 级	6～15	12～21	18～27	24～33	30～39	36～45
4 级或者 5 级	>15	>21	>27	>33	>39	>45

表 3   按规定要求 100% 无损检测的压力容器（包括低温压力容器）
圆形缺陷与相应的安全状况等级

安全状况等级	评定区（mm）					
	10×10			10×20		10×30
	实测厚度（mm）					
	$t \leq 10$	$10 < t \leq 15$	$15 < t \leq 25$	$25 < t \leq 50$	$50 < t \leq 100$	$t > 100$
	缺陷点数					
2 级或者 3 级	3～12	6～15	9～18	12～21	15～24	18～27
4 级或者 5 级	>12	>15	>18	>21	>24	>27

注：表 2、表 3 中圆形缺陷尺寸换算成缺陷点数，以及不计点数的缺陷尺寸要求，见 JB/T 4730 相应规定。

（二）非圆形缺陷与相应的安全状况等级评定，见表 4 和表 5。

表 4 一般压力容器非圆形缺陷与相应的安全状况等级

缺陷位置	缺 陷 尺 寸			安全状况等级
	未熔合	未焊透	条状夹渣	
球壳对接焊缝；圆筒体焊缝，以及与封头连接的环焊缝	$H\leq0.1t$，且 $H\leq2mm$；$L\leq2t$	$H\leq0.15t$，且 $H\leq3mm$；$L\leq3t$	$H\leq0.2t$，且 $H\leq4mm$；$L\leq6t$	3 级
圆筒体环焊缝	$H\leq0.15t$，且 $H\leq3mm$；$L\leq4t$	$H\leq0.2t$，且 $H\leq4mm$；$L\leq6t$	$H\leq0.25t$，且 $H\leq5mm$；$L\leq12t$	

注：表中 H 是指缺陷在板厚方向的尺寸，也称缺陷高度；L 指缺陷长度（单位为 mm）。

表 5 有特殊要求的压力容器非圆形缺陷与相应的安全状况等级（注 7）

缺陷位置	缺 陷 尺 寸			安全状况等级
	未熔合	未焊透	条状夹渣	
球壳对接焊缝；圆筒体焊缝，以及与封头连接的环焊缝	$H\leq0.1t$，且 $H\leq2mm$；$L\leq t$	$H\leq0.15t$，且 $H\leq3mm$；$L\leq2t$	$H\leq0.2t$，且 $H\leq4mm$；$L\leq3t$	3 级或者 4 级
圆筒体环焊缝	$H\leq0.15t$，且 $H\leq3mm$；$L\leq2t$	$H\leq0.2t$，且 $H\leq4mm$；$L\leq4t$	$H\leq0.25t$，且 $H\leq5mm$；$L\leq6t$	

注：表中 H 是指缺陷在板厚方向的尺寸，也称缺陷高度；L 指缺陷长度（单位为 mm）。

对所有超标非圆形缺陷均应当测定其高度和长度，并且在下次检验时对缺陷尺寸进行复验。

（三）如果能采用有效方式确认缺陷是非活动的，则表 4、表 5 中的缺陷长度容限值可以增加 50%。

第四十五条 母材有分层的，按照以下要求安全状况等级：

（一）与自由表面平行的分层，不影响定级；

（二）与自由表面夹角小于 10°的分层，可以定为 2 级或者 3 级；

（三）与自由表面夹角大于或者等于 10°的分层，检验人员可以采用其他检测或者分析方法进行综合判定，确认分层不影响压力容器安全使用的，可以定为 3 级，否则定为 4 级或者 5 级。

第四十六条 使用过程中产生的鼓包，应当查明原因，判断其稳定状况，如果能查清鼓包的起因并且确定其不再扩展，而且不影响压力容器安全使用的，可以定为 3 级；无法查清起因时，或者虽查明原因但是仍然会继续扩展的，定为 4 级或者 5 级。

第四十七条 固定式真空绝热热容器，真空度及日蒸发率测量结果在表 6 范围内，不影响定级；大于表 6 规定指标，但不超出其 2 倍时，可以定为 3 级或者 4 级；否则定为 4 级或者 5 级。

表 6 真空密度及日蒸发率测量

绝 热 方 式	真 空 度		日蒸发率测量
	测量状态	数值（Pa）	
粉末绝热	未装介质	≤65	实测日蒸发率数值小于 2 倍额定日蒸发率指标
	装有介质	≤10	
多层绝热	未装介质	≤20	
	装有介质	≤0.2	

第四十八条 属于压力容器本身原因，导致耐应试验不合格的，可以定为 5 级。

【依据 4】《国家电网公司电力安全工作规程 第三部分：水电厂动力部分》（Q/GDW 1799.3—2015）

7.1.18 特种设备［锅炉、压力容器（含气瓶）、压力管道、电梯、起重机械、场（厂）内专用机动车辆］，在使用前应经特种设备检验检测机构检验合格，取得合格证并制定安全使用规定和定期检验维护制度。检验合格有效期届满前 1 个月向特种设备检验机构提出定期检验要求。同时，在投入使用前或者投入使用后 30 日内，使用单位应当向直辖市或者设有区的市的特种设备安全监督管理部门登记。

【依据 5】《防止电力生产事故的二十五项重点要求》（国能安全〔2014〕61 号）

7.1.2　各种压力容器安全阀应定期进行校验。

6.1.6（2）本项目的查评依据如下。

【依据 1】《水轮发电机组启动试验规程》（DL/T 507—2014）

4.6.4　压缩空气系统已调试合格，贮气罐及管路系统无漏气，管路畅通。各压力表计、温度计、流量计、减压阀工作正常，安全阀已有资质部门校验，整定值符合设计要求。压缩空气系统已投运，处于正常状态。

【依据 2】电厂运行/检修规程

6.1.6（3）本项目的查评依据如下。

【依据 1】《水轮发电机组启动试验规程》（DL/T 507—2014）

4.6.4　压缩空气系统已调试合格，贮气罐及管路系统无漏气，管路畅通。各压力表计、温度计、流量计、减压阀工作正常，安全阀已有资质部门校验，整定值符合设计要求。压缩空气系统已投运，处于正常状态。

6.1.7.4　空压机控制装置自动起动、停止功能正常，并维持储气罐的气压在规定范围内；储气罐的气压过低时，备用空压机能自动投入并发出报警信号。

【依据 2】《国家电网公司电力安全工作规程　第三部分：水电厂动力部分》（Q/GDW 1799.3—2015）

7.4.3　空气压缩机：

a）空气压缩机应保持润滑良好，压力表准确，自动启、停装置灵敏，安全阀可靠，并应由专人维护；压力表、安全阀、调节器及储气罐等应定期进行校验。

b）禁止用汽油或煤油洗刷空气滤清器以及其他空气通路的零件。

c）输气管应避免急弯。

【依据 3】电厂运行/检修规程

6.1.6（4）本项目的查评依据如下。

【依据 1】《水轮发电机组启动试验规程》（DL/T 507—2014）

4.6.4　压缩空气系统已调试合格，贮气罐及管路系统无漏气，管路畅通。各压力表计、温度计、流量计、减压阀工作正常，安全阀已有资质部门校验，整定值符合设计要求。压缩空气系统已投运，处于正常状态。

【依据 2】《小型水力发电厂自动化设计规范》（SL 229—2011）

3.2.10　贮气罐和供气管道压力应保持在设定压力范围内，空气压缩机应根据设定压力实现自动控制。空气压缩机以空载方式启动，经延时关闭空载起动阀后，再向贮气罐内充气。空气压缩机出气管温度过高时应关停空气压缩机并发出信号。

【依据 3】电厂运行/检修规程

6.1.7　技术供水、排水系统

6.1.7（1）本项目的查评依据如下。

【依据 1】《水力发电厂水力机械辅助设备系统设计技术规定》（NB/T 35035—2013）

3.1.3　水源的选择应根据用水设备对水量、水压、水温及水质的要求，结合电厂的具体条件合理选定。

【依据 2】《水利水电工程机电设计技术规范》（SL 511—2011）

2.8.2　技术供水系统应具有可靠的主水源和备用水源。技术供水系统水源应根据用水设备对水量、水压、水质、水温的要求，结合具体条件合理选定；若水质不满足要求时，应进行净化处理。

2.8.6　技术供水系统的取水口应设置拦污栅，宜有清污措施。取水口进水管上应有检修和更换第一道阀门的措施。

【依据3】《小型水力发电厂自动化设计规范》（SL 229—2011）

3.2.11　机组技术供水应采用单元供水方式，当总技术供水管水压下降时，应自动投入备用水源，同时发出信号。

3.2.12　机组技术供水应采用水泵集中供水方式，工作水泵宜与各台机组开机联动。当总技术供水管水压下降时，应自动启动备用供水泵并自保持，同时发出信号。供水范围内所有机组停机后，应关停技术供水泵。

【依据4】电厂运行/检修规程

6.1.7（2）本项目的查评依据如下。

【依据1】《水电厂金属技术监督规程》（DL/T 1318—2014）

8.5.1　每次C级及以上检修应对技术供水系统、操作油系统和压力容器（压油槽、储气罐等）相连的管道等及附件进行外观检查，必要时对管壁进行厚度测量或按JB/T 4703对焊缝进行超声检测或射线检测；对邻近发电机设备的管道、阀门，重点检查其锈蚀等情况。

8.5.2　每次A级检修应对技术供水系统的蜗壳取水管、操作油系统进行外观检查，对焊缝进行超声检测或射线检测，焊缝检测比例不低于5%，且不少于1个。

【依据2】电厂运行/检修规程

6.1.7（3）本项目的查评依据如下。

【依据1】《水轮发电机组启动试验规程》（DL/T 507—2014）

4.6.1　技术供水系统检查合格。

【依据2】电厂运行/检修规程

6.1.7（4）本项目的查评依据如下。

【依据1】《水力发电厂水力机械辅助设备系统设计技术规定》（NB/T 35035—2014）

3.4.13　排水系统自动化设计应符合如下要求：

1．厂内渗漏排水设备应自动操作，集水井应设置水位信号装置和报警装置，宜设两种不同型号的水位信号装置，且应有一路信号远送至中央控制室。

2．集水井水位信号器应远离水泵进口处，防止水泵工作时水位波动影响信号器，并应布置在便于维护检查的集水井进人孔附近。

3．当渗漏水排水泵采用深井泵，且深井泵的轴承采用水润滑时，润滑水管上宜设自动控制供水阀和示流信号器。

4．水轮机顶盖应设置水位监视信号装置，顶盖排水设备应能自动运行。

5．检修排水可按手动控制设计，检修排水第一次抽空后，闸门渗漏积水的排出应按自动运行方式设计。

【依据2】《小型水力发电厂自动化设计规范》（SL 229—2011）

3.2.13　集水井应装设液位信号装置。地下厂房集水井应装设液位变送器。排水泵应按如下要求设置：

1．渗漏排水泵控制按集水井水位升高时启动工作排水泵，当水位过高时应自动依次启动备用排水泵组并发出信号。检修排水泵可按自动控制设计。

2．排水泵有润滑水要求的，应在启动泵前投入，润滑水管路上应装设反映供水状态的示流信号装置，润滑水的投切应与排水泵联动控制。

3．排水泵出口宜装设示流信号装置。

【依据3】电厂运行/检修规程

6.1.8　通风及采暖

6.1.8（1）本项目的查评依据如下。

【依据1】《水力发电厂供暖通风与空气调节设计规范》（NB/T 35040—2014）

4.1.2 利用发电机组放热风的供暖方式，在国内北方地区水力发电厂已普遍使用，基本可满足主厂房供暖要求。

主厂房空间高大，运行人员稀少。除利用发电机组放热风外，为整个主厂房设置全面供暖是不经济的。当机组或机电设备检修维护时，为改善劳动条件，提高劳动效率，可在运行、检修、维护人员集中的地点加设局部供暖装置。

4.1.3 设置全面供暖地面厂房，其围护结构（包括外墙、屋顶、地面及门窗等）的传热阻应根据技术经济比较确定，即通过对初投资、能耗和运行费用等的全面分析，按经济传热系数的要求进行围护结构的建筑热工计算。国内有关部门基于节能要求制定的标准，应在设计中贯彻执行。

4.1.4 本条规定了确定地面厂房外围护结构的最小传热阻的计算公式。它是基于下列原则制定的：对维护结构的最小传热阻、最大传热系数及围护结构的耗热量加以限制；使围护结构内表面保持一定的温度。防止产生凝结水。同时保障人体不致因受冷表面影响而产生不舒适感。

必须强调的是：当选用最小传热阻时，应结合当地气象条件及节能要求综合取值，但是在任何情况下，均不得低于本条规定。

4.1.5 本条规定了根据厂房维护结构热惰性 D 值的大小不同，所以应分别采用的四种类型冬季围护结构室外计算温度的取值方法。

按照这个方法，不仅能保证围护结构内表面不产生结露现象，而且将围护结构的热稳定性与室外气温的变化规律紧密结合起来，使 D 值较小（抗室外温度波动能力较差）的围护结构，具有较大的传热阻；使 D 值较大（抗室外温度波动能力较强）的围护结构，具有较小的传热阻。

这些传热阻不同的围护结构，无论 D 值大小，不仅在各自的室外计算温度条件下，其内表面温度都能满足要求，而且当室外温度偏离计算温度乃至降低到当地最低日平均温度时，围护结构内表面的温降也不会超过 1℃。也就是说：这些不同类型的围护结构，其内表面最低温度将达到大体相同的水平。对于热稳定最差的Ⅳ类围护结构，室外计算温度不是采用累计极端最低温度，而是采用累计最低日平均温度（二者相差 5℃～10℃）；对于热稳定性好的Ⅰ类围护结构，采用供暖室外计算温度，其值相当于寒冷期连续最冷十天左右的平均温度；对于热稳定性处于Ⅰ、Ⅳ类中间的Ⅱ、Ⅲ类围护结构，则利用Ⅰ、Ⅳ类计算温度，即供暖室外计算温度和最低日平均温度并采用调整权值的方式计算确定。

4.1.7 主厂房利用发电机组放热风供暖，在国内水力发电厂已有几十年成功应用经验，应尽量加以利用。除此之外，水力发电厂供暖一般采用电加热措施，利用热辐射和热风对流方式供暖。电加热器的形式和供暖方式，可根据不同的实际情况进行选择。

随着供暖技术的不断发展和进步，分别利用空气、水、土壤等低位热源和太阳能资源的热泵、太阳能热水供暖技术，也可在水力发电厂推广使用。

只有在厂区附近具有可向水力发电厂供应热水或蒸汽等热资源的条件下，厂房才可以采用热水或蒸汽供暖方式。

4.1.8 供暖系统的水质与其供热效率、使用寿命和安全运行有着密不可分的关系，水质是保证供暖系统正常运行的前提。供暖系统的水质应符合国家现行有关标准的规定。

5.1.2 地面厂房推荐优先采用自然通风，主要原因是其具有投资少、基本不耗能、经济、管理简单等优点，适合我国国情。从已建的采用自然通风的地面厂房来看，通风反映效果良好。当自然通风达不到室内温度、湿度或有效排除有害物质时，可采用机械通风，或自然通风与机械通风结合的复合通风方式。

5.1.3 地下厂房一般要求采用机械通风。但在有条件利用交通洞、出线洞、排风竖井等形成热压差，使空气对流并满足室内换气要求时，也可采用全面或局部自然通风，以节省投资、简化通风系统和运行费用。

位于供暖地区的地下厂房采用自然通风时，应对冬季热压差加大采取有效的控制措施。防止冬季风量过转轮，增加供暖负荷。

5.1.4 水轮发电机组进行检修时，水轮机转轮的打磨和补焊作业会产生大量有害气体和粉尘。特别是在水轮机蜗壳内进行以上作业时，产生的有害气体和尘埃非常不易扩散，对工作环境影响更加严重。以往设计过程中，往往忽视水轮发电机组检修通风，给检修工作带来困难，应引起重视。

在技术条件允许的情况下，水轮发电机组检修通风可与厂房排风、排烟系统兼用。

5.1.5　这是对一般厂房确定朝向的要求。厂房的布置和朝向受枢纽工程布置和地形等条件限制，不易实现。只有条件允许时，才应尽量满足本条对厂房确定朝向的要求。

5.1.7　地下、坝内或封闭厂房一般采用全面机械通风，夏季通风量很大。如单独设置通风道，工程量较大。因此应优先尽量利用工程已有的施工洞、出现井（或洞）、交通洞等廊道及洞室作为其进、排风道。当不能满足通风要求时，再设置专用通风道。另外，为满足全厂通风系统局部交替检修的要求，规定大型地下厂房直通洞室外的进风通道不宜少于两个。

5.1.8

3．规定本款是为了使厂房运行检修作业区域及中央控制室、通信值班室、计算机室、办公室等建筑物的房间能够达到室内空气质量的要求，同时保证消除室内余热余湿及有害物质。无论是供暖房间还是分散式空气调节房间，都应具备自然或机械通风条件。

5.1.9　水轮机层、蜗壳层（进水阀层）等厂内潮湿部位，应按拍于是计算通风量，同时按照排余热的通风量进行复核。

5.1.10　规定本条是为了避免或减轻大量余热、余湿或有害物质对卫生条件较好的人员活动区的影响。

送风气流首先应送入厂房污染较小的区域，再进入污染较大的区域，同时应该注意送风系统不应该破坏排风系统的正常工作。当送风系统补偿供暖房间的机械排风时，送风可送至走廊或较清洁的邻室、工作部位，但是送风量不应超过房间所需风量的50%，这主要是为了防止送风气流受到一定污染而规定的。

5.1.11　对室外沙尘较大地区的厂房，进风口应设置除尘过滤器。从已建成的厂房运行状况来看，晚上往往有大量飞虫吸进厂房，特别在我国南方的一些地下厂房尤为严重，应在洞口设置对飞虫有效诱杀的装置或加滤网等措施。另外，厂房主要进风通道应避免设置在泄洪溅水和雾化区内，以免水雾随进风洞进入厂房，造成室内相对湿度偏高。

5.1.12　受土建条件的限制，大坝、厂房等主要枢纽建（构）筑物的观测、交通廊道内通风条件较差，相对湿度较大。应采取相应措施，为水力发电厂运行、检修人员创造安全、卫生的工作环境。

9.1.5　规定本条是为了供暖、通风与空气调节设计能够符合防火规范以及向消防监控设计提出正确的控制要求，使系统能正常运行。

与防烟、排烟合用的通风、空气调节系统，平时风机运行一般由水力发电厂计算机监控系统进行监控。火灾时设备、风阀等应立即转入火灾控制状态，由消防控制室监控。

【依据2】电厂运行/检修规程

6.1.8（2）本项目的查评依据如下。

【依据1】《水力发电厂供暖通风与空气调节设计规范》（NB/T 35040—2014）

7.1.3　本条规定了水力发电厂厂房应设置防火阀的部位。通风和空气调节系统的风管是厂房内部火灾蔓延的途径之一，要采取措施防止火灾穿过防火墙和不燃烧体防火分隔物等位置蔓延。

厂房通风、空气调节系统的风管上应设防火阀的部位，主要有以下几种情况：

1．穿越防火分区或防火分隔处。主要防止不同防火分区或防火分隔之间的火灾蔓延。在某些情况下，必须穿过防火墙或防火分隔时，应在穿越处设防火防烟防火阀，此防烟防火阀一般依靠感烟探测器控制动作，用电信号通过电磁铁等装置关闭，同时它还具有温度熔断器自动关闭以及手动关闭的功能。

2．为使防火阀在一定时间内达到耐火完整性和耐火稳定性要求，有效地起到隔烟阻火作用，在穿越防火分隔处变形缝的两侧风管上各设一个防火阀。

3．风管穿越通风、空气调节机房的隔板和楼板处。主要防止机房的火灾通过风管蔓延到厂房的其他房间，或者防止厂房内的火灾通过风管蔓延到机房内。

4．发电机组的放热风口和补风口处设置防火阀的作用有：

1）采用 CO_2 等气体灭火时，必须设置防火风门，以防止灭火剂逸出而失效。

2）水轮发电机组一旦着火，应立即关闭放热风口和补风口，避免助长火势扩大。

3）如果主厂房着火时，由于发电机组放热风，机组内部空气处于负压状态，外部火焰可能由补风口窜入机组内，因此需关闭补风口处的防火阀。

5．垂直风管与每层水平风管交接处的水平管段上应设置防火阀，防止火灾垂直蔓延。

【依据 2】电厂运行/检修规程

6.1.9 设备技术资料、台账管理

6.1.9 本项目的查评依据如下。

【依据 1】《水电站设备状态检修导则》（DL/T 1246—2013）

6.1 技术支持系统应包括电站计算机监控系统、主要设备在线监测系统和电站生产管理信息系统。各系统的主要功能要求参见附录 A。

【依据 2】《水轮发电机运行规程》（DL/T 751—2014）

3.1.8 每台发电机运行应具备下列技术资料：

a）运行维护所必需的备品配件清单；

b）安装维护使用的技术说明书和随机供应的产品图纸；

c）安装、检查和交接试验的各种记录；

d）运行、检修、试验和开停机的记录；

e）发电机总装图、发电机各部件的组装图和各易损部件的加工图、发电机及其附属设备布置图、管路布置图和基础图、埋设部件图、操作原理图和电气接线图；

f）发电机相关定期试验特性曲线及发电机的其他重要计算资料等；

g）有关发电机及其附属设备需在工地组装或加工的图纸和资料，特殊工具图；

h）各种盘柜和自动化设备的安装布置图，发电机自动化操作和油、水、气系统图，机组消防配置系统图，发电机测量仪表配置图等；

i）产品技术条件，产品说明书、安装使用说明书，自动控制设备调试记录，厂内各产品检查及试验记录，主要部件的材料合格证明书和焊接部件的焊接质量检验报告等；

j）安装、运行的影像资料；

k）发电机及其附属设备的检修过程记录、试验记录；

l）发电机及其附属设备改进部分的图纸和技术资料记录；

m）缺陷和事故记录、主轴摆度记录、轴瓦温度记录、发电机绕组温度记录、冷热风温度记录、轴承油压记录，各部冷却水压、流量等运行记录；

n）发电机及其附属设备的定期预防性试验及绝缘分析记录；

o）现场运行规程、检修规程、试验规程等。

【依据 3】《发电企业设备检修导则》（DL/T 838—2003）

10.5 检修评价和总结

10.5.1 机组复役后，发电企业应及时对检修中的安全、质量、项目、工时、材料和备品配件、技术监督、费用以及机组试运行情况等进行总结并作出技术经济评价。主要设备的冷（静）态和热（动）态评价内容参见附录 G。

10.5.2 机组复役后 20 天内做效率试验，提交试验报告，作出效率评价。

10.5.3 机组复役后 30 天内提交检修总结报告，检修总结报告格式参见附录 G。

10.5.4 修编检修文件包，修订备品定额，完善计算机管理数据库。

10.5.5 设备检修技术记录、试验报告、质检报告、设备异动报告、检修文件包、质量监督验收单、检修管理程序或检修文件等技术资料应按规定归档。由承包方负责的设备检修记录及有关的文件资料，

应由承包方负责整理，并移交发电企业。A/B 级检修技术文件种类参见附录 H。

【依据 4】《抽水蓄能电站检修导则》（Q/GDW 1544—2015）

8.2.1.17　检修文档包括检修文件和检修记录。管理要求为：

a）建立检修文件审查、批准、发放、修订、收回、借阅、销毁制度；

b）与检修有关的图纸、规范、规程、设备手册、设备履历、计划、技术方案、检修指导手册、检修作业手册、检修作业指导书、总结等检修文件的更改和修订状态得到识别，确保获得适用文件的有效版本；

c）检修记录应整洁清晰，标志明确，签字齐全，可追溯相关活动，易于识别和检索。

6.2　电气一次

6.2.1　发电机及其附属设备

6.2.1.1　定子

6.2.1.1（1）本项目的查评依据如下。

【依据 1】《立式水轮发电机组检修技术规程》（DL/T 817—2014）

6.1.1　检查定子基础板螺栓、销钉和定子合缝处的状况，应符合以下要求：

a）基础螺栓应紧固达到规定力矩值，螺母点焊处无开裂，销钉无窜位；

b）分瓣定子机座组合缝间隙用 0.05mm 塞尺检查，在定子铁芯对应段以及组合螺栓和定位销周围不应通过；

c）定子基座组合焊缝检查无裂纹；

d）定子机座与基础板的接触面应符合《立式水轮发电机组检修技术规程》（DL/T 817—2014）5.11规定。

6.1.3　定子铁芯衬条、定位筋及托板应无松动、开焊，齿压板压指与定子铁芯间应无间隙、无错位，接触紧密，无松动、裂纹，螺母点焊处无开裂，铁芯片无短缺、外表面无附着黑色油污等。

6.1.9　铁芯压紧螺栓检查。铁芯压紧螺栓预紧力与设计预紧力一致，压紧螺栓无损伤，蝶形弹簧垫圈完好，螺帽点焊处无开裂，穿心螺杆结构的铁芯还应进行绝缘检查。

6.2.2　定子铁芯齿槽检查处理后应符合以下要求：

a）铁芯齿槽无烧伤、过热、锈蚀、松动；

b）合缝处硅钢片无错位；

c）与定子绕组接触部分硅钢片无松动，轻微松动可加绝缘垫楔紧，由于松动而产生的锈粉应清除，并涂刷绝缘漆。

【依据 2】《国家电网公司水电厂重大反事故措施》（国家电网基建〔2015〕60 号）

6.2.3.1　应定期检查旋转部件连接件以及定子（含机座）、定子线棒槽楔等，防止松动。发电机机架固定螺栓、定子基础螺栓、定子穿心螺栓和拉紧螺栓应紧固良好，机架和定子支撑、转动轴系等承载部件的承载结构、焊缝、基础、配重块等应无松动、裂纹、变形等现象。

6.4.3.4　应定期检查定子铁芯螺杆紧力，发现铁芯螺杆紧力不符合出厂设计值时应及时处理。定期检查定子硅钢片，确保叠压整齐、无过热痕迹，燕尾槽无开裂和脱开现象，发现有硅钢片滑出应及时处理。齿部开槽的定子铁芯要定期检查是否有断齿迹象。

6.2.1.1（2）本项目的查评依据如下。

【依据 1】《立式水轮发电机组检修技术规程》（DL/T 817—2014）

6.1.1　检查定子基础板螺栓、销钉和定子合缝处的状况，应符合以下要求：

a）基础螺栓应紧固达到规定力矩值，螺母点焊处无开裂，销钉无窜位；

b）分瓣定子机座组合缝间隙用 0.05mm 塞尺检查，在定子铁芯对应段以及组合螺栓和定位销周围不应通过；

c）定子基座组合焊缝检查无裂纹；

d）定子机座与基础板的接触面应符合《立式水轮发电机组检修技术规程》（DL/T 817—2014）5.11规定。

6.1.3　定子铁芯衬条、定位筋及托板应无松动、开焊，齿压板压指与定子铁芯间应无间隙、无错位，接触紧密，无松动、裂纹，螺母点焊处无开裂，铁芯片无短缺、外表面无附着黑色油污等。

6.1.9　铁芯压紧螺栓检查。铁芯压紧螺栓预紧力与设计预紧力一致，压紧螺栓无损伤，蝶形弹簧垫圈完好，螺帽点焊处无开裂，穿心螺杆结构的铁芯还应进行绝缘检查。

6.2.2　定子铁芯齿槽检查处理后应符合以下要求：

a）铁芯齿槽无烧伤、过热、锈蚀、松动；

b）合缝处硅钢片无错位；

c）与定子绕组接触部分硅钢片无松动，轻微松动可加绝缘垫楔紧，由于松动而产生的锈粉应清除，并涂刷绝缘漆。

【依据2】《国家电网公司水电厂重大反事故措施》（国家电网基建〔2015〕60号）

6.4.3.5　定子铁芯采用穿心螺杆的机组，应定期测量定子铁芯螺杆与铁芯间的绝缘，发现不符合规范要求值时应及时处理。

6.2.1.1（3）本项目的查评依据如下。

【依据1】《立式水轮发电机组检修技术规程》（DL/T 817—2014）

6.1.1　检查定子基础板螺栓、销钉和定子合缝处的状况，应符合以下要求：

a）基础螺栓应紧固达到规定力矩值，螺母点焊处无开裂，销钉无窜位；

b）分瓣定子机座组合缝间隙用 0.05mm 塞尺检查，在定子铁芯对应段以及组合螺栓和定位销周围不应通过；

c）定子基座组合焊缝检查无裂纹；

d）定子机座与基础板的接触面应符合《立式水轮发电机组检修技术规程》（DL/T 817—2014）5.11规定。

6.1.3　定子铁芯衬条、定位筋及托板应无松动、开焊，齿压板压指与定子铁芯间应无间隙、无错位，接触紧密，无松动、裂纹，螺母点焊处无开裂，铁芯片无短缺、外表面无附着黑色油污等。

6.1.9　铁芯压紧螺栓检查。铁芯压紧螺栓预紧力与设计预紧力一致，压紧螺栓无损伤，蝶形弹簧垫圈完好，螺帽点焊处无开裂，穿心螺杆结构的铁芯还应进行绝缘检查。

6.2.2　定子铁芯齿槽检查处理后应符合以下要求：

a）铁芯齿槽无烧伤、过热、锈蚀、松动；

b）合缝处硅钢片无错位；

c）与定子绕组接触部分硅钢片无松动，轻微松动可加绝缘垫楔紧，由于松动而产生的锈粉应清除，并涂刷绝缘漆。

【依据2】《国家电网公司水电厂重大反事故措施》（国家电网基建〔2015〕60号）

6.4.1.4　绕组端部、槽部、槽口和连接线应牢固地支撑和固定，并有可靠防松动措施，使之在频繁启动和各种工况下及非正常运行情况下避开各种运行工况共振频率不产生松动、位移和变形。槽部和端部的支持结构，除要求有足够的机械强度外，对端部还要求与齿压板等金属部件有足够的绝缘距离。所有的接头和连接应采用银—铜焊接工艺，接头处的载流能力不得低于同回路的其他部位。端部绝缘用环氧浇注。定子槽楔及垫条的绝缘等级应与定子主绝缘相同。

6.2.1.1（4）本项目的查评依据如下。

【依据1】《立式水轮发电机组检修技术规程》（DL/T 817—2014）

6.2.1　定子绕组上下端部检查处理后应符合以下要求：

a）定子绕组端部及支持环绝缘应清洁、包扎严实、无过热及损伤，表面漆层应无裂纹、脱落及流挂现象；

b）定子绕组接头绝缘盒及填充物应饱满，无流蚀、裂纹、变软、松脱等现象；

c）定子绕组端部各处绑绳及绝缘垫块应紧固，无松动与断裂；

d）定子绕组弯曲部分的支持环无电晕放电痕迹；

e）上、下槽口处定子绕组绝缘无被硅钢片割破、磨损现象；

f）定子绕组无电腐蚀，通风沟处定子绕组绝缘无电晕痕迹。

6.1.4　发电机空气间隙测量。要求各点实测间隙的最大值或最小值与实测平均间隙之差同实测平均间隙之比不大于±8%。

6.1.6　复测定子高程。定子铁芯平均中心高程与转子磁极平均中心高程基本一致，其偏差值不应超过定子铁芯有效长度的±0.15%，最大不超过±4mm。

【依据2】《国家电网公司水电厂重大反事故措施》（国家电网基建〔2015〕60号）

6.4.3.1　应定期检查定子绕组端部，不应有下沉、松动、磨损或较严重的电腐蚀现象。

6.4.3.2　应定期检查定子线棒绝缘盒，不应有空鼓、裂纹和机械损伤、过热等异常现象。

6.2.1.1（5）本项目的查评依据如下。

【依据1】《立式水轮发电机组检修技术规程》（DL/T 817—2014）

6.2.3　槽楔检查处理后应符合以下要求：

a）槽楔应完整、紧固，无松动、过热、断裂等现象；

b）槽楔斜口应对准通风沟方向，并与通风沟对齐，楔下垫实，无上窜、下窜现象，槽楔应不凸出定子铁芯内圆，下部槽楔绑绳应无松动或断股现象。

【依据2】《国家电网公司水电厂重大反事故措施》（国家电网基建〔2015〕60号）

6.4.1.4　绕组端部、槽部、槽口和连接线应牢固地支撑和固定，并有可靠防松动措施，使之在频繁启动和各种工况下及非正常运行情况下避开各种运行工况共振频率不产生松动、位移和变形。槽部和端部的支持结构，除要求有足够的机械强度外，对端部还要求与齿压板等金属部件有足够的绝缘距离。所有的接头和连接应采用银—铜焊接工艺，接头处的载流能力不得低于同回路的其他部位。端部绝缘用环氧浇注。定子槽楔及垫条的绝缘等级应与定子主绝缘相同。

6.2.3.1　应定期检查旋转部件连接件以及定子（含机座）、定子线棒槽楔等，防止松动。发电机机架固定螺栓、定子基础螺栓、定子穿心螺栓和拉紧螺栓应紧固良好，机架和定子支撑、转动轴系等承载部件的承载结构、焊缝、基础、配重块等应无松动、裂纹、变形等现象。

6.2.1.1（6）本项目的查评依据如下。

【依据】《国家电网公司水电厂重大反事故措施》（国家电网基建〔2015〕60号）

6.6.3.2　定期检查定子铁芯齿压指特别是两端齿部有无偏压情况，对铁芯绝缘有怀疑时，应进行铁损试验。

6.2.1.2　转子

6.2.1.2（1）本项目的查评依据如下。

【依据1】《立式水轮发电机组检修技术规程》（DL/T 817—2014）

7.2.1　转子在机坑内的检查，应符合如下要求：

a）转子结构焊缝、转子配重块焊缝应完好，各把合螺栓点焊好、无松动；

b）转子挡风板焊缝无开裂，风扇应无裂纹；

c）磁极键和磁轭键无松动，点焊无开裂；

d）制动环板无损伤，把合螺栓无松动，点焊无开裂。

7.2.3　转子吊出后检修应达到以下要求：

a）转子各结构焊缝，各把合螺栓点焊处完好，无开裂和松动，转子挡风板和各焊缝处无开裂，风扇应无裂纹，必要时，转子主要结构焊缝可采用超声波探伤检查焊缝无缺陷；

b）制动环无裂纹，固定制动环螺栓应凹进摩擦面2mm以上，制动环接缝处应有2mm以上的间隙，错牙不应大于1mm，且按机组旋转方向检查闸板接缝，后一块不应凸出前一块，制动环径向水平偏差应在0.5mm以内，沿整个圆周的波浪度不应大于2mm；

　　c）轮臂和中心体的接合面应无间隙；

　　d）主轴轴颈工作面应无划痕、锈蚀；

　　e）主轴及其连轴螺栓的超声波检测抽查完成；

　　f）磁极键和磁轭键无松动，点焊无开裂；

　　g）磁极极间撑块位置正确、接触良好、支撑紧固并可靠锁定；

　　i）磁轭压紧螺栓用扭矩扳手沿圆周方向对称、有序检查，压紧螺栓的预紧力符合厂家技术文件要求，检查数量不低于总数的10%，检查发现问题时需扩大检查范围。

【依据2】《水电站金属技术监督导则》（Q/GDW 11299—2014）

6.9.2.2　每次A级检修应对转子中心体和支臂、推力轴承（包括推力头、卡环、镜板）、风扇叶片、制动环等部位按JB/T 4730的规定进行无损检测，转子中心体和支臂焊缝检测比例不低于10%，并形成完整的记录。根据裂纹情况在检修周期内可适当增加（或减少）检查次数。发电机金属部件运维检修阶段技术监督检验项目见表8。

表8　发电机金属部件运维检修阶段技术监督检验项目

序号	设备名称	部件名称	检验项目	检修周期	备注
1	发电机部件	大轴	外观检查	A、C	
			无损检测	A	每次A、B级检修都应进行无损检测
2		转子中心体和支臂	外观检查	A、C	
			无损检测	A	焊缝检测抽查比例为10%
3		上下机架、灯泡头	外观检查	A、C	
4		上下导轴承、推力轴承	外观检查	A、C	
			无损检测	A	按DL/T 817执行
5	发电机部件	风扇叶片	外观检查	A、C	
			无损检测	A	
6		制动环	外观检查	A、C	
			无损检测	A	
7		挡风板	外观检查	A、C	
8	螺栓紧固件	推力头抗重螺栓、上导抗重螺栓、励磁机定子连接螺栓、励磁机法兰连接螺栓、发电机转子磁轭拉紧螺栓、转子轮臂螺栓、机架把合螺栓等	外观检查	A、C	对运行8万h以上的螺栓发现断裂缺陷
			无损检测	A级或螺栓更换	≥M32的螺栓

6.2.1.2（2）本项目的查评依据如下。

【依据】《立式水轮发电机组检修技术规程》（DL/T 817—2014）

7.2.5　转子测圆过程中可利用测圆架检查磁极高程偏差，应符合下列要求：

　　a）铁芯长度小于或等于1.5m的磁极，不应大于±1.0mm；铁芯长度大于1.5m的磁极，不应大于±2.0mm。

　　b）额定转速在300r/min及以上的发电机转子，对称方向磁极挂装高程差不大于1.5mm。

6.2.1.2（3）本项目的查评依据如下。

【依据】电厂运行/检修规程

6.2.1.2（4）本项目的查评依据如下。

【依据1】《立式水轮发电机组检修技术规程》（DL/T 817—2014）

7.3.1　转子磁极及磁极接头经检查处理后应符合下列要求：

a）磁极绕组表面绝缘完好，匝间主绝缘及整体绝缘良好，按 DL/T 596 的规定测试直流电阻、交流阻抗及功率损耗、绝缘电阻合格，主绝缘耐压合格；

b）磁极接头绝缘包扎完整；

c）磁极接头无松动、断裂、开焊，接头紧固螺丝与绝缘夹板应完整无缺，螺栓连接的磁极接头，固定螺栓应紧固。

7.3.3　转子引线经检修后应符合下列要求：

a）绝缘应完整良好，无破损及过热；

b）引线固定完好，固定夹板绝缘良好，固定牢靠，无松动。

【依据2】《国家电网公司水电厂重大反事故措施》（国家电网基建〔2015〕60号）

6.5.3.2　应定期全面检查转动部件，重点检查磁极挡块、磁极连接线、磁极线圈、挡风板、汇流排连接线等异常变化情况。

6.2.1.2（5）本项目的查评依据如下。

【依据】《水轮发电机组安装技术规范》（GB/T 8564—2003）

7.3.2　阻尼环及其接头检修后应符合以下要求：

a）阻尼环与阻尼条连接良好，无断裂开焊；螺栓应紧固，锁定；

b）阻尼环及其软接头无裂纹、无变形、无断片，螺栓无松动；

c）阻尼条无裂缝、无松动、无磨损、无断裂。

6.2.1.2（6）本项目的查评依据如下。

【依据1】《水轮发电机组安装技术规范》（GB/T 8564—2003）

7.3.4　集电环及励磁引线检修后应符合下列要求：

a）集电环表面应光滑无麻点、无刷印或沟纹；

b）刷架刷握及绝缘支柱应完好，固定牢靠，绝缘电阻测试值应满足 GB/T 8564 的规定，刷握距离集电环表面应有 2mm～3mm 间隙，刷握应垂直对正集电环，弹性良好；

c）电刷与集电环的接触面，不应小于电刷界面的75%，弹簧压力均匀，电刷与刷盒壁间应有 0.1mm～0.2mm 间隙，电刷在刷握里活动灵活，同一刷架上每个电刷压力调整一致；

d）新换电刷与原电刷型号一致；

e）励磁引线及电缆应完好无损伤，绝缘电阻应符合 GB/T 8564 的规定，接头连接牢固，固定夹板完好。

【依据2】各电厂检修规程

6.2.1.2（7）本项目的查评依据如下。

【依据1】《国家电网公司水电厂重大反事故措施》（国家电网基建〔2015〕60号）

6.2.1.2　发电机转动部件紧固件应明确预紧力要求，并有可靠的防止松脱措施，应明确要求制造厂提供紧固件的检查标准和使用期限。

【依据2】《水轮发电机组安装技术规范》（GB/T 8564—2003）

9.4.10　测量磁轭圆度，各半径与设计半径之差不应大于设计空气间隙值的±3.5%。

9.4.13　磁极挂装后检查转子圆度，各半径与设计半径之差不应大于设计空气间隙值的±4%。转子的整体偏心值应满足表 32 的要求，但最大不应大于设计空气间隙的 1.5%。

表 32　　　　　　　　　　　　　　　　　转子整体偏心的允许值

机组转速 n r/min	$n<100$	$100<n<200$	$200<n<300$	$300<n<500$
偏心允许值 mm	0.50	0.40	0.30	0.15

6.2.1.2（8）本项目的查评依据如下。

【依据】《国家电网公司水电厂重大反事故措施》（国家电网基建〔2015〕60号）

6.1.3.2　机组过速后，应全面检查转动部件，重点检查磁极挡块、磁极连接线、磁极线圈等异常变化情况。

6.2.1.3 机架

6.2.1.3（1）本项目的查评依据如下。

【依据1】《立式水轮发电机组检修技术规程》（DL/T 817—2014）

9.1 上机架、下机架或推力支架拆卸前，应测量承重机架的静挠度值符合设计要求。

9.2 检查上机架、下机架或推力支架的组合焊接情况，应无裂纹和脱焊地方，螺栓连接应无松动，点焊牢固。

9.5 上机架、下机架或推力支架装复前应对承重机架的焊缝按金属监督规定检查。

【依据2】《国家电网公司水电厂重大反事故措施》（国家电网基建〔2015〕60号）

6.2.3.1 应定期检查旋转部件连接件以及定子（含机座）、定子线棒槽楔等，防止松动。发电机机架固定螺栓、定子基础螺栓、定子穿心螺栓和拉紧螺栓应紧固良好，机架和定子支撑、转动轴系等承载部件的承载结构、焊缝、基础、配重块等应无松动、裂纹、变形等现象。

6.2.1.3（2）本项目的查评依据如下。

【依据】《水轮发电机组安装技术规范》（GB/T 8564—2003）

9.5.1 机架安装应符合下列要求：

a）机架安装的中心偏差不应大于1mm，转速高于200r/min的机组宜以挡油圈外圆定中心，中心偏差数值符合制造厂要求，挡油圈的圆度应符合设计规定；

b）机架上的推力轴承座的中心偏差应不大于1.5mm，水平偏差应不大于0.04mm/m。对于无支柱螺钉支撑的弹性油箱推力轴承和多弹簧支撑结构的推力轴承的机架的水平偏差不应大于0.02mm/m；

c）机架安装的高程偏差一般不应超过±1.5mm；

d）机架径向支撑千斤顶宜水平，受力应一致。其安装高程偏差一般不超过±5mm。

6.2.1.3（3）本项目的查评依据如下。

【依据】《水轮发电机基本技术条件》（GB/T 7894—2009）

9.12 水轮发电机的承重机架在综合考虑机架跨距的条件下，在最大轴向负荷作用 F 的垂直挠度值一般不大于表10的规定。

6.2.1.3（4）本项目的查评依据如下。

【依据】《水电站金属技术监督导则》（Q/GDW 11299—2014）

6.9.2.1 每次C级及以上检修应对大轴、转子中心体和支臂、上下机架、灯泡头、推力轴承、风扇叶片、制动环、挡风板等及其附属结构件进行外观检查，对出现异常的部位或有怀疑的部位应进行无损检测、变形测量，并做好记录。

6.9.2.2 每次A级检修应对转子中心体和支臂、推力轴承（包括推力头、卡环、镜板）、风扇叶片、制动环等部位按JB/T 4730的规定进行无损检测，转子中心体和支臂焊缝检测比例不低于10%，并形成完整的记录。根据裂纹情况在检修周期内可适当增加（或减少）检查次数。发电机金属部件运维检修阶段技术监督检验项目见表8。

表8 发电机金属部件运维检修阶段技术监督检验项目

序号	设备名称	部件名称	检验项目	检修周期	备注
1	发电机部件	大轴	外观检查	A、C	
			无损检测	A	每次A、B级检修都应进行无损检测
2		转子中心体和支臂	外观检查	A、C	
			无损检测	A	焊缝检测抽查比例为10%
3		上下机架、灯泡头	外观检查	A、C	
4		上下导轴承、推力轴承	外观检查	A、C	
			无损检测	A	按DL/T 817执行

序号	设备名称	部件名称	检验项目	检修周期	备注
5	发电机部件	风扇叶片	外观检查	A、C	
			无损检测	A	
6		制动环	外观检查	A、C	
			无损检测	A	
7		挡风板	外观检查	A、C	
8	螺栓紧固件	推力头抗重螺栓、上导抗重螺栓、励磁机定子连接螺栓、励磁机法兰连接螺栓、发电机转子磁轭拉紧螺栓、转子轮臂螺栓、机架把合螺栓等	外观检查	A、C	对运行 8 万 h 以上的螺栓发现断裂缺陷
			无损检测	A 级或螺栓更换	≥M32 的螺栓

6.2.1.3（5）本项目的查评依据如下。

【依据】《立式水轮发电机组检修技术规程》（DL/T 817—2014）

9.2 检查上机架、下机架或推力支架的组合焊接情况，应无裂纹和脱焊地方，螺栓连接应无松动，点焊牢固。

6.2.1.4 发电机导轴承

6.2.1.4（1）本项目的查评依据如下。

【依据1】《水轮发电机运行规程》（DL/T 751—2014）

3.2.9 水电站应根据制造厂家的规定与实际运行经验，确定发电机各部轴瓦报警和停机的温度值，报警时应迅速查明原因并消除。发电机在正常运行工况下，其轴承的最高温度采用埋置检温计法测量，不宜超过下列数值：

a）推力轴承巴氏合金瓦：80℃。

b）导轴承巴氏合金瓦：75℃。

c）推力轴承塑料瓦体：55℃。

d）导轴承塑料瓦体：55℃。

e）座式滑动轴承巴氏合金瓦：80℃。

3.2.16 浸油式推力轴承和导轴承的油槽油温允许值，应按制造厂家的规定执行。制造厂家无规定的，采用巴氏合金的推力轴承和导轴承自循环冷却油槽油温不应低于 10℃，采用弹性金属塑料瓦的推力轴承和导轴承自循环冷却油槽油温不应低于 5℃，运行时热油温度不超过 50℃；强迫外循环润滑油油温不应低于 15℃，否则应设法加温。

【依据2】《水轮发电机基本技术条件》（GB/T 7894—2009）

6.3 轴承温度

水轮发电机在正常运行工况下，其轴承的最高温度采用埋置检温计法测量应不超过下列数值：

a）推力轴承巴氏合金瓦：80℃；

b）导轴承巴氏合金瓦：75℃；

c）推力轴承塑料瓦体：55℃；

d）座式滑动轴承巴氏合金瓦：80℃；

e）座式滑动轴承巴氏合金瓦：80℃。

6.2.1.4（2）本项目的查评依据如下。

【依据1】《立式水轮发电机组检修技术规程》（DL/T 817—2014）

12.14 油槽装复应符合以下要求：

a）油槽应做煤油渗漏试验，应至少保持 4h 无渗漏现象，做完渗漏试验后不宜再拆卸；

b）油槽冷却器及其连接件严密性耐压试验应按设计要求的试验压力进行强度耐压试验，设计无规定时，试验水压力一般为工作压力的 1.5 倍，但不低于 0.4MPa，保持压力 60min，无渗漏现象；冷却器及其连接件严密性耐压试验，试验压力为 1.25 倍工作压力，保持压力 30min，无渗漏；冷却系统严密性试验，试验压力为工作压力，保持压力 8h，无渗漏现象。

【依据 2】《水轮发电机组安装技术规范》（GB/T 8564—2003）

9.5.11　油槽安装，应符合下列要求：

a）油槽应按照 4.12 要求作煤油渗漏试验；

b）油槽冷却器，安装前应按设计要求进行耐水压试验，安装后按 4.11 要求进行严密性试验。

【依据 3】《水轮发电机基本技术条件》（GB/T 7894—2009）

10.4.8　推力轴承和导轴承应设置防止油污逸出和甩油的可靠密封装置，位于非驱动端的推力轴承和导轴承应设置防止轴电流的可靠绝缘。

【依据 4】《水轮发电机运行规程》（DL/T 751—2014）

3.2.10　用于轴承的涡轮机油，其物理和化学特性应符合 GB 11120 的规定，并满足设备技术条件的要求。发电机各轴承油槽运行油面和静止油面的位置，应按制造厂家的要求分别标出。

3.2.12　外循环润滑冷却（强油循环）的发电机轴承，油压应按制造厂家的规定执行，循环油泵及其电源应设置有备用。

3.2.14　发电机推力轴承和导轴承应设置防止油雾溢出和甩油的可靠密封装置。

6.2.1.4（3）本项目的查评依据如下。

【依据 1】《立式水轮发电机组检修技术规程》（DL/T 817—2014）

8.3.2　巴氏合金导轴瓦的检修应符合以下要求：

a）检查巴氏合金瓦应无密集气孔、裂纹、硬点及脱壳等缺陷。

c）对于分块式导轴瓦，用 500V 绝缘电阻表测量导轴瓦和支柱瓦块间的绝缘电阻值，应不少于 50MΩ；导轴承座圈与导轴瓦的绝缘电阻以及导轴承座圈与计价绝缘电阻的对地绝缘均用 500V 绝缘电阻表测量，绝缘电阻值应不低于 5MΩ，用 250V 绝缘电阻表测量导轴瓦温度计，绝缘电阻值不小于 50MΩ。

d）对导轴瓦绝缘设置在主轴上的节后，用 500V 绝缘电阻表检查主绝缘电阻，应不小于 2MΩ。

8.3.3　弹性金属塑料导轴瓦的检修应符合以下要求：

a）塑料瓦面应磨损均匀，金属丝不裸露，无严重划痕，塑料瓦胚应无裂纹、脱壳、硬点现象（用手指按压时应无油迹挤出）。

12.13　导轴承装复应符合以下要求：

e）导轴瓦装复，应根据主轴中心位置，考虑盘车摆度方位和大小进行间隙调整，安装总间隙应符合设计要求。

f）分块式导轴瓦间隙与要求值的偏差应不大于 ±0.02mm，相邻两块瓦的间隙差应不大于 0.02mm，间隙调整后，应可靠锁定。

g）筒式导轴瓦间隙允许偏差，应在分配间隙值的 ±20% 以内，且瓦面应保持垂直。

h）安装后导轴瓦托板与绝缘垫应无间隙，螺栓应紧固，油槽中心体瓦座的绝缘垫，两层应错开安装，垫板与轴颈的间隙应有 3mm～5mm。

【依据 2】《水轮发电机组安装技术规范》（GB/T 8564—2003）

9.5.10　导轴承安装应符合下列要求：

d）轴瓦安装应根据主轴中心位置并考虑盘车的摆度方向和大小进行间隙调整，安装总间隙应符合设计要求；

e）分块式导轴瓦间隙允许偏差不应大于 ±0.02mm，但相邻两块瓦的间隙与要求值的偏差不大于 0.02mm。间隙调整后，应可靠锁定；

f）主轴处于中心位置时，在 X、Y 十字方向，测量轴颈与瓦架加工面处的距离，并做记录。

【依据 3】《国家电网公司水电厂重大反事故措施》（国家电网基建〔2015〕60 号）

6.7.3.3　轴承轴电流保护或轴绝缘监测回路应正常投入，出现轴电流或轴绝缘报警应及时检查处理，禁止机组长时间无轴电流保护或无轴绝缘监测运行。

【依据4】《立式水轮发电机弹性金属塑料推力轴承瓦技术条件》（DL/T 622—2012）

4.1.2 装有塑料推力瓦的推力轴承不应再设置高油压顶起装置，也不必设置防止轴电流的轴承绝缘系统。

【依据5】各电厂检修规程

6.2.1.4（4）本项目的查评依据如下。

【依据】各电厂检修规程

6.2.1.4（5）本项目的查评依据如下。

【依据1】《水轮发电机组自动化元件（装置）及其系统基本技术条件》（GB/T 11805—2008）

5.1.2.16 当油中混入水分时，油混水信号装置应可靠发出报警信号。当水分被排除时报警信号消除。带有混水量显示的仪表应能显示油中水的含量（容器中水的体积与油的体积之比），具有显示或 4mA～20mA 模拟量输出的油混水信号装置，其显示值及 4mA～20mA 模拟量输出值应与油中混水量成正比（0～10%范围内）。油中混水量报警信号在 0%～10%范围内可调，其动作误差≤1%（容器中水的体积与油的体积之比）。

【依据2】《国家电网公司水电厂重大反事故措施》（国家电网基建〔2015〕60 号）

6.7.3.1 润滑油油位应具备远方自动监测功能，应定期化验润滑油，油质劣化应尽快处理，油质不合格禁止启动机组。

6.2.1.5 推力轴承

6.2.1.5（1）本项目的查评依据如下。

【依据1】《水轮发电机基本技术条件》（GB/T 7894—2009）

6.3 轴承温度

水轮发电机在正常运行工况下，其轴承的最高温度采用埋置检温计法测量应不超过下列数值：

f）推力轴承巴氏合金瓦：80℃；

g）导轴承巴氏合金瓦：75℃；

h）推力轴承塑料瓦体：55℃；

i）座式滑动轴承巴氏合金瓦：80℃；

j）座式滑动轴承巴氏合金瓦：80℃。

【依据2】《水轮发电机运行规程》（DL/T 751—2014）

3.2.9 水电站应根据制造厂家的规定与实际运行经验，确定发电机各部轴瓦报警和停机的温度值，报警时应迅速查明原因并消除。发电机在正常运行工况下，其轴承的最高温度采用埋置检温计法测量，不宜超过下列数值：

a）推力轴承巴氏合金瓦：80℃。

b）导轴承巴氏合金瓦：75℃。

c）推力轴承塑料瓦体：55℃。

d）导轴承塑料瓦体：55℃。

e）座式滑动轴承巴氏合金瓦：80℃。

3.2.16 浸油式推力轴承和导轴承的油槽油温允许值，应按制造厂家的规定执行。制造厂家无规定的，采用巴氏合金的推力轴承和导轴承自循环冷却油槽油温不应低于 10℃，采用弹性金属塑料瓦的推力轴承和导轴承自循环冷却油槽油温不应低于 5℃，运行时热油温度不超过 50℃；强迫外循环润滑油油温不应低于 15℃，否则应设法加温。

6.2.1.5（2）本项目的查评依据如下。

【依据1】《水轮发电机组安装技术规范》（GB/T 8564—2003）

9.5.11 油槽安装，应符合下列要求：

c）油槽应按照 4.12 要求作煤油渗漏试验；

d）油槽冷却器，安装前应按设计要求进行耐水压试验，安装后按 4.11 要求进行严密性试验；

e）油槽内转动部分与固定部分的轴向间隙，应满足顶转子的要求，其径向间隙应符合设计图纸规定，沟槽式密封毛毡装入槽内应有 1mm 左右的压缩量，密封毛毡与转轴不应紧密接触；

d）油槽内应清洁，并应按设计要求保证油循环线路流畅；

e）挡油圈外圆应与机组同心，中心偏差不大于 1.0mm，并应满足挡油圈外圆与轴颈内圆的径向距离与平均距离的偏差不大于±10%；

f）油槽油面高度应符合设计要求，偏差一般不大于±5mm；润滑油的牌号应符合设计要求，注油前检查油质，应符合 GB 11120 的规定；

g）在转动部件上进行电焊作业时，应将电焊机地线直接连接到需焊接的零件上。并采取安全防护措施，以保证电焊的焊渣不溅入油槽和轴承。

【依据 2】《水轮发电机基本技术条件》（GB/T 7894—2009）

10.4.8 推力轴承和导轴承应设置防止油污逸出和甩油的可靠密封装置，位于非驱动端的推力轴承和导轴承应设置防止轴电流的可靠绝缘。

【依据 3】《立式水轮发电机组检修技术规程》（DL/T 817—2014）

12.14 油槽装复应符合以下要求：

a）油槽应做煤油渗漏试验，应至少保持 4h 无渗漏现象，做完渗漏试验后不宜再拆卸；

b）油槽冷却器及其连接件严密性耐压试验应按设计要求的试验压力进行强度耐压试验，设计无规定时，试验水压力一般为工作压力的 1.5 倍，但不低于 0.4MPa，保持压力 60min，无渗漏现象；冷却器及其连接件严密性耐压试验，试验压力为 1.25 倍工作压力，保持压力 30min，无渗漏；冷却系统严密性试验，试验压力为工作压力，保持压力 8h，无渗漏现象。

【依据 4】《水轮发电机运行规程》（DL/T 751—2014）

3.2.12 外循环润滑冷却（强油循环）的发电机轴承，油压应按制造厂家的规定执行，循环油泵及其电源应设置有备用。

3.2.14 发电机推力轴承和导轴承应设置防止油雾溢出和甩油的可靠密封装置。

6.2.1.5（3）本项目的查评依据如下。

【依据 1】《立式水轮发电机组检修技术规程》（DL/T 817—2014）

8.3.3 弹性金属塑料导轴瓦的检修应符合以下要求：

b）塑料瓦面应磨损均匀，金属丝不裸露，无严重划痕，塑料瓦胚应无裂纹、脱壳、硬点现象（用手指按压时应无油迹挤出）。

c）如果弹性金属塑料导轴瓦磨损严重，瓦胚存在裂纹、脱壳、起层、铜丝裸露等现象，应更换新瓦。

d）检修时，弹性金属塑料导轴瓦不应修刮和研磨，若需要对瓦面进行处理时，应返厂修复，其有关参数和性能应符合 DL/T 622 的规定。

e）检修中应有保护瓦面避免划伤、磕碰的措施。

12.13 导轴承装复应符合以下要求：

e）导轴瓦装复，应根据主轴中心位置，考虑盘车摆度方位和大小进行间隙调整，安装总间隙应符合设计要求；

f）分块式导轴瓦间隙与要求值的偏差应不大于±0.02mm，相邻两块瓦的间隙差应不大于 0.02mm，间隙调整后，应可靠锁定；

g）筒式导轴瓦间隙允许偏差，应在分配间隙值的±20%以内，且瓦面应保持垂直；

h）安装后导轴瓦托板与绝缘垫应无间隙，螺栓应紧固，油槽中心体瓦座的绝缘垫，两层应错开安装，垫板与轴颈的间隙应有 3mm～5mm。

【依据 2】《水轮发电机组安装技术规范》（GB/T 8564—2003）

9.5.10 导轴承安装应符合下列要求：

c）有绝缘要求的分块式导轴瓦在最终安装时，绝缘电阻一般在 50MW 以上；

d）轴瓦安装应根据主轴中心位置并考虑盘车的摆度方向和大小进行间隙调整，安装总间隙应符合设计要求；

e）分块式导轴瓦间隙允许偏差不应大于±0.02mm，但相邻两块瓦的间隙与要求值的偏差不大于0.02mm。间隙调整后，应可靠锁定；

f）主轴处于中心位置时，在X、Y十字方向，测量轴颈与瓦架加工面处的距离，并做记录。

【依据3】《国家电网公司水电厂重大反事故措施》（国家电网基建〔2015〕60号）

5.6.3.3 定期对轴承瓦进行检查，确认无脱胎、脱壳、裂纹等缺陷，轴瓦接触面、轴领应符合设计要求。对于巴氏合金轴承瓦，应定期检查合金与瓦坯的接触情况，必要时进行无损检测。

【依据4】《立式水轮发电机弹性金属塑料推力轴承瓦技术条件》（DL/T 622—2012）

4.1.2 装有塑料推力瓦的推力轴承不应再设置高油压顶起装置，也不必设置防止轴电流的轴承绝缘系统。

6.2.1.5（4）本项目的查评依据如下。

【依据1】《水轮发电机组安装技术规范》（GB/T 8564—2003）

9.5.6 推力轴瓦调整应符合下列要求：

a）推力瓦受力应在大轴处于垂直、镜板的高程和水平符合要求、转子和转轮处于中心位置时进行调整；

b）一般用测量轴瓦托盘变形的方法调整刚性支撑推力轴承的受力。起落转子，各托盘变形值与平均变形值之差不超过平均变形值的±10%；

c）采用锤击抗重螺钉的方法调整刚性支撑推力轴承受力时，在水轮机轴承处，用百分表监视大轴，锤击力应使大轴平均约有0.05mm～0.10mm的倾斜，在相同锤击力下大轴倾斜的变化值与平均变化值之差不超过平均变化值的±10%；

d）对于液压支柱式推力轴承，在靠近推力轴承的上、下两部导轴瓦抱紧情况下，起落转子，落下转子后松开导轴瓦时各弹性油箱压缩量偏差不大于0.2mm；

e）对于无支柱螺钉的液压推力轴承，各弹性油箱的压缩量，应符合设计规定；

f）对于平衡块式推力轴承，应在平衡块固定的情况下，起落转子，测量托瓦或上平衡块的变形，其变形值应符合设计要求；设计无要求时，各托瓦或上平衡块的变形值与平均变形值之差，不超过平均变形值的±10%；

g）对于弹性梁双支点结构的推力轴承，在镜板吊至推力瓦上后，调整镜板水平不大于0.02mm/m。检查各推力瓦出油边与镜板应无间隙，各块瓦进油边两角与镜板的平均间隙之差不大于±20%；

h）多弹簧支撑结构的推力轴承安装按制造厂要求进行；

i）推力轴瓦最终调整定位后，推力瓦压板及挡板与瓦的轴向、切向间隙，推力瓦与镜板的径向相对位置，液压轴承的钢套与油箱底盘的轴向间隙值均应符合设计要求；

j）为便于检查弹性油箱有无渗漏，当推力轴承已调整合格、机组转动部分落于推力轴承上时，须按十字线方向测量推力轴承座的上表面至镜板间的距离，并做记录。

【依据2】《立式水轮发电机组检修技术规程》（DL/T 817—2014）

12.9 推力瓦受力调整应符合以下要求：

a）推力瓦受力调整应在主轴线处于垂直自由状态，镜板高程、水平符合要求，转子和转轮处于中心位置时进行，受力调整后复测镜板水平、高程和机组中心满足要求。

b）刚性支撑推力轴承，推力瓦受力调整一般采用测量托盘变形的方法，起落转子，各被测托盘变形值与平均变形值之差，不应超过平均变形值的10%；采用锤击支柱螺栓的方法调整受力时，锤击力应使主轴平均约有0.05mm～0.10mm的倾斜（在水轮机轴颈处用千分表监视），相同锤击力下主轴倾斜的变化值与平均值之差，不超过平均变化值的±10%。

c）液压支柱式推力轴承，在靠近推力轴承的两部导轴瓦抱紧情况下，起落转子，落下转子后松开导轴瓦时各弹性油箱压缩量偏差不大于0.2mm。

水力发电厂安全性评价查评依据

d）为便于检查弹性油箱有无渗漏，当推力轴承已调整合格，机组转动部分落于推力轴承上时，宜按十字线方向测量推力轴承座的上表面至镜板间的距离，并做出记录。

e）无支柱螺钉的液压推力轴承，各弹性油箱的压缩量应符合设计规定。

f）多点小支柱和多点弹簧束支撑机构的推力轴承，支柱螺丝压缩量偏差应符合制造厂要求。

g）弹性梁双支点、弹性圆盘等支撑结构的推力轴承，按制造厂要求进行调整。

h）推力瓦最终调整定位后，推力瓦压板、档板与瓦的轴向、切向间隙，推力瓦与镜板的径向相对位置，液压轴承的钢套与油箱底盘的轴向间隙值均应符合设计要求，推力瓦应摆动灵活。

【依据3】各电厂检修规程

6.2.1.5（5）本项目的查评依据如下。

【依据1】《水轮发电机组自动化元件（装置）及其系统基本技术条件》（GB/T 11805—2008）

5.1.2.16 当油中混入水分时，油混水信号装置应可靠发出报警信号。当水分被排除时报警信号消除。带有混水量显示的仪表应能显示油中水的含量（容器中水的体积与油的体积之比），具有显示或 4mA～20mA 模拟量输出的油混水信号装置，其显示值及 4mA～20mA 模拟量输出值应与油中混水量成正比（0～10%范围内）。油中混水量报警信号在 0～10%范围内可调，其动作误差≤1%（容器中水的体积与油的体积之比）。

【依据2】《国家电网公司水电厂重大反事故措施》（国家电网基建〔2015〕60号）

6.7.3.1 润滑油油位应具备远方自动监测功能，应定期化验润滑油，油质劣化应尽快处理，油质不合格禁止启动机组。

6.2.1.5（6）本项目的查评依据如下。

【依据1】《水轮发电机组安装技术规范》（GB/T 8564—2003）

9.5.8 推力轴承高压油顶起装置和外循环冷却装置的安装，应符合下列要求：

a）系统油管路必须清扫干净，用油泵向油系统连续打油，直至出油油质合格为止。按设计要求做耐油压试验。

b）溢流阀的开启压力应符合设计规定。各单向阀应在反向压力状态时做严密性耐压试验，在0.5、0.75、1.0 及 1.5 倍反向工作压力下各停留10min，均不得渗漏。

c）在工作压力下，调整各推力瓦节流阀油流流量，使各瓦的油膜厚度相互差不大于0.02mm。

d）推力轴承外循环冷却装置和管路，应清扫干净，并按设计要求做耐水压试验。

【依据2】《立式水轮发电机组检修技术规程》（DL/T 817—2014）

12.16 推力轴承高压油顶起装置的装复应符合以下要求：

a）系统油管路应清扫干净，用油泵向油系统连续打油，直至出油油质合格为止，按设计要求做耐压试验；

b）溢流阀的开启压力应符合设计规定，各单向阀应在反向压力状态下做严密性耐压试验，在0.5、0.75 及 1 倍反向工作压力下各停留10min，均不得渗漏；

c）在工作压力下，调整各推力瓦节流阀油流流量，使各推力瓦与镜板的间隙相互差不大于0.02mm，此时转子顶起高度在 0.03mm～0.06mm 范围内。

6.2.1.6 空气冷却装置

6.2.1.6（1）本项目的查评依据如下。

【依据1】《水轮发电机组安装技术规范》（GB/T 8564—2003）

9.5.13 空气冷却器的安装，应符合下列要求：

a）单个冷却器在安装前应按 4.11 要求做耐水压试验。

【依据2】《立式水轮发电机组检修技术规程》（DL/T 817—2014）

12.18 空气冷却器装复应符合以下要求：

a）严密性耐压试验合格；

b）空气冷却器全部回装后，应进行整体正向或反向充水试验，各管路、接头应无渗漏。

122

6.2.1.6（2）本项目的查评依据如下。

【依据】《立式水轮发电机组检修技术规程》（DL/T 817—2014）

10.1　空气冷却器检修应符合以下要求：

b）吊出后，应对空气冷却器和定子外壳结合面密封检查、修复或更换。

6.2.1.7　制动系统

6.2.1.7（1）本项目的查评依据如下。

【依据1】《立式水轮发电机组检修技术规程》（DL/T 817—2014）

10.4　制动器检修应符合以下要求：

g）制动器安装后，制动闸块、挡块应固定牢靠、无松动，且配合紧凑无摇晃现象，两者高差符合设计要求。

【依据2】《立式水轮发电机组检修技术规程》（DL/T 817—2014）

10.4　制动器检修应符合以下要求：

c）检查制动器闸板的磨损量，如果闸板面均匀磨损达 10mm 以上或未达 10mm 但四周有大块剥落，闸板应更换；

g）制动器安装后，制动闸块、挡块应固定牢靠、无松动，且配合紧凑无摇晃现象，两者高差符合设计要求。

6.2.1.7（2）本项目的查评依据如下。

【依据1】《水轮发电机基本技术条件》（GB/T 7894—2009）

12.2　水轮发电机采用机械制动时，其压缩空气压力一般为 0.5MPa～0.8MPa。机械制动系统应能在规定的时间内将机组转动部分从 20%～30%额定转速（当推力轴承采用合金瓦时）和 10%～20%额定转速（当推力轴承采用弹性金属塑料瓦时）连续制动停机。

【依据2】《进口水轮发电机设备技术规范》（DL/T 730—2000）

4.61　水轮发电机（发电/电动机）必须装有机械制动停机装置，根据需要也可同时装设电制动停机装置。机械制动装置制动时不应产生有害于环境的化学物质，并应配置粉尘收集装置。制动环应设计成可拆卸式，制动块应为耐磨、耐热材料制成，使用寿命不少于 5 年。制动系统应能实现顶起机组转动部分的要求。

4.62　采用以压缩空气操作的机械制动时，制动器应能在预定时间内（制动时间应在机组合同的技术条件中规定）将机组转动部分从 20%～30%额定转速下连续制动停机。当水轮发电机组漏水产生的转矩小于或等于额定转矩的 1%时，制动装置应能保证机组制动停机。

采用电制动停机装置时，应按程序自动进行。在漏水力矩为额定转矩 1%时，制动电流值应按发电机温升和要求的制动时间而定；一般在 1.1 倍子额定电流左右，制动时间及电制动投入转速应在机组合同的技术条件中规定。

【依据3】《立式水轮发电机组检修技术规程》（DL/T 817—2014）

10.4　制动器检修应符合以下要求：

e）单个制动器回装后，应先通入压缩空气做起落试验、检查制动器动作的灵活性和行程符合要求，同时检查制动器各活塞密封的密封性，不应有窜气现象；

h）检查制动器行程开关动作灵活、可靠，不满足要求的元器件应修复或更换。

12.2　制动系统装复应符合以下要求：

b）制动器及管路连接后，应进行通气及顶转子油压试验；通气试验压力保持 0.5MPa～0.7MPa，各管路接头、阀门、制动器等均无漏气，制动器活塞各腔不串气，活塞起落灵活，总气源压力与制动器保持压力之差不大于 0.1MPa；顶转子油压试验宜在顶转子时进行，保持 15min～30min，制动器与管路接头均应无渗漏现象，顶转子结束后，应用气吹扫制动器及管路余油。

【依据4】《水轮发电机组安装技术规范》（GB/T 8564—2003）

9.5.2　制动器安装应符合下列要求：

e）制动器应通入压缩空气做起落试验，检查制动器动作的灵活性及制动器的行程是否符合要求。

6.2.1.8 发电机出线及中性点设备

6.2.1.8.1（1）本项目的查评依据如下。

【依据1】《金属封闭母线》（GB/T 8349—2000）

5.6 金属封闭母线各部位的允许温度和温升

金属封闭母线在正常使用条件下运行时，各部位的温度和温升应符合表3的要求。

表3　　　　　　　　　　　金属封闭母线最热点的温度和温升的允许值

金属封闭母线的部件		最高允许温度（℃）	最高允许温升（K）
导体		90	50
螺栓紧固的导体或外壳的接触面	镀银	105	65
	不镀银	70	30
外壳		70	30
外壳支持结构		70	30
绝缘件		按GB/T 11021由绝缘材料种类确定（见表4）	

注：金属封闭母线用螺栓紧固的导体或外壳的接触面不应用不同的金属或金属镀层构成。

强迫冷却的离相封闭母线，制造厂应分别提供母线各部位在允许温度和温升条件下，强迫冷却和自然冷却时的额定持续运行电流值。

表4　　　　　　　　　　　绝缘材料的允许温度

绝缘材料耐热等	最高允许温度（℃）	绝缘材料耐热等	最高允许温度（℃）
Y	90	B	130
A	105	F	155
E	120	H	180

【依据2】《带电设备红外诊断应用规范》（DL/T 664—2016）

7.1 110kV及以下重要变（配）电站每年检测一次。

对于运行环境差、陈旧或有缺陷的设备，大负荷运行期间、系统运行方式改变且设备负荷突然增加等情况下，需对电气设备增加检测次数。

新建、改扩建或大修后的电气设备，应在投运带负荷后不超过1个月内（但至少在24h以后）进行一次检测，并建议对变压器、断路器、套管、避雷器、电压互感器、电缆终端等进行精确检测，对原始数据及图像进行存档。

6.2.1.8.1（2）本项目的查评依据如下。

【依据】《防止电力生产重大事故的二十五项重点要求》（国能安全〔2014〕161号）

10.14.1 加强封闭母线微正压装置的运行管理。微正压装置的气源宜取用仪用压缩空气，应具有滤油、滤水过滤（除湿）功能，定期进行封闭母线内空气湿度的测量。有条件时在封闭母线内安装空气湿度在线监测装置。

10.14.3 利用机组检修期间定期对封母内绝缘子进行耐压试验、保压试验，如果保压试验不合格禁止投入运行，并在条件许可时进行清擦；增加主变压器低压侧与封闭母线连接的升高座应设置排污装置，定期检查是否堵塞，运行中定期检查是否存在积液；封闭母线护套回装后应采取可靠的防雨措施；机组大修时应检查支持绝缘子底座密封垫、盘式绝缘子密封垫、窥视孔密封垫和非金属伸缩节密封垫，如有变化变质现象，应及时更换。

6.2.1.8.2（1）本项目的查评依据如下。

【依据】《高压交流断路器》（GB 1984—2014）

4.101　额定短路开断电流是在本标准规定的使用和性能条件下，断路器所能开断的最大短路电流。出现这样电流的回路工频恢复电压等于断路器的额定电压且瞬态恢复电压等于 4.102 中的规定值。对于三极断路器，交流分量与三相短路相关。适用时应考虑到 4.105 关于近区故障的规定。

6.2.1.8.2（2）（3）本项目的查评依据如下。

【依据】《防止电力生产重大事故的二十五项重点要求》（国网安质二〔2014〕35 号）

13.2　防止敞开式隔离开关、接地开关事故

13.2.1　220kV 及以上电压等级隔离开关和接地开关在制造厂必须进行全面组装，调整好各部件的尺寸，并做好相应的标记。

13.2.2　隔离开关与其所配装的接地开关间应配有可靠的机械闭锁，机械闭锁应有足够的强度。

13.2.3　同一间隔内的多台隔离开关的电机电源，在端子箱内必须分别设置独立的开断设备。

13.2.4　应在隔离开关绝缘子金属法兰与瓷件的浇装部位涂以性能良好的防水密封胶。

13.2.5　新安装或检修后的隔离开关必须进行导电回路电阻测试。

13.2.6　新安装的隔离开关手动操作力矩应满足相关技术要求。

13.2.7　加强对隔离开关导电部分、转动部分、操作机构、瓷绝缘子等的检查，防止机械卡涩、触头过热、绝缘子断裂等故障的发生。隔离开关各运动部位用润滑脂宜采用性能良好的二硫化钼基润滑脂。

13.2.8　为预防 GW6 型等类似结构的隔离开关运行中"自动脱落分闸"，在检修中应检查操作机构蜗轮、蜗杆的啮合情况，确认没有倒转现象；检查并确认刀闸主拐臂调整应过死点；检查平衡弹簧的张力应合适。

13.2.9　在运行巡视时，应注意隔离开关、母线支柱绝缘子瓷件及法兰无裂纹，夜间巡视时应注意瓷件无异常电晕现象。

13.2.10　隔离开关倒闸操作，应尽量采用电动操作，并远离隔离开关，操作过程中应严格监视隔离开关动作情况，如发现卡滞应停止操作并进行处理，严禁强行操作。

13.2.11　定期用红外测温设备检查隔离开关设备的接头、导电部分，特别是在重负荷或高温期间，加强对运行设备温升的监视，发现问题应及时采取措施。

13.2.12　对新安装的隔离开关，隔离开关的中间法兰和根部进行无损探伤。对运行 10 年以上的隔离开关，每 5 年对隔离开关中间法兰和根部进行无损探伤。

6,2.1.8.2（4）本项目的查评依据如下。

【依据】《防止电力生产重大事故的二十五项重点要求》（国网安质二〔2014〕35 号）

13.1.14　SF_6 开关设备现场安装过程中，在进行抽真空处理时，应采用出口带有电磁阀的真空处理设备，且在使用前应检查电磁阀动作可靠，防止抽真空设备意外断电造成真空泵油倒灌进入设备内部。并且在真空处理结束后应检查抽真空管的滤芯有无油渍。为防止真空度计水银倒灌进行设备中，禁止使用麦氏真空计。

13.1.19　SF_6 气体必须经六氟化硫气体质量监督管理中心抽检合格，并出具检测报告后方可使用。

13.1.20　SF_6 气体注入设备后必须进行湿度试验，且应对设备内气体进行 SF_6 纯度检测，必要时进行气体成分分析。

6.2.1.8.2（5）本项目的查评依据如下。

【依据 1】《防止电力生产重大事故的二十五项重点要求》（国网安质二〔2014〕35 号）

13.1.6　SF_6 密度继电器与开关设备本体之间的连接方式应满足不拆卸校验密度继电器的要求。

密度继电器应装设在与断路器或 GIS 本体同一运行环境温度的位置，以保证其报警、闭锁触点正确动作。

220kV 及以上 GIS 分箱结构的断路器每相应安装独立的密度继电器。

户外安装的密度继电器应设置防雨罩，密度继电器防雨箱（罩）应能将表、控制电缆接线端子一起放入，防止指示表、控制电缆接线盒和充放气接口进水受潮。

【依据2】《国家电网公司十八项电网重大反事故措施》（国家电网生〔2012〕352号）

12.1.1.6　SF_6密度继电器与开关设备本体之间的连接方式应满足不拆卸校验密度继电器的要求。

密度继电器应装设在与断路器或GIS本体同一运行环境温度的位置，以保证其报警、闭锁接点正确动作。

220kV及以上GIS分箱结构的断路器每相应安装独立的密度继电器。

户外安装的密度继电器应设置防雨罩，密度继电器防雨箱（罩）应能将表、控制电缆接线端子一起放入，防止指示表、控制电缆接线盒和充放气接口进水受潮。

6.2.1.8.2（6）本项目的查评依据如下。

【依据】《水电站电气设备预防性试验规程》（Q/GDW 11150—2013）

9.1.1　SF_6断路器和GIS

SF_6断路器和GIS的试验项目、周期和要求见表13。

表13　　　　　　　　　　SF_6断路器和GIS的试验项目、周期和要求

序号	项目	周期	要求	说明
1	主回路电阻测量	1）3年； 2）大修后； 3）必要时	运行中不大于交接值的120%，且应满足制造厂规定值	1）对于SF_6断路器：在合闸状态下，测量进、出线之间的主回路电阻。 2）对于GIS：在合闸状态下测量。当接地开关导电杆与外壳绝缘时，可临时解开接地连接线，利用回路上两组接地开关的导电杆直接测量主回路电阻；若接地开关导电杆与外壳的电气连接不能分开，可先测量导体和外壳的并联电阻R_0和外壳电阻R_1，然后按下式计算主回路电阻R。若GIS母线较长、间隔较多，宜分段测量。 $$R=\frac{R_0 R_1}{R_1-R_0}$$ 3）测量电流可取100A到额定电流之间的任一值，测量方法和要求参考DL/T 593，小电流下测试结果不合格，应尽可能增大测试电流（尽可能接近额定电流），延长测试时间，反复测量。 4）必要时，如：当红外热像显示断口温度异常、相间温差异常，或自上次试验之后又有100次以上分、合闸操作。 参考GB/T 11022—2011第6.4.1
2	发电机出口断路器（GCB）动态电阻	3年	符合制造厂规定	按制造厂相关技术文件执行。 对频繁开断负荷电流；开断故障电流次数较多时缩短周期
3	辅助回路和控制回路绝缘电阻	1）3年； 2）大修后	不低于2MΩ	采用1000V绝缘电阻表测量，辅助回路如有储能电机用500V绝缘电阻表
4	耐压试验	1）大修后； 2）必要时	交流耐压或操作冲击耐压的试验电压为出厂试验电压值的80%	1）耐压试验的方式：交流耐压或操作冲压均可，视现场条件和试验设备确定。 2）对核心部件或主体进行解体性检修之后或必要时进行本项试验。试验在额定充气压力下进行，试验电压为出厂试验值的80%，时间为60s，试验方法参考GB/T 11022—2011。 3）对GIS试验时，电磁式电压互感器和金属氧化物避雷器应与回路断开，耐压结束后，恢复连接，并应进行电压为U_m、时间为5min的试验。 4）罐式断路器的耐压试验方式：合闸对地；分闸状态两端轮流加压，另一端接地，瓷柱式断路器可不进行对地耐压试验，但其断口带有合闸电阻或为定开距结构时，应进行断口间耐压试验。 5）对瓷柱式定开距型断路器只作断口间耐压试验。 6）必要时，如：对绝缘性能有怀疑时

续表

序号	项目	周期	要　求	说　明
5	局部放电测试（110kV以上罐式断路器、GIS）	1）大修后； 2）必要时	运行电压下局部放电检查无异常	1）有条件时，可在交流耐压试验的同时测量局部放电量； 2）运行中采用超声法和超高频测试方法； 3）必要时，如：对绝缘性能有怀疑时，巡检发现异常或SF₆气体成分分析结果异常时，大负荷前或经受短路电流冲击后
6	辅助回路和控制回路交流耐压试验	大修后	试验电压为2kV	1）可采用2500V绝缘电阻表代替； 2）耐压试验后的绝缘电阻值不应降低
7	断口间并联电容器的绝缘电阻、电容量和tanδ	1）3年； 2）大修后； 3）必要时	1）对瓷柱式断路器，与断口同时测量，测得的电容值偏差应在初始值的±5%范围内，介质损耗因数： 油浸纸≤0.5%； 膜纸复合≤0.25%。 2）罐式断路器（包括GIS中的断路器）按制造厂规定 3）单节电容器按第11章规定	1）在分闸状态下测量。大修时，对瓷柱式断路器应测量电容器和断口并联后整体的电容值和tanδ作为原始数据。 2）测试结果不符合要求时，可对电容器独立进行测量。 3）对罐式断路器（包括GIS中的SF₆断路器）必要时进行试验，试验方法按制造厂规定。 4）必要时，如：对绝缘性能有怀疑时
8	合闸电阻值和合闸电阻的投入时间	1）3年； 2）大修后	1）除制造厂另有规定外，阻值变化允许范围不得大于±5%； 2）合闸电阻的有效接入时间按制造厂规定校核	同等测量条件下，合闸电阻的初值差应满足要求。对于不解体无法测量的情况，只在解体性检修时进行
9	断路器的时间参量	1）3年； 2）大修后； 3）机构大修后； 4）必要时	1）断路器的合、分闸时间、合分（金属短接）时间及操作机构辅助开关的转换时间。 2）操作机构辅助开关的转换时间，与断路器主触头动作时间的配合应符合制造厂规定。 3）断路器的分、合闸时间，合一分闸不同期，合一分时间应符合设备技术文件要求且没有明显变化。 4）除制造厂另有规定外，断路器的分、合闸不同期性应满足下列要求： a）相间合闸不同期不大于5ms。 b）相间分闸不同期不大于3ms。 c）同相各断口间合闸不同期不大于3ms。 d）同相各断口间分闸不同期不大于2ms	在额定操作电压（气压、液压）下进行
10	断路器的速度特性或行程曲线	1）大修后； 2）必要时	测量方法和测量结果应符合制造厂规定	1）应在断路器额定操作电压（气压、液压）下进行。 2）必要时如：分合闸指示器与绝缘拉杆相连的运动部件相对位置有变化时
11	SF₆气体的湿度检测（20℃体积分数）μL/L	1）大修后； 2大修后1年内复测1次，如无异常，其后3年1次； 2）必要时	见第12章	见第12章
12	SF₆气体泄漏试验	1）大修后； 2）必要时	年漏气率不大于0.5%或使用灵敏度不低于1×10⁻⁶的检漏仪检测各密封面无泄漏	1）试验方法按GB 11023进行。 2）可采用SF₆气体泄漏检测仪进行定性检漏，发现漏点后才采用"包扎法"进行定量检测。对电压等级较高的断路器以及GIS，因体积大可用局部包扎法检漏，每个密封部位包扎后历时5h，测得的SF₆气体含量（体积分数）不大于30μL/L。 3）必要时，如：怀疑密封不良时
13	SF₆气体成分分析	必要时	见第12章	见第12章
14	SF₆气体密度继电器校验及压力表检查	1）3年； 2）大修后； 3）必要时	试验结果应符合制造厂规定	必要时： 如外观破损，或数据显示异常

序号	项目	周期	要求	说明
15	GIS 中的互感器和避雷器	1）大修后； 2）必要时	按制造厂规定，或分别按第 6 章、第 13 章进行	GIS 中的元件试验包括金属氧化物避雷器、电流互感器和电磁式电压互感器的试验，具体项目和周期见本规程的有关章节
16	红外热像检测	1）220kV 及以上：3 个月。 2）110kV 及以下：半年。 3）必要时	按 DL/T 664—2008《带电设备红外诊断应用规范》执行	1）对于 SF$_6$ 断路器，检测断口及断口并联元件、引线接头、绝缘子等。 2）对于 GIS，检测各单元及进、出线电气连接处。 3）红外热像图显示应无异常温升、温差和/或相对温差。判断时，应该考虑测量时及前 3h 负荷电流的变化情况。测量和分析方法可参考 DL/T 664。 4）必要时，如：怀疑有过热缺陷时

9.1.3 真空断路器

真空断路器的试验项目、周期和要求见表 15。

表 15   **真空断路器的试验项目、周期和要求**

序号	项目	周期	要求	说明
1	绝缘电阻	1）3 年； 2）大修后； 3）必要时	1）整体绝缘电阻按制造厂规定或自行规定。 2）断口和有机物制成的提升杆的绝缘电阻（MΩ）不应低于下表中数值： 表见下	1）采用 2500V 绝缘电阻表，分别在分、合闸状态下进行，测量时注意外绝缘表面泄漏的影响； 2）必要时，如：当带电局部放电测试检测到有异常信号时或怀疑有绝缘缺陷时
2	交流耐压试验（断路器主回路对地、相间及断口）	1）3 年（12kV 及以下）； 2）大修后	断路器在分、合闸状态下分别进行，试验电压值按出厂试验电压值	包括相对地（合闸状态）、断口间（分间状态）和相邻相间三种方式。试验电压为出厂试验值的 100%，耐压时间为 60s，试验方法参考 DL/T 593
3	辅助回路和控制回路交流耐压试验	1）3 年； 2）大修后	试验电压为 2kV	可采用 2500V 绝缘电阻表代替。耐压试验后的绝缘电阻值不应降低
4	辅助回路和控制回路绝缘电阻	1）3 年； 2）大修后	绝缘电阻不小于 2MΩ	使用 1000V 绝缘电阻表
5	主回路电阻测量	1）3 年； 2）大修后； 3）必要时	1）大修后应符合制造厂规定； 2）运行中不大于出厂值的 120%	在合闸状态下，测量进、出线之间的主回路电阻。用直流压降法测量，电流不小于 100A，测量方法和要求参考 DL/T 593。 必要时，如：当红外热像显示断口温度异常、相间温差异常，或自上次试验之后又有 100 次以上分、合闸操作，也应进行本项目
6	断路器时间参量及合闸弹跳与分闸反弹	1）3 年； 2）大修后	1）断路器的分、合闸时间，合一分闸不同期，合一分时间应符合设备技术文件要求且没有明显变化； 2）除制造厂另有规定外，断路器的分、合闸不同期性应满足下列要求： 相间合闸不同期不大于 5ms； 相间分闸不同期不大于 3ms； 同相各断口间合闸不同期不大于 3ms； 同相各断口间分闸不同期不大于 2ms； 3）合闸弹跳与分闸反弹规定如下： 对于 7.2kV～12kV 断路器，合闸	1）在额定操作电压下进行； 2）真空断路器的合闸弹跳影响到其合闸能力和电寿命，而反闸反弹影响到其弧后绝缘性能，因而合闸弹跳和分闸反弹越小越好

序号 1 绝缘电阻要求中的表格：

试验类别	额定电压（kV）		
	<24	24～40.5	72.5
大修后	1000	2500	5000
运行中	300	1000	3000

序号	项目	周期	要 求	说 明
6	断路器时间参量及合闸弹跳与分闸反弹		弹跳不应大于 2ms，分闸反弹幅值不应超过额定开距的 20%； 对于 40.5kV 及以上断路器，合闸弹跳不大于 3ms，分闸反弹幅值不应超过额定开距的 20%	
7	灭弧室的触头开距	大修后	应符合制造厂规定	
8	真空灭弧室真空度的测量	1）大修时； 2）必要时	灭弧室真空度应符合制造厂规定	1）按设备技术文件要求或受家庭缺陷警示进行真空度的测量，测量结果应符合设备技术文件要求； 2）有条件时进行
9	红外热像检测	1）每半年至少一次； 2）必要时	按 DL/T 664—2008《带电设备红外诊断应用规范》执行	1）用红外热像仪测量； 2）应结合巡视开展； 3）必要时，如：怀疑有过热缺陷或异常时

9.1.6 隔离开关及接地开关

隔离开关及接地开关的试验项目、周期和要求见表 18。

表 18 隔离开关及接地开关的试验项目、周期和要求

序号	项目	周期	要 求	说 明
1	主回路电阻测量	1）大修后； 2）必要时	不大于制造厂规定值	1）测量电流可取 100A 到额定电流之间的任一值，测量方法参考 DL/T 593； 2）必要时，如： a）红外热像检测发现异常； b）上一次测量结果偏大或呈明显增长趋势，且又有 2 年未进行测量； c）自上次测量之后又进行了 100 次以上分、合闸操作。制造厂规定值为主回路电阻规定限值
2	有机材料支持绝缘子及提升杆的绝缘电阻	1）3 年； 2）大修后	1）用绝缘电阻表测量胶合元件分层电阻； 2）有机材料传动提升杆的绝缘电阻（MΩ）不得低于下表数值： 试验类别／额定电压（kV） 试验类别＜24／24～40.5 大修后 1000／2500 运行中 300／1000	采用 2500V 绝缘电阻表
3	二次回路的绝缘电阻	1）3 年； 2）大修后； 3）必要时	绝缘电阻不应低于 2MΩ	1）采用 1000V 绝缘电阻表； 2）必要时，如：怀疑绝缘不良时
4	二次回路交流耐压试验	大修后	试验电压为 2kV	可用 2500V 绝缘电阻表代替
5	交流耐压试验	大修后	1）试验电压值按出厂试验电压值 80%； 2）用单个或多个元件支柱绝缘子组成的隔离开关进行整体耐压有困难时，可对各胶合元件分别做耐压试验。其试验周期和要求按第 9 章的规定进行	
6	瓷质支柱绝缘子和操作绝缘子探伤	必要时	对绝缘子超声探伤的方法和缺陷判定标准，按照《72.5kV 及以上高压支柱瓷绝缘子技术监督规定》执行	1）对于单柱多节绝缘子，应对每节绝缘子都进行检测； 2）对运行 10 年以上的支柱瓷绝缘子应优先进行检测。 必要时：

序号	项目	周期	要求	说明
6	瓷质支柱绝缘子和操作绝缘子探伤			下列情形之一，对支柱绝缘子进行超声探伤抽检： 1）有此类家庭缺陷，隐患尚未消除； 2）经历了 5 级以上地震； 3）出现基础沉降
7	红外热像检测	1）半年； 2）必要时	无异常	1）用红外热像仪检测开关触头等电气连接部位，红外热像图显示应无异常温升、温差和/或相对温差。判断时，应考虑检测前 3h 内的负荷电流及其变化情况。测量和分析方法可参考 DL/T 664。 2）必要时，如：怀疑有过热缺陷或异常时

6.2.1.8.2（7）本项目的查评依据如下。

【依据】《国家电网公司高压开关设备检修规范》（国家电网生〔2005〕173 号）

第四、五章。

6.2.1.8.3 本项目的查评依据如下。

【依据1】《电力设备预防性试验规程》（DL/T 596—1996）

6.6 消弧线圈

6.6.1 定期试验项目见表 5 中序号 1、2、3、4、6。

表 5　　　　　　　　　　　　　　电力变压器及电抗器的试验项目、周期和要求

序号	项目	周期	要求	说明
1	油中溶解气体色谱分析	1）220kV 及以上的所有变压器、容量 120MVA 及以上的发电厂主变压器和 330kV 及以上的电抗器在投运后的 4、10、30 天（500kV 设备还应增加 1 次在投运后 1 天）。 2）运行中： a）330kV 及以上变压器和电抗器为 3 个月； b）220kV 变压器为 6 个月； c）120MVA 及以上的发电厂主变压器为 6 个月； d）其余 8MVA 及以上的变压器为 1 年； e）8MVA 以下的油浸式变压器自行规定。 3）大修后。 4）必要时	1）运行设备的油中 H_2 与烃类气体含量（体积分数）超过下列任何一项值时应引起注意： 总烃含量大于 $150×10^{-6}$； H_2 含量大于 $150×10^{-6}$； C_2H_2 含量大于 $5×10^{-6}$（500kV 变压器为 $1×10^{-6}$）。 2）烃类气体总和的产气速率大于 0.25mL/h（开放式）和 0.5mL/h（密封式），或相对产气速率大于 10%/月则认为设备有异常。 3）对 330kV 及以上的电抗器，当出现痕量（小于 $5×10^{-6}$）乙炔时也应引起注意；如气体分析虽已出现异常，但判断不至于危及绕组和铁芯安全时，可在超过注意值较大的情况下运行	1）总烃包括 CH_4、C_2H_6、C_2H_4 和 C_2H_2 四种气体。 2）溶解气体组分含量有增长趋势时，可结合产气速率判断，必要时缩短周期进行追踪分析。 3）总烃含量低的设备不宜采用相对产气速率进行判断。 4）新投运的变压器应有投运前的测试数据。 5）测试周期中 1）项的规定适用于大修后的变压器
2	绕组直流电阻	1）1～3 年或自行规定； 2）无励磁调压变压器变换分接位置后； 3）有载调压变压器的分接开关检修后（在所有分接侧）； 4）大修后； 5）必要时	1）1.6MVA 以上变压器，各相绕组电阻相互间的差别不应大于三相平均值的 2%，无中性点引出的绕组，线间差别不应大于三相平均值的 1%。 2）1.6MVA 及以下的变压器，相间差别一般不大于三相平均值的 4%，线间差别一般不大于三相平均值的 2%。 3）与以前相同部位测得值比较，其变化不应大于 2%。 4）电抗器参照执行	1）如电阻相间差在出厂时超过规定，制造厂已说明了这种偏差的原因，按要求中 3）项执行。 2）不同温度下的电阻值按下式换算 $$R_2 = R_1 \left(\frac{T + t_2}{T + t_1} \right)$$ 式中 R_1、R_2 分别为在温度 t_1、t_2 时的电阻值；T 为计算用常数，铜导线取 235，铝导线取 225。 3）无励磁调压变压器应在使用的分接锁定后测量
3	绕组绝缘电阻、吸收比或（和）极化指数	1）1～3 年或自行规定； 2）大修后； 3）必要时	1）绝缘电阻换算至同一温度下，与前一次测试结果相比应无明显变化。	1）采用 2500V 或 5000V 绝缘电阻表。 2）测量前被试绕组应充分放电。 3）测量温度以顶层油温为准，尽量使每次测量温度相近

序号	项目	周期	要求	说明
3	绕组绝缘电阻、吸收比或（和）极化指数		2）吸收比（10℃～30℃范围）不低于1.3或极化指数不低于1.5	4）尽量在油温低于50℃时测量，不同温度下的绝缘电阻值一般可按下式换算。$$R_2 = R_1 \times 1.5^{(t_1-t_2)/10}$$式中 R_1、R_2 分别为温度 t_1、t_2 时的绝缘电阻值。5）吸收比和极化指数不进行温度换算
4	绕组的 $\tan\delta$	1）1～3年或自行规定；2）大修后；3）必要时	1）20℃时 $\tan\delta$ 不大于下列数值：330kV～500kV 0.6% 66kV～220kV 0.8% 35kV及以下 1.5% 2）$\tan\delta$ 值与历年的数值比较不应有显著变化（一般不大于30%）。3）试验电压如下： 绕组电压10kV及以上 10kV 绕组电压10kV以下 U_n 4）用M型试验器时试验电压自行规定	1）非被试绕组应接地或屏蔽。2）同一变压器各绕组 $\tan\delta$ 的要求值相同。3）测量温度以顶层油温为准，尽量使每次测量的温度相近。4）尽量在油温低于50℃时测量，不同温度下的 $\tan\delta$ 值一般可按下式换算：$$\tan\delta_2 = \tan\delta_1 \times 1.3^{(t_2-t_1)/10}$$式中 $\tan\delta_1$、$\tan\delta_2$ 分别为温度 t_1、t_2 时的 $\tan\delta$ 值
5	绝缘油试验	1）1～3年或自行规定；2）大修后；3）必要时	见第13章	
6	交流耐压试验	1）1～5年（10kV及以下）；2）大修后（66kV及以下）；3）更换绕组后；4）必要时	1）油浸变压器（电抗器）试验电压值按表6（定期试验按部分更换绕组电压值）。2）干式变压器全部更换绕组时，按出厂试验电压值；部分更换绕组和定期试验时，按出厂试验电压值的0.85倍	1）可采用倍频感应或操作波感应法。2）66kV及以下全绝缘变压器，现场条件不具备时，可只进行外施工频耐压试验。3）电抗器进行外施工频耐压试验
7	穿芯螺栓、铁轭夹件、绑扎钢带、铁芯、线圈压环及屏蔽等的绝缘电阻	1）大修后；2）必要时	220kV及以上者绝缘电阻一般不低于500MΩ，其他自行规定	1）采用2500V绝缘电阻表（对运行年久的变压器可用1000V绝缘电阻表）。2）连接片不能拆开者可不进行
8	套管中的电流互感器绝缘试验	1）大修后；2）必要时	绝缘电阻一般不低于1MΩ	采用2500V绝缘电阻表

6.6.2　大修试验项目见表5中序号1、2、3、4、6、7、9、22，装在消弧线圈内的电压、电流互感器的二次绕组应测绝缘电阻（参照表5中序号24）。

【依据2】《国家电网公司十八项电网重大反事故措施》（国家电网生〔2012〕352号）

14.5.1　对于中性点不接地的6kV～35kV系统，应根据电网发展每3年～5年进行一次电容电流测试。当单相接地故障电容电流超过《交流电气装置的过电压保护和绝缘配合》（DL/T 620—1997）规定时，应及时装设消弧线圈；单相接地电流虽未达到规定值，也可根据运行经验装设消弧线圈，消弧线圈的容量应能满足过补偿的运行要求。在消弧线圈布置上，应避免由于运行方式改变出现部分系统无消弧线圈补偿的情况。对于已经安装消弧线圈，单相接地故障电容电流依然超标的应当采取消弧线圈增容或者采取分散补偿方式，对于系统电容电流大于150A及以上也可以根据系统实际情况改变中性点接地方式或者在配电线路分散补偿。

14.5.2　对于装设手动消弧线圈的6kV～35kV非有效接地系统，应根据电网发展每3～5年进行一次调谐试验，使手动消弧线圈运行在过补偿状态，合理整定脱谐度，保证电网不对称度不大于相电压的1.5%，中性点位移电压不大于额定电压的15%。

14.5.3　对于自动调谐消弧线圈,在定购前应向制造厂索取能说明该产品可以根据系统电容电流自动进行调谐的试验报告。自动调谐消弧线圈投入运行后,应根据实际测量的系统电容电流对其自动调谐功能的准确性进行校核。

14.5.4　不接地和谐振接地系统发生单相接地时,应采取有效措施尽快消除故障,降低发生弧光接地过电压的风险。

【依据3】《水电站电气设备预防性试验规程》(Q/GDW 11150—2013)

7.2　消弧线圈、接地变压器、干式变压器

消弧线圈、接地变压器、干式变压器试验项目、周期和要求见表5。

表5　　　　　　　　　消弧线圈、接地变压器、干式变压器的试验项目、周期和要求

序号	项目	周期	要求	说明
1	绕组直流电阻	1)大修后; 2)厂用变、消弧线圈3年; 3)必要时	1)相间互差不大于2%(警示值); 2)同相初值差不超过±2%(警示值); 3)各相绕组电阻与以前相同部位、相同温度下的历次结果相比,不应有明显差别,其差别一般应不大于2%; 4)电抗器参照执行	1)预试时有载分接开关应在全部分接位置测量,无载分接开关在运行分接测量; 2)如电阻相间差在出厂时已超过规定,制造厂说明了产生这种偏差的原因,可按第3项执行; 3)不同温度下电阻值按下式换算: $$R_2 = R_1\frac{(T+t_2)}{(T+t_2)}$$ 式中 R_1、R_2 分别为在温度 t_1、t_2 下的电阻值; T 为电阻温度常数,铜导线取235,铝导线取225。 4)无载调压变压器投入运行时,应在所选分接位置锁定后测量直流电阻;结合变压器停电,每1~2年主动转动分接开关,防止运行触头状态劣化; 5)有载调压变压器定期试验中,可在经常运行的分接上下几个分接处测量直流电阻;在测量直流电阻前,对有载分接开关进行全程切换; 6)必要时,如: ——红外热像检测判断套管接头或引线过热; ——无载分接开关变换分接位置; ——有载分接开关检修后(所有分接)
2	绕组连同套管绝缘电阻、吸收比或极化指数	1)大修后; 2)厂(所)用变、接地变、消弧线圈3年,干式变压器3年; 3)必要时	绝缘电阻换算至同一温度下,与前一次测试结果相比应无显著变化,一般不低于上次值的70%	1)用2500V及以上绝缘电阻表; 2)测量前被试绕组应充分放电; 3)绝缘电阻大于10000MΩ时,可不测吸收比或极化指数 4)必要时,如:红外热像检测异常时
3	绕组连同套管的交流耐压试验	1)更换绕组后; 2)大修后; 3)干式变压器3年; 4)必要时	全部更换绕组时,按出厂试验电压值;部分更换绕组和大修后试验时,按出厂试验电压值的80%	1)消弧线圈大修后只在更换绕组后进行 2)必要时,如:红外热像检测异常时
4	穿芯螺栓、铁轭夹件、绑扎钢带、铁芯、线圈压环及屏蔽等的绝缘电阻	大修时	一般不低于100MΩ	1)用2500V绝缘电阻表(老旧变压器1000V); 2)连接片不能拆开者不进行
5	绕组所有分接头的电压比	1)分接开关引线拆装后; 2)更换绕组后	1)各相分接头的电压比与铭牌数据相比应无明显差别,且应符合变压比的规律; 2)电压35kV以下,电压比小于3的变压器电压比允许偏差为	对核心部件或主体进行解体性检修之后,或怀疑绕组存在缺陷时,进行本项目。结果应与铭牌标识一致

序号	项目	周期	要求	说明
5	绕组所有分接头的电压比		±1%，其他所有变压器的额定分接电压比允许偏差为±0.5%，其他分接的偏差应在变压器阻抗值（%）的1/10以内，但不得超过±1%（警示值）	
6	校核三相变压器的组别或单相变压器的极性	更换绕组后	1）应与变压器的铭牌和出线端子标号相符； 2）单相变压器组成的三相变压器组应在联结完成后进行组别检查	
7	空载电流和空载损耗	1）更换绕组后； 2）必要时	与初值相比无明显变化	1）试验电压尽可能接近额定值。试验电压值和接线应与上次试验保持一致（若制造厂提供了较低电压下的测量值，可在相同电压下进行比较）。测量结果与上次相比，不应有明显差异。 2）对单相变压器相间或三相变压器两个边相，空载电流差异不应超过10%。分析时一并注意空载损耗的变化。 3）试验电源可用三相或单相。 4）必要时，如： ——怀疑磁路有缺陷 ——需要诊断铁芯结构缺陷、匝间绝缘损坏时
8	变压器短路阻抗和负载损耗	1）更换绕组后； 2）必要时	与初值相比，不超过±3%（注意值）	1）试验电源可用三相或单相；试验电流可用额定值或较低电流（如10%额定电流；若制造厂提供了较低电流下的测量值，可在相同电流下进行比较）；也可采用变压器低电压阻抗试仪进行测量。 2）必要时，如：出口短路后诊断绕组是否发生变形时进行本项目。应在最大分接位置和相同电流下测量。试验电流可用额定电流，亦可低于额定值，但不应小于5A
9	干式变压器局部放电试验	更换绕组后	按 GB/T 1094.11—2007《电力变压器 第 11 部分：干式变压器》规定执行	1）110kV 电压等级的变压器大修后，可参照执行。 2）试验方法应符合 GB/T 1094.3《电力变压器 第 3 部分：绝缘水平、绝缘试验和外绝缘空气间隙》的规定
10	有载分接开关的试验和检查	1）每年一次常规检查； 2）每 3 年一次特定项目检查； 3）必要时	按 DL/T 574—2010《变压器分接开关运行维修导则》或制造厂规定执行	必要时：怀疑有故障时
11	冷却装置及其二次回路试验	1）大修后； 2）必要时	1）冷却装置检查和试验，按制造厂规定； 2）绝缘电阻一般不低于1MΩ	1）测量绝缘电阻采用 1000V 绝缘电阻表。 2）必要时，如：怀疑有故障时
12	干式变压器噪音测量	必要时	与初值比较无明显变化	1）按 GB/T 1094.10—2003《电力变压器 第 10 部分：声级测定要求进行》。 2）必要时，如：发现噪声异常时
13	变压器绕组变形试验（低电压短路阻抗）	50MVA 及以上发电厂的高厂变 1）更换绕组后； 2）必要时	与初始结果相比，或三相之间结果相比无明显差别，无初始记录时可与同型号同厂家对比	1）每次测量时，变压器外部接线状态应相同。 2）应在最大分接下测量。 3）必要时，如：出口短路时
14	红外热像检测	1 年 1 次	按 DL/T 664—2008《带电设备红外诊断应用规范》执行	1）用红外热像仪测量。 2）测量套管及接头、油箱壳、干式变压器线圈、铁芯等部位

6.2.1.8.4 本项目的查评依据如下。

【依据1】《电力设备预防性试验规程》（DL/T 596—1996）

7 互感器

7.1 电流互感器

7.1.1 电流互感器的试验项目、周期和要求见表7。

表7　　　　　　　　　　　　　　电流互感器的试验项目、周期和要求

序号	项目	周期	要　　求	说　　明
1	绕组及末屏的绝缘电阻	1）投运前； 2）1～3年； 3）大修后； 4）必要时	1）绕组绝缘电阻与初始值及历次数据比较，不应有显著变化； 2）电容型电流互感器末屏对地绝缘电阻一般不低于1000MΩ	采用2500V绝缘电阻表
2	tanδ及电容量	1）投运前； 2）1～3年； 3）大修后； 4）必要时	1）主绝缘tanδ（%）不应大于下表中的数值，且与历年数据比较不应有显著变化： 见下表 2）电容型电流互感器主绝缘电容量与初始值或出厂值差别超出±5%范围时应查明原因。 3）当电容型电流互感器末屏对地绝缘电阻小于1000MΩ时，应测量末屏对地tanδ，其值不大于2%	1）主绝缘tanδ试验电压为10kV，末屏对地tanδ试验电压为2kV； 2）油纸电容型tanδ一般不进行温度换算，当tanδ值与出厂值或上一次试验值比较有明显增长时，应综合分析tanδ与温度、电压的关系，当tanδ随温度明显变化或试验电压由10kV升到$U_{\rm m}/\sqrt{3}$时，tanδ增量超过±0.3%，不应继续运行； 3）固体绝缘互感器可不进行tanδ测量
3	油中溶解气体色谱分析	1）投运前； 2）1～3年（66kV及以上）； 3）大修后； 4）必要时	油中溶解气体组分含量（体积分数）超过下列任一值时应引起注意： 总烃　100×10⁻⁶ H₂　150×10⁻⁶ C₂H₂　2×10⁻⁶（110kV及以下） 　　　1×10⁻⁶（220kV～500kV）	1）新投运互感器的油中不应含有C₂H₂； 2）全密封互感器按制造厂要求（如果有）进行
4	交流耐压试验	1）1～3年（20kV及以下）； 2）大修后； 3）必要时	1）一次绕组按出厂值的85%进行。出厂值不明的按下列电压进行试验： 见下表 2）二次绕组之间及末屏对地为2kV。 3）全部更换绕组绝缘后，应按出厂值进行	
5	局部放电测量	1）1～3年（20kV～35kV固体绝缘互感器）； 2）大修后； 3）必要时	1）固体绝缘互感器在电压为1.1$U_{\rm m}/\sqrt{3}$时，放电量不大于100pC，在电压为1.1$U_{\rm m}$（必要时），放电量不大于500pC； 2）110kV及以上油浸式互感器在电压为1.1$U_{\rm m}/\sqrt{3}$时，放电量不大于20pC	
6	极性检查	1）大修后； 2）必要时	与铭牌标志相符	
7	各分接头的变比检查	1）大修后； 2）必要时	与铭牌标志相符	更换绕组后应测量比值差和相位差
8	校核励磁特性曲线	必要时	与同类型互感器特性曲线或制造厂提供的特性曲线相比较，应无明显差别	继电保护有要求时进行
9	密封检查	1）大修后； 2）必要时	应无渗漏油现象	试验方法按制造厂规定

tanδ表：

电压等级/kV		20～35	66～110	220	330～500
大修后	油纸电容型	—	1.0	0.7	0.6
	充油型	3.0	2.0	—	—
	胶纸电容型	2.5	2.0	—	—
运行中	油纸电容型	—	1.0	0.8	0.7
	充油型	3.5	2.5	—	—
	胶纸电容型	3.0	2.5	—	—

交流耐压试验表：

电压等级 kV	3	6	10	15	20	35	66
试验电压 kV	15	21	30	38	47	72	120

序号	项目	周期	要 求	说 明
10	一次绕组直流电阻测量	1) 大修后; 2) 必要时	与初始值或出厂值比较,应无明显差别	
11	绝缘油击穿电压	1) 大修后; 2) 必要时	见第 13 章	

注:投运前是指交接后长时间未投运而准备投运之前,及库存的新设备投运之前。

7.1.2 各类试验项目

定期试验项目见表 7 中序号 1、2、3、4、5。

大修后试验项目见表 7 中序号 1、2、3、4、5、6、7、9、10、11(不更换绕组,可不进行 6、7、8 项)。

7.2 电压互感器

7.2.1 电磁式和电容式电压互感器的试验项目、周期和要求分别见表 8 和表 9。

表 8　　　　　　　　　　电磁式电压互感器的试验项目、周期和要求

序号	项目	周 期	要 求	说 明
1	绝缘电阻	1) 1~3 年; 2) 大修后; 3) 必要时	自行规定	一次绕组用 2500V 绝缘电阻表,二次绕组用 1000V 或 2500V 绝缘电阻表
2	tanδ (20kV 及以上)	1) 绕组绝缘: a) 1~3 年; b) 大修后; c) 必要时。 2) 66kV~220kV 串级式电压互感器支架: a) 投运前; b) 大修后; c) 必要时	1) 绕组绝缘 tanδ (%) 不应大于下表中数值:<table><tr><td>温度/℃</td><td colspan="2"></td><td>5</td><td>10</td><td>20</td><td>30</td><td>40</td></tr><tr><td rowspan="2">35kV 及以下</td><td colspan="2">大修后</td><td>1.5</td><td>2.5</td><td>3.0</td><td>5.0</td><td>7.0</td></tr><tr><td colspan="2">运行中</td><td>2.0</td><td>2.5</td><td>3.5</td><td>5.5</td><td>8.0</td></tr><tr><td rowspan="2">35kV 以上</td><td colspan="2">大修后</td><td>1.0</td><td>1.5</td><td>2.0</td><td>3.5</td><td>5.0</td></tr><tr><td colspan="2">运行中</td><td>1.5</td><td>2.0</td><td>2.5</td><td>4.0</td><td>5.5</td></tr></table>2) 支架绝缘 tanδ 一般不大于 6%	串级式电压互感器的 tanδ 试验方法建议采用末端屏蔽法,其他试验方法与要求自行规定
3	油中溶解气体的色谱分析	1) 投运前; 2) 1~3 年 (66kV 及以上); 3) 大修后; 4) 必要时	油中溶解气体组分含量(体积分数)超过下列任一值时应引起注意: 总烃　100×10^{-6} H_2　150×10^{-6} C_2H_2　2×10^{-6}	1) 新投运互感器的油中不应含有 C_2H_2; 2) 全密封互感器按制造厂要求(如果有)进行
4	交流耐压试验	1) 3 年 (20kV 及以下); 2) 大修后; 3) 必要时	1) 一次绕组按出厂的 85% 进行,出厂值不明的,按下列电压进行试验: <table><tr><td>电压等级 kV</td><td>3</td><td>6</td><td>10</td><td>15</td><td>20</td><td>35</td><td>66</td></tr><tr><td>试验电压 kV</td><td>15</td><td>21</td><td>30</td><td>38</td><td>47</td><td>72</td><td>120</td></tr></table>2) 二次绕组之间及末屏对地为 2kV; 3) 全部更换绕组绝缘后按出厂值进行	1) 串级式或分级绝缘式的互感器用倍频感应耐压试验; 2) 进行倍频感应耐压试验时应考虑互感器的容升电压; 3) 倍频耐压试验前后,应检查有否绝缘损伤
5	局部放电测量	1) 投运前; 2) 1~3 年 (20kV~35kV 固体绝缘互感器); 3) 大修后; 4) 必要时	1) 固体绝缘相对地电压互感器在电压为 $1.1U_m/\sqrt{3}$ 时,放电量不大于 100pC,在电压为 $1.1U_m$ 时(必要时),放电量不大于 500pC。固体绝缘相对相电压互感器,在电压为 $1.1U_m$ 时,放电量不大于 100pC; 2) 110kV 及以上油浸式电压互感器在电压为 $1.1U_m/\sqrt{3}$ 时,放电量不大于 20pC	出厂时有试验报告者投运前可不进行试验或只进行抽查试验
6	空载电流测量	1) 大修后; 2) 必要时	1) 在额定电压下,空载电流与出厂数值比较无明显差别。 2) 在下列试验电压下,空载电流不应大于最大允许电流:	

序号	项目	周期	要 求	说 明
6	空载电流测量		中性点非有效接地系统 $1.9U_n/\sqrt{3}$； 中性点接地系统 $1.5U_n/\sqrt{3}$	
7	密封检查	1）大修后； 2）必要时	应无渗漏油现象	试验方法按制造厂规定
8	铁芯夹紧螺栓（可接触到的）绝缘电阻	大修时	自行规定	采用2500V绝缘电阻表
9	联接组别和极性	1）更换绕组后； 2）接线变动后	与铭牌和端子标志相符	
10	电压比	1）更换绕组后； 2）接线变动后	与铭牌标志相符	更换绕组后应测量比值差和相位差
11	绝缘油击穿电压	1）大修后； 2）必要时	见第13章	

注：投运前指交接后长时间未投运而准备投运之前，及库存的新设备投运之前。

表9　　　　　　　　　　电容式电压互感器的试验项目、周期和要求

序号	项目	周期	要 求	说 明
1	电压比	1）大修后； 2）必要时	与铭牌标志相符	
2	中间变压器的绝缘电阻	1）大修后； 2）必要时	自行规定	采用2500V绝缘电阻表
3	中间变压器的 $\tan\delta$	1）大修后； 2）必要时	与初始值相比不应有显著变化	

注：电容式电压互感器的电容分压器部分的试验项目、周期和要求见第12章。

7.2.2　各类试验项目

定期试验项目见表8中序号1、2、3、4、5。

大修时或大修后试验项目见表8中序号1、2、3、4、5、6、7、8、9、10、11（不更换绕组可不进行9、10项）和表9中序号1、2、3。

14　避雷器

14.1　阀式避雷器的试验项目、周期和要求见表39。

表39　　　　　　　　　　阀式避雷器的试验项目、周期和要求

序号	项目	周期	要 求	说 明
1	绝缘电阻	1）发电厂、变电所避雷器每年雷雨季前； 2）线路上避雷器1～3年； 3）大修后； 4）必要时	1）FZ（PBC.LD）、FCZ和FCD型避雷器的绝缘电阻自行规定，但与前一次或同类型的测量数据进行比较，不应有显著变化； 2）FS型避雷器绝缘电阻应不低于2500MΩ	1）采用2500V及以上绝缘电阻表； 2）FZ、FCZ和FCD型主要检查并联电阻通断和接触情况
2	电导电流及串联组合元件的非线性因数差值	1）每年雷雨季前； 2）大修后；	1）FZ、FCZ、FCD型避雷器的电导电流参考值见附录F或制造厂规定值，还应与历年数据比较，不应有显著变化； 2）同一相内串联组合元件的非线性因数差值，不应大于0.05；电导电流相差值（%）不应大于30%； 3）试验电压如下： 元件额定电压/kV：3　6　10　15　20　30	1）整流回路中应加滤波电容器，其电容值一般为0.01μF～0.1μF，并应在高压侧测量电流； 2）由两个及以上元件组成的避雷器应对每个元件进行试验； 3）非线性因数差值及电导电流相差值计算见附录F； 4）可用带电测量方法进行测量，如对测量结果有疑问时，应根据停电测量的结果做出判断；

序号	项目	周期	要求							说明
2	电导电流及串联组合元件的非线性因数差值	3）必要时	试验电压 U_1/kV	—	—	—	8	10	12	5）如 FZ 型避雷器的非线性因数差值大于 0.05，但电导电流合格，允许做换节处理，换节后的非线性因数差值不应大于 0.05； 6）运行中 PBC 型避雷器的电导电流一般应在 300μA～400μA 范围内
			试验电压 U_2/kV	4	6	10	16	20	24	

序号	项目	周期	要求	说明
3	工频放电电压	1）1～3 年； 2）大修后； 3）必要时	1）FS 型避雷器的工频放电电压在下列范围内： 额定电压/kV — 3 — 6 — 10 放电电压/kV 大修后：9～11 / 16～19 / 26～31；运行中：8～12 / 15～21 / 23～33 2）FZ、FCZ 和 FCD 型避雷器的电导电流值及 FZ、FCZ 型避雷器的工频放电电压参考值见附录 F	带有非线性并联电阻的阀型避雷器只在解体大修后进行
4	底座绝缘电阻	1）发电厂、变电所避雷器每年雷雨季前； 2）线路上避雷器 1～3 年； 3）大修后； 4）必要时	自行规定	采用 2500V 及以上的绝缘电阻表
5	检查放电计数器的动作情况	1）发电厂、变电所内避雷器每年雷雨季前； 2）线路上避雷器 1～3 年； 3）大修后； 4）必要时	测试 3～5 次，均应正常动作，测试后计数器指示应调到"0"	
6	检查密封情况	1）大修后； 2）必要时	避雷器内腔抽真空至（300～400）×133Pa 后，在 5min 内其内部气压的增加不应超过 100Pa	

14.2 金属氧化物避雷器的试验项目、周期和要求见表 40。

表 40 金属氧化物避雷器的试验项目、周期和要求

序号	项目	周期	要求	说明
1	绝缘电阻	1）发电厂、变电所避雷器每年雷雨季节前； 2）必要时	1）35kV 以上，不低于 2500MΩ； 2）35kV 及以下，不低于 1000MΩ	采用 2500V 及以上绝缘电阻表
2	直流 1mA 电压（U_{1mA}）及 0.75U_{1mA} 下的泄漏电流	1）发电厂、变电所避雷器每年雷雨季前； 2）必要时	1）不得低于 GB 11032 规定值； 2）U_{1mA} 实测值与初始值或制造厂规定值比较，变化不应大于 ±5%； 3）0.75U_{1mA} 下的泄漏电流不应大于 50μA	1）要记录试验时的环境温度和相对湿度； 2）测量电流的导线应使用屏蔽线； 3）初始值系指交接试验或投产试验时的测量值
3	运行电压下的交流泄漏电流	1）新投运的 110kV 及以上者投运 3 个月后测量 1 次；以后每半年 1 次，运行 1 年后，每年雷雨季节前 1 次； 2）必要时	测量运行电压下的全电流、阻性电流或功率损耗，测量值与初始值比较，有明显变化时应加强监测，当阻性电流增加 1 倍时，应停电检查	应记录测量时的环境温度、相对湿度和运行电压。测量宜在瓷套表面干燥时进行。应注意相间干扰的影响
4	工频参考电流下的工频参考电压	必要时	应符合 GB/T 11032 或制造厂规定	1）测量环境温度（20±15）℃； 2）测量应每节单独进行，整相避雷器有一节不合格，应更换该节避雷器（或整相更换），使该相避雷器为合格

序号	项目	周 期	要 求	说 明
5	底座绝缘电阻	1）发电厂、变电所避雷器每年雷雨季前； 2）必要时	自行规定	采用2500V及以上绝缘电阻表
6	检查放电计数器动作情况	1）发电厂、变电所避雷器每年雷雨季前； 2）必要时	测试3次～5次，均应正常动作，测试后计数器指示应调到"0"	

14.3 GIS用金属氧化物避雷器的试验项目、周期和要求：

a）避雷器大修时，其SF_6气体按表38的规定；

b）避雷器运行中的密封检查按表10的规定；

c）其他有关项目按表40中序号3、4、6规定。

【依据2】《水电站电气设备预防性试验规程》（Q/GDW 11150—2013）

8 互感器

8.1 油浸式电流互感器

油浸式电流互感器的试验项目、周期和要求表6。

表6　　　　　　　　　　油浸式电流互感器的试验项目、周期和要求

序号	项目	周 期	要 求	说 明
1	绕组及末屏的绝缘电阻	1）3年； 2）大修后； 3）必要时	1）一次绕组对末屏、一次绕组对二次绕组及外壳、各二次绕组间及其对外壳的绝缘电阻与出厂值及历次数据比较，不应有显著变化。一般不低于出厂值或初始值的70%。 2）电容型电流互感器末屏绝缘电阻不宜小于1000MΩ	1）用2500V绝缘电阻表； 2）500kV电流互感器具有二个一次绕组时，应测量一次绕组间的绝缘电阻，其值不宜低于1000MΩ； 3）必要时，例如怀疑有故障时
2	tanδ及电容量	1）3年； 2）大修后； 3）必要时	1）主绝缘tanδ（%）不应大于下表中的数值，且与历年数据比较，不应有显著变化： （见下表） 2）聚四氟乙烯缠绕绝缘0.5%。 3）电容型电流互感器主绝缘电容量与初始值或出厂值差别超过±5%时应查明原因。 4）预试时当末屏绝缘电阻小于1000MΩ，或主绝缘tanδ超标时应测量末屏对地tanδ，其值不大于2%	1）油纸电容型tanδ一般不进行温度换算，当tanδ值与出厂值或上一次试验值比较有明显增长时，应综合分析tanδ与温度、电压的关系，当tanδ随温度明显变化，或试验电压由10kV到$U_m/\sqrt{3}$，tanδ增量超过±0.3%，不应继续运行； 2）主绝缘tanδ试验电压为10kV，末屏对地tanδ试验电压为2kV； 3）试验方法参考DL/T 474.3； 4）必要时，例如怀疑有故障时
3	110kV及以上：电流互感器油中溶解气体色谱分析	1）3年； 2）大修后； 3）投运1年内； 4）必要时	油中溶解气体组分含量（μL/L）超过下列任一值时应引起注意： 总烃：100； H_2：150； C_2H_2：1（220kV、500kV） 2（110kV）	1）制造厂明确要求不能取油样进行色谱分析时可不进行。 2）对于H_2单值升高的，或出现C_2H_2，但未超注意值可以考虑缩短周期；C_2H_2含量超过注意值时，应考虑更换。 3）35kV互感器具体要求参考110kV规定执行。 4）全密封电流互感器按制造厂要求进行

序号2项目要求中的表格：

电压等级 kV		110	220	500
大修后	油纸电容型	0.8	0.7	0.6
	充油型	2.0	—	—
	胶纸电容型	2.0	—	—
运行中	油纸电容型	1.0	0.8	0.7
	充油型	2.5	—	—
	胶纸电容型	2.5	—	—

序号	项目	周期	要 求	说 明
4	交流耐压试验	1）大修后； 2）必要时	1）一次绕组按出厂值的80%进行。 表格：电压等级 kV｜3｜6｜10｜15｜20｜35｜66；电压等级 kV｜15｜21｜30｜38｜47｜72｜120 2）二次绕组之间及对外壳、末屏对地的工频耐压试验电压为2kV，可用2500V绝缘电阻表代替。 3）全部更换绕组绝缘后，应按出厂值进行	
5	局部放电试验	110kV 及以上；必要时	在电压为 $1.2U_\mathrm{m}/\sqrt{3}$ 时，视在放电量不大于20pC	1）宜与交流耐压试验同时进行； 2）必要时，如：对绝缘性能有怀疑时
6	极性检查	1）大修后； 2）必要时	与铭牌标志相符合	
7	各分接头的变比检查	1）大修后； 2）必要时	1）与铭牌标志相符合； 2）比值差和相位差与制造厂试验值比较应无明显变化，符合等级规定	1）对于计量计费用绕组应测量比值差和相位差； 2）必要时，如：改变变比分接头运行时
8	校核励磁特性曲线	必要时	1）与同类互感器特性曲线或制造厂提供的特性曲线相比较，应无明显差别； 2）多抽头电流互感器可在使用抽头或最大抽头测量	在继电保护有要求时进行。应在曲线拐点附近至少测量5～6个点；对于拐点电压较高的绕组，现场试验电压不超过2kV
9	绕组直流电阻	1）大修后； 2）必要时	与出厂值或初始值比较，应无明显差别	包括一次及二次绕组
10	密封检查	1）大修后； 2）必要时	无渗漏油现象	
11	红外热像检测	1）220kV 及以上：3个月；110kV 及以下：6个月； 2）必要时	按 DL/T 664—2008《带电设备红外诊断应用规范》	1）用红外热像仪测量。 2）大修后的互感器，应在投运后不超过1个月内（但至少在24h以后）进行一次精确检测。220kV 及以上电压等级的互感器每年在季节变化前后应至少各进行一次精确检测。在高温大负荷运行期间，对220kV 及以上电压等级互感器应增加红外检测次数（1月1次）。精确检测的测量数据和图像应存入数据库。 3）必要时，如：怀疑有过热缺陷时

8.3 干式（固体绝缘和绝缘绕包干式）电流互感器

干式（固体绝缘和绝缘绕包干式）电流互感器的试验项目、周期和要求见表8。

表8　　　　干式（固体绝缘和绝缘绕包干式）电流互感器的试验项目、周期和要求

序号	项目	周期	要 求	说 明
1	绕组及末屏的绝缘电阻	1）3年； 2）大修后； 3）必要时	1）一次绕组对末屏、一次绕组对二次绕组及地、各二次绕组间及其对地的绝缘电阻与出厂值及历次数据比较，不应有显著变化。一般不低于出厂值或初始值的70%。 2）电容型电流互感器末屏绝缘电阻不宜小于1000MΩ	1）只对35kV 及以上电容型互感器进行； 2）必要时，如：怀疑有故障时
2	tanδ 及电容量	1）3年； 2）大修后；	1）主绝缘电容量与初始值或出厂值差别超过±5%时应查明原因；	1）只对35kV 及以上电容型互感器进行； 2）当 tanδ 值与出厂值或上一次试验值比较有明显增长时，应综合分析 tanδ 与温度、电压的关系，当

序号	项目	周期	要 求	说 明
2	tanδ 及电容量	3）必要时	2）参考厂家技术条件进行，无厂家技术条件时主绝缘tanδ 不应大于 0.5%，且与历年数据比较，不应有显著变化	tanδ 随温度明显变化，或试验电压由 10kV 到 $U_m/\sqrt{3}$，tanδ 变化量绝对值超过 ±0.3%，不应继续运行。 3）必要时，如： 怀疑有故障时
3	交流耐压试验	必要时	1）一次绕组按出厂值的 80% 进行（开关柜内）； 2）二次绕组之间及末屏对地的工频耐压试验电压为 2kV，可用 2500V 绝缘电阻表代替	必要时，如： 怀疑有绝缘故障时
4	局部放电试验	110kV 及以上：必要时	在测量电压为 $1.2U_m/\sqrt{3}$ 时，视在放电量不大于 50pC	必要时，如： 对绝缘有怀疑时应进行
5	各分接头的变比检查	必要时	1）与铭牌标志相符合； 2）比值差和相位差与制造厂试验值比较应无明显变化，并符合等级规定	1）对于计量用绕组应测量比值差和相位差； 2）必要时，如： 改变变比分接头运行时
6	校核励磁特性曲线	必要时	1）与同类互感器特性曲线或制造厂提供的特性曲线相比较，应无明显差别； 2）多抽头电流互感器可在使用抽头或最大抽头测量	必要时，如： 继电保护有要求时
7	红外热像检测	1）220kV 及以上：3 个月；110kV 及以下：6 个月； 2）必要时	按 DL/T 664—2008《带电设备红外诊断应用规范》	1）用红外热像仪测量； 2）大修后的互感器，应在投运后不超过 1 个月内（但至少在 24h 以后）进行一次精确检测。220kV 及以上电压等级的互感器每年在季节变化前后应至少各进行一次精确检测。在高温大负荷运行期间，对 220kV 及以上电压等级互感器应增加红外检测次数（1 月 1 次）。精确检测的测量数据和图像应存入数据库。 3）必要时，如： 怀疑有过热缺陷时

8.4 电磁式电压互感器（油浸式绝缘）

电磁式电压互感器（油浸式绝缘）的试验项目、周期和要求见表 9。

表 9　　　　　电磁式电压互感器（油浸式绝缘）的试验项目、周期和要求

序号	项目	周期	要 求	说 明
1	绕组绝缘电阻	1）3 年； 2）大修后； 3）必要时	1）与历次试验结果和同类设备的试验结果相比无显著差别。 2）不应低于出厂值或初始值的 70%，且不宜低于 1000MΩ。 3）测量电压互感器接地端（N）对外壳（地）的绝缘电阻，绝缘电阻值不宜小于 1000MΩ。若末屏对地绝缘电阻小于 1000MΩ 时，应测量其 tanδ	1）用 2500V 绝缘电阻表； 2）测量时非被试绕组、外壳应接地； 3）必要时，如：怀疑有绝缘缺陷时
2	绕组直流电阻测量	大修后	与初始值或出厂值相比较，应无明显差别	
3	tanδ（35kV 以上）	1）绕组绝缘： ——3 年； ——大修后； ——必要时 2）110kV 及以上串级式电压互感器支架： ——投运前； ——大修后； ——必要时	1）tanδ（%）不应大于下表中数值： 表格（见下） 2）与历次试验结果相比无明显变化。 3）支架绝缘 tanδ 一般不大于 6%	1）串级式电压互感器的 tanδ 试验方法建议采用末端屏蔽法，其他试验方法与要求自行规定，分级绝缘电压互感器试验电压为 3000V； 2）前后对比宜采用同一试验方法

表 3 项目中的 tanδ 表：

温度（℃）		5	10	20	30	40
35kV 及以下	大修后	1.5	2.5	3.0	5.0	7.0
	运行中	2.0	2.5	3.5	5.5	8.0
35kV 以上	大修后	1.0	1.5	2.0	3.5	5.0
	运行中	1.5	2.0	2.5	4.0	5.5

续表

序号	项目	周期	要求	说明
4	110kV 及以上电压互感器油中溶解气体的色谱分析	1) 3 年； 2) 大修后； 3) 投运 1 年内； 4) 必要时	运行中油中溶解气体组分含量（μL/L）超过下列任一值时应引起注意： 220kV 及以上：总烃：100；H_2：150；C_2H_2：2。 110kV 及以下：总烃：100；H_2：150；C_2H_2：3	1) 新投运互感器的油中不应含有 C_2H_2； 2) 运行中制造厂明确要求不进行色谱分析时，才可不进行； 3) 必要时，如：怀疑有内部放电时
5	交流耐压试验	1) 大修后； 2) 必要时	1) 一次绕组试验电压按出厂值 80%。 2) 二次绕组之间及其对外壳的工频耐压标准为 2kV，可用 2500V 绝缘电阻表代替	1) 串级式或分级绝缘式的互感器用倍频感应耐压试验，同时应考虑互感器的容升电压（频率 150Hz 时，110kV 为 5%，220kV 为 10%）； 2) 耐压试验前后，应检查有否绝缘情况； 3) 必要时，如： 怀疑有绝缘缺陷时
6	局部放电测量	必要时	油浸式相对地电压互感器在测量电压为 $1.2U_m/\sqrt{3}$ 时，视在放电量不大于 20pC	1) 试验接线按 JB/T 8166 进行； 2) 只对 110kV 及 220kV； 3) 预加电压为其感应耐压的 80%； 4) 必要时，如： 对绝缘有怀疑时应进行
7	空载电流和励磁特性	大修后	1) 额定电压下，空载电流与出厂值比较无明显差别； 2) 空载电流不应大于最大允许电流： 中性点非有效接地系统 $1.9U_n/\sqrt{3}$ 中性点接地系统 $1.5U_n/\sqrt{3}$	1) 从二次绕组加压试验，测量该绕组工频电流。 2) 至少记录 2 个试验电压下的空载电流：额定电压、$1.9U_n/\sqrt{3}$ 或 $1.5U_n/\sqrt{3}$
8	连接组别和极性	1) 更换绕组后； 2) 接线变动后	与铭牌和端子标志相符	
9	电压比	1) 更换绕组后； 2) 接线变动后	与铭牌标志相符	1) 对于计量计费用绕组应测量比值差和相位差； 2) 更换绕组后应测量比值差和相位差
10	铁心夹紧螺栓（可接触到的）绝缘电阻	大修时	一般不得低于 100MΩ	1) 用 2500V 绝缘电阻表； 2) 吊芯时进行
11	密封检查	1) 大修后； 2) 必要时	应无渗漏油现象	试验方法按制造厂规定
12	红外热像检测	1) 220kV 及以上：3 个月；110kV 及以下：6 个月。 2) 必要时	按 DL/T 664—2008《带电设备红外诊断应用规范》执行	1) 用红外热像仪测量。 2) 大修后的互感器，应在投运后不超过 1 个月内（但至少 24h 以后）进行一次精确检测。220kV 及以上电压等级的互感器每年在季节变化前后应至少各进行一次精确检测。在高温大负荷运行期间，对 220kV 及以上电压等级互感器应增加红外检测次数（1 月 1 次）。精确检测的测量数据和图像应存入数据库。 3) 必要时，如：怀疑有过热缺陷时

8.5　电磁式电压互感器（SF_6 气体绝缘）

电磁式电压互感器（SF_6 气体绝缘）的试验项目、周期和要求见表 10。

表 10　　　　　　电磁式电压互感器（**SF₆气体绝缘**）的试验项目、周期和要求

序号	项目	周期	要　求	说　明
1	绝缘电阻	1）大修后； 2）必要时	1）与历次试验结果和同类设备的试验结果相比无显著差别； 2）不应低于出厂值或初始值的70%	1）采用2500V绝缘电阻表； 2）必要时，如：怀疑有绝缘缺陷时
2	绕组直流电阻测量	1）交接时； 2）大修后； 3）必要时	与初始值或出厂值相比较，应无明显差别	
3	交流耐压试验	1）交接时； 2）大修后； 3）必要时	1）一次绕组试验电压按出厂值80%进行。 2）二次绕组之间及其对外壳的工频耐压标准为2kV，可用2500V绝缘电阻表代替	1）倍频感应耐压试验，同时应考虑互感器的容升电压； 2）耐压试验前后，应检查有否绝缘损伤； 3）必要时，如： ——怀疑有绝缘故障时； ——补气较多时（表压小于0.2MPa）
4	空载电流和励磁特性	1）大修后； 2）必要时	1）在额定电压下，空载电流与出厂值比较无明显差别； 2）在下列试验电压下，空载电流的增量不应大于出厂试验值的10%：中性点非有效接地系统 $1.9U_n/\sqrt{3}$，中性点接地系统 $1.5U_n/\sqrt{3}$	
5	连接组别和极性	1）更换绕组后； 2）接线变动后	与铭牌和端子标志相符	
6	电压比	1）更换绕组后； 2）接线变动后	与铭牌标志相符	对于计量计费用绕组应测量比值差和相位差
7	SF₆电压互感器气体的湿度（20℃的体积分数）μL/L	1）投产后1年1次，如无异常，3年1次； 2）大修后； 3）必要时	运行中：不大于500μL/L； 大修后：不大于250μL/L	1）按GB/T 12022《工业六氟化硫》、DL/T 915《六氟化硫气体湿度测定法（电解法）》和DL/T 506《六氟化硫电气设备中绝缘气体湿度测量方法》进行。 2）必要时，如： ——新装及大修后1年内复测湿度不符合要求—漏气超过要求； ——设备异常时
8	SF₆电压互感器气体泄漏试验	1）大修后； 2）必要时	1）无明显漏点； 2）年漏气率不大于0.5%	必要时，如：如压力继电器显示压力异常
9	现场分解产物测试 μL/L	必要时	超过以下参考值需引起注意： SO_2 不大于3μL/L H_2S 不大于2μL/L CO 不大于100μL/L	1）建议结合现场湿度测试进行，参考GB/T 8905—2012《六氟化硫电气设备中气体管理和检测导则》； 2）必要时，如：怀疑有故障时设备故障跳闸后
10	红外热像检测	1）220kV及以上：3个月；110kV及以下：6个月。 2）必要时	按DL/T 664—2008《带电设备红外诊断应用规范》执行	1）用红外热像仪测量。 2）大修后的互感器，应在投运后不超过1个月内（但至少在24h以后）进行一次精确检测。220kV及以上电压等级的互感器每年在季节变化前后应至少各进行一次精确检测。在高温大负荷运行期间，对220kV及以上电压等级互感器应增加红外检测次数（1月1次）。精确检测的测量数据和图像应存入数据库。 3）必要时，如：怀疑有过热缺陷时

8.6 电磁式电压互感器（固体绝缘）

电磁式电压互感器（固体绝缘）的试验项目、周期和要求见表11。

表 11 电磁式电压互感器（固体绝缘）的试验项目、周期和要求

序号	项目	周期	要 求	说 明
1	绝缘电阻	1）3 年； 2）大修后； 3）必要时	1）与历次试验结果和同类设备的试验结果相比无显著差别； 2）不低于出厂值或初始值的 70%	1）采用 2500V 绝缘电阻表； 2）必要时，如：怀疑有绝缘缺陷时
2	交流耐压试验	1）3 年（20kV 及以下）； 2）大修后； 3）必要时	1）一次绕组试验电压按出厂值的 80% 进行。 2）二次绕组之间及其对外壳的工频耐压标准为 2kV，可用 2500V 绝缘电阻表代替	必要时，如： 怀疑有绝缘故障时
3	局部放电试验	必要时	电压为 $1.2U_m/\sqrt{3}$ 时，视在放电量不大于 50pC	必要时，如： 对绝缘性能有怀疑时
4	空载电流和励磁特性	大修后	1）在额定电压下，空载电流与出厂值比较无明显差别； 2）在下列试验电压下，空载电流的增量不应大于出厂试验值的 10%： 中性点非有效接地系统 $1.9U_n/\sqrt{3}$ 中性点接地系统 $1.5U_n/\sqrt{3}$	
5	连接组别和极性	1）更换绕组后； 2）接线变动后	与铭牌和端子标志相符	
6	电压比	1）更换绕组后； 2）接线变动后	与铭牌标志相符	1）对于计量计费用绕组应测量比值差和相位差； 2）更换绕组后应测量比值差和相位差
7	绕组直流电阻测量	1）大修后； 2）必要时	与初始值或出厂值相比较，应无明显差别	必要时，如：怀疑内部有故障时
8	红外热像检测	1 年 1 次	参考 DL/T 664—2008《带电设备红外诊断技术应用导则》	用红外热像仪测量

8.7 电容式电压互感器

电容式电压互感器的试验项目、周期和要求见表 12。

表 12 电容式电压互感器的试验项目、周期和要求

序号	项目	周 期	要 求	说 明
1	中间变压器二次绕组直流电阻	1）大修后； 2）必要时	与出厂值或初始值相比，应无明显差别	当一次绕组与分压电容器在内部连接而无法测量时可不测
2	中间变压器的绝缘电阻	1）3 年； 2）大修后； 3）必要时	1）与历次试验结果和同类型设备的试验结果相比无显著差别； 2）一次绕组对二次绕组及地应大于 1000MΩ，二次绕组之间及对地应大于 10MΩ	1）用 2500V 绝缘电阻表，从 X 端测量； 2）当一次绕组接地端在内部连接而无法测量时可不测
3	电压比	1）大修后； 2）必要时	与铭牌标志相符	计量有要求时应测量比值差和相位差
4	阻尼器检查	1）大修后； 2）必要时	1）绝缘电阻应大于 10MΩ； 2）阻尼器特性检查按制造厂要求进行	1）用 1000V 绝缘电阻表。 2）电容式电压互感器在投入前应检查阻尼器已接入规定的二次绕组的端子上。当阻尼器在制造厂已装入中间变压器内部时可不检查
5	电容器极间绝缘电阻	1）3 年； 2）必要时	一般不低于 5000MΩ	用 2500V 绝缘电阻表
6	分压电容测量	1）3 年； 2）必要时	详见电容器章节	电容式电压互感器的电容分压器的电容值与出厂值相差超出 ±2% 范围时，或电容分压比与出厂试验实测分压比相差超过 2% 时，应进行准确度试验

序号	项目	周 期	要 求	说 明
7	分压电容 tanδ	1）3 年； 2）必要时	1）油纸绝缘 0.5%，如超过 0.5%但与历年测试值比较无明显变化且不大于 0.8%，可监督运行。 2）膜纸绝缘 0.2。若测试值超过 0.2%应加强监视，超过 0.3%应更换	上节电容器测量电压10kV，中压电容的试验电压自定
8	中间变压器的 tanδ	1）3 年； 2）大修后； 3）必要时	与出厂值或初始值相比不应有显著变化	当一次绕组与分压电容器在内部连接而无法测量时可不测
9	交流耐压和局部放电	必要时	试验电压为出厂值的 75%，当电压升至试验电压 1min 后，降至 $0.8 \times 1.3U_m$ 历时 10s，再降至 $1.1U_m/\sqrt{3}$ 保持 1min，局部放电量不大于 10pC	若耐压值低于 $0.8 \times 1.3U_m$ 时，则只进行局部放电试验
10	低压端对地绝缘电阻	1）投运 1 年； 2）3 年	运行中不低于 10MΩ	1）用 2500V 绝缘电阻表； 2）低压端指 "N" 或 "J" 或 "δ" 等
11	红外热像检测	1）220kV 及以上：3 个月；110kV 及以下：6 个月； 2）必要时	按 DL/T 664—2008《带电设备红外诊断应用规范》执行	1）用红外热像仪测量。 2）大修后的互感器，应在投运后不超过 1 个月内（但至少在 24h 以后）进行一次精确检测。220kV 及以上电压等级的互感器每年在季节变化前后应至少各进行一次精确检测。在高温大负荷运行期间，对 220kV 及以上电压等级互感器应增加红外检测次数（1月 1 次）。精确检测的测量数据和图像应存入数据库。 3）必要时，如：怀疑有过热缺陷时

14.1 金属氧化物避雷器

14.1.1 金属氧化物避雷器的试验项目、周期和要求见表 27。

表 27　　　　　　　　金属氧化物避雷器的试验项目、周期和要求

序号	项目	周 期	要 求	说 明
1	运行电压下的交流泄漏电流带电测试	1）35kV 及以上：新投运后 3 个月内测量一次。 2）35kV 及以上雷雨季节前后各测量 1 次。 3）怀疑有缺陷时	1）测量运行电压下全电流、阻性电流或功率损耗，测量值与初始值比较不应有明显变化，同组间测量结果相比较，无显著差异。 2）测量值与初始值比较，当阻性电流增加 50%时应该分析原因，加强监测、适当缩短检测周期；当阻性电流增加 1 倍时应停电检查	1）35kV 及以上运行中避雷器应采用带电（或在线）测量方式，如避雷器不具备带电测试条件时（如变压器中性点避雷器、500kV 主变低 35kV 避雷器等），应结合变压器停电周期安排停电测试。 2）应记录测量时的环境温度、相对湿度和运行电压。 3）带电测量宜在避雷器外套表面干燥时进行；应注意相间干扰的影响。 4）避雷器（放电计数器）带有全电流在线检测装置的不能替代本项目试验，应定期记录读数（至少每 1 个月一次），发现异常应及时带电或停电进行阻性电流测试
2	直流 1mA 电压 U_{1mA} 及 $0.75U_{1mA}$ 下的泄漏电流	1）3 年； 2）必要时	1）不低于 GB/T 11032 规定值； 2）U_{1mA} 实测值与初始值或制造厂规定值比较，变化不应大于 ±5%； 3）$0.75U_{1mA}$ 下的泄漏电流与初始值比较≤30%或≤50μA	1）要记录环境温度和相对湿度，测量电流的导线应使用屏蔽线； 2）初始值系指交接试验或投产试验时的测量值； 3）避雷器怀疑有缺陷时应同时进行交流试验； 4）对于多柱并联的 MOA，明确直流 U_{1mA} 是指每柱 1mA

序号	项目	周期	要求	说明
3	绝缘电阻	1）3 年； 2）怀疑有缺陷时	1）35kV 以上：不小于 2500MΩ。 2）35kV 及以下：不小于 1000MΩ	采用 2500V 及以上绝缘电阻表
4	底座绝缘电阻	1）3 年； 2）怀疑有缺陷时	≥100MΩ	采用 2500V 及以上绝缘电阻表
5	检查放电计数器动作情况	1）每年雷雨季前； 2）怀疑有缺陷时	功能正常	带全电流在线测量的计数器交接时应进行精度检查，全电流测量的精度不低于 1.0 级，3 年校一次精度
6	工频参考电流下的工频参考电压	必要时	应符合 GB/T 11032 或制造厂的规定	1）测量环境温度（20±15）℃； 2）测量应每节单独进行，整相避雷器有一节不合格，宜整相更换
7	红外热像检测	1）220kV 及以上：3 个月；110kV：半年 1 次。 2）怀疑有缺陷时	按 DL/T 664—2008《带电设备红外诊断应用规范》执行	1）采用红外热像仪； 2）发现热像图异常时应结合带电测试综合分析，再决定是否进行停电试验和检查； 3）结合运行巡视进行

6.2.1.9 水轮发电机组整体性能

6.2.1.9（1）本项目的查评依据如下。

【依据 1】《水轮机基本技术条件》（GB/T 15468—2006）

5.4.2 在 4.1.4 规定的最大和最小水头范围内，水轮机应在表 4 所列功率范围内稳定运行：

表 4

水轮机型式	相应水头下的机组保证功率范围/%	水轮机型式	相应水头下的机组保证功率范围/%
混流式	（45～100）	转桨式	（35～100）
定桨式	（75～100）	冲击式	（25～100）

对于混流式水轮机，如在保证运行范围内出现强振，应采取相应措施或避振运行。

【依据 2】《水轮机运行规程》（DL/T 710—1999）

4.1.1 在水轮机的最大和最小水头范围内，水轮机应在技术条件规定的功率范围内（参见表 1）稳定运行。必要时可采取提高振动稳定性地措施（如补气等）。

4.1.2 水轮机需超额定功率运行时应报上级主管部门批准；水轮机因振动超限需限制运行范围，其具体数据需经过试验鉴定后确定，并报上级主管部门备案认定后方可执行。

表 1   水轮机相应水头下的保证功率范围

水轮机型式	相应水头下的机组最大保证功率/%	水轮机型式	相应水头下的机组最大保证功率/%
混流式	45～100	转桨式	35～100
定桨式	75～100	冲击式	25～100

【依据 3】《混流式水泵水轮机基本技术条件》（GB/T 22581—2008）

5.4.2 在 4.1.4 规定的最大和最小水头范围内，在水轮机工况下运行时，应在相应水头下的机组最大保证功率的 50%～100% 范围内稳定运行，在 4.1.4 规定的最高和最低扬程范围内，水泵工况应能稳定运行。在水泵工况下运行时，应按导叶开度与扬程的协联关系运行。在电网正常频率变化范围内，水泵工况驼峰区的最高扬程裕度不小于 2%。如在保证运行范围内机组出现强振，应采取相应措施或避振运行。

【依据 4】《抽水蓄能可逆式水泵水轮机运行规程》（DL/T 293—2011）

4.2.1 在最大和最小水头范围内，水轮机工况运行时，应在相应水头下的机组最大保证功率的 50%～100% 范围内稳定运行。

4.2.2 水泵工况运行时，在设计扬程范围和正常频率变幅范围内，水泵水轮机应能按导叶开度和扬程的协联关系稳定运行。

6.2.1.9（2）本项目的查评依据如下。

【依据1】《水轮发电机组启动试验规程》（DL/T 507—2014）

8.3 水轮发电机组甩负荷试验

8.3.1 机组甩负荷试验应在额定负荷的25%、50%、75%和100%下分别进行，按附录A的格式记录有关数值，同时应录制过渡过程的各种参数变化曲线及过程曲线，记录各部瓦温的变化情况。机组甩25%额定负荷时，记录接力器不动时间。检查并记录真空破坏阀的动作情况与大轴补气情况。根据机组制造合同和电站具体情况，在机组带25%、50%、75%和100%额定负荷下测定流量和水头损失。

8.3.2 若受电站运行水头或电力系统条件限制，机组不能按上述要求带、甩额定负荷时，可根据当时条件对甩负荷试验次数与数值进行适当调整，最后一次甩负荷试验应在所允许的最大负荷下进行。而因故未能进行的带、甩额定负荷试验项目，应在以后条件具备时完成。

【依据2】《国家电网公司水电厂重大反事故措施》（国家电网基建〔2015〕60号）

5.1.3.4 机组A级检修后应进行甩负荷试验，检查甩负荷过程中水压上升率、转速上升率和尾水管真空度应符合调节保证要求。

【依据3】《国家电网公司关于印发防止水电厂水淹厂房反事故补充措施的通知》（国家电网基建〔2017〕61号）

4. 机组甩负荷试验前，应根据实际试验水位进行过渡过程计算；机组甩负荷试验后，应根据甩负荷试验数据进行反演计算；对于引水系统一管多机布置方式，机组相继甩负荷工况应作为校核工况，过渡过程参数应满足规程规范要求。

6.2.1.9（3）本项目的查评依据如下。

【依据1】《水轮发电机组启动试验规程》（DL/T 507—2014）

6.2.10 测量、记录机组各部位振动，其值应不超过表1的规定。当振动值超过表1时，应进行动平衡试验。

表1　　　　　　　　　　　　水轮发电机组各部位振动允许值（双幅值）

序号		项　目	额定转速（r/min）			
			<100	100～250	>250～375	>375～750
			振动允许值（mm）			
1	水轮机	顶盖水平振动（通频值）	0.09	0.07	0.05	0.04
2		顶盖垂直振动（通频值）	0.11	0.09	0.06	0.05
3	水轮发电机	带推力轴承支架的垂直振动（通频值）	0.08	0.07	0.05	0.04
4		带导轴承支架的水平振动（转频值）	0.10	0.09	0.07	0.04
5		定子铁芯部位机座水平振动（转频值）	0.05	0.04	0.03	0.02
6		定子铁芯振动（100Hz双幅极频振动值）	0.03	0.03	0.03	0.03

【依据2】《水轮发电机基本技术条件》（GB/T 7894—2009）

9.8 水轮发电机允许双幅振动值，应不大于表9的规定。

表9　　　　　　　　　　　　水轮发电机组各部位振动允许值　　　　　　　　　　　　单位为毫米

机组型式	项　目	额定转速 n_N（r/min）				
		$n_N<100$	$100 \leq n_N<250$	$250 \leq n_N<375$	$375 \leq n_N \leq 750$	$750 \leq n_N$
立式机组	带推力轴承支架的垂直振动	0.08	0.07	0.05	0.04	0.03
	带导轴承支架的水平振动	0.11	0.09	0.07	0.05	0.04
	定子铁芯部位机座水平振动	0.04	0.03	0.02	0.02	0.02

机组型式	项　目	额定转速 n_N r/min				
		$n_N<100$	$100\leqslant n_N<250$	$250\leqslant n_N<375$	$375\leqslant n_N\leqslant750$	$750\leqslant n_N$
立式机组	定子铁芯振动（100Hz 双振幅值）	0.03	0.03	0.03	0.03	0.03
卧式机组	各部轴承垂直振动	0.11	0.09	0.07	0.05	0.04
灯泡贯流式机组	推力支架的轴向振动	0.10		0.08		
	各导轴承的径向振动	0.12		0.10		
	灯泡头的径向振动	0.12		0.10		

注：振动值系指机组在除过速运行以外的各种稳定运行工况下的双振幅值。

【依据3】《水轮机基本技术条件》（GB/T 15468—2006）

5.5　振动

5.5.1　在各种运行工况下（包括甩负荷），水轮机各部件不应产生共振和有害变形。

5.5.2　在保证的稳定运行范围内，立式水轮机顶盖以及卧式水轮机轴承座的垂直方向和水平方向的振动值，应不大于表 5 的规定要求。测量方法按 GB/T 6075.5—2002 执行。

表 5　　　μm

项　　目	额定转速/（r/min）			
	≤100	>100~250	>250~375	>375~750
	振动允许值（双幅值）			
立式机组顶盖垂直振动	90	70	50	30
立式机组顶盖垂直振动	110	90	60	30
卧式机组水轮机轴承的水平振动	120	100	100	100
卧式机组水轮机轴承的垂直振动	110	90	70	50

注：振动值系指机组在除过速运行以外的各种运行工况下的双振幅值。

5.5.3　在正常运行工况下，主轴相对振动（摆度）应不大于 GB/T 11348.5—2002 图 A.2 中所规定的 B 区上限线（见附录 D），且不超过轴承间隙的 75%。

5.8　噪声

水轮机正常运行时，在水轮机机坑地板上方 1m 处所测得的噪声不应大于 90dB（A），在距尾水管进人门 1m 处所测得的噪声不应大于 95dB（A），冲击式水轮机机壳上方 1m 处所测得的噪声不应大于 85dB（A），贯流式水轮机转轮室周围 1m 内所测得的噪声不应大于 90dB（A）。

【依据4】《混流式水泵水轮机基本技术条件》（GB/T 22581—2008）

5.5　振动

5.5.1　在各种运行工况下（包括水轮机工况甩负荷，水泵造压工况和水泵断电等过渡过程工况），水泵水轮机各部件不应产生共振和有害变形。

5.5.2　在保证的稳定运行范围内，水泵水轮机顶盖的垂直方向和水平方向的振动值，应不大于表 2 的规定要求。测量方法按 GB/T 1189、GB/T 6075.5 执行。

表 2　　　　　　　　　顶盖的垂直方向和水平方向的振动值

项　　目	额定转速/（r/min）		
	≤100	>100~250	≥250
	振动允许值（双幅值）		
立式机组顶盖垂直振动	90	70	50
立式机组顶盖垂直振动	110	90	60

注：振动值系指机组在 5.4.2 规定的运行工况范围的双振幅值。

5.5.3　在正常运行工况下，主轴相对振动（摆度）应不大于 GB/T 11348.5—2002 图 A.2 中所规定的 B 区上限线（见附录 B），且不超过轴承间隙的 75%。

5.5.4　机组轴系的临界转速应由水泵水轮机和发电电动机供方分别计算确定，轴系的第一临界转速应不小于最大飞逸转速的 125%，同时应计算轴系的扭转固有频率，使其避开 50Hz、100Hz 和导叶过流频率。

5.8　噪声

水轮机正常运行时，在水轮机机坑地板上方 1m 处所测得的噪声不应大于 98dB（A），在距尾水管进人门 1m 处所测得的噪声不应大于 105dB（A）。

【依据 5】《旋转机械转轴径向振动的测量和评定　第 5 部分：水力发电厂和泵站机组》（GB/T 11348.5—2008）

A.3　准则Ⅱ：振动幅值变化

有时振动幅值变化发生较大的变化（即变化比较快），即使没有超出 A.2 中规定的限值也要采取措施，因为它表明某个部件可能有移动或失效，也可能是一个严重失效的预兆。因此，准则Ⅱ以稳态和可重复运行条件下可能出现的总的振动幅值的变化为基础，规定了振动幅值变化的准则，但它不适用于预期的变化和由于运行工况改变而发生的变化。

准则Ⅱ用于总的振动，如果转轴振动幅值的变化大于大区域 A-B 上限的 25%，那么不管振动幅值是增大或减小，都应该采取措施查明振动改变的原因。如有必要，应采取相应的措施。同时应考虑到振动的最大值和确定机组是否在新的条件下已稳定下来，然后再作出停机的决定。

必须注意到此准则有使用限制，因为个别频率分量可能在幅值和比率上有很大变化，但这些变化的重要性在总振动信号中并没有反映出来。虽然监测总的振动改变值给出了一些潜在问题的指示，但是需要用比正常监测仪器更复杂的测量仪和分析仪做进一步分析，这些仪器能够确定振动信号中个别频率分量发生矢量改变的趋向。特别重要的是监测转速频率和 2 倍转速频率矢量。应用这些仪器通常需要专门的知识，这类测量准则的制定已超出本标准的范围，详见 GB/T 11348.1 和 GB/T 17189。

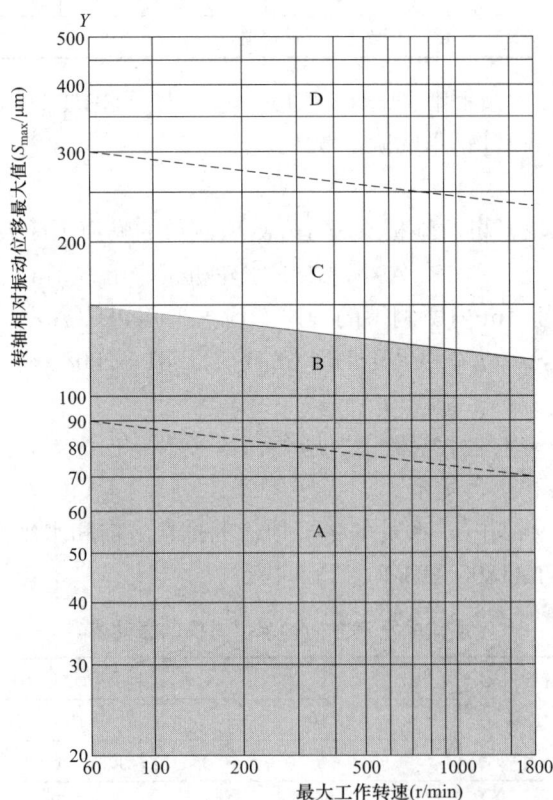

图 A.1　水力机器或机组测量面内转轴相对振动位移最大值（S_{max}）的推荐评价区域，适用于水轮机在合同许可的稳态流动区域运行（见 4.1）

6.2.1.9（4）本项目的查评依据如下。

【依据1】《水轮发电机组启动试验规程》（DL/T 507—2014）

6.2.10 测量、记录机组各部位振动，其值应不超过表1的规定。当振动值超过表1时，应进行动平衡试验。

表1   水轮发电机组各部位振动允许值（双幅值）

序号	项 目		额定转速 r/min			
			<100	100～250	>250～375	>375～750
			振动允许值 mm			
1	水轮机	顶盖水平振动（通频值）	0.09	0.07	0.05	0.04
2		顶盖垂直振动（通频值）	0.11	0.09	0.06	0.05
3	水轮发电机	带推力轴承支架的垂直振动（通频值）	0.08	0.07	0.05	0.04
4		带导轴承支架的水平振动（转频值）	0.10	0.09	0.07	0.05
5		定子铁芯部位机座水平振动（转频值）	0.05	0.04	0.03	0.02
6		定子铁芯振动（100Hz双幅极频振动值）	0.03	0.03	0.03	0.03

【依据2】《水轮发电机组安装技术规范》（GB/T 8564—2003）

15.3.1 机组机械运行检查：

a）机组起动过程中，监视各部位，应无异常现象。

b）测量并记录上下游水位及在该水头下机组的起动开度和空载开度。

c）观察轴承油面，应处于正常位置，油槽无甩油现象。监视各部位轴承温度，不应有急剧升高现象。运行至温度稳定，其稳定温度不应超过设计规定值。

d）测量机组运行摆度（双幅值），其值应不大于75%的轴承总间隙。

e）测量机组振动，其值应不超过表41的规定，如果机组的振动超过表41的规定值，应进行动平衡试验。

f）测量发电机残压及相序，相序应正确。

g）清扫滑环表面。

表41   水轮发电机组各部位振动允许值   单位：mm

机组型式	项 目		额定转速（n） r/min			
			$n<100$	$100 \leqslant n<250$	$250 \leqslant n<375$	$375 \leqslant n<750$
立式机组	水轮机	顶盖水平振动	0.09	0.07	0.05	0.03
		顶盖垂直振动	0.11	0.09	0.06	0.03
	水轮发电机	带推力轴承支架的垂直振动	0.08	0.07	0.05	0.04
		带导轴承支架的水平振动	0.11	0.09	0.07	0.05
		定子铁芯部分机座水平振动	0.04	0.03	0.02	0.02
		定子铁芯部分机座水平振动（100Hz双振幅值）	0.03	0.03	0.03	0.03

注：振动值系指机组在除过速运行以外的各种稳定运行工况下的双振幅值。

【依据3】《水轮发电机基本技术条件》（GB/T 7894—2001）

4.3.8 对装有推力轴承和导轴承的立式水轮发电机的机架其垂直方向和水平方向的允许双幅振动值以及卧式水轮发电机轴承在垂直方向的允许双幅振动值应不大于表6的规定。

表6 水轮发电机（振动）双幅允许限值

项　目	额定转速/(r/min)				
	≤100	>100~250	>250~375	>375~750	>750
	振动允许值（双幅值）/μm				
推力支架的垂直振动	100	80	70	60	50
导轴承支架的水平振动	140	120	100	70	50
卧式机组各部轴承的垂直振动	140	120	100	70	50

注：振动值系指机组在正常各种运行工况下测得的以位移－峰值表示的最大振动值。

4.3.9　水轮发电机定子铁芯在对称负载工况下，100Hz 的允许双幅振动值应不大于 30μm。

【依据 4】《水轮机基本技术条件》（GB/T 15468—2006）

5.5　振动

5.5.1　在各种运行工况下（包括甩负荷），水轮机各部件不应产生共振和有害变形。

5.5.2　在保证的稳定运行范围内，立式水轮机顶盖以及卧式水轮机轴承座的垂直方向和水平方向的振动值，应不大于表 5 的规定要求。测量方法按 GB/T 6075.5—2002 执行。

表5 单位：μm

项　目	额定转速/(r/min)			
	≤100	>100~250	>250~375	>375~750
	振动允许值（双幅值）			
立式机组顶盖垂直振动	90	70	50	30
立式机组顶盖垂直振动	110	90	60	30
卧式机组水轮机轴承的水平振动	120	100	100	100
卧式机组水轮机轴承的垂直振动	110	90	70	50

注：振动值系指机组在除过速运行以外的各种运行工况下的双振幅值。

5.5.3　在正常运行工况下，主轴相对振动（摆度）应不大于 GB/T 11348.5—2002 图 A.2 中所规定的 B 区上限线（见附录 D），且不超过轴承间隙的 75%。

6.2.1.9（5）本项目的查评依据如下。

【依据 1】《水轮发电机组安装技术规范》（GB/T 8564—2003）

15.4.7　在额定负载下，机组应进行 72h 连续运行。

受电站水头和电力系统条件限制，机组不能带额定负载时，可按当时条件在尽可能大的负载下进行 72h 连续运行。

15.4.8　按合同规定有 30 天考核试运行要求的机组，应在通过 72h 连续试运并经停机检查处理发现的所有缺陷后，立即进行 30 天考核试运行。机组 30 天考核试运行期间，由于机组及其附属设备故障或因设备制造安装质量原因引起中断，应及时处理，合格后继续进行 30 天运行。若中断运行时间小于 24h，且中断次数不超过三次，则中断前后运行时间可以累加；否则，中断前后时间不得累加计算，应重新开始 30d 考核试运行。

【依据 2】《水轮发电机运行规程》（DL/T 751—2014）

3.2.3　当发电机组铭牌设置最大容量时，发电机应允许在最大负荷下连续安全运行。最大负荷时的功率因数、定子和转子最大工作电流以及发电机各部位温度，应按制造厂家的规定在现场运行规程中明确。

6.2.1.9（6）本项目的查评依据如下。

【依据 1】《水轮发电机基本技术条件》（GB/T 7894—2009）

10.4.8　推力轴承和导轴承应设置防止油污逸出和甩油的可靠密封装置，位于非驱动端的推力轴承和导轴承应设置防止轴电流的可靠绝缘。

【依据2】《水轮发电机运行规程》（DL/T 751—2014）

3.2.18 弹性金属塑料瓦推力瓦应符合 DL/T 622 的规定，并符合以下要求：

a）在每年运行时间 5000h 以上和开停机 1200 次以下的情况下，弹性金属塑料推力瓦的使用年限不少于 15 年。

b）当瓦体温度不超过 55℃时，允许长期运行，瓦体温度达 55℃时报警，达 60℃时停机。

c）运行中当油冷却系统冷却水中断后，若瓦体温度不超过 55℃、油槽的热油温度不超过 50℃，推力瓦应能继续运行，其允许运行时间由制造厂家确定；在此期间应密切监视油温、瓦温变化情况，恢复冷却水时，应缓慢调整至正常压力。

d）当油槽热油温度不超过 50℃时，允许弹性金属塑料推力瓦长期运行；油槽热油温度达 50℃时报警，达 55℃时停机。

e）当油槽热油温度不超过 40℃时，瓦温的报警和停机整定值分别比热油温度高出 10℃～15℃和 15℃～20℃。

f）采用外循环冷却的弹性金属塑料推力瓦，不允许断油运行。

g）弹性金属塑料推力瓦允许惰性停机，但每年不加闸惰性停机次数不应超过 3 次，且转速下降到平均线速度为 1m/s 时的持续运行时间不应超过 15min。

【依据3】《国家电网公司水电厂重大反事故措施》（国家电网基建〔2015〕60号）

5.1.1.1 应设置完善的停机过程剪断销剪断（或其他导叶发卡保护）、调速系统低油压、低油位、电气和机械过速等保护装置，同时为防止在机组甩负荷而调速器又失灵时发生飞逸事故，应装设过速限制器（包含事故配压阀、电磁换向阀、纯机械过速保护装置等）。

5.1.1.3 工作闸门（主阀）应具备动水关闭功能，在导水机构拒动时应保证工作闸门（主阀）能在最大流量动水关闭，关闭时间应保证机组在最大飞逸转速下的运行时间小于允许值。贯流式水轮机应设置防止飞逸的关闭重锤，导水机构拒动时应能够动水关闭，重锤关机的时间应能保证机组在最大飞逸转速下的运行时间小于允许值。反击式水轮机导叶的水力矩应有自关闭功能设计。

5.1.3.2 过速保护装置应定期检验，并正常投入。对水机过速保护装置、事故停机剪断销剪断（或其他导叶发卡保护）等在机组检修时应进行传动试验。

6.2.1.9（7）本项目的查评依据如下。

【依据】《水轮发电机运行规程》（DL/T 751—2009）

7.3.1 发电机转子两点接地处理

7.3.1.1 事故现象：

a）先发出转子一点接地信号，转子过电流保护可能动作；

b）转子电流升高，定子电压降低；

c）机组有功功率可能降低，无功功率减小，发电机进相，甚至失步，并产生剧烈的振荡；

d）风动内可能有焦臭味；

e）机组失磁保护可能动作。

7.3.1.2 处理方法：

a）若保护未动作停机，应立即紧急停机；

b）检查发电机出口断路器、灭磁开关是否拉开，如未拉开，应立即拉开出口断路器及灭磁开关，解列事故机组停机；

c）如发电机着火，则按 7.3.2 的规定进行处理；

d）机组停机后应测量转子绝缘；

e）对发电机的定子、转子、风洞、励磁系统等进行全面检查和处理。

6.2.1.9（8）本项目的查评依据如下。

【依据1】《水轮发电机运行规程》（DL/T 751—2014）

3.2.2 空气冷却及内水冷却的发电机在 GB/T 7894—2009 规定的使用环境条件及额定工况下运行，

其定子、转子绕组和定子铁芯等的温升限值应不超过表 3 的规定。蒸发冷却的发电机在 DL/T 1067 规定的使用环境条件及额定工况下运行，其定子、转子绕组和定子铁芯等的温升限值应不超过表 4 的规定。

表 3　　　　空气冷却及内水冷却发电机定子、转子绕组和定子铁芯等部件允许温升限值　　　　单位：K

发电机部件	不同等级绝缘材料的最高允许温升限值					
	B 级（130℃）			F 级（155℃）		
	温度计法	电阻法	检温计法	温度计法	电阻法	检温计法
空气冷却的定子绕组	—	80	85		105	110
定子铁芯	—	—	85		—	105
内水冷却定子绕组的出水	25		25	25		25
两层及以上的转子绕组	—	80			100	—
表面裸露的单层转子绕组	—	90			110	—
不与绕组接触的其他部件	这些部件的温升应不损坏该部件本身或任何与其相连部件的绝缘					
集电环	75	—		85	—	

注：定子和转子绝缘应采用耐热等级为 B 级（130℃）及以上的绝缘材料。

表 4　　　　蒸发冷却发电机定子、转子绕组和定子铁芯等部件允许温升限值　　　　单位：K

发电机部件	绝缘耐热等级					
	B 级（130℃）			F 级（155℃）		
	温度计法	电阻法	检温计法	温度计法	电阻法	检温计法
定子绕组	—	—	40	—	—	40
定子铁芯	—	—	85		—	105
表面裸露的单层转子绕组	—	90			110	
不与绕组接触的其他部件	这些部件的温升应不损坏该部件本身或任何与其相连部件的绝缘					
集电环	80			90		

注 1：在海拔超过 1000m、冷却空气温度超过 40 等条件环境下，可参照 GB 755 进行修正。
注 2：对于频繁启停的蒸汽冷却发电机，每天的启停次数超过 2 个循环，定子绕组温升值不变，其他部件温升值减低 5K～10K。

【依据 2】《国家电网公司水电厂重大反事故措施》（国家电网基建〔2015〕60 号）

6.6.3.4　运行中应坚持红外成像检测集电环及碳刷温度，及时调整，保证碳刷接触良好；必要时检查集电环椭圆度，椭圆度超标时应处理，运行中碳刷打火应采取措施消除，不能消除的要停机处理，一旦形成环火应立即停机。

6.2.1.9（9）本项目的查评依据如下。

【依据 1】《国家电网公司水电厂重大反事故措施》（国家电网基建〔2015〕60 号）

6.7.3.1　润滑油油位应具备远方自动监测功能，应定期化验润滑油，油质劣化应尽快处理，油质不合格禁止启动机组。

【依据 2】《水轮发电机运行规程》（DL/T 751—2014）

3.7.10　内水冷却发电机的冷却系统应满足以下要求：

a）冷却水管路系统应设有检漏装置、冷却水水质监测和报警装置。冷却水处理应按 DL/T 1039 的相关规定执行。

b）发电机内冷水系统投运前，循环冷却系统应彻底冲洗，不应留有杂质。对于新投运或检修机组，其内部应检查和清扫。

c）内冷水系统补水管应设置冲洗排污出水管。

d）内冷水系统应定期进行正反冲洗。

e）各组冷却水管出水口（包括汇流管）均应装设测温装置，定子绕组的进水温度不宜超过 40℃，进水温度下限应在现场运行规程中明确。

6.2.1.9（10）本项目的查评依据如下。

【依据】《电流表、电压表、功率表及电阻表检定规程》（JJG 124—2005）

5.1 外观检查

仪表应标有仪器名称、制造厂家（或商标）、出厂编号、标志以及其他保证其正确使用的信息、通用标志和符号。且不应有可以引起测量精度和影响准确度的缺陷。

6.5 检定周期

准确度等级小于或等于 0.5 的仪表检定周期一般为一年，其余仪表检定周期一般不超过两年。

6.2.1.9（11）本项目的查评依据如下。

【依据】《国家电网公司电力安全工作规程 第 3 部分：水电厂动力部分》（Q/GDW 1799.3—2015）

9.1.4 进入发电机（电动机）内部工作注意事项：

a）进入内部工作的人员，无关杂物应取出，不得穿有钉子的鞋子入内。

b）进入内部工作的人员及其所携带的工具、材料等应登记，工作结束时要清点，不可遗漏。

c）不得踩踏磁极引出线及定子绕组绝缘盒、连接梁、汇流排等绝缘部件。

d）在发电机（电动机）内部进行电焊、气割等工作时，应备有消防器材，做好防火措施，并采取防止电焊渣、铁屑等掉入发电机内部的措施。

e）在发电机（电动机）内凿下的金属、电焊渣、残剩的焊头等杂物应及时清理干净。

6.2.1.9（12）本项目的查评依据如下。

【依据1】《水电站检修设备管理导则》（DL/T 1066—2007）

6.3.4 主要设备检修项目确定。

6.3.4.1 主要设备的检修项目分为标准项目和特殊项目。

6.3.4.2 A 级检修标准项目的主要内容：

a）制造厂要求的项目；

b）全面解体、定期检查、清扫、测量、调整和修理；

c）定期监测、试验、校验和鉴定；

d）按规定需要定期更换零部件的项目；

e）按各项技术监督规定检查项目；

f）消除设备和系统的缺陷和隐患。

6.3.4.3 B 级检修项目是根据机组设备状态评价及系统的特点和运行状况，有针对性地实施部分 A 级检修项目和定期滚动检修项目。

6.3.4.4 C 级检修标准项目的主要内容：

a）消除运行中发生的缺陷；

b）重点清扫、检查和处理易损、易磨部件，必要时进行实测和试验；

c）按各项技术监督规定检查项目。

6.3.4.5 D 级检修的主要内容是消除设备和系统的缺陷。

6.3.4.6 可根据设备的状况调整各级检修的项目，原则上在一个 A 级检修周期内所有的标准项目都必须进行检修。

6.3.4.7 特殊项目为标准项目以外的检修项目以及执行反事故措施、节能措施、技改措施等项目；重大特殊项目是指技术复杂、工期长、费用高或对系统设备结构有重大改变的项目。发电企业可根据需要安排在各级检修中。

6.3.4.8 主要设备的附属设备和辅助设备应根据设备状况和制造厂要求，合理确定其检修项目。

【依据2】《立式水轮发电机检修技术规程》（DL/T 817—2014）

4.2 检修项目

4.2.1 C 级检修项目

发电机 C 级检修项目，见表 2。

表 2   **C 级 检 修 项 目 表**

序号	部件名称	检 修 项 目
1	定子	1. 机械部分清扫、检查、消缺（含机座螺栓、定位销钉、组合焊缝、压紧螺杆等部件）； 2. 电气部分清扫、检查、消缺（含绕组上/下端部、槽口绝缘、槽楔、绝缘盒、汇流排及引线等部件）； 3. 内水冷却定子绕组检查、消缺； 4. 蒸发冷却定子绕组检查、消缺； 5. 测温装置、元件和回路检查、消缺
2	转子	1. 空气间隙检查； 2. 转子机械部分清扫、检查、消缺（含紧固件、销钉、焊缝及风扇等部件）； 3. 转子电气部分清扫、检查、消缺（含转子引线、磁极绕组、阻尼环、励磁引线及各连接头等部件）； 4. 制动环清扫、检查、消缺； 5. 集电环及绝缘支柱清扫、检查、消缺； 6. 电刷清扫、检查、消缺或更换
3	轴承	1. 油槽排油、充油，油化验，滤油或换油； 2. 推力轴承、上导轴承、下导轴承外部清扫、检查、消缺； 3. 导轴瓦间隙复测，分块瓦瓦面抽检； 4. 油槽渗漏检查、处理； 5. 油槽油冷却系统严密性试验； 6. 推力轴承高压顶起装置（含滤网）清扫、检查、处理、有效性试验； 7. 推力外循环冷却系统清扫、检查、处理、严密性试验； 8. 吸排油雾系统清扫、检查、处理； 9. 瓦温、油温、油位、油混水、振动、摆度等自动化元件和回路检查、处理
4	主轴	1. 主轴中心补气系统检查、处理； 2. 主轴接地装置清扫、检查或更换
5	机架	上机架、下机架或推力机架清扫、检查径向或切向支撑装置清扫、检查
6	附属系统	1. 内水冷却系统清扫、检查、处理和严密性试验； 2. 蒸发冷却系统清扫、检查、处理和严密性试验； 3. 制动器闸块与制动环间隙检查，制动柜检查，吸尘系统清扫、检查、制动系统检查、清扫、严密性试验、模拟试验，顶转子操作及试验； 4. 空气冷却器及通风部件清扫、检查和处理，空气冷却系统严密性试验； 5. 上、下挡风板清扫、检查、修复； 6. 上、下盖板清扫、检查、修复； 7. 油、水、气管路阀门清扫、检查、渗漏处理； 8. 表计检查、检定； 9. 补漆、标识标牌修复或更换
7	励磁系统	励磁系统及各回路、元器件清扫、检查、端子紧固及试验
8	电气一次、二次系统及其他	1. 中性点设备、出口断路器、母线、电流互感器、电压互感器、避雷器清扫、检查、各部位接头、电缆头、电缆线及螺栓清扫、检查、紧固及试验； 2. 自动化元件清扫、检查、校验； 3. 保护装置、安全自动装置故障录波装置及回路、元器件清扫、检查，端子紧固及试验； 4. 监控系统及各回路、元器件清扫、检查，端子紧固及试验； 5. 手/自动同期装置及回路、元器件清扫、检查，端子紧固及试验； 6. 测速装置及回路、元器件清扫、检查，端子紧固及试验； 7. 电气制动系统及回路、元器件清扫、检查，端子紧固及试验； 8. 振动摆度、测温、空气间隙、局部放电和轴电流等监测系统清扫、检查，端子紧固及试验； 9. 其他相关装置、屏柜清扫、检查、紧固及试验

4.2.2 B 级检修项目

发电机 B 级检修项目，见表 3。

表 3   **B 级 检 修 项 目 表**

序号	部件名称	检 修 项 目	特 殊 项 目
1	定子	1. 定子机座组合螺栓、基础螺栓、销钉及焊缝检查、处理，分瓣定子合缝检查、处理，径向千斤顶检查、处理； 2. 定子贴心压紧螺栓外观检查；	1. 齿压板更换； 2. 支持环更换； 3. 铁芯压紧螺杆更换；

序号	部件名称	检 修 项 目	特 殊 项 目
1	定子	3．定子绕组端部及其支持环检查、处理，齿压板修复； 4．定子绕组及槽口部位检查、处理； 5．汇流排检查、处理； 6．内水冷却定子绕组检查、处理； 7．蒸发冷却定子绕组检查、处理； 8．测温装置、元件和回路检查、核对	4．在不吊转子的情况下更换少量绕组； 5．铁芯松动处理； 6．测温元件更换
2	转子	1．空气间隙测量； 2．转子支架焊缝检查、处理，组合螺栓、磁轭键、磁轭卡键检查、处理，磁轭螺栓检查、处理，转子风扇检查、处理； 3．磁极、磁极绕组、阻尼环、励磁引线、转子引线及各连接头、固定件检查、处理； 4．制动环及其挡块清扫、检查、处理； 5．集电环及绝缘支柱清扫、检查、处理； 6．电刷装置及引线检查、调整或更换	1．在不吊转子的情况下更换少量磁极； 2．磁轭下沉处理，磁轭键修复； 3．磁极绕组、引线或阻尼绕组更换； 4．磁极绕组匝间绝缘处理
3	轴承	1．油槽排油、充油，油化验，滤油或换油； 2．推力头、卡环、镜板等轴承转动部分清扫、检查、处理； 3．轴承座检查、处理； 4．推力轴承支撑结构检查、试验，推力瓦受力调整； 5．巴氏合金推力瓦、导轴瓦检查、修复、更换； 6．弹性金属塑料瓦表面检查，磨损量测量； 7．导轴承各部位检查、处理，导轴瓦间隙测量、调整； 8．轴承绝缘检查、处理； 9．油槽油冷却器分解检查、更换，油冷却系统严密性耐压试验； 10．吸排油雾系统清扫、检查、处理，推力轴承高压顶起装置（含滤网）清扫、检查、处理、有效性试验； 11．推力外循环冷却系统清扫、检查、处理、严密性耐压试验； 12．瓦温、油温、油位、油混水、振动、摆度等自动化元件和回路检查、处理或更换； 13．油槽清扫、渗漏试验	
4	主轴	1．主轴法兰、轴颈检查、处理； 2．轴线检查调整（包括转桨式机组的受油器操作油管）； 3．主轴中心补气系统检查、处理； 4．主轴接地装置清扫、检查或更换	
5	机架	上机架、下机架或推力机架清扫、检查径向或切向支撑装置清扫、检查	
6	附属系统	1．空气冷却器解体、清扫、检查、处理，通风部件检查、修复，空气冷却系统严密性耐压试验； 2．制动器闸块与制动环间隙检查，制动闸块更换，制动柜检查，制动系统检查、清扫、严密性耐压试验、模拟试验，制动系统电气回路校验，行程开关检查、调整； 3．吸尘系统清扫、检查； 4．顶转子系统检查、处理，顶转子操作及试验； 5．灭火系统检查、处理； 6．上、下挡风板清扫、检查、修复； 7．上、下盖板清扫、检查、修复； 8．内水冷却系统解体、检查、处理和严密性耐压试验； 9．蒸发冷却系统解体、检查、处理和严密性耐压试验； 10．油、水、气管路阀门清扫、检查、渗漏处理； 11．表计检查、检定； 12．补漆、标识标牌修复或更换	
7	励磁系统	1．励磁系统及各回路、元器件清扫、检查、端子紧固及试验； a）励磁变压器清扫、检查，各部位接头、电缆头、电缆线检查、处理、紧固及试验； b）励磁专用电流互感器、电压互感器、电源变压器清扫、检查、接线紧固，二次回路检查，端子紧固及试验； c）励磁调节器、功率柜、灭磁开关等屏、柜、元器件的清扫、检查、插件紧固及试验； d）冷却系统清扫、检查、管路积尘结垢处理及试验。 2．冷却风机检修、保养； 3．灭磁开关以及各交流开关检修、调整	

序号	部件名称	检 修 项 目	特 殊 项 目
8	电气一次、二次系统及其他	1. 中性点设备、引出线、出口断路器、母线、电流互感器、电压互感器、避雷器清扫、检查、各部位接头、电缆头、电缆线及螺栓清扫、检查、紧固及试验； 2. 表计和自动化元件清扫、检查及校验； 3. 保护装置、安全自动装置故障录波装置及回路、元器件清扫、检查，端子紧固及试验； 4. 监控系统及各回路、元器件清扫、检查，端子紧固及试验； 5. 手/自动同期装置及回路、元器件清扫、检查，端子紧固及试验； 6. 测速装置及回路、元器件清扫、检查，端子紧固及试验； 7. 电气制动系统及回路、元器件清扫、检查，端子紧固及试验； 8. 振动摆度、测温、空气间隙、局部放电和轴电流等监测系统清扫、检查，端子紧固及试验； 9. 电缆防火系统检查、修复、孔洞封堵及试验； 10. 其他相关装置、屏柜清扫、检查、紧固及试验	

4.2.3 A 级检修项目

发电机 A 级检修项目除实施 B 级检修项目外，还应实施表 4 规定项目。

表 4   A 级 检 修 项 目 表

序号	部件名称	检 修 项 目	特 殊 项 目
1	定子	1. 定子绕组及槽口部位检查，槽楔检查、修理、通风沟清扫、检查； 2. 线棒防晕处理； 3. 分瓣定子合缝处理； 4. 端部接头、垫块及绑线检查、处理； 5. 圆度、中心、水平和高程测量、调整，椭圆度处理； 6. 内水冷却定子绕组检查、处理和试验； 7. 蒸发冷却定子绕组检查、处理和试验； 8. 定子清扫、喷漆	1. 绕组更换； 2. 铁芯重叠
2	转子	1. 转子吊出、吊入； 2. 各部位（包括通风沟）清扫、检查； 3. 转子圆度及磁极标高测定、调整； 4. 磁极接头、阻尼环、极间撑块检查、处理，部分磁极更换； 5. 制动环检查、处理或更换； 6. 转子清扫、喷漆	磁轭重叠
3	轴承	1. 镜板表面检查、研磨、修复； 2. 推力头、卡环检查、处理	
4	机架	1. 机架检查、处理； 2. 机架中心、水平、高程等测量、调整	机架加固
5	附属系统	制动器及其系统解体检查、处理、试验	

注：发电机 A 级检修项目还应包含表 3 的 B 级检修项目。

【依据 3】《发电厂设备检修导则》（DL/T 838—2003）

7.1 检修项目的确定

7.1.1 主要设备的检修项目分标准项目和特殊项目两类（主要设备 A 级检修项目参见附录 A）

7.1.1.1 A 级检修标准项目的主要内容：

a）制造厂要求的项目；

b）全面解体、定期检查、清扫、测量、调整和修理；

c）定期监测、试验、校验和鉴定；

d）按规定需要定期更换零部件的项目；

e）按各项技术监督规定检查项目；

f）消除设备和系统的缺陷和隐患。

7.1.1.2　B 级检修项目是根据机组设备状态评价及系统的特点和运行状况，有针对性地实施部分 A 级检修项目和定期滚动检修项目。

7.1.1.3　C 级检修标准项目的主要内容：

a）消除运行中发生的缺陷；

b）重点清扫、检查和处理易损、易磨部件，必要时进行实测和试验；

c）按各项技术监督规定检查项目。

7.1.1.4　D 级检修的主要内容是消除设备和系统的缺陷。

7.1.1.5　发电企业可根据设备的状况调整各级检修的项目，原则上在一个 A 级检修周期内所有的标准项目都必须进行检修。

7.1.1.6　特殊项目为标准项目以外的检修项目以及执行反事故措施、节能措施、技改措施等项目；重大特殊项目是指技术复杂、工期长、费用高或对系统设备结构有重大改变的项目。发电企业可根据需要安排在各级检修中。

7.1.2　主要设备的附属设备和辅助设备应根据设备状况和制造厂要求，合理确定其检修项目。

7.1.3　生产建筑物和非生产设施的检修。

7.1.3.1　发电企业应定期检查维护生产建（构）筑物（厂房、煤场、灰坝、水工建筑物等）和重要非生产设施（道路和护坡），并根据实际情况安排必要的检修项目。

7.1.3.2　水力发电企业的水工建筑物及泄洪设施的检修工作应于汛前检修完毕，泄水闸门及启闭机应在使用前做好检查试验。

【依据 4】《水电站设备状态检修导则》（DL/T 1246—2013）

附录 C

（资料性附录）

设备诊断分析

C.1　诊断分析对象及特征状态参数项目见表 C.1。

表 C.1　　　　诊断分析对象及特征状态参数参考表

名称	分析对象	分析内容	特征状态参数
水轮机	水导	轴承瓦温、油槽温度、油槽油位	
	主轴密封及其供水系统	流量、压力	
	水轮机振动、摆度	顶盖振动、水导摆度、尾水压力脉动及噪声	
	顶盖排水系统	顶盖水位、顶盖泵启停次数、间隔时间	
	油压系统	油泵启停情况	
		油罐、气罐及补气压力、油位	
		过滤器压差	
		集油槽油位、油温及冷却系统流量	
	技术供水系统	供水系统各类泵启停情况	
		减压阀出口压力及振动	
		滤水器流量、压差	
		技术供水系统流量、压力	
	气系统	空压机及冷却、润滑系统	
	拦污栅	压差	
发电机	上导轴承	轴承瓦温、油槽油位、油槽油温、油混水信号	
	推力、下导轴承	推力轴承瓦温、油槽油位、油槽油温、油混水信号	
		下导轴承瓦温、油槽油位、油槽油温、油混水信号	

157

名称	分析对象	分析内容	特征状态参数
发电机	纯水系统	电导率	
		膨胀水箱水位	
		水温	
		流量	
	发电机滑环、碳刷	滑环温度、打火及积碳情况	
	定子、转子	定子温度（线棒、铁芯）	
		定子铁芯振动	
		空冷器器温度	
		转子温度	
		发电机气隙、绝缘	
	励磁变压器	铁芯温度	
	出口断路器（或 GIS）	SF_6 气体泄漏及绝缘情况、异常开断和故障统计	
变压器	冷却系统	压力、流量	
	本体及相关设备	温度及储油柜油位	
		气体含量分析（套管及油气在线检测）	
		夹件接地电流检测	
		中性点电抗器温度	
		绝缘情况	

C.2 设备状态诊断分析内容及要求。设备状态诊断分析包括日分析、周分析、月分析和专题分析。

日分析：运行人员分析设备运行方式、实时运行数据变化趋势、巡检采集的运行数据、设备缺陷、运行记录、定期工作记录、异常信号等信息，发现问题及时联系相关设备维护部门处理；设备维护部门专业技术人员分析所属设备缺陷记录，评估缺陷的风险等级，消除设备缺陷。对不能及时消除且不影响设备运行的缺陷进行统计并持续跟踪，提出运行指导意见。

周分析：在日分析的基础上，运行人员分析设备运行数据的渐变趋势，提出设备运行和维护建议；设备维护部门专业技术人员每周对设备特征状态参数的变化趋势、重要缺陷、重复缺陷、遗留缺陷进行跟踪。

月分析：由决策层组织相关技术人员，根据各设备的月度运行情况、可靠性指标与相关专题分析报告，进行集中诊断，对设备运行中出现的异常、重大设备隐患及危险源应分析原因，并制订措施与计划。

专题分析：对重大设备隐患或危险源、设备运行中出现的异常应组织分析，查找设备隐患和设备异常产生的原因，制定防范和改进措施。

6.2.1.9（13）本项目的查评依据如下。

【依据 1】《电力设备预防性试验规程》（DL/T 596—1996）

【依据 2】《水电站电气设备预防性试验规程》（国家电网企管〔2014〕437 号）

6.2.1.9（14）本项目的查评依据如下。

【依据 1】《电力技术监督导则》（DL/T 1051—2007）

4.3.7 金属监督

高温金属部件，承压容器和管道及部件；旋转部件金属母材和焊缝；水工金属结构。

【依据 2】《水电厂金属技术监督规程》（DL/T 1318—2014）

4.1 金属技术监督的部件

应对下列部件进行金属技术监督：

水轮机主要部件。包括大轴、转轮（桨叶）、泄水锥、转轮室（排水环）、导叶及操作机构（包括连杆、转臂、控制环、接力器、重锤吊杆吊耳）、蜗壳、管型座、顶盖、座环、底环、基础环、尾水管里衬等及其附属结构件。

发电机主要部件。包括大轴、转子中心体和支臂、上下机架、灯泡头、推力轴承（包含推力头、卡环、镜板）、风扇叶片、制动环、挡风板等及其附属结构件。

螺栓紧固件。包括大轴连接螺栓、转轮连接螺栓、推力轴承抗重螺栓、导轴承抗重螺栓、励磁机定子连接螺栓、励磁机法兰连接螺栓、发电机转子磁轭拉紧螺栓、转子轮臂螺栓、机架把合螺栓、基础螺栓、顶盖螺栓、主轴密封螺栓、蜗壳和尾水人孔门螺栓、转轮室连接螺栓等。

闸门、拦污栅、压力钢管、进水阀门及其附属结构件。

气、水、油管道。包括技术供水系统、操作油系统和压力容器（压油槽、储气罐等）相连的管道及附件。

8.1　水轮机主要部件的技术监督

8.1.1　每次 C 级及以上检修均应对大轴、转轮（桨叶）、泄水锥、转轮室（排水环）、导叶及操作机构（包括连杆、转臂、控制环、接力器、重锤吊杆吊耳）、蜗壳、管型座、顶盖、座环、底环、基础环、尾水管里衬等及其附属结构件进行外观检查，对出现异常的部位或有怀疑的部位应进行无损检测。

8.1.2　每次 B 级及以上检修均应对转轮、转轮室（排水环）的焊缝和应力集中部位进行渗透检测或磁粉检测，转轮焊缝检测数量比例不低于 50%，检测部位为转轮出水侧，检验长度为单条焊缝长度的 1/4 且不小于 100mm，转轮室（排水环）焊缝检测长度比例不低于 10%，必要时应进行超声检测或射线检测，无损检测应按 JB/T 4730 执行，并形成完整的检测记录。在检修周期内，根据缺陷情况，可适当增加检查次数。

8.1.3　对处在泥沙含量大的江河上的机组，每次 B 级及以上检修均应对转轮（桨叶）、导叶、转轮室、蜗壳、管型座、座环、底环、尾水管里衬的汽蚀和磨损情况进行详细的检测和记录，并采取相应的处理对策。汽蚀的测量与评定应按 GB/T 15469.1 的规定执行。在检修周期内，根据泥沙磨损、汽蚀损坏等情况，可适当增加检查次数。

8.1.4　新机组投产后第一次 A 级或 B 级检修应对水轮机大轴进行渗透检测或超声检测，以后每次 A 级检修均应进行渗透检测和超声检测；对运行 1×10^5h 以上的大轴每次 B 级及以上检修均应进行渗透检测和超声检测。当大轴出现异常情况时，应进行渗透检测和超声检测，检测部位为轴颈变化或磨损部位，无损检测应按 JB/T 4730 执行。

8.1.5　转轮、转轮室等金属部件的裂纹、气泡、磨损等缺陷的焊接修复应按本标准第 6 章相关条款执行。

8.1.6　水轮机主要部件检验项目应符合表 B.1 的要求。

6.2.1.9（20）本项目的查评依据如下。

无

6.2.2　主变压器（含电抗器）及其附属设备

6.2.2.1　变压器（含电抗器）本体

6.2.2.1（1）项目的查评依据如下。

【依据】《电力变压器　第 3 部分：绝缘水平、绝缘试验和外绝缘空气间隙》（GB/T 1094.3—2003）

7.2　绝缘要求

标准的绝缘要求为：

——如果采用表 1，线端的标准操作冲击耐受电压（SI）按表 3。

——线端的标准雷电全波和截波冲击耐受电压（LI、LIC）按表 2 或表 3。

——中性点端子的标准雷电全波冲击耐受电压：对于全绝缘，其峰值与线端相同；对于分级绝缘，其峰值按表 4 规定。

——线端的标准外施耐受电压按表 2 或表 3。

——中性点端子的标准外施耐受电压：对于全绝缘，其电压值与线端相同；对于分级绝缘，其电压值按表4。

——如果采用表1，线端的标准短时感应耐受电压（ACSD）按表2或表3和12.2或12.3。

——如果采用表1，带有局部放电测量的长时感应电压试验（ACLD）按12.4。

$U_m \leq 1.1kV$ 的低压绕组应承受5kV外施耐受电压试验。

表4 分级绝缘变压器中性点端子的额定耐受电压

系统标准电压（方均根值）	设备最高电压 U_m（方均根值）	中性点接地方式	额定雷电冲击耐受电压（峰值）	额定外施耐受电压（方均根值）
110	126	不直接接地	250	95
220	252	直接接地	185	85
		不直接接地	400	200
330	363	直接接地	185	85
		不直接接地	550	230
550	550	直接接地	185	85
		不直接接地	325	140

6.2.2.1（2）本项目的查评依据如下。

【依据1】《电力变压器》第5部分 承受短路的能力（GB/T 1094.5—2008）

3 承受短路的能力的要求

3.1 总则

变压器及其组件和附件应设计制造成能在规定的条件下承受外部短路的热和动稳定效应而无损伤。

外部短路包括三相短路、相间短路、两相对地和相对地故障。这些故障在绕组中引起的电流在本部分中称作"过电流"。

【依据2】《110（66）kV～500kV油浸式变压器（电抗器）技术标准》（国家电网生〔2004〕634号）

1.9.2 绕组采用铜导线绕制。为了确保足够的抗短路能力，不应采用非自粘的换位导线，220kV～500kV变压器的内线圈应采用半硬或半硬自粘性换位导线。对于与GIS直接相连的变压器，要考虑GIS中的隔离开关操作产生非常快速暂态过电压（VFTO）对绕组的影响。

【依据3】《防止电力生产重大事故的二十五项重点要求》（国网安质二〔2014〕35号）

12.1.1 加强变压器选型、订货、验收及投运的全过程管理。应选择具有良好运行业绩和成熟制造经验生产厂家的产品。240MVA及以下容量变压器应选用通过突发短路试验验证的产品；500kV变压器和240MVA以上容量变压器，制造厂应提供同类产品突发短路试验报告或抗短路能力计算报告，计算报告应有相关理论和模型试验的技术支持。220kV及以上电压等级的变压器都应进行抗震计算。

【依据4】《国家电网公司水电厂重大反事故措施》（国家电网基建〔2015〕60号）

7.1.1 应选择具有良好运行业绩和成熟制造经验生产厂家的产品。240MVA及以下容量变压器应选用通过突发短路试验验证的产品；500kV变压器和240MVA以上容量变压器，制造厂应提供同类产品突发短路试验报告或抗短路能力计算报告，计算报告应有相关理论和模型试验的技术支持。

【依据5】《十八项电网重大反事故措施防止变压器绝缘事故》（国家电网生〔2012〕352号）

9.1.1 加强变压器选型、订货、验收及投运的全过程管理。应选择具有良好运行业绩和成熟制造经验生产厂家的产品。240MVA及以下容量变压器应选用通过突发短路试验验证的产品；500kV变压器和240MVA以上容量变压器，制造厂应提供同类产品突发短路试验报告或抗短路能力计算报告，计算报告应有相关理论和模型试验的技术支持。

9.1.2 在变压器设计阶段，运行单位应取得所订购变压器的抗短路能力计算报告及抗短路能力计算所需详细参数，并自行进行校核工作。220kV及以上电压等级的变压器都应进行抗震计算。

6.2.2.1（3）本项目的查评依据如下。

【依据1】《十八项电网重大反事故措施防止变压器绝缘事故》（国家电网生〔2012〕352号）

9.2.3.4　220kV及以上电压等级变压器拆装套管或进人后，应进行现场局部放电试验。

【依据2】《防止电力生产重大事故的二十五项重点要求》（国网安质二〔2014〕35号）

12.2.2　出厂局部放电试验测量电压为 $1.5U_\mathrm{m}/\sqrt{3}$ 时，220kV及以上电压等级变压器高、中压端的局部放电量不大于100pC。110kV（66kV）电压等级变压器高压侧的局部放电量不大于100pC。330kV及以上电压等级强迫油循环变压器应在油泵全部开启时（除备用油泵）进行局部放电试验。

6.2.2.1（4）本项目的查评依据如下。

【依据1】《110（66）kV～500kV油浸式变压器（电抗器）技术标准》（国家电网生〔2004〕634号）

3.4.6.11　变压器的铁芯应与油箱绝缘，并通过引出装置（铁心和夹件）与接地网连接，制造厂提供安装接地引线的绝缘子及绝缘铜排。铁芯接地铜排必须在下法兰以上200mm处，安装50A接地隔离刀闸。

【依据2】《十八项电网重大反事故措施防止变压器绝缘事故》（国家电网生〔2012〕352号）

9.2.3.6　铁芯、夹件通过小套管引出接地的变压器，应将接地引线引至适当位置，以便在运行中监测接地线中是否有环流，当运行中环流异常变化，应尽快查明原因，严重时应采取措施及时处理。

6.2.2.1（5）本项目的查评依据如下。

【依据1】《防止电力生产重大事故的二十五项重点要求》（国网安质二〔2014〕35号）

14.1.3　新建工程设计中，校验接地引下线热稳定所用电流应不小于远期可能出现的最大值，有条件地区可按照断路器额定开断电流考核；接地装置接地体的截面面积不小于连接至该接地装置接地引下线截面面积的75%。并提出接地装置的热稳定容量计算报告。

14.1.5　变压器中性点应有两根与接地网主网格的不同边连接的接地引下线，并且每根接地引下线均应符合热稳定校核的要求。主设备及设备架构等宜有两根与主接地网不同干线连接的接地引下线，并且每根接地引下线均应符合热稳定校核的要求。连接引线应便于定期进行检查测试。

14.1.10　对于已投运的接地装置，应每年根据变电站短路容量的变化，校核接地装置（包括设备接地引下线）的热稳定容量，并结合短路容量变化情况和接地装置的腐蚀程度有针对性地对接地装置进行改造。对于变电站中的不接地、经消弧线圈接地、经低阻或高阻接地系统，必须按异点两相接地校核接地装置的热稳定容量。

【依据2】《十八项电网重大反事故措施防止变压器绝缘事故》（国家电网生〔2012〕352号）

14.1.1.5　变压器中性点应有两根与地网主网格的不同边连接的接地引下线，并且每根接地引下线均应符合热稳定校核的要求。主设备及设备架构等宜有两根与主地网不同干线连接的接地引下线，并且每根接地引下线均应符合热稳定校核的要求。连接引线应便于定期进行检查测试。

6.2.2.1（6）本项目的查评依据如下。

【依据】《电力变压器运行规程》（DL/T 572—2010）

5.1.4/C　变压器声响均匀、正常。

5.3.6/d　定期检查是否存在过热，振动、杂音及严重漏油等异常现象。

6.2.2.1（7）本项目的查评依据如下。

【依据1】《十八项电网重大反事故措施防止变压器绝缘事故》（国家电网生〔2012〕352号）

9.2.2.3　装有密封胶囊、隔膜或波纹管式储油柜的变压器，必须严格按照制造厂说明书规定的工艺要求进行注油，防止空气进入或漏油，并结合大修或停电对胶囊和隔膜、波纹管式储油柜的完好性进行检查。

9.2.3.1　加强变压器运行巡视，应特别注意变压器冷却器潜油泵负压区出现的渗漏油。

9.6.2.3　对于盘式电机油泵，应注意定子和转子的间隙调整，防止铁芯的平面摩擦。运行中如出现过热、振动、杂音及严重漏油等异常时，应安排停运检修。

10.2.2.4.2　电容器例行试验要求定期进行电容器组单台电容器电容量的测量，应使用不拆连接线的测量方法，避免因拆装连接线条件下，导致套管受力而发生套管漏油的故障。对于内熔丝电容器，当电容量减少超过铭牌标注电容量的3%时，应退出运行，避免电容器带故障运行而发展成扩大性故障。对用外熔断器保护的电容器，一旦发现电容量增大超过一个串段击穿所引起的电容量增大，应立即退出运行，避免电容器带故障运行而发展成扩大性故障。

11.1.3.6　运行人员正常巡视应检查记录互感器油位情况。对运行中渗漏油的互感器，应根据情况限期处理，必要时进行油样分析，对于含水量异常的互感器要加强监视或进行油处理。油浸式互感器严重漏油及电容式电压互感器电容单元渗漏油的应立即停止运行。

【依据2】《防止电力生产重大事故的二十五项重点要求》（国网安质二〔2014〕35号）

12.2.7　装有密封胶囊、隔膜或波纹管式储油柜的变压器，必须严格按照制造厂说明书规定的工艺要求进行注油，防止空气进入或漏油，并结合大修或停电对胶囊和隔膜、波纹管式储油柜的完好性进行检查。

【依据3】《电力变压器运行规程》（DL/T 572—2010）

5.1.4　变压器日常巡视检查一般包括以下内容：

a）变压器的油温和温度计应正常，储油柜的油位应与温度相对应，各部位无渗油、漏油；

套管油位应正常，套管外部无破损裂纹、无严重油污、无放电痕迹及其他异常现象；套管渗漏油时，应及时处理，防止内部受潮损坏。

d）各冷却器手感温度应接近，风扇、油泵、水泵运转正常，油流继电器工作正常，特别注意变压器冷却器潜油泵负压区出现的渗漏油。

6.2.2.1（8）本项目的查评依据如下。

【依据1】《水电站电气设备预防性试验规程》（国家电网企管〔2014〕437号）

7.1　油浸式变压器的试验项目、周期和要求见表4。

表4　　　　　　　　　　油浸式变压器的试验项目、周期和要求

序号	项目	周期	要求	说明
17	变压器短路阻抗和负载损耗	1）更换绕组后；2）必要时	短路阻抗与初值相比，不超过±3%（注意值）负载损耗与初值相比没有明显差别	1）试验电源可用三相或单相；试验电流可用额定值或较低电流（如10%额定电流；若制造厂提供了较低电流下的测量值，可在相同电流下进行比较）；也可采用变压器低电压阻抗测试仪进行测量。2）必要时，如出口短路后诊断绕组是否发生变形时进行本项目。应在最大分接位置和相同电流下测量。试验电流可用额定电流，也可低于额定值，但不应小于5A

【依据2】《十八项电网重大反事故措施防止变压器绝缘事故》（国家电网生〔2012〕352号）

9.1　防止变压器出口短路事故

9.1.1　加强变压器选型、订货、验收及投运的全过程管理。应选择具有良好运行业绩和成熟制造经验生产厂家的产品。240MVA及以下容量变压器应选用通过突发短路试验验证的产品；500kV变压器和240MVA以上容量变压器，制造厂应提供同类产品突发短路试验报告或抗短路能力计算报告，计算报告应有相关理论和模型试验的技术支持。

9.1.2　在变压器设计阶段，运行单位应取得所订购变压器的抗短路能力计算报告及抗短路能力计算所需详细参数，并自行进行校核工作。220kV及以上电压等级的变压器都应进行抗震计算。

9.1.3　220kV及以上电压等级变压器须进行驻厂监造，110（66）kV电压等级的变压器应按照监造关键控制点的要求进行监造，有关监造关键控制点应在合同中予以明确。监造验收工作结束后，监造人员应提交监造报告，并作为设备原始资料存档。

9.1.4　变压器在制造阶段的质量抽检工作，应进行电磁线抽检；根据供应商生产批量情况，抽样进行突发短路试验验证。

9.1.5 为防止出口及近区短路，变压器 35kV 及以下低压母线应考虑绝缘化；10kV 的线路、变电站出口 2 千米内宜考虑采用绝缘导线。

9.1.6 全电缆线路不应采用重合闸，对于含电缆的混合线路应采取相应措施，防止变压器连续遭受短路冲击。

9.1.7 应开展变压器抗短路能力的校核工作，根据设备的实际情况有选择性地采取加装中性点小电抗、限流电抗器等措施，对不满足要求的变压器进行改造或更换。

9.1.8 当有并联运行要求的三绕组变压器的低压侧短路电流超出断路器开断电流时，应增设限流电抗器。

6.2.2.1（9）本项目的查评依据如下。

【依据】《十八项电网重大反事故措施防止变压器绝缘事故》（国家电网生〔2012〕352 号）

9.2.2.1 新安装和大修后的变压器应严格按照有关标准或厂家规定进行抽真空、真空注油和热油循环，真空度、抽真空时间、注油速度及热油循环时间、温度均应达到要求。对采用有载分接开关的变压器油箱应同时按要求抽真空，但应注意抽真空前应用连通管接通本体与开关油室。为防止真空度计水银倒灌进设备中，禁止使用麦氏真空计。

9.2.2.3 装有密封胶囊、隔膜或波纹管式储油柜的变压器，必须严格按照制造厂说明书规定的工艺要求进行注油，防止空气进入或漏油，并结合大修或停电对胶囊和隔膜、波纹管式储油柜的完好性进行检查。

6.2.2.2 套管

6.2.2.2（1）本项目的查评依据如下。

【依据1】《交流电压高于 1000V 的绝缘套管》（GB/T 4109—2008）

4.2 额定电流标准值（I_r）

套管的 I_r 值应从下列标准值中选取（A）

100，250，315，400，500，630，800，1000，1250，1600，2000，2500，3150，4000，5000，6300，8000，10000，12500，16000，20000，25000，31500，40000。

以上电流系列符合 GB/T 762—2002 给出的值。

对通过中心管引入导体的变压器套管，供方应明确符合 4.8 规定且于 I_r 相对应的导体的横截面面积及材料。

不低于变压器额定电流 120%I_r 的变压器套管可以耐受住按 GB/T 15164—1994 规定的过载条件，不必进一步说明或试验。

【依据2】《十八项电网重大反事故措施防止变压器绝缘事故》（国家电网生〔2012〕352 号）

9.5.1 新套管供应商应提供型式试验报告。

6.2.2.2（2）本项目的查评依据如下。

【依据1】《防止电力生产重大事故的二十五项重点要求》（国网安质二〔2014〕35 号）

16.1 新建和扩建输变电设备应依据最新版污区分布图进行外绝缘配置。中重污区的外绝缘配置宜采用硅橡胶类防污闪产品，包括线路复合绝缘子、支柱复合绝缘子、复合套管、瓷绝缘子（含悬式绝缘子、支柱绝缘子及套管）和玻璃绝缘子表面喷涂防污闪涂料等。选站时应避让 d、e 级污区；如不能避让，变电站（含升压站）宜采用 GIS、HGIS 设备或全户内变电站。

【依据2】《十八项电网重大反事故措施防止变压器绝缘事故》（国家电网生〔2012〕352 号）

9.5.3 如套管的伞裙间距低于规定标准，应采取加硅橡胶伞裙套等措施，防止污秽闪络。在严重污秽地区运行的变压器，可考虑在瓷套涂防污闪涂料等措施。

【依据3】《国家电网公司水电厂重大反事故措施》（国家电网基建〔2015〕60 号）

7.4.2.4 如套管的伞裙间距低于规定标准，应采取加硅橡胶伞裙套等措施，防止污秽闪络。在严重污秽地区运行的变压器，可考虑在瓷套涂防污闪涂料等措施。

6.2.2.2（3）本项目的查评依据如下。

【依据】《电力变压器运行规程》（DL/T 572—2010）

5.1.4　b）套管油位应正常，套管外部无破损裂纹，无严重油污、无放电痕迹及其他异常现象；套管渗漏油时，应及时处理，防止内部受潮损坏。

6.2.2.2（4）本项目的查评依据如下。

【依据1】《电力变压器运行规程》（DL/T 572—2010）

5.1.4　g）引线接头、电流、母线应无发热迹象；

5.1.5　m）电容式套管末屏有无异常声响或其他接地不良现象。

【依据2】《十八项电网重大反事故措施防止变压器绝缘事故》（国家电网生〔2012〕352号）

9.5.6　加强套管末屏接地检测、检修及运行维护管理，每次拆接末屏后应检查末屏接地状况，在变压器投运时和运行中开展套管末屏接地状况带电测量。

【依据3】《国家电网公司水电厂重大反事故措施》（国家电网基建〔2015〕60号）

7.4.2.3　应定期检查套管末屏接地情况。对结构不合理、截面偏小、强度不够的套管末屏应进行改造。对末屏采用螺栓式引出的套管，检修时要防止螺杆转动，检修结束后应检查确认末屏接地是否良好。

6.2.2.2（5）本项目的查评依据如下。

【依据1】《电力变压器运行规程》（DL/T 572—2010）

5.1.4　b）套管油位应正常，套管外部无破损裂纹、无严重油污、无放电痕迹及其他异常现象；套管渗漏油时，应及时处理，防止内部受潮损坏。

【依据2】《防止电力生产重大事故的二十五项重点要求》（国网安质二〔2014〕35号）

12.5.7　运行中变压器套管油位视窗无法看清时，继续运行过程中应按周期结合红外成像技术掌握套管内部油位变化情况，防止套管事故发生。

【依据3】《十八项电网重大反事故措施防止变压器绝缘事故》（国家电网生〔2012〕352号）

9.5.5　油纸电容套管在最低环境温度下不应出现负压，应避免频繁取油样分析而造成其负压。运行人员正常巡视应检查记录套管油位情况，注意保持套管油位正常。套管渗漏油时，应及时处理，防止内部受潮损坏。

6.2.2.2（6）本项目的查评依据如下。

【依据】《十八项电网重大反事故措施防止变压器绝缘事故》（国家电网生〔2012〕352号）

9.5.5　油纸电容套管在最低环境温度下不应出现负压，应避免频繁取油样分析而造成其负压。运行人员正常巡视应检查记录套管油位情况，注意保持套管油位正常。套管渗漏油时，应及时处理，防止内部受潮损坏。

6.2.2.3　气体继电器与油压继电器

6.2.2.3（1）本项目的查评依据如下。

【依据1】《防止电力生产重大事故的二十五项重点要求》（国网安质二〔2014〕35号）

12.3.2　变压器本体保护应加强防雨、防震措施，户外布置的压力释放阀、气体继电器和油流速动继电器应加装防雨罩。

12.3.5　气体继电器应定期校验。当气体继电器发出轻瓦斯动作信号时，应立即检查气体继电器，及时取气样检验，以判明气体成分，同时取油样进行色谱分析，查明原因及时排除。

【依据2】《十八项电网重大反事故措施防止变压器绝缘事故》（国家电网生〔2012〕352号）

9.3.1.1　新安装的气体继电器必须经校验合格后方可使用，气体继电器应在真空注油完毕后再安装，瓦斯保护投运前必须对信号跳闸回路进行保护试验。

9.3.1.2　变压器本体保护应加强防雨、防震措施，户外布置的压力释放阀、气体继电器和油流速动继电器应加装防雨罩。

6.2.2.4 压力释放阀及导向装置

6.2.2.4（1）本项目的查评依据如下。

【依据1】《110（66）kV～500kV 油浸式变压器（电抗器）运行规范》（国家电网生〔2004〕634号）

第三章/七/（二）/（6）1）压力释放阀及导向装置的安装方向应正确；阀盖和升高座内应清洁，密封良好；2）压力释放阀的接点动作可靠，信号正确，接点和回路绝缘良好；3）压力释放阀的电缆引线在继电器侧应有滴水弯，电缆孔应封堵完好；4）压力释放阀应具备防潮和防进水的功能，如不具备应加装防雨罩。

【依据2】《十八项电网重大反事故措施防止变压器绝缘事故》（国家电网生〔2012〕352号）

9.3.2.3 压力释放阀在交接和变压器大修时应进行校验。

6.2.2.5 分接开关

6.2.2.5（1）本项目的查评依据如下。

【依据1】《电力变压器运行规程》（DL/T 572—2010）

5.4.1 无励磁调压变压器在变换分接时，应作多次转动，以便消除触头上的氧化膜和油污。在确认变换分接正确并锁紧后，测量绕组的直流电阻。分接变换情况应做记录。

【依据2】《110（66）kV～500kV 油浸式变压器（电抗器）运行规范》（国家电网生〔2004〕634号）

第三章/七/（二）/（7）无励磁分接开关

1）档位指示器清晰，操作灵活、切换正确，内部实际档位与外部档位指示正确一致；

2）机械操作闭锁装置的止钉螺丝固定到位；

3）机械操作装置应无锈蚀并涂有润滑脂。

【依据3】《国家电网公司十八项电网重大反事故措施》（国家电网生〔2012〕352号）

9.4.1 无励磁分接开关在改变分接位置后，必须测量使用分接的直流电阻和变比；有载分接开关检修后，应测量全程的直流电阻和变比，合格后方可投运。

6.2.2.5（2）本项目的查评依据如下。

【依据1】《电力变压器运行规程》（DL/T 572—2010）

5.1.5（e）有载调压装置的动作情况应正常；

5.4.3 变压器有载分接开关的维护，应按制造厂的规定进行，无制造厂规定者可参照以下规定：

a）运行 6 个～12 个月或切换 2000 次～4000 次后，应取切换开关箱中的油样做试验。

b）新投入的分接开关，在投运后 1 年～2 年或切换 5000 次后，应将切换开关吊出检查，此后可按实际情况确定检查周期。

c）运行中的有载分接开关切换 5000 次～10000 次后或绝缘油的击穿电压低于 25kV 时，应更换切换开关箱的绝缘油。

d）操作机构应经常保持良好状态。

e）长期不调和有长期不用的分接位置的有载分接开关，应在有停电机会时，在最高和最低分接间操作几个循环。

5.4.4 为防止分接开关在严重过负载或系统短路时进行切换，宜在有载分接开工自动控制回路中加装电流闭锁装置，其整定值不超过变压器额定电流的 1.5 倍。

【依据2】《110（66）kV～500kV 油浸式变压器（电抗器）运行规范》（国家电网生〔2004〕634号）

第三章/七/（二）/（8）有载分接开关：

1）传动机构应固定牢靠，连接位置正确，且操作灵活，无卡涩现象；传动机构的摩擦部分涂有适合当地气候条件的润滑脂；

2）电气控制回路接线正确、螺栓紧固、绝缘良好；接触器动作正确、接触可靠；

3）远方操作、就地操作、紧急停止按钮、电气闭锁和机械闭锁正确可靠；

4）电机保护、步进保护、连动保护、相序保护、手动操作保护正确可靠；

5）切换装置的工作顺序应符合制造厂规定，正、反两个方向操作至分接开关动作时的圈数误差应符合制造厂规定；

6）在极限位置时，其机械闭锁与极限开关的电气联锁动作应正确；

7）操动机构档位指示、分接开关本体分接位置指示、监控系统上分接开关分接位置指示应一致；

8）压力释放阀（防爆膜）完好无损。如采用防爆膜，防爆膜上面应用明显的防护警示标志；如采用压力释放阀，应按变压器本体压力释放阀的相关要求。

9）油道畅通，油位指示正常，外部密封无渗油，进出油管标志明显；

10）单相有载调压变压器组进行分接变换操作时应采用三相同步远方或就地电气操作并有失步保护；

11）带电滤油装置控制回路接线正确可靠；

12）带电滤油装置运行时应无异常的振动和噪声，压力符合制造厂规定；

13）带电滤油装置各管道连接处密封良好；

14）带电滤油装置各部位应均无残余气体（制造厂有特殊规定除外）。

6.2.2.6 冷却装置及控制系统

6.2.2.6（1）本项目的查评依据如下。

【依据1】《防止电力生产重大事故的二十五项重点要求》（国网安质二〔2014〕35号）

12.6.4 强油循环的冷却系统必须配置两个相互独立的电源，并具备自动切换功能。

【依据2】《国家电网公司水电厂重大反事故措施》（国家电网基建〔2015〕60号）

7.5.1.2 强油循环的冷却系统应配置两个相互独立的电源，并采用自动切换装置。

6.2.2.6（2）本项目的查评依据如下：

【依据】《110（66）kV～500kV油浸式变压器（电抗器）运行规范》（国家电网生〔2005〕172号）

第三章第七条（二）（14）1）风扇电动机及叶片应安装牢固，并应转动灵活，无卡阻；试转时应无振动、过热；叶片应无扭曲变形或与风筒碰擦等情况，转向正确；电动机保护不误动，电源线应采用具有耐油性能的绝缘导线。

6.2.2.6（3）本项目的查评依据如下。

【依据1】《110（66）kV～500kV油浸式变压器（电抗器）技术标准》（国家电网生〔2004〕634号）

3.4.6.7（1）冷却装置（散热器或）的数量及冷却能力应能够散去总损耗所产生的热量，包括空载损耗和各个绕组在满负荷状态下的负载损耗和杂散损耗。另设一组备用冷却装置，任何一组冷却装置均能成为备用。

1.9.7 冷却装置

散热器（例如片式散热器）和冷却器（例如冷却铜管上绕小散热片的强油冷却器）应有足够的冷却能力，并具有一组散热器（配一只蝶阀控制启停）或一台冷却器的备用能力。所有冷却装置应能承受变压器油箱泄漏试验和真空注油的正负压力。500（330）kV变压器的冷却装置应能承受13Pa残压的真空。

采用水冷却器时，应采用高可靠性的水冷却器，例如双层铜管的水冷却器，并与较高的冷却水压力相适应。

【依据2】《防止电力生产重大事故的二十五项重点要求》（国网安质二〔2014〕35号）

12.6.10 为保证冷却效果，管状结构变压器冷却器每年应进行1次～2次冲洗，并宜安排在大负荷来临前进行。

6.2.2.6（4）本项目的查评依据如下。

【依据1】《电力变压器运行规程》（DL/T 572—2010）

3.1.4（i）潜油泵应采用E级或D级轴承，油泵应选用较低转速油泵（小于1500r/m）。

【依据2】《110（66）kV～500kV油浸式变压器（电抗器）运行规范》（国家电网生〔2005〕172号）

第十一条（九）油流继电器保护

运行中应加强对油流继电器的巡视，如发现油流继电器不停地抖动、指针不到位、继电器的挡板脱落等，应及时处理。

【依据3】《国家电网公司十八项电网重大反事故措施》（国家电网生〔2012〕352号）

9.6.1.2 潜油泵的轴承应采取E级或D级，禁止使用无铭牌、无级别的轴承。对强油导向的变压器油泵应选用转速不大于 1500r/min 的低速油泵。

6.2.2.6（5）本项目的查评依据如下。

【依据 1】《电力变压器运行规程》（DL/T 572—2010）

3.1.4（f）水冷却器的油泵应装在冷却器的进油侧，并保证在任何情况下冷却器中的油压大于水压约 0.05MPa（双层管除外）。冷却器出水侧应有放水旋塞。

3.1.4（g）强油循环水冷却器的变压器，各冷却器的潜油泵出口应装逆止阀（双层管除外）。

【依据 2】《110（66）kV～500kV 油浸式变压器（电抗器）运行规范》（国家电网生〔2005〕172 号）

第十二条（一）（1）6）水冷却器的油压应大于水压（制造厂另有规定者除外）。

【依据 3】《国家电网公司十八项电网重大反事故措施》（国家电网生〔2012〕352 号）

9.6.1.5 新建或扩建变压器一般不采用水冷方式。对特殊场合必须采用水冷却系统的，应采用双层铜管冷却系统。

9.6.2.5 对目前正在使用的单铜管水冷却变压器，应始终保持油压大于水压，并加强运行维护工作，同时应采取有效的运行监视方法，及时发现冷却系统泄漏故障。

6.2.2.6（6）本项目的查评依据如下。

【依据 1】《电力变压器运行规程》（DL/T 572—2010）

3.1.4.（j）发电厂变压器发电机出口开关的合、断应与发电机主变压器冷却器作联锁，即当发电机并网其出口开关合入后，并网机组主变压器冷却器应自动投入，当发电机解列其出口开关断开后，冷却器应自动停止运行。

【依据 2】《110（66）kV～500kV 油浸式变压器（电抗器）运行规范》（国家电网生〔2005〕172 号）

第四章十六条（3）2）冷却装置能按照变压器上层油温值或运行电流自动投切。

【依据 3】《国家电网公司十八项电网重大反事故措施》（国家电网生〔2012〕352 号）

9.6.2.1 强油循环冷却系统的两个独立电源的自动切换装置，应定期进行切换试验，有关信号装置应齐全可靠。

6.2.2.7 储油柜及吸湿器

6.2.2.7（1）本项目的查评依据如下。

【依据 1】《防止电力生产事故的二十五项重点要求》（国能安全〔2014〕161 号）

12.2.7 有密封胶囊、隔膜或波纹管式储油柜的变压器，必须严格按照制造厂说明书规定的工艺要求进行注油，防止空气进入或漏油，并结合大修或停电对胶囊和隔膜、波纹管式储油柜的完好性进行检查。

12.7.5 变压器本体储油柜与气体继电器间应增设断流阀，以防储油柜中的油下泄而造成火灾扩大。

【依据 2】《国家电网水电厂重大反事故措施》（国家电网基建〔2015〕60 号）

7.2.3.1 运行年限超过 15 年的变压器应更换储油柜的胶囊和隔膜，或依据制造厂要求。

【依据 3】《国家电网公司 330kV 及以上变压器（换流变）油路系统反事故措施》（国家电网运检〔2015〕794 号）

一、在设备生产阶段，制造厂应加强变压器（换流变）胶囊产品质量管控。油枕中胶囊宜选用丁腈橡胶材质，油位计宜选用双浮球油位计，应考虑油枕内胶囊挂点位置、数量和受力要求，根据校核结果，对油枕结构进行优化改进。改进变压器（换流变）本体阀门质量及连接工艺，阀门应为不锈钢、铸钢或铸铜材质，并带有开关指示。采购部门应将相关要求纳入设备招标采购技术规范书内。

6.2.2.7（2）本项目的查评依据如下。

【依据 1】《电力变压器运行规程》（DL/T 572—2010）

6.1.7 当发现变压器的油面较当时油温所应有的油位显著降低时，应查明原因。

【依据 2】《110（66）kV～500kV 油浸式变压器（电抗器）运行规范》（国家电网生〔2005〕172 号）

第四章第十条第十二节（5）铁磁油位计是显示隔膜式和胶囊式储油柜油位的主要方法，油位计靠机械转换和传动来实现，应定期检查实际油位，防止出现假油位现象。

6.2.2.7（3）本项目的查评依据如下。

【依据1】《电力变压器运行规程》（DL/T 572—2010）

5.1.4（f）吸湿器完好，吸附剂干燥。

5.1.6 下述维护项目的周期，可根据具体情况在现场规程中规定：

（c）更换吸湿器和净油器内的吸附剂。

【依据2】《110（66）kV～500kV 油浸式变压器（电抗器）运行规范》（国家电网生〔2005〕172 号）

第四章 第十条（十三）吸湿器

（1）吸湿器内的硅胶宜采用同一种变色硅胶。当较多硅胶受潮变色时，需要更换硅胶。对单一颜色硅胶，受潮硅胶不超过 2/3。

（2）运行中应监视吸湿器的密封是否良好，当发现吸湿器内的上层硅胶先变色时，可以判定密封不好。

（3）注入吸湿器油杯的油量要适中，过少会影响净化效果，过多会造成呼吸时冒油。

第五章 第十二条 7.吸湿器完好，吸附剂干燥。检查吸湿器，油封应正常，呼吸应畅通，硅胶潮解变色部分不应超过总量的 2/3。运行中如发现上部吸附剂发生变色，应注意检查吸湿器上部密封是否受潮。

【依据3】《国家电网公司十八项电网重大反事故措施》（国家电网生〔2012〕352 号）

9.3.2.4 运行中的变压器的冷却器油回路或通向储油柜各阀门由关闭位置旋转至开启位置时，以及当油位计的油面异常升高或呼吸系统有异常现象，需要打开放油或放气阀门时，均应先将变压器重瓦斯保护停用。

6.2.2.8 测温装置

6.2.2.8（1）本项目的查评依据如下。

【依据1】《电力变压器第 2 部分：液浸式变压器的温升》（GB 1094.2—2013）

7.4.1 顶层液体温度

顶层液体温度通常用一个或多个浸入油箱内顶层液体中的温度传感器或箱盖上的传感器座中的温度传感器测定。

传感器座数量推荐如下：

——额定容量不小于 100MVA：3 个。

——额定容量从 20MVA 至小于 100MVA：2 个。

——额定容量小于 20MVA：1 个。

传感器座宜尽可能设置在可代表对应绕组的顶层液体温度的位置。

如果传感器座数量大于 1，则应用传感器读数的平均值作为温度值。

经制造方与用户协商，可以认为箱盖上传感器座上的显示温度与冷却设备入口的液体温度的平均值为顶层液体温度。

对 2 组冷却器或 3 组片式散热器及以上的集中导油布置方式的进出油管应采用内植入方法测温。

【依据2】《电力变压器运行规程》（DL/T 572—2010）

4.2.1.4 负载电流和温度的最大限值

各类负载状态下的负载电流和温度的最大限值如表 2 所示。当制造厂有关超额定电流运行的明确规定时，应遵守制造厂的规定。

表 2　　　　　　　　　　　　　　变压器负载电流和温度最大限值

负 载 类 型		中型电力变压器	大型电力变压器
正常周期性负载	电流（标幺值）	1.5	1.3
	热点温度与绝缘材料接触的金属部件的温度/℃	140	120
	顶层油温/℃	105	105

负 载 类 型		中型电力变压器	大型电力变压器
长期急救 周期性负载	电流（标幺值）	1.5	1.3
	热点温度与绝缘材料接触的金属部件的温度℃	140	130
	顶层油温℃	115	115
长期急救 周期性负载	电流（标幺值）	1.8	1.5
	热点温度与绝缘材料接触的金属部件的温度℃	160	160
	顶层油温℃	115	115

6.2.2.9 净油器

6.2.2.9（1）本项目的查评依据如下。

【依据】《110（66）kV～500kV 油浸式变压器（电抗器）运行规范》（国家电网生〔2005〕172 号）

第三章第七条（二）（11）净油器：

1）上下阀门均应在开启位置；

2）滤网材质和安装正确；

3）硅胶规格和装载量符合要求。

6.2.2.10 变压器油池

6.2.2.10（1）本项目的查评依据如下。

【依据】《电力设备典型消防规程》（DL 5027—2015）

10.3.7 变压器事故排油应符合下列要求：

1 设置有带油水分离措施的总事故油池时，位于地面之上的变压器对应的总事故油池容量应按最大一台变压器油量的 60%确定；位于地面之下的变压器对应的总事故油池容量应按最大一台主变压器油量的 100%确定。

2 事故油坑设有卵石层时，应定期检查和清理，以不被淤泥、灰渣及积土所堵塞。

6.2.2.11 变压器（含电抗器）整体性能

6.2.2.11（1）本项目的查评依据如下。

【依据】《110（66）kV～500kV 油浸式变压器（电抗器）技术标准》（国家电网生〔2004〕634 号）

1.8.4 温升限值和过负荷能力

变压器绕组、顶层油、铁芯和油箱等金属部件的温升，原则上应按照国家标准规定的数值。考虑到自然循环冷却变压器上下油温差加大，易导致绕组的热点温升超过标准规定的实际情况，应增加对绕组热点温升的考核（采用计算方法）。这些温升限值，在变压器的各种冷却方式和负载能力下，均应满足。

三绕组变压器的温升，要考虑最严重的负载组合，一般取三侧同时满负荷。在低压绕组接无功补偿设备的情况，最严重的负载组合接近三侧同时满负荷。

变压器的短时急救负载能力，应满足运行的要求，取决于正常运行时的负载大小和退出一台变压器所带来的其他变压器负载上升。

1.8.6 变压器的过励磁能力

为适应电网电压波动的情况，500（330）kV 变压器在 1.1 倍额定电压下，应具有 80%负荷的持续运行能力。

6.2.2.11（2）本项目的查评依据如下。

【依据 1】《110（66）kV～500kV 油浸式变压器（电抗器）技术标准》（国家电网生〔2004〕634 号）

1.8.4 温升限值和过负荷能力

变压器绕组、顶层油、铁芯和油箱等金属部件的温升，原则上应按照国家标准规定的数值。考虑到自然循环冷却变压器上下油温差加大，易导致绕组的热点温升超过标准规定的实际情况，应增加对绕组热点温升的考核（采用计算方法）。这些温升限值，在变压器的各种冷却方式和负载能力下，均应满足。

三绕组变压器的温升，要考虑最严重的负载组合，一般取三侧同时满负荷。在低压绕组接无功补偿设备的情况，最严重的负载组合接近三侧同时满负荷。

变压器的短时急救负载能力，应满足运行的要求，取决于正常运行时的负载大小和退出一台变压器所带来的其他变压器负载上升。

【依据2】《110（66）kV～500kV 油浸式变压器（电抗器）运行规范》（国家电网生〔2005〕172 号）

第五章第十二条（二）1 变压器的油温和温度计应正常，储油柜的油位应与制造厂提供的油温、油位曲线相对应，温度计指示清晰。

（1）储油柜采用玻璃管作油位计，储油柜上标有油位监视线，分别表示环境温度为-20℃、+20℃、+40℃时变压器对应的油位；如采用磁针式油位计时，在不同环境温度下指针应停留的位置由制造厂提供的曲线确定。

（2）根据温度表指示检查变压器上层油温是否正常。变压器冷却方式不同，其上层油温或温升也不同，具体应不超过规定（一般应按制造厂或 DL/T 572 规定）。运行人员不能只以上层油温不超过规定为标准，而应该根据当时的负荷情况、环境温度以及冷却装置投入的情况等，及历史数据进行综合判断。就地与远方油温指示应基本一致。绕组温度仅作参考。

（3）由于在油温 40℃ 左右时，油流的带电倾向性最大，因此变压器可通过控制油泵运行数量来尽量避免变压器绝缘油运行在 35℃～45℃温度区域。

6.2.2.11（3）本项目的查评依据如下。

【依据1】《电力设备预防性试验规程》（DL/T 596—1996）

6.1 电力变压器及电抗器的试验项目、周期和要求见表5。

表5 电力变压器及电抗器的试验项目、周期和要求

序号	项 目	周 期	要 求	说 明
1	油中溶解气体色谱分析	1）220kV 及以上的所有变压器、容量 120MVA 及以上的发电厂主变压器和 330kV 及以上的电抗器在投运后的 4、10、30 天（500kV 设备还应增加 1 次在投运后 1 天）； 2）运行中： a）330kV 及以上变压器和电抗器为 3 个月； b）220kV 变压器为 6 个月； c）120MVA 及以上的发电厂主变压器为 6 个月； d）其余 8MVA 及以上的变压器为 1 年； e）8MVA 以下的油浸式变压器自行规定； 3）大修后； 4）必要时	1）运行设备的油中 H_2 与烃类气体含量（体积分数）超过下列任何一项值时应引起注意：总烃含量大于 150×10^{-6} H_2 含量大于 150×10^{-6} C_2H_2 含量大于 5×10^{-6}（500kV 变压器为 1×10^{-6}） 2）烃类气体总和的产气速率大于 0.25ml/h（开放式）和 0.5ml/h（密封式），或相对产气速率大于 10%/月则认为设备有异常； 3）对 330kV 及以上的电抗器，当出现痕量（小于 5×10^{-6}）乙炔时也应引起注意；如气体分析虽已出现异常，但判断不至于危及绕组和铁芯安全时，可在超过注意值较大的情况下运行	1）总烃包括 CH_4、C_2H_6、C_2H_4 和 C_2H_2 四种气体； 2）溶解气体组分含量有增长趋势时，可结合产气速率判断，必要时缩短周期进行追踪分析； 3）总烃含量低的设备不宜采用相对产气速率进行判断； 4）新投运的变压器应有投运前的测试数据； 5）测试周期中 1）项的规定适用于大修后的变压器
2	绕组流电阻	1）1～3 年或自行规定； 2）无励磁调压变压器变换分接位置后； 3）有载调压变压器的分接开关检修后（在所有分接侧）； 4）大修后； 5）必要时	1）1.6MVA 以上变压器，各相绕组电阻相互间的差别不应大于三相平均值的 2%，无中性点引出的绕组，线间差别不应大于三相平均值的 1%； 2）1.6MVA 及以下的变压器，相间差别一般不大于三相平均值的 4%，线间差别一般不大于三相平均值的 2%； 3）与以前相同部位测得值比较，其变化不应大于 2%； 4）电抗器参照执行	1）如电阻相间差在出厂时超过规定，制造厂已说明了这种偏差的原因，按要求中 3）项执行； 2）不同温度下的电阻值按下式换算 $R_2=R_1\left[(T+t_2)/(T+t_1)\right]$ 式中 R_1、R_2 分别为在温度 t_1、t_2 时的电阻值；T 为计算用常数，铜导线取 235，铝导线取 225； 3）无励磁调压变压器应在使用的分接锁定后测量

续表

序号	项 目	周 期	要 求	说 明
3	绕组绝缘电阻、吸收比或（和）极化指数	1）1～3 年或自行规定； 2）大修后； 3）必要时	1）绝缘电阻换算至同一温度下，与前一次测试结果相比应无明显变化； 2）吸收比（10℃～30℃范围）不低于 1.3 或极化指数不低于 1.5	1）采用 2500V 或 5000V 绝缘电阻表； 2）测量前被试绕组应充分放电； 3）测量温度以顶层油温为准，尽量使每次测量温度相近； 4）尽量在油温低于 50℃时测量，不同温度下的绝缘电阻值一般可按下式换算 $$R_2 = R_1 \times 1.5^{(t_1-t_2)/10}$$ 式中 R_1、R_2 分别为温度 t_1、t_2 时的绝缘电阻值； 5）吸收比和极化指数不进行温度换算
4	绕组的 $\tan\delta$	1）1～3 年或自行规定； 2）大修后； 3）必要时	1）20℃时 $\tan\delta$ 不大于下列数值： 330kV～500kV 0.6%； 66kV～220kV 0.8%； 35kV 及以下 1.5%。 2）$\tan\delta$ 值与历年的数值比较不应有显著变化（一般不大于 30%）； 3）试验电压如下： | 绕组电压 10kV 及以上	10kV
绕组电压 10kV 以下	U_n	 4）用 M 形试验器时试验电压自行规定	1）非被试绕组应接地或屏蔽； 2）同一变压器各绕组 $\tan\delta$ 的要求值相同； 3）测量温度以顶层油温为准，尽量使每次测量的温度相近； 4）尽量在油温低于 50℃时测量，不同温度下的 $\tan\delta$ 值一般可按下式换算： $$R_2 = R_1 \times 1.3^{(t_1-t_2)/10}$$ 式中 $\tan\delta_1$、$\tan\delta_2$ 分别为温度 t_1、t_2 时的 $\tan\delta$ 值
5	电容型套管的 $\tan\delta$ 和电容值	1）1～3 年或自行规定； 2）大修后； 3）必要时	见第 9 章	1）用正接法测量； 2）测量时记录环境温度及变压器（电抗器）顶层油温
6	绝缘油试验	1）1～3 年或自行规定； 2）大修后； 3）必要时	见第 13 章	
7	交流耐压试验	1）1～5 年（10kV 及以下）； 2）大修后（66kV 及以下）； 3）更换绕组后； 4）必要时	1）油浸变压器（电抗器）试验电压值按表 6（定期试验按部分更换绕组电压值）； 2）干式变压器全部更换绕组时，按出厂试验电压值；部分更换绕组和定期试验时，按出厂试验电压值的 0.85 倍	1）可采用倍频感应或操作波感应法； 2）66kV 及以下全绝缘变压器，现场条件不具备时，可只进行外施工频耐压试验； 3）电抗器进行外施工频耐压试验
8	铁芯（有外引接地线的）绝缘电阻	1）1～3 年或自行规定； 2）大修后； 3）必要时	1）与以前测试结果相比无显著差别； 2）运行中铁芯接地电流一般不大于 0.1A	1）采用 2500V 绝缘电阻表（对运行年久的变压器可用 1000V 绝缘电阻表）； 2）夹件引出接地的可单独对夹件进行测量
9	穿心螺栓、铁轭夹件、绑扎钢带、铁芯、线圈压环及屏蔽等的绝缘电阻	1）大修后； 2）必要时	220kV 及以上者绝缘电阻一般不低于 500MΩ，其他自行规定	1）采用 2500V 绝缘电阻表（对运行年久的变压器可用 1000V 绝缘电阻表）； 2）连接片不能拆开者可不进行
10	油中含水量		见第 13 章	
11	油中含气量		见第 13 章	
12	绕组泄漏电流	1）1～3 年或自行规定； 2）必要时	1）试验电压一般如下： | 绕组额定电压/kV	3	6～10	20～35	66～330	500
直流试验电压/kV	5	10	20	40	60	 2）与前一次测试结果相比应无明显变化	读取 1min 时的泄漏电流值

序号	项 目	周 期	要 求	说 明
13	绕组所有分接的电压比	1) 分接开关引线拆装后； 2) 更换绕组后； 3) 必要时	1) 各相应接头的电压比与铭牌值相比，不应有显著差别，且符合规律。 2) 电压 35kV 以下，电压比小于 3 的变压器电压比允许偏差为 ±1%；其他所有变压器：额定分接电压比允许偏差为 ±0.5%，其他分接的电压比应在变压器阻抗电压值（%）的 1/10 以内，但不得超过 ±1%	
14	校核三相变压器的组别或单相变压器极性	更换绕组后	必须与变压器铭牌和顶盖上的端子标志相一致	
15	空载电流和空载损耗	1) 更换绕组后； 2) 必要时	与前次试验值相比，无明显变化	试验电源可用三相或单相；试验电压可用额定电压或较低电压值（如制造厂提供了较低电压下的值，可在相同电压下进行比较）
16	短路阻抗和负载损耗	1) 更换绕组后； 2) 必要时	与前次试验值相比，无明显变化	试验电源可用三相或单相；试验电流可用额定值或较低电流值（如制造厂提供了较低电流下的测量值，可在相同电流下进行比较）
17	局部放电测量	1) 大修后（220kV 及以上）； 2) 更换绕组后（220kV 及以上、120MVA 及以上）； 3) 必要时	1) 在线端电压为时，放电量一般不大于 500pC；在线端电压为时，放电量一般不大于 300pC。 2) 干式变压器按 GB 6450 规定执行	1) 试验方法符合 GB/T 1094.3 的规定； 2) 周期中"大修后"系指消缺性大修后，一般性大修后的试验可自行规定； 3) 电抗器可进行运行电压下局部放电监测
18	有载调压装置的试验和检查 1) 检查动作顺序，动作角度； 2) 操作试验：变压器带电时手动操作、电动操作、远方操作各 2 个循环； 3) 检查和切换测试： a) 测量过渡电阻的阻值； b) 测量切换时间； c) 检查插入触头、动静触头的接触情况，电气回路的连接情况； d) 单、双数触头间非线性电阻的试验； e) 检查单、双数触头间放电间隙； 4) 检查操作箱； 5) 切换开关室绝缘油试验； 6) 二次回路绝缘试验	1) 1 年或按制造厂要求； 2) 大修后； 3) 必要时	范围开关、选择开关、切换开关的动作顺序应符合制造厂的技术要求，其动作角度应与出厂试验记录相符。 手动操作应轻松，必要时用力矩表测量，其值不超过制造厂的规定，电动操作应无卡涩，没有连动现象，电气和机械限位动作正常。 与出厂值相符。 三相同步的偏差、切换时间的数值及正反向切换时间的偏差均与制造厂的技术要求相符。 动、静触头平整光滑，触头烧损厚度不超过制造厂的规定值，回路连接良好。 按制造厂的技术要求。 无烧伤或变动。 接触器、电动机、传动齿轮、辅助接点、位置指示器、计数器等工作正常。 符合制造厂的技术要求，击穿电压一般不低于 25kV。 绝缘电阻一般不低于 1MΩ	有条件时进行 采用 2500V 绝缘电阻表
19	测温装置及其二次回路试验	1) 1~3 年； 2) 大修后； 3) 必要时	密封良好，指示正确，测温电阻值应和出厂值相符； 绝缘电阻一般不低于 1MΩ	测量绝缘电阻采用 2500V 绝缘电阻表
20	气体继电器及其二次回路试验	1) 1~3 年（二次回路）； 2) 大修后； 3) 必要时	整定值符合运行规程要求，动作正确绝缘电阻一般不低于 1MΩ	测量绝缘电阻采用 2500V 绝缘电阻表
21	压力释放器校验	必要时	动作值与铭牌值相差应在 ±10% 范围内或按制造厂规定	

序号	项 目	周 期	要 求	说 明
22	整体密封检查	大修后	1）35kV 及以下管状和平面油箱变压器采用超过油枕顶部 0.6m 油柱试验（约 5kPa 压力），对于波纹油箱和有散热器的油箱采用超过油枕顶部 0.3m 油柱试验（约 2.5kPa 压力），试验时间 12h 无渗漏； 2）110kV 及以上变压器，在储油柜顶部施加 0.035MPa 压力，试验持续时间 24h 无渗漏	试验时带冷却器，不带压力释放装置
23	冷却装置及其二次回路检查试验	1）自行规定； 2）大修后； 3）必要时	1）投运后，流向、温升和声响正常，无渗漏； 2）强油水冷装置的检查和试验，按制造厂规定； 3）绝缘电阻一般不低于 1MΩ	测量绝缘电阻采用 2500V 绝缘电阻表
24	套管中的电流互感器绝缘试验	1）大修后； 2）必要时	绝缘电阻一般不低于 1MΩ	采用 2500V 绝缘电阻表
25	全电压下空载合闸	更换绕组后	1）全部更换绕组，空载合闸 5 次，每次间隔 5min； 2）部分更换绕组，空载合闸 3 次，每次间隔 5min	1）在使用分接上进行； 2）由变压器高压或中压侧加压； 3）110kV 及以上的变压器中性点接地； 4）发电机变压器组的中间连接无断开点的变压器，可不进行
26	油中糠醛含量	必要时	1）含量超过下表值时，一般为非正常老化，需跟踪检测： 运行年限 1～5 糠醛量（mg/L）0.1；5～10 0.2；10～15 0.4；15～20 0.75 2）跟踪检测时，注意增长率； 3）测试值大于 4mg/L 时，认为绝缘老化已比较严重	建议在以下情况进行： 1）油中气体总烃超标或 CO、CO_2 过高； 2）500kV 变压器和电抗器及 150MVA 以上升压变压器投运 3～5 年后； 3）需了解绝缘老化情况
27	绝缘纸（板）聚合度	必要时	当聚合度小于 250 时，应引起注意	1）试样可取引线上绝缘纸、垫块、绝缘纸板等数克； 2）对运行时间较长的变压器尽量利用吊检的机会取样
28	绝缘纸（板）含水量	必要时	含水量（质量分数）一般不大于下值： 500kV 1%；330kV 2%；220kV 3%	可用所测绕组的 tanδ 值推算或取纸样直接测量。有条件时，可按部颁 DL/T 580—2013《用露点法测定变压器绝缘纸中平均含水量的方法》标准进行测量
29	阻抗测量	必要时	与出厂值相差在±5%，与三相或三相组平均值相差在±2%范围内	适用于电抗器，如受试验条件限制可在运行电压下测量
30	振动	必要时	与出厂值比不应有明显差别	
31	噪声	必要时	与出厂值比不应有明显差别	按 GB 7328 要求进行
32	油箱表面温度分布	必要时	局部热点温升不超过 80K	

【依据 2】《防止电力生产重大事故的二十五项重点要求》（国网安质二〔2014〕35 号）

12.2.13 对运行 10 年以上的变压器必须进行一次油中糠醛含量测试，加强油质管理，对一运行中油应严格执行有关标准，对不同油种的混油应慎重。

12.2.17 积极开展红外检测，新建、改扩建或大修后的变压器（电抗器），应在投运带负荷后不超过 1 个月内（但至少在 24h 以后）进行一次精确检测。220kV 及以上电压等级的变压器（电抗器）每年在夏季前后应至少各进行一次精确检测。在高温大负荷运行期间，对 220kV 及以上电压等级变压器（电抗器）应增加红外检测次数。精确检测的测量数据和图像应制作报告存档保存。

【依据3】《水电站电气设备预防性试验规程》（Q/GDW 11150—2013）

7.1 油浸式变压器

油浸式变压器的试验项目、周期和要求见表4。

表4　　　　　　　　　　　　油浸式变压器的试验项目、周期和要求

序号	项目	周期	要求	说明
1	油中溶解气体色谱分析	1）大修后投运；500kV：第1、4、10、30天。 220kV：第4、10、30天。 110kV：第4、30天。 2）运行中： a）500kV、容量240MVA及以上所有发电厂的升压变：3个月。 b）220kV：6个月。 c）35kV、110kV：1年。 3）其他：自行规定。 4）必要时	1）根据GB/T 7252—2001新装或大修后投运前变压器的油中H_2与烃类气体含量（μL/L）任一项不得超过下列数值： 总烃：20；H_2：30；C_2H_2：0 2）运行设备： 乙炔≤1（500kV）（μL/L）≤5（其他）（μL/L）（注意值） 氢气≤150（μL/L）（注意值） 总烃≤150（μL/L）（注意值） 绝对产气速率： ≤12mL/d（胶囊式、隔膜式）（注意值）相对产气速率≤10%/月（注意值）。 3）对500kV的电抗器，当出现痕量（小于5×10⁻⁶）乙炔时也应引起注意；如气体分析虽已出现异常，但判断不至于危及绕组和铁芯安全时，可在超过注意值较大的情况下运行	1）总烃包括CH_4、C_2H_4、C_2H_6和C_2H_2四种气体。 2）试验结果若有明显增长趋势，即使小于注意值，也应缩短试验周期。烃类气体含量较高时，应计算总烃的产气速率。 3）取样及测量程序参考GB/T 7252，同时注意设备技术文件的特别提示（如有）。 4）封闭式电缆出线或GIS出线的变压器电缆侧或GIS绕组当不进行绕组直流电阻定期试验时，应缩短油中溶解气体色谱分析检测周期，220kV变压器不超过3个月，110kV变压器最长不应超过6个月。 5）必要时：当怀疑有内部缺陷（如听到异常声响）、气体继电器有信号、经历了过负荷运行以及发生了出口或近区短路故障，在线监测系统告警等，应进行额外的取样分析
2	油中含水量	见第13章		
3	油中含气量	见第13章		
4	绝缘油试验	见第13章		
5	绕组连同套管绝缘电阻、吸收比或极化指数	1）3年； 2）大修前、后； 3）必要时	1）绝缘电阻换算至同一温度下，与前一次测试结果相比应无显著变化。 2）35kV及以上变压器应测量吸收比，吸收比在常温下不低于1.3，吸收比偏低时可测量极化指数，应不低于1.5； 3）绝缘电阻大于10000MΩ时，吸收比和极化指数可仅作为参考，一般吸收比不低于1.1或极化指数不低于1.3	1）测量时，铁芯、外壳及非测量绕组应接地，测量绕组应短路，套管表面应清洁、干燥。使用5000V绝缘电阻表，对220kV以上变压器，绝缘电阻表一般要求输出电流不小于3mA。 2）测量前被试绕组应充分放电。 3）测量温度以顶层油温为准，各次测量时的温度应尽量接近。 4）测量宜在顶层油温低于50℃时进行，绕组在不同温度下的绝缘电阻值按下式换算： $$R_2=R_1\times1.5^{(t_1-t_2)/10}$$ 式中R_1、R_2分别为温度t_1、t_2时的绝缘电阻值。 5）吸收比和极化指数不进行温度换算。 6）封闭式电缆出线或GIS出线的变压器，电缆、GIS侧绕组可在中性点测量。 7）在不拆引线时，可进行绕组间、绕组对铁芯（和夹件）的测量。 8）必要时： —运行中油介损不合格或油中水分超标。 —渗漏油等可能引起变压器受潮的情况。 测试方法参考DL/T 474.1
6	绕组直流电阻	1）3年； 2）大修前、后； 3）无载分接开关变换分接位置； 4）有载分接开关检修后（所有分接）； 5）必要时	1）相间互差不大于2%（警示值）； 2）同相初值差不超过±2%（警示值）	有中性点引出线时，应测量各绕组的电阻；若无中性点引出线，可测量各线端的电阻，然后换算到相绕组。测量时铁芯的磁化极性应保持一致。 1）互差指任意两相绕组电阻之差，除以两者中的小者，再乘以100%得到的结果。 2）要求在扣除原始差异之后，同一温度下各相绕组电阻的相互差异应在2%之内。此外，还要求同一温度下，各相电阻的初值差不超过±2%。 3）无载分接开关在运行分接测量。 4）不同温度下电阻值按下式换算。

序号	项目	周期	要求	说明
6	绕组直流电阻			$R_2=R_1\times(T+t_2)/(T+t_1)]$ 式中 R_1、R_2 分别为在温度 t_1、t_2 下的电阻值；T 为电阻温度常数，铜导线取 235，铝导线取 225。 5) 必要时： ——本体油色谱判断有热故障； ——更换套管后； ——红外热像检测判断套管接头或引线过热
7	绕组连同套管的 $\tan\delta$	1) 3年； 2) 大修前、后； 3) 必要时	1) 20℃时不大于下列数值： 330kV～500kV 0.6%； 66kV～220kV 0.8%。 35kV 及以下 1.5%。 2) $\tan\delta$ 值与出厂试验值或历年的数值比较不应有显著变化（一般不大于30%）	1) 测量宜在顶层油温低于 50℃时进行，测量时记录顶层油温和空气相对湿度，非测量绕组及外壳接地，测量方法可参考 DL/T 474.3。 2) 同一变压器各绕组 $\tan\delta$ 的要求值相同，测量 $\tan\delta$ 时，应同时测量电容值，若电容值发生明显变化，应予以注意。 3) 测量温度以顶层油温为准，各次测量时的温度尽量相近，不同温度下的 $\tan\delta$ 值一般按下式换算 $\tan\delta_2=\tan\delta_1\times1.3^{(t_2-t_1/10)}$ 式中 $\tan\delta_1$、$\tan\delta_2$ 分别为温度 t_1、t_2 时的 $\tan\delta$ 值。 4) 封闭式电缆出线或 GIS 出线的变压器，电缆、GIS 侧绕组可在中性点加压测量。 5) 在不拆引线时，可进行绕组间、绕组对铁芯（和夹件）的测量。 6) 必要时，如： ——绕组绝缘电阻、吸收比或极化指数异常时； ——油介损不合格或油中水分超标； ——渗漏油等。 7) 测试方法参考 DL/T 474.3
8	绕组直流泄漏电流	1) 3年； 2) 必要时	1) 与初值比应没有明显增加，与同型设备比没有明显差异； 2) 由泄漏电流换算成的绝缘电阻值应与绝缘电阻表所测值相近（在相同温度下）； 3) 试验电压（kV） （见下表） <table><tr><td>额定电压</td><td>36～10</td><td>20～35</td><td>66～330 500</td></tr><tr><td>试验电压</td><td>510</td><td>20</td><td>40 60</td></tr></table>	1) 绕组额定电压为 13.8kV 及 15.75kV 时，按 10kV 级标准；18kV 时，按 20kV 级标准，泄漏电流应在施加试验电压达 1min 时，在高压端读取。 2) 封闭式电缆出线的变压器电缆侧绕组泄漏电流由中性点套管处测量。 3) 在不拆引线时，可进行绕组间、绕组对铁芯（和夹件）的测量。 4) 必要时，如： ——绝缘电阻低 ——介质损耗因数大 ——怀疑绝缘存在受潮等缺陷 5) 试验方法参照 DL/T 474.2
9	绕组所有分接头的电压比	1) 分接开关引线拆装后； 2) 更换绕组后； 3) 无载分接开关变换分接位置（使用分接）后； 4) 有载分接开关检修后（所有分接）； 5) 必要时	1) 各相分接头的电压比与铭牌数据相比应无明显差别，且应符合变压比的规律； 2) 额定分接电压比允许偏差为±0.5%，其他分接的电压比应在变压器阻抗电压值（%）的 1/10 以内，但偏差不得超过±1%（警示值）	必要时：如对核心部件或主体进行解体性检修之后，或怀疑绕组存在缺陷时，进行本项目。结果应与铭牌标识一致
10	套管试验	见第 10 章		
11	绕组连同套管交流耐压试验	1) 更换绕组后； 2) 必要时	全部更换绕组时，按出厂试验电压值；部分更换绕组和交接试验时，按出厂试验电压值的 80%	1) 必要时：验证绝缘强度进行本项目。 2) 感应电压的频率应在 100Hz～400Hz。电压为出厂试验值的 80%，时间按下式确定，但应在 15s～60s 之间。试验方法参考 GB/T 1094.3。 $t=(120\times$额定频率$)/$试验频率

序号	项目	周期	要求	说明
11	绕组连同套管交流耐压试验			3）在进行感应耐压试验之前，应先进行低电压下的相关试验以评估感应耐压试验的风险。 4）35kV 全绝缘变压器现场条件不具备时，可只进行外施工频耐压试验。 5）电抗器进行外施工频耐压试验测试方法参考 DL/T 474.4
12	铁心及夹件绝缘电阻	1）3 年； 2）大修前、后； 3）必要时	≥100MΩ（新投运 1000MΩ）（注意值）	1）采用 2500V（老旧变压器 1000V）绝缘电阻表测量，除注意绝缘电阻的大小外，要特别注意绝缘电阻的变化趋势。 2）夹件引出接地的，应分别测量铁心对夹件及夹件对地绝缘电阻。必要时，如：油中溶解气体分析异常怀疑铁芯多点接地时等
13	穿芯螺栓、铁轭夹件、绑扎钢带、铁心、线圈压环及屏蔽等的绝缘电阻	大修中	220kV 以上绝缘电阻一般不低于 500MΩ；110kV 及以下绝缘电阻一般不低于 100MΩ	1）用 2500V 绝缘电阻表（老旧变压器 1000V）； 2）连接片不能拆开者可不进行
14	校核三相变压器的组别或单相变压器的极性	更换绕组后	1）应与变压器的铭牌和出线端子标号相符； 2）单相变压器组成的三相变压器组应在联结完成后进行组别检查	
15	空载电流和空载损耗	1）更换绕组后； 2）必要时	与初值相比无明显变化	1）试验电压尽可能接近额定值。试验电压值和接线应与上次试验保持一致（若制造厂提供了较低电压下的测量值，可在相同电压下进行比较）。测量结果与上次相比，不应有明显差异。 2）对单相变压器相间或三相变压器两个边相，空载电流差异不应超过 10%。分析时一并注意空载损耗的变化。 3）必要时，如： —怀疑磁路有缺陷； —需要诊断铁芯结构缺陷、匝间绝缘损坏时
16	铁芯及夹件接地电流	3 个月	不大于 0.1A	1）根据反措要求，运行中变压器进行定期测试； 2）铁芯及夹件接地未引出不做
17	变压器短路阻抗和负载损耗	1）更换绕组后； 2）必要时	短路阻抗与初值相比，不超过±3%（注意值）负载损耗与初值相比没有明显差别	1）试验电源可用三相或单相；试验电流可用额定值或较低电流（如 10%额定电流；若制造厂提供了较低电流下的测量值，可在相同电流下进行比较）；也可采用变压器低电压阻抗测试仪进行测量。 2）必要时，如：出口短路后。 3）诊断绕组是否发生变形时进行本项目。应在最大分接位置和相同电流下测量。试验电流可用额定电流，亦可低于额定值，但不应小于 5A
18	局部放电试验	220kV 及以上： 1）大修更换绝缘部件或部分线圈后； 2）拆装套管或进人后； 3）必要时	1）在线端电压为 $1.3U_m/\sqrt{3}$ 时，不大于 500pC；测量电压为 $1.3U_m/\sqrt{3}$ 时，不大于 300pC。 2）老旧变压器按 $1.3U_m/\sqrt{3}$	1）110kV 电压等级的变压器大修后，可参照执行。 2）试验方法应符合 GB/T 1094.3《电力变压器第三部分 绝缘水平和绝缘试验》及 D/T 417—2006《电力设备局部放电现场设备测量导则》的规定。 3）必要时，如：运行中变压器油色谱异常，怀疑存在放电性故障

序号	项目	周 期	要 求	说 明
19	有载分接开关的试验和检查	1）每年一次常规检查； 2）每 3 年一次特定项目检查； 3）必要时	按 DL/T 574—2010《变压器分接开关运行维修导则》或制造厂规定执行	必要时，如：怀疑有故障时
20	测温装置校验及其二次回路试验	1）110kV 及以下：6年（二次回路）； 2）220kV 及以上：3年； 3）必要时	1）按制造厂的技术要求； 2）密封良好，指示正确，测温电阻值应和出厂值相符，在规定的周期内使用； 3）绝缘电阻一般不低于 1MΩ	每 3 年检查一次，要求外观良好，运行中温度数据合理，相互比对无异常。 每 6 年校验一次，可与标准温度计比对，或按制造商推荐方法进行，结果应符合术文件要求。 1）测量绝缘电阻采用 1000V 绝缘电阻表。 2）必要时，如：怀疑有故障时用 1000V 绝缘电阻表测量二次回路的绝缘电阻，一般不低于 1MΩ
21	气体继电器校验及其二次回路试验	1）3 年（二次回路）； 2）大修后； 3）必要时	1）按制造厂的技术要求。 2）整定值符合规程要求，动作正确。 3）每 3 年检查一次气体继电器整定值，应符合运行规程和设备技术文件要求，动作正确。 4）每 6 年测量一次气体继电器二次回路的绝缘电阻，应不低于 1MΩ，采用 1000V 绝缘电阻表测量。 5）继电器下浮子（如有）密封良好	1）测量绝缘电阻采用 1000V 绝缘电阻表。 2）必要时，如：怀疑有故障时
22	压力释放器校验及其二次回路试	1）3 年（二次回路）。 2）大修时表 5 必要时	1）动作值与铭牌值相差应在 ±10% 范围内或符合制造厂规定； 2）绝缘电阻一般不低于 1MΩ	1）按设备技术文件要求进行检查，应符合要求。一般要求开启压力与出厂值的标准偏差在 ±10% 之内或符合设备技术文件要求。 2）采用 2500V 绝缘电阻表。 3）必要时，如：怀疑有故障时
23	整体密封检查	1）大修时； 2）必要时	1）35kV 管状和平面油箱变压器采用超过储油柜顶部 0.6m 油柱试验（约 5kPa 压力），对于波纹油箱和有散热器的油箱采用超过储油柜顶部 0.3m 油柱试验（约 2.5kPa 压力），试验时间 12h 无渗漏； 2）110kV 以上变压器，在储油柜顶部施加 0.035MPa 压力，试验持续时间 24h 无渗漏	1）35kV 管状和平面油箱变压器采用超过储油柜顶部 0.6m 油柱试验（约 5kPa 压力），对于波纹油箱和有散热器的油箱采用超过油枕顶部 0.3m 油柱试验（约 2.5kPa 压力），试验时间 12h 无渗漏。 2）110kV 以上变压器，在储油柜顶部施加 0.035MPa 压力，试验持续时间 24h 无渗漏（试验时带冷却器，不带压力释放装置）
24	冷却装置及其二次回路试验	1）3 年； 2）大修后； 3）必要时	1）投运后，流向、温升和声响正常、无渗漏； 2）强油水冷装置的检查和试验，按制造厂规定； 3）绝缘电阻一般不低于 1MΩ	1）投运后，流向、温升和声响正常、无渗漏； 2）测量绝缘电阻采用 1000V 绝缘电阻表。 3）必要时，如：怀疑有故障时
25	套管中的电流互感器绝缘试验	1）大修后； 2）必要时	绝缘电阻一般不低于 1MΩ	采用 2500V 绝缘电阻表
26	变压器全电压下冲击合闸	更换绕组后	1）全部更换绕组，空载合闸 5 次，每次间隔 5min； 2）部分更换绕组，空载合闸 3 次，每次间隔 5min	1）在使用分接上进行； 2）由变压器高压或中压侧加压； 3）110kV 及以上的变压器中性点接地； 4）发电机变压器组的中间连接无断开点的变压器，可不进行
27	油中糠醛含量	1）500kV 变压器和电抗器及 150MVA 以上升压变压器投运 10年后； 2）必要时	1）含量超过下表值时，一般为非正常老化，需跟踪检测： （见下表） 2）跟踪检测时，注意增长率； 3）测试值大于 4mg/L 时，认为绝缘老化比较严重	出现以下情况时可进行： 1）油中气体总烃超标，并 CO、CO_2 过高，或怀疑变压器有老化现象时； 2）需了解绝缘老化情况时； 3）长期过载运行后，温升超标

序号 27 油中糠醛含量表：

运行年限	1～5	5～10	10～15	15～20
糠醛量 mg/L	0.1	0.2	0.4	0.75

序号	项目	周期	要　　求	说　　明
28	绝缘纸（板）聚合度	必要时	当聚合度小于 250 时，应引起注意	1）试样可取引线上绝缘纸、垫块、绝缘纸板等数克； 2）对运行时间较长的变压器尽量利用吊检的机会取样
29	绝缘纸（板）含水量	必要时	含水量（质量分数）一般不大于以下数值：500kV：1%；220kV：3%	可用所测绕组的 tanδ 值推算或取纸样直接测量。有条件时，可按 DL/T 580—2013 进行测量
30	电抗器阻抗测量	必要时	与出厂值相差±5%，与整组平均值相差在±2%范围内	如试验条件限制，可在运行电压下测量
31	振动	必要时	与出厂相比，不应有明显差别	
32	噪音	1）500kV 变压器、电抗器更换绕组后； 2）必要时	1）在额定电压及额定频率下不应大于 80dB（A）； 2）与出厂值比较无明显变化	1）按 GB/T 1094.10—2003 要求进行。 2）必要时，如：发现噪声异常时
33	油箱表面温度分布	必要时	局部过热点温升不超过 80K	1）用红外热像仪或测温仪测量； 2）在带较大负荷时进行； 3）必要时，如：发现油箱表面局部过热时
34	变压器绕组变形试验	1）更换绕组后； 2）必要时	与初始结果相比，或三相之间结果相比无明显差别，无初始记录时可与同型号同厂家对比	测量和分析方法参考 DL/T 911、DL/T 1093； 必要时，如出口或近区短路后
35	变压器相位检查	1）更换绕组后； 2）外部接线变更后	应与电网相位一致	
36	红外热像检测	1）220kV 及以上：3 个月；110/66kV：半年； 2）大修后带负荷 1 个月内； 3）220kV 及以上季节变化前后，高温大负荷期间增加	按 DL/T 664—2008《带电设备红外诊断技术应用导则》执行	检测变压器箱体、储油柜、套管、引线接头及电缆、冷却器进出油口等，红外热像图显示应无异常温升、温差和/或相对温差。新增检测周期依据《国家电网公司十八项电网重大反事故措施》（2012 修订版）第 9.2.3.5 条

6.2.3　高、低配电设备

6.2.3.1　系统接线和运行方式

6.2.3.1（1）本项目的查评依据如下。

【依据 1】《水力发电厂厂用电设计规程》（NB/T 35044—2014）

第 3 条

【依据 2】《国家电网公司水电厂重大反事故措施》（国家电网基建〔2015〕60 号）

13.1　防止运行方式不合理造成全厂停电事故

13.1.1　设计阶段

13.1.1.1　厂用电系统的电源选择、接线方式、负荷的连接和供电方式、厂用变压器选择等应满足 DL/T 5164 的相关要求。

13.1.1.2　对可能与系统和外来电源失去联系致使机组无法启动或可能影响人身、设备、设施安全时，应设置事故保安电源。

13.1.1.3　厂用电系统各级母线均应装设备用电源自动切换装置，装置故障和功能退出时应有相应的报警信号。

13.1.1.4　电厂开关站不宜作为系统枢纽站，也不宜装设构成电磁环网的联络变压器。

13.1.1.5　带直配电负荷电厂的机组应设置低频率低电压解列装置，确保在系统事故时，解列一台或部分机组后能单独带厂用电和直配负荷运行。

13.1.2　运行阶段

13.1.2.1 应根据水电厂实际情况编制不同级别的厂用电运行方式处理预案，确定厂用电系统的正常和非正常运行方式，并优先采用正常运行方式，因故改为非正常运行方式时，应根据相应运行方式的启动条件、处理流程、注意事项等，启动相应的预案，确保厂用电系统的供电安全，并应尽快恢复到正常方式运行。

13.1.2.2 水电厂在各种运行方式下，所连接的厂用电电源数量应满足下列要求：

（1）全厂机组运行时，大型水电厂应不少于 3 个厂用电电源；中型应不少于 2 个厂用电电源。

（2）当部分机组运行时，大型水电厂应不少于 2 个厂用电电源；中型应不少于 2 个厂用电电源，但允许其中一个电源处于备用状态。

（3）全厂停机时，大型水电厂应有 2 个厂用电电源，但允许其中一个处于备用状态；中型水电厂允许 1 个厂用电电源供电。

（4）当机组、主变压器或引水隧洞等大修而使全厂停机时、允许仅 1 个厂用电电源供电。

（5）在厂用电电源设备检修期间，允许适当减少厂用电电源数量。

13.1.2.3 应根据水电厂运行实际情况制订合理的全厂公用系统运行方式，防止部分公用系统故障导致全厂停电。

13.1.2.4 各级母线的备用电源自动切换装置应正常投入，因故退出时应启动相应的应急处理预案。定期进行备用电源自动切换装置的动作试验，确保功能正常。试验结束后应对受电源消失影响的设备进行全面检查，如机组自用配电盘的供电方式等。

13.1.2.5 厂用电系统发生故障，应尽快检查重要负荷的供电情况，并进行故障设备的排查和处理。如备自投动作不成功，应检查有关设备无故障后方可向停电的设备试送电，未经检查，禁止送电。

13.1.2.6 严格执行系统运行控制要求，禁止超稳定极限值运行。一次设备故障后，应按照故障后系统运行方式的要求控制，尽快将发电机出力、电压等控制在规定值以内。

13.1.2.7 改变厂用电系统运行方式时，应考虑对继电保护、安全自动装置、设备容量等方面的影响，制定事故预案。并在工作结束后尽快恢复正常运行方式。

6.2.3.1（2）本项目的查评依据如下。

【依据 1】《水力发电厂厂用电设计规程》（NB/T 35044—2014）

5.2 厂用电变压器容量选择

5.2.1 厂用电变压器容量的选择和校验应符合下列原则：

1 满足在各种运行方式下可能出现的最大负荷。

2 一台厂用电变压器计划检修或故障时，其余厂用电变压器应能担负Ⅰ、Ⅱ类厂用电负荷或短时担负厂用电最大负荷。但可不考虑一台厂用电变压器计划检修时另一台厂用电变压器故障或两台厂用电变压器同时故障的情况。

3 保证需要自启动的电动机在故障消除后启动时所连接的厂用电母线电压不低于额定电压的60%～65%。

5.2.2 厂用电变压器容量应按下列要求选择：

1 装设两台互为备用的厂用电电源变压器时，每台厂用电变压器的额定容量应满足所有Ⅰ，Ⅱ类负荷或短时满足厂用电最大负荷的需要。

2 装设 3 台厂用电电源变压器互为备用或其中一台为明备用时，计及负荷分配不均匀等情况，每台的额定容量宜为厂用电最大负荷的 50%～60%。

3 装设 3 台以上厂用电电源变压器时，应按其接线的运行方式及所连接的负荷分析确定。

4 厂用电配电变压器容量选择应满足所连接的最大负荷需要。当多台互为备用时，应符合本条第 1～3 款的要求。

5 厂用电变压器不宜采用强迫风冷时以持续输出容量作为额定容量选择的依据。但对不经常运行或经常短时运行的厂用电配电变压器，应充分利用其过负荷能力。

5.2.3 自用电变压器的额定容量应满足机组最大负荷需要。当两台自用电变压器可互为备用时，其容量选择则按本规程第 5.2.2 条第 1 款执行。

5.2.4　互为备用的厂用电变压器在已带自身负荷后，应满足另一台厂用电变压器需要自启动电动机成组自启动时的最低电压要求。

5.2.5　选择厂用电变压器容量时，可不计其温度修正系数的影响。

5.2.6　变压器容量选择应满足电动机启动时的电压校验要求。

【依据 2】《国家电网公司水电厂重大反事故措施》（国家电网基建〔2015〕60 号）

13.1.2.7　改变厂用电系统运行方式时，应考虑对继电保护、安全自动装置、设备容量等方面的影响，制定事故预案。并在工作结束后尽快恢复正常运行方式。

6.2.3.1（3）本项目的查评依据如下。

【依据 1】《水力发电厂厂用电设计规程》（NB/T 35044—2014）

3.4.1　大型水电厂如采用二级电压供电，宜将机组自用电、公用电、照明和检修系统等分别用不同变压器供电。中型水电厂宜采用机组自用电与公用电混合供电方式。

3.4.2　高压厂用电系统宜采用单母线分段，也可采用分段环形接线。母线分段数根据电源数量确定。大型电厂当分段数为 4 段及以上时，可分成 2 组及以上，组内各段相互备用、自动投入。

3.4.3　低压厂用电系统除单电源供电外，一般采用单母线分段接线。当系统供电电源采用一用一备时，一般采用单母线接线。

3.4.4　水电厂如发电机引出线及厂用电分支线均采用离相封闭母线，且厂用电回路采用单相设备时，厂用电变压器高压侧可不装设断路器和隔离开关；当厂用电分支线未采用离相封闭母线时，厂用电变压器高压侧宜装设断路器；若不装设，则需采取下列措施：

1　采用负荷开关、隔离开关或连接片，但应满足短路冲击的要求或采取防止相间短路的措施。当采用隔离开关时，应使隔离开关能拉切所连接变压器的空载电流。

2　采取限制短路电流措施，以便能采用额定短路开断能力较小的断路器。

3.4.5　厂用变压器高压侧断路器不应合用，也不应以三绕组变压器供电。远离厂房的变压器现地高压侧应设置隔离电器。

【依据 2】《国家电网公司水电厂重大反事故措施》（国家电网基建〔2015〕60 号）

13.1.1.3　厂用电系统各级母线均应装设备用电源自动切换装置，装置故障和功能退出时应有相应的报警信号。

13.1.2.4　各级母线的备用电源自动切换装置应正常投入，因故退出时应启动相应的应急处理预案。定期进行备用电源自动切换装置的动作试验，确保功能正常。试验结束后应对受电源消失影响的设备进行全面检查，如机组自用配电盘的供电方式等。

6.2.3.1（4）本项目的查评依据如下。

【依据 1】《水力发电厂厂用电设计规程》（NB/T 35044—2014）

3.1.1　厂用电工作电源的引接方式及配置应符合下列规定：

1　水电厂发电机变压器组合方式采用单元接线。当装机台数为 2 台～4 台时，至少从 2 台主变压器低压侧引接厂用电工作电源；当装机台数为 5 台及以上时，至少从 3 台主变压器低压侧引接厂用电工作电源。

2　水电厂发电机变压器组合方式采用扩大单元接线，宜从每个扩大单元发电机电压母线引接一厂用电工作电源。当扩大单元组数量在 2 组～3 组时，至少从 2 组扩大单元引接；当扩大单元组数量在 4 组及以上时，至少从 3 组扩大单元引接。

3　水电厂发电机变压器组合方式采用联合单元接线，宜从每个联合单元中的任一台变压器低压侧引接一厂用电工作电源。当联合单元组数量在 2 组～3 组时，至少从 2 组联合单元引接；当联合单元组数量在 4 组及以上，至少从 3 组联合单元引接。

4　当发电机电压回路装设发电机断路器时，厂用电工作电源应在发电机断路器与主变压器低压侧之间引接；对于抽水蓄能电厂，引接点应设置在换相隔离开关与主变压器低压侧之间。

5 经技术经济比较确有需要时,厂用电工作电源也可选择在电厂枢纽内设置专用水轮发电机组供电的方案。对于抽水蓄能电厂,系统倒送电可以作为工作电源。

3.1.2 除了工作电源间互为备用和系统倒送电外,大、中型水电厂还应设置厂用电备用电源。厂用电备用电源的引接方式包括:

1 从水电厂高压联络(自耦)变压器第三绕组引接;

2 从地区电网或保留的施工变电站(由地区网络供电的)引接;

3 从邻近水电厂引接;

4 从水电厂的升高电压侧母线引接(主要用于高压母线电压等级为 110kV 及以下);

5 柴油发电机组。

3.1.3 厂用电保安电源通常选用柴油发电机组,也可专设水轮发电机组。符合下列条件的水电厂应设置厂用电保安电源:

1 重要泄洪设施无法以手动方式开启闸门泄洪的水电厂;

2 水淹厂房危及人身和设备安全的水电厂。

3.1.4 黑启动电源的设置应符合下列规定:

1 当电力系统调度部门确定水电厂应具备电力系统黑启动功能时,该水电厂应设置黑启动电源。

2 黑启动电源通常选用能远方控制快速启动的柴油发电机组,也可专设水轮发电机组。

3 黑启动电源容量需满足启动一台机组必需的负荷,包括机组技术供水泵、主变压器冷却装置、机组调速系统油压装置主油泵、发电机高压油顶起油泵、机组轴承润滑油冷却系统、发电机断路器操作电源等开机所需负荷。机组黑启动时所需考虑的负荷可按本规程附录 A 的规定选取。

3.1.5 当水电厂需要厂用电保安电源和黑启动电源时,则宜兼用。此时电源的容量应按保安负荷与黑启动负荷二者的最大值选取,但不考虑黑启动的负荷与保安负荷同时出现。当大型电厂枢纽布置较分散、供电范围广且距离较远时,也可将供大坝安全度汛或重要泄洪设施的保安电源(柴油发电机组)单独布置在坝区附近。

3.1.6 第一台机组发电时,应有 2 个引接自不同点的电源,大型水电厂 2 个电源应同时供电,中型水电厂允许其中 1 个处于备用状态。

【依据 2】《国家电网公司水电厂重大反事故措施》(国家电网基建〔2015〕60 号)

13.1.1.2 对可能与系统和外来电源失去联系致使机组无法启动或可能影响人身、设备、设施安全时,应设置事故保安电源。

6.2.3.1(5)本项目的查评依据如下。

【依据 1】《水力发电厂厂用电设计规程》(NB/T 35044—2014)

3.1 厂用电电源

3.1.1 厂用电工作电源的引接方式及配置应符合下列规定:

1 水电厂发电机变压器组合方式采用单元接线。当装机台数为 2 台～4 台时,至少从 2 台主变压器低压侧引接厂用电工作电源;当装机台数为 5 台及以上时,至少从 3 台主变压器低压侧引接厂用电工作电源。

2 水电厂发电机变压器组合方式采用扩大单元接线,宜从每个扩大单元发电机电压母线引接一厂用电工作电源。当扩大单元组数量在 2 组～3 组时,至少从 2 组扩大单元引接;当扩大单元组数量在 4 组及以上时,至少从 3 组扩大单元引接。

3 水电厂发电机变压器组合方式采用联合单元接线,宜从每个联合单元中的任一台变压器低压侧引接一厂用电工作电源。当联合单元组数量在 2 组～3 组时,至少从 2 组联合单元引接;当联合单元组数量在 4 组及以上,至少从 3 组联合单元引接。

4 当发电机电压回路装设发电机断路器时,厂用电工作电源应在发电机断路器与主变压器低压侧之间引接;对于抽水蓄能电厂,引接点应设置在换相隔离开关与主变压器低压侧之间。

5 经技术经济比较确有需要时,厂用电工作电源也可选择在电厂枢纽内设置专用水轮发电机组供电的方案。对于抽水蓄能电厂,系统倒送电可以作为工作电源。

3.1.2 除了工作电源间互为备用和系统倒送电外，大、中型水电厂还应设置厂用电备用电源。厂用电备用电源的引接方式包括：

1 从水电厂高压联络（自祸）变压器第三绕组引接；

2 从地区电网或保留的施工变电站（由地区网络供电的）引接；

3 从邻近水电厂引接；

4 从水电厂的升高电压侧母线引接（主要用于高压母线电压等级为 110kV 及以下）；

5 柴油发电机组。

3.1.3 厂用电保安电源通常选用柴油发电机组，也可专设水轮发电机组。符合下列条件的水电厂应设置厂用电保安电源：

1 重要泄洪设施无法以手动方式开启闸门泄洪的水电厂；

2 水淹厂房危及人身和设备安全的水电厂。

3.1.4 黑启动电源的设置应符合下列规定：

1 当电力系统调度部门确定水电厂应具备电力系统黑启动功能时，此水电厂应设置黑启动电源。

2 黑启动电源通常选用能远方控制快速启动的柴油发电机组，也可专设水轮发电机组。

3 黑启动电源容量需满足启动一台机组必需的负荷，包括机组技术供水泵、主变压器冷却装置、机组调速系统油压装置主油泵、发电机高压油顶起油泵、机组轴承润滑油冷却系统、发电机断路器操作电源等开机所需负荷。机组黑启动时所需考虑的负荷可按本规程附录 A 的规定选取。

3.1.5 当水电厂需要厂用电保安电源和黑启动电源时，则宜兼用。此时电源的容量应按保安负荷与黑启动负荷二者的最大值选取，但不考虑黑启动的负荷与保安负荷同时出现。当大型电厂枢纽布置较分散、供电范围广且距离较远时，也可将供大坝安全度汛或重要泄洪设施的保安电源〔柴油发电机组〕单独布置在坝区附近。

3.1.6 第一台机组发电时，应有 2 个引接自不同点的电源，大型水电厂 2 个电源应同时供电；中型水电厂允许其中 1 个处于备用状态。

【依据 2】《国家电网公司水电厂重大反事故措施》（国家电网基建〔2015〕60 号）

13.1.2.1 应根据水电厂实际情况编制不同级别的厂用电运行方式处理预案，确定厂用电系统的正常和非正常运行方式，并优先采用正常运行方式，因故改为非正常运行方式时，应根据相应运行方式的启动条件、处理流程、注意事项等，启动相应的预案，确保厂用电系统的供电安全，并应尽快恢复到正常方式运行。

13.5.1.2 在电网中承担黑启动任务的水电厂应配置黑启动电源，应具备黑启动能力，各系统应满足机组黑启动相关技术要求。

13.5.1.3 配置厂用电保安电源和黑启动电源时，柴油发电机的容量应按保安负荷与黑启动负荷二者较大值选取，可不考虑黑启动负荷与保安负荷同时出现。

13.5.2.2 应制定和落实保厂用电措施，运维人员应熟练掌握黑启动方案，定期开展反事故演习。

6.2.3.1（6）本项目的查评依据如下。

【依据 1】《水力发电厂厂用电设计规程》柴油发电机组的选择（NB/T 35044—2014）

7.1 柴油发电机组型式选择

7.1.1 厂用电系统的柴油发电机组如无特殊要求，宜选用固定式，性能等级宜选用现行国家标准《往复式内燃机驱动的交流发电机组 第 1 部分用途、定额和性能》（GB/T 2820.1）规定的 G2 级。

7.1.2 柴油发电机组应采用快速启动应急型，启动到安全供电时间不宜大于 15s。

7.1.3 柴油发电机组应配置手动启动和快速自启动装置。

7.1.4 柴油机宜采用高速及废气涡轮增压型，按允许加负荷的程序分批投入负荷。冷却方式宜采用封闭式循环水冷却。

7.1.5 柴油发电机组额定电压宜采用 0.4kV，接线应采用星形接线，中性点应能引出，其接地方式应满足下列要求：

1 当厂用电系统中仅装设一台柴油发电机组时，发电机中性点应直接接地，发电机的接地形式宜与低压厂用电系统的接地形式相一致。

2 当厂用电系统中装设两台及以上柴油发电机组并列运行时,发电机中性点宜经隔离开关接地,当发电机的中性导体存在环流时,应只将其中一台发电机的中性点接地。

3 当厂用电系统中装设两台及以上柴油发电机组并列运行时,每台发电机的中性点可分别经限流电抗器接地。

7.1.6 当受到电站负荷分布、接线和布置等条件限制时,宜采用 10kV 高压柴油发电机组。

7.1.7 发电机宜采用快速反应的无刷自动励磁装置,应装设过电流和单相接地保护。容量 1000kW 以上时应装设纵联差动保护等。

7.1.8 柴油发电机组的日用油箱宜按 8h 耗油量配置。

7.2 柴油发电机组容量的选择

7.2.1 柴油发电机组容量应根据其用途,按以下方法进行选择:

1 如作为厂用电保安电源,其容量需大于最大保安负荷;

2 如作为黑启动电源,其容量需大于启动一台机组所必需的用电负荷;

3 如既作为厂用电保安电源,也兼作黑启动电源,其容量应按保安负荷与黑启动负荷二者的最大值选取。柴油发电机组负荷计算应考虑水电厂负荷的投运规律。对于在时间上能错开运行的负荷不应全部计入,可以分阶段统计同时运行的负荷,取其大者作为计算负荷。

4 如作为备用电源,其容量应满足备用电源容量要求。

7.2.2 柴油发电机组容量除应按本规程第 7.2.1 条选择外,还应按下列条件进行校验:

1 按带负荷后启动最大的单台电动机或成组电动机的启动条件校验计算发电机容量,校验宜按本规程附录 F 的方法计算。

2 按空载启动最大的单台电动机时母线允许电压降校验发电机容量。此时厂用电母线上的电压水平不宜低于额定电压的 75%,有电梯时不宜低于 80%。

3 柴油机输出功率复核。

【依据 2】《国家电网公司水电厂重大反事故措施》(国家电网基建〔2015〕60 号)

13.2 防止电源二次回路及设备故障造成全厂停电事故

13.2.1 设计阶段

13.2.1.1 在满足接线方式和短路容量前提下,应尽量采用简单的母差保护,并冗余配置。

13.2.1.2 重要线路和设备按双重化配置相互独立的保护。传输两套独立的主保护通道相对应的电力通信设备也应为两套完整、两套不同路由的通信系统,其告警信息应接入相关监控系统。

13.2.1.3 装机总容量 300MW 及以上或输电电压 220kV 及以上的水电厂,发电机组用直流系统与开关站用直流系统应相互独立。

13.2.1.4 机组或开关站直流系统应设立两台工作充电装置和一台备用充电装置、两组蓄电池、两段母线。每组蓄电池容量均按整个机组或开关站用直流系统供电考虑,两段母线之间设立分段联络开关。直流系统配置必要的电压监察、保护及告警等监控功能;应配置绝缘监察装置,直流系统绝缘监测装置应具备交流窜直流故障的测量记录和报警功能。

13.2.1.5 直流系统各级保险容量、开关保护定值应有统一的整定方案,合理配置,确保不会发生越级跳开关或保险熔断。

13.2.1.6 直流系统中加装隔离二极管时,应充分考虑二极管承受直流系统过电压和故障电流的能力,防止直流系统发生故障时二极管击穿或熔断导致故障扩大。

13.2.1.7 电厂应根据实际需要设置至少两路电源供电的集中或分散的交流控制电源系统。对监控系统、调度自动化系统等重要设备应选择不间断电源供电,现地控制单元电源应采用冗余配置,分别取自电站厂用交流和直流电源。

13.2.1.8 直流系统对负载供电,应按电压等级设置分电屏供电方式;分电屏上设立两组直流控制母线,从直流系统总配电屏两段母线上接取。机组及开关站直流系统供电方式应采用辐射状供电方式。

13.2.1.9　直流系统用断路器应采用具有自动脱扣功能的直流断路器，严禁采用交流断路器。

13.2.1.10　二次电源回路及断路器跳合闸回路的完整性均应予以监视。

13.2.1.11　严防交流窜入直流回路，禁止交、直流接线合用同一根电缆。

13.2.1.12　直流电源系统绝缘监测装置应逐步采用直流原理的直流电源系统绝缘监测装置。

13.2.2　运行阶段

13.2.2.1　保护定值应定期及时校核，保护连接片的投退应有严格的管理程序并定期检查。主保护装置应完好并正常投运，后备保护可靠并有选择性的动作，投入失灵保护，严防开关拒动、误动扩大事故。

13.2.2.2　应制定并落实防止交流电窜入直流系统的技术措施，防止由此造成全厂停电。

13.2.2.3　蓄电池组禁止长期并列运行。

13.2.2.4　运行中的直流系统绝缘电阻应不低于 0.1MΩ。

13.2.2.5　正常情况下，两段直流母线分别独立运行，每段母线上分别接一组蓄电池和一套充电装置。直流母线严禁脱开蓄电池组运行。

13.2.2.6　及时消除直流系统接地缺陷，当直流系统发生一点接地后，应立即查明故障性质及故障点并及时消除，防止因直流系统发生两点接地后造成继电保护或开关误动故障。发生接地故障时，禁止在二次回路上进行除查找接地以外的其他工作，正在进行中的二次回路工作应中止，以防发生误跳闸事故，及时排除接地故障才能恢复工作。

13.2.2.7　定期进行 UPS 装置的检查、试验，确保交流电源中断时，UPS 能正常工作；UPS 电源还应具备单极对地电压显示、报警功能，发生一点接地立即检查处理。

13.2.2.8　根据相关规定，定期对设备的整定值进行全面复算和校核。

【依据 3】《水电工程设计防火规范》（GB 50872—2014）

5.1.2　水电工程中丙类生产场所局部分隔应符合下列要求：

1　油浸式变压器室、油浸式电抗器室、油浸式消弧线圈室、绝缘油油罐室、透平油油罐室及油处理室、柴油发电机室及其储油间等场所应采用耐火极限不低于 3.00h 的防火隔墙和不低于 1.50h 的楼板与其他部位隔开，防火隔墙上的门应为甲级防火门。柴油发电机室的储油间门应能自动关闭。

2　继电保护盘室、辅助盘室、自动和远动装置室、电子计算机房、通信室等场所应采用耐火极限不低于 2.00h 的防火隔墙和不低于 1.00h 的楼板与其他部位隔开。防火隔墙上的门应为甲级防火门。

3　其他丙类生产场所应采用耐火极限不低于 2.00h 的防火隔墙和不低于 1.00h 的楼板与其他场所分隔，防火隔墙上的门应为乙级防火门。

6.2.3.2　母线（含引线）、架构及绝缘子

6.2.3.2.1（1）本项目的查评依据如下。

【依据 1】《高压配电装置设计技术规程》（DL/T 5352—2006）

7.1　一般规定

7.1.1　设计选用的导体和电气设备的最高电压不得低于该回路的最高运行电压，其长期允许电流不得小于该回路的可能最大持续工作电流。屋外导体应考虑日照对其载流量的影响。

7.1.2　验算导体和电气设备额定峰值耐受电流、额定短时耐受电流以及电气设备开断电流所用的短路电流，应按本工程的设计规划容量计算，并应考虑电力系统远景发展规划。

确定短路电流时，应按可能发生最大短路电流的正常接线方式计算。一般可按三相短路验算，当单相或两相接地短路电流大于三相短路电流时，应按严重情况验算，同时要考虑直流分量的影响。

7.1.3　验算裸导体短路热效应的计算时间，宜采用主保护动作时间加相应的断路器全分闸时间。当主保护有死区时，应采用对该死区起作用的后备保护动作时间，并应采用相应的短路电流值。

验算电气设备短路热效应的计算时间，宜采用后备保护动作时间加相应的断路器全分闸时间。

7.1.4　用熔断器保护的导体和电气设备可不验算热稳定；除用具有限流作用的熔断器保护外，导体和电气设备应验算动稳定。

用熔断器保护的电压互感器回路，可不验算动、热稳定。

7.1.5 一般裸导体的正常最高工作温度不应大于 70℃，在计及日照影响时，钢芯铝绞线及管形导体不宜大于 80℃。

特种耐热导体的最高工作温度可根据制造厂提供的数据选择使用，但要考虑高温导体对连接设备的影响，并采取防护措施。

7.1.6 验算额定短时耐受电流时，裸导体的最高允许温度，对硬铝及铝合金可取 200℃，对硬铜可取 300℃，短路前的导体温度应采用额定负荷下的工作温度。

7.1.7 按回路正常工作电流选择裸导体截面时，导体的长期允许载流量，应按所在地区的海拔高度及环境温度进行修正。

导体采用多导体结构时，应计及邻近效应和热屏蔽对载流量的影响。

7.1.8 在正常运行和短路时，电气设备引线的最大作用力不应大于电气设备端子允许的荷载。屋外配电装置的导体、套管、绝缘子和金具，应根据当地气象条件和不同受力状态进行力学计算。

其安全系数不应小于表 7.1.8 的规定。

表 7.1.8 导体和绝缘子的安全系数

类　别	荷载长期作用时	荷载短时作用时
套管、支持绝缘子	2.5	1.67
悬式绝缘子及其金具	4	2.5
软导体	4	2.5
硬导体	2.0	1.67

注 1：悬式绝缘子的安全系数对应于 1h 机电试验荷载，而不是破坏荷载。若是后者，安全系数则分别应为 5.3 和 3.3。
注 2：硬导体的安全系数对应于破坏应力，若对应于屈服点应力，其安全系数应分别改为 1.6 和 1.4。

【依据 2】国家电网公司《110（66）kV～500kV 架空输电线路技术标准》（国家电网生〔2004〕634 号）

4.4 选用原则和技术要求

4.4.1 导线选用原则

（1）根据负荷容量和电网发展规划、系统潮流确定导线载流量；

（2）在确定导线载流量的基础上，综合考虑导线经济电流密度、线路运行经验、环境条件、气象条件、综合造价等因素，确定导线的类别、型号；并按允许载流量、允许运行温度、电晕及无线电干扰等条件进行校验。

4.4.2 导线选用技术要求

（1）无特殊要求时宜选用钢芯铝绞线、铝合金绞线、铝合金芯铝绞线；

（2）线路增容改造宜采用铝合金绞线或钢芯耐热铝合金绞线；

（3）大跨越线路宜采用钢芯铝绞线（大钢比）、高强度钢芯铝合金绞线、铝包钢芯铝绞线、防腐型高强度钢芯铝合金绞线、高强度钢芯耐热铝合金绞线、防腐型高强度钢芯耐热铝合金绞线、铝包钢绞线；

（4）线路在污染严重地区宜采用防腐型钢芯铝绞线或铝包钢芯铝绞线；

（5）线路在重冰区或风力较强地区宜采用钢芯铝绞线（大钢比）或钢芯铝合金绞线；

（6）导线的弧垂须满足设计规程要求；

（7）导线的选用还须考虑可靠的防振措施；

（8）对特殊地段应考虑环境因素和气象条件的影响，如盐雾影响应考虑采用防腐类导线，大跨距应考虑提高钢芯强度。

4.4.3 地线选用原则

（1）根据防雷设计和工程技术条件的要求，并按与导线配合及热稳定的要求选取地线；

（2）OPGW 的选取首先须满足线路防雷保护和自身抗雷击的要求，同时应满足光纤通信要求。

4.4.4 地线选用技术要求

（1）无特殊要求时宜选用镀锌钢绞线；

（2）线路增容改造短路电流增大时，宜采用钢芯铝绞线或铝包钢类绞线；

（3）线路在腐蚀严重地区宜采用铝包钢类绞线；

（4）弧垂须满足设计规程要求；

（5）选用还须采取可靠的防振措施。

6.2.3.2.1（2）本项目的查评依据如下。

【依据1】《带电设备红外诊断技术应用导则》（DL/T 664—2008）

10　缺陷类型的确定和处理

红外检测发现的设备过热缺陷应纳入设备缺陷管理制度的范围，按照设备缺陷管理流程进行处理。

根据过热缺陷对电气设备运行的影响程度分为以下三类：

一般缺陷：指设备存在过热，有一定温差，温度场有一定梯度，但不会引起事故的缺陷。这类缺陷一般要求记录在案，注意观察其缺陷的发展，利用停电机会检修，有计划地安排试验检修消除缺陷。

当发热点温升值小于15K时，不宜采用附录A的规定确定设备缺陷的性质。对于负荷率小、温升小但相对温差大的设备，如果负荷有条件或机会改变时，可在增大负荷电流后进行复测，以确定设备缺陷的性质，当无法改变时，暂定为一般缺陷，加强监视。

严重缺陷：指设备存在过热，程度较重，温度场分布梯度较大，温差较大的缺陷。这类缺陷应尽快安排处理。对电流致热型设备，应采取必要的措施，如加强检测等，必要时降低负荷电流；对电压致热型设备，应加强监测并安排其他测试手段，缺陷性质确认后，立即采取措施消缺。

危急缺陷：指设备最高温度超过GB/T 11022规定的最高允许温度的缺陷。这类缺陷应立即安排处理。对电流致热型设备，应立即降低负荷电流或立即消缺；对电压致热型设备，当缺陷明显时，应立即消缺或退出运行，如有必要，可安排其他试验手段，进一步确定缺陷性质。

电压致热型一设备的缺陷一般定为严重及以上的缺陷。

【依据2】《电气装置安装工程质量检验及评定规程》（DL/T 5161.4—2002）第二章、第三章

6.2.3.2.2（1）本项目的查评依据如下。

【依据】《架空输电线路运行规程》杆塔与基础（DL/T 741—2010）

5.1.1　基础表面水泥不应脱落，钢筋不应外露，装配式、插入式基础不应出现锈蚀，基础周围保护土层不应流失、塌陷，基础边坡保护距离应满足DL/T 5092的要求。

5.1.2　杆塔的倾斜、杆（塔）顶挠度、横担的歪斜程度不应超过表1的规定。

表1　　　　　　　杆塔倾斜、杆（塔）顶挠度、横担歪斜最大允许值

类　别	钢筋混凝土电杆	钢管杆	角钢塔	钢管塔
直线杆塔倾斜度（包括挠度）	1.5%	0.5%（倾斜度）	0.5%（50m及以上高度铁塔）；1.0%（50m及以下高度铁塔）	0.5%
直线转角杆最大挠度	0.7%			
转角和终端杆66kV及以下最大挠度	1.5%			
转角和终端杆110kV～220kV最大挠度	2%			
杆塔横担歪斜度	1.0%		1.0%	0.5%

5.1.3　铁塔主材相邻结点间弯曲度不应超过0.2%。

5.1.4　钢筋混凝土保护层不应腐蚀脱落、钢筋外露，普通钢筋混凝土杆不应有纵向裂纹和横向裂纹，缝隙宽度不应超过0.2mm，预应力钢筋混凝土杆不应有裂纹。

5.1.5　拉线拉棒锈蚀后直径减少值不应超过2mm。

5.1.6　拉线基础埋层厚度、宽度不应减少。

5.1.7　拉线镀锌钢绞线不应断股，镀锌层不应锈蚀、脱落。

5.1.8　拉线张力应均匀，不应严重松弛。

6.2.3.2.3（1）**本项目的查评依据如下。**

【依据1】《污秽条件下使用的高压绝缘子的选择和尺寸确定　第1部分：定义、信息和一般原则》（GBT 26218.1—2010）

9　绝缘选择和尺寸确定

9.1　过程的一般描述

绝缘选择和尺寸确定的全部过程可以概括如下：

根据现有知识、时间和资源，确定适用的方法（方法1、方法2和方法3）；

收集必需的输入数据，主要有交流还是直流、系统电压、绝缘应用形式（线路，支柱，套管等）；

收集必需的环境数据，主要有现场污秽度和等级。

在这个阶段，可初步选取适宜于该用途和环境的候选绝缘子（见9.2～9.4）。

用 GB/T 26218 相关的第2部分和后面的部分中的指出的方法，或者用方法1情况下来自运行或试验站的经验确定该形式和材料的绝缘子参考统一爬电比距；

如有必要，根据相关因素修正参考 USCD，这些因素取决于候选绝缘子的尺寸、外形、方向等；

校核所选候选绝缘子是否满足表2中系统和线路的其他要求（例如强制性几何形状、尺寸以及经济方面的要求），如果不能得到满意的候选者，则应改变解决办法或改变要求；

在采用方法2时，用试验室试验（见附录E）对确定的尺寸进行验证。

注：对前面提到的每一种绝缘子类型的特定指导原则给出在 GB/T 26218 的相关的第2部分和后面的部分。

9.2　材料选取的一般指南

材料选取可能完全取决于环境或系统约束，另一方面，也可能仅仅取决于用户的方针和经济因素。上釉的瓷和玻璃是传统户外绝缘材料。聚合物绝缘子是玻璃和瓷绝缘子的替代品，它可以是全部由聚合物制成的绝缘子，也可以是由聚合物外套与玻璃纤维芯体组合在一起构成的复合绝缘子。聚合物绝缘子有着不同的外形和材料技术，其污秽性能参数未必和传统绝缘相同。

GB/T 26218 的第2部分涉及由传统材料制作的绝缘子的选择和尺寸确定。GB/T 26218 的第3部分涉及聚合物绝缘子。关于这个题目的 CIGRE 工作的更多的细节也可见参考文献 [2，3]，关于聚合物材料以及湿润性的信息也可见参考文献 [7，8]。

注：已开始考虑 GB/T 26218 中下一步有关直流系统的相关部分。

9.3　外形的一般指南

不同型式绝缘子以及甚至相同形式绝缘子但不同方向时，在相同环境下可能会以不同的速率积累污秽。此外，污秽物种类的变化也可能会对某些形状的绝缘子比另一些绝缘子更有影响。以下列出了外形选择的简略指导。应该考虑到，最小或最大绝缘总长是重要的限制性参数，例如，它对于绝缘配合或杆塔的高度是很重要的。表4概述了各种绝缘子外形的主要特点。

GB/T 26218 的相关部分给出了关于外形的更多的信息。

9.4　对爬电距离和绝缘子长度的考虑

对污秽环境绝缘子的选择和其性能的表达最常用的是仅依据在系统电压下能耐受该污秽条件所必需的爬电距离。这可能会导致根据每单位电压所需的爬电距离来比较绝缘子。但是仅使用爬电距离所建立的这个指标排序并没有考虑取决于绝缘子每单位长度有效的爬电距离这样的其他因素。例如，具有146mm 结构高度的一个标准盘形悬式绝缘子串依靠增加串中的绝缘子元件数，可以与有相同长度但有较长爬电距离的由 170mm 结构高度的绝缘子所组成的一个等效的绝缘子串有类似的污秽性能。选择绝缘子时这点很值得考虑，特别是应用在绝缘子长度约束属于次要条件时。

相反，如果绝缘子长度或高度是主要约束条件，由于外形有效性的降低，在有限空间内增加爬电距离可能也不会得到对预期性能的充分改善。另外，对于聚合物材料，增加爬电距离或减小伞间距可能会加剧老化效应。

表 4   **典型的外形及其主要特点**

标准外形		
标准外形在"很轻"到"轻"污秽地区的使用是有效的。在那些地区不要求有很长的爬电距离或空气动力学效应的外形	标准盘形悬式绝缘子	标准瓷外形,长棒形绝缘子、支柱绝缘子、空心绝缘子
空气动力学或开放外形		
可证明空气动力或开放外形用于污秽通过风沉积到绝缘子上的地区有益,如荒漠、严重污染的工业地区或不直接承受盐喷溅的沿海地区。这种外形对以很长干燥期为特征的地区特别有效。开放伞形自清洁性能良好,维护时也更容易清洁	空气动力学盘形悬式绝缘子 长棒形瓷绝缘子、支柱瓷绝缘子、空心瓷绝缘子	聚合物长棒形绝缘子、支柱绝缘子、空心绝缘子
防雾外形		
大倾角(钟罩型)或深下棱等耐雾外形用于受到盐水雾或盐水喷溅的地区、或其他溶解状态污秽物的地区是有益的。这类外形在存在含微溶盐的颗粒状析出污秽物地区也可能有效,在 NSDD 和微溶盐低水平地区也可能有效	钟罩防雾盘形悬式绝缘子 深下棱盘形悬式绝缘子 深下棱长棒形瓷绝缘子、支柱瓷绝缘子、空心瓷绝缘子	大倾角长棒形绝缘子、空心绝缘子、支柱绝缘子 大倾角聚合物长棒形绝缘子、空心绝缘子、支柱绝缘子 带下棱的聚合物长棒形绝缘子、空心绝缘子、支柱绝缘子
交替伞外形		
交替伞布置通常可用于所有外形,但大倾角伞益处较小。这类伞形的特点是每个结构单元的爬电距离增大,而在大雨或结冰时不会对性能有不利影响。在开放式外形结构中的简单交替外形,也可以得到类似益处		长棒形瓷绝缘子、支柱瓷绝缘子、空心瓷绝缘子 聚合物长棒形绝缘子、空心绝缘子、支柱绝缘子

双层伞与三层伞外形		
有开放外形及防雾外形的相对的优点和缺点。单个绝缘子的爬电距离大	双层伞盘形悬式绝缘子 三层伞盘形悬式绝缘子	

9.5 例外的或特殊的应用或环境的考虑

9.5.1 空心绝缘子

聚合物和瓷的空心绝缘子用于电器、套管，也作电站支柱用。它们使用的例子有，作为电容器、避雷器、断路器的灭弧室和支柱、电缆端子、穿墙套管、变压器套管、互感器和其他测量器件的外套。

完整的空心绝缘子的污秽性能不仅和外形、爬电距离和直径有关，而且也和电压分布均匀性有关。影响电压分布的两个主要参数一是内部和外部部件，二是不均匀受潮（见 9.5.1.1 和 9.5.1.2）。因此应注意其设计，特别是在较低污秽水平时，不均匀性的影响更为危险，可能会降低闪络性能，也会增加击穿的风险。

9.5.1.1 内部和外部部件

绝缘子外套内部或外部存在的导体、屏蔽或均压装置可能会很大地影响装配后的电气性能。除了已知空的外套和用此外套的装配好的电器在冲击电压下干或湿的闪络试验时性能上有不同外，空的外套和装配后的外套在污秽试验时也有类似的电气性能上的不同。

电压分布的不均匀性的影响在低污秽水平 [ESDD 为 $(0.01\sim0.03)\ mg/cm^2$] 时更明显，因为弱的阻性泄漏电流不能充分地补偿、校正或调整电压分布的不均匀性。

对于较高的污秽水平，阻性表面电流成为主导地位，并且因而可以降低电压分布不均匀性的影响。这种作用可以在试验室试验期间观察到，在空的空心绝缘子和带有内部部件的空心绝缘子两者上得到的结果类似。

在具有均匀的轴向和径向电压分布的绝缘系统通常可以得到良好的性能（高的闪络电压和低的击穿风险），例如在具有电容均压的器件上。因此，绝缘子设计首先要有助于使电压分布总体均匀，其次再考虑有利于内部相关的部件。

9.5.1.2 不均匀的湿润和不均匀的污秽沉积

由于建筑物或其他设备对雨的遮蔽可以引起套管或外套的不均匀受潮。在某些位置，套管运行温度升高带来的干燥效应会引起绝缘子不均匀湿润。此外，在自然条件下可以出现不均匀的污秽沉积。因此，对于如水平安装的穿墙套管那样的电器，即使在高污秽水平下，消除电压分布不均匀的效果也不可能多么有效。

9.5.2 干燥地区

干燥地区使得绝缘子选择和尺寸确定变得特别困难。即使那个地区不直接邻近海岸，很长的干燥期间也可以导致 ESDD 和 NSDD 值出现极端水平，这是因为周围的沙可能含盐量高。

在这种情况下使用空气动力学的"自清洁"外形有助于减少污秽沉积的影响，也可以使用聚合物绝缘子。同样，使用半导电釉瓷绝缘子可以产生大约 1mA 的持续电流，有助于避免露的形成。

9.5.3 邻近效应

任何绝缘子，它们的轴相互接近时，例如瓷柱式断路器的灭弧室和均压电容器、某些隔离开关以及多串线路绝缘子组成的绝缘子串组，对污秽性能都会有不利的影响。这是因为在污秽诱发的放电活动期

水力发电厂安全性评价查评依据

间由于不同的电场分布可引起电压梯度升高所致。

9.5.4　方向

绝缘子的方向对其闪络性能的影响通常难以用简单规则说明。绝缘子型式和尺寸会直接影响不同方向污秽绝缘的性能。此外，所在现场的污秽度和形成最大污秽水平的时间也可以决定方向的影响。湿润过程的特点以及闪络机理（表面闪络或伞间击穿）也是影响方向和尺寸效应的重要因素。

因此，不同的绝缘子型式和方向的闪络强度是直接影响这种性能的变化过程间平衡的结果。

GB/T 26218.2 的信息原则上仅与垂直绝缘有关。

9.5.5　维护和减污的方法

在特别的情况下，污秽问题无法通过优选绝缘子来经济地解决。例如，对很严重污染地区或年降雨量很少的地区，可能需要绝缘子维护，若已建变电所（或线路）的环境由于出现新污染源而发生变化时，可能同样也要采取措施。

维护和减污的方法可取下列形式中的一个或多个：擦拭或清洗。此方法可采用手工或自动。某些自动清洗方法可以在带电绝缘子上进行。这些方法可以减少在绝缘子上积累的污秽。

涂覆憎水性涂层，例如硅橡胶（RTV，PRTV 等）或油醋。这些涂层的憎水性能改善绝缘子的污秽性能。

安装附加部件，如延伸伞或增爬件。延伸伞主要通过屏障效应改善绝缘子的性能，减少水滴桥接伞裙现象。增爬件的作用是增大绝缘子的爬电距离。

这些方法已广泛使用并取得了良好经验。维护和减污方法的选取取决于现场条件、绝缘子型式、实用性以及经济条件。

【依据2】《国家电网公司水电厂重大反事故措施》（国家电网基建〔2015〕60号）

12.5　防止开关站设备污闪事故

12.5.1　设计阶段

12.5.1.1　新建和扩建户外开关站设备应依据最新版污区分布图进行外绝缘配置。中重污区的外绝缘配置宜采用硅橡胶类防污闪产品，包括线路复合绝缘子、支柱复合绝缘子、复合套管、瓷绝缘子（含悬式绝缘子、支柱绝缘子及套管）和玻璃绝缘子表面喷涂防污闪涂料等。选站时应避让 d、e 级污区；如不能避让，宜采用 GIS、HGIS 设备或全户内配电装置。

12.5.1.2　污秽严重的覆冰地区外绝缘设计应采用加强绝缘、V 形串、不同盘径绝缘子组合等形式，通过增加绝缘子串长、阻碍冰凌桥接及改善融冰状况下导电水帘形成条件，防止冰闪事故。

12.5.1.3　避雷器不应单独加装辅助伞裙，应将防污闪辅助伞裙与防污闪涂料结合使用。

12.5.1.4　户内非密封设备外绝缘与户外设备外绝缘的防污闪配置级差不宜大于一级。

12.5.2　运行阶段

12.5.2.1　外绝缘配置不满足污区分布图要求及防覆冰（雪）闪络、大（暴）雨闪络要求的输变电设备应予以改造，中重污区的防污闪改造应优先采用硅橡胶类防污闪产品。

12.5.2.2　加强零值、低值瓷绝缘子的检测，及时更换自爆玻璃绝缘子及零、低值瓷绝缘子。

【依据3】《国家电网公司十八项电网重大反事故措施》（国家电网生〔2012〕352号）

7　防止输变电设备污闪事故

为防止发生输变电设备污闪事故，应严格执行《污秽条件下使用的高压绝缘子的选择和尺寸确定》（GB/T 26218—2011）、《电力系统污区分级与外绝缘选择标准》（Q/GDW 152—2006），并提出以下重点要求：

7.1　设计和基建阶段应注意的问题

7.1.1　新建和扩建输变电设备应依据最新版污区分布图进行外绝缘配置。中重污区的外绝缘配置宜采用硅橡胶类防污闪产品，包括线路复合绝缘子、支柱复合绝缘子、复合套管、瓷绝缘子（含悬式绝缘子、支柱绝缘子及套管）和玻璃绝缘子表面喷涂防污闪涂料等。

选站时应避让 d、e 级污区；如不能避让，变电站宜采用 GIS、HGIS 设备或全户内变电站。

7.1.2 污秽严重的覆冰地区外绝缘设计应采用加强绝缘、V 形串、不同盘径绝缘子组合等形式，通过增加绝缘子串长、阻碍冰凌桥接及改善融冰状况下导电水帘形成条件，防止冰闪事故。

7.1.3 中性点不接地系统的设备外绝缘配置至少应比中性点接地系统配置高一级，直至达到 e 级污秽等级的配置要求。

7.1.4 加强绝缘子全过程管理，全面规范绝缘子选型、招标、监造、验收及安装等环节，确保使用伞形合理、运行经验成熟、质量稳定的绝缘子。

7.2 运行阶段应注意的问题

7.2.1 电力系统污区分布图的绘制、修订应以现场污秽度为主要依据之一，并充分考虑污区图修订周期内的环境、气象变化因素，包括在建或计划建设的潜在污源，极端气候条件下连续无降水日的大幅度延长等。

7.2.2 外绝缘配置不满足污区分布图要求及防覆冰（雪）闪络、大（暴）雨闪络要求的输变电设备应予以改造，中重污区的防污闪改造应优先采用硅橡胶类防污闪产品。

7.2.3 应避免局部防污闪漏洞或防污闪死角，如具有多种绝缘配置的线路中相对薄弱的区段，配置薄弱的耐张绝缘子，输、变电结合部等。

7.2.4 清扫作为辅助性防污闪措施，可用于暂不满足防污闪配置要求的输变电设备及污染特殊严重区域（如硅橡胶类防污闪产品已不能有效适应的粉尘特殊严重区域）的输变电设备。重点关注自洁性能较差的绝缘子，出现快速积污、长期干旱导致绝缘子的现场污秽度可能达到或超过设计标准时，应采取必要的清扫措施。

7.2.5 加强零值、低值瓷绝缘子的检测，及时更换自爆玻璃绝缘子及零、低值瓷绝缘子。

7.2.6 防污闪涂料与防污闪辅助伞裙

7.2.6.1 绝缘子表面涂覆"防污闪涂料"和加装"防污闪辅助伞裙"是防止变电设备污闪的重要措施，其中避雷器不宜单独加装辅助伞裙，宜将防污闪辅助伞裙与防污闪涂料结合使用。

7.2.6.2 宜优先选用加强 RTV-Ⅱ型防污闪涂料，防污闪辅助伞裙的材料性能与复合绝缘子的高温硫化硅橡胶一致。

7.2.6.3 加强防污闪涂料和防污闪辅助伞裙的施工和验收环节，防污闪涂料宜采用喷涂施工工艺，防污闪辅助伞裙与相应的绝缘子伞裙尺寸应吻合良好。

7.2.7 户内绝缘子防污闪要求户内非密封设备外绝缘与户外设备外绝缘的防污闪配置级差不宜大于一级。

6.2.3.2.3（2）本项目的查评依据如下。

【依据 1】《电力设备预防性试验规程》支柱绝缘子和悬式绝缘子（DL/T 596—1996）

10 支柱绝缘子和悬式绝缘子

发电厂和变电所的支柱绝缘子和悬式绝缘子的试验项目、周期和要求见表 21。

表 21　　　　发电厂和变电所的支柱绝缘子和悬式绝缘子的试验项目、周期和要求

序号	项 目	周 期	要 求	说 明
1	零值绝缘子检测（66kV 及以上）	1 年～5 年	在运行电压下检测	1）可根据绝缘子的劣化率调整检测周期； 2）对多元件针式绝缘子应检测每一元件
2	绝缘电阻	1）悬式绝缘子 1 年～5 年； 2）针式支柱绝缘子 1 年～5 年	1）针式支柱绝缘子的每一元件和每片悬式绝缘子的绝缘电阻不应低于 300MΩ，500kV 悬式绝缘子不低于 500MΩ； 2）半导体釉绝缘子的绝缘电阻自行规定	1）采用 2500V 及以上绝缘电阻表； 2）棒式支柱绝缘子不进行此项试验
3	交流耐压试验	1）单元件支柱绝缘子 1 年～5 年； 2）悬式绝缘子 1 年～5 年；	1）支柱绝缘子的交流耐压试验电压值见附录 B； 2）35kV 针式支柱绝缘子交流耐压试验电压值如下：	1）35kV 针式支柱绝缘子可根据具体情况按左栏要求 1）或 2）进行； 2）棒式绝缘子不进行此项试验

序号	项目	周期	要求	说明
3	交流耐压试验	3）针式支柱绝缘子 1年～5年； 4）随主设备； 5）更换绝缘子时	两个胶合元件者，每元件 50kV；三个胶合元件者，每元件 34kV； 3）机械破坏负荷为 60kN～300kN 的盘形悬式绝缘子交流耐压试验电压值均取 60kV	
4	绝缘子表面污秽物的等值盐密	1年	参照附录 C 污秽等级与对应附盐密度值检查所测盐密值与当地污秽等级是否一致。结合运行经验，将测量值作为调整耐污绝缘水平和监督绝缘安全运行的依据。盐密值超过规定时，应根据情况采取调爬、清扫、涂料等措施	应分别在户外能代表当地污染程度的至少一串悬垂绝缘子和一根棒式支柱上取样，测量在当地积污最重的时期进行

注：运行中针式支柱绝缘子和悬式绝缘子的试验项目可在检查零值、绝缘电阻及交流耐压试验中任选一项。玻璃悬式绝缘子不进行序号 1、2、3 项中的试验，运行中自破的绝缘子应及时更换。

【依据 2】《国家电网公司水电厂重大反事故措施》（国家电网基建〔2015〕60 号）

12.5 防止开关站设备污闪事故

12.5.1 设计阶段

12.5.1.1 新建和扩建户外开关站设备应依据最新版污区分布图进行外绝缘配置。中重污区的外绝缘配置宜采用硅橡胶类防污闪产品，包括线路复合绝缘子、支柱复合绝缘子、复合套管、瓷绝缘子（含悬式绝缘子、支柱绝缘子及套管）和玻璃绝缘子表面喷涂防污闪涂料等。选站时应避让 d、e 级污区，如不能避让，宜采用 GIS、HGIS 设备或全户内配电装置。

12.5.1.2 污秽严重的覆冰地区外绝缘设计应采用加强绝缘、V 形串、不同盘径绝缘子组合等形式，通过增加绝缘子串长、阻碍冰凌桥接及改善融冰状况下导电水帘形成条件，防止冰闪事故。

12.5.1.3 避雷器不应单独加装辅助伞裙，应将防污闪辅助伞裙与防污闪涂料结合使用。

12.5.1.4 户内非密封设备外绝缘与户外设备外绝缘的防污闪配置级差不宜大于一级。

12.5.2 运行阶段

12.5.2.1 外绝缘配置不满足污区分布图要求及防覆冰（雪）闪络、大（暴）雨闪络要求的输变电设备应予以改造，中重污区的防污闪改造应优先采用硅橡胶类防污闪产品。

12.5.2.2 加强零值、低值瓷绝缘子的检测，及时更换自爆玻璃绝缘子及零、低值瓷绝缘子。

【依据 3】《国家电网公司十八项电网重大反事故措施》（国家电网生〔2012〕352 号）

7 防止输变电设备污闪事故

为防止发生输变电设备污闪事故，应严格执行《污秽条件下使用的高压绝缘子的选择和尺寸确定》（GB/T 26218—2011）、《电力系统污区分级与外绝缘选择标准》（Q/GDW 152—2006），并提出以下重点要求：

7.1 设计和基建阶段应注意的问题

7.1.1 新建和扩建输变电设备应依据最新版污区分布图进行外绝缘配置。中重污区的外绝缘配置宜采用硅橡胶类防污闪产品，包括线路复合绝缘子、支柱复合绝缘子、复合套管、瓷绝缘子（含悬式绝缘子、支柱绝缘子及套管）和玻璃绝缘子表面喷涂防污闪涂料等。

选站时应避让 d、e 级污区；如不能避让，变电站宜采用 GIS、HGIS 设备或全户内变电站。

7.1.2 污秽严重的覆冰地区外绝缘设计应采用加强绝缘、V 形串、不同盘径绝缘子组合等形式，通过增加绝缘子串长、阻碍冰凌桥接及改善融冰状况下导电水帘形成条件，防止冰闪事故。

7.1.3 中性点不接地系统的设备外绝缘配置至少应比中性点接地系统配置高一级，直至达到 e 级污秽等级的配置要求。

7.1.4 加强绝缘子全过程管理，全面规范绝缘子选型、招标、监造、验收及安装等环节，确保使用伞形合理、运行经验成熟、质量稳定的绝缘子。

7.2 运行阶段应注意的问题

7.2.1 电力系统污区分布图的绘制、修订应以现场污秽度为主要依据之一，并充分考虑污区图修订周期内的环境、气象变化因素，包括在建或计划建设的潜在污源，极端气候条件下连续无降水日的大幅度延长等。

7.2.2 外绝缘配置不满足污区分布图要求及防覆冰（雪）闪络、大（暴）雨闪络要求的输变电设备应予以改造，中重污区的防污闪改造应优先采用硅橡胶类防污闪产品。

7.2.3 应避免局部防污闪漏洞或防污闪死角，如具有多种绝缘配置的线路中相对薄弱的区段，配置薄弱的耐张绝缘子，输、变电结合部等。

7.2.4 清扫作为辅助性防污闪措施，可用于暂不满足防污闪配置要求的输变电设备及污染特殊严重区域（如：硅橡胶类防污闪产品已不能有效适应的粉尘特殊严重区域）的输变电设备。重点关注自洁性能较差的绝缘子，出现快速积污、长期干旱导致绝缘子的现场污秽度可能达到或超过设计标准时，应采取必要的清扫措施。

7.2.5 加强零值、低值瓷绝缘子的检测，及时更换自爆玻璃绝缘子及零、低值瓷绝缘子。

7.2.6 防污闪涂料与防污闪辅助伞裙

7.2.6.1 绝缘子表面涂覆"防污闪涂料"和加装"防污闪辅助伞裙"是防止变电设备污闪的重要措施，其中避雷器不宜单独加装辅助伞裙，宜将防污闪辅助伞裙与防污闪涂料结合使用。

7.2.6.2 宜优先选用加强 RTV-Ⅱ 型防污闪涂料，防污闪辅助伞裙的材料性能与复合绝缘子的高温硫化硅橡胶一致。

7.2.6.3 加强防污闪涂料和防污闪辅助伞裙的施工和验收环节，防污闪涂料宜采用喷涂施工工艺，防污闪辅助伞裙与相应的绝缘子伞裙尺寸应吻合良好。

7.2.7 户内绝缘子防污闪要求户内非密封设备外绝缘与户外设备外绝缘的防污闪配置级差不宜大于一级。

【依据 4】《水电站电气设备预防性试验规程》（Q/GDW-11150—2013）

11.1 支柱绝缘子和悬式绝缘子

支柱绝缘子和悬式绝缘子的试验项目、周期和要求见表 21。

表 21　　　　　　　　支柱绝缘子和悬式绝缘子的试验项目、周期和要求

序号	项目	周　期	要　求	说　明
1	瓷质绝缘子红外热像检测	1）500kV 变电站：1 年 2 次，110kV、220kV 变电站：1 年 1 次。2）110kV 及以上线路：每年按照不低于 5%的数量抽检	按 DL/T 664—2008《带电设备红外诊断应用规范》执行	用红外热像仪测量
2	零值绝缘子检测（110kV 及以上）	3 年	1）对于投运 3 年内年均劣化率大于 0.04%、3 年后检测周期内年均劣化率大于 0.02%，或年劣化率大于 0.1%，应分析原因，并采取相应的措施。2）劣化绝缘子片数在规定的检测次数中达到 110kV 线路 2 片～3 片、220kV 线路 3 片～5 片、500kV 线路 6 片～8 片时必须立即整串更换	1）参照 DL/T 626—2005《劣化盘形悬式绝缘子检测规程》执行；2）在运行电压下测量电压分布（或火花间隙），有争议时，以绝缘电阻法为准；3）对多元件针式绝缘子应检测每一元件；4）应用绝缘电阻检测法时用 5000V 绝缘电阻表代替现有 2500V 绝缘电阻表检测
3	绝缘电阻	1）悬式绝缘子 5 年；2）针式支柱绝缘子 6 年	1）针式支柱绝缘子的每一胶合元件和每片悬式绝缘子的绝缘电阻不应低于 300MΩ，500kV 悬式绝缘子不应低于 500MΩ；2）35kV 及以下的支柱绝缘子的绝缘电阻不应低于 500MΩ；3）半导体釉绝缘子的绝缘电阻自行规定	1）用 2500V 及以上绝缘电阻表；2）棒式支柱绝缘子不进行此项试验
4	交流耐压试验	1）随主设备；2）更换绝缘子时	1）支柱绝缘子的交流耐压试验电压值按出厂值见附录 B；2）35kV 针式支柱绝缘子交流耐压试验电压值如下：两个胶合元件	1）棒式绝缘子不进行此项试验；2）35kV 及以下的支柱绝缘子，可在母线安装完毕后一起进行

序号	项目	周期	要求	说明
4	交流耐压试验		者，每个元件 50kV； 三个胶合元件者，每个元件 34kV。 3）机械破坏负荷为 60kN～300kN 的盘形悬式绝缘子交流耐压试验电压值均取 60kV	
5	绝缘子表面等值盐密/灰密	1 年	参照附录 C 绝缘子等值盐密/灰密与污秽等级的关系图，确定绝缘子表面所测量的盐密值、灰密值是否与当地污秽等级一致。结合运行经验，将测量值作为调整外绝缘配置水平和监督绝缘安全运行的依据。等值盐密/灰密超过规定时，应根据情况采取调爬、清扫、涂料等措施。（注：最终的盐密值、灰密值是由积污周期为一年的模拟绝缘子盐密值、灰密值做带电系数、饱和系数修正获得的）	应在户外能代表当地污染程度的至少一串悬垂绝缘子上取样，测量应在一年中当地积污量最重的时期进行
6	瓷质支柱绝缘子探伤	必要时	对绝缘子超声探伤的方法和缺陷判定标准，按照《72.5kV 及以上高压支柱瓷绝缘子超声波检测导则》执行	1. 对于单柱多节绝缘子，应对每节绝缘子都进行检测； 2. 对运行 10 年以上的支柱瓷绝缘子应优先进行检测，必要时： 下列情形之一，对支柱绝缘子进行超声探伤抽检： 1）有此类家庭缺陷，隐患尚未消除； 2）经历了 5 级以上地震； 3）出现基础沉降

6.2.3.2.3（3）本项目的查评依据如下。

【依据 1】《架空输电线路运行规程》（DL/T 741—2010）

5.3 绝缘子

5.3.1 瓷质绝缘子伞裙不应破损，瓷质不应有裂纹，瓷釉不应烧坏。

5.3.2 玻璃绝缘子不应自爆或表面有裂纹。

5.3.3 棒形及盘形复合绝缘子伞裙、护套不应出现破损或龟裂，端头密封不应开裂、老化。

5.3.4 钢帽、绝缘件、钢脚应在同一轴线上，钢脚、钢帽、浇装水泥不应有裂纹、歪斜、变形或严重锈蚀，钢脚与钢帽槽口间隙不应超标。钢脚锈蚀判据标准见附录 B。

5.3.5 盘形绝缘子绝缘电阻 330kV 及以下线路不应小于 300MΩ，500kV 及以上线路不应小于 500MΩ。

5.3.6 盘形绝缘子分布电压不应为零或低值。

5.3.7 锁紧销不应脱落变形。

5.3.8 绝缘横担不应有严重结垢、裂纹，不应出现瓷釉烧坏，瓷质损坏，伞裙破损。

5.3.9 支线杆塔绝缘子串顺线路方向偏斜角（除设计要求的预偏外），不应大于 7.5°，或偏移值不应大于 300mm，绝缘横担端部偏移不应大于 100mm。

5.3.10 地线绝缘子、地线间隙不应出现非雷击放电或烧伤。

【依据 2】《国家电网公司水电厂重大反事故措施》（国家电网基建〔2015〕60 号）

12.5 防止开关站设备污闪事故

12.5.1 设计阶段

12.5.1.1 新建和扩建户外开关站设备应依据最新版污区分布图进行外绝缘配置。中重污区的外绝缘配置宜采用硅橡胶类防污闪产品，包括线路复合绝缘子、支柱复合绝缘子、复合套管、瓷绝缘子（含悬式绝缘子、支柱绝缘子及套管）和玻璃绝缘子表面喷涂防污闪涂料等。选站时应避让 d、e 级污区；如不能避让，宜采用 GIS、HGIS 设备或全户内配电装置。

12.5.1.2 污秽严重的覆冰地区外绝缘设计应采用加强绝缘、V 形串、不同盘径绝缘子组合等形式，通过增加绝缘子串长、阻碍冰凌桥接及改善融冰状况下导电水帘形成条件，防止冰闪事故。

12.5.1.3 避雷器不应单独加装辅助伞裙，应将防污闪辅助伞裙与防污闪涂料结合使用。

12.5.1.4 户内非密封设备外绝缘与户外设备外绝缘的防污闪配置级差不宜大于一级。

12.5.2 运行阶段

12.5.2.1 外绝缘配置不满足污区分布图要求及防覆冰（雪）闪络、大（暴）雨闪络要求的输变电设备应予以改造，中重污区的防污闪改造应优先采用硅橡胶类防污闪产品。

12.5.2.2 加强零值、低值瓷绝缘子的检测，及时更换自爆玻璃绝缘子及零、低值瓷绝缘子。

【依据3】《国家电网公司十八项电网重大反事故措施》（国家电网生〔2012〕352 号）

7 防止输变电设备污闪事故

为防止发生输变电设备污闪事故，应严格执行《污秽条件下使用的高压绝缘子的选择和尺寸确定》（GB/T 26218—2011）、《电力系统污区分级与外绝缘选择标准》（Q/GDW 152—2006），并提出以下重点要求：

7.1 设计和基建阶段应注意的问题

7.1.1 新建和扩建输变电设备应依据最新版污区分布图进行外绝缘配置。中重污区的外绝缘配置宜采用硅橡胶类防污闪产品，包括线路复合绝缘子、支柱复合绝缘子、复合套管、瓷绝缘子（含悬式绝缘子、支柱绝缘子及套管）和玻璃绝缘子表面喷涂防污闪涂料等。

选站时应避让 d、e 级污区；如不能避让，变电站宜采用 GIS、HGIS 设备或全户内变电站。

7.1.2 污秽严重的覆冰地区外绝缘设计应采用加强绝缘、V 形串、不同盘径绝缘子组合等形式，通过增加绝缘子串长、阻碍冰棱桥接及改善融冰状况下导电水帘形成条件，防止冰闪事故。

7.1.3 中性点不接地系统的设备外绝缘配置至少应比中性点接地系统配置高一级，直至达到 e 级污秽等级的配置要求。

7.1.4 加强绝缘子全过程管理，全面规范绝缘子选型、招标、监造、验收及安装等环节，确保使用伞形合理、运行经验成熟、质量稳定的绝缘子。

7.2 运行阶段应注意的问题

7.2.1 电力系统污区分布图的绘制、修订应以现场污秽度为主要依据之一，并充分考虑污区图修订周期内的环境、气象变化因素，包括在建或计划建设的潜在污源，极端气候条件下连续无降水日的大幅度延长等。

7.2.2 外绝缘配置不满足污区分布图要求及防覆冰（雪）闪络、大（暴）雨闪络要求的输变电设备应予以改造，中重污区的防污闪改造应优先采用硅橡胶类防污闪产品。

7.2.3 应避免局部防污闪漏洞或防污闪死角，如具有多种绝缘配置的线路中相对薄弱的区段，配置薄弱的耐张绝缘子，输、变电结合部等。

7.2.4 清扫作为辅助性防污闪措施，可用于暂不满足防污闪配置要求的输变电设备及污染特殊严重区域（如：硅橡胶类防污闪产品已不能有效适应的粉尘特殊严重区域）的输变电设备。重点关注自洁性能较差的绝缘子，出现快速积污、长期干旱导致绝缘子的现场污秽度可能达到或超过设计标准时，应采取必要的清扫措施。

7.2.5 加强零值、低值瓷绝缘子的检测，及时更换自爆玻璃绝缘子及零、低值瓷绝缘子。

7.2.6 防污闪涂料与防污闪辅助伞裙

7.2.6.1 绝缘子表面涂覆"防污闪涂料"和加装"防污闪辅助伞裙"是防止变电设备污闪的重要措施，其中避雷器不宜单独加装辅助伞裙，宜将防污闪辅助伞裙与防污闪涂料结合使用。

7.2.6.2 宜优先选用加强 RTV-Ⅱ型防污闪涂料，防污闪辅助伞裙的材料性能与复合绝缘子的高温硫化硅橡胶一致。

7.2.6.3 加强防污闪涂料和防污闪辅助伞裙的施工和验收环节，防污闪涂料宜采用喷涂施工工艺，防污闪辅助伞裙与相应的绝缘子伞裙尺寸应吻合良好。

7.2.7　户内绝缘子防污闪要求户内非密封设备外绝缘与户外设备外绝缘的防污闪配置级差不宜大于一级。

6.2.3.2.3（4）本项目的查评依据如下。

【依据1】《架空输电线路运行规程》（DL/T 741—2010）

5.3　绝缘子

5.3.1　瓷质绝缘子伞裙不应破损，瓷质不应有裂纹，瓷釉不应烧坏。

5.3.2　玻璃绝缘子不应自爆或表面有裂纹。

5.3.3　棒形及盘形复合绝缘子伞裙、护套不应出现破损或龟裂，端头密封不应开裂、老化。

5.3.4　钢帽、绝缘件、钢脚应在同一轴线上，钢脚、钢帽、浇装水泥不应有裂纹、歪斜、变形或严重锈蚀，钢脚与钢帽槽口间隙不应超标。钢脚锈蚀判据标准见附录B。

5.3.5　盘形绝缘子绝缘电阻 330kV 及以下线路不应小于 300MΩ，500kV 及以上线路不应小于500MΩ。

5.3.6　盘形绝缘子分布电压不应为零或低值。

5.3.7　锁紧销不应脱落变形。

5.3.8　绝缘横担不应有严重结垢、裂纹，不应出现瓷釉烧坏，瓷质损坏，伞裙破损。

5.3.9　支线杆塔绝缘子串顺线路方向偏斜角（除设计要求的预偏外），不应大于 7.5°，或偏移值不应大于 300mm，绝缘横担端部偏移不应大于 100mm。

5.3.10　地线绝缘子、地线间隙不应出现非雷击放电或烧伤。

【依据2】《国家电网公司水电厂重大反事故措施》（国家电网基建〔2015〕60号）

12.5　防止开关站设备污闪事故

12.5.1　设计阶段

12.5.1.1　新建和扩建户外开关站设备应依据最新版污区分布图进行外绝缘配置。中重污区的外绝缘配置宜采用硅橡胶类防污闪产品，包括线路复合绝缘子、支柱复合绝缘子、复合套管、瓷绝缘子（含悬式绝缘子、支柱绝缘子及套管）和玻璃绝缘子表面喷涂防污闪涂料等。选站时应避让d、e级污区，如不能避让，宜采用 GIS、HGIS 设备或全户内配电装置。

12.5.1.2　污秽严重的覆冰地区外绝缘设计应采用加强绝缘、V 形串、不同盘径绝缘子组合等形式，通过增加绝缘子串长、阻碍冰凌桥接及改善融冰状况下导电水帘形成条件，防止冰闪事故。

12.5.1.3　避雷器不应单独加装辅助伞裙，应将防污闪辅助伞裙与防污闪涂料结合使用。

12.5.1.4　户内非密封设备外绝缘与户外设备外绝缘的防污闪配置级差不宜大于一级。

12.5.2　运行阶段

12.5.2.1　外绝缘配置不满足污区分布图要求及防覆冰（雪）闪络、大（暴）雨闪络要求的输变电设备应予以改造，中重污区的防污闪改造应优先采用硅橡胶类防污闪产品。

12.5.2.2　加强零值、低值瓷绝缘子的检测，及时更换自爆玻璃绝缘子及零、低值瓷绝缘子。

【依据3】《72.5kV 及以上电压等级支柱瓷绝缘子运行规范》（国家电网生技〔2005〕172号）

第三章　设备的验收

第七条　新设备验收的项目及要求

（一）设备运抵现场、安装前的验收

（1）检查包装箱是否破损、受潮、制造厂家、产品名称及型号是否与所订购产品一致。

（2）随产品提供的包装清单、产品合格证明书、安装使用说明书是否完整。

（3）检查支柱瓷绝缘子的例行试验结果是否合格。

（4）检对照包装清单检查备品附件是否缺少或损坏。

（5）检查支柱瓷绝缘子的外观和铭牌是否缺少或损坏，支柱瓷绝缘子瓷裙是否完好。

（6）支柱瓷绝缘子探伤检测。

（二）支柱瓷绝缘子的安装后的验收

（1）安装单位应具有规定的资质，安装人员必须经过培训，确保安装质量。

（2）要明确安装技术要求，同时，安装人员必须熟练掌握技术要求，安装、调试必须严格按安装技术规范、安装使用说明书进行，尺寸、位置调整准确，避免存在安装应力。

（3）工程监理部门要对设备安装过程进行监督，确保安装符合工艺要求，并做好监理记录。

（4）安装、调试完成后，必须按验收标准进行验收。

（三）验收和审批

（1）验收的条件：

1）安装完毕；

2）相关试验合格，施工图、各项调试或试验报告、监理报告等技术资料和文件整理完毕；

3）预验收合格，缺陷已消除；场地已清理干净。

（2）验收的要求和内容：

1）项目负责单位应在工程竣工前十五天通知有关单位准备工程竣工验收，并组织相关单位参加，监理单位配合；

2）验收单位应组织验收小组进行验收。在验收中检查发现的施工质量问题，应以书面形式通知相关单位并限期整改。验收合格后方可投入生产运行。

3）在投产设备保质期内发现质量问题，应由建设单位负责处理。

（3）审批：

验收结束后，将验收报告交启动委员会审核批准。

第八条　设备验收的项目、内容及要求

（一）检修设备、更换设备验收的项目和要求

1　检修设备验收的项目及要求

（1）检查高压支柱瓷绝缘子瓷裙、基座及法兰是否有裂纹。

（2）检查高压支柱瓷绝缘子结合处涂抹的防水胶是否有脱落现象，水泥胶装面是否完好。

（3）检查高压支柱瓷绝缘子各连接部位是否有松动现象，金具和螺栓是否锈蚀。

（4）检查高压支柱瓷绝缘子是否倾斜及各连接部位是否受力。

（5）是否按周期进行超声波检测且检测结果合格。

2　更换设备验收的项目及要求

（1）检查高压支柱瓷绝缘子瓷裙、基座及法兰是否有裂纹。

（2）检查高压支柱瓷绝缘子结合处涂抹的防水胶是否有脱落现象，水泥胶装面是否完好。

（3）检查高压支柱瓷绝缘子各连接部位是否有松动现象，金具和螺栓是否锈蚀。

（4）检查高压支柱瓷绝缘子是否倾斜及各连接部位是否受力。

（5）超声波探伤检测。

（二）投运前设备验收的条件

（1）支柱瓷绝缘子及组部件工作已结束，人员已退场，场地已清理干净。

（2）各项调试、试验合格。

（3）施工单位自检合格，缺陷已消除。

（4）超声波检测且检测结果合格。

（三）投运前设备验收的要求

（1）项目负责单位应在工作票结束前通知变电运行人员进行验收。并组织相关单位配合。

（2）运行单位应组织精干人员进行验收。在验收中检查发现缺陷，应要求相关单位立即处理。验收合格后方可投入生产运行。

第四章　运行巡视、检查项目维护及要求

第九条　例行巡视、检查项目及要求

（一）例行巡视检查

（1）日常巡视检查内容项目及要求：

1）瓷裙表面污秽程度无放电现象。

2）瓷裙、法兰无裂纹、破损现象。

3）高压瓷柱绝缘支柱无受力（引线），支柱无倾斜，底座螺栓紧固。

4）设备法兰及铁件等部位无裂纹、裂缝现象。

（2）对各种值班方式下的巡视时间、次数、内容，各单位应做出明确规定。

（3）例行检查巡视分为正常巡视、全面巡视、熄灯巡视。

（4）正常巡视：

1）有人值班变电所的支柱绝缘子设备，每天至少一次；每周至少进行一次夜间巡视；

2）无人值班变电站内的支柱瓷绝缘子设备每周二次巡视检查。

（5）全面巡视内容主要是对设备进行全面的外部检查。

（6）每周应进行熄灯巡视一次，内容是检查设备有无电晕、放电、接头有无过热现象。

（二）检查的要求

（1）检查项目及内容：

1）检查高压支柱瓷绝缘子瓷裙、基座及法兰是否有裂纹。

2）检查高压支柱瓷绝缘子结合处涂抹的防水胶是否有脱落现象，水泥胶装面是否完好。

3）检查高压支柱瓷绝缘子各连接部位是否有松动现象，金具和螺栓是否锈蚀。

4）检查支柱的引线及接线端子连接处是否有不正常的变色和熔点。

5）检查高压支柱瓷绝缘子是否倾斜。

6）高压支柱瓷绝缘子的每次停电检查工作都应有相应的记录。

（三）维护

（1）停电期间必须对支柱瓷绝缘子进行清扫及按周期进行超声波探伤检测，检测中发现有缺陷的支柱瓷绝缘子必须进行立即更换。

（2）为了提高支柱瓷绝缘子的耐污水平，根据设备运行情况，可在污秽较严重地区运行的支柱瓷绝缘子可采用表面涂刷 RTV 涂料等技术措施。

（3）检查中发现缺陷时应在设备异常与缺陷记录中详细记录，同时向上级汇报。

第十条　特殊巡视

（一）特殊巡视的条件：

当出现下列情况时，需对高压支柱瓷绝缘子进行特殊巡视：

（1）大风、雾天、冰雪、冰雹及雷雨后的巡视。

（2）设备变动后的巡视。

（3）设备新投入运行后的巡视。

（4）设备经过检修、改造或长期停运后重新投入运行后的巡视。

（5）运行十年及以上高压支柱瓷绝缘子。

（二）特殊巡视的要求：

（1）雨天及雨后的特殊巡视主要应观察高压支柱瓷绝缘子是否存在放电现象。

（2）大风及沙尘天气的特殊巡视主要应观察引线与支柱瓷绝缘子间的连接是否良好，高压支柱瓷绝缘子是否倾斜，相与相之间安全距离是否满足规程要求。

（3）设备经过检修、改造或长期停运后重新投入运行，主要应观察支柱瓷绝缘子有无放电及各引线连接处是否有发热现象。

（4）特殊巡视的结果应进行记录，对于在巡视中发现的异常情况应记入设备的异常与缺陷记录中。

（5）特殊巡视中出现紧急状况时应立即向上级汇报并按照缺陷处理原则进行处理。

第十一条　缺陷管理及异常处理

支柱瓷绝缘子的缺陷分危急和严重两种。

1）危急缺陷：支柱瓷绝缘子有裂纹的必须立即更换。

2）严重缺陷：支柱瓷绝缘子瓷裙表面有破损（单个面积不得超过 $40mm^2$）。应尽快安排修复或更换。

第十二条 专业管理

（1）高压支柱瓷绝缘子的清扫工作按逢停必扫的原则进行。

（2）高压支柱瓷绝缘子的检测自投运之日起，三年为一个检测周期，三个周期后，缩短为一年，检测率为 100%。

（3）高压支柱瓷绝缘子在检测中发现异常情况时，应立即进行更换。

（4）各运行单位做好高压支柱瓷绝缘子的年度统计、分析和总结工作，积极开展技术培训，提高高压支柱瓷绝缘子的监督和管理水平。

（5）检修、运行部门对所管辖高压支柱瓷绝缘子的运行、检测情况，设备完好率及可靠性指标等情况进行一次全面、简要分析。

（6）建立完善高压支柱瓷绝缘子技术资料（应建立技术档案包括设备安装地点、型号、技术参数、厂家等）。

6.2.3.2.3（5）本项目的查评依据如下。

【依据】《72.5kV 及以上电压等级支柱瓷绝缘子技术监督规定》（国家电网生技〔2005〕174 号）

安装、投产的验收

第十四条 高压支柱瓷绝缘子运抵安装现场时要进行外观检查和超声波探伤

第七章 检修监督项目及要求

第二十七条 新使用和新更换的支柱瓷绝缘子投运前必须进行超声波检测，检测合格后方可投运

第二十八条 运行的变电所支柱瓷绝缘子的超声波检测周期：

（一）新投运设备一年后必须进行检测。

（二）72.5kV 及以上支柱瓷绝缘子自投运之日起，三年为一个检测周期，三个周期后检测周期缩短为一年，检测率为 100%。

6.2.3.2.3（6）本项目的查评依据如下。

【依据 1】《国家电网公司水电厂重大反事故措施》（国家电网基建〔2015〕60 号）

13.4 防止发电厂上网线路故障造成全厂停电事故

13.4.1 设计阶段

13.4.1.1 在特殊地形、极端恶劣气象环境条件下重要输电通道宜采取差异化设计，适当提高重要线路防冰、防洪、防风等设防水平。

13.4.1.2 风振严重区域的导地线线夹、防振锤和间隔棒应选用加强型金具或预绞式金具。

13.4.1.3 按照承受静态拉伸载荷设计的绝缘子和金具，应避免在实际运行中承受弯曲、扭转载荷、压缩载荷和交变机械载荷而导致断裂故障。

13.4.1.4 对于直线型重要交叉跨越塔，包括跨越 110kV 及以上线路、铁路和高速公路、一级公路、一、二级通航河流等，应采用双悬垂绝缘子串结构，且宜采用双独立挂点；无法设置双挂点的窄横担杆塔可采用单挂点双联绝缘子串结构。

13.4.1.5 500kV 及以上架空线路 45°及以上转角塔的外角侧跳线串宜使用双串绝缘子并可加装重锤，15°以内的转角内外侧均应加装跳线绝缘子串。

13.4.2 基建、运行阶段

13.4.2.1 在复合绝缘子安装和检修作业时应避免损坏伞裙、护套及端部密封，禁止脚踏复合绝缘子。在安装复合绝缘子时，禁止反装均压环。

13.4.2.2 积极应用红外测温技术监测直线接续管、耐张线夹、等引流连接金具的发热情况，高温大负荷期间应增加夜巡，发现缺陷及时处理。

13.4.2.3 加强对导、地线悬垂线夹承重轴磨损情况的检查，导地线振动严重区段应按 2 年周期打开

检查，磨损严重的应予更换。

13.4.2.4　加强瓷、玻璃绝缘子的检查，及时更换零值、低值及破损绝缘子。

13.4.2.5　加强复合绝缘子护套和端部金具连接部位的检查，端部密封破损及护套严重损坏的复合绝缘子应及时更换。

13.4.2.6　停电线路进行二次回路作业，应考虑对运行设备可能产生的影响。

13.4.2.7　线路运行中保护修改定值时，两套保护装置应轮流退出，线路两侧宜同时进行。

13.4.2.8　线路纵联保护每天应进行通道检测，因通道异常导致线路纵联保护无法正常运行时，应在两侧同时退出纵联保护功能后，开展检查工作。

13.4.2.9　正常运行中，线路两侧互为对应的远跳保护应同时投退。线路停电而一侧开关处于运行状态时，线路两侧远跳保护应退出运行。

13.4.2.10　线路故障或停电时，及时联系调度调整系统潮流，防止运行设备过载。

13.4.2.11　当上网线路长时间重载运行，应加强站内设备红外测温及巡检，联系调度调整系统运行方式。

13.4.2.12　安全稳定控制装置应按相关规程进行检验，对于分布式安全稳定控制装置专用通道发生故障时，应及时告知调度部门。

13.4.2.13　无专用开关的线路高压电抗器，电抗器运行时应投入线路远跳保护，远跳保护退出时电抗器应停运。

13.4.2.14　线路送电时，宜采用变电站对线路充电，发电厂侧并网的方式。

13.4.2.15　线路正常运行时应投入重合闸。定期进行线路重合闸动作试验，确保重合闸可靠动作。

13.4.2.16　机组带线路零起升压时，该线路保护装置启动相邻元件的后备接线（开关失灵保护）应退出；线路重合闸改投直跳或退出。用作零起升压的发电机其后备保护跳其他开关的压板应断开，失磁保护应退出。

【依据2】《国家电网公司十八项电网重大反事故措施》（国家电网生〔2012〕352号）

6.3.2.4　对于直线型重要交叉跨越塔，包括跨越110kV及以上线路、铁路和高速公路、一级公路、一、二级通航河流等，应采用双悬垂绝缘子串结构，且宜采用双独立挂点；无法设置双挂点的窄横担杆塔可采用单挂点双联绝缘子串结构。

6.2.3.2.3（7）本项目的查评依据如下。

【依据1】《电力设备预防性试验规程》（DL/T 596—1996）

同6.2.3.2.3（2）【依据1】

【依据2】《国家电网公司十八项电网重大反事故措施》（国家电网生〔2012〕352号）

同6.2.3.2.3（1）【依据3】

【依据3】《水电站电气设备预防性试验规程》（Q/GDW-11150—2013）

同6.2.3.2.3（2）【依据4】

6.2.3.3　气体绝缘金属密封开关设备（GIS）

6.2.3.3.1（1）本项目的查评依据如下。

【依据1】《污秽条件下使用的高压绝缘子的选择和尺寸确定　第1部分：定义、信息和一般原则》（GBT 26218.1—2010）9　绝缘选择和尺寸确定

同6.2.3.2.3（1）【依据1】

【依据2】《国家电网公司水电厂重大反事故措施》（国家电网基建〔2015〕60号）12.5　防止开关站设备污闪事故

同6.2.3.2.3（1）【依据2】

【依据3】《国家电网公司十八项电网重大反事故措施》（国家电网生〔2012〕352号）7　防止输变电设备污闪事故

同6.2.3.2.3（1）【依据3】

6.2.3.3.1（2）本项目的查评依据如下。

【依据1】《电力设备预防性试验规程》（DL/T 596—1996）

8.1 SF_6 断路器和 GIS

8.1.1 SF_6 断路器和 GIS 的试验项目、周期和要求见表10。

表10 SF_6 断路器和 GIS 的试验项目、周期和要求

序号	项目	周期	要求	说明
1	断路器和 GIS 内 SF_6 气体的湿度以及气体的其他检测项目		见第13章	
2	SF_6 气体泄漏试验	1）大修后； 2）必要时	年漏气率不大于1%或按制造厂要求	1）按 GB/T 11023 方法进行； 2）对电压等级较高的断路器以及 GIS，因体积大可用局部包扎法检漏，每个密封部位包扎后历时 5h，测得的 SF_6 气体含量（体积分数）不大于 30×10^{-6}
3	辅助回路和控制回路绝缘电阻	1）1年~3年； 2）大修后	绝缘电阻不低于2MΩ	采用 500V 或 1000V 绝缘电阻表
4	耐压试验	1）大修后； 2）必要时	交流耐压或操作冲击耐压的试验电压为出厂试验电压值的80%	1）试验在 SF_6 气体额定压力下进行。 2）对 GIS 试验时不包括其中的电磁式电压互感器及避雷器，但在投运前应对它们进行试验电压值为 U_m 的5min耐压试验。 3）罐式断路器的耐压试验方式：合闸对地；分闸状态两端轮流加压，另一端接地。建议在交流耐压试验的同时测量局部放电。 4）对瓷柱式定开距型断路器只作断口间耐压
5	辅助回路和控制回路交流耐压试验	大修后	试验电压为 2kV	耐压试验后的绝缘电阻值不应降低
6	断口间并联电容器的绝缘电阻、电容量和 $\tan\delta$	1）1~3年； 2）大修后； 3）必要时	1）对瓷柱式断路器和断口同时测量，测得的电容值和 $\tan\delta$ 与原始值比较，应无明显变化； 2）罐式断路器（包括 GIS 中的 SF_6 断路器）按制造厂规定； 3）单节电容器按第12章规定	1）大修时，对瓷柱式断路器应测量电容器和断口并联后整体的电容值和 $\tan\delta$，作为该设备的原始数据； 2）对罐式断路器（包括 GIS 中的 SF_6 断路器）必要时进行试验，试验方法按制造厂规定
7	合闸电阻值和合闸电阻的投入时间	1）1~3年（罐式断路器除外）； 2）大修后	1）除制造厂另有规定外，阻值变化允许范围不得大于±5%； 2）合闸电阻的有效接入时间按制造厂规定校核	罐式断路器的合闸电阻布置在罐体内部，只有解体大修时才能测定
8	断路器的速度特性	大修后	测量方法和测量结果应符合制造厂规定	制造厂无要求时不测
9	断路器的时间参量	1）大修后； 2）机构大修后	除制造厂另有规定外，断路器的分、合闸同期性应满足下列要求： 相间合闸不同期不大于5ms； 相间分闸不同期不大于3ms； 同相各断口间合闸不同期不大于3ms； 同相各断口间分闸不同期不大于2ms	
10	分、合闸电磁铁的动作电压	1）1~3年； 2）大修后； 3）机构大修后	1）操动机构分、合闸电磁铁或合闸接触器端子上的最低动作电压应在操作电压额定值的30%~65%之间； 2）在使用电磁机构时，合闸电磁铁线圈通流时的端电压为操作电压额定值的80%（关合电流峰值等于及大于 50kA 时为85%）时应可靠动作； 3）进口设备按制造厂规定	

续表

序号	项目	周期	要求	说明
11	导电回路电阻	1）1年～3年； 2）大修后	1）敞开式断路器的测量值不大于制造厂规定值的120%； 2）对GIS中的断路器按制造厂规定	用直流压降法测量，电流不小于100A
12	分、合闸线圈直流电阻	1）大修后； 2）机构大修后	应符合制造厂规定	
13	SF_6气体密度监视器（包括整定值）检验	1）1年～3年； 2）大修后； 3）必要时	按制造厂规定	
14	压力表校验（或调整），机构操作压力（气压、液压）整定值校验，机械安全阀校验	1）1年～3年； 2）大修后	按制造厂规定	对气动机构应校验各级气压的整定值（减压阀及机械安全阀）
15	操动机构在分闸、合闸、重合闸下的操作压力（气压、液压）下降值	1）大修后； 2）机构大修后	应符合制造厂规定	
16	液（气）压操动机构的泄漏试验	1）1年～3年； 2）大修后； 3）必要时	按制造厂规定	应在分、合闸位置下分别试验
17	油（气）泵补压及零起打压的运转时间	1）1年～3年； 2）大修后； 3）必要时	应符合制造厂规定	
18	液压机构及采用差压原理的气动机构的防失压慢分试验	1）大修后； 2）机构大修时	按制造厂规定	
19	闭锁、防跳跃及防止非全相合闸等辅助控制装置的动作性能	1）大修后； 2）必要时	按制造厂规定	
20	GIS中的电流互感器、电压互感器和避雷器	1）大修后； 2）必要时	按制造厂规定，或分别按第7章、第14章进行	

8.1.2　各类试验项目：

定期试验项目见表10中序号1、3、6、7、10、11、13、14、16、17。

大修后试验项目见表10中序号1、2、3、4、5、6、7、8、9、10、11、12、13、14、15、16、17、18、19、20。

【依据2】《国家电网公司水电厂重大反事故措施》（国家电网基建〔2015〕60号）

12.1.3.3　GIS设备例行试验应进行主回路电阻测量，测试结果应不大于生产厂家规定值。

【依据3】《国家电网公司十八项电网重大反事故措施》（国家电网生〔2012〕352号）

12.1.2.6　加强断路器合闸电阻的检测和试验，防止断路器合闸电阻缺陷引发故障。在断路器产品出厂试验、交接试验及例行试验中，应对断路器主触头与合闸电阻触头的时间配合关系进行测试，有条件时应测量合闸电阻的阻值。

【依据4】《水电站电气设备预防性试验规程》（Q/GDW 11150—2013）

9.1.1　SF_6断路器和GIS

SF_6断路器和GIS的试验项目、周期和要求见表13。

表13　　　　　　　　　SF_6断路器和GIS的试验项目、周期和要求

序号	项目	周期	要求	说明
1	主回路电阻测量	1）3年； 2）大修后；	运行中不大于交接值的120%，且应满足制造厂规定值	1）对于SF_6断路器：在合闸状态下，测量进、出线之间的主回路电阻。

序号	项目	周期	要 求	说 明
1	主回路电阻测量	3）必要时		2）对于 GIS：在合闸状态下测量。当接地开关导电杆与外壳绝缘时，可临时解开接地连接线，利用回路上两组接地开关的导电杆直接测量主回路电阻；若接地开关导电杆与外壳的电气连接不能分开，可先测量导体和外壳的并联电阻 R_0 和外壳电阻 R_1，然后按下式进行计算主回路电阻 R。若 GIS 母线较长、间隔较多，宜分段测量： $$R = \frac{R_0 R_1}{R_1 - R_0}$$ 3）测量电流可取 100A 到额定电流之间的任一值，测量方法和要求参考 DL/T 593，小电流下测试结果不合格，应尽可能增大测试电流（尽可能接近额定电流），延长测试时间，反复测量。 4）必要时，如：当红外热像显示断口温度异常、相间温差异常，或自上次试验之后又有 100 次以上分、合闸操作。参考 GB/T 11022—2011 第 6.4.1
2	发电机出口断路器（GCB）动态电阻	1）3 年； 2）必要时	符合制造厂规定	按制造厂相关技术文件执行。对频繁开断负荷电流；开断故障电流次数较多时缩短周期
3	辅助回路和控制回路绝缘电阻	1）3 年； 2）大修后	不低于 2MΩ	采用 1000V 绝缘电阻表测量，辅助回路如有储能电机用 500V 绝缘电阻表
4	耐压试验	1）大修后； 2）必要时	交流耐压或操作冲击耐压的试验电压为出厂试验电压值的 80%	1）耐压试验的方式：交流耐压或操作冲击耐压均可，视现场条件和试验设备确定。 2）对核心部件或主体进行解体性检修之后或必要时进行本项试验。试验在额定充气压力下进行，试验电压为出厂试验值的 80%，时间为 60s，试验方法参考 GB/T 11022—2011。 3）对 GIS 试验时，电磁式电压互感器和金属氧化物避雷器应与回路断开，耐压结束后，恢复连接，并应进行电压为 U_m、时间为 5min 的试验。 4）罐式断路器的耐压试验方式：合闸对地；分闸状态两端轮流加压，另一端接地，瓷柱式断路器可不进行对地耐压试验，但其断口带有合闸电阻或为定开距结构时，应进行断口间耐压试验。 5）对瓷柱式定开距型断路器只作断口间耐压试验。 6）必要时，如：对绝缘性能有怀疑时
5	局部放电检查试验（110kV 以上罐式断路器、GIS）	1）大修后； 2）必要时	运行电压下局部放电检查无异常	1）有条件时，可在交流耐压试验的同时测量局部放电量。 2）运行中采用超声法和超高频测试方法。 3）必要时，如：对绝缘性能有怀疑时，巡检发现异常或 SF6 气体成分分析结果异常时，大负荷前或经受短路电流冲击后
6	辅助回路和控制回路交流耐压试验	大修后	试验电压为 2kV	1）可采用 2500V 绝缘电阻表代替； 2）耐压试验后的绝缘电阻值不应降低
7	断口间并联电容器的绝缘电阻、电容量和 tanδ	1）3 年； 2）大修后； 3）必要时	1）对瓷柱式断路器，与断口同时测量，测得的电容值偏差应在初始值的 ±5% 范围内，介质损耗因数： 油浸纸小于等于 0.5%； 膜纸复合小于等于 0.25%。	1）在分闸状态下测量。大修时，对瓷柱式断路器应测量电容器和断口并联后整体的电容值和 tanδ 作为原始数据。 2）测试结果不符合要求时，可对电容器独立进行测量。

序号	项目	周期	要求	说明
7	断口间并联电容器的绝缘电阻、电容量和tanδ		2）罐式断路器（包括 GIS 中的断路器）按制造厂规定。 3）单节电容器按第 11 章规定	3）对罐式断路器（包括 GIS 中的 SF$_6$ 断路器）必要时进行试验，试验方法按制造厂规定； 4）必要时，如：对绝缘性能有怀疑时
8	合闸电阻值和合闸电阻的投入时间	1）3 年； 2）大修后	1）除制造厂另有规定外，阻值变化允许范围不得大于±5%； 2）合闸电阻的有效接入时间按制造厂规定校核	同等测量条件下，合闸电阻的初值差应满足要求。对于不解体无法测量的情况，只在解体性检修时进行
9	断路器的时间参量	1）3 年； 2）大修后； 3）机构大修后； 4）必要时	1）断路器的合、分闸时间、合分（金属短接）时间及操作机构辅助开关的转换时间； 2）操作机构辅助开关的转换时间，与断路器主触头动作时间的配合应符合制造厂规定； 3）断路器的分、合闸时间，合一分闸不同期，合一分时间应符合设备技术文件要求且没有明显变化； 4）除制造厂另有规定外，断路器的分、合闸不同期性应满足下列要求： a）相间合闸不同期不大于 5ms； b）相间分闸不同期不大于 3ms； c）同相各断口间合闸不同期不大于 3ms； d）同相各断口间分闸不同期不大于 2ms	在额定操作电压（气压、液压）下进行
10	断路器的速度特性或行程曲线	1）大修后； 2）必要时	测量方法和测量结果应符合制造厂规定	1）应在断路器额定操作电压（气压、液压）下进行。 2）必要时，如：分合闸指示器与绝缘拉杆相连的运动部件相对位置有变化时
11	SF$_6$气体的湿度检测（20℃体积分数）μL/L	1）大修后； 2）大修后 1 年内复测 1 次，如无异常，其后 3 年 1 次； 3）必要时	见第 12 章	见第 12 章
12	SF$_6$气体泄漏试验	1）大修后； 2）必要时	年漏气率不大于 0.5%或使用灵敏度不低于 1×10^{-6}的检漏仪检测各密封面无泄漏	1）试验方法按 GB/T 11023 进行。 2）可采用 SF$_6$气体泄漏检测仪进行定性检漏，发现漏点后才采用"包扎法"进行定量检测。对电压等级较高的断路器以及 GIS，因体积大可用局部包扎法检漏，每个密封部位包扎后历时 5h，测得的 SF$_6$气体含量（体积分数）不大于 30μL/L。 3）必要时，如：怀疑密封不良时
13	SF$_6$气体成分分析	必要时	见第 13 章	见第 13 章
14	SF$_6$气体密度继电器校验及压力表检查	1）3 年； 2）大修后； 3）必要时	试验结果应符合制造厂规定	必要时： 如外观破损，或数据显示异常
15	GIS 中的互感器和避雷器	1）大修后； 2）必要时	按制造厂规定，或分别按第 6 章、第 13 章进行	GIS 中的元件试验包括金属氧化物避雷器、电流互感器和电磁式电压互感器的试验，具体项目和周期见本规程的有关章节
16	红外热像检测	1）220kV 及以上：3 个月。 2）110kV 及以下：半年。 3）必要时	按 DL/T 664—2008《带电设备红外诊断应用规范》执行	1）对于 SF$_6$断路器，检测断口及断口并联元件、引线接头、绝缘子等。 2）对于 GIS，检测各单元及进、出线电气连接处。 3）红外热像图显示应无异常温升、温差和/或相对温差。判断时，应该考虑测量时及前 3h 负荷电流的变化情况。测量和分析方法可参考 DL/T 664。 4）必要时，如：怀疑有过热缺陷时

6.2.3.3.1（3）本项目的查评依据如下。

【依据1】《气体绝缘金属封闭开关设备运行及维护规程》（DL/T 603—2006）

4.6　GIS中SF$_6$气体质量监督

4.6.1　SF$_6$气体泄漏监测：根据SF$_6$气体压力、温度曲线来监视气体压力变化，发现异常，应查明原因。

a）气体压力监测：检查次数和抄表依实际情况而定。

b）气体泄漏检查周期：必要时；当发现压力表在同一温度下，相邻两次读数的差值达0.01MPa～0.03MPa时。

c）气体泄漏标准：运行中每个气室年漏气率小于1%。交接时每个气室年漏气率小于0.5%。

d）SF$_6$气体补充气：根据监测各气室的SF$_6$气体压力的结果，对低于额定值的气室，应补充SF$_6$气体，并作好记录。

4.6.2　SF$_6$气体湿度监测：

a）周期：新设备投入运行及分解检修后1年应监测1次；运行1年后若无异常情况，可间隔1～3年检测1次。如湿度符合要求，且无补气记录，可适当延长检测周期。

b）SF$_6$气体湿度允许标准见表2，或按照制造厂的标准。

表2　　　　　　　　　　　　　　　　　　　　**SF$_6$气体湿度允许标准**

气　　室	有电弧分解物的气室	无电弧分解物的气室
交接验收值	≤150μL/L	≤250μL/L
运行允许值	≤300μL/L	≤500（1000）^{a}μL/L

注：测量时周围空气温度为20℃，大气压力为101325Pa。
^{a}　若采用括号内数值，应得到制造厂认可。

c）在周围空气温度0℃以上条件下进行。

4.6.3　SF$_6$气体湿度测量方法很多，各单位可根据实际情况选用，但所使用的仪器和测量方法，必须定期经上一级SF$_6$气体监督检测中心的检验和校准。

5.2　SF$_6$新气储存及使用的安全技术措施

5.2.1　SF$_6$气瓶应储存在阴凉、通风良好的库房中，直立放置。气瓶严禁靠近易燃、油污地点。

5.2.2　新气使用前应进行检查，符合标准后方可使用。

5.2.3　气瓶、阀冻结时严禁用火烤。

5.2.4　SF$_6$新气应具有厂家名称、装灌日期、批号及质量检验单。SF$_6$新气到货后应按有关规定进行复核、检验，合格后方准使用。存放半年以上的新气，使用前要检验其湿度和纯度，符合标准后方准使用。充装SF$_6$气体的气瓶应不超过五年检验一次。

6　SF$_6$气体的质量监督

6.1　新气的质量监督

6.1.1　新气到货后，应检查是否有制造厂的质量证明书，净重、生产日期和检验报告单。

6.1.2　新气到货后一个月内，以不少于每批一瓶抽样，其内容包括生产厂名称、产品名称、气瓶编号，按表3标准进行检验复核。

表3　　　　　　　　　　　　　　　　　　　　　**SF$_6$新气质量标准**

项　目　名　称	标准值（GB/T 12022）	项　目　名　称	标准值（GB/T 12022）
纯度（SF$_6$）（质量分数）	≥99.8%	酸度（以HF计）	≤0.3μg/g
空气（N$_2$+O$_2$或Air）（质量分数）	≤0.05%	可水解氟化物（以HF计）	≤1.0μg/g
四氟化碳（CF$_4$）（质量分数）	≤0.05%	矿物油	≤10μg/g
湿度（H$_2$O）	≤8μg/g	毒性	生物试验无毒

6.1.3 国外进口的新气亦应进行抽样检验，可按国家标准 GB/T 12022 验收。

6.1.4 开关设备充气前，对每瓶 SF_6 气体都应复核湿度，且不得超过表 3 中的标准。

表 4 运行中的 SF_6 气体检测项目、周期和要求

序号	项　目	周　期	要　求	说　明
1	湿度（20℃）µL/L	见 4.6.2 a)	见 4.6.2 b)，c)	按 GB/T 5832.1、GB/T 5832.2 DL/T 506 要求进行
2	密度（标准状态）（kg/m³）	必要时	6.16	按 GB/T 12022 进行
3	毒性	必要时	无毒	按 GB/T 12022 进行
4	酸度（µg/g）	1) 分解检修后；2) 必要时	≤0.3	按 GB/T 12022 进行
5	空气（质量分数）	1) 分解检修后；2) 必要时	≤0.05%	按 GB/T 12022 进行
6	可水解氟化物（µg/g）	1) 分解检修后；2) 必要时	≤1.0	按 GB/T 12022 进行
7	矿物油（µg/g）	1) 分解检修后；2) 必要时	≤10	按 GB/T 12022 进行
8	电弧分解物	必要时	待定	

6.2 运行中的 SF_6 气体质量监督

6.2.1 SF_6 气体检测项目、周期和要求见表 4。

6.2.2 现场取样时应在天气晴好，且环境温度接近 20℃ 的条件下进行，应注意避免取样条件对检测结果造成的影响。

6.2.3 运行中如需补气，充气前对每瓶 SF_6 气体都应复核湿度，且不得超过表 2 中的标准。

6.3 设备分解检修前的气体质量监督

6.3.1 开关设备分解检修前应先进行气体检测，检测项目按表 4 执行，从设备中取气样的技术要求按 IEC 60480，GB/T 8905 执行。

6.3.2 当气体中有害杂质超过允许值时，须先进行吸附净化，经检验合格后方可使用。

【依据 2】《国家电网公司气体绝缘金属封闭开关设备技术标准》（国家电网生〔2004〕634 号）

5.2 对 GIS 中 SF_6 气体的要求

新 SF_6 气体的质量标准应符合表 4 的规定。

表 4 新 SF_6 气体的质量标准

项　目　名　称	GB/T 12022 标准规定值	项　目　名　称	GB/T 12022 标准规定值
纯度（SF_6）（m/m）	≥99.8%	酸度（以 HF 计）	≤0.3µg/g
空气（N_2+O_2 或 Air）（m/m）	≤0.05%	可水解氟化物（以 HF 计）	≤1.0µg/g
四氟化碳（CF_4）（m/m）	≤0.05%	矿物油	≤10µg/g
湿度（H_2O）	≤8µg/g	毒性	生物试验无毒

GIS 中 SF_6 气体的水分含量规定在表 5 中给出。

表 5 GIS 中 SF_6 气体的水分含量标准

隔　室	有电弧分解物的隔室（µl/l）	无电弧分解物的隔室（µl/l）
交接验收值	≤150	≤250
运行允许值	≤300	≤500

【依据3】《国家电网公司水电厂重大反事故措施》（国家电网基建〔2015〕60号）

12.1.2.3　SF₆气体注入设备24h后应进行湿度试验，且应对设备内气体进行SF₆纯度检测，必要时进行气体成分分析。

【依据4】《电力安全工作规程变电部分》（Q/GDW 1799.1—2013）

11.1　装有SF₆设备的配电装置室和SF₆气体实验室，应装设强力通风装置，风口应设置在室内底部，排风口不应朝向居民住宅或行人。

6.2.3.3.1（4）本项目的查评依据如下。

【依据1】《气体绝缘金属封闭开关设备运行及维护规程》（DL/T 603—2006）

4.2　GIS的接地

4.2.1　主回路接地。在GIS检修时，其主回路应具有实现可靠接地的方式。

为保证维修工作的安全，主回路应能接地。在外壳打开后仍应保持主回路可靠接地。

4.2.2　外壳接地。在GIS正常运行情况下，运行和维护人员容易触及GIS的部位（如外壳及金属构架等）上的感应电压不应超过36V。

外壳应可靠接地。凡不属于主回路或辅助回路的且需要接地的所有金属部分都应接地。外壳、构架等的相互电气连接应用紧固连接（如螺栓连接或焊接），以保证电气上连通。

为保证接地回路的可靠连通，应考虑到可能通过的电流所产生的热和电的效应。

【依据2】《国家电网公司气体绝缘金属封闭开关设备技术标准》（国家电网生〔2004〕634号）

5.3.2　接地。制造厂在提供的GIS平面布置图或基础图上，应标明与接地网连接的具体位置及连接的结构。

GIS的接地连线材质应为电解铜，并标明与地网连接处接地线的截面积要求。

当采用单相一壳式钢外壳结构时，应采用多点接地方式，并确保外壳中感应电流的流通以降低外壳中的涡流损耗。

接地开关与快速接地开关的接地端子应与外壳绝缘后再接地，以便测量回路电阻，校验电流互感器变比，检测电缆故障。

GIS设备的每个间隔底架上均应设置可靠的适合于规定故障条件的接地端子，该端子应有一紧固螺钉或螺栓用来连接接地导体。紧固螺钉或螺栓的直径应不小于12mm。接地连接点应标以GB/T 5465.2规定的"保护接地"符号。和接地系统连接的设备的金属外壳部分可以看作是接地导体。

5.3.2.1　主回路接地。为保证维修工作的安全，主回路应能接地。另外，在外壳打开以后的维修期间，应能将主回路连接到接地极。

接地可用以下方式实现：

a）如不能预先确定回路不带电，应采用关合能力等于相应的额定峰值耐受电流的接地开关；

b）如能预先确定回路不带电，可采用不具有关合能力或关合能力低于相应的额定峰值耐受电流的接地开关；

c）仅在制造厂和用户取得协议的情况下，才能采用可移的接地装置。

5.3.2.2　外壳应接地。凡不属于主回路或辅助回路的且需要接地的所有金属部分都应接地。外壳、构架等的相互电气连接宜用紧固连接，以保证电气上连通。

为保证接地回路可靠连通，应考虑到可能通过的电流所产生的热和电的效应。

注：其他涉及接地的要求，如外壳的感应电压值等，在GIS的供货技术协议中提出。

【依据3】《水电厂防雷接地技术规范》（Q/GDW 46 10001—2017）

13.3　主变压器中性点和开关站主设备及构件接地

主变压器中性点应有两根与地网主网格的不同边连接的接地引下线，并且每根接地引下线均应符合热稳定校核的要求。开关站主设备及设备架构等应有两根与主地网不同干线连接的明装接地引下线，明装接地引下线应延伸到构件的最顶端，并且每根接地引下线均应符合热稳定校核的要求。连接引线应便于定期进行检查测试。

6.2.3.3.1（5）本项目的查评依据如下。

【依据】《国家电网公司十八项电网重大反事故措施》（国家电网生〔2012〕352号）

12.1.3.1　应定期校验SF_6压力表和密度继电器。密度继电器所用的温度传感器应与断路器本体处于同样温度环境。现场无条件校验密度继电器的须结合SF_6湿度试验定期测量SF_6压力。

6.2.3.3.1（6）本项目的查评依据如下。

【依据1】《国家电网公司水电厂重大反事故措施》（国家电网基建〔2015〕60号）

12.1.1.4　SF_6密度继电器与开关设备本体之间的连接方式应满足不拆卸即可校验密度继电器的要求；密度继电器应装设在与断路器或GIS本体同一运行环境温度的位置，以保证其报警、闭锁接点正确动作；220kV及以上GIS分箱结构的断路器每相应安装独立的密度继电器；户外安装的密度继电器应设置防雨罩，密度继电器防雨箱（罩）应能将表、控制电缆接线端子一起放入，防止指示表、控制电缆接线盒和充放气接口进水受潮。

【依据2】《国家电网公司十八项电网重大反事故措施》（国家电网生〔2012〕352号）

12.1.1.6　SF_6密度继电器与开关设备本体之间的连接方式应满足不拆卸校验密度继电器的要求。

密度继电器应装设在与断路器或GIS本体同一运行环境温度的位置，以保证其报警、闭锁接点正确动作。

220kV及以上GIS分箱结构的断路器每相应安装独立的密度继电器。

户外安装的密度继电器应设置防雨罩，密度继电器防雨箱（罩）应能将表、控制电缆接线端子一起放入，防止指示表、控制电缆接线盒和充放气接口进水受潮。

6.2.3.3.1（7）本项目的查评依据如下。

【依据】《国家电网公司户外GIS设备伸缩节反事故措施》（国家电网运检〔2015〕902号）

二、加强伸缩节生产制造过程的质量管控

应加强伸缩节生产制造过程的质量管控，严格按照厂内的作业指导书进行。对于外购的伸缩节，应严把入厂检验关。

伸缩节两侧法兰端面平面度公差不大于0.2mm，密封平面的平面度公差不大于0.1mm，伸缩节两侧法兰端面对于波纹管本体轴线的垂直度公差不大于0.5mm。

伸缩节中的波纹管本体不允许有环向焊接头，所有焊接缝要修整平滑；伸缩节中波纹管若为多层式，纵向焊接接头应沿圆周方向均匀错开；多层波纹管直边端部应采用熔融焊，使端口各层熔为整体。

对伸缩节中的直焊缝应进行100%的X射线探伤，环向焊缝进行100%着色检查，缺陷等级应不低于JB/T 4730.5规定的Ⅰ级。

伸缩节制造厂家在伸缩节制造完成后，应进行例行水压试验，试验压力为1.5倍的设计压力，到达规定试验压力后保持压力不少于10min，伸缩节不得有渗漏、损坏、失稳等异常现象；试验压力下的波距相对零压力下波距的最大波距变化率应不大于15%。

（五）伸缩节在通过例行水压试验后还应进行气密性试验，试验压力为设计压力，伸缩节内充SF_6气体，到达设计压力后保持24h，年泄漏率不大于0.5%。

四、落实在运设备现场整改措施

根据公司系统中已发生的事故及异常处理经验，针对在运户外GIS设备，当环境温度变化导致母线变形而引发异常时，可采取以下现场整改措施。

（一）在长过渡母线筒之间增加长拉杆。对于现场使用的普通安装型伸缩节，如需补偿母线的热胀冷缩影响，可在两个主母线筒法兰上增加固定板，同时中间增加固定板起支撑作用，长拉杆依次穿过三个固定板，长拉杆两端用螺母锁紧，伸缩节一端的内外侧螺栓松开，另外一端内侧螺栓松开外侧拧紧；壳体热胀冷缩时始终利用拉杆将壳体变形应力消除或限制在一定范围内。

（二）采用临时滑动支撑方式作为辅助手段。为限制母线沿水平、垂直方向的位移，同时对母线沿轴向位移起到支撑导向的作用，可将原过渡母线法兰固定支撑更改为滑动支撑，滑动支撑安装在原有的预埋基础钢板上。

（三）对母线端部支架进行必要的加强。为加固母线两端部原有支架，可沿主母线轴向方向每隔一段距离增加斜支撑，斜支撑与基础用化学锚栓固定；也可在母线末端新增斜支架，并与基础用化学锚栓固定。

（四）在支架与罐体间增加焊接垫板。断路器罐体材质为 1Cr18Ni9 不锈钢或铝合金，支座材质为 Q235 碳钢，断路器罐体和支座间为异种钢焊接。焊接过程可添加垫板，垫板材质与罐体相同，两者间焊接可在厂内完成，既可保证垫板与罐体的焊接质量，同时可将现场开裂的可能性转移至垫板与支座间，提高了罐体与支架间焊接的可靠性。

6.2.3.3.2（1）本项目的查评依据如下。

符合厂家规定。

6.2.3.3.2（2）本项目的查评依据如下。

【依据1】国家电网公司《气体绝缘金属封闭开关设备技术标准》（国家电网生〔2004〕634号）

5.5 动力合闸

用外部能源操作的设备（如：断路器或隔离开关），当操动机构的动力源的电压或压力处在规定值的下限时，应该能关合和/或开断它的额定短路电流。如果制造厂规定了最大合闸和分闸时间，在电压或压力处在规定值的下限时，所测得的分闸和合闸时间不得超过此值。

动力式操作机构应有供检修及调整用的手力合闸装置和手力脱扣装置或就地操作按钮。

除了在维修时的慢操作外，主触头只应该在传动机构的作用下以设计的方式运动。当合闸装置或分闸装置失去能源或失去后重新施加能源时，不应该引起主触头合闸或分闸位置的改变。

动力式操动机构，当操作能源的电压、压力在表 5-3 规定的范围内时，应保证设备可靠合闸（包括关合额定短路电流），且关合后应能接着立即开断；在规定的最高值时，应能空载合闸而不产生异常现象。

表 5-3　　操作能源的电压和压力

额定短路关合电流（峰值）kA	操作能源参数		
	电压		气压或液压
	直流	交流	
<50	85%～110%额定电压	85%～110%额定电压	85%～110%额定压力
≥50	85%～110%额定电压		

注：1. 表中规定的电压极限范围为受电元件线圈通电时端钮间的稳态灵敏值。
2. 表中规定的气压（液压）极限范围为操动机构附有的储气（压）筒内的气（液）压数值。
3. 表中规定的电压极限范围只有当电磁式或电动机式操动机构的电磁合闸线圈或电动机绕组的温度不超过 80℃ 时方有效。
4. 对气动、弹簧和液压操作机构的合闸线圈的动作要求与 b.7 的要求相同。
5. 电磁机构的合闸接触器的动作电压要求与 b.7 的要求相同。

5.6 储能合闸

储能操作的设备（如：断路器或隔离开关）、当操动机构储足能量时，应该能关合和开断它的额定短路电流，在规定的相应最低气压或液压下能满足进行各种恰当的操作。如果制造厂规定了最大合闸和分闸时间，所测得的分闸和合闸时间不得超过此值。

对具有单独的泵或压缩机的设备（如：断路器或隔离开关），泵或压缩机的出力、储气罐或液压蓄能器的容量应足以供设备在额定短路关合和开断电流及以下的所有电流下进行额定操作顺序的操作。操作顺序开始时的压力应等于制造厂按照上述要求以及泵或压缩机得以正常运转所规定的恰当的最低压力。

除了在维修时的慢操作外，主触头只应该在传动机构的作用下以设计的方式运动。当合闸装置和/或分闸装置失去能源或失去后重新施加能源时，不应该引起主触头合闸或分闸位置的改变，即操动机构应该有防止失压慢分或失压后重新打压慢分的功能。

供弹簧储能的或驱动压缩机或泵的电动机及其电气辅助设备，在额定电源电压的 85%～110%，在额定频率下，应该能够正常工作。

储能操作的设备（如断路器或隔离开关），应能在关合额定短路关合电流的操作后立即分闸。

【依据2】《国家电网公司十八项电网重大反事故措施》（国家电网生〔2012〕352号）

12.1.3.2 为防止运行断路器绝缘拉杆断裂造成拒动，应定期检查分合闸缓冲器，防止由于缓冲器性能不良使绝缘拉杆在传动过程中受冲击，同时应加强监视分合闸指示器与绝缘拉杆相连的运动部件相对位置有无变化，或定期进行合、分闸行程曲线测试。对于采用"螺旋式"连接结构绝缘拉杆的断路器应进行改造。

6.2.3.3.2（3）本项目的查评依据如下。

【依据1】《电力设备预防性试验规程》（DL/T 596—1996）

同6.2.3.3.1（2）【依据1】

【依据2】《国家电网公司水电厂重大反事故措施》（国家电网基建〔2015〕60号）

12.1.3.5 GIS设备大修时，应检查断路器液压机构分、合闸阀的阀针是否松动或变形，防止由于阀针松动或变形造成断路器拒动。

【依据3】《国家电网公司十八项电网重大反事故措施》（国家电网生〔2012〕352号）

12.1.2.7 断路器产品出厂试验、交接试验及例行试验中应进行断路器合—分时间及操作机构辅助开关的转换时间与断路器主触头动作时间之间的配合试验检查，对220kV及以上断路器，合分时间应符合产品技术条件中的要求，且满足电力系统安全稳定要求。

【依据4】《水电站电气设备预防性试验规程》（Q/GDW 11150—2013）

同6.2.3.3.1（2）【依据4】

6.2.3.3.2（4）本项目的查评依据如下。

【依据1】《国家电网公司气体绝缘金属封闭开关设备技术标准》（国家电网生〔2004〕634号）

5.4.2 辅助和控制回路元件的要求

（1）元件的选择。

GIS设备中辅助和控制回路元件包括：辅助开关、继电器、并联脱扣器、电动机、加热元件、表计、计数器、指示灯、电缆和电线、端子、辅助和控制触头辅助和控制触头以外的触头、接触器和电动机启动器、低压开关、低压断路器、低压熔断器、低压隔离开关、插头、插座和接线器、印刷板、电阻器、照明、线圈等。这些元件的胜能应满足相关的国家和行业标准的要求及DL/T 593中5.4.4的规定。如果没有相关的国家和行业标准，或者元件是按照另外的标准（如由某个国家或组织发布的标准）经过试验的，则选取的判据应在制造厂和用户之间达成协议。

辅助和控制回路中使用的所有元件的选择和设计应使得在所有实际运行条件下、在辅助和控制问路的外壳内，能够在其额定特性下运行。

应当采取适当的措施（隔热、加热、通风等）保证维持正确功能所需要的运行条件。如果加热是设备正确功能的基本条件，应提供对加热回路的监控。对于用于低温地区的断路器，其机构箱中应设置可自动投切的加热装置并有保温措施。加热器在额定电压下的损耗应在制造厂规定值的±10%范围内。

对于户外GIS，应进行适当的布置（通风和/或内部加热等）以防止辅助和控制回路外壳内产生有害的凝露。

连接点上极性的反转不应该损坏辅助和控制回路。

（2）元件的安装：元件应按照其制造厂的说明进行安装

（3）可触及性：分闸和合闸执行器以及紧急关闭系统的执行器应位于正常的操作高度以上0.4m～2m。其他执行器应为于易被操作的高度，指示装置应位于易被读取的位置。

考虑到正常操作高度，构架安装和地面安装的辅助和控制回路的外壳应安装在高度满足上述可触及性、操作和读取高度要求的位置。

外壳内元件的布置应使得在安装、接线、维护和更换时能够触及的位置。

（4）识别：安装在外壳内的元件应易于识别，且应该与接线图和电路图的指示一致。如果元件是插入式的，则元件和固定部分（元件插入的位置）上应有确认标记。在元件或电压的混杂可能引起混乱的场合，应考虑更明晰的标记。

【依据 2】《国家电网公司水电厂重大反事故措施》（国家电网基建〔2015〕60 号）

12.1.1.7　GIS 设备断路器二次回路不应采用 RC 加速设计。

12.1.3.7　应定期检查维护辅助开关，防止由于触点腐蚀、松动变位、触点转换不灵活、切换不可靠等原因造成开关设备拒动。

【依据 3】《国家电网公司十八项电网重大反事故措施》（国家电网生〔2012〕352 号）

12.1.1.10　开关设备机构箱、汇控箱内应有完善的驱潮防潮装置，防止凝露造成二次设备损坏。

6.2.3.3.3（1）本项目的查评依据如下。

【依据 1】国家电网公司《预防交流高压开关事故措施》（国家电网生〔2010〕1580 号）

第二十条　一般要求

（一）选用高压开关设备的技术措施

1　所选用的高压开关设备除应满足相关国家标准外，还应符合国家电网公司《交流高压断路器技术标准》《交流高压隔离开关和接地开关技术标准》《气体绝缘金属封闭开关设备技术标准》，严禁选用已明令停止生产、使用的各种型号的开关设备。曾造成重大事故的同一生产厂家、同一种型号产品，在未采取有效改进措施前禁止选用。

2　高压开关设备应选用无油化产品。

3　切合电容器组应选用开断电容电流无重击穿及适合于频繁操作的断路器。

4　对于频繁启停的高压感应电机回路应选用 SF_6 断路器或真空断路器、接触器等开关设备，其过电压倍数应满足感应电机绝缘水平的要求，同时应采取过电压保护措施。

5　126kV 及以上断路器合一分时间应不大于 60ms，推荐不大于 50ms。制造厂应给出断路器合一分时间的上下限，并应在型式试验中验证断路器在规定的最小合一分时间下的额定短路开断能力。为与快速保护装置配合，保证重合闸时第二个"分"的可靠开断能力，断路器应具有自卫能力。

（二）新装设备和检修后开关设备的技术措施

1　设备的交接验收必须严格按照国家和电力行业有关标准要求进行，不符合交接验收标准不能投运。

2　新装及检修后的开关设备必须严格按照《电气装置安装工程电气设备交接试验标准》《电力设备预防性试验规程》、产品技术条件及有关检修工艺的要求进行试验与检查。交接时对重要的技术指标应进行复查，不合格者不准投运。SF_6 开关本体大修后应进行交流耐压试验。

3　断路器机械特性是检修调试断路器的重要质量指标，也是直接影响开断和关合性能的关键技术数据。各种断路器（包括真空断路器）在新装和大修后必须测量机械行程特性曲线、合一分时间、辅助开关的切换与主断口动作时间的配合等特性，并符合技术要求。制造厂必须提供机械行程特性曲线的测量方法和出厂试验数据，并提供现场测试的连接装置，不得以任何理由以出厂试验代替交接试验。

（三）预防断路器灭弧室事故的措施

1　各运行、维护单位应根据可能出现的系统最大运行方式，每年定期核算开关设备安装地点的短路电流。如开关设备额定开断电流不能满足要求，则应采取"限制、调整、更换"的办法，以确保设备安全运行，具体措施如下：

（1）合理改变系统运行方式，限制和减少系统短路电流。

（2）采取限流措施，如加装电抗器等以限制短路电流。

（3）在继电保护上采取相应的措施，如控制断路器的跳闸顺序等。

（4）将短路开断电流小的断路器调换到短路电流小的变电站。

（5）更换成短路开断电流大的断路器。

2　开关设备应按规定的检修周期和实际短路开断次数及状态进行检修，做到"应修必修，修必修好"。

3　当断路器液压机构打压频繁或突然失压时应申请停电处理。在设备停电前，严禁人为启动油泵，防止由于慢分而使灭弧室爆炸。

（四）预防绝缘闪络、爆炸的措施

1　根据设备运行现场的污秽程度，采取下列防污闪措施：

（1）定期对瓷套或支持绝缘子进行清扫。

（2）在室外 40.5kV 及以上电压等级开关设备的瓷套或支持绝缘子上涂防污涂料或采用增爬裙。

（3）采用加强外绝缘爬距的瓷套或支持绝缘子。

（4）采取措施防止开关设备瓷套渗漏油、漏气及进水。

（5）新装投运的开关设备必须符合防污等级要求。

2　新装、大修 72.5kV 及以上电压等级断路器，绝缘拉杆在安装前必须进行外观检查，不得有开裂起皱、接头松动及超过允许限度的变形。除进行泄漏试验外，必要时应进行工频耐压试验。运行的断路器如发现绝缘拉杆受潮，烘干处理完毕后，也要进行泄漏和工频耐压试验，不合格者应予更换。

3　充胶（油）电容套管应采取有效措施防止进水和受潮，发现胶质溢出、开裂、漏油或油箱内油质变黑时应及时进行处理或更换。大修时应检查电容套管的芯子有无松动现象，耐压试验前后应该做介损和电容量试验。

4　套管和支持绝缘子各连接部位的橡胶密封圈应采用合格品并妥善保管。安装时应无变形、位移、龟裂、老化或损坏。压紧时应使用力矩扳手（要求制造厂提供力矩值）、均匀用力并使其有一定的压缩量，避免因用力不均或压缩量过大而使其永久变形或损坏。

5　断路器断口外绝缘的爬电比距应不小于安装地点污秽等级相应的相对地标称爬电比距的 1.15 倍，否则应加强清扫工作或采取其他防污闪措施。

（五）预防断路器拒动、误动故障的措施

1　加强对操动机构的维护检查。机构箱门应关闭严密，箱体应防水、防灰尘和小动物进入，并保持内部干燥清洁。机构箱应有通风和防潮措施，以防线圈、端子排等受潮、凝露、生锈。液压机构箱、气动机构箱应有隔热防寒措施。

2　辅助开关应采取下列措施：

（1）辅助开关应安装牢固，防止因多次操作松动变位。

（2）应保证辅助开关节点转换灵活、切换可靠、接触良好、性能稳定，不符合要求时应及时调整或更换，调整应该在慢分、慢合时进行。

（3）辅助开关和机构间的连接应松紧适当、转换灵活，并满足通电时间的要求。连杆锁紧螺帽应拧紧，并采用防松措施，如涂厌氧胶等。

3　断路器操动机构检修后，分闸脱扣器在额定电源电压的 65%～110%（直流）或 80%～110%（交流）范围内应可靠动作，当电源电压等于或小于额定电源电压的 30%时，不应动作。合闸脱扣器在额定电源电压的 80%～110%范围内应可靠动作，当电源电压等于或小于额定电源电压的 30%时，不应动作。

4　分合闸铁芯应在任意位置动作灵活，无卡涩现象，以防拒分和拒合。

5　断路器大修时应检查液压机构分、合闸阀的阀针是否松动或变形。分、合闸阀针应更换为整体式。

6　要加强高压断路器分合闸操作后的位置核查工作。高压断路器，尤其是发电机变压器组的断路器以及起联络作用的断路器，并网前和解列后应到运行现场核实高压断路器的机械位置，应根据电压和电流互感器或带电显示装置确认断路器触头的状态，防止非全相并网和非全相解列事故。变电站的继电保护装置应有保护非全相并网和解列事故发生的措施。

（六）预防直流操作电源和二次回路引发开关设备故障的措施

1　各种直流操作电源均应保证断路器合闸电磁铁线圈通电时的端子电压不得低于标准要求。对电磁操动机构合闸线圈端子电压，当关合电流小于 50kA（峰值）时不低于额定操作电压的 80%；当关合电流等于或大于 50kA（峰值）时不低于额定操作电压的 85%，并均不高于额定操作电压的 110%，以确保合闸和重合闸的动作可靠性。不能满足上述要求时，应结合具体情况予以改进。

2　断路器操作时，如合闸电源电缆压降过大，不能满足规定的操作电压时，应更换大截面的电缆以减少压降。设计部门在设计时亦应考虑电缆压降所造成的操作电压降低。

3　应定期检查直流系统各级熔丝或直流空气开关配置是否合理，熔丝是否完好，操作箱是否进水受潮，二次接线是否牢固。

（七）预防开关设备机械损伤的措施

1 对于有托架的 7.2kV～12kV 电压等级少油断路器，安装时其支持绝缘子应与托架保持垂直并固定牢靠，上下端连接引线的连接不应受过大应力，导电杆与静触头应在一个垂直线上。若发现绝缘子有损伤应及时更换，并检查原因。

2 各种瓷件的连接和紧固应对称均匀用力，防止用力过猛损伤瓷件。

3 检修时应对开关设备的各连接拐臂、联板、轴、销进行检查，如发现弯曲、变形或断裂，应找出原因，更换零件并采取预防措施。

4 调整开关设备时应用慢分、慢合检查有无卡涩，各种弹簧和缓冲装置应调整和使用在其允许的拉伸或压缩限度内，并定期检查有无变形或损坏。

5 各种断路器的油缓冲器应调整适当。在调试时，应特别注意检查油缓冲器的缓冲行程和合闸触头弹跳及分闸反弹情况，以验证缓冲器性能是否良好，防止由于缓冲器失效造成拐臂和传动机构损坏。禁止在缓冲器无油状态下进行快速操作。低温地区使用的油缓冲器应采用适合低温环境条件的缓冲油。

6 为防止运行中的断路器绝缘拉杆断裂事故的发生，除应定期对分合闸缓冲器检查，防止由于缓冲器的性能不良而使绝缘拉杆在传动过程中受冲击外，还应加强监视分合闸指示器与绝缘拉杆相连的运动部件相对位置有无变化，并定期做断路器机械特性试验，以便及时发现问题。对于"螺旋式"连接结构的绝缘拉杆应进行改造。

7 126kV 及以上电压等级多断口断路器，拆一端灭弧室时，另一端应设法支撑。检修时禁止攀爬瓷柱，以免损坏支持套管。

8 均压电容器安装时，防止因"别劲"引起漏油，发现漏油应予处理或更换。

9 开关设备基础不应塌陷、变位。支架设计应牢固可靠，不可采用悬臂梁结构。

10 为防止机械固定连接部分操作松动，建议采用厌氧胶防松。

（八）预防载流回路过热的措施

1 在交接和预防性试验中，应严格按照有关标准和测量方法检查主回路电阻。

2 定期用红外线测温装置检查开关设备的接头部位、隔离开关的导电部分，特别在重负荷或高温季节，要加强对运行设备温升的监视，发现问题应及时采取措施。

3 定期检查开关设备上的铜铝过渡接头。

（九）预防断路器合闸电阻事故的措施

1 为预防断路器合闸电阻引发的故障，应加强对合闸电阻提前投入和退出时间、电阻值的测量。

2 对装有合闸电阻的断路器，新装和大修后，应进行断口交流耐压试验。

【依据 2】国家电网公司《气体绝缘金属封闭开关设备技术标准》（国家电网生〔2004〕634 号）

4 技术要求

a）额定电压；

b）额定绝缘水平；

c）额定频率；

d）额定电流；

e）额定短时耐受电流（主回路的和接地回路的）；

f）额定峰值耐受电流（主回路的和接地回路的）；

g）额定短路持续时间；

h）GIS 的元件（包括它们的操动机构和辅助设备）的额定值；

i）用作绝缘的气体的额定密度和最小运行密度。

4.1 额定电压

额定电压表示 GIS 所在系统的最高电压，即电气设备的最高电压。

72.5，126，252，363，550，800kV。

注：G1S 中的元件可按有关的标准具有各自的额定电压值。

4.2 额定绝缘水平

GIS 的额定绝缘水平应从表 1 和表 2 中选取。

表1　　　　　　　　　　　72.5，126，252kV GIS 的额定绝缘水平　　　　　　　　　　单位：kV

额定电压（有效值）（1）	额定短时工频耐受电压（有效值）		额定雷电冲击耐受电压（峰值）	
	相对地、相间（4）	隔离断口（5）	相对地、相间（2）	隔离断口（3）
72.5	146	160	325	375
	160	176	350	385
126	185	210	450	520
	230	265	550	630
252	360	415	850	950
	395	460	950	1050
	460	530	1050	1200

注1：根据我国电力系统的实际，本表中的额定绝缘水平与 IEC 60694 略有不同。

注2：本表中括号内的数值为中性点接地系统使用的数值；项（2）和项（3）括号内的数值亦为湿试时的数值；项（2）和项（4）的数值取自 GB 311.1 表 3 和表 4。

注3：隔离断口是指隔离开关、负荷－隔离开关和起联络作用的断路器或负荷开关的断口。

表2　　　　　　　　　　363，550，800kV GIS 的额定绝缘水平　　　　　　　　　　单位：kV

额定电压（有效值）	额定短时工频耐受电压（有效值）		额定操作冲击耐受电压（峰值）			额定雷电冲击耐受电压（峰值）	
	相对地、相间	隔离断口	相对地	相间	隔离断口	相对地、相间	隔离断口
（1）	（2）	（3）	（4）	（5）	（6）	（7）	（8）
363	460	520	850	1300	800（+296）	1050	1050（+207）+296
	510	580	950	1425	850（+296）	1175	1175（+207）+296
550	630	740	1050	1675	900（+450）	1425	1425（+315）+450
	680	790	1175	1800	1050（+450）	1550	1550（+315）+450
	740	830				1675	1675（+315）+450
800	830	1150	1300	2210	1100（+650）	1800	1800（+455）+650
			1425	2420		2100	2100（+455）+650

注1：本表中的额定绝缘水平与 IEC 60694 略有不同。

注2：本表中 800kV 的额定绝缘水平取自 IEC 60694 表 2a。

注3：本表中 363kV 和 550kV 的项（2）、项（4）、项（5）、项（6）、项（7）、项（8）取自 GB 311.1 表 2。

注4：项（6）和项（8）中之数值是加在同一级另一端子上的反极性工频电压峰值。项（6）括号中的数值为 $1.0\sqrt{2}\,U/\sqrt{3}$，项（8）中括号内的数值一个为 $0.7\sqrt{2}\,U/\sqrt{3}$（U 为额定电压），另一个为 $1.0\sqrt{2}\,U/\sqrt{3}$，用户可根据需要取值。

表 1 和表 2 中的额定耐受电压值适用于标准参考大气条件（温度、压力和湿度）。使用条件偏离标准参考大气条件时，外绝缘的试验电压应按 DL/T 593—2016 的有关规定予以修正。

雷电冲击电压，操作冲击电压（采用时）和短时工频电压耐受试验的额定耐受电压应在表中同一行内选取。

同一额定电压有几个绝缘水平可供选择时，用户应根据绝缘配合研究的结果，并在研究中计及 GIS

自身开合产生的瞬态过电压的影响，来选取适当的绝缘水平。

GIS 包括具有确定的绝缘水平的各种元件。虽然选择适当的绝缘水平能大大避免内部故障，但仍应考虑限制外部过电压的措施（避雷器、保护火花间隙）。

注1：对于套管（如有时）的外绝缘，其额定绝缘水平应符合本标准 5.2 的规定。

注2：在尚未得出 GIS 对其他冲击波形的耐受能力的研究结论之前，按雷电冲击波形和操作冲击波形考虑。

4.3 额定频率

额定频率是 50Hz。

4.4 额定电流与温升

4.4.1 额定电流

优先从下列数值中选取：

630，800，1000，1250，1600，2000，2500，3150，4000，5000，6300A。

注：GIS 的主回路（例如母线、支线等）可具有不同的额定电流值。

4.4.2 温升

对于不受 DL/T 593 限制的元件（如电流互感器、电压互感器等），其温升不得超过这些元件各自技术标准的规定。GIS 外壳的允许温升见表3。

表3 外 壳 的 允 许 温 升

外 壳 部 位	周围空气温度为 40℃时的允许温升（K）
运行人员易触及的部位	30
运行人员可触及但在正常操作时不需触及的部位	40
运行人员不可触及的部位	65

注：对温升超过40K的部位，应作出明显的高温标记，以防维修人员触及，并应保证不损害周围的绝缘材料和密封材料。

4.5 额定短时耐受电流

优先从下列数值中选取：

25kA，31.5kA，40kA，50kA，63kA，80，100kA。

注：原则上，主回路的额定短时耐受电流不能超过其中串联的最薄弱元件的相应额定值。

4.6 额定峰值耐受电流

额定峰值耐受电流等于 2.5 倍额定短时耐受电流。

注1：原则上，主回路的额定峰值耐受电流不能超过其中串联的最薄弱元件的相应额定值。

注2：用户有不同要求时可与制造厂协商。

4.7 额定短路持续时间

550kV～800kV GIS 的额定短路持续时间为 2s。

252kV～363kV GIS 的额定短路持续时间为 3s。

126kV 及以下 GIS 的额定短路持续时间为 4s。

4.8 断路器及隔离开关

4.8.1 断路器

包括下列额定值，选取数值参见国家电网公司《交流高压断路器技术规范》：

1）额定电压；

2）额定频率；

3）额定绝缘水平；

4）额定电流和温升；

5）额定短时耐受电流；

6）额定短路持续时间；

7）额定峰值耐受电流；

8）额定短路开断电流；

9）关于额定短路电流开断次数的规定；

10）关于断路器机械寿命的规定；

11）额定短路关合电流；

12）额定瞬态恢复电压（出线端故障）；

13）额定操作顺序；

14）额定近区故障特性；

15）额定失步开断电流；

16）额定线路充电开断电流；

17）额定电缆充电开断电流；

18）额定单个电容器组开断电流；

19）额定背对背电容器组开断电流；

20）额定单个电容器组关合涌流；

21）额定背对背电容器组关合涌流；

22）额定小感性开断电流；

23）额定时间参量；

24）操动机构、控制回路及辅助回路的额定电源电压；

25）操动机构、控制回路及辅助回路的额定电源频率；

26）操作和灭弧用压缩气体源的额定压力；

27）额定异相接地的开合试验；

28）噪声及无线电干扰水平；

29）断口并联电容器参量；

30）合闸电阻参量：

4.8.2　隔离开关和接地开关

包括下列额定值，选取数值参见国家电网公司《交流高压隔离开关和接地开关技术规范》：

1）额定电压（U_r）；

2）额定绝缘水平；

3）额定频率（f_r）；

4）额定电流（I_r）；

5）额定短时耐受电流（I_k）；

6）额定峰值耐受电流（I_p）；

7）额定短路持续时间（t_k）；

8）分闸、合闸装置和辅助回路的额定电源电压（U_a）；

9）分闸、合闸装置和辅助回路的额定电源频率；

10）绝缘和/或操作用压缩气源的额定压力；

11）额定短路关合电流（仅对接地开关）；

而且，对额定电压72.5kV及以上隔离开关和接地开关要求：

12）额定母线转换电流开合能力（隔离开关）；

13）额定感应电流开合能力（接地开关）。

4.8.3　快速接地开关

除具备接地开关的额定值，还包括：

1）时间参数：分、合闸时间上、下限，合闸时间应不超过0.1s；分、合闸速度应能保证其开断及关合性能。

2）开断和关合能力。

额定关合短路电流应与断路器一致，关合次数为 2 次。

3）操动机构：型式分电动弹簧、气动、手动储能弹簧或其他。

4.9　其他设备

互感器设备和避雷器，额定值及数值选取参见国家电网公司相应设备技术规范。

4.10　母线

1）导体的电感、电容、电阻及波阻抗由制造厂提供。

2）外壳电阻由制造厂提供。

3）母线的导体和外壳的电能损耗（W/m）由制造厂提供。

4.11　绝缘子

1）1.1 倍额定相电压下局部放电量应不大于 3pC。

2）盆式绝缘子破坏压力与其运行压力之比，即安全系数大于 4.5。

3）1.1 倍额定相电压下，最大电场强度不大于 1.5kV/mm。

4.12　操动机构

4.12.1　操作机构和辅助回路的额定电源电压和频率

从下列数值中选取：

直流：24V，48V，110V，220V；

交流（50Hz）：单相 220V，三相 380V。

4.12.2　操动机构用压缩空气源的额定压力

从下列数值中选取：

0.5MPa，1.0MPa，1.6MPa，2.0MPa。

如有需要，可选用其他数值。

压缩空气源的压力为操作前贮气罐内气体的压力。

4.13　用作绝缘的气体的额定密度和最小运行密度

GIS 在绝缘气体的额定密度下运行，该额定密度由制造厂选定。

绝缘气体的最小运行密度由制造厂规定，低于此密度值，GIS 与此有关的额定值不能保证。

GIS 中的绝缘气体，可有几个额定密度及与其相应的几个最小运行密度。各隔室之间可以不同。

注：绝缘气体的额定密度和最小运行密度可用（定体积下）相应的压力—温度曲线或用 20℃时相应的压力来表示。

【依据 3】《国家电网公司水电厂重大反事故措施》（国家电网基建〔2015〕60 号）

12.2.3.4　根据可能出现的系统最大运行方式，每年定期核算断路器设备安装地点的短路电流。如断路器的额定短路开断电流不能满足要求，应在继电保护方面采取相应措施，如控制断路器的跳闸顺序和采取将断路器更换为短路开断电流满足要求的断路器等措施。

6.2.3.3.3（2）本项目的查评依据如下。

【依据 1】《电力设备预防性试验规程》（DL/T 596—1996）

同 6.2.3.3.1（2）【依据 1】

【依据 2】《输变电设备状态检修试验规程》（DL/T 393—2010）

5.7　SF_6 断路器

5.7.1　SF_6 断路器巡检及例行试验（见表 19、表 20）

表 19　　　　　　　　　　　　　　　　　　SF_6 断路器巡检项目

巡检项目	基准周期	要求	说明条款
外观检查	500kV 及以上：2 周	外观无异常	见 5.7.1.1

续表

巡检项目	基准周期	要求	说明条款
气体密度值检查	220kV/330kV：1月 110kV/66kV：3月	密度符合设备技术文件要求	见 5.7.1.1
操动机构状态检查		操动机构状态无异常	

表 20   **SF₆断路器例行试验项目**

例行试验项目	基准周期	要求	说明条款
红外热像检测	500kV 及以上：1月 220kV/330kV：3月 110kV/66kV：半年	无异常	见 5.7.1.2
主回路电阻	3 年	≤制造商规定值（注意值）	见 5.7.1.3
断口间并联电容器电容量和介质损耗因数	3 年	1）电容量初值差不超过±5%（警示值）；2）介质损耗因数：油浸纸≤0.005 膜纸复合≤0.0025（注意值）	见 5.7.1.4
合闸电阻阻值及合闸电阻预接入时间	3 年	1. 初值差不超过±5%（注意值）；2. 预接入时间符合设备技术文件要求	见 5.7.1.5
例行检查和测试	3 年	见 5.7.1.6	见 5.7.1.6
SF₆气体湿度	3 年	见 8.1	见 8.1

5.7.1.1　巡检说明

a）外观无异常；无异常声响；高压引线、接地线连接正常；瓷件无破损、无异物附打；并联电容器无渗漏。

b）气体密度值正常。

c）加热器功能正常（每半年检查 1 次）。

d）操动机构状态正常（液压机构油压正常；气动机构气压正常；弹簧机构弹簧位置正确）。

e）记录开断短路电流值及发生日期，记录开关设备的操作次数。

5.7.1.2　红外热像检测

检测断口及断口并联元件、引线接头、绝缘子等，红外热像图显示应无异常温升、温差和/或相对温差。判断时应该考虑测量时及前 3h 负荷电流的变化情况。测量和分析方法可参考 DL/T 664。

5.7.1.3　主回路电阻

在合闸状态下，测缺进、出线之间的主回路电阻。测量电流可取 100A 到额定电流之间的任一值。测量方法和要求参考 DL/T 593。

当红外热像显示断口温度异常、相间温差异常，或自上次试验之后又有 100 次以上分、合闸操作，也应进行本项目。

5.7.1.4　断口间并联电容器电容量和介质损耗因数

在分闸状态下测量。对于瓷柱式断路器，与断口一起测量；对于罐式断路器（包括 GIS 中的断路器），按设备技术文件规定进行。测试结果不符合要求时，应对电容器独立进行测量。

5.7.1.5　合闸电阻阻值及合闸电阻预接入时间

同等测量条件下，合闸电阻的初值差应满足要求。合闸电阻的预接入时间按设备技术文件规定校核。对于不解体无法测量的情况，只在解体性检修时进行。

5.7.1.6　例行检查和测试

a）轴、销、锁扣和机械传动部件检查，如有变形或损坏应予更换。

b）瓷绝缘件清洁和裂纹检查。

c）操动机构外观检查，如按力矩要求抽查螺栓、螺母是否有松动，检查是否有渗漏等。

d）检查操动机构内、外积污情况，必要时需进行清洁。

e）检查是否存在锈迹，如有需要应进行防腐处理。

f）按设备技术文件要求对操动机构机械轴承等活动部件进行润滑。

g）分、合闸线圈电阻检测，检测结果应符合设备技术文件要求，没有明确要求时，以线圈电阻初值差不超过±5%作为判据。

h）储能电动机工作电流及储能时间检测，检测结果应符合设备技术文件要求。储能电动机应能在85%～110%的额定电压下可靠工作。

i）检查辅助回路和控制回路电缆、接地线是否完好；用 1000V 绝缘电阻表测从电缆的绝缘电阻，应无显著一下降。

j）缓冲器检查，按设备技术文件要求进行。

k）防跳跃装置检查，按设备技术文件要求进行。

l）联锁和闭锁装置检查，按设备技术文件要求进行。

m）在合闸装置额定电源电压的 85%～110%范围内，并联合闸脱扣器应可靠动作；在分闸装置额定电源电压的 65%～110%（直流）或 85%～110%（交流）范围内，并联分闸脱扣器应可靠动作；当电源电压低于额定电压的 30%时，脱扣器不应脱扣。

n）在额定操作电压下测试时间特性，要求：合、分指示正确；辅助开关动作正确；合、分闸时间，合、分闸不同期，合一分时间均满足技术文件要求且没有明显变化；必要时，测量行程特性曲线做进一步分析。除有特别要求的之外，相间合闸不同期不大于 5ms，相间分闸不同期不大于 3ms；同相各断口合闸不同期不大于 3ms，同相分闸不同期不大于 2ms。

对于液压操动机构，还应进行下列各项检查或试验，结果均应符合设备技术文件要求：

a）机构压力表、机构操作压力（气压、液压）整定值和机械安全阀校验。

b）分闸、合闸及重合闸操作时的压力（气压、液压）下降值。

c）在分闸和合闸位置分别进行液（气）压操动机构的泄漏试验。

d）液压机构及气动机构，进行防失压慢分试验和非全相合闸试验。

5.7.2 SF_6 断路器诊断性试验（见表 21）

表 21　　　　　　　　　　　　　　　SF_6 断路器诊断性试验项目

诊断性试验项目	要求	说明条款
气体密封性检测	≤1%/年或符合设备技术文件要求（注意值）	见 5.3.2.5
气体密度表（继电器）校验	符合设备技术文件要求	见 5.3.2.6
交流耐压试验	见 5.7.2	见 5.7.2
SF_6 气体成分分析	见 8.2	见 8.2

交流耐压试验，对核心部件或主体进行解体性检修之后或必要时进行本项试验。包括相对地（合闸状态）和断口间（罐式、瓷柱式定开距断路器，分闸状态）两种方式。试验在额定充气压力下进行，试验电压为出厂试验值的 80%，频率不超过 300Hz，耐压时间为 60s。试验方法参考 DL/T 593。

5.8 气体绝缘金属封闭开关设备（GIS）

5.8.1 GIS 巡检及例行试验（见表 22、表 23）

表 22　　　　　　　　　　　　　　　GIS 巡 检 项 目

巡检项目	基准周期	要求	说明条款
外观检查	500kV 及以上：2 周；220kV/330kV：1 月；110kV/66kV：3 月	外观无异常	见 5.8.1.1
气体密度值检查		密度符合设备技术文件要求	
操动机构状态检查		操动机构状态无异常	

表 23   GIS 例行试验项目

例行试验项目	基准周期	要求	说明条款
红外热像检测	500kV 及以上：1 月； 220kV/330kV：3 月； 110kV/66kV：半年	无异常	见 5.8.1.2
主回路电阻	按制造商规定或自定	≤制造商规定值（注意值）	见 5.8.1.3
元件试验	见 5.8.1.4	见 5.8.1.4	见 5.8.1.4
SF₆ 气体湿度	3 年	见 8.1	见 8.1

5.8.1.1 巡检说明

a）外观无异常；声音无异常；高压引线、接地线连接正常；瓷件无破损、无异物附着。

b）气体密度值正常。

c）操动机构状态正常（液压机构油压正常；气动机构气压正常；弹簧机构弹簧位置正确。

d）记录开断短路电流值及发生日期；记录开关设备的操作次数。

5.8.1.2 红外热像检测

检测各单元及进、出线电气连接处，红外热像图显示应无异常温升、温差和/或相对温差。分析时，应该考虑测量时及前 3h 负荷电流的变化情况。测量和分析方法可参考 DL/T 664。

5.8.1.3 主回路电阻

在合闸状态下测量。当接地开关导电杆与外壳绝缘时，可临时解开接地连接线，利用回路上两组接地开关的导电杆直接测量主回路电阻；若接地开关一导电杆与外壳的电气连接不能分开，可先测导体和外壳的并联电阻 R_0 和外壳电阻 R_1，然后按式（4）进行计算主回路电阻 R，若 GIS 母线较长、间隔较多，宜分段测量。

$$R = \frac{R_0 R_1}{R_1 - R_0} \tag{4}$$

测量电流可取 100A 到额定电流之间的任一值。测量方法可参考 DL/T 593。

自上次试验之后又有 100 次以上分、合闸操作，也应进行本项目。

5.8.1.4 元件试验

各元件试验项目和周期按设备技术文件规定或根据状态评价结果确定。试验项目的要求参考设备技术文件或本标准有关章节。

5.8.2 GIS 诊断性试验（见表 24）

表 24   GIS 诊断性试验项目

诊断性试验项目	要求	说明条款
主回路绝缘电阻	初值差不超过－50% 或符合设备技术文件要求（注意值）	见 5.8.2.1
主回路交流耐压试验	试验电压为出厂试验值的 80%	见 5.8.2.2
局部放电	可带电测量或结合耐压试验同时进行	见 5.8.2.2
气体密封性检测	≤1%/年或符合设备技术文件要求（注意值）	见 5.3.2.5
气体密度表（继电器）校验	符合设备技术文件要求	见 5.3.2.6
SF₆ 气体成分分析	见 8.2	见 8.2

5.8.2.1 主回路绝缘电阻

交流耐压试验前进行本项目。用 2500V 绝缘电阻表测量。相同测量条件下，绝缘电阻不应有明显下降。

5.8.2.2 主回路交流耐压试验

对核心部件或主体进行解体性检修之后或检验主回路绝缘时进行本项试验。试验电压为出厂试验值的 80%，时间为 60s，有条件时可同时测量局部放电量。试验时，电磁式电压互感器和金属氧化物避雷器应与主回路断开，耐压结束后恢复连接，并应进行电压为 U_m，时间为 5min 的试验。

【依据3】《水电站电气设备预防性试验规程》（Q/GDW-11150—2013）

同 6.2.3.3.1（2）**【依据4】**

6.2.3.3.3（3）本项目的查评依据如下。

【依据1】《气体绝缘金属封闭开关设备运行及维护规程》（DL/T 603—2006）

4.4 GIS 维护项目与周期

GIS 维护项目有：

a）巡视检查。

b）定期检查。

c）临时性检查。

d）分解检修。

4.4.1 巡视检查：每天至少 1 次，无人值班的另定。巡视检查是对运行中的 GIS 设备进行外观检查，主要检查设备有无异常情况，并做好记录，如有异常情况应按规定上报并处理。内容主要有：

a）断路器、隔离开关、接地开关及快速接地开关的位置指示正确，并与当时实际运行工况相符。

b）检查断路器和隔离开关的动作指示是否正常，记录其累积动作次数。

c）各种指示灯、信号灯和带电监测装置的指示是否正常，控制开关的位置是否正确，控制柜内加热器的工作状态是否按规定投入或切除。

d）各种压力表和油位计的指示值是否正常。

e）避雷器的动作计数器指示值是否正常，在线检测泄漏电流指示值是否正常。

f）裸露在外的接线端子有无过热情况，汇控柜内有无异常现象。

g）可见的绝缘件有无老化、剥落，有无裂纹。

h）有无异常声音、异味。

i）设备的操动机构和控制箱等的防护门、盖是否关严。

j）外壳、支架等有无锈蚀、损坏，瓷套有无开裂、破损或污秽情况。外壳漆膜是否有局部颜色加深或烧焦、起皮现象。

k）各类管道及阀门有无损伤、锈蚀，阀门的开闭位置是否正确，管道的绝缘法兰与绝缘支架是否良好。

l）设备有无漏气（SF_6气体、压缩空气）、漏油（液压油、电缆油）。

m）接地端子有无发热现象，接触应完好。金属外壳的温度是否超过规定值。

n）压力释放装置有无异常，其释放出口有无障碍物。

o）GIS 室内的照明、通风和防火系统及各种监测装置是否正常、完好。

p）所有设备是否清洁，标志清晰、完善。

q）定期对压缩空气系统进行排水（或污）。

4.4.2 定期检查：GIS 处于全部或部分停电状态下，专门组织的维修检查。每 4 年进行 1 次，或按实际情况而定。内容主要有：

a）对操动机构进行维修检查，处理漏油、漏气或缺陷，更换损坏的零部件。

b）维修检查辅助开关。

c）校验压力表、压力开关、密度继电器或密度压力表和动作压力值。

d）检查传动部位及齿轮等的磨损情况，对转动部件添加润滑剂。

e）断路器的机械特性及动作电压试验。

f）检查各种外露连杆的连接情况。

g）检查接地装置。

h）必要时进行绝缘电阻、回路电阻测量。

i）油漆或补漆工作。

j）清扫 GIS 外壳，对压缩空气系统排污。

4.4.3 临时性检查：根据 GIS 设备的运行状态或操作累计动作次数值，依据制造厂的运行维护检查项目和要求，对 GIS 进行必要的临时性检查。内容主要有：

a）若气体湿度有明显增加时，应及时检查其原因。

b）当 GIS 设备发生异常情况时，应对有怀疑的元件进行检查和处理。

临时性检查的内容应根据发生的异常情况或制造厂的要求确定。

4.4.4　分解检修：GIS 在运行中发现异常或缺陷应进行有关的电气性能、SF$_6$ 气体湿度、气室密封性能、机构动作机械特性等试验，根据相应的试验结果，进行必要的分解检修。GIS 处于全部或部分停电状态下，对断路器或其他设备的分解检修，其内容与范围应根据运行中所发生的问题而定，这类分解检修宜由制造厂负责或在制造厂指导下协同进行。

4.4.4.1　断路器本体一般不用检修，在达到制造厂规定的操作次数或达到表 1 的操作次数应进行分解检修。断路器分解检修时，应有制造厂技术人员在场指导下进行。检修时将主回路元件解体进行检查，根据需要更换不能继续使用的零部件。

表 1　　　　　　　　　　　　　　断路器动作（或累计开断电流）次数

使　用　条　件	规定操作次数	使　用　条　件	规定操作次数
空载操作	3000 次	开断额定短路开断电流	15 次
开断负荷电流	2000 次		

4.4.4.2　检修内容与周期。每 15 年或按制造厂规定应对主回路元件进行 1 次大修，主要内容包括：

a）电气回路。

b）操动机构。

c）气体处理。

d）绝缘件检查。

e）相关试验。

具体分解检修的项目及技术要求见第 7 章。

4.5　检修质量保证

4.5.1　检查和检修后的验收应严格执行制造厂和国家及行业相关标准要求，使检修后的质量与性能达到原有的出厂指标要求。

4.5.2　经分解检修后的 GIS 质量应保证其在检修周期内可靠运行，不发生因检修质量造成的缺陷或事故。

【依据 2】《国家电网公司水电厂重大反事故措施》（国家电网基建〔2015〕60 号）

12.1.3.6　GIS 设备弹簧机构断路器应定期进行机械特性试验，测试其行程曲线是否符合厂家标准曲线要求；对运行 10 年以上的弹簧机构可抽检其弹簧拉力，防止因弹簧疲劳，造成断路器动作不正常。

6.2.3.4　高压断路器

6.2.3.4.1（1）本项目的查评依据如下。

【依据 1】《污秽条件下使用的高压绝缘子的选择和尺寸确定　第 1 部分：定义、信息和一般原则》（GBT 26218.1—2010）

同 6.2.3.2.3（1）【依据 1】

【依据 2】国家电网公司《交流高压断路器技术标准》（国家电网生〔2004〕634 号）

5.1　对断路器外绝缘爬电距离的要求

断路器用绝缘子和套管的外绝缘爬电距离应按照 GB/T 5582 的规定进行选择，它们在污秽条件下应当具有良好的电气性能。

5.1.1　户外断路器的爬电距离

位于相和地间、相与相间、断路器一个极的两个端子间的户外瓷的或有机材料的绝缘子或套管，其外绝缘的最小标称爬电距离用下属关系式确定：

$$I_t = \alpha \times I_r \times U_r \times K_0$$

式中：I_t——最小标称爬电距离（mm）；

α——按表 7 选择的与绝缘类型有关的应用系数；

I_r——最小标称爬电比距（mm/kV），按 GB/T 5582 的表 8 选择，即：

表 7 爬电距离的应用系数

绝缘的应用部位	应用系数 α	绝缘的应用部位	应用系数 α
相对地	1.0	断口	1.15
相间	$\sqrt{3}$		

注：易被融化的污雪所覆盖的非直立安装的绝缘子可能需要更长的爬电距离。

表 8 最小标称爬电比距

外绝缘污秽等级	公称爬电比距，不低于（mm/kV）	外绝缘污秽等级	公称爬电比距，不低于（mm/kV）
0	14.8（15.5）	III	25
I	16	IV	31
II	20		

U_r——断路器设备的额定电压；

K_0——直径的校正系数，当直径 $D \geqslant 300$mm 时，取 1.1，当直径 $D \geqslant 500$mm 时，取 1.2。

干弧距离和伞型应符合 IEC 60815 的规定。

【依据 3】《国家电网公司水电厂重大反事故措施》（国家电网基建〔2015〕60 号）

同 6.2.3.2.3（1）**【依据 2】**

12.2.1.5 根据安装地点的污秽程度，对高压开关设备采取有针对性的防污闪措施，防止套管、绝缘子闪络、爆炸。

12.2.1.6 断路器断口外绝缘应满足不小于 1.15 倍相对地外绝缘爬电距离的要求，否则应采取防污闪措施。

6.2.3.4.1（2） 本项目的查评依据如下。

【依据 1】《电力设备预防性试验规程》（DL/T 596—1996）

同 6.2.3.3.1（2）**【依据 1】**

【依据 2】《国家电网公司水电厂重大反事故措施》（国家电网基建〔2015〕60 号）

12.2.3.5 定期用红外线测温设备检查开关设备的接头部、断路器本体的导电部分（重点部位：触头、出线座等）的温度，在重负荷或高温期间，应加强对运行设备温升的监视，发现问题应及时采取措施。

【依据 3】《水电站电气设备预防性试验规程》（Q/GDW 11150—2013）

同 6.2.3.3.1（2）**【依据 4】**

6.2.3.4.1（3） 本项目的查评依据如下。

【依据 1】《电力设备预防性试验规程》（DL/T 596—1996）

同 6.2.3.3.1（2）**【依据 1】**

8.2 多油断路器和少油断路器

8.2.1 多油断路器和少油断路器的试验项目、周期和要求见表 11。

表 11 多油断路器和少油断路器的试验项目、周期和要求

序号	项目	周期	要求	说明
1	绝缘电阻	1）1～3 年； 2）大修后	1）整体绝缘电阻自行规定； 2）断口和有机物制成的提升杆的绝缘电阻不应低于下表数值： MΩ 见下表	使用 2500V 绝缘电阻表

试验类别	额定电压/kV			
	<24	24～40.5	72.5～252	363
大修后	1000	2500	5000	10000
运行中	300	1000	3000	5000

序号	项目	周期	要求				说明
2	40.5kV 及以上非纯瓷套管和多油断路器的 tanδ	1）1～3 年； 2）大修后	1）20℃时多油断路器的非纯瓷套管的 tanδ（%）值见表 20； 2）20℃时非纯瓷套管断路器的 tanδ（%）值，可比表 20 中相应的 tanδ（%）值增加下列数值：				1）在分闸状态下按每支套管进行测量。测量的 tanδ 超过规定值或有显著增大时，必须落下油箱进行分解试验。对不能落下油箱的断路器，则应将油放出，使套管下部及灭弧室露出油面，然后进行分解试验。 2）断路器大修而套管不大修时，应按套管运行中规定的相应数值增加。 3）带并联电阻断路器的整体 tanδ（%）可相应增加 1
			额定电压/kV	≥126	<126	40.5（DW1—35 DW1—35D）	
			tanδ（%）值的增加数	1	2	3	
3	40.5kV 及以上少油断路器的泄漏电流	1）1～3 年； 2）大修后	1）每一元件的试验电压如下：				252kV 及以上少油断路器提升杆（包括支持瓷套）的泄漏电流大于 5μA 时，应引起注意
			额定电压/kV	40.5	72.5～252	≥363	
			直流试验电压/kV	20	40	60	
			2）泄漏电流一般不大于 10μA				
4	断路器对地、断口及相间交流耐压试验	1）1～3 年（12kV 及以下）； 2）大修后； 3）必要时（72.5kV 及以上）	断路器在分、合闸状态下分别进行，试验电压值如下： 12kV～40.5kV断路器对地及相间按 DL/T 593 规定值； 72.5kV 及以上者按 DL/T 593 规定值的 80%				对于三相共箱式的油断路器应作相间耐压，其试验电压值与对地耐压值相同
5	126kV 及以上油断路器提升杆的交流耐压试验	1）大修后； 2）必要时	试验电压按 DL/T 596—1996 规定值的 80%				1）耐压设备不能满足要求时可分段进行，分段数不应超过 6 段（252kV），或 3 段（126kV），加压时间为 5min； 2）每段试验电压可取整段试验电压除以分段数所得值的 1.2 倍或自行规定
6	辅助回路和控制回路交流耐压试验	1）1～3 年； 2）大修后	试验电压为 2kV				
7	导电回路电阻	1）1～3 年； 2）大修后	1）大修后应符合制造厂规定； 2）运行中自行规定				用直流压降法测量，电流不小于 100A
8	灭弧室的并联电阻值，并联电容器的电容量和 tanδ	1）大修后； 2）必要时	1）并联电阻值应符合制造厂规定； 2）并联电容器按第 12 章规定				
9	断路器的合闸时间和分闸时间	大修后	应符合制造厂规定				在额定操作电压（气压、液压）下进行
10	断路器分闸和合闸的速度	大修后	应符合制造厂规定				在额定操作电压（气压、液压）下进行
11	断路器触头分、合闸的同期性	1）大修后； 2）必要时	应符合制造厂规定				
12	操动机构合闸接触器和分、合闸电磁铁的最低动作电压	1）大修后； 2）操动机构：大修后	1）操动机构分、合闸电磁铁或合闸接触器端子上的最低动作电压应在操作电压额定值的 30%～65%间； 2）在使用电磁机构时，合闸电磁铁线圈通流时的端电压为操作电压额定值的 80%（关合电流峰值等于及大于 50kA 时为 85%）时应可靠动作				

序号	项目	周期	要求	说明
13	合闸接触器和分、合闸电磁铁线圈的绝缘电阻和直流电阻，辅助回路和控制回路绝缘电阻	1) 1～3 年； 2) 大修后	1) 绝缘电阻不应小于 2MΩ； 2) 直流电阻应符合制造厂规定	采用 500V 或 1000V 绝缘电阻表
14	断路器本体和套管中绝缘油试验		见第 13 章	
15	断路器的电流互感器	1) 大修后； 2) 必要时	见第 7 章	

【依据 2】《国家电网公司十八项电网重大反事故措施》（国家电网生〔2012〕352 号）

12 防止 GIS、开关设备事故

为防止开关设备事故，应严格执行国家电网公司《高压开关设备技术监督规定》（国家电网生技〔2005〕174 号）、《预防 12kV～40.5kV 交流高压开关柜事故补充措施》（国家电网生〔2010〕811 号）、《预防交流高压开关柜人身伤害事故措施》（国家电网生〔2010〕1580 号）、《关于加强气体绝缘金属封闭开关全过程管理重点措施》（国家电网生〔2011〕1223 号）等有关规定，并提出以下重点要求：

12.1 防止 GIS（包括 HGIS）、SF_6 断路器事故

12.1.1 设计、制造的有关要求

12.1.1.1 加强对 GIS、SF_6 断路器的选型、订货、安装调试、验收及投运的全过程管理。应选择具有良好运行业绩和成熟制造经验生产厂家的产品。

12.1.1.2 新订货断路器应优先选用弹簧机构、液压机构（包括弹簧储能液压机构）。

12.1.1.3 GIS 在设计过程中应特别注意气室的划分，避免某处故障后劣化的 SF_6 气体造成 GIS 的其他带电部位的闪络，同时也应考虑检修维护的便捷性，保证最大气室气体量不超过 8 小时的气体处理设备的处理能力。

12.1.1.4 GIS、SF_6 断路器设备内部的绝缘操作杆、盆式绝缘子、支撑绝缘子等部件必须经过局部放电试验方可装配，要求在试验电压下单个绝缘件的局部放电量不大于 3pC。

12.1.1.5 断路器、隔离开关和接地开关出厂试验时应进行不少于 200 次的机械操作试验，以保证触头充分磨合。200 次操作完成后应彻底清洁壳体内部，再进行其他出厂试验。

12.1.1.6 SF_6 密度继电器与开关设备本体之间的连接方式应满足不拆卸校验密度继电器的要求。

密度继电器应装设在与断路器或 GIS 本体同一运行环境温度的位置，以保证其报警、闭锁接点正确动作。

220kV 及以上 GIS 分箱结构的断路器每相应安装独立的密度继电器。

户外安装的密度继电器应设置防雨罩，密度继电器防雨箱（罩）应能将表、控制电缆接线端子一起放入，防止指示表、控制电缆接线盒和充放气接口进水受潮。

12.1.1.7 为便于试验和检修，GIS 的母线避雷器和电压互感器应设置独立的隔离开关或隔离断口；架空进线的 GIS 线路间隔的避雷器和线路电压互感器宜采用外置结构。

12.1.1.8 用于低温（最低温度为－30℃ 及以下）、重污秽 E 级或沿海 D 级地区的 220kV 及以下电压等级 GIS，宜采用户内安装方式。

12.1.1.9 断路器二次回路不应采用 RC 加速设计。

12.1.1.10 开关设备机构箱、汇控箱内应有完善的驱潮防潮装置，防止凝露造成二次设备损坏。

12.1.1.11 GIS 布置设计应便于设备运行、维护和检修，并应考虑在更换、检查 GIS 设备中某一功能部件时的可维护性。

12.1.1.12 220kV 及以上电压等级 GIS 应加装内置局部放电传感器。

12.1.2 基建、安装阶段的有关要求

12.1.2.1 GIS、罐式断路器及 500kV 及以上电压等级的柱式断路器现场安装过程中，必须采取有效的防尘措施，如移动防尘帐篷等，GIS 的孔、盖等打开时，必须使用防尘罩进行封盖。安装现场环境太差、尘土较多或相邻部分正在进行土建施工等情况下应停止安装。

12.1.2.2 SF$_6$ 开关设备设备现场安装过程中，在进行抽真空处理时，应采用出口带有电磁阀的真空处理设备，且在使用前应检查电磁阀动作可靠，防止抽真空设备意外断电造成真空泵油倒灌进入设备内部。并且在真空处理结束后应检查抽真空管的滤芯是否有油渍。为防止真空度计水银倒灌进行设备中，禁止使用麦氏真空计。

12.1.2.3 GIS 安装过程中必须对导体是否插接良好进行检查，特别对可调整的伸缩节及电缆连接处的导体连接情况应进行重点检查。

12.1.2.4 严格按有关规定对新装 GIS、罐式断路器进行现场耐压，耐压过程中应进行局部放电检测，有条件时可对 GIS 设备进行现场冲击耐压试验。

12.1.2.5 断路器安装后必须对其二次回路中的防跳继电器、非全相继电器进行传动，并保证在模拟手合于故障条件下断路器不会发生跳跃现象。

12.1.2.6 加强断路器合闸电阻的检测和试验，防止断路器合闸电阻缺陷引发故障。在断路器产品出厂试验、交接试验及例行试验中，应对断路器主触头与合闸电阻触头的时间配合关系进行测试，有条件时应测量合闸电阻的阻值。

12.1.2.7 断路器产品出厂试验、交接试验及例行试验中应进行断路器合-分时间及操作机构辅助开关的转换时间与断路器主触头动作时间之间的配合试验检查，对 220kV 及以上断路器，合分时间应符合产品技术条件中的要求，且满足电力系统安全稳定要求。

12.1.2.8 SF$_6$ 气体必须经 SF$_6$ 气体质量监督管理中心抽检合格，并出具检测报告后方可使用。

12.1.2.9 SF$_6$ 气体注入设备后必须进行湿度试验，且应对设备内气体进行 SF$_6$ 纯度检测，必要时进行气体成分分析。

12.1.3 运行中应注意的问题

12.1.3.1 应加强运行中 GIS 和罐式断路器的带电局放检测工作。在 A 类或 B 类检修后应进行局放检测，在大负荷前、经受短路电流冲击后必要时应进行局放检测，对于局放量异常的设备，应同时结合 SF$_6$ 气体分解物检测技术进行综合分析和判断。

12.1.3.2 为防止运行断路器绝缘拉杆断裂造成拒动，应定期检查分合闸缓冲器，防止由于缓冲器性能不良使绝缘拉杆在传动过程中受冲击，同时应加强监视分合闸指示器与绝缘拉杆相连的运动部件相对位置有无变化，或定期进行合、分闸行程曲线测试。对于采用"螺旋式"连接结构绝缘拉杆的断路器应进行改造。

12.1.3.3 当断路器液压机构突然失压时应申请停电处理。在设备停电前，严禁人为启动油泵，防止断路器慢分。

12.1.3.4 对气动机构宜加装汽水分离装置和自动排污装置，对液压机构应注意液压油油质的变化，必要时应及时滤油或换油。

12.1.3.5 当断路器大修时，应检查液压（气动）机构分、合闸阀的阀针是否松动或变形，防止由于阀针松动或变形造成断路器拒动。

12.1.3.6 弹簧机构断路器应定期进行机械特性试验，测试其行程曲线是否符合厂家标准曲线要求；对运行 10 年以上的弹簧机构可抽检其弹簧拉力，防止因弹簧疲劳，造成开关动作不正常。

12.1.3.7 加强操动机构的维护检查，保证机构箱密封良好，防雨、防尘、通风、防潮等性能良好，并保持内部干燥清洁。

12.1.3.8 加强辅助开关的检查维护，防止由于接点腐蚀、松动变位、接点转换不灵活、切换不可靠等原因造成开关设备拒动。

12.2 防止敞开式隔离开关、接地开关事故

12.2.1 设计、制造的有关要求

12.2.1.1　隔离开关和接地开关必须选用符合国家电网公司《关于高压隔离开关订货的有关规定（试行）》完善化技术要求的产品。

12.2.1.2　220kV 及以上电压等级隔离开关和接地开关在制造厂必须进行全面组装，调整好各部件的尺寸，并做好相应的标记。

12.2.1.3　隔离开关与其所配装的接地开关间应配有可靠的机械闭锁，机械闭锁应有足够的强度。

12.2.1.4　同一间隔内的多台隔离开关的电机电源，在端子箱内必须分别设置独立的开断设备。

12.2.2　基建阶段应注意的问题

12.2.2.1　应在绝缘子金属法兰与瓷件的胶装部位涂以性能良好的防水密封胶。

12.2.2.2　新安装或检修后的隔离开关必须进行导电回路电阻测试。

12.2.2.3　新安装的隔离开关手动操作力矩应满足相关技术要求。

12.2.3　运行中应注意的问题

12.2.3.1　对不符合国家电网公司《关于高压隔离开关订货的有关规定（试行）》完善化技术要求的72.5kV 及以上电压等级隔离开关、接地开关应进行完善化改造或更换。

12.2.3.2　加强对隔离开关导电部分、转动部分、操动机构、瓷绝缘子等的检查，防止机械卡涩、触头过热、绝缘子断裂等故障的发生。隔离开关各运动部位用润滑脂宜采用性能良好的二硫化钼锂基润滑脂。

12.2.3.3　为预防 GW6 型等类似结构的隔离开关运行中"自动脱落分闸"，在检修中应检查操动机构蜗轮、蜗杆的啮合情况，确认没有倒转现象；检查并确认刀闸主拐臂调整应过死点；检查平衡弹簧的张力应合适。

12.2.3.4　在运行巡视时，应注意隔离开关、母线支柱绝缘子瓷件及法兰无裂纹，夜间巡视时应注意瓷件无异常电晕现象。

12.2.3.5　在隔离开关倒闸操作过程中，应严格监视隔离开关动作情况，如发现卡滞应停止操作并进行处理，严禁强行操作。

12.2.3.6　定期用红外测温设备检查隔离开关设备的接头\导电部分，特别是在重负荷或高温期间，加强对运行设备温升的监视，发现问题应及时采取措施。

12.2.3.7　对处于严寒地区、运行 10 年以上的罐式断路器，应结合例行试验对瓷质套管法兰浇装部位防水层完好情况进行检查，必要时应重新复涂防水胶。

12.3　防止开关柜事故的措施

12.3.1　设计、施工的有关要求

12.3.1.1　高压开关柜应优先选择 LSC2 类（具备运行连续性功能）、"五防"功能完备的产品，其外绝缘应满足以下条件：空气绝缘净距离：≥125mm（对 12kV），≥300mm（对 40.5kV）；爬电比距：≥18mm/kV（对瓷质绝缘），≥20mm/kV（对有机绝缘）。

如采用热缩套包裹导体结构，则该部位必须满足上述空气绝缘净距离要求；如开关柜采用复合绝缘或固体绝缘封装等可靠技术，可适当降低其绝缘距离要求。

12.3.1.2　开关柜应选用 IAC 级（内部故障级别）产品，制造厂应提供相应型式试验报告（报告中附试验试品照片）。选用开关柜时应确认其母线室、断路器室、电缆室相互独立，且均通过相应内部燃弧试验，燃弧时间为 0.5s 及以上内部故障电弧允许持续时间应不小于 0.5s，试验电流为额定短时耐受电流，对于额定短路开断电流 31.5kA 以上产品可按照 31.5kA 进行内部故障电弧试验。封闭式开关柜必须设置压力释放通道。

12.3.1.3　用于电容器投切的开关柜必须有其所配断路器投切电容器的试验报告，且断路器必须选用 C2 级断路器。用于电容器投切的断路器出厂时必须提供本台断路器分、合闸行程特性曲线，并提供本型断路器的标准分、合闸行程特性曲线。条件允许时，可在现场进行断路器投切电容器的大电流老炼试验。

12.3.1.4　高压开关柜内一次接线应符合国家电网公司输变电工程典型设计要求，避雷器、电压互感器等柜内设备应经隔离开关（或隔离手车）与母线相连，严禁与母线直接连接。其前面板模拟显示图必须与其内部接线一致，开关柜可触及隔室、不可触及隔室、活门和机构等关键部位在出厂时应设置明显的安全警告、警示标识。柜内隔离金属活门应可靠接地，活门机构应选用可独立锁止的结构，可靠防止检修时人员失误打开活门。

12.3.1.5　高压开关柜内的绝缘件（绝缘子、套管、隔板和触头罩等）应采用阻燃绝缘材料。

12.3.1.6　应在开关柜配电室配置通风、除湿防潮设备，防止凝露导致绝缘事故。

12.3.1.7　开关柜设备在扩建时，必须考虑与原有开关柜的一致性。

12.3.1.8　开关柜中所有绝缘件装配前均应进行局部放射检测，单个绝缘件局部放电量不大于 3pC。

12.3.2　基建阶段应注意的问题

12.3.2.1　基建中高压开关柜在安装后应对其一、二次电缆进线处采取有效封堵措施。

12.3.2.2　为防止开关柜火灾蔓延，在开关柜的柜间、母线室之间及与本柜其他功能隔室之间应采取有效的封堵隔离措施。

12.3.2.3　高压开关柜应检查泄压通道或压力释放装置，确保与设计图纸保持一致。

12.3.3　运行中应注意的问题

12.3.3.1　手车开关每次推入柜内后，应保证手车到位和隔离插头接触良好。

12.3.3.2　每年迎峰度夏（冬）前应开展超声波局部放电检测、暂态地电压检测，及早发现开关柜内绝缘缺陷，防止由开关柜内部局部放电演变成短路故障。

12.3.3.3　加强开展开关柜温度检测，对温度异常的开关柜强化监测、分析和处理，防止导电回路过热引发的柜内短路故障。

12.3.3.4　加强带电显示闭锁装置的运行维护，保证其与柜门间强制闭锁的运行可靠性。防误操作闭锁装置或带电显示装置失灵应作为严重缺陷尽快予以消除。

12.3.3.5　加强高压开关柜巡视检查和状态评估，对用于投切电容器组等操作频繁的开关柜要适当缩短巡检和维护周期。当无功补偿装置容量增大时，应进行断路器容性电流开合能力校核试验。

【依据3】《输变电设备状态检修试验规程》（DL/T 393—2010）

同 6.2.3.3.3（2）【依据 2】

5.9　少油断路器

5.9.1　少油断路器的巡检及例行试验（见表 25、表 26）

表 25　　　　　　　　　　　　　少油断路器巡检项目

巡检项目	基准周期	要求	说明条款
外观检查	220kV/330kV：1 月；110kV/66kV：3 月	外观无异常	见 5.9.1.1
操动机构状态检查		操动机构状态无异常	

表 26　　　　　　　　　　　　　少油断路器例行试验项目

例行试验项目	基准周期	要求	说明条款
红外热像检测	220kV/330kV：3 月；110kV/66kV：半年	无异常	见 5.7.1.2
绝缘电阻	3 年	≥3000MΩ	见 5.9.1.2
主回路电阻	3 年	≤制造商规定值（注意值）	见 5.7.1.3
直流泄漏电流	3 年	≤10μA（66kV～220kV）（注意值）	见 5.9.1.3
断口间并联电容器电容量和介质损耗因数	3 年	1）电容量初值差不超过±5%（警示值）；2）介质损耗因数：膜纸复合绝缘小于等于0.0025；油纸绝缘小于等于0.005（注意值）	见 5.9.1.4
例行检查和测试	3 年	见 5.7.1.6	见 5.7.1.6

5.9.1.1 巡检说明

a）外观无异常；声音无异常；高压引线、接地线连接正常；瓷件无破损、无异物附着；无渗漏油。

b）操动机构状态正常（液压机构油压正常；气压机构气压正常；弹簧机构弹簧位置正确）。

c）记录开断短路电流值及发生日期（如有）；记录开关设备的操作次数。

5.9.1.2 绝缘电阻

采用 2500V 绝缘电阻表测量，分别在分、合闸状态下进行。要求绝缘电阻大于 3000MΩ，且与之前测量结果相比没有显著下降。测量时，注意外绝缘表面泄漏的影响。

5.9.1.3 直流泄漏电流

每一元件的试验电压均为 40kV。试验时应避免高压引线及连接处电晕的干扰，并注意外绝缘表面泄漏的影响。

5.9.1.4 断口间并联电容器的电容量和介质损耗因数

在分闸状态下测量。测量结果不符合要求时。可以对电容器独立进行测量。

5.9.2 少油断路器诊断性试验项目（见表 27）

表 27　　　　　　　　　　　　　　少油断路器诊断性试验项目

诊断性试验项目	要求	说明条款
交流耐压试验	见 5.9.2	见 5.9.2

交流耐压试验，对核心部件或主体进行解体性检修之后或必要时进行本项试验。包括相对地（合闸状态）和断口间（分闸状态）两种方式。试验电压为出厂试验值的 80%，频率不超过 400Hz，耐压时间为 60s。试验方法参考 DL/T 593。

5.10 真空断路器

5.10.1 真空断路器的巡检及例行试验（见表 28、表 29）

表 28　　　　　　　　　　　　　　真空断路器巡检项目

巡检项目	基准周期	要求	说明条款
外观检查	3 月	外观无异常	见 5.10.1.1
操动机构状态检查		操动机构状态无异常	

表 29　　　　　　　　　　　　　　真空断路器例行试验项目

例行试验项目	基准周期	要求	说明条款
红外热像检测	半年	无异常	见 5.7.1.2
绝缘电阻	3 年	≥3000MΩ	见 5.9.1.2
主回路电阻	3 年	初值差<30%	见 5.7.1.3
例行检查和测试	3 年	见 5.10.1.2	见 5.10.1.2

5.10.1.1 巡检说明

a）外观无异常；高压引线、接地线连接正常；瓷件无破损、无异物附着。

b）操动机构状态检查正常（液压机构油压正常、气压机构气压正常、弹簧机构弹簧位置正确）。

c）记录开断短路电流值及发生日期；记录开关设备的操作次数。

5.10.1.2 例行检查和测试

检查动触头上的软连接夹片，应无松动；其他项目参见 5.7.1.6。

5.10.2 真空断路器的诊断性试验（见表 30）

表 30	真空断路器的诊断性试验项目	
诊断性试验项目	要求	说明条款
灭弧室真空度	符合设备技术文件要求	见 5.10.2.1
交流耐压试验	试验电压为出厂试验值的 100%	见 5.10.2.2

5.10.2.1 灭弧室真空度

按设备技术文件要求或受家族缺陷警示进行真空灭弧室真空度的测量,测量结果应符合设备技术文件要求。

5.10.2.2 交流耐压试验

对核心部件或主体进行解体性检修之后或必要时进行本项试验。包括相对地(合闸状态)、断口间(分闸状态)和相邻相间 3 种方式。试验电压为出厂试验值的 100%,频率不超过 400Hz,耐压时间为 60s。试验方法参考 DL/T 593。

【依据 4】《国家电网公司水电厂重大反事故措施》(国家电网基建〔2015〕60 号)

12.1.2.3 SF_6 气体注入设备 24h 后应进行湿度试验,且应对设备内气体进行 SF_6 纯度检测,必要时进行气体成分分析。

【依据 5】《电力安全工作规程变电部分》(Q/GDW 1799.1—2013)

11.1 装有 SF_6 设备的配电装置室和 SF_6 气体实验室,应装设强力通风装置,风口应设置在室内底部,排风口不应朝向居民住宅或行人。

11.10 设备解体检修前,应对 SF_6 气体进行检验。根据有毒气体的含量,采取安全防护措施:检修人员需穿着防护服并根据需要佩戴防毒面具或正压式空气呼吸器。打开设备封盖后,现场所有人员应暂离现场 30min。取出吸附剂和清除粉尘时,检修人员应戴防毒面具或正压式空气呼吸器和防护手套。

11.17 SF_6 气瓶应放置在阴凉干燥、通风良好、敞开的专门场所,直立保存,并应远离热源和油污的地方,防潮、防阳光暴晒,并不得有水分或油污粘在阀门上。

【依据 6】《水电站电气设备预防性试验规程》(Q/GDW 11150—2013)

同 6.2.3.3.1(2)【依据 4】

6.2.3.4.1(4)本项目的查评依据如下。

【依据 1】国家电网公司《交流高压断路器技术标准》(国家电网生〔2004〕634 号)

5.4 对断路器接地的要求

每台断路器设备的底架上均应设置可靠的适合于规定故障条件的接地端子,该端子应有一紧固螺钉或螺栓用来连接接地导体。紧固螺钉或螺栓的直径应不小于 12mm。接地连接点应标以 GB/T 5465.2 规定的"保护接地"符号。和接地系统连接的设备的金属外壳部分可以看作是接地导体。

【依据 2】《水电厂防雷接地技术规范》(Q/GDW 46 10001—2017)

同 6.2.3.3.1(4)【依据 3】

6.2.3.4.1(5)本项目的查评依据如下。

【依据 1】《国家电网公司水电厂重大反事故措施》(国家电网基建〔2015〕60 号)

同 6.2.3.3.1(6)【依据 1】

【依据 2】《国家电网公司十八项电网重大反事故措施》(国家电网生〔2012〕352 号)

同 6.2.3.3.1(6)【依据 2】

6.2.3.4.2(1)本项目的查评依据如下。

符合厂家规定

6.2.3.4.2(2)本项目的查评依据如下。

【依据 1】《国家电网公司水电厂重大反事故措施》(国家电网基建〔2015〕60 号)

12.1.1.3 GIS、SF_6 断路器设备内部的绝缘操作杆、盆式绝缘子、支撑绝缘子等部件应经过局部放电试验方可装配,要求在试验电压下单个绝缘件的局部放电量不大于 3pC。

【依据2】国家电网公司《交流高压断路器技术标准》(国家电网生〔2004〕634号)

5.6 对动力操作的要求

用外部能源操作的断路器,当操动机构的动力源的电压或压力处在规定值的下限时,应该能关合/或开断它的额定短路电流。如果制造厂规定了最大合闸和分闸时间,在电压或压力处在规定值的下限时,所测得的分闸和合闸时间不得超过此值。

动力式操动机构应有供检修及调整用的手力合闸装置和手力脱扣装置或就地操作按钮。

除了在维修时的慢操作外,主触头只应该在传动机构的作用下以设计的方式运动。当合闸装置和/或分闸装置失去能源或失去后重新施加能源时,不应该引起主触头合闸或分闸位置的改变,即操动机构应该有防止失压慢分或失压后重新打压慢分的功能。

用外部能源进行动力合闸的断路器应能在关合额定短路关合电流的操作后立即分闸。

动力式操动机构、当操作能源的电压、压力在表5-3规定的范围内时,应保证断路器可靠合闸(包括关合额定短路关合电流),且关合后应能接着立即开断;在规定的最高值时,应能空载合闸而不产生异常现象。

表5-3 操作能源的电压和压力

断路器的额定短路关合电流(峰值)kA	操作能源参数		
	电压		气压或液压
	直流	交流	
<50	80%～110%额定电压	85%～110%额定电压	85%～110%额定电压
≥50	85%～110%额定电压		

注:1. 表中规定的电压极限范围为受电元件线圈两端通电时端钮间的稳态数值。
　　2. 表中规定的气压(液压)极限范围为操动机构附有的储气(压)筒内的气(液)压数值。
　　3. 表中规定的电压极限范围只有当电磁式或电动机式操动机构的电磁合闸线圈或电动机绕组的温度不超过80℃,时方有效。
　　4. 对气动、弹簧和液压操作机构的合闸线圈的动作要求与5.8.8的要求相同。
　　5. 电磁机构的合闸接触的动作电压要求与5.8.8的要求相同。

5.7 对储能操动的要求

储能操作的断路器,当操动机构储足能量时,应该能关合和开断它的额定短路电流,在指定的相应最低气压或液压下能满足进行各种恰当的操作。如果制造厂规定了最大合闸和分闸时间,所测得的分闸和合闸时间不得超过此值。

对具有单独的泵或压缩机的断路器,泵或压缩机的出力、储气罐或液压蓄能器的容量应足以供给断路器在额定短路关合和开断电流及以下的所有电流下进行额定操作顺序的操作。操作顺序开始时的压力应等于制造厂按照上述要求以及泵或压缩机得以正常运转所规定的适当的最低压力。

除了在维修时的慢操作外,主触头只应该在传动机构的作用下以设计的方式运动。当合闸装置和/或分闸装置失去能源或失去后重新施加能源时,不应该引起主触头合闸成分闸位置的改变,即操动机构应该有防止失压慢分或失压后重新打压慢分的功能。

供弹簧储能的或驱动压缩机或泵的电动机及其电气辅助设备,在额定电源电压(见4.20的85%到110%之间,在额定频率下(见4.2.1),应该能够正常工作。

储能操作的断路器应能在关合额定短路关合电流的操作后立即分闸。

5.7.1 储气罐或液压蓄能器中能量的储存

如果用储气罐或液压蓄能器储能,操作压力下在下述项a)和项b)规定的上、下限之间时,上述5.7的规定适用。

a)外部气源或液压源

除非制造厂另有规定,操作压力的上、下限分别为额定值压力的110%和85%。如果储气罐内的压缩气体也用于灭弧,上述极限值不适用。

b)与断路器或操动机构一体的压缩机或泵,其操作压力的上、下限由制造厂规定。

5.7.2　弹簧（或重锤）储能

如果用弹簧（或重锤）储能，弹簧储能后（或重锤升起后），上述 5.7 的规定适用。如果所储能量不足以完成合闸操作，则动触头不应从分闸位置开始运动。

5.7.3　人力储能

如果弹簧（或重锤）用人力储能时，应该标出手柄运动的方向，在断路器上应装设弹簧（或重锤）储能指示器，而且制造厂应该提供手力储能工具。储能用手柄或单臂杠杆的长度不应大于 350m，转动角度应不大于 150°；储能手轮的直径或双臂杠杆的长度不应大于 750mm，且转动角度应不大于 180°。

用人力给弹簧（或重锤）储能所需的最大操作力不应超过 200N。

人力储能与电动储能之间应有相互联锁。

5.7.4　对气动操动机构的其他要求

a）在压缩机出口应装设气水分离装置和自动排污阀，保证进入储气罐的压缩空气是清洁和干燥的。

b）应装设气体压力监视装置，当压缩空气的压力达到上限值或下限值前应能发出报警信号，超过规定值时应能实现闭锁。

c）空压机系统应装设安全阀。

d）储气罐进气孔应装逆止阀，在规定的压力范围内，储气罐容量应能保证断路器进行 O-t-CO-t-CO 操作顺序的要求，其机械特性应符合规定。当三相分别带有一个储气罐时，各储气罐之间的分相管路应设控制阀门进行隔离。

e）在可能结冰的气候条件下使用时，气动机构及其连接管路应有可自动投切的加热装置，防止凝结水在压缩空气通道中结冰。

f）储气罐应有防锈措施，导气管、控制阀体等压缩空气回路部件应采用防腐材料。

g）在结构上应保证气源在分（或合）操作完成后才断开。

h）压缩空气操动机构的额定气压从下列标准值中选取：0.5，1.0，1.5，2.0，2.5，3，4MPa。

5.7.5　对液压操动机构的其他要求

a）应具有监视压力变化的装置，当液压高于或低于规定值时应发出信号并切换相应控制回路的接点。

b）应给出各种报警或闭锁压力的定值（停泵、启泵、压力异常的告警信号及分、合闸闭锁）及其行程；安全阀动作失灵时应给出信号。

c）应装设安全阀和液压油过滤装置。

d）应具有保证传动管路充满传动液体的装置和排气装置；防止断路器在运行中慢分的装置，以及附加的机械防慢分装置。

e）应具有能根据温度变化自动投切的加热装置，液压机构的电动机和加热器均应有断线指示装置；

f）液压机构的保压时间应不小于 24h。

g）液压操动机构的机构箱里应装设温度表。

5.7.6　对弹簧操作机构的其他要求

a）应在机构上装设显示弹簧储能状态的指示器。

b）当弹簧储足能量时，应能满足断路器额定操作循环下进行操作的要求。

c）保证在断路器使用寿命期内，弹簧的力矩特性在额定操作循环条件下满足关合和开断断路器额定短路电流所要求的额定机械特性；弹簧应采取防腐措施。

d）对于利用合闸弹簧对分闸弹簧进行储能的操动机构，结构上应能保证在分闸弹簧储能未足时不能进行分闸操作。

e）弹簧机构应保证低温条件下的操作性能。

【依据3】《国家电网公司十八项电网重大反事故措施》（国家电网生〔2012〕352 号）

12.1.3.2　为防止运行断路器绝缘拉杆断裂造成拒动，应定期检查分合闸缓冲器，防止由于缓冲器性能不良使绝缘拉杆在传动过程中受冲击，同时应加强监视分合闸指示器与绝缘拉杆相连的运动部件相对位置有无变化，或定期进行合、分闸行程曲线测试。对于采用"螺旋式"连接结构绝缘拉杆的断路器应进行改造。

6.2.3.4.2（3）本项目的查评依据如下。

【依据1】《电力设备预防性试验规程》（DL/T 596—1996）

同 6.2.3.3.1（2）【依据1】

【依据2】《国家电网公司水电厂重大反事故措施》（国家电网基建〔2015〕60号）

12.2.1.2　110kV 及以上断路器的合-分时间应不大于 50ms。

12.2.3.6　断路器大修时应检查液压（气动）机构分、合闸阀的阀针脱机装置是否松动或变形，防止由于阀针松动或变形造成断路器拒动。

【依据3】《水电站电气设备预防性试验规程》（Q/GDW 11150—2013）

同 6.2.3.3.1（2）【依据4】

6.2.3.4.2（4）本项目的查评依据如下。

【依据1】国家电网公司《交流高压断路器技术标准》5.5.2 辅助和控制回路元件的要求（国家电网生〔2004〕634号）

同 6.2.3.3.2（4）【依据1】

【依据2】《国家电网公司水电厂重大反事故措施》（国家电网基建〔2015〕60号）

12.2.1.3　220kV 及以上电压等级开关站站用电应有两路可靠电源。

12.2.1.4　高压开关设备操作箱内的加热器和电动机电源应能独立控制。

6.2.3.4.3（1）本项目的查评依据如下。

【依据1】国家电网公司《预防交流高压开关事故措施》第二十条一般要求（国家电网生〔2010〕1580号）

同 6.2.3.3.3【依据1】

【依据2】《国家电网公司水电厂重大反事故措施》（国家电网基建〔2015〕60号）

12.2.3.4　根据可能出现的系统最大运行方式，每年定期核算断路器设备安装地点的短路电流。如断路器的额定短路开断电流不能满足要求，应在继电保护方面采取相应措施，如控制断路器的跳闸顺序和采取将断路器更换为短路开断电流满足要求的断路器等措施。

6.2.3.4.3（2）本项目的查评依据如下。

【依据1】《电力设备预防性试验规程》（DL/T 596—1996）

同 6.2.3.3.1（2）【依据1】

【依据2】《输变电设备状态检修试验规程》（DL/T 393—2010）

同 6.2.3.3.3（2）【依据2】

【依据3】《水电站电气设备预防性试验规程》（Q/GDW 11150—2013）

同 6.2.3.3.1（2）【依据4】

6.2.3.4.3（3）本项目的查评依据如下。

【依据1】国家电网公司《交流高压断路器检修规范》（国家电网生〔2005〕173号）

第五章　检修项目及技术要求

第十八条　高压断路器本体的检修项目及技术标准应满足下列要求：

（一）SF_6 断路器本体的检修项目及技术要求见表 5-1。

表 5-1　　　　　　　　　　　　　　　　　　SF_6 断路器的检修项目及技术要求

检 修 部 位	检 修 项 目	技 术 要 求
瓷套（柱式断路器）或套管（罐式断路器）检修	1. 均压环。 2. 检查瓷件内外表面。 3. 检查主接线板。 4. 检查法兰密封面。	1. 均压环应完好无变形。 2. 瓷套内外无可见裂纹，浇装无脱落，裙边无损坏。 3. 接线板。 4. 密封面沟槽平整无划伤。

检修部位	检修项目	技术要求
瓷套（柱式断路器）或套管（罐式断路器）检修	5. 对柱式断路器并联电容器进行检查	5. 电容器应无渗漏油现象，电容量和介损值符合要求
灭弧室的检修	弧触头和喷口的检修 检查零部件的磨损和烧损情况	1. 如弧触头烧损大于制造厂规定值，或有明显碎裂，或触头表面有铜析出现象，应更换新弧触头。 2. 喷口和罩的内径大于制造厂规定值或有裂纹、有明显的剥落或清理不干净时，应更换喷口、罩
灭弧室的检修	绝缘件的检查 检查绝缘拉杆、绝缘件表面情况	表面无裂痕、划伤，如有损伤，应更换
灭弧室的检修	合闸电阻的检修 1. 检查电阻片外观，测量每极合闸电阻阻值； 2. 检查电阻动、静触头的情况	1. 电阻片无裂痕、无烧痕及破损。电阻值应符合制造厂规定。 2. 合闸电阻动、静触头无损伤，如损伤情况严重，应予以更换
灭弧室的检修	灭弧室内并联电容器的检修（罐式） 1. 检查并联电容的紧固件是否松动； 2. 进行电容量测试和介损测试	1. 电容器完好、干净，如有裂纹应整体更换。 2. 并联电容值和介损应符合规定
灭弧室的检修	压气缸检修 检查压气缸等部件内表面	压气缸等部件内表面无划伤，镀银面完好
SF₆气体系统检修	1）SF₆充放气逆止阀的检修：更换逆止阀密封圈，对顶杆和阀芯进行检查； 2）对管路接头进行检查并进行检漏； 3）对SF₆密度继电器的整定值进行校验，按检修后现场试验项目标准进行	1）顶杆和阀芯应无变形，否则应进行更换； 2）SF₆管接头密封面无伤痕； 3）密度继电器整定值应符合制造厂规定

（二）真空断路器本体的检修项目及技术要求见表 5-2。

真空断路器本体主要为真空灭弧室（真空泡），其一般不需要检修，但在其电气或机械寿命接近终了前必须更换。

表 5-2   **真空断路器的检修项目及技术要求**

检修部位	检修项目	技术要求
真空灭弧室	1）测量真空灭弧室的真空度； 2）测量真空灭弧室的导电回路电阻； 3）检查真空灭弧室电寿命标志点是否到达； 4）检查触头的开距及超行程； 5）对真空灭弧室进行分闸状态下耐压试验	1）真空度应符合标准要求。 2）回路电阻符合制造厂技术条件要求。 3）到达电寿命标志点后立即更换。 4）开距及超行程应符合制造厂技术条件要求。 5）应能通过标准规定的耐压水平要求

（三）少油断路器本体的检修项目及技术要求见表 5-3。

表 5-3   **少油断路器的检修项目及技术要求**

检修部位	检修项目	技术要求
灭弧单元及导电系统	1）检查排气阀； 2）检查压油活塞； 3）检查灭弧片烧损情况； 4）检查玻璃钢筒壁及螺纹； 5）检查、清洗动触杆； 6）中间触头和灭弧单元基座的检修； 7）铝帽及弧套瓷套的检查； 8）灭弧室并联电容器检查	1）排气阀密封圈应无老化裂纹，弹性良好；呼吸通道应畅通；阀盖关闭严密，开启灵活。 2）压油活塞杆绝缘完好，装配牢固。 3）灭弧片烧损严重时应更换，轻微时打磨处理。 4）玻璃钢筒应无起层掉牙、裂纹和受潮现象。 5）动触杆接触良好，镀层无起层、脱落。 6）中间触指接触面光滑平整，触指栅无裂纹。 7）铝帽密封槽良好，丝扣无滑丝，油位计玻璃片完好，上下通孔畅通，瓷套无损伤。 8）电容器无渗漏油，电容及介损值符合要求
中间机构箱	1）检查连板、拐臂及主轴等； 2）中间机构箱上衬垫的调整	1）连板、拐臂无变形，轴、孔无严重磨损，轴承完好，无明显的晃动或卡涩。 2）衬垫的压缩量宜为衬垫厚度的1/3左右

检 修 部 位	检 修 项 目	技 术 要 求
支持瓷套及绝缘拉杆	1）检查支持瓷套内、外表面及结合面； 2）检查绝缘拉杆及两端金具	1）瓷套无损伤，结合面平整； 2）绝缘拉杆无裂纹，无弯曲变形，与金具连接牢固可靠

【**依据2**】《国家电网公司水电厂重大反事故措施》（国家电网基建〔2015〕60号）

12.2.3.9　对处于严寒地区、运行10年以上的罐式断路器，应结合例行试验对瓷质套管法兰浇装部位防水层完好情况进行检查，必要时应重新复涂防水胶。

6.2.3.4.3（4）本项目的查评依据如下。

【**依据**】《水电厂防雷接地技术规范》（Q/GDW 46 10001—2017）

同6.2.3.3.1（4）【依据3】

6.2.3.5　隔离开关（含抽水蓄能电站拖动开关、被拖动开关和换相开关）及接地开关

6.2.3.5（1）本项目的查评依据如下。

【**依据1**】《高压交流隔离开关和接地开关》（GB/T 1985—2014）

4　额定值

4.1　概述

GB/T 11022—2011的4.1适用，并对额定值列项做如下补充：

1）额定短路关合电流（仅对接地开关）；

m）额定接触区（仅对单柱式隔离开关）；

n）额定端子机械负荷；

o）隔离开关母线转换电流开合能力的额定值；

p）接地开关感应电流开合能力的额定值；

q）隔离开关和接地开关机械寿命的额定值；

r）接地开关电寿命的额定值；

s）隔离开关小容性电流开合能力的额定值；

t）隔离开关小感性电流开合能力的额定值。

4.2　额定电压（U_r）

GB/T 11022—2011的4.3适用。

4.3　额定绝缘水平

GB/T 11022—2011的4.3适用，并作如下补充：

对于隔离断口与底座平行且与接地开关组合成一体的隔离开关，如果最小间隙下的1min工频耐受电压不低于6.2.6中的规定，则认为当接地开关动触头与对面的隔离开关带电部分暂时接近过程中满足了安全要求。

4.4　额定频率（f_r）

GB/T 11022—2011的4.4适用。

4.5　额定电流和温升

GB/T 11022—2011的4.5适用。本条款一般仅适用于隔离开关。

4.6　额定短时耐受电流（I_k）

GB/T 11022—2011的4.6适用，并作如下补充：

除非另有规定，构成组合功能接地开关组成元件的接地开关的额定短时耐受电流，应等于组合功能接地开关的额定短时耐受电流。

4.7　额定峰值耐受电流（I_p）

GB/T 11022—2011的4.7适用，并作如下补充：

除非另有规定，构成组合功能接地开关组成元件的接地开关的额定峰值耐受电流，应等于组合功能接地开关的额定峰值耐受电流。

4.8　额定短时持续时间（t_k）

GB/T 11022—2011 的 4.8 适用，并做如下补充：

除非另有规定，接地开关短时耐受电流的额定持续时间至少为 2s。

4.9　合闸和分闸装置及辅助和控制回路的额定电源电压

GB/T 11022—2011 的 4.9 适用。

4.10　合闸和分闸装置及辅助回路的额定电源频率

GB/T 11022—2011 的 4.10 适用。

4.11　可控压力系统用压缩气源的额定压力

GB/T 11022—2011 的 4.11 适用。

4.12　绝缘和/或操作用的额定充入水平

GB/T 11022—2011 的 4.12 适用。

4.101　额定短路关合电流

具有额定短路关合电流的接地开关，应能在任何外施电压直到并包括其额定电压下，关合任何电流直到并包括其额定短路关合电流。

如果接地开关具有额定短路关合电流，它应等于额定峰值耐受电流。

除非另有规定，构成组合功能接地开关组成元件的接地开关的额定短路关合电流，应等于组合功能接地开关的额定峰值关合电流。

4.102　额定接触区

制造厂应规定接触区的额定值（用 x、y、z_n 表示）。

表 1 和表 2 给出了静触头由悬挂式母线支撑时推荐的接触区，表中的数值仅供参考，额定值应由制造厂提供。接触区也与静触头允许的角度偏移有关。

为适应隔离开关或接地开关的这种特殊功能，用户确定变电站的设计和绝缘子的支架强度时，应确保在运行状态下静触头在这些限值的范围内（见 8.102.3）。

表 1　　　　　　　　　　　静触头由悬挂式母线支撑时推荐的接触区

额定电压 U_r/kV	x/min	y/min	z_1/min	z_2/min
72.5	100	300	200	300
126	100	350	200	300
252	200	500	250	450
363	200	500	300	450
550	200	600	400	500

注 1：x 为支撑导线纵向位移的总幅度（温度的影响）；
　　　y 为水平横向总偏移（与支撑导线垂直方向的偏移，风的影响）
　　　z 为垂直偏移（温度和冰的影响）。
注 2：静触头由软导线固定时，z_1 值适用于短跨距，z_2 值适用于长跨距。

表 2　　　　　　　　　　　静触头由支撑式母线支撑时推荐的接触区

额定电压 U_r/kV	x/min	y/min	z/min
72.5、126	100	100	125
252、363	150	150	150
550	175	175	175

注：x 为支撑导线纵向位移的总幅度（温度的影响）；
　　y 为水平横向总偏移（与支撑导线垂直方向的偏移，风的影响）
　　z 为垂直偏移。

4.103 额定端子机械负荷

隔离开关和接地开关的额定端子机械负荷分为额定端子静态机械负荷和额定端子动态机械负荷。

在最不利的条件下，隔离开关或接地开关的端子能够长期承受的最大端子静态机械负荷是其额定端子静态机械负荷；隔离开关或接地开关的端子能够承受的最大外部动态机械负荷是其额定端子动态机械负荷。

隔离开关和接地开关在承受其额定端子静态机械负荷时应能可靠合闸和分闸。

在短路条件下，隔离开关和接地开关应能承受额定端子动态机械负荷。

隔离开关和接地开关的端子机械负荷的额定值不仅取决于它的设计，而且取决于它所用的绝缘子的抗弯强度。

绝缘子所需的抗弯强度应通过计算决定，计算时应考虑绝缘子顶部的端子所处的高度和作用在绝缘子上的外力（见 3.7.121 和 8.102.4）。绝缘子（柱）的抗弯强度应等于或大于 2.75 倍额定端子静态机械负荷和 1.7 倍额定端子动态机械负荷，即抗弯强度的安全系数应为静态大于等于 2.75，动态大于等于 1.7。

额定端子静态机械负荷见表 3。

表 3   额定端子静态机械负荷

额定电压 kV	额定电流 A	双柱式和三柱式隔离开关		单柱式隔离开关		垂直力 F_c N
		水平纵向负荷 F_{a1} 和 F_{a2}（见图 7）N	水平横向负荷 F_{b1} 和 F_{b2}（见图 7）N	水平纵向负荷 F_{a1} 和 F_{a2}（见图 8）N	水平横向负荷 F_{b1} 和 F_{b2}（见图 8）N	
12 24		500	250			300
40.5 72.5	≤2500 >2500	800 1000	500 750	800 1000	500 750	750 750
126	≤2500 >2500	1000 1250	750 750	1000 1250	750 750	1000 1000
252	≤2500 >2500	1250 1500	750 1000	1500 2000	1000 1500	1000 1250
363	≤4000	2000	1500	2500	2000	1500
550	≤4000	3000	2000	4000	2000	2000
800	≤4000	3000	2000	4000	3000	2000
1100	≤4000 >4000	4000 5000	3000 4000	4000 5000	3000 4000	3000 5000

接地开关的额定端子静态机械负荷与隔离开关的相同。

4.104 隔离开关母线转换电流开合能力的额定值

仅适用于额定电压 72.5kV 及以上的隔离开关。

额定值及所有相关要求在附录 B 中给出。

4.105 接地开关感应电流开合能力的额定值

仅适用于额定电压 72.5kV 及以上的隔离开关。

额定值及所有相关要求在附录 C 中给出。

4.106 隔离开关母线充电电流开合能力的额定值

72.5kV 及以上气体绝缘金属封闭开关设备中隔离开关开合母线充电电流的要求，见表 F.1。

126kV 及以上空气绝缘隔离开关开合电容电流值为 126kV～363kV，550kV～1100kV 2A。

4.107 隔离开关和接地开关机械寿命的额定值

隔离开关和接地开关应能完成表 4 规定次数的操作。

表 4 隔离开关和接地开关的机械寿命分类

等　级	类　型	操作循环次数
M0	标准型	1000
M1	延长机械寿命型	3000、5000
M2	延长机械寿命型	10000

4.108　接地开关电寿命的额定值

接地开关的电寿命分为以下三个等级：

E0 级——没有短路关合能力的接地开关；

E1 级——具有两次关合能力的接地开关；

E2 级——具有五次关合能力的接地开关。

4.109　隔离开关小电感电流开合能力的额定值

126kV 及以上隔离开关开合小电感电流值为 126kV～363kV 0.5A，550kV～1100kV 1A。

【依据 2】国家电网公司《交流高压隔离开关和接地开关技术标准》（国家电网生〔2004〕634 号）

4　技术要求

额定值：

隔离开关和接地开关在正确的维护和调整条件下，应能耐受运行中发生的全部应力，只要这些应力不超过隔离开关和接地开关的额定特性。

用来确定额定值的隔离开关和接地开关及其操动机构和辅助设备的特性如下：

a）额定电压（U_r）；

b）额定绝缘水平；

c）额定频率（f_r）；

d）额定电流（I_r）；

e）额定短时耐受电流（I_k）；

f）额定峰值耐受电流（I_p）；

g）额定短路持续时间（t_k）；

h）分闸、合闸装置和辅助回路的额定电源电压（U_a）；

i）分闸、合闸装置和辅助回路的额定电源频率；

j）绝缘和/或操作用压缩气源的额定压力；

k）额定短路关合电流（仅对接地开关）；

l）额定接触区（仅对单柱式隔离开关）；

m）额定端子机械负荷；

而且，对额定电压 72.5kV 及以上隔离开关和接地开关要求：

n）额定母线转换电流开合能力（隔离开关）；

o）额定感应电流开合能力（接地开关）。

4.1　额定电压（U_r）

额定电压为隔离开关和接地开关所在系统的最高电压。额定电压的标准值如下：

4.1.1　范围 I 额定电压 252kV 及以下：

7.2，12，24，40.5，72.5，126，252kV。

4.1.2　范围 II 额定电压 252kV 以上：

363，550，800kV。

4.2　额定绝缘水平

隔离开关和接地开关的额定绝缘水平见国家电网公司《交流高压断路器技术规范》表 1 和表 2。

表1 静触头由软导线支承时推荐的接触区

额定电压（U_r）/kV	x/mm	y/mm	z_1/mm	z_2/mm
72.5	100	300	200	300
126	100	350	200	300
252	200	500	250	450
363	200	500	300	450
550	200	600	400	500

x＝支承导线纵向位移的总幅度（温度的影响）
y＝水平总偏移（与支承导线垂直方向的偏移）（风的影响）
z＝垂直偏移（温度和冰的影响）
注：静触头由软导线固定时，z_1值适用于短跨档，z_2值适用于长跨档。

表2 静触头由硬导线支承时推荐的接触区

额定电压（U_r）/kV	x/mm	y/mm	z/mm
72.5，126	100	100	100
252，363	150	150	150
550	175	175	175
800	200	200	200

x＝支承导线纵向位移的总幅度（温度的影响）
y＝水平总偏移（与支承导线垂直方向的偏移）（风的影响）
z＝垂直偏移（冰的影响）

在这些表中，耐受电压适用于 GB/T 311.1 中规定的标准参考大气（温度、压力和湿度）条件。对于特殊使用条件，见本标准第 2.2 条。

雷电冲击电压（U_p）、操作冲击电压（U_s）（适用时）和工频电压（U_d）的额定耐受电压值应该在不跨越有标志的水平线的行中选取。额定绝缘水平用相对地额定雷电冲击耐受电压来表示。

大多数额定电压都有几个额定绝缘水平，以便应用于性能指标或过电压特性不同的系统。选取时应当考虑受快波前和缓波前过电压作用的程度、系统中性点接地的方式和过电压限制装置的型式（见 GB/T 311.7）。

若在本标准中无其他规定，则国家电网公司《交流高压断路器技术规范》的表 1 中的"通用值"适用于相对地、相间和开关断口。"隔离断口"的耐受电压值仅对某些开关装置有效，这些开关装置的触头开距是按对隔离开关规定的安全要求设计的。

关于绝缘水平的进一步说明，见 DL/T 593 的附录 D。

对于隔离断口与底座平行且与接地开关组合成一体的隔离开关，如果最小间隙的 1min 工频耐受电压不低于 GB/T 1985 中第 6.2.5 条的规定，则认为当接地刀与对面的隔离开关带电部分暂时接近过程中满足了安全要求。

注 1：除了配人力操动机构的接地开关操作的短时间内之外，绝缘强度的暂时降低不是安全要求的普遍问题。正因为如此，且不考虑老化，降低的绝缘强度是可以接受的。因为在接地过程中雷电和操作冲击发生的概率很低，所以不要求进行冲击电压试验。

注 2：对仅配人力操动机构的接地开关，如果国家安全规程规定了更高的耐受电压值，则可以由用户与制造厂之间协商。

注 3：如果最小的暂时电气间隙大于 GB/T 311.2 中给出的电气间隙，则不需要试验。变压器中性点接地用隔离开关的额定绝缘水平见 GB/T 1985 的附录 C。

4.3 额定频率（f_r）
额定频率的标准值为 50Hz。

4.4 额定电流和温升

4.4.1 额定电流（I_r）

本条款一般仅适用于隔离开关。

隔离开关和接地开关的额定电流是在规定的使用和性能条件下，隔离开关和接地开关应该能够持续通过的电流的有效值。

额定电流应当从 GB/T 762 规定的 R_{10} 系列中选取。

1 R10 系列包括数字 1，1.25，1.6，2，2.5，3.15，4，5，6.3，8 及其与 10^n 的乘积。

2 对短时工作制和间断工作制，额定电流由制造厂和用户商定。

补充注：根据隔离开关主电流路径的形状、结构和材料，应考虑集肤效应时，因为经验表明，矩形导体在 60Hz 下运行的温升与 50Hz 相比偏差大于 5%。

4.4.2 温升

在温升试验规定的条件下，当周围空气温度不超过 40℃时，隔离开关和接地开关任何部分的温升不应该超过国家电网公司《交流高压断路器技术规范》的表 3 规定的温升极限。

表 3　　　　　　　　　　　　推荐的额定端于静态机械负荷

额定电压 (U_r) kV	额定电流 A	双柱式或三柱式隔离开关				单柱式隔离开关				垂直力 F_c N
		水平纵向负荷 F_{a1} 和 F_{a2} N		水平横向负荷 F_{b1} 和 F_{b2} N		水平纵向负荷 F_{a1} 和 F_a N		水平横向负荷 F_{b1} 和 F_{b2} N		
		见 GB/T 1985 的图 7				见 GB/T 1985 的图 8				
12 24		500ᵃ		250						300
40.5 72.5	≤1250	400	750	130	400	800	800	200	400	500
	≥1600		750		500		800		500	750
126	≤1250	500	1000	170	750	800	1000	200	750	1000
	1600~2500									
	≥3150	1250		750		1250		750		1000
252	≤1250	800	1500	270	1000	1250	2000	400	1500	1000
	1600									
	2000	1000	1500	330	1000	1600	2000	500	1500	1250
	≥2000									
363	≤2000	1000	1500	400	1000	1600	2000	500	1500	1250
	2500		1500		1000		2000		1500	1500
	3150	1500		500		1800		600		1500
550	≤2000	1600	2000	530	1500	2000	3000	800	2000	1500
	2500~3150									
	4000	2000	2000	660	1500	4000	4000	1600	2000	1500
800	≤2000	1600	2000	530	1500	2000	3000	800	2000	1500
	2500~3150									
	4000	2000	2000	660	1600	4000	4000	1600	2000	1500

a：F_c 是模拟由连接导线的重量引起的向下的力。对于软导线，重量已计入纵向或横向中。

4.5 额定短时耐受电流（I_k）

在规定的使用和性能条件下，在规定的短时间内，隔离开关和接地开关在合闸位置能够承载的电流的有效值。

额定短时耐受电流的标准值应当从 GB 762 中规定的 R10 系列中选取。

注：R10 系列包括数字 1，1.25，1.6，2，2.5，3.15，4，5，6.3，8 及其与 10^n 的乘积。

接地开关的额定短时耐受电流应等于隔离开关的额定值。

4.6 额定峰值耐受电流（I_p）

在规定的使用和性能条件下，隔离开关和接地开关在合闸位置能够承载的额定短时耐受电流第一个大半波的电流峰值。

额定峰值耐受电流应该等于 2.5 倍额定短时耐受电流。

注：按照系统的特性，可能需要高于 2.5 倍额定短时耐受电流的数值。

接地开关的额定峰值耐受电流应等于隔离开关的额定值。

4.7 额定短路持续时间（t_k）

隔离开关和接地开关在合闸位置能承载额定短时耐受电流的时间间隔。

隔离开关和接地开关的额定短路持续时间不得低于：126kV 及以下 4s；252kV～363kV 3s、500kV～800kV 2s。

4.8 合闸和分闸装置及辅助和控制回路的额定电源电压（U_a）

合、分闸装置和辅助、控制回路的额定电源电压应该理解为：当设备操作时在其回路端子上测得的电压。如果需要，还包括制造厂提供或要求的与回路串联的辅助电阻或元件。但不包括连接到电源的导线。

额定电源电压从国家电网公司《交流高压断路器技术规范》的表 5 和表 6 给出的标准值中选取。

4.9 合闸和分闸装置及辅助回路的额定电源频率

额定电源频率的标准值为 50Hz。

4.10 供绝缘和/或操作用压缩气源的额定压力

除非制造厂另有规定，额定压力的标准值为：

0.5，1，1.6，2，3，4MPa。

4.11 额定短路关合电流

对具有额定短路关合电流的接地开关，应能在任何外施电压直到并包括其额定电压，任何电流直到并包括其额定短路关合电流下关合。

如果接地开关具有额定短路关合电流，它应等于额定峰值耐受电流。

4.12 额定接触区

制造厂应规定接触区的额定值（用而 x_r、y_r 和 z_r 来表示）。表 1 和表 2 中的值仅供参考。额定值应从制造厂获得。接触区也与静触头允许的角度偏移有关。

为使隔离开关或接地开关有正确的功能，用户在确定变电站设计和绝缘子的抗弯强度时，应考虑到运行条件，确保静触头在这些限值内（见附录 A2.3）。

4.13 额定端子机械负荷

额定端子机械负荷由表 3 选取。

隔离开关和接地开关在承受其额定端子静态机械负荷时应能合闸和分闸。

在最不利的条件下，隔离开关或接地开关的端子允许承受的最大端子静态机械负荷是该隔离开关的额定端子静态机械负荷。

推荐的额定端子静态机械负荷在表 3 中给出。而且将它们作为指南使用。

隔离开关或接地开关的端子允许承受的最大外部动态机械负荷是该隔离开关的额定动态机械负荷。

短路条件下，隔离开关和接地开关应能承受其额定端子动态机械负荷。

隔离开关或接地开关的端子机械负荷的额定值，不仅取决于它的设计，而且取决于它所用的绝缘子的强度。

绝缘子所需的弯曲强度应该计算。计算时应考虑绝缘子上面的端子所处的高度以及作用在绝缘子上的附加力（见 GB/T 1985 的第 3.7.121 条和本标准的附录 A2.4）。

4.14 隔离开关母线转换电流开合能力的额定值

额定值及所有的其他细节在 GB/T 1985 的附录 B 中给出。

本条款适用于额定电压 72.5kV 及以上的隔离开关。

4.15 接地开关感应电流开合能力的额定值

额定值按表 4，其他细节在 GB/T 1985 的附录 C 中给出。

本条款适用于额定电压 72.5kV 及以上的接地开关。

表 4　　　　　　　　　　　接地开关开、合感应电流的额定参数

额定电压 U_r	电磁感应性				静电感应性			
	额定感性电流/A（有效）		额定感性电压/kV（有效）		额定电容性电流/A（有效）		额定电容性电压/kV（有效）	
	A 类	B 类	A 类	B 类	A 类	B 类	A 类	B 类
40.5	50	100	0.5	4	0.4	2	3	6
72.5	50	100	0.5	4	0.4	2	3	6
126	50	100	0.5	6	0.4	5	3	6
252	80	160	1.4	15	1.25	10	5	15
363	80	200	2	22	1.25	18	5	22
550	80	200	2	25	1.6	25；50	8	25；50

注：1 A 类：用于耦合关系较弱或较短的平行线段；
　　　B 类：用于耦合关系较强或长的平行线段。
　　2 有时候，平行线段很长，或相邻带电线路电流很大，或带电线路的额定电压高于接地线段的额定电压，这些情况下的感应电流参数将高于表中所列之值。这时候应由制造与用户双方共同协商试验条件。
　　3 本表所列数值系指"线—地"的数值，对单相和三相都一样。

4.16 隔离开关和接地开关机械寿命的额定值

根据制造厂规定的维修方案，隔离开关应能完成表 4-5 规定次数的操作。

接地开关的机械寿命按表 4-5。

表 4-5　　　　　　　　　　　隔离开关的机械寿命分类

等级	隔离开关的类型	操作循环的次数
M1	与同等级的断路器关联操作的隔离开关（延长的机械寿命）	2000
M2	与同等级的断路器关联操作的隔离开关（延长的机械寿命）	10000

4.17 接地开关电寿命的额定值

接地开关的电寿命有 3 个等级：

——无关合能力的接地开关定为 E0 级；

——具有短路关合能力的接地开关定为 E1 级（这种接地开关具有 2 次关合操作的关合能力）；

——具有 5 次关合操作的短路关合能力的接地开关定为 E2 级。

4.18 回路电阻

回路电阻值由制造厂给出，并应以型式试验实际测量值为基准，其偏差应不超过±10%。

6.2.3.5（2）本项目的查评依据如下。

【依据1】《污秽条件下使用的高压绝缘子的选择和尺寸确定　第 1 部分：定义、信息和一般原则》 9 绝缘选择和尺寸确定（GB/T 26218.1—2010）

同 6.2.3.2.3（1）【依据1】

【依据2】《防止电力生产重大事故的二十五项重点要求》（国网安质二〔2014〕35）

13.2.12 对新安装的隔离开关，隔离开关的中间法兰和根部进行无损探伤。对运行 10 年以上的隔离开关，每 5 年对隔离开关中间法兰和根部进行无损探伤。

【依据3】《国家电网公司水电厂重大反事故措施》（国家电网基建〔2015〕60号）

同6.2.3.2.3（1）**【依据2】**

【依据4】《国家电网公司十八项电网重大反事故措施》（国家电网生〔2012〕352号）

同6.2.3.2.3（1）**【依据3】**

【依据5】国家电网公司《72.5kV及以上电压等级支柱瓷绝缘子技术监督规定》（国家电网生技〔2005〕174号）

第五章第十四条，第七章第二十七条、第二十八条（略）

6.2.3.5（3）本项目的查评依据如下。

【依据1】《国家电网公司水电厂重大反事故措施》（国家电网基建〔2015〕60号）

12.3.3.3　定期用红外测温设备检查隔离开关设备的接头、导电部分，特别是在重负荷或高温期间，加强对运行设备温升的监视，发现问题应及时采取措施。

【依据2】《电力设备预防性试验规程》（DL/T 596—1996）

8.9　隔离开关

8.9.1　隔离开关的试验项目、周期和要求见表17。

表17　　隔离开关的试验项目、周期和要求

序号	项目	周期	要求			说明
1	有机材料支持绝缘子及提升杆的绝缘电阻	1）1～3年；2）大修后	1）用绝缘电阻表测量胶合元件分层电阻；2）有机材料传动提升杆的绝缘电阻值不得低于下表数值：MΩ 试验类别 / 额定电压kV（<24；24～40.5） 大修后：1000；2500 运行中：300；1000			采用2500V绝缘电阻表
2	二次回路的绝缘电阻	1）1～3年；2）大修后；3）必要时	绝缘电阻不低于2MΩ			采用1000V绝缘电阻表
3	交流耐压试验	大修后	1）试验电压值按DL/T 593规定；2）用单个或多个元件支柱绝缘子组成的隔离开关进行整体耐压有困难时，可对各胶合元件分别做耐压试验，其试验周期和要求按第10章的规定进行			在交流耐压试验前、后应测量绝缘电阻；耐压后的阻值不得降低
4	二次回路交流耐压试验	大修后	试验电压为2kV			
5	电动、气动或液压操动机构线圈的最低动作电压	大修后	最低动作电压一般在操作电源额定电压的30%～80%范围内			气动或液压应在额定压力下进行
6	导电回路电阻测量	大修后	不大于制造厂规定值的1.5倍			用直流压降法测量，电流值不小于100A
7	操动机构的动作情况	大修后	1）电动、气动或液压操动机构在额定的操作电压（气压、液压）下分、合闸5次，动作正常；2）手动操动机构操作时灵活，无卡涩；3）闭锁装置应可靠			

8.9.2　各类试验项目：

定期试验项目见表17中序号1、2。

大修后试验项目见表17中1、2、3、4、5、6、7。

【依据3】《国家电网公司十八项电网重大反事故措施》（国家电网生〔2012〕352号）

12.2.3.2　加强对隔离开关导电部分、转动部分、操动机构、瓷绝缘子等的检查，防止机械卡涩、

触头过热、绝缘子断裂等故障的发生。隔离开关各运动部位用润滑脂宜采用性能良好的二硫化钼锂基润滑脂。

12.2.3.6　定期用红外测温设备检查隔离开关设备的接头\导电部分，特别是在重负荷或高温期间，加强对运行设备温升的监视，发现问题应及时采取措施。

【依据4】《水电站电气设备预防性试验规程》（Q/GDW 11150—2013）

9.1.6　隔离开关及接地开关

隔离开关及接地开关的试验项目、周期和要求见表18。

表18　　　　　　　　　　　隔离开关及接地开关的试验项目、周期和要求

序号	项目	周期	要求	说明
1	主回路电阻测量	1）大修后； 2）必要时	不大于制造厂规定值	1）测量电流可取 100A 到额定电流之间的任一值，测量方法参考 DL/T 593； 2）必要时，如： a）红外热像检测发现异常； b）上一次测量结果偏大或呈明显增长趋势，且又有 2 年未进行测量； c）自上次测量之后又进行了 100 次以上分、合闸操作。 制造厂规定值为主回路电阻规定限值
2	有机材料支持绝缘子及提升杆的绝缘电阻	1）3 年； 2）大修后	1）用兆欧表测量胶合元件分层电阻； 2）有机材料传动提升杆的绝缘电阻（MΩ）不得低于下表数值：	采用 2500V 绝缘电阻表
3	二次回路的绝缘电阻	1）3 年； 2）大修后； 3）必要时	绝缘电阻不应低于 2MΩ	1）采用 1000V 绝缘电阻表； 2）必要时，如：怀疑绝缘不良时
4	二次回路交流耐压试验	大修后	试验电压为 2kV	可用 2500V 绝缘电阻表代替
5	交流耐压试验	大修后	1）试验电压值按出厂试验电压值80%； 2）用单个或多个元件支柱绝缘子组成的隔离开关进行整体耐压有困难时，可对各胶合元件分别做耐压试验。其试验周期和要求按第 9 章的规定进行	
6	瓷质支柱绝缘子和操作绝缘子探伤	必要时	对绝缘子超声探伤的方法和缺陷判定标准，按照《72.5kV 及以上高压支柱瓷绝缘子技术监督规定》执行	1）对于单柱多节绝缘子，应对每节绝缘子都进行检测； 2）对运行 10 年以上的支柱瓷绝缘子应优先进行检测。 必要时： 下列情形之一，对支柱绝缘子进行超声探伤抽检： 1. 有此类家庭缺陷，隐患尚未消除； 2. 经历了 5 级以上地震； 3. 出现基础沉降
7	红外热像检测	1）半年； 2）必要时	按 DL/T 664—2008《带电设备红外诊断应用规范》执行	1）用红外热像仪检测开关触头等电气连接部位，红外热像图显示应无异常温升、温差和/或相对温差。判断时，应考虑检测前 3h 内的负荷电流及其变化情况。测量和分析方法可参考 DL/T 664； 2）必要时，如：怀疑有过热缺陷或异常时

6.2.3.5（4）本项目的查评依据如下。

【依据1】《高压交流隔离开关和接地开关》（GB/T 1985— 2014）

同 6.2.3.5.1（2）【依据1】

【**依据2**】国家电网公司《交流高压隔离开关和接地开关技术标准》4　技术和要求（国家电网生〔2004〕634号）

同6.2.3.5.1（2）【依据2】

6.2.3.5（5）本项目的查评依据如下。

【**依据1**】国家电网公司《交流高压隔离开关和接地开关技术标准》（国家电网生〔2004〕634号）

5.5　动力操作

用外部能源操作的开关装置，当操动机构（这里术语"操动机构"包括中间继电器和接触器，如果有的话）的动力源的电压或压力处在4.8和4.10规定的下限时，应该能关合和/或开断它的额定短路电流（如果有的话）。如果制造厂规定了最大合闸和分闸时间，它们不应该被超过。

除了在维修时的慢操作外，主触头只应该在传动机构的作用下并以设计的方式运动。在合闸装置和/或分闸装置失去能源或在失去后重新施加能源时，不应该引起主触头合闸或分闸位置的改变。

本要求也适用于动力操作的、具有额定开合和/或关合电流的隔离开关和接地开关。

配气动或液压操动机构的隔离开关和接地开关，当气（液）源压力在其额定值的85%和110%之间时，应能进行合闸和分闸操作。脱扣器的操作见5.8。

在额定电源电压的85%和110%间的任一电源电压下，操动机构应该能使隔离开关和接地开关合闸和开分闸。脱扣器的操作见5.8。

5.6　储能操作

储能操作的开关装置，按5.6.1或5.6.2储足能量时，应该能关合和开断它的额定短路电流（如果有的话）。如果制造厂规定了最大合闸和分闸时间，它们不应该被超过。

除了在维修时的慢操作外，上触头只应该在传动机构的作用下并以设计的方式运动。在机构失去能源后重新施加能源时，主触头不应该运动。

5.6.1　储气罐或液压蓄能器中能量的储存

如果用储气罐或液压蓄能器储能，操作压力处在项a）和项b）规定的极限值之间时，5.6的要求适用。

a）外部气源或液压源

除非制造厂另有规定，操作压力的上、下限分别为额定压力的110%和85%，如果储气罐内的压缩气体也用来灭弧，上述极限值不适用。

b）与开关装置或操动机构一体的压缩机或泵操作压力的上、下限应由制造厂规定。

5.6.2　弹簧（或重锤）储能

如查用弹簧（或重锤）储能，弹簧储能（或重锤升起）后，5.6条的要求适用。如果储能不足以完成合闸操作，动触头就不应该从分闸位置开始运动。

5.6.3　人力储能

如果弹簧（或重锤）是用人力储能的，应该标出手柄运动的方向。在开关装置上应该装设弹簧（或重锤）已储能的指示器，不依赖人力合闸操作的情形除外。

用人力给弹簧（或重锤）储能所需的最大操作力不应该超过200N。

给弹簧（或重锤）储能的或驱动压缩机或泵的电动机及其电气辅助设备，在额定电源电压的85%到110%之间、交流时在额定频率下应该可靠地工作。

注：上述的电压范围并不意味着采用非标准电动机，而是指选择的电动机在此范围内能提供所需的操作力矩。电动机的额定电压不一定和合闸装置的额定电源电压一致。

此外，制造厂应该提供用手力给弹簧或重锤储能的工具（如果列入供货清单的话），这类工具应符合上述要求。

【**依据2**】《国家电网公司十八项电网重大反事故措施》（国家电网生〔2012〕352号）

12.2.3.2　加强对隔离开关导电部分、转动部分、操动机构、瓷绝缘子等的检查，防止机械卡涩、触头过热、绝缘子断裂等故障的发生。隔离开关各运动部位用润滑脂宜采用性能良好的二硫化钼锂基润滑脂。

【依据3】《国家电网公司水电厂重大反事故措施》（国家电网基建〔2015〕60号）

12.3.3.2 在隔离开关倒闸操作过程中，应严格监视隔离开关动作情况，如发现卡滞应停止操作并进行处理，严禁强行操作。

6.2.3.5（6）本项目的查评依据如下。

【依据1】 国家电网公司《交流高压隔离开关和接地开关技术标准》（国家电网生〔2004〕634号）

5.11 联锁装置

为了安全和便于操作，设备的不同元件之间可能需要联锁装置（例如隔离开关和相关的接地开关之间）。

应该按照制造厂和用户的协议提供这些联锁装置。

不正确的操作能造成损害的或确保形成隔离断口的开关装置，应该装设制造厂规定的锁定装置（例如加装挂锁）。但其挂锁应与产品配套出厂，挂锁的寿命应与产品寿命相当，在寿命期间内保证随时能够打开。

隔离开关与其配用的接地开关之间应有可靠的机械联锁，具有电动操动机构的隔离开关与其配用的接地开关之间应有可靠的电气联锁；机械联锁应有足够的机械强度、配合精确，当发生误操作时不得变形损坏，并应有可靠切断电动机电源的闭锁装置。

【依据2】《国家电网公司水电厂重大反事故措施》（国家电网基建〔2015〕60号）

12.3.1.1 隔离开关与其所配装的接地开关间应配有可靠的机械闭锁，机械闭锁应有足够的强度。

【依据3】《国家电网公司十八项电网重大反事故措施》（国家电网生〔2012〕352号）

12.2.1.3 隔离开关与其所配装的接地开关间应配有可靠的机械闭锁，机械闭锁应有足够的强度。

6.2.3.5（7）本项目的查评依据如下。

【依据】《水电厂防雷接地技术规范》（Q/GDW 46 10001—2017）

同 6.2.3.3.1（4）【依据3】

6.2.3.6 电流互感器

6.2.3.6（1）本项目的查评依据如下。

【依据1】《互感器 第2部分：电流互感器的补充技术要求》（GB 20840.2—2014）

5.204 短时电流额定值

5.204.1 额定短时热电流（I_{th}）

对互感器应规定额定短时热电流（I_{th}）。

额定短时热电流的持续时间标准值为1s。

5.204.2 额定动稳定电流（I_{dyn}）

额定动稳定电流（I_{dyn}）的标准值是额定短时热电流（I_{th}）的2.5倍。

【依据2】《电力用电流互感器使用技术规范》（DL/T 725—2013）

7.2.4 对额定短时耐受电流的要求

a）电流互感器的额定短时耐受电流应满足所在电力系统短路电流的要求。

b）对0.38kV～750kV电流互感器推荐动热稳定电流值如表16所示，不论一次绕组串联或并联，短时热电流为同一值。

表16   0.38kV～750kV 电流互感器推荐动热稳定电流值

设备最高电压 （方均根值）kV	额定一次电流 A	额定短时热电流 （方均根值）kA	额定动稳定电流 （峰值）kA	承受短时热电流时间 s
0.415	750（800）	15	31.5	1
0.72～24	20	5	12.5	2
	30，40	8	20	2

设备最高电压 （方均根值）kV	额定一次电流 A	额定短时热电流 （方均根值）kA	额定动稳定电流 （峰值）kA	承受短时热电流时间 s
0.72～24	50，60	10	25	2
	75	16	40	2
	100，150，200	20	50	2
	300，400，500	25	63	4
	600，750	31.5	80	4
	1000，1250，2000	40	100	4
40.50	50	8	20	2
	100	16	40	2
	150，200	20	50	2
	300，400，500	25	63	4
	600，750，800	31.5	80	4
72.50		25/31.5	63/80	3
126		31.5/40	100	3
252		40/50	100	3
363		50/63	125/160	3
550		63	160	3
800		63	160	3

【依据3】《国家电网公司十八项电网重大反事故措施》（国家电网生〔2012〕352号）

11.1.1.2 所选用电流互感器的动热稳定性能应满足安装地点系统短路容量的要求，一次绕组串联时也应满足安装地点系统短路容量的要求。

11.1.3.10 根据电网发展情况，应注意验算电流互感器动热稳定电流是否满足要求。若互感器所在变电站短路电流超过互感器铭牌规定的动热稳定电流值时，应及时改变变比或安排更换。

【依据4】《国家电网公司水电厂重大反事故措施》（国家电网基建〔2015〕60号）

12.4.1.1.2 所选用电流互感器的动热稳定性能应满足安装地点系统短路容量的要求，特别要注意一次绕组串或并联时的不同性能。

6.2.3.6（2）本项目的查评依据如下。

【依据1】《互感器 第1部分：通用技术要求》（GB 20840.1—2010）

5.2 设备最高电压

标准值按表2选取。

设备最高电压的选取，应与等于或高于设备安装处的系统最高电压 U_{sys} 的 U_m 标准值接近。

表2　　　　　　　　　　　互感器的一次端额定绝缘水平

设备最高电压 U_m （方均根值） kV	额定工频耐受电压 （方均根值） kV	额定雷电冲击耐受电压（峰值） kV		额定操作冲击耐受电压 （峰值） kV
		电流互感器	电压互感器	
（U_n≤0.66）	3	—		—
3.6	18/25	40		—
7.2	23/30	60		—
12	30/42	75		—
17.5	40/55	105		—

续表

设备最高电压 U_m（方均根值）kV	额定工频耐受电压（方均根值）kV	额定雷电冲击耐受电压（峰值）kV		额定操作冲击耐受电压（峰值）kV
		电流互感器	电压互感器	
24	50/65	125		—
40.5	80/95	185	185/200	—
72.5	140	325		—
	160	350		
126	185/200	450	450/480	—
			550	
252	360	850		—
	395	950		—
	460	1050		—
363	460	1050		850
	510	1175		950
550	630	1425		1050
	680	1550		1175
	740	1675		1300
800	880	1950		1425
	975	2100		1550

注1：对于暴露安装，推荐选用最高的绝缘水平。
注2：对于斜线下的数值，额定工频耐受电压为设备外绝缘干状态下的耐受电压值，额定雷电冲击耐受电压为设备内绝缘的耐受电压值。
注3：不接地电压互感器的感应耐压试验采用斜线上的额定工频耐受电压值。
注4：对于安装在 GIS 的互感器，其额定工频耐受电压水平按照 GB/T 7674，但可能有差别。
注5：另外可供选择的的绝缘水平，见 GB/T 311.1。
注6：如用户另有要求，额定绝缘水平可参照附录 C 的规定选取，但应在订货合同中注明。

5.3 额定绝缘水平

5.3.1 一般要求

对于大多数的设备最高电压（U_m）值，有多个额定绝缘水平供不同的性能规范或过电压模式使用。其选取应考虑快波前和缓波前过电压的出现概率、系统中性点的接地方式和过电压限制装置的类型。

5.3.2 一次端额定绝缘水平

互感器的一次端额定绝缘水平应以表 2 所列的设备最高电压 U_m（或 U_n）为依据。

运行时拟接地一次端子的绝缘水平按 U_n 为 0.66kV 选取。

安装在气体绝缘变电站的互感器，其额定绝缘水平、试验程序和验收标准皆按 GB/T 7674。并根据 GB/T 7674 的规定选取适用的相对地绝缘作为其额定绝缘水平。

5.3.3 一次端的其他绝缘要求

5.3.3.1 局部放电

局部放电要求适用于 U_m 大于等于 7.2kV 的互感器。

局部放电水平应不超过表 3 规定的限值。试验程序见 7.3.3.2。

表3 局部放电测量电压及允许水平

系统中性点接地方式	互感器类型	局部放电测量电压（方均根值）kV	局部放电最大允许水平 pC	
			绝缘类型	
			液体浸渍或气体	固体
中性点有效接地系统（接地故障因数≤1.4）	电流互感器和接地电压互感器	U_m / $1.2U_m/\sqrt{3}$	10 / 5	50 / 20
	不接地电压互感器	$1.2U_m$	5	20

系统中性点接地方式	互感器类型	局部放电测量电压（方均根值）kV	局部放电最大允许水平 pC	
			绝缘类型	
			液体浸渍或气体	固体
中性点绝缘或非有效接地系统（接地故障因数＞1.4）	电流互感器和接地电压互感器	$1.2U_m$ $1.2U_m/\sqrt{3}$	10 5	50 20
	不接地电压互感器	$1.2U_m$	5	20

注 1：如果系统中性点的接地方式未指明时，则按中性点绝缘或非有效接地系统考虑。

注 2：局部放电最大允许水平也适用于非额定值的频率。

5.3.3.2 截断雷电冲击

如有附加规定，除安装在 GIS 装置以外的其他互感器，应能承受施加在一次端的截断雷电冲击电压，其峰值与额定雷电冲击耐受电压的关系见表 4。

表 4 　　　　　　　　　　　　　截断雷电冲击（内绝缘）耐受电压

额定雷电冲击耐受电压（峰值）kV	截断雷电冲击（内绝缘）耐受电压（峰值）kV
40	45
60	65
75	85
105	115
125	140
185/200	220
325	360
350	385
150/480	530
550	
850	950
950	1050
1050	1175
1175	1300
1425	1550
1550	1675
1675	1925
1950	2245
2100	2415

注：如用户另有要求，额定绝缘水平可参照附录 C 的规定选取，但应在订货合同中注明。

5.3.3.3 电容量和介质损耗因数

本要求仅适用于 U_m 大于等于 40.5kV、液体浸渍一次绝缘和采用电容均压绝缘结构的其他绝缘的互感器。

5.3.4 段间绝缘要求

对相互连接的各线段，其段间绝缘的额定工频耐受电压应为 3kV。

5.3.5 二次端绝缘要求

二次端绝缘的额定工频耐受电压应为 3kV。

6.6 外绝缘要求

6.6.1 污秽

对带有易受污染的瓷绝缘子的户外互感器，其给定各污秽等级的爬电距离列于表 7。聚合材料或复合绝缘子的爬电距离正在考虑中。

表7   爬 电 距 离

污 秽 等 级	最小标称爬电距离 mm/kV[a、b]	比值=爬电距离/弧闪距离
Ⅰ轻 Ⅱ中	16 20	≤3.5
Ⅲ重 Ⅳ严重	25 31	≤4.0

[a] 爬电比距为相对地的爬电距离除以设备最高电压（见 GB/T 311.1）。
[b] 爬电距离的制造公差和更多的信息见 JB/T 5895。

注 1：公认绝缘子的形状对其表面绝缘性能的影响很大。
注 2：在污秽很轻的地区，根据运行经验，可采用小于 16mm/kV 的标称爬电比距。常用的下限值为 12mm/kV。
注 3：在特别严重的污秽条件下，可能标称爬电比距为 31mm/kV 还不够，则可根据运行经验和/或试验室试验结果，采用更大的爬电比距，但在某些情况下也可考虑冲洗的可行性。

6.6.2 海拔

安装处海拔超过1000m时，在标准大气条件下的弧闪距离应由使用地区要求的耐受电压乘以按GB/T 311.1 规定的海拔校正因数确定。如用户另有要求，海拔校正因数可参照附录 C 的规定选取，但应在订货合同中注明。

注：内绝缘的电介质强度不受海拔影响。外绝缘的检查方法由制造方与用户协商确定。

6.7 机械强度要求

本要求仅适用于设备最高电压为 72.5kV 及以上的互感器。

互感器应能承受的静态载荷指导值列于表8。这些数值包含风力和覆冰引起的载荷。

规定的试验载荷可施加于一次端子的任意方向。

【依据2】《互感器 第 2 部分：电流互感器的补充技术要求》（GB/T 20840.2—2014）

5.2 设备最高电压

GB/T 20840.1—2010 的 5.2 与下列增补的内容均适用：

系统标称电压为 1000kV 的电流互感器的设备最高电压标准值按照 GB/T 311.1 的规定。

5.3 额定绝缘水平

5.3.2 一次端额定绝缘水平

GB/T 20840.1—2010 的 5.3.2 与下列增补的内容均适用：

对于无一次绕组和本身无一次绝缘且标称系统电压 $U_n \leq 0.66kV$ 的电流互感器，其一次绕组的额定绝缘水平以系统标称电压 U_n 为依据。系统标称电压 U_n 见 GB 156。

系统标称电压为 1000kV 的电流互感器的一次端额定绝缘水平应按照 GB/T 311.1 的规定。

5.3.3.2 截断雷电冲击

GB/T 20840.1—2010 的 5.3.3.2 与下列增补的内容均适用：

系统标称电压为 1000kV 的电流互感器的一次端截断雷电冲击耐受电压应按照 GB/T 311.1 的规定。

5.3.3.201 地屏对地绝缘要求

对设备最高电压为 U_n 大于等于 40.5kV，且采用电容型绝缘结构的电流互感器，其地屏对地应能承受额定工频耐受电压 5kV（方均根值）。

5.3.5 二次端绝缘要求

GB/T 20840.1—2010 的 5.3.5 与下列增补的内容均适用：

对于额定拐点电势 E_k 大于等于 2kV 的 PX 级和 PXR 级电流互感器，其二次绕组绝缘应能承受额定工频耐受电压 5kV（方均根值）。

5.3.201 匝间绝缘要求

绕组匝间绝缘的额定耐受电压应为 4.5kV（峰值）。

对于额定拐点电势 E_k 大于 450V 的 PX 级和 PXR 级电流互感器，匝间绝缘的额定耐受电压应为峰值是所规定拐点电势方均根值的 10 倍，或 10kV 峰值，取二者的较低值。

注 201：由于试验程序的影响，波形可能严重畸变。

注 202：按照 7.3.204 试验程序，可能导致电压值较低。

6.201 绝缘油性能要求

油浸式电流互感器所用绝缘油应符合 GB/T 7595 和 GB/T 7252 的要求。

7.3.4 电容量和介质损耗因数测量

GB/T 20840.1—2010 的 7.3.4 与下列增补的内容均适用：

试验电压应施加在短路的一次绕组端子与地之间。通常，短路的二次绕组、地屏和绝缘的金属壳均应接入测量装置。如果电流互感器具有专供此测量用的端子，则其他低压端子应短路，并与金属壳连在一起接地或接测量装置的屏蔽。

应在环境温度下对电流互感器进行本试验，温度值应予记录。

各种油浸式电流互感器的介质损耗因数允许值见表 209。

表 209　　　　　各种油浸式电流互感器的介质损耗因数允许值

绝缘结构	设备最高电压 U_m kV	测量电压 kV	介质损耗因数允许值 $\tan\delta$
电容型绝缘	550	$U_m/\sqrt{3}$	≤0.004
	≤363	$U_m/\sqrt{3}$	≤0.005
非电容型绝缘	>40.5	10	≤0.015
	40.5	10	≤0.02

注 201：对采用电容型绝缘结构的电流互感器，制造方应提供测量电压为 10kV 下的介质损耗因数值。

对于 $U_m \geq 252$kV 的油浸式电流互感器，在 $0.5U_m/\sqrt{3} \sim U_m/\sqrt{3}$ 的测量电压下，介质损耗因数（$\tan\delta$）测量值的增值不应大于 0.001。

对于正立式电容型绝缘结构油浸式电流互感器的地屏（末屏），在测量电压为 3kV 下的介质损耗因数（$\tan\delta$）允许值不应大于 0.02。

注 201：非电容型绝缘结构的电流互感器不需考核电容量。

【依据3】《电力用电流互感器使用技术规范》（DL/T 725—2013）

6 技术要求

6.1 一次绕组的额定绝缘水平和耐受电压

一次绕组的额定绝缘水平和耐受电压按 GB/T 311.1 的要求或表 3 选取。

表 3　　　　　电流互感器一次绕组的额定绝缘水平和耐受电压　　　　　kV

设备最高电压 U_m（方均根值）	额定短时工频耐受电压（方均根值）	额定雷电冲击耐受电压（峰值）	额定操作冲击耐受电压（峰值）	截断雷电冲击（内绝缘）耐受电压（峰值）
0.415	3			
0.720	3			
1.200	6			
3.600	18/25	40		45
7.200	23/30	60		65
12	30/42	75		85
17.500	40/55	105		115
24	50/65	125		140
40.500	80/95	185/200		220

设备最高电压 U_m（方均根值）	额定短时工频耐受电压（方均根值）	额定雷电冲击耐受电压（峰值）	额定操作冲击耐受电压（峰值）	截断雷电冲击（内绝缘）耐受电压（峰值）
72.500	140	325		360
	160	350		385
126	185/230	450/480		530
	185/230	550		633
252	395	950		1050
	395/460	1050		1175
363	510	1175	950	1300
550	680	1550	1175	1675
	740	1675	1300	1925
800	975	2100	1550	2415

注1：对于暴露安装，推荐选用最高的绝缘水平。

注2：对于斜线下的数值，额定工频耐受电压为设备外绝缘干状态下的耐受电压值，额定雷电冲击耐受电压为设备内绝缘的耐受电压值。

6.2 段间绝缘、二次绕组绝缘、绕组匝间绝缘、地屏对地绝缘、段间绝缘、二次绕组绝缘、绕组匝间绝缘、地屏对地绝缘等按 GB/T 20840.2 的要求选取。

6.3 外绝缘要求

6.3.1 户外电流互感器

6.3.1.1 一般要求

电流互感器外绝缘应按照现场污秽分区图及 GB/T 26218.2 的要求选定。对易受污秽影响的户外电流互感器，污秽等级下互感器外绝缘的最小标称爬电比距见表4。

表4　　　　　　　　　　户外电流互感器不同污秽等级下的最小标称爬电比距

污 秽 等 级	相对地之间最小标称爬电比距（设备最高电压）mm/kV	爬电距离/弧闪距离
Ⅰ（轻度）	16	≤3.5
Ⅱ（中度）	20	
Ⅲ（重度）	25	≤4.0
Ⅳ（严重）	31	

注1：互感器外绝缘形状对其表面绝缘的特性有很大影响。

注2：在特别严重污秽条件下，标称爬电比距取 31mm/kV 可能不够。根据运行经验和/或试验室试验结果，可选取更大的爬电比距，但在某些情况下也可能需要考虑冲洗的可能性。

注3：对复合外套按同等条件要求。

6.3.1.2 海拔对外绝缘的影响

对用于海拔高于 1000m，但不超过 4000m 处的互感器的外绝缘，海拔每升高 100m，绝缘强度约降低 1%。在海拔不高于 1000m 的地点试验时，其外绝缘试验电压应按额定耐受电压乘以海拔校正因 k。

$$k=\frac{1}{1.1-h\times10^{-4}}$$

式中：h——互感器安装地点的海拔，m。

如用户另有要求，海拔校正因数可参见附录 A 的规定选取，但应在订货合同中注明。

注：内绝缘的电介质强度不受海拔影响。外绝缘的检查方法由制造厂与用户协商确定。

6.3.1.3 爬电距离的修正

套管伞裙应按照 JB/T 5895 的规定，选用不等径大、小伞裙，伞间距离和伞伸出之比一般不小于 0.8『对于无棱光伞（非防污）一般不小于 0.65』，套管直径较大时，爬电距离应予增大，按平均直径 D_m，推

荐直径系数 K_D 如下：

$$L=K_D \lambda U_m$$

式中：L——爬电距离；

K_D——直径系数；

λ——爬电比距；

U_m——系统最高电压。

按平均直径（D_m），推荐直径系数 K_D 如下：

——K_D=1.0 时，$D_m<300mm$；

——K_D=1.1 时，$300mm \leqslant D_m \leqslant 500mm$；

——K_D=1.2 时，$D_m>500mm$。

6.3.2 户内电流互感器

户内电流互感器外绝缘的污秽等级分为和 0、Ⅰ 和 Ⅱ 级。

a）0 级适用于通常不出现凝露并无明显污秽的场所，不需进行凝露及人工污秽试验。

b）Ⅰ 级适用于凝露及轻度污秽的场所。

c）Ⅱ 级适用于凝露及严重污秽的场所。

0～Ⅱ级污秽等级相应的最小标称爬电比距见表 5。设备最高电压为 7.2kV～40.5kV 的户内电流互感器外绝缘应能承受凝露耐受电压。凝露下的耐受电压值按表 3 选取。

表 5　　　　　户内电流互感器不同污秽等级下的最小标称爬电比距

污 秽 等 级	相对地之间最小标称爬电比距（设备最高电压）mm/kV	
	瓷质材料	有机材料
0	12	14
Ⅰ	14	16
Ⅱ	18	20

注：对复合外套按瓷质材料同等条件要求。

6.4 电容和介质损耗因数

对于设备最高电压为 40.5kV 及以上的电流互感器一次绕组的电容和介质损耗因数取决于其绝缘设计，且与电压和温度两个因素有关。在额定频率和测量电压为 $10kV \sim U_m/\sqrt{3}\,kV$ 的条件下，各种绝缘结构的电流互感器的介质损耗因数不得超过表 6 规定的数值，一次绝缘结构为电容型式的电流互感器，电容量变化不超过±5%。

表 6　　　　　不同电压等级下的介质损耗因数规定值

设备最高电压 kV		测量电压 kV	介质损耗因数 tanδ	备注
油浸式	550	$10kV \sim U_m/\sqrt{3}$	≤0.004	$U_m/2\sqrt{3}$ 和 $U_m/\sqrt{3}$ 两点变化量<0.001
	≤363	$10kV \sim U_m/\sqrt{3}$	≤0.005	
合成薄膜式	>40.5	$10kV \sim U_m/\sqrt{3}$	≤0.0025	

注1：本试验目的在于检查产品的一致性。允许变化限值可由制造厂和用户协商规定。

注2：制造厂应提供 10kV 时的介质损耗因数测量值。

注3：电流互感器末屏介质损耗因数由制造厂与用户协商解决，一般在 3kV 测量电压下允许值不大于 0.02。

6.5 局部放电水平

对于设备最高电压为 7.2kV 及以上的电流互感器，其局部放电水平应不超过表 7 的规定数值。

表 7   **允许的局部放电水平**

系统中性点接地方式	局部放电测量电压（方均根值）kV	局部放电允许水平（视在放电量）pC		
		绝缘型式		
		液体浸渍（气体）	环氧浇注	合成薄膜绝缘
中性点有效接地系统（接地故障因数≤1.4）	U_m	10	50	30
	$1.2U_m/\sqrt{3}$	5	20	10
中性点绝缘系统或非有效接地系统（接地故障因数>1.4）	$1.2U_m$	10	50	30
	$1.2U_m/\sqrt{3}$	5	20	10

注 1：若中性点接地方式没有明确，局部放电水平可按中性点绝缘或非有效接地系统考虑。
注 2：局部放电的最大允许值对于非额定频率也是适用的。

6.6 绝缘热稳定试验要求

本试验仅适用于设备最高电压 252kV 及以上的电流互感器，试验时的环境温度为 5℃～40℃。

试验时应对互感器施加额定连续电流和 $U_m/\sqrt{3}$ 的设备最高电压，直至达到稳定状态（例如：介质损耗因数达到稳定）。全部试验时间应不少于 36h，其中达到稳定状态时间至少连续 8h。

6.9 绝缘油介质主要性能要求

油浸式互感器所用绝缘油应符合 GB/T 7595 和 DL/T 722 的要求。

当电流互感器的绝缘介质采用变压器油时，对其主要性能要求见表 9。

表 9   **绝缘油主要性能要求**

项 目	额定电压等级 kV	质量指标	试验方法
击穿电压 kV	≤35	≥40	按 GB/T 507 的规定进行试验
	66～110	≥45	
	220	≥50	
	≥330	≥60	
介质损耗因数（90℃）%	≤110	注入设备后≤0.5	按 GB/T 5654 的规定进行试验
	≥220	注入设备后≤0.3	
含水量 mg/L	≤110	≤20	按 GB/T 7600 和 GB/T 7601 的规定进行试验
	220	≤15	
	≥330	≤10	
油中含气量（体积分数）%	≥330	≤1	按 DL/T 423 的 DL/T 450 的规定进行试验
油中溶解气体色谱分析 μL/L	≥66	H_2≤50 C_2H_2<0.1 总烃≤10	按 DL/T 722 的规定进行试验

6.12 机械强度要求

设备最高电压 72.5kV 及以上的电流互感器，其一次绕组端子的水平和垂直方向（表 11）应能承受的静态试验载荷见表 12。

表 11   **一次端子上试验载荷施加方式**

施 加 方 向	示 意 图
水平方向	

施 加 方 向	示 意 图
水平方向	
垂直方向	

注：试验载荷应施加于端子的中心位置。

表 12 　　　　　　　　　　　　　静 态 承 受 试 验 载 荷

设备最高电压 U_m kV	静态承受试验载荷 F_R N	
	I 类载荷	II 类载荷
72.5	1250	2500
126	2000	3000
252～363	2500	4000
≥550	4000	6000

注 1：表中规定的试验载荷是指可施加于一次绕组端子。
注 2：表中数值包含了风力和结冰引起的载荷。
注 3：在日常运行条件下，作用载荷的总和应不超过规定的承受试验载荷的 50%。
注 4：电流互感器应能承受很少出现的急剧动态载荷（例如：短路），它不超过 1.4 倍静态承受载荷。
注 5：在某些应用中，可能需要一次端子具有防旋转的能力，实验时加的力矩值应由制造方与用户协商确定。

6.2.3.6（3）本项目的查评依据如下。

【依据】《国家电网公司十八项电网重大反事故措施》（国家电网生〔2012〕352 号）

11.1.3.5　对硅橡胶套管和加装硅橡胶伞裙的瓷套，应经常检查硅橡胶表面有无放电现象，如果有放电现象应及时处理。

6.2.3.6（4）本项目的查评依据如下。

【依据 1】《互感器　第 1 部分：通用技术要求》（GB/T 20840.1—2010）

6.1　设备所用液体的要求

6.1.1　一般要求

制造方应规定设备所用液体的类型及要求的数量和品质。

6.1.2　液体品质

对于充油设备，新绝缘油应符合 IEC 60296 的要求。

对于充合成液体的设备见 GB/T 21221。

6.1.3　液位装置

如果提供，在运行时，液位检查装置应指示液位是否在工作范围之内。

6.1.4　液体密封性能

不允许液体泄漏。液体的任何泄漏表示绝缘有遭受污染的危险。

6.2　设备所用气体的要求

6.2.1　一般要求

制造方应规定设备所用气体的类型及要求的数量和品质。

6.2.2　气体品质

新 SF₆（六氟化硫）应符合 IEC 60376 的要求，而使用过的 SF₆ 应符合 GB/T 8905 的要求。

SF₆ 的管理应依据 IEC 61634。

对于额定充气密度达到要求的气体绝缘互感器，其内部最大允许含水量应对应于 20℃ 测量的露点不高于−30℃。在其他温度测量应作适当校正。露点的测量和确定见 IEC 60376 和 GB/T 8905。

6.2.3　气体监测装置

最低工作压力超过 0.2MPa 的气体绝缘互感器，应配备压力或密度监测装置。气体监测装置可以单独提供或随同附属设备提供。

6.2.4　气体密封性能

6.2.4.1　一般要求

下列技术要求适用于所有采用气体作为绝缘介质的互感器，但使用大气压的空气除外。

6.2.4.2　气体封闭压力系统

制造方所规定的封闭压力系统的密封特性应符合维护和检测最少的原则。

气体封闭压力系统的密封性能是以各气室的相对泄漏率 F_{rel} 进行规定。

标准值为每年 0.5%，适用于 FS₆ 和 SF₆ 混合气体。

应提供能够对运行中设备气体系统安全补气的工具。

注：按照国家有关法规和地区性常规，可规定更低的泄漏率。

在极限温度下增大的泄漏率（如果有关标准要求这种试验）是可接受的，只要该泄漏率在正常环境温度下的恢复值不超过相应的最大允许值。增大的暂时性泄漏率应不超过表 5 所列值。

通常，参照 GB/T 2423.23 采用适当的试验方法。

表5　　　　　　　　　　　　气体系统允许的暂时性泄漏率

温度级别 ℃	允许的暂时性泄漏率
+40 和+50 环境温度 −5/−10/−15/−25/−40 −50	$3F_p$ F_p $3F_p$ $6F_p$

6.2.5　压力释放装置

装置应有免受意外损伤的防护措施。

对 GIS 用互感器见 GB/T 7674 的有关要求。

6.3　设备所用固体材料的要求

用于户内或户外的互感器所使用的有机材料（例如环氧树脂、聚氨醋树脂、脂环族环氧树脂、复合材料等），其技术要求见 GB/T 15022 系列标准。

注：在互感器整机上，考虑某些例如温度突然变化、可燃性和老化现象的试验尚未标准化。户内绝缘可以 IEC 60660 为导则，户外绝缘可以 IEC 61109 为导则。

【依据2】《互感器　第 2 部分：电流互感器的补充技术要求》（GB/T 20840.2—2014）

6.203　对油浸式电流互感器的结构要求

为保证油浸式电流互感器的运行安全，对其结构的要求如下：

a）设备最高电压 U_m 大于等于 40.5kV 的电流互感器，应有保证绝缘油与外界空气不直接接触或完全隔离的装置（例如，金属膨胀器），或其他的防油老化措施。

b）设备最高电压 U_m 大于等于 40.5kV 的电流互感器，应装有油面（油位）指示装置，且应有最低油面（油位）指示标志。对于某些电流互感器（例如，其油面或油位不随温度变化者等），应有指示油量装置。

c）油箱（底座）下部应装有取油样或放油用的阀门，放油阀门装设位置应能放出电流互感器中最低处的油。

d）对于设备最高电压 U_m 大于等于 252kV 的电流互感器，若用户有要求或结构上需要（例如，一次绕组为导体较长的 U 形），应在一次出线端子间加装（外置式）过电压保护器。过电压保护器的参数应由制造方与用户协商确定。

【依据3】《电力用电流互感器使用技术规范》（DL/T 725—2013）

7.1.2 对油浸式电流互感器的要求

a）66kV 及以上电流互感器应采用金属膨胀器微正压密封，35kV 及以下电流互感器应具有保证绝缘油与外界空气不直接接触的隔离装置，或其他防油老化的措施。

b）35kV 及以上的电流互感器应具有油位指示装置，且应具有最高和最低允许油位指示标志。

c）在电流互感器的油箱下部应装有便于从地面观察的取油样或放油用的塞子或阀门，其位置应能放出互感器最低处的油。

d）互感器应具有良好的密封性能和足够的机械强度。

e）末屏引出端子应密封良好、接地可靠、便于试验。

7.1.3 对 SF$_6$ 气体绝缘电流互感器的要求

a）应具有良好的密封性能，在环境温度 20℃条件下，互感器内部 SF$_6$ 气体应为额定压力，在其他环境温度下，应自动换算成 20℃时的 SF$_6$ 气体内部压力。当达到报警压力时，应自动报警。

b）66kV 及以上的 SF$_6$ 气体绝缘电流互感器，在互感器的壳体上应配有压力释放装置、压力指示器、密度继电器。

c）SF$_6$ 气体绝缘互感器年泄漏率应不大于 0.5%。

d）SF$_6$ 气体绝缘互感器应配备气体取样阀门及接头。

e）应保证绝缘支撑件的机械强度和绝缘水平，同时应防止内部连接件松动及磨损。

【依据4】《国家电网公司十八项电网重大反事故措施》（国家电网生〔2012〕352 号）

11.1.1.1 油浸式互感器应选用带金属膨胀器微正压结构型式。

11.1.3.4 老型带隔膜式及气垫式储油柜的互感器，应加装金属膨胀器进行密封改造。现场密封改造应在晴好天气进行。对尚未改造的互感器应每年检查顶部密封状况，对老化的胶垫与隔膜应予以更换。对隔膜上有积水的互感器，应对其本体和绝缘油进行有关试验，试验不合格的互感器应退出运行。绝缘性能有问题的老旧互感器，退出运行不再进行改造。

11.1.3.6 运行人员正常巡视应检查记录互感器油位情况。对运行中渗漏油的互感器，应根据情况限期处理，必要时进行油样分析，对于含水量异常的互感器要加强监视或进行油处理。油浸式互感器严重漏油及电容式电压互感器电容单元渗漏油的应立即停止运行。

【依据5】《国家电网公司水电厂重大反事故措施》（国家电网基建〔2015〕60 号）

12.4.1.1.1 油浸式互感器应选用带金属膨胀器微正压结构形式。

6.2.3.6（5）本项目的查评依据如下。

【依据1】《互感器 第 1 部分：通用技术要求》（GB/T 20840.1—2010）

4.2.1 环境温度

环境温度分为 3 类，见表 1。

表1   温 度 类 别

类 别	最低温度 ℃	最高温度 ℃
−5/40	−5	40
−25/40	−25	40
−40/40	−40	40

注 1：在选择温度类别时，储存和运输条件也应考虑。
注 2：如互感器组装在其他设备（例如 GIS、断路器）中，互感器应按有关设备的温度条件作规定。

6.4 对零件和部件的温升要求

6.4.1 一般要求

当互感器在规定的额定条件下运行时，其绕组、磁路和任何其他零部件的温升应不超过表6所列的相应值。这些数值对应于4.2.1所列的使用条件。

绕组的温升受绕组本身绝缘或嵌入绕组的周围介质中最低绝缘等级的限制。

如果互感器装在外壳内使用，应注意外壳内环境冷却介质所达到的温度。

如果规定的环境温度超过4.2.1所列值，表6的允许温升值应减去环境温度所超出部分的数值。

表6 互感器各种零部件、材料和介质的温升限值

互感器各部分	温升限值 K
1. 油浸式互感器	
——顶层油	50
——顶层油（对于全密封结构）	55
——绕组平均	60
——绕组平均（对于全密封结构）	65
——接触油的其他金属件	与绕组相同
2. 固体或气体绝缘互感器	
——绕组平均（对于接触下列等级绝缘材料[a]）：	
· Y	45
· A	60
· E	75
· B	85
· F	110
· H	135
——接触上列等级绝缘材料的其他金属件	与绕组相同
3. 用螺栓或类似件紧固的连接接触处	
——裸铜、裸铜合金或裸铝合金	
· 在空气中	50
· 在 SF_6 中	75
· 在油中	60
——被覆银或镍	
· 在空气中	75
· 在 SF_6 中	75
· 在油中	60
——被覆锡	
· 在空气中	65
· 在 SF_6 中	65
· 在油中	60

[a] 绝缘等级的定义见 GB/T 11021。

6.4.2 海拔对温升的影响

如果互感器规定在海拔超过1000m处使用而试验处海拔低于1000m时，表6的温升限值 ΔT 应按使用处海拔超出1000m后的每100m减去下列数值（见图1）；

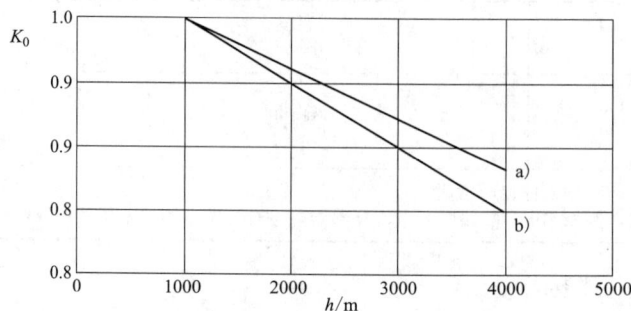

图1 温升的海拔校正因数

a）油浸式互感器：0.4%；

b）干式和气体绝缘互感器：0.5%。

温升的海拔校正因数

$$K_0 = \frac{\Delta T_h}{\Delta T_{h0}}$$

式中：

ΔT_h——海拔 h 大于 1000m 处的温升；

ΔT_{h0}——表 6 规定的温升限值 ΔT（海拔 h_0 小于等于 1000m 处）。

【依据2】《国家电网公司十八项电网重大反事故措施》（国家电网生〔2012〕352 号）

11.1.2.4　电流互感器的一次端子所受的机械力不应超过制造厂规定的允许值，其电气连接应接触良好，防止产生过热故障及电位悬浮。互感器的二次引线端子应有防转动措施，防止外部操作造成内部引线扭断。

11.1.3.3　互感器的一次端子引线连接端要保证接触良好，并有足够的接触面积，以防止产生过热性故障。一次接线端子的等电位连接必须牢固可靠。其接线端子之间必须有足够的安全距离，防止引线线夹造成一次绕组短路。

11.1.3.11　严格按照《带电设备红外诊断应用规范》（DL/T 664—2008）的规定，开展互感器的精确测温工作。新建、改扩建或大修后的互感器，应在投运后不超过 1 个月内（但至少在 24h 以后）进行一次精确检测。220kV 及以上电压等级的互感器每年在季节变化前后应至少各进行一次精确检测。在高温大负荷运行期间，对 220kV 及以上电压等级互感器应增加红外检测次数。精确检测的测量数据和图像应存入数据库。

【依据3】《国家电网公司水电厂重大反事故措施》（国家电网基建〔2015〕60 号）

12.4.1.1.4　互感器的二次引线端子应有防转动措施，防止外部操作造成内部引线扭断。

12.4.1.3.8　互感器的一次端子引线连接端要保证接触良好，并有足够的接触面积，以防止产生过热性故障。一次接线端子的等电位连接应牢固可靠。其接线端子之间应有足够的安全距离，防止引线线夹造成一次绕组短路。

6.2.3.6（6）本项目的查评依据如下。

【依据】《互感器　第 2 部分：电流互感器的补充技术要求》（GB/T 20840.2—2014）

6.202　对出线端子的要求

具有一次绕组的电流互感器（标称电压 U_n 小于等于 0.66kV 的互感器除外），应由制造方提供连接母线用的全部紧固件。一次出线端子及紧固件应有可靠的防锈镀层。

电流互感器二次出线端子的螺纹直径不应小于 6mm（标称电压 U_n 小于等于 0.66kV 的电流互感器允许采用直径为 5mm 的螺纹）。二次出线端子及紧固件应由铜或铜合金制成，并应有可靠的防锈镀层。

二次出线端子板应具有良好的防潮性能。

6.2.3.6（7）本项目的查评依据如下。

【依据1】《互感器　第 1 部分：通用技术要求》（GB/T 20840.1—2010）

6.5　设备的接地要求

6.5.1　一般要求

每台设备装置的座架，如果打算接地，应提供可靠的接地端子，以供连接适合于规定故障条件的接地导体。连接处应标有接地符号。接地符号按 GB/T 5465.2 的规定。

6.5.2　外壳的接地

气体绝缘组合电器（GIS）用互感器的外壳应接地。所有不属于电源或辅助电源的金属件应接地。

6.5.3　电气连贯性

接地电路的连贯性应保证满足所可能承载电流引起的发热作用和电气作用。

对外壳及座架等的相互连接、紧固连接（例如螺栓紧固或焊接）可视为具有电气连贯性。

【依据2】《电力用电流互感器使用技术规范》（DL/T 725—2013）

7.1.1　一般要求

a）具有一次绕组的电流互感器，一次绕组应采用平板型出线端子并附有供连接线用的全套紧固零件。一次贯穿式互感器在孔内应设有与一次相连接的等电位导线。一次出线端子及紧固零件应有可靠的防锈镀层。

b）电流互感器二次出线端子及接地螺栓直径应分别不小于 6mm 和 8mm。连接螺栓或接地螺栓须用铜或铜合金制成。螺栓连接处或接地处应有平坦的金属表面。连接零件和接地零件均应有可靠的防锈镀层。二次接线端子应有防护罩。接地处应标有明显的接地符号"⏚"。

c）一、二次接线端子应有防松防转动措施，二次接线板应具有防潮性能。一、二次接线端子应标志清晰。

d）树脂浇注式电流互感器，表面应光洁、平整、色泽均匀。

e）有机绝缘材料互感器，应具有良好的抗老化性能。

f）铭牌应安装在便于查看的位置上，铭牌材质应为防锈材料。

7.1.2 对油浸式电流互感器的要求

a）66kV 及以上电流互感器应采用金属膨胀器微正压密封，35kV 及以下电流互感器应具有保证绝缘油与外界空气不直接接触的隔离装置，或其他防油老化的措施。

b）35kV 及以上的电流互感器应具有油位指示装置，且应具有最高和最低允许油位指示标志。

c）在电流互感器的油箱下部应装有便于从地面观察的取油样或放油用的塞子或阀门，其位置应能放出互感器最低处的油。

d）互感器应具有良好的密封性能和足够的机械强度。

e）末屏引出端子应密封良好、接地可靠、便于试验。

【依据 3】《国家电网公司十八项电网重大反事故措施》（国家电网生〔2012〕352 号）

11.1.3.12 加强电流互感器末屏接地检测、检修及运行维护管理。对结构不合理、截面偏小、强度不够的末屏应进行改造，检修结束后应检查确认末屏接地是否良好。

【依据 4】《水电厂防雷接地技术规范》（Q/GDW46 10001—2017）

13.3 主变压器中性点和开关站主设备及构件接地

主变压器中性点应有两根与地网主网格的不同边连接的接地引下线，并且每根接地引下线均应符合热稳定校核的要求。开关站主设备及设备架构等应有两根与主地网不同干线连接的明装接地引下线，明装接地引下线应延伸到构件的最顶端，并且每根接地引下线均应符合热稳定校核的要求。连接引线应便于定期进行检查测试。

6.2.3.6（8）本项目的查评依据如下。

【依据 1】《变压器油中溶解气体分析和判断导则》（GB/T 7252—2001）

5、9、10 条

【依据 2】《电力设备预防性试验规程》（DL/T 596—1996）

7.1 电流互感器

7.1.1 电流互感器的试验项目、周期和要求，见表 7。

表 7　　　　　　　　　　　　　电流互感器的试验项目、周期和要求

序号	项目	周期	要　　　　求					说　　　　明
1	绕组及末屏的绝缘电阻	1）投运前； 2）1～3 年； 3）大修后； 4）必要时	1）绕组绝缘电阻与初始值及历次数据比较，不应有显著变化； 2）电容型电流互感器末屏对地绝缘电阻一般不低于 1000MΩ					采用 2500V 绝缘电阻表
2	tanδ 及电容量	1）投运前； 2）1～3 年； 3）大修后； 4）必要时	1）主绝缘 tanδ（%）不应大于下表中的数值，且与历年数据比较，不应有显著变化：					1）主绝缘 tanδ 试验电压为 10kV，末屏对地 tanδ 试验电压为 2kV； 2）油纸电容型 tanδ 一般不进行温度换算，当 tanδ 值与出厂值或上一次试验值比较有明显增长时，应综合分析
			电压等级 kV	20～35	66～110	220	330～500	
			大修后 油纸电容型 充油型 胶纸电容型	— 3.0 2.5	1.0 2.0 2.0	0.7 2.0 —	0.6 — —	

序号	项目	周期	要求						说 明
2	tanδ 及电容量		运行中	油纸电容型 充油型 胶纸电容型	— 3.5 3.0	1.0 2.5 2.5	0.8 — —	0.7 — —	tanδ 与温度、电压的关系，当 tanδ 随温度明显变化或试验电压由 10kV 升到 $U_m/\sqrt{3}$ 时，tanδ 增量超过±0.3%，不应继续运行； 3）固体绝缘互感器可不进行 tanδ 测量
			2）电容型电流互感器主绝缘电容量与初始值或出厂值差别超出±5%范围时应查明原因； 3）当电容型电流互感器末屏对地绝缘电阻小于 1000MΩ 时，应测量末屏对地 tanδ，其值不大于 2%						
3	油中溶解气体色谱分析	1）投运前； 2）1～3 年（66kV 及以上）； 3）大修后； 4）必要时	油中溶解气体组分含量（体积分数）超过下列任一值时应引起注意： 总烃 100×10⁻⁶ H₂ 150×10⁻⁶ C₂H₂ 2×10⁻⁶（110kV 及以下） 1×10⁻⁶（220kV～500kV）						1）新投运互感器的油中不应含有 C₂H₂； 2）全密封互感器按制造厂要求（如果有）进行
4	交流耐压试验	1）1～3 年（20kV 及以下）； 2）大修后； 3）必要时	1）一次绕组按出厂值的 85%进行。出厂值不明的按下列电压进行试验： 电压等级 kV：3 / 6 / 10 / 15 / 20 / 35 / 66 试验电压 kV：15 / 21 / 30 / 38 / 47 / 72 / 120 2）二次绕组之间及末屏对地为 2kV。 3）全部更换绕组绝缘后，应按出厂值进行						
5	局部放电测量	1）1～3 年（20kV～35kV 固体绝缘互感器）； 2）大修后； 3）必要时	1）固体绝缘互感器在电压为 $1.1U_m/\sqrt{3}$ 时，放电量不大于 100pC，在电压为 $1.1U_m$（必要时），放电量不大于 500pC； 2）110kV 及以上油浸式互感器在电压为 $1.1U_m/\sqrt{3}$ 时，放电量不大于 20pC						试验按 GB/T 5583 进行
6	极性检查	1）大修后； 2）必要时	与铭牌标志相符						
7	各分接头的变比检查	1）大修后； 2）必要时	与铭牌标志相符						更换绕组后应测量比值差和相位差
8	校核励磁特性曲线	必要时	与同类型互感器特性曲线或制造厂提供的特性曲线相比较，应无明显差别						继电保护有要求时进行
9	密封检查	1）大修后； 2）必要时	应无渗漏油现象						试验方法按制造厂规定
10	一次绕组直流电阻测量	1）大修后； 2）必要时	与初始值或出厂值比较，应无明显差别						
11	绝缘油击穿电压	1）大修后； 2）必要时	见第 13 章						

注：投运前是指交接后长时间未投运而准备投运之前，及库存的新设备投运之前。

7.1.2 各类试验项目

定期试验项目见表 7 中序号 1、2、3、4、5。

大修后试验项目见表 7 中序号 1、2、3、4、5、6、7、9、10、11（不更换绕组，可不进行 6、7、8 项）。

【依据 3】《输变电设备状态检修试验规程》（DL/T 393—2010）

5.3 条表 8。

【依据 4】《水电站电气设备预防性试验规程》（Q/GDW 11150—2013）

8.1 油浸式电流互感器

油浸式电流互感器的试验项目、周期和要求表 6。

表6　　　　　　　　　　　　　　　油浸式电流互感器的试验项目、周期和要求

序号	项目	周期	要求	说明
1	绕组及末屏的绝缘电阻	1）3年； 2）必要时	1）一次绕组对末屏、一次绕组对二次绕组及外壳、各二次绕组间及其对外壳的绝缘电阻与出厂值及历次数据比较，不应有显著变化。一般不低于出厂值或初始值的70%。 2）电容型电流互感器末屏绝缘电阻不宜小于1000MΩ	1）用2500V绝缘电阻表； 2）500kV电流互感器具有二个一次绕组时，应测量一次绕组间的绝缘电阻，其值不宜低于1000MΩ； 3）必要时，如：怀疑有故障时
2	tanδ及电容量	1）3年； 2）必要时	1）主绝缘 tanδ（%）不应大于下表中的数值，且与历年数据比较，不应有显著变化： 电压等级/kV：110，220，500 大修后：油纸电容型 0.8 0.7 0.6；充油型 2.0 — —；胶纸电容型 2.0 — — 运行中：油纸电容型 1.0 0.8 0.7；充油型 2.5 — —；胶纸电容型 2.5 — — 2）聚四氟乙烯缠绕绝缘0.5%； 3）电容型电流互感器主绝缘电容量与初始值或出厂值差别超过±5%时应查明原因； 4）预试时当末屏绝缘电阻小于1000MΩ，或主绝缘 tanδ超标时应测量末屏对地 tanδ，其值不大于2%	1）油纸电容型 tanδ 一般不进行温度换算，当 tanδ 值与出厂值或上一次试验值比较有明显增长时，应综合分析 tanδ 与温度、电压的关系，当 tanδ 随温度明显变化，或试验电压由10kV到$U_m/\sqrt{3}$，tanδ 增量超过±0.3%，不应继续运行； 2）主绝缘 tanδ 试验电压为10kV，末屏对地 tanδ 试验电压为2kV； 3）试验方法参考DL/T 474.3； 4）必要时：如：怀疑有故障时
3	110kV及以上电流互感器油中溶解气体色谱分析	1）3年； 2）投运1年内； 3）必要时	油中溶解气体组分含量（μL/L）；超过下列任一值时应引起注意： 总烃：100。 H_2：150。 C_2H_2：1（220kV、500kV）。 2（110kV）	1）制造厂明确要求不能取油样进行色谱分析时可不进行； 2）对于 H_2 单值升高的，或出现； 3）C_2H_2，但未超注意值可以考虑缩短周期；C_2H_2 含量超过注意值时，应考虑更换； 4）35kV互感器具体要求参考110kV规定执行； 5）全密封电流互感器按制造厂要求
4	交流耐压试验	必要时	1）一次绕组按出厂值的80%进行 电压等级 kV：6 10 15 20 35 66 电压等级 kV：21 30 38 47 72 120 2）二次绕组之间及对外壳、末屏对地的工频耐压试验电压为2kV，可用2500V绝缘电阻表代替。 3）全部更换绕组绝缘后，应按出厂值进行	
5	局部放电试验	110kV及以上； 必要时	在电压为$1.2U_m/\sqrt{3}$时，视在放电量不大于20pC	1）宜与交流耐压试验同时进行； 2）必要时，如：对绝缘性能有怀疑时
6	极性检查	必要时	与名牌标准相符合	
7	各分接头的变化检查	必要时	1）与铭牌标志相符合； 2）比值差和相位差与制造试验值比较应无明显变化，并符合等级规定	1）对于计量计费用绕组应测量比值差和相位差； 2）必要时，如：改变变比分接头运行时
8	校验励磁特性曲线	必要时	1）与同类互感器特性曲线或制造厂提供的特性曲线相比较，应无明显差别； 2）多抽头电流互感器可在使用抽头或最大抽头测量	在继电保护有要求时进行。应在曲线拐点附近至少测量5个~6个点；对于拐点电压较高的绕组，现场试验电压不超过2kV

序号	项目	周期	要 求	说 明
9	绕组直流电阻	必要时	与出厂值或初始值比较，应无明显差别	包括一次及二次绕组
10	密封检查	必要时	无渗漏油现象	
11	红外热像检测	1）220kV 及以上：3 个月。2）110kV 及以下：6 个月。3）必要时	按 DL/T 664—2008《带电设备红外诊断应用规范》执行	1）用红外热像仪测量。2）大修后的互感器，应在投运后不超过 1 个月内（但至少在 24h 以后）进行一次精确检测。220kV 及以上电压等级的互感器每年在季节变化前后应至少各进行一次精确检测。在高温大负荷运行期间，对 220kV 及以上电压等级互感器应增加红外检测次数（1 月 1 次）。精确检测的测量数据和图像应存入数据库。3）必要时，如：怀疑有过热缺陷时

8.2　SF$_6$电流互感器

SF$_6$电流互感器的试验项目、周期和要求见表 7。

表 7 　　　　　　　　　　　　　SF$_6$电流互感器的试验项目、周期和要求

序号	项目	周期	要 求	说 明
1	绕组及末屏的绝缘电阻	1）3 年；2）必要时	1）一次绕组对二次绕组及地、各二次绕组间及其对地的绝缘电阻与出厂值及历次数据比较，不应有显著变化。一般不低于出厂值或初始值的 70%。2）电容型电流互感器末屏对地绝缘电阻一般不低于 1000MΩ	1）用 2500V 绝缘电阻表；2）测量时非被试绕组（或末屏）、外壳应接地；3）500kV 电流互感器具有二个一次绕组时，尚应测量一次绕组间的绝缘电阻；4）必要时，如：怀疑有故障时
2	绕组直流电阻	必要时	与出厂值或初始值比较，应无明显差别	包括一次及二次绕组
3	极性检查	必要时	与名牌标准相符合	
4	各分接头的变化检查	必要时	1）与铭牌标志相符合；2）比值差和相位差与制造厂试验值比较应无明显变化，并符合等级规定	1）对于计量计费用绕组应测量比值差和相位差；2）必要时，如：改变变比分接头运行时
5	校验励磁特性曲线	必要时	1）与同类互感器特性曲线或制造厂提供的特性曲线相比较，应无明显差别；2）多抽头电流互感器可在使用抽头或最大抽头测量	继电保护用绕组要求进行
6	老炼及交流耐压试验	必要时	1）老炼试验后进行耐压试验；2）一次绕组耐压试验电压按出厂值的 80%进行；3）二次绕组之间及对外壳的工频耐压试验电压为 2kV，可用 2500V 兆欧表代替	1）现场安装、充气后、气体湿度测量合格后进行老炼及耐压试验，条件具备时还应进行局部放电试验。2）U_m指额定相对地电压3）必要时，如：—怀疑有绝缘故障时；—补气较多时（表压小 0.2MPa）；—卧倒运输后
7	局部放电试验	必要时	在电压为 $1.2U_m/\sqrt{3}$ 时，放电量不大于 20pC；在电压为 U_m（必要时）时放电量不大于 50pC	

续表

序号	项目	周 期	要 求	说 明
8	SF_6电流互感器气体的湿度（20℃的体积分数）μL/L	1）投产后每半年测量 1 次，运行 1 年如无异常，3 年测 1 次； 2）必要时	大修后不大于 250，运行中不大于 500	1）按 GB/T 12022《工业六氟化硫》、DL/T 915《六氟化硫气体湿度测定法（电解法）》和 DL 506《现场 SF_6气体水分测量方法》进行； 2）必要时，如： —漏气超过要求； —设备异常时
9	SF_6气体泄漏试验	必要时	1）无明显漏点； 2）年漏气率不大于 0.5%	1）按 DL/T 596—1996《电力设备预防性试验规程》、DL/T 941—2005《运行中变压器用六氟化硫质量标准》、GB/T 11023《高压开关设备六氟化硫气体密封试验方法》进行； 2）对检测到的漏点可采用局部包扎法检漏，每个密封部位包扎后历时 5h，测得的 SF_6气体含量（体积分数）不大于 30μL/
10	SF_6气体检测	见第 13 章	见第 13 章	见第 13 章
11	气体密度继电器和压力表检查	3 年	参照厂家规定	不应造成渗漏
12	红外热像检查	1）220kV 及以上：3 个月。 110kV 及以下：6 个月。 2）必要时	按 DL/T 664—2008《带电设备红外诊断应用规范》执行	1）用红外热像仪测量。 2）结合运行巡视进行，试验人员每年至少进行一次红外热像检测，同时加强对电压致热型设备的检测，并记录红外成像谱图。 3）大修后的互感器，应在投运后不超过 1 个月内（但至少在 24h 以后）进行一次精确检测。220kV 及以上电压等级的互感器每年在季节变化前后应至少各进行一次精确检测。在高温大负荷运行期间，对 220kV 及以上电压等级互感器应增加红外检测次数（1 月 1 次）。精确检测的测量数据和图像应存入数据库。 4）必要时，如：怀疑有过热缺陷时

8.3 干式（固体绝缘和绝缘绕包干式）电流互感器

干式（固体绝缘和绝缘绕包干式）电流互感器的试验项目、周期和要求见表 8。

表 8　　干式电流互感器的试验项目、周期和要求

序号	项目	周 期	要 求	说 明
1	绕组及末屏的绝缘电阻	1）3 年； 2）必要时	1）一次绕组对末屏、一次绕组对二次绕组及地、各二次绕组间及其对地的绝缘电阻与出厂值及历次数据比较，不应有显著变化。一般不低于出厂值或初始值的 70%。 2）电容型电流互感器末屏绝缘电阻不宜小于 1000MΩ	1）只对 35kV 及以上电容型互感器进行； 2）必要时，如：怀疑有故障时
2	$\tan\delta$及电容量	1）3 年； 2）必要时	1）主绝缘电容量与初始值或出厂值差别超过±5%时应查明原因； 2）参考厂家技术条件进行，无厂家技术条件时主绝缘 $\tan\delta$ 不应大于 0.5%，且与历年数据比较，不应有显著变化	1）只对 35kV 及以上电容型互感器进行； 2）当 $\tan\delta$ 值与出厂值或上一次试验值比较有明显增长时，应综合分析 $\tan\delta$ 与温度、电压的关系，当 $\tan\delta$ 随温度明

序号	项目	周期	要求	说明
2	tanδ 及电容量			显变化，或试验电压由 10kV 到 3/U_m，tanδ 变化量绝对值超过±0.3%，不应继续运行； 3）必要时，如：怀疑有故障时
3	交流耐压试验	必要时	1）一次绕组按出厂值的80%进行（开关柜内）； 2）二次绕组之间及末屏对地的工频耐压试验电压为2kV，可用2500V绝缘电阻表代替	必要时，如：怀疑有绝缘故障时
4	局部放电试验	110kV 及以上：必要时	在测量电压为 1.2U_m/$\sqrt{3}$ 时，视在放电量不大于50pC	必要时，如：对绝缘有怀疑时应进行
5	各分接头的变化检查	必要时	1）与铭牌标志相符合； 2）比值差和相位差与制造厂试验值比较应无明显变化，并符合等级规定	1）对于计量计费用绕组应测量比值差和相位差； 2）必要时，如：改变变比分接头运行时
6	校验励磁特性曲线	必要时	1）与同类互感器特性曲线或制造厂提供的特性曲线相比较，应无明显差别； 2）多抽头电流互感器可在使用抽头或最大抽头测量	必要时，如继保有要求时
7	红外热像检查	1）220kV 及以上：3 个月； 110kV 及以下：6 个月。 2）必要时	按 DL/T 664—2008《带电设备红外诊断应用规范》执行	1）用红外热像仪测量。 2）大修后的互感器，应在投运后不超过 1 个月内（但至少 24h 以后）进行一次精确检测。220kV 及以上电压等级的互感器每年在季节变化前后应至少各进行一次精确检测。在高温大负荷运行期间，对 220kV 及以上电压等级互感器应增加红外检测次数（1 月 1 次）。精确检测的测量数据和图像应存入数据库。 3）必要时，如：怀疑有过热缺陷时

6.2.3.7 电压互感器

6.2.3.7（1）本项目的查评依据如下。

【依据1】《互感器 第1部分：通用技术要求》（GB/T 20840.1—2010）

同 6.2.3.6.2【依据1】

【依据2】《电力用电磁式电压互感器使用技术规范》（DL/T 726—2013）

6.2 绝缘要求

6.2.1 一次绕组的额定绝缘水平

一次绕组的额定绝缘水平以设备最高电压 U_m 为依据。一般规则为：

——对设备最高电压 U_m 小于等于 0.72kV 的绕组，其额定绝缘水平由额定工频耐受电压确定，见表4。

——对设备最高电压 3.6kV≤U_m<300kV 的绕组，其额定绝缘水平由额定雷电冲击耐受电压和额定工频耐受电压确定，应按表4选择。对于同一 U_m 值有两种绝缘水平的选择，按 GB/T 311.1 的规定。

——对设备最高电压 U_m 大于等于 300kV 的绕组，其额定绝缘水平由额定操作冲击和雷电冲击耐受电压确定，应按表4选取。对于同一 U_m 值有两种绝缘水平的选择，按 GB/T 311.1 的规定。

——外绝缘强度的试验，通常是进行额定短时工频耐受电压湿试验或正极性操作冲击耐受电压湿试验。

表 4　　　　　　　　　　　电压互感器一次绕组的额定绝缘水平和耐受电压　　　　　　　　　　　kV

设备最高电压 U_m（方均根值）	额定短时工频耐受电压（方均根值）	额定雷电冲击耐受电压（峰值）	额定操作冲击耐受电压（峰值）	截断雷电冲击（内绝缘）耐受电压（峰值）
0.415	3			
0.720	3			
1.200	6			
3.600	18/25	40		45
7.200	23/30	60		65
12	30/42	75		85
17.500	40/55	105		115
24	50/65	125		140
40.500	80/95	185/200		220
72.500	140	325		360
	160	350		385
126	185/230	450/480		530
	185/230	550		633
252	395	950		1050
	395/460	1050		1175
363	510	1175	950	1300
550	680	1550	1175	1675
	740	1675	1300	1925
800	975	2100	1550	2415

注1：对于暴露安装的产品，推荐选用最高的绝缘水平。
注2：对于斜线下的数值，额定工频耐受电压为设备外绝缘干状态下的耐受电压值，额定雷电冲击耐受电压为设备内绝缘的耐受电压值。
注3：不接地电压互感器的感应耐压试验采用斜线上的额定短时工频耐受电压值。

6.2.2　接地端子的工频耐受电压

当一次绕组的接地端子与箱壳或底座绝缘时，应能承受额定短时工频耐受电压 3kV（方均根值）。如果互感器的设备最高电压 U_m 大于等于 40.5kV，则应能承受额定短时工频耐受电压 5kV（方均根值）。

6.2.3　二次绕组的绝缘要求

二次绕组绝缘的额定工频耐受电压应为 3kV（方均根值）。

6.2.4　段间绝缘要求

当二次绕组分成两段或多段时，段间绝缘额定工频耐受电压应为 3kV（方均根值）。

6.2.5　外绝缘要求

6.2.5.1　户外电压互感器

6.2.5.1.1　一般要求

电压互感器外绝缘应按照现场污秽分区图及 GB/T 26218.2 的要求选定。对易受污秽的户外型电压互感器，其在不同污秽等级下的最小标称爬电比距见表 5。

表 5　　　　　　　　　户外电压互感器不同污秽等级下的最小标称爬电比距

污秽等级	相对地之间最小标称爬电比距（设备最高电压）mm/kV	爬电距离/弧闪距离
Ⅰ（轻度）	16	≤3.5
Ⅱ（中度）	20	

污秽等级	相对地之间最小标称爬电比距（设备最高电压）mm/kV	爬电距离/弧闪距离
Ⅲ（重度）	25	≤4.0
Ⅳ（严重）	31	

注1：互感器外绝缘形状对其表面绝缘的特性有很大影响。
注2：在特别严重污秽条件下，标称爬电比距取31mm/kV可能不够。根据运行经验和/或试验室试验结果，可选取更大的爬电比距，但在某些情况下也可能需要考虑冲洗的可能性。
注3：对复合外套按同等条件要求。

6.2.5.1.2 海拔对外绝缘的影响

对用于海拔高于1000m，但不超过4000m处的互感器的外绝缘，海拔每升高100m，绝缘强度约降低1%。在海拔不高于1000m的地点试验时，其外绝缘试验电压应按额定耐受电压乘以海拔校正因 k。

$$k = \frac{1}{1.1 - h \times 10^{-4}}$$

式中：h——互感器安装地点的海拔高度，m。

如用户另有要求，海拔校正因数可参见附录A的规定选取，但应在订货合同中注明。

注：内绝缘的电介质强度不受海拔影响。外绝缘的检查方法由制造厂与用户协商确定。

6.2.5.1.3 爬电距离的修正

套管伞裙应按照JB/T 5895的规定，选用不等径大、小伞裙，伞间距离和伞伸出之比一般不小于0.8[对于无棱光伞（非防污）一般不小于0.65]，套管直径较大时，爬电距离应予增大，按平均直径 D_m，推荐直径系数 K_D 如下：

$$L = K_D \lambda U_m$$

式中：L——爬电距离；

$\quad\ K_D$——直径系数；

$\quad\ \lambda$——爬电比距；

$\quad\ U_m$——系统最高电压。

按平均直径（D_m），推荐直径系数 K_D 如下：

——$K_D=1.0$ 时，$D_m<300\text{mm}$；

——$K_D=1.1$ 时，$300\text{mm} \leqslant D_m \leqslant 500\text{mm}$；

——$K_D=1.2$ 时，$D_m>500\text{mm}$。

6.2.5.2 户内电压互感器

户内电压互感器外绝缘的污秽等级分为和0、Ⅰ和Ⅱ级。

a）0级适用于通常不出现凝露并无明显污秽的场所，不需进行凝露及人工污秽试验。

b）Ⅰ级适用于凝露及轻度污秽的场所。

c）Ⅱ级适用于凝露及严重污秽的场所。

0～Ⅱ级污秽等级相应的最小标称爬电比距见表6。设备最高电压为7.2kV～40.5kV的户内电压互感器外绝缘应能承受凝露耐受电压。凝露下的耐受电压值按表4选取。

表6　　　　　　户内电压互感器不同污秽等级下的最小标称爬电比距

污秽等级	相对地之间最小标称爬电比距（设备最高电压）mm/kV	
	瓷质材料	有机材料
0	12	14
Ⅰ	14	16
Ⅱ	18	20

注：对复合外套按瓷质材料同等条件要求。

6.2.6 介质损耗因数

本标准仅适合于设备最高电压 $U_m \geqslant 40.5kV$ 的油浸式电压互感器一次绕组的绝缘，电容量和介质损耗因数是指在额定频率和电压范围为 10kV 到 $U_m/\sqrt{3}$ 的某一电压值下的测量值。

注 1：本试验的目的是检查产品的一致性。允许变化的限值可由制造厂和用户协商确定。

注 2：介质损耗因数取决于绝缘结构，且与电压和温度两个因素有关。在电压为 $U_m/\sqrt{3}$ 及正常环境温度下，其值通常不大于 0.005。

注 3：对某些结构类型的电压互感器，对其试验结果的解释可能难以确定。

注 4：对于串级式电压互感器而言，不需考核其电容量，注 2 中的介质损耗因数也不合适，其在 10kV 测量电压和正常环境温度下的介质损耗因数允许值通常不大于 0.02，其绝缘支架的介质损耗因数的允许值通常不大于 0.05。

6.2.7 局部放电水平

对于设备最高电压为 7.2kV 及以上的电磁式电压互感器，其局部放电水平应不超过表 7 的规定数值。

表 7 允许的局部放电水平

系统中性点接地方式	互感器类型	局部放电测量电压（方均根值）kV	局部放电最大允许水平 pC	
			绝缘类型	
			液体浸渍或气体	固体
中性点有效接地系统（接地故障因数≤1.4）	接地电压互感器	U_m	10	50
		$1.2U_m/\sqrt{3}$	5	20
	不接地电压互感器	$1.2U_m$	5	20
中性点绝缘或非有效接地系统（接地故障因数>1.4）	接地电压互感器	$1.2U_m$	10	50
		$1.2U_m/\sqrt{3}$	5	20
	不接地电压互感器	$1.2U_m$	5	20

注 1：如果系统中性点的接地方式未指明时，则按中性点绝缘或非有效接地系统考虑。
注 2：局部放电最大允许水平也适用于非额定值的频率。

6.2.10 绝缘油介质主要性能要求

油浸式互感器所用绝缘油应符合 GB/T 7595 和 DL/T 722 的要求。

当电压互感器的绝缘介质采用变压器油时，对其主要性能要求见表 9。

表 9 变压器油主要性能要求

项目	额定电压等级 kV	质量指标	试验方法
击穿电压 kV	≤35	≥40	按 GB/T 507 的规定进行试验
	66～110	≥45	
	220	≥50	
	≥330	≥60	
介质损耗因数（90℃）%	≤110	注入设备后≤0.5	按 GB/T 5654 的规定进行试验
	≥220	注入设备后≤0.3	
含水量 mg/L	≤110	≤20	按 GB/T 7600 和 GB/T 7601 的规定进行试验
	220	≤15	
	≥330	≤10	
油中含气量（体积分数）%	≥330	≤1	按 DL/T 423 的 DL/T 450 的规定进行试验
油中溶解气体色谱分析 μL/L	≥66	$H_2 \leqslant 50$ $C_2H_2 < 0.1$ 总烃≤10	按 DL/T 722 的规定进行试验

6.2.11　气体介质主要性能要求

当电压互感器的绝缘介质采用 SF$_6$ 气体时，对其性能要求如下：

a）对充入电气设备前的新气，按 GB/T 12022 的要求验收。

b）充入电气设备 24h 后取样试验，SF$_6$ 气体微量水含量在 20℃ 下应不超过 $250×10^{-6}$μL/L。

【依据 3】《电力用电容式电压互感器使用技术规范》（DL/T 1251—2013）

5.2　绝缘要求

5.2.1　一般规定

电容式电压互感器的绝缘水平应按照表 3 的标准绝缘水平选取。额定绝缘水平应以设备最高电压 U_m 为基准。

一般规则为：

a）对设备最高电压 42.5kV≤U_m＜300kV 的互感器，其额定绝缘水平由额定雷电冲击耐受电压和额定工频耐受电压确定，应按表 3 选择。对于同一 U_m 值有两种绝缘水平的选择，按 GB/T 311.1 的规定。

b）对设备最高电压 U_m≥300kV 的互感器，其额定绝缘水平由额定操作冲击和雷电冲击耐受电压确定，应按表 3 选取。对于同一 U_m 值有两种绝缘水平的选择，按 GB/T 311.1 的规定。

c）外绝缘强度的试验，通常是进行额定短时工频耐受电压湿试验或正极性操作冲击耐受电压湿试验。

表 3		标准绝缘水平		kV
系统标称电压 （方均根值）	设备最高电压 U_m （方均根值）	额定短时工频耐受电压 （方均根值）	额定雷电冲击耐受电压 （峰值）	额定操作冲击耐受电压 （峰值）
35	40.5	80/95	185/200	—
66	72.5	140	325	—
		160	350	—
110	126	185/200	450/480	—
		230	550	—
220	252	395	950	—
		460	1050	—
330	363	510	1175	950
500	550	680	1550	1175
		740	1675	1300
750	800	975	2100	1550

5.2.2　电容分压器的低压端子

具有低压端子的电容分压器，其低压端子与接地端子之间应承受工频试验电压 4kV（方均根值）历时 1min。试验时的注意事项如下：

——进行本项试验和 5.2.3 试验时，电磁单元不必断开。

注：各试验电压适用于无论装有或不装带过电压保护的载波附件的电容式电压互感器。

——如果低压端子与地之间装有保护间隙，试验时应防止它动作。试验时载波附件应断开。

——如果试验电压对载波附件与低压端子的绝缘配合而言过低，可按用户要求采用较高值。

5.2.3　暴露于大气中的低压端子

如果低压端子暴露于大气中，其低压端子与接地端子之间应承受工频试验电压 10kV（方均根值），历时 1min。

5.2.4　局部放电

经施加预加电压之后，在表 4 所规定的局部放电测量电压下的局部放电水平应不超过该表中规定的限值。

局部放电要求适用于充整的电容分压器，或作为叠柱的一部分的电容器单元，或作为电容分压器的一部分的电容器叠柱。

局部放电测量时电磁单元不接入。电磁单元中绝缘的场强低，不要求测量局部放电。

表 4   局部放电的测量电压和允许水平

系统中性点接地方式	局部放电测量电压（方均根值）kV	局部放电允许水平 pC
中性点有效接地系统（接地故障因数≤1.4）	U_m	10
	$1.2U_m/\sqrt{3}$	5
中性点不接地或非有效接地系统（接地故障因数>1.4）	$1.2U_m$	10
	$1.2U_m/\sqrt{3}$	5

注 1：如果系统中性点的接地方式不明确，则以中性点不接地或非有效接地的规定值为准。
注 2：局部放电允许水平对于非额定频率也适用。
注 3：如果仅测试电容分压器的部件时，其测量电压值等于：
            1.05×CVT 的测量电压×（单元的额定电压/CVT 的额定电压）
或者
            1.05×CVT 的测量电压×（叠柱的额定电压/CVT 的额定电压）

5.2.5 截断留电冲击试验

本试验是为了检验电容器的内部连接。试验应在完整的电容式电压互感器上进行。试验电压的峰值为额定需电冲击电的 115%。

5.2.6 工频电容

单元、叠柱及电容分压器的电容 C 的偏差，应不超过其额定电容的-5%～+10%。组成电容器叠柱的任何两个单元的电容之比值偏差，应不超过其单元额定电压之比的倒数的 5%。

注 1： $C = C_0/n$
式中：n——串联的元件数量；

   C_0——单个元件的电容。

注 2：实际电容应在定义额定电容的温度下测量，或参照此温度进行折合。

5.2.7 电容器的工频损耗

电容器的损耗用 10kV 和 $0.9U_{pr}$～$1.1U_{pr}$ 下测得的 $\tan\delta$ 来表示，其要求值可由制造方与用户协商确定。

注 1：目的是检验生产制造的一致性，允许变化的限值可由制造方与用户协商确定。

注 2：$\tan\delta$ 值取决于绝缘设计以及电压、温度和测量频率。

注 3：某些介质的 $\tan\delta$ 值是测量前施加电压时间的函数。

注 4：电容器的损耗是检验干燥和浸渍工艺的指标。

注 5：作为参考值，用矿物油或合成油浸渍的各种介质，在 20℃（293K）时的典型 $\tan\delta$ 值为

——复合介质：膜—纸—膜或纸—膜—纸≤0.0015；

——全膜介质≤0.001。

5.2.8 电磁单元

5.2.8.1 绝缘水平

a）电磁单元的额定雷电冲击耐受电压应等于：
       电容式电压互感器的雷电冲击试验电压×K×$[C_{1r}/(C_{1r}+C_{2r})]$（峰值）

式中：K——电压分布不均匀系数，可取 1.05；

   C_{1r}——高压电容器的额定电容；

   C_{2r}——中压电容器的额定电容。

b）电磁单元的额定短时工频耐受电压应等于通过以下两式计算后的较大值：
       电容式电压互感器的短时工频试验电压×K×$[C_{1r}/(C_{1r}+C_{2r})]$（方均根值）
       电容式电压互感器的额定一次电压×3.6×$[C_{1r}/(C_{1r}+C_{2r})]$（方均根值）

式中：K——电压分布不均匀系数，可取 1.05；

C_{1r}——高压电容器的额定电容；

C_{2r}——中压电容器的额定电容；

注 1：试验 a）可在完整的电容式电压互感器上进行。

注 2：对试验 b），电磁单元可与电容分压器断开。

5.2.8.2 段间绝缘要求

绕组分为两段或多段时，段间绝缘应能承受额定短时工频耐受电压 3kV（方均根值），历时 1min。

5.2.8.3 二次绕组的绝缘要求

绕组绝缘应能承受额定短时工频耐受电压 3kV（方均根值），历时 1min。

5.2.8.4 补偿电抗器及其保护器件的绝缘要求

补偿电抗器绕组端子之间的绝缘水平及其保护器件的电压特性，应与在二次侧短路和开断等过程中电抗器上可能出现的最大过电压水平相适应。具体数值由制造方规定。

5.2.8.5 中压回路接地端子的绝缘要求

电磁单元中压回路的接地端子与地之间的绝缘应能承受工频耐受电压 4kV（方均根值），历时 1min。

5.2.8.6 电磁单元用变压器油介质主要性能要求

电磁单元的绝缘介质采用变压器油时，其主要性能要求如下：

a）油的击穿电压不小于 40kV，试验方法按 GB/T 507 进行试验；

b）变压器油的介质损耗因数小于 0.5%（90℃），试验方法按 GB/T 5654 进行试验。

5.2.9 外绝缘要求

5.2.9.1 户外电容式电压互感器

电容式电压互感器外绝缘应按照现场污秽区图及 GB/T 26218.2 选定。对易受污秽的户外型电压互感器，表 5 给出了给定污秽等级下互感器外绝缘的最小标称爬电比距。

表5　　　　　户外电压互感器不同污秽等级下的最小标称爬电比距

污秽等级	相对地之间最小标称爬电比距（设备最高电压）mm/kV	爬电距离/弧闪距离
I	16	≤3.5
II	20	
III	25	≤4.0
IV	31	

注 1：互感器外绝缘形状对其表面绝缘的特性有很大影响。
注 2：在特别严重污秽条件下，标称爬电比距取 31mm/kV 可能不够。根据运行经验和/或试验室试验结果，可选取更大的爬电比距，但在某些情况下也可能需要考虑冲洗的可能性。
注 3：对于易受污染的户内型产品，可参照本表选取其表面绝缘的爬电比距。

5.2.9.2 海拔对外绝缘的影响

对用于海拔高于 1000m，但不超过 4000m 处的互感器的外绝缘，海拔每升高 100m，绝缘强度约降低 1%。在海拔不高于 1000m 的地点试验时，其外绝缘试验电压应按额定耐受电压乘以海拔校正因数 k。

$$k=\frac{1}{1.1-h\times10^{-4}}$$

式中：h——互感器安装地点的海拔高度，m。

如用户另有要求，海拔校正因数可参见附录 A 的规定选取，但应在订货合同中注明。

注：内绝缘的电介质强度不受海拔影响。外绝缘的检查方法由制造厂与用户协商确定。

5.2.9.3 爬电距离的修正

套管伞裙应按照 JB/T 5895 的规定，选用不等径大、小伞裙，伞间距离和伞伸出之比一般不小于 0.8［对于无棱光伞（非防污）一般不小于 0.65］，套管直径较大时，爬电距离应予增大，按平均直径 D_m，推

271

荐直径系数 K_D 如下：

$$L=K_D\lambda U_m$$

式中：L——爬电距离；

K_D——直径系数；

λ——爬电比距；

U_m——系统最高电压。

按平均直径（D_m），推荐直径系数 K_D 如下：

——K_D=1.0 时，D_m＜300mm；

——K_D=1.1 时，300mm≤D_m≤500mm；

——K_D=1.2 时，D_m＞500mm。

6.2.3.7（2）本项目的查评依据如下。

【依据】《国家电网公司十八项电网重大反事故措施》（国家电网生〔2012〕352 号）

同 6.2.3.6.3【依据 1】

6.2.3.7（3）本项目的查评依据如下。

【依据 1】《互感器 第 1 部分：通用技术要求》（GB/T 20840.1—2010）

同 6.2.3.6.4【依据 1】

【依据 2】《互感器 第 3 部分：电磁式电压互感器的补充技术要求》（GB/T 20840.3—2013）

6.304 对油浸式电压互感器的结构要求

为保证油浸式电压互感器的运行安全，对其结构的要求如下：

a）设备最高电压 U_m≥40.5kV 的电压互感器，应有保证绝缘油与外界空气不直接接触或完全隔离的装置（例如金属膨胀器），或其他的防油老化措施。

b）设备最高电压 U_m≥40.5kV 的电压互感器，应装有油面（油位）指示装置，且应有最低油面（油位）指示标志。对于某些电压互感器（例如其油面或油位不随温度变化者等），应装有指示油量装置。

c）油箱（底座）下部应装有取油样或放油用的阀门，放油阀门装设位置应能放出电压互感器中最低处的油。

【依据 3】《电力用电磁式电压互感器使用技术规范》（DL/T 726—2013）

7.1.2 对油浸式电压互感器的要求

a）66kV 及以上电压互感器应采用金属膨胀器微正压密封，35kV 及以下电压互感器应具有保证绝缘油与外界空气不直接接触的隔离装置，或其他防油老化的措施。

b）35kV 及以上的电压互感器应具有油位指示装置，并应具有最高和最低允许油位指示标志。

c）在互感器的油箱下部应装有便于从地面观察的取油样或放油用的塞子或阀门，其位置应能放出互感器最低处的油。

d）互感器应具有良好的密封性能和足够的机械强度。

7.1.3 对 SF_6 气体绝缘电压互感器的要求

a）应具有良好的密封性能，在环境温度 20℃条件下，互感器内部 SF_6 气体应为额定压力，在其他环境温度下，应自动换算成 20℃时的 SF_6 气体内部压力。当达到报警压力时，应自动报警。

b）66kV 及以上的 SF_6 气体绝缘电压互感器，在互感器的壳体上应配有压力释放装置、压力指示器、密度继电器。

c）SF_6 气体绝缘互感器年泄漏率应不大于 0.5%。

d）SF_6 气体绝缘互感器应配备气体取样阀门及接头，便于补气及校验。

【依据 4】《国家电网公司十八项电网重大反事故措施》（国家电网生〔2012〕352 号）

同 6.2.3.6.4【依据 4】

【依据 5】《国家电网公司水电厂重大反事故措施》（国家电网基建〔2015〕60 号）

同 6.2.3.6.4【依据 5】

6.2.3.7（4）本项目的查评依据如下。

【依据1】《互感器　第1部分：通用技术要求》（GB/T 20840.1—2010）

同6.2.3.6.5【依据1】

【依据2】《电力用电磁式电压互感器使用技术规范》（DL/T 726—2013）

4.2　正常使用条件

4.2.1　环境温度

环境温度分为三类，见表1。

表1　环　境　温　度　类　别　　　　　　　　　　　　　　　　　　℃

类　　别	最低温度	最高温度
−5/40	−5	40
−25/40	−25	40
−40/40	−40	40

注1：在选择温度类别时，贮存和运输条件也应考虑。

注2：如互感器组装在其他设备（例如GIS、断路器）中，互感器应按有关设备的温度条件作规定。

4.2.2　海拔

海拔不超过1000m。

4.2.3　耐受地震能力

地震烈度分为7，8，9度，应符合GB 50260和GB/T 13540的要求。

4.2.4　户内电压互感器的其他使用条件

户内电压互感器所考虑的其他使用条件如下：

a）太阳辐射影响可以忽略。

b）环境空气无明显灰尘、烟、腐蚀性气体、蒸汽或盐雾的污染。

c）湿度条件如下：

1）24h内测得的相对湿度平均值不超过95%；

2）24h内的水蒸气压强平均值不超过2.2kPa；

3）一个月内的相对湿度平均值不超过90%；

4）一个月内的水蒸气压强平均值不超过1.8kPa。

在上述条件下，凝露可能会偶尔出现。

注1：在高湿度期间，凝露可能在温度突然变化时出现。

注2：为了能够承受高湿度和凝露的作用，防止绝缘击穿或金属件腐蚀，电压互感器应按此使用条件设计。

注3：采用特殊设计的壳套（外绝缘），采取适当的通风和加热或者使用除湿设备，可以防止凝露。

4.2.5　户外电压互感器的其他使用条件

户外电压互感器所考虑的其他使用条件如下：

a）24h内测得的环境气温平均值不超过35℃。

b）太阳辐射水平高达1000W/m²（晴天中午）时应予考虑。

c）环境空气可能有灰尘、烟、腐蚀性气体、蒸汽或盐雾的污染，其污染不超过JB/T 5895规定的污秽等级。

d）风压不超过0.7kPa（相当于风速为34m/s）。

e）应考虑出现凝露和降水。

f）覆冰厚度不超过10mm。

6.6　温升限值

6.6.1　一般要求

电压互感器在规定电压、额定频率、各二次绕组接有额定负荷（如果有几个额定负荷，取最大的额定负荷）以及负荷的功率因数为 1.0（滞后）下，温升应不超过表 13 的规定值。

对施加于互感器上的电压值的规定如下：

a）所有的电压互感器，无论其额定电压因数和额定时间如何，均应在 1.2 倍额定一次电压下进行试验。如果规定了热极限输出，互感器还应在额定一次电压和对应其热极限输出且功率因数为 1 的负荷（其他绕组不接负荷）下，剩余电压绕组不接负荷时进行试验。如果对一个或多个二次绕组规定了热极限输出，应分别对互感器每个绕组进行试验，每次试验只有一个二次绕组接有对应其热极限输出且功率因数为 1 的负荷。试验应连续进行，直到互感器温度达到稳定为止。

b）额定电压因数为 1.5 或 1.9，额定时间为 30s 的电压互感器，应在连续施加 1.2 倍额定电压和足够的时间下达到稳定热状态后，立即以其各自的额定电压因数施加电压，历时 30s，绕组温升不超过规定限值的 10K。这种互感器也可从冷状态开始试验，以其各自的额定电压因数施加电压，历时 30s，绕组温升不应超过 10K。

注：如果能用其他方法证明互感器在这些条件下满足要求时，则可不进行本试验。

c）额定电压因数为 1.9，额定时间为 8h 的电压互感器，应在连续施加 1.2 倍额定电压和足够的时间下达到稳定热状态后，立即施加 1.9 倍额定电压试验，历时 8h，绕组温升不应超过规定限值的 10K。

绕组温升受其本身绝缘或周围介质的最低绝缘等级限制。各绝缘等级的最高温升见表 13。

表 13   电压互感器不同部位不同绝缘材料的温升限值   单位：K

互 感 器 部 分			温升限值
油浸式互感器	顶层油		50
	顶层油（对于全密封机构）		55
	绕组平均		60
	绕组平均（对于全密封机构）		65
	接触油的其他金属		与绕组相同
固体或气体绝缘互感器	绕组平均（对于接触右列等级绝缘材料）	Y	45
		A	60
		E	75
		B	85
		F	110
		H	135
	接触上列等级绝缘材料的其他金属件		与绕组相同
用螺栓或类似紧固件连接的接触处	裸铜、裸铜合金或裸铝合金	在空气中	50
		在 SF₆ 中	75
		在油中	60
	被覆银或镍	在空气中	75
		在 SF₆ 中	75
		在油中	60
	被覆锡	在空气中	65
		在 SF₆ 中	65
		在油中	60

6.6.2 海拔对温升的影响

如果互感器规定在海拔超过 1000m 处使用而试验处海拔低于 1000m 时，表 13 的温升限值 ΔT 应按使用处海拔超出 1000m 后的每 100m 减去下列数值（见图 1）；

a）油浸式互感器：0.4%；

b）干式和气体绝缘互感器：0.5%。

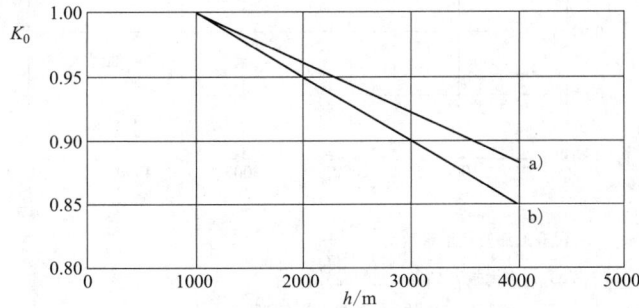

图 1　温升的海拔校正因数

温升的海拔校正因数
$$K_0 = \frac{\Delta T_h}{\Delta T_{h0}}$$

式中：ΔT_h——海拔 $h > 1000\text{m}$ 处的温升；

ΔT_{h0}——表 6 规定的温升限值 ΔT（海拔 $h_0 \leqslant 1000\text{m}$ 处）。

【依据 3】《电力用电容式电压互感器使用技术规范》（DL/T 1251—2013）

4.2.1　环境温度

环境温度分为 3 类，列于表 1。

表 1　　　　　　　　　　　　　　环 境 温 度 类 别

类　　别	最低温度 ℃	最高温度 ℃
−5/40	−5	40
−25/40	−25	40
−40/40	−40	40

注：选择温度类别时还应考虑储存和运输条件。

5.6　温升限值

5.6.1　一般要求

除非另有规定，电容式电压互感器在规定电压、额定频率和额定负荷（或如有多个额定负荷时的最大额定负荷）及负荷的功率因数 0.8 滞后与 1 之间的任意值时，其温升 ΔT 应不超过表 7 所列的相应值。

如果规定的环境温度超过 4.2 的给定值，表 7 的允许温升 ΔT 应减去环境温度的超过值。

绕组的温升 ΔT 由它本身或包围它的介质的最低绝缘等级限定。各绝缘等级的最高温升列于表 7 中。

表 7　　　　　　　　　　　　　　　绕组的温升限值　　　　　　　　　　　　　　　　　　　K

互 感 器 部 分	温 升 限 值
——顶层油	50
——顶层油（对于全密封结构）	55
——绕组平均	60
——绕组平均（对于全密封结构）	65
——接触油的其他金属件	与绕组相同

5.6.2　海拔对温升的校正

如果电容式电压互感器规定在海拔超过 1000m 的地区使用，而试验处于海拔低于 1000m，则表 7 的温升限值 ΔT 应按工作地点的海拔超过 1000m 后的每 100m 减去 0.4%（见图 1）。

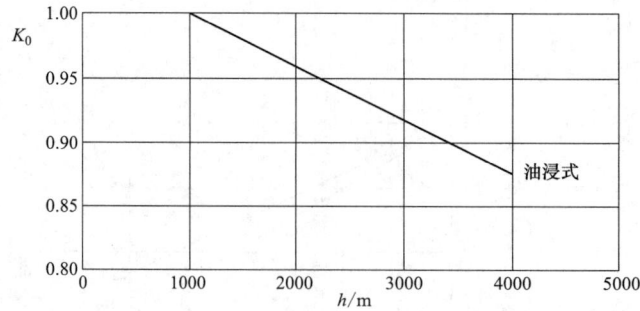

温升的海拔校正系数 $K_0=\dfrac{\Delta T_h}{\Delta T_{h0}}$

ΔT_h：在海拔$h>1000m$处的温升；

ΔT_{h0}：海拔$h_0 \leqslant 1000m$处的温升限值ΔT。

图 1　温升的海拔校正系数

【依据4】《国家电网公司十八项电网重大反事故措施》（国家电网生〔2012〕352号）

11.1.2.4　电流互感器的一次端子所受的机械力不应超过制造厂规定的允许值，其电气连接应接触良好，防止产生过热故障及电位悬浮。互感器的二次引线端子应有防转动措施，防止外部操作造成内部引线扭断。

11.1.3.3　互感器的一次端子引线连接端要保证接触良好，并有足够的接触面积，以防止产生过热性故障。一次接线端子的等电位连接必须牢固可靠。其接线端子之间必须有足够的安全距离，防止引线线夹造成一次绕组短路。

11.1.3.11　严格按照《带电设备红外诊断应用规范》（DL/T 664—2008）的规定，开展互感器的精确测温工作。新建、改扩建或大修后的互感器，应在投运后不超过1个月内（但至少在24h以后）进行一次精确检测。220kV及以上电压等级的互感器每年在季节变化前后应至少各进行一次精确检测。在高温大负荷运行期间，对220kV及以上电压等级互感器应增加红外检测次数。精确检测的测量数据和图像应存入数据库。

【依据5】《国家电网公司水电厂重大反事故措施》（国家电网基建〔2015〕60号）

同6.2.3.6.5**【依据3】**

6.2.3.7（5）本项目的查评依据如下。

【依据】《互感器　第3部分：电磁式电压互感器的补充技术要求》（GB/T 20840.3—2013）

6.303　对出线端子的要求

电压互感器二次出线端子的螺纹直径应不小于5mm。二次出线端子及紧固件应由铜或铜合金制成，并应有可靠的防锈镀层。

二次出线端子板应具有良好的防潮性能。

6.2.3.7（6）本项目的查评依据如下。

【依据1】《互感器　第1部分：通用技术要求》（GB/T 20840.1—2010）

同6.2.3.6.7**【依据1】**

【依据2】《水电厂防雷接地技术规范》（Q/GDW46 10001—2017）

同6.2.3.6.7**【依据4】**

6.2.3.7（7）本项目的查评依据如下。

【依据1】《电力用电容式电压互感器使用技术规范》（DL/T 1251—2013）

6.1.1　一般要求

a）电磁单元输入端对地不得安装用于限制铁磁谐振的氧化锌避雷器。

【依据2】《国家电网公司十八项电网重大反事故措施》（国家电网生〔2012〕352号）

11.1.1.3　电容式电压互感器的中间变压器高压侧不应装设MOA。

【依据3】《国家电网公司水电厂重大反事故措施》（国家电网基建〔2015〕60号）

12.4.1.1.3　电容式电压互感器的中间变压器高压侧不应装设氧化锌避雷器。

6.2.3.7（8）本项目的查评依据如下。

【依据1】《变压器油中溶解气体分析和判断导则》（GB/T 7252—2001）

第5、9、10章（略）

【依据2】《电力设备预防性试验规程》（DL/T 596—1996）

7.2 电压互感器

7.2.1 电磁式和电容式电压互感器的试验项目、周期和要求分别见表8和表9。

表8　　　　　　　　　　　　　电磁式电压互感器的试验项目、周期和要求

序号	项目	周期	要 求							说 明
1	绝缘电阻	1）1～3年； 2）大修后； 3）必要时	自行规定							一次绕组用2500V绝缘电阻表，二次绕组用1000V或2500V绝缘电阻表
2	tanδ（20kV及以上）	1）绕组绝缘： a）1～3年； b）大修后； c）必要时。 2）66kV～220kV串级式电压互感器支架： a）投运前； b）大修后； c）必要时	1）绕组绝缘tanδ（%）不应大于下表中数值：							串级式电压互感器的tanδ试验方法建议采用末端屏蔽法，其他试验方法与要求自行规定
			温度℃	5	10	20	30	40		
			35kV及以下 大修后	1.5	2.5	3.0	5.0	7.0		
			运行中	2.0	2.5	3.5	5.5	8.0		
			35kV以上 大修后	1.0	1.5	2.0	3.5	5.0		
			运行中	1.5	2.0	2.5	4.0	5.5		
			2）支架绝缘tanδ一般不大于6%							
3	油中溶解气体的色谱分析	1）投运前； 2）1～3年（66kV及以上）； 3）大修后； 4）必要时	油中溶解气体组分含量（体积分数）超过下列任一值时应引起注意： 总烃 100×10^{-6} H_2 150×10^{-6} C_2H 22×10^{-6}							1）新投运互感器的油中不应含有C_2H_2； 2）全密封互感器按制造厂要求（如果有）进行
4	交流耐压试验	1）3年（20kV及以下）； 2）大修后； 3）必要时	1）一次绕组按出厂值的85%进行，出厂值不明的，按下列电压进行试验：							1）串级式或分级绝缘式的互感器用倍频感应耐压试验； 2）进行倍频感应耐压试验时应考虑互感器的容升电压； 3）倍频耐压试验前后，应检查有否绝缘损伤
			电压等级 kV	3 6	10	15 20	35	66		
			试验电压 kV	15 21	30	38 47	72	120		
			2）二次绕组之间及末屏对地为2kV； 3）全部更换绕组绝缘后按出厂值进行							
5	局部放电测量	1）投运前； 2）1～3年（20～35kV固体绝缘互感器）； 3）大修后； 4）必要时	1）固体绝缘相对地电压互感器在电压为$1.1U_m/\sqrt{3}$时，放电量不大于100pC，在电压为$1.1U_m$时（必要时），放电量不大于500pC。固体绝缘相对相电压互感器，在电压为$1.1U_m$时，放电量不大于100pC； 2）110kV及以上油浸式电压互感器在电压为$1.1U_m/\sqrt{3}$时，放电量不大于20pC							1）试验按GB/T 5583进行； 2）出厂时有试验报告者投运前可不进行试验或只进行抽查试验
6	空载电流测量	1）大修后； 2）必要时	1）在额定电压下，空载电流与出厂数值比较无明显差别； 2）在下列试验电压下，空载电流不应大于最大允许电流： 中性点非有效接地系统 $1.9U_n/\sqrt{3}$ 中性点接地系统 $1.5U_n/\sqrt{3}$							
7	密封检查	1）大修后； 2）必要时	应无渗漏油现象							试验方法按制造厂规定
8	铁芯夹紧螺栓（可接触到的）绝缘电阻	大修时	自行规定							采用2500V绝缘电阻表
9	连接组别和极性	1）更换绕组后； 2）接线变动后	与铭牌和端子标志相符							

续表

序号	项目	周期	要求	说明
10	电压比	1）更换绕组后； 2）接线变动后	与铭牌标志相符	更换绕组后应测量比值差和相位差
11	绝缘油击穿电压	1）大修后； 2）必要时	见第 13 章	

注：投运前指交接后长时间未投运而准备投运之前，及库存的新设备投运之前。

表 9   电容式电压互感器的试验项目、周期和要求

序号	项目	周期	要求	说明
1	电压比	1）大修后； 2）必要时	与铭牌标志相符	
2	中间变压器的绝缘电阻	1）大修后； 2）必要时	自行规定	采用 2500V 绝缘电阻表
3	中间变压器的 $\tan\delta$	1）大修后； 2）必要时	与初始值相比不应有显著变化	

注：电容式电压互感器的电容分压器部分的试验项目、周期和要求见第 12 章。

7.2.2 各类试验项目：

定期试验项目见表 8 中序号 1、2、3、4、5。

大修时或大修后试验项目见表 8 中序号 1、2、3、4、5、6、7、8、9、10、11（不更换绕组可不进行 9、10 项）和表 9 中序号 1、2、3。

【依据 3】《输变电设备状态检修试验规程》（DL/T 393—2010）

第 5.4、5.5 条（略）

【依据 4】《水电站电气设备预防性试验规程》（Q/GDW 11150—2013）

8.4 电磁式电压互感器（油浸式绝缘）

电磁式电压互感器（油浸式绝缘）的试验项目、周期和要求见表 9。

表 9   电磁式电压互感器（油浸式绝缘）的试验项目、周期和要求

序号	项目	周期	要求	说明
1	绕组绝缘电阻	1）3 年； 2）必要时	1）与历次试验结果和同类设备的试验结果相比无显著差别； 2）不应低于出厂值或初始值的 70%，且不宜低于 1000MΩ； 3）测量电压互感器接地端（N）对外壳（地）的绝缘电阻，绝缘电阻值不宜小于 1000MΩ。若末屏对地绝缘电阻小于 1000MΩ 时，应测量其 $\tan\delta$	1）用 2500V 绝缘电阻表； 2）测量时非被试绕组、外壳应接地； 3）必要时，如：怀疑有绝缘缺陷时
2	绕组直流	必要时	与初始值或出厂值相比较，应无明显差别	
3	$\tan\delta$（35kV 以上）	1）绕组绝缘： —3 年； —必要时； 2）110kV 及以上串级式电压互感器支架： —投运前； —必要时	1）$\tan\delta$（%）不应大于下表中数值： <table><tr><td>温度℃</td><td></td><td>5</td><td>10</td><td>20</td><td>30</td><td>40</td></tr><tr><td>35kV及以下</td><td>大修后</td><td>1.5</td><td>2.5</td><td>3.0</td><td>5.0</td><td>7.0</td></tr><tr><td></td><td>运行中</td><td>2.0</td><td>2.5</td><td>3.5</td><td>5.5</td><td>8.0</td></tr><tr><td>35kV以上</td><td>大修后</td><td>1.0</td><td>1.5</td><td>2.0</td><td>3.5</td><td>5.0</td></tr><tr><td></td><td>运行中</td><td>1.5</td><td>2.0</td><td>2.5</td><td>4.0</td><td>5.5</td></tr></table>2）与历次试验结果相比无明显变化； 3）支架绝缘 $\tan\delta$ 一般不大于 6%	1）串级式电压互感器的 $\tan\delta$ 试验方法建议采用末端屏蔽法，其他试验方法与要求自行规定，分级绝缘电压互感器试验电压为 3000V； 2）前后对比宜采用同一试验方法

序号	项目	周期	要求	说明
4	110kV 及以上电压互感器油中溶解气体的色谱分析	1）3 年； 2）投运 1 年内； 3）必要时	运行中油中溶解气体组分含量（μL/L）超过下列任一值时应引起注意： 1）220kV 及以上：总烃：100；H_2：150；C_2H_2：2。 2）110kV 及以下：总烃：100；H_2：150；C_2H_2：3	1）新投运互感器的油中不应含有 C_2H_2； 2）运行中制造厂明确要求不进行色谱分析时，才可不进行； 3）必要时，如：怀疑有内部放电时
5	交流耐压试验	1）大修后； 2）必要时	1）一次绕组试验电压按出厂值 80%。 2）二次绕组之间及其对外壳的工频耐压标准为 2kV，可用 2500V 绝缘电阻表代替	1）串级式或分级绝缘式的互感器用倍频感应耐压试验，同时应考虑互感器的容升电压（频率 150Hz 时，110kV 为 5%，220kV 为 10%）； 2）耐压试验前后，应检查有否绝缘情况； 3）必要时，如：怀疑有绝缘缺陷时
6	局部放电试验	必要时	油浸式相对地电压互感器在测量 电压为 $1.2U_m/\sqrt{3}$ 时，视在放电量不大于 20pC	1）试验接线按 GB/T 5583 进行； 2）只对 110kV 及 220kV； 3）预加电压为其感应耐压的 80%； 4）必要时，如： 对绝缘有怀疑时应进行
7	空载电流和特性试验	大修后	1）额定电压下，空载电流与出厂值比较无明显差别； 2）空载电流不应大于最大允许电流： 中性点非有效接地系统 $1.9U_n/\sqrt{3}$ 中性点接地系统 $1.5U_n/\sqrt{3}$	1）从二次绕组加压试验，测量该绕组工频电流。 2）至少记录 2 个试验电压下的空载电流：额定电压、$1.9U_n/\sqrt{3}$ 或 $1.5U_n/\sqrt{3}$
8	连接组别和极性	1）更换绕组后； 2）接线变动后	与铭牌和端子标志相符	
9	电压比	1）更换绕组后； 2）接线变动后	与铭牌标志相符	1）对于计量计费用绕组应测量比值差和相位差； 2）更换绕组后应测量比值差和相位差
10	铁芯夹紧螺栓（可接触到的）绝缘电阻	大修时	一般不得低于 100MΩ	1）用 2500V 绝缘电阻表； 2）吊芯时进行
11	密封检查	1）大修后； 2）必要时	应无渗漏油现象	试验方法按制造厂规定
12	红外热像检测	1）220kV 及以上：3 个月。 110kV 及以下：6 个月。 2）必要时	按 DL/T 664—2008《带电设备红外诊断应用规范》执行	1）用红外热像仪测量； 2）大修后的互感器，应在投运后不超过 1 个月内（但至少在 24h 以后）进行一次精确检测。220kV 及以上电压等级的互感器每年在季节变化前后应至少各进行一次精确检测。在高温大负荷运行期间，对 220kV 及以上电压等级互感器应增加红外检测次数（1 月 1 次）。精确检测的测量数据和图像应存入数据库。 3）必要时，如： 怀疑有过热缺陷时

8.5 电磁式电压互感器（SF_6 气体绝缘）

电磁式电压互感器（SF_6 气体绝缘）的试验项目、周期和要求见表 10。

表 10   电磁式电压互感器（SF$_6$气体绝缘）的试验项目、周期和要求

序号	项 目	周 期	要 求	说 明
1	绝缘电阻	1）大修后； 2）必要时	1）与历次试验结果和同类设备的试验结果相比无显著差别； 2）不应低于出厂值或初始值的 7%	1）采用 2500V 绝缘电阻表； 2）必要时，如：怀疑有绝缘缺陷时
2	绕组直流电阻测量	1）大修后； 2）必要时	与初始值或出厂值相比较，应无明显差别	
3	交流耐压试验	1）大修后； 2）必要时	1）一次绕组试验电压按出厂值 80% 进行； 2）二次绕组之间及其对外壳的工频耐压标准为 2kV，可用 2500V 绝缘电阻表代替	1）倍频感应耐压试验，同时应考虑互感器的容升电压。 2）耐压试验前后，应检查有否绝缘损伤。 3）必要时，如： —怀疑有绝缘故障时； —补气较多时（表压小于 0.2MPa）
4	空载电流和励磁特性	1）大修后； 2）必要时	1）在额定电压下，空载电流与出厂值比较无明显差别； 2）在下列试验电压下，空载电流的增量不应大于出厂试验值的 10%： 中性点非有效接地系统 $1.9U_n/\sqrt{3}$； 中性点接地系统 $1.5U_n/\sqrt{3}$	
5	连接组别和极性	1）更换绕组后； 2）接线变动后	与铭牌和端子标志相符	
6	电压比	1）更换绕组后； 2）接线变动后	与铭牌标志相符	对于计量计费用绕组应测量比值差和相位差
7	SF$_6$电压互感器气体的湿度（20℃的体积分数）μL/L	1）投产后 1 年 1 次，如无异常，3 年 1 次； 2）大修后； 3）必要时	运行中：不大于 500μL/L； 大修后：不大于 250μL/L	1）按 GB/T 12022《工业六氟化硫》、DL/T 915《六氟化硫气体湿度测定法（电解法）》和 DL 506《现场 SF$_6$气体水分测量方法》进行。 2）必要时，如： —漏气超过要求； —设备异常时
8	SF$_6$电压互感器气体泄漏试验	1）大修后； 2）必要时	1）无明显漏点； 2）年漏气率不大于 0.5%	必要时，如：如压力继电器显示压力异常
9	现场分解产物测试 μL/L	必要时	超过以下参考值需引起注意： SO$_2$：不大于 3μL/L； H$_2$S：不大于 2μL/L； CO：不大于 100μL/L	1）建议结合现场湿度测试进行，参考 GB/T 8905—2012《六氟化硫电气设备中气体管理和检测导则》； 2）必要时，如：怀疑有故障时设备故障跳闸后
10	红外热像检测	1）220kV 及以上：3 个月；110kV 及以下：6 个月。 2）必要时	按 DL/T 664—2008《带电设备红外诊断应用规范》执行	1）用红外热像仪测量。 2）大修后的互感器，应在投运后不超过 1 个月内（但至少在 24h 以后）进行一次精确检测。220kV 及以上电压等级的互感器每年在季节变化前后应至少各进行一次精确检测。在高温大负荷运行期间，对 220kV 及以上电压等级互感器应增加红外检测次数（1 月 1 次）。精确检测的测量数据和图像存入数据库。 3）必要时，如：怀疑有过热缺陷时

8.6 电磁式电压互感器（固体绝缘）

电磁式电压互感器（固体绝缘）的试验项目、周期和要求见表 11。

表 11   电磁式电压互感器（固体绝缘）的试验项目、周期和要求

序号	项目	周期	要 求	说 明
1	绝缘电阻	1）3 年； 2）2 大修后； 3）必要时	1）与历次试验结果和同类设备试验结果相比无显著差别； 2）不低于出厂值或初始值的 70%	1）采用 2500V 绝缘电阻表； 2）必要时，如：怀疑有绝缘缺陷时
2	交流耐压试验	1）3 年（20kV 及以下）； 2）大修后； 3）必要时	1）一次绕组试验电压按出厂值的 80% 进行； 2）二次绕组之间及其对外壳的工频耐压标准为 2kV，可用 2500V 绝缘电阻表代替	必要时，如： —怀疑有绝缘故障时
3	局部放电试验	必要时	电压为 $1.2U_m/\sqrt{3}$ 时，视在放电量不大于 50pC	必要时，如： 对绝缘性能有怀疑时
4	空载电流和励磁特性	大修后	1）在额定电压下，空载电流与出厂值比较无明显差别。 2）在下列试验电压下，空载电流的增量不应大于出厂试验值的 10%；中性点非有效接地系统 $1.9U_n/\sqrt{3}$ 中性点接地系统 $1.5U_n/\sqrt{3}$	
5	连接组别和极性	1）更换绕组后； 2）接线变动后	与铭牌和端子标志相符	
6	电压比	1）更换绕组后； 2）接线变动后	与铭牌标志相符	1）对于计量计费用绕组应测量比值差和相位差； 2）更换绕组后应测量比值差和相位差
7	绕组直流电阻测量	1）大修后； 2）必要时	与初始值或出厂值相比较，应无明显差别	必要时，如：怀疑内部有故障时
8	红外热像检测	1 年 1 次	按 DL/T 664—2008《带电设备红外诊断技术应用导则》执行	用红外热像仪测量

8.7 电容式电压互感器

电容式电压互感器的试验项目、周期和要求见表 12。

表 12   电容式电压互感器的试验项目、周期和要求

序号	项目	周期	要 求	说 明
1	中间变压器二次绕组直流电阻	1）大修后； 2）必要时	与出厂值或初始值相比，应无明显差别	当一次绕组与分压电容器在内部连接而无法测量时可不测
2	中间变压器的绝缘电阻	1）3 年； 2）大修后； 3）必要时	1）与历次试验结果和同类型设备的试验结果相比无显著差别； 2）一次绕组对二次绕组及地应大于 1000MΩ，二次绕组之间及对地应大于 10MΩ	1）用 2500V 绝缘电阻表，从 X 端测量； 2）当一次绕组接地端在内部连接而无法测量时可不测
3	电压比	1）大修后； 2）必要时	与铭牌标志相符	计量有要求时应测量比值差和相位差
4	阻尼器检查	1）大修后； 2）必要时	1）绝缘电阻应大于 10MΩ； 2）阻尼器特性检查按制造厂要求进行	1）用 1000V 绝缘电阻表。 2）电容式电压互感器在投入前应检查阻尼器已接入规定的二次绕组的端子上。当阻尼器在制造厂已装入中间变压器内部时可不检查
5	电容器极间绝缘电阻	1）3 年； 2）必要时	一般不低于 5000MΩ	用 2500V 绝缘电阻表
6	分压电容值测量	1）3 年； 2）必要时	1）每节电容值偏差不超出初始值的 ±5%（警示值）； 2）电容值与出厂值比，增加量超过 +2% 时，应缩短试验周期；	1）用交流电桥法； 2）一相中任两节实测电容值之差是指实测电容之比值与这两单元额定电压之比值倒数之差；

序号	项 目	周 期	要　　求	说　明
6	分压电容值测量		3）由多节电容器组成的同一相，任何两节电容器的实测电容值相差不超过 5%	3）当采用电磁单元作为电源测量电容式电压互感器的电容分压器 C1 和 C2 的电容量及 tanδ 时，应按制造厂规定进行； 4）电容式电压互感器的电容分压器的电容值与出厂值相差超出±2%范围时，或电容分压比与出厂试验实测分压比相差超过 2%时，应进行准确度试验
7	分压电容 tanδ	1）3 年； 2）必要时	1）油纸绝缘 0.5%，如超过 0.5%但与历年测试值比较无明显变化且不大于 0.8%，可监督运行。 2）膜纸绝缘 0.2。若测试值超过 0.2% 应加强监视，超过 0.3% 应更换	1）上节电容器测量电压 10kV，中压电容的试验电压自定； 2）当 tanδ 值不符合要求时，应综合分析 tanδ 与电压的关系，并查明原因
8	中间变压器的 tanδ	1）3 年； 2）大修后； 3）必要时	与出厂值或初始值相比不应有显著变化	当一次绕组与分压电容器在内部连接而无法测量时可不测
9	交流耐压和局部放电	必要时	试验电压为出厂值的 75%，当电压升至试验电压 1min 后，降至 0.8×1.3U_m 时历时 10s，再降至 1.1$U_m/\sqrt{3}$ 保持 1min，局部放电量不大于 10pC	1）若耐压值低于 0.8×1.3U_m 时，则只进行局部放电试验； 2）必要时，如： —对绝缘性能或密封有怀疑时
10	低压端对地绝缘电阻	1）投运 1 年； 2）3 年	运行中不低于 10MΩ	1）用 2500V 绝缘电阻表； 2）低压端指"N"或"J"或"δ"等
11	红外热像检测	1）220kV 及以上：3 个月；110kV 及以下：6 个月。 2）必要时	按 DL/T 664—2008《带电设备红外诊断应用规范》执行	1）用红外热像仪测量。 2）大修后的互感器，应在投运后不超过 1 个月内（但至少在 24h 以后）进行一次精确检测。220kV 及以上电压等级的互感器每年在季节变化前后应至少各进行一次精确检测。在高温大负荷运行期间，对 220kV 及以上电压等级互感器应增加红外检测次数（1 月 1 次）。精确检测的测量数据和图像存入数据库。 3）必要时，如： 怀疑有过热缺陷时

6.2.3.8　避雷器

6.2.3.8（1）本项目的查评依据如下。

【依据 1】《交流无间隙金属氧化物避雷器》（GB/T 11032—2010）

3.8　避雷器额定电压 rated voltage of an arrester

U_r

施加到避雷器端子间的最大允许工频电压有效值，按照此电压所设计的避雷器，能在所规定的动作负载试验（见 8.5）中确定的暂时过电压下正确地工作。

注 1：额定电压是表明避雷器规定运行特性的一个重要参考参数。

注 2：本标准定义的额定电压就是在动作负载试验中，在大电流或长持续时间冲击电流之后施加的 10s 工频电压。

在 IEC 60099-1 以及某些国家标准中，用来确定电压额定值的试验包括在施加工频电压的情况下同时施加多次标称电流冲击。注意，用来确定电压额定值这两种方法不必要得出等价值（这种偏差的解决办法正在考虑中）。

【依据2】《交流电气装置的过电压保护和绝缘配合设计规范》（GB/T 50064—2014）

第5.4、5.5、6.4条（略）

6.2.3.8（2）本项目的查评依据如下。

【依据1】《污秽条件下使用的高压绝缘子的选择和尺寸确定　第1部分：定义、信息和一般原则》（GB/T 26218.1—2010）

【依据2】《污秽条件下使用的高压绝缘子的选择和尺寸确定　第2部分：交流系统用瓷和玻璃绝缘子》（GB/T 26218.2—2010）

【依据3】《污秽条件下使用的高压绝缘子的选择和尺寸确定　第3部分：交流系统用复合绝缘子》（GB/T 26218.3—2011）

【依据4】《交流无间隙金属氧化物避雷器》（GB/T 11032—2010）

6.1　避雷器外套的绝缘耐受

避雷器外套的绝缘耐受电压应根据避雷器使用的标称系统电压按GB/T 311.1—1997中对高压电器外绝缘的规定进行绝缘耐受试验。

GB/T 311.1—1997中高压电器外绝缘未规定的，按以下要求对避雷器外套进行绝缘耐受试验。

避雷器外套应能耐受下述电压：

——雷电耐受电压等于1.3倍避雷器的雷电冲击保护水平（见3.39）；

注1：系数1.3包括大气条件的变化及放电电流高于正常值。

——对于额定电压为288kV及以上的10000A和20000A的避雷器操作耐受电压等于1.25倍的避雷器操作冲击保护水平（见3.39）；

注2：系数1.25包括大气条件的变化及放电电流高于表6中的最大值（见8.3.3）。

——对于户外用避雷器外套应进行湿工频电压耐受试验；对于户内用避雷器外套应进行干工频电压耐受试验。

1500A，2500A及5000A的避雷器和强雷电负载的避雷器（附录C）外套应耐受1min工频电压，其电压峰值等于0.88倍雷电冲击保护水平。

额定电压低于288kV的10000A及20000A的避雷器外套应耐受1min工频电压，其电压峰值等于1.06倍操作冲击保护水平。

低压避雷器外套绝缘耐受电压见表3。

表3　低压避雷器外套的绝缘耐受电压　单位：kV

避雷器额定电压（有效值）	短时1min工频耐受电压（干试）（有效值）不小于	短时1min工频耐受电压（湿试）（有效值）不小于
0.28	3.0	2.0
0.50	4.0	2.5

6.2.1　避雷器的工频参考电压

每只避雷器（或避雷器元件）的工频参考电压应在制造厂选定的工频参考电流下测量。在例行试验中，应规定选用的工频参考电流下的避雷器最小工频参考电压值，并应在制造厂的资料中公布。

6.2.3.8（3）本项目的查评依据如下。

【依据】国家电网公司　《110（66）kV～750kV避雷器运行规范》（国家电网生技〔2005〕172号）

第四章　避雷器设备的运行、巡视、检查、维护项目及要求

第十四条　设备的正常运行巡视

（一）巡视项目及内容

（1）瓷套表面积污程度及是否出现放电现象，瓷套、法兰是否出现裂纹、破损；

（2）避雷器内部是否存在异常声响；

（3）与避雷器、计数器连接的导线及接地引下线有无烧伤痕迹或断股现象；

（4）避雷器放电计数器指示数是否有变化，计数器内部是否有积水；

（5）对带有泄漏电流在线监测装置的避雷器泄漏电流有无明显变化；

（6）避雷器均压环是否发生歪斜；

（7）带串联间隙的金属氧化物避雷器或串联间隙是否与原来位置发生偏移；

（8）低式布置的避雷器，遮拦内有无杂草。

（二）巡视要求

（1）避雷器设备的巡视工作应由输变电运行人员在设备的日常巡视工作中进行并做好巡视记录，巡视中发现避雷器设备存在异常现象时应在设备的异常与缺陷记录中进行详细记载，同时向上级汇报后按缺陷的处置原则（第十九条）进行处置。

（2）对带有泄漏电流在线监测装置的避雷器泄漏电流应进行记录，有人值守变电所每周至少记录 1 次，无人值守变电所每个巡视周期至少记录 1 次。

（3）雷雨时，严禁巡视人员接近避雷器设备及其他防雷装置。

第十五条　设备停运的检查和维护

（一）检查项目及内容

（1）检查瓷套、基座及法兰是否出现裂纹，瓷套表面是否有放电烧伤痕迹；

（2）复合绝缘外套及瓷外套的 RTV 涂层憎水性是否良好；

（3）水泥结合缝及其上的油漆是否完好；

（4）密封结构金属件是否良好；

（5）避雷器、计数器的引线及接地端子上以及密封结构金属件上是否有不正常变色和熔孔；

（6）与避雷器连接的导线及接地引下线有无烧伤痕迹或断股现象，避雷器接地端子是否牢固，是否可靠接地，接地引下线是否锈蚀；

（7）各连接部位是否有松动现象，金具和螺丝是否锈蚀；

（8）动作计数器连接线是否牢固，内部是否有积水现象；

（9）充气并带压力表的避雷器的气体压力值是否变化；

（10）带串联间隙的金属氧化物避雷器放电间隙是否良好。

（二）检查要求及维护原则

（1）避雷器的每次停电检查工作都应有相应的记录；

（2）应在停电检查中对避雷器瓷外套的污秽进行清扫（涂敷 RTV 涂料的避雷器及硅橡胶复合外套避雷器一般不用清扫）；

（3）为了提高瓷外套避雷器的耐污水平，可以在外套表面涂刷 RTV 涂料，但严禁对避雷器设备加装防污伞裙；

（4）检查复合外套及瓷外套的 RTV 涂层憎水性；

（5）清除低式布置避雷器遮拦内的杂草；

（6）检查中发现缺陷时应在设备的异常与缺陷记录中进行详细记载，同时向上级汇报后按缺陷的处置原则（第十九条）进行处置。

第十六条　特殊巡视

（一）特殊巡视的条件

当出现下列情况时，需对避雷器设备进行特殊巡视：

（1）缺陷的处置原则（第十九条）中规定的需经特殊巡视的设备；

（2）阴雨天及雨后；

（3）大风及沙尘天气；

（4）每次雷电活动后或系统发生过电压等异常情况后；

（5）运行 15 年及以上的避雷器。

（二）特殊巡视的要求

（1）对于符合特殊巡视条件（1）的避雷器，视缺陷程度增加巡视频次，着重观察异常现象或缺陷的发展变化情况。如缺陷为泄漏电流异常升高时，应缩短无串联间隙金属氧化物避雷器的带电测试周期，对磁吹碳化硅阀式避雷器应进行交流泄漏电流的带电测试，对于安装有泄漏电流在线监测装置的避雷器缩短记录周期，有人值守变电所每天记录 1 次，无人值守变电所每周至少记录 1 次。

（2）阴雨天及雨后的特殊巡视主要应观察避雷器外套是否存在放电现象，对于安装有泄漏电流在线监测装置的避雷器观察泄漏电流变化情况。

（3）大风及沙尘天气的特殊巡视主要应观察引流线与避雷器间连接是否良好，是否存在放电声音，垂直安装的避雷器是否存在严重晃动。对于悬挂式安装的避雷器还应观察风偏情况。沙尘天气中还应观察避雷器外套是否存在放电现象，对于安装有泄漏电流在线监测装置的避雷器观察泄漏电流变化情况。

（4）每次雷电活动后或系统发生过电压等异常情况后，应尽快进行特殊巡视工作，观察避雷器放电计数器的动作情况，观察瓷套与计数器外壳是否有裂纹或破损，与避雷器连接的导线及接地引下线有无烧伤痕迹，对于安装有泄漏电流在线监测装置的避雷器观察泄漏电流变化情况等。

（5）对于运行 15 年及以上的避雷器应重点跟踪泄漏电流的变化，停运后应重点检查压力释放板是否有锈蚀或破损。

（6）对于符合特殊巡视条件 2.及 3.的避雷器，巡视时应注意与避雷器设备保持足够的安全距离，避雷器外套或引流线与避雷器间出现严重放电时应远离避雷器进行观察。

（7）特殊巡视的结果应进行记录，对于符合特殊巡视条件 1.的避雷器和在其他特殊巡视项目中发现的异常情况应记入设备的异常与缺陷记录中。

（8）特殊巡视中出现紧急状况时应立即向上级汇报并按照缺陷的处置原则（第十九条）进行处理。

6.2.3.8（4）本项目的查评依据如下。

【依据 1】国家电网公司《110（66）kV～750kV 避雷器运行规范》（国家电网生技〔2005〕172 号）（第四章）

同 6.2.3.8.3【依据 1】

【依据 2】《水电厂防雷接地技术规范》（Q/GDW46 10001—2017）

同 6.2.3.6.7【依据 4】

6.2.3.8（5）本项目的查评依据如下。

【依据】国家电网公司《110（66）kV～750kV 避雷器运行规范》（国家电网生技〔2005〕172 号）（第四章）

同 6.2.3.8.3【依据 1】

6.2.3.8（6）本项目的查评依据如下。

【依据 1】国家电网公司《110（66）kV～750kV 避雷器运行规范》（国家电网生技〔2005〕172 号）（第四章）

同 6.2.3.8.3【依据 1】

【依据 2】《国家电网公司十八项电网重大反事故措施》（国家电网生〔2012〕352 号）

14.6.2　严格遵守避雷器交流泄漏电流测试周期，雷雨季节前后各测量一次，测试数据应包括全电流及阻性电流。

14.6.3　110kV 及以上电压等级避雷器应安装交流泄漏电流在线监测表计。对已安装在线监测表计的避雷器，有人值班的变电站每天至少巡视一次，每半月记录一次，并加强数据分析。无人值班变电站可结合设备巡视周期进行巡视并记录，强雷雨天气后应进行特巡。

6.2.3.8（7）本项目的查评依据如下。

【依据】《带电设备红外诊断应用规范》（DL/T 664—2008）

7.1　变（配）电设备的检测

正常运行变（配）电设备的检测应遵循检修和预试前普查、高温高负荷等情况下的特殊巡测相结合的原则。一般 220kV 及以上交（直）流变电站每年不少于两次，其中一次可在大负荷前，另一次可在停电检修及预试前，以便使查出的缺陷在检修中能够得到及时处理，避免重复停电。

110kV 及以下重要变（配）电站每年检测一次。

对于运行环境差、陈旧或有缺陷的设备，大负荷运行期间、系统运行方式改变且设备负荷突然增加等情况下，需对电气设备增加检测次数。

新建、改扩建或大修后的电气设备，应在投运带负荷后不超过 1 个月内（但至少在 24h 以后）进行一次检测，并建议对变压器、断路器、套管、避雷器、电压互感器、电流互感器、电缆终端等进行精确检测，对原始数据及图像进行存档。

建议每年对 330kV 及以上变压器、套管、避雷器、电容式电压互感器、电流互感器、电缆头等电压致热型设备进行一次精确检测，做好记录，必要时将测试数据及图像存入红外数据库，进行动态管理。有条件的单位可开展 220kV 及以下设备的精确检测并建立图库。

6.2.3.8（8）本项目的查评依据如下。

【依据1】国家电网公司《110（66）kV～750kV 避雷器运行规范》（国家电网生技〔2005〕172 号）（第四章）

同 6.2.3.8.3【依据1】

【依据2】《国家电网公司十八项电网重大反事故措施》（国家电网生〔2012〕352 号）

14.6.1 对金属氧化物避雷器，必须坚持在运行中按规程要求进行带电试验。当发现异常情况时，应及时查明原因。35kV 及以上电压等级金属氧化物避雷器可用带电测试替代定期停电试验，但对 500kV 金属氧化物避雷器应 3～5 年进行一次停电试验。

6.2.3.8（9）本项目的查评依据如下。

【依据】《国家电网公司水电厂重大反事故措施》（国家电网基建〔2015〕60 号）

12.5.1.3 避雷器不应单独加装辅助伞裙，应将防污闪辅助伞裙与防污闪涂料结合使用。

6.2.3.8（10）本项目的查评依据如下：

【依据】《国家电网公司水电厂重大反事故措施》（国家电网基建〔2015〕60 号）

12.7.3.1 对于低压侧有空载运行或者带短母线运行可能的变压器，应在变压器低压侧装设避雷器进行保护。

6.2.3.8（11）本项目的查评依据如下。

【依据】《国家电网公司十八项电网重大反事故措施》（国家电网生〔2012〕352 号）

10.2.6 避雷器部分

10.2.6.1 电容器组过电压保护用金属氧化物避雷器接线方式应采用星形接线，中性点直接接地方式。

10.2.6.2 电容器组过电压保护用金属氧化物避雷器应安装在紧靠电容器组高压侧入口处位置。

10.2.6.3 选用电容器组用金属氧化物避雷器时，应充分考虑其通流容量的要求。

6.2.3.8（12）本项目的查评依据如下。

【依据1】《电力设备预防性试验规程》（DL/T 596—1996）

14 避雷器

14.1 阀式避雷器的试验项目、周期和要求见表 39。

表 39　　　　　　　　　　　　　阀式避雷器的试验项目、周期和要求

序号	项目	周 期	要 求	说 明
1	绝缘电阻	1）发电厂、变电所避雷器每年雷雨季前； 2）线路上避雷器1～3年； 3）大修后； 4）必要时	1）FZ（PBC.LD）、FCZ 和 FCD 型避雷器的绝缘电阻自行规定，但与前一次或同类型的测量数据进行比较，不应有显著变化； 2）FS 型避雷器绝缘电阻应不低于 2500MΩ	1）采用 2500V 及以上绝缘电阻表； 2）FZ、FCZ 和 FCD 型主要检查并联电阻通断和接触情况

续表

序号	项目	周期	要求	说明
2	电导电流及串联组合元件的非线性因数差值	1）每年雷雨季前； 2）大修后； 3）必要时	1）FZ、FCZ、FCD 型避雷器的电导电流参考值见附录 F 或制造厂规定值，还应与历年数据比较，不应有显著变化。 2）同一相内串联组合元件的非线性因数差值，不应大于 0.05；电导电流相差值（%）不应大于30%。 3）试验电压如下： 元件额定电压 kV: 3 | 6 | 10 | 15 | 20 | 30 试验电压 U_1 kV: — | — | — | 8 | 10 | 12 试验电压 U_2 kV: 4 | 6 | 10 | 16 | 20 | 24	1）整流回路中应加滤波电容器，其电容值一般为 $0.01\mu F \sim 0.1\mu F$，并应在高压侧测量电流； 2）由两个及以上元件组成的避雷器应对每个元件进行试验； 3）非线性因数差值及电导电流相差值计算见附录 F； 4）可用带电测量方法进行测量，如对测量结果有疑问时，应根据停电测量的结果做出判断； 5）如 FZ 型避雷器的非线性因数差值大于 0.05，但电导电流合格，允许作换节处理，换节后的非线性因数差值不应大于0.05； 6）运行中 PBC 型避雷器的电导电流一般应在 $300\mu A \sim 400\mu A$ 范围内
3	工频放电电压	1）1～3 年； 2）大修后； 3）必要时	1）FS 型避雷器的工频放电电压在下列范围内： 额定电压/kV: 3 | 6 | 10 放电电压/kV 大修后: 9～11 | 16～19 | 26～31 放电电压/kV 运行中: 8～12 | 15～21 | 23～33 2）FZ、FCZ 和 FCD 型避雷器的电导电流值及 FZ、FCZ 型避雷器的工频放电电压参考值见附录 F	带有非线性并联电阻的阀型避雷器只在解体大修后进行
4	底座绝缘电阻	1）发电厂、变电所避雷器每年雷雨季前； 2）线路上避雷器 1～3 年； 3）大修后； 4）必要时	自行规定	采用 2500V 及以上的绝缘电阻表
5	检查放电计数器的动作情况	1）发电厂、变电所避雷器每年雷雨季前； 2）线路上避雷器 1～3 年； 3）大修后； 4）必要时	测试 3～5 次，均应正常动作，测试后计数器指示应调到"0"	
6	检查密封情况	1）大修后； 2）必要时	避雷器内腔抽真空至（300～400）×133Pa 后，在 5min 内其内部气压的增加不应超过 100Pa	

14.2 金属氧化物避雷器的试验项目、周期和要求见表 40。

表 40　　　　金属氧化物避雷器的试验项目、周期和要求

序号	项目	周期	要求	说明
1	绝缘电阻	1）发电厂、变电所避雷器每年雷雨季前； 2）必要时	1）35kV 以上，不低于 2500MΩ； 2）35kV 及以下，不低于 1000MΩ	采用 2500V 及以上绝缘电阻表
2	直流 1mA 电压（U_{1mA}）及 $0.75U_{1mA}$ 下的泄漏电流	1）发电厂、变电所避雷器每年雷雨季前； 2）必要时	1）不得低于 GB/T 11032 规定值； 2）U_{1mA} 实测值与初始值或制造厂规定值比较，变化不应大于±5%； 3）$0.75U_{1mA}$ 下的泄漏电流不应大于 50μA	1）要记录试验时的环境温度和相对湿度； 2）测量电流的导线应使用屏蔽线； 3）初始值系指交接试验或投产试验时的测量值
3	运行电压下的交流泄漏电流	1）新投运的 110kV 及以上者投运 3 个月后测量 1 次；以后每半年 1 次；运行 1 年后，每年雷雨季节前 1 次。 2）必要时	测量运行电压下的全电流、阻性电流或功率损耗，测量值与初始值比较，有明显变化时应加强监测，当阻性电流增加 1 倍时，应停电检查	应记录测量时的环境温度、相对湿度和运行电压。测量宜在瓷套表面干燥时进行。应注意相间干扰的影响

序号	项 目	周 期	要 求	说 明
4	工频参考电流下的工频参考电压	必要时	应符合 GB/T 11032 或制造厂规定	1）测量环境温度 20±15℃； 2）测量应每节单独进行，整相避雷器有一节不合格，应更换该节避雷器（或整相更换），使该相避雷器为合格
5	底座绝缘电阻	1）发电厂、变电所避雷器每年雷雨季前； 2）必要时	自行规定	采用 2500V 及以上绝缘电阻表
6	检查放电计数器的动作情况	1）发电厂、变电所避雷器每年雷雨季前； 2）必要时	测试 3～5 次，均应正常动作，测试后计数器指示应调到"0"	

14.3　GIS 用金属氧化物避雷器的试验项目、周期和要求：

a）避雷器大修时，其 SF_6 气体按表 38 的规定；

b）避雷器运行中的密封检查按表 10 的规定；

c）其他有关项目按表 40 中序号 3、4、6 规定。

【依据 2】《输变电设备状态检修试验规程》（DL/T 393—2010）

5.14　金属氧化物避雷器

5.14.1　金属氧化物避雷器巡检及例行试验（见表 39、表 40）

表 39　　　　　　　　　　　　　　金属氧化物避雷器巡检项目

巡检项目	基准周期	要求	说明条款
外观检查	500kV 及以上：2 周。 220kV/330kV：1 月。 110kV/66kV：3 月	外观无异常	见 5.14.1.1
持续电流值		电流值无异常	
计数器		记录计数器指示数	

表 40　　　　　　　　　　　　　　金属氧化物避雷器例行试验项目

例行试验项目	基准周期	要求	说明条款
红外热像检测	500kV 及以上：1 月。 220kV/330kV：3 月。 110kV/66kV：半年	无异常	见 5.14.1.2
运行中持续电流	1 年	见 5.14.1.3	见 5.14.1.3
直流 1mA 电压（U_{1mA}）及 0.75U_{1mA} 下的漏电流	3 年 （无持续电流检测） 6 年 （有持续电流检测）	U_{1mA} 初值差不超过 ±5% 且不低于 GB/T 11032 规定值（注意值）；0.75U_{1mA} 下漏电流初值差 ≤30% 或 ≤50μA（注意值）	见 5.14.1.4
底座绝缘电阻		≥100 绝缘电阻	见 5.14.1.5
放电计数器功能检查	见 5.14.1.6	功能正常	见 5.14.1.6

5.14.1.1　巡检说明

a）瓷套无裂纹；复合外套无电蚀痕迹；无异物附着；均压环无错位；高压引线、接地线连接正常。

b）若计数器装有电流表，应记录当前持续电流值，并与同等运行条件下其他避雷器的持续电流值进行比较，要求无明显差异。

c）记录计数器的指示数。

5.14.1.2　红外热像检测

用红外热像仪检测避雷器本体及电气连接部位，红外热像图显示应无异常温升、温差和或相对温差。测量和分析方法参考 DL/T 664。

5.14.1.3　运行中持续电流

具备带电检测条件时，宜在每年雷雨季节前进行本项目。

通过与同组间其他金属氧化物避雷器的测量结果相比较做出判断，彼此应无显著差异。

5.14.1.4　直流 1mA 电压 U_{1mA} 及 $0.75U_{1mA}$ 下的漏电流

对于单相多节串联结构，应逐节进行。U_{1mA} 偏低或 $0.75U_{1mA}$ 下的漏电流偏大时，应先排除电晕和外绝缘表面漏电流的影响。除例行试验之外，有下列情形之一的金属氧化物避雷器也应进行本项目：

a）红外热像检测时，温度同比异常。

b）运行电压下持续电流偏大。

c）有电阻片老化或者内部受潮的家族缺陷，隐患尚未消除。

5.14.1.5　底座绝缘电阻

用 2500V 的绝缘电阻表测量。

5.14.1.6　放电计数器功能检查

如果已有 3 年以上未检查，有停电机会时进行本项目。检查完毕应记录当前基数。若装有电流表，应同时校验电流表，校验结果应符合设备技术文件要求。

5.14.2　金属氧化物避雷器诊断性试验（见表 41）

表 41　　　　　　　　　　　　　　金属氧化物避雷器诊断性试验

诊断性试验项目	要求	说明条款
工频参考电流下的工频参考电压	应符合 GB/T 11032 或制造商规定	见 5.14.2.1
均压电容的电容量	电容量初值差不超过 ±5% 或满足制造商的技术要求	见 5.14.2.2

5.14.2.1　工频参考电流下的工频参考电压

诊断内部电阻片是否存在老化、检查均压电容缺陷时进行本项目。对于单相多节串联结构应逐节进行。方法和要求参考 GB/T 11032。

5.14.2.2　均压电容的电容量

如果金属氧化物避雷器装备有均压电容，为诊断其缺陷可进行本项目。对于单相多节串联结构应逐节进行。

5.19.1.1.7　线路避雷器

a）线路避雷器本体及间隙无异物附着。

b）法兰、均压环、连接金具无腐蚀；锁紧销无锈蚀、脱位或脱落。

c）线路避雷器本体及间隙无移位或非正常偏斜。

d）线路避雷器本体及支撑绝缘子的外绝缘无破损和明显电蚀痕迹。

e）线路避雷器本体及支撑绝缘子无弯曲变形。

5.19.1.5　线路避雷器检查及试验

检测及试验的周期和要求见表 58。其中，红外热像检测包括线路避雷器本体、支撑绝缘子、电气连接处及金具等，要求无异常温升、温差和/或相对温差。测量和分析方法参考 DL/T 664。

表 58　　　　　　　　　　　　　　线路避雷器检查及试验项目

线路避雷器检查及试验项目	要求	基准周期
红外热像检测	无异常	1 年
春空气间隙距离复核及连接金具检查	符合设计要求	3 年
线路避雷器本体及支撑绝缘子绝缘电阻	＞1000MΩ（500V 绝缘电阻表）（注意值）	停电时且 3 年未测

6.18　金属氧化物避雷器

6.18.1 金属氧化物避雷器巡检及例行试验（见表82、表83）

表 82 　　　　　　　　　　　　　**金属氧化物避雷器巡检项目**

巡检项目	基准周期	要求	说明条款
外观检查	500kV 及以上：2 周。 220kV：1 月。 110kV：3 月	外观无异常	见 6.18.1.1
持续电流值		电流值无异常	
计数器		记录计数器指示数	

表 83 　　　　　　　　　　　　　**金属氧化物避雷器例行试验项目**

例行试验项目	基准周期	要求	说明条款
红外热像检测	500kV 及以上：1 月。 220kV：3 月。 110kV：半年	无异常	见 6.18.1.2
运行中持续电流	1 年	见 5.14.1.3	见 5.14.1.3
直流 1mA 电压（U_{1mA}）及 0.75U_{1mA} 下的漏电流	3 年 （无持续电流检测） 6 年 （有持续电流检测） 9 年 （安装于阀厅内的）	U_{1mA} 初值差不超过 ±5% 且不低于 GB/T 11032 规定值（注意值） 0.75U_{1mA} 下漏电流初值差 ≤30% 或 ≤50μA（注意值）	见 5.14.1.4
底座绝缘电阻		≥100MΩ	见 5.14.1.5
放电计数器功能检查	见 5.14.1.6	功能正常	见 5.14.1.6

6.18.1.1 巡检说明

阀厅内的金属氧化物避雷器巡检结合阀检查进行。其他参照 5.14.1.1。

6.18.1.2 红外热像检测

用红外热像仪检测避雷器本体及电气连接部位，红外热像图显示应无异常温升、温差和或相对温差。测量和分析方法参考 DL/T 664。阀厅内的金属氧化物避雷器有条件时进行。

6.18.2 金属氧化物僻雷器诊断性试验（见表84）

表 84 　　　　　　　　　　　　　**金属氧化物避雷器诊断性试验**

诊断性试验项目	要求	说明条款
工频参考电流下的工频参考电压	应符合 GB/T 11032 或制造商规定	见 5.14.2.1
均压电容的电容量	电容量初值差不超过 ±5% 或满足制造商的技术要求	见 5.14.2.2

【依据3】《水电站电气设备预防性试验规程》（Q/GDW 11150—2013）

14 避雷器

14.1 金属氧化物避雷器

14.1.1 金属氧化物避雷器的试验项目、周期和要求见表 27。

表 27 　　　　　　　　　　　　　**金属氧化物避雷器的试验项目、周期和要求**

序号	项目	周期	要求	说明
1	运行电压下的交流泄漏电流带电测试	1）35kV 及以上：新投运后 3 个月内测量一次。 2）35kV 及以上雷雨季节前后各测量 1 次。 3）怀疑有缺陷时	1）测量运行电压下全电流、阻性电流或功率损耗，测量值与初始值比较不应有明显变化，同组间测量结果相比较，无显著差异。 2）测量值与初始值比较，当阻性电流增加 50%时应该分析原因，加强监测、适当缩短检测周期；当阻性电流增加 1 倍时应停电检查	1）35kV 及以上运行中避雷器应采用带电（或在线）测量方式，如避雷器不具备带电测试条件时（如变压器中性点避雷器、500kV 主变低 35kV 避雷器等），应结合变压器周期安排停电测试。 2）应记录测量时的环境温度、相对湿度和运行电压。 3）带电测量宜在避雷器外套表面干

续表

序号	项 目	周 期	要 求	说 明
1	运行电压下的交流泄漏电流带电测试			燥时进行；应注意相间干扰的影响。 4）避雷器（放电计数器）带有全电流在线检测装置的不能替代本项目试验，应定期记录读数（至少每 1 个月一次），发现异常应及时带电或停电进行阻性电流测试
2	直流 1mA 电压 U_{1mA} 及 $0.75U_{1mA}$ 下的泄漏电流	1）3 年； 2）必要时	1）不低于 GB/T 11032 规定值； 2）U_{1mA} 实测值与初始值或制造厂规定值比较，变化不应大于±5%； 3）$0.75U_{1mA}$ 下的泄漏电流与初始值比较 ≤30%或≤50μA	1）要记录环境温度和相对湿度，测量电流的导线应使用屏蔽线； 2）初始值系指交接试验或投产试验时的测量值； 3）避雷器怀疑有缺陷时应同时进行交流试验； 4）对于多柱并联的 MOA，U_{1mA} 按出厂值； 5）测量 $0.75U_{1mA}$ 下的泄漏电流的 U_{1mA} 是指初始值
3	绝缘电阻	1）3 年； 2）怀疑有缺陷时	1）35kV 以上：不小于 2500MΩ； 2）35kV 及以下：不小于 1000MΩ	采用 2500V 及以上绝缘电阻表
4	底座绝缘电阻	1）3 年； 2）怀疑有缺陷时	≥100MΩ	采用 2500V 及以上绝缘电阻表
5	检查放电计数器动作情况	1）每年雷雨季前； 2）怀疑有缺陷时	功能正常	全电流测量的精度不低于 1.0 级，3 年校一次精度。
6	工频参考电流下的工频参考电压	必要时	应符合 GB/T 11032 或制造厂的规定	1）测量环境温度（20±15）℃； 2）测量应每节单独进行，整相避雷器有一节不合格，宜整相更换
7	红外热像检测	1）220kV 及以上：3 个月；110kV：半年 1 次。 2）怀疑有缺陷时	按 DL/T 664—2008《带电设备红外诊断应用规范》执行	1）采用红外热像仪； 2）发现热像图异常时应结合带电测试综合分析，再决定是否进行停电试验和检查； 3）结合运行巡视进行

14.2 GIS 用金属氧化物避雷器

14.2.1 GIS 用金属氧化物避雷器的试验项目、周期和要求见表 28。

表 28 GIS 用金属氧化物避雷器的试验项目、周期和要求

序号	项 目	周 期	要 求	说 明
1	运行电压下的交流泄漏电流带电测试	1）新投运后 3 个月内测量一次，运行一年后；每年雷雨季前后各 1 次。 2）怀疑有缺陷时	1）测量运行电压下全电流、阻性电流或功率损耗，测量值与初始值比较不应有明显变化，同组间测量结果相比较，无显著差异。 2）测量值与初始值比较，当阻性电流增加50%时应该分析原因，加强监测、适当缩短检测周期；当阻性电流增加 1 倍时应停电检查	1）采用带电测量方式，测量时应记录运行电压； 2）避雷器（放电计数器）带有全电流在线检测装置的不能替代本项目试验，应定期记录读数（至少每 3 个月一次），发现异常应及时进行阻性电流测试
2	检查放电计数器动作情况	怀疑有缺陷时	测试 3～5 次，均应正常动作	1）全电流测量的精度不低于 1.0 级。3 年校一次精度。 2）测试 3～5 次，均应正常动作

14.3 线路用带串联间隙金属氧化物避雷器

14.3.1 线路用带串联间隙金属氧化物避雷器的试验项目、周期和要求见表 29。

表 29　　　　　线路用带串联间隙金属氧化物避雷器的试验项目、周期和要求

序号	项　目	周　期	要　　求	说　明
1	本体绝缘电阻	必要时	1) 35kV 以上不低于 2500MΩ； 2) 35kV 及以下不低于 1000MΩ	采用 2500V 及以上绝缘电阻表
2	本体直流 1mA 电压 U_{1mA} 及 $0.75U_{1mA}$ 下的泄漏电流	必要时	1) 不得低于 GB/T 11032 规定值； 2) U_{1mA} 实测值与初始值或制造厂规定值比较，变化不应大于 ±5%； 3) $0.75U_{1mA}$ 下的泄漏电流与初始值比较 ≤30% 或 ≤50μA	
3	本体运行电压下的交流泄漏电流	必要时	1) 测量全电流、阻性电流或功率损耗，测量值与初始值比较，不应有明显变化； 2) 当阻性电流增加 50% 时应分析原因；当阻性电流增加 1 倍时应退出运行	
4	本体工频参考电流下的工频参考电压	必要时	应符合 GB/T 11032 或制造厂的规定	
5	检查放电计数器动作情况	必要时	测试 3～5 次，均应正常动作	
6	复合外套、串联间隙及支撑件的外观检查	必要时	1) 复合外套及支撑件表面不应有明显或较大面积的缺陷（如破损、开裂等）； 2) 串联间隙不应有明显的变形.	

6.2.3.9　过电压保护装置和接地装置

6.2.3.9（1）本项目的查评依据如下。

【依据 1】《交流电气装置的过电压保护和绝缘配合设计规范》（GB/T 50064—2014）

第五章（略）

【依据 2】《国家电网公司十八项电网重大反事故措施》（国家电网生〔2012〕352 号）

14.2.4　加强避雷线运行维护工作，定期打开部分线夹检查，保证避雷线与杆塔接地点可靠连接。对于具有绝缘架空地线的线路，要加强放电间隙的检查与维护，确保动作可靠。

【依据 3】《国家电网公司关于印发构架避雷针反事故措施及相关故障分析报告的通知》（国网公司运检〔2015〕556 号）

6.2.3.9（2）本项目的查评依据如下。

【依据 1】《交流电气装置的过电压保护和绝缘配合设计规范》（GB/T 50064—2014）

4.1.4　设计时应避免 110kV 及 220kV 有效接地系统中偶然形成局部不接地系统产生较高的工频过电压，其措施应符合下列要求：

1　当形成局部不接地系统，且继电保护装置不能在一定时间内切除 110kV 或 220kV 变压器的低、中压电源时，不接地的变压器中性点应装设间隙。当因接地故障形成局部不接地系统时，该间隙应动作；系统以有效接地系统运行发生单相接地故障时，间隙不应动作。间隙距离还应兼顾雷电过电压下保护变压器中性点标准分级绝缘的要求。

2　当形成局部不接地系统，且继电保护装置设有失地保护可在一定时间内切除 110kV 及 220kV 变压器的三次、二次绕组电源时，不接地的中性点可装设无间隙金属氧化物避雷器（MOA），应验算其吸收能量。该避雷器还应符合雷电过电压下保护变压器中性点标准分级绝缘的要求。

4.1.10　变压器铁磁谐振过电压限制措施应符合下列要求：

1　经验算断路器非全相操作时产生的铁磁谐振过电压，危及 110kV 及 220kV 中性点不接地变压器的中性点绝缘时，变压器中性点宜装设间隙，间隙应符合本规范第 4.1.4 条第 1 款的要求。

2　当继电保护装置设有缺相保护时，110kV 及 220kV 变压器不接地的中性点可装设无间隙 MOA，应验算其吸收能量。该避雷器还应符合雷电过电压下保护变压器中性点标准分级绝缘的要求。

5.4.12　范围Ⅱ发电厂和变电站高压配电装置的雷电侵入波过电压保护应符合下列要求：

1．2km 架空进线保护段范围内的杆塔耐雷水平应符合本规范表 5.3.1-1 的要求。应采取措施减少近

区雷击闪络。

2．发电厂和变电站高压配电装置的雷电侵入波过电压保护用 MOA 的设置和保护方案，宜通过仿真计算确定。雷电侵入波过电压保护用的 MOA 的基本要求可按照本规范第 4.4.1 条至第 4.4.3 条。

3．发电厂和变电站的雷电安全运行年，不宜低于表 5.4.12 所列数值。

表 5.4.12　　　　　　　　　　　　发电厂和变电站的雷电安全运行年

系统标称电压（kV）	330	500	750
安全运行年（a）	600	800	1000

4．变压器和高压并联电抗器的中性点经接地电抗器接地时，中性点上应装设 MOA 保护。

6.4.6　海拔 1000m 及以下地区一般条件下电气设备的额定耐受电压应符合下列规定：

1．范围 I 电气设备的额定耐受电压应按表 6.4.6-1 的规定确定；

2．范围 II 电气设备的额定耐受电压应按表 6.4.6-2 的规定确定。

3．电力变压器、高压并联电抗器中性点及其接地电抗器的额定耐受电压应按表 6.4.6-3 的规定确定。

表 6.4.6-1　　　　　　　　　　　　范围 I 电气设备的额定耐受电压

系统标称电压（kV）	设备最高电压（kV）	设备类别	额定雷电冲击耐受电压（kV）				额定短时（1min）工频耐受电压（有效值）（kV）			
			相对地	相间	断口		相对地	相间	断口	
					断路器	隔离开关			断路器	隔离开关
6	7.2	变压器	60（40）	60（40）	—	—	25（20）	25（20）	—	—
		开关	60（40）	60（40）	60	70	30（20）	30（20）	30	34
10	12	变压器	75（60）	75（60）	—	—	35（28）	35（28）	—	—
		开关	75（60）	75（60）	75（60）	85（60）	42（28）	42（28）	42（28）	49（35）
15	18	变压器	105	105	—	—	45	45	—	—
		开关	105	105	115	—	46	46	56	—
20	24	变压器	125（95）	125（95）	—	—	55（50）	55（50）	—	—
		开关	125	125	125	145	65	65	65	79
35	40.5	变压器	185/200	185/200	—	—	80/85	80/85	—	—
		开关	185	185	185	215	95	95	95	118
66	72.5	变压器	350	350	—	—	150	150	—	—
		开关	325	325	325	375	155	155	155	197
110	126	变压器	450/480	450/480	—	—	185/200	185/200	—	—
		开关	450、550	450、550	450、550	520、630	200、230	200、230	200、230	225、265
220	252	变压器	850、950	850、950	—	—	360、395	360、395	—	—
		开关	850、950	850、950	850、950	950、1050	360、395	360、395	360、395	410、460

注　1　分子、分母数据分别对应外绝缘和内绝缘；
　　2　括号内、外数据分别对应低电阻和非低电阻接地系统；
　　3　开关类设备将设备最高电压称作"额定电压"；
　　4　110kV 开关、220kV 开关和变压器存在两种额定耐受电压的，表中用"、"分开。

表 6.4.6-2　　　　　　　　　　　　范围 II 电气设备的额定耐受电压

系统标称电压（kV）	设备最高电压（kV）	额定雷电冲击耐受电压（kV）		额定操作冲击耐受电压（kV）			额定短时（1min）工频耐受电压（有效值）（kV）	
		相对地	断口	相对地	相间	断口	相对地	断口
330	363	1050/1050	1050+205 或 1050+295	850	1275	800+295	460	460+150 或 460+210

系统标称电压（kV）	设备最高电压（kV）	额定雷电冲击耐受电压（kV）		额定操作冲击耐受电压（kV）			额定短时（1min）工频耐受电压（有效值）（kV）	
		相对地	断口	相对地	相间	断口	相对地	断口
330	363	1175/1175	1175+205 或 1175+295	950	1425	850+295	510	510+150 或 510+210
500	550	1550/1550	1550+315 或 1550+450	1050	1760	1050+450	680	680+220 或 680+315
		1675/1675	1675+315 或 1675+450	1175	1950	1175+450	740	740+220 或 740+315
750	800	1950/2100	2100+650	1550/1550	—	1300+650	900/960	960+460

注　分子与分母分别对应变压器和断路器。

表 6.4.6-3　　　　电力变压器、高压并联电抗器中性点及其接地电抗器的额定耐受电压

系统标称电压（kV）	系统最高电压（kV）	中性点接地方式	雷电全波和截波（kV）	短时（1min）工频（有效值）kV
110	126	不接地	250	95
220	252	直接接地	185	85
		经接地电抗器接地	185	85
		不接地	400	200
330	363	直接接地	185	85
		经接地电抗器接地	250	105
500	550	直接接地	185	85
		经接地电抗器接地	325	140
750	800	直接接地	185	85
		经接地电抗器接地	480	200

注　中性点经接地电抗器接地时，其电抗值与变压器或高压并联电抗器的零序电抗之比不大于 1/3。

【依据 2】《国家电网公司十八项电网重大反事故措施》（国家电网生〔2012〕352 号）

14.3　防止变压器过电压事故

14.3.1　切合 110kV 及以上有效接地系统中性点不接地的空载变压器时，应先将该变压器中性点临时接地。

14.3.2　为防止在有效接地系统中出现孤立不接地系统并产生较高工频过电压的异常运行工况，110kV～220kV 不接地变压器的中性点过电压保护应采用棒间隙保护方式。对于 110kV 变压器，当中性点绝缘的冲击耐受电压小于等于 185kV 时，还应在间隙旁并联金属氧化物避雷器，间隙距离及避雷器参数配合应进行校核。间隙动作后，应检查间隙的烧损情况并校核间隙距离。

14.3.3　对于低压侧有空载运行或者带短母线运行可能的变压器，宜在变压器低压侧装设避雷器进行保护。

6.2.3.9（3）本项目的查评依据如下：

【依据】《国家电网公司十八项电网重大反事故措施》（国家电网生〔2012〕352 号）

14.1.1.3　在新建工程设计中，校验接地引下线热稳定所用电流应不小于远期可能出现的最大值，有条件地区可按照断路器额定开断电流考核；接地装置接地体的截面不小于连接至该接地装置接地引下线截面的 75%，并提出接地装置的热稳定容量计算报告。

14.1.1.4　在扩建工程设计中，除应满足 14.1.1.3 中新建工程接地装置的热稳定容量要求以外，还应对前期已投运的接地装置进行热稳定容量校核，不满足要求的必须进行改造。

14.1.1.5　变压器中性点应有两根与地网主网格的不同边连接的接地引下线，并且每根接地引下线均

应符合热稳定校核的要求。主设备及设备架构等宜有两根与主地网不同干线连接的接地引下线，并且每根接地引下线均应符合热稳定校核的要求。连接引线应便于定期进行检查测试。

14.1.1.7　接地装置的焊接质量必须符合有关规定要求，各设备与主地网的连接必须可靠，扩建地网与原地网间应为多点连接。接地线与接地极的连接应用焊接，接地线与电气设备的连接可用螺栓或者焊接，用螺栓连接时应设防松螺帽或防松垫片。

14.1.2.1　对于已投运的接地装置，应每年根据变电站短路容量的变化，校核接地装置（包括设备接地引下线）的热稳定容量，并结合短路容量变化情况和接地装置的腐蚀程度有针对性地对接地装置进行改造。对于变电站中的不接地、经消弧线圈接地、经低阻或高阻接地系统，必须按异点两相接地校核接地装置的热稳定容量。

6.2.3.9（4）本项目的查评依据如下。

【依据】《国家电网公司十八项电网重大反事故措施》（国家电网生〔2012〕352号）

14.1.1.8　对于高土壤电阻率地区的接地网，在接地阻抗难以满足要求时，应采用完善的均压及隔离措施，防止人身及设备事故，方可投入运行。对弱电设备应有完善的隔离或限压措施，防止接地故障时地电位的升高造成设备损坏。

6.2.3.9（5）本项目的查评依据如下。

【依据1】《交流电气装置的接地设计规范》（GB/T 50065—2011）

3.1.2　发电厂和变电站内，不同用途和不同额定电压的电气装置或设备，除另有规定外应使用一个总的接地网。接地网的接地电阻应符合其中最小值的要求。

3.1.3　设计接地装置时，应计及土壤干燥或降雨和冻结等季节变化的影响，接地电阻、接触电位差和跨步电位差在四季中均应符合本规范的要求。但雷电保护接地的接地电阻，可只采用在雷季中土壤干燥状态下的最大值。典型人工接地极的接地电阻可按本规范附录 A 计算。

【依据2】《电力设备预防性试验规程》（DL/T 596—1996）

19.1　接地装置的试验项目、周期和要求见表46。

表46　　　　　　　　　　　　　　接地装置的试验项目、周期和要求

序号	项　目	周　期	要　求	说　明
1	有效接地系统的电力设备的接地电阻	1）不超过6年； 2）可以根据该接地网挖开检查的结果斟酌延长或缩短周期	$R \leqslant 2000/I$ 或 $R \leqslant 0.5\Omega$，（当 $I > 4000A$ 时） 式中：I——经接地网流入地中的短路电流，A； R——考虑到季节变化的最大接地电阻，Ω	1）测量接地电阻时，如在必需的最小布极范围内土壤电阻率基本均匀，可采用各种补偿法，否则，应采用远离法。 2）在高土壤电阻率地区，接地电阻如按规定值要求，在技术经济上极不合理时，允许有较大的数值。但必须采取措施以保证发生接地短路时，在该接地网上： a）接触电压和跨步电压均不超过允许的数值； b）不发生高电位引外和低电位引内； c）3kV～10kV阀式避雷器不动作。 3）在预防性试验前或每3年以及必要时验算一次 I 值，并校验设备接地引下线的热稳定
2	非有效接地系统的电力设备的接地电阻	1）不超过6年； 2）可以根据该接地网挖开检查的结果斟酌延长或缩短周期	1）当接地网与1kV及以下设备共用接地时，接地电阻 $R \leqslant 120/I$。 2）当接地网仅用于1kV以上设备时，接地电阻 $R \leqslant 250/I$。 3）在上述任一情况下，接地电阻一般不得大于10Ω。 式中：I——经接地网流入地中的短路电流，A； R——考虑到季节变化最大接地电阻，Ω	
3	利用大地作导体的电力设备的接地电阻	1年	1）长久利用时，接地电阻为 $R \leqslant 50/I$； 2）临时利用时，接地电阻为 $R \leqslant 100/I$；	

续表

序号	项目	周期	要求	说明
3	利用大地作导体的电力设备的接地电阻		式中：I——接地装置流入地中的电流，A；R——考虑到季节变化的最大接地电阻，Ω	
4	1kV 以下电力设备的接地电阻	不超过 6 年	使用同一接地装置的所有这类电力设备，当总容量达到或超过 100kVA 时，其接地电阻不宜大于 4Ω。如总容量小于 100kVA 时，则接地电阻允许大于 4Ω，但不超过 10Ω	对于在电源处接地的低压电力网（包括孤立运行的低压电力网）中的用电设备，只进行接零，不做接地。所用零线的接地电阻就是电源设备的接地电阻，其要求按序号 2 确定，但不得大于相同容量的低压设备的接地电阻
5	独立微波站的接地电阻	不超过 6 年	不宜大于 5Ω	
6	独立的燃油、易爆气体贮罐及其管道的接地电阻	不超过 6 年	不宜大于 30Ω	
7	露天配电装置避雷针的集中接地装置的接地电阻	不超过 6 年	不宜大于 10Ω	与接地网连在一起的可不测量，但按表47序号1的要求检查与接地网的连接情况
8	发电厂烟囱附近的吸风机及引风机处装设的集中接地装置的接地电阻	不超过 6 年	不宜大于 10Ω	与接地网连在一起的可不测量，但按表47序号1的要求检查与接地网的连接情况
9	独立避雷针（线）的接地电阻	不超过 6 年	不宜大于 10Ω	在高土壤电阻率地区难以将接地电阻降到 10Ω 时，允许有较大的数值，但应符合防止避雷针（线）对罐体及管、阀等反击的要求
10	与架空线直接连接的旋转电机进线段上排气式和阀式避雷器的接地电阻	与所在进线段上杆塔接地电阻的测量周期相同	排气式和阀式避雷器的接地电阻，分别不大于 5Ω 和 3Ω，但对于 300kW～1500kW 的小型直配电机，如采用 SDJ 7《电力设备过电压保护设计技术规程》中相应接线时，此值可酌情放宽	
11	有架空地线的线路杆塔接地电阻	1）发电厂或变电所进出线 1～2km 内的杆塔 1～2 年；2）其他线路杆塔不超过 5 年	当杆塔高度在 40m 以下时，按下列要求，如杆塔高度达到或超过 40m 时，则取下表值的 50%，但当土壤电阻率大于 2000Ω·m，接地电阻难以达到 15Ω 时可增加至 20Ω 土壤电阻率/Ω·m — 接地电阻/Ω 100 及以下 — 10 100～500 — 15 500～1000 — 20 1000～2000 — 25 2000 以上 — 30	对于高度在 40m 以下的杆塔，如土壤电阻率很高，接地电阻难以降到 30Ω 时，可采用 6～8 根总长不超过 500m 的放射形接地体或连续伸长接地体，其接地电阻可不受限制。但对于高度达到或超过 40m 的杆塔，其接地电阻也不宜超过 20Ω
12	无架空地线的线路杆塔接地电阻	1）发电厂或变电所进出线 1km～2km 内的杆塔 1～2 年；2）其他线路杆塔不超过 5 年	种类 — 接地电阻/Ω 非有效接地系统的钢筋混凝土杆、金属杆 — 30 中性点不接地的低压电力网的线路钢筋混凝土杆、金属杆 — 50 低压进户线绝缘子铁脚 — 30	

注：进行序号 1，2 项试验时，应断开线路的架空地线。

【依据3】《输变电设备状态检修试验规程》（DL/T 393—2010）

5.16　接地装置

5.16.1　接地装置巡检及例行试验（见表47、表48）

表47　　　　　　　　　　　　　　　　　接地装置巡检项目

巡检项目	基准周期	要求	说明条款
接地引下线检查	1月	无异常	见5.16.1.1

表48　　　　　　　　　　　　　　　　　接地装置例行试验项目

例行试验项目	基准周期	要求	说明条款
设备接地引下线导通检查	220kV及以上：1年。110kV/66kV：3年	1. 变压器、避雷器、避雷针等：≤200MΩ且导通电阻初值差≤50%（注意值）。 2. 一般设备：导通情况良好	见5.16.1.2
接地网接地阻抗	6年	符合运行要求，且不大于初值1.3倍	见5.16.1.3

5.16.1.1　巡检说明

变电站设备接地引下线连接正常，无松脱、位移、断裂及严重腐蚀等情况。

5.16.1.2　接地引下线导通检查

检查设备接地线之间的导通情况，要求导通良好；变压器及避雷器、避雷针等设备应测量接地引下线导通电阻。测量条件应与上次相同。测量方法参考DL/T 475。

5.16.1.3　变电站接地网接地阻抗

按DL/T 475推荐方法测量，测量结果应符合设计要求。

当接地网结构发生改变时也应进行本项目。

5.16.2　接地装置诊断性试验（见表49）

表49　　　　　　　　　　　　　　　　　接地装置诊断性试验项目

诊断性试验项目	要求	说明条款
接触电压、跨步电压	符合设计要求	见5.16.2.1
开挖检查	—	见5.16.2.2

5.16.2.1　接触电压和跨步电压

接地阻抗明显增加或者接地网开挖检查或/和修复之后进行本项目。测量方法参见DL/T 475。

5.16.2.2　开挖检查

若接地网接地阻抗或接触电压和跨步电压测量不符合设计要求，怀疑接地网被严重腐蚀时，应进行开挖检查。修复或恢复之后，应进行接地阻抗、接触电压和跨步电压测量，测量结果应符合设计要求。

【依据4】《水电站电气设备预防性试验规程》（Q/GDW 11150—2013）

16　接地装置

16.1　有效接地系统接地网

16.1.1　有效接地系统接地网的试验和检查项目、周期和要求见表32。

表32　　　　　　　　　有效接地系统接地网的试验和检查项目、周期和要求

序号	项目	周期	要　　求	说　　明
1	检查电力设备接地引下线与接地网连接情况（导通性测试）	1）3年； 2）必要时	不得有开断、松脱或严重腐蚀等现象。状况良好设备的回路电阻测试值应在200m·Ω以下且导通电阻初值差≤50%（注意值）：50m·Ω～200m·Ω，宜关注其变化，重要设备宜在适当时候检查处理；200m·Ω～1Ω或导通电阻初值差≥50%	1）采用测量接地引下线与接地网（或相邻设备）之间的回路电阻值来检查其连接情况，可将所测数据与历次数据比较和相互比较，通过分析决定是否进行挖开检查； 2）测量时应通以不小于5A、仪器分

序号	项 目	周 期	要 求	说 明
1	检查电力设备接地引下线与接地网连接情况（导通性测试）		者，对重要设备应尽快检查处理，其他设备宜在适当时候检查处理；1Ω 以上者，设备与主地网未连接，应尽快检查处理	辨力为1m·Ω，准确度不低于1.0 级的表计，采用直流电流测量回路电阻的方法来检查地网的完整性和接地引下线的连接情况； 3）必要时，如：怀疑连接线松脱或被腐蚀时
2	接地网接地阻抗测量	6 年	符合运行要求，且不大于初始值的1.3 倍	按 DL/T 475 推荐办法测量测量结果符合设计要求。当接地网结构发生改变时也应进行本项目
3	接触电压、跨步电压测量	1）接地阻抗明显增加； 2）接地网开挖检查； 3）接地网修复之后	符合设计要求	接触电压和跨步电压应限制在安全值以下，为此要求接地阻抗明显增加，或者接地网开挖或/和修复之后进行，测量方法参见 DL/T 475
4	发电厂接地网的腐蚀诊断检查	1）5 年； 2）当接地网接地阻抗或接触电压和跨步电压测量不符合设计要求时； 3）怀疑地网腐蚀情况严重时； 4）位于海边、潮湿地区或有地下污染源地区的变电站，可视情况缩短开挖周期	不得有开断、松脱或严重腐蚀等现象，当外观检查或根据腐蚀量化指标得出接地网已严重腐蚀的结论时，应安排大修或因地制宜地采用成熟的防腐措施	1）传统的方法是抽样开挖检查，根据电气设备重要性和施工安全性，选择5～8点沿接地引下线开挖检查，采用外观检查、取样进行腐蚀率和腐蚀速度等量化指标判断变电站接地网的腐蚀情况，如有疑问还应扩大开挖范围； 2）判断主网导体腐蚀程度的方法有直观法（肉眼观察腐蚀情况，拍照记录）、取样量直径法、取样失重法（相对失重法、自然失重法）和针孔法（以腐蚀深度反映腐蚀率）等，以相对失重法为例，腐蚀率小于10%的，腐蚀程度为一般；腐蚀率大于等于25%的，腐蚀程度为严重。 3）推荐探索和应用成熟的变电站接地网腐蚀诊断技术及相应的专家系统与开挖检查相结合的方法，减少抽样开挖检查的盲目性。 4）修复或恢复之后，要进行接地阻抗、接触电压和跨步电压测量，测量结果应符合设计要求

16.2 非有效接地系统

16.2.1 非有效接地系统接地装置的试验和检查项目、周期和要求见表33。

表 33　　　　非有效接地系统接地装置的试验和检查项目、周期和要求

序号	项 目	周 期	要 求	说 明
1	非有效接地系统电力设备的接地电阻	1）6 年； 2）必要时	1）当接地网与 1kV 及以下设备共用接地时，接地电阻 $R \leq 120/I$，且不应大于 4Ω 2）当接地网仅用于 1kV 以上设备时，接地电阻 $R \leq 250/I$，且不应大于 10Ω。 式中：I——经接地网流入地中的短路电流（A）； R——考虑到季节变化最大接地电阻（Ω）	必要时，如： —怀疑地网被腐蚀时； —地网改造后
2	1kV 以下电力设备的接地电阻	1）6 年； 2）必要时	使用同一接地装置的所有这类电力设备，当总容量达到或超过 100kVA 时，其接地电阻不宜大于 4Ω。如总容量小于100kVA 时，则接地电阻允许大于4Ω，但不超过 10Ω	对于在电源处接地的低压电力网（包括孤立运行的低压电力网）中的用电设备，只进行接零不作接地。所用零线的接地电阻就是电源设备的接地电阻，其要求按序号1确定，但不得大于相同容量的低压设备的接地电阻

16.3 其他设备接地装置

16.3.1 其他设备接地装置的试验和检查项目、周期和要求见表34。

表 34 　　　　　　　　　　　　其他设备接地装置的试验和检查项目、周期和要求

序号	项目	周期	要求	说　明
1	独立避雷针（线）的接地电阻	不超过 6 年	不宜大于 10Ω	在高土壤电阻率地区接地电阻难以降到 10Ω 时，允许有较大数值，但应符合防止避雷针（线）对被保护对象及其他物体反击的要求
2	独立微波站的接地电阻	不超过 6 年	不宜大于 5Ω	
3	独立贮油、贮气罐及其管道的接地电阻	不超过 6 年	不宜大于 30Ω	
4	发电厂专用设施集中接地装置的接地电阻	不超过 6 年	不宜大于 10Ω	露天配电装置避雷针的集中接地电阻与主接地网连在一起的可不测量，但应检查与接地网的连接情况（导通性测试）
5	露天配电装置避雷针的集中接地电阻	不超过 6 年	不宜大于 10Ω	露天配电装置避雷针的集中接地电阻与主接地网连在一起的可不测量，但应检查与接地网的连接情况（导通性测试）
6	水电厂水情测报站地网接地电阻	1）不超过 6 年；2）必要时	不大于 4Ω	必要时：巡视发现地网接地体有变化时

6.2.3.9（6）本项目的查评依据如下。

【依据 1】《电力设备预防性试验规程》（DL/T 596—1996）

19.2　接地装置的检查项目、周期和要求见表 47。

表 47 　　　　　　　　　　　　　接地装置的检查项目、周期和要求

序号	项目	周期	要求	说　明
1	检查有效接地系统的电力设备接地引下线与接地网的连接情况	不超过 3 年	不得有开断、松脱或严重腐蚀等现象	如采用测量接地引下线与接地网（或与相邻设备）之间的电阻值来检查其连接情况，可将所测的数据与历次数据比较和相互比较，通过分析决定是否进行挖开检查
2	抽样开挖检查发电厂、变电所地中接地网的腐蚀情况	1）本项目只限于已经运行 10 年以上（包括改造后重新运行达到这个年限）的接地网；2）以后的检查年限可根据前次开挖检查的结果自行决定	不得有开断、松脱或严重腐蚀等现象	可根据电气设备的重要性和施工的安全性，选择 5～8 个点沿接地引下线进行开挖检查，如有疑问还应扩大开挖的范围

【依据 2】《输变电设备状态检修试验规程》（DL/T 393—2010）

5.16.2.2　开挖检查

若接地网接地阻抗或接触电压和跨步电压测量不符合设计要求，怀疑接地网被严重腐蚀时，应进行开挖检查。修复或恢复之后，应进行接地阻抗、接触电压和跨步电压测量，测量结果应符合设计要求。

【依据 3】《国家电网公司十八项电网重大反事故措施》（国家电网生〔2012〕352 号）

14.1.2.2　应根据历次接地引下线的导通检测结果进行分析比较，以决定是否需要进行开挖检查、处理。

14.1.2.3　定期（时间间隔应不大于 5 年）通过开挖抽查等手段确定接地网的腐蚀情况，铜质材料接地体地网不必定期开挖检查。若接地网接地阻抗或接触电压和跨步电压测量不符合设计要求，怀疑接地网被严重腐蚀时，应进行开挖检查。如发现接地网腐蚀较为严重，应及时进行处理。

6.2.3.9（7）本项目的查评依据如下。

【依据 1】《交流电气装置的过电压保护和绝缘配合设计规范》（GB/T 50064—2014）

【依据 2】《国家电网公司十八项电网重大反事故措施》（国家电网生〔2012〕352 号）

14.4 防止谐振过电压事故

14.4.1 为防止 110kV 及以上电压等级断路器断口均压电容与母线电磁式电压互感器发生谐振过电压，可通过改变运行和操作方式避免形成谐振过电压条件。新建或改造敞开式变电站应选用电容式电压互感器。

14.4.2 为防止中性点非直接接地系统发生由于电磁式电压互感器饱和产生的铁磁谐振过电压，可采取以下措施：

14.4.2.1 选用励磁特性饱和点较高的，在 $1.9U_{\mathrm{m}}/\sqrt{3}$ 电压下，铁芯磁通不饱和的电压互感器。

14.4.2.2 在电压互感器（包括系统中的用户站）一次绕组中性点对地间串接线性或非线性消谐电阻、加零序电压互感器或在开口三角绕组加阻尼或其他专门消除此类谐振的装置。

14.4.2.3 10kV 及以下用户电压互感器一次中性点应不接地。

14.5 防止弧光接地过电压事故

14.5.1 对于中性点不接地的 6kV～35kV 系统，应根据电网发展每 3～5 年进行一次电容电流测试。当单相接地故障电容电流超过《交流电气装置的过电压保护和绝缘配合》（DL/T 620—1997）规定时，应及时装设消弧线圈；单相接地电流虽未达到规定值，也可根据运行经验装设消弧线圈，消弧线圈的容量应能满足过补偿的运行要求。在消弧线圈布置上，应避免由于运行方式改变出现部分系统无消弧线圈补偿的情况。对于已经安装消弧线圈、单相接地故障电容电流依然超标的应当采取消弧线圈增容或者采取分散补偿方式，对于系统电容电流大于 150A 及以上的也可以根据系统实际情况改变中性点接地方式或者在配电线路分散补偿。

14.5.2 对于装设手动消弧线圈的 6kV～35kV 非有效接地系统，应根据电网发展每 3～5 年进行一次调谐试验，使手动消弧线圈运行在过补偿状态，合理整定脱谐度，保证电网不对称度不大于相电压的 1.5%，中性点位移电压不大于额定电压的 15%。

14.5.3 对于自动调谐消弧线圈，在定购前应向制造厂索取能说明此产品可以根据系统电容电流自动进行调谐的试验报告。自动调谐消弧线圈投入运行后，应根据实际测量的系统电容电流对其自动调谐功能的准确性进行校核。

14.5.4 不接地和谐振接地系统发生单相接地时，应采取有效措施尽快消除故障，降低发生弧光接地过电压的风险。

6.2.3.9（8）本项目的查评依据如下。

【依据】《水电厂防雷接地技术规范》（Q/GDW 46 10001—2017）

4.5 厂用电系统的过电压保护

4.5.1 10kV～35kV 配电系统中配电变压器的高压侧应靠近变压器装设氧化锌避雷器（MOA）。此氧化锌避雷器接地线应与变压器金属外壳连在一起接地。

4.5.2 10kV～35kV 配电变压器的低压侧宜装设一组氧化锌避雷器，以防止反变换波和低压侧雷电侵入波击穿绝缘。此氧化锌避雷器接地线应与变压器金属外壳连在一起接地。

4.5.3 10kV～35kV 柱上断路器和负荷开关应装设氧化锌避雷器保护。经常断路运行而又带电的柱上断路器、负荷开关或隔离开关，应在带电侧装设氧化锌避雷器，其接地线应与柱上断路器的金属外壳连接，接地电阻不宜超过 10Ω。

4.5.4 在厂用电系统 10kV/0.4kV 变压器低压侧（或总开关），应设置第一级保护；在厂用电分配电箱宜设置第二级保护；在二次盘柜电源端口宜设第三级保护（图 9）。使用直流电源的盘柜内部设备，视其工作电压要求，宜安装适配的直流电源线路浪涌保护器作为精细保护。

4.5.5 浪涌保护器设置级数多少应考虑保护距离、浪涌保护器连接导线长度、被保护设备耐冲击电压额定值 U_{w} 等因素。各级浪涌保护器应能承受在安装点上预计的放电电流，其有效保护水平 U_{p}/f 值应小于相应类别设备的 U_w。

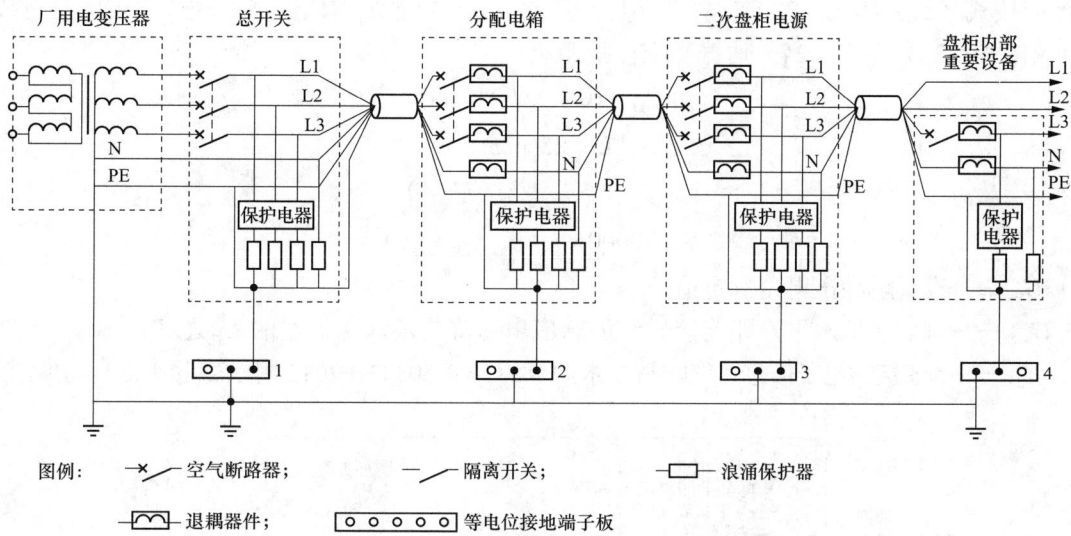

图 9　TN-S 系统的厂用电线路浪涌保护器安装位置示意图

4.5.6　每条电源线路的浪涌保护器的冲击电流 I_{imp}，当采用非屏蔽线缆时按式（19）估算确定；当采用屏蔽线缆时按式（20）估算确定；当无法计算确定时应取 I_{imp} 大于或等于 12.5kA。

$$I_{imp} = \frac{0.5I}{(n_1 + n_2)m} \quad (kA) \tag{19}$$

$$I_{imp} = \frac{0.5IR_s}{(n_1 + n_2)(mR_s + R_c)} \quad (kA) \tag{20}$$

式中：I——雷电流，按《建筑物电子信息系统防雷技术规范》（GB/T 50343—2012）附录 C 确定（kA）；

n_1——埋地金属管、电源及信号线缆的总数目；

n_2——架空金属管、电源及信号线缆的总数目；

m——每一线缆内导线的总数目；

R_s——屏蔽层每千米的电阻（Ω/km）；

R_c——芯线每千米的电阻（Ω/km）。

4.5.7　当电压开关型浪涌保护器至限压型浪涌保护器之间的线路长度小于 10m、限压型浪涌保护器之间的线路长度小于 5m 时，在两级浪涌保护器之间应加装退耦装置。当浪涌保护器具有能量自动配合功能时，浪涌保护器之间的线路长度不受限制。浪涌保护器应有过电流保护装置和劣化显示功能。

4.5.8　按《建筑物电子信息系统防雷技术规范》（GB/T 50343—2012）第 4.2 节或 4.3 节确定雷电防护等级时，用于电源线路的浪涌保护器的冲击电流和标称放电电流参数推荐值宜符合表 3 的规定。

表 3　　　　　　　　电源线路浪涌保护器冲击电流和标称放电电流参数推荐值

雷电防护等级	总配电箱		分配电箱	设备机房配电箱和需要特殊保护电子信息设备端口处	
	LPZ0 和 LPZ1 边界		LPZ1 与 LPZ2 边界	后续防护区的边界	
	10/350μs Ⅰ 类试验	8/20μs Ⅱ 类试验	8/20μs Ⅱ 类试验	8/20μs Ⅱ 类试验	1.2/50μs 和 8/20μs 复合波Ⅲ类试验
	I_{imp}（kA）	I_n（kA）	I_n（kA）	I_n（kA）	U_{oc}（kV）/I_{sc}（kA）
A	≥20	≥80	≥40	≥5	≥10/≥5
B	≥15	≥60	≥30	≥5	≥10/≥5
C	≥12.5	≥50	≥20	≥3	≥6/≥3
D	≥12.5	≥50	≥10	≥3	≥6/≥3

注：SPD 分级应根据保护距离、SPD 连接导线长度、被保护设备耐冲击电压额定值 U_w 等因素确定。

4.5.9 电源线路浪涌保护器安装位置与被保护设备间的线路长度大于 10m 且有效保护水平大于 $U_w/2$ 时，应按式（21）和式（22）估算振荡保护距离 L_{po}。当建筑物位于多雷区或强雷区且有线路屏蔽措施时，应按式（23）和式（24）估算感应保护距离 L_{pi}：

$$L_{p0} = (U_w - U_p)/k(m) \tag{21}$$

$$k = 25(v/m) \tag{22}$$

$$L_{p0} = (U_w - U_{p0/f})/h(m) \tag{23}$$

$$h = 30000 \times K_{s1}K_{s2}K_{s3}(v/m) \tag{24}$$

式中：　　U_w——设备耐冲击电压额定值；

　　　　　$U_{p/f}$——有效保护水平，即连接导线的感应电压降与浪涌保护器的 U_p 之和；

K_{s1}、K_{s2}、K_{s3}——《建筑物电子信息系统防雷技术规范》GB/T 50343—2012 附录 B 第 B.5.14 中给出的因子。

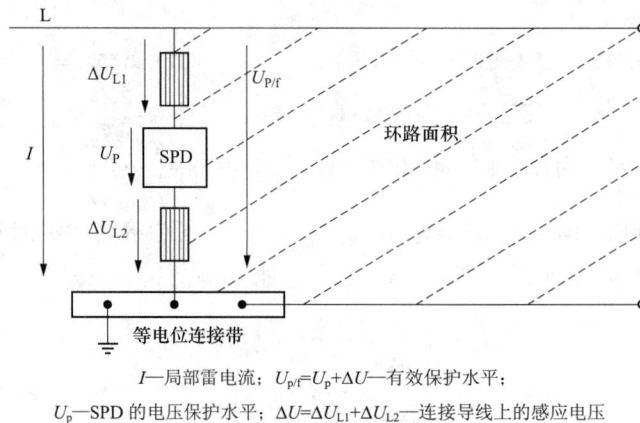

I—局部雷电流；$U_{p/f}=U_p+\Delta U$—有效保护水平；

U_p—SPD 的电压保护水平；$\Delta U=\Delta U_{L1}+\Delta U_{L2}$—连接导线上的感应电压

图 10　相线与等电位连接带之间的电压

4.5.10 总开关第一级电源浪涌保护器与被保护设备间的线路长度大于 L_{po} 或 L_{pi} 值时，应在配电线路的分配电箱处或在被保护设备处增设浪涌保护器。当分配电箱处电源浪涌保护器与被保护设备间线路长度大于 L_{po} 或 L_{pi} 值时，应在被保护设备处增设浪涌保护器。被保护的电子信息设备处增设浪涌保护器时，U_p 应小于设备耐冲击电压额定值 U_w，宜留有 20%裕量。在一条线路上设置多级浪涌保护器时应考虑它们之间的能量协调配合。

4.5.11 电源线路浪涌保护器的安装工艺应符合下列规定：

a）电源线路的各级浪涌保护器应分别安装在线路进入建筑物的入口、防雷区的界面和靠近被保护设备处。各级浪涌保护器连接导线应短直，其长度不宜超过 0.5m，并固定牢靠。浪涌保护器各接线端应在本级开关、熔断器的下桩头分别与配电箱内线路的同名端相线连接，浪涌保护器的接地端应以最短距离与所处防雷区的等电位接地端子板连接。配电箱的保护接地线（PE）应与等电位接地端子板直接连接。

b）带有接线端子的电源线路浪涌保护器应采用压接，带有接线柱的浪涌保护器宜采用接线端子与接线柱连接。

c）浪涌保护器的连接导线最小截面积宜符合表 4 的规定。

表 4　　　　　　　　　　　　　浪涌保护器连接导线最小截面积

SPD 级数	SPD 的类型	导线截面积（mm²）	
		SPD 连接相线导线	SPD 接地端连接铜导线
第一级	开关型或限压型	6	10
第二级	限压型	4	6
第三级	限压型	2.5	4
第四级	限压型	2.5	4

注：组合型 SPD 参照相应级数的截面积选择。

6.2.3.10　厂用变压器（含抽水蓄能电站 SFC 输入、输出变压器）及配电设备

6.2.3.10.1　厂用变压器

6.2.3.10.1（1）本项目的查评依据如下。

【依据 1】《电力变压器　第 2 部分：液浸式变压器的温升》（GB/T 1094.2—2013）

6　温升限值

6.1　概述

温升的要求应按下述不同的选择来规定：

——在额定容量下连续运行时的一组要求（见 6.2）；

——如果规定了负载周期，应明确给出与此有关的一组附加要求（见 6.4）。

注：此附加的一组要求主要用于系统中的大型变压器，因其在急救负载下的运行情况需要特别注意，一般不宜用于中、小型变压器。

本部分假定，变压器各部位的运行温度是外部冷却介质（周围的环境空气或冷却水）温度与该部位温升之和。

如无另行规定，则正常温升限值适用。有其他规定时，温升限值应按 6.3 修正。

温升限值不允许有正偏差。

6.2　额定容量下的温升限值

对于分接范围不超过 ±5%，且额定容量不超过 2500kVA（单相 833kVA）的变压器，温升限值适用于与额定电压对应的主分接（见 GB/T 1094.1）。

对于分接范围超过 ±5% 或额定容量大于 2500kVA 的变压器，在适当的分接容量、分接电压和分接电流下，温升限值对所有分接都适用。

注 1：不同分接下的负载损耗是不同的，且当规定了是变磁通调压时，空载损耗也是不同的。

注 2：对于独立绕组变压器来说，其最大负载损耗的分接一般是具有最大电流的分接。

注 3：对于带分接的自辐变压器来说，具有最大负载损耗的分接取决于分接的布置。

对于多绕组变压器，当一个绕组的额定容量等于其余绕组的额定容量之和时，其温升要求是指所有绕组均同时在各自额定负载下的。如果情况不是这样，则应选定一种或多种特定的负载组合，并相应地规定其温升限值。

在变压器的两个或多个绕组部分是上下排列的情况下，如果它们的尺寸和额定值相同，则绕组温升限值适用于两个绕组测量值的平均值。

表 1 给出的温升限值适用于具有 IEC 60085，2007 规定的绝缘系统温度为 105℃ 的固体绝缘，且绝缘液体为矿物油或燃点不大于 300℃ 的合成液体（冷却方式的第一个字母为 O）的变压器。

这些限值是指在额定容量下连续运行，且外部冷却介质年平均温度为 20℃ 时的稳态条件下的值。

如果制造方与用户间无另行规定，则表 1 给出的温升限值对牛皮纸和改性纸（也参见 GB/T 1094.7）均适用。

表 1	温　升　限　值
要求	温升限值（K）
顶层绝缘液体	60
绕组平均（用电组法测量） ——ON 及 OF 冷却方式 ——OD 冷却方式	65 70
绕组热点	78

对于铁芯、裸露的电气连接线、电磁屏蔽及油箱上的结构件，均不规定温升限值，但仍要求其温升不能过高，以免使与其相邻的部件受到热损坏或使绝缘液体过度老化。

注 4：某些设计中，为了满足绕组热点温升限值，可能要求顶层绝缘液体或绕组平均温升低于表 1

中的规定值。

注 5：确定绕组热点温升的方法见 7.10。

注 6：对于浸入矿物油中的大型电力变压器，温升试验中进行油中溶解气体分析（DGA）可作为查找异常过热的手段

（参见附录 A）。

注 7：对于大型电力变压器，油箱和油箱盖的温升可用红外摄像机检查。

对于大量用螺栓连接的电阻特别小的绕组（例如一些电炉变压器的低压绕组），用电阻法来测量绕组平均温升可能很困难，且测量不确定度较大。此时，经过制造方与用户协商，绕组温升要求可以仅限于热点温升，此热点温升应通过直接测量来得到。

对于采用高温绝缘系统或浸入难燃液体（冷却方式的第一个字母为 K 或 L）的变压器的温升限值，按照协议执行。

6.3 特殊冷却条件下修正的要求

6.3.1 概述

如果拟安装场所的运行条件不符合第 5 章给出的正常冷却条件，则变压器温升限值应按以下给出的规则修正。

6.3.2 空气冷却方式变压器

如果安装场所的外部冷却介质的温度有一项或多项超出 5.1 给出的正常值，那么表 1 给出的所有温升限值应按超出的数值予以修正，并应修约到最接近温度的整数值（K）。

表 2 为推荐的环境温度参考值及相应的温升限值修正值。

表 2　　　　　　　　　　特殊运行条件下推荐的温升限值修正值

环境温度（℃）			温度限值修正值 K[相]
年平均	月平均	最高	
15	25	35	+5
20	30	40	0
25	35	45	−5
30	40	50	−10
35	45	55	−15

[相] 相对于表 1 的值。

注 1：对于环境温度低于表 2 的情况没有给出规定。如用户无另行规定，则表 1 的温升限值适用。

注 2：表 2 所列值可以用插值法求得。

如果安装场所的海拔高于 1000m，而试验场所的海拔低于 1000m 时，则试验时允许的温升限值应按如下的规定降低：

——对于自冷式（冷却方式标志的后两位字母为 AN）变压器，顶层液体温升、绕组平均温升和绕组热点温升限值应按安装场所的海拔高于 1000m 的部分，每增加 400m 时降低 1K；

——对于风冷式（冷却方式标志的后两位字母为 AF）变压器，则应按安装场所的海拔高于 1000m 的部分，每增加 250m 时降低 1K；

如果试验场所的海拔高于 1000m，而安装场所的海拔低于 1000m 时，则应做相应的逆修正。

因海拔而做的温升修正值，均应修约到最接近温度的整数值。

因冷却介质温度高或安装场所海拔高而将变压器的规定温升限值降低时，均应标志在铭牌上（见 GB 1094.1）。

注 3：当标准变压器拟用于高海拔地区时，其容量的降低值，可以用相应的冷却条件及额定条件下的温升限值计算。

6.3.3 水冷却方式变压器

如果安装现场的冷却水的最高温度和/或年平均温度超过 5.2 的值，则所有规定的温升限值均应按超出的数值予以降低，并应修约到最接近温度的整数值（K）。

注：以上给出的规则不适用于水温低于正常值的情况。此时，需要制造方与用户进行协商。

不同的环境温度或海拔对油箱冷却的影响应不考虑。

6.4 规定负载周期下的温升

由制造方与用户协商确定温升限值的保证值和/或规定与负载周期运行相关的特殊试验（参见 GB/T 1094.7）。

【依据 2】《水力发电厂厂用电设计规程》（NB/T 35044—2014）

5.2 厂用电变压器容量选择

5.2.1 厂用电变压器容量的选择和校验应符合下列原则：

1. 满足在各种运行方式下可能出现的最大负荷。

2. 一台厂用电变压器计划检修或故障时，其余厂用电变压器应能担负Ⅰ、Ⅱ类厂用电负荷或短时担负厂用电最大负荷。但可不考虑一台厂用电变压器计划检修时另一台厂用电变压器故障或两台厂用电变压器同时故障的情况。

3. 保证需要自启动的电动机在故障消除后启动时所连接的厂用电母线电压不低于额定电压的 60%～65%。

5.2.2 厂用电变压器容量应按下列要求选择：

1. 装设两台互为备用的厂用电电源变压器时，每台厂用电变压器的额定容量应满足所有Ⅰ、Ⅱ类负荷或短时满足厂用电最大负荷的需要。

2. 装设 3 台厂用电电源变压器互为备用或其中一台为明备用时，计及负荷分配不均匀等情况，每台的额定容量宜为厂用电最大负荷的 50%～60%。

3. 装设 3 台以上厂用电电源变压器时，应按其接线的运行方式及所连接的负荷分析确定。

4. 厂用电配电变压器容量选择应满足所连接的最大负荷需要。当多台互为备用时，应符合本条第 1～3 款的要求。

5. 厂用电变压器不宜采用强迫风冷时以持续输出容量作为额定容量选择的依据。但对不经常运行或经常短时运行的厂用电配电变压器，应充分利用其过负荷能力。

5.2.3 自用电变压器的额定容量应满足机组最大负荷需要。当两台自用电变压器可互为备用时，其容量选择则按本规程第 5.2.2 条第 1 款执行。

5.2.4 互为备用的厂用电变压器在已带自身负荷后，应满足另一台厂用电变压器需要自启动电动机成组自启动时的最低电压要求。

5.2.5 选择厂用电变压器容量时，可不计其温度修正系数的影响。

5.2.6 变压器容量选择应满足电动机启动时的电压校验要求。

6.2.3.10.1（2）本项目的查评依据如下。

【依据】《电力变压器运行规程》（DL/T 572—2010）

3.2.4 室（洞）内安装的变压器应有足够的通风，避免变压器温度过高。

3.2.5 装有机械通风装置的变压器室，在机械通风停止时，应能发出远方信号。变压器的通风系统一般不应与其他通风系统连通。

6.2.3.10.1（3）本项目的查评依据如下。

【依据 1】《电力变压器 第 2 部分：液浸式变压器的温升》（GB/T 1094.2—2013）

同 6.2.3.10.1（1）【依据 1】

【依据 2】《带电设备红外诊断应用规范》（DL/T 664—2008）

同 6.2.3.8.7【依据 1】

水力发电厂安全性评价查评依据

【依据3】《电力变压器运行规程》（DL/T 572—2010）

5.1.4 （g）引线接头、电缆、母线应无发热迹象；

5.1.5 （n）变压器红外测温。

6.2.3.10.1（4）本项目的查评依据如下。

【依据1】《发电厂和变电所自用三相变压器技术参数和要求》（JB/T 2426—2004）

6.19 接线端子和套管

6.19.1 干式变压器的绕组出头应通过接线端子引出。油浸式变压器应在油箱内完成规定的联结组，线端通过套管引出箱外。

注1：根据订货要求，变压器可装爬电比距为 25mm/kV 和 31mm/kV 的套管。

注2：根据订货要求，可做成电缆引出的结构。

注3：用户对出线位置有特殊要求时，应在订货时提出。

6.19.2 套管之间和套管对地之间的空气间隙应满足 GB/T 1094.3 的要求。

6.19.3 绕组为 YY 连接且附有稳定绕组的变压器，d 连接的稳定绕组应做成开口结构，将开口角顶的两侧各通过一个套管引出箱外，在变压器运行时，两个套管的端子应连接在一起，并可靠接地。

6.20 接地和接地装置

6.20.1 变压器的铁芯和金属结构件（包括外壳和油箱）应可靠接地。

6.20.2 额定容量在 20000kVA 及以上的油浸式变压器，铁芯应通过套管可靠接地。

6.20.3 在油箱的低压侧下部便于接近处应有接地装置。

6.20.4 在外露于空气中的接地装置处，应有不受气候影响的接地标志。

【依据2】《电力变压器运行规程》（DL/T 572—2010）

3.2.11 变压器铁芯接地点必须引至变压器底部，变压器中性点应有两根与主地网不同地点连接的接地引下线，且每根接地线应符合热稳定要求。

5.1.5（a）各部位的接地应完好，并定期测量铁心和夹件的接地电流。

6.2.3.10.1（5）本项目的查评依据如下。

【依据1】《发电厂和变电所自用三相变压器技术参数和要求》（JB/T 2426—2004）

6.16 温度测量装置

6.16.1 额定容量为 630kVA 及以上的干式变压器，应装有温度监控和测量装置，用以监控和测量绕组上部的温度。

6.16.2 油浸式变压器应有供玻璃温度计用的管座。管座应设在油箱顶部，并伸入油内为 120mm±10mm。

6.16.3 额定容量为 1000kVA 及以上的油浸式变压器，须装有户外式信号温度计。信号接点容量在交流电压 220V 时，不低于 50VA，直流有感负载时，不低于 15W。温度计的精度等级应符合相应标准。信号温度计的安装位置应便于观察。

6.16.4 额定容量为 8000kVA 及以上的油浸式变压器，应装有远距离测温用的测温元件。

【依据2】《电力变压器运行规程》（DL/T 572—2010）

3.1.5 变压器应按下列规定装设温度测量装置：

a）应有测量顶层油温的温度计。

b）1000kVA 及以上的油浸式变压器、800kVA 及以上的油浸式和 630kVA 及以上的干式厂用变压器，应将信号温度计接远方信号。

c）8000kVA 及以上的变压器应装有远方测温装置。

d）强油循环水冷却的变压器应在冷却器进出口分别装设测温装置。

e）测温时，温度计管座内应充有变压器油。

f）干式变压器应按制造厂的规定，装设温度测量装置。

3.1.6 无人值班变电站内 20000kVA 及以上的变压器，应装设远方监视运行电流和顶层油温的装置。

无人值班变电站内安装的强油循环冷却的变压器，应有保证在冷却系统失去电源时，变压器温度不超过规定值的可靠措施，并列入现场规程。

5.1.1 安装在发电厂和变电站内的变压器，以及无人值班变电站内有远方监测装置的变压器，应经常监视仪表的指示，及时掌握变压器运行情况。监视仪表的抄表次数由现场规程规定，并定期对现场仪表和远方仪表进行校对。气变压器超过额定电流运行时，应作好记录。

无人值班变电站的变压器应在每次定期检查时记录其电压、电流和顶层油温，以及曾达到的最高顶层油温等。

设视频监视系统的无人值班变电站，宜能监视变压器储油柜的油位、套管油位及其他重要部位。

5.15（h）各种温度计应在检定周期内，超温信号应正确可靠；

5.3.5 温度计

a）变压器应装设温度保护，当变压器运行温度过高时，应通过上层油温和绕组温度并联的方式分两级（低值和高值）动作于信号，且两级信号的设计应能让变电站值班员能够清晰辨别。

b）变压器投入运行后现场温度计指示的温度、控制室温度显示装置、监控系统的温度三者基本保持一致，误差，一般不超过5℃。

c）绕组温度计变送器的电流值必须与变压器用来测量绕组温度的套管型电流互感器电流相匹配。由于绕组温度计是间接的测量，在运行中仅作参考。

d）应结合停电，定期校验温度计。

6.2.3.10.1（6）本项目的查评依据如下。

【依据】《国家电网公司水电厂重大反事故措施》（国家电网基建〔2015〕60号）

15.1.1.3 自并励系统中，励磁变压器不应采取高压熔断器作为保护措施。励磁变压器保护定值应与励磁系统强励能力相配合，防止机组强励时保护误动作。

6.2.3.10.1（7）本项目的查评依据如下。

【依据】《国家电网公司水电厂重大反事故措施》（国家电网基建〔2015〕60号）

15.1.1.6 自并励系统励磁变压器的高压侧电流应具有有效的监视手段，便于监视运行中三相电流的变化和空载情况。

6.2.3.10.1（8）本项目的查评依据如下。

【依据1】《电力设备预防性试验规程》（DL/T 596—1996）

6 电力变压器及电抗器

6.1 电力变压器及电抗器的试验项目、周期和要求见表5。

表5　　　　电力变压器及电抗器的试验项目、周期和要求

序号	项　目	周　期	要　求	说　明
1	油中溶解气体色谱分析	1）220kV及以上的所有变压器、容量120MVA及以上的发电厂主变压器和330kV及以上的电抗器在投运后的4、10、30天（500kV设备还应增加1次在投运后1天）。 2）运行中： a）330kV及以上变压器和电抗器为3个月； b）220kV变压器为6个月； c）120MVA及以上的发电厂主变压器为6个月； d）其余8MVA及以上的变压器为1年； e）8MVA以下的油浸式变压器自行规定。 3）大修后。 4）必要时	1）运行设备的油中 H_2 与烃类气体含量（体积分数）超过下列任何一项值时应引起注意：总烃含量大于 150×10^{-6}；H_2 含量大于 150×10^{-6}；C_2H_2 含量大于 5×10^{-6}（500kV变压器为 1×10^{-6}）。 2）烃类气体总和的产气速率大于 0.25ml/h（开放式）和0.5ml/h（密封式），或相对产气速率大于10%/月则认为设备有异常。 3）对330kV及以上的电抗器，当出现痕量（小于 5×10^{-6}）乙炔时也应引起注意；如气体分析虽已出现异常，但判断不至于危及绕组和铁芯安全时，可在超过注意值较大的情况下运行	1）总烃包括 CH_4、C_2H_6、C_2H_4 和 C_2H_2 四种气体； 2）溶解气体组分含量有增长趋势时，可结合产气速率判断，必要时缩短周期进行追踪分析； 3）总烃含量低的设备不宜采用相对产气速率进行判断； 4）新投运的变压器应有投运前的测试数据； 5）测试周期中1）项的规定适用于大修后的变压器

序号	项 目	周 期	要 求	说 明
2	绕组直流电阻	1）1～3 年或自行规定； 2）无励磁调压变压器变换分接位置后； 3）有载调压变压器的分接开关检修后（在所有分接侧）； 4）大修后； 5）必要时	1）1.6MVA 以上变压器，各相绕组电阻相互间的差别不应大于三相平均值的2%，无中性点引出的绕组，线间差别不应大于三相平均值的1%； 2）1.6MVA 及以下的变压器，相间差别一般不大于三相平均值的4%，线间差别一般不大于三相平均值的2%； 3）与以前相同部位测得值比较，其变化不应大于2%； 4）电抗器参照执行	1）如电阻相间差在出厂时超过规定，制造厂已说明了这种偏差的原因，按要求中3）项执行； 2）不同温度下的电阻值按下式换算 $$R_2 = R_1\left(\frac{T+t_2}{T+t_1}\right)$$ 式中：R_1、R_2 分别为在温度 t_1、t_2 时的电阻值；T 为计算用常数，铜导线取 235，铝导线取 225； 3）无励磁调压变压器应在使用的分接锁定后测量
3	绕组绝缘电阻、吸收比或（和）极化指数	1）1～3 年或自行规定； 2）大修后； 3）必要时	1）绝缘电阻换算至同一温度下，与前一次测试结果相比应无明显变化； 2）吸收比（10℃～30℃范围）不低于1.3 或极化指数不低于1.5	1）采用 2500V 或 5000V 绝缘电阻表； 2）测量前被试绕组应充分放电； 3）测量温度以顶层油温为准，尽量使每次测量温度相近； 4）尽量在油温低于 50℃时测量，不同温度下的绝缘电阻值一般可按下式换算 $$R_2 = R_1 \times 1.5^{(t_1-t_2)/10}$$ 式中：R_1、R_2 分别为温度 t_1、t_2 时的绝缘电阻值； 5）吸收比和极化指数不进行温度换算
4	绕组的 tgδ	1）1～3 年或自行规定； 2）大修后； 3）必要时	1）20℃时 tanδ 不大于下列数值： 330kV～500kV 0.6%； 66kV～220kV 0.8%； 35kV 及以下 1.5%。 2）tanδ 值与历年的数值比较不应有显著变化（一般不大于30%）； 3）试验电压如下：	1）非被试绕组应接地或屏蔽； 2）同一变压器各绕组 tanδ 的要求值相同； 3）测量温度以顶层油温为准，尽量使每次测量的温度相近； 4）尽量在油温低于 50℃时测量，不同温度下的 tanδ 值一般可按下式换算 $$\tan\delta_2 = \tan\delta_1 \times 1.3^{(t_2-t_1)/10}$$ 式中：$\tan\delta_1$、$\tan\delta_2$ 分别为温度 t_1、t_2 时的 tanδ 值
		绕组电压 10kV 及以上	10kV	
			绕组电压 10kV 以下 ・ U_n	
			4）用 M 形试验器时试验电压自行规定	
5	电容型套管的 tanδ 和电容值	1）1～3 年或自行规定； 2）大修后； 3）必要时	见第 9 章	1）用正接法测量； 2）测量时记录环境温度及变压器（电抗器）顶层油温
6	绝缘油试验	1）1～3 年或自行规定； 2）大修后； 3）必要时	见第 13 章	
7	交流耐压试验	1）1～5 年（10kV 及以下）； 2）大修后（66kV 及以下）； 3）更换绕组后； 4）必要时	1）油浸变压器（电抗器）试验电压值按表 6（定期试验按部分更换绕组电压值）； 2）干式变压器全部更换绕组时，按出	1）可采用倍频感应或操作波感应法； 2）66kV 及以下全绝缘变压器，现场条件不具备时，可

续表

序号	项目	周期	要求	说明
7	交流耐压试验		厂试验电压值；部分更换绕组和定期试验时，按出厂试验电压值的 0.85 倍	只进行外施工频耐压试验； 3）电抗器进行外施工频耐压试验
8	铁芯（有外引接地线的）绝缘电阻	1）1～3 年或自行规定； 2）大修后； 3）必要时	1）与以前测试结果相比无显著差别； 2）运行中铁芯接地电流一般不大于 0.1A	1）采用 2500V 绝缘电阻表（对运行年久的变压器可用 1000V 绝缘电阻表）； 2）夹件引出接地的可单独对夹件进行测量
9	穿心螺栓、铁轭夹件、绑扎钢带、铁芯、线圈压环及屏蔽等的绝缘电阻	1）大修后； 2）必要时	220kV 及以上者绝缘电阻一般不低于 500MΩ，其他自行规定	1）采用 2500V 绝缘电阻表（对运行年久的变压器可用 1000V 绝缘电阻表）； 2）连接片不能拆开者可不进行
10	油中含水量	见第 13 章		
11	油中含水量	见第 13 章		
12	绕组泄漏电流	1）1～3 年或自行规定； 2）必要时	1）试验电压一般如下： 绕组额定电压 kV：3 / 6～10 / 20～35 / 66～330 / 500 直流试验电压 kV：5 / 10 / 20 / 40 / 60 2）与前一次测试结果相比应无明显变化	读取 1min 时的泄漏电流值
13	绕组所有分接的电压比	1）分接开关引线拆装后； 2）更换绕组后； 3）必要时	1）各相应接头的电压比与铭牌值相比，不应有显著差别，且符合规律； 2）电压 35kV 以下，电压比小于 3 的变压器电压比允许偏差为±1%；其他所有变压器：额定分接电压比允许偏差为±0.5%，其他分接的电压比应在变压器阻抗电压值（%）的 1/10 以内，但不得超过±1%	
14	校核三相变压器的组别或单相变压器极性	更换绕组后	必须与变压器名牌和顶盖上的端子标志相一致	
15	空载电流和损耗	1）更换绕组后； 2）必要时	与前次试验值相比，无明显变化	试验电源可用三相或单相；试验电压可用额定电压或较低电压值（如制造厂提供了较低电压下的值，可在相同电压下进行比较）
16	短路阻抗和负载损耗	1）更换绕组后； 2）必要时	与前次试验值相比，无明显变化	试验电源可用三相或单相；试验电流可用额定值或较低电流值（如制造厂提供了较低电流下的测量值，可在相同电流下进行比较）
17	局部放电测量	1）大修后（220kV 及以上）； 2）更换绕组后（220kV 及以上、120MVA 及以上）； 3）必要时	1）在线端电压为 $1.5U_m/\sqrt{3}$ 时，放电量一般不大于 500pC；在线端电压为 $1.3U_m/\sqrt{3}$ 时，放电量一般不大于 300pC； 2）干式变压器按 GB/T 1094.11 规定执行	1）试验方法符合 GB/T 1094.3 的规定； 2）周期中"大修后"系指消缺性大修后，一般性大修后的试验可自行规定； 3）电抗器可进行运行电压下局部放电监测

序号	项 目	周 期	要 求	说 明
18	有载调压装置的试验和检查 1）检查动作顺序，动作角度； 2）操作试验：变压器带电时手动操作、电动操作、远方操作各2个循环； 3）检查和切换试： a）测量过渡电阻的阻值； b）测量切换时间； c）检查插入触头、动静触头的接触情况，电气回路的连接情况； d）单、双数触头间非线性电阻的试验； e）检查单、双数触头间放电间隙； 4）检查操作箱； 5）切换开关室绝缘油试验； 6）二次回路绝缘试验	1）1年或按制造厂要求； 2）大修后； 3）必要时	范围开关、选择开关、切换开关的动作顺序应符合制造厂的技术要求，其动作角度应与出厂试验记录相符； 手动操作应轻松，必要时用力矩表测量，其值不超过制造厂的规定，电动操作应无卡涩，没有连动现象，电气和机械限位动作正常； 与出厂值相符； 三相同步的偏差、切换时间的数值及正反向切换时间的偏差均与制造厂的技术要求相符，动、静触头平整光滑，触头烧损厚度不超过制造厂的规定值，回路连接良好； 按制造厂的技术要求； 无烧伤或变动； 接触器、电动机、传动齿轮、辅助接点、位置指示器、计数器等工作正常； 符合制造厂的技术要求，击穿电压一般不低于25kV； 绝缘电阻一般不低于1MΩ	有条件时进行 采用2500V绝缘电阻表
19	测温装置及其二次回路试验	1）1~3年； 2）大修后； 3）必要时	密封良好，指示正确，测温电阻值应和出厂值相符； 绝缘电阻一般不低于1MΩ	测量绝缘电阻采用2500V绝缘电阻表
20	气体继电器及其二次回路试验	1）1~3年（二次回路）； 2）大修后； 3）必要时	整定值符合运行规程要求，动作正确； 绝缘电阻一般不低于1MΩ	测量绝缘电阻采用2500V绝缘电阻表
21	压力释放器校验	必要时	动作值与铭牌值相差应在±10%范围内或按制造厂规定	
22	整体密封检查	大修后	1）35kV及以下管状和平面油箱变压器采用超过油枕顶部0.6m油柱试验（约5kPa压力），对于波纹油箱和有散热器的油箱采用超过油枕顶部0.3m油柱试验（约2.5kPa压力），试验时间12h无渗漏； 2）110kV及以上变压器，在油枕顶部施加0.035MPa压力，试验持续时间24h无渗漏	试验时带冷却器，不带压力释放装置
23	冷却装置及其二次回路检查试验	1）自行规定； 2）大修后； 3）必要时	1）投运后，流向、温升和声响正常，无渗漏； 2）强油水冷装置的检查和试验，按制造厂规定； 3）绝缘电阻一般不低于1MΩ	测量绝缘电阻采用2500V绝缘电阻表
24	套管中的电流互感器绝缘试验	1）大修后； 2）必要时	绝缘电阻一般不低于1MΩ	采用2500V绝缘电阻表
25	全电压下空载合闸	更换绕组后	1）全部更换绕组，空载合闸5次，每次间隔5min； 2）部分更换绕组，空载合闸3次，每次间隔5min	1）在使用分接上进行； 2）由变压器高压或中压侧加压； 3）110kV及以上的变压器中性点接地； 4）发电机变压器组的中间连接无断开点的变压器，可不进行

序号	项 目	周 期	要 求	说 明
26	油中糠醛含量	必要时	1）含量超过下表值时，一般为非正常老化，需跟踪检测： 运行年限：1~5 / 5~10 / 10~15 / 15~20 糠醛 mg/L：0.1 / 0.2 / 0.4 / 0.75 2）跟踪检测时，注意增长率； 3）测试值大于 4mg/L 时，认为绝缘老化已比较严重	建议在以下情况进行： 1）油中气体总烃超标或 CO、CO_2 过高； 2）500kV 变压器和电抗器及 150MVA 以上升压变压器投运 3~5 年后； 3）需了解绝缘老化情况
27	绝缘纸（板）聚合度	必要时	当聚合度小于 250 时，应引起注意	1）试样可取引线上绝缘纸、垫块、绝缘纸板等数克； 2）对运行时间较长的变压器尽量利用吊检的机会取样
28	绝缘纸（板）含水量	必要时	含水量（质量分数）一般不大于下值： 500kV：1% 330kV：2% 220kV：3%	可用所测绕组的 tanδ 值推算或取纸样直接测量。有条件时，可按部颁 DL/T 580—96《用露点法测定变压器绝缘纸中平均含水量的方法》标准进行测量
29	阻抗测量	必要时	与出厂值相差在±5%，与三相或三相组平均值相差在±2%范围内	适用于电抗器，如受试验条件限制可在运行电压下测量
30	振动	必要时	与出厂值比不应有明显差别	
31	噪声	必要时	与出厂值比不应有明显差别	按 GB/T 1094.10 要求进行
32	油箱表面温度分布	必要时	局部热点温升不超过 80K	

6.2 电力变压器交流试验电压值及操作波试验电压值见表 6。

6.3 油浸式电力变压器（1.6MVA 以上）

6.3.1 定期试验项目

见表 5 中序号 1、2、3、4、5、6、7、8、10、11、12、18、19、20、23，其中 10、11 项适用于 330kV 及以上变压器。

6.3.2 大修试验项目

表 6　　　　　电力变压器交流试验电压值及操作波试验电压值　　　　　单位：kV

额定电压	最高工作电压	线端交流试验电压值		中性点交流试验电压值		线端操作波试验电压值	
		全部更换绕组	部分更换绕组	全部更换绕组	部分更换绕组	全部更换绕组	部分更换绕组
<1	≤1	3	2.5	3	2.5	—	—
3	3.5	18	15	18	15	35	30
6	6.9	25	21	25	21	50	40
10	11.5	35	30	35	30	60	50
15	17.5	45	38	45	38	90	75
20	23.0	55	47	55	47	105	90
35	40.5	85	72	85	72	170	145
66	72.5	140	120	140	120	270	230
110	126.0	200	170（195）	95	80	375	319
220	252.0	360 395	306 336	85（200）	72（170）	750	638

额定电压	最高工作电压	线端交流试验电压值		中性点交流试验电压值		线端操作波试验电压值	
		全部更换绕组	部分更换绕组	全部更换绕组			全部更换绕组
330	363.0	460 510	391 434	85 （230）	72 （195）	850 950	722 808
500	550.0	630 680	536 578	85 140	72 120	1050 1175	892 999

注　1. 括号内数值适用于不固定接地或经小电抗接地系统；

　　2. 操作波的波形为：波头大于 20μs，90%以上幅值持续时间大于 200μs，波长大于 500μs；负极性三次。

a）一般性大修见表 5 中序号 1，2，3，4，5，6，7，8，9，10，11，17，18，19，20，22，23，24，其中 10，11 项适用于 330kV 及以上变压器。

b）更换绕组的大修见表 5 中序号 1，2，3，4，5，6，7，8，9，10，11，13，14，15，16，17，18，19，20，22，23，24，25，其中 10，11 项适用于 330kV 及以上变压器。

6.4　油浸式电力变压器（1.6MVA 及以下）

6.4.1　定期试验项目见表 5 中序号 2，3，4，5，6，7，8，19，20，其中 4，5 项适用于 35kV 及以上变电所用变压器。

6.4.2　大修试验项目见表 5 中序号 2，3，4，5，6，7，8，9，13，14，15，16，19，20，22，其中 13，14，15，16 适用于更换绕组时，4，5 项适用于 35kV 及以上变电所用变压器。

6.5　油浸式电抗器

6.5.1　定期试验项目见表 5 中序号 1，2，3，4，5，6，8，19，20（10kV 及以下只作 2，3，6，7）。

6.5.2　大修试验项目见表 5 中序号 1，2，3，4，5，6，8，9，10，11，19，20，22，23，24，其中 10，11 项适用于 330kV 及以上电抗器（10kV 及以下只作 2，3，6，7，9，22）。

6.6　消弧线圈

6.6.1　定期试验项目见表 5 中序号 1，2，3，4，6。

6.6.2　大修试验项目见表 5 中序号 1，2，3，4，6，7，9，22，装在消弧线圈内的电压、电流互感器的二次绕组应测绝缘电阻（参照表 5 中序号 24）。

6.7　干式变压器

6.7.1　定期试验项目见表 5 中序号 2，3，7，19。

6.7.2　更换绕组的大修试验项目见表 5 中序号 2，3，7，9，13，14，15，16，17，19，其中 17 项适用于浇注型干式变压器。

6.8　气体绝缘变压器

6.8.1　定期试验项目见表 5 中序号 2，3，7 和表 38 中序号 to。

6.8.2　大修试验项目见表 5 中序号 2，3，7，19，表 38 中序号 1 和参照表 10 中序号 2。

6.9　干式电抗器试验项目

在所连接的系统设备大修时作交流耐压试验见表 5 中序号 7。

6.10　接地变压器

6.10.1　定期试验项目见表 5 中序号 3，6，70。

6.10.2　大修试验项目见表 5 中序号 2，3，6，7，9，15，16，22，其中 15，16 项适用于更换绕组时进行。

6.11　判断故障时可供选用的试验项目

本条主要针对容量为 1.6MVA 以上变压器和 330，500kV 电抗器，其他设备可作参考。

a）当油中气体分析判断有异常时可选择下列试验项目：

——绕组直流电阻

——铁芯绝缘电阻和接地电流

——空载损耗和空载电流测量或长时间空载（或轻负载下）运行，用油中气体分析及局部放电检测仪监视

——长时间负载（或用短路法）试验，用油中气体色谱分析监视

——油泵及水冷却器检查试验

——有载调压开关油箱渗漏检查试验

——绝缘特性（绝缘电阻、吸收比、极化指数、tanδ、泄漏电流）

——绝缘油的击穿电压、tanδ

——绝缘油含水量

——绝缘油含气量（500kV）

——局部放电（可在变压器停运或运行中测量）

——绝缘油中糠醛含量

——耐压试验

——油箱表面温度分布和套管端部接头温度

b）气体继电器报警后，进行变压器油中溶解气体和继电器中的气体分析。

c）变压器出口短路后可进行下列试验：

——油中溶解气体分析

——绕组直流电阻

——短路阻抗

——绕组的频率响应

——空载电流和损耗

d）判断绝缘受潮可进行下列试验：

——绝缘特性（绝缘电阻、吸收比、极化指数、tanδ、泄漏电流）

——绝缘油的击穿电压、tanδ、含水量、含气量（500kV）

——绝缘纸的含水量

e）判断绝缘老化可进行下列试验：

——油中溶解气体分析（特别是 CO，CO_2 含量及变化）

——绝缘油酸值

——油中糠醛含量

——油中含水量

——绝缘纸或纸板的聚合度

f）振动、噪声异常时可进行下列试验：

——振动测量

——噪声测量

——油中溶解气体分析

——阻抗测量

【依据2】《输变电设备状态检修试验规程》（DL/T 393—2010）

5.1 油浸式电力变压器和电抗器

5.1.1 油浸式电力变压器、电抗器巡检及例行试验（见表1、表2）

表1　　　　　　　　　　　油浸式电力变压器和电抗器巡检项目

巡检项目	基准周期	要求	说明条款
外观	330kV 及以上：2 周。220kV：1 月。110kV/66kV：3 月	无异常	见 5.1.1.1 a)
油温和绕组温度		符合设备技术文件之要求	见 5.1.1.1 b)
呼吸器干燥剂（硅胶）		1/3 以上处于干燥状态	见 5.1.1.1 c)

巡检项目	基准周期	要求	说明条款
冷却系统		无异常	见 5.1.1.1 d)
声响及振动		无异常	见 5.1.1.1 e)

表 2 油浸式电力变压器和电抗器例行试验和检查项目

例行试验和检查项目	基准周期	要求	说明条款
红外热像检测	330kV 及以上：1 月。 220kV：3 月。 110kV/66kV：半年	无异常	见 5.1.1.2
油中溶解气体分析	330kV 及以上：3 月。 220kV：半年。 110kV/66kV：1 年	1. 溶解气体： 乙炔≤1μL/L（330kV 及以上）； ≤5μL/L（其他）（注意值）； 氢气≤150μL/L（注意值）； 总烃≤150μL/L（注意值）。 2. 绝对产气速率： ≤12mL/d（隔膜式）（注意值）； 或≤6mL/d（开放式）（注意值）。 3. 相对产气速率： ≤10%/月（注意值）	见 5.1.1.3
绕组绝缘	3 年	1. 相间互差不大于 2%（警示值）； 2. 同相初始值差不超过±2%（警示值）	见 5.1.1.4
绝缘油例行试验	330kV 及以上：1 年。 220kV 及以上：3 年	见 7.1	见 7.1
套管试验	3 年	见 5.6	见 5.6
铁芯绝缘电阻	3 年	≥100MΩ（新投运 1000MΩ）（注意值）	见 5.1.1.5
绕组绝缘电阻	3 年	1. 绝缘电阻无明显下降； 2. 吸收比≥1.3 或极化指数≥1.5 或绝缘电阻≥10000MΩ（注意值）	见 5.1.1.6
绕组绝缘介质损耗因数（20℃）	3 年	330kV 及以上：≤0.005（注意值）。 220kV 及以下：≤0.008（注意值）	见 5.1.1.7
有载分接开关检查（变压器）	见 5.1.1.8	见 5.1.1.8	见 5.1.1.8
测温装置检查	3 年	无异常	见 5.1.1.9
气体继电器检查		无异常	见 5.1.1.10
冷却装置检查		无异常	见 5.1.1.11
压力释放装置检查	解体检修时	无异常	见 5.1.1.12

5.1.1.1 巡检说明

a）外观无异常，油位正常，无油渗漏。

b）记录油温、绕组温度、环境温度、负荷和冷却器开启组数。

c）呼吸器呼吸正常；当 2/3 干燥剂受潮时应予更换；若干燥剂受潮速度异常，应检查密封，并取油样分析油中水分（仅对开放式）。

d）冷却系统的风扇运行正常，出风口和散热器无异物附着或严重积污：潜油泵无异常声响、振动，油流指示器指示正确。

e）变压器声响和振动无异常，必要时按 GB/T 1094.10 测量变压器声级：如振动异常，可定量测量。

5.1.1.2 红外热像检测

检测变压器箱体、储油柜、套管、引线接头及电缆等，红外热像图显示应无异常温升、温差和/或相对温差。检测和分析方法参考 DL/T 664。

5.1.1.3 油中溶解气体分析

除例行试验外,新投运、对核心部件或主体进行解体性检修后重新投运的变压器,在投运后的第1,4,10,30 天各进行一次本项试验。若有增长趋势,即使小于注意值,也应缩短试验周期。烃类气体含量较高时,应计算总烃的产气速率。取样及测量程序参考 GB/T 7252,同时注意设备技术文件的特别提示(如有)。

当怀疑有内部缺陷(如听到异常声响)、气体继电器有信号、经历了过励磁、过负荷运行以及发生了出口或近区短路故障时,应进行额外的取样分析。

5.1.1.4 绕组电阻

有中性点引出线时,应测量各相绕组的电阻;若无中性点引出线,可测量各线间电阻,然后换算到相绕组,换算方法见附录 B。测量时铁芯的磁化极性应保持一致。要求在扣除原始差异之后,同一温度下各相绕组电阻的相互差异应在 2%之内。此外,还要求同一温度下,各相电阻的初值差不超过±2%。电阻温度修正按下式:

$$R_2 = R_1 \left(\frac{T_k + t_2}{T_k + t_1} \right)$$

式中:R_1、R_2——分别表示温度为 t_1、t_2 时的电阻;

T_k——常数,铜绕组 T_k 为 235,铝绕组 T_k 为 225。

无励磁调压变压器改变分接位置后、有载调压变压器分接开关检修后及更换套管后,也应测量一次。电抗器参照执行。

5.1.1.5 铁芯绝缘电阻

绝缘电阻测量采用 2500V(老旧变压器 1000V)绝缘电阻表。除注意绝缘电阻的大小外,要特别注意绝缘电阻的变化趋势。夹件引出接地的,应分别测量铁芯对夹件及夹件对地绝缘电阻。

除例行试验之外,当油中溶解气体分析异常,在诊断时也应进行本项目。

5.1.1.6 绕组绝缘电阻

测量时,铁芯、外壳及非测量绕组应接地,测量绕组应短路,套管表面应清洁、干燥。采用 5000V 绝缘电阻表测量。测量宜在顶层油温低于 50℃时进行,并记录顶层油温。绝缘电阻受温度的影响可按式(2)进行近似修正。绝缘电阻下降显著时,应结合介质损耗因数及油质试验进行综合判断。测试方法参考 DL/T 474.1。

$$R_2 = R_1 \times 1.5^{(t_1 - t_2)/10} \tag{2}$$

式中:R_1、R_2——分别表示温度为 t_1、t_2 时的电阻。

除例行试验之外,当绝缘油例行试验中水分偏高,或者怀疑箱体密封被破坏,也应进行本项试验。

5.1.1.7 绕组绝缘介质损耗因数

测量宜在顶层油温低于 50℃且高于 0℃时进行,测量时记录顶层油温和空气相对湿度,非测量绕组及外壳接地。必要时分别测量被测绕组对地、被测绕组对其他绕组的绝缘介质损耗因数。测量方法可参考 DL/T 474.3。

测量绕组绝缘介质损耗因数时,应同时测量电容值,若此电容值发生明显变化,应予以注意。

分析时应注意温度对介质损耗因数的影响。

5.1.1.8 有载分接开关检查

以下步骤可能会因制造商或型号的不同有所差异,必要时参考设备技术文件。

每年检查一次的项目包括:

a)储油柜、呼吸器和油位指示器,应按其技术文件要求检查。

b)在线滤油器,应按其技术文件要求检查滤芯。

c)打开电动机构箱,检查是否有任何松动、生锈;检查加热器是否正常。

d)记录动作次数。

e）如有可能通过操作 1 步再返回的方法，检查电机和计数器的功能。

每 3 年检查一次的项目：

a）在手摇操作正常的情况下，就地电动和远方各进行一个循环的操作，无异常。

b）检查紧急停止功能以及限位装置。

c）在绕组电阻测试之前检查动作特性，测量切换时间；有条件时测量过渡电阻，电阻值的初值差不超过±10%。

d）油质试验：要求油耐受电压大于等于 30kV；如果装备有在线滤油器，要求油耐受电压≥40kV。不满足要求时，需要对油进行过滤处理，或者换新油。

5.1.1.9 测温装置检查

每 3 年检查一次，要求外观良好，运行中温度数据合理，相互比对无异常。

每 6 年校验一次，可与标准温度计比对，或按制造商推荐方法进行，结果应符合设备技术文件要求。同时采用 1000V 绝缘电阻表测量二次回路的绝缘电阻，一般不低于 1MΩ。

5.1.1.10 气体继电器检查

每 3 年检查一次气体继电器整定值，应符合运行规程和设备技术文件要求，动作正确。

每 6 年测量一次气体继电器二次回路的绝缘电阻，应不低于 1MΩ，采用 1000V 绝缘电阻表测量。

5.1.1.11 冷却装置检查

运行中，流向、温升和声响正常，无渗漏。强油水冷装置的检查和试验，按设备技术文件要求进行。

5.1.1.12 压力释放装置检查

按设备技术文件要求进行检查，应符合要求。一般要求开启压力与出厂值的标准偏差在±10%之内或符合设备技术文件要求。

5.1.2 油浸式电力变压器和电抗器诊断性试验（见表 3）。

表 3　　　　　　　　　　　油浸式变压器、电抗器诊断性试验项目

诊断性试验项目	要求	说明条款
空载电流和空载损耗	见 5.1.2.1	见 5.1.2.1
短路阻抗	初值差不超过±3%（注意值）	见 5.1.2.2
感应耐压和局部放电	感应耐压：出厂试验值的 80%； 局部放电：$1.3U_m/\sqrt{3}$ 下：≤300pC（注意值）	见 5.1.2.3
绕组频率响应分析	见 5.1.2.4	见 5.1.2.4
绕组各分接位置电压比	初值差不超过±0.5%（额定分接位置）； ±1.0%（其他）（警示值）	见 5.1.2.5
直流偏磁水平检查（变压器）	见 5.1.2.6	见 5.1.2.6
电抗器电抗值	初值差不超过±5%（注意值）	见 5.1.2.7
纸绝缘聚合度	聚合度≥250（注意值）	见 5.1.2.8
绝缘油诊断性试验	见 7.2	见 7.2
整体密封性能检查	无油渗漏	见 5.1.2.9
铁芯接地电流	≤100mA（注意值）	见 5.1.2.10
声级及振动	符合设备技术文件要求	见 5.1.2.11
绕组直流泄漏电流	见 5.1.2.12	见 5.1.2.12
外施耐压试验	出厂试验值的 80%	见 5.1.2.13

5.1.2.1 空载电流和空载损耗

诊断铁芯结构缺陷、匝间绝缘损坏等可进行本项目。试验电压尽可能接近额定值。试验电压值和接线应与上次试验保持一致。测量结果与上次相比不应有明显差异。对单相变压器相间或三相变压器两个边相，空载电流差异不应超过 10%。分析时一并注意空载损耗的变化。

5.1.2.2 短路阻抗

诊断绕组是否发生变形时进行本项目。应在最大分接位置和相同电流下测量。试验电流可用额定电流，亦可低于额定值，但不应小于 5A。

5.1.2.3 感应耐压和局部放电

验证绝缘强度或诊断是否存在局部放电缺陷时进行本项目。感应电压的频率应在 100Hz～400Hz。电压为出厂试验值的 80%，时间按式（3）确定，但应在 15s～60s 之间。试验方法参考 GB/T 1094.3。

$$t(s) = \frac{120 \times \text{额定频率}}{\text{试验频率}} \tag{3}$$

在进行感应耐压试验之前，应先进行低电压下的相关试验以评估感应耐压试验的风险。

5.1.2.4 绕组频率响应分析

诊断是否发生绕组变形时进行本项目。当绕组扫频响应曲线与原始记录基本一致时，即绕组频响曲线的各个波峰、波谷点所对应的幅值及频率基本一致时，可以判定被测绕组没有变形。测量和分析方法参考 DL/T 911。

5.1.2.5 绕组各分接位置电压比

对核心部件或主体进行解体性检修之后或怀疑绕组存在缺陷时进行本项目。结果应与铭牌标识一致。

5.1.2.6 直流偏磁水平检测

当变压器声响、振动异常时进行本项目。

5.1.2.7 电抗器电抗值

怀疑线圈或铁芯（如有）存在缺陷时进行本项目。测量方法参考 GB/T 10229。

5.1.2.8 纸绝缘聚合度

诊断绝缘老化程度时进行本项目。测量方法参考 DL/T 984。

5.1.2.9 整体密封性能检查

对核心部件或主体进行解体性检修之后或重新进行密封处理之后进行本项目。采用储油柜油面加压法，在 0.03MPa 压力下持续 24h，应无油渗漏。检查前应采取措施防止压力释放装置动作。

5.1.2.10 铁芯接地电流

在运行条件下测量流经接地线的电流，大于 100mA 时应予注意。

5.2.11 声级及振动

当噪声异常时可定量测量变压器声级，具体要求参考 GB/T 1094.10。如果振动异常，可定量测量振动水平，振动波主波峰的高度应不超过规定值，且与同型设备无明显差异。

5.1.2.12 绕组直流泄漏电流

怀疑绝缘存在受潮等缺陷时进行本项目，测量绕组短路加压，其他绕组短路接地，施加直流电压值为 40kV（330kV 及以下绕组）、60kV（500kV 及以上绕组），加压 60s 时的泄漏电流与初值比应没有明显增加，与同型设备比没有明显差异。

5.1.2.13 外施耐压试验

仅对中性点和低压绕组进行，耐受电压为出厂试验值的 80，时间为 60s。

5.1.3 干式电抗器

巡检项目包括表 1 所列外观、声响及振动：例行试验包括表 2 所列红外热像检测、绕组电阻、绕组绝缘电阻；诊断性试验包括表 3 中电抗器电抗值测量、声级及振动、空载电流和空载损耗测量。

【依据 3】《水电站电气设备预防性试验规程》（Q/GDW 11150—2013）

第 11 条

6.2.3.10.2 厂用电交流高压开关柜

6.2.3.10.2（1）本项目的查评依据如下。

【依据 1】《3.6kV～40.5kV 交流金属封闭开关设备和控制设备》（DL/T 404—2007）

4.4.2 温升

按 DL/T 593 中 4.4.2 的规定，并作如下补充：

金属封闭开关设备和控制设备中某些元件的温升如不包含在 DL/T 593 所规定的范围内，它们应按照各自的技术条件，其温升不得超过各自标准规定的限值。

当考虑母线的最高允许温度或温升时，应根据工作情况，按触头、连接及与绝缘材料接触的金属部分的最高允许温度或温升确定。

可触及的外壳和盖板的温升不得超过 30K。对可触及而在正常运行时又无须触及的外壳和盖板，如果人员不会触及，其温升限值可以提高 10K。

4.5 额定短时耐受电流（I_k）

按 DL/T 593 中 4.5 的规定，并作如下补充：

对接地回路也应规定额定短时耐受电流，其值可以与主回路不同。

6.101 关合和开断能力的验证

金属封闭开关设备和控制设备主回路中装用的开关装置和接地开关，应按照相关标准并在适当的安装和使用条件下进行额定的关合和开断能力的验证试验。其安装条件应和金属封闭开关设备和控制设备中的正常安装条件相同，即应在装有所有可能影响其性能的相关部件（如连接线、支撑件、通风设备等）时进行试验。如果开关装置已经在安装条件更为严酷的金属封闭开关设备和控制设备中进行过试验，则可不进行这些试验。

注：在判定何种部件可能影响开关装置的性能时，应特别注意短路引起的机械力、电弧生成物的排出以及击穿放电的可能性等。应该认识到，在某些情况下这些影响完全可以忽略。

当多层设计的各层隔室不相同但又采用相同的开关装置时，应按相关标准的相应要求在每一层隔室重复进行下述试验或试验方式。

如果开关装置已经按照它们的相关标准在金属封闭开关设备的外壳内进行了短路性能试验，可不再进行试验。

由单层或多层结构以及双母线系统组合而成的开关设备和控制设备，为了覆盖运行中可能出现的各种情况，对用来验证其额定关合和开断能力的试验程序需要特殊考虑。

如果不可能覆盖开关装置所有可能的布置和设计，试验应按照下述试验程序，根据开关装置的具体特性和位置正确地确定试验组合。

a）应在开关装置中的一个典型隔室内完成全部的关合和开断电流试验系列。如果其他隔室的结构与其类似，且所有开关装置完全相同，则上述试验对这些隔室也有效。

b）如果隔室结构不相似，但采用的开关装置完全相同，则应根据相关标准的要求，在其他每一个隔室中重复进行下述试验或试验方式：

—— GB/T 1984 的试验方式 T100s，T100a 和临界电流试验（如果有），适用时，还应考虑该标准中 6.103.4 对试验连接布置的要求；

—— GB/T 1985 的 E1 或 E2 级短路关合操作（适用时）；

—— GB/T 3804 的试验方式 1，10 次 CO 操作 100%负荷开断电流，根据 E1，E2，E3 级进行试验方式 5 的试验（适用时），除非该负荷开关没有短路关合能力；

—— GB/T 16926 的试验方式 TDIsc（额定短路开断电流的关合和开断试验）、TDIWmax（最大 I^2t 时的关合和开断试验）、TDItransfer（额定转移电流的开断试验）；

—— 按照 GB/T 14808 中 6.106 对 SCPD（短路保护装置）进行配合的验证。

c）如果隔室的设计是采用多种类型或结构的开关装置，对每一种情况均应按照上述项 a）以及项 b）（适用时）中的要求进行全部试验。

8.1 额定值的选择

对给定的运行方式，选用金属封闭开关设备和控制设备时，其中各元件的额定值应满足在正常负载条件以及故障条件下的要求。金属封闭开关设备和控制设备总装的额定值可以与元件的额定值不同。

额定值的选择应符合本标准的规定，并考虑到系统的特点及其未来发展。额定值的清单已在第 4 章中给出。

还应考虑其他参数，例如，当地的大气和气候条件，以及在海拔超过 1000m 时的使用。

应计算出金属封闭开关设备和控制设备在系统安装地点的故障电流，以确定故障引起的负荷。这方面可参考 IEC 60909-0。

【依据 2】《国家电网公司十八项电网重大反事故措施》（国家电网生〔2012〕352 号）

12.3　防止开关柜事故的措施

12.3.1　设计、施工的有关要求

12.3.1.1　高压开关柜应优先选择 LSC2 类（具备运行连续性功能）、"五防"功能完备的产品，其外绝缘应满足以下条件：空气绝缘净距离：≥125mm（对 12kV），≥300mm（对 40.5kV）；爬电比距：≥18mm/kV（对瓷质绝缘），≥20mm/kV（对有机绝缘）。如采用热缩套包裹导体结构，则该部位必须满足上述空气绝缘净距离要求；如开关柜采用复合绝缘或固体绝缘封装等可靠技术，可适当降低其绝缘距离要求。

12.3.1.2　开关柜应选用 IAC 级（内部故障级别）产品，制造厂应提供相应型式试验报告（报告中附试验试品照片）。选用开关柜时应确认其母线室、断路器室、电缆室相互独立，且均通过相应内部燃弧试验，燃弧时间为 0.5s 及以上内部故障电弧允许持续时间应不小于 0.5s，试验电流为额定短时耐受电流，对于额定短路开断电流 31.5kA 以上产品可按照 31.5kA 进行内部故障电弧试验。封闭式开关柜必须设置压力释放通道。

12.3.1.3　用于电容器投切的开关柜必须有其所配断路器投切电容器的试验报告，且断路器必须选用 C2 级断路器。用于电容器投切的断路器出厂时必须提供本台断路器分、合闸行程特性曲线，并提供本型断路器的标准分、合闸行程特性曲线。条件允许时，可在现场进行断路器投切电容器的大电流老炼试验。

12.3.1.4　高压开关柜内一次接线应符合国家电网公司输变电工程典型设计要求，避雷器、电压互感器等柜内设备应经隔离开关（或隔离手车）与母线相连，严禁与母线直接连接。其前面板模拟显示图必须与其内部接线一致，开关柜可触及隔室、不可触及隔室、活门和机构等关键部位在出厂时应设置明显的安全警告、警示标识。柜内隔离金属活门应可靠接地，活门机构应选用可独立锁止的结构，可靠防止检修时人员失误打开活门。

12.3.1.5　高压开关柜内的绝缘件（如绝缘子、套管、隔板和触头罩等）应采用阻燃绝缘材料。

12.3.1.6　应在开关柜配电室配置通风、除湿防潮设备，防止凝露导致绝缘事故。

12.3.1.7　开关柜设备在扩建时，必须考虑与原有开关柜的一致性。

12.3.1.8　开关柜中所有绝缘件装配前均应进行局放检测，单个绝缘件局部放电量不大于 3pC。

12.3.2　基建阶段应注意的问题

12.3.2.1　基建中高压开关柜在安装后应对其一、二次电缆进线处采取有效封堵措施。

12.3.2.2　为防止开关柜火灾蔓延，在开关柜的柜间、母线室之间及与本柜其他功能隔室之间应采取有效的封堵隔离措施。

12.3.2.3　高压开关柜应检查泄压通道或压力释放装置，确保与设计图纸保持一致。

12.3.3　运行中应注意的问题

12.3.3.1　手车开关每次推入柜内后，应保证手车到位和隔离插头接触良好。

12.3.3.2　每年迎峰度夏（冬）前应开展超声波局部放电检测、暂态地电压检测，及早发现开关柜内绝缘缺陷，防止由开关柜内部局部放电演变成短路故障。

12.3.3.3　加强开展开关柜温度检测，对温度异常的开关柜强化监测、分析和处理，防止导电回路过热引发的柜内短路故障。

12.3.3.4　加强带电显示闭锁装置的运行维护，保证其与柜门间强制闭锁的运行可靠性。防误操作闭锁装置或带电显示装置失灵应作为严重缺陷尽快予以消除。

12.3.3.5　加强高压开关柜巡视检查和状态评估，对用于投切电容器组等操作频繁的开关柜要适当缩短巡检和维护周期。当无功补偿装置容量增大时，应进行断路器容性电流开合能力校核试验。

6.2.3.10.2（2）本项目的查评依据如下。

【依据】《国家电网公司十八项电网重大反事故措施》（国家电网生〔2012〕352号）

12.3.1.4 高压开关柜内一次接线应符合国家电网公司输变电工程典型设计要求，避雷器、电压互感器等柜内设备应经隔离开关（或隔离手车）与母线相连，严禁与母线直接连接。其前面板模拟显示图必须与其内部接线一致，开关柜可触及隔室、不可触及隔室、活门和机构等关键部位在出厂时应设置明显的安全警告、警示标识。柜内隔离金属活门应可靠接地，活门机构应选用可独立锁止的结构，可靠防止检修时人员失误打开活门。

12.3.1.5 高压开关柜内的绝缘件（如绝缘子、套管、隔板和触头罩等）应采用阻燃绝缘材料。

12.3.1.6 应在开关柜配电室配置通风、除湿防潮设备，防止凝露导致绝缘事故。

6.2.3.10.2（3）本项目的查评依据如下。

【依据1】《3.6kV-40.5kV交流金属封闭开关设备和控制设备》（DL/T 404—2007）

5.14 爬电距离

按DL/T 593中5.14.2的规定，金属封闭开关设备内外绝缘件的最小标称爬电比距为：$l_r \geq 18$mm/kV（瓷质）、$l_t \geq 20$mm/kV（有机）。

【依据2】《国家电网公司十八项电网重大反事故措施》（国家电网生〔2012〕352号）

同6.2.3.10.2（1）**【依据2】**

6.2.3.10.2（4）本项目的查评依据如下。

【依据1】《3.6kV～40.5kV交流金属封闭开关设备和控制设备》（DL/T 404—2007）

5.106 对最小空气间隙的要求

单纯以空气作为绝缘介质的金属封闭开关设备和控制设备，相间和相对地的最小空气间隙应满足下述要求：

额定电压/kV	3.6	7.2	12	24	40.5
相间和相对地/mm	75	100	125	180	300
带电体至门/mm	105	130	155	210	330

以空气和绝缘板组成的复合绝缘作为绝缘介质的金属封闭开关设备和控制设备，带电体与绝缘板之间的最小空气间隙应满足下述要求：

对3.6kV，7.2kV和12kV设备应不小于30mm；

对24kV设备应不小于45mm；

对40.5kV设备应不小于60mm。

以空气或以空气—绝缘材料作为绝缘介质的金属封闭开关设备和控制设备应考虑绝缘材料的厚度、设计场强和老化，并应按照DL/T 593中6.2.8的要求进行凝露试验。只要能够通过凝露试验，最小空气间隙可以适当小于上述规定的距离。

【依据2】《国家电网公司十八项电网重大反事故措施》（国家电网生〔2012〕352号）

同6.2.3.10.2（1）**【依据2】**

6.2.3.10.2（5）本项目的查评依据如下。

【依据1】《3.6kV～40.5kV交流金属封闭开关设备和控制设备》（DL/T 404—2007）

8.2 设计和结构的选择

8.2.1 概述

金属封闭开关设备和控制设备一般根据其绝缘方式（例如：空气绝缘或气体绝缘）以及是固定式或可抽出式来区别。各个元件可抽出或移开的程度主要取决于维护的要求（如果有要求）和试验的规定。

随着少维护开关设备的发展，对某些受到电弧烧蚀的部件需要关注的程度降低了。但是，仍然需要涉及一些一次性元件，如熔断器以及需要进行临时检查和试验的电缆，也可能需要对机械部件进行润滑和调整，因此，一些设计把可触及的机械部件置于高压隔室之外。但是，对于真空断路器来说，由于触头开距很小，一般不宜选用操动机构置于金属封闭开关设备和控制设备外壳之外的分体式结构。

维修需要进入的范围和是否容许整个开关设备和控制设备停运，可能是决定用户选择空气绝缘的还是流体绝缘的，是固定式的还是可抽出式的设备。如果要求少维护，应选用少维护的元件。固定式的总装，尤其是采用少维护元件的固定式总装是一种能终生节约成本的选择。

不论是固定式还是可抽出式，当主回路隔室被打开后，开关设备和控制设备的运行安全要求，其需要工作的部分应与所有的电源隔离并接地。因此，作为隔离用的开关装置应能够确保安全和防止重新接通。

8.2.2　隔室的结构和可触及性

本标准中所定义的内部结构型式是尽量平衡运行连续性和可维护性之间的矛盾。本条款对不同的结构型式能够提供的可维护性方面给出了一些导则。

注1：在进行10.4指出的某些维护时，如果为了防比偶然触及带电部件，要求临时插入隔板。

注2：如果用户采用了其他的维护程序，例如设置安全距离和/或设置和使用临时隔板，则超出了本标准的范围。

开关设备和控制设备的完整描述应包括隔室的列表和类型（例如母线隔室、断路器隔室等）、每个隔室的可触及性类型以及型式（可抽出型/非可抽出型）。

有四种类型隔室，其中三种为用户可触及，一种为用户不可触及。

可触及隔室：下面规定了三种控制可触及隔室打开的方法：

——第一种是通过联锁来保证在打开隔室之前内部的所有带电部件不带电并接地，称为"联锁控制的可触及隔室"；

——第二种是依赖于用户的程序和锁来保证安全，隔室提供有挂锁或等效设施，称为"程序控制的可触及隔室"；

——第三种是没有提供内部措施来保证打开前的电气安全，需要工具才能打开的隔室，称为"依靠工具的可触及隔室"。

前两种可触及隔室对用户皆适用，并可进行日常操作和维护。打开这两种类型的可触及隔室的盖板和/或活门不需要工具。

如果隔室需要工具才能打开，则通常应明确地指出用户应采取其他措施来保证安全，并尽可能保证性能的完好，例如：绝缘状态等。

不可触及隔室：用户不可触及，且打开隔室可能损坏隔室的完整性。应在隔室上明确地警示出"不可打开"或提供一种隔室来实现，例如，全部为焊接的GIS箱壳。

8.2.3　开关设备的运行连续性

金属封闭开关设备和控制设备应提供一定的防护水平，以防止人员触及危险部件和固体外物进入设备。采用适当的传感器和辅助控制装置，也能对防止发生对地绝缘故障提供一定的保护作用。

对于开关设备和控制设备运行连续性的丧失类别（LSC），规定了当打开回路的一个隔室时，其他隔室和/或功能单元可以保持带电的范围。

LSC1类：在维护（如果需要）期间不能提供连续性运行，且在触及外壳内部之前，可能需要将开关设备和控制设备从系统上断开，以使其处于不带电状态。

LSC2类：在触及开关设备和控制设备内部的隔室期间，能为电网提供最高的运行连续性。

LSC2类还可以细分为两类：

LSC2A：当触及一个功能单元的元件时，开关设备和控制设备的其他功能单元可以继续运行。

可抽出型 LSC2A 类示例：实际上，这意味着功能单元的进线高压电缆必须不带电并接地，且回路应从母线上隔离并分开（物理上和电气上）。母线可保持带电。此处用术语分开而不用分隔是为了避免区分绝缘的隔板和活门和金属的隔板和活门（见8.2.4）。

LSC2B：除上述运行连续性类别为 LSC2A 外的类别，在 LSC2B 类别中，功能单元可触及的高压进线电缆可以保持带电。这意味着另有一处隔离和分开，即在开关装置和电缆之间。

可抽出型 LSC2B 类示例：如果 LSC2B 类开关设备和控制设备中每个功能单元的主开关装置都安装在它们自己的可触及隔室内，则维护这样的主开关装置时不需要使相应的连接电缆断电。因此，本例中 LSC2B 类开关设备和控制设备的每个功能单元最少需要三个隔室：

——每一台主开关装置的隔室；

——连接到主开关装置一侧的元件的隔室，如馈电回路；

——连接到主开关装置另一侧的元件的隔室，如母线。在多于一组母线的场合，每组母线有一个独立的隔室。

8.2.4 隔板的等级

隔板划分为两个等级，PM（3.109.1）和 PI（3.109.2）。

选择隔板等级时不需要考虑在相邻隔室出现内部电弧时对人员提供防护，见 A.1，也可见 8.3。

PM 级：打开的隔室被接地的金属隔板和/或活门包围。只要打开隔室的元件和相邻隔室的元件间隔离（3.111 的定义），则打开的隔室中可以有也可以没有活门。见 5.103。

此要求的目的是在打开的隔室中没有电场且周围的隔室中不可能出现电场变化。

注：除活门改变位置的影响之外，该等级考虑到了打开的隔室小会因带电部件而有电场，且也小可能影响到带电部件周围的电场分布。

8.3 内部电弧等级的选择

选择金属封闭开关设备和控制设备时，为了对操作人员以及一般公众（适用时）提供可接受的保护水平，应适当考虑发生内部故障的可能性。

通过降低危险至可接受的水平可以达到此防护的目的。根据 ISO/IEC 导则 51，危险是危害出现的概率和危害的严酷度的组合（见 ISO/IEC 导则 51 的第 5 章关于安全性的定义）。

因此，有关内部电弧方面，选择合适的设备应受到获取可接受危险水平的程序的制约。此程序在 ISO/IEC 导则 51 的第 6 章中规定。该程序以用户在降低危险中所起的作用为前提。

作为导则，表 2 列出了经验表明的最容易产生故障的部位、产生内部故障的原因以及降低内部故障发生概率的可能措施。如有必要，用户应履行那些适用于安装、交接、运行和维修的要求。

也可以采取其他措施来提供在内部电弧情况下对人员更高的防护。这些措施是为了限制此类事件的外部影响。

下面是这些措施的例子：

——通过对光、压力或热敏感的探测器或者差动母线保护触发的快速故障排除；

——选用适当的熔断器与开关装置组合来限制允通电流和故障持续时间；

——通过快速传感以及快速合闸装置（消弧装置）把电弧转移为金属短路以消除电弧。

——遥控；

——压力释放装置；

——仅当前门关闭时才允许可抽出部件移入和退出运行位置。

5.102.3 考虑了处于 3.127 至 3.130 定义的位置时，活门为关闭状态将成为外壳的一部分的实际情况。从 3.126 移动到 3.128 定义的位置（或从 3.128 移动到 3.126）进行位置转移时可以不用试验。

在可抽出部件沿轨道推进和抽出过程中可能出现故障，虽然这也是一种可能，但是由于活门的关闭改变了电场，所以不必考虑此类故障。常见的故障是在推进过程中由于插头或者活门损坏变形而导致对地闪络。

确定 IAC 级开关设备和控制设备时，应考虑以下几点：

——不是所有的开关设备都是 IAC 级；

——不是所有的开关设备都是可抽出式的；

——不是所有的开关设备都装有从 3.126 到 3.128 的所有位置时都能关闭的门。

表 2　　　　　　　　　　　内部故障的部位、原因及降低内部故障概率的措施举例

易发生内部故障的位置（1）	内部故障可能发生的原因（2）	预防措施举例（3）
电缆室	设计不当	选择介适的尺寸、使用合适的材料
	安装错误	避免电缆交叉连接；在现场进行质量检查；适当的力矩
	固体或流体绝缘损坏（缺陷或泄露）	工艺检查和/或现场绝缘试验，定期检查液面
隔离开关、负荷开关、接地开关	误操作	加联锁（见 5.11），延时再分闸；不依赖人力操作；负荷开关和接地开关的关介能力，人员培训
螺栓连接和触头	腐蚀	使用防腐蚀的覆盖层和/或油脂；采用电镀。如有可能则加以封闭
	装配不当	采用适当的方法检查工作质量。正确的力矩。适当的锁定方法
互感器	铁磁谐振	采用适当的回路设计，避免此类电磁感应
	电压互感器的低压侧短路	通过适当的措施，如装保护盖、低压熔断器，避免短路
断路器	维护不良	按规程定期进行维护；人员培训
所有部位	工作人员的失误	用遮拦限制人员接近；用绝缘包绕带电部分；人员培训
	电场作用下的老化	出厂做局部放电试验
	污染、潮气、灰尘和小动物等的进入	采取措施保证达到规定的使用条件（见第 2 章）；采用充气隔室
	过电压	防雷保护；合适的绝缘配合；现场进行绝缘试验

在内部故障方面，如何选择开关设备，可以采用下述判据：

——在产生的危险可以不计的场合：没有必要选择 IAC 级金属封闭开关设备和控制设备；

——在需要考虑产生的危险时：只能使用 IAC 级金属封闭开关设备和控制设备。

对第二种情况，选择时应考虑可预见的最大短路电流及其持续时间，并与被试设备的额定值进行比较。另外，还应根据制造厂的安装说明书（见第 10 章），尤其重要的是内部电弧期间人员的位置。根据试验的布置，制造厂应指明开关设备和控制设备的哪一侧是可触及的，用户应严格遵守说明书的规定，人员进入未标明为可触及的区域时可能会受到伤害。

在 A.1 中规定的正常运行条件下，IAC 级提供了经过试验检验的对人员的防护水平。这只涉及在这些条件下的人员防护，既不涉及维护状态下的人员防护，也不涉及运行的连续性。

【依据 2】《国家电网公司十八项电网重大反事故措施》（国家电网生〔2012〕352 号）

同 6.2.3.10.2（1）【依据 2】

6.2.3.10.2（6） 本项目的查评依据如下。

【依据 1】《3.6kV～40.5kV 交流金属封闭开关设备和控制设备》（DL/T 404—2007）

同 6.2.3.10.2（5）【依据 1】

【依据 2】《国家电网公司十八项电网重大反事故措施》（国家电网生〔2012〕352 号）

同 6.2.3.10.2（1）【依据 2】

6.2.3.10.2（7） 本项目的查评依据如下。

【依据 1】《3.6kV～40.5kV 交流金属封闭开关设备和控制设备》（DL/T 404—2007）

5　设计和结构

金属封闭开关设备和控制设备的设计应该使其能安全地进行运行、检查、维护、操作，并能安全地进行相序的核对、连接电缆的接地检查、电缆故障的定位、连接电缆或其他装置的电压试验，以及消除危险的静电电荷。

【依据 2】《国家电网公司十八项电网重大反事故措施》（国家电网生〔2012〕352 号）

同 6.2.3.10.2（1）【依据 2】

6.2.3.10.2（8） 本项目的查评依据如下。

【依据 1】《国家电网公司十八项电网重大反事故措施》（国家电网生〔2012〕352 号）

12.3.3.4　加强带电显示闭锁装置的运行维护，保证其与柜门间强制闭锁的运行可靠性。防误操作闭

锁装置或带电显示装置失灵应作为严重缺陷尽快予以消除。

【依据2】《国家电网公司水电厂重大反事故措施》（国家电网基建〔2015〕60号）

1.1.1.2　成套高压开关柜五防功能应齐全、性能良好，具有机械联锁或电气闭锁；开关柜出线侧应装设带电显示装置，带电显示装置应具有自检功能，并与线路侧接地刀闸实行联锁；电动或手动操作时应具有强制防止电气误操作闭锁功能；应有释压通道。

6.2.3.10.2（9）本项目的查评依据如下。

【依据1】《电力设备预防性试验规程》（DL/T 596—1996）

8.10　高压开关柜

8.10.1　高压开关柜的试验项目、周期和要求见表18。

8.10.2　配少油断路器和真空断路器的高压开关柜的各类试验项目。

定期试验项目见表18中序号1，5，8，9，10，13。

大修后试验项目见表18中序号1，2，3，4，5，6，7，8，9，10，13，15。

表18　　　　　　　　高压开关柜的试验项目、周期和要求

序号	项目	周期	要求	说明
1	辅助回路和控制回路绝缘电阻	1）1～3年； 2）大修后	绝缘电阻不应低于2MΩ	采用1000V绝缘电阻表
2	辅助回路和控制回路交流耐压试验	大修后	试验电压为2kV	
3	断路器速度特性	大修后	应符合制造厂规定	如制造厂无规定可不进行
4	合闸时间、分闸时间和三相分、合闸同期性	1）1～3年； 2）大修后	符合制造厂规定	
5	断路器、隔离开关及隔离插头的导电回路电阻	1）1～3年； 2）大修后	1）大修后应符合制造厂规定； 2）运行中应不大于制造厂规定值的1.5倍	隔离开关和隔离插头回路电阻的测量在有条件时进行
6	操动机构合闸接触器和分、合闸电磁铁的最低动作电压	1）大修后 2）机构大修后	参照表11中序号12	
7	合闸接触器和分闸电磁铁线圈的绝缘电阻和直流电阻	大修后	1）绝缘电阻应大于2MΩ； 2）直流电阻应符合制造厂规定	采用1000V绝缘电阻表
8	绝缘电阻试验	1）1～3年（12kV及以上）； 2）大修后	应符合制造厂规定	在交流耐压试验前、后分别进行
9	交流耐压试验	1）1～3年（12kV及以上）； 2）大修后	试验电压值按DL/T 593规定	1）试验电压施加方式：合闸时各相对地及相间，分闸时各相断口； 2）相间、相对地及断口的试验电压值相同
10	检查电压抽取（带电显示）装置	1）1年 2）大修后	应符合制造厂规定	
11	SF₆气体泄漏试验	1）大修后； 2）必要时	应符合制造厂规定	
12	压力表及密度继电器校验	1～3年	应符合制造厂规定	
13	五防性能检查	1）1～3年； 2）大修后	应符合制造厂规定	五防：①防止误分、误合断路器；②防止带负荷拉、合隔离开关；③防止带电（挂）合接地（线）开关；④防止带接地线（开关）合断路器；⑤防止误入带电间隔
14	对断路器的其他要求	1）大修后； 2）必要时	根据断路器型式，应符合8.1、8.2、8.6中的有关规定	

序号	项目	周期	要求	说明
15	高压开关柜的电流互感器	1）大修后； 2）必要时	见第7章	

8.10.3　配SF₆断路器的高压开关柜的各类试验项目：

定期试验项目见表18中序号1、5、8、9、10、12、13。

大修后试验项目见表18中1、2、3、4、5、6、7、8、9、10、11、13、14、15。

8.10.4　其他型式高压开关柜的各类试验项目：

其他型式，如计量柜，电压互感器柜和电容器柜等的试验项目、周期和要求可参照表18中有关序号进行。柜内主要元件（如互感器、电容器、避雷器等）的试验项目按本规程有关章节规定。

【依据2】《国家电网公司十八项电网重大反事故措施》（国家电网生〔2012〕352号）

12.3.3.2　每年迎峰度夏（冬）前应开展超声波局部放电检测、暂态地电压检测，及早发现开关柜内绝缘缺陷，防止由开关柜内部局部放电演变成短路故障。

12.3.3.3　加强开展开关柜温度检测，对温度异常的开关柜强化监测、分析和处理，防止导电回路过热引发的柜内短路故障。

12.3.3.5　加强高压开关柜巡视检查和状态评估，对用于投切电容器组等操作频繁的开关柜要适当缩短巡检和维护周期。当无功补偿装置容量增大时，应进行断路器容性电流开合能力校核试验。

【依据3】《水电站电气设备预防性试验规程》（Q/GDW 11150—2013）

9.1.4　高压开关柜

高压开关柜的试验项目、周期和要求见表16。

表16　　　　　　　　　　　高压开关柜的试验项目、周期和要求

序号	项目	周期	要求	说明
1	辅助回路和控制回路绝缘电阻	1）3年； 2）大修后	绝缘电阻不应低于2MΩ	采用1000V绝缘电阻表
2	辅助回路和控制回路交流耐压试验	大修后	试验电压为2kV	可用2500V绝缘电阻表代替
3	断路器时间参量	1）3年； 2）大修后	符合制造厂规定	在额定操作电压下进行
4	断路器速度特性	大修后	符合制造厂规定	用于电容器投切的开关柜，制造厂应提供机械行程特性曲线，测量方法按制造厂要求
5	主回路绝缘电阻试验	1）3年； 2）大修后	应符合制造厂规定，一般不低于50MΩ	1）采用2500V绝缘电阻表； 2）在交流耐压试验前、后分别进行； 3）必要时，如：怀疑绝缘不良时
6	交流耐压试验	1）3年； 2）大修后	试验电压值按DL/T 593规定	1）试验电压施加方式：合闸时各相对地及相间；分闸时各相断口。 2）相间、相对地及断口的试验电压值相同
7	检查电压抽取（带电显示）装置	大修后	应符合GB/T 25081—2010《高压带电显示装置（VPIS）》	
8	断路器、隔离开关及隔离插头的导电回路电阻	1）3年； 2）大修后； 3）必要时	1）大修后应符合制造厂规定； 2）运行中应不大于制造厂规定值的150%	1）隔离开关和隔离插头回路电阻的测量在有条件时进行； 2）必要时，如：怀疑接触不良时

序号	项 目	周 期	要 求	说 明
9	高压开关柜中的电流互感器	1）大修后； 2）必要时	见第8章	
10	红外热像检测	1）每半年1次； 2）必要时	按 DL/T 664—2008《带电设备红外诊断应用规范》执行	1）用红外热像仪检测电气连接部位，红外热像图显示应无异常温升、温差和/或相对温差。判断时，应考虑检测前 3h 内的负荷电流及其变化情况。测量和分析方法可参考 DL/T 664。 2）必要时，如：怀疑有过热缺陷或异常时

注：其他式开关柜，如计量柜，电压互感器柜和电容器柜等的试验项目、周期和要求可参照此表中有关序号进行。柜内主要元件（如互感器、避雷器等）的试验项目按本标准有关章节规定。

6.2.3.10.3　400V 配电系统

6.2.3.10.3（1） 本项目的查评依据如下。

【依据】《水力发电厂厂用电设计规程》（NB/T 35044—2014）

8.2　低压厂用电系统电器和导体选择

8.2.1　低压厂用主配电屏宜采用带抽出式器件或插拔式器件的封闭式开关柜，终端配电箱宜采用低压固定封闭式开关柜。

8.2.2　低压厂用电主配电屏的进线和母联断路器宜采用框架断路器，配电回路宜采用塑壳断路器，电动机回路宜配置塑壳断路器、接触器和热继电器。

8.2.3　低压终端配电箱的进线和馈线断路器宜采用塑壳断路器，电动机回路还宜配置接触器和热继电器。

8.2.4　电动机回路正常运行时的电压损失不宜大于 5%，计算电流为电动机运行时可能出现的最大工作电流值。

8.2.5　对起吊设备，应按不经常运行工作制的启动条件校验电压损失，允许的最大电压损失（包括起吊设备内部的电压损失 2%～3%）不宜超过 15%。

8.2.6　当用断路器作为电动机或馈电干线保护时，断路器过电流脱扣器的整定电流应不小于电动机的额定电流或馈电干线的计算电流；当电动机正常启动或成组自启动时，保护装置不应误动作；应按保护范围内最小短路电流校验其灵敏度。

8.2.7　低压电器和导体的额定短时耐受电流、额定峰值耐受电流和保护电器的开断能力校验应采用回路首端三相短路电流；对保护动作灵敏度的校验应采用回路末端的单相短路电流。

8.2.8　采用保护式磁力启动器或装设在单独动力箱或保护外壳内的接触器时，可不校验额定短时耐受电流及额定峰值耐受电流。

8.2.9　用断路器保护的回路，短路电流不应小于断路器瞬时或短延时过电流脱扣器整定电流的 1.3 倍。当末端单相短路的短路电流难以满足灵敏度要求时，可采用零序保护或带长延时过电流脱扣器的断路器。如选用长延时过电流脱扣器，其动作时间不宜大于 15s。

8.2.10　断路器的额定短路开断能力应按以下方法进行校验：

1　断路器安装地点的预期短路电流值（周期分量有效值）应不大于允许的额定短路开断能力。断路器的开断能力尚应符合以下要求：

1）当利用断路器本身的瞬时过电流脱扣器作为短路保护时，应按断路器的额定断开开断能力校验。

2）当利用断路器本身的短延时过电流脱扣器作为短路保护时，应按断路器相应延时下的短路开断能力校验。

3）当另装设继电保护时，如其动作时间未超过该断路器短延时脱扣器的最长延，则应按短延时脱扣下的短路开断能力校验；若其动作时间超过该断路器短延时脱扣器的最长延时，则应按产品制造厂的规定。

4）当电源为下进线时，应考虑其对断路器开断能力的影响。

2 安装地点预期短路电流值指开断瞬间一个周波内的周期性分量有效值，对于动作时间大于 4 个周波的断路器，可不计异步电动机的反馈电流。

8.2.11 热继电器的整定值应按电动机的额定电流选择，除下列情况外，应装设带断相保护的热继电器：

1 被操作的电动机定子为星形接线。

2 用断路器作为短路保护。

8.2.12 低压配电屏内通流元件的额定电流应考虑降容效应。

8.2.13 正常运行为自动控制，要求失电压后自启动的电动机不应装设失电压脱扣装置；对失电压后允许不自启动的电动机，当变压器容量允许时，也可不装设失电压脱扣装置。

8.2.14 供给移动式设备和手持式设备、临时用电设备、安装在水中设备以及所有电源插座的末端回路，应装设剩余电流动作保护器。

8.2.15 低压厂用电系统的电力电缆应按以下条件选型：

1 电力电缆宜采用铜芯交联聚乙烯绝缘阻燃型电缆。

2 消防、保安、排烟、应急照明等重要负荷回路的电力电缆宜采用阻燃或耐火型电缆。

3 装设剩余电流动作保护器的回路应采用三相五芯电缆，单相回路应采用三芯电力电缆或电线。

4 对接有产生高次谐波负荷的电源进线回路和以气体放电灯为主要负荷的照明回路，应采用中性线与相导体相同截面积的电力电缆。

5 厂外敷设的低压电力电缆宜采用钢带（丝）内铠装。

8.2.16 低压厂用电系统中，对用电负荷较大、分支回路较多、供电距离较长、采用电力电缆数量多且敷设不便的供电干线或有特殊供电要求的可采用插接式母线槽。

6.2.3.10.3（2）本项目的查评依据如下。

【依据】《国家电网公司水电厂重大反事故措施》（国家电网基建〔2015〕60 号）

1.1.1.3 低压开关柜的带电部件应用绝缘材料完全包住或加装直接接触防护等级至少为 IP2X 或 IPXXB 的挡板、护套、覆板和同类物；在移动、打开或拆卸用于防护的挡板、护套、覆板和同类物时应停电。

6.2.3.10.3（3）本项目的查评依据如下。

【依据 1】《水力发电厂厂用电设计规程》（NB/T 35044—2014）

3.5.4 Ⅰ类负荷应有 2 个电源供电，采用以下方式：

1 对机械上互为备用的负荷，应从不同分段的主配电屏或自不同分段主配电屏所供电的 2 个分配电屏分别引出电源供电。在距离较远、地区供电条件困难时，则至少应保证具有 2 个独立电源供电，2 个电源经自动切换操作可互为备用。

2 对机械上只有 1 套的负荷，应从具有双重电源供电的配电屏引出电源供电，双重电源经自动切换操作可互为备用。

3 向负荷供电的不同电源的两分配电屏之间设联络线互为备用时，该联络线上应装设操作电器。

4 装有双电源切换装置的分配电箱或控制箱，宜尽量靠近用电负荷。

【依据 2】《国家电网公司十八项电网重大反事故措施》（国家电网生〔2012〕352 号）

8.3.1.2 换流站站用电系统 10kV 母线和 400V 母线均应配置备用电源自动投切装置。

【依据 3】《国家电网公司水电厂重大反事故措施》（国家电网基建〔2015〕60 号）

13.1.1.3 厂用电系统各级母线均应装设备用电源自动切换装置，装置故障和功能退出时应有相应的报警信号。

13.1.2.4 各级母线的备用电源自动切换装置应正常投入，因故退出时应启动相应的应急处理预案。

定期进行备用电源自动切换装置的动作试验，确保功能正常。试验结束后应对受电源消失影响的设备进行全面检查，如机组自用配电盘的供电方式等。

6.2.3.10.3（4）本项目的查评依据如下。

【依据1】《水力发电厂厂用电设计规程》（NB/T 35044—2014）

8.3 低压电器的组合

8.3.1 厂用电负荷宜装设单独的保护电器，但在下列情况下也可数个负荷共用一套保护电器，但应保证能迅速切除任一个负荷的短路故障：

1 工艺上密切相关的一组电动机。

2 不重要负荷。

3 不经常运行且容量不大的负荷。

8.3.2 在发生短路故障时，供电回路中的各级保护电器之间的保护选择性应符合下列要求：

1 当采用多级供电时，应满足厂用电主配电屏与下级分配电屏之间的保护选择性要求。

2 当支线采用断路器作短路保护时，干线可采用带延时动作的断路器作短路保护。

8.3.3 配电线路应装设短路保护和过负荷保护。

8.3.4 过负荷保护电器宜采用反时限特性的保护电器。当采用低压断路器、热继电器等电器作为过负荷保护时，保护电器与导体的配合应满足下式要求：

$$I_{\rm j} \leqslant I_{\rm n} \leqslant I_{\rm g}$$

式中：$I_{\rm j}$——线路计算负荷电流（A）；

$I_{\rm n}$——断路器长延时脱扣器整定电流或热继电器额定电流（A）；

$I_{\rm g}$——导体允许持续载流量（A）。

【依据2】《国家电网公司水电厂重大反事故措施》（国家电网基建〔2015〕60号）

13.2.1.2 重要线路和设备按双重化配置相互独立的保护。传输两套独立的主保护通道相对应的电力通信设备也应为两套完整、两套不同路由的通信系统，其告警信息应接入相关监控系统。

6.2.3.10.3（5）本项目的查评依据如下。

【依据】《国家电网公司水电厂重大反事故措施》（国家电网基建〔2015〕60号）

17.5.2.3 在厂用系统增加负荷或改变厂用系统接线前，应校核电缆载流量是否符合要求。

6.2.3.10.3（6）本项目的查评依据如下。

【依据1】《国家电网公司水电厂重大反事故措施》（国家电网基建〔2015〕60号）

1.1.1.1 检修电源箱（柜）设计时，低压电源箱（柜）应具有防触电、防雨、防潮、防火、防小动物等功能，应永久固定，合理分布在生产现场的各个部位，有规范的、醒目的安全警示标识。

1.1.2.3 各类电气设备应具有可靠的保护接地。220V及以上电气设备应设单独的保护接地线，禁止利用设备自身的工作零线兼做接地保护，禁止将接地线接在金属管道或其他金属构件上。

【依据2】《防止电力生产事故的二十五项重点要求》（安质二〔2014〕35号）

1.2.5 现场临时用电的检修电源箱必须装自动空气开关、剩余电流动作保护器、接线柱或插座，专用接地铜排和端子、箱体必须可靠接地，接地、接零标识应清晰，并固定牢固。对氢站、氨站、油区、危险化学品间等特殊场所，应选用防爆型检修电源箱，并使用防爆插头。

1.2.8 电气设备必须装设保护接地（接零），不得将接地线接在金属管道上或其他金属构件上。雨天操作室外高压设备时，绝缘棒应有防雨罩，还应穿绝缘靴。雷电时严禁进行就地倒闸操作。

6.2.3.10.3（7）本项目的查评依据如下。

【依据】《电流表、电压表、功率表及电阻表检定规程》（JJG 124—2005）

5.1 外观检查

仪表应标有仪器名称、制造厂名（或商标）、出厂编号、ⓂⒸ标志以及其他保证其正确使用的信息、通用标志和符号，且不应有可以引起测量错误和影响准确度的缺陷。

6.5 检定周期

准确度等级小于或等于 0.5 的仪表检定周期一般为 1 年，其余仪表检定周期一般不超过 2 年。

6.2.3.10.3（8）本项目的查评依据如下。

【依据】《国家电网公司水电厂重大反事故措施》（国家电网基建〔2015〕60 号）

13.5.1.1 重要的厂用电高低压母线宜分段布置在独立的房间，宜配置厂用电电源全部丢失情况下的保安电源，保安电源宜放置在独立的房间内。

6.2.3.10.3（9）本项目的查评依据如下。

【依据】《国家电网公司水电厂重大反事故措施》（国家电网基建〔2015〕60 号）

13.5.1.5 全厂性公用负荷应分散接入不同机组的厂用母线或公用负荷母线，大负荷开关（额定电流 200A 及以上）应布置合理。在厂用电系统接线中，不应存在可能导致切断多于一个单元机组的故障点，更不应存在导致全厂停电的可能性，应尽量缩小故障影响的范围。

13.5.2.3 应定期开展 0.4kV 大负荷开关（额定电流 200A 及以上）的检查、维护和红外测温，对于采用抽屉式的大负荷开关，宜加装温度监测装置，防止开关触头接触不良发热造成火灾事故。

6.2.3.11.1 励磁系统功率柜

6.2.3.11.1（1）本项目的查评依据如下。

【依据1】《大中型水轮发电机静止整流励磁系统及装置技术条件》（DL/T 583—2006）

4.2.11 励磁系统功率整流器不应采用串联元件。在发电机额定励磁电流情况下，均流系数不应低于 0.85。

4.2.12 励磁系统的功率整流器应满足下列要求：

a）并联运行的支路数冗余度一般应按照不小于 $N+1$ 的模式配置。在 N 模式下要求保证发电机所有工况的运行（包括强行励磁在内）；

b）风冷功率整流器如有停风情况下的特别运行要求时，并联运行支路的最大连续输出电流容量值，应按停风情况下的运行要求配置；

c）在任何运行情况下，过电压保护器应使得整流器的输出过电压瞬时值不超过绕组对地耐压试验电压幅值的 30%。

【依据2】《同步电机励磁系统大、中型同步发电机励磁系统技术要求》（GB/T 7409.3—2007）

5.19 励磁系统中的功率整流器，其冗余度可按全部功率整流器的并联支路中有一个支路退出运行后，剩余支路仍能满足发电机的所有运行工况要求，功率整流装置的均流系数应不小于 0.85。

6.2.3.11.1（2）本项目的查评依据如下。

【依据1】《大中型水轮发电机静止整流励磁系统及装置技术条件》（DL/T 583—2006）

4.4.2 功率整流器

a）发电机励磁系统应采用三相全控桥式整流器。以提高动态响应性能和实现逆变灭磁功能；

b）功率整流器冷却方式可以是自然冷却方式（含热管散热方式）、强追风冷方式（开启式，密闭式）或水冷冷却方式，其中：

自然冷却方式应考虑空气自然环流、防积尘和屏柜防护等级的关系，必要时应加装温度越限报警装置和后备风机。

强追风冷方式（开启式，密闭式）风机应采用两路电源供电，两路电源互为备用。能自动切换。也可采用双风机备用方案。采用开启式强追风冷方式时，进风口应设滤尘器且满足冷却风机的风量、风压需要。整流器柜风机噪声在离柜 1m 处不大于 70dB。

水冷冷却方式应有进、出口水温，冷却水流量和水压检测和报警装置；

c）功率整流器应设置必要的保护及报警装置，包括交流侧阳极过电压吸收和保护器、直流侧过电压吸收和保护器、功率元件换相过电压保护器、功率元件快速熔断器、风机故障停运或水冷系统故障报警装置、功率元件故障和脉冲故障报警装置、功率整流器切除和电源消失故障报警装置；

d）功率元件反向重复峰位值电压的选择，应保证功率整流器的最大允许电压高于励磁回路直流侧过电压保护装置动作电压整定值。

【依据 2】《国家电网公司水电厂重大反事故措施》（国家电网基建〔2015〕60 号）

15.2.1.3 励磁整流桥冷却风机应冗余配置，风机电源应接至不同电源。

6.2.3.11.1（3）本项目的查评依据如下

【依据 1】《国家电网公司水电厂重大反事故措施》（国家电网基建〔2015〕60 号）

15.2.3.2 应定期对励磁整流桥进行一次小电流试验或可控硅静态测试，避免因晶闸管整流波形异常造成整流桥故障。

【依据 2】《抽水蓄能机组励磁系统运行检修规程》（GB/T 32506—2016）

附录 A

（规范性附录）

表 A.1 　　　　　抽水蓄能机组励磁系统重要检修项目及质量标准

设备	项 目	质 量 标 准	A 级检修	C 级检修
通用项目	清扫、外观检查、电缆封堵检查	箱体无积尘，通风良好，电缆封堵良好	✓	✓
	电气一、二次连接螺母和接线端子的检查、紧固	连接件无松动、表面无氧化、过热现象	✓	✓
	励磁系统不同带电回路之间、各带电回路与金属支架底板之间绝缘电阻的测定	绝缘电阻符合 DL/T 1166 要求	✓	
	开关、母线、变压器、二次回路、CT、PT 预防性试验	符合 DL/T 596 要求	✓	✓*
	励磁系统所属继电器的检查、校验	继电器、接触器的动作电压满足 55%～70% 范围要求，继电器接点电阻 <1Ω，继电器回装无误	✓	
	电测仪表校验	电测表计校验误差在允许范围内	✓	
	励磁系统专用电压互感器、电流互感器、辅助变压器的检修、试验以及所属二次回路检查	外观无异常、无放电痕迹、绝缘良好，励磁特性符合规定，电缆连接无松动	✓	
励磁变	绝缘件、铁芯夹件检查	外观无老化、放电痕迹，无松动、破裂现象	✓	✓
	接地检查	铁芯接地标识正确，接地线紧固，接地电阻符合要求	✓	✓
	温控装置校验与检查	温控装置显示正确，温控逻辑正确	✓	✓
交直流开关	触头调整、更换	接触良好，无烧灼现象，绝缘、导电、同步性能符合要求	✓	
	清扫、外观检查、电缆封堵检查	控制柜屏面光亮无污渍，屏内及屏顶无积尘，设备外观无损坏，电缆封堵良好。开关触头、灭弧栅外观无异常	✓	✓
	电气一、二次连接螺母和接线端子的检查、紧固	电气连接件无松动，表面无氧化、过热现象，电缆芯线无松动	✓	✓
	机构及动作情况检查	操作机构无卡涩，储能正常，手动分合无异常	✓	✓
可控硅整流装置	风机检修	组件完好，无渗油、松动现象，风机叶片无损坏，电机绝缘良好，运行正常无异音	✓	✓
	熔断器、信号指示器	熔断器外观完好、参数符合要求，可用万用表检查通断；信号指示正确	✓	✓
	可控硅整流装置交、直流侧刀闸检查	刀闸操作机构无松动，转动部位灵活可靠，无锈蚀，分合可靠，接触电阻符合要求	✓	
	清扫、外观检查、电缆封堵检查	控制柜屏面光亮无污渍，屏内及屏顶无积尘，通风滤网无灰尘堵塞，通风良好，外观无异常、电缆封堵良好、柜内无遗留物品	✓	✓
	一、二次连接螺母和接线端子的检查、紧固	电缆芯线无松动	✓	✓
	风机切换试验，对于单相电机应进行启动电容检测	风机试验逻辑正确，单相电容在标称值范围内	✓	✓
	励磁系统阳极侧阻容保护组件的阻容值测量	电阻值、电容值在标称值范围内	✓	✓

设备	项 目	质 量 标 准	A级检修	C级检修
励磁调节器	励磁系统模拟量环节试验	通入标准电压电流值，误差符合要求	√	
	励磁系统限制（功能）模拟试验	限制功能模拟动作正确	√	
	整定值核对	整定值与定值单一致	√	
	励磁系统测压回路断线（检测功能）模拟试验	模拟测压回路试验，调节器功能正确	√	
	励磁系统控制、信号回路正确性检查	模拟励磁系统控制和信号回路，动作正确	√	
	开环小电流试验	输出波形对称不缺相，增减励磁时波形变化平滑	√	
	电源切换试验	电源切换试验结果正常	√	√
	励磁系统操作回路传动试验及信号检查	传动试验动作正确	√	√
灭磁装置	灭磁开关动作试验	灭磁开关分合试验，曲线合格	√	√
	灭磁装置及转子过电压保护装置绝缘试验	绝缘合格	√	√
启励装置	启励回路和起励装置检查	启励回路绝缘合格，元件无损坏	√	√

6.2.3.11.2 静止变频装置（SFC）

6.2.3.11.2（1）本项目的查评依据如下。

【依据1】《抽水蓄能机组静止变频装置运行规程》（DL/T 1302—2013）

4.1.3 应按期开展静止变频器的电气预防性试验，试验内容及结果应符合 DL/T 596 的规定。

4.1.7 变频单元、输入/输出单元、控制保护单元、冷却单元等主、辅设备完好，保护装置、测量仪表和信号装置等应可靠、准确。

4.2 变频单元

4.2.1 运行环境应满足：

——周围空气温度：−10℃～+40℃之间。

——湿度：相对湿度日平均值不大于95%，月平均值不大于90%。

——周围空气应不受腐蚀性或可燃性气体、水蒸气等明显污染。

4.2.2 变频单元功率柜及控制回路的绝缘电阻应满足产品技术要求。

4.2.3 静止变频器运行产生的谐波应不影响电站继电保护、励磁、调速器、同期装置、监控系统等设备正常运行，不引起相关回路的谐波放大和谐振。

4.2.4 变频单元的脉冲分配卡和光电转换卡运行正常。

4.3 输入/输出单元

4.3.1 在低频运行等情况下发生故障时，输入/输出断路器应能迅速、可靠断开。若断路器不具备低频开断能力，应采取相应保证措施。

4.3.2 输出变压器旁路隔离开关应在10%额定频率范围内可靠断开。

4.3.4 输入/输出变压器、电抗器运行中温度应满足产品技术要求。

4.3.5 输入/输出变压器检修或长时间停运后，投运前应按 DL/T 572 的规定进行检查和试验。

6.1 巡视检查

6.1.4 巡视检查项目和技术要求应符合表1的规定。

表1　　　　　　　　　　　　巡视检查项目和技术要求

序号	单 元	巡检检查项目	技 术 要 求
1	变频单元	盘柜	正常关闭，且上锁； 指示灯完好，信号正确，无异常告警信号； 无异音，无异味
2		电气元件	无过热

序号	单　元	巡检检查项目	技 术 要 求
3	输入/输出单元	断路器	状态正确
4		变压器	按 DL/T 572 的规定执行
5		电抗器	表面清洁，外观完好，连接牢固，运行中无异音、异味，无振动、过热、接头无氧化、腐蚀和放电痕迹； 外壳及金属支架接地牢固，接地线完好，接地端无氧化、腐蚀及放电痕迹
6		绝缘子、连接导体	表面清洁，外观完好，连接牢固，运行中无异声、异味，无振动、过热、接头无氧化、腐蚀和放电痕迹

【依据 2】《抽水蓄能可逆式发电电动机运行规程》（DL/T 305—2012）

4.6　静止变频器

4.6.1　静止变频器应能满足启动发电电动机至额定转速的时间和频率变化的要求。

4.6.2　设有谐波滤波器的静止变频器，启动间隔时间应满足滤波装置电容器放电时间的要求。

6.2.4　静止变频器的巡视检查

6.2.4.2　电气元件无过热现象。

6.2.4.3　输入、输出变压器无过热、异声，油位、油温及冷却系统正常，无渗漏。

6.2.4.4　输入、输出断路器指示正常。

【依据 3】《国家电网公司水电厂重大反事故措施》（国家电网基建〔2015〕60 号）

15.2.3.1　变频器输出端电流，不应超过额定电流，且相电流差应小于±10%；输出端线电压其差值小于最大电压的±2%。

15.3.2.2　对静止变频器系统的刀闸及其操作机构进行定期检查维护，避免因刀闸操作机构损坏引起的设备故障。

15.4.1.6　在机组同期装置发出合闸命令时，静止变频器应能立即关断可控硅，闭锁触发脉冲，并断开输出断路器。

【依据 4】电厂运行/检修规程

6.2.3.11.2（2）本项目的查评依据如下。

【依据 1】《抽水蓄能机组静止变频装置运行规程》（DL/T 1302—2013）

4.3.3　输出断路器远方控制应具备与输入断路器、启动母线刀闸、机组被拖动刀闸和机组出口断路器的联动闭锁功能。

4.1.5　配备单台静止变频装置时，其两路独立输入电源的断路器应相互闭锁。

【依据 2】《抽水蓄能可逆式发电电动机运行规程》（DL/T 305—2012）

4.6.4　配备单台静止变频器的电站，设置的两路独立电源应相互闭锁。

【依据 3】《国家电网公司水电厂重大反事故措施》（国家电网基建〔2015〕60 号）

15.3.1.1　静止变频器输出断路器远方控制应具备与输入断路器、启动母线刀闸、机组被拖动刀闸和机组出口断路器的联动闭锁功能。

15.4.1.2　配备单台静止变频器的电站，其输入的两路独立电源应相互闭锁。

6.2.3.11.2（3）本项目的查评依据如下。

【依据】《抽水蓄能机组静止变频装置运行规程》（DL/T 1302—2013）

4.1.8　静止变频器运行中功率柜门禁止打开。

6.2.4　防误操作装置

6.2.4.1　微机防误装置

6.2.4.1（1）本项目的查评依据如下。

【依据】《微机型防止电气误操作系统通用技术条件》（DL/T 687—2010）

6.2.4 电源

为防止干扰，防误主机电源回路应与变电站的保护、控制回路分开。

6.3.1 功能

模拟操作。模拟操作时，模拟动作元件（或图形显示）应分、合到位，动作元件的触点应解除可靠。

传输。经模拟操作，正确的操作程序向防误主机传输，误操作有光、声音或语言报警。

位置显示。应能正确显示高压电气设备及其附属装置的分（开）、合（闭）位置。电脑钥匙完成操作或操作至任意项，经返校，屏面位置显示应与电脑钥匙操作步骤一致。

6.3.2 屏面

具有或显示一次设备主接线图。

6.2.4.1（2）本项目的查评依据如下。

【依据】《微机型防止电气误操作系统通用技术条件》（DL/T 687—2010）

6.4.1 功能

A．正确接收防误主机的操作程序。

B．正确识别编码锁，进行正常操作应顺利开锁，灵活、无卡涩。误操作应闭锁并有光、声音或语音报警。

C．具有通过识别编码锁将高压电气设备及其附属装置分（开）、合（闭）位置传至防误主机的返校功能。

D．失电或更换新电池后，存储的操作程序和其他全部信息不应改变和丢失。

E．故障或失电时应闭锁，并有故障提示。

F．具有操作过程信息记录功能。

6.2.4.1（3）本项目的查评依据如下。

【依据】《微机型防止电气误操作系统通用技术条件》（DL/T 687—2010）

6.5 通信装置

通信装置应具有与其他系统通信的能力，且符合 DL/T 860 的规定。

6.2.4.1（4）本项目的查评依据如下。

【依据】《防止电气误操作装置管理规定》（国家电网生〔2003〕243 号）

第二十四条 新建的变电所、发电厂（110kV 及以上电气设备）防误装置应优先采用单元电气闭锁回路加微机"五防"的方案；变电所、发电厂采用计算机监控系统时，应实现对受控变电所的远方防误操作。对上述三种防误闭锁设施，应做到：

3．防误装置主机不能和办公自动化系统合用，严禁与因特网互联，网络安全要求等同于电网二次系统实时控制系统。

6.2.4.2 闭锁装置

6.2.4.2（1）本项目的查评依据如下。

【依据1】《国家电网公司水电厂重大反事故措施》（国家电网基建〔2015〕60 号）

1.1.1.2 成套高压开关柜五防功能应齐全、性能良好，具有机械联锁或电气闭锁；开关柜出线侧应装设带电显示装置，带电显示装置应具有自检功能，并与线路侧接地刀闸实行联锁；电动或手动操作时应具体强制防止电气误操作闭锁功能；应有释压通道。

【依据2】《防止电气误操作装置管理规定》（国家电网生〔2003〕243 号）

第二十二条 选用防误装置的原则

2．成套高压开关设备，应具有机械连锁或电气闭锁。

6.2.4.2（2）本项目的查评依据如下。

【依据】《国家电网公司电力安全工作规程<变电部分>》（Q/GDW 1799.1—2013）

5.3.5.5 下列三种情况应加挂机械锁：

a）未装防误操作闭锁装置或闭锁装置失灵的刀闸手柄、阀厅大门和网门。

b）当电气设备处于冷备用时，网门闭锁失去作用时的有电间隔网门。

c）设备检修时，回路中的各来电侧刀闸操作手柄和电动操作刀闸机构箱的箱门。

机械锁要 1 把钥匙开 1 把锁，钥匙要编号并妥善保管。

6.2.4.2（3）本项目的查评依据如下。

厂站管理制度

6.2.4.3 防误装置电源

6.2.4.3（1）本项目的查评依据如下。

【依据1】《防止电力生产事故的二十五项重点要求》（国能安全〔2014〕161 号）

3 防止电气误操作事故

3.10 微机防误闭锁装置电源应与继电保护及控制回路电源独立。微机防误装置主机应由不间断电源供电。

【依据2】《国家电网公司水电厂重大反事故措施》（国家电网基建〔2015〕60 号）

1.1.1.4 防误装置应设置独立的不间断电源。电气设备防误闭锁应设置机械编码锁（机械锁）或专用闭锁用具，以防止发生电气设备误分、误合或误投、误退事故。

【依据3】《防止电气误操作装置管理规定》（国家电网生〔2003〕243 号）

第二十二条 选用防误装置的原则；

6. 防误装置所用的直流电源应与继电保护、控制回路的电源分开，使用的交流电源应是不间断供电系统。

6.2.4.4 防误装置管理

6.2.4.4（1） 本项目的查评依据如下。

【依据1】《防止电力生产事故的二十五项重点要求》（国能安全〔2014〕161 号）

3 防止电气误操作事故

3.3 应制定和完善防误装置的运行规程及检修规程，加强防误闭锁装置的运行、维护管理，确保防误闭锁装置运行。

【依据2】《国家电网公司水电厂重大反事故措施》（国家电网基建〔2015〕60 号）

1.1.2.10 应制订和完善防误装置的运行规程及检修规程，加强防误闭锁装置的运行、维护管理，确保防误闭锁装置正常运行。

【依据3】《防止电气误操作装置管理规定》（国家电网生〔2003〕243 号）

第十一条 各供电公司（局）、发电厂（公司）负责防误装置的日常运行、维护和检修工作。

5. 制定运行、巡视、验收、维护、检修、台账、备品备件管理等规章制度。

第十八条 防误装置的管理应纳入厂站的现场规程，明确技术要求，运行巡视内容等，并定期维护。

6.2.5 电缆（含控制电缆）及电缆用构筑物

6.2.5（1）本项目的查评依据如下。

【依据1】《电力设备预防性试验规程》（DL/T 596—1996）

11 电力电缆线路

11.1 一般规定

11.1.1 对电缆的主绝缘作直流耐压试验或测量绝缘电阻时，应分别在每一相上进行。对一相进行试验或测量时，其他两相导体、金属屏蔽或金属套和铠装层一起接地。

11.1.2 新敷设的电缆线路投入运行 3～12 个月，一般应作 1 次直流耐压试验，以后再按正常周期试验。

11.1.3 试验结果异常，但根据综合判断允许在监视条件下继续运行的电缆线路，其试验周期应缩短，如在不少于 6 个月时间内，经连续 3 次以上试验，试验结果不变坏，则以后可以按正常周期试验。

11.1.4 对金属屏蔽或金属套一端接地，另一端装有护层过电压保护器的单芯电缆主绝缘作直流耐压试验时，必须将护层过电压保护器短接，使这一端的电缆金属屏蔽或金属套临时接地。

11.1.5 耐压试验后,使导体放电时,必须通过每千伏约 80kΩ 的限流电阻反复几次放电直至无火花后,才允许直接接地放电。

11.1.6 除自容式充油电缆线路外,其他电缆线路在停电后投运之前,必须确认电缆的绝缘状况良好。凡停电超过一星期但不满一个月的电缆线路,应用绝缘电阻表测量该电缆导体对地绝缘电阻,如有疑问时,必须用低于常规直流耐压试验电压的直流电压进行试验,加压时间 1min;停电超过一个月但不满一年的电缆线路,必须作 50%规定试验电压值的直流耐压试验,加压时间 1min;停电超过一年的电缆线路必须作常规的直流耐压试验。

11.1.7 对额定电压为 0.6/1kV 的电缆线路可用 1000V 或 2500V 绝缘电阻表测量导体对地绝缘电阻代替直流耐压试验。

11.1.8 直流耐压试验时,应在试验电压升至规定值后 1min 以及加压时间达到规定时测量泄漏电流。泄漏电流值和不平衡系数（最大值与最小值之比）只作为判断绝缘状况的参考,不作为是否能投入运行的判据。但如发现泄漏电流与上次试验值相比有很大变化,或泄漏电流不稳定,随试验电压的升高或加压时间的增加而急剧上升时,应查明原因。如系终端头表面泄漏电流或对地杂散电流等因素的影响,则应加以消除;如怀疑电缆线路绝缘不良,则可提高试验电压（以不超过产品标准规定的出厂试验直流电压为宜）或延长试验时间,确定能否继续运行。

11.1.9 运行部门根据电缆线路的运行情况、以往的经验和试验成绩,可以适当延长试验周期。

11.2 纸绝缘电力电缆线路

本条规定适用于黏性油纸绝缘电力电缆和不滴流油纸绝缘电力电缆线路。纸绝缘电力电缆线路的试验项目、周期和要求见表 22。

表 22　　　　　　　　　　　纸绝缘电力电缆线路的试验项目、周期和要求

序号	项　目	周　期	要　求	说　明
1	绝缘电阻	在直流耐压试验之前进行	自行规定	额定电压 0.6/1kV 电缆用 1000V 绝缘电阻表;0.6/1kV 以上电缆用 2500V 绝缘电阻表（6/6kV 及以上电缆也可用 5000V 绝缘电阻表）
2	直流耐压试验	1) 1 年～3 年; 2) 新作终端或接头后进行	1) 试验电压值按表 23 规定,加压时间 5min,不击穿; 2) 耐压 5min 时的泄漏电流值不应大于耐压 1min 时的泄漏电流值; 3) 三相之间的泄漏电流不平衡系数不应大于 2	6/6kV 及以下电缆的泄漏电流小于 10μA,8.7/10kV 电缆的泄漏电流小于 20μA 时,对不平衡系数不作规定

表 23　　　　　　　　　　　纸绝缘电力电缆的直流耐压试验电压　　　　　　　　　　　kV

电缆额定电压 U_0/U	直流试验电压	电缆额定电压 U_0/U	直流试验电压
1.0/3	12	6/10	40
3.6/6	17	8.7/10	47
3.6/6	24	21/35	105
6/6	30	26/35	130

11.3 橡塑绝缘电力电缆线路

橡塑绝缘电力电缆是指聚氯乙烯绝缘、交联聚乙烯绝缘和乙丙橡皮绝缘电力电缆。

11.3.1 橡塑绝缘电力电缆线路的试验项目、周期和要求见表 24。

表 24　　　　　　　　　　　橡塑绝缘电力电缆线路的试验项目、周期和要求

序号	项　目	周　期	要　求	说　明
1	电缆主绝缘绝缘电阻	1) 重要电缆:1 年。 2) 一般电缆: a) 3.6/6kV 及以上 3 年; b) 3.6/6kV 以下 5 年	自行规定	0.6/1kV 电缆用 1000V 绝缘电阻表;0.6/1kV 以上电缆用 2500V 绝缘电阻表（6/6kV 及以上电缆也可用 5000V 绝缘电阻表）

序号	项　目	周　期	要　求	说　明
2	电缆外护套绝缘电阻	1）重要电缆：1年。 2）一般电缆： a）3.6/6kV 及以上 3 年； b）3.6/6kV 以下 5 年	每千米绝缘电阻值不应低于 0.5MΩ	采用 500V 绝缘电阻表。当每千米的绝缘电阻低于 0.5MΩ 时应采用附录 D 中叙述的方法判断外护套是否进水本项试验只适用于三芯电缆的外护套，单芯电缆外护套试验按本表第 6 项
3	电缆内衬层绝缘电阻	1）重要电缆：1年。 2）一般电缆： a）3.6/6kV 及以上 3 年； b）3.6/6kV 以下 5 年	每千米绝缘电阻值不应低于 0.5MΩ	采用 500V 绝缘电阻表。当每千米的绝缘电阻低于 0.5MΩ 时应采用附录 D 中叙述的方法判断内衬层是否进水
4	铜屏蔽层电阻和导体电阻比	1）投运前； 2）重作终端或接头后； 3）内衬层破损进水后	对照投运前测量数据自行规定	试验方法见 11.3.2
5	电缆主绝缘直流耐压试验	新作终端或接头后	1）试验电压值按表 25 规定，加压时间 5min，不击穿； 2）耐压 5min 时的泄漏电流不应大于耐压 1min 时的泄漏电流	
6	交叉互联系统	2~3 年	见 11.4.4 条	

注：为了实现序号 2、3 和 4 项的测量，必须对橡塑电缆附件安装工艺中金属层的传统接地方法按附录 E 加以改变。

表 25　　　　　　　　橡塑绝缘电力电缆的直流耐压试验电压（kV）

电缆额定电压 U_0/U	直流试验电压	电缆额定电压 U_0/U	直流试验电压
1.8/3	11	21/35	63
3.6/6	18	26/35	78
6/6	25	48/66	144
6/10	25	64/110	192
8.7/10	37	127/220	305

11.3.2　铜屏蔽层电阻和导体电阻比的试验方法：

a）用双臂电桥测量在相同温度下的铜屏蔽层和导体的直流电阻。

b）当前者与后者之比与投运前相比增加时，表明铜屏蔽层的直流电阻增大，铜屏蔽层有可能被腐蚀；当该比值与投运前相比减少时，表明附件中的导体连接点的接触电阻有增大的可能。

11.4　自容式充油电缆线路

11.4.1　自容式充油电缆线路的试验项目、周期和要求见表 26。

表 26　　　　　　　　自容式充油电缆线路的试验项目、周期和要求

序号	项　目	周　期	要　求	说　明
1	电缆主绝缘直流耐压试验	1）电缆失去油压并导致受潮或进气经修复后； 2）新作终端或接头后	试验电压值按表 27 规定，加压时间 5min，不击穿	
2	电缆外护套和接头外护套的直流耐压试验	2~3 年	试验电压 6kV，试验时间 1min，不击穿	1）根据以往的试验成绩，积累经验后，可以用测量绝缘电阻代替，有疑问时再作直流耐压试验。 2）本试验可与交叉互联系统中绝缘接头外护套的直流耐压试验结合在一起进行
3	压力箱 a）供油特性； b）电缆油击穿电压； c）电缆油的 tanδ	与其接连接的终端或塞止接头发生故障后	见 11.4.2 条不低于 50kV 不大于 0.005（100℃时）	见 11.4.2 见 11.4.5.1 见 11.4.5.2
4	油压示警系统 a）信号指示； b）控制电缆线芯对地绝缘	6 个月； 1~2 年	能正确发出相应的示警信号每千米绝缘电阻不小于 1MΩ	采用 100V 或 250V 绝缘电阻表测量

序号	项目	周期	要求	说明
5	交叉互联系统	2～3 年	见 11.4.4	
6	电缆及附件内的电缆油 a）击穿电压； b）tanδ； c）油中溶解气体	2～3 年； 2～3 年； 怀疑电缆绝缘过热老化或 终端或塞止接头存在严重局 部放电时	不低于 45kV 见 11.4.5.2 见表 28	

表 27　　　　　　　　　　　　自容式充油电缆主绝缘直流耐压试验电压

电缆额定电压 U_0/U	GB/T 311.1 规定的雷电冲击耐受电压	直流试验电压
48/66	325 350	163 175
64/110	450 550	225 275
127/220	850 950 1050	425 475 510
190/330	1050 1175 1300	525 5902 650
290/500	1425 1550 1675	715 775 840

11.4.2 压力箱供油特性的试验方法和要求：

试验按 GB/T 9326.5 中 6.3 进行。压力箱的供油量不应小于压力箱供油特性曲线所代表的标称供油量的 90%。

11.4.3 油压示警系统信号指示的试验方法和要求：合上示警信号装置的试验开关应能正确发出相应的声、光示警信号。

11.4.4 交叉互联系统试验方法和要求：

交叉互联系统除进行下列定期试验外，如在交叉互联大段内发生故障，则也应对该大段进行试验。如交叉互联系统内直接接地的接头发生故障时，则与该接头连接的相邻两个大段都应进行试验。

11.4.4.1 电缆外护套、绝缘接头外护套与绝缘夹板的直流耐压试验：试验时必须将护层过电压保护器断开。在互联箱中将另一侧的三段电缆金属套都接地，使绝缘接头的绝缘夹板也能结合在一起试验，然后在每段电缆金属屏蔽或金属套与地之间施加直流电压 5kV，加压时间 1min，不应击穿。

11.4.4.2 非线性电阻型护层过电压保护器。

a）碳化硅电阻片：将连接线拆开后，分别对三组电阻片施加产品标准规定的直流电压后测量流过电阻片的电流值。这三组电阻片的直流电流值应在产品标准规定的最小和最大值之间。如试验时的温度不是 20℃，则被测电流值应乘以修正系数（120–t）/100（t 为电阻片的温度，℃）。

b）氧化锌电阻片：对电阻片施加直流参考电流后测量其压降，即直流参考电压，其值应在产品标准规定的范围之内。

c）非线性电阻片及其引线的对地绝缘电阻：将非线性电阻片的全部引线并联在一起与接地的外壳绝缘后，用 1000V 兆欧计测量引线与外壳之间的绝缘电阻，其值不应小于 10MΩ。

11.4.4.3 互联箱。

a）接触电阻：本试验在作完护层过电压保护器的上述试验后进行。将闸刀（或连接片）恢复到正常工作位置后，用双臂电桥测量闸刀（或连接片）的接触电阻，其值不应大于 20μΩ。

b）闸刀（或连接片）连接位置：本试验在以上交叉互联系统的试验合格后密封互联箱之前进行。连接位置应正确。如发现连接错误而重新连接后，则必须重测闸刀（或连接片）的接触电阻。

11.4.5 电缆及附件内的电缆油的试验方法和要求。

11.4.5.1　击穿电压：试验按 GB/T 507 规定进行。在室温下测量油的击穿电压。

11.4.5.2　tanδ：采用电桥以及带有加热套能自动控温的专用油杯进行测量。电桥的灵敏度不得低于 $1×10^{-5}$，准确度不得低于 1.5%，油杯的固有 tanδ 不得大于 $5×10^{-5}$，在 100℃ 及以下的电容变化率不得大于 2%。加热套控温的控温灵敏度为 0.5℃ 或更小，升温至试验温度 100℃ 的时间不得超过 1h。电缆油在温度 $100±1℃$ 和场强 1MV/m 下的 tanδ 不应大于下列数值：

53/66～127/220kV　　　0.03

190/330kV　　　　　　0.01

11.4.6　油中溶解气体分析的试验方法和要求按 GB/T 7252 规定。电缆油中溶解的各气体组分含量的注意值见表 28，但注意值不是判断充油电缆有无故障的唯一指标，当气体含量达到注意值时，应进行追踪分析查明原因，试验和判断方法参照 GB/T 7252 进行。

表 28　　　　　　　　　　　　　电缆油中溶解气体组分含量的注意值

电缆油中溶解气体的组分	注意值×10^{-6}（体积分数）	电缆油中溶解气体的组分	注意值×10^{-6}（体积分数）
可燃气体总量	1500	CO_2	1000
H_2	500	CH_4	200
C_2H_2	痕量	C_2H_6	200
CO	100	C_2H_4	200

【依据 2】《水电站电气设备预防性试验规程》（Q/GDW 11150—2013）

12　电力电缆

12.1　一般规定

12.1.1　对电缆的主绝缘测量绝缘电阻或作耐压试验时，应分别在每一相上进行，其他两相导体、电缆两端的金属屏蔽或金属护套和铠装层接地（装有护层过电压保护器时，应将护层过电压保护器短接接地）。

12.1.2　对额定电压为 0.6/1kV 的电缆线路可用 1000V 或 2500V 绝缘电阻表测量导体对地绝缘电阻，代替耐压试验。

12.1.3　进行直流耐压试验时应分阶段均匀升压（至少 3 段）每段停留 1min 读取泄漏电流，试验电压升至规定值至加压时间达到规定时间当中至少应读取一次泄漏电流。泄漏电流值和不平衡系数只作为判断绝缘状况的参考，不作为是否投入运行的判据，当发现泄漏电流与上次试验值相比有较大变化，泄漏电流不稳定，随试验电压的升高或随加压时间延长而急剧上升，应查明原因并排除终端头表面泄漏电流或对地杂散电流的影响。若怀疑电缆绝缘不良，则可提高试验电压（不宜超过产品标准规定的出厂试验电压）或是延长试验时间，确定能否继续运行。

12.2　纸绝缘电力电缆

纸绝缘电力电缆线路的试验项目、周期和要求见表 23。

表 23　　　　　　　　　　　　纸绝缘电力电缆线路的试验项目、周期和要求

序号	项目	周期	要求	说明
1	绝缘电阻	1）3 年； 2）直流耐压试验前； 3）必要时	大于 1000MΩ	电缆 U 绝缘电阻表电压 1kV 及以下 1000V； 1kV 以上 2500V； 6kV 及以上 2500V 或 5000V
2	直流耐压试验	1）3 年； 2）大修新做终端或接头后	1）试验电压值按下表规定，加压时间 5min，不击穿 电缆额定电压 U_0/U kV ／ 直流试验电压 kV 1.8/3 ／ 12 3.6/62 ／ 24 6/6 ／ 30	6kV 及以下电缆的泄漏电流小于 10μA，10kV 及以上电缆的泄漏电流小于 20μA 时，对不平衡系数不做规定

序号	项 目	周 期	要 求		说 明
2	直流耐压试验		电缆额定电压 U_0/U kV	直流试验电压 kV	6kV 及以下电缆的泄漏电流小于 10μA，10kV 及以上电缆的泄漏电流小于 20μA 时，对不平衡系数不做规定
			6/10	40	
			8.7/10	47	
			21/35	105	
			26/35	130	
			2）耐压 5min 时的泄漏电流值不应大于耐压 1min 时的泄漏电流值；3）三相之间的泄漏电流不平衡系数（最大值与最小值之比）不应大于 2		
3	相位检查	必要时	与电网相位一致		
4	红外热像检测	1）500kV：1 年 2 次；2）220kV 及以下：1 年 1 次	按 DL/T 664—2008《带电设备红外诊断应用规范》执行		用红外热像仪测量，对电缆终端接头和非直埋式中间接头进行

12.3 橡塑绝缘电力电缆

橡塑绝缘电力电缆是塑料绝缘电缆和橡皮绝缘电缆的总称。塑料绝缘电缆包括聚氯乙烯绝缘、聚乙烯绝缘和交联聚乙烯绝缘电力电缆；橡皮绝缘电缆包括乙丙橡皮绝缘电力电缆等。

橡塑绝缘绝缘电力电缆线路的试验项目、周期和要求见表 24。

表 24 　　　　　　　　　　橡塑绝缘电力电缆线路的试验项目、周期和要求

序号	项 目	周 期	要 求	说 明
1	电缆主绝缘的绝缘电阻	1）耐压试验前、后；2）新做电缆终端或接头后；3）必要时	与历次试验结果和同类型电缆试验结果相比无显著差别，一般大于 1000MΩ	对电缆主绝缘的绝缘电阻测量，0.6/1kV 电缆用 1000V 绝缘电阻表；0.6/1kV 以上电缆用 2500V 绝缘电阻表；6/6kV 以上电缆用 5000V 绝缘电阻表
2	电缆外护套、内衬层绝缘电阻	1）3 年；2）耐压试验前、后；3）必要时	每千米绝缘电阻值不低于 0.5MΩ	1）电缆外护套绝缘电阻测量应当使用 500V 绝缘电阻表。当每千米的绝缘电阻低于 0.5MΩ 时应检查电缆本体的内衬层搭接处的密封是否良好，即应保证电缆的完整性和延续性。对内衬层有引出线者进行。2）电缆内衬层绝缘电阻测量应当使用 500V 绝缘电阻表。当每千米的绝缘电阻低于 0.5MΩ 时应检查连接铠装层的地线外部护套，而且具有与电缆外护套相同的绝缘和密封性能，即应确保电缆外护套的完整性和延续性。对外护套有引出线者进行
3	铜屏蔽层电阻和导体电阻比（R_p/R_x）	1）重作终端或接头后；2）内衬层破损进水后；3）必要时	当电阻比与投运前相比增大时，表明铜屏蔽层的直流电阻增大，铜屏蔽层有可能被腐蚀；当该比值与投运前相比减小时，表明附件中的导体连接点的接触电阻有增大的可能。数据自行规定	用双臂电桥测量在相同温度下的铜屏蔽层和导体的直流电阻。终端的铠装层和铜屏蔽层应分别用带绝缘的绞合导线单独接地。中间接头内铜屏蔽层的接地线不得与铠装层连在一起，对接头两侧的铠装层应用另一根接地线相连，而且还应与铜屏蔽层绝缘。如接头的原结构中无内衬层时，应在铜屏蔽层外部增加内衬层，而且与电缆本体的内衬层搭接处的密封应良好，即应保

序号	项 目	周 期	要 求	说 明
3	铜屏蔽层电阻和导体电阻比（R_p/R_x）			证电缆的完整性和延续性。连接铠装层的地线外部应有外护套而且具有与电缆外护套相同的绝缘和密封性能，即应确保电缆外护套的完整性和延续性。不符合上述要求者不测量
4	外护套直流耐压试验	必要时	加压 5kV，可用 5000V 绝缘电阻表代替或按制造厂规定执行	必要时，如：当怀疑外护套绝缘有故障时
5	电缆主绝缘耐压试验	1）新做终端或接头后； 2）必要时	应按下式计算，加压时间 5min： 1）直流耐压： ①18/30kV 及以下电压等级的橡塑电力电缆直流耐压试验电压，应按下式计算，加压时间 5min： $U_t = 4 \times U_0$ 其他电压等级塑料绝缘电缆试验电压按下表，加压时间 5min 额定电压 U_0/U（kV） 26/35 ｜ 试验电压（kV） 78 ②额定电压 $U=6kV$ 的橡皮绝缘电缆，试验电压 15kV，时间 5min。 ③耐压 5min 泄漏电流不应大于耐压 1min 时的泄漏电流。 2）交流耐压： ①0.1Hz 耐压试（35kV 及以下） 试验电压 $2.1U_0$ ｜ 时间 5min ②20～300Hz 谐振耐压试验 电压等级 35kV 及以下 ｜ 试验电压 $2.0U_0$ ｜ 时间 5min 电压等级 110kV ｜ 试验电压 $1.6U_0$ ｜ 时间 5min 电压等级 220kV 及以上 ｜ 试验电压 $1.36U_0$ ｜ 时间 5min	1）电缆主绝缘耐压试验，推荐使用 30Hz～300Hz 谐振耐压试验； 2）110kV 及以上推荐采用交流耐压
6	带电测试外护层接地电流	110kV 及以上：1 年	单回路敷设电缆线路，一般不大于电缆负荷电流值的 10%，多回路同沟敷设的电缆线路，应注意外护套接地电流变化趋势，如有异常变化应加强监测并查找原因	用钳型电流表测量
7	局部放电测试	必要时	按相关检测设备要求，或无明显局部放电信号	可采用：振荡波、超声波、超高频等检测方法
8	护层保护器的绝缘电阻及直流 U_{1mA} 参考电压	3 年	1）伏安特性或参考电压应符合制造厂的规定； 2）用 1000V 绝缘电阻表测量引线与外壳之间的绝缘电阻，其值不应小于 10MΩ	
9	接地箱、保护箱连接接触电阻和连接位置的检查	110kV 及以上：必要时	1）在正常工作位置进行测量，接触电阻不应大于 20μΩ； 2）连接位置应正确无误	1）用双臂电桥或回路电阻测试仪。 2）在试验合格后密封接地、保护箱之前进行；如发现连接错误重新连接后应重测接触电阻。 3）必要时，如：怀疑有缺陷时
10	电缆终端盒硅油检测	1）6 年； 2）必要时	项目及标准按制造厂规定	制造厂明确要求不进行时可不进行
11	红外热像检测	220kV：1 年 4 次或以上； 110kV：1 年 2 次或以上	按 DL/T 664—2008《带电设备红外诊断应用规范》执行	1）用红外热像仪测量，对电缆终端接头和非直埋式中间接头进行； 2）结合运行巡视进行，试验人员每年至少进行一次红外热像检测，同时加强对电压致热型设备的检测，并记录红外成像谱图

6.2.5（2）本项目的查评依据如下。

【依据1】《电力电缆线路运行规程》（DL/T 1253—2013）

7.2 巡视检查

7.2.1 一般要求

7.2.1.1 运行单位应结合电缆线路所处环境、巡视检查历史记录及状态评价结果编制巡视检查工作计划。

7.2.1.2 运行人员应根据巡视检查计划开展巡视检查工作，收集记录巡视检查中发现的缺陷和隐患并及时登记。

7.2.1.3 运行单位对巡视检查中发现的缺陷和隐患进行分析，及时安排处理并上报上级生产管理部门。

7.2.1.4 巡视检查分为定期巡视和非定期巡视，其中非定期巡视包括故障巡视、特殊巡视等。

7.2.2 定期巡视周期

a）电缆通道路面及户外终端巡视：66kV 及以下电缆线路每半个月巡视一次，35kV 及以下电缆线路每月巡视一次，发电厂、变电站内电缆线路每 3 个月巡视一次。

b）除 a）以外，对整个电缆线路每 3 个月巡视一次。

c）35kV 及以下开关柜、分接箱、环网柜内的电缆终端每 2～3 年结合停电巡视检查一次。

d）对于城市排水系统泵站电缆线路，在每年汛期前进行巡视。

e）水底电缆线路应至少每年巡视一次。

f）电缆线路巡视应结合运行状态评价结果，适当调整巡视周期。

7.2.3 非定期巡视

7.2.3.1 电缆线路发生故障后应立即进行故障巡视，具有交叉互联的电缆线路跳闸后，应同时对线路上的交叉互联箱、接地箱进行巡视，还应对给同一用户供电的其他电缆线路开展巡视工作以保证用户供电安全。

7.2.3.2 因恶劣大气、自然灾害、外力破坏等因索影响及电网安全稳定有特殊运行要求时，应组织运行人员开展特殊巡视。对电缆线路周边的施工行为应加强巡视；对已开挖暴露的电缆线路，应缩短巡视周期，必要时安装临时视频监控装置进行实时监控或安排人员看护。

7.2.4 巡视检查要求

a）对于敷设于地下的电缆线路，应查看路面是否正常，有无开挖痕迹，沟盖、井盖有无缺损，线路标志是否完整无缺等；查看电缆线路上是否堆置瓦砾、矿渣、建筑材料、笨重物件、酸碱性排泄物或砌石灰坑、建房等。

b）敷设于桥梁下的电缆，应检查桥梁电缆保护管、沟槽有无脱开或锈蚀，检查盖板有无缺损。

c）检查电缆终端表面有无放电、污秽现象；终端密封是否完好；终端绝缘管材有无开裂；套管及支撑绝缘子有无损伤。

d）电气连接点固定件有无松动、锈蚀，引出线连接点有无发热现象；终端应力锥部位是否发热。

e）对有补油装置的交联电缆终端，应检查油位是否在规定的范围之间；检查 GIS 筒内有无放电声响，必要时测量局部放电。

f）检查接地线是否良好，连接处是否紧固可靠，有无发热或放电现象；必要时测量连接处温度和单芯电缆金属护层接地线电流，有较大突变时应停电进行接地系统检查，查找接地电流突变原因。

g）检查电缆铭牌是否完好，相色标志是否齐全、清晰；电缆固定、保护设施是否完好等。

h）检查电缆终端杆塔周围了有无影响电缆安全运行的树木、爬藤、堆物及违章建筑等。

i）对电缆终端处的避雷器，应检查套管是否完好，表面有无放电痕迹，检查泄漏电流监测仪数值是否正常，并按规定记录放电计数器动作次数。

j）通过短路电流后应检查护层过电压限制器有无烧熔现象，交叉互联箱、接地箱内连接排接触是否良好。

k）检查工井、隧道、电缆沟、竖井、电缆火层、桥梁内电缆外护套与支架或金属构件处有无磨损或放电迹象，衬垫是否失落，电缆及接头位置是否固定正常，电缆及接头上的防火涂料或防火带是否完好；检查金属构件如支架、接地扁铁是否锈蚀。

1) 检查电缆隧道、竖井、电缆夹层、电缆沟内孔洞是否封堵完好，通风、排水及照明设施是否完整，防火装置是否完好；监控系统是否运行正常。

m) 对水底电缆，应经常检查临近河（海）岸两侧是否有受潮水冲刷的现象，电缆盖板是否露出水面或移位，同时检查河岸两端的警告牌是否完好。

n) 充油电缆应检查油压报警系统是否运行正常，油压是否在规定范围之内。

o) 多条并联运行的电缆要检测电流分配和电缆表面温度，防止电缆过负荷。

p) 对电缆线路靠近热力管或其他热源、电缆排列密集处，应进行土壤温度和电缆表面温度监视测量，防止电缆过热。

【依据2】《国家电网公司电力电缆线路运行规程》（Q/GDW 512—2010）

5.6 敷设要求

电缆线路各种不同敷设和安装方式除应符合 GB 50217—2007、GB 50168—2006 和 DL/T 5221—2005 的要求外，还应符合下列基本要求。

5.6.1 直埋敷设

5.6.1.1 直埋电缆的埋设深度。一般由地面至电缆外护套顶部的距离不小于 0.7m，穿越农田或在车行道下时不小于 1m。在引入建筑物、与地下建筑物交叉及绕过建筑物时可浅埋，但应采取保护措施。

5.6.1.2 敷设于冻土地区时，宜埋入冻土层以下。当无法深埋时可埋设在土壤排水性好的干燥冻土层或回填土中，也可采取其他防止电缆线路受损的措施。

5.6.1.3 电缆相互之间，电缆与其他管线、构筑物基础等最小允许间距应符合附录 C 的规定。严禁将电缆平行敷设于地下管道的正上方或正下方。

5.6.1.4 电缆周围不应有石块或其他硬质杂物以及酸、碱强腐蚀物等，沿电缆全线上下各铺设 100mm 厚的细土或沙层，并在上面加盖保护板，保护板覆盖宽度应超过电缆两侧各 50mm。

5.6.1.5 直埋电缆在直线段每隔 30m～50m 处、电缆接头处、转弯处、进入建筑物等处，应设置明显的路径标志或标桩。

5.6.2 电缆沟及隧道敷设

5.6.2.1 电缆隧道净高不宜小于 1900mm，与其他沟道交叉段净高不得小于 1400mm。

5.6.2.2 电缆沟、隧道或工作井内通道的净宽，不宜小于表 3 的规定。

表3 电缆沟、隧道中通道净宽允许最小值 单位：mm

电缆支架配置及通道特征	电缆沟深			
	≤600	600～1000	≥1000	电缆隧道
两侧支架间净通道	300	500	700	1000
单列支架与壁间通道	300	450	600	900

5.6.2.3 电缆支架的层间垂直距离，应满足能方便地敷设电缆及其固定、安置接头的要求，在多根电缆同置一层支架上时，有更换或增设任一电缆的可能，电缆支架之间最小净距不宜小于表 4 的规定。

表4 电缆支架层间垂直最小净距 单位：mm

电压等级	电缆隧道	电缆沟
10kV 及以下	200	150
电压等级	电缆隧道	电缆沟
35kV	250	200
66kV～500kV	2D+50	2D+50

注：D 为电缆外径。

5.6.2.4　电缆沟和隧道应有不小于 0.5%的纵向排水坡度。电缆沟沿排水方向适当距离设置集水井，电缆隧道底部应有流水沟，必要时设置排水泵，排水泵应有自动启闭装置。

5.6.2.5　电缆隧道应有良好通风、照明、通信和防火设施，必要时应设置安全出口。

5.6.2.6　电缆沟与煤气（或天然气）管道临近平行时，应做好防止煤气（或天然气）泄漏进入沟道的措施。

5.6.3　排管敷设

5.6.3.1　选择排管路径时，尽可能取直线，在转弯和折角处，应增设工井。在直线部分，两工井之间的距离不宜大于 150m，排管在工井处的管口应封堵。

5.6.3.2　工井尺寸应考虑电缆弯曲半径和满足接头安装的需要，工井高度应使工作人员能站立操作，工井底应有集水坑，向集水坑泄水坡度不应小于 0.3%。

5.6.3.3　在敷设电缆前，应疏通检查排管内壁有无尖刺或其他障碍物，防止敷设时损伤电缆。

5.6.3.4　管的内径不宜小于电缆外径或多根电缆包络外径的 1.5 倍，一般不宜小于 150mm。

5.6.3.5　在 10%以上的斜坡排管中，应在标高较高一端的工井内设置防止电缆因热伸缩而滑落的构件。

5.6.4　桥梁敷设

5.6.4.1　敷设在桥梁上的电缆如经常受到震动，应加垫弹性材料制成的衬垫（如沙枕、弹性橡胶等）。桥墩两端和伸缩缝处应留有松弛部分，以防电缆由于桥梁结构胀缩而受到损伤。

5.6.4.2　敷设于木桥上的电缆应置于耐火材料制成的保护管或槽盒中，管的拱度不应过大，以免安装或检修管内电缆时拉伤电缆。

5.6.4.3　露天敷设时应尽量避免太阳直接照射，必要时加装遮阳罩。

5.6.5　水底敷设

5.6.5.1　水底电缆应是整根电缆。当整根电缆超过制造厂制造能力时，可采用软接头连接。如水底电缆经受较大拉力时，应尽可能采用绞向相反的双层钢丝铠装电缆。

5.6.5.2　通过河流的电缆线路，应敷设于河床稳定及河岸很少受到冲损的地方。应尽量避开在码头、锚地、港湾、渡口及有船停泊处。

5.6.5.3　水底电缆线路敷设必须平放水底，不得悬空。条件允许时，应尽可能埋设在河床下，浅水区的埋深不宜小于 0.5m，深水航道的埋深不宜小于 2m。不能深埋时，应有防止外力破坏措施。

5.6.5.4　水底电缆平行敷设时的间距不宜小于最高水位水深的 2 倍；埋入河床（海底）以下时，其间距按埋设方式或埋设机的工作活动能力确定。

5.6.5.5　水底电缆引到岸上的部分应采取穿管或加保护盖板等保护措施，其保护范围，下端应为最低水位时船只搁浅及撑篙达不到之处；上端应直接进入护岸或河堤 1m 以上。

5.6.6　防火与阻燃

5.6.6.1　变电站电缆夹层、电缆竖井、电缆隧道、电缆沟等空气中敷设的电缆，应选用阻燃电缆。

5.6.6.2　在上述场所中已经运行的非阻燃电缆，应包绕防火包带或涂防火涂料。电缆穿越建筑物孔洞处，必须用防火封堵材料堵塞。

5.6.6.3　隧道中应设置防火墙或防火隔断；电缆竖井中应分层设置防火隔板；电缆沟每隔一定的距离应采取防火隔离措施。电缆通道与变电站和重要用户的接合处应设置防火隔断。

5.6.6.4　电缆夹层、电缆隧道宜设置火情监测报警系统和排烟通风设施，并按消防规定，设置沙桶、灭火器等常规消防设施。

5.6.6.5　对防火防爆有特殊要求的，电缆接头宜采用填沙、加装防火防爆盒等措施。

6.2.5（3）本项目的查评依据如下。

【依据】《电力电缆线路运行规程》（DL/T 1253—2013）

5.3.1　电缆线路正常运行时导体允许的长期最高运行温度和短路时电缆导体允许的最高工作温度应符合附录 A 的规定。

5.3.2　电缆线路的载流量应根据电缆导体的允许工作温度、电缆各部分的损耗和热阻、敷设方式、并列回路数、环境温度及散热条件等计算确定。对于单芯电缆，使用钢丝铠装（包括有隔磁结构）电缆，应考虑对载流量的影响。不同敷设条件下电缆允许持续载流量及校正系数参见附录B。

5.3.3 电缆线路在正常运行时不允许过负荷。

附录A

（规范性附录）

电缆导体最高允许温度

表A.1 电缆导体最高允许温度

电缆类型	电压/kV	最高运行温度/℃	
		额定负荷时	短路时
聚氯乙烯	1	70	160
黏性浸渍纸绝缘	10	70	250
	35	60	175
不滴流纸绝缘	10	70	250
	35	65	175
自容式充油电缆	66～500	85	160
交联聚乙烯	1～500	90	250[a]

[a] 铝芯电缆短路允许最高温度为200℃。

附录B

（资料性附录）

敷设条件不同时电缆允许持续载流量及校正系数

表B.1 1kV～3kV 油纸、聚氯乙烯绝缘电缆空气中敷设时允许载流量　　　　单位：A

绝缘类型		不滴流纸		聚氯乙烯	
钢铠		有铠装		无铠装	
电缆导体最高工作温度/℃		70		70	
电缆芯数		二芯	三芯或四芯	二芯	三芯或四芯
电缆导体截面 mm²	2.5			18	15
	4	30	26	24	21
	6	40	35	31	27
	10	52	44	44	38
	16	69	59	60	52
	25	93	79	79	69
	35	111	98	95	82
	50	138	116	121	104
	70	174	151	147	129
	95	214	182	181	155
	120	245	214	211	181
	150	280	250	242	211
	185		285		246
	240		338		294
	300		383		328
环境温度/℃		40			

注：适用于铝芯电缆，铜芯电缆的允许持续载流量值可乘以1.29。

表 B.2　　　　　　　　1kV～3kV 交联聚乙烯绝缘电缆空气中敷设时允许载流量　　　　　单位：A

绝缘类型	不滴流纸		聚氯乙烯			
钢铠	有铠装		无铠装		有铠装	
电缆导体最高工作温度/℃	70		70			
电缆芯数	二芯	三芯或四芯	二芯	三芯或四芯	二芯	三芯或四芯
电缆导体截面 mm² 4	34	29	36	31	34	30
6	45	38	45	38	43	37
10	58	50	62	53	59	50
16	76	66	83	70	79	68
25	105	88	105	90	100	87
35	126	105	136	110	131	105
50	146	126	157	134	152	129
70	182	154	184	157	180	152
95	219	186	226	189	217	180
120	251	211	254	212	249	207
150	284	240	287	242	273	237
185		275		273		264
240		320		319		310
300		356		347		347
土壤热阻系数/（℃·m/W）	1.5		1.2			
环境温度/℃	25					

注：适用于铝芯电缆，铜芯电缆的允许持续载流量值可乘以 1.29。

表 B.3　　　　　　　　1kV～3kV 油纸、聚氯乙烯绝缘电缆直埋敷设时允许载流量　　　　　单位：A

电缆芯数	三芯		单芯			
电缆排列方式			品字形		水平	
电缆导体最高工作温度/℃	90					
电缆导体材质	铝	铜	铝	铜	铝	铜
电缆导体截面 mm² 25	91	118	100	132	114	150
35	114	150	127	164	146	182
50	146	182	155	196	173	228
70	178	228	196	255	228	292
95	214	273	241	310	278	356
120	246	314	283	360	319	410
150	278	360	328	419	365	479
185	319	410	372	479	424	546
240	378	483	442	565	502	643
300	419	552	506	643	588	738
400			611	771	707	908
500			712	885	830	1026
630			826	1008	963	1177
环境温度/℃	40					

注：水平形排列电缆相互间中心距为电缆外径的 2 倍。

表 B.4   **1kV～3kV 交联聚乙烯绝缘电缆直埋敷设时允许载流量**   单位：A

电缆芯数		三芯		单芯			
电缆排列方式				品字形		水平	
电缆导体最高工作温度/℃		90					
电缆导体材质		铝	铜	铝	铜	铝	铜
电缆导体截面 mm²	25	91	117	104	130	113	143
	35	113	143	117	169	134	169
	50	134	169	139	187	160	200
	70	165	208	174	226	195	247
	95	195	247	208	269	230	295
	120	221	282	239	300	261	334
	150	247	321	269	339	295	374
	185	278	356	300	382	330	426
	240	321	408	348	435	378	478
	300	365	469	391	495	430	543
	400			456	574	500	635
	500			517	635	565	713
	630			582	704	635	796
土壤热阻系数/（℃·m/W）		2.0					
环境温度/℃		40					

注：水平形排列电缆相互间中心距为电缆外径的 2 倍。

表 B.5   **10kV 三芯电缆允许载流量**   单位：A

绝缘类型		不滴流纸		交联聚乙烯			
钢铠		有铠装		无铠装		有铠装	
电缆导体最高工作温度/℃		90					
敷设方式		空气中	直埋	空气中	直埋	空气中	直埋
电缆导体截面 mm²	25	63	79	100	90	100	90
	35	77	95	123	110	123	105
	50	92	111	146	125	141	120
	70	118	138	178	152	173	152
	95	143	169	219	182	214	182
	120	168	196	251	205	246	205
	150	189	220	283	223	278	219
	185	218	246	324	252	320	247
	240	261	290	378	292	373	292
	300	295	325	433	332	428	328
	400			506	378	501	374
	500			579	428	574	424
土壤热阻系数/（℃·m/W）		1.2		2.0		2.0	
环境温度℃		40	25	40	25	40	25

注：适用于铝芯电缆，铜芯电缆的允许持续载流量值可乘以 1.29。

表 B.6　　　　　　　35kV 及以下电缆在不同环境温度时的载流量的校正系数 *K*

敷设环境		空气中				土壤中			
环境温度/℃		30	35	40	45	20	25	30	35
缆芯最高工作温度/℃	60	1.22	1.11	1.0	0.86	1.07	1.0	0.93	0.85
	65	1.18	1.09	1.0	0.89	1.06	1.0	0.94	0.87
	70	1.15	1.08	1.0	0.91	1.05	1.0	0.94	0.88
	80	1.11	1.06	1.0	0.93	1.04	1.0	0.95	0.90
	90	1.09	1.05	1.0	0.94	1.04	1.0	0.96	0.92

注：其他环境温度下载流量的校正系数 *K* 可按下式计算：

$$K = \sqrt{\frac{\theta_m - \theta_2}{\theta_m - \theta_1}}$$

式中：——缆芯最高工作温度，℃；
——对应于额定载流量的基准环境温度，℃，在空气中40℃，在土壤中取25℃；
——实际环境温度，℃。

表 B.7　　　　　　　　　　不同土壤热阻系数时的载流量的校正系数 *K*

土壤热阻系数（℃·m/W）	分类特征（土壤特性和雨量）	校正系数
0.8	土壤很潮湿，经常下雨。如湿度大于 9%的沙土，湿度大于 14%的沙—泥土等	1.05
1.2	土壤潮湿，规律性下雨。如湿度为 7%~9%的沙土，湿度为 12%~14%的沙—泥土等	1.0
1.5	土壤较干燥，雨量不大。如湿度为 8%~12%的沙—泥土等	0.93
2.0	土壤较干燥，少雨。如湿度为 4%~7%的沙土，湿度为 4%~8%的沙—泥土等	0.87
3.0	多石地层，非常干燥。如湿度小于 4%的沙土等	0.75

注：本表适用于缺乏实测土壤热阻系数时的粗略分类，对 110kV 及以上电压电力电缆线路工程，宜以实测方式确定土壤热阻系数。

表 B.8　　　　　　　　　　直埋多根并行敷设时电缆载流量校正系数

缆间净距mm	并列根数									
	1	2	3	4	5	6	7	8	9	10
100	1.00	0.90	0.85	0.80	0.78	0.75	0.73	0.72	0.71	0.70
200	1.00	0.92	0.87	0.84	0.82	0.81	0.80	0.79	0.79	0.78
300	1.00	0.93	0.90	0.87	0.86	0.85	0.85	0.84	0.84	0.83

注：本表不适用于三相交流系统中使用的单芯电缆。

表 B.9　　　　　　　　　空气中单层多根并行敷设电缆载流量校正系数

并列根数		1	2	3	4	5	6
电缆中心距	*S=D*	1.00	0.90	0.85	0.82	0.81	0.80
	S=2D	1.00	1.00	0.98	0.95	0.93	0.90
	S=3D	1.00	1.00	1.00	0.98	0.97	0.96

注 1：*S* 为电力电缆中心间距离，*D* 为电力电缆外径。
注 2：本表按全部电力电缆具有相同外径条件制定，当并列敷设的电力电缆外径不同时，*D* 值可近似地取电力电缆外径的平均值。
注 3：本表不适用于三相交流系统中使用的单芯电力电缆。

6.2.5（4）本项目的查评依据如下。

【依据 1】《电力设备典型消防规程》（DL 5027—2015）

10.5.3　凡穿越墙壁、楼板和电缆沟道而进入控制室、电缆夹层、控制柜及仪表盘、保护盘等处的电缆孔、洞、竖井和进入油区的电缆入口处必须用防火堵料严密封堵。发电厂的电缆沿一定长度可涂以耐火涂料或其他阻燃物质。靠近充油设备的电缆沟，应设有防火延燃措施，盖板应封堵。防火封堵应符合现行行业标准《建筑防火封堵应用技术规程》CECS 154 的有关规定。

10.5.6　电缆夹层、隧（廊）道、竖井、电缆沟内应保持整洁，不得堆放杂物，电缆沟洞严禁积油。

【依据2】《国家电网公司十八项电网重大反事故措施》（国家电网生〔2012〕352号）

13.2.2.2　运行部门应保持电缆通道、夹层整洁、畅通，消除各类火灾隐患，通道沿线及其内部不得积存易燃、易爆物。

6.2.5（5）本项目的查评依据如下。

【依据1】《水电工程设计防火规范》（GB/T 50872—2014）

9.0.2　电缆室、电缆通（廊、沟）道和穿越各机组段之间架空敷设的动力电缆、控制电缆、通信电缆及光缆等均应分类、分层排列敷设。动力电缆的上下层之间应装设耐火隔板、其耐火极限不应低于0.50h。

【依据2】《电力设备典型消防规程》（DL 5027—2015）

10.5.12　施工中动力电缆与控制电缆不应混放、分布不均及堆积乱放。在动力电缆与控制电缆之间，应设置层间耐火隔板。

【依据3】《国家电网公司水电厂重大反事故措施》（国家电网基建〔2015〕60号）

17.5.1.2　电缆夹层和电缆沟内禁止布置油气及其他可能引起火灾的管道和设备。各类电缆应分层布置，避免任意交叉，电缆弯曲半径应符合相关要求。

【依据4】《防止电力生产事故的二十五项重点要求》（国家电网公司安质二〔2014〕35号）

2.2.5　严格按正确的设计图册施工，做到布线整齐，同一通道内不同电压等级的电缆，应按照电压等级的高低从下向上排列，分层敷设在电缆支架上。电缆的弯曲半径应符合要求，避免任意交叉并留出足够的人行通道。

6.2.5（6）本项目的查评依据如下。

【依据1】《电力设备典型消防规程》（DL 5027—2015）

10.5.5　严禁将电缆直接搁置在蒸汽管道上，架空敷设电缆时，电力电缆与蒸汽管净距应不少于1.0m，控制电缆与蒸汽管净距应不少于0.5m，与油管道的净距应尽可能增大。

10.5.6　电缆夹层、隧（廊）道、竖井、电缆沟内应保持整洁，不得堆放杂物，电缆沟洞严禁积油。

10.5.7　汽轮机机头附近、锅炉灰渣孔、防爆门以及磨煤机冷风门的泄压喷口，不得正对着电缆，否则必须采取罩盖、封闭式槽盒等防火措施。

10.5.8　在电缆夹层、隧（廊）道、沟洞内灌注电缆盒的绝缘剂时，熔化绝缘剂工作应在外面进行。

10.5.9　在多个电缆头并排安装的场合中，应在电缆头之间加隔板或填充阻燃材料。

10.5.12　施工中动力电缆与控制电缆不应混放、分布不均及堆积乱放。在动力电缆与控制电缆之间，应设置层间耐火隔板。

【依据2】《电力电缆线路运行规程》（DL/T 1253—2013）

5.6　敷设安装要求

5.6.1　直埋敷设

5.6.1.1　直埋电缆的埋设深度，一般由地面至电缆外护套顶部的距离不小于0.7m，穿越农田或在车行道下时不小于1m。在引入建筑物、与地下建筑物交叉及绕过建筑物时可浅埋，但应采取保护措施。

5.6.1.2　敷设于冻土地区时，宜埋入冻土层以下。当无法深埋时可埋设在土壤排水性好的干燥冻土层或回填土中，也可采取其他防止电缆线路受损的措施。

5.6.1.3　电缆相互之间，电缆与其他管线、构筑物基础等最小允许间距应符合附录C的规定。严禁将电缆平行敷设于地下管道的正上方或正下方。

5.6.1.4　电缆周围不应有石块或其他硬质杂物以及酸、碱强腐蚀物等，沿电缆全线上下各铺设100mm厚的细土或沙层，并在上面加盖保护板，保护板覆盖宽度应超过电缆两侧各50mm。

5.6.1.5　直埋电缆在直线段每隔30m～50m处、电缆接头处、转弯处、进入建筑物等处，应设置明显的路径标志或标桩。

5.6.2　电缆沟及隧道敷设

5.6.2.1 电缆隧道净高不宜小于 1900mm，与其他沟道交叉段局部隧道净高不得小于 1400mma。

5.6.2.2 电缆沟、隧道或工作井内通道的净宽不宜小于表 3 的规定。

表 3　　　　　　　　　　　　电缆沟、隧道中通道净宽允许最小值　　　　　　　　　单位：mm

电缆支架配置及通道特征	电缆沟深			电缆隧道
	小于等于 600	600～1000	大于等于 1000	
两侧支架间净通道	300	500	700	1000
单列支架与壁间通道	300	450	600	900

5.6.2.3 电缆支架的层间垂直距离，应满足能方便地敷设电缆及其固定、安置接头的要求，在多根电层支架上时，有更换或增设任一电缆的可能，电缆支架之间最小净距不宜小于表 4 的规定。

表 4　　　　　　　　　　　　　电缆支架层间垂直最小净距

电压等级/kV	电缆隧道/mm	电缆沟/mm
10 及以下	200	150
20～35	250	200
66～500	2D+50	2D+50

注：D 为电缆外径。

5.6.2.4 电缆沟和隧道应有不小于 0.5% 的纵向排水坡度。电缆沟沿排水方向在适当距离处设置集水井，电缆隧道底部应有流水沟，必要时设置排水泵，排水泵应有自动启闭装置。

5.6.2.5 电缆隧道应有良好通风、照明、通信和防火设施，必要时应设置安全出口。

5.6.2.6 电缆沟与煤气（或天然气）管道临近平行时，应做好防止煤气（或天然气）泄漏进入沟道的措施。

5.6.3　排管敷设

5.6.3.1 选择排管路径时，尽可能取直线，在转弯和折角处应增设工井。在直线部分，两工井之间的距离不宜大于 150m，排管在工井处的管口应封堵。

5.6.3.2 工井尺寸应考虑电缆弯曲半径和满足接头安装的需要，工井高度应使工作人员能站立操作，工井底应有集水坑，向集水坑泄水坡度不应小于 0.30%。

5.6.3.3 在敷设电缆前，应疏通检查排管内壁有无尖刺或其他障碍物，防止敷设时损伤电缆。

5.6.3.4 管的内径不宜小于电缆外径或多根电缆包络外径的 1.5 倍，一般不宜小于 100mm。

5.6.3.5 在坡度大于 10% 的斜坡排管中，应在标高较高一端的工井内设置防止电缆因热伸缩而滑落的构件。

5.6.4　桥梁敷设

5.6.4.1 敷设在桥梁上的电缆如经常受到震动，应加垫弹性材料制成的衬垫（如沙枕、弹性橡胶等）。在桥梁伸缩缝处应安装电缆伸缩装置，以防电缆由于桥梁结构胀缩而受到损伤。

5.6.4.2 敷设于木桥上的电缆应置于耐火材料制成的保护管或槽盒中，管的拱度不应过大，以免安装或检修管内电缆时拉伤电缆。

5.6.4.3 露天敷设时应尽量避免太阳直接照射，必要时加装遮阳罩。

5.6.5　水底敷设

5.6.5.1 水底电缆应是整根电缆。当整根电缆超过制造厂制造能力时，可采用软接头连接，但应尽量减少软接头的使用数量。如水底电缆经受较大拉力时，应尽可能采用绞向相反的双层金属丝铠装电缆。

5.6.5.2 通过河流的电缆线路，应敷设于河床稳定及河岸很少受到冲损的地方，应尽量避开码头、锚地、港湾、渡口及有船停泊处。

5.6.5.3 水底电缆线路敷设必须平放水底，不得悬空。条件允许时，应尽可能理设在河床下，浅水区的埋深不宜小于 0.5m，深水航道的埋深不宜小于 2m。不能深埋时，应有防止外力破坏的措施。

5.6.5.4   水底电缆平行敷设时的间距不宜小于最高水位水深的 2 倍；埋入河床（海底）以下时，其间距按埋设方式或埋设机的工作活动能力确定。

5.6.5.5   水底电缆引到岸上的部分应采取穿管或加保护盖板等保护措施。其保护范围，下端应为最低水位时船只搁浅及撑篙达不到之处；上端应为直接进入护岸或河堤 1m 以下之处。

5.6.6   防火与阻燃

5.6.6.1   变电站电缆夹层、电缆竖井、电缆隧道、电缆沟等在空气中敷设的电缆，应选用阻燃电缆。

5.6.6.2   在上述场所中已经运行的非阻燃电缆，应包绕防火包带或涂防火涂料。电缆穿越建筑物孔洞处，必须用防火封堵材料堵塞。

5.6.6.3   隧道中应设置防火墙或防火隔断；电缆竖井中应分层设置防火隔板；电缆沟每隔一定的距离应采取防火隔离措施，还可采用回填土回填，其深度为距电缆顶部不小于 100mm。电缆通道与变电站和重要用户的接合处应设置防火隔断。

5.6.6.4   电缆夹层、电缆隧道宜设置火情监测报警系统和排烟通风设施，并按消防规定，设置沙桶、灭火器等常规消防设施。

5.6.6.5   对防火防爆有特殊要求的，电缆接头宜采用填沙、加装防火防爆盒等措施。

5.6.7   电缆附件的安装与固定

电缆附件的安装与固定，应按照附件产品使用要求的条件和相关规程规范的规定进行。应保证安装后的最终位置固定可靠，便于维护。重点满足下列要求：

a）预制式终端和接头等应保持直线状态，必要时采取刚性固定措施，特别避免附件应力锥部位受力弯曲变形。

b）在整个线路上，应保持电缆交叉互联绝缘接头的安装接线方向一致。

【依据 3】《电力工程电缆设计规范》（GB/T 50217—2007）

5.1.1   电缆的路径选择，应符合下列规定：

1   应避免电缆遭受机械性外力、过热、腐蚀等危害。

2   满足安全要求条件下，应保证电缆路径最短。

3   应便于敷设、维护。

4   宜避开将要挖掘施工的地方。

5   充油电缆线路通过起伏地形时，应保证供油装置合理配置。

【依据 4】《防止电力生产事故的二十五项重点要求》（国家电网公司安质二〔2014〕35 号）

7.2.9   应及时清理退运的报废缆线，对盗窃易发地区的电缆设施应加强巡视。

【依据 5】《国家电网公司水电厂重大反事故措施》（国家电网基建〔2015〕60 号）

17.5.2.5   严禁在电缆夹层、桥架和竖井等电缆线密集区域布置电力电缆接头。

17.5.2.6   非直埋电缆接头的最外层应包覆阻燃材料，充油电缆接头应用耐火防爆槽盒封闭。

【依据 6】《水电厂防雷接地技术规范》（Q/GDW46 10001—2017）

13.10   电缆桥架接地

13.10.1   沿电缆桥架敷设铜绞线、或铜条、或镀锌扁钢为接地干线时，电缆桥架接地应符合下列规定：

a）电缆桥架全长不大于 30m 时，不应少于 2 处与接地网相连。

b）全长大于 30m 时，应每隔 20m～30m 增加与接地干线的连接点。

c）电缆桥架的起始端和终点端应与接地干线可靠连接。

13.10.2   金属电缆桥架的接地宜符合下列规定：

a）电缆桥架连接部位宜采用两端压接镀锡铜鼻子的铜绞线跨接。跨接线最小允许截面积不小于 4mm^2。

b）镀锌电缆桥架间连接板的两端不跨接地线时，连接板每端应有不少于 2 个有防松螺帽或防松垫圈的螺栓固定。

13.10.3 电缆桥架、支架由多个区域连通时，在区域连通处电缆桥架、支架接地线应设置便于分开的断接卡，并有明显的标识。

6.2.5（7）本项目的查评依据如下。

【依据】《防止电力生产事故的二十五项重点要求》（国家电网公司 安质二〔2014〕35 号）

17.1.6 运行在潮湿或浸水环境中的 110kV（66kV）及以上电压等级的电缆应有纵向阻水功能，电缆附件应密封防潮；35kV 及以下电压等级电缆附件的密封防潮性能应能满足长期运行需要。

17.3.6 应严格按试验规程规定检测金属护层接地电流、接地线连接点温度，发现异常应及时处理。

6.2.5（8）本项目的查评依据如下。

【依据】《电力电缆线路运行规程》（DL/T 1253—2013）

7.1.3.3 设备台账：

a）电缆线路设备台账，应包括电缆线路的起止点、电缆型号规格、长度、附件型式、敷设方式、投运日期等信息；

b）电缆通道台账，应包括电缆通道地理位置、长度、断面图等信息

c）备品备件清册。

6.2.6 设备技术资料、台账管理

6.2.6（1）本项目的查评依据如下。

【依据1】《水电站设备状态检修管理导则》（DL/T 1246—2013）

A.4 生产管理信息系统

A.4.1 设备综合管理

a）记录、管理和查询设备台账信息（设备编号、类型、规格、零件清单、供应商、制造商、采购成本、运行成本、库存信息等）。

b）记录、管理和查询与设备相关的各种信息（设备文档、图片、视频、音频信息等），设备的设计数据，同类设备的统计数据，设备图纸与系统图纸，设备运行状态数据，设备故障历史数据等信息。

c）设备运行日志及报表。

d）管理设备巡检、检测试验、性能试验、技术监督测试、带电检测等离线监测数据。

A.4.2 备品备件管理

a）记录和管理备品备件基本数据，如型号资料、库存、技术特点、制造商和供货商信息、安装历史、寿命周期等。

b）备品备件需求管理，确保所需备品备件的可用性。

c）备品备件和材料采购管理

d）仓储管理。管理现有备品备件及存储位置；记录进货材料数据；对材料领用、退库进行管理；提供材料综合信息（如收到材料清册、材料移动清册、储存位置分配等）。

e）库存控制。计算库存价值，记录盘存的计划和执行工作，提供盘存的综合情况。

A.4.3 故障（缺陷）管理

a）记录所有重要事件，包括设备缺陷、设备异常、设备故障等；进行故障与缺陷登录；记录故障处理过程。

b）查询故障历史信息，包括故障类型、故障发生时间、故障处理过程；查询监测诊断数据、诊断结论。

A.4.4 检修过程管理

a）根据故障或缺陷记录，人工或自动生成工作票，执行工作票办理、签发、接受、许可、变更、延期、终结等任务。

b）对设备检修进行管理，包括工作计划管理、项目管理、检修结果的验收和评估等。

c）管理检修工作可用的或所需的工具、器械、运输设备和各种辅助设备。

d）记录检修工作的人工费用、材料费用、分包费用；生成检修工作预算费用计划表，进行检修成本跟踪。

【依据2】《发电企业设备检修导则》（DL/T 838—2003）

10.5 检修评价和总结

10.5.1 机组复役后，发电企业应及时对检修中的安全、质量、项目、工时、材料和备品配件、技术监督、费用以及机组试运行情况等进行总结并作出技术经济评价。主要设备的冷（静）态和热（动）态评价内容参见附录G。

10.5.2 机组复役后20天内做效率试验，提交试验报告，作出效率评价。

10.5.3 机组复役后30天内提交检修总结报告，检修总结报告格式参见附录G

10.5.4 修编检修文件记录、试验报告、质检报告、设备异动报告、检修文件包、质量监督验收单、检修管理程序或检修文件等技术资料应按规定归档。由承包方负责的设备检修记录及有关的文件资料，应由承包方负责整理，并移交发电企业。A/B级参见检修技术文件种类参见附录H。

【依据3】《抽水蓄能电站检修导则》（Q/GDW 1544—2015）

8.2.1.17 检修文档包括检修文件和检修记录。管理要求为：

a）建立检修文件审查、批准、发放、修订、回收、借阅、销毁制度；

b）与检修有关的图纸、规范、规程、设备手册、设备履历、计划、技术方案、检修指导手册、检修作业手册、检修作业指导书、总结等检修文件的更改和修改状态得到识别，确保获得适用文件的有效版本；

c）检修记录应整洁清晰，标志明确，签字齐全，可追溯相关活动，易于识别和检索。

【依据4】《国家电网公司班组建设管理标准》（国家电网企协〔2010〕861号）

4.3 资料管理

4.3.1 班组资料包括管理规范、技术资料台账、综合性记录三种类型。

——管理规范包括班组应执行的各项管理标准、岗位工作标准、管理制度以及班组内部管理规定，是班组成员的行为规范和准则。

——技术资料台账包括班组应执行的用以指导生产作业的各项技术标准、规程、图纸、作业指导书（卡）及原始记录、专业报表等。

——综合性记录应有工作日志、安全活动记录、班务记录三种。

a）工作日志由班组长记录班组每天工作开展情况；

b）安全活动记录按相关规定记录安全活动的开展情况；

c）班务记录主要记录班务会、民主生活会、班组学习培训、思想文化建设等班组管理工作的开展情况，各项班务管理活动可合并记录。

4.3.2 班组应分类建立资料台账目录并能检索到相应的文本，实现动态维护并保持其有效性。资料台账的管理应尽量使用电子文档，避免重复记录。

4.3.3 各类资料台账、记录均应有记录格式、填写规定和管理要求，班组成员对其应清楚和掌握，并有专人管理。各类原始记录、台账、报表，要求资料完整、数据准确、内容真实。

6.2.6（2）本项目的查评依据如下。

【依据】《电力技术监督导则》（DL/T 1051—2007）

6.7 建立和健全电力建设生产全过程技术档案，技术资料应完整和连续，并与实际相符。

6.2.6（3）本项目的查评依据如下。

【依据】《国家电网公司技术监督管理规定》[国网（运检/2）106—2013]

第十八条 技术监督工作应建立开放性的长效机制，建立由现场经验丰富、理论知识扎实、责任心强的人员组成的技术监督专家库，为技术监督工作提供技术支撑。

第十九条 技术监督工作应建立动态管理、预警和跟踪、告警和跟踪、检查评估和考核、报告、例会六项制度。

（一）动态管理制度 技术监督办公室根据科技进步、电网发展以及新技术、新设备应用情况，按年度对技术监督工作的内容、方式、手段进行拓展和完善，提高各专业技术监督工作的水平，做到对各类设备的有效、及时监督。

（二）预警和跟踪制度 技术监督办公室在全过程、全方位开展技术监督工作的基础上，结合对设备的运行指标分析、评估、评价，针对技术监督工作过程中发现的具有趋势性、苗头性、普遍性的问题及时发布技术监督工作预警单，并跟踪整改落实情况。技术监督工作预警单由设备状态评价中心（分中心）组织专家编制并签字确认，经技术监督办公室审批盖章后，及时向相关单位和部门进行发布。预警单发布后 10 个工作日内，由主管部门组织相关单位向技术监督办公室提交反馈单。预警单和反馈单模板见附录 3、4，发布流程见附录 5。

（三）告警和跟踪制度技术监督办公室在监督中发现设备存在严重缺陷或隐患、技术标准或反措执行存在重大偏差等严重问题，将对电网安全生产带来较大影响时，应及时发布技术监督工作告警单，并跟踪整改落实情况。技术监督工作告警单由设备状态评价中心（分中心）组织专家编制并签字确认，经技术监督办公室审批盖章后，及时向相关单位和部门进行发布。告警单发布后 5 个工作日内，由主管部门组织相关单位向技术监督办公室提交反馈单。告警单和反馈单模板见附录 4、6，告警单发布流程见附录 7。

（四）检查、评估和考核制度技术监督工作应建立检查、评估和考核制度。应分阶段、分专业、分设备，有重点地对技术监督工作的内容、标准和实施情况进行检查、分析、评估和考核，及时发现技术监督工作存在的问题。对严重违反技术标准、技术监督不到位，造成严重后果的单位，要责令限期整改。

（五）报告制度公司实行年报、季报制度。省公司在二、三、四季度首月20日前向公司技术监督办公室、公司设备状态评价中心上报上季度技术监督季度报告，公司设备状态评价中心于当月30日前汇总分析后形成公司技术监督季度报告，并上报公司技术监督办公室；省公司于次年首月20日前向公司技术监督办公室、公司设备状态评价中心上报上年度技术监督年度总结报告，公司设备状态评价中心于当月30日前汇总分析后上报公司技术监督办公室，报告格式见附录8。省公司实行月报制度，地市公司在本月5日前向省公司技术监督办公室报送上月技术监督月报，县公司、工区（班组）按照上级单位要求提供相关材料。专项技术监督工作应形成专项技术监督报告，由工作负责人和执行单位签字盖章，在监督结束后一周内上报技术监督办公室，报告格式见附录9。

（六）例会制度技术监督办公室每季度组织召开由办公室成员参加的季度例会，听取各相关部门工作开展情况汇报，协调解决工作中的具体问题，提出下阶段工作计划。必要时临时召集相关会议。

第五章 评估与考核

第二十三条 技术监督工作应健全评估机制，对工作内容、方式、标准、过程及结果进行检查和评估，及时发现并纠正工作中存在的问题。评估报告详见附录10。

第二十四条 技术监督工作应进行量化考核，考核结果纳入对各单位（部门）绩效考核体系。

6.2.6（4）本项目的查评依据如下。

【依据】《国家电网公司备品备件管理规定》[国网（运检/3）410—2014]

第二十条 各级物资部门应在 ERP 系统建立电网备品备件台账，标明来源、名称、规格、库存地点等信息，在库存变动 5 个工作日内更新台账，确保账实相符信息共享。

第二十一条 各级物资部门按照公司仓储管理有关规定，定期进行电网备品备件清查盘点，加强电网备品备件日常巡视，发现异常及时报专业部门组织修理维护。

6.3 电气二次

6.3.1 继电保护

6.3.1.1 保护配置

6.3.1.1（1）本项目的查评依据如下。

【依据1】《水力发电厂继电保护设计规范》（NB/T 35010—2013）

3 发电机保护

3.1.1 容量在 6MW 及以上、800MW 及以下的发电机应按本节中的规定，对下列故障及异常运行方式装设相应的保护：

1 定子绕组相间短路。

2 定子绕组匝间短路。

3 定子绕组分支断线。

4 定子绕组接地。

5 发电机外部相间短路。

6 定子绕组过电压。

7 定子绕组过负荷。

8 转子表层（负序）过负荷。

9 励磁绕组过负荷。

10 励磁回路一点接地。

11 励磁电流异常下降或消失。

12 定子铁芯过励磁。

13 调相运行时与系统解列。

14 发电机逆功率。

15 失步。

16 频率异常。

17 轴绝缘破坏。

18 发电机突然加电压。

19 其他故障及异常运行。

3.1.2 所设各项保护，宜根据故障和异常运行方式的性质，按本节各条的规定，分别动作于：

1 停机：断开发电机断路器、灭磁，关闭导水叶。

2 解列灭磁：断开发电机断路器、灭磁，关闭导水叶至空载位置。

3 解列：断开发电机断路器，关闭导水叶至空载位置。

4 减出力：将水轮机出力减到给定值。

5 缩小故障影响范围：例如断开预定的其他断路器。

6 程序跳闸：先将导水叶关闭至空载位置，再断开发电机断路器并灭磁。

7 信号：发出声光信号。

3.1.3 对 100MW 及以上发电机应装设双重化保护。

3.1.4 如发电机有电气制动要求，所有电气保护动作时应闭锁电气制动投入。电气制动停机过程中，应闭锁可能发生误动的保护。

3.2 发电机定子绕组及其引出线的相间短路、定子匝间短路保护

3.2.1 6MW 及以上的发电机，应装设纵联差动保护，作为定子绕组及其引出线的相间短路的主保

护，保护应瞬时动作于停机。

1 对 100MW 以下发电机变压器组，当发电机与变压器之间有断路器时，发电机应装设单独的纵联差动保护。

2 对 100MW 及以上发电机变压器组，应装设双重化保护，每一套主保护应具有发电机纵联差动保护和变压器纵联差动保护功能。

3.2.2 对于定子绕组为星形接线，每相有并联分支且中性点有分支引出端子的发电机，应装设零序电流型横差保护或裂相横差保护，作为发电机内部匝间短路的主保护，保护应瞬时动作于停机。

3.2.3 50MW 及以上的发电机，当定子绕组为星形接线、中性点只有三个引出端子时，根据用户和制造厂的要求，也可装设专用的匝间短路保护，保护应动作于停机。

3.2.4 纵联差动保护及裂相横差保护应采用三相接线方案。

3.2.5 纵联差动保护装置应采取措施减轻在穿越性短路、穿越性励磁涌流及非同步合闸过程中电流互感器饱和及剩磁的影响，提高保护动作的可靠性。

3.3 发电机定子绕组的单相接地故障保护

3.3.1 应根据发电机中性点接地方式和发电机接地电流允许值装设不同的接地保护。发电机定子绕组单相接地故障电流允许值按制造厂的规定值，如无规定时可参照表 3.3.1 中所列数据。

表 3.3.1 水轮发电机定子绕组单相接地故障电流允许值

发电机额定电压（kV）	接地电流允许值（A）	发电机额定电压（kV）	接地电流允许值（A）
31.5～6.3	≤4	13.8～15.75	≤2
10.5	≤3	18～23	≤1

3.3.2 当单相接地故障电流（不考虑消弧线圈的补偿作用）大于允许值（见表 3.3.1）时应装设单相接地保护装置。对于与母线直接连接的发电机定子绕组单相接地保护功能宜具有选择性。保护带时限动作于信号，但当消弧线圈退出运行或由于其他原因使残余电流大于接地电流允许值时，应切换为动作于停机。

当单相接地故障电流小于允许值时可由单相接地监视装置动作于信号，必要时动作于停机。

为了在发电机与系统并列前检查有无接地故障，保护装置应能监视发电机端零序电压值。

3.3.3 可根据发电机中性点不同的接地方式装设不同的单相接地保护装置或单相接地监视装置。

1 中性点不接地或经单相电压互感器接地方式。这种接地方式用于单相接地电容电流小于允许值（见表 3.3.1）的中小型发电机。这种接地方式的发电机单相接地监视装置可装于机端出口（或母线）电压互感器的开口三角侧或中性点侧单相电压互感器的二次侧，监视装置的监视范围应为定子绕组的 80%以上，宜采用滤过式零序过电压元件。保护延时动作于信号，必要时动作于停机。

2 中性点经消弧线圈接地方式。当单相接地电容电流大于允许值（见表 3.3.1）时，发电机中性点可经消弧线圈接地，对单相接地电容电流进行补偿。宜采用过补偿方式，当发电机系统电容电流变化不大时，也可采用欠补偿。100MW 以下的发电机，应装设保护区不小于 90%的定子接地保护；100MW 及以上的发电机，应装设保护区为 100%的定子接地保护。保护延时动作于信号，必要时动作于停机。为检查发电机定子绕组和发电机回路的绝缘状况，保护装置应能监视发电机端零序电压值。

3 中性点经配电变压器的有效接地方式。当发电机—变压器组单元接线的 100MW 及以上发电机采用这种接地方式时，应装设保护区为 100%定子的单相接地保护。保护瞬时动作于停机。100%定子接地保护宜采用外加电源原理的保护。

3.3.4 200MW 及以上的发电机定子接地保护如采用基波零序电压加三次谐波电压的形式，宜将基波零序电压保护与三次谐波电压保护的出口分开，基波零序电压保护动作于停机。

3.4 发电机及引出线相间短路故障的近后备保护和发电机相邻元件相间短路故障的远后备保护

3.4.1 50MW 以下的非自并励的发电机，宜装设复合电压（包括负序电压及线电压）起动的过电流保护，电流宜取自发电机的中性点侧电流互感器。灵敏度不满足要求时可增设负序过电流保护。

3.4.2　50MW 及以上的非自并励的发电机，宜装设负序过电流保护和单元件低压起动过电流保护，电流元件宜取自发电机中性点侧电流互感器。

3.4.3　自并励发电机，宜采用带电流记忆的复合电压过电流保护，电流宜取自发电机中性点侧电流互感器。

3.4.4　当作为相邻元件（变压器）的远后备时，应按保护区末端相间短路验算保护灵敏度，保护区不宜伸出相邻线路保护第一段范围。

3.4.5　本节各条中规定装设的各项保护装置，宜带有两段时限，以较短的时限动作于缩小故障影响范围，或动作于解列、解列灭磁，较长的时限动作于停机。

3.4.6　并列运行的发电机和发电机变压器组的后备保护，对所连接母线的相间短路故障，应具有必要的灵敏系数，并不宜低于表 2.0.7 的规定值。

3.5　发电机定子绕组过电压保护

发电机应装设过电压保护，其整定值根据定子绕组绝缘状况决定。过电压保护宜动作于停机或解列灭磁。

3.6　发电机定子绕组过负荷保护

3.6.1　定子绕组间接冷却的发电机应装设定时限过负荷保护，保护带时限动作于信号。

3.6.2　定子绕组为直接冷却且过负荷能力较低（如 1.5 倍、60s）的发电机，应装设由定时限和反时限两部分组成的过负荷保护。

1　定时限部分动作电流按在发电机长期允许的负荷电流下能可靠返回的条件整定，带时限动作于信号，在有条件时可动作自动减出力。

2　反时限部分动作特性按发电机定子绕组的过负荷能力确定，是定子绕组在发热方面的安全保护。保护装置应能反应电流变化时发电机定子绕组热积累过程，不考虑在灵敏系数和时限方面与其他相间短路保护相配合，保护动作于停机。

3.7　发电机转子表层（负序）过负荷保护

发电机转子承受负序电流的能力，以 $I_2^2 t = A$ 表示。其中 I_2 为以额定电流为基准的负序电流标幺值；t 为允许不对称运行时间（s）；A 为常数。对空气冷却的水轮发电机，$A=40s$；对定子绕组水直接冷却的水轮发电机，$A=20s$。

对不对称负荷、非全相运行以及外部不对称短路引起的负序电流，应按下列规定装设发电机转子表层过负荷保护。

1　50MW 及以上的发电机，应装设定时限负序过负荷保护，保护与 3.4.2 条所述的负序过电流保护组合在一起。

2　保护的动作电流按躲过发电机长期允许的负序电流值和躲过最大负荷下负序电流滤过器的不平衡电流整定，带时限动作于信号。

3.8　励磁绕组过负荷保护

3.8.1　对 100MW 及以上采用晶闸管整流励磁系统的发电机，应装设励磁绕组过负荷保护。

3.8.2　对 300MW 以下采用晶闸管整流励磁系统的发电机，可装设定时限励磁绕组过负荷保护。保护带时限动作于信号，必要时动作于解列灭磁或程序跳闸。

3.8.3　对 300MW 及以上的发电机，其励磁绕组过负荷保护可由定时限和反时限两部分组成。

1　定时限部分：动作电流按正常运行最大励磁电流下能可靠返回的条件整定，保护带时限动作于信号。

2　反时限部分：动作特性按发电机励磁绕组的过负荷能力确定。保护应能反应电流变化时励磁绕组的热积累过程，保护动作于解列灭磁或程序跳闸。

3.9　发电机励磁回路一点接地保护

发电机应装设专用的励磁回路一点接地保护装置，保护装置应能有效地消除励磁回路中交、直流分量的影响。在同期并列、增减负荷、系统振荡等暂态过程中，保护装置不应误动作。保护带时限动作于信号，有条件时可动作于程序跳闸。

3.10 励磁电流异常下降或完全消失的失磁保护

3.10.1 发电机应装设失磁保护，保护应带时限动作于解列。

3.10.2 在外部短路、系统振荡、发电机正常进相运行以及电压回路断线等情况下，失磁保护不应误动作。

3.11 定子铁芯过励磁保护

3.11.1 300MW 及以上发电机，应装设定子铁芯过励磁保护。保护装置可装设由低定值和高定值两部分组成的定时限过励磁保护或反时限过励磁保护，有条件时应优先装设反时限过励磁保护。

1 定时限过励磁保护：低定值带时限动作于信号和降低励磁电流；高定值动作于解列灭磁。

2 反时限过励磁保护：反时限特性曲线由上限定时限、反时限、下限定时限三部分组成。上限定时限、反时限动作于解列灭磁；下限定时限动作于信号。反时限的保护特性曲线应与发电机的允许过励磁能力相配合。

3.11.2 发电机—变压器组，其间无断路器时可共用一套过励磁保护，其保护装于发电机电压侧，定值按发电机或变压器的过励磁能力较低的要求整定。

3.11.3 过励磁保护一般采用 u/f 原理构成。

3.12 调相失电保护

对有调相运行工况的水轮发电机组，在调相运行工况下，应装设与系统解列即失去电源的保护，保护带时限动作于停机。

3.13 逆功率保护

对于发电机有可能变电动机运行的异常运行方式，宜装设逆功率保护，保护带时限动作于解列。

3.14 失步保护

3.14.1 200MW 及以上发电机应装设失步保护，当系统发生非稳定振荡时保护系统或发电机安全。

3.14.2 在短路故障、系统同步振荡、电压回路断线等情况下，保护不应误动作。

3.14.3 失步保护通常动作于信号。当振荡中心在发电机—变压器组内部，失步运行时间超过整定值或电流振荡次数超过规定值时，保护还应动作于解列。保护应具有电流闭锁元件，断开断路器时的电流不超过断路器允许开断的失步电流。

3.15 频率异常保护

对高于额定频率带负载运行的 100MW 及以上水轮发电机，应装设高频率保护。保护动作于解列灭磁或程序跳闸。

3.16 发电机起停机保护

3.16.1 对于在低转速下可能加励磁电压的发电机发生定子接地故障或相间短路故障，200MW 及以上发电机应装设起停机保护。保护动作于停机。

3.16.2 发电机起停机保护在机组正常频率运行时应退出，以免发生误动作。

3.17 轴电流保护

3.17.1 推力轴承或导轴承绝缘损坏时，在感应电压作用下产生轴流，为防止轴瓦过热烧损，对15MW 及以上灯泡式水轮发电机和 100MW 及以上其他形式的发电机宜装设轴电流保护。

3.17.2 轴电流保护可采用套于大轴上的特殊专用电流互感器作为测量元件。保护设两个定值，低定值动作于信号，高定值可带一定时限动作于解列灭磁。也可采用其他专用的轴绝缘监测装置。

3.18 发电机突加电压保护

对于发电机出口断路器误合闸，突然加上三相电压的故障，300MW 及以上发电机宜装设突加电压保护，保护动作于解列灭磁或停机。如发电机出口断路器拒动，应起动失灵保护，断开所有有关电源支路。发电机并网后，此保护能可靠退出。

4 发电电动机保护

4.1 一般原则

4.1.1　容量在 350MW 及以下的发电电动机,应根据发电电动机的特点和同步起动的要求装设下列保护:

1　逆功率保护。

2　低功率保护。

3　低频保护。

4　低频过电流保护。

5　定子一点接地保护。

6　失步保护。

7　转子表层(负序)过负荷保护。

8　电压相序保护。

9　低电压保护。

4.1.2　本章未做规定的保护,应按第 3 章的规定装设保护。

4.1.3　发电电动机在电动工况起动过程中起作用的继电保护装置应有良好的频率和电压特性,在起动过程中能正确检测保护范围内的故障。频率和电压特性不能满足基本保护要求时,应装设辅助保护。

4.1.4　发电电动机在某种工况下设置的保护,在其他工况下可能误动时,应可靠被闭锁。

4.2　逆功率保护

4.2.1　发电电动机在发电运行工况下可能出现反水泵异常运行方式,向系统吸收有功功率,应装设逆功率保护,保护带时限动作于解列灭磁或停机。

4.2.2　发电电动机的逆功率保护由灵敏的方向功率元件组成,按发电工况接线,方向指向发电机。

4.3　低功率保护

4.3.1　发电电动机在抽水工况下,可能出现输入功率过低和失去电源的异常情况,应装设低功率保护,保护动作于停机。

4.3.2　发电电动机的低功率保护由功率元件和抽水工况下导叶正常位置辅助触点按"与"逻辑组成,功率元件按电动工况接线。

4.4　低频保护

发电电动机在电动运行工况下可能发生失去电源的异常情况,应装设低频保护,保护动作于停机。

4.5　低频过电流保护

对同步起动过程中定子绕组及其连接母线设备的相间短路故障,应装设低频过电流保护,保护动作于停机。

4.6　定子一点接地保护

对发电电动机定子绕组及其引出线的单相接地故障应装设定子一点接地保护,保护宜采用外加电源原理,也可采用基波零序电压原理,保护动作于停机。

4.7　失步保护

4.7.1　发电电动机在电动工况下应装设失步保护,保护动作于停机。

4.7.2　在短路故障、系统同步振荡、电压回路断线等情况下,失步保护不应误动。

4.7.3　失步保护应具有电流闭锁元件,保护断开断路器时的电流不超过断路器允许开断的失步电流。

4.8　转子表层(负序)过负荷保护

发电电动机宜分别装设发电工况和电动工况下转子表层(负序)过负荷保护。其他要求见 3.7 条。

4.9　电压相序保护

发电电动机可能出现相应工况下旋转方向与电压相序不一致的异常情况,在发电工况和电动工况下应分别装设电压相序保护,保护动作于闭锁自动操作回路,并延时动作于停机。

4.10　低电压保护

发电电动机在抽水工况运行时可能出现电源电压降低或消失的异常情况,宜装设低电压保护,保护延时动作于停机。

4.11 继电保护的切换与检测

4.11.1 继电保护装置输入的电压和电流的相位应与机组发电或电动工况相适应，电流、电压均宜采用软件换相。

4.11.2 应考虑起动过程中频率变化对保护的影响，保护在不能正常工作频率段应被闭锁。

4.11.3 当发电电动机运行工况转换时，保护装置尽量少用外部输入信号，应尽可能根据输入的电流量、电压量自行判别运行工况的变化，实现保护装置的自动正确投退。

4.11.4 纵联差动保护的换相切换原则：当换相开关在纵联差动保护区内时，纵联差动保护的电流回路应进行换相切换。

1 当纵联差动保护搭接区设在换相开关的外侧，发电和电动工况纵联差动保护共用一组电流互感器时，纵联差动保护应通过软件进行自动换相切换。

2 当纵联差动保护搭接区设在换相开关的内侧，发电和电动两工况分别设电流互感器时，两工况电流互感器二次绕组并联后接入纵联差动保护电流回路，纵联差动保护随换相开关一次侧换相而换相，不允许电流互感器二次侧切换换相。

4.11.5 失步保护和失磁保护的换相切换原则：对由阻抗原理构成的失步保护和失磁保护，如工况转换时需要换相，应由保护装置内部软件完成。

5 主变压器和联络变压器保护

5.1 一般原则

5.1.1 对容量 8MVA 及以上 890MVA 及以下主变压器和联络变压器的下列故障及异常运行方式，应按本节的规定装设相应的保护装置：

1 绕组及其引出线的相间短路和在中性点直接接地侧或经小电抗接地侧的单相接地短路。

2 绕组的匝间短路。

3 外部相间短路引起的过电流。

4 中性点直接接地或经小电抗接地电力网中，外部接地短路引起的过电流及中性点过电压。

5 中性点非有效接地侧单相接地故障。

6 过负荷。

7 过励磁。

8 油面降低。

9 变压器油温、绕组温度过高及油箱压力过高和冷却系统故障。

5.1.2 220kV 及以上电压等级或 100MVA 及以上容量的变压器，除电量保护外，应装设双重化保护。

5.2 瓦斯保护

5.2.1 油浸式变压器、有载调压装置，以及嵌入变压器油箱的高压电缆终端盒，均应装设瓦斯保护，作为变压器绕组相间、匝间、层间以及中性点直接接地侧单相接地短路和调压装置、高压电缆终端盒内部短路的主保护。

5.2.2 轻瓦斯保护：当油浸式变压器、有载调压装置、高压电缆终端盒的壳内故障产生轻微瓦斯或油面下降时，应瞬时动作于信号。

5.2.3 重瓦斯保护：当油浸式变压器、有载调压装置、高压电缆终端盒的壳内故障产生大量瓦斯时，应瞬时动作于断开变压器各侧断路器。

5.2.4 瓦斯保护应采取措施，防止因气体继电器的引线故障、振动等引起瓦斯保护误动作。

5.3 变压器引出线、套管及内部的短路故障主保护

5.3.1 容量在 8MVA 及以上的变压器，应装设纵联差动保护。

5.3.2 对 100MW 以下发电机—变压器组，当发电机与变压器之间有断路器时，变压器应装设单独的主保护。

5.3.3 电压等级在 110kV 及以上、容量在 100MVA 及以上的变压器，可增设零序差动保护。

5.3.4 单相变压器宜装设分侧电流差动保护。

5.3.5 纵联差动保护应符合下列要求，并瞬时动作断开变压器各侧断路器。

1 保护装置应采用三相式接线原理的纵联差动保护。

2 保护装置应能躲开变压器励磁涌流和外部短路产生的不平衡电流。

3 在变压器过励磁时不应误动作。

4 在电流回路断线时应发出断线信号并允许差动保护动作跳闸。

5 差动保护范围应包括变压器套管及其引出线。如不能包括引出线，则应与相邻元件主保护（母线差动、发电机差动等保护）相互搭接，并要求搭接有效。在其发生故障时，应有效地切除故障。也可采用快速切除故障的辅助保护，如断路器失灵保护。对具有旁路断路器的变压器，在变压器断路器退出工作由旁路断路器代替时，纵联差动保护可以利用变压器套管内的电流互感器，此时套管和引线故障由后备保护动作切除。如电网安全稳定运行有要求，应将纵联差动保护切至旁路断路器的电流互感器。

5.4 相间短路后备保护

5.4.1 变压器相间短路后备保护，应作为变压器主保护和相邻元件保护的后备，对变压器各侧母线的相间短路应具有必要的灵敏度。为简化保护，当保护作为相邻线路的远后备时，可适当降低对保护灵敏度的要求。

5.4.2 变压器相间短路后备保护宜选用过电流保护，过电流保护不能满足灵敏性要求时，宜采用复合电压（负序电压和线间电压）起动的过电流保护或复合电流保护（负序电流和单相式电压起动的过电流保护）。保护带延时断开相应的断路器。

5.4.3 根据各侧接线、连接的系统和电源情况的不同，应配置不同的变压器相间短路后备保护，该保护宜考虑能反应电流互感器与断路器之间的故障。

1 单侧电源双绕组变压器和三绕组变压器，相间短路后备保护宜装于各侧。双绕组变压器非电源侧保护带两段时限：第一时限断开本侧母联或分段断路器，缩小故障影响范围；第二时限断开变压器各侧断路器。三绕组变压器非电源侧保护带三段时限：第一时限断开本侧母联或分段断路器，缩小故障影响范围；第二时限断开本侧断路器，第三时限断开变压器各侧断路器。电源侧保护带一段时限，断开变压器各侧断路器。

2 两侧或三侧有电源的双绕组变压器和三绕组变压器，各侧相间短路后备保护可带两段或三段时限。为满足选择性的要求或为降低后备保护的动作时间，相间短路后备保护可带方向，方向宜指向各侧母线，但断开变压器各侧断路器的后备保护不带方向。

3 对有倒送电运行的双绕组变压器，在高压侧装设三相过电流保护装置，采用短延时动作于断开变压器高压侧断路器。正常运行时，可用发电机断路器辅助接点进行连锁切除，保护出口回路。

4 如变压器低压侧无专用母线保护，变压器高压侧相间短路后备保护对低压侧母线相间短路灵敏度不够时，为提高切除低压侧母线故障的可靠性，可在变压器低压侧配置两套相间短路后备保护。这两套后备保护接至不同的电流互感器。

5 发电机—变压器组，在变压器低压侧不另设相间短路后备保护，而利用装于发电机中性点侧的相间短路后备保护，作为高压侧外部、变压器和分支线相间短路后备保护。

5.5 单相接地过电流和过电压后备保护

5.5.1 110kV 及以上中性点直接接地的电力网中，如变压器的中性点直接接地运行，对外部单相接地引起的过电流，应装设零序电流保护。

1 110kV、220kV 中性点直接接地的升压变压器，可装设两段式延时零序过电流保护。每段设两个时限，以较短的时限动作于缩小故障影响范围，或动作于断开本侧断路器，以较长的时限动作于断开变压器各侧断路器。

2 330kV 及以上的变压器，高压侧零序一段只带一段时限动作断开变压器本侧断路器。零序二段也只带一段时限，动作于断开变压器各侧断路器。

3 对自耦变压器和高、中压侧中性点都直接接地的三绕组变压器，当有选择性要求时，应增设方向元件，方向宜指向各侧母线。

4 普通变压器的零序电流保护,应接入变压器中性点引出线上的电流互感器二次绕组,零序电流方向保护也可接入高、中压侧三相电流互感器的零序回路。

5 自耦变压器的零序电流保护,应接入高、中压侧三相电流互感器的零序回路。

6 对自耦变压器,为增加切除单相接地短路的可靠性,可在变压器中性点回路增设零序过电流保护。

5.5.2 110kV、220kV 中性点直接接地的电力网中,如低压侧有电源的变压器中性点可能接地运行或不接地运行时,则对外部单相接地引起的过电流,以及因失去接地中性点引起的电压升高,应按下列规定装设保护:

1 全绝缘变压器。应按 5.5.1 条的规定装设零序电流保护,以满足变压器中性点直接接地运行的要求。此外,应增设零序过电压保护,当变压器所连接的电力网失去接地中性点时,零序过电压保护经 0.3s～0.5s 时限动作于断开变压器各侧断路器。

2 分级绝缘变压器。为限制此类变压器中性点不接地运行时可能出现的中性点过电压,应在变压器中性点装设放电间隙。此时应按 5.5.1 条的规定装设零序电流保护,并增设反应零序电压和间隙放电电流的零序电流电压保护。当电力网单相接地且失去接地中性点时,间隙零序电流电压保护经 0.3s～0.5s 时限动作于断开变压器各侧断路器。

5.5.3 110kV 以下中性点非有效接地的电力网中,对变压器内部及其引出线单相接地故障引起的过电压,应装设零序过电压保护,零序电压可引自该侧电压互感器的剩余绕组或中性点电压互感器(消弧线圈)。保护带时限动作于信号。

5.5.4 对于有倒送电运行要求的变压器,应装设低压侧零序电压保护,经延时动作于信号。

5.6 对称过负荷保护

根据变压器实际可能出现过负荷的情况,应装设过负荷保护。过负荷保护具有定时限或反时限的动作特性,按与过电流保护时限相配合的原则整定,动作于信号。

5.7 过励磁保护

5.7.1 对于高压侧为 330kV 及以上的变压器,为防止由于频率降低和/或电压升高引起变压器磁密过高而损坏变压器,应装设过励磁保护。当单元接线发电机与变压器之间无断路器时,可与发电机过励磁保护相结合。

5.7.2 保护应具有定时限或反时限特性,并应与被保护变压器的过励磁特性相配合。定时限保护由两段式延时过励磁保护组成,保护设高、低两个定值,低定值带时限动作于信号,高定值带时限动作于断开变压器各侧断路器。

5.8 温度、油箱压力、油位和冷却系统等保护

5.8.1 对变压器温度及油箱内压力升高超过允许值、油位异常和冷却系统故障,应按现行电力变压器标准要求,装设可作用于信号或动作于跳闸的保护装置。

5.8.2 反应变压器油温及绕组温度升高,应装设温度保护。与变压器油箱结合的高压电缆终端盒,应单独装设反应油温的温度继电器,以反应终端盒的油温过热。油温保护分为温度升高和温度过高两级,温度升高动作于信号,温度过高动作于断开变压器各侧断路器。绕组温度保护动作于信号。

5.8.3 应装设变压器油位升高和降低保护。与变压器油箱结合的高压电缆盒、有载调压装置也应装设油位异常保护。所有油位升高和降低保护,瞬时动作于信号,必要时也可动作于断开变压器各侧断路器。

5.8.4 强迫油循环风冷或强迫油循环水冷变压器,应装设冷却系统故障保护。当冷却系统全停后,保护动作于信号。保护经变压器失去强冷条件后允许的运行时间,动作于断开变压器各侧断路器。

5.8.5 对变压器油箱内压力升高,应装设压力释放保护,保护瞬时动作于信号,必要时也可动作于断开变压器各侧断路器。

6 厂用变压器保护

6.0.1 高压厂用变压器应按下列规定装设保护:

1 纵联差动保护:高压厂用变压器容量为 6.3MVA 及以上时,应装设纵联差动保护,作为变压器内

部故障和引出线相间短路故障的主保护。保护瞬时动作于断开变压器各侧断路器。

2 电流速断保护：对 6.3MVA 以下的变压器，应在电源侧装设电流速断保护，作为变压器绕组及高压侧引出线的相间短路故障的主保护。保护瞬时动作于断开变压器各侧断路器。当电流速断保护灵敏度不满足要求时，也可装设纵联差动保护。

3 过电流保护：应装设过电流保护，作为变压器及相邻元件的相间短路故障的后备保护。保护装于电源侧，可设两个或三个时限，当高压侧有断路器时，第一时限动作于断开变压器低压侧母联断路器，第二时限动作于断开变压器各侧断路器。当高压厂用变压器高压侧无断路器或只有负荷开关时，则保护第一时限动作于断开变压器低压侧母联断路器，第二时限动作于断开变压器低压侧断路器，第三时限动作于断开变压器高压侧相邻断路器。

4 过负荷保护：根据可能过负荷情况，可装设对称过负荷保护，保护装于高压侧，带时限动作于信号。

5 单相接地保护：变压器高压侧接于不直接接地系统（或经消弧线圈接地）时，电源侧可与其引接母线共用单相接地保护，不另设单相接地保护。变压器高压侧接于 110kV 及以上中性点直接接地的电力系统时，应装设零序电流和零序电流电压保护，保护带时限动作于断开变压器各侧断路器。变压器低压侧为不接地系统时，应装设接地指示置（绝缘检查与监测），可与低压侧母线单相接地指示装置共用。

6 瓦斯保护：0.4MVA 及以上油浸式变压器应装设瓦斯保护。当变压器壳内故障产生轻微瓦斯或油面下降时保护动作于信号，当产生大量瓦斯时保护应瞬时动作于断开变压器各侧断路器。

7 温度保护：反应变压器油温及绕组温度升高，应装设温度保护。油浸式变压器绕组温度保护动作于信号，油温保护分为温度升高和温度过高两级，温度升高动作于信号，温度过高动作于断开变压器各侧断路器。干式变压器绕组温度保护分为温度升高和温度过高两级，温度升高动作于信号，温度过高动作于断开变压器各侧断路器。

6.0.2 低压厂用变压器应按下列规定装设保护：

1 电流速断保护：应装设电流速断保护，作为变压器绕组及高压侧引出线相间短路故障的主保护。保护瞬时动作于断开低压厂用变压器各侧断路器。低压厂用变压器容量在 2MVA 及以上，当电流速断保护灵敏性不符合要求时，也可装设纵联差动保护。

2 过电流保护：应装设过电流保护，作为变压器及相邻元件的相间短路故障的后备保护。保护装于电源侧，可设两个或三个时限，当高压侧有断路器时，第一时限动作于断开变压器低压侧母联断路器，第二时限动作于断开变压器各侧断路器。当低压厂用变压器高压侧无断路器或只有负荷开关时，则保护第一时限动作于断开变压器低压侧母联断路器，第二时限动作于断开厂用变压器低压侧断路器，第三时限动作于断开变压器高压侧相邻断路器。

3 高压侧可与其引接母线共用单相接地保护，不另设单相接地保护。

4 零序过电流保护：当变压器低压侧中性点直接接地时，应装设零序过电流保护，作为变压器低压侧单相接地短路故障的后备保护。保护可设两个或三个时限，当高压侧有断路器时，第一时限动作于断开变压器低压侧母联断路器，第二时限动作于断开变压器各侧断路器。当低压厂用变压器高压侧无断路器或只有负荷开关时，则保护第一时限动作于断开变压器低压侧母联断路器，第二时限动作于断开变压器低压侧断路器，第三时限动作于断开变压器高压倒相邻断路器。

5 瓦斯保护：0.4MVA 及以上油浸式变压器应装设瓦斯保护。当变压器壳内故障产生轻微瓦斯或油面下降时保护动作于信号，当产生大量瓦斯时保护应瞬时动作于断开变压器各侧断路器。

6 温度保护：反应变压器油温及绕组温度升高，应装设温度保护。油浸式变压器绕组温度保护动作于信号，油温保护分为温度升高和温度过高两级，温度升高动作于信号，温度过高动作于断开变压器各侧断路器。干式变压器绕组温度保护分为温度升高和温度过高两级，温度升高动作于信号，温度过高动作于断开变压器各侧断路器。

7 励磁变压器保护

7.0.1 励磁变压器可装设下列保护：

1　纵联差动保护。

2　电流速断保护。

3　过电流保护。

4　瓦斯保护。

5　温度保护。

7.0.2　纵联差动保护：励磁变压器容量为 6.3MVA 及以上时，应装设纵联差动保护。纵联差动保护作为变压器内部故障和引出线相间短路故障的主保护，瞬时动作于停机。

7.0.3　电流速断保护：对 6.3MVA 以下的励磁变压器，应在高压侧装设电流速断保护，作为变压器绕组及高压侧引出线的相间短路故障的主保护，瞬时动作于停机。当电流速断保护灵敏度不满足要求时，也可装设纵联差动保护。

7.0.4　过电流保护：应装设过电流保护，作为励磁变压器绕组及引出线和相邻元件相间短路故障的后备保护，带时限动作于停机。

7.0.5　瓦斯保护：0.4MVA 及以上油浸式变压器应装设瓦斯保护。当变压器壳内故障产生轻微瓦斯或油面下降时保护动作于信号，当产生大量瓦斯时保护应瞬时动作于停机。

7.0.6　温度保护：反应变压器油温及绕组温度升高，应装设温度保护。油浸式变压器绕组温度保护动作于信号，油温保护分为温度升高和温度过高两级，温度升高动作于信号，温度过高动作于断开变压器各侧断路器。干式变压器绕组温度保护分为温度升高和温度过高两级，温度升高动作于信号，温度过高动作于断开变压器各侧断路器。

8　SFC 输入和输出变压器保护

8.0.1　SFC 输入和输出变压器可装设下列保护：

1　纵联差动保护。

2　电流速断保护。

3　过电流保护。

4　瓦斯保护（油浸式变压器）。

5　温度保护。

保护装置应有良好的抗干扰和低频特性，不受电压波形畸变影响而误动。

8.0.2　纵联差动保护：输入和输出变压器容量为 6.3MVA 及以上时，应装设纵联差动保护，作为变压器内部故障和引出线相间短路故障的主保护。保护动作于断开输入变压器高压侧断路器，并联动闭锁SFC 的输出。如要断开输出变压器低压侧断路器，应与 SFC 厂商协商。

8.0.3　电流速断保护：对 6.3MVA 以下的输入和输出变压器，在电源侧装设电流速断保护，作为变压器绕组及电源侧引出线的相间短路故障的主保护。保护动作于断开输入变压器高压侧断路器，并联动闭锁 SFC 的输出。如要断开输出变压器低压侧断路器，应与 SFC 厂商协商。当电流速断保护灵敏度不满足要求时，也可装设纵联差动保护。

8.0.4　过电流保护：过电流保护作为输入和输出变压器绕组及引出线和相邻元件的相间短路故障的后备保护。保护带时限动作于断开输入变压器高压侧断路器，并联动闭锁 SFC 的输出。如要断开输出变压器低压侧断路器，应与 SFC 厂商协商。

8.0.5　瓦斯保护：0.4MVA 及以上的油浸式输入和输出变压器应装瓦斯保护，作为保护变压器内部相间和匝间短路故障保护，轻瓦斯保护动作于信号，重瓦斯保护动作于断开输入变压器高压侧断路器，并联动闭锁 SFC 的输出。如要断开输出变压器低压侧断路器，应与 SFC 厂商协商。

8.0.6　温度保护：反应输入和输出变压器油温及绕组温度升高，应装设变压器温度保护。

1　油浸式变压器温度保护。绕组温度保护动作于信号。油温度保护分为油温度升高和油温度过高两级。油温度升高动作于信号。输入变压器的油温度过高动作于断开输入变压器高压侧断路器，并联动闭锁 SFC 的输出；输出变压器的油温度过高动作于闭锁 SFC 的输出。油温度过高保护如要断开输出变压器低压侧断路器，应与 SFC 厂商协商。

2 干式变压器温度保护。干式变压器绕组温度保护分为温度升高和温度过高两级。温度升高动作于信号。输入变压器的温度过高动作于断开输入变压器高压侧断路器，并联动闭锁 SFC 的输出。输出变压器的温度过高动作于闭锁 SFC 的输出。温度过高保护如要断开输出变压器低压侧断路器，应与 SFC 厂商协商。

9　母线保护

9.0.1　对于 3kV～10kV 分段母线及并列运行的双母线，可由发电机和变压器的后备保护实现对母线的保护。在下列情况下应装设专用母线保护：

1　须快速而有选择地切除一段或一组母线上的故障，才能保证发电厂及电力网安全运行和重要负荷的可靠供电时。

2　线路断路器不允许切除线路电抗器前的短路时。

9.0.2　3kV～10kV 分段母线的专用母线保护宜采用不完全电流差动接线方式，保护仅接入有电源支路的电流。保护由两段组成：第一段采用无时限或带时限的电流速断保护，当灵敏系数不符合要求时，可采用电压闭锁电流速断保护；第二段采用过电流保护，当灵敏系数不符合要求时，可将一部分负荷较大的配电线路接入差动回路，以降低保护的起动电流。

9.0.3　对发电厂的 35kV～110kV 电压母线，在下列情况下应装设专用的母线保护：

1　110kV 双母线。

2　110kV 单母线、重要发电厂的 35kV～66kV 母线，需要快速切除母线上的故障时。

9.0.4　对 220kV～750kV 母线，每组应装设两套快速有选择地切除故障的专用母线保护。

9.0.5　专用母线保护应满足以下要求：

1　当交流回路不正常或断线时应闭锁母线差动保护，并发出报警信号。对于 3/2、4/3 断路器接线，可以只发告警信号不闭锁母线差动保护。

2　在一组母线或某一段母线充电合闸于有故障的母线时，母线保护应能快速而有选择地断开故障母线。

3　母线保护应能适应主接线各种运行方式。

4　对构成环路的各类母线（如 3/2 接线、双母线分段接线等），保护不应因母线故障时流出母线的短路电流影响而拒动。

5　母线保护应允许使用不同变比的电流互感器。

6　对各种类型区外故障，母线保护不应由于短路电流中的非周期分量引起电流互感器的暂态饱和而误动作。

7　母线保护应接在电流互感器的一组专用二次绕组上。

8　母线保护动作后，除 3/2、4/3 断路器接线外，对不带分支且有纵联保护的线路，应采取措施，使对侧断路器能速动跳闸。

9　双母线的母线保护，还应满足下列要求：

1）母联与分段断路器的跳闸出口时间不应大于线路及变压器断路器的跳闸出口时间。

2）能可靠切除母联或分段断路器与电流互感器之间的故障。

3）应能自动适应双母线连接元件运行位置的切换。切换过程中，保护不应误动作，不应造成电流互感器的开路：母线发生故障，保护应能正确动作切除故障；区外发生故障，保护不应误动作，并能满足双母线同时故障及先后故障的动作要求。

4）母线保护动作时，应闭锁并列双回线路可能误动的横联差动保护。

5）应设有电压闭锁元件，可在起动出口继电器的逻辑中设置电压闭锁回路，也可在每个跳闸出口接点回路上串接电压闭锁触点。母联或分段断路器的跳闸回路可不经电压闭锁触点控制。

10　母线保护仅实现三相跳闸出口，且应允许接于本母线的断路器失灵保护共用其跳闸出口回路。

9.0.6　旁路断路器和兼作旁路的母联断路器或分段断路器上，应设可代替线路保护的保护装置。在旁路断路器代替线路断路器期间，如果必须保持线路纵联保护运行，可将该线路的一套纵联保护切换到旁路断路器上，或者采用其他措施，使旁路断路器仍有纵联保护继续运行。

9.0.7 母联断路器或分段断路器上，宜装设相电流保护或零序电流保护，作为母线充电的保护。

10 联络线及短引线保护

10.0.1 联络线应装设快速主保护，保护动作于断开联络线两端的断路器。220kV 及以上的联络线应装设双重化主保护。

1 联络线可与其一端的电力设备共用纵联差动保护。

2 当联络线两端电力设备的纵联差动保护范围均不包括联络线时，应装设单独的纵联差动保护。

3 当联络线大于 600m 时，应装设单独的主保护，主保护宜采用光纤纵联差动保护。

10.0.2 联络线宜与其一端的电力设备共用后备保护。

10.0.3 对各类双断路器接线方式，当双断路器所连接的线路或元件退出运行而双断路器之间仍连接运行时，应装设短引线保护以保护双断路器之间的连接线。220kV 及以上的短引线应配置双重化保护。

11 断路器失灵及三相不一致保护

11.0.1 220kV～750kV 断路器以及 300MW 及以上发电机出口断路器，应装设断路器失灵保护。100MW～300MW 发电机出口断路器，宜装设断路器失灵保护。110kV 断路器根据电力系统要求也可装设断路器失灵保护。断路器失灵保护应满足以下规定：

1 线路或电力设备的后备保护采用近后备方式。

2 线路保护采用远后备方式，如由其他线路或变压器的后备保护切除故障将扩大停电范围，并引起严重后果时。

3 如断路器与电流互感器之间发生故障不能由该回路主保护切除形成保护死区，而由其他线路或变压器后备保护切除又将扩大停电范围，并引起严重后果时（必要时，可为该保护死区增设保护，以快速切除该故障）。

11.0.2 对 220kV～750kV 分相操作的断路器，可只考虑断路器单相拒动的情况。

11.0.3 断路器失灵保护应符合下列要求：

1 为提高动作可靠性，必须同时具备下列条件，断路器失灵保护方可起动。

1）故障线路或设备的保护能瞬时复归的出口继电器动作后不返回（故障切除后，起动失灵的保护出口返回时间应不大于 30ms）。

2）断路器未断开的，判别元件动作后不返回。当主设备保护出口继电器返回时间不符合要求时，判别元件应双重化。

2 失灵保护的判别元件一般应为相电流元件。发电机—变压器组或变压器断路器失灵保护的电流判别元件还应采用零序电流和负序电流元件。判别元件的动作时间和返回时间均不应大于 20ms。

3 不允许由非电量保护动作起动失灵保护。

11.0.4 断路器失灵保护动作宜无时限再次动作于本断路器跳闸，经一时限动作于断开相邻断路器。对于单、双母线的失灵保护，以较短时限动作于断开与拒动断路器相关的母联及分段断路器，再经一时限动作于断开与拒动断路器连接在同一母线上的所有有源支路的断路器。

11.0.5 失灵保护装设闭锁元件的原则

1 3/2、4/3 断路器接线的失灵保护不装设闭锁元件。

2 有专用跳闸出口回路的单母线及双母线断路器失灵保护应装设电压闭锁元件。可在起动出口继电器的逻辑中设置电压闭锁回路，也可在每个跳闸出口接点回路上串接电压闭锁触点。母联或分段断路器的跳闸回路可不经电压闭锁触点控制。

3 与母差保护共用跳闸出口回路的失灵保护不装设独立的闭锁元件，应共用母差保护的闭锁元件。

4 发电机、变压器及高压电抗器断路器的失灵保护，为防止闭锁元件灵敏度不足，应采取相应措施或不设闭锁回路。

11.0.6 双母线的失灵保护应能自动适应连接元件运行位置的切换。

11.0.7 失灵保护动作跳闸应满足下列要求：

1　对具有双跳闸线圈的相邻断路器，应同时动作于两组跳闸回路。

2　对远方跳对侧断路器的，宜利用两个传输通道传送跳闸命令。

3　应闭锁重合闸。

11.0.8　对 220kV～750kV 断路器三相不一致故障，应尽量采用断路器本体的三相不一致保护，而不再另外设置三相不一致保护；如断路器本身无三相不一致保护，则应为该断路器配置三相不一致保护。保护延时动作于跳闸。

12　并联电抗器保护

12.0.1　对油浸式并联电抗器的下列故障及异常运行方式，应装设相应的保护：

1　绕组的单相接地和匝间短路及其引出线的相间短路和单相接地短路。

2　油面降低。

3　油温度升高和冷却系统故障。

4　过负荷。

12.0.2　油浸式并联电抗器应装设瓦斯保护。当并联电抗器内部产生大量瓦斯时，保护动作于跳闸；当产生轻微瓦斯或油面下降时，保护动作于信号。

12.0.3　并联电抗器内部及其引出线的相间短路、匝间短路和单相接地短路，应按下列规定装设相应的保护：

1　66kV 及以下并联电抗器，应装设电流速断保护，瞬时动作于跳闸。

2　66kV 及以下干式并联电抗器，应装设零序过电压保护作为单相接地保护，动作于信号。

3　220kV～750kV 并联电抗器，应装设纵联差动保护，瞬时动作跳闸。

4　220kV～750kV 并联电抗器，除非电量保护外，应装设双重化保护。

5　并联电抗器应装设过电流保护，作为速断保护和差动保护的后备，带时限动作于跳闸。

6　220kV～750kV 并联电抗器，应装设匝间短路保护，宜不带时限动作于跳闸。

7　220kV～750kV 并联电抗器，当电源电压可能升高并引起并联电抗器过负荷时，应装设过负荷保护，带时限动作于信号。

12.0.4　对于并联电抗器温度升高和冷却系统故障，应装设动作于信号或带时限动作于跳闸的保护。

12.0.5　并联电抗器中性点的接地电抗器，应按下列规定装设保护：

1　对于油浸式接地电抗器应装设瓦斯保护。当产生大量瓦斯时，保护动作于跳闸；当产生轻微瓦斯或油面下降时，保护动作于信号。

2　对三相不对称等原因引起的接地电抗器过电流，宜装设过电流保护，带时限动作于跳闸。

3　对三相不平衡引起的接地电抗器过负荷，宜装设过负荷保护，带时限动作于信号。

12.0.6　330kV～750kV 线路并联电抗器无专用断路器时，其动作除断开线路的本侧断路器外，还应起动远方跳闸装置，断开线路对侧断路器。

13　近区及厂用线路保护

13.0.1　3kV～10kV 近区及厂用中性点非直接接地电力网的线路，对相间短路和单相接地故障，应装设相应的保护。

13.0.2　相间短路保护配置原则如下：

1　保护应接入两相或三相电流互感器二次绕组。

2　保护应采用远后备方式。

3　如线路短路使发电厂厂用母线或重要用户母线电压低于额定电压的 60% 以及线路导线截面过小，不允许带时限切除短路时，保护应快速切除故障。

4　过电流保护的时限不大于 0.5s～0.7s，且没有 13.0.2 条第 3 款所列情况，或没有配合上要求时，可不装设瞬动的电流速断保护。

13.0.3　对相间短路故障，应按下列规定装设保护：

1　单侧电源线路。

1）可装设两段过电流保护。第一段为不带时限的电流速断保护，第二段为带时限的过电流保护，保护可采用定时限或反时限特性。

2）带电抗器的线路，如其断路器不能切断电抗器前的短路，则不应装设电流速断保护，此时，应由母线保护或其他保护切除电抗器前的故障。

3）自发电厂母线引出的不带电抗器的线路，应装设无时限电流速断保护，其保护范围应保证切除所有使该母线残余电压低于额定电压60%的短路故障，为满足这一要求，必要时，保护装置可无选择性动作，并用自动重合闸或备用电源自动投入来补救。

4）保护装置仅装在线路的电源侧。

5）必要时，可配置光纤电流差动保护作为主保护，带时限的过电流保护为后备保护。

2　双侧电源线路。

1）可装设带方向或不带方向的电流速断保护和过电流保护。

2）短线路、电缆线路、并联连接的电缆线路宜采用光纤电流差动保护作为主保护，带方向或不带方向的电流保护作为后备保护。

3　并列运行的平行线路。尽可能不并列运行，当必须并列运行时，应配以光纤电流差动保护，带方向或不带方向的电流保护作后备保护。

4　发电厂厂用电源线。发电厂厂用电源线（包括带电抗器的电源线），宜装设纵联差动保护和过电流保护。

13.0.4　对单相接地故障，应按下列规定装设保护：

1　在3kV～10kV母线上，应装设单相接地保护装置，保护装置反应零序电压，动作于信号。

2　有条件安装零序电流互感器的线路，如电缆线路或经电缆引出的架空线路，当单相接地电流能满足保护的选择性和灵敏性要求时，应装设动作于信号的单相接地保护。如不能安装零序电流互感器，而单相接地保护能够躲过电流回路中的不衡电流的影响，例如单相接地电流较大，或保护反应接地电流的暂态值等，也可将保护装置接于三相电流互感器构成的零序回路中。

3　在出线回路数不多，或难以装设有选择性的单相接地保护时，可用依次断开线路的方法，寻求故障线路。当出线回路较多时，可采用有自动选线功能的小电流接地保护装置。

13.0.5　可能经常出现过负荷的电缆线路，应装设过负荷保护，保护装置带时限动作于信号，必要时可动作于跳闸。

14　厂用电动机保护

14.1　220V/380V低压厂用电动机保护

14.1.1　对220V/380V低压厂用电动机，对下列故障及异常运行方式，应装设相应的保护：

1　定子绕组相间短路。

2　定子绕组单相接地短路。

3　定子绕组过负荷。

4　定子绕组低电压。

5　定子绕组断相。

14.1.2　相间短路保护：电动机应装设相间短路保护，作为电动机定子绕组内及引出线上的相间短路故障的保护。保护动作于跳闸。相间短路保护可由熔断器、断路器本身的短路脱扣器或专用电动机保护装置实现。

14.1.3　单相接地短路保护：电动机应装设单相接地短路保护，作为电动机定子绕组内及引出线上的单相接地短路故障的保护，保护动作于跳闸。单相接地短路保护可由相间短路保护兼作，对容量在55kW及以上的电动机，当相间短路保护不能满足单相接地短路保护的灵敏度时，宜单独装设零序电流原理的单相接地短路保护。对100kW及以上的电动机，宜单独装设零序电流原理的单相接地短路保护。

14.1.4　过负荷保护：对易过负荷的电动机应装设定子绕组过负荷保护，保护动作于信号或跳闸。过负荷保护可由热继电器、软起动器的过载保护或专用电动机保护装置实现。

14.1.5 断相保护：当电动机由熔断器作为定子绕组短路保护时，应装设断相保护，保护动作于信号或断开电动机主回路。断相保护可由软起动器或专用电动机保护装置实现。

14.1.6 低电压保护：下列电动机应装设低电压保护，保护应动作于断路器跳闸。

1 当电源电压短时降低或短时中断后又恢复时，为保证重要电动机自起动而需要断开的次要电动机。

2 当电源电压短时降低或中断后，不允许或不需要自起动的电动机。

3 需要自起动，但为保证人身和设备安全，在电源电压长时间消失后，须从电力网中自动断开的电动机。

4 属Ⅰ类负荷并装有自动投入装置的备用机械的电动机。

14.2 3kV～10kV 高压厂用电动机保护

14.2.1 3kV～10kV 高压厂用异步电动机和同步电动机，对下列故障及异常运行方式，应装设相应的保护：

1 定子绕组相间短路。

2 定子绕组单相接地。

3 定子绕组过负荷。

4 定子绕组低电压。

5 同步电动机失步。

6 同步电动机失磁。

7 同步电动机出现非同步冲击电流。

8 相电流不平衡及断相。

14.2.2 纵联差动保护：2MW 及以上电动机应装设纵联差动保护，作为电动机绕组内及引出线上的相间短路故障的保护。对于 2MW 以下中性点具有分相引线的电动机，当电流速断保护灵敏性不够时，宜装纵联差动保护，保护瞬时动作于断路器跳闸，对于有自动灭磁装置的同步电动机保护还应动作于灭磁。

14.2.3 电流速断保护：对未装设纵联差动保护的电动机或纵联差动保护仅保护电动机绕组而不包括电缆时，应装设电流速断保护。保护瞬时动作于断路器跳闸，对于有自动灭磁装置的同步电动机保护还应动作于灭磁。

14.2.4 过电流保护：电动机宜装设过电流保护，作为纵联差动保护的后备保护，保护带定时限或反时限动作于断路器跳闸。2MW 及以上电动机，为反应电动机相电流的不平衡，也作为短路故障的主保护的后备保护，可装设负序过流保护，保护动作于信号或跳闸。

14.2.5 单相接地保护：对单相接地，当接地电流大于 5A 时，应装设单相接地保护。单相接地电流为 10A 及以上时，保护动作于跳闸；单相接地电流为 10A 以下时，保护动作于信号或跳闸。

14.2.6 过负荷保护。下列电动机应装设过负荷保护：

1 生产过程易发生过负荷的电动机，保护装置应根据负荷特性，带时限动作于信号或跳闸。

2 起动或自起动困难，需要防止起动或自起动时间过长的电动机，保护动作于跳闸。

14.2.7 低电压保护：按 14.1.6 条的规定执行。

14.2.8 失步保护：对同步电动机失步，应装设失步保护，保护带时限动作，对于重要电动机，动作于再同步控制回路，不能再同步或不需要再同步的电动机，则应动作于跳闸。

14.2.9 失磁保护：对于负荷变动大的同步电动机，当用反应定子过负荷的失步保护时，应增设失磁保护，失磁保护带时限动作于跳闸。

14.10 非同步冲击的保护：对不允许非同步冲击的同步电动机，应装设防止电源中断再恢复时造成非同步冲击的保护。保护应确保在电源恢复前动作。重要电动机的保护，宜动作于再同步控制回路。不能再同步或不需要再同步的电动机，保护应动作于跳闸。

【依据2】《继电保护和安全自动装置技术规程》（GB/T 14285—2006）

4.2　发电机保护

4.2.1　电压在 3kV 及以上，容量在 600MW 级及以下的发电机，应按本条的规定，对下列故障及异常运行状态，装设相应的保护。容量在 600MW 级以上的发电机可参照执行。

　　a）定子绕组相间短路；

　　b）定子绕组接地；

　　c）定子绕组匝间短路；

　　d）发电机外部相间短路；

　　e）定子绕组过电压；

　　f）定子绕组过负荷；

　　g）转子表层（负序）过负荷；

　　h）励磁绕组过负荷；

　　i）励磁回路接地；

　　j）励磁电流异常下降或消失；

　　k）定子铁芯过励磁；

　　l）发电机逆功率；

　　m）频率异常；

　　n）失步；

　　o）发电机突然加电压；

　　p）发电机起停；

　　q）其他故障和异常运行。

4.2.2　上述各项保护，宜根据故障和异常运行状态的性质及动力系统具体条件，按规定分别动作于：

　　a）停机。断开发电机断路器、灭磁，对汽轮发电机还要关闭主汽门，对水轮发电机还要关闭导水翼。

　　b）解列灭磁。断开发电机断路器、灭磁，汽轮机甩负荷。

　　c）解列。断开发电机断路器，汽轮机甩负荷。

　　d）减出力。将原动机出力减到给定值。

　　e）缩小故障影响范围。例如断开预定的其他断路器。

　　f）程序跳闸。对汽轮发电机首先关闭主汽门，待逆功率继电器动作后，再跳发电机断路器并灭磁。对水轮发电机，首先将导水翼关到空载位置，再跳开发电机断路器并灭磁。

　　g）减励磁。将发电机励磁电流减至给定值。

　　h）励磁切换。将励磁电源由工作励磁电源系统切换到备用励磁电源系统。

　　i）厂用电源切换。由厂用工作电源供电切换到备用电源供电。

　　j）分出口。动作于单独回路。

　　k）信号。发出声光信号。

4.2.3　对发电机定子绕组及其引出线的相间短路故障，应按下列规定配置相应的保护作为发电机的主保护：

4.2.3.1　1MW 及以下单独运行的发电机，如中性点侧有引出线，则在中性点侧装设过电流保护，如中性点侧无引出线，则在发电机端装设低电压保护。

4.2.3.2　1MW 及以下与其他发电机或与电力系统并列运行的发电机，应在发电机端装设电流速断保护。如电流速断灵敏系数不符合要求，可装设纵联差动保护。对中性点侧没有引出线的发电机，可装设低压过流保护。

4.2.3.3　1MW 以上的发电机，应装设纵联差动保护。

4.2.3.4　对 10MW 以下的发申机变压器组，当发电机与变压器之间有断路器时，发电机与变压器宜分别装设单独的纵联差动保护功能。

4.2.3.5 对 10MW 及以上发电机变压器组，应装设双重主保护，每一套主保护宜具有发电机纵联差动保护和变压器纵联差动保护功能。

4.2.3.6 在穿越性短路、穿越性励磁涌流及自同步或非同步合闸过程中，纵联差动保护应采取措施，减轻电流互感器饱和剩磁的影响，提高保护动作可靠性。

4.2.3.7 纵联差动保护，应装设电流回路断线监视装置，断线后动作于信号。电流回路断线允许差动保护跳闸。

4.2.3.8 本条中规定装设的过电流保护、电流速断保护、低电压保护、低压过流和差动保护均应动作于停机。

4.2.4 发电机定子绕组的单相接地故障的保护应符合以下要求：

4.2.4.1 发电机定子绕组单相接地故障电流允许值按制造厂的规定值，如无制造厂提供的规定值可参照表 1 中所列数据。

表 1　　　　　　　　发电机定子绕组单相接地故障电流允许值

发电机额定电压/kV	发电机额定容量/MW		接地电流允许值/A
6.3	≤50		4
10.5	汽轮发电机	50～100	3
	水轮发电机	10～100	
13.8～15.75	汽轮发电机	125～200	2ᵃ
	水轮发电机	40～225	
18～23	300～600		1

ᵃ 对氢冷发电机为 2.5。

4.2.4.2 与母线直接连接的发电机：当单相接地故障电流（不考虑消弧线圈的补偿作用）大于允许值（参照表 1）时，应装设有选择性的接地保护装置。

保护装置由装于机端的零序电流互感器和电流继电器构成。其动作电流按躲过不平衡电流和外部单相接地时发电机稳态电容电流整定。接地保护带时限动作于信号，但当消弧线圈退出运行或由于其他原因使残余电流大于接地电流允许值，应切换为动作于停机。

当未装接地保护，或装有接地保护但由于运行方式改变及灵敏系数不符合要求等原因不能动作时，可由单相接地监视装置动作于信号。

为了在发电机与系统并列前检查有无接地故障，保护装置应能监视发电机端零序电压值。

4.2.4.3 发电机变压器组：对 100MW 以下发电机，应装设保护区不小于 90%的定子接地保护，对 100MW 及以上的发电机，应装设保护区为 100%的定子接地保护。保护带时限动作于信号，必要时也可以动作于停机。

为检查发电机定子绕组和发电机回路的绝缘状况，保护装置应能监视发电机端零序电压值。

4.2.5 对发电机定子匝间短路，应按下列规定装设定子匝间保护：

4.2.5.1 对定子绕组为星形接线、每相有并联分支且中性点侧有分支引出端的发电机，应装设零序电流型横差保护或裂相横差保护、不完全纵差保护。

4.2.5.2 50MW 及以上发电机，当定子绕组为星形接线，中性点只有三个引出端子时，根据用户和制造厂的要求，也可装设专用的匝间短路保护。

4.2.6 对发电机外部相间短路故障和作为发电机主保护的后备，应按下列规定配置相应的保护，保护装置宜配置在发电机的中性点侧。

4.2.6.1 对于 1MW 及以下与其他发电机或与电力系统并列运行的发电机，应装设过流保护。

4.2.6.2 1MW 以上的发电机，宜装设复合电压（包括负序电压及线电压）起动的过电流保护。灵敏度不满足要求时可增设负序过电流保护。

4.2.6.3　50MW 及以上的发电机，宜装设负序过电流保护和单元件低压起动过电流保护。

4.2.6.4　自并励（无串联变压器）发电机，宜采用带电流记忆（保持）的低压过电流保护。

4.2.6.5　并列运行的发电机和发电机变压器组的后备保护，对所连接母线的相间故障，应具有必要的灵敏系数，并不宜低于附录 A 中表 A.1 所列数值。

4.2.6.6　本条中规定装设的以上各项保护装置，宜带有二段时限，以较短的时限动作于缩小故障影响的范围或动作于解列，以较长的时限动作于停机。

4.2.6.7　对于按 4.2.8.2 和 4.2.9.2 规定装设了定子绕组反时限过负荷及反时限负序过负荷保护，且保护综合特性对发电机变压器组所连接高压母线的相间短路故障具有必要的灵敏系数，并满足时间配合要求，可不再装设 4.2.6.2 规定的后备保护。保护宜动作于停机。

4.2.7　对发电机定子烧组的异常过电压，应按下列规定装设过电压保护：

4.2.7.1　对水轮发电机，应装设过电压保护，整定值根据定子绕组绝缘状况决定，过电压保护宜动作于解列灭磁。

4.2.7.2　对于 100MW 及以上的汽轮发电机，宜装设过电压保护，其整定值根据绕组绝缘状况决定。过电压保护宜动作手解列灭磁或程序跳闸。

4.2.8　对过负荷引起的发电机定子绕组过电流，应按下列规定装设定子绕组过负荷保护：

4.2.8.1　定子绕组非直接冷却的发电机，应装设定时限过负荷保护，保护接一相电流，带时限动作于信号。

4.2.8.2　定子绕组为直接冷却且过负荷能力较低（例如低于 1.5 倍、60s），过负荷保护由定时限和反时限两部分组成。

定时限部分：动作电流按在发电机长期允许的负荷电流下能可靠返回的条件整定，带时限动作于信号，在有条件时，可动作于自动减负荷。

反时限部分：动作特性按发电机定子绕组的过负荷能力确定，动作于停机。保护应反应电流变化时定子绕组的热积累过程。不考虑在灵敏系数和时限方面与其他相间短路保护相配合。

4.2.9　对不对称负荷、非全相运行及外部不对称短路引起的负序电流，应按下列规定装设发电机转子表层过负荷保护：

4.2.9.1　50MW 及以上 A 值（转子表层承受负序电流能力的常数）大于 10 的发电机，应装设定时限负序过负荷保护。保护与 4.2.6.3 的负序过电流保护组合在一起。保护的动作电流按躲过发电机长期允许的负序电流值和躲过最大负荷下负序电流滤过器的不平衡电流值整定，带时限动作于信号。

4.2.9.2　100MW 及以上 A 值小于 10 的发电机，应装设由定时限和反时限两部分组成的转子表层过负荷保护。

定时限部分：动作电流按发电机长期允许的负序电流值和躲过最大负荷下负序电流滤过器的不平衡电流值整定，带时限动作于信号。

反时限部分：动作特性按发电机承受短时负序电流的能力确定，动作于停机。保护应能反应电流变化时发电机转子的热积累过程。不考虑在灵敏系数和时限方面与其他相间短路保护相配合。

4.2.10　对励磁系统故障或强励时间过长的励磁绕组过负荷，100MW 及以上采用半导体励磁的发电机，应装设励磁绕组过负荷保护。

300MW 以下采用半导体励磁的发电机，可装设定时限励磁绕组过负荷保护，保护带时限动作于信号和降低励磁电流。

300MW 及以上的发电机其励磁绕组过负荷保护可由定时限和反时限两部分组成。

定时限部分：动作电流按正常运行最大励磁电流下能可靠返回的条件整定，带时限动作于信号和降低励磁电流。

反时限部分：动作特性按发电机励磁绕组的过负荷能力确定，并动作于解列灭磁或程序跳闸。保护应能反应电流变化时励磁绕组的热积累过程。

4.2.11 对1MW及以下发电机的转子一点接地故障，可装设定期检测装置。1MW及以上的发电机应装设专用的转子一点接地保护装置延时动作于信号，宜减负荷平稳停机，有条件时可动作于程序跳闸。对旋转励磁的发电机宜装设一点接地故障定期检测装置。

4.2.12 对励磁电流异常下降或完全消失的失磁故障，应按下列规定装设失磁保护装置：

4.2.12.1 不允许失磁运行的发电机及失磁对电力系统有重大影响的发电机应装设专用的失磁保护。

4.2.12.2 对汽轮发电机，失磁保护宜瞬时或短延时动作于信号，有条件的机组可进行励磁切换。失磁后母线电压低于系统允许值时，带时限动作于解列。当发电机母线电压低于保证厂用电稳定运行要求的电压时，带时限动作于解列，并切换厂用电源。有条件的机组失磁保护也可动作于自动减出力。当减出力至发电机失磁允许负荷以下，其运行时间接近于失磁允许运行限时时，可动作于程序跳闸。

对水轮发电机，失磁保护应带时限动作于解列。

4.2.13 300MW及以上发电机，应装设过励磁保护。保护装置可装设由低定值和高定值两部分组成的定时限过励磁保护或反时限过励磁保护，有条件时应优先装设反时限过励磁保护。

定时限过励磁保护：

——低定值部分：带时限动作于信号和降低励磁电流。

——高定值部分：动作于解列灭磁或程序跳闸。

反时限过励磁保护：反时限特性曲线由上限定时限、反时限、下限定时限三部分组成。上限定时限、反时限动作于解列灭磁，下限定时限动作于信号。

反时限的保护特性曲线应与发电机的允许过励磁能力相配合。

汽轮发电机装设了过励磁保护可不再装设过电压保护。

4.2.14 对发电机变电动机的异常运行方式，200MW及以上的汽轮发电机，宜装设逆功率保护。

对燃汽轮发电机，应装设逆功率保护。保护装置由灵敏的功率继电器构成，带时限动作于信号，经汽轮机允许的逆功率时间延时动作于解列。

4.2.15 对低于额定频率带负载运行的300MW及以上汽轮发电机，应装设低频率保护。保护动作于信号，并有累计时间显示。

对高于额定频率带负载运行的100MW及以上汽轮发电机或水轮发电机，应装设高频率保护。保护动作于解列灭磁或程序跳闸。

4.2.16 300MW及以上发电机宜装设失步保护。在短路故障、系统同步振荡、电压回路断线等情况下，保护不应误动作。

通常保护动作于信号。当振荡中心在发电机变压器组内部，失步运行时间超过整定值或电流振荡次数超过规定值时，保护还应动作于解列，并保证断路器断开时的电流不超过断路器允许开断电流。

4.2.17 对300MW及以上汽轮发电机，发电机励磁回路一点接地、发电机运行频率异常、励磁电流异常下降或消失等异常运行方式，保护动作于停机，宜采用程序跳闸方式。采用程序跳闸方式，由逆功率继电器作为闭锁元件。

4.2.18 对调相运行的水轮发电机，在调相运行期间有可能失去电源时，应装设解列保护，保护装置带时限动作于停机。

4.2.19 对于发电机起停过程中发生的故障、断路器断口闪络及发电机轴电流过大等故障和异常运行方式，可根据机组特点和电力系统运行要求，采取措施或增设相应保护。对300MW及以上机组宜装设突然加电压保护。

4.2.20 抽水蓄能发电机组应根据其机组容量和接线方式装设与水轮发电机相当的保护，且应能满足发电机、调相机或电动机运行不同运行方式的要求，并宜装设变频起动和发电机电制动停机需要的保护。

4.2.20.1 差动保护应采用同一套差动保护装置能满足发电机和电动机两种不同运行方式的保护方案。

4.2.20.2 应装设能满足发电机或电动机两种不同运行方式的定时限或反时限负序过电流保护。

4.2.20.3 应根据机组额定容量装设逆功率保护，并应在切换到抽水运行方式时自动退出逆功率保护。

4.2.20.4 应根据机组容量装设能满足发电机运行或电动机运行的失磁、失步保护。并由运行方式切换发电机运行或电动机运行方式下其保护的投退。

4.2.20.5 变频起动时宜闭锁可能由谐波引起误动的各种保护，起动结束时应自动解除其闭锁。

4.2.20.6 对发电机电制动停机，宜装设防止定子绕组端头短接接触不良的保护，保护可短延时动作于切断电制动励磁电流。电制动停机过程宜闭锁会发生误动的保护。

4.2.21 对于100MW及以上容量的发电机变压器组装设数字式保护时，除非电量保护外，应双重化配置。当断路器具有两组跳闸线圈时，两套保护宜分别动作于断路器的一组跳闸线圈。

4.2.22 对于600MW级及以上发电机组应装设双重化的电气量保护，对非电气量保护应根据主设备配套情况，有条件的也可进行双重化配置。

4.2.23 自并励发电机的励磁变压器宜采用电流速断保护作为主保护，过电流保护作为后备保护。

对交流励磁发电机的主励磁机的短路故障宜在中性点侧的 TA 回路装设电流速断保护作为主保护，过电流保护作为后备保护。

4.3.1 对升压、降压、联络变压器的下列故障及异常运行状态，应按本条的规定装设相应的保护装置：

a）绕组及其引出线的相间短路和中性点直接接地或经小电阻接地侧的接地短路；

b）绕组的匝间短路；

c）外部相间短路引起的过电流；

d）中性点直接接地或经小电阻接地电力网中外部接地短路引起的过电流及中性点过电压；

e）过负荷；

f）过励磁；

g）中性点非有效接地侧的单相接地故障；

h）油面降低；

i）变压器油温、绕组温度过高及油箱压力过高和冷却系统故障。

4.3.2 0.4MVA 及以上车间内油浸式变压器和 0.8MVA 及以上油浸式变压器，均应装设瓦斯保护。当壳内故障产生轻微瓦斯或油面下降时，应瞬时动作于信号；当壳内故障产生大量瓦斯时，应瞬时动作于断开变压器各侧断路器。

带负荷调压变压器充油调压开关，也应装设瓦斯保护。

瓦斯保护应采取措施，防止因瓦斯继电器的引线故障、震动等引起瓦斯保护误动作。

4.3.3 对变压器的内部、套管及引出线的短路故障，按其容量及重要性的不同，应装设下列保护作为主保护，并瞬时动作于断开变压器的各侧断路器。

4.3.3.1 电压在 10kV 及以下、容量在 10MVA 及以下的变压器，采用电流速断保护。

4.3.3.2 电压在 10kV 以上、容量在 10MVA 及以上的变压器，采用纵差保护。对于电压为 10kV 的重要变压器，当电流速断保护灵敏度不符合要求时也可采用纵差保护。

4.3.3.3 电压为 220kV 及以上的变压器装设数字式保护时，除电量保护外，应采用双重化保护配置。当断路器具有两组跳闸线圈时，两套保护宜分别动作于断路器的一组跳闸线圈。

4.6.1 110kV 线路保护

4.6.1.1 110kV 双侧电源线路符合下列条件之一时，应装设一套全线速动保护。

a）根据系统稳定要求有必要时；

b）线路发生三相短路，如使发电厂厂用母线电压低于允许值（一般为60%额定电压），且其他保护不能无时限和有选择地切除短路时；

c）如电力网的某些线路采用全线速动保护后，不仅改善本线路保护性能，而且能够改善整个电网保护的性能。

4.6.1.2 对多级串联或采用电缆的单侧电源线路，为满足快速性和选择性的要求，可装设全线速动保护作为主保护。

4.6.1.3 110kV 线路的后备保护宜采用远后备方式。

4.6.1.4 单侧电源线路，可装设阶段式相电流和零序电流保护，作为相间和接地故障的保护，如不能满足要求，则装设阶段式相间和接地保护，并辅之用于切除经电阻接地故障的一段零序电流保护。

4.6.1.5 双侧电源线路，可装设阶段式相间和接地距离保护，并辅之用于切除经电阻接地故障的一段零序电流保护。

4.6.1.6 对带分支的 110kV 线路，可按 4.6.5 的规定执行。

4.6.2 220kV 线路保护

220kV 线路保护应按加强主保护简化后备保护的基本原则配置和整定。

a）加强主保护是指全线速动保护的双重化配置，同时，要求每一套全线速动保护的功能完整，对全线路内发生的各种类型故障，均能快速动作切除故障。对于要求实现单相重合闸的线路，每套全线速动保护应具有选相功能。当线路在正常运行中发生不大于 100Ω 电阻的单相接地故障时，全线速动保护应有尽可能强的选相能力，并能正确动作跳闸。

b）简化后备保护是指主保护双重化配置同时，在每一套全线速动保护的功能完整的条件下，带延时的相间和接地 II、III 段保护（包括相间和接地距离保护、零序电流保护），允许与相邻线路和变压器的主保护配合，从而简化动作时间的配合整定。如双重化配置的主保护均有完善的距离后备保护，则可以不使用零序电流 I、II 段保护，仅保留用于切除经不大于 100Ω 电阻接地故障的一段定时限和/或反时限零序电流保护。

c）线路主保护和后备保护的功能及作用。

能够快速有选择性地切除线路故障的全线速动保护以及不带时限的线路 I 段保护都是线路的主保护。每一套全线速动保护对全线路内发生的各种类型故障均有完整的保护功能，两套全线速动保护可以互为近后备保护。线路 I 段保护是全线速动保护的近后备保护。通常情况下，在线路保护 I 段范围外发生故障时，如其中一套全线速动保护拒动，应由另一套全线速动保护切除故障，特殊情况下，当两套全线速动保护均拒动时，如果可能，则由线路 II 段保护切除故障。此时，允许相邻线路保护 II 段失去选择性。线路III段保护是本线路的延时近后备保护，同时尽可能作为相邻线路的远后备保护。

4.6.2.1 对 220kV 线路，为了有选择性地快速切除故障，防止电网事故扩大，保证电网安全、优质、经济运行，一般情况下，应按下列要求装设两套全线速动保护，在旁路断路器代线路运行时，至少应保留一套全线速动保护运行。

a）两套全线速动保护的交流电流、电压回路和直流电源彼此独立。对双母线接线，两套保护可合用交流电压回路。

b）每一套全线速动保护对全线路内发生的各种类型故障，均能快速动作切除故障。

c）对要求实现单相重合闸的线路、两套全线速动保护应具有选相功能。

d）两套主保护应分别动作于断路器的一组跳闸线圈。

e）两套全线速动保护分别使用独立的远方信号传输设备。

f）具有全线速动保护的线路，其主保护的整组动作时间应为：对近端故障：≤20ms；对远端故障：≤30ms（不包括通道时间）。

4.6.2.2 220kV 线路的后备保护宜采用近后备方式。但某些线路，如能实现远后备，则宜采用远后备，或同时采用远、近结合的后备方式。

4.6.2.3 对接地短路、应按下列规定之一装设后备保护。

对 220kV 线路，当接地电阻不大于 100Ω 时，保护应能可靠地切除故障。

a）宜装设阶段式接地距离保护并辅之用于切除经电阻接地故障的一段定时限和/或反时限零序电流保护。

b）可装设阶段式接地距离保护，阶段式零序电流保护或反时限零序电流保护，根据具体情况使用。

c）为快速切除中长线路出口短路故障，在保护配置中宜有专门反映近端接地故障的辅助保护功能。

符合 4.6.2.1 规定时，除装设全线速动保护外，还应按本条的规定，装设相间短路后备保护和辅助保护。

4.6.2.4　对相间短路，应按下列规定装设保护装置：

a）宜装设阶段式相间距离保护；

b）为快速切除中长线路出口短路故障，在保护配置中宜有专门反映近端相间故障的辅助保护功能。

符合 4.6.2.1 规定时，除装设全线速动保护外，还应按本条的规定，装设相间短路后备保护和辅助保护。

【依据3】《国家电网公司十八项电网重大反事故措施（修订版）》（国家电网生〔2012〕352号）

15.2　继电保护配置应注意的问题

15.2.1　电力系统重要设备的继电保护应采用双重化配置。双重化配置的继电保护应满足以下基本要求：

15.2.1.1　两套保护装置的交流电流应分别取自电流互感器互相独立的绕组；交流电压宜分别取自电压互感器互相独立的绕组。其保护范围应交叉重叠，避免死区。

15.2.1.2　两套保护装置的直流电源应取自不同蓄电池组供电的直流母线段。

15.2.1.3　两套保护装置的跳闸回路应与断路器的两个跳闸线圈分别一一对应。

15.2.1.4　两套保护装置与其他保护、设备配合的回路应遵循相互独立的原则。

15.2.1.5　每套完整、独立的保护装置应能处理可能发生的所有类型的故障。两套保护之间不应有任何电气联系，当一套保护退出时不应影响另一套保护的运行。

15.2.1.6　线路纵联保护的通道（含光纤、微波、载波等通道及加工设备和供电电源等）、远方跳闸及就地判别装置应遵循相互独立的原则按双重化配置。

15.2.1.7　330kV 及以上电压等级输变电设备的保护应按双重化配置。

15.2.1.8　除终端负荷变电站外，220kV 及以上电压等级变电站的母线保护应按双重化配置。

15.2.1.9　220kV 电压等级线路、变压器、高抗、串补、滤波器等设备微机保护应按双重化配置。每套保护均应含有完整的主、后备保护，能反映被保护设备的各种故障及异常状态，并能作用于跳闸或给出信号。

15.2.2　应充分考虑电流互感器二次绕组合理分配，对确实无法解决的保护动作死区，在满足系统稳定要求的前提下，可采取起动失灵和远方跳闸等后备措施加以解决。

15.2.3　220kV 及以上电压等级的线路保护应满足以下要求：

15.2.3.1　联络线的每套保护应能对全线路内发生的各种类型故障均快速动作切除。对于要求实现单相重合闸的线路，在线路发生单相经高阻接地故障时，应能正确选相并动作跳闸。

15.2.3.2　对于远距离、重负荷线路及事故过负荷等情况，宜采用设置负荷电阻线或其他方法避免相间、接地距离保护的后备段保护误动作。

15.2.3.3　应采取措施，防止由于零序功率方向元件的电压死区导致零序功率方向纵联保护拒动，但不宜采用过分降低零序动作电压的方法。

15.2.4　双母线接线变电站的母差保护、断路器失灵保护，除跳母联、分段的支路外，应经复合电压闭锁。

15.2.5　220kV 及以上电压等级的母联、母线分段断路器应按断路器配置专用的、具备瞬时和延时跳闸功能的过电流保护装置。

15.2.6　断路器失灵保护的电流判别元件的动作和返回时间均不宜大于 20ms，其返回系数也不宜低于 0.9。

15.2.7　变压器、电抗器非电量保护应同时作用于断路器的两个跳闸线圈。未采用就地跳闸方式的变压器非电量保护应设置独立的电源回路（包括直流空气小开关及其直流电源监视回路）和出口跳闸回路，且必须与电气量保护完全分开。当变压器、电抗器采用就地跳闸方式时，应向监控系统发送动作信号。

15.2.8　在变压器低压侧未配置母差和失灵保护的情况下，为提高切除变压器低压侧母线故障的可靠性，宜在变压器的低压侧设置取自不同电流回路的两套电流保护。当短路电流大于变压器热稳定电流时，变压器保护切除故障的时间不宜大于 2s。

15.2.9 变压器的高压侧宜设置长延时的后备保护。在保护不失配的前提下，尽量缩短变压器后备保护的整定时间级差。

15.2.10 变压器过励磁保护的起动、反时限和定时限元件应根据变压器的过励磁特性曲线进行整定计算并能分别整定，其返回系数不应低于0.96。

15.2.11 220kV及以上电压等级变压器、发变组的断路器失灵时应起动断路器失灵保护，并应满足以下要求：

15.2.11.1 双母线接线变电站的断路器失灵保护的电流判别元件应采用相电流、零序电流和负序电流按"或逻辑"构成，在保护跳闸接点和电流判别元件同时动作时去解除复合电压闭锁，故障电流切断、保护收回跳闸命令后应重新闭锁断路器失灵保护。

15.2.11.2 线路—变压器和线路—发变组的线路和主设备电气量保护均应起动断路器失灵保护。当本侧断路器无法切除故障时，应采取起动远方跳闸等后备措施加以解决。

15.2.11.3 变压器的断路器失灵时，除应跳开失灵断路器相邻的全部断路器外，还应跳开本变压器连接其他电源侧的断路器。

15.2.12 防跳继电器动作时间应与断路器动作时间配合，断路器三相位置不一致保护的动作时间应与其他保护动作时间相配合。

15.2.13 100MW及以上容量发电机变压器组应按双重化原则配置微机保护（非电量保护除外）。大型发电机组和重要发电厂的启动变保护宜采用双重化配置。每套保护均应含有完整的主、后备保护，能反应被保护设备的各种故障及异常状态，并能作用于跳闸或给出信号。

15.2.13.1 发电机变压器组非电量保护按照15.2.7执行。

15.2.13.2 发电机变压器组的断路器三相位置不一致保护应启动失灵保护。

15.2.13.3 200MW及以上容量发电机定子接地保护宜将基波零序保护与三次谐波电压保护的出口分开，基波零序保护投跳闸。

15.2.13.4 200MW及以上容量发电机变压器组应配置专用故障录波器。

15.2.13.5 200MW及以上容量发电机应装设起、停机保护及断路器断口闪络保护。

15.2.13.6 并网电厂都应制定完备的发电机带励磁失步振荡故障的应急措施，200MW及以上容量的发电机应配置失步保护，在进行发电机失步保护整定计算和校验工作时应满足以下要求：

15.2.13.6.1 失步保护应能正确区分失步振荡中心所处的位置，在机组进入失步工况时发出失步起动信号。

15.2.13.6.2 当失步振荡中心在发变组外部时，并网电厂应制定应急措施，经一定延时解列发电机，并将厂用电源切换到安全、稳定的备用电源。

15.2.13.6.3 当发电机振荡电流超过允许的耐受能力时，应解列发电机，并保证断路器断开时的电流不超过断路器允许开断电流。

15.2.13.6.4 当失步振荡中心在发变组内部，失步运行时间超过整定值或电流振荡次数超过规定值时，保护动作于解列，多台并列运行的发变组可采用不同延时的解列方式。

15.2.13.7 发电机的失磁保护应使用能正确区分短路故障和失磁故障的、具备复合判据的二段式方案。优先采用定子阻抗判据与机端低电压的复合判据，与系统联系较紧密的机组（除水电机组）宜将定子阻抗判据整定为异步阻抗圆，经第一时限动作出口；为确保各种失磁故障均能够切除，宜使用不经低电压闭锁的、稍长延时的定子阻抗判据经第二时限出口。发电机在进相运行前，应仔细检查和校核发电机失磁保护的测量原理、整定范围和动作特性，防止发电机进相运行时发生误动行为。

15.2.13.8 应根据发电机允许过激磁的耐受能力进行发电机过激磁保护的整定计算，其定值应与励磁调节器V/Hz限制相配合，并作为其后备保护整定。

6.3.1.1（2）本项目的查评依据如下。

【依据1】《继电保护和安全自动装置技术规程》（GB/T 14285—2006）

4.1.13 使用于220kV及以上电压的电力设备非电量保护应相对独立，并具有独立的跳闸出口回路。

【依据2】《水力发电厂继电保护设计规范》（NB/T 35010—2013）

2.0.17　使用于220kV及以上电压或100MVA及以上容量的变压器、电抗器的非电量保护应相对独立，并具有独立的电源回路和跳闸出口回路。

【依据3】《国家电网公司水电厂重大反事故措施》（国家电网基建〔2015〕60号）

16.2.1.1　单机容量100MW及以上发电机和主变压器应按双重化原则配置微机保护（非电量保护除外）。接入220kV及以上电压等级的启动变压器保护宜采用双重化配置。每套保护均应设有完整的主、后备保护，能够反映被保护设备的各种故障及异常状态。

16.2.1.2　主变压器、厂用高压变压器、脱硫变压器、启动变压器等宜配置单套非电量保护，并同时作用于断路器两个跳闸线圈。变压器非电量保护应设置独立的电源回路和出口跳闸回路，并与电气量保护完全分开。非电量保护中间继电器应由110V或220V直流启动，启动功率大于5W，动作速度不宜小于10ms。

16.2.1.3　两套主保护的电压回路宜分别接入电压互感器不同二次绕组。电流回路应分别取自电流互感器互相独立的绕组，并合理分配电流互感器二次绕组，避免出现保护死区。分配接入保护的互感器二次绕组时，应注意避免单套保护退出运行时出现电流互感器内部故障死区问题。新、扩建工程宜选用具有多次级的电流互感器，优先选用贯穿（倒置）式电流互感器。

16.2.1.4　双重化配置保护装置与其他保护、设备配合的回路应遵循相互独立的原则。两套保护的跳闸回路与断路器的两个跳闸线圈应分别对应。

16.2.1.6　双重化配置的保护装置、母差和断路器失灵等重要保护的起动和跳闸回路均应使用各自独立的电缆。

16.2.1.7　单套配置的断路器失灵保护动作后应同时作用于断路器的两个跳闸线圈。如断路器只有一组跳闸线圈，失灵保护装置工作电源应与相对应的断路器操作电源取自不同的直流电源系统。

16.2.1.16　每套完整、独立的保护装置应能处理可能发生的所有类型的故障。两套保护之间不应有任何电气联系，当一套保护退出时不应影响另一套保护的运行。

6.3.1.1（3）本项目的查评依据如下。

【依据】《继电保护和安全自动装置技术规程》（GB/T 14285—2006）

5.8.1　为了分析电力系统事故和安全自动装置在事故过程中的动作情况，以及为迅速判定线路故障点的位置，在主要发电厂、220kV及以上变电所和110kV重要变电所应装设专用故障记录装置。单机容量为200MW及以上的发电机或发电机变压器组应装设专用故障记录装置。

6.3.1.1（4）本项目的查评依据如下。

【依据】《水力发电厂继电保护设计规范》（NB/T 35010—2013）

11.0.3　断路器失灵保护应符合下列要求：

1　为提高动作可靠性，必须同时具备下列条件，断路器失灵保护方可起动。

1）故障线路或设备的保护能瞬时复归的出口继电器动作后不返回（故障切除后，起动失灵的保护出口返回时间应不大于30ms）。

2）断路器未断开的判别元件动作后不返回。当主设备保护出口继电器返回时间不符合要求时，判别元件应双重化。

2　失灵保护的判别元件一般应为相电流元件。发电机-变压器组或变压器断路器失灵保护的电流判别元件还应采用零序电流和负序电流元件。判别元件的动作时间和返回时间均不应大于20ms。

3　不允许由非电量保护动作起动失灵保护。

11.0.7　失灵保护动作跳闸应满足下列要求：

1　对具有双跳闸线圈的相邻断路器，应同时动作于两组跳闸回路。

2　对远方跳对侧断路器的，宜利用两个传输通道传送跳闸命令。

3　应闭锁重合闸。

6.3.1.1（5）本项目的查评依据如下。

【依据】《防止电力生产事故的二十五项重点要求》（国能安全〔2014〕161号文）

18.6.20　300MW及以上容量发电机应配置起、停机保护及断路器断口闪络保护。

6.3.1.2　二次回路

6.3.1.2（1）本项目的查评依据如下。

【依据1】《继电保护及二次回路安装及验收规范》（GB/T 50976—2014）

4.4　芯线标准、接线规范、端子排

4.4.1　二次回路连接导线的截面面积应符合下列要求：

1　对于强点回路，控制电缆或绝缘导线的芯线截面面积不应小于 1.5mm²，屏柜内导线的芯线截面面积不应小于 1.0mm²；对于弱电回路，芯线截面面积不应小于 0.5mm²。

2　电流回路的电缆芯线，其截面面积不应小于 2.5mm²，并满足电流互感器对负载的要求。

3　交流电压回路，当接入全部负荷时，电压互感器到继电保护和安全自动装置的电压降不应超过额定电压的 3%。应按工程最大规模考虑电压互感器的负荷增至最大的情况。

4　操作回路的电缆芯线，应满足正常最大负荷情况下电源引出端至各被操作设备端的电压降不应超过电源电压的 10%。

4.4.2　交流电压回路宜采用从电压并列屏敷设辐射电缆至保护屏的方式。若采用屏顶小母线方式，铜棒直径不应小于 6mm。

4.4.3　屏柜、箱体内导线的布置与接线应符合下列要求：

1　导线芯线应无损伤，配线应整齐、清晰。

2　应安装用于固定线束的支架或线夹，捆扎线束不应损伤导线的外绝缘。

3　导线束不宜直接紧贴金属结构件敷设，穿越金属构件时应有保护导线绝缘不受损伤的措施。

4　可动部位的导线应采用多股软导线，并留有一定长度裕量，线束应有外套塑管等加强绝缘层，避免导线产生任何机械损伤，同时还应有固定线束的措施。

5　连接导线的中间不应有接头。

6　使用多股导线时，应采用冷压接端头。冷压连接应牢靠、接触良好。

7　导线接入接线端子应牢固可靠，并应符合下列要求：

1）每个端子接入的导线应在两端均匀分布，一个连接点上接入导线宜为一根，不应超过两根。

2）对于插接式端子，不同截面的两根导线不应接在同一端子上；对于螺栓连接端子，当接两根导线时，中间应加平垫片。

3）电流回路端子的一个连接点不应压两根导线，也不应将两根导线压在一个接头再接至一个端子。

8　强、弱电回路应分别成束，分别排列。

9　大电流的电源线不应与低频的信号线捆扎在一起。

10　打印机的电源线不应与继电保护和自动化设备的信号线布置在同一电缆束中。

11　高频的信号输入线不应与输出线捆扎在一起，也不应与其他导线捆扎在一起。

4.4.4　在油污环境下，应采用耐油的绝缘导线。

4.4.5　在日光直射环境下，绝缘导线应采取防护措施。

4.4.6　二次回路的连接件应采用铜质制品或性能更有的材料，绝缘件应采用自熄性阻燃材料。

4.4.7　端子排、元器件接线端子及保护装置背板端子螺丝应紧固可靠，端子无锈蚀现象。

4.4.8　端子排、连接片、切换部件离地面不宜低于 300mm。

4.4.9　端子排的安装应符合下列要求：

1　端子排应完好无损、固定可靠，绝缘良好。

2　端子应有序号，端子排应便于更换且接线方便。

3　回路电压超过 400V 时，端子排应有足够的绝缘并涂以红色标志。

4　在潮湿环境下宜采用防潮端子。

5 强、弱电端子应分开布置。

6 正、负电源之间以及经常带电的正电源与合闸或跳闸回路之间，应以空端子隔开。

7 接入交流电源 220V 或 380V 的端子应与其他回路端子采取有效隔离措施，并有明显标识。

8 电源回路在端子箱和保护屏内应使用试验端子，电压回路在保护屏内应使用试验端子。

9 端子应与导线截面匹配，应符合现行国家标准 GB/T 14048.7《低压开关设备和控制设备第 7-1 部分：辅助器件、铜导体的接线端子排》、GB/T 5017《电气装置安装工程盘、柜及二次回路接线施工及验收规范》和现行行业标准 DL/T 579《开关设备用接线座订货技术条件》的相关规定。

【依据 2】《继电保护和安全自动装置技术规程》（GB/T 14285—2006）

6.1.4 发电厂和变电所应采用铜芯的控制电缆和绝缘导线。在绝缘可能受到油浸蚀的地方，油绝缘导线。

6.1.5 按机械强度要求，控制电缆或绝缘导线的芯线最小截面，强电控制回路，不应小于 $1.5mm^2$，屏、柜内导线的芯线截面应不小于 $1.0mm^2$；弱电控制回路，不应小于 $0.5mm^2$。

电缆芯线截面的选择还应符合下列要求：

a）电流回路：应使电流互感器的工作准确等级符合继电保护和安全自动装置的要求。无可靠依据时，可按断路器的断流容量确定最大短路电流。

b）电压回路：当全部继电保护和安全自动装置动作时（考虑到电网发展，电压互感器的负荷最大时），电压互感器到继电保护和安全自动装置屏的电缆压降不应超过额定电压的 3%。

c）操作回路：在最大负荷下，电源引出端到断路器分、合闸线圈的电压降，不应超过额定电压的 10%。

6.1.6 安装在干燥房间里的保护屏、柜、开关柜的二次回路，可采用无护层的绝缘导线，在表面经防腐处理的金属屏上直敷布线。

6.1.7 当控制电缆的敷设长度超过制造长度，或由于屏、柜的搬迁而使原有电缆长度不够时，或更换电缆的故障段时，可用焊接法连接电缆（通过大电流的应紧固连接，在连接处应设连接盒）也可经屏上的端子排连接。

6.1.8 控制电缆宜采用多芯电缆，应尽可能减少电缆根数。在同一根电缆中不宜有不同安装单位的电缆芯。对双重化保护的电流回路、电压回路、直流电源回路、双跳闸绕组的控制回路等，两套系统不应合用一根多芯电缆。

6.1.9 保护和控制设备的直流电源、交流电流、电压及信号引入回路应采用屏蔽电缆。

6.5.3.4 电缆及导线的布线应符合下列要求：

a）交流和直流回路不应合用同一根电缆。

b）强电和弱电回路不应合用一根电缆。

c）保护用电缆与电力电缆不应同层敷设。

d）交流电流和交流电压不应合用同一根电缆。双重化配置的保护设备不应合用同一根电缆。

e）保护用电缆敷设路径，尽可能避开高压母线及高频暂态电流的入地点，如避雷器和避雷针的接地点、并联电容器、电容式电压互感器、结合电容及电容式套管等设备。

f）与保护连接的同一回路应在同一根电缆中走线。

【依据 3】《水力发电厂继电保护设计规范》（NB/T 35010—2013）

15.6 控制电缆

15.6.1 保护装置的直流电源、交流电流、交流电压及信号引入回路均应采用铜芯屏蔽电缆，不应使用电缆内的空线替代屏蔽层接地。

15.6.2 交流电流和交流电压回路、交流和直流回路、强电和弱电回路，以及来自电压互感器二次绕组的四根引入线和剩余绕组的两根引入线均应使用各自独立的电缆。

15.6.3 对双重化保护的电流回路、电压回路、直流电源回路、双跳闸线圈的控制回路等，两套系统不应合用一根多芯电缆。

15.6.4 强电控制回路控制电缆芯线截面积不应小于 1.5mm^2，弱电控制回路控制电缆芯线截面积不应小于 1.0mm^2。电缆芯线截面的选择还应符合下列要求：

1 电流回路：在最大短路电流情况下，应使电流互感器的工作准确等级符合保护装置的要求。无可靠依据时，可按断路器的断流容量确定最大短路电流。电流回路电缆芯线截面积不应小于 4.0mm^2。

2 电压回路：当全部继电保护和安全自动装置动作时，电压互感器到保护装置的电缆压降不应超过额定电压的 3%。电压回路电缆芯线截面积不应小于 2.5mm^2。

3 操作回路：在最大负荷下，电源引出端到断路器分、合闸线圈的电压降，不应超过额定电压的 10%。

6.3.1.2（2）本项目的查评依据如下。

【依据 1】《继电保护和安全自动装置技术规程》（GB/T 14285—2006）

6.1.3 互感器二次回路连接的负荷，不应超过继电保护和安全自动装置工作准确等级所规定的负荷范围。

6.2.1 保护用电流互感器的要求

6.2.1.1 保护用电流互感器的准确性能应符合 DL/T 866 的有关规定。

6.2.1.2 电流互感器带实际二次负荷在稳态短路电流下的准确限值系数或励磁特性（含饱和拐点）应能满足所接保护装置动作可靠性的要求。

6.2.1.3 电流互感器在短路电流含有非周期分量的暂态过程中和存在剩磁的条件下，可能使其严重饱和而导致很大的暂态误差。在选择保护用电流互感器时，应根据所用保护装置的特性和暂态饱和可能引起的后果等因素，慎重确定互感器暂态影响的对策。必要时应选择能适应暂态要求的 TP 类电流互感器，其特性应符合 GB 16847 的要求。如保护装置具有减轻互感器暂态饱和影响的功能，可按保护装置的要求选用适当的电流互感器。

a）330kV 及以上系统保护、高压侧为 330kV 及以上的变压器和 300MW 及以上的发电机变压器组差动保护用电流互感器宜采用 TPY 电流互感器。互感器在短路暂态过程中误差应不超过规定值。

b）220kV 系统保护、高压侧为 220kV 的变压器和 100MW 级～200MW 级的发电机变压器组差动保护用电流互感器可采用 P 类、PR 类或 PX 类电流互感器。互感器可按稳态短路条件进行计算选择，为减轻可能发生的暂态饱和影响宜具有适当暂态系数。220kV 系统的暂态系数不宜低于 2，100MW 级～200MW 级机组外部故障的暂态系数不宜低于 10。

c）110kV 及以下系统保护用电流互感器可采用 P 类电流互感器。

d）母线保护用电流互感器可按保护装置的要求或按稳态短路条件选用。

6.2.1.4 保护用电流互感器的配置及二次绕组的分配应尽量避免主保护出现死区。按近后备原则配置的两套主保护应分别接入互感器的不同二次绕组。

6.2.2 保护用电压互感器的要求

6.2.2.1 保护用电压互感器应能在电力系统故障时将一次电压准确传变至二次侧，传变误差及暂态响应应符合 DL/T 866 的有关规定。电磁式电压互感器应避免出现铁磁谐振。

6.2.2.2 电压互感器的二次输出额定容量及实际负荷应在保证互感器准确等级的范围内。

6.2.2.3 双断路器接线按近后备原则配备的两套主保护，应分别接入电压互感器的不同二次绕组；对双母线接线按近后备原则配置的两套主保护，可以合用电压互感器的同一二次绕组。

6.2.2.4 电压互感器的一次侧隔离开关断开后，其二次回路应有防止电压反馈的措施。对电压及功率调节装置的交流电压回路，应采取措施，防止电压互感器一次或二次侧断线时，发生误强励或误调节。

6.2.2.5 在电压互感器二次回路中，除开口三角线圈和另有规定者（例如自动调整励磁装置）外，应装设自动开关或熔断器。接有距离保护时，宜装设自动开关。

【依据 2】《水力发电厂继电保护设计规范》（NB/T 35010—2013）

15.1.1 保护用电流互感器的类型、二次绕组的数量、变比、容量和准确级应满足继电保护的要求。电流互感器的选择计算应符合 DL/T 866《电流互感器和电压互感器选择及计算导则》的有关规定。

15.1.2 保护用电流互感器的配置及二次绕组的分配应尽量避免出现主保护的死区。接入保护的互感器二次绕组的分配，应注意避免当一套保护停用时，出现被保护区内故障时的保护动作死区。

15.2.1 电压互感器的配置应能保证在一次系统运行方式改变时，保护装置不失去电压。

15.2.2 保护用电压互感器应能在电力系统故障时将一次电压准确传变至二次侧，传变误差及暂态响应应符合 DL/T 866 的有关规定。在选用电磁式电压互感器时应避免出现铁磁谐振。

15.2.3 电压互感器的二次输出额定容量及实际负荷应在保证互感器准确等级的范围内。

6.3.1.2（3）本项目的查评依据如下。

【依据1】《继电保护和安全自动装置技术规程》（GB/T 14285—2006）

6.2.3 互感器的安全接地

6.2.3.1 电流互感器的二次回路必须有且只能有一点接地，一般在端子箱经端子排接地。但对于有几组电流互感器连接在一起的保护装置，如母差保护、各种双断路器主接线的保护等，则应在保护屏上经端子排接地。

6.2.3.2 电压互感器的二次回路只允许有一点接地，接地点宜设在控制室内。独立的、与其他互感器无电联系的电压互感器也可在开关场实现一点接地。为保证接地可靠，各电压互感器的中性线不得接有可能断开的开关或熔断器等。

6.2.3.3 已在控制室一点接地的电压互感器二次线圈，必要时，可在开关场将二次线圈中性点经放电间隙或氧化锌阀片接地，应经常维护检查防止出现两点接地的情况。

6.2.3.4 来自电压互感器二次的四根开关场引出线中的零线和电压互感器三次的两根开关场引出线中的 N 线必须分开，不得共用。

6.5.3.2 为人身和设备安全及电磁兼容要求，在发电厂和变电所的开关场内及建筑物外，应设置符合有关标准要求的直接接地网。对继电保护及有关设备，为减缓高频电磁干扰的耦合，应在有关场所设置符合下列要求的等电位接地网。

a）装设静态保护和控制装置的屏柜地面下宜用截面不小于 $100mm^2$ 的接地铜排直接连接构成等电位接地母线。接地母线应首末可靠连接成环网，并用截面不小于 $50mm^2$、不少于 4 根铜排与厂、站的接地网直接连接。

b）静态保护和控制装置的屏柜下部应设有截面不小于 $100mm^2$ 的接地铜排。屏柜上装置的接地端子应用截面不小于 $4mm^2$ 时的多股铜线和接地铜排相连。接地铜排应用截面不小于 $50mm^2$ 的铜排与地面下的等电位接地母线相连。

6.5.3.3 控制电缆应具有必要的屏蔽措施并妥善接地。

a）在电缆敷设时，应充分利用自然屏蔽物的屏蔽作用。必要时，可与保护用电缆平行设置专用屏蔽线。

b）屏蔽电缆的屏蔽层应在开关场和控制室内两端接地。在控制室内屏蔽层宜在保护屏上接于屏柜内的接地铜排，在开关场屏蔽层应在与高压设备有一定距离的端子箱接地。互感器每相二次回路经两芯屏蔽电缆从高压箱体引至端子箱，该电缆屏蔽层在高压箱体和端子箱两端接地。

c）电力线载波用同轴电缆屏蔽层应在两端分别接地，并紧靠同轴电缆敷设截面不小于 $100mm^2$、两端接地的铜导线。

d）传送音频信号应采用屏蔽双绞线，其屏蔽层应在两端接地。

e）传送数字信号的保护与通信设备间的距离大于 50m 时，应采用光缆。

f）对于低频、低电平模拟信号的电缆，如热电偶用电缆，屏蔽层必须在最不平衡端或电路本身接地处一点接地。

g）对于双层屏蔽电缆，内屏蔽应一端接地，外屏蔽应两端接地。

【依据2】《水力发电厂继电保护设计规范》（NB/T 35010—2013）

15.3 互感器的安全接地

15.3.1 电流互感器的二次回路必须有且只能有一点接地，一般在现地端子箱经端子排接地。但对有几组电流互感器连接在一起的保护装置，则应在保护屏上经端子排接地。

15.3.2 电压互感器的二次回路必须有且只能有一点接地，一般在现地端子箱经端子排接地。但与其他互感器二次回路有电联系的电压互感器应在控制室经端子排接地。为保证接地可靠，各电压互感器的中性线不得接有可能断开的开关或熔断器等。

15.3.3 已在控制室一点接地的电压互感器二次绕组，必要时，可在开关站将二次绕组中性点经放电间隙或氧化锌阀片接地，应经常维护检查以防止出现两点接地的情况。

15.3.4 引自电压互感器二次绕组的四根引出线中的零线和电压互感器剩余绕组的两根引出线中的 N 线必须分开，不得共用。

【依据3】《国家电网公司水电厂重大反事故措施》（国家电网基建〔2015〕60号）

16.1.1.2 保护室与通信室之间信号优先采用光缆传输。若使用电缆，应采用双绞双屏蔽电缆并可靠接地。

16.1.1.10 电流互感器的二次绕组及回路，应只能有一个接地点。当差动保护的各组电流回路之间因没有电气联系而选择在开关站就地接地时，应考虑由于开关站发生接地短路故障，将不同接地点之间电位差引至保护装置后所带来的影响。来自同一电流互感器二次绕组的三相电流线及其中性线应置于同一根二次电缆。

16.1.1.13 直接接入微机型继电保护装置的所有二次电缆均应使用屏蔽电缆，电缆屏蔽层应在电缆两端可靠接地，严禁使用电缆内的空线替代屏蔽层接地。

【依据4】《继电保护及二次回路安装及验收规范》（GB/T 50976—2014）

4.6 屏蔽与接地

4.6.1 等电位接地网的敷设应根据开关场和一次设备安装的实际情况，与厂、站主接地网紧密连接。等电位接地网应符合下列要求：

1 继电保护和控制装置的屏柜下部应设有截面面积不小于 $100mm^2$ 的接地铜排，此接地铜排可不与屏柜绝缘；屏柜上装置的接地端子应采用截面面积不小于 $4mm^2$ 的多股铜线和接地铜排相连；接地铜排应采用截面面积不小于 $50mm^2$ 的铜缆与保护室下层的等电位接地网相连。

2 在主控室、保护室下层的电缆室内，应按屏柜布置的方向敷设截面面积不小于 $100mm^2$ 的专用铜排（缆），并应将此专用铜排（缆）首末端连接，按柜屏布置的方向敷设成"目"字形结构，形成保护室内的等电位接地网。保护室内的等电位接地网应与主接地网用截面面积不小于 $50mm^2$ 且不少于 4 根的铜排（缆）可靠一点连接。

3 保护室的等电位接地网应采用截面面积不小于 $100mm^2$ 的铜排（缆）与室外的等电位网可靠焊接。

4 分散布置的保护就地站、通信室与集控室之间，应采用截面面积不小于 $100mm^2$、紧密与厂站主接地网相连接的铜排（缆）将保护就地站与集控室的等电位接地网可靠连接。

5 应沿二次电缆的沟道敷设截面面积不小于 $100mm^2$ 的铜排（缆），置于电缆沟的电缆架顶部，构筑室外的等电位网；此铜排（缆）应延伸至保护用结合滤波器处，与结合滤波器的一次连接点相隔3m～5m 的距离与主接地网可靠连接。

6 开关场的就地端子箱内应设置截面面积不小于 $100mm^2$ 的裸铜排，并应使用截面面积不小于 $100mm^2$ 的铜缆与电缆沟道内的等电位接地网可靠焊接。

7 开关柜下部应设有截面面积不小于 $100mm^2$ 的接地铜排并连通，并使用截面面积不小于 $100mm^2$ 的铜缆与电缆沟道内的等电位接地网焊接。

4.6.2 高频通道（保护专用通道、保护与通信复用通道）的接地应符合下列要求：

1 高频同轴电缆的屏蔽层应在两端分别接地，并应紧靠高频同轴电缆敷设截面面积不小于 $100mm^2$、两端接地的铜导线，此铜导线可与等电位网铜排（缆）共用。

2 高频同轴电缆的屏蔽层，应在结合滤波器二次端子上用截面面积大于 $10mm^2$ 的绝缘导线连通引下，焊接在等电位铜排（缆）上。收发信机或载波机侧电缆的屏蔽层应使用截面面积不小于 $4mm^2$ 的多股铜质软导线可靠连接到保护屏接地铜排上。收发信机或载波机的接地端子应另行接地。

3 高频电缆芯线应直接接入收发信机或载波机端子，不应经端子排转接。

4 保护用结合滤波器的一、二次线圈间的接地连线应断开，二次电缆侧不应设置放电管。

4.6.3 安装在通信室的保护专用光电转换设备与通信设备间应使用屏蔽电缆，并应按敷设等电位接地网的要求，沿这些电缆敷设截面积不小于 $100mm^2$ 的铜排（缆）可靠地与通信设备的接地网紧密连接。

4.6.4 保护屏柜和继电保护装置，包括继电保护接口屏和接口装置、收发信机，其本体应设有专用的接地端子，装置机箱应构成良好的电磁屏蔽体，并使用截面面积不小于 $4mm^2$ 的多股铜质软导线可靠连接至屏柜内的接地铜排上。继电保护接口装置电源的抗干扰接地应采用截面面积不小于 $2.5mm^2$ 的多股铜质软导线单独连接接地铜排，2M 同轴线屏蔽地应在装置内可靠连接外壳。

4.6.5 变压器、断路器、隔离开关、结合滤波器和电流、电压互感器等设备的二次电缆应经金属管从一次设备连线盒（箱）引至就地端子箱，并应将金属管的上端与上述设备的支架槽钢和金属外壳良好焊接，下端就近与主接地网良好焊接。应在就地端子箱处将这些二次电缆的屏蔽层使用截面面积不小于 $4mm^2$ 的多股铜质软导线可靠单端连接地网的铜排上，本体上的二次电缆的屏蔽层不应接地。

4.6.6 除本规范第 4.6.5 条规定的在就地端子箱处将二次电缆的屏蔽层可靠单端连接至等电位接地网铜排上的情况外，其余二次电缆屏蔽层应在两端接地，接地线截面面积不应小于 $4mm^2$。严禁使用电缆内的备用芯替代屏蔽层接地。

4.6.7 互感器二次回路应使用截面面积不小于 $4mm^2$ 的接地线可靠连接至等电位接地网，并应符合下列要求：

1 公用电压互感器的二次回路应在控制室内一点接地，宜选择在最高电压并列屏处接地，接地线应易于识别。

2 各电压互感器的中性线不应接有可能断开的开关或熔断器等。

3 在控制室内一点接地的电压互感器二次线圈，宜在开关场将二次线圈中性点经金属氧化物避雷器接地，其击穿电压峰值应大于 $30I_{max}$（V），验收时可采用摇表检验避雷器的工作状态是否正常，用 1000V 摇表时避雷器不应击穿。采用 2500V 摇表时则可靠击穿。

4 公用电流互感器二次回路应在相关保护屏柜内一点接地。

5 独立的电流互感器二次回路宜在配电装置端子相处一点接地，其中性线的名称应与公用回路中性线的名称相区别。

6 独立的电流互感器二次回路，微机母线保护、微机主变保护等的电流回路，应在配电装置端子箱处一点接地。

4.6.8 继电保护屏内的交流供电电源的中性线（零线）不应接入等电位接地网。

6.3.1.2（4）本项目的查评依据如下。

【依据 1】《继电保护和安全自动装置技术规程》（GB/T 14285—2006）

6.3 直流电源

6.3.1 继电保护和安全自动装置的直流电源，电压纹波系数应不大于 2%，最低电压不低于额定电压的 85%，最高电压不高于额定电压的 110%。

6.3.2 对装置的直流熔断器或自动开关及相关回路配置的基本要求应不出现寄生回路，并增强保护功能的冗余度。

6.3.2.1 装置电源的直流熔断器或自动开关的配置应满足如下要求：

a）采用近后备原则，装置双重化配置时，两套装置应有不同的电源供电，并分别设有专用的直流熔断器或自动开关。

b）由一套装置控制多组断路器（例如母线保护、变压器差动保护、发电机差动保护、各种双断路器接线方式的线路保护等）时，保护装置与每一断路器的操作回路应分别由专用的直流熔断器或自动开关供电。

c）有两组跳闸线圈的断路器，其每一跳闸回路应分别由专用的直流熔断器或自动开关供电。

d）单断路器接线的线路保护装置可与断路器操作回路合用直流熔断器或自动开关，也可分别使用独立的直流熔断器或自动开关。

e）采用远后备原则配置保护时，其所有保护装置，以及断路器操作回路等，可仅由一组直流熔断器或自动开关供电。

6.3.2.2 信号回路应由专用的直流熔断器或自动开关供电，不得与其他回路混用。

6.3.3 由不同熔断器或自动开关供电的两套保护装置的直流逻辑回路间不允许有任何电的联系。

6.3.4 每一套独立的保护装置应设有直流电源消失的报警回路。

6.3.5 上、下级直流熔断器或自动开关之间应有选择性。

【依据2】《水力发电厂继电保护设计规范》（NB/T 35010—2013）

15.5.1 继电保护装置的直流电源，电压纹波系数应不大于2%，最低电压不低于额定电压的85%，最高电压不高于额定电压的110%。

15.5.5 在选择直流熔断器或自动开关时，应保证上、下级直流熔断器或自动开关之间的选择性。

15.5.6 在配置直流熔断器和自动开关时，应满足以下要求：

1 对于采用近后备原则进行双重化配置的保护装置，每套保护装置应由不同的电源供电，并分别设有专用的直流熔断器或自动开关。采用远后备原则进行单重化配置的线路保护装置及其断路器操作回路，可仅由一组直流熔断器或自动开关供电。

2 母线保护、变压器差动保护、发电机差动保护、各种双断路器接线方式的线路保护等保护装置与每一断路器的操作回路应分别由专用的直流熔断器或自动开关供电。

3 有两组跳闸线圈的断路器，其每一跳闸回路应分别由专用的直流熔断器或自动开关供电。

4 直流电源总输出回路、直流分段母线的输出回路宜按逐级配合的原则设置熔断器，保护屏柜的直流电源进线应使用自动开关。

5 直流总输出回路、直流分路均装设熔断器时，直流熔断器应分级配置，逐级配合。

6 直流总输出回路装设熔断器，直流分路装设自动开关时，必须保证熔断器与自动开关有选择性地配合。

7 直流总输出回路、直流分路均装设自动开关时，必须确保上、下级自动开关有选择性地配合，自动开关的额定工作电流应按最大动态负荷电流的2.0倍选用。

8 信号回路应由专用的直流熔断器或自动开关供电，不应与其他回路混用。

6.3.1.2（5）本项目的查评依据如下。

【依据1】《继电保护和安全自动装置技术规程》（GB/T 14285—2006）

6.1.11 发电厂和变电所中重要设备和线路的继电保护和自动装置，应有经常监视操作电源的装置。各断路器的跳闸回路，重要设备和线路的断路器合闸回路，以及装有自动重合装置的断路器合闸回路，应装设回路完整性的监视装置。

监视装置可发出光信号或声光信号，或通过自动化系统向远方传送信号。

6.1.12 在可能出现操作过电压的二次回路中，应采取降低操作过电压的措施，例如对电感大的线圈并联消弧回路。

6.6.3 各级电压的断路器应尽量附有防止跳跃的回路。采用串联自保持时，接入跳合闸回路的自保持线圈，其动作电流不应大于额定跳合闸电流的50%，线圈压降小于额定值的5%。

5.5.3 为防止电力系统出现扰动后无功功率欠缺或不平衡，某些节点的电压降到不允许的数值，甚至可能出现电压崩溃，应设置自动限制电压降低的紧急控制装置。

5.5.3.1 限制电压降低控制装置作用于增发无功功率（如发电机、调相机的强励，电容补偿装置强行补偿等）或减少无功功率需求（如切除并联电抗器，切除负荷等）。

5.5.3.2 低电压减负荷控制作为自动限制电压降低和防止电压崩溃的重要措施，应根据无功功率和电压水平的分析结果在系统中妥善配置。低电压减负荷控制装置反应于电压降低及其持续时间，装置可按动作电压及时间分为若干级，装置应在短路、自动重合闸及备用电源自动投入期间可靠不动作。

5.5.3.3 电力系统故障导致主网电压降低，在故障清除后主网电压不能及时恢复时，应闭锁供电变压器的带负荷自动切换抽头装置（OLTC）。

【依据2】《水力发电厂继电保护设计规范》（NB/T 35010—2013）

15.4 断路器

15.4.1 100MW 及以上发电机出口断路器和 220kV～750kV 电压的断路器应具有双跳闸线圈。

15.4.2 220kV 及以上电压分相操作的断路器应具有三相不一致（非全相）保护回路。三相不一致保护动作时间应为 0.5s～4.0s 可调，以躲开单相重合闸动作周期。

15.4.3 各级电压的断路器宜具有防止跳跃的回路。

15.4.4 各断路器的跳闸回路、重要设备和线路的断路器合闸回路，以及装有自动重合闸装置的断路器合闸回路，应装设回路完整性的监视装置。

6.3.1.2（6）本项目的查评依据如下。

【依据】《水力发电厂继电保护设计规范》（NB/T 35010—2013）

15.7.7 所有涉及直接跳闸的重要回路，应采用动作电压在额定直流电源电压的 55%～70%范围以内的中间继电器，并要求其动作功率不低于 5W。

15.7.9 外部直流电源电压在 80%～115%额定电压范围内时，继电器和保护装置应可靠工作。

6.3.1.2（7）本项目的查评依据如下。

【依据】《继电保护及二次回路安装及验收规范》（GB/T 50976—2014）

4.4.9 端子排的安装应符合下列要求：

1 端子排应完好无损、固定可靠，绝缘良好。

2 端子应有序号，端子排应便于更换且接线方便。

3 回路电压超过 400V 时，端子排应有足够的绝缘并涂以红色标志。

4 在潮湿环境下宜采用防潮端子。

5 强、弱电端子应分开布置。

6 正、负电源之间以及经常带电的正电源与合闸或跳闸回路之间，应以空端子隔开。

7 接入交流电源 220V 或 380V 的端子应与其他回路端子采取有效隔离措施，并有明显标识。

8 电源回路在端子箱和保护屏内应使用试验端子，电压回路在保护屏内应使用试验端子。

9 端子应与导线截面匹配，应符合现行国家标准 GB/T 14048.7《低压开关设备和控制设备 第 7-1 部分：辅助器件、铜导体的接线端子排》、GB/T 5017《电气装置安装工程盘、柜及二次回路接线施工及验收规范》和现行行业标准 DL/T 579《开关设备用接线座订货技术条件》的相关规定。

6.3.1.2（8）本项目的查评依据如下。

【依据】《继电保护和安全自动装置技术规程》（GB/T 14285—2006）

6.7 继电保护和安全自动装置通道

6.7.1 继电保护和安全自动装置的通道应根据电力系统通信网条件，与通信专业协商，合理安排。

6.7.2 装置的通道一般采用下列传输媒介：

a）光纤（不宜采用自承式光缆及缠绕式光缆）；

b）微波；

c）电力线载波；

d）导引线电缆。

具有光纤通道的线路，应优先采用光纤作为传送信息的通道。

6.7.3 按双重化原则配置的保护和安全自动装置，传送信息的通道按以下原则考虑：

6.7.3.1 两套装置的通道应互相独立，且通道及加工设备的电源也应互相独立。

6.7.3.2 具有光纤通道的线路，两套装置宜均采用光纤通道传送信息。对短线路宜分别使用专用光纤芯，对中长线路宜分别独立使用 2Mb/s 口，还宜分别使用独立的光端机。具有光纤迂回通道时，两套装置宜使用不同的光纤通道。

对双回线路，但仅其中一回线路有光纤通道且按上述原则采用光纤通道传送信息外，另一回线路传送信息的通道宜采用下列方式：

a）如同杆并架双回线，两套装置均采用光纤通道传送信息，并分别使用不同的光纤芯或 PCM 终端；

b）如非同杆并架双回线，其一套装置采用另一回线路的光纤通道，另一套装置采用其他通道，如电力线载波、微波或光纤的其他迂回通道等。

6.7.3.3　当两套装置均采用微波通道时，宜使用两条不同路由的微波通道，在不具备两条路由条件而仅有一条微波通道时，应使用不同的 PCM 终端，或其中一套装置采用电力线载波传送信息。

6.7.3.4　当两套装置均采用电力线载波通道传送信息时，应由不同的载波机、远方信号传输装置或远方跳闸装置传送信息。

6.7.4　当采用电力线载波通道传送允许式命令信号时应采用相—相耦合方式；传送闭锁信号时，可采用相—地耦合方式。

6.7.5　有条件时，传输系统安全稳定控制信息的通道可与传输保护信息的通道合用。

6.7.6　传输信息的通道设备应满足传输时间、可靠性的要求。其传输时间应符合下列要求：

a）传输线路纵联保护信息的数字式通道传输时间应不大于 12ms，点对点的数字式通道传输时间应不大于 5ms。

b）传输线路纵联保护信息的模拟式通道传输时间，对允许式应不大于 15ms，对采用专用信号传输设备的闭锁式应不大于 5ms。

c）系统安全稳定控制信息的通道传输时间应根据实际控制要求确定。原则上应尽可能地快。点对点传输时，传输时间要求应与线路纵联保护相同。

6.7.7　信息传输接收装置在对侧发信信号消失后收信输出的返回时间应不大于通道传输时间。

6.3.1.2（9）本项目的查评依据如下。

【依据1】《继电保护和安全自动装置技术规程》（GB/T 14285—2006）

6.3.2　对装置的直流熔断器或自动开关及相关回路配置的基本要求应不出现寄生回路，并增强保护功能的冗余度。

【依据2】《水力发电厂继电保护设计规范》（NB/T 35010—2013）

15.5.2　保护回路及断路器操作回路不应有寄生回路。

6.3.1.2（10）本项目的查评依据如下。

【依据】《国家电网公司水电厂重大反事故措施》（国家电网基建〔2015〕60号）

12.7.1.2.3　开关站控制室、继保室应独立敷设与主接地网紧密连接的二次等电位接地网，在系统发生近区故障和雷击事故时，以降低二次设备间电位差，减少对二次回路的干扰。

6.3.1.3　保护装置

6.3.1.3（1）本项目的查评依据如下。

【依据】《继电保护和安全自动装置技术规程》（GB/T 14285—2006）

4.1.6　电力设备或线路的保护装置，除预先规定的以外，都不应因系统振荡引起误动作。

4.1.7　使用于 220kV～500kV 电网的线路保护，其振荡闭锁应满足如下要求：

a）系统发生全相或非全相振荡，保护装置不应误动作跳闸；

b）系统在全相或非全相振荡过程中，被保护线路如发生各种类型的不对称故障，保护装置应有选择性地动作跳闸，纵联保护仍应快速动作；

c）系统在全相振荡过程中发生三相故障，故障线路的保护装置应可靠动作跳闸，并允许带短延时。

6.3.1.3（2）本项目的查评依据如下。

【依据】《继电保护和安全自动装置技术规程》（GB/T 14285—2006）

4.1.11　保护装置在电压互感器二次回路一相、两相或三相同时断线、失压时，应发告警信号，并闭锁可能误动作的保护。

保护装置在电流互感器二次回路不正常或断线时，应发告警信号，除母线保护外，允许跳闸。

6.3.1.3（3）本项目的查评依据如下。

【**依据**】《继电保护和安全自动装置技术规程》（GB/T 14285—2006）

4.1.12.5 保护装置应具有在线自动检测功能，包括保护硬件损坏、功能失效和二次回路异常运行状态的自动检测。

自动检测必须是在线自动检测，不应由外部手段起动，并应实现完善的检测，做到只要不告警，装置就处于正常工作状态，但应防止误告警。

除出口继电器外，装置内的任一元件损坏时，装置不应误动作跳闸，自动检测回路应能发出告警或装置异常信号，并给出有关信息指明损坏元件的所在部位，在最不利情况下应能将故障定位至模块（插件）。

4.1.12.7 保护装置必须具有故障记录功能，以记录保护的动作过程，为分析保护动作行为提供详细、全面的数据信息，但不要求代替专用的故障录波器。

保护装置故障记录的要求是：

a）记录内容应为故障时的输入模拟量和开关量、输出开关量、动作元件、动作时间、返回时间、相别。

b）应能保证发生故障时不丢失故障记录信息。

c）应能保证在装置直流电源消失时，不丢失已记录信息。

6.3.1.3（4）本项目的查评依据如下。

【**依据1**】《继电保护和安全自动装置技术规程》（GB/T 14285—2006）

4.1.12.12 保护装置应具有独立的 DC/DC 变换器供内部回路使用的电源。拉、合装置直流电源或直流电压缓慢下降及上升时，装置不应误动作。直流消失时，应有输出触点以起动告警信号。直流电源恢复（包括缓慢恢复）时，变换器应能自启动。

【**依据2**】《继电保护和电网安全自动装置检验规程》（DL/T 995—2006）

6.3.5 逆变电源检查

6.3.5.1 对于微机型装置，要求插入全部插件。

6.3.5.2 有检测条件时，应测量逆变电源的各级输出电压值，测量结果应符合 DL/T 527—2002。

定期检验时只测量额定电压下的各级输出电压的数值，必要时测量外部直流电源在最高和最低电压下的保护电源各级输出电压的数值。

6.3.5.3 直流电源缓慢上升时的自启动性能检验建议采用以下方法：合上装置逆变电源插件上的电源开关，试验直流电源由零缓慢上升至80%额定电压值，此时逆变电源插件面板上的电源指示灯应亮。固定试验直流电源为80%额定电压值，拉合直流开关，逆变电源应可靠启动。

6.3.5.4 定期检验时还应检查逆变电源是否达到 DL/T 527—2002 所规定的使用年限。

6.3.1.3（5）本项目的查评依据如下。

【**依据**】《继电保护和安全自动装置技术规程》（GB/T 14285—2006）

4.1.12.13 保护装置不应要求其交、直流输入回路外接抗干扰元件来满足有关电磁兼容标准的要求。

6.5.1 发电厂和变电所的电磁环境

继电保护和安全自动装置应满足有关电磁兼容标准，使其能承受所在发电厂和变电所内下列电磁干扰引起的后果：

a）高压电路开、合操作或绝缘击穿、闪络引起的高频暂态电流和电压；

b）故障电流引起的地电位升高和高频暂态；

c）雷击脉冲引起的地电位升高和高频暂态；

d）工频磁场对电子设备的干扰；

e）低压电路开、合操作引起的电快速瞬变；

f）静电放电；

g）无线电发射装置产生的电磁场。

上述各项干扰电平与变电所电压等级、发射源与感受设备的相对位置、接地网特性、外壳和电缆屏蔽特性及接地方式等因素有关，应根据干扰的具体特点和数值适当确定设备的抗扰度要求和采取必要的

水力发电厂安全性评价查评依据

减缓措施。

6.5.2 装置的抗扰度要求

保护和安全自动装置与外部电磁环境的特定界面接口称为端口，见图 1，含电源端口、输入端口、输出端口、通信端口、外壳端口和功能接地端口。

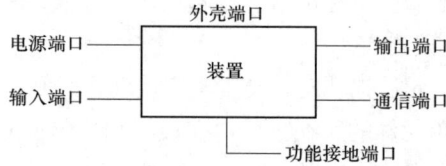

图 1 设备端口示意图

装置各端口对有关的电磁干扰如射频电磁场及其引起的传导干扰、快速瞬变 1MHz 脉冲群、浪涌、静电放电、直流中断和工频干扰等的抗扰度要求，应符合 IEC 60255-26 标准及有关国家标准的要求，装置对各类电磁干扰的抗扰度试验标准参见附录 B 表 B.1～表 B.5。

6.5.3 电磁干扰的减缓措施

6.5.3.1 应根据电磁环境的具体情况，采用接地、屏蔽、限幅、隔离及适当布线等措施，以减缓电磁干扰，满足保护设备的抗扰度要求。

6.5.3.2 为人身和设备安全及电磁兼容要求，在发电厂和变电所的开关场内及建筑物外，应设置符合有关标准要求的直接接地网。对继电保护及有关设备，为减缓高频电磁干扰的耦合，应在有关场所设置符合下列要求的等电位接地网。

a）装设静态保护和控制装置的屏柜地面下宜用截面不小于 100mm^2 的接地铜排直接连接，构成等电位接地母线。接地母线应首末可靠连接成环网，并用截面不小于 50mm^2、不少于 4 根铜排与厂、站的接地网直接连接。

b）静态保护和控制装置的屏柜下部应设有截面不小于 100mm^2 的接地铜排。屏柜上装置的接地端子应用截面不小于 4mm^2 的多股铜线和接地铜排相连。接地铜排应用截面不小于 50mm^2 的铜排与地面下的等电位接地母线相连。

6.5.3.3 控制电缆应具有必要的屏蔽措施并妥善接地。

a）在电缆敷设时，应充分利用自然屏蔽物的屏蔽作用。必要时，可与保护用电缆平行设置专用屏蔽线。

b）屏蔽电缆的屏蔽层应在开关场和控制室内两端接地。在控制室内屏蔽层宜在保护屏上接于屏柜内的接地铜排；在开关场屏蔽层应在与高压设备有一定距离的端子箱接地。互感器每相二次回路经两芯屏蔽电缆从高压箱体引至端子箱，该电缆屏蔽层在高压箱体和端子箱两端接地。

c）电力线载波用同轴电缆屏蔽层应在两端分别接地，并紧靠同轴电缆敷设截面不小于 100mm^2 两端接地的铜导线。

d）传送音频信号应采用屏蔽双绞线，其屏蔽层应在两端接地。

e）传送数字信号的保护与通信设备间的距离大于 50m 时，应采用光缆。

f）对于低频、低电平模拟信号的电缆，如热电偶用电缆，屏蔽层必须在最不平衡端或电路本身接地处一点接地。

g）对于双层屏蔽电缆，内屏蔽应一端接地，外屏蔽应两端接地。

6.5.3.4 电缆及导线的布线应符合下列要求：

a）交流和直流回路不应合用同一根电缆。

b）强电和弱电回路不应合用一根电缆。

c）保护用电缆与电力电缆不应同层敷设。

d）交流电流和交流电压不应合用同一根电缆。双重化配置的保护设备不应合用同一根电缆。

e）保护用电缆敷设路径，尽可能避开高压母线及高频暂态电流的入地点，如避雷器和避雷针的接地点、并联电容器、电容式电压互感器、结合电容及电容式套管等设备。

f）与保护连接的同一回路应在同一根电缆中走线。

6.5.3.5 保护输入回路和电源回路应根据具体情况采用必要的减缓电磁干扰措施。

a）保护的输入、输出回路应使用空触点、光耦或隔离变压器隔离。

b）直流电压在110V及以上的中间继电器应在线圈端子上并联电容或反向二极管作为消弧回路，在电容及二极管上都必须串入数百欧的低值电阻，以防止电容或二极管短路时将中间继电器线圈短接。二极管反向击穿电压不宜低于1000V。

6.3.1.3（6）本项目的查评依据如下。

【依据】《继电保护和安全自动装置技术规程》（GB/T 14285—2006）

6.5.3.5 保护输入回路和电源回路应根据具体情况采用必要的减缓电磁干扰措施。

a）保护的输入、输出回路应使用空触点、光耦或隔离变压器隔离。

b）直流电压在110V及以上的中间继电器应在线圈端子上并联电容或反向二极管作为消弧回路，在电容及二极管上都必须串入数百欧的低值电阻，以防止电容或二极管短路时将中间继电器线圈短接。二极管反向击穿电压不宜低于1000V。

6.3.1.3（7）本项目的查评依据如下。

【依据】《国家电网公司水电厂重大反事故措施》（国家电网基建〔2015〕60号）

16.1.3.2 定期对所辖设备的整定值进行全面复算和校核。

16.2.2.2 保护软件及现场二次回路变更须经相关保护管理部门同意并及时修订相关的图纸资料。

6.3.1.4 继电保护的定期检查和投入试验

6.3.1.4（1）本项目的查评依据如下。

【依据1】《继电保护和电网安全自动装置检验规程》（DL/T 995—2006）

4.2 定期检验的内容与周期

4.2.1 定期检验应根据本标准所规定的周期、项目及各级主管部门批准执行的标准化作业指导书的内容进行。

4.2.2 定期检验周期计划的制定应综合考虑所辖设备的电压等级及工况，按本标准要求的周期、项目进行。在一般情况下，定期检验应尽可能配合在一次设备停电检修期间进行。220kV电压等级及以上继电保护装置的全部检验及部分检验周期见表1和表2。电网安全自动装置的定期检验参照微机型继电保护装置的定期检验周期进行。

4.2.3 制订部分检验周期计划时，装置的运行维护部门可视装置的电压等级、制造质量、运行工况、运行环境与条件，适当缩短检验周期、增加检验项目。

a）新安装装置投运后一年内必须进行第一次全部检验。在装置第二次全部检验后，若发现装置运行情况差或已暴露出了需予以监督的缺陷，可考虑适当缩短部分检验周期，并有目的、有重点地选择检验项目。

b）110kV电压等级的微机型装置宜每2～4年进行一次部分检验，每6年进行一次全部检验；非微机型装置参照220kV及以上电压等级同类装置的检验周期。

c）利用装置进行断路器的跳、合闸试验宜与一次设备检修结合进行。必要时，可进行补充检验。

表1 全 部 检 验 期 表

编号	设 备 类 型	全部检验周期 年	定义范围说明
1	微机型装置	6	包括装置引入端子外的交、直流及操作回路以及涉及的辅助继电器、操作机构的辅助触点、直流控制回路的自动开关等
2	非微机型装置	4	
3	保护专用光纤通道，复用光纤或微波连接通道	6	指站端保护装置连接用光纤通道及光电转换装置
4	保护用载波通道的设备（包含与通信复用、电网安全自动装置合用且有其他部门负责维护的设备）	6	涉及如下相应的设备：高频电缆、结合滤波器插接网络、分频器

表2 部分检验周期表

编号	设 备 类 型	部分检验周期 年	定义范围说明
1	微机型装置	2～3	包括装置引入端子外的交、直流及操作回路 以及涉及的辅助继电器、操作机构的辅助触 点、直流控制回路的自动开关等
2	非微机型装置	1	
3	保护专用光纤通道，复用光纤或微波连接通道	2～3	指光头擦拭、收信裕度测试等
4	保护用载波通道的设备（包含与通信复用、电网安全自 动装置合用且有其他部门负责维护的设备）	2～3	指传输衰耗、收信裕度测试等

4.2.4　母线差动保护、断路器失灵保护及电网安全自动装置中投切发电机组、切除负荷、切除线路或变压器的跳合断路器试验，允许用导通方法分别证实至每个断路器接线的正确性。

4.3　补充检验的内容

4.3.1　因检修或更换一次设备（断路器、电流和电压互感器等）所进行的检验，应由基层单位继电保护部门根据一次设备检修（更换）的性质，确定其检验项目。

4.3.2　运行中的装置经过较大的更改或装置的二次回路变动后，均应由基层单位继电保护部门进行检验，并按其工作性质，确定其检验项目。

4.3.3　凡装置发生异常或装置不正确动作且原因不明时，均应由基层单位继电保护部门根据事故情况，有目的地拟定具体检验项目及检验顺序，尽快进行事故后检验。检验工作结束后，应及时提出报告，按设备调度管辖权限上报备查。

【依据2】《水电站继电保护装置检验导则》（Q/GDW 11463—2015）

5.2　检验周期

5.2.1　继电保护装置定期检验宜结合一次设备停电检修同步进行。在保证设备不超周期运行的前提下应合理调整继电保护定期检验周期，使继电保护检验周期与一次设备检修周期保持一致。

5.2.2　新安装保护装置投运后一年内应进行全部检验。

5.2.3　运行时间达到12年的微机型保护装置应每年进行状态评估，根据评估结果确定是否开展部分检验。

5.2.4　发现继电保护装置运行情况较差，可考虑适当缩短检验周期，并有目的、有重点地选择检验项目。

5.2.5　继电保护装置和安全自动装置的全部检验及部分检验周期见表1和表2。

表1 全部检验周期

序号	设 备 类 型	全部检验周期 年	检验范围说明
1	继电保护装置	6	包括装置引入端子外的交、直流及操作回路 以及涉及的辅助继电器、操作机构的辅助触 点、直流控制回路的自动开关等
2	继电保护通道及其加工设备	6	包括站端保护装置连接用光纤通道及光电 转换装置，高频电缆、结合滤波器、差接网络、 分频器等

表2 部分检验周期

序号	设 备 类 型	部分检验周期 年	检验范围说明
1	继电保护装置	3	包括装置引入端子外的交、直流及操作回路 以及涉及的辅助继电器、操作机构的辅助触 点、直流控制回路的自动开关等
2	继电保护通道及其加工设备	3	包括光纤头检查、传输衰耗测试、收信裕度 测试等

5.3 检验项目

保护装置新安装、全部、部分检验项目具体见附录 A 中的表 A.1。

表 A.1 保护新安装、全部、部分检验项目表

序号	检 验 项 目	新安装	全部校验	部分校验
1	电流、电压互感器检验	—	—	—
1.1	新安装检验	√	—	—
1.2	定期检验	—	√	—
2	二次回路检验	—	—	—
2.1	电流互感器二次回路检查	√	√	√
2.2	电压互感器二次回路检查	√	√	√
2.3	断路器、隔离开关二次回路的检验	√	√	√
2.4	其他二次回路的检验	√	√	√
2.5	二次回路绝缘检查	√	√	√
3	屏柜及装置检验	—	—	—
3.1	屏柜检查	√	√	√
3.2	装置外部检查	√	√	√
3.3	装置内部检查	√	—	—
3.4	绝缘试验	√	—	—
3.5	上电检查	—	—	—
3.5.1	保护装置通电自检	√	√	√
3.5.2	键盘检查	√	√	√
3.5.3	打印机与保护装置的联机试验	√	√	√
3.5.4	软件版本和 CRC 码的核查	√	√	√
3.5.5	校对时钟	√	√	√
3.6	逆变电源检查	—	—	—
3.6.1	稳定性检测	√	√	—
3.6.2	自启动性能检验	√	√	—
3.6.3	电源拉合试验	√	√	—
3.7	开关量输入回路检查	√	√	√
3.8	输出接点及输出信号检查	√	√	√
3.9	模数变换系统检验	—	—	—
3.9.1	检验零点漂移	√	√	—
3.9.2	模拟量输入的幅值和相位精度检验	√	√	√
3.10	保护定值的整定及检验	√	√	√
3.11	操作箱检验	√	√	√
3.12	整组试验	√	√	√
3.13	与监控系统、继电保护信息管理系统配合试验	√	√	√
4	装置投运	—	—	—
4.1	投运前的准备工作	√	√	√
4.2	用一次电流与工作电压检验	√	—	—

6.3.1.4（2）本项目的查评依据如下。

【**依据**】《继电保护和电网安全自动装置检验规程》（DL/T 995—2006）

4.3 补充检验的内容

4.3.1 因检修或更换一次设备（断路器、电流和电压互感器等）所进行的检验，应由基层单位继电保护部门根据一次设备检修（更换）的性质，确定其检验项目。

4.3.2 运行中的装置经过较大的更改或装置的二次回路变动后，均应由基层单位继电保护部门进行检验，并按其工作性质，确定其检验项目。

4.3.3 凡装置发生异常或装置不正确动作且原因不明时，均应由基层单位继电保护部门根据事故情况，有目的地拟定具体检验项目及检验顺序，尽快进行事故后检验，检验工作结束后，应及时提出报告，按设备调度管辖权限上报备查。

6.3.1.4（3）本项目的查评依据如下。

【**依据1**】《继电保护和电网安全自动装置检验规程》（DL/T 995—2006）

5.1 仪器、仪表的基本要求与配置

5.1.1 装置检验所使用的仪器、仪表必须经过检验合格，并应满足 GB/T 7261—2000 中的规定，定值检验所使用的仪器、仪表的准确级应不低于 0.5 级。

5.1.2 220kV 及以上变电站如需调试载波通道应配置高频振荡器和选频表，220kV 及以上变电站或集控站应配置一套至少可同时输出三相电流、四相电压的微机成套试验仪及试验线等工具。

5.1.3 继电保护班组应至少配置以下仪器、仪表：

指针式电压、电流表、数字式电压、电流表，钳形电流表，相位表，毫秒计，电桥等；500V、1000V 及 2500V 绝缘电阻表；可记忆示波器；载波通道测试所需的高频振荡器和选频表、无感电阻、可变衰耗器等；微机成套试验仪。

建议配置便携式录波器（波形记录仪）、模拟断路器。

如需调试纵联电流差动保护宜配置；GPS 对时天线和选用可对时触发的微机成套试验仪。

需要调试光纤纵联通道时应配置：光源、光功率计、误码仪、可变光衰耗器等仪器。

【**依据2**】《国家电网公司水电厂重大反事故措施》（国家电网基建〔2015〕60 号）

16.1.3.1 每 1 至 2 年应对微机型继电保护试验装置进行一次全面检测，确保试验装置的准确度及各项功能满足继电保护试验的要求，防止因试验仪器、仪表存在问题而造成继电保护误整定、误试验。

6.3.1.4（4）本项目的查评依据如下。

【**依据**】《继电保护和电网安全自动装置检验规程》（DL/T 995—2006）

8.2.2 对新安装的或设备回路有较大变动的装置，在投入运行以前，必须用一次电流及工作电压加以检验和判定：

a）对接电流、电压的相互相位、极性有严格要求的装置（如带方向的电流保护、距离保护等），其相别、相位关系以及所保护的方向是否正确。

b）电流差动保护（母线、发电机、变压器的差动保护、线路纵联差动保护及横差保护等）接到保护回路中的各组电流回路的相对极性关系及变化是否正确。

c）利用相序滤过器构成的保护所接入的电流（电压）的相序是否正确、滤过器的调整是否合适。

d）每组电流互感器（包括备用绕组）的接线是否正确，回路连线是否牢靠。

定期检验时，如果设备回路没有变动（未更换一次设备电缆、辅助变流器等），只需用简单的方法判明曾被拆动的二次回路接线确定恢复正常（如对差动保护测量其差电流、用电压表测量继电器电压端子上的电压等）即可。

6.3.1.5 继电保护的运行情况

6.3.1.5（1）本项目无查评依据。

6.3.1.5（2）本项目的查评依据如下。

【依据】《电力系统继电保护及安全自动装置运行评价规程》（DL/T 623—2010）

5.1.1.1　继电保护正确动作率是指继电保护正确动作次数与继电保护动作总次数的百分比。继电保护正确动作率按事件评价继电保护的动作后果。继电保护正确动作率的计算方法为：

$$继电保护正确动作率=继电保护正确动作次数/继电保护总动作次数×100\%$$

继电保护动作总次数包括继电保护正确动作次数、误动次数和拒动次数。

5.1.3　线路重合成功率

线路的重合成功率是指线路重合闸及断路器的联合运行符合预定功能和恢复线路输送负荷的能力。线路重合成功率的计算为：

$$线路重合成功率=线路重合成功次数/线路重合次数×100\%$$

线路应重合次数指线路跳闸后应该重合的次数。

5.3.3　继电保护故障率

继电保护故障率是指继电保护由于装置硬件损坏和软件错误等原因造成继电保护故障次数与继电保护总台数之比。继电保护故障率的计算为：

$$继电保护故障率=评价周期中继电保护故障次数/评价周期中继电保护总台数×100\%$$

继电保护故障率单位为次/（百台·评价周期）。

继电保护故障次数的计算方法：凡由于继电保护元器件损坏、工艺质量和软件问题、绝缘损坏、抗干扰性能差等造成继电保护异常退出运行的，均评价为继电保护故障1次。

5.3.4　继电保护故障停运率

继电保护故障停运率是指为处理继电保护缺陷或故障而退出运行的时间与继电保护应投运时间之百分比。继电保护故障停运率的计算为：

$$继电保护故障停运率=继电保护停运时间/继电保护应投运时间×100\%$$

继电保护应投运时间指评价周期时间内扣除因计划性检修而停运的时间，评价周期时间单位为台·h。

5.4　录波完好率及故障测距动作良好率

故障录波装置的录波完好率是指故障录波装置在系统异常工况及故障情况下启动录波完好次数与故障录波装置应启动录波次数之百分比。录波完好率的计算为：

$$录波完好率=故障录波装置录波完好次数/故障录波装置应评价次数×100\%$$

保护装置内置的故障录波功能不在评价范围之内。

故障测距装置的动作良好率是指故障测距装置在线路发生故障情况下启动测距，并能够得到有效故障点位置的次数与故障测距装置应启动测距次数之百分比。故障测距动作良好率的计算为：

$$故障测距动作良好率=测距装置动作良好次数/故障测距装置应评价次数×100\%$$

6.3.2　自动装置

6.3.2.1　备用电源投入装置

6.3.2.1（1）本项目的查评依据如下。

【依据】《继电保护和安全自动装置技术规程》（GB/T 14285—2006）

5.3.2　自动投入装置的功能设计应符合下列要求：

a）除发电厂备用电源快速切换外，应保证在工作电源或设备断开后，才投入备用电源或设备；

c）自动投入装置应保证只动作一次。

6.3.2.1（2）本项目的查评依据如下。

【依据】《继电保护和安全自动装置技术规程》（GB/T 14285—2006）

5.3.2　自动投入装置的功能设计应符合下列要求：

b）工作电源或设备上的电压，不论何种原因消失，除有闭锁信号外，自动投入装置均应动作；

6.3.2.1（3）本项目的查评依据如下。

【依据1】《继电保护和电网安全自动装置检验规程》（DL/T 995—2006）

3.3　110kV及以上电压等级电力系统中电力设备及线路的微机型继电保护和电网安全自动装置，必须按照本标准进行检验。对于其他电压等级或非微机型继电保护装置可参照执行。

【依据2】《国家电网公司水电厂重大反事故措施》（国网基建〔2015〕60号）

16.3.1.2　备用电源自动投入装置，应在工作电源断路器断开后方可使备用电源投入，并应具有防止电源自动投于故障母线或故障设备的措施，并进行定期传动试验，保证事故状态下投入成功率。

6.3.2.1（4）本项目的查评依据如下。

【依据】《继电保护和安全自动装置技术规程》（GB/T 14285—2006）

5.3.4　应校核备用电源或备用设备自动投入时过负荷及电动机自起动的情况，如过负荷超过允许限度或不能保证自起动时，应有自动投入装置动作时自动减负荷的措施。

6.3.2.1（5）本项目的查评依据如下。

【依据】《继电保护和安全自动装置技术规程》（GB/T 14285—2006）

5.3.5　当自动投入装置动作时，如备用电源或设备投于故障，应有保护加速跳闸。

6.3.2.2　水轮发电机组自动化装置

6.3.2.2（1）本项目的查评依据如下。

【依据】《国家电网公司水电厂重大反事故措施》（国网基建〔2015〕60号）

5.1.1.1　应设置完善的停机过程剪断销剪断（或其他导叶发卡保护）、调速系统低油压、低油位、电气和机械过速等保护装置，同时为防止在机组甩负荷而调速器又失灵时发生飞逸事故，应装设过速限制器（包含事故配压阀、电磁换向阀、纯机械过速保护装置等）。

5.1.3.2　过速保护装置应定期检验，并正常投入。对水机过速保护装置、事故停机剪断销剪断（或其他导叶发卡保护）等在机组检修时应进行传动试验。

6.3.2.2（2）本项目的查评依据如下。

【依据1】《水轮发电机组自动化元件（装置）及其系统基本技术条件》（GB/T 11805—2008）

5.2　机组自动化系统

5.2.1　机组自动化系统的配置，一般应满足下列要求：

a）手动、自动开启或关闭机组的水、气、油管路和设备；

b）自动监控机组冷却水、润滑水、密封水及润滑油的通断；

c）自动监测各轴承油箱油位；自动监控水轮机顶盖（或支撑盖）的水位及漏油箱油位；

d）自动监测机组各有关部位的温度；

e）自动监测机组导水机构的工作状态及位置；

f）自动发出机组相应的转速信号；

g）自动发出相关压力容器和管路内介质的压力信号；

h）自动控制导水机构锁锭的投入与拔出；

i）自动监测相关部位的差压；

j）自动监控检修密封压缩空气的投入或切除；

k）自动监控制动器的切除或投入；

l）自动控制隔离阀的切除或投入（油压装置带有隔离阀的机组）；

m）自动监控机组开停机程序的完成情况；

n）自动监控机组蠕动监测装置的入（在机组停机状态下）或切除；

o）手动、自动对油压装置进行补气；

p）自动发出火灾报警信号。

5.2.2　机组自动化元件（装置）及其系统应满足机组以下特殊要求：

a）机组作调相运行时，可以自动控制水轮机转轮室的水位；

b）进水管未设快速闸门、蝴蝶阀、球阀或圆筒阀的机组，可以装设备用油源。当主用油源的油压事故下降至规定值时，备用油源可以自动投入并可靠关机；

c）要求冷却水管路正、反向通水时，流量开关应正、反向运行；

d）要求监控回油箱、漏油箱及各轴承油箱混水情况的机组，应自动监测；

e）要求导叶按折线规律关闭时，可以由导叶分段关闭装置实现；

f）机组过速且调速器失控仍要求关闭导叶时，可以由过速限制器或其他装置关闭导叶；

g）要求有二级过速保护时，应由机械型与电气型两种转速信号器（或装置）发出信号；

h）推力轴承有高油压顶起装置时，应自动监控；

i）能装设水轮机流量测量仪，监测水轮机流量；能装设流量测量仪来监控机组冷却润滑水流量；

j）能装设水轮机上下游水位及水轮机水头测量仪，监测水位及水头；

k）装设灭火系统，能自动或手动扑灭发电机内火灾；

l）装设发电机气隙监测仪的机组，能监测发电机定子与转子之间的间隙；

m）装设轴电流报警装置用来监测机组轴电流；

n）能自动控制轴承油雾吸收装置，以防止油气污染发电机；

o）能监测机组各部位的振动；

p）能装设大轴位移装置监测大轴位移；

q）机组运行过程中能自动吸收发电机碳刷摩擦产生的粉尘；

r）停机过程中能自动吸收发电机制动时产生的粉尘；

s）用压力、差压、液位变送器来监控有关部位的压力、差压及液位；

t）长期停机时能用加热器加热发电机机坑内的空气，以防潮湿；

u）能自动控制除湿机保证发电机机坑内的空气干燥；

v）能自动监视发电机推力负荷分布情况；

w）能自动监视水轮机的压力脉动；

x）能自动保持冷却水系统的压力；

y）发电机线棒装设有纯水系统的机组，能监视纯水电导率、大泄漏及水泵运行情况；发电机线棒装设有蒸发冷却机组，能监视冷却介质的温度、压力、压差、液位、流量情况。

5.2.3 机组处于备用状态时，机组自动化元件（装置）及其系统应满足以下要求：

a）可以使机组随时自动启动；

b）漏油箱和重力油箱油位升降至规定值时，能自动控制油泵的启停；

c）水轮机顶盖水位上升至规定水位时，应自动排除积水。

5.2.4 机组正常运行时，除能满足 5.2.1，5.2.2，5.2.3 的要求之外，还能满足以下要求：

a）要求调相运行的机组，可以根据需要由发电机运行转为调相运行，或者反之；

b）机组冷却水管采用正、反向通水时，通水方向能自动或手动切换；

c）采用水润滑轴承的水轮机，主、备用水源能自动切换，在主用水源发生故障时，备用水源能自动投入。

5.2.5 机组正常停机时，机组自动化元件（装置）及其系统应满足以下要求：

a）手动或自动停机过程中，能按照规定的程序停机；

b）机组停机后，相关自动化元件（装置）及其系统应能根据系统要求退出或投入运行，并能自动转入备用状态。

5.2.6 按机组自动化元件的配备情况，在机组发生下列不正常情况时，可以分别发出报警信号：

a）机组各轴承油箱或油压装置回油箱油位异常；

b）油压装置备用油泵启动；

c）漏油箱油位过高、重力油箱及轴承回油箱油位过低，膨胀水箱水位异常；

d）水轮机顶盖内水位过高；

e) 导水机构剪断销剪断;

f) 机组各轴承、发电机定子、冷风及热风等温度上升至规定值;

g) 机组过速限制器动作;

h) 机组冷却水管内水流中断或降到一定值,水润滑轴承主用润滑水中断或降到一定值;

i) 主、备用润滑水压力降到一定值;

j) 机组启动或停机在规定时间内未完成;

k) 回油箱、漏油箱及各轴承油箱内油中积水或混水过多;

1) 机组主轴密封水压力不正常;

m) 机组振动、摆度大;

n) 机组轴电流过大;

o) 推力轴承高油压顶起系统故障;

p) 压力罐压力高;

q) 停机后机组蠕动;

r) 滤水器或滤油器差压过高;

s) 发电机定子与转子间隙过小;

t) 发电机局部放电过大;

u) 温度信号器断阻、断线、断电;

v) 电气转速信号装置故障;

w) 水轮机压力脉动过大;

x) 大轴轴向位移过大;

y) 采用纯水内冷的发电机组,在纯水电导率过高、纯水水箱水位低、循环纯水流量中断或降到一定值时;采用蒸发冷却的发电机组,冷却介质的温度、压力或液位异常时;

z) 其他异常情况发生时。

5.2.7 机组发生下列情况时,机组自动化元件(装置)及其系统能按要求发出事故停机信号及报警信号,并实现事故停机。

a) 机组各轴承及发电机定子过热;

b) 水润滑轴承主、备用水均中断或降到一定值并且超过规定时限;

c) 机组调相运行时失去电源,与电网解列,机组转速下降至规定值;

d) 电气事故保护动作;

e) 机组火警;

f) 机组振动、摆度过大;

g) 按动事故停机按钮;

h) 安装有圆筒阀或进水口快速闸门的机组,在圆筒阀或快速闸门下滑到事故位置时。

5.2.8 机组发生下列情况时,机组自动化元件(装置)及其系统能按要求发出紧急事故停机信号及报警信号,同时应动作过速限制器并可延时关闭进水阀(多台机组共用一台进水阀的情况除外)实现紧急事故停机。对于只设置进水阀而不设置过速限制器的机组,可直接进行关闭进水阀的操作:

a) 机组甩负荷时,机组转速上升到 110%~115%额定转速,又遇调速器主配压阀拒动,再经过延时。

b) 组过速到最大瞬态转速的规定值加 3%额定转速,电气转速信号器动作;

c) 机组过速到最大瞬态转速的规定值加 5%额定转速时,机械液压过速保护装置或机械过速开关动作;

d) 油压装置紧急事故低油压或压力罐油位降低到事故低油位;

e) 事故停机时剪断销剪断;

f) 按动紧急事故停机按钮。

【依据 2】《水力发电厂自动化设计技术规范》（NB/T 35004—2013）

4.2.1 水轮发电机组的自动控制系统，应能由现地或远方分别以一个命令使机组自动完成静止转发电、发电转静止、发电转调相、调相转发电、静止转调相、调相转静止等各种工况转换。

6.3.2.2（3）本项目的查评依据如下。

【依据 1】《水轮发电机组自动化元件（装置）及其系统基本技术条件》（GB/T 11805—2008）

5.2.7 机组发生下列情况时，机组自动化元件（装置）及其系统能按要求发出事故停机信号及报警信号，并实现事故停机。

a）机组各轴承及发电机定子过热；

b）水润滑轴承主、备用水均中断或降到一定值并且超过规定时限；

c）机组调相运行时失去电源，与电网解列，机组转速下降至规定值；

d）电气事故保护动作；

e）机组火警；

f）机组振动、摆度过大；

g）按动事故停机按钮；

h）安装有圆筒阀或进水口快速闸门的机组，在圆筒阀或快速闸门下滑到事故位置时。

5.2.8 机组发生下列情况时，机组自动化元件（装置）及其系统能按要求发出紧急事故停机信号及报警信号，同时应动作过速限制器并可延时关闭进水阀（多台机组共用一台进水阀的情况除外）实现紧急事故停机。对于只设置进水阀而不设置过速限制器的机组，可直接进行关闭进水阀的操作：

a）机组甩负荷时，机组转速上升到 110%～115% 额定转速，又遇调速器主配压阀拒动，再经过延时。

b）机组过速到最大瞬态转速的规定值加 3% 额定转速，电气转速信号器动作；

c）机组过速到最大瞬态转速的规定值加 5% 额定转速时，机械液压过速保护装置或机械过速开关动作；

d）油压装置紧急事故低油压或压力罐油位降低到事故低油位；

e）事故停机时剪断销剪断；

f）按动紧急事故停机按钮。

【依据 2】《水力发电厂自动化设计技术规范》（NB/T 35004—2013）

4.1.9 机组电气转速信号器应具有电压互感器和齿盘两种测频方式冗余输入，具有可调整的多定值触头，分别满足事故停机、投过速限制器、投自动准同步装置、投入与切除液压减载装置、投入起励、调相解列停机、投入电制动、投入机械制动和检测蠕动的要求。

机组电气转速信号器及调速系统测速可以共用齿盘，但探头应各自独立。

6.3.2.2（4）本项目的查评依据如下。

【依据 1】《水轮发电机组自动化元件（装置）及其系统基本技术条件》（GB/T 11805—2008）

5.1.2.13 压力式温度信号器，当机组被测部分的温度达到整定值时，应发出信号。其指示精度不低于 1.5 级，触点动作误差≤1.5%。

5.1.2.14 测温电阻（RTD），分度号应选用 Pt100，电阻应有良好的线性及防潮性能，并能抗御电机磁场干扰，宜三线引出。

a）用于定子的测温电阻及引出线，在使用温度≤150℃时，应能正常工作，绝缘应满足要求。

b）用于其他位置的测温电阻及引出线，在使用温度≤100℃时，应能正常工作，并具有防油防水性能。

5.1.2.15 数字式温度信号器，精度不低于 0.5 级，应至少具有两对报警触点，报警触点应可以在 5%～100% 量程内任意整定。在断阻、断线、断电情况发生时，报警触点不应误动，同时应有一对故障触点输出。通电时，报警触点也不应误动。

【依据 2】《水力发电厂自动化设计技术规范》（NB/T 35004—2013）

4.1.7 推力轴瓦、各导轴瓦、各油槽、空气冷却器、定子铁心及绕组和空气冷却器应设分度号为 Pt100

的测温电缆，三线制引出。推力轴瓦、各导轴瓦及定子的部分温度测点宜接至数字式温度信号器。

6.3.2.2（5）本项目的查评依据如下。

【依据1】《水轮发电机组自动化元件（装置）及其系统基本技术条件》（GB/T 11805—2008）

5.1.2.17　剪断销信号器应有良好的防潮性能，其引出电缆应具有良好的耐油性能，当剪断销剪断时应正确发出报警信号。

5.1.2.18　当一个或多个剪断销剪断时，剪断销信号报警装置应能正确发出报警信号。同时剪断销信号报警装置还应指示出被剪断的剪断销的编号。

【依据2】《水力发电厂自动化设计技术规范》（NB/T 35004—2013）

4.1.17　水轮机导水叶应装设剪断销信号装置。采用摩擦连杆或其他装置的水轮机导水叶可装设其他类型的信号装置反映导水叶卡阻情况。

6.3.2.2（6）本项目的查评依据如下。

【依据1】《水轮发电机组自动化元件（装置）及其系统基本技术条件》（GB/T 11805—2008）

5.1.2.4　液位信号器（液位开关）动作应灵活可靠，应在规定的液位发出信号，在同一液位的动作误差，不超过±5mm。

5.1.2.19　限位开关应可靠动作，并有良好的防潮性能。

5.1.2.20　导叶位置开关的触点位置应能按要求整定，并有良好的防潮性能。

5.1.2.31　轴承油位监测仪可测量导轴承及推力轴承油箱内油位，并达到设计要求。

【依据2】《水力发电厂自动化设计技术规范》（NB/T 35004—2013）

4.1.5　各轴承油槽应分别装设液位信号器，每套液位信号器应有反映液面过高或过低的触头。

6.3.2.2（7）本项目的查评依据如下。

【依据】《水轮发电机组自动化元件（装置）及其系统基本技术条件》（GB/T 11805—2008）

5.1.2.24　轴电流监测装置在频率为50Hz或150Hz的轴电流发生并达到整定值时，应分别发出两级报警信号，第二级报警信号应能延时。应有轴电流值显示，精度不低于1.5级。轴电流互感器应有良好的防潮性能，并能抗御电机磁场干扰。

6.3.2.2（8）本项目的查评依据如下。

【依据】《水轮发电机组自动化元件（装置）及其系统基本技术条件》（GB/T 11805—2008）

5.1.2.25　振动（摆度）监测装置应符合下列要求：

a）固定部分振动监测，在要求的振动频率范围内应显示振幅值，并应在整定值分别发出报警和停机信号。精度不低于1级。

b）大轴相对摆度：应显示大轴相对径向摆度，并应在整定值分别发出报警和停机信号，精度不低于1级。

c）停机信号应有延时。

d）振动（摆度）监测装置及其传感器的频率响应范围和量程应符合GB/T 6075.5—2002及GB/T 11348.5—2002的要求。

6.3.2.2（9）本项目的查评依据如下。

【依据】《水力发电厂自动化设计技术规范》（NB/T 35004—2013）

4.1.10　机组压缩空气制动系统应设起源压力监视信号，当期压降低时发信号。为防止停机后制动闸不能落下，制动闸宜设反向给气装置及位置信号。

6.3.2.2（10）本项目的查评依据如下。

【依据】《水轮发电机组自动化元件（装置）及其系统基本技术条件》（GB/T 11805—2008）

5.1.2.5　电磁换向阀（电磁阀）在85%～110%额定电压，最低油压，公称油压，最高油压及规定行程或流量范围内，应可靠动作，不允许有跳动或卡阻现象。

5.1.2.6　电磁空气阀在85%～110%额定电压，最低气压，公称气压，最高气压及规定行程范围内，应可靠动作，不允许有跳动或卡阻现象。

5.1.2.23 电动阀应符合下列要求：

a）电动装置转动方向与手轮转动方向应一致，顺时针为关；

b）位置指示机构的指针与控制开度表指示应一致，误差不大于全行程的±5%；

c）在最低操作电压及最大工作压力下，电动操作阀门全开或全关应无卡阻现象，并不得有外漏；

d）在最高操作电压下，电动操作阀门至全开或全关位置时应能自断电；

e）电动操作阀门在全开和全关位置应分别具有位置触点输出；

f）其余应符合 JB/T 8528—1997 的规定。

6.3.2.2（11）本项目的查评依据如下。

【依据】《水轮发电机组自动化元件（装置）及其系统基本技术条件》（GB/T 11805—2008）

5.1.1.12 元件的电气输出量应满足：

a）模拟量输出：优先为电流型 DC4mA～20mA，最大负载电阻不低于 500Ω；

b）开关量（触点）通断能力：

1）不低于 DC220V，0.2A；DC110V，0.4A；DC24V，1A，速动型；

2）不低于 AC220V，3A，速动型。

5.1.2.40 各种变送器输出电流 DC4mA～20mA，精度一般不低于 0.25 级。

6.3.2.2（12）本项目的查评依据如下。

【依据】《国家电网公司水电厂重大反事故措施》（国网基建〔2015〕60 号）

14.1.1.5 故障紧急停机等功能应采用独立于监控系统的回路来实现。

6.3.2.2（13）本项目的查评依据如下。

【依据】《水轮发电机组自动化元件（装置）及其系统基本技术条件》（GB/T 11805—2008）

7 试验项目及方法

7.1 外观检查主要是用目测检查。

7.2 电气元件介电性能试验

按照 GB/T 14048.1—2006 中 8.3.3.4.2.2 进行。

7.3 电气装置抗干扰试验（电快速瞬变干扰试验）按照 GB/T 17626.4—1998 进行电快速瞬变试验。

7.4 液（气）压元件的承压零件的水压强度试验。

压力应逐渐提高至试验压力 P_s（P_s=1.5 倍公称压力 P_N），同时排出腔内气体。试验持续时间 5min，此时间内压力保持不变。

7.5 液（气）压元件装配后的密封性试验。

试验介质应采用产品的工作介质。试验压力为公称压力，在用非气体介质试验时应排出腔内空气，试验持续时间 5min。

7.6 滑阀式液压元件的内漏油量试验。

施加公称油压 P_N，试验油质为 L-TSA46 汽轮机油，油温在 20℃情况下，测量内漏油量。若油质为 L-TSA32 汽轮机油或油温不是 20℃时，可根据附录 A 进行近似换算。

7.7 元件动作试验及有关性能检查

7.7.1 各种液（气）动元件试验应满足以下要求：

a）通以设计规定压力的介质，按照各元件设计要求接通或断开各通路，往复动作 5 次；

b）对油压操作的元件，还应在设计规定的事故低油压下往复动作试验 3 次。

7.7.2 流量开关的试验

依照产品允许的使用方向及位置，模拟（作型式试验时不允许模拟）逐渐增加或减小流量，动作 10 次（双向运行的流量开关每个方向各动作 5 次），检查各信号触点的动作情况。

7.7.3 液位信号器（液位开关）试验

将液位信号器固定于一容器内，注入和排放工作介质（工作介质为油的浮子式液位信号器，在确定浮子能在油中浮起之后，允许用水试验），使液位上升或下降各动作 10 次，各信号触点在规定的液位应发出相应信号，并测定各触点重复动作的误差值。

7.7.4 电磁换向阀及电磁阀试验

按设计要求分别通以最高工作压力和最低工作压力，在规定的工作行程下，分别施加 85%和 110%额定电压，往复各动作 10 次，不得跳动或卡阻，检查其渗漏量应符合设计要求。如有位置触点，还应检查其位置触点的动作情况。

7.7.5 电磁空气阀试验

按设计要求分别通以最高气压和最低气压，在规定的工作行程下，分别施加 85%和 110%额定电压，往复各动作 10 次，不得跳动或卡阻，检查其漏气情况应符合设计要求。如有位置触点，还应检查其位置触点的动作情况。

7.7.6 机械过速开关或电气转速信号装置试验

机械过速开关试验时，应在专门的试验装置上按规定的转速进行试验。电气转速信号装置试验时，应输入频率信号源模拟机组启动、甩负荷和停机工况转速变化的ＰＴ信号及齿盘信号，用记录仪记录机组转速变化和各触点动作情况。

a）按转速上升、下降的顺序各动作 5 次，各触点应发出相应信号，触点不允许抖动；用测速装置测量各次动作时的转速值，并计算其精度及返回系数；

b）电气转速信号装置应进行连续运行试验，试验时间为 72h，之后重复上述 a）试验；

c）电气转速信号装置应按 7.3 进行电快速瞬变干扰试验，检验装置的抗电磁干扰性能。

7.7.7 机械液压过速保护装置试验

按设计要求接上各管路及试验装置，在专门的试验装置上整定其动作值，动作 5 次，并测量其精度。

7.7.8 压力开关（差压开关）试验

用压力校验仪进行试验。在使用范围内取最大值，中间值及最小值，每点重复动作 3 次，测量其重复动作误差。

7.7.9 压力控制表（差压控制表）试验

用压力校验仪进行试验。在使用范围内取最大值，中间值及最小值，每点重复动作 3 次，测量其指示精度及动作误差。

7.7.10 油混水信号器动作试验

将油混水信号器的传感器浸没于装有 L-TSA46 或 L-TSA32 轮机油的容器中，接通电源，再分 5 次加入试验容器所盛油的体积的 1%～10%不同体积的水，充分搅拌后，校验其报警触点的动作情况。对于有模拟量输出的油混水信号器，应检查其 4mA～20mA 输出情况。将传感器从已混水的油中抽出，检查报警信号是否消失。反复试验 5 次。

7.7.11 压力式温度信号器试验

在模拟装置上进行试验，当测温元件温度达到整定值时应发出信号，温度下降至规定值时，信号消失。按温度上升或下降各动作 5 次。

7.7.12 测温电阻（RTD）和数字式温度信号器试验

a）检验 RTD 特性，对于 Pt100 铂电阻，0℃时其电阻值应为 100Ω，100℃时其电阻值应为 138.5Ω；

b）用可变电阻箱模拟 RTD 的阻值变化，校核温度信号器在 0℃至 100℃时的显示值及报警触点的动作情况；

c）模拟断阻、断线、断电及通电情况，故障触点应正常动作，报警触点不应误动；

d）按 7.3 进行电快速瞬变干扰试验，检验装置的抗电磁干扰性能。

7.7.13 剪断销信号报警装置试验

模拟一个或多个剪断销剪断，检查剪断销信号报警装置是否正确发出报警信号，同时还应指示出被剪断的剪断销的编号。

7.7.14 制动器位置信号装置试验

模拟一个或多个制动器位置信号变化，制动器位置信号装置应能正确发出指示信号，同时还应指示出对应制动器位置的编号。

7.7.15 轴电流监测装置试验

a）用模拟方法使互感器分别通过 50Hz 及 150Hz 的电流，其信号装置上的显示值应与通过互感器的电流值相对应。分别检查两级报警触点的整定值和动作情况；

b）按 7.3 进行电快速瞬变干扰试验，检验装置的抗电磁干扰性能。

7.7.16 振动、摆度监测装置试验

a）将振动或摆度传感器装于试验台上，与振动、摆度监测装置正确接线，模拟改变振动或摆度值，观察振动、摆度监测装置的报警和停机触点的动作情况及 DC 4mA～20mA 输出情况；

b）具有分析功能的振动、摆度监测系统，应按技术要求进行综合模拟试验；

c）按 7.3 进行电快速瞬变干扰试验，检验装置的抗电磁干扰性能。

7.7.17 电动阀试验

连接控制装置及电动阀，分别采用 85% 和 110% 的额定电压操作阀门由全开至全关，全关至全开往复各 5 次，检查如下项目：

a）阀门自动关到全关位置时，通入额定压力的工作介质，检查阀门的渗漏情况；

b）检查阀门开度指示器的方向及刻度；

c）检查手、自动切换动作情况；

d）分别检查阀门在全开和全关位置时的位置输出触点是否正常切换。

7.7.18 火灾报警系统试验

a）将感温探测器，感烟探测器与火灾报警装置及自动灭火装置按要求连接，分别模拟动作感温及感烟探测器，火灾报警装置应发出相应报警或火警信号。试验 3 次；

b）按 7.3 进行电快速瞬变干扰试验，检验装置的抗电磁干扰性能。

7.7.19 自动灭火试验

当火灾报警装置发出火警信号后，检查自动灭火装置能否自动投入。试验 3 次。

7.7.20 发电机气隙监测装置试验

a）模拟发电机气隙的变化，在气隙过小时，检查装置能否发出报警信号，试验 3 次。具有分析功能的气隙监测装置的试验，应按技术要求进行综合模拟试验；

b）按 7.3 进行电快速瞬变干扰试验，检验装置的抗电磁干扰性能。

7.7.21 发电机局部放电检测装置

a）按技术要求进行综合模拟试验；

b）按 7.3 进行电快速瞬变干扰试验，检验装置的抗电磁干扰性能。

7.7.22 大轴轴向位移检测装置试验

a）用模拟方式试验大轴轴向位移监测装置，检查其显示精度，调整期整定值，在最小、中间及最大值各选一点，检验其报警及停机触点的动作情况。并往复各动作 5 次；

b）按 7.3 进行电快速瞬变干扰试验，检验装置的抗电磁干扰性能。

7.7.23 各种测量仪试验

表3   测 量 仪 试 验 表

序号	名　称	试验检查项目	试验次数
a)	水轮机上下游水位测量仪	模拟水位变化，检测仪表精度及输出情况	3次
b)	水轮机水头测量仪		
c)	冷却水或润滑水流量测量仪	模拟流量变化，检验仪表精度及输出情况	
d)	水轮机流量测量仪		
e)	水轮机压力脉动测量仪	模拟水轮机压力脉动变化，检验仪表精度及输出情况	
f)	推力轴承负荷测量仪	在模拟实验台上进行，检验推力轴承负荷测量仪的显示情况	

按 7.3 进行电快速瞬变干扰试验，检验装置的抗电磁干扰性能。

7.7.24　通用数字显示仪表试验

a）检验显示精度及报警功能，往复动作 5 次；

b）如有模拟量输出，应检查其精度及带负载能力；

c）如触点有延时动作性能时，则应检查其相应的延时动作情况；

d）如有断阻、断线、断电报警功能，则应检查其相应的动作情况；

e）按 7.3 进行电快速瞬变干扰试验，检验装置的抗电磁干扰性能。

7.7.25　压力变送器及差压变送器试验

在压力校验台上进行试验，检验压力变送器或差压变送器的输入与输出对应关系及精度。试验 5 次。

7.8　自动化元件（装置）及其系统的现场试验

7.8.1　试验条件

a）各元件已经单件试验合格；

b）元件及其系统与主机及其他有关部件的连接是正确的，并按 GB/T 8564—2003 的要求已具备现场试验条件；

c）电源、油源、气源、水源等条件已具备；

d）设备及人身安全条件具备。

7.8.2　调相水位自动控制系统现场试验

在机组发电与调相工况间的相互转换过程中，以及调相运行和调相停机过程中，检查转轮室水位的自动控制情况。

7.8.3　上下游水位测量仪及水头测量仪现场试验

将测量水位（或水头）的传感器与测量仪表正确连接，观察水位变化时测量仪表的显示及输出是否正常。

7.8.4　水轮机流量测量仪（差压法测量）现场试验

a）将测量流量的差压传感器与测量仪表正确安装连接；

b）通水、通电、检查缓冲等设施的效果，并对相关值进行标定；

c）根据流量系数 K 值指示的流量值，与理论流量值比较后修订 K 值，如有条件可与实测流量值比较后最后决定 K 值；

d）调试其他性能，如累积流量测量，超限报警及打印功能等。

7.8.5　机组振动、摆度监测装置及发电机气隙监测装置的现场试验

a）将装置的各部件按要求装好；

b）通电，可用千分表比对各标定值；

c）根据要求整定各报警、停机触点；

d）在机组开机、停机、运行和过速的过程中，应分别记录各显示值；

e）调试其他性能，如 DC4mA～20mA 输出、通信、打印等。

7.8.6　火灾报警系统及自动灭火系统现场试验

a）按要求对火灾报警系统及自动灭火系统进行安装；

b）现场模拟动作感温及感烟探测器，火灾报警装置应正常工作；

c）对水灭火系统，接到火警信号后模拟自动操作雨淋阀开启，检查其动作情况，在有水时检查其密封情况；

d）对 CO_2 灭火系统，接到火警信号后模拟动作 CO_2 灭火操作系统，检查其动作及漏气情况。

7.8.7　大轴轴向位移监测装置现场试验

a）测出机组最大可能位移量；

b）按要求进行安装，调整零位；

c）在机组进行甩负荷试验及紧急停机试验时，测量轴向位移量，并根据实测值整定轴向位移报警触点。

7.8.8 电气转速信号装置及机械过速开关现场试验

a）按要求安装并调整；

b）按转速上升和下降的过程校验各转速触点；

c）电气转速信号装置其他性能试验：如转速、频率显示切换、DC4mA～20mA 输出。

7.8.9 机械液压过速保护装置现场试验

按要求安装并调整转动部分与固定部分的间隙；在过速试验中校验机械摆及换向阀的动作值，同时检查辅助触点的动作情况。手动复归。

7.8.10 过速限制系统现场试验

a）在没有充水的情况下作过速限制系统模拟操作试验；

b）在机组甩负荷试验之后，根据机组要求及调速器试验数据，校核整定过速限制系统参数；

c）充水后，调速器处于手动运行，模拟事故状态；当机组转速上升至 5.2.8 f）的规定值时，过速限制器应动作关机 5.2.8 a）、5.2.8 b）仅作模拟试验；记录有关数据。在试验中可根据需要，调整过速限制系统关闭导叶的时间。

7.8.11 分段关闭装置现场试验

根据机组要求调整分段关闭装置投入点及关闭导叶接力器的延缓时间。在无水时进行导叶开、关试验，记录曲线和相关数据。在机组进行甩负荷试验时，记录曲线和相关数据。

7.8.12 轴电流监测装置现场试验

a）安装好互感器及信号装置，消除机组形成的环路接地现象；

b）检验机组在开机、空载、投励磁以及机组加不同负荷时的轴电流情况；

c）整定两级轴电流报警值，并检查是否正常工作；

d）检验延时动作性能。

7.8.13 机组温度检测系统现场试验

a）检验所有 RTD；

b）检验并整定数字温度显示仪的显示值、报警值及停机值；

c）检验温度巡检装置的显示、报警及通讯是否正常。

7.8.14 机组冷却润滑水系统现场试验

a）检验水源的自动阀门（含液压和电动阀门）开关、指示及位置信号是否正常；

b）滤水器能够正常运行，并有差压报警，能正常切换及清洗；

c）减压阀能调节水压维持在 0.2MPa～0.3MPa（或要求的水压）之间；

d）检验压力表及压力控制表等监测装置，并整定其报警值；

e）检验流量开关和流量测量装置，并整定其报警值；

f）如机组冷却系统需自动正反向运行，应检验系统正反向切换功能及流量开关或流量测量装置的正反向运行功能；

g）检验机组各部位排水是否通畅；

h）检验机组主、备用冷却、密封润滑水切换是否正常。

7.8.15 机组压缩空气系统现场试验

a）检验油压装置自动补气系统；

b）检验机械制动系统及大轴空气围带控制系统；

c）检验轴承防油雾气动元件。

7.8.16 顶盖排水系统现场试验

a）检验顶盖排水泵及控制设备的自动操作功能、切换功能、水位过高报警功能；

b）检验射流泵控制系统的自动排水功能。

7.8.17 水轮机进水阀自动进化系统现场试验

a）进水管道充水后，机组处于停机状态，导叶（喷针）全关；手动及自动开、关水轮机进水阀，检验进水阀是否按规定的程序正常开、关；检验并按要求整定进水阀的开、关时间；

b）当要求做动水关闭试验时，应在以完成上述试验后进行，机组带要求的负荷运行，动水关闭水轮机进水阀，检验系统是否正常，并记录动水关闭时间。

7.8.18　机组开、停试验

在机组二次回路等各部件都具备开、停机条件后进行。

a）手动开、停机，检查自动化元件及其系统；

b）自动开、停机，检查自动化元件及其系统。

7.8.19　试运行

a）配套元件及其系统应随机组进行 24h 试运行。考验自动化元件及其系统；

b）供鉴定的元件及其系统应进行 4000h 以上的试运行；

c）出口产品的试运行可由供需双方商定。

7.9　其他电气装置试验

按产品本身的试验方法进行

7.10　电磁换向阀及电磁阀类元件动作可靠性试验按下列要求进行：

a）在室温下进行试验，试验电压为额定电压，其余按动作试验的要求；

b）动作频率不得少于每分钟 6 次；

c）实验过程中不准清理、修理或更换任何零件；

d）动作次数各 3000 次，动作准确率 100%。

7.11　电磁换向阀（电磁阀）静止后动作实验

通以公称压力的介质，静置 72h 后，施加 85%额定电压动作一次，应动作正常。

7.12　剪断销信号器及剪断销信号装置动作实验

模拟水轮机剪断销剪断，检查剪断销信号器断裂及装置的动作情况。

7.13　寿命试验

a）同列产品或结构，材料基本相同的产品，可抽一种规格或一种产品进行试验；

b）允许产品薄弱环节的局部试验代替整个产品试验，但必须保证试验状态与实际工况相同；

c）按照产品个自动做实验的要求与方法进行，记录动作次数，实验过程中更换易损件不允许超过 3 次，主要零件不得有损坏；

d）试验在室温下进行；

e）电气元件施加额定电压操作，液压元件与气压元件用公称压力的介质操作，介质温度为 10℃～35℃范围；

f）各类元件寿命试验要求的动作次数件见表 4。

表 4　　　　　　　　　　各类元件寿命试验要求的动作次数

元件名称	动作次数
电磁阀、电磁换向阀	20000
电磁空气阀、液动空气阀	10000
液压操作阀、液动截止阀	10000
其他液压元件	20000
压力开关	15000

注 1：其他液压元件是指使用中动作较多的液压元件；
注 2：动作次数为上、下、往、复、开、闭或升、降算一次。

7.14　温升试验

电气元件中，适用于长期工作制和间断长期工作的线圈，按 GB/T 2423.4—7993 中 8.3.3.3.1、8.3.3.3.2 及 8.3.3.3.6 规定的方法进行温升试验，温升用电阻法测量。

7.15　湿热试验

a）使用环境相对湿度大于90%而不大于95%的电气元件。按 GB/T 2423.4—1993 中的试验 Db 方法进行 11 周期湿热试验；

b）电子产品按 GB/T 2423.4—1993 中的试验 Db 方法进行试验。

7.16 耐潮湿眼

用于周围环境湿度不大于90%的电气元件。按 GB/T 2423.4—1993 中的试验 Db 方法进行 6 周期湿热试验。

7.17 试验用仪表

a）电气仪表精度不低于 0.1 级；

b）压力测量仪表精度比低于 0.075 级；

c）其他仪表符合有关规定。

6.3.2.2（14）本项目的查评依据如下。

【依据】《水力发电厂自动化设计技术规范》（NB/T 35004—2013）

6.4.5 水轮机主轴密封润滑主供水系统，应随机组的启停而自动投入和退出。当主供水源发生故障时，备用水源应能自动投入，并自动发信号。供水中断时应停机。

6.3.2.2（15）本项目的查评依据如下。

【依据】《水力发电厂自动化设计技术规范》（NB/T 35004—2013）

5.2.10 当上水库的水位高于警戒值时，正在抽水的机组应当立即停机；低于警戒值时，正在发电的机组应当立即停机。

当下水库的水位高于警戒值时，正在发电的机组应当立即停机；低于警戒值时，正在抽水的机组应当立即停机。

6.3.2.3 机组自动准同期装置

6.3.2.3（1）本项目的查评依据如下。

【依据】《水力发电厂自动化设计技术规范》（NB/T 35004—2013）

8.1.9 自动和手动准同步装置应安装独立的同步鉴定闭锁继电器。

6.3.2.3（2）本项目的查评依据如下。

【依据 1】《继电保护和电网安全自动装置检验规程》（DL/T 995—2006）

8.2.2 对新安装的或设备回路有较大变动的装置，在投入运行以前，必须用一次电流及工作电压加以检验和判定：

a）对接入电流、电压的相互相位、极性有严格要求的装置（如带方向的电流保护、距离保护等），其相别、相位关系以及所保护的方向是否正确。

【依据 2】《国家电网公司水电厂重大反事故措施》（国网基建〔2015〕60 号）

6.9.3.1 同期回路发生改动或设备更换的机组，在第一次并网前必须进行以下工作：

（1）对装置及同期回路进行校核、传动。

（2）利用发电机—变压器组带空载母线升压试验，校核同期电压检测二次回路的正确性，并对整步表及同期检定继电器进行实际校核。

（3）进行机组假同期试验，试验应包括继电器的手动准同期及自动准同期合闸试验、同期（继电器）闭锁等内容。

6.3.2.3（3）本项目的查评依据如下。

【依据】《继电保护和电网安全自动装置检验规程》（DL/T 995—2006）

3.3 110kV 及以上电压等级电力系统中电力设备及线路的微机型继电保护和电网安全自动装置，必须按照本标准进行检验。对于其他电压等级或非微机型继电保护装置可参照执行。

6.3.2.3（4）本项目的查评依据如下。

【依据】《水力发电厂自动化设计技术规范》（NB/T 35004—2013）

8.3.3 抽水蓄能电厂的机组自动准同步装置的选型和参数设定，应与几组水泵工况的启动并网方式相适应，必要时应配置多套参数，以适应抽水、发电等不同工况并网的要求。

6.3.2.3（5）本项目的查评依据如下。

【依据】《国家电网公司水电厂重大反事故措施》（国网基建〔2015〕60号）

6.9.2.1 新投产机组在第一次并网前必须进行以下工作：

（1）对装置及同期回路进行校核、传动。

（2）利用发电机—变压器组带空载母线升压试验，校核同期电压检测二次回路的正确性，并对整步表及同期检定继电器进行实际校核。

（3）进行机组假同期试验，试验应包括继电器的手动准同期及自动准同期合闸试验、同期（继电器）闭锁等内容。

6.3.2.4 电厂安全稳定控制装置

6.3.2.4（1）本项目的查评依据如下。

【依据】《继电保护和安全自动装置技术规程》（GB/T 14285—2006）

3.3 继电保护和安全自动装置是保障电力系统安全、稳定运行不可或缺的重要设备。确定电力网结构、厂站主接线和运行方式时，必须与继电保护和安全自动装置的配置统筹考虑，合理安排。

继电保护和安全自动装置的配置要满足电力网结构和厂站主接线的要求，并考虑电力网和厂站运行方式的灵活性。

对导致继电保护和安全自动装置不能保证电力系统安全运行的电力网结构形式、厂站主接线形式、变压器接线方式和运行方式，应限制使用。

5 安全自动装置

5.1 一般规定

5.1.1 在电力系统中，应按照 DL 755 和 DL/T 723 标准的要求，装设安全自动装置，以防止系统稳定破坏或事故扩大，造成大面积停电，或对重要用户的供电长时间中断。

5.1.2 电力系统安全自动装置，是指在电力网中发生故障或出现异常运行时，为确保电网安全与稳定运行，起控制作用的自动装置。如自动重合闸、备用电源或备用设备自动投入、自动切负荷、低频和低压自动减载、电厂事故减出力、切机、电气制动、水轮发电机自起动和调相改发电、抽水蓄能机组由抽水改发电、自动解列、失步解列及自动调节励磁等。

5.1.3 安全自动装置应满足可靠性、选择性、灵敏性和速动性的要求。

5.1.3.1 可靠性是指装置该动作时应动作，不该动作时不动作。为保证可靠性，装置应简单可靠，具备必要的检测和监视措施，便于运行维护。

5.1.3.2 选择性是指安全自动装置应根据事故的特点，按预期的要求实现其控制作用。

5.1.3.3 灵敏性是指安全自动装置的起动和判别元件，在故障和异常运行时能可靠起动和进行正确判断的功能。

5.1.3.4 速动性是指维持系统稳定的自动装置要尽快动作，限制事故影响，应在保证选择性前提下尽快动作的性能。

5.2 自动重合闸

5.2.1 自动重合闸装置应按下列规定装设：

a）3kV 及以上的架空线路及电缆与架空混合线路，在具有断路器的条件下，如用电设备允许且无备用电源自动投入时，应装设自动重合闸装置；

b）旁路断路器与兼作旁路的母线联络断路器，应装设自动重合闸装置；

c）必要时母线故障可采用母线自动重合闸装置。

5.2.2 自动重合闸装置应符合下列基本要求：

a）自动重合闸装置可由保护起动和/或断路器控制状态与位置不对应起动；

b）用控制开关或通过遥控装置将断路器断开，或将断路器投于故障线路上并随即由保护将其断开时，自动重合闸装置均不应动作；

c）在任何情况下（包括装置本身的元件损坏，以及重合闸输出触点的粘住），自动重合闸装置的动作次数应符合预先的规定（如一次重合闸只应动作一次）；

d）自动重合闸装置动作后，应能经整定的时间后自动复归；

e）自动重合闸装置，应能在重合闸后加速继电保护的动作。必要时，可在重合闸前加速继电保护动作；

f）自动重合闸装置应具有接收外来闭锁信号的功能。

5.2.3 自动重合闸装置的动作时限应符合下列要求：

5.2.3.1 对单侧电源线路上的三相重合闸装置，其时限应大于下列时间：

a）故障点灭弧时间（计及负荷侧电动机反馈对灭弧时间的影响）及周围介质去游离时间；

b）断路器及操作机构准备好再次动作的时间。

5.2.3.2 对双侧电源线路上的三相重合闸装置及单相重合闸装置，其动作时限除应考虑 5.2.3.1 要求外，还应考虑：

a）线路两侧继电保护以不同时限切除故障的可能性；

b）故障点潜供电流对灭弧时间的影响。

5.2.3.3 电力系统稳定的要求。

5.2.4 110kV 及以下单侧电源线路的自动重合闸装置，按下列规定装设：

5.2.4.1 采用三相一次重合闸方式。

5.2.4.2 当断路器断流容量允许时，下列线路可采用两次重合闸方式：

a）无经常值班人员变电所引出的无遥控的单回线；

b）给重要负荷供电，且无备用电源的单回线。

5.2.4.3 由几段串联线路构成的电力网，为了补救速动保护无选择性动作，可采用带前加速的重合闸或顺序重合闸方式。

5.2.5 110kV 及以下双侧电源线路的自动重合闸装置，按下列规定装设：

5.2.5.1 并列运行的发电厂或电力系统之间，具有四条以上联系的线路或三条紧密联系的线路，可采用不检查同步的三相自动重合闸方式。

5.2.5.2 并列运行的发电厂或电力系统之间，具有两条联系的线路或三条联系不紧密的线路，可采用同步检定和无电压检定的三相重合闸方式。

5.2.5.3 双侧电源的单回线路，可采用下列重合闸方式：

a）解列重合闸方式，即将一侧电源解列，另一侧装设线路无电压检定的重合闸方式；

b）当水电厂条件许可时，可采用自同步重合闸方式；

c）为避免非同步重合及两侧电源均重合于故障线路上，可采用一侧无电压检定，另一侧采用同步检定的重合闸方式。

5.2.6 220kV～500kV 线路应根据电力网结构和线路的特点采用下列重合闸方式：

a）对 220kV 单侧电源线路，采用不检查同步的三相重合闸方式；

b）对 220kV 线路，当满足本标准 5.2.5.1 有关采用三相重合闸方式的规定时，可采用不检查同步的三相自动重合闸方式；

c）对 220kV 线路，当满足本标准 5.2.5.2 有关采用三相重合闸方式的规定，且电力系统稳定要求能满足时，可采用检查同步的三相自动重合闸方式；

d）对不符合上述条件的 220kV 线路，应采用单相重合闸方式；

e）对 330kV～500kV 线路，一般情况下应采用单相重合闸方式；

f）对可能发生跨线故障的 330kV～500kV 同杆并架双回线路，如输送容量较大，且为了提高电力系统安全稳定运行水平，可考虑采用按相自动重合闸方式。

注：上述三相重合闸方式也包括仅在单相故障时的三相重合闸。

5.2.7 在带有分支的线路上使用单相重合闸装置时，分支侧的自动重合闸装置采用下列方式：

5.2.7.1 分支处无电源方式：

a）分支处变压器中性点接地时，装设零序电流起动的低电压选相的单相重合闸装置。重合后，不再跳闸。

b）分支处变压器中性点不接地，但所带负荷较大时，装设零序电压起动的低电压选相的单相重合闸装置。重合后，不再跳闸。当负荷较小时，不装设重合闸装置，也不跳闸。

如分支处无高压电压互感器，可在变压器（中性点不接地）中性点处装设一个电压互感器，当线路接地时，由零序电压保护起动，跳开变压器低压侧三相断路器，重合后，不再跳闸。

5.2.7.2 分支处有电源方式：

a）如分支处电源不大，可用简单的保护将电源解列后，按 5.2.7.1 规定处理；

b）如分支处电源较大，则在分支处装设单相重合闸装置。

5.2.8 当采用单相重合闸装置时，应考虑下列问题，并采取相应措施：

a）重合闸过程中出现的非全相运行状态，如引起本线路或其他线路的保护装置误动作时，应采取措施予以防止；

b）如电力系统不允许长期非全相运行，为防止断路器一相断开后，由于单相重合闸装置拒绝合闸而造成非全相运行，应具有断开三相的措施，并应保证选择性。

5.2.9 当装有同步调相机和大型同步电动机时，线路重合闸方式及动作时限的选择，宜按双侧电源线路的规定执行。

5.2.10 5.6MVA 及以上低压侧不带电源的单组降压变压器，如其电源侧装有断路器和过电流保护，且变压器断开后将使重要用电设备断电，可装设变压器重合闸装置。当变压器内部故障，瓦斯或差动（或电流速断）保护动作应将重合闸闭锁。

5.2.11 当变电所的母线上设有专用的母线保护，必要时，可采用母线重合闸，当重合于永久性故障时，母线保护应能可靠动作切除故障。

5.2.12 重合闸应按断路器配置。

5.2.13 当一组断路器设置有两套重合闸装置（例如线路的两套保护装置均有重合闸功能）且同时投运时，应有措施保证线路故障后仍仅实现一次重合闸。

5.2.14 使用于电厂出口线路的重合闸装置，应有措施防止重合于永久性故障，以减少对发电机可能造成的冲击。

5.3 备用电源自动投入

5.3.1 在下列情况下，应装设备用电源的自动投入装置（以下简称自动投入装置）：

a）具有备用电源的发电厂厂用电源和变电所所用电源；

b）由双电源供电，其中一个电源经常断开作为备用的电源；

c）降压变电所内有备用变压器或有互为备用的电源；

d）有备用机组的某些重要辅机。

5.3.2 自动投入装置的功能设计应符合下列要求：

a）除发电厂备用电源快速切换外，应保证在工作电源或设备断开后，才投入备用电源或设备；

b）工作电源或设备上的电压，不论何种原因消失，除有闭锁信号外，自动投入装置均应动作；

c）自动投入装置应保证只动作一次。

5.3.3 发电厂用备用电源自动投入装置，除应符合 5.3.2 的规定外，还应符合下列要求：

5.3.3.1 当一个备用电源同时作为几个工作电源的备用时，如备用电源已代替一个工作电源后，另一工作电源又被断开，必要时，自动投入装置仍能动作。

5.3.3.2 有两个备用电源的情况下，当两个备用电源为两个彼此独立的备用系统时，应装设各自独立的自动投入装置；当任一备用电源能作为全厂各工作电源的备用时，自动投入装置应使任一备用电源能对全厂各工作电源实行自动投入。

5.3.3.3 自动投入装置在条件可能时，宜采用带有检定同步的快速切换方式，并采用带有母线残压闭锁的慢速切换方式及长延时切换方式作为后备；条件不允许时，可仅采用带有母线残压闭锁的慢速切换方式及长延时切换方式。

5.3.3.4　当厂用母线速动保护动作、工作电源分支保护动作或工作电源由手动或分散控制系统（DCS）跳闸时，应闭锁备用电源自动投入。

5.3.4　应校核备用电源或备用设备自动投入时过负荷及电动机自起动的情况，如过负荷超过允许限度或不能保证自起动时，应有自动投入装置动作时自动减负荷的措施。

5.3.5　当自动投入装置动作时，如备用电源或设备投于故障，应有保护加速跳闸。

5.4　暂态稳定控制及失步解列

5.4.1　为保证电力系统在发生故障情况下的稳定运行，应依据 DL 755 及 DL/T 723 标准的规定，在系统中根据电网结构、运行特点及实际条件配置防止暂态稳定破坏的控制装置。

5.4.1.1　设计和配置系统稳定控制装置时，应对电力系统进行必要的安全稳定计算以确定适当的稳定控制方案、控制装置的控制策略或逻辑。控制策略可以由离线计算确定，有条件时，可以由装置在线计算定时更新控制策略。

5.4.1.2　稳定控制装置应根据实际需要进行配置，优先采用就地判据的分散式装置，根据电网需要，也可采用多个厂站稳定控制装置及站间通道组成的分布式区域稳定控制系统，尽量避免采用过分庞大复杂的控制系统；

5.4.1.3　稳定控制系统应采用模块化结构，以便于适应不同的功能需要，并能适应电网发展的扩充要求。

5.4.2　对稳定控制装置的主要技术性能要求：

a）装置在系统中出现扰动时，如出现不对称分量，线路电流、电压或功率突变等，应能可靠起动；

b）装置宜由接入的电气量正确判别本厂站线路、主变或机组的运行状态；

c）装置的动作速度和控制内容应能满足稳定控制的有效性；

d）装置应有能与厂站自动化系统和/或调度中心相关管理系统通信，能实现就地和远方查询故障和装置信息、修改定值等；

e）装置应具有自检、整组检查试验、显示、事件记录、数据记录、打印等功能。

5.4.3　为防止暂态稳定破坏，可根据系统具体情况采用以下控制措施：

a）对功率过剩地区采用发电机快速减出力、切除部分发电机或投入动态电阻制动等；

b）对功率短缺地区采用切除部分负荷（含抽水运行的蓄能机组）等；

c）励磁紧急控制，串联及并联电容装置的强行补偿，切除并联电抗器和高压直流输电紧急调制等；

d）在预定地点将某些局部电网解列以保持主网稳定。

5.4.4　电力系统稳定破坏出现失步状态时，应根据系统的具体情况采取消除失步振荡的控制措施。

5.4.4.1　为消除失步振荡，应装设失步解列控制装置，在预先安排的输电断面，将系统解列为各自保持同步的区域。

5.4.4.2　对于局部系统，如经验算或试验可能拉入同步、短时失步运行及再同步不会导致严重损失负荷、损坏设备和系统稳定进一步破坏，则可采用再同步控制，使失步的系统恢复同步运行。送端孤立的大型发电厂，在失步时应优先切除部分机组，以利其他机组再同步。

5.5　频率和电压异常紧急控制

5.5.1　电力系统中应设置限制频率降低的控制装置，以便在各种可能的扰动下失去部分电源（如切除发电机，系统解列等）而引起频率降低时，将频率降低限制在短时允许范围内，并使频率在允许时间内恢复至长时间允许值。

5.5.1.1　低频减负荷是限制频率降低的基本措施，电力系统低频减负荷装置的配置及其所断开负荷的容量，应根据系统最不利运行方式下发生事故时，整个系统或其各部分实际可能发生的最大功率缺额来确定。自动低频减负荷装置的类型和性能如下：

a）快速动作的基本段，应按频率分为若干级，动作延时不宜超过 0.2s。装置的频率整定值应根据系统的具体条件、大型火电机组的安全运行要求、以及由装置本身的特性等因素决定。提高最高一级的动作频率值，有利于抑制频率下降幅度，但一般不宜超过 49.2Hz。

b）延时较长的后备段，可按时间分为若干级，起动频率不宜低于基本的最高动作频率。装置最小动作时间可为 10s～15s，级差不宜小于 10s。

5.5.1.2 为限制频率降低，有条件时应首先将处于抽水状态的蓄能机组切除或改为发电工况，并启动系统中的备用电源，如旋转备用机组增发功率、调相运行机组改为发电运行方式、自动启动水电机组和燃气轮机组等。切除抽水蓄能机组和启动备用电源的动作频率可为 49.5Hz 左右。

5.5.1.3 当事故扰动引起地区大量失去电源（如 20%以上），低频减负荷不能有效防止频率严重下降时，应采用集中切除某些负荷的措施，以防止频率过度降低。集中切负荷的判据应反应受电联络线跳闸、大机组跳闸等，并按功率分档联切负荷。

5.5.1.4 为了在系统频率降低时，减轻弱互联系统的相互影响，以及为了保证发电厂厂用电和其他重要用户的供电安全，在系统的适当地点应设置低频解列控制。

5.5.2 由于某种原因（联络线事故跳闸、失步解列等）有可能与主网解列的有功功率过剩的独立系统，特别是以水电为主并带有火电机组的系统，应设置自动限制频率升高的控制装置，保证电力系统：

a）频率升高不致达到汽轮机危急保安器的动作频率；

b）频率升高数值及持续时间不应超过汽轮机组（汽轮机叶片）特性允许的范围。

限制频率升高控制装置可采用切除发电机或系统解列，例如将火电厂及与其大致平衡的负荷一起与系统其他部分解列。

5.5.3 为防止电力系统出现扰动后，无功功率欠缺或不平衡，某些节点的电压降到不允许的数值，甚至可能出现电压崩溃，应设置自动限制电压降低的紧急控制装置。

5.5.3.1 限制电压降低控制装置作用于增发无功功率（如发电机、调相机的强励，电容补偿装置强行补偿等）或减少无功功率需求（如切除并联电抗器，切除负荷等）。

5.5.3.2 低电压减负荷控制作为自动限制电压降低和防止电压崩溃的重要措施，应根据无功功率和电压水平的分析结果在系统中妥善配置。低电压减负荷控制装置反应于电压降低及其持续时间，装置可按动作电压及时间分为若干级，装置应在短路、自动重合闸及备用电源自动投入期间可靠不动作。

5.5.3.3 电力系统故障导致主网电压降低，在故障清除后主网电压不能及时恢复时，应闭锁供电变压器的带负荷自动切换抽头装置（OLTC）。

5.5.4 为防止电力系统出现扰动后，某些节点无功功率过剩而引起工频电压升高的数值及持续时间超过允许值，应设置自动防止电压升高的紧急控制。

5.5.4.1 限制电压升高控制装置应根据输电线路工频过电压保护的要求，装设于 330kV 及以上线路，也可装设于长距离 220kV 线路上。

5.5.4.2 对于具有大量电缆线路的配电变电站，如突然失去负荷导致不允许的母线电压升高时，宜设置限制电压升高的装置。

5.5.4.3 限制电压升高控制装置的动作时间可分为几段，例如：第 1 段投入并联电抗器，第 2 段切除其充电功率引起电压升高的线路。

5.6 自动调节励磁

5.6.1 发电机均应装设自动调节励磁装置。自动调节励磁装置应具备下列功能：

a）励磁系统的电流和电压不大于 1.1 倍额定值的工况下，其设备和导体应能连续运行、励磁系统的短时过励磁时间应按照发电机励磁绕组允许的过负荷能力和发电机允许的过励磁特性限定。

b）在电力系统发生故障时，根据系统要求提供必要的强行励磁倍数，强励时间应不小于 10s。

c）在正常运行情况下，按恒机端电压方式运行。

d）在并列运行发电机之间，按给定要求分配无功负荷。

e）根据电力系统稳定要求加装电力系统稳定器（PSS）或其他有利于稳定的辅助控制。PSS 应配备必要的保护和限制器，并有必要的信号输入和输出接口。

f）具有过励限制、低励磁限制、励磁过电流反时限制和 V/F 限制等功能。

5.6.2 对发电机自动电压调节器及其控制的励磁系统性能应符合 GB/T 7409.1—7409.3 标准的规定，还应满足下列要求：

a. 大型发电机的自动电压调节器应具有下列性能：

——应有两个独立的自动通道。

——宜能实现与自动准同步装置（ASS）、数字式电液调节器（DEH）和分布式汽机控制系统（DCS）之间的通信。

——应附有过励、低励、励磁过电流反时限制和 V/F 限制及保护装置，最低励磁限制的动作应能先于励磁自动切换和失磁保护的动作。

——应设有测量电压回路断相、触发脉冲丢失和强励时的就地和远方信号。

——电压回路断相时应闭锁强励。

b. 励磁系统的自动电压调节器应配备励磁系统接地的自动检测器。

5.6.3 水轮发电机的自动调节励磁装置，应能限制由于转速升高引起的过电压。当需大量降低励磁时，自动调节励磁装置应能快速减磁，否则应增设单独快速减磁装置。

5.6.4 发电机的自动调节励磁装置，应接到两组不同的机端电压互感器上。即励磁专用电压互感器和仪用测量电压互感器。

5.6.5 带冲击负荷的同步电动机，宜装设自动调节励磁装置，不带冲击负荷的大型同步电动机，也可装设自动调节励磁装置。

5.7 自动灭磁

5.7.1 自动灭磁装置应具有灭磁功能，并根据需要具备过电压保护功能。

5.7.2 在最严重的状态下灭磁时，发电机转子过电压不应超过发电机转子额定励磁电压的 3 倍～5 倍。

5.7.3 当灭磁电阻采用线性电阻时，灭磁电阻值可为磁场电阻热态值的 2 倍～3 倍。

5.7.4 转子过电压保护应简单可靠，动作电压应高于灭磁时的过电压值、低于发电机转子励磁额定电压的 5 倍～7 倍。

5.7.5 同步电动机的自动灭磁装置应符合的要求，与同类型发电机相同。

5.8 故障记录及故障信息管理

5.8.1 为了分析电力系统事故和安全自动装置在事故过程中的动作情况，以及为迅速判定线路故障点的位置，在主要发电厂、220kV 及以上变电所和 110kV 重要变电所应装设专用故障记录装置。单机容量为 200MW 及以上的发电机或发电机变压器组应装设专用故障记录装置。

5.8.2 故障记录装置的构成，可以是集中式的，也可以是分散式的。

5.8.3 故障记录装置除应满足 DL/T 553 标准的规定外，还应满足下列技术要求：

5.8.3.1 分散式故障记录装置应由故障录波主站和数字数据采集单元（DAU）组成。DAU 应将故障记录传送给故障录波主站。

5.8.3.2 故障记录装置应具备外部起动的接入回路，每一 DAU 应能将起动信息传送给其他 DAU。

5.8.3.3 分散式故障记录装置的录波主站容量应能适应该厂站远期扩建的 DAU 的接入及故障分析处理。

5.8.3.4 故障记录装置应有必要的信号指示灯及告警信号输出接点。

5.8.3.5 故障记录装置应具有软件分析、输出电流、电压、有功、无功、频率、波形和故障测距的数据。

5.8.3.6 故障记录装置与调度端主站的通信宜采用专用数据网传送。

5.8.3.7 故障记录装置的远传功能除应满足数据传送要求外，还应满足：

a）能以主动及被动方式、自动及人工方式传送数据；

b）能实现远方起动录波；

c）能实现远方修改定值及有关参数。

5.8.3.8　故障记录装置应能接收外部同步时钟信号（如 GPS 的 IRIG-B 时钟同步信号）进行同步的功能，全网故障录波系统的时钟误差应不大于 1ms，装置内部时钟 24 小时误差应不大于±5s。

5.8.3.9　故障记录装置记录的数据输出格式应符合 IEC 60255-24 标准。

5.8.4　为使调度端能全面、准确、实时地了解系统事故过程中继电保护装置的动作行为，应逐步建立继电保护及故障信息管理系统。

5.8.4.1　继电保护及故障信息管理系统功能要求：

a）系统能自动直接接收直调厂、站的故障录波信息和继电保护运行信息；

b）能对直调厂、站的保护装置、故障录波装置进行分类查询、管理和报告提取等操作；

c）能够进行波形分析、相序相量分析、谐波分析、测距、参数修改等；

d）利用双端测距软件准确判断故障点，给出巡线范围；

e）利用录波信息分析电网运行状态及继电保护装置动作行为，提出分析报告；

f）子站端系统主要是完成数据收集和分类检出等工作，以提供调度端对数据分析的原始数据和事件记录量。

5.8.4.2　故障信息传送原则要求：

a）全网的故障信息，必须在时间上同步。在每一事件报告中应标定事件发生的时间。

b）传送的所有信息，均应采用标准规约。

6.3.2.4（2）本项目的查评依据如下。

【依据】《继电保护和安全自动装置技术规程》（GB/T 14285—2006）

6.1　二次回路

6.1.1　本节适用于与继电保护和安全自动装置有关的二次回路。

6.1.2　二次回路的工作电压不宜超过 250V，最高不应超过 500V。

6.1.3　互感器二次回路连接的负荷，不应超过继电保护和安全自动装置工作准确等级所规定的负荷范围。

6.1.4　发电厂和变电所，应采用铜芯的控制电缆和绝缘导线。在绝缘可能受到油浸蚀的地方，应采用耐油绝缘导线。

6.1.5　按机械强度要求，控制电缆或绝缘导线的芯线最小截面，强电控制回路，不应小于 $1.5mm^2$，屏、柜内导线的芯线截面应不小于 $1.0mm^2$；弱电控制回路，不应小于 $0.5mm^2$。

电缆芯线截面的选择还应符合下列要求：

a）电流回路：应使电流互感器的工作准确等级符合继电保护和安全自动装置的要求。无可靠依据时，可按断路器的断流容量确定最大短路电流。

b）电压回路：当全部继电保护和安全自动装置动作时（考虑到电网发展，电压互感器的负荷最大时），电压互感器到继电保护和安全自动装置屏的电缆压降不应超过额定电压的 3%。

c）操作回路：在最大负荷下，电源引出端到断路器分、合闸线圈的电压降，不应超过额定电压的 10%。

6.1.6　安装在干燥房间里的保护屏、柜、开关柜的二次回路，可采用无护层的绝缘导线，在表面经防腐处理的金属屏上直敷布线。

6.1.7　当控制电缆的敷设长度超过制造长度，或由于屏、柜的搬迁而使原有电缆长度不够时，或更换电缆的故障段时，可用焊接法连接电缆（通过大电流的应紧固连接，在连接处应设连接盒），也可经屏上的端子排连接。

6.1.8　控制电缆宜采用多芯电缆，应尽可能减少电缆根数。

在同一根电缆中不宜有不同安装单位的电缆芯。

对双重化保护的电流回路、电压回路、直流电源回路、双跳闸绕组的控制回路等，两套系统不应合用一根多芯电缆。

6.1.9　保护和控制设备的直流电源、交流电流、电压及信号引入回路应采用屏蔽电缆。

6.1.10 在安装各种设备、断路器和隔离开关的连锁接点、端子排和接地线时，应能在不断开 3kV 及以上一次线的情况下，保证在二次回路端子排上安全地工作。

6.1.11 发电厂和变电所中重要设备和线路的继电保护和自动装置，应经常监视操作电源的装置。各断路器的跳闸回路，重要设备和线路的断路器合闸回路，以及装有自动重合装置的断路器合闸回路，应装设回路完整性的监视装置。监视装置可发出光信号或声光信号，或通过自动化系统向远方传送信号。

6.1.12 在可能出现操作过电压的二次回路中，应采取降低操作过电压的措施，例如对电感大的线圈并联消弧回路。

6.1.13 在有振动的地方，应采取防止导线接头松脱和继电器、装置误动作的措施。

6.1.14 屏、柜和屏、柜上设备的前面和后面，应有必要的标志，标明其所属安装单位及用途。屏、柜上的设备，在布置上应使各安装单位分开，不应互相交叉。

6.1.15 试验部件、连接片、切换片，安装中心线离地面不宜低于 300mm。

6.1.16 电流互感器的二次回路不宜进行切换。当需要切换时，应采取防止开路的措施。

6.1.17 保护和自动装置均宜采用柜式结构。

6.3.2.4（3）本项目的查评依据如下。

【依据】《继电保护和电网安全自动装置检验规程》（DL/T 995—2006）

全部条款

6.3.2.4（4）本项目的查评依据如下。

【依据】《继电保护和安全自动装置技术规程》（GB/T 14285—2006）

5.1.3 安全自动装置应满足可靠性、选择性、灵敏性和速动性的要求。

5.1.3.1 可靠性是指装置该动作时应动作，不该动作时不动作。为保证可靠性，装置应简单可靠，具备必要的检测和监视措施，便于运行维护。

5.1.3.2 选择性是指安全自动装置应根据事故的特点，按预期的要求实现其控制作用。

5.1.3.3 灵敏性是指安全自动装置的起动和判别元件，在故障和异常运行时能可靠起动和进行正确判断的功能。

5.1.3.4 速动性是指维持系统稳定的自动装置要尽快动作，限制事故影响，应在保证选择性前提下尽快动作的性能。

6.3.2.5 水淹厂房保护

6.3.2.5（1）本项目的查评依据如下。

【依据】《水力发电厂自动化设计技术规范》（NB/T 35004—2013）

6.6.1 厂房最底层（含操作走廊）设置不少于 3 套水位信号器。

6.6.2 每套水位信号器至少包括 2 对触头输出。当水位达到第一上限时报警，当同时有 2 套水位信号器第二上限信号动作时，作用于紧急事故停机（见本规范 4.2.12）并发水淹厂房报警信号，启动厂房事故广播系统，抽水蓄能机组还需关闭尾水闸门。

6.3.2.5（2）本项目的查评依据如下。

【依据】《国家电网公司关于印发防止水电厂水淹厂房反事故补充措施的通知》（国家电网基建〔2017〕61 号）

6. 抽蓄电站发电机层逃生通道应设置至少一处手动启动水淹厂房保护按钮，可一键实现所有机组紧急停机、关闭上库进出水口和尾水事故闸门功能。回路设计应采用独立于电站监控系统的硬布线（包括独立光缆），电源应独立提供。

6.3.2.5（3）本项目的查评依据如下。

【依据】《水力发电厂自动化设计技术规范》（NB/T 35004—2013）

3.1.1 事故闸门应既能在现地（启闭机室）控制，又能在远方（中控室和机旁现场控制单元，简称 LCU）控制。现场控制方式下，应能开启和关闭闸门。在中控室和机旁应设置独立于监控系统的事故闸门紧急关闭按钮及回路，并以硬接线（包括独立光缆）的形式接至闸门的控制回路。

对于有长尾水洞的抽水蓄能电站，需要远方紧急关闭的事故闸门包括上水库侧和尾水侧的事故闸门。

6.3.2.5（4）本项目的查评依据如下。

【依据】《国家电网公司水电厂重大反事故措施》（国家电网基建〔2015〕60号）

2.2.1.5 应分别设置两套不同原理的水库水位测量控制装置，实现水库水位的实时监视、测量。抽水蓄能电站抽水运行工况上水库水位、发电工况下水库水位禁止超过警戒值。

6.3.2.6 相量测量装置

6.3.2.6（1）本项目的查评依据如下。

【依据】《国家电网公司十八项电网重大反事故措施（修订版）》（国家电网生〔2012〕352号）

16.1.1.3 主网500kV及以上厂站、220kV枢纽变电站、大电源、电网薄弱点、风电等新能源接入站（风电接入汇集点）、通过35kV及以上电压等级线路并网且装机容量40MW及以上的风电场均应部署相量测量装置（PMU）。其测量信息能上传至相关调度机构并提供给厂站进行就地分析。PMU与主站之间的通信方式应统一考虑，确保前期和后期工程的一致性。

16.1.1.5 电网内的远动装置、相量测量装置（PMU）、电能量终端、时间同步装置、计算机监控系统及其测控单元、变送器等自动化设备（子站）必须是通过具有国家级检测资质的质检机构检验合格的产品。

6.3.3 励磁系统

6.3.3（1）本项目的查评依据如下。

【依据】《同步电机励磁系统大、中型同步发电机励磁系统技术要求》（GB/T 7409.3—2007）

5.6 励磁系统的自动电压调节功能应能保证在发电机空载额定电压的70%～110%范围内稳定、平滑地调节。

5.7 励磁系统的手动励磁调节功能应能保证同步发电机励磁电流在空载励磁电流的20%到额定励磁电流110%范围内稳定地平滑调节。

5.8 同步发电机在空载运行状态下，自动电压调节器和手动励磁调节器的给定值变化引起发电机电压变化的速度在每秒0.3%～1%的发电机额定电压之间。

5.10 励磁系统应保证同步发电机端电压的静差率不大于±1%。

6.3.3（2）本项目的查评依据如下。

【依据1】《同步电机励磁系统大、中型同步发电机励磁系统技术要求》（GB/T 7409.3—2007）

5.2 当同步发电机的励磁电压和电流不超过其额定值的1.1倍时，励磁系统应能保证能长期连续运行。

【依据2】《大中型水轮发电机静止整流励磁系统及装置技术条件》（DL/T 583—2006）

4.2.1 励磁系统应保证当发电机励磁电流和电压为发电机额定负载下励磁电流和电压的1.1倍时能长期连续运行。

6.3.3（3）本项目的查评依据如下。

【依据1】《大中型水轮发电机静止整流励磁系统及装置技术条件》（DL/T 583—2006）

4.2.2 励磁顶值电压倍数一般为1.5～2.0，励磁顶值电压倍数小于2时，励磁顶值电流倍数与励磁顶值电压倍数相同，励磁顶值电压倍数超过2时，励磁顶值电流倍数仍取2，当系统稳定要求更高励磁顶值电压倍数时，按计算要求确定。

4.2.3 励磁系统在输出顶值电流情况下，允许持续时间不小于20s。

【依据2】《同步电机励磁系统大、中型同步发电机励磁系统技术要求》（GB/T 7409.3—2007）

5.3 励磁顶值电压倍数应根据电网情况及发电机在电网中的地位确定：

a）100MW及以上汽轮发电机一般为1.8倍；

b）50MW及以上水轮发电机一般为2倍；

c）其他一般为1.6倍。

对于励磁电源取自发电机端的电势源静止励磁系统，其励磁顶值电压倍数应按 80%的发电机额定电压计算。

5.4　励磁系统的顶值电流应不超过 2 倍额定励磁电流，允许持续时间应不小于 10s。

6.3.3（4）本项目的查评依据如下。

【依据】《同步电机励磁系统大、中型同步发电机励磁系统技术要求》（GB/T 7409.3—2007）

5.5　励磁系统标称响应规定如下：

a）50MW 及以上水轮发电机和 100MW 及以上的汽轮发电机励磁系统的标称响应不低于每秒 2 倍额定励磁电压；

b）其他不低于每秒 1 倍额定励磁电压。

6.3.3（5）本项目的查评依据如下。

【依据 1】《大中型水轮发电机静止整流励磁系统及装置技术条件》（DL/T 583—2006）

4.2.7　励磁系统应保证在发电机空载运行情况下，频率值每变化 1%时，发电机电压的变化值不大于额定值的±0.25%。

4.2.8　励磁系统应满足下列要求：

a）空载±10%阶跃响应，电压超调量不大于额定电压的 10%，振荡次数不超过 3 次，调节时间不大于 5s；

b）发电机空载运行，转速在 0.95～1.05 额定转速范围内，突然投入励磁系统，使发电机机端电压从零上升至额定值时，电压超调量不大于额定电压的 10%，振荡次数不超过 3 次，调节时间不大于 5s；

c）在额定功率因数下，当发电机突然甩掉额定负载后，发电机电压超调量不大于 15%额定值，振荡次数不超过 3 次，调节时间不大于 5s。

【依据 2】《抽水蓄能机组励磁系统运行检修规程》（GB/T 32506—2016）

5.3.1.7　空载阶跃响应试验：检验机组在发电空载工况下励磁调节器在机端电压给定值 10%阶跃扰动下的调节性能。

6.3.3（6）本项目的查评依据如下。

【依据 1】《大中型水轮发电机静止整流励磁系统及装置技术条件》（DL/T 583—2006）

4.4.1　励磁调节器除了具有自动电压调节（AVR）、励磁电流调节（FCR）、调差功能等基本调节功能外，大、中型发电机励磁调节器还应具有下列辅助功能单元：

a）最大励磁电流限制器。限制励磁电流不超过允许的励磁顶值电流。功率整流器部分支路退出或冷却系统故障时，应将励磁电流限制到预设的允许值内。

b）强励反时限限制器。在强行励磁到达允许持续时间时，限制器应自动将励磁电流减到长期连续运行允许的最大值。强励允许持续时间和强励电流值按反时限规律确定。限制器应当和发电机转子热容量特性相匹配，且在强励原因消失后，应能自动返回到强励前状态。

c）过励磁限制器，发电机滞相运行情况下，调节器应能保证发电机在 PQ 限制曲线范围内运行。当发电机运行点因为某种原因超出限制范围时，调节器应能限制励磁输出，确保自动将发电机运行点拉回到 PQ 限制曲线内。过励原因消失后应能自动返回到过励前状态。过励磁限制器可延时动作，以保证故障情况下机组尽可能地出力。

d）欠励磁限制器。发电机进相运行情况下，调节器应能保证发电机在 PQ 曲线限制范围内运行。当发电机运行点因为某种原因超出限制范围，调节器应能立刻自动地将发电机运行点限制到 PQ 限制曲线内。欠励磁限制器为瞬时动作，以防止故障情况下机组失步。欠励磁限制要与失磁保护配合，欠励磁限制动作应先于失磁保护。

e）其他限制、保护功能：

1）电压互感器断线保护；

2）电压/频率限制器；

3）系统电压跟踪单元；

4）无功功率成组调节单元。

f）电力系统稳定器 PSS 附加控制。电力系统稳定器应具有必要的保护、控制和限制功能。其数学模型应符合 IEEE std421.4 中的规定。其一般有效抑制低频振荡的频率范围为 0.2Hz～2.0Hz。如有特殊要求可根据系统计算和仿真进行整定。并配有 PSS 试验用输入、输出测试口。

g）励磁调节器必须通过相应等级的电磁兼容试验（见附录 A），并满足 GB/T 17626、IEC 61000-6-5、IEC 61000-4-7 的规定。

h）微机励磁调节器还应有以下功能和要求：

1）励磁系统参数的在线显示和整定，显示的参数应为实际值或标幺值，并以十进制表示；

2）故障的在线检测和诊断；

3）现场的调试和试验功能；

4）励磁系统状态、事件的记录和故障的实时录波功能。

i）励磁调节器应有两路输入供电电源。其中至少一路应由厂用蓄电池组供电。

【依据2】《国家电网公司水电厂重大反事故措施》（国家电网基建〔2015〕60号）

15.4.1.3　励磁系统如设有定子过压限制环节，应与发电机过压保护定值相配合，该限制环节应在机组保护之前动作。

6.3.3（7）本项目的查评依据如下。

【依据1】《大中型水轮发电机静止整流励磁系统及装置技术条件》（DL/T 583—2006）

4.4.3　转子过电压保护器

为防止发电机运行和操作过程中产生危及励磁绕组的过电压，应装设励磁绕组过电压保护装置。

a）过电压保护装置可以由非线性电阻、晶闸管跨接器组成，也可以由其他电气元器件组成；

b）过电压保护装置动作应可靠，并能自动恢复，采用的元件容量应有足够的裕度；

c）采用电子跨接器的过电压保护装置的回路中，不允许串接熔断器；

d）采用氧化锌非线性电阻的励磁绕组过电压保护装置应符合下列要求：

1）在额定工况下，非线性电阻元件荷电率应小于60%；

2）非线性电阻的工作能容量应有足够的裕度，并允许连续动作；

3）非线性电阻元件使用寿命不小于10年（非线性电阻元件的使用寿命，指在正常工作条件下，元件压敏电压变化率达到10%的使用时间）；

4）非线性电阻元件的伏安特性、耗能容量、分散性、稳定性等技术指标均应符合设计要求。

【依据2】《同步电机励磁系统大、中型同步发电机励磁系统技术要求》（GB/T 7409.3—2007）

5.17　同步发电机励磁回路应装设转子过电压保护，保护发电机转子和励磁装置本身。

【依据3】《防止电力生产事故的二十五项重点要求》（国能安全〔2014〕161号）

11.2.2　发电机转子一点接地保护装置原则上应安装于励磁系统柜。接入保护柜或机组故障录波器的转子正、负极采用高绝缘的电缆且不能与其他信号共用电缆。

6.3.3（8）本项目的查评依据如下。

【依据1】《大中型水轮发电机静止整流励磁系统及装置技术条件》（DL/T 583—2006）

4.4.4　灭磁装置

励磁系统励磁绕组回路应装设灭磁装置。在任何需要灭磁的工况下包括误强励灭磁装置必须保证可靠灭磁。灭磁时间应尽可能短。励磁系统应提供如下灭磁方式；正常停机可以采用逆变灭磁方式。故障情况下灭磁装置应具有独立性和强制性。可以采用线性电阻的灭磁方式，亦可以采用非线性电阻的灭磁方式和自然衰减的灭磁方式。大型机组不提倡采用自然衰减的灭磁方式。当系统配有多种灭磁环节时，要求时序配合正确、主次分明、动作迅速。

a）逆变灭磁要求连续、稳定，不发生颠覆；

b）线性电阻灭磁：可以是磁场开关加线性电阻组合；也可以是整流器阳极交流开关加线性电阻组合。线性电阻支路可以串接开关接点，也可以串接电子跨接器闭合转子构成灭磁回路。电阻值按75℃时转子电阻的 2～3 倍选取；

　　c）非线性电阻灭磁：可以是磁场开关加非线性电阻组合，也可以是整流器阳极交流开关加非线性电阻组合。非线性电阻支路可以串接开关接点，也可以串接电子跨接器闭合转子构成灭磁回路。非线性电阻可以是氧化锌非线性电阻，也可以是碳化硅非线性电阻；

　　d）可采用电子跨接器加灭磁电阻的灭磁方案，灭磁电阻可以是线性电阻或非线性电阻；

　　e）移能型直流磁场开关或整流器阳极交流开关配合非线性电阻的灭磁装置应符合下列要求：

　　1）最小断流能力不大于额定励磁电流的 6%；

　　2）最大断流能力不小于额定励磁电流的 300%；

　　3）开关合闸和跳闸动作要可靠，电弧不应外喷；

　　f）采用氧化锌非线性电阻应满足下列要求：

　　1）非线性电阻荷电率不大于 60%；

　　2）非线性电阻装置整组非线性系数 $\beta < 0.1$；

　　3）最严重灭磁工况下，需要非线性电阻承受的耗能容量不超过其工作能容量的 80%。同时，当装置内 20% 的组件退出运行时，应仍能满足最严重灭磁工况下的要求；

　　4）在严重故障条件下，灭磁各支路的非线性电阻均能系数应在 90% 以上；

　　5）除机组定子三相短路或空载误强励下灭磁外，其他工况下，允许连续两次灭磁；

　　6）非线性电阻元件使用寿命不小于 10 年，一般不应限制灭磁次数；

　　g）采用碳化硅非线性电阻时非线性系数 β 宜小于 0.33。除此之外其他要求和本条中的 f）相同。

　　【依据2】《同步电机励磁系统大、中型同步发电机励磁系统技术要求》（GB/T 7409.3—2007）

　　5.18　励磁系统应有灭磁功能，能在正常和下述非正常工况下可靠的灭磁；

　　a）发电机运行在系统中，其励磁电流不超过额定值，定子回路外部短路或内部短路；

　　b）发电机空载误强励（继电保护动作）

　　【依据3】《抽水蓄能机组励磁系统运行检修规程》（GB/T 32506—2016）

　　5.3.1.10　灭磁试验：检验励磁系统正常停机和故障情况下的灭磁功能。

6.3.3（9）本项目的查评依据如下。

　　【依据1】《大中型水轮发电机静止整流励磁系统及装置技术条件》（DL/T 583—2006）

　　4.2.6　励磁系统应能保证发电机机端电压调差率整定范围为 ±15%，级差不大于 1%。调差特性应有较好的线性度。

　　【依据2】《同步电机励磁系统大、中型同步发电机励磁系统技术要求》（GB/T 7409.3—2007）

　　5.9　励磁系统应保证同步发电机无功电流补偿率（无功电流调差率）的整定范围不小于 ±15%。

6.3.3（10）本项目的查评依据如下。

　　【依据】《大中型水轮发电机静止整流励磁系统及装置技术条件》（DL/T 583—2006）

　　4.3.1　励磁系统应设置两套独立的调节通道。两套独立调节通道可以是双自动通道（至少一套含有 FCR 功能），也可以是一个自动通道加一个手动通道。

　　4.3.2　励磁系统采用的两套调节通道应互为热备用、相互自动跟踪，应能手动切换，运行通道故障时能自动切换和 TV 断线自动切换至备用通道。自动跟踪部件应具有防止跟踪异常情况或故障情况的措施。以保证当运行调节通道故障时，能正确、自动地切换到备用调节通道。切换时发电机机端电压或无功功率应无明显波动。

　　4.3.3　励磁系统调节通道设有自动/手动运行方式时，应具有双向跟踪、切换功能。跟踪部件应能正确、自动地进行跟踪。切换应具有手动和 TV 断线自动切换能力。切换时保证发电机机端电压和无功功率无明显波动。

6.3.3（11）本项目的查评依据如下。

　　【依据】《国家电网公司水电厂重大反事故措施》（国家电网基建〔2015〕60 号）

　　15.4.1.4　两套励磁调节器的电压、电流回路应相互独立，即分别取自机端互感器不同的二次绕组。

防止其中一个电压互感器故障引起发电机误强励。

6.3.3（12）本项目的查评依据如下。

【依据】《防止电力生产事故的二十五项重点要求》（国能安全〔2014〕161号）

11.2.3 励磁系统的二次控制电缆均应采用屏蔽电缆，电缆屏蔽层应可靠接地。

6.3.3（13）本项目的查评依据如下。

【依据1】《同步电机励磁系统大、中型同步发电机励磁系统技术要求》（GB/T 7409.3—2007）

5.27 电力系统稳定器应满足下述要求：

a）有快速调节机械功率要求的机组应选择具有防止反调功能的电力系统稳定期模型；

b）应提供试验用信号接口；

c）具有输出限幅功能；

d）具有手动和自动投、切功能；

e）当采用转速信号时应具有衰减轴承扭振信号的滤波措施。

【依据2】《大中型水轮发电机静止整流励磁系统及装置技术条件》（DL/T 583—2006）

4.3.10 容量为100MW及以上的水轮发电机励磁系统用自动电压调节器应满足4.4.1的限制并有电力系统稳定器PSS等辅助功能。

【依据3】《国家电网公司水电厂重大反事故措施》（国家电网基建〔2015〕60号）

14.2.1.2 根据电网安全稳定运行的需要，50MW及以上容量的水轮发电机组，或接入220kV电压等级及以上的同步发电机组应配置PSS。

14.2.3.2 新建机组的励磁系统、调速系统数学模型和相应参数应在进入运行前完成实际测量。改造机组的励磁系统、调速系统数学模型和相应参数应在投入运行后半年内完成实际测量。测量工作应由具有资质的试验单位进行。

【依据4】《发电机励磁系统调度管理规程》（DL/T 279—2012）

4.2 对于新建或改造的发电机励磁系统，发电厂应在机组并网期间组织并委托有资质的电力试验单位进行励磁系统及其特性单元静态及动态试验，以及励磁系统建模、PSS投运等系统试验。其主要性能指标应符合国家有关技术标准的规定，并满足电网安全稳定运行的要求。

6.3.3（14）本项目的查评依据如下。

【依据1】《同步电机励磁系统大、中型同步发电机励磁系统技术要求》（GB/T 7409.3—2007）

5.22 励磁系统应设有必要的信号及保护，以监视励磁系统运行状态和防止故障。

【依据2】《大中型水轮发电机静止整流励磁系统及装置技术条件》（DL/T 583—2006）

4.3.12 励磁系统至少应能发出下列信号：

a）调节器用稳压电源消失或故障；

b）励磁系统操作控制回路电源消失；

c）励磁绕组回路过电压保护动作；

d）功率整流器柜冷却系统和风机电源故障；

e）功率整流器熔断器熔断；

f）触发脉冲消失；

g）起励失败；

h）调节通道切换动作；

i）欠励磁限制器动作；

j）过励磁限制器动作；

k）强励反时限限制动作；

l）最大励磁电流限制器动作；

m）电压互感器断线；

n）励磁变压器温度过高；

o）电压/频率限制器动作。

【依据3】《抽水蓄能机组励磁系统运行检修规程》（GB/T 32506—2016）

附录A

（规范性附录）

抽水蓄能机组励磁系统重要检修项目及质量标准

设备	项目	质量标准	A级检修	C级检修
励磁调节器	励磁系统模拟量环节试验	通入标准电压电流值，误差符合要求	√	
	励磁系统限制（功能）模拟试验	限制功能模拟动作正确	√	
	整定值核对	整定值与定值单一致	√	
	励磁系统测压回路断线（检测功能）模拟试验	模拟测压回路试验，调节器功能正确	√	
	励磁系统控制、信号回路正确性检查	模拟励磁系统控制和信号回路，动作正确	√	
	开环小电流试验	输出波形对称不缺相，增减励磁时波形变化平滑	√	
	电源切换试验	电源切换试验结果正常	√	√
	励磁系统操作回路传动试验及信号检查	传动试验动作正确	√	√

6.3.3（15）本项目的查评依据如下。

【依据1】《大中型水轮发电机自并励励磁系统及装置运行和检修规程》（DL/T 491—2008）或本厂励磁系统检修规程

【依据2】《抽水蓄能机组励磁系统运行检修规程》（GB/T 32506—2016）

附录A

（规范性附录）

抽水蓄能机组励磁系统重要检修项目及质量标准

设备	项目	质量标准	A级检修	C级检修
通用项目	清扫、外观检查、电缆封堵检查	箱体无积尘，通风良好，电缆封堵良好	√	√
	电气一、二次连接螺母和接线端子的检查、紧固	连接件无松动，表面无氧化、过热现象	√	√
	励磁系统不同带电回路之间、各带电回路与金属支架底板之间绝缘电阻的测定	绝缘电阻符合DL/T 1166要求	√	
	开关、母线、变压器、二次回路、CT、PT预防性试验	符合DL/T 596要求	√	√*
	励磁系统所属继电器的检查、校验	继电器、接触器的动作电压满足55%～70%范围要求，继电器接点电阻＜1Ω，继电器回装无误	√	
	电测仪表校验	电测表计校验误差在允许范围内	√	
	励磁系统专用电压互感器、电流互感器、辅助变压器的检修、试验以及所属二次回路检查	外观无异常、无放电痕迹、绝缘良好，励磁特性符合规定，电缆连接无松动	√	
励磁变	绝缘件、铁芯夹件检查	外观无老化、放电痕迹，无松动、破裂现象	√	√
	接地检查	铁芯接地标识正确，接地线紧固，接地电阻符合要求	√	√
	温控装置校验与检查	温控装置显示正确，温控逻辑正确	√	√
交直流开关	触头调整、更换	接触良好，无烧灼现象，绝缘、导电、同步性能符合要求	√	
	清扫、外观检查、电缆封堵检查	控制柜屏面光亮无污渍，屏内及屏顶无积尘，设备外观无损坏，电缆封堵良好。开关触头、灭弧栅外观无异常	√	√
	电气一、二次连接螺母和接线端子的检查、紧固	电气连接件无松动，表面无氧化、过热现象，电缆芯线无松动	√	√
	机构及动作情况检查	操作机构无卡涩，储能正常，手动分合无异常	√	√

设备	项 目	质 量 标 准	A级检修	C级检修
可控硅整流装置	风机检修	组件完好,无渗油、松动现象,风机叶片无损坏,电机绝缘良好,运行正常无异音	√	√
	熔断器、信号指示器	熔断器外观完好、参数符合要求,可用万用表检查通断;信号指示正确	√	√
	可控硅整流装置交、直流侧刀闸检查	刀闸操作机构无松动,转动部位灵活可靠,无锈蚀,分合可靠,接触电阻符合要求	√	
	清扫、外观检查、电缆封堵检查	控制柜屏面光亮无污渍,屏内及屏顶无积尘,通风滤网无灰尘堵塞,通风良好,外观无异常、电缆封堵良好、柜内无遗留物品	√	√
	一、二次连接螺母和接线端子的检查、紧固	电缆芯线无松动	√	√
	风机切换试验,对于单相电机应进行启动电容检测	风机试验逻辑正确,单相电容在标称值范围内	√	√
励磁调节器	励磁系统阳极侧阻容保护组件的阻容值测量	电阻值、电容值在标称值范围内	√	√
	励磁系统模拟量环节试验	通入标准电压电流值,误差符合要求	√	
	励磁系统限制(功能)模拟试验	限制功能模拟动作正确	√	
	整定值核对	整定值与定值单一致	√	
	励磁系统测压回路断线(检测功能)模拟试验	模拟测压回路试验,调节器功能正确	√	
	励磁系统控制、信号回路正确性检查	模拟励磁系统控制和信号回路,动作正确	√	
	开环小电流试验	输出波形对称不缺相,增减励磁时波形变化平滑	√	
	电源切换试验	电源切换试验结果正常	√	√
	励磁系统操作回路传动试验及信号检查	传动试验动作正确	√	√
灭磁装置	灭磁开关动作试验	灭磁开关分合试验,曲线合格	√	√
	灭磁装置及转子过电压保护装置绝缘试验	绝缘合格	√	√
启励装置	启励回路和启励装置检查	启励回路绝缘合格,元件无损坏	√	√

* 可选做项目

6.3.3(16)本项目的查评依据如下。

【依据】《大中型水轮发电机静止整流励磁系统及装置技术条件》(DL/T 583—2006)

4.2.16 励磁系统的年强迫停运率应不大于0.1%。

6.3.4 直流系统及 UPS 设备

6.3.4.1 直流系统配置

6.3.4.1(1)本项目的查评依据如下。

【依据】《国家电网公司水电厂重大反事故措施》(国家电网基建〔2015〕60号)

13.2.1.3 装机总容量300MW及以上或输电电压220kV及以上的水电厂,发电机组用直流系统与开关站用直流系统应相互独立。

6.3.4.1(2)本项目的查评依据如下。

【依据】《国家电网公司水电厂重大反事故措施》(国家电网基建〔2015〕60号)

13.2.1.4 机组或开关站直流系统应设立两台工作充电装置和一台备用充电装置、两组蓄电池、两段母线。每组蓄电池容量均按为整个机组或开关站用直流系统供电考虑,两段母线之间设立分段联络开关。直流系统配置必要的电压监察、保护及告警等监控功能;应配置绝缘监察装置,直流系统绝缘监测装置应具备交流窜直流故障的测量记录和报警功能。

6.3.4.2 充电装置的要求

6.3.4.2（1）本项目的查评依据如下。

【依据1】《电力工程直流电源设备通用技术条件及安全要求》（GB/T 19826—2014）

5.2.1.1 充电电压及电流调节范围

充电装置的充电电压及电流调节范围应符合表 2 的规定。

表 2 充电电压及电流调节范围

直流系统标称电压	蓄电池类别	恒流充电		浮充电		均衡充电	
		电压调节范围	充电电流调节范围	电压调节范围	负荷电流调节范围	电压调节范围	负荷电流调节范围
110 或 220	阀控密封式铅酸蓄电池	（90%～120%）U_n	（20%～100%）I_n	（95%～115%）U_n	（0～100%）I_n	（105%～120%）U_n	（0～100%）I_n
	排气式铅酸蓄电池	（90%～135%）U_n		（95%～115%）U_n		（105%～135%）U_n	
48	阀控密封式铅酸蓄电池	36V～60V		48V～52V		48V～52V	
	排气式铅酸蓄电池	40V～72V		48V～52V		48V～72V	
24	阀控密封式铅酸蓄电池	18V～30V		24V～26V		24V～26V	
	排气式铅酸蓄电池	20V～36V		24V～26V		24V～26V	

注：U_n 为直流系统标称电压，I_n 为直流额定电流。

5.2.1.3 直流电流和直流电压的输出误差

当充电装置输出的充电电流、充电电压通过数字式整定方式（数字拨盘、数字键盘、通信接口等数字方式）进行整定时，应满足下列规定：

a）充电电流＜30A 时，其整定误差不超过±0.3A；

b）充电电流≥30A 时，其整定误差不超过±1%；

c）充电电压的整定误差不超过±0.5%（直流系统标称电压为 110V 及以上）或±1%（直流系统标称电压为 110V 以下）。

【依据2】《直流电源系统技术监督导则》（Q/GDW 11078—2013）

5.7.2.4 充电装置安装调试，其主要内容和功能、指标、参数应满足如下要求：

e）充电装置的精度及纹波系统允许值，详见表 4。

表 4 充电装置的稳压、稳流、纹波系数允许值

项目名称	充电装置类别		
	高频开关电源型	相控型	
		I	II
稳压精度	不超过±0.5%	不超过±0.5%	不超过±1%
稳流精度	不超过±1%	不超过±1%	不超过±2%
纹波系数	不超过 0.5%	不超过 1%	不超过 1%

注：I、II 表示充电装置的精度分类。

6.3.4.2（2）本项目的查评依据如下。

【依据】《电力工程直流系统设计技术规程》（DL/T 5044—2014）

6.8.1 降压装置宜由硅元件构成，应有防止硅元件开路的措施。

6.8.2 硅元件的额定电流应满足所在回路最大持续负荷电流的要求，并应有承受冲击电流的短时过载和承受反向电压的能力。

6.3.4.2（3）本项目的查评依据如下。

【依据1】《电力工程直流电源设备通用技术条件及安全要求》（GB/T 19826—2014）

5.2.9　通信功能要求

5.2.9.1　一般要求

产品通信接口应满足现场连接要求。产品通信规约应采用 DL/T 860、GB/T 19582、DL/T 634.5104 或其他国家标准或行业标准规定的通信规约。

5.2.9.2　遥测功能

产品中的监控装置应能采集并通过通信接口向远方发送直流系统母线电压、充电装置输出电压和电流、蓄电池组的电压和电流；交流输入电源电压；交流不间断电源和逆变电源装置输出电压、电流、频率；直流变换电源装置输出电压、电流。

5.2.9.3　遥信功能产品中的监控装置应能采集并通过通信接口向远方发送直流系统母线过压和欠压、直流母线绝缘降低、充电装置运行状态及故障、交流电源故障、蓄电池熔丝熔断、蓄电池放电欠压等信号，交流不间断电源和逆变电源装置工作运行状态、交流不间断电源及逆变电源装置异常、交流馈线断路器脱扣，直流变换电源装置异常、馈线断路器脱扣，监控装置故障、监控通信异常。

5.2.9.4　遥控功能

产品中的监控装置应能通过通信接口接收并执行远方的控制信号，控制充电装置的均充和浮充运行方式的转换。

【依据2】《电力系统直流电源柜订货技术条件》（DL/T 459—2000）

5.16　保护及报警功能要求

5.16.1　绝缘监察要求

5.16.1.1　设备的绝缘监察装置绝缘监察水平应满足表6的规定。

表6 绝缘水平整定值

输出电压/V	普通绝缘监察装置/kΩ	输出电压/V	普通绝缘监察装置/kΩ
220	25	48	1.7
110	7		

5.16.1.2　当设备直流系统发生接地故障（正接地、负接地或正负同时接地）其绝缘水平下降到低于表6规定值时，应满足以下要求：

a）设备绝缘监察应可靠动作；

b）能直读接地的属性；

c）设备应发灯光信号并具有远方信号触点以引接屏（柜）的端子。

5.16.2　电压监察要求

设备内的过压继电器电压返回系数应不小于0.95，欠压继电器电压返回系数应不大于1.05。当直流母线电压高于或低于规定值时应满足以下要求：

a）设备的电压监察应可靠动作；

b）设备应发出灯光信号，并具有远方信号触点以便引接屏（柜）的端子；

c）设备的电压监察装置应配有仪表并具有直读功能。

5.16.3　闪光报警要求

当用户需要时，设备可设置完善的闪光信号装置和相应的试验按钮。

5.16.4　故障报警装置

当交流电源失压（包括断相）、充电浮充电装置故障或蓄电池组熔断器熔断时，设备应能可靠发出报警信号。

【依据3】《直流电源系统技术监督导则》（Q/GDW 11078—2013）

5.7.2.6　直流绝缘监测装置安装调试，其主要内容和功能、指标、参数应满足如下要求：

a）每段直流母线应设置直流绝缘监测装置主机（设有平衡桥和绝缘监测功能），分电屏（柜）设置直流绝缘监测装置分机（设有支路选线功能，没有平衡桥）；

b）直流绝缘监测装置主机应具有防止"直流一点接地"导致电容放电引起保护误动的功能；

c）直流绝缘监测装置主机应具有交流窜入直流系统的测记、选线及报警功能，直流互窜的报警功能；

d）直流绝缘监测装置主机应具有直流系统正、负极母线对地电压的修复补偿功能；

e）直流绝缘监测装置主机应能显示：系统正、负母线对地电压值、对地绝缘电阻值，各支路正、负极对地绝缘电阻值等信息；

f）当直流系统正、负极母线对地绝缘电阻达到报警值或预警值时，应能正确发出报警或预警信息。

【依据4】《国家电网公司水电厂重大反事故措施》（国家电网基建〔2015〕60号）

13.2.1.4　机组或开关站直流系统应设立两台工作充电装置和一台备用充电装置、两组蓄电池、两段母线。每组蓄电池容量均按为整个机组或开关站用直流系统供电考虑，两段母线之间设立分段联络开关。直流系统配置必要的电压监察、保护及告警等监控功能；应配置绝缘监察装置，直流系统绝缘监测装置应具备交流窜直流故障的测量记录和报警功能。

6.3.4.3　直流回路断路器、熔断器配置

6.3.4.3（1）本项目的查评依据如下。

【依据】《国家电网公司水电厂重大反事故措施》（国家电网基建〔2015〕60号）

13.2.1.5　直流系统各级保险容量、开关保护定值应有统一的整定方案，合理配置，确保不会发生越级跳开关或保险熔断。

6.3.4.3（2）本项目的查评依据如下。

【依据1】《国家电网公司水电厂重大反事故措施》（国家电网基建〔2015〕60号）

13.2.1.9　直流系统用断路器应采用具有自动脱扣功能的直流断路器，严禁采用交流断路器。

【依据2】《直流电源系统技术监督导则》（Q/GDW 11078—2013）

5.1.2.6　直流系统严禁采用交流断路器，严禁在直流断路器的下级使用熔断器。

6.3.4.4　蓄电池

6.3.4.4（1）本项目的查评依据如下。

【依据】《电力系统用蓄电池直流电源装置运行与维护技术规程》（DL/T 724—2000）

6.1　防酸蓄电池组的运行及维护

6.1.1　防酸蓄电池组的运行方式及监视

a）防酸蓄电池组在正常运行中均以浮充方式运行，浮充电压值一般控制为（2.15～2.17）$V \times N$（N为电池个数）。GFD防酸蓄电池组浮充电压值可控制到$2.23V \times N$。

b）防酸蓄电池组在正常运行中主要监视端电压值、每只单体蓄电池的电压值、蓄电池液面的高度、电解液的比重、蓄电池内部的温度、蓄电池室的温度、浮充电流值的大小。

6.1.2　防酸蓄电池组的充电方式

a）初充电。按制造厂家的使用说明书进行初充电。

b）浮充电。防酸蓄电池组完成初充电后，以浮充电的方式投入正常运行，浮充电流的大小，根据具体使用说明书的数据整定，使蓄电池组保持额定容量。

c）均衡充电。防酸蓄电池组在长期浮充电运行中，个别蓄电池落后，电解液密度下降，电压偏低，采用均衡充电方法，可使蓄电池消除硫化恢复到良好的运行状态。

均衡充电的程序：先用I_{10}电流对蓄电池组进行恒流充电，当蓄电池组端电压上升到（2.30～2.33）$V \times N$，将自动或手动转为恒压充电，当充电电流减小到$0.1I_{10}$时，可认为蓄电池组已被充满容量，并自动或手动转为浮充电方式运行。

6.1.3　核对性放电

长期浮充电方式运行的防酸蓄电池，极板表面将逐渐生产硫酸铅结晶体（一般称之为"硫化"），堵

塞极板的微孔，阻碍电解液的渗透，从而增大了蓄电池的内电阻，降低了极板中活性物质的作用，蓄电池容量大为下降。核对性放电，可使蓄电池得到活化，容量得到恢复，使用寿命延长，确保发电厂和变电站的安全运行。

核对性放电程序如下：

a）一组防酸蓄电池。

发电厂或变电所只有一组蓄电池组，不能退出运行，也不能做全核对性放电，只允许用 I_{10} 电流放出其额定容量的 50%，在放电过程中，单体蓄电池电压还不能低于是 1.9V。放电后，应立即用 I_{10} 电流进行恒流充电，在蓄电池组电压达到（2.30～2.33）V×N 时转为恒压充电，当充电电流下降到 $0.1I_{10}$ 电流时，应转为浮充电运行。反复几次上述放电充电方式后，可认为蓄电池组得到了活化，容量得到了恢复。

b）两组防酸蓄电池。

发电厂或变电所若具有两组蓄电池，则一组运行，另一组断开负荷，进行全核对性放电，放电电流为 I_{10} 恒流。当单体电压为终止电压 1.8V 时，停止放电，放电过程中记下蓄电池组的端电压，每个蓄电池端电压，电解液密度。若蓄电池组第一次核对性放电，就放出了额定容量，不再放电，充满容量后便可投入运行。若放充三次均达不到额定容量的 80%，可判此组蓄电池使用年限已到，并安排更换。

c）防酸蓄电池核对性放电周期。

新安装或大修中更换过电解液的防酸蓄电池组，第 1 年，每 6 个月进行一次核对性放电；运行 1 年以后的防酸电池组，1～2 年进行一次核对性放电。

6.1.4 运行维护

a）对防酸蓄电池组，值班员每日应进行巡视，主要检查每只蓄电池的液面高度，看有无漏液，若液面低于下线，应补充蒸馏水，调整电解液的比重在合格范围内。

b）防酸蓄电池单体电压和电解液的比重的测量，发电厂两周测量一次，变电所每月测量一次，按记录表填好测量记录，并记下环境温度。

c）个别落后的防酸蓄电池，应通过均衡充电方法进行处理，不允许长时间保留在蓄电池组中运行，若处理无效，应更换。

6.1.5 防酸蓄电池故障及处理

a）防酸蓄电池内部极板短路或断路，应更换蓄电池。

b）长期浮充电运行中的防酸蓄电池，极板表面逐渐产生白色的硫酸铅结晶体，通常称之为"硫化"；处理方法：将蓄电池组退出运行，先用 I_{10} 电流进行恒流充电，当单体电压上升到 2.5V 时，停充 0.5h，再用 $0.5I_{10}$ 电流充电至冒大气时后，又停 0.5h 后再继续充电，直到电解液沸腾，单体电压上升到（2.7～2.8）V 停止充电（1～2）h 后，用 I_{10} 电流进行恒流放电，当单体蓄电池电压下降至于 1.8V 时，终止放电，并静置（1～2）h，再用上述充电程序进行充电和放电。反复几次，极板白斑状的硫酸铅结晶体将消失，蓄电池容量将得到恢复。

c）防酸蓄电池底部沉淀物过多，用吸管清除沉淀物，并补充配制的标准电解液。

d）防酸蓄电池极板弯曲，龟裂或肿胀，若容量达不到 80% 以上，此蓄电池应更换。在运行中防止电解液的温度超过 35℃。

e）防酸蓄电池绝缘降低，当绝缘电阻值低于现场规定值时，将会发出接地信号，正对地或负对地均测到泄漏电压。处理方法：对蓄电池外壳和支架采用酒精清擦，改善蓄电池室外的通风条件，降低湿度，绝缘将会提高。

f）防酸蓄电池容量下降，更换电解液，用反复充电法，可使蓄电池的容量得到恢复。若进行了三次充电放电，其容量均达不到额定容量的 80% 以上，此组蓄电池应更换。

g）防酸蓄电池在日常维护还应做到以下各点：蓄电池必须保持经常清洁，定期擦除蓄电池外部的酸痕迹和灰尘，注意电解液面高度，不能让极板和隔板露出液面，导线的连接必须安全可靠，长期备用搁置的蓄电池，应每月进行一次补充充电。

6.2 镉镍蓄电池组的运行及维护

6.2.1 镉镍蓄电池组的运行方式及监视

a）镉镍蓄电池主要分为两大类：高倍率镉镍蓄电池，瞬间放电电流是蓄电池额定容量的 3 倍～6 倍；中倍率镉镍蓄电池，瞬间放电电流是蓄电池额定容量的 1～3 倍。

b）镉镍蓄电池组在正常运行中以浮充方式运行，高倍率镉镍蓄电池浮充电压值宜取（1.36～1.39）$V×N$，均衡充电压宜取（1.47～1.48）$V×N$；中倍率镉镍蓄电池浮充电压值宜取（1.42～1.45）$V×N$，均衡充电压宜取（1.52～1.55）$V×N$，浮充电流值宜取（2～5）mA/Ah。

c）镉镍蓄电池组在运行中，主要监视端电压值，浮充电流值，每只单体蓄电池的电压值、蓄电池液面高度、是否爬碱、电解液的比重，蓄电池内电解液的温度、运行环境温度等。

6.2.2 镉镍蓄电池组的充电制度

a）正常充电。用 I_5 恒流对镉镍蓄电池进行的充电。蓄电池电压值逐渐上升到最高而稳定时，可认为蓄电池充满了容量，一般需要（5～7）h。

b）快速充电。用 $2.5I_5$ 恒流对镉镍蓄电池充电 2h。

c）浮充充电

在长期运行中按浮充电压值和浮充电流值进行的充电。

不管采用何种充电方式，电解液的温度不得超过 35℃。

6.2.3 镉镍蓄电池组的放电制度

a）正常放电。用 I_5 恒流连续放电，当蓄电池组的端电压下降至 $1V×N$ 时（其中一只镉镍蓄电池电压下降到 0.9V 时），停止放电，放电时间若大于 5h，说明该蓄电池组具有额定容量。

b）事故放电。交流电源中断，二次负荷及事故照明负荷全由镉镍蓄电池组供电。若供电时间较长，蓄电池组端电压下降到 $1.1V×N$ 时，应自动或手动切断镉镍蓄电池组的供电，以免因过放使蓄电池组容量亏损过大，对恢复送电造成困难。

6.2.4 镉镍蓄电池组的核对性放电

核对性放电程序：

a）一组镉镍蓄电池。发电厂或变电所中只有一组镉镍蓄电池，不能退出运行，不能作全核对性放电。只允许用 I_5 电流放出额定容量的 50%，在放电过程中，每隔 0.5h 记录蓄电池组端电压值，若蓄电池组端电压值下降到 $1.17V×N$，应停止放电，并及时用 I_5 电流充电。反复 2～3 次，蓄电池组额定容量可以得到恢复。若有备用蓄电池组作为临时代用，此组镉镍蓄电池就可做全核对性放电。

b）两组镉镍蓄电池。发电厂或变电所中若有两组镉镍蓄电池，可先对其中一组蓄电池进行全核对性放电。用 I_5 恒流放电，终止电压为 $1V×N$，在放电过程中每隔 0.5h 记录蓄电组端电压值，每隔 1h 时，测一下每个镉镍蓄电池的电压值，若放充三次均达不到蓄电额定容量 80% 以上，可认为此组蓄电池使用年限已到，并安排更换。

c）镉镍蓄电组核对性放电周期。镉镍蓄电池组以长期浮充电运行中，每年必须进行一次全核对性的容量试验。

6.2.5 镉镍蓄电池组的运行维护

a）镉镍蓄电池液面低。每一个镉镍蓄电池，在侧面都有电解液高度的上下刻线，在浮充电运行中，液面高度应保持在中线，液面偏低的，应注入纯蒸馏水，使整组电池液面保持一致。每三年更换一次电解液。

b）镉镍蓄电池"爬碱"。维护办法是将蓄电池组外壳上的正负极柱头的"爬碱"擦干净，或者更换为不会产生爬碱的新型大壳体镉镍蓄电池。

c）镉镍蓄电池容量下降，放电电压低。维护办法是更换电解液，更换无法修复的电池，用 I_5 电流进行 5h 恒流充电后，将充电电流减到 $0.5I_5$ 电流，继续过充电（3～4）h，停止充电（1～2）h 后，用 I_5 恒流放电至终止电压，再进行上述方法充电和放电。反复 3 次～5 次，电池组容量将得到恢复。

6.3 阀控蓄电池组的运行及维护

6.3.1 阀控蓄电池组的运行方式及监视

a）阀控蓄电池分类。目前主要分贫液式和胶体式两类。

b）运行方式及监视

阀控蓄电池组在正常运行中以浮充电方式运行，浮充电压值宜控制为（2.23～2.28）V×N，均衡充电电压值宜控制为（2.30～2.35）V×N，在运行中主要监视蓄电池组的端电压值，浮充电流值，每只蓄电池的电压值、蓄电池组及直流母线的对地电阻值和绝缘状态。

6.3.2 阀控蓄电池的充放电制度

a）恒流限压充电。采用 I_{10} 电流进行恒流充电，当蓄电池组端电压上升到（2.30～2.35）V×N 限压值时，自动或手动转为恒压充电。

b）恒压充电。在（2.30～2.35）V×N 的恒压充电下，I_{10} 充电电流逐渐减小，当充电电流减小至 $0.1I_{10}$ 电流时，充电装置的倒计时开始起动，当整定的倒计时结束时，充电装置将自动或手动地转为正常的浮充电运行，浮充电压值宜控制为（2.23～2.28）V×N。

c）补充充电。为了弥补运行中因浮充电流调整不当造成了欠充，补偿不了阀控蓄电池自放电和爬电漏电所造成蓄电池容量的亏损，根据需要设定时间（一般为 3 个月），充电装置将自动地或手动进行一次恒流限压充电→恒压充电→浮充电过程，使蓄电池组随时具有满容量，确保运行安全可靠。

6.3.3 阀控蓄电池的核对性放电

长期使用限压限流的浮充电运行方式或只限压不限流的运行方式，无法判断阀控蓄电池的现有容量，内部是否失水或干裂。只有通过核对性放电，才能找出蓄电池存在的问题。

a）一组阀控蓄电池。发电厂或变电所中只有一组电池，不能退出运行，也不能做全核对性放电，只能用 I_{10} 电流以恒流放出额定容量的 50%，在放电过程中，蓄电池组端电压不得低于 2V×N。放电后应立即用 I_{10} 电流进行恒流限压充电→恒压充电→浮充电，反复放 2～3 次，蓄电池组容量可得到恢复，蓄电池存在的缺陷也能找出和处理。若有备用阀控蓄电池组作临时代用，该组阀控蓄电池可做全核对性放电。

b）两组蓄电池。发电厂或变电所中若具有两组阀控蓄电池，可先对其中一组阀控蓄电池组进行全核对性放电，用 I_{10} 电流恒流放电，当蓄电池组端电压下降到 1.8V×N 时，停止放电，隔（1～2）h 后，再用 I_{10} 电流进行恒流限压充电→恒压充电→浮充电。反复 2～3 次，蓄电池组存在的问题也能查出，容量也能得到恢复。若经过 3 次全核对性放充电，蓄电池组容量均达不到额定容量的 80% 以上，可认为此组阀控蓄电池使用年限已到，应安排更换。

c）阀控蓄电池核对性放电周期。新安装或大修后的阀控蓄电池组，应进行全核对性放电试验，以后每隔 2～3 年进行一次核对性试验，运行了 6 年以后的阀控蓄电池，应每年作一次核对性放电试验。

6.3.4 阀控蓄电池的运行维护

a）阀控蓄电池组的运行中电压偏差值及放电终止电压值应符合表 1 的规定。

表 1 阀控蓄电池在运行中电压偏差值及放电终止电压值的规定

阀控密封式铅酸蓄电池	标称电压（V）		
	2	6	12
运行中的电压偏差值	±0.05	±0.15	±0.3
开路电压最大最小电压差值	0.03	0.04	0.06
放电终止电压值	1.80	5.40（1.80×3）	10.80（1.80×6）

b）在巡视中应检查蓄电池的单体电压值，连接片有无松动和腐蚀现象，壳体有无渗漏和变形，极柱与安全阀周围是否有酸雾溢出，绝缘电阻是否下降，蓄电池温度是否过高等。

c）备用搁置的阀控蓄电池，每 3 个月进行一次补充充电。

d）阀控蓄电池的温度补偿系数受环境温度影响，基准温度为 25℃ 时，每下降 1℃，单体 2V 阀控蓄电池浮充电压值应提高（3～5）mV。

e）根据现场实际情况，应定期对阀控蓄电池组作外壳清洁工作。

6.3.5　阀控蓄电池的故障及处理

a）阀控蓄电池壳体异常。

造成的原因有：充电电流过大，充电电压超过 2.4V×N，内部有短路局部放电、温升超标、阀控失灵。处理方法：减小充电电流，降低充电电压，检查安全阀体是否堵死。

b）运行中浮充电压正常，但一放电，电压很快下降到终止电压值，原因是蓄电池内部失水干涸、电解物质变质。处理方法是更换蓄电池。

6.3.4.4（2）本项目的查评依据如下。

【依据1】《电力系统用蓄电池直流电源装置运行与维护技术规程》（DL/T 724—2000）

6.1.4　运行维护

a）对防酸蓄电池组，值班员每日应进行巡视，主要检查每只蓄电池的液面高度，有无漏液，若液面低于下线，应补充蒸馏水，调整电解液的比重在合格范围内。

b）防酸蓄电池单体电压和电解液的比重的测量，发电厂两周测量一次，变电所每月测量一次，按记录表填好测量记录，并记下环境温度。

c）个别落后的防酸蓄电池，应通过均衡充电方法进行处理，允许长时间保留在蓄电池组中运行，若处理无效，应更换。

6.2.5　镉镍蓄电池组的运行维护

a）镉镍蓄电池液面低。

每一个镉镍蓄电池，在侧面都有电解液高度的上下刻线，在浮充电运行中，液面高度应保持在中线，液面偏低的，应注入纯蒸馏水，使整组电池液面保持一致。每三年更换一次电解液。

b）镉镍蓄电池"爬碱"。

维护办法是将蓄电池组外壳上的正负极柱头的"爬碱"擦干净，或者更换为不会产生爬碱的新型大壳体镉镍蓄电池。

c）镉镍蓄电池民容量下降放电电压低。

维护办法是更换电解液，更换无法修复的电池组，用 I_5 电流进行 5h 恒流充电后，将充电电流减到 $0.5I_5$ 电流，继续过充电（3～4）h，停止充电（1～2）h后，用 I_5 恒流放电至终止电压，再进行上述方法充电和放电。反复3～5次，电池组容量将得到恢复。

6.3.4　阀控蓄电池的运行维护

a）阀控蓄电池组的运行中电压偏差值及放电终止电压值应符合表 1 的规定。

表 1　　　　　阀控蓄电池在运行中电压偏差值及放电终止电压值的规定

阀控密封式铅酸蓄电池	标称电压（V）		
	2	6	12
运行中的电压偏差值	±0.05	±0.15	±0.3
开路电压最大最小电压差值	0.03	0.04	0.06
放电终止电压值	1.80	5.40（1.80×3）	10.80（1.80×6）

b）在巡视中应检查蓄电池的单体电压值，连接片有无松动和腐蚀现象，壳体有无渗漏和变形，极柱与安全阀周围是否有酸雾溢出，绝缘电阻是否下降，蓄电池温度是否过高等。

c）备用搁置的阀控蓄电池，每 3 个月进行一次补充充电。

d）阀控蓄电池的温度补偿系数受环境温度影响，基准温度为 25℃时，每下降 1℃，单体 2V 阀控蓄电池浮充电压值应提高（3～5）mV。

e）根据现场实际情况，应定期对阀控蓄电池组作外壳清洁工作。

【依据2】《直流电源系统技术监督导则》（Q/GDW 11078—2013）

5.9.2　监督内容及要求详见表 5。

（4）蓄电池组运行维护定期检查。

1）蓄电池室环境温度是否满足要求，通风散热是否良好；

2）测量蓄电池的单体电压值，检测蓄电池组壳体有无渗漏和变形，温度是否异常等；

3）应检查连接片有无松动和腐蚀现象，极柱与安全阀周围是否有酸雾溢出，绝缘是否正常；

4）蓄电池的浮充电压随电池温度变化而修正，其基准温度为 25℃，当温度每升高 1℃，单体电压2V 的电池应降低 3mV，反之应提高 3mV。

6.3.4.4（3）本项目的查评依据如下。

【**依据 1**】《电力系统用蓄电池直流电源装置运行与维护技术规程 》（DL/T 724—2000）

6.1.1　防酸蓄电池组的运行方式及监视

a）防酸蓄电池组在正常运行中均以浮充方式运行，浮充电压值一般控制为（2.15～2.17）　V×N（N 为电池个数）。GFD 防酸蓄电池组浮充电压值可控制到 2.23V×N。

b）防酸蓄电池组在正常运行中主要监视端电压值、每只单体蓄电池的电压值、蓄电池液面的高度、电解液的比重、蓄电池内部的温度、蓄电池室的温度、浮充电流值的大小。

6.1.2　防酸蓄电池组的充电方式

a）初充电。

按制造厂家的使用说明书进行初充电。

b）浮充电。

防酸蓄电池组完成初充电后，以浮充电的方式投入正常运行，浮充电流的大小，根据具体使用说明书的数据整定，使蓄电池组保持额定容量。

c）均衡充电。

防酸蓄电池组在长期浮充电运行中，个别蓄电池落后，电解液密度下降，电压偏低，采用均衡充电方法，可使蓄电池消除硫化恢复到良好的运行状态。

均衡充电的程序：先用 I_{10} 电流对蓄电池组进行恒流充电，当蓄电池端电压上升到（2.30～2.33）V×N，将自动或手动转为恒压充电，当充电电流减小到 $0.1I_{10}$ 时，可认为蓄电池组已被充满容量，并自动或手动转为浮充电方式运行。

6.2.1　镉镍蓄电池组的运行方式及监视

a）镉镍蓄电池主要分为两大类：高倍率镉镍蓄电池，瞬间放电电流是蓄电池额定容量的 3～6 倍；中倍率镉镍蓄电池，瞬间放电电流是蓄电池额定容量的 1～3 倍。

b）镉镍蓄电池组在正常运行中以浮充方式运行，高倍率镉镍蓄电池浮充电压值宜取（1.36～1.39）V×N，均衡充电压宜取，（1.47～1.48）V×N；中倍率镉镍蓄电池浮充电压值宜取（1.42～1.45）V×N，均衡充电压宜取（1.52～1.55）V×N，浮充电流值宜取（2～5）mA/Ah。

c）镉镍蓄电池组在运行中，主要监视端电压值，浮充电流值，每只单体蓄电池的电压值，蓄电池液面高度、是否爬碱、电解液的比重，蓄电池内电解液的温度，运行环境温度等。

6.2.2　镉镍蓄电池组的充电制度

a）正常充电。

用 I_5 恒流对镉镍蓄电池进行的充电。蓄电池电压值逐渐上升到最高而稳定时，可认为蓄电池充满了容量，一般需要（5～7）h。

b）快速充电。

用 $2.5I_5$ 恒流对镉镍蓄电池充电 2h。

c）浮充充电。

在长期运行中，按浮充电压值和浮充电流值进行的充电。

不管采用何种充电方式，电解液的温度不得超过 35℃。

6.3.1　阀控蓄电池组的运行方式及监视

a）阀控蓄电池分类。

目前主要分贫液式和胶体式两类。

b）运行方式及监视。

阀控蓄电池组在正常运行中以浮充电方式运行，浮充电压值宜控制为（2.23～2.28）V×N，均衡充电电压值宜控制为（2.30～2.35）V×N，在运行中主要监视蓄电池组的端电压值，浮充电流值，每只蓄电池的电压值，蓄电池组及直流母线的对地电阻值和绝缘状态。

6.3.2 阀控蓄电池的充放电制度

a）恒流限压充电。

采用 I_{10} 电流进行恒流充电，当蓄电池组端电压上升到（2.30～2.35）V×N 限压值时，自动或手动转为恒压充电。

b）恒压充电。

在（2.30～2.35）V×N 的恒压充电下，I_{10} 充电电流逐渐减小，当充电电流减小至 $0.1I_{10}$ 电流时，充电装置的倒计时开始起动，当整定的倒计时结束时充电装置将自动或手动地转为正常的浮充电运行，浮充电压值宜控制为（2.23～2.28）V×N。

c）补充充电。

为了弥补运行中因浮充电流调整不当造成了欠充，补偿不了阀控蓄电池自放电和爬电漏电所造成蓄电池容量的亏损，根据需要设定时间（一般为 3 个月），充电装置将自动地或手动进行一次恒流限压充电→恒压充电→浮充电过程，使蓄电池组随时具有满容量，确保运行安全可靠。

【依据 2】《直流电源系统技术监督导则》（Q/GDW 11078—2013）

5.9.2 监督内容及要求详见表 5。

（2）蓄电池浮充电压。

1．阀控蓄电池单体浮充电压应为（2.23～2.28）V（25℃）；

2．防酸蓄电池单体浮充电压应为（2.15～2.17）V；

3．运行中蓄电池组单体浮充电压偏差值应小于规定值：2V 为±0.05V、6V 为±0.15V、12V 为±0.3V。

6.3.4.4（4）本项目的查评依据如下。

【依据 1】《电力系统用蓄电池直流电源装置运行与维护技术规程 》（DL/T 724—2000）

6.1.3 核对性放电

长期浮充电方式运行的防酸蓄电池，极板表面将逐渐生成硫酸铅结晶体（一般称之为"硫化"），堵塞极板的微孔，阻碍电解液的渗透，从而增大了蓄电池的内电阻，降低了极板中活性物质的作用，蓄电池容量大为下降。核对性放电，可使蓄电池得到活化，容量得到恢复，使用寿命延长，确保发电厂和变电站的安全运行。

核对性放电程序如下：

a）一组防酸蓄电池。

发电厂或变电所只有一组蓄电池组，不能退出运行，也不能作全核对性放电，只允许用 I_{10} 电流放出其额定容量的 50%，在放电过程中，单体蓄电池电压还不能低于是 1.9V。放电后，应立即用 I_{10} 电流进行恒流充电，在蓄电池组电压达到（2.30～2.33）V×N 时转为恒压充电，当充电电流下降到 $0.1I_{10}$ 电流时，应转为浮充电运行。反复几次上述放电充电方式后，可认为蓄电池组得到了活化，容量得到了恢复。

b）两组防酸蓄电池。

发电厂或变电所若具有两组蓄电池，则一组运行，另一组断开负荷，进行全核对性放电：放电电流为 I_{10} 恒流。当单体电压为终止电压 1.8V 时，停止放电，放电过程中，记下蓄电池组的端电压，每个蓄电池端电压，电解液密度。若蓄电池组第一次核对性放电，就放出了额定容量，不再放电，充满容量后便可投入运行。若放充三次均达不到额定容量的 80%，可判此组蓄电池使用年限已到，并安排更换。

c）防酸蓄电池核对性放电周期。

新安装或大修中更换过电解液的防酸蓄电池组，第 1 年，每 6 个月进行一次核对性放电；运行 1 年以后的防酸蓄电池组，1～2 年进行一次核对性放电。

水力发电厂安全性评价查评依据

6.2.4 镉镍蓄电池组的核对性放电

核对性放电程序：

a）一组镉镍蓄电池。

发电厂或变电所中只有一组镉镍蓄电池，不能退出运行，不能作全核对性放电，只允许用 I_5 电流放出额定容量的 50%，在放电过程中，每隔 0.5h 记录蓄电池组端电压值，若蓄电池组端电压值下降到 1.17V×N，应停止放电，并及时用 I_5 电流充电。反复 2～3 次 蓄电池组额定容量可以得到恢复。若有备用蓄电池组作为临时代用，此组镉镍蓄电池就可作全核对性放电。

b）两组镉镍蓄电池。

发电厂或变电所中若有两组镉镍蓄电池，可先对其中一组蓄电池进行全核对性放电。用 I_5 恒流放电，终止电压为 1V×N，在放电过程中每隔 0.5h 记录蓄电组端电压值，每隔 1h 时，测一下每个镉镍蓄电池的电压值，若放充三次均达不到蓄电额定容量 80% 以上，可认为此组蓄电池使用年限已到，并安排更换。

c）镉镍蓄电组核对性放电周期。

镉镍蓄电池组以长期浮充电运行中，每年必须进行一次全核对性的容量试验。

6.3.3 阀控蓄电池的核对性放电

长期使用限压限流的浮充电运行方式或只限压不限流的运行方式,无法判断阀控蓄电池的现有容量，内部是否失水或干裂。只有通过核对性放电，才能找出蓄电池存在的问题。

a）一组阀控蓄电池。

发电厂或变电所中只有一组电池，不能退出运行，也不能作全核对性放电，只能用 I_{10} 电流以恒流放出额定容量的 50%，在放电过程中，蓄电池组端电压不得低于 2V×N。放电后应立即用 I_{10} 电流进行恒流限压充电→恒压充电→浮充电，反复放充 2～3 次，蓄电池组容量可得到恢复，蓄电池存在的缺陷也能找出和处理。若有备用阀控蓄电池组作临时代用，该组阀控蓄电池可作全核对性放电。

b）两组蓄电池。

发电厂或变电所中若具有两组阀控蓄电池，可先对其中一组阀控蓄电池组进行全核对性放电，用 I_{10} 电流恒流放电，当蓄电池组端电压下降到 1.8V×N 时，停止放电，隔（1～2）h 后，再用 I_{10} 电流进行恒流限压充电→恒压充电→浮充电。反复 2～3 次，蓄电池存在的问题也能查出，容量也能得到恢复。若经过 3 次全核对性放充电，蓄电池组容量均达不到额定容量的 80% 以上，可认为此组阀控蓄电池使用年限已到，应安排更换。

c）阀控蓄电池核对性放电周期。

新安装或大修后的阀控蓄电池组，应进行全核对性放电试验以后每隔 2～3 年进行一次全核对性试验，运行了 6 年以后的阀控蓄电池，应每年作一次全核对性放电试验。

【依据 2】《直流电源系统技术监督导则》（Q/GDW 11078—2013）

5.9.2 监督内容及要求详见表 5。

（7）蓄电池容量测试。

1. 阀控式蓄电池组在验收投运以后每两年应进行一次核对性放电，运行了四年以后应每年进行一次核对性放电；

2. 防酸蓄电池组在新安装或检修中更换电解液的运行第一年，宜每 6 个月进行一次核对性放电；运行一年后的（1～2）年应进行一次核对性放电；

3. 蓄电池组若经过三次放充电循环应达到蓄电池额定容量的 80％ 以上，否则应安排更换。

6.3.4.4（5）本项目的查评依据如下。

【依据】《电力工程直流电源系统设计技术规程》（DL/T 5044—2014）

8 专用蓄电池室对相关专业的要求

8.1 专用蓄电池室的通用要求

8.1.1 蓄电池室的位置应选择在无高温、无潮湿、无震动、少灰尘、避免阳光直射的场所，宜靠近直流配电间或布置有直流柜的电气继电器室。

430

8.1.2　蓄电池室内的窗玻璃应采用毛玻璃或涂以半透明油漆的玻璃，阳光不应直射室内。

8.1.3　蓄电池室应采用非燃性建筑材料，顶棚宜做成平顶，不应吊天棚，也不宜采用折板或槽形天花板。

8.1.4　蓄电池室内的照明灯具应为防爆型，且应布置在通道的上方，室内不应装设开关和插座。蓄电池室内的地面照度和照明线路敷设应符合现行行业标准《发电厂和变电站照明设计技术规定》DL/T 5390 的有关规定。

8.1.5　基本地震烈度为 7 度及以上的地区，蓄电池组应有抗震加固措施，并应符合现行国家标准《电力设施抗震设计规范》GB 50260 的有关规定。

8.1.6　蓄电池室走廊墙面不宜开设通风百叶窗或玻璃采光窗，采暖和降温设施与蓄电池间的距离不应小于 750mm。蓄电池室内采暖散热器应为焊接的钢制采暖散热器，室内不允许有法兰、丝扣接头和阀门等。

8.1.7　蓄电池室内应有良好的通风设施。蓄电池室的采暖通风和空气调节应符合现行行业标准《火力发电厂采暖通风与空气调节设计技术规程》DL/T 5035 的有关规定。通风电动机应为防爆式。

8.1.8　蓄电池室的门应向外开启，应采用非燃烧体或难燃烧体的实体门，门的尺寸宽×高不应小于 750mm×1960mm。

8.1.9　蓄电池室不应有与蓄电池无关的设备和通道。与蓄电池室相邻的直流配电间、电气配电间、电气继电器室的隔墙不应留有门窗及孔洞。

8.1.10　蓄电池组的电缆引出线应采用穿管敷设，且穿管引出端应靠近蓄电池的引出端。穿金属管外围应涂防酸（碱）油漆，封口处应用防酸（碱）材料封堵。电缆弯曲半径应符合电缆敷设要求，电缆穿管露出地面的高度可低于蓄电池的引出端子 200mm～300mm。

8.1.11　包含蓄电池的直流电源成套装置柜布置的房间，宜装设对外机械通风装置。

8.2　阀控式密封铅酸蓄电池组专用蓄电池室的特殊要求

8.2.1　蓄电池室内温度宜为 15℃～30℃。

8.2.2　当蓄电池组采用多层叠装且安装在楼板上时，楼板强度应满足荷重要求。

8.3　固定型排气式铅酸蓄电池组和镍铬碱性蓄电池组专用蓄电池室的特殊要求

8.3.1　蓄电池室应为防酸（碱）、防火、防爆的建筑，人口宜经过套间或储藏室，应设有储藏硫酸（碱）液、蒸溜水及配制电解液器具的场所，还应便于蓄电池的气体、酸（碱）液和水的排放。

8.3.2　蓄电池室内的门、窗、地面、墙壁、天花板、台架均应进行耐酸（碱）处理，地面应采用易于清洗的面层材料。

8.3.3　蓄电池室内温度宜为 5℃～35℃。

8.3.4　蓄电池室的套间内应砌水池，水池内外及水龙头应做耐酸（碱）处理，管道宜暗敷，管材应采用耐腐蚀材料。

8.3.5　蓄电池室内的地面应有约 0.5%的排水坡度，并应有泄水孔。蓄电池室内的污水应进行酸碱中和或稀释，并达到环保要求后排放。

6.3.4.5　UPS

6.3.4.5（1）本项目的查评依据如下。

【依据】《电力系统直流电源柜订货技术条件》（DL/T 459—2000）

5.10　事故放电能力

蓄电池组按规定的事故放电电流放电 1h 后，叠加规定的冲击电流，进行 10 次冲击放电。冲击放电时间为 500ms，两次之间间隔时间为 2s，在 10 次冲击放电的时间内，直流（动力）母线上的电压不得低于直流标称的 90%。

6.3.4.5（2）本项目的查评依据如下。

【依据】《电力用直流和交流一体化不间断电源设备》（DL/T 1074—2007）

5.19　报警及保护功能要求

5.19.1　绝缘监察要求

按 DL/T 459—2000 中 5.16.1 的规定。

5.19.2　电压监察要求

按 DL/T 459—2000 中 5.16.2 的规定。

5.19.3　闪光报警要求

按 DL/T 459—2000 中 5.16.3 的规定。

5.19.4　故障报警要求

当发生下列情况时，设备应能发出报警信号：

a）交流输入过电压、欠电压、缺相；

b）交流输出过电压、欠电压；

c）直流母线过电压、欠电压；

d）蓄电池组过电压、欠电压；

e）蓄电池组出口熔断器熔断或断路器跳闸；

f）直流母线绝缘故障；

g）馈线断路器跳闸；

h）充电浮充电装置故障；

i）UPS、INV 装置故障；

j）DC/DC 装置故障；

k）绝缘监察装置故障；

l）监控装置故障。

5.19.5　过电压和欠电压保护

a）当输入过电压时，装置应具有过电压关机保护功能或输入自动切换功能，输入恢复正常后，应能自动恢复原工作状态。

b）当输入欠电压时，装置应具有欠电压保护功能或输入自动切换功能，输入恢复正常后，应能自动恢复原工作状态。

c）当输出过电压时，直流电源装置和 DC/DC 应具有过电压关机保护功能，故障排除后，应能人工恢复工作；UPS 和 INV 应具有输出自动切换功能，故障排除后，应能自动恢复原工作状态。

d）当输出欠电压时，直流电源装置和 DC/DC 可不具有保护动作，但故障排除后，应能自动恢复工作；UPS 和 INV 应具有输出自动切换功能，故障排除后，应能自动恢复原工作状态。

5.19.6　过载和短路保护

5.19.6.1　充电浮充电装置和 DC/DC

当输出过载或短路时，应自动进入输出限流保护状态，故障排除后，应能自动恢复工作。

5.19.6.2　UPS 和 INV

a）输出功率在额定值的 105%～125%范围时，运行时间大于或等于 10min，后自动转旁路，故障排除后，应能自动恢复工作。

b）输出功率在额定值的 125%～150%范围时，运行时间大于或等于 1min 后自动转旁路，故障排除后，应能自动恢复工作。

c）输出功率超过额定值的 150%或短路时，应立刻转旁路。旁路开关要有足够的过载能力使配电开关脱扣，故障排除后，应能自动恢复工作。原则上配电开关的脱扣电流应不大于装置额定输出电流的 50%。

6.3.4.5（3）本项目的查评依据如下。

【依据】《电力系统直流电源柜订货技术条件》（DL/T 459—2000）

5.9　蓄电池组容量

蓄电池组按表 4 规定的放电电流进行容量试验，蓄电池组允许进行三次充电循环，第三次循环应达到额定容量，放电终止电压应符合表 4 的规定。

表4 蓄电池放电终止电压及充放电电源

电池类别	标准电压/V	放电终止电压/V	额定容量/Ah	充放电电源/A
固定型防酸式铅酸蓄电池	2	1.8	C_{10}	I_{10}
阀控式密封铅酸蓄电池	2	1.8	C_{10}	I_{10}
	6	5.25（1.75×3）	C_{10}	I_{10}
	12	10.5（1.75×6）	C_{10}	I_{10}
镉镍碱性蓄电池	1.2	1.0	C_5	I_5

6.3.4.6 直流系统运行维护

6.3.4.6（1）本项目的查评依据如下。

【依据1】《电力系统直流电源柜订货技术条件》（DL/T 459—2000）

全部条款

【依据2】《电力系统用蓄电池直流电源装置运行与维护技术规程》（DL/T 724—2000）

全部条款

【依据3】《直流电源系统技术监督导则》（Q/GDW 11078—2013）

5.9.2 监督内容及要求详见表5。

表5 直流电源类设备运维技术监督的重点项目和内容

序号	技术监督内容	技术监督要求	备注
1	设备运行方式	1. 蓄电池组正常应以浮充电方式运行； 2. 正常运行中直流母线电压应为直流系统标称电压的105%	
2	蓄电池浮充电压	1. 阀控蓄电池单体浮充电压应为（2.23～2.28）V（25℃）； 2. 防酸蓄电池单体浮充电压应为（2.15～2.17）V； 3. 运行中蓄电池组单体浮充电压偏差值应小于规定值：2V 为±0.05V、6V 为±0.15V、12V 为±0.3V	
3	蓄电池出口断路器脱扣（熔断器熔断）报警检测	1. 应定期对蓄电池出口断路器脱扣（熔断器熔断）报警进行试验； 2. 应定期对蓄电池组出口熔断器上下两端进行交叉测量电压	
4	蓄电池组运行维护定期检查	1. 蓄电池室环境温度是否满足要求、通风散热是否良好； 2. 测量蓄电池的单体电压值、检测蓄电池组壳体有无渗漏和变形、温度是否异常等； 3. 应检查连接片有无松动和腐蚀现象，极柱与安全阀周围是否有酸雾溢出，绝缘是否正常； 4. 蓄电池的浮充电压随电池温度变化而修正，其基准温度为25℃，温度每升高1℃单体电压2V 的电池应降低 3mV，反之应提高 3mV	
5	蓄电池组均衡充电	1. 浮充蓄电池组运行在 6 个月以上，同时出现电压偏差值超标的电池数量达到整组数量的 5%～10%时； 2. 经常充电不足或很少进行全容量核对性放电的蓄电池组	
6	落后电池活化	当出现电压偏差值超标的电池数量小于整组数量的 5%时，应对落后蓄电池进行单个活化处理	
7	蓄电池容量测试	1. 阀控式蓄电池组在验收投运以后每两年应进行一次核对性放电，运行了四年以后应每年进行一次核对性放电。 2. 防酸蓄电池组在新安装或检修中更换电解液的运行第一年，宜每 6 个月进行一次核对性放电；运行一年后的（1～2）年应进行一次核对性放电。 3. 蓄电池组若经过三次放充电循环应达到蓄电池额定容量的 80%以上，否则应安排更换	
8	充电装置运行维护定期检查	1. 应定期检查充电装置交流输入、直流输出电压、电流等各表计显示是否正确，运行噪声有无异常，各保护信号是否正常； 2. 应定期对充电装置控制程序进行测试	
9	充电装置运行维护定期检测	1. 定期和必要时应对充电装置稳压、稳流、纹波等性能参数进行检测，分别为稳压不超过±0.5%、稳流不超过±1%、纹波不超过 0.5%； 2. 模块均流不平衡度应不大于±5%	

续表

序号	技术监督内容	技术监督要求	备注
10	绝缘监测装置运行维护检查	1. 巡视检查时，应启动"人工"检测桥按钮，观测系统负极母线对地电压是否满足小于额定电压55%的相关要求； 2. 必要时应通过"人工搭接对地电阻"观察绝缘监测装置工作是否正常	
11	短路电流校核	1. 当蓄电池组更换后其标称容量发生变化时，应对系统直流断路器各相关位置短路电流进行校核； 2. 当系统电缆截面或长度发生变化时，应对系统安装直流断路器各相关位置短路电流进行校核	
12	蓄电池组出口保护	熔断器熔断或经过短路电流冲击后，应按图纸设计的产品型号、额定电压值和额定电流值选定更换	
13	直流断路器	因各种原因停运的直流断路器再次使用前，应进行通电试验，检测其动作情况是否正常	
14	蓄电池组更换	蓄电池组整组更换施工中安全要求、施工步骤、工艺质量控制等事项应严格按照公司《直流电源系统检修规范》执行	
15	充电装置更换	充电装置更换应严格按照公司《直流电源系统检修规范》执行	
16	直流屏更换	直流屏整体更换施工中安全要求、施工步骤、工艺质量控制等事项应严格按照公司《直流电源系统检修规范》执行	
17	绝缘监测装置更换	直流绝缘监测装置更换过程中，应严格按照公司《直流电源系统检修规范》执行	

【依据4】《电力工程直流系统设计技术规程》（DL/T 5044—2014）

3.2 系统电压

3.2.1 发电厂、变电站、串补站和换流站直流电源系统电压应根据用电设备类型、额定容量、供电距离和安装地点等确定合适的系统电压。直流电源系统标称电压应满足下列要求：

1 专供控制负荷的直流电源系统电压宜采用110V，也可采用220V；

2 专供动力负荷的直流电源系统电压宜采用220V；

3 控制负荷和动力负荷合并供电的直流电源系统电压可采用220V或110V；

4 全厂（站）直流控制电压应采用相同电压，扩建和改建工程宜与已有厂（站）直流电压一致。

3.2.2 在正常运行情况下，直流母线电压应为直流电源系统标称电压的105%。

3.2.3 在均衡充电运行情况下，直流母线电压应满足下列要求：

1 专供控制负荷的直流电源系统，不应高于直流电源系统标称电压的110%；

2 专供动力负荷的直流电源系统，不应高于直流电源系统标称电压的112.5%；

3 对控制负荷和动力负荷合并供电的直流电源系统，不应高于直流电源系统标称电压的110%。

3.2.4 在事故放电末期，蓄电池组出口端电压不应低于直流电源系统标称电压的87.5%。

6.3.5 静止变频装置（SFC）

6.3.5（1）本项目的查评依据如下。

【依据1】《抽水蓄能机组静止变频装置运行规程》（DL/T 1302—2013）

4.1.7 变频单元、输入/输出单元、控制保护单元、冷却单元等主、辅设备完好，保护装置、测量仪表和信号装置等应可靠、准确。

4.4 控制保护单元

4.4.1 控制保护单元应能满足机组从静止升速至110%额定转速的时间和频率变化的要求，机组升速时间应符合产品技术要求。

4.4.2 在正常工作及各种故障情况下，控制保护单元应能保证晶闸管元件不因过电压或过电流而损坏。

4.4.3 控制保护单元应具备对晶闸管元件温度、工作状态、触发脉冲等进行监测、控制与保护的功能，整定值应符合产品技术要求。

4.4.4 控制保护单元应配备两路独立可靠的控制电源，故障时可自动切换并报警。

4.4.5 控制保护单元与电站监控系统、励磁系统、同期装置、继电保护等的信息传递（通信或硬接线）正常，满足机组启动要求。

4.4.6 在机组启动过程中，控制保护单元应具备以下功能：

——机组启动初始阶段，正确检测转子初始位置。

——机组低速运行阶段，控制晶闸管实现强迫换相。

——机组高速运行阶段，控制晶闸管平滑过渡至自然换相。

——机组同期调整阶段，控制机组转速稳定，并能根据同期装置命令调节机组转速，使频率满足并网条件。

——同期装置发出机组出口断路器合闸命令时，立即关断晶闸管，闭锁触发脉冲，并断开输出断路器。

4.5 冷却单元

4.5.1 静止变频装置冷却方式采用强迫风冷、水/水冷却或水/风冷却方式。

4.5.2 冷却单元风压和风量应符合产品技术要求，风机及其交流电源宜冗余配置并可自动切换。

4.5.3 冷却单元去离子水温度、水压、流量和电导率应符合产品技术要求，去离子水泵及其交流电源应冗余配置并可自动切换。运行中，外循环冷却水流量应根据去离子水温度变化自动调整。变频装置停运时，外循环水冷却单元应停运，避免因冷却水温过低而使晶闸管表面凝露，损坏阀体绝缘。

4.5.4 冷却水管路应装设控制阀门及测量、控制元件，并采取防结露措施。

5.2 基本启动条件

5.2.1 静止变频装置隔离措施已解除，电气回路上所有接地线、短路线已全部拆除，所有接地开关已拉开，输入隔离开关合上，输入/输出断路器及启动回路各隔离开关处于断开位置，各断路器及隔离开关操作电源、控制电源投入正常。

5.2.2 控制保护单元的控制电源投入正常，无运行闭锁报警信号。

5.2.3 静止变频装置所有保护投入正确，保护控制面板无报警信号。

5.2.4 冷却单元水泵、风机等设备交流电源投入正常，水泵或风机控制方式处于"自动"状态，外循环冷却水电动阀处于"远方自动"方式。

6.1.4 巡视检查项目和技术要求应符合表1的规定。

表1　　　　　　　　　　　巡视检查项目和技术要求

序号	单元	巡视检查项目	技 术 要 求
1	变频单元	盘柜	柜门正常关闭，且上锁； 指示灯完好，信号正确，无异常告警信号； 无异音，无异味
2		电气元件	无过热
3	输入/输出单元	断路器	状态正确
4		变压器	按 DL/T 572 的规定执行
5		电抗器	表面清洁，外观完好，连接牢固，运行中无异声、异味，无振动、过热，接头无氧化、腐蚀和放电痕迹； 外壳及金属支架连接牢固，接地线完好，接地端无氧化、腐蚀和放电痕迹
6		绝缘子、连接导体	表面清洁，外观完好，连接牢固，运行中无异声、异味，无振动、过热，接头无氧化、腐蚀和放电痕迹
7	控制保护单元	盘柜	柜门正常关闭且上锁； 电源投入正常，控制方式正确； 指示灯完好，信号正确，无异常告警信号； 无异音，无异味
8		电气元件	无过热

序号	单元	巡视检查项目	技 术 要 求
9	冷却单元	外循环水冷却设备	管路无渗漏。阀门位置正确,冷却水流量、压力满足规定要求
10		去离子水冷却设备	水泵工作正常,管路无渗漏,阀门位置正确,去离子水温度、流量、压力和导电率满足规定的要求
11		风冷设备	风机工作正常,风量、风压满足规定的要求

【依据2】《抽水蓄能可逆式发电电动机运行规程》(DL/T 305—2012)

4.6.3 冷却装置采用水冷的,去离子装置应工作正常,冷却水压力、流量、电导率、温度应满足规定的要求;采用风冷的,风压、风量应满足规定的要求。

6.2.4 静止变频器的巡视检查

6.2.4.1 控制盘柜电源投入正常,控制方式正确。

6.2.4.2 电气元件无过热现象。

6.2.4.3 输入、输出变压器无过热、异声,油位、油温及冷却系统正常,无渗漏。

6.2.4.4 输入、输出断路器指示正常。

6.2.4.5 晶闸管冷却系统运行正常。

6.2.4.6 运行时,无异声、异味。

6.2.4.7 控制盘柜室内温度正常。

【依据3】《国家电网公司水电厂重大反事故措施》(国家电网基建〔2015〕60号)

15.2.2.1 静止变频器系统需根据冷却系统配置,分析功率元件表面温度远低于环境温度的可能性,检查有无控制措施。必要时应增加预防措施,避免静止变频器功率元件表面结露造成设备损坏。

15.2.3.1 变频器输出端电流不应超过额定电流,且相电流差应小于±10%,输出端线电压其差值小于最大电压的±2%。

【依据4】电厂运行/检修规程

6.3.5（2）本项目的查评依据如下。

【依据1】《抽水蓄能机组静止变频装置运行规程》(DL/T 1302—2013)

4.4.4 控制保护单元应配备两路独立可靠的控制电源,故障时可自动切换并报警。

【依据2】《国家电网公司水电厂重大反事故措施》(国家电网基建〔2015〕60号)

15.4.1.1 静止变频器设备应配备两路独立可靠的控制电源,故障时可自动切换并报警。

6.3.5（3）本项目的查评依据如下。

【依据】电厂运行/检修规程

6.3.6 计算机监控系统

6.3.6.1 监控系统的硬件设备

6.3.6.1（1）本项目的查评依据如下。

【依据】《水电厂计算机监控系统基本技术条件》(DL/T 578—2008)

4.3.1 系统基本结构

4.3.1.1 开放、分层分布式计算机监控系统结构。

按水电厂控制层次和对象设置电厂控制级和现地控制级:

a)电厂控制级根据要求可以配置成单机、双机或多机系统。

b)现地控制级按被控对象(水轮发电机组、开关站、公用设备、闸门等)由多套LCU组成。

c)电厂控制级和现地控制级间一般采用星形网络(共享式以太网或交换式以太网)或以太网环形网络结构(逻辑总线结构)或二者相结合的网络结构。大中型水电厂采用星形网络时应采用交换式以太网。

6.3.6.1（2）本项目的查评依据如下。

【依据】《水电厂计算机监控系统基本技术条件》（DL/T 578—2008）

4.3.3.1　电厂控制级计算机

4.3.3.1.1　电厂控制级计算机（或处理器）配置应具备如下技术性能：

a）CPU 字长：64 位（数据服务器等主设备）、32 位；

b）时钟频率：≥1GHz；

c）浮点处理：硬件。

4.3.3.1.2　计算机内的主存储器应有足够的容量，存储器容量分配中应留有 40%以上的裕量。

4.3.3.1.3　计算机系统存储器。

a）支持实时控制系统工作的存储器应有足够的存储能力，以支持实施控制系统的资源文件、应用文件和历史数据（包括日、月、年累加信息量）的存储管理工作。最低容量应不低于 80GB。

b）支持管理工作的存储器宜配置磁盘阵列。

6.3.6.1（3）本项目的查评依据如下。

【依据】《水电厂计算机监控系统基本技术条件》（DL/T 578—2008）

4.3.4　数据和控制接口

数据和控制接口为计算机监控系统设备中与被监控设备进行电气连接的部件。

4.3.4.1　模拟量输入点接口

4.3.4.1.1　模拟量输入点接口回路的输入直流放大器应具有足够电压的电气隔离。

4.3.4.1.2　多路模拟量输入点采用公用模数转换电路时宜采用悬浮电容双端切换技术。

4.3.4.1.3　用于温度测量的模拟量输入点接口宜直接与电阻温度探测器（RTD）连接。

4.3.4.1.4　对模拟量输入点接口应提供模数变换精度自动检验或校正。

4.3.4.1.5　模拟量输入点接口参数：

a）信号范围：电流型 4mA～20 mA；

　　　　　　　电压型 ±5V、0V～5V、0V～10V；

　　　　　　　采用交流采样时，交流量输入：100（57.7）V，1A 或 5A；

　　　　　　　RTD 型（0℃时）100Ω（Pt100 型）。

b）输入阻抗：电流型≤500Ω；

　　　　　　　电压型≥5kΩ。

c）数模转换分辨率：≥12 位（可含符号位）。

d）最大转换误差（25℃时）：±0.25%（从变送器取信号、包括失调、标度变换以及 6 个月周期以上的检验误差）。

注：当直接从电流互感器（TA）、电压互感器（TV）、RTD 取信号时为±0.5%。

e）共模电压：200VDC 或 AC 峰值。

f）共模抑制比（CMRR）：≥80dB（直流到交流 50Hz，测试信号从端子加入）；

　　　　　　　　　　　　≥90dB（直流到交流 50Hz）。

g）常模抑制（NMRR）：≥60dB（直流到交流 50Hz）。

4.3.4.2　数字量输入点接口

4.3.4.2.1　数字量输入点宜采用无源接点，且信号电源应由独立电源回路提供。

4.3.4.2.2　数字量输入点接口一般应采用光电隔离和浪涌吸收回路。

4.3.4.2.3　每一数字量输入点端口宜有发光二极管（LED）显示其状态。

4.3.4.2.4　数字量输入点接口参数：

a）信号范围：电压：12VDC，24VDC，48VDC；

　　　　　　　电流：≤10mA。

b）最小变态检测时间：2ms；

c）最大变态检测时间：30ms；

d）接点电阻：＜100mA（包括电缆芯线）；

e）在工作电压条件下接点泄漏电阻：＞50kΩ（包括电缆芯线）。

4.3.4.3　模拟量输出点接口

4.3.4.3.1　模拟量输出点接口回路采用差分连接。

4.3.4.3.2　模拟量输出点接口参数：

a）信号范围：电流型 4mA～20mA。

电压型 0V～10V。

b）负载阻抗：电流型≤500Ω；

电压型≥500Ω。

c）最大转换误差：±0.25%、0.5%。

d）数模转换分辨率：12（含符号位）、10 位（含符号位）。

e）转换时间：≤0.15s，≤0.55s。

f）共模电压：200VDC 或 AC50Hz。

4.3.4.4　数字量输出点接口

4.3.4.4.1　数字量输出点接口应采用光电隔离或继电器隔离。

4.3.4.4.2　数字量输出点回路应由独立电源供电。

4.3.4.4.3　每一路数字量输出点宜有 LED 显示其状态。

4.3.4.4.4　数字量输出点接口参数：

a）信号电压范围：电子式 0V～30VDC；

接点式 220VDC、110VDC、48VDC、24VDC、220V/380VAC。

b）信号电流范围：电子式 0mA～50mA；

接点式 1A、2A、5A。

c）信号持续时间：可控和锁存。

d）接点开断容量：感性负载 30W。

e）继电器固有动作时间范围：吸合 2ms～30ms，释放 10ms～30ms。

4.3.4.5　数字量输入累加点接口参数

a）信号电压：5VDC、12VDC、24VDC；

b）信号电流：≤10mA；

c）最小变态检测时间：30ms、50ms。

6.3.6.2　监控系统的系统软件、支持软件和应用软件功能和安全性要求

6.3.6.2（1）本项目的查评依据如下。

【依据】《水电厂计算机监控系统基本技术条件》（DL/T 578—2008）

4.4.1　操作系统

4.4.1.1　提供的操作系统应是实时多任务系统、分时操作系统、多用户多线程系统。

4.4.1.2　操作系统应满足如下要求：

a）操作系统在所提供的硬件构造中应有实用成功的经验；

b）对计算机设备制造单位支持的实时操作系统不宜进行修改，对其未使用部分可进行删减；

c）为提高计算机利用率和响应时间，操作系统应具有以优先权为基础的任务调度算法，资源管理分配以及任务间通信和控制手段，优先级至少有 32 级；

d）应具有输入输出设备的直接控制能力；

e）应能有效地执行高级语言程序；

f）能执行诊断检查，故障自动切除；

g）对系统的启动、终止、监视、组态和其他联机活动应有交互式语言和命令程序支持；

h）为系统生成提供服务；

i）用于大型电站中服务器的操作系统应支持集群功能；

j）应具有分级安全管理功能；

k）支持多种高级语言软件开发平台；

l）文件管理系统采用性能优良的层次文件结构和多重保护机制，提供文件控制功能（包括文件的打开、关闭、读出和记录）的基本存取方法。

现地控制级的操作系统可根据实际应用环境对上述要求进行简化。

6.3.6.2（2）本项目的查评依据如下。

【依据】《水电厂计算机监控系统基本技术条件》（DL/T 578—2008）

4.4.1　操作系统

4.4.1.1　提供的操作系统应是实时多任务系统、分时操作系统、多用户多线程系统。

4.4.1.2　操作系统应满足如下要求：

a）操作系统在所提供的硬件构造中应有实用成功的经验；

b）对计算机设备制造单位支持的实时操作系统不宜进行修改，对其未使用部分可进行删减；

c）为提高计算机利用率和响应时间，操作系统应具有以优先权为基础的任务调度算法，资源管理分配以及任务间通信和控制手段，优先级至少有 32 级；

d）应具有输入输出设备的直接控制能力；

e）应能有效地执行高级语言程序；

f）能执行诊断检查，故障自动切除；

g）对系统的启动、终止、监视、组态和其他联机活动应有交互式语言和命令程序支持；

h）为系统生成提供服务；

i）用于大型电站中服务器的操作系统应支持集群功能；

j）应具有分级安全管理功能；

k）支持多种高级语言软件开发平台；

l）文件管理系统采用性能优良的层次文件结构和多重保护机制，提供文件控制功能，包括文件的打开、关闭、读出和记录的基本存取方法。

现地控制级的操作系统可根据实际应用环境对上述要求进行简化。

6.3.6.2（3）本项目的查评依据如下。

【依据】《水电厂计算机监控系统基本技术条件》（DL/T 578—2008）

4.4.1　操作系统

4.4.1.1　提供的操作系统应是实时多任务系统、分时操作系统、多用户多线程系统。

4.4.1.2　操作系统应满足如下要求：

a）操作系统在所提供的硬件构造中应有实用成功的经验；

b）对计算机设备制造单位支持的实时操作系统不宜进行修改，对其未使用部分可进行删减；

c）为提高计算机利用率和响应时间，操作系统应具有以优先权为基础的任务调度算法，资源管理分配以及任务间通信和控制手段，优先级至少有 32 级；

d）应具有输入输出设备的直接控制能力；

e）应能有效地执行高级语言程序；

f）能执行诊断检查，故障自动切除；

g）对系统的启动、终止、监视、组态和其他联机活动应有交互式语言和命令程序支持；

h）为系统生成提供服务；

i）用于大型电站中服务器的操作系统应支持集群功能；

j）应具有分级安全管理功能；

k）支持多种高级语言软件开发平台；

l）文件管理系统采用性能优良的层次文件结构和多重保护机制，提供文件控制功能，包括文件的打开、关闭、读出和记录的基本存取方法。

现地控制级的操作系统可根据实际应用环境对上述要求进行简化。

6.3.6.2（4）本项目的查评依据如下。

【依据】《水电厂计算机监控系统基本技术条件》（DL/T 578—2008）

4.4.1　操作系统

4.4.1.1　提供的操作系统应是实时多任务系统、分时操作系统、多用户多线程系统。

4.4.1.2　操作系统应满足如下要求：

a）操作系统在所提供的硬件构造中应有实用成功的经验；

b）对计算机设备制造单位支持的实时操作系统不宜进行修改，对其未使用部分可进行删减；

c）为提高计算机利用率和响应时间，操作系统应具有以优先权为基础的任务调度算法，资源管理分配以及任务间通信和控制手段，优先级至少有 32 级；

d）应具有输入输出设备的直接控制能力；

e）应能有效地执行高级语言程序；

f）能执行诊断检查，故障自动切除；

g）对系统的启动、终止、监视、组态和其他联机活动应有交互式语言和命令程序支持；

h）为系统生成提供服务；

i）用于大型电站中服务器的操作系统应支持集群功能；

j）应具有分级安全管理功能；

k）支持多种高级语言软件开发平台；

l）文件管理系统采用性能优良的层次文件结构和多重保护机制，提供文件控制功能，包括文件的打开、关闭、读出和记录的基本存取方法。

现地控制级的操作系统可根据实际应用环境对上述要求进行简化。

6.3.6.2（5）本项目的查评依据如下。

【依据】《国家电网公司水电厂重大反事故措施》（国家电网基建〔2015〕60 号）

14.1.3.1　监控系统的系统操作软件安装盘应至少备份两套，并分级管理、异地保存，每年检查一次。电站控制逻辑和参数每次变更前后，均应做完整备份。软件备份宜采取光盘刻录方式，备份至少两份，并分级管理，异地保存，保存周期不少于 5 年。

6.3.6.3　通信可靠性

6.3.6.3（1）本项目的查评依据如下。

【依据】《水电厂计算机监控系统基本技术条件》（DL/T 578—2008）

4.3.5　通信接口

4.3.5.1　本计算机监控系统与调度系统的通信接口：

4.3.5.1.1　本计算机监控系统应能实现与微波设备、电力载波设备、光缆设备或专用通道连接。

4.3.5.1.2　系统通信接口应能满足调度要求的通信方式：

a）异步串行半双工通信；

b）异步串行全双工通信；

c）同步串行半双工通信；

d）同步串行全双工通信；

e）网络通信。

4.3.5.1.3　通信接口设备所包括的通信适配器或通信控制器以及连接器或调制解调器彼此应适应于统一的规程特性和参数。

4.3.5.1.4　通信接口设备与外部调制解调器（在数据通信设备中）连接时的特性要求：

a）接口信号电气特性应符合所采用规程的接口标准；

b）信号重复率应符合调度要求；

c）信号质量和噪声极限应符合美国电子工业协会标准 RS-334（串行数据传输的数据处理终端设备与同步数据通信设备接口处信号质量）或 RS-363，RS-404（数据中断设备与非同步数据通信设备间的起止信号的质量标准）标准。

4.3.5.1.5　通信接口设备包含调制解调器的特性要求：

a）信号阻抗：当信号速率需要标准音频级通道时，全部输入和输出应采用平衡的 $600\Omega\pm10\%$ 阻抗；

b）信号电平：输入（接收）电平的范围可低到$-30dB$（基准值 1mW）；输出（发送）电平不得超过 0dB（基准值 1mW），输出电平和接收灵敏度按最多 4dB 挡调整；

c）信号稳定性：全部输入和输出应稳定在±1dB 内；

d）信号线性：输出（发送）信号的线性是指在容许的频率和电平范围内应不超过±1dB，输入信号的线性和延迟失真按通道类型和数据速率的要求分别规定；

e）信号失真：当信号速率需要标准音频通道时，全部输入和输出所包含的均方根谐波成分在 0dB 时不超过 2%；

f）信号载波：应满足调度系统规定的中心频率和带宽。

4.3.5.1.6　调制解调器与外部通道连接宜采用变压器隔离，耐压 15kV DC：或峰—峰 AC。

4.3.5.1.7　计算机监控系统与调度系统采用网络方式通信时，其接口除应满足 4.3.5.2.3 条要求外，还应满足国家有关部门关于电力二次系统安全防护规定的要求。

4.3.5.2　电厂控制级与现地控制级间或电厂控制级多机间的通信接口。

4.3.5.2.1　计算机监控系统相互间的通信连接宜按局域网考虑，而且应尽可能选择适合于工业控制的局域网。局域网结构、通信规程、信息格式、数据传输速率、传输介质和传输距离等除应考虑下述款项一般要求外，还应满足系统功能的有关要求。

4.3.5.2.2　串行通信接口。

a）通信方式：异步或同步串行数据传输。

b）接口标准：符合美国电子工业协会标准 RS-423-A（非平衡电压数字接口电路的电气特性）、RS-232-C（采用串行二进制数据交换的数据终端设备与数据通信设备之间的接口）（带调制解调器）（单端）；符合美国电子工业协会标准 RS-422-A（平衡电压数字接口电路的电气特性）、RS-485（差分）、20mA 电流环。

c）传输速率：≥1200bps；

d）传输距离：使用电缆时一般不应大于 1km（RS-422-A.RS-485）；

e）传输介质：聚乙烯绝缘对绞铜带屏蔽电缆。

4.3.5.2.3　网络接口。

a）通信方式：交换式或竞争式（广播、点对点）；

b）接口标准：IEEE802.4 或 IEE802.3（数据通信中局域网的一种标准）；

c）传输速率：≥10Mbps；

d）传输介质：光缆或双绞线。

4.3.5.3　与其他系统之间的通信接口。

计算机监控系统与 4.2.8.2 条规定的其他系统通信时，其接口除应满足 4.3.5.2.2 条、4.3.5.2.3 条要求外，还应满足国家有关部门关于电力二次系统安全防护规定的要求。

4.3.5.4　通信接口应采用光电隔离或变压器隔离，其隔离电压等级应大于器件上可能出现的最大地电位差和 4.3.10.3 条规定的电磁兼容性极限值。

6.3.6.3（2）本项目的查评依据如下。

【依据】《水电厂计算机监控系统基本技术条件》（DL/T 578—2008）

4.5.5.2　对通信安全性的基本要求

a）系统设计应保证信息中的一个信息量错误不会导致系统关键性故障（使外部设备误动作或造成

系统主要功能的故障或系统作业的故障等）。

b）计算机监控系统与调度系统的远程通信的信息出错控制应与通信规约一致。

c）电厂控制级和现地控制级装置的通信包括控制信息时，应该对响应有效信息或没有响应有效信息有明确肯定的指示。当通信尝试失败时，发送站应能自动重新发出该信息，直到超过重发计数（一般为 2～3 次）为止。当个别通道超过重发极限时，应发出适宜的警报。

d）为证实通道正常，应该定期地通过测试信息检查或通过正常使用进行校核。

e）计算机监控系统内部通信的信息错误码检测能力及编码效率应有较高的指标。

6.3.6.4　计算机环境及其他基本设施

6.3.6.4（1）本项目的查评依据如下。

【依据】《水电厂计算机监控系统基本技术条件》（DL/T 578—2008）

4.1　使用条件

4.1.1　环境温度

a）电厂控制级计算机房和中控室：18℃～25℃；

b）现地控制单元：0℃～40℃；

c）允许温度变化率：5℃/h。

4.1.2　相对湿度

a）电厂控制级计算机房：45℃～65℃；

b）现地控制单元：20℃～90℃（无凝结）。

4.1.3　尘埃

计算机监控系统设备应根据不同的安装场地考虑防尘措施，特别是在施工初期和现地控制单元投运时应采取临时保护措施，设备使用场地参数的参考值为：尘埃粒度大于 0.5u 的个数小于 18000 粒/L。

4.1.4　海拔高度

不大于 2000m。

4.1.5　振动和冲击

a）电厂控制级计算机房和中控室：振动频率在 5Hz～200Hz 范围内，加速度不大于 5m/s^2；

b）现地控制单元：振动频率在 10Hz～500Hz 范围内，加速度不大于 10m/s^2。

4.1.6　地震

计算机监控系统设备用于地震多发地区时，设备的结构应有相应的特殊考虑。

6.3.6.4（2）本项目的查评依据如下。

【依据】《水电厂计算机监控系统基本技术条件》（DL/T 578—2008）

4.2.8.6　时钟同步

计算机监控系统应能正确接收 GPS 时钟信息，并实现系统内各节点的时钟同步。

4.3.7　GPS 时钟装置

4.3.7.1　计算机监控系统应配备 GPS 时钟装置。正常状态下，GPS 应可同时跟踪至少 8 颗卫星，输出时间与协调世界时（UTC）时钟同步准确度应不大于 1μs。

4.3.7.2　必要时，GPS 应提供为保证 SOE 分辨率所需的脉冲同步信号和其他系统所需的脉冲同步信号或时钟同步数字接口。

6.3.6.4（3）本项目的查评依据如下。

【依据1】《水电厂计算机监控系统基本技术条件》（DL/T 578—2008）

4.3.8　电源

4.3.8.1　计算机监控系统设备使用的不间断电源（UPS）或逆变电源、稳压电源、开关电源等应能在下列外电源电压范围内正常工作和不遭损坏：

交流电源：

输入电压变化：220×（85%～110%）V；

$$380 \times (85\% \sim 110\%) \text{ V};$$

输入频率变化：$50 \times (1\pm2\%)$ Hz;

直流电源：$220 \times (80\% \sim 115\%)$ V;

$$110 \times (80\% \sim 115\%) \text{ V}。$$

4.3.8.2　在外电源内阻小于 0.1Ω 时，由计算机监控系统设备所产生的电噪声（1kHz～100kHz）在电源输入端上的峰—峰值电压应小于外部电源电压的 1.5%。

4.3.8.3　当输入电压下降到下限或正负极性颠倒时，计算机监控系统设备不应遭到破坏。

4.3.8.4　计算机监控系统电厂控制级应配置不间断电源或逆变电源，大型电站宜配置两组不间断电源或逆变电源并且以并联或热备方式工作。现地控制级应配置两组稳压电源/开关电源并且同时工作，必要时也可配置逆变电源。

4.3.8.5　不间断电源或逆变电源除应满足 GB 7260 有关规定外还要满足下列具体要求：

a）额定容量：按 1.5～2 倍正常负载容量考虑：

b）输入电压：满足 4.3.7.1 条的要求；

c）输出电压范围：$220 \times (1\pm2\%)$ V AC;

d）输出频率范围：$50 \times (1\pm1\%)$ Hz，正弦波;

e）输出波形失真：<5%;

f）电压超调量：<10%额定电压（当负载突变50%时）;

g）不间断电源备用电池维持时间：不小于 1h。

4.3.8.6　系统内部直流稳压电源/开关电源应有过压保护及电源故障报警信号。电源配置应满足接口隔离要求。

4.3.8.7　计算机监控系统设备的电源输入回路应有隔离变压器和抑制噪声的滤波器。

【依据2】《国家电网公司十八项电网重大反事故措施（修订版）》（国家电网生〔2012〕352 号）

16.1.1.4　调度自动化主站系统应采用专用的、冗余配置的不间断电源装置（UPS）供电，不应与信息系统、通信系统合用电源。交流供电电源应采用两路来自不同电源点供电。发电厂、变电站远动装置、计算机监控系统及其测控单元、变送器等自动化设备应采用冗余配置的不间断电源（UPS）或站内直流电源供电。具备双电源模块的装置或计算机，两个电源模块应由不同电源供电。相关设备应加装防雷（强）电击装置，相关机柜及柜间电缆屏蔽层应可靠接地。

6.3.6.4（4）本项目的查评依据如下。

【依据】《水电厂计算机监控系统基本技术条件》（DL/T 578—2008）

4.3.11　接地

4.3.11.1　计算机监控系统接地应使用水电厂公用接地网接地。

4.3.11.2　为了避免产生接地环流或地噪声干扰，同时为了设备的安全防护，计算机监控系统设备的外壳、交流电源、逻辑回路、信号回路和电缆屏蔽层必须按如下原则接地：

a）设备外壳或裸露的非载流的金属部分必须接地。

b）经过隔离的交流电源电压超过 150V 时必须接地。

c）未隔离开的所有计算机直流回路（包括直流电源、逻辑回路、信号回路）中一般只应有一个接地点。

d）未隔离开的所有计算机直流电路中共地回路如有两点或多点接地时，其任意两接地点的地电位差在任何时候均不能大于设备所允许的噪声。

e）任一机柜（或一套装置）内全部对外接口设备有隔离时，机柜外壳、交流电源、计算机直流电路和电缆屏蔽层应在该机柜内共一点接地。计算机逻辑回路在机柜内应只有一点同机柜的公共接地点连接。

f）在一个设备中，或在临近设备中的接地不应有两个独立的接地网。

g）信号和电缆屏蔽层的接地应考虑相应传感器或其他连接设备的接地，避免两点接地，并且尽可能选择计算机监控系统接收设备端一点接地。

4.3.11.3　计算机监控系统所属设备柜内接地线应尽量短，柜内的公共接地板应采用截面大于 50mm² 的铜条。

4.3.11.4　机柜或箱壳的接地点必须有良好耐久的金属接触点接地。

4.3.11.5　计算机监控系统所属设备使用测试仪器时，该设备应为测试仪器提供电源连接和接地连接。

6.3.6.4（5）本项目的查评依据如下。

【依据】《国家电网公司关于印发防止水电厂水淹厂房反事故补充措施的通知》（国家电网基建〔2017〕61 号）

8　电站控制、保护系统应采用统一的时钟同步源，并具备事件实时记录存储功能，存储的数据在断电或浸水等情况下可读取。

6.3.6.4（6）本项目的查评依据如下。

【依据】《国家电网公司水电厂重大反事故措施》（国家电网基建〔2015〕60 号）

17.1.1　水电厂地下厂房、各类控制室、继电保护室、计算机房、通信室、高低压配电室等重点防火部位应设置火灾自动报警系统，火灾报警信号应接入有人监视的场所。单台机组容量为 300MW 及以上的上述部位宜设置自动气体灭火系统，相应安全出口应不少于两个。变压器室、电容器室、蓄电池室、油处理室、配电室等应采用向外开启的甲级防火门。蓄电池室应注意保持良好通风。

6.3.6.5　主要功能及整体运行情况

6.3.6.5（1）本项目的查评依据如下。

【依据】《水电厂计算机监控系统基本技术条件》（DL/T 578—2008）

4.2　系统功能和操作要求

4.2.1　数据采集

4.2.1.1　数据类型

a）模拟输入量（含 RTD 信号）；

b）数字输入状态量；

c）数字输入累加量；

d）数字输入编码（如 BCD 码）；

e）数字输入事件顺序量；

f）模拟输出量；

g）数字输出量。

4.2.1.2　现地控制级数据采集

a）应能实时采集以上各类输入量数据；

b）应能实时采集所辖智能电子设备的数据；

c）接收来自电站主控级的命令信息和数据。

4.2.1.3　电厂控制级数据采集

a）实时采集各现地控制级的各类数据；

b）接收各调度级的命令信息和数据；

c）接收电厂计算机监控系统以外的其他系统数据信息。

4.2.2　数据处理

数据处理应定义对每一设备和每种数据类型的数据处理能力和方式，以用于支持系统完成监测、控制和记录功能。

4.2.2.1　模拟量数据处理

应包括地址/标记名处理、扫查允许/禁止处理、工程量变换处理、测量零值处理、测量死区处理、测量上下限值处理、测量合理性处理、测量上下限值死区处理、越限及梯度越限报警处理、数据质量码处理等。

4.2.2.2　状态数据处理

应包括地址/标记名处理、扫查允许/禁止处理、状态变位处理、防接点抖动处理、报警处理、数据质量码处理等。

4.2.2.3　事件顺序记录数据处理

应包括地址/标记名处理、扫查允许/禁止处理、状态变位处理、防接点抖动处理、时间标记处理、报警处理、数据质量码处理等。

4.2.2.4　数据计算

a）功率总加；

b）脉冲累积、电能量和/或分时电能量的累计；

c）机组温度综合分析计算；

d）主辅设备动作次数、运行时间和运行间隔时间等维护管理统计；

e）具有用于通用目的的状态逻辑计算、模拟量计算和多源点计算功能；

f）频率考核计算、母线电压考核计算（任选项）；

g）功率不平衡度计算（任选项）；

h）厂用电率计算（任选项）；

i）水量、耗水率、效率等计算（任选项）。

4.2.2.5　主要参数趋势分析处理

对电站的一些主要参数如机组出力、轴承温度、油槽油温、主变压器油温、水位等的变化趋势，可以按不同的间隔时间（采样时间）进行记录，形成趋势显示曲线。

4.2.2.6　事故追忆处理（任选项）

对各种事故的相关量进行短时段的记录，遇到事故发生就将此记录保存下来。事故追忆记录分事故前和事故后两时段，两个时段的长短和采样间隔应可调整。一般，追忆记录采样速率为 1 次/s，记录时间长度不少于 180s，事故前 60s，事故后 120s。

4.2.2.7　历史数据处理

对实时数据进行统计分析和计算处理，形成历史数据记录，并提供历史数据检索和查询手段。历史数据按如下分类定义：趋势类、累加值、平均值类、最大/最小值类。

4.2.3　报警处理

a）当对象处于事故和故障状态，应立即发出报警音响、语音报警和显示信息。报警音响或语音报警应将事故和故障区别开来。声音可人工或延时自动解除。

b）报警显示信息应在当前画面上显示报警报文（包括报警发生时间、对象名称、性质等）。显示颜色应随报警信息类别而改变。若当前画面具有该报警对象，则该对象标志（或参数）闪光及其颜色变化。闪光信号应在运行人员确认后方可解除。

c）对于确认的误报警，运行人员可以禁止该点产生报警音响和显示信息。

d）可对事故信号进行预定义，在事故发生时自动推出事故画面，并提供画面软拷贝手段（任选项）。

e）为事故和故障报警信息提供方便的配置画面，使事故和故障报警信息能通过电话系统以语音形式对有关人员报警（任选项）。

f）为事故和故障报警信息提供方便的配置手段，使事故和故障报警信息能通过手机短信平台发送到指定的手机上（任选项）。

4.2.4　控制与调节

计算机监控系统按照电厂当前运行控制方式和预定的决策参数进行控制调节，以满足电力调度发电控制要求。

4.2.4.1　对运行设备控制方式的设置

a）远程调度端/电厂控制级控制/调节方式设置（控制和调节方式是否分别设置，应根据调度具体要求进行）；

b）电厂控制级/现地控制级控制方式设置；

c）运行设备自动/手动控制方式设置；

d）机组单控/联控运行方式设置。

电站公用设备/辅助设备的控制权限可根据电站的管理模式确定。

4.2.4.2　对单台被控设备人工操作

运行人员通过电厂控制级或现地控制级的人机接口设备进行操作，完成对单台设备的控制与调节，并考虑安全闭锁。

4.2.4.3　现地控制单元的顺序控制和调节

4.2.4.3.1　机组现地控制单元的顺序控制和调节

机组现地控制单元应具有以下顺序控制和调节功能：

a）机组正常开/停机顺序控制及紧急停机顺序控制；

b）机组转速及有功功率调节；

c）机组电压及无功功率调节；

d）导叶开限调节。

4.2.4.3.2　开关站现地控制单元的顺序控制

开关站现地控制单元应能实现相关隔离开关的倒闸顺序控制和断路器的合闸顺序控制功能。

4.2.4.3.3　厂用电现地控制单元的顺序控制

厂用电现地控制单元应能实现高压厂用电系统进线和母联断路器的备自投顺序控制功能。

4.2.4.3.4　公用设备现地控制单元的顺序控制（任选项）

4.2.4.3.5　泄水闸现地控制单元的顺序控制和调节（任选项）

泄水闸现地控制单元应能实现闸门启/闭的顺序控制和闸门开度的调节。

4.2.4.4　自动发电控制或有功功率联合控制的调节方式

a）按系统调度给定的日负荷曲线调整功率；

b）按电网 AGC 设定值自动调整功率；

c）按电厂运行值班员设定的有功功率值自动调整功率；

d）按系统频率控制方式（任选项）；

e）按水位控制方式（任选项）。

自动发电控制宜按等功率法、水轮机综合特性曲线交点法、动态规划法等优化算法进行计算并在应运行机组间实现有功功率的自动经济分配和调整。在进行计算时，应根据给定的电站输出功率，考虑调频和备用容量的需要，计算当前水头下电站最佳运行的机组数；应根据电站供电的可靠性、设备（特别是水轮发电机组）的当前安全和经济状况，确定应运行机组台号；应校核各项限制条件，如机组空蚀振动区、机组最大负荷限制、线路负荷限制、下游最小流量、下游水位单位时间内的变幅、用水量计算等，不满足时进行各种修正。

4.2.4.5　自动电压控制或机组无功功率联合控制的调节方式

a）按系统调度给定的电厂高压母线电压日调节曲线进行调整；

b）按运行人员给定的高压母线电压值或总无功进行调整；

c）按电厂高压母线电压限值进行调整。

自动电压控制宜按等无功功率或等功率因数算法进行计算，并在运行机组间实现无功功率的自动分配和调整，在进行计算时应对运行机组进行各项限制条件校核，如机组励磁电流限制、母线电压限制、机组定子电流限制、机组进相深度限制等，不满足时进行各种修正。

4.2.4.6　低频控制和高频控制（任选项）

计算机监控系统根据系统频率降低和升高的程度以及机组的运行方式，自动改变机组的运行方式以恢复系统的频率正常。

4.2.5　人机接口及操作要求

计算机监控系统均通过以下接口设备完成画面显示、打印制表、设置参数、操作控制及维护管理等人机接口功能。

a）电厂控制级操作员站、工程师站、打印机等；

b）现地操作屏；

c）模拟屏（任选项）；

d）大屏幕（任选项）；

e）便携式工作站或移动式操作员站。

4.2.5.1　电厂控制级人机接口及操作要求

作为电厂运行人员监视和控制电厂运行的主要手段，运行人员与计算机监控系统的交互作用将通过操作员站等的显示器、键盘和鼠标以及打印机等来实现。

4.2.5.1.1　人机接口原则

a）操作员只允许完成对电厂设备运行监视、控制调节和参数设置等操作，而不能修改或测试各种应用软件。

b）人机联系应有汉字显示和打印功能，汉字应符合 GB 18030 要求。

c）人机接口操作方法应友好、简便、灵活、可靠，对话提示说明应清楚准确，在整个系统对话运用中保持一致。

d）被控对象的选择和控制只能在同一个操作员站上进行。

e）操作过程中的操作步骤应尽可能简化且应有必要的可靠性校核及闭锁功能。

f）画面调用方式应满足灵活可靠、响应速度快的原则；画面的调用应有自动和召唤两种方式，自动方式用于事故、故障及过程监视等情况，召唤方式为运行人员随机调用。

g）应给不同职责的运行管理人员提供不同安全等级的操作权限，操作权限可分为 4 级，即系统管理员级、维护管理员级、运行人员级和一般级别，一般级别只可进行坐视不可进行任何的控制操作。

h）任何人机接口请求无效时应显示出错信息。

i）任何人机操作（包括参数修改和配置修改）均应记入操作记录。

j）任何操作命令进行到某一步时，如不进行下一步操作（在执行之前）则应能自动删除或人工删除。

4.2.5.1.2　显示器功能

a）画面显示；

b）画面实时刷新（包括设备状态、运行参数及实时时钟的刷新）；

c）报警与操作信息报告显示；

d）人机对话提示以及操作命令出错信息提示；

e）光标显示与控制；

f）画面窗口变换与局部放大；

g）画面的平移与滚动。

4.2.5.1.3　画面显示

运行人员通过键盘或鼠标选择和调用画面显示。画面内容应精炼、清晰、直观，以便于监视和保证动态特性。画面主要包括：

a）各类菜单（或索引表）显示；

b）电厂电气接线图；

c）机组及其风、水、油等主要辅助设备状态模拟图；

d）机组运行状态转换流程图；

e）机组运行工况图（P/Q 图）；

f）AGC/AVC 画面；

g）各类棒图；

h）各类曲线图；

i）各类记录报告；

j）各类运行报表；

k）事故处理指导（任选项）；

l）计算机系统各类设备运行状态图；

m）各类维护管理报表。

4.2.5.1.4　屏幕显示画面的编排

a）时间显示区；

b）画面静态及动态信息主显示区；

c）报警信息显示区；

d）人机对话显示区。

4.2.5.1.5　画面图符及显示颜色定义

a）画面中各电气设备图符应符合 DL/T 5350 有关规定。

b）画面中各电压等级颜色应符合 GB/T 11920 有关规定。

c）画面中图符动态刷新颜色定义：

机组空转状态：紫罗兰色；

机组空载状态：黄色；

机组发电状态：红色；

机组调相状态：蓝色；

机组停机备用状态：绿色；

机组停机检修状态：白色；

机组水泵状态：粉红色；

机组不定状态：红色；

断路器、隔离开关、接地开关合闸状态：红色；

断路器、隔离开关、接地开关分闸状态：绿色；

一般设备正常启动状态：红色；

一般设备正常停止状态：绿色。

d）报警与操作信息显示颜色定义：

事故信息：红色；

故障信息：黄色；

复归信息：白色；

操作信息：绿色。

e）参数刷新颜色定义：

参数正常：绿色；

参数越限：黄色（越上限或下限）；

红色（或闪光）（越上上限或下下限）。

4.2.5.1.6　操作与控制

运行人员通过键盘或鼠标进行选择画面和屏幕管理操作之外，主要是完成 4.2.4 中的操作控制任务，还包括：

a）设置或修改运行方式、负荷给定值及运行参数限值等；

b）报警监视和处理；

c）下述各种记录的打印：

——各类操作记录（包括操作人员登录退出、设备操作等）：

——各类事故及故障记录；

——各类报表；

——各类曲线；

——趋势记录（任选项）；

——事故追忆及相关量记录（任选项）；

——各种典型操作票（任选项）；

——画面拷贝。

4.2.5.2 现地控制级人机接口及操作要求

a）运行人员应能通过现地操作屏的人机接口设备或移动式操作员站或便携工作站实现对所辖设备的监视和控制；

b）操作屏应具有远方和现地控制方式的切换功能，在现地控制级控制方式下，远方命令被闭锁，但不影响数据采集和传送；

c）在现地控制级控制方式下，相关操作应做到安全、可靠和简便，应为触摸屏（可选）上的相关控制操作提供操作权限；

d）在远方控制方式下，运行人员只能通过现地人机接口设备进行监视，不能进行除紧急操作外的其他控制操作；

e）机组紧急停机（包括手动和顺控流程）操作和关机组进水口快速门/蝴蝶阀操作不受远方/现地控制方式的影响。

4.2.6 工程师/编程员站基本功能

a）系统生成和启动；

b）故障诊断；

c）系统管理维护；

d）应用软件的开发和修改，以及数据库修改、画面编制和报告格式的生成。

4.2.7 电厂设备运行管理及指导

a）历史数据存储；

b）自动统计机组工况转换次数及运行、备用、检修时间累计；

c）被控设备操作动作次数累计以及事故动作次数累计；

d）峰谷负荷时的发电量分时累计；

e）运行参数及经济指标等计算（任选项）；

f）操作指导（任选项）；

g）事故处理指导（任选项）；

h）电厂设备运行状况实时电话查询（任选项）。

4.2.8 系统通信

4.2.8.1 计算机监控系统与各调度级的调度自动化系统间的通信

为满足调度自动化系统（包括梯级调度）对电厂的遥测、遥信、遥调及遥控功能，监控系统应可随时接受各级调度的命令信息，并向它们发送电厂实时工况、运行参数及有关信息。

4.2.8.2 计算机监控系统与电厂其他计算机系统之间的通信

a）与厂内电能计量系统的通信（任选项）；

b）与枢纽闸门控制系统的通信（任选项）；

c）与厂内继电保护及故障录波管理系统的通信（任选项）；

d）与厂内消防报警系统的通信（任选项）；

e）与厂内工业电视监控系统的通信（任选项）；

f）与水情自动化测报系统的通信（任选项）；

g）与培训仿真系统的通信（任选项）；

h）与电力市场竞价上网系统的通信（任选项）；

i）电站状态监测系统（任选项）；

j）与厂内信息管理系统的通信（任选项）；

k）与 Web 服务器的通信（任选项）。

4.2.8.3　电厂控制级与现地控制级的通信

a）数据采集；

b）传送控制/调节命令及其他需要的信息（如机组水头）；

c）通信诊断。

4.2.8.4　现地控制单元之间的通信

现地控制单元之间应能实现通信，传送相互之间所需要的信息。

4.2.8.5　现地控制单元与所辖智能电子设备之间的通信（任选项）

现地控制单元能分别与所辖控制设备（如调速器、励磁系统、开关站智能设备、厂用电系统智能电子设备、直流系统监控装置、排水控制系统、空气压缩机控制系统及暖通空调控制系统等）实现通信。

4.2.8.6　时钟同步

计算机监控系统应能正确接收 GPS 时钟信息，并实现系统内各节点的时钟同步。

4.2.9　系统自诊断及自恢复

a）计算机监控系统在线运行时，应对计算机监控系统内的硬件及软件进行自诊断，当诊断出故障时，应自动发出信号；对于冗余设备，应自动切换到备用设备。

b）自恢复功能，包括软件及硬件的监控定时器（看门狗）及自启动功能。

c）掉电保护功能。

4.2.10　远程诊断与维护（任选项）

计算机监控系统具有远程诊断与维护功能。维护工程师可通过拨号方式连接至本计算机监控系统，远程维护能够实现用户级的维护。远程维护的安全保护有密码保护、防火墙技术及回呼服务。

4.2.11　培训仿真（任选项）

计算机监控系统内可配置培训仿真台，用于仿真电厂各种运行工况，对运行操作人员进行各种操作及维护培训。

计算机监控系统内也可不专门配制培训仿真台，可通过工程师站对运行人员进行简单的操作培训。

4.2.12　试验与维修操作

计算机监控系统应具有方便地进行试验与维修操作的手段。

6.3.6.5（2）本项目的查评依据如下。

【依据】《水电厂计算机监控系统基本技术条件》（DL/T 578—2008）

4.5.5.1　对操作安全性的基本要求

a）对系统每一功能和操作提供校核；

b）当操作有误时能自动或手动地被禁止并报警；

c）自动或手动操作可作存贮记录或作提示指导；

d）根据需要在人机通信中设操作员控制权口令；

e）按控制层次实现操作闭锁，其优先权顺序为现地控制级最高，电厂控制级第二，远程调度级第三。

6.3.6.5（3）本项目的查评依据如下。

【依据】《水电厂计算机监控系统基本技术条件》（DL/T 578—2008）

4.5.5.3　对硬件、软件和固件设计安全的基本要求

a）应有电源故障保护和自动重新启动；

b）能预置初始状态和重新预置；

c）有自检查能力，检出故障时能自动报警；

d）设备故障自动切除或切换并能报警；

e）系统中任何地方单个元件的故障不应造成生产设备误动；

f）硬软件中相关的标号（如地址）必须统一；

g）CPU 负载应留有适当的裕度，在重载情况下其最大负载率不宜超过 70%；

h）在正常情况下，控制网络负载率不宜超过 50%；

i）磁盘的使用时间应尽可能低，正常情况下，在任一个 5min 周期内，其平均使用率应低于 50%；

j）系统设计或系统性能应考虑到重载和紧急临界情况。

6.3.6.5（4）本项目的查评依据如下。

【依据】《水电厂计算机监控系统基本技术条件》（DL/T 578—2008）

4.5.2.3　计算机监控系统设备的 MTBF 应满足如下要求：

主控计算机（含磁盘）：＞8000h；

现地控制单元装置：＞16000h。

4.5.4　可用性（或可利用率）

4.5.4.1　计算机监控系统在电厂验收的可用性指标分为 99.9%，99.7% 和 99.5% 三挡，其计算方法参见附录 A。

4.5.4.2　不同的系统结构或类型应采用不同的可用性指标。

6.3.7　AGC、AVC 功能

6.3.7（1）本项目的查评依据如下。

【依据 1】《电网运行准则》（DL/T 1040—2007）

5.4.2.2.1　一般性能要求：

k）200MW（新建 100MW）及以上火电和燃气机组，40MW 及以上非灯泡贯流式水电机组和抽水蓄能机组应具备自动发电控制（AGC）功能，参与电网闭环自动发电控制。发电机组月 AGC 可用率应不低于 90%。机组自动发电控制基本性能指标要求如下：

1）采用直吹式制粉系统的火电机组：

AGC 调节速率不小于每分钟 1.0% 机组额定有功功率；

AGC 响应时间不大于 60s。

2）采用中储式制粉系统的火电机组：

AGC 调节速率不小于每分钟 2% 机组额定有功功率；

AGC 响应时间不大于 40s。

5.4.2.2.4　对发电机 AGC 的要求。

a）概述：

1）拟并网的 200MW（新建 100MW）及以上火电和燃气机组，40MW 及以上水电机组和抽水蓄能机组应具备 AGC 功能，参与电网闭环自动发电控制；

2）机组 AGC 性能和指标应满足本标准规定的要求和并网调度协议规定的要求；

3）在机组商业化运行前，具备 AGC 功能的机组应完成与相关电网调度机构 EMS 主站系统 AGC 功能的闭环自动发电控制的调试与试验，并向电网调度机构提交必要的系统调试报告，其性能和参数应满足电网安全稳定运行的需要；

4）未经电网调度机构批准，并网运行的 AGC 机组不能随意修改 AGC 机组运行参数；

5）机组 AGC 功能修改后，应与电网调度机构的 EMS 重新进行联合调试、数据核对等工作，满足5.4.2.2.1 条一般性能要求中第 k）项的要求后，其 AGC 功能方可投入运行。

b）对参与 AGC 运行发电厂（机组）的要求：

1）AGC 机组应按 EMS 下发的 AGC 调节指令调节机组功率，并使机组功率与 EMS 下发的 AGC 指令相一致。

2）发电厂应实时将 AGC 机组的运行参数通过远动通道传输到相关电网调度机构的 EMS。运行参数包括：AGC 机组调整上/下限值、调节速率、响应时间；火电和燃气机组 DCS 系统的"机组允许 AGC 运行"和"机组 AGC 投入/退出"的状态信号，水电机组和抽水蓄能机组自动控制系统的"允许 AGC 运行"和"AGC 投入/退出"的状态信号等。

3）机组 AGC 的运行方式应有固定运行方式、调节方式。固定运行方式是指机组按计划曲线运行，调节方式是指机组根据电网给定负荷运行。

4）参与 AGC 运行的火电和燃气机组的 AGC 最大调节范围为 50%～100%机组额定有功功率；全厂调节的水电厂 AGC 最大调节范围为 0～100%全厂额定有功功率，实际运行中应避开调节范围内的振动区和空蚀区。

5）AGC 机组应能实现"当地控制/远方控制"两种控制方式间的手动和自动无扰动切换。

6）机组处于工作状态时，对于 RTU 或计算机系统给出的明显异常的遥调指令〔包括突然中断、指令超过全厂或机组给定的上、下限值以及两次指令差超过自定义限值（该值可调整），机组 AGC 应能做出如下处理：

拒绝执行该明显异常指令，维持原状态；

保持原正常指令 8s～30s（可调整），以等待恢复正常指令；

8s～30s 后未恢复正常指令，则发出报警并自动（或手动）切换至"当地控制方式"；

RTU 复位、故障时，计算机监控系统应保持电网调度机构原给定遥调指令值不变，直到接受新的指令。

7）水电机组和抽水蓄能机组的计算机监控系统分配给各机组的指令应能自动躲过机组的振动区和空蚀区。

8）AGC 机组工作在负荷控制方式时，机组的调整应考虑频率约束，当频率超过 50Hz±0.1Hz（该值根据电网要求可随时调整）范围时，机组不允许反调节。

9）AGC 发送指令的周期：火电不大于 30s，水电不大于 8s。

c）发电厂与电网调度机构 EMS 主站系统 AGC 信息通信的要求：

1）发电厂 RTU 或计算机监控系统与电网调度机构 EMS 主站系统的通信规约应满足相关标准和电网调度的要求；

2）发电厂 RTU 或计算机监控系统应正确传送电厂信息到电网调度机构 EMS 主站系统，正确接收和执行 EMS 主站系统下发的 AGC 指令；

3）电网调度机构与发电厂之间应具备两个独立路由的通信通道，通道质量和可靠性应符合国家、电力及有关行业的相关标准。

【依据 2】《电网运行准则》（GB/T 31464—2015）

5.4.2.3.1 一般性能要求

1）200MW（新建 100MW）及以上火电（不含背压式热电机组）和燃气机组，40MW 及以上非灯泡贯流式水电机组和抽水蓄能机组应具备自动发电控制（AGC）功能，参与电网闭环自动发电控制。发电机组月 AGC 可用率应不低于 90%。机组自动发电控制基本性能指标要求如下：

1）采用直吹式制粉系统的火电机组：
- AGC 调节速率不小于 1.0%机组额定有功功率/min；
- AGC 响应时间不大于 60s。

2）采用中储式制粉系统的火电机组：
- AGC 调节速率不小于 2%机组额定有功功率/min；
- AGC 响应时间不大于 40s。

3）采用循环流化床锅炉的火电机组：
- AGC 调节速率不小于 1.0%机组额定有功功率/min；
- AGC 响应时间不大于 60s。

6.3.7（2）本项目的查评依据如下。

【依据1】《电网运行准则》（DL/T 1040—2007）

5.4.2.2.4　对发电机 AGC 的要求。

a）概述：

1）拟并网的 200MW（新建 100MW）及以上火电和燃气机组，40MW 及以上水电机组和抽水蓄 能机组应具备 AGC 功能，参与电网闭环自动发电控制；

2）机组 AGC 性能和指标应满足本标准规定的要求和并网调度协议规定的要求；

3）在机组商业化运行前，具备 AGC 功能的机组应完成与相关电网调度机构 EMS 主站系统 AGC 功能的闭环自动发电控制的调试与试验，并向电网调度机构提交必要的系统调试报告，其性能和参数应满足电网安全稳定运行的需要；

4）未经电网调度机构批准，并网运行的 AGC 机组不能随意修改 AGC 机组运行参数；

5）机组 AGC 功能修改后，应与电网调度机构的 EMS 重新进行联合调试、数据核对等工作，满足 5.4.2.2.1 条一般性能要求中第 k）项的要求后，其 AGC 功能方可投入运行。

b）对参与 AGC 运行发电厂（机组）的要求：

1）AGC 机组应按 EMS 下发的 AGC 调节指令调节机组功率，并使机组功率与 EMS 下发的 AGC 指令相一致。

2）发电厂应实时将 AGC 机组的运行参数通过远动通道传输到相关电网调度机构的 EMS。运行参数包括：AGC 机组调整上/下限值、调节速率、响应时间；火电和燃气机组 DCS 系统的"机组允许 AGC 运行"和"机组 AGC 投入/退出"的状态信号，水电机组和抽水蓄能机组自动控制系统的"允许 AGC 运行"和"AGC 投入/退出"的状态信号等。

3）机组 AGC 的运行方式应有固定运行方式、调节方式。固定运行方式是指机组按计划曲线运行；调节方式是指机组根据电网给定负荷运行。

4）参与 AGC 运行的火电和燃气机组的 AGC 最大调节范围为 50%～100%机组额定有功功率；全厂调节的水电厂 AGC 最大调节范围为 0～100%全厂额定有功功率，实际运行中应避开调节范围内的振动区和空蚀区。

5）AGC 和 1 组应能实现"当地控制/远方控制"两种控制方式间的手动和自动无扰动切换。

6）机组处于工作状态时，对于 RTU 或计算机系统给出的明显异常的遥调指令［包括突然中断、指令超过全厂或机组给定的上、下限值以及两次指令差超过自定义限值（该值可调整），机组 AGC 应能做出如下处理：

拒绝执行该明显异常指令，维持原状态；

保持原正常指令 8s～30s（可调整），以等待恢复正常指令；

8s～30s 后未恢复正常指令，则发出报警并自动（或手动）切换至"当地控制方式"；

RTU 复位、故障时，计算机监控系统应保持电网调度机构原给定遥调指令值不变，直到接受新的指令。

7）水电机组和抽水蓄能机组的计算机监控系统分配给各机组的指令应能自动躲过机组的振动区和空蚀区。

8）AGC 机组工作在负荷控制方式时，机组的调整应考虑频率约束，当频率超过 50Hz±0.1Hz（该值根据电网要求可随时调整）范围时，机组不允许反调节。

9）AGC 发送指令的周期：火电不大于 30s，水电不大于 8s。

c）发电厂与电网调度机构 EMS 主站系统 AGC 信息通信的要求：

1）发电厂 RTU 或计算机监控系统与电网调度机构 EMS 主站系统的通信规约应满足相关标准和电网调度的要求；

2）发电厂 RTU 或计算机监控系统应正确传送电厂信息到电网调度机构 EMS 主站系统，正确接收和执行 EMS 主站系统下发的 AGC 指令；

3）电网调度机构与发电厂之间应具备两个独立路由的通信通道，通道质量和可靠性应符合国家、电力及有关行业的相关标准。

【依据 2】《电网运行准则》（GB/T 31464—2015）

5.4.2.3.4　对发电机 AGC 的要求：

a）概述：

1）5.4.2.2.1k）所列机组应具备 AGC 功能，参与电网闭环自动发电控制；

2）机组 AGC 性能和指标应满足 5.4.2.2.1k）所列基本指标规定的要求和并网调度协议规定的要求；

3）在机组商业化运行前，具备 AGC 功能的机组应完成与相关电网调度机构 EMS 主站系统 AGC 功能的闭环自动发电控制的调试与试验，并向电网调度机构提交必要的系统调试报告，其性能和参数应满足电网安全稳定运行的需要；

4）未经电网调度机构批准，并网运行的 AGC 机组不能随意修改 AGC 机组运行参数；

5）机组 AGC 功能修改后，应与电网调度机构的 EMS 重新进行联合调试、数据核对等工作，满足并网调度协议规定的要求后，其 AGC 功能方可投入运行。

b）对参与 AGC 运行发电厂（机组）的要求：

1）AGC 机组应按 EMS 下发的 AGC 调节指令调节机组功率，并使机组功率与 EMS 下发的 AGC 指令偏差范围满足自动发电控制性能评价标准要求。

2）发电厂应实时将 AGC 机组的运行参数传输到相关电网调度机构的 EMS。运行参数包括：AGC 机组调整上/下限值、调节速率；火电和燃气机组 DCS 系统的"机组允许 AGC 运行"和"机组 AGC 投入/退出"的状态信号，水电机组和抽水蓄能机组自动控制系统的"允许 AGC 运行"和"AGC 投入/退出"的状态信号等。

3）机组 AGC 的运行方式应具有固定运行方式、调节方式。固定运行方式是指机组按计划曲线运行；调节方式是指机组根据电网给定负荷运行。

4）参与 AGC 运行的火电和燃气机组的 AGC 最大调节范围为 50%～100%机组额定有功出力；全厂调节的水电厂 AGC 最大调节范围为 0～100%全厂额定有功出力，实际运行中应避开调节范围内的振动区和空蚀区。

5）AGC 机组应能实现"当地控制/远方控制"两种控制方式间的手动和自动无扰动切换。

6）机组处于工作状态时，对于 RTU 或计算机系统给出的明显异常的遥调指令（包括突然中断、指令超过全厂或机组给定的上、下限值以及两次指令差超过自定义限值（该值可调整），机组 AGC 应能做出如下处理：

- 拒绝执行该明显异常指令，维持原状态；
- 保持原正常指令 8s～30s（可调整），以等待恢复正常指令；
- 8s～30s 后未恢复正常指令，则发出报警并自动（或手动）切换至"当地控制方式"；
- RTU 复位、故障时，计算机监控系统应保持电网调度机构原给定遥调指令值不变，直到接受新的指令。

7）水电厂和抽水蓄能电厂的计算机监控系统分配给各机组的指令应能自动避开机组的振动区和空蚀区。

8）AGC 机组工作在负荷控制方式时，机组的调整应考虑频率约束，当频率超过（50±0.1）Hz（该值根据电网要求可随时调整）范围时，机组不允许反调节。

9）AGC 发送指令的周期：火电不大于 30s，水电不大于 8s。

c）发电厂与电网调度机构 EMS 主站系统 AGC 信息通信的要求：

1）发电厂 RTU 或计算机监控系统与电网调度机构 EMS 主站系统的通信规约应满足相关标准和电网调度的要求；

2）发电厂 RTU 或计算机监控系统应正确传送电厂信息到电网调度机构 EMS 主站系统，正确接收和执行 EMS 主站系统下发的 AGC 指令；

3）电网调度机构与发电厂之间应具备两个独立路由的通信通道，通道质量和可靠性应符合国家、电力及有关行业的相关标准。

6.3.7（3）本项目的查评依据如下。

【依据1】《电网运行准则》（DL/T 1040—2007）

5.4.2.2.1　一般性能要求：

m）机组须具备执行 AVC 功能的能力，能根据电网调度机构下达的高压侧母线电压控制目标或全厂无功总功率，协调控制机组的无功功率；机组 AVC 装置应具备与电网调度机构 EMS 系统实现联合闭环控制的功能。

【依据2】《电网运行准则》（GB/T 31464—2015）

5.4.2.3.1　一般性能要求

n）机组须具备执行 AVC 功能的能力，能根据电网调度机构下达的高压侧母线电压控制目标或全厂无功总出力，协调控制机组的无功出力；机组 AVC 装置应具备与电网调度机构 EMS 系统实现联合闭环控制的功能。

6.3.7（4）本项目的查评依据如下。

【依据】《国家电网公司十八项电网重大反事故措施》（国家电网生〔2012〕352号）

16.1.3.2　发电厂 AGC 和 AVC 子站应具有可靠的技术措施，对调度自动化主站下发的 AGC 指令和 AVC 指令进行安全校核，拒绝执行明显影响电厂或电网安全的指令。

6.3.8　网络信息安全（含电力监控安全防护）

6.3.8（1）本项目的查评依据如下。

【依据1】《电力监控系统安全防护规定》（国家发展和改革委员会令 2014 年第 14 号）

第二条　电力监控系统安全防护工作应当落实国家信息安全等级保护制度，按照国家信息安全等级保护的有关要求，坚持"安全分区、网络专用、横向隔离、纵向认证"的原则，保障电力监控系统的安全。

第六条　发电企业、电网企业内部基于计算机和网络技术的业务系统，应当划分为生产控制大区和管理信息大区。

生产控制大区可以分为控制区（安全区Ⅰ）和非控制区（安全区Ⅱ）；管理信息大区内部在不影响生产控制大区安全的前提下，可以根据各企业不同安全要求划分安全区。

根据应用系统实际情况，在满足总体安全要求的前提下，可以简化安全区的设置，但是应当避免形成不同安全区的纵向交叉连接。

【依据2】《国家电网公司网络与信息系统安全管理办法》[国网（信息/2）401—2014]

第二十九条　网络安全技术工作要求如下：

（一）电力通信网的数据网划分为电力调度数据网、综合数据通信网，分别承载不同类型的业务系统，电力调度数据网与综合数据网之间应在物理层面上实现安全隔离。

（二）加强信息内外网架构管控，做好分区分域安全防护，进一步提升用户服务体验。公司管理信息大区划分为信息外网和信息内网，信息内外网采用逻辑强隔离设备进行安全隔离。信息内外网内部根据业务分类划分不同业务区。各业务区按照信息系统防护等级以及业务系统类型进一步划分安全域，加强区域间用户访问控制，按最小化原则设置用户访问暴露面，防止非授权的跨域访问，实现业务分区分域管理。

（三）按照公司总体安全防护要求，结合电力通信网各类网络边界特点，严格按照公司要求落实访问控制、流量控制、入侵检测/防护、内容审计与过滤、防隐性边界、恶意代码过滤等安全技术措施，防范跨域跨边界非法访问及攻击，防范恶意代码传播。不得从任何公共网络直接接入公司内部网络，禁止内、外网接入通道混用。

（四）加强互联网边界及对外业务系统安全防护，进一步提升针对互联网出口 DDoS 等典型网络攻击以及特种病毒木马的防范能力,提高信息外网可靠性及安全性。

(五)深化信息内外网边界安全防护,加强内外网数据交互安全过滤,保障关键应用快速穿透和信息安全交互,满足客户服务及时响应需求。

(六)加强对信息内外网专线的安全防护,对于与银行等外部单位互联的专线要部署逻辑强隔离措施,设置访问控制策略,进行内容监测与审计,只容许指定的、可信的网络及用户才能进行数据交换。

(七)加强信息内网远程接入边界安全防护。对于采用无线专网接入公司内部网络的采集等业务应用,应在网络边界部署公司统一安全接入防护措施,建立专用加密传输通道,并结合公司统一数字证书体系进行防护。

(八)信息内网禁止使用无线网络组网。

(九)信息外网用无线组网的单位,应强化无线网络安全防护措施,无线网络要启用网络接入控制和身份认证,进行 IP/MAC 地址绑定,应用高强度加密算法,防止无线网络被外部攻击者非法进入,确保无线网络安全。

6.3.8(2)本项目的查评依据如下。

【依据 1】《电力监控系统安全防护规定》(国家发展和改革委员会令 2014 年第 14 号)

第九条 在生产控制大区与管理信息大区之间必须设置经国家指定部门检测认证的电力专用横向单向安全隔离装置。

生产控制大区内部的安全区之间应当采用具有访问控制功能的设备、防火墙或者相当功能的设施,实现逻辑隔离。

安全接入区与生产控制大区中其他部分的连接处必须设置经国家指定部门检测认证的电力专用横向单向安全隔离装置。

【依据 2】《国家电网公司网络与信息系统安全管理办法》[国网(信息/2)401—2014]

第二十九条 网络安全技术工作要求如下:

(一)电力通信网的数据网划分为电力调度数据网、综合数据通信网,分别承载不同类型的业务系统,电力调度数据网与综合数据网之间应在物理层面上实现安全隔离。

(二)加强信息内外网架构管控,做好分区分域安全防护,进一步提升用户服务体验。公司管理信息大区划分为信息外网和信息内网,信息内外网采用逻辑强隔离设备进行安全隔离。信息内外网内部根据业务分类划分不同业务区。各业务区按照信息系统防护等级以及业务系统类型进一步划分安全域,加强区域间用户访问控制,按最小化原则设置用户访问暴露面,防止非授权的跨域访问,实现业务分区分域管理。

(三)按照公司总体安全防护要求,结合电力通信网各类网络边界特点,严格按照公司要求落实访问控制、流量控制、入侵检测/防护、内容审计与过滤、防隐性边界、恶意代码过滤等安全技术措施,防范跨域跨边界非法访问及攻击,防范恶意代码传播。不得从任何公共网络直接接入公司内部网络,禁止内、外网接入通道混用。

(四)加强互联网边界及对外业务系统安全防护,进一步提升针对互联网出口 DDoS 等典型网络攻击以及特种病毒木马的防范能力,提高信息外网可靠性及安全性。

(五)深化信息内外网边界安全防护,加强内外网数据交互安全过滤,保障关键应用快速穿透和信息安全交互,满足客户服务及时响应需求。

(六)加强对信息内外网专线的安全防护,对于与银行等外部单位互联的专线要部署逻辑强隔离措施,设置访问控制策略,进行内容监测与审计,只容许指定的、可信的网络及用户才能进行数据交换。

(七)加强信息内网远程接入边界安全防护。对于采用无线专网接入公司内部网络的采集等业务应用,应在网络边界部署公司统一安全接入防护措施,建立专用加密传输通道,并结合公司统一数字证书体系进行防护。

(八)信息内网禁止使用无线网络组网。

(九)信息外网用无线组网的单位,应强化无线网络安全防护措施,无线网络要启用网络接入控制和身份认证，进行 IP/MAC 地址绑定，应用高强度加密算法，防止无线网络被外部攻击者非法进入，确保无线网络安全。

6.3.8（3）本项目的查评依据如下。

【依据 1】《电力监控系统安全防护规定》（国家发展和改革委员会令 2014 年第 14 号）

第十条　在生产控制大区与广域网的纵向连接处应当设置经过国家指定部门检测认证的电力专用纵向加密认证装置或者加密认证网关及相应设施。

第十一条　安全区边界应当采取必要的安全防护措施，禁止任何穿越生产控制大区和管理信息大区之间边界的通用网络服务。

生产控制大区中的业务系统应当具有高安全性和高可靠性，禁止采用安全风险高的通用网络服务功能。

【依据 2】《国家电网公司网络与信息系统安全管理办法》[国网（信息/2）401—2014]

第二十九条　网络安全技术工作要求如下：

（一）电力通信网的数据网划分为电力调度数据网、综合数据通信网，分别承载不同类型的业务系统，电力调度数据网与综合数据网之间应在物理层面上实现安全隔离。

（二）加强信息内外网架构管控，做好分区分域安全防护，进一步提升用户服务体验。公司管理信息大区划分为信息外网和信息内网，信息内外网采用逻辑强隔离设备进行安全隔离。信息内外网内部根据业务分类划分不同业务区。各业务区按照信息系统防护等级以及业务系统类型进一步划分安全域，加强区域间用户访问控制，按最小化原则设置用户访问暴露面，防止非授权的跨域访问，实现业务分区分域管理。

（三）按照公司总体安全防护要求，结合电力通信网各类网络边界特点，严格按照公司要求落实访问控制、流量控制、入侵检测/防护、内容审计与过滤、防隐性边界、恶意代码过滤等安全技术措施，防范跨域跨边界非法访问及攻击，防范恶意代码传播。不得从任何公共网络直接接入公司内部网络，禁止内、外网接入通道混用。

（四）加强互联网边界及对外业务系统安全防护，进一步提升针对互联网出口 DDoS 等典型网络攻击以及特种病毒木马的防范能力，提高信息外网可靠性及安全性。

（五）深化信息内外网边界安全防护，加强内外网数据交互安全过滤，保障关键应用快速穿透和信息安全交互，满足客户服务及时响应需求。

（六）加强对信息内外网专线的安全防护，对于与银行等外部单位互联的专线要部署逻辑强隔离措施，设置访问控制策略，进行内容监测与审计，只容许指定的、可信的网络及用户才能进行数据交换。

（七）加强信息内网远程接入边界安全防护。对于采用无线专网接入公司内部网络的采集等业务应用，应在网络边界部署公司统一安全接入防护措施，建立专用加密传输通道，并结合公司统一数字证书体系进行防护。

（八）信息内网禁止使用无线网络组网。

（九）信息外网用无线组网的单位，应强化无线网络安全防护措施，无线网络要启用网络接入控制和身份认证，进行 IP/MAC 地址绑定，应用高强度加密算法，防止无线网络被外部攻击者非法进入，确保无线网络安全。

6.3.8（4）本项目的查评依据如下。

【依据】《电网和电厂计算机监控系统及调度数据网络安全防护规定》（国家经济贸易委员会令 30 号）

第九条　各有关单位应制定安全应急措施和故障恢复措施，对关键数据做好备份并妥善存放；及时升级防病毒软件及安装操作系统漏洞修补程序；加强对电子邮件的管理；在关键部位配备攻击监测与告警设施，提高安全防护的主动性。在遭到黑客、病毒攻击和其他人为破坏等情况后，必须及时采取安全应急措施，保护现场，尽快恢复系统运行，防止事故扩大，并立即向上级电力调度机构和本地信息安全主管部门报告。

6.3.8（5）本项目的查评依据如下。

【依据】《国家电网公司网络与信息系统安全管理办法》[国网（信息/2）401—2014]

第二十九条　网络安全技术工作要求如下：

（一）电力通信网的数据网划分为电力调度数据网、综合数据通信网，分别承载不同类型的业务系统，电力调度数据网与综合数据网之间应在物理层面上实现安全隔离。

（二）加强信息内外网架构管控，做好分区分域安全防护，进一步提升用户服务体验。公司管理信息大区划分为信息外网和信息内网，信息内外网采用逻辑强隔离设备进行安全隔离。信息内外网内部根据业务分类划分不同业务区。各业务区按照信息系统防护等级以及业务系统类型进一步划分安全域，加强区域间用户访问控制，按最小化原则设置用户访问暴露面，防止非授权的跨域访问，实现业务分区分域管理。

（三）按照公司总体安全防护要求，结合电力通信网各类网络边界特点，严格按照公司要求落实访问控制、流量控制、入侵检测/防护、内容审计与过滤、防隐性边界、恶意代码过滤等安全技术措施，防范跨域跨边界非法访问及攻击，防范恶意代码传播。不得从任何公共网络直接接入公司内部网络，禁止内、外网接入通道混用。

（四）加强互联网边界及对外业务系统安全防护，进一步提升针对互联网出口 DDoS 等典型网络攻击以及特种病毒木马的防范能力，提高信息外网可靠性及安全性。

（五）深化信息内外网边界安全防护，加强内外网数据交互安全过滤，保障关键应用快速穿透和信息安全交互，满足客户服务及时响应需求。

（六）加强对信息内外网专线的安全防护，对于与银行等外部单位互联的专线要部署逻辑强隔离措施，设置访问控制策略，进行内容监测与审计，只容许指定的、可信的网络及用户才能进行数据交换。

（七）加强信息内网远程接入边界安全防护。对于采用无线专网接入公司内部网络的采集等业务应用，应在网络边界部署公司统一安全接入防护措施，建立专用加密传输通道，并结合公司统一数字证书体系进行防护。

（八）信息内网禁止使用无线网络组网。

（九）信息外网用无线组网的单位，应强化无线网络安全防护措施，无线网络要启用网络接入控制和身份认证，进行 IP/MAC 地址绑定，应用高强度加密算法，防止无线网络被外部攻击者非法进入，确保无线网络安全。

6.3.8（6）本项目的查评依据如下。

【依据1】《电网和电厂计算机监控系统及调度数据网络安全防护规定》（国家经济贸易委员会令30号）

第九条　各有关单位应制定安全应急措施和故障恢复措施，对关键数据做好备份并妥善存放；及时升级防病毒软件及安装操作系统漏洞修补程序；加强对电子邮件的管理；在关键部位配备攻击监测与告警设施，提高安全防护的主动性。在遭到黑客、病毒攻击和其他人为破坏等情况后，必须及时采取安全应急措施，保护现场，尽快恢复系统运行，防止事故扩大，并立即向上级电力调度机构和本地信息安全主管部门报告。

【依据2】《国家电网公司网络与信息系统安全管理办法》[国网（信息/2）401—2014]

第三十一条　主机安全技术工作要求如下：

（一）对操作系统和数据库系统用户进行身份标识和鉴别，具有登录失败处理，限制非法登录次数，设置连接超时功能。

（二）操作系统和数据库系统特权用户应进行访问权限分离，对访问权限一致的用户进行分组，访问控制粒度应达到主体为用户级，客体为文件、数据库表级。禁止匿名用户访问。

（三）加强补丁的兼容性和安全性测试，确保操作系统、中间件、数据库等基础平台软件补丁升级安全。

（四）加强主机服务器病毒防护，安装防病毒软件，及时更新病毒库。

6.3.8（7）本项目的查评依据如下。

【依据】《国家电网公司网络与信息系统安全管理办法》[国网（信息/2）401—2014]

第三十二条　应用安全技术工作要求如下：

（一）强化用户登录身份认证功能，采用用户名及口令进行认证时，应当对口令长度、复杂度、生存周期进行强制要求，系统应提供用户身份标识唯一和鉴别信息复杂度检查功能，禁止口令在系统中以明文形式存储；系统应当提供制定用户登录错误锁定、会话超时退出等安全策略的功能。

（二）规范应用系统权限的设计与使用，实现用户、组织、角色、权限信息统一集中管理，权限分配应按照最小权限原则，审核角色、系统管理角色、业务操作角色、账号创建角色与权限分配角色等应按照互斥原则设置权限。

（三）根据信息系统安全级别强化应用自身安全设计，应包括身份认证，授权，输入输出验证，配置管理，会话管理，加密技术，参数操作，异常管理，日志及审计等方面内容。

（四）控制单个用户的多重并发会话和最大并发连接数，限制单个用户对系统资源、磁盘空间的最大或最小使用限度，当系统服务水平降低到预先规定的最小值时，应能检测并报警。

（五）加强邮件敏感内容检查、邮件病毒查杀、外网邮件行为监测，社会邮箱收发件统计等安全措施，防范邮件系统攻击及邮件泄密。

（六）具有控制功能的系统或模块，控制类信息必须通过生产控制大区网络或专线传输，严格遵守电力二次系统安全防护方案，实现系统主站与终端间基于国家认可密码算法的加密通信，基于数字证书体系的身份认证，对主站的控制命令和参数设置指令须采取强身份认证及数据完整性验证等安全防护措施。

（七）对与互联网有广泛交互的应用系统或模块，以及部署在信息外网的系统与网站，要加强权限管理，做好主机、应用的安全加固，加强账号、密码、重要数据等加密存储，对需要穿透访问信息内网的数据或服务，严格限制访问数据的格式，过滤必要的特殊字符组合以防止注入攻击。建立常态外网安全巡检、加固、检修以及应急演练等工作机制，做好日常网站备份工作。

（八）具有采集功能的系统或模块，根据采集信息的保密性，在采用公司专线（光纤、载波等）接入内网进行信息采集时，应采用身份认证和访问控制措施。不具备专线条件时，应在虚拟专网基础上采用终端身份认证、访问控制措施，建立加密传输通道进行信息采集，要加强对采集终端存储和处理敏感业务数据的安全防护，以保证业务数据的保密性和完整性。

6.3.8（8）本项目的查评依据如下。

【依据】《国家电网公司网络与信息系统安全管理办法》[国网（信息/2）401—2014]

第三十条　终端安全技术工作要求如下：

（一）办公计算机严格执行"涉密不上网、上网不涉密"纪律，严禁将涉及国家秘密的计算机、存储设备与信息内外网和其他公共信息网络连接，严禁在信息内网计算机存储、处理国家秘密信息，严禁在连接互联网的计算机上处理、存储涉及国家秘密和企业秘密的信息；严禁信息内网和信息外网计算机交叉使用；严禁普通移动存储介质和扫描仪、打印机等计算机外设在信息内网和信息外网上交叉使用。涉密计算机按照公司办公计算机保密管理规定进行管理。

（二）信息内外网办公计算机应分别部署于信息内外网桌面终端安全域，桌面终端安全域应采取IP/MAC绑定、安全准入管理、访问控制、入侵检测、病毒防护、恶意代码过滤、补丁管理、事件审计、桌面资产管理等措施进行安全防护。

（三）信息内外网办公计算机终端须安装桌面终端管理系统、保密检测系统、防病毒等客户端软件，严格按照公司要求设置基线策略，并及时进行病毒库升级以及补丁更新。严禁未通过本单位信息通信管理部门审核以及中国电科院的信息安全测评认定工作，相关部门和个人在信息内外网擅自安装具有拒绝服务、网络扫描、远程控制和信息搜集等功能的软件（恶意软件），防范引发的安全风险；如确需安装，应履行相关程序。

（四）对于不具备信息内网专线接入条件，通过公司统一安全防护措施接入信息内网的信息采集类、移动作业类终端，需严格执行公司办公终端"严禁内外网机混用"的原则。同时接入信息内网终端在遵循公司现有终端安全防护要求的基础上，要安装终端安全专控软件进行安全加固，并通过安全加密卡进行认证，确保其不能连接信息外网和互联网。

6.3.8（9）本项目的查评依据如下。

【依据】《国家电网公司网络与信息系统安全管理办法》［国网（信息/2）401—2014］

第三十条 终端安全技术工作要求如下：

（一）办公计算机严格执行"涉密不上网、上网不涉密"纪律，严禁将涉及国家秘密的计算机、存储设备与信息内外网和其他公共信息网络连接，严禁在信息内网计算机存储、处理国家秘密信息，严禁在连接互联网的计算机上处理、存储涉及国家秘密和企业秘密的信息；严禁信息内网和信息外网计算机交叉使用；严禁普通移动存储介质和扫描仪、打印机等计算机外设在信息内网和信息外网上交叉使用。涉密计算机按照公司办公计算机保密管理规定进行管理。

（二）信息内外网办公计算机应分别部署于信息内外网桌面终端安全域，桌面终端安全域应采取IP/MAC绑定、安全准入管理、访问控制、入侵检测、病毒防护、恶意代码过滤、补丁管理、事件审计、桌面资产管理等措施进行安全防护。

（三）信息内外网办公计算机终端须安装桌面终端管理系统、保密检测系统、防病毒等客户端软件，严格按照公司要求设置基线策略，并及时进行病毒库升级以及补丁更新。严禁未通过本单位信息通信管理部门审核以及中国电科院的信息安全测评认定工作，相关部门和个人在信息内外网擅自安装具有拒绝服务、网络扫描、远程控制和信息搜集等功能的软件（恶意软件），防范引发的安全风险；如确需安装，应履行相关程序。

（四）对于不具备信息内网专线接入条件，通过公司统一安全防护措施接入信息内网的信息采集类、移动作业类终端，需严格执行公司办公终端"严禁内外网机混用"的原则。同时接入信息内网终端在遵循公司现有终端安全防护要求的基础上，要安装终端安全专控软件进行安全加固，并通过安全加密卡进行认证，确保其不能连接信息外网和互联网。

6.3.8（10）本项目的查评依据如下。

【依据】《国家电网公司网络与信息系统安全管理办法》［国网（信息/2）401—2014］

第二十八条 物理安全技术工作要求如下：

（一）严格执行信息通信机房管理有关规范，确保机房运行环境符合要求。室内机房物理环境安全需满足对应信息系统等级的等级保护物理安全要求，室外设备物理安全需满足国家对于防盗、电气、环境、噪声、电磁、机械结构、铭牌、防腐蚀、防火、防雷、电源等要求，四级及以上系统应对关键区域实施电磁屏蔽措施。

（二）加强办公区域安全管理，员工离开办公区域要及时锁定桌面终端计算机屏幕，防止外来人员接触办公区域电子信息。

（三）重要通信设备应满足硬件冗余需求，如主控板卡、时钟板卡、电源板卡、交叉板卡、支路板卡等，至少满足1+1冗余需求，一些重要板卡需满足1+N冗余需求。

（四）通信电源应满足电力系统重要业务"双电源"冗余要求。电力系统重要业务应配置两套独立的通信设备，具备两条独立的路由，并分别由两套独立的电源供电，两套通信设备和两套电源在物理上应完全隔离。

6.3.8（11）本项目的查评依据如下。

【依据】《国家电网公司网络与信息系统安全管理办法》［国网（信息/2）401—2014］

第二十九条 网络安全技术工作要求如下：

（一）电力通信网的数据网划分为电力调度数据网、综合数据通信网，分别承载不同类型的业务系统，电力调度数据网与综合数据网之间应在物理层面上实现安全隔离。

（二）加强信息内外网架构管控，做好分区分域安全防护，进一步提升用户服务体验。公司管理信息大区划分为信息外网和信息内网，信息内外网采用逻辑强隔离设备进行安全隔离。信息内外网内部根据业务分类划分不同业务区。各业务区按照信息系统防护等级以及业务系统类型进一步划分安全域，加强区域间用户访问控制，按最小化原则设置用户访问暴露面，防止非授权的跨域访问，实现业务分区分域管理。

（三）按照公司总体安全防护要求，结合电力通信网各类网络边界特点，严格按照公司要求落实访问控制、流量控制、入侵检测/防护、内容审计与过滤、防隐性边界、恶意代码过滤等安全技术措施，防范跨域跨边界非法访问及攻击，防范恶意代码传播。不得从任何公共网络直接接入公司内部网络，禁止内、外网接入通道混用。

（四）加强互联网边界及对外业务系统安全防护，进一步提升针对互联网出口 DDoS 等典型网络攻击以及特种病毒木马的防范能力，提高信息外网可靠性及安全性。

（五）深化信息内外网边界安全防护，加强内外网数据交互安全过滤，保障关键应用快速穿透和信息安全交互，满足客户服务及时响应需求。

（六）加强对信息内外网专线的安全防护，对于与银行等外部单位互联的专线要部署逻辑强隔离措施，设置访问控制策略，进行内容监测与审计，只容许指定的、可信的网络及用户才能进行数据交换。

（七）加强信息内网远程接入边界安全防护。对于采用无线专网接入公司内部网络的采集等业务应用，应在网络边界部署公司统一安全接入防护措施，建立专用加密传输通道，并结合公司统一数字证书体系进行防护。

（八）信息内网禁止使用无线网络组网。

（九）信息外网用无线组网的单位，应强化无线网络安全防护措施，无线网络要启用网络接入控制和身份认证，进行 IP/MAC 地址绑定，应用高强度加密算法，防止无线网络被外部攻击者非法进入，确保无线网络安全。

6.3.8（12）本项目的查评依据如下。

【依据】《国家电网公司办公计算机信息安全管理办法》[国网（信息/3）255—2014]

第十六条　加强安全移动存储介质管理

（一）公司安全移动存储介质主要用于涉及公司企业秘密信息的存储和内部传递，也可用于信息内网非涉密信息与外部计算机的交互，不得用于涉及国家秘密信息的存储和传递；

（二）安全移动存储介质的申请、注册及策略变更应由人员所在部门负责人进行审核后交由本单位运行维护部门办理相关手续；

（三）应严格控制安全移动存储介质的发放范围及安全控制策略，并指定专人负责管理；

（四）安全移动存储介质应当用于存储工作信息，不得用于其他用途。涉及公司企业秘密的信息必须存放在安全移动存储介质的保密区，不得使用普通存储介质存储涉及公司企业秘密的信息；

（五）禁止将安全移动存储介质中涉及公司企业秘密的信息拷贝到信息外网或外部存储设备；

（六）应定期对安全移动存储介质进行清理、核对；

（七）安全移动存储介质的维护和变更应遵循本办法第五章相关条款执行。

6.3.8（13）本项目的查评依据如下。

【依据】《国家电网公司网络与信息系统安全管理办法》[国网（信息/2）401—2014]

第二十二条　加强信息安全备案准入工作。各级单位要巩固信息安全备案准入成果，加强对采集类业务终端的安全备案，严格将各类信息资产安全备案作为入网的必要条件。加强安全备案数据质量的治理工作，确保填报信息完整、准确及更新及时，对于未备案的业务系统、网络专线，一经发现立即关停，按照公司有关要求进行追责及处置。

6.3.8（14）本项目的查评依据如下。

【依据】《国家电网公司网络与信息系统安全管理办法》[国网（信息/2）401—2014]

第二十一条　加强信息内外网网站管理。各级单位对外网站应与公司外网企业门户网站进行整合，内网宣传网站要与公司内网企业门户进行整合，实现网站统一管理与备案。网站信息发布须严格按照公司审核发布流程。各级单位网站统一使用公司域名，并规范网站功能设置及网站风格设计。加强内外网邮件统一管理，禁止各级单位建立独立内外网邮件系统，如确实需要建立，需提前报公司批准。

6.3.8（15）本项目的查评依据如下。

【依据】《国家电网公司网络与信息系统安全管理办法》[国网（信息/2）401—2014]

第二十七条　运维安全管理要求如下：

（一）网络与信息系统上线前、重要升级前、与生产系统联合调试前对安全防护设计遵从度、应用软件安全功能、代码安全、运行环境安全等进行全面测试以及整改加固，通过测试后方可正式上线试运行。

（二）建立网络与信息系统资产安全管理制度，加强资产的新增、验收、盘点、维护、报废等各环节管理。编制资产清单，根据资产重要程度对资产进行标识。加强对资产、风险分析及漏洞关联管理。

（三）加强机房出入管理，对机房建筑采取门禁、专人值守等措施，防止非法进入，出入机房需进行登记。

（四）加强信息通信设备安全管理，建立健全设备安全管理制度。加强设备基线策略管理以及优化部署，制定安全基线策略配置管理要求和技术标准，规范上线、运行软硬件设备信息安全策略以及安全配置。

（五）建立通信设备软件升级预评估制度，对其必要性和紧急性进行评估论证，并采取相应防范措施后，再进行相关升级工作。

（六）规范账号权限管理，系统上线稳定运行后，应回收建设开发单位所掌握的账号。各类超级用户账号禁止多人共用，禁止由非主业不可控人员掌握。临时账号应设定使用时限，员工离职、离岗时，信息系统的访问权限应同步收回。应定期（半年）对信息系统用户权限进行审核、清理，删除废旧账号、无用账号，及时调整可能导致安全问题的权限分配数据。

（七）规范账号口令管理，口令必须具有一定强度、长度和复杂度，长度不得小于8位字符串，要求是字母和数字或特殊字符的混合，用户名和口令禁止相同。定期更换口令，更换周期不超过6个月，重要系统口令更换周期不超过3个月，最近使用的4个口令不可重复。

（八）强化公司统一漏洞及补丁工作，加强对公司各级单位漏洞的采集、分析、发布、描述的集中统一管理，实现全网漏洞扫描策略的统一制定、扫描任务的统一执行，实现对各级单位漏洞情况以及内外网补丁下载、安装情况的监管。加强各种典型漏洞、补丁的测试验证及整改工作。

（九）加强恶意代码及病毒防范管理，加强对特种木马的监测，确保客户端防病毒软件全面安装，严格要求内网病毒库的升级频率，加强病毒监测、预警、分析及通报力度。对使用的移动设备必须进行病毒木马查杀。

（十）加强远程运维管理，不得通过互联网或信息外网远程运维方式进行设备和系统的维护及技术支持工作。内网远程运维要履行审批程序，并对各项操作进行监控、记录和审计。有国外单位参与的运维操作需安排在测试仿真环境，禁止在生产环境进行。

（十一）规范变更计划、变更操作审批流程、变更测试、变更恢复预案等工作。严格系统变更、系统重要操作、物理访问和系统接入申报和审批程序，严格执行工作票和操作票制度。加强网络与信息系统检修过程安全管理，预防网络与信息系统损坏和事故发生。

（十二）加强安全审计工作，实现对主机、数据库、业务应用等多个层次集中、全面、细粒度安全审计，提高审计记录的统计汇总、综合分析能力，做到事前、事中、事后的问题追溯。

（十三）明确备份及恢复策略，严格控制数据备份和恢复过程。重要系统和数据备份需纳入公司统一的灾备系统。

（十四）涉及敏感信息的系统数据库应部署于信息内网，同时加强对重要地理信息、客户信息等的安全存储和安全传输等措施的落实。

（十五）电力通信网的光缆使用年限一般不应超过设计要求，超过设计年限要求的光缆应加强监测。

6.3.8（16）本项目的查评依据如下。

【依据】《国家电网公司网络与信息系统安全管理办法》[国网（信息/2）401—2014]

第二十七条　运维安全管理要求如下：

（一）网络与信息系统上线前、重要升级前、与生产系统联合调试前对安全防护设计遵从度、应用软件安全功能、代码安全、运行环境安全等进行全面测试以及整改加固，通过测试后方可正式上线试运行。

（二）建立网络与信息系统资产安全管理制度，加强资产的新增、验收、盘点、维护、报废等各环节管理。编制资产清单，根据资产重要程度对资产进行标识。加强对资产、风险分析及漏洞关联管理。

（三）加强机房出入管理，对机房建筑采取门禁、专人值守等措施，防止非法进入，出入机房需进行登记。

（四）加强信息通信设备安全管理，建立健全设备安全管理制度。加强设备基线策略管理以及优化部署，制定安全基线策略配置管理要求和技术标准，规范上线、运行软硬件设备信息安全策略以及安全配置。

（五）建立通信设备软件升级预评估制度，对其必要性和紧急性进行评估论证，并采取相应防范措施后，再进行相关升级工作。

（六）规范账号权限管理，系统上线稳定运行后，应回收建设开发单位所掌握的账号。各类超级用户账号禁止多人共用，禁止由非主业不可控人员掌握。临时账号应设定使用时限，员工离职、离岗时，信息系统的访问权限应同步收回。应定期（半年）对信息系统用户权限进行审核、清理，删除废旧账号、无用账号，及时调整可能导致安全问题的权限分配数据。

（七）规范账号口令管理，口令必须具有一定强度、长度和复杂度，长度不得小于 8 位字符串，要求是字母和数字或特殊字符的混合，用户名和口令禁止相同。定期更换口令，更换周期不超过 6 个月，重要系统口令更换周期不超过 3 个月，最近使用的 4 个口令不可重复。

（八）强化公司统一漏洞及补丁工作，加强对公司各级单位漏洞的采集、分析、发布、描述的集中统一管理，实现全网漏洞扫描策略的统一制定、扫描任务的统一执行，实现对各级单位漏洞情况以及内外网补丁下载、安装情况的监管。加强各种典型漏洞、补丁的测试验证及整改工作。

（九）加强恶意代码及病毒防范管理，加强对特种木马的监测，确保客户端防病毒软件全面安装，严格要求内网病毒库的升级频率，加强病毒监测、预警、分析及通报力度。对使用的移动设备必须进行病毒木马查杀。

（十）加强远程运维管理，不得通过互联网或信息外网远程运维方式进行设备和系统的维护及技术支持工作。内网远程运维要履行审批程序，并对各项操作进行监控、记录和审计。有国外单位参与的运维操作需安排在测试仿真环境，禁止在生产环境进行。

（十一）规范变更计划、变更操作审批流程、变更测试、变更恢复预案等工作。严格系统变更、系统重要操作、物理访问和系统接入申报和审批程序，严格执行工作票和操作票制度。加强网络与信息系统检修过程安全管理，预防网络与信息系统损坏和事故发生。

（十二）加强安全审计工作，实现对主机、数据库、业务应用等多个层次集中、全面、细粒度安全审计，提高审计记录的统计汇总、综合分析能力，做到事前、事中、事后的问题追溯。

（十三）明确备份及恢复策略，严格控制数据备份和恢复过程。重要系统和数据备份需纳入公司统一的灾备系统。

（十四）涉及敏感信息的系统数据库应部署于信息内网，同时加强对重要地理信息、客户信息等的安全存储和安全传输等措施的落实。

（十五）电力通信网的光缆使用年限一般不应超过设计要求，超过设计年限要求的光缆应加强监测。

6.3.9 通信

6.3.9.1 运行维护管理

6.3.9.1（1）本项目无查评依据。

6.3.9.1（2）本项目的查评依据如下。

【依据】《电力通信运行管理规程》（DL/T 544—2012）

6.6.5 故障处理结束后，相关通信机构应分析事故原因，向上级通信机构提交事故处理与分析报告，并采取必要措施防止类似事故的重复发生。

6.3.9.1（3）本项目的查评依据如下。

【**依据 1**】《电力通信运行管理规程》（DL/T 544—2012）

8 通信检修

8.1 总体要求

8.1.1 通信检修工作实行检修票制度，应禁止无票操作。

8.1.2 检修工作按照申请、审核、审批、开（竣）工、延期、终结等流程进行。

8.1.3 通信检修工作应执行逐级上报、逐级审批的管理原则。

8.1.4 影响电网生产调度业务运行的通信检修应经相关专业会签方可执行；影响通信业务的电网一次检修应经通信机构会签后方可执行。

8.1.5 通信检修分为计划检修、非计划检修。计划检修包括年度计划检修和月度计划检修；非计划检修包括临时检修和紧急检修。

8.1.6 检修工作的开工、竣工应经当值通信调度核准。

8.1.7 涉及电网运行的通信计划检修宜与电网检修同步进行。

8.1.8 不影响电网业务、能够在短时间内结束的通信检修工作，可不必退电网业务。

8.1.9 检修工作应提前制定组织方案和技术措施。

8.1.10 各级通信机构应积极开展管辖范围内通信系统运行状态评价、风险评估，并以此为依据，制订、调整通信检修计划。

8.2 检修计划

8.2.1 各级通信运行维护机构应编制月度检修计划，并逐级上报、审批。

8.2.2 重要保电期不宜安排通信计划检修。

8.3 检修申请和批复

8.3.1 通信检修申请由检修责任单位以检修票的方式提出，检修项目、影响范围、技术措施、安全措施等内容应完整、准确，检修票应一事一报。

8.3.2 计划检修、临时检修均应提前提出申请。

8.3.3 当通信检修涉及上级电网通信业务，除应在履行本单位电网设备检修管理规定程序后，还应向上级单位提出检修申请。

8.3.4 当通信检修影响下级电网通信业务时，通信调度应在履行本单位电网设备检修管理规定程序的同时，向下级单位下达检修工作通知单，说明检修工作情况，相关通信调度应提前做好相应安全措施。

8.3.5 各检修责任单位、各级通信调度及通信主管部门应对检修内容、影响范围、安全措施等内容进行审核。

8.3.6 在收到检修申请后，应及时批复。

8.4 检修执行

8.4.1 通信检修应按照检修票批准的时间进行。

8.4.2 如因故未能按时开、竣工，检修责任单位应以电话方式向所属通信调度提出延期申请，经逐级申报批准后，相关通信调度视情况予以批复。检修票只能延期一次。

8.5 开、竣工

8.5.1 当通信检修准备工作或检修工作项目完成并确认具备开、竣工条件后，向通信调度逐级申请开、竣工。

8.5.2 通信调度确认具备开、竣工条件后，下达开、竣工调度命令，各级通信调度及检修责任单位须严格按通信调度令执行。

8.6 紧急检修

8.6.1 紧急检修工作应先征得当值通信调度员的口头许可后方可执行，检修结束后应补齐相关手续。

8.6.2 紧急检修应遵循先调度生产业务，后其他业务：先上级业务，后下级业务；先抢通，后修复的原则。

8.6.3 当通信调度发现涉及其所辖范围电网通信业务、通信设备发生紧急故障或得到相关汇报后，应立即组织抢修。涉及生产调度业务的通信故障应及时通知同级电网当值调度员和相关专业，并按照当值调度员的要求和故障处理预案组织抢修。

8.6.4 紧急抢修结束后，各通信检修单位应及时将故障原因、处理结果、恢复时间等情况汇报所属通信调度。通信调度应确认通信业务恢复情况并通知同级电网当值调度员和相关专业。

8.6.5 各级通信机构应在紧急检修完成后 72h 内，向上级提交故障处理及分析报告，内容包括故障原因、抢修过程、处理结果、恢复时间、防范措施等。

11 设备管理

11.1 通信设备与电路

11.1.1 通信设备与电路运行要求

a）同一条线路的两套继电保护和同一系统的两套安全自动装置应配置两套独立的通信设备，并分别由两套独立的电源供电，两套通信设备和电源在物理上应完全隔离。

b）电力调度机构与变电站和大（中）型发电厂的调度自动化实时业务信息的传输应同时具备两条不同物理路由的通道。

11.1.2 通信设备与电路的维护要求

a）通信设备的运行维护管理应实行专责制，应落实设备维护责任人。

b）通信设备应有序整齐，标识清晰准确。承载继电保护及安全稳定装置业务的设备及缆线等应有明显区别于其他设备的标识。

c）通信设备应定期维护，维护内容应包括设备风扇滤网清洗、蓄电池充放电、网管数据备份等。

d）通信机构应配置相应的仪器、仪表、工具；仪器、仪表应按有关规定定期进行质量检测，保证计量精度。

e）仪器仪表、备品备件、工器具应管理有序。

11.1.3 通信设备与电路的测试内容及要求

a）通信运行维护机构应定期组织人员对通信电路、通信设备进行测试，保证电路、设备、运行状态良好。

b）通信设备测试内容应包括网管与监视功能测试、设备性能等。

c）通信电路测试内容应包括误码率、电路保护倒换等。

d）应对通信设备测试结果进行分析，发现存在的问题，及时进行整改。

11.1.4 通信设备与电路的巡视要求

a）设备巡视应明确巡检周期、巡检范围、巡检内容，并编制巡检记录表。

b）设备巡视可通过网管远端巡视和现场巡视结合进行。

c）巡视内容包括机房环境、通信设备运行状况等。

11.1.5 维护界面

a）电力线载波。

1）电力线载波通信设备、高频电缆和结合滤波器的运行维护检测由通信专业负责，保护专用的由继电保护专业负责。

2）线路阻波器、耦合电容器（或兼作通信用电容式电压互感器）和接地开关的运行维护及耦合电容器、放电器和避雷器的高压电气性能试验，均由设备所在地的高压电气专业负责。线路阻波器的阻抗—频率特性的测试与调整及接地开关的操作由通信专业负责，保护专用的由继电保护专业负责。

3）装在电力线载波设备内的复用远动、继电保护和安全稳定控制装置的接口设备及引出电缆端子内侧（连接电力线载波设备侧）的运行维护由通信专业负责。引出电缆端子外侧（连接其他专业设备侧）的运行维护由相关专业负责。

4）合相运行并装设在户外的分频滤波器、高频差接网络、结合滤波器和高频电缆公用部分的运行维护检测，由通信专业负责。

5）通信专业在复用的电力线载波设备、分频滤波器上进行操作时，应事先征得相关专业的同意。

b）与其他二次专业。

1）通过通信机房音频配线架（VDF）连接的业务电路，分界点为机房音频配线架。

2）通过通信机房数字配线架（DDF）连接的业务电路，分界点为机房数字配线架。

3）通过通信机房光纤配线架（ODF）连接的业务电路，分界点为机房光纤配线架。

4）不经过通信机房配线架而直接由通信设备连接至用户设备的，分界点为通信设备输入输出端口，如图1所示。

11.2 光缆

11.2.1 光缆维护要求

a）电力特种光缆的维护应符合 DL/T 741 的有关规定。

b）通信机构和相应线路运行维护部门应制定运行维护规定或细则，并做好运行维护的专项记录。

c）电力光缆的运行维护应落实维护责任人。

d）通信运行维护机构应配置相应的光缆、光纤测试仪器、仪表、工具和备品、配件，并管理有序。

11.2.2 光缆测试要求

a）通信运行维护机构应定期组织人员对光缆线路进行测试，保证光缆线路运行状态良好。

b）光纤线路的运行环境及运行状态发生改变后，应重新组织测试，测试数据应报送相应通信机构。

c）光缆线路测试内容应包括线路衰减、熔接点损耗、光纤长度等。

d）应对测试结果进行分析，发现存在的问题，及时进行整改。

11.2.3 光缆巡视要求

a）通信运行维护机构应落实光缆线路巡视的责任人。

b）电力特种光缆应与一次线路同步巡视，特殊情况下，可增加光缆线路巡视次数。

c）巡视内容应包括光缆线路运行情况、线路接头盒情况等。

11.2.4 光缆维护界面分工

a）光纤复合架空地线（OPGW）和全介质自承式光缆（ADSS）等（包括线路、预绞丝、耐张线夹、悬垂线夹、防震锤等线路金具，线路中的光缆接续箱）的巡视、维护、检修等工作由相应送电线路运行维护部门负责，通信机构负责纤芯接续、检测等工作。

b）连接到发电厂、变电站内的 OPGW、ADSS 光缆，在发电厂、变电站内分界点为门型构架（水电厂的分界点一般为第一级杆塔），特殊情况另行商定。光缆线路终端接续箱，分界点向线路方向侧由输电线路维护机构负责，向通信机房方向侧由通信机构负责；进入中继站时，分界点为中继站光缆终端接续箱，分界点向线路方向侧由输电线路维护机构负责。运行维护分界点的终端接续箱由输电线路维护机构负责，引入机房光缆等由通信机构负责。终端接续箱的巡视，终端接续箱的拆、挂牵涉到高压的接地等电气性能和可能的带电作业等由输电线路维护机构负责，终端接续箱的光通信性能测试和光纤熔接由通信机构负责，如图2所示。

11.3 新设备及并网

11.3.1 新设备投运要求

a）新建、扩建和改建工程的通信设备及光缆（统称新设备）投运前应满足下列条件：

1）设备验收合格，质量符合安全运行要求，各项指标满足入网要求，资料档案齐全。

2）运行准备就绪，包括人员培训、设备命名、相关规程和制度等已完备。

b）新设备接入现有通信网，应在新设备启动前2个月向有关通信机构移交相关资料，并于15天前提出投运申请。

c）通信机构收到资料后，应核准新设备的技术性能、安全可靠性等是否满足运行要求，应对新设备进行命名编号，并在1个月内通知有关单位。

11.3.2 并入电力通信网的通信设备投运要求

a）拟并网的通信设备的技术体制应与所并入电力通信网所采用的技术体制一致，符合国际、国家及行业的相关技术标准。

b）拟并网方的通信方案应经通信机构核定同意，并通过电网通信机构组织或参加的测试验收，其设备应具有电信主管部门或电力通信主管部门核发的通信设备入网许可证。

c）并入电力通信网的通信设备技术指标和运行条件应符合电力通信网运行要求，并由专人维护。

d）并入电力通信网的通信设备应配备监测系统，并能将设备运行工况、告警监测信号传送至相关通信机构。

e）并入电力通信网的通信设备，即纳入所属电网通信机构的管理范围，应服从电网通信机构的统一调度和管理。

【依据2】《水电厂设备定期维护工作规程》（Q/GDW 46 10002—2017）

17 通信系统

17.1 一般规定

17.1.1 通信系统的定期维护工作主要有日常维护。

17.1.2 日常维护主要内容包括：

a）厂内通信、调度通信线缆及终端设备检查；

b）通信系统电源设备检查；

c）微波通讯设备功能性检查；

d）应急通信设备功能性检查。

17.2 定期维护工作标准项目、检查和试验标准

通信系统定期维护工作标准项目、检查和试验标准详见附表A 11。

【依据3】《防止电力生产事故的二十五项重点要求》（国能安全〔2014〕161号）

19.2.24 通信设备运行维护部门应每季度对通信设备的漏网、防尘罩进行清洗，做好设备防尘、防虫工作。通信设备检修或故障处理中，应严格按照通信设备和仪表使用手册进行操作，避免误操作或对通信设备及人员造成损伤，特别是采用光时域反射仪测光纤时，必须断开对端通信设备。

19.2.25 调度交换机运行数据应每月进行备份，调度交换机数据发生改动前后，应及时做好数据备份工作。调度录音系统应每月进行检查，确保运行可靠、录音效果良好、录音数据准确无误，存储容量充足。

【依据4】《国家电网公司通信运行管理办法》［国网（信息3）491—2014］

第三十二条 运维单位应建立定期专业巡视、检测制度，并具备相应的保障能力和保障措施，确保所辖通信设备/设施的安全稳定运行。巡视检查的内容应包括：

（一）机房动力环境；

（二）通信设备及辅助实施的运行状态，并定期进行测试、除尘；

（三）标识标签检查、更新；

（四）光缆（电缆）沟道、天馈线、光缆交接盒、结合滤波器等户外通信设施外观检查。

6.3.9.1（4）本项目的查评依据如下。

【依据】《国家电网公司十八项重大反事故措施（修订版）》（国家电网生〔2012〕352号文）

16.2.3.11 调度交换机运行数据应每月进行备份，调度交换机数据发生改动前后，应及时做好数据备份工作。调度录音系统应每月进行检查，确保运行可靠、录音效果良好、录音数据准确无误，存储容量充足。

6.3.9.1（5）本项目的查评依据如下。

【依据】《防止电力生产事故的二十五项重点要求》（国能安全〔2014〕161号文）

19.2.2 电力调度机构与其调度范围内的下级调度机构、集控中心（站）、重要变电站、直调发电站和重要风电场之间应具有两个及以上独立通信路由，应具有两种及以上通信方式的调度电话，满足"双

设备、双路由、双电源"要求，且至少保证有一路单机电话。省调及以上调度及许可厂、站必须至少具备一种光纤通信手段。

6.3.9.1（6）本项目的查评依据如下。

【依据1】《电力通信运行管理规程》（DL/T 544—2012）

12.1　通信系统应配备满足系统故障处理、检修所需的备品备件，并在一定区域范围内建立备品备件库，应能在故障处理时间内送至故障现场。

【依据2】《国家电网公司通信运行管理办法》［国网（信息/3）491—2014］

第三十八条　已投运的通信设备设施应配备相应的备品备件，并定期进行检查测试，保证其工况良好。

6.3.9.1（7）本项目的查评依据如下。

【依据1】《电力通信运行管理规程》（DLT 544—2012）

11.1.2　通信设备与电路的维护要求

d）通信机构应配置相应的仪器、仪表、工具；仪器、仪表应按有关规定定期进行质量检测，保证计量精度。

【依据2】《国家电网公司通信运行管理办法》［国网（信息/3）491—2014］

第三十九条　通信运维单位应配置相应的仪器、仪表、工具；并定期进行质量检测，保证计量精度。

6.3.9.1（8）本项目的查评依据如下。

【依据1】《国家电网公司十八项重大反事故措施》（修订版）（国家电网生〔2012〕352号）

16.2.3.3　通信站内主要设备的告警信号（声、光）及装置应真实可靠。通信动力环境和无人值班机房内主要设备的告警信号应接到有人值班的地方或接入通信综合监测系统。

【依据2】《防止电力生产事故的二十五项重点要求》（国能安全〔2014〕161号）

19.2.18　通信站内主要设备的告警信号（声、光）机装置应真实可靠。通信机房动力环境和无人值班机房内主要设备的告警信号应接到有人值班的地方或接入通信综合监测系统。

【依据3】《国家电网公司水电厂重大反事故措施》（国家电网基建〔2015〕60号）

14.4.2.1　电厂内通信机房设备运行状态应做到24小时监视。通信机房内主要设备的报警信号（声、光）及装置应正常、可靠。无24小时值班的通信站，各通信设备主报警信息应接入电厂通信综合监测系统或纳入电厂电气运行统一监视与管理。

6.3.9.1（9）本项目的查评依据如下。

【依据】《国家电网公司水电厂重大反事故措施》（国家电网基建〔2015〕60号）

14.4.1.1　水电厂应与电力通信网具有两个独立的通信传输通道。

6.3.9.1（10）本项目的查评依据如下。

【依据1】《国家电网公司水电厂重大反事故措施》（国家电网基建〔2015〕60号）

14.4.1.6　架空地线复合光缆（OPGW）在进站门型架处应可靠接地，防止一次线路发生短路时，光缆被感应电压击穿而中断。OPGW、全介质自承式光缆（ADSS）等光缆在进站门型架处的引入光缆应悬挂醒目光缆标示牌，防止一次线路人员工作时踩踏接续盒，造成光缆损伤。光缆线路投运前应对所有光缆接续盒进行检查验收、拍照存档，同时，对光缆纤芯测试数据进行记录并存档。应防止引入缆封堵不严或接续盒安装不正确造成管内或盒内进水结冰导致光纤受力引起断纤故障的发生。

【依据2】《国家电网公司十八项电网重大反事故措施（修订版）》（国家电网生〔2012〕352号）

16.2.2.7　架空地线复合光缆（OPGW）在进站门型架处应可靠接地，防止一次线路发生短路时，光缆被感应电压击穿而中断。OPGW、全介质自承式光缆（ADSS）等光缆在进站门型架处的引入光缆必须悬挂醒目光缆标示牌，防止一次线路人员工作时踩踏接续盒，造成光缆损伤。光缆线路投运前应对所有光缆接续盒进行检查验收、拍照存档，同时，对光缆纤芯测试数据进行记录并存档。应防止引入缆封堵不严或接续盒安装不正确造成管内或盒内进水结冰导致光纤受力引起断纤故障的发生。

6.3.9.1（11）本项目的查评依据如下。

【依据】《国家电网公司水电厂重大反事故措施》（国家电网基建〔2015〕60号）

14.4.1.7　厂内通信缆线应与动力电缆分层敷设，同时应完善防火阻燃和阻火分隔等项安全措施，并绑扎醒目的识别标志。新建电厂的厂内通信缆线应采用不同路径的电缆沟道、电缆竖井进入通信机房和主控室，尽量避免与一次动力电缆同沟布放。

6.3.9.2　通信电源系统

6.3.9.2（1）本项目的查评依据如下。

【依据1】《水电站继电保护及安全自动装置技术监督导则》（Q/GDW 11297—2014）

6.3.9.10　浮充电运行的蓄电池组，除制造厂有特殊规定外，应采用恒压方式进行浮充电。浮充电时，严格控制单体电池的浮充电压上、下限，每个月至少一次对蓄电池组所有的单体浮充端电压进行测量记录，防止蓄电池因充电电压过高或过低而损坏。

【依据2】《电力系统用蓄电池直流电源装置运行与维护技术规程》（DL/T 724—2000）

6.3.4　阀控蓄电池的运行维护

b）在巡视中应检查蓄电池的单体电压值连接片有无松动和腐蚀现象，壳体有无渗漏和变形，极粒与安全阀周围是否有酸雾溢出，绝缘电阻是否下降，蓄电池温度是否过高等。

【依据3】《通信专用电源技术要求、工程验收及运行维护规程》（Q/GDW 11442—2015）

7.5.1.2　检查蓄电池组的总电压、单体电压正常。

7.5.1.3　检查蓄电池外壳无变形、裂纹或泄漏，极柱与安全阀周围无酸雾逸出。

6.3.9.2（2）本项目的查评依据如下。

【依据1】《水电站继电保护及安全自动装置技术监督导则》（Q/GDW 11297—2014）

6.3.9.4　所有已运行的直流电源装置、蓄电池、充电装置、微机监控器和直流电源系统绝缘监测装置都应按DL/T 724和DL/T 781的要求进行维护、管理。重点监督以下内容：

a）直流电源系统是两组蓄电池时，则一组运行，另一组退出运行，进行全核对性放电，放电电流为$0.1C_{10}A$恒流，对于单瓶电压为2V的蓄电池，当整组蓄电池中只要有一只电池电压达到1.8V时，应立即停止放电；或容量已放到100%而无单节蓄电池电压达到1.8V时，也应立即停止放电。放电后应立即用$0.1C_{10}A$恒流充电。

b）若无备用充放电装置，则不能将运行中的蓄电池组退出运行进行全核对性放电，只允许用$0.1C_{10}A$电流放出额定容量的50%，对于单瓶电压为2V的蓄电池，在放电过程中，当整组蓄电池中只要有一只电池电压达到1.9V，应立即停止放电。放电后应立即用$0.1C_{10}A$恒流充电。

c）蓄电池组的核对性放电周期：新安装的阀控蓄电池在验收时应进行全核对性放电试验。以后每隔2年应进行一次核对性放电试验。运行了四年以后的阀控蓄电池，每年进行一次核对性放电试验。

d）蓄电池若进行三次充放电循环，其容量达不到额定容量的80%以上，此组蓄电池寿命已终止，应立即申请采购更换。

【依据2】《通信专用电源技术要求、工程验收及运行维护规程》（Q/GDW 11442—2015）

7.5.2.2　定期蓄电池核对性放电试验

7.5.2.2.1　核对性放电试验周期

新安装的阀控蓄电池组，应进行全核对性试验，以后每隔2年进行一次核对性放电试验，运行年限超过4年的阀控蓄电池组，应每年进行一次核对性放电试验。全核对性放电试验的放电终止电压见表3。

表3　　　　　　　　　　　　　蓄电池放电终止电压与充放电电流

电池类别	标准电压 V	放电终止电压 V	额定容量 Ah	充放电电流 A
阀控式密封铅酸蓄电池	2	1.8	C_{10}	I_{10}
	6	5.25（1.75×3）	C_{10}	I_{10}
阀控式密封铅酸蓄电池	12	10.5（1.75×6）	C_{10}	I_{10}

7.5.2.2.2　配置一组阀控蓄电池的核对性放电试验

当通信站中仅配置一组蓄电池时，则蓄电池组不能退出运行、也不能作全核对性放电。只能用 I_{10} 恒流放出额定容量的 50%，在放电过程中，蓄电池组端电压不得低于−48V。放电后应立即用 I_{10} 电流进行恒流限压充电→恒压充电→浮充电。若有备用蓄电池组作临时代用，该组阀控蓄电池可作全核对性放电。若经过 3 次全核对性放充电，蓄电池组容量均达不到额定容量的 80%以上，可认为此组阀控蓄电池不合格，应安排更换。

7.5.2.2.3　配置两组阀控蓄电池的核对性放电试验当通信站中一个高频开关电源屏带有两组蓄电池时，可依次对两组蓄电池分别进行全核对性放电；当通信站中两个高频开关电源屏各接一组蓄电池时，在采取安全措施并确保本站重要负荷安全运行情况下，可依次对两组蓄电池分别进行全核对性放电。若经过 3 次全核对性放充电，蓄电池组容量均达不到额定容量的 80%以上，可认为此组阀控蓄电池不合格，应安排更换。

6.3.9.2（3）本项目的查评依据如下。

【依据1】《国家电网公司水电厂重大反事故措施》（国家电网基建〔2015〕60 号）

14.4.1.2　通信站应配置专用不停电通信电源系统，及两路可靠的交流电源输入，并且能够自动切换。通信电源整流模块应按 N+1 原则配置，且能可靠地自动投入和自动切换。设置在水电厂内具有可靠可交流供电的通信电源其通信专用蓄电池组独立供电时间不小于 4h。厂站外的独立通信站，通信专用蓄电池组独立供电时间不小于 8h。

【依据2】《通信专用电源技术要求、工程验收及运行维护规程》（Q/GDW 11442—2015）

7.2.1　巡视项目

7.2.1.1　检查设备当前有无异常告警，检查历史告警记录。

7.2.1.2　检查监控单元均充、浮充时的各项参数设置是否正常。

7.2.1.3　检查各个整流模块的均流性能，使其输出负荷均分，各个整流模块均在最佳工作状态。

7.2.1.4　测量交流输入电压、直流输出电压、直流输出电流等，检查其与监控单元、表计显示是否一致。

7.2.1.5　清洁整流模块的表面、进出风口、风扇及过滤网或通风栅格等，以免灰尘积累过多，造成电气绝缘程度下降，影响功率的输出。

7.2.1.6　每年雷雨季节前和雷雨季节后，应检查防雷器件是否完好。

7.2.1.7　检查各种断路器、熔断器插接件、接线端子等部位应接触良好，无松动，无电蚀，并处在正确位置。馈电母线、电缆及软连接线等应连接可靠，线缆应无老化、刮伤、破损等现象。

7.2.1.8　检查高频开关电源工作地、保护地是否可靠接地。

7.2.1.9　检查高频开关电源设备标识清晰，标识无脱落。

7.2.2.1　每季度进行一次充电装置交流输入切换试验，两路交流输入应能正常切换。

6.3.9.2（4）本项目的查评依据如下。

【依据1】《国家电网公司十八项重大反事故措施》（修订版）（国家电网生〔2012〕352 号）

16.2.2.8　通信设备应采用独立的空气开关或直流熔断器供电，禁止多台设备共用一只分路开关或熔断器。各级开关或熔断器保护范围应逐级配合，避免出现分路开关或熔断器与总开关或熔断器同时跳开或熔断，导致故障范围扩大的情况发生。

【依据2】《国家电网公司水电厂重大反事故措施》（国家电网基建〔2015〕60 号）

14.4.1.5　通信设备应采用独立的空气开关或熔断器供电，禁止多台设备共用一只分路开关或熔断器。各级开关或熔断器保护范围应逐级配合，避免出现分路开关或熔断器与总开关或熔断器同时跳开或熔断，导致故障范围扩大的情况发生。

6.3.9.2（5）本项目的查评依据如下。

【依据1】《电力通信运行管理规程》（DL/T 544—2012）

11.1.1　通信设备与电路运行要求

a）同一条线路的两套继电保护和同一系统的两套安全自动装置应配置两套独立的通信设备，并分别由两套独立的电源供电，两套通信设备和电源在物理上应完全隔离。

【依据2】《国家电网公司水电厂重大反事故措施》（国家电网基建〔2015〕60号）

14.4.1.3　承载同一220kV及以上线路的两套继电保护、安全自动装置业务的电厂通信站，应实现通信电源双重化配置。传输同一输电线路的两套继电保护信号或安全自动装置信号的两组通信设备，应分别接入两套不同的通信电源系统。

6.3.9.2（6）本项目的查评依据如下。

【依据1】《电力通信运行管理规程》（DLT 544—2012）

10.5　通信机构应具备以下通信站基本运行资料

b）站内通信设备图纸、说明书、操作手册。

c）交、直流电源供电示意图。

【依据2】《通信专用电源技术要求、工程验收及运行维护规程》（Q/GDW 11442—2015）

7.8　运行维护资料

7.8.1　通信电源系统运行维护部门应具备的以下技术资料：

a）电源机房设备平面布置图；

b）通信电源系统连接图；

c）通信电源设备技术手册；

d）竣工验收资料（含电源设备验收测试记录）；

e）防雷接地系统布置图；

f）蓄电池测试记录；

g）通信电源应急预案。

7.8.2　通信电源系统连接图应包括交流输入、各部分连接、交直流分配、负载名称、防雷措施等。

7.8.3　通信电源系统连接图、通信电源应急预案应有纸质文档存放在现场。其他资料可使用计算机网络管理，异地存放，现场调用。

7.8.4　为继电保护、安全稳定接口装置等重要设备供电的通信直流配电开关应在配线资料中区别标记。

6.3.9.2（7）本项目的查评依据如下。

【依据1】《国家电网公司水电厂重大反事故措施》（国家电网基建〔2015〕60号）

14.4.1.2　通信站应配置专用不停电通信电源系统，及两路可靠的交流电源输入，并且能够自动切换。通信电源整流模块应按 $N+1$ 原则配置，且能可靠地自动投入和自动切换。设置在水电厂内具有可靠可交流供电的通信电源其通信专用蓄电池组独立供电时间不小于4h。厂站外的独立通信站，通信专用蓄电池组独立供电时间不小于8h。

【依据2】《通信专用电源技术要求、工程验收及运行维护规程》（Q/GDW 11442—2015）

4.2.4.3　−48V高频开关整流模块配置数量应不少于3块且符合 $N+1$ 原则，容量应在模块数量 N 的情况下大于本套高频开关电源蓄电池组容量的10%与通信站总负载容量之和；承载一、二级骨干通信网业务或220kV及以上继电保护、安控业务的通信站，容量应在模块数量为 N 的情况下大于本套高频开关电源蓄电池组容量的20%与通信站总负载容量之和。

6.3.9.2（8）本项目的查评依据如下。

【依据】《国家电网公司水电厂重大反事故措施》（国家电网基建〔2015〕60号）

14.4.1.2　通信站应配置专用不停电通信电源系统，及两路可靠的交流电源输入，并且能够自动切换。通信电源整流模块应按 $N+1$ 原则配置，且能可靠地自动投入和自动切换。设置在水电厂内具有可靠可交流供电的通信电源其通信专用蓄电池组独立供电时间不小于4h。厂站外的独立通信站，通信专用蓄电池组独立供电时间不小于8h。

.3.9.3 通信站防雷

6.3.9.3（1）本项目的查评依据如下。

【依据1】《电力系统通信站过电压防护规程》（DL/T 548—2012）

4.1.1.3 通信机房内的接地

4.1.1.3.1 通信机房内应围绕机房敷设环形接地母线。环形接地母线应采用截面不小于 $90mm^2$ 的铜排或 $120mm^2$ 镀锌扁钢。

4.1.1.3.2 机房内接地线可采用辐射式或平面网格式多点与环形接地母线连接,各种通信设备单独以最短距离就近引接地线,交直流配电设备机壳、配线架分别单独从接地汇集排上直接接到接地母线。

4.1.1.3.3 交流配电屏的中性线汇集排应与机架绝缘,不应采用中性线作交流保护地线。

4.1.1.3.4 直流电源工作地应从接地汇集排直接接到接地母线上。

4.1.1.3.5 各类设备保护地线宜用多股铜导线,其截面应根据最大故障电流来确定,一般为 $16mm^2 \sim 95mm^2$;导线屏蔽层的接地线截面面积,可为屏蔽层截面面积 2 倍以上。接地线的连接应保证电气接触良好,连接点应进行防腐处理。

4.1.1.3.6 机房内走线架,各种线缆的金属外皮,设备的金属外壳和框架、进风道、水管等不带电金属部分,门窗等建筑物金属结构以及保护接地、工作接地等,应以最短距离与环形接地母线相连。连接时应加装接线端子（铜鼻）,线径与接线端子尺寸吻合、压焊牢固。螺栓连接部位可采用含银环氧树脂导电胶粘合连接。

4.1.1.3.7 金属管道引入室内前应平直地埋 15m 以上,埋深应大于 0.6m,并在入口处接入接地网,如不能埋入地中,金属管道室外部分应沿长度均匀分布,等电位接地,接地电阻应小于 10Ω,在高土壤电阻率地区,每处接地电阻不应大于 30Ω,但应适当增加接地处数。电缆沟道、竖井内的金属支架至少应两点接地,接地点间距离不应大于 30m。

4.1.1.3.8 通信电缆宜采用地下出、入站的方式.其屏蔽层应作保护接地,缆内芯线（含空线对）应在引入设备前分别加装保安装置。

4.1.1.3.9 通信机房内的其他接地要求应符合 YD5098 的规定。

4.1.1.4 通信站的接地与均压

4.1.1.4.1 通信站应有防止各种雷击的接地防护措施,在房顶上应敷设闭合均压网（带）并与接地网连接。房顶平面任何一点到均压带的距离均不应大于 5m。

4.1.1.4.2 调度通信楼内的通信站应与同一楼内的动力装置、建筑物避雷装置共用一个接地网,大楼及通信机房接地引下线可利用建筑物主体钢筋,钢筋自身上、下连接点应采用搭焊接,且其上端应与房顶避雷装置、下端应与接地网、中间应与各层均压网或环形接地母线焊接成电气上连通的笼式接地系统,如图 1 所示。在机房外,应围绕机房建筑敷设闭合环形接地网,机房环形接地母线及接地网和房顶闭合均压带间,至少应用 4 条对称布置的连接线（或主钢筋）相连,相邻连接线间的距离不宜超过 18m。

4.1.1.4.3 设置于发电厂、变电站（开关站、换流站）内的通信站过电压防护,在满足 DL/T 620、DL/T 621 有关规定的同时,宜共用发电厂、变电站（开关站、换流站）的接地网。若通信站设置独立的接地网应至少用两根规格不小于 $40mm \times 4mm$ 的镀锌扁钢与发电厂、变电站的接地网均压网相连。

4.1.1.4.4 设置在电力调度通信楼内的通信机房,建筑物的防雷设计应符合 GB 50057 的规定,当对建筑物电子信息系统防雷有要求时,还应执行 GB 50343 的有关规定。

5.4.2 通信机房接地引入点应有明显标志。

5.4.3 每年雷雨季节前应对通信站接地系统进行检查和维护,主要检查连接处是否紧固,接触是否良好、接地引下线是否锈蚀、接地体附近地面有无异常,必要时应挖开地面抽查地下隐蔽部分的锈蚀情况,如果发现问题应及时处理。

【依据2】《国家电网公司十八项重大反事故措施》（修订版）（国家电网生〔2012〕352 号）

16.2.3.7 每年雷雨季节前应对接地系统进行检查和维护。检查连接处是否紧固、接触是否良好、接地引下线有无锈蚀、接地体附近地面有无异常,必要时应开挖地面抽查地下隐蔽部分锈蚀情况。独立通信站、综合大楼接地网的接地电阻应每年进行一次测量，变电站通信接地网应列入变电站接地网测量内容和周期。微波塔上除架设本站必需的通信装置外，不得架设或搭挂可构成雷击威胁的其他装置，如电缆、电线、电视天线等。

6.3.9.3（2）本项目的查评依据如下。

【依据】《电力系统通信站过电压防护规程》（DL/T 548—2012）

4.1.2 微波站的接地与均压

4.1.2.1 独立微波站的接地网、铁塔接地网和变压器接地网组成，同时应将机房建筑物的基础（含地桩）及铁塔基础内的主钢筋作为接地体的一部分。电力变压器设置在机房外时，变压器地网与机房地网或铁塔地网之间，应每间隔3m～5m相互焊接连通一次，组成一个周边闭的接地网。

4.1.2.2 独立微波塔接地网应围绕塔基作成闭合环形接地网。铁塔接地网与微波机房接地网间至少应用2根规格不小于40mm×4mm的镀锌扁钢连接，如图2所示。

4.1.2.3 微波塔上同轴馈线金属外皮的上端及下端应分别就近与铁塔相连接，在机房入口处与接地体再连一次，锁线较长时宜在中间增加一个与塔身的连接点，接地连接线应采用截面积不小于 $10mm^2$ 的多股铜线。室外馈线桥始末两端均应和接地网相连，如图2所示。

4.1.2.4 微波塔上的航标灯电源线应选用金属外皮电缆或将导线穿入金属管，各段金属管之间应保证电气连接良好（屏蔽连接），金属外皮或金属管至少应在上下两端与塔身金属结构连接，进入机房前应水平直埋15m以上，埋地深度应大于0.6m，如图2所示。

4.1.2.5 微波塔上一般不得架设或搭挂除本站以外的通信装置，如确有必要，架设和搭挂的通信装置，如电缆、电线、电视天馈线等，应满足本标准规定的过电压防护要求。

4.1.2.6 微波站的其他接地要求应符合4.1.1的有关规定。

4.2.2 架空电力线由终端杆引下后应更换为屏蔽电缆，进入室内前应水平直埋15m以上，埋地深度应大于0.6m，屏蔽层等电位接地；非屏蔽电缆应穿镀锌铁管并水平直埋15m以上，铁管应等电位接地，如图2所示。

4.2.3 室外通信电缆应采用屏蔽电缆，屏蔽层应等电位接地，对于既有铠带又有屏蔽层的电缆，在机房内应将铠带和屏蔽层同时接地，而在另一端只将屏蔽层接地。电缆进入室内前应水平直埋15m以上，埋地深度应大于0.6m。非屏蔽电缆应穿镀锌铁管水平直埋15m以上，铁管应等电位接地。

4.2.4 电力电缆（线）、通信缆线不宜共用金属桥架或金属管。当电力电缆（线）、通信缆线的金属桥架及金属管线平行敷设时，其间距不宜小于20cm。机房内的线缆宜采用屏蔽电缆，或敷设在金属管内，屏蔽层或金属管应就近等电位接地。

6.3.9.3（3）本项目的查评依据如下。

【依据】《电力系统通信站过电压防护规程》（DL/T 548—2012）

4.1.1.3.8 通信电缆宜采用地下出、入站的方式。其屏蔽层应作保护接地，缆内芯线（含空线对）应在引入设备前分别对地加装保安装置。

4.3.7 室外通信电缆（包括各类信号线缆、控制电缆等）进入机房首先应接入保安配线架（箱）。在配线架应装有抑制电缆线能对横向、纵向过电压的限幅被置，限幅装置主要包括SPD、压敏电阻器、气体放电管、熔丝、热线圈等防雷器件。

6.3.9.3（4）本项目的查评依据如下。

【依据】《电力系统通信站过电压防护规程》（DL/T 548—2012）

5.4.1 通信站应建立完整的过电压防护技术档案，包括接地线、接地网、接地电阻及防雷装置安装的原始记录，及完整的日常检查记录和过电压事件调查、分析、处理记录。

6.3.9.4 保安措施

6.3.9.4（1）本项目的查评依据如下。

【依据】《通信专用电源技术要求、工程验收及运行维护规程》（Q/GDW 11442—2015）

4.1.4 机房环境要求

4.1.4.1　机房温度：10℃～28℃，蓄电池室温度：10℃～30℃；宜保持在25℃。

4.1.4.2　机房湿度：30%～80%，蓄电池室湿度：20%～80%。

6.3.9.4（2）本项目的查评依据如下。

【依据】《国家电网公司水电厂重大反事故措施》（国家电网基建〔2015〕60号）

16.4.3.4　蓄电池室应照明充足、通风良好，应使用防爆灯具。

6.3.9.4（3）本项目的查评依据如下。

【依据】《电力通信运行管理规程》（DLT 544—2012）

10.2　通信站运行要求

b）防火、防盗、防雷、防洪、防震、防鼠、防虫等安全措施完备。

6.3.9.4（4）本项目的查评依据如下。

【依据】《电力通信运行管理规程》（DLT 544—2012）

10.2　通信站运行要求

b）防火、防盗、防雷、防洪、防震、防鼠、防虫等安全措施完备。

6.3.9.4（5）本项目的查评依据如下。

【依据】《电力通信运行管理规程》（DLT 544—2012）

11.1.2　通信设备与电路的维护要求

b）通信设备应有序整齐，标识清晰准确。承载继电保护及安全稳定装置业务的设备及缆线等应有明显区别于其他设备的标识。

6.3.10　设备技术资料、台账管理

6.3.10（1）（2）（3）本项目的查评依据如下。

【依据1】《发电企业设备检修导则》（DL/T 838—2003）

10.5　检修评价和总结

10.5.1　机组复役后，发电企业应及时对检修中的安全、质量、项目、工时、材料和备品配件、技术监督、费用以及机组试运行情况等进行总结并作出技术经济评价。主要设备的冷（静）态和热（动）态评价内容参见附录G。

10.5.2　机组复役后20天内做效率试验，提交试验报告，作出效率评价。

10.5.3　机组复役后30天内提交检修总结报告，检修总结报告格式参见附录G。

10.5.4　修编检修文件包，修订备品定额，完善计算机管理数据库。

10.5.5　设备检修技术记录、试验报告、质检报告、设备异动报告、检修文件包、质量监督验收单、检修管理程序或检修文件等技术资料应按规定归档。由承包方负责的设备检修记录及有关的文件资料，应由承包方负责整理，并移交发电企业。A/B级检修技术文件种类参见附录H。

【依据2】《抽水蓄能电站检修导则》（Q/GDW 1544—2015）

8.2.1.17　检修文档包括检修文件和检修记录。管理要求为：

a）建立检修文件审查、批准、发放、修订、收回、借阅、销毁制度；

b）与检修有关的图纸、规范、规程、设备手册、设备履历、计划、技术方案、检修指导手册、检修作业手册、检修作业指导书、总结等检修文件的更改和修订状态得到识别，确保获得适用文件的有效版本；

c）检修记录应整洁清晰，标志明确，签字齐全，可追溯相关活动，易于识别和检索。

【依据3】《抽水蓄能机组自动控制系统技术条件》（DL/T 295—2011）

8　文件

8.1　一般要求

8.1.1　制造单位为本系统设备提供的文件包括五个基本部分：设计文件、安装文件、操作文件、维护文件和试验文件。文件文字规定为中文，符合GB 18030的有关规定。

8.1.2　制造单位提出的文件内容应详尽、完整、统一，文图工整清晰，印刷装订完美。

8.1.3　制造单位执行用户要求的初步设计和出厂验收时的真实情况。设备投运后的全部更改由用户进行文件修订记录。用户修订记录应尽量完整，以便满足性能质量的检验。

8.2　设计文件

由制造单位提供的设计文件是制造单位根据用户的设计文件、技术规范书或招标书，进行系统设备制造所编制的图纸和说明书。它们应该包括：

a）硬件系统框图（或配置图）及设备清单；

b）机柜的设备布置图及布线图；

c）软件系统结构设计文件；

d）系统软件和应用软件清单；

e）操作系统、支持程序、实用程序、数据库、数据采集软件、人机接口软件及通信软件使用说明；

f）应用软件流程图（顺控）及说明；

g）全部外购设备所附文件。

8.3　安装文件

a）端子图及内部连接图；

b）设备安装开孔和固定连接图；

c）设备连接图；

d）安装说明书。

8.4　操作文件

制造单位应为运行操作员编制使用本系统设备的操作说明书。

8.5　维护文件

制造单位应为程序员编制维护文件，包括下列内容：

a）正常维护说明书；

b）故障检查及修复说明书。

8.6　试验文件

制造单位应提供系统设备在工厂和现场各实验阶段的文件。

6.4　水工及水务

6.4.1　水库运行管理

6.4.1（1）本项目的查评依据如下。

【依据1】《大中型水电站水库调度规范》（GB 17621—1998）

4　水文气象情报及预报

4.1　水库调度管理单位应充分利用国家已有的水文气象测站，根据预报调度的要求，合理布设水文气象情报站网。站点的选择应考虑代表性、控制性和交通、通信条件，并力求稳定。

【依据2】《水电工程水情自动测报系统技术规范》（NB/T 35003—2013）

4.5.4　遥测站网布设应符合以下基本原则：

（1）应能反映测报流域雨情、水情变化，满足水情预报要求。

（2）尽量选用现有测站，在满足水情预报要求的前提下，应精简测站数量。

（3）现有测站不能满足水情预报要求时，应增设遥测站。

（4）遥测站站址在满足技术要求的前提下，应便于系统通信组网和测站建设与运行管理，应避开可能发生塌方、滑坡、泥石流等突发性灾害的区域和强电磁场、强震动等干扰源。

（5）施工期遥测站布设应结合工程运行期的要求进行。

4.5.5 遥测水文站布设应满足以下要求：

（1）干流和重要支流控制性河段（断面）应布设遥测水文站。

（2）干流入库点和重要支流入库点应布设遥测水文站。

（3）出库河段宜布设遥测水文站。

（4）有重大生态环境保护要求的河段（断面）应布设遥测水文站。

（5）应根据系统应用要求，确定遥测水文站的自动测报要素和人工质数要素。

4.5.6 遥测水位站布设应满足以下要求：

（1）以河道水位为参数的水情测报方案要求的控制断面应布设遥测水位站。

（2）工程施工期的上、下围堰等重要防洪断面应布设遥测水位站。

（3）工程运行期，坝前应布设遥测水文站，坝下、厂房进水口、发电尾水、工程重要防洪点等根据需要布设遥测水文站。

（4）受工程影响的流域内重要防洪点应布设遥测水位站。

（5）大型水库宜在库区布设遥测水位站。

（6）坝前遥测水位站应布设在不受工程发电、泄洪、引水等水力影响的位置。

4.5.7 遥测雨量站布设应满足以下要求：

（1）采用站网密度分析法、相关法、抽站法和不同站网方案的预报精度比较等方法进行分析论证，确定遥测雨量站。

（2）雨量站分布应基本均匀，代表性较好，重点测报区内雨量站应适度加密。

（3）流域中的遥测水文站、遥测水位站和坝前遥测水位站宜兼测雨量。

【依据3】《国家电网公司水电厂重大反事故措施》（国家电网基建〔2015〕60号）

2.2.1.3 应设计可靠的水情测报系统，合理设置遥测站网，保证水情预报的有效性。

2.2.1.4 设计常规水电厂水情自动测报系统时，应考虑两种及以上的通信方式，以保证水情信息传递的安全可靠。

2.2.1.5 应分别设置两套不同原理的水库水位测量控制装置，实现水库水位的实时监视、测量。抽水蓄能电站抽水运行工况上水库水位、发电工况下水库水位禁止超过警戒值。

2.2.3.3 应定期检查、维护水情测报系统，保证遥测站点设施的可靠与有效，做好水文预报，及时掌握流域内的雨、水、沙、冰情，及时掌握防洪、蓄水、用水情况，进行水库调蓄计算；梯级上下级水库调度变化应相互沟通与协调，合理调度各水库蓄放水次序，保证水库调度的合理有效。

【依据4】《水电站水工设施运行维护导则 第1部分：水工建筑物》（Q/GDW 11151.1—2013）

5.2.22 抽蓄电站上、下水库应设置水位测量控制装置，实现水库水位实时监视、测量与越限报警；特别应注意抽水工况上水库水位、发电工况下库水位不应超过警戒限值。

6.4.1（2）本项目的查评依据如下。

【依据1】《水电工程动能设计规范》（NB/T 35061—2015）

3 基本资料收集与分析

3.1 一般规定

3.1.1 动能设计应进行有关地区社会经济、流域（河段）开发利用、电力系统、综合利用等情况的调查研究，了解有关各方的意见和要求，收集、整理相关基本资料。

3.1.2 对改建、扩建工程，应收集已建工程的相关设计及实际运行资料。

3.1.3 对动能设计依据的本工程设计成果资料，应提出所需资料的内容、精度等要求。

3.1.4 对收集的资料应进行合理性分析。

3.2 社会经济资料

3.2.1 社会资料，应主要包括工程影响范围内的自然地理、人口、教育、卫生、民族文化、宗教、文物古迹等资料，以及土地、矿产、水资源、能源等各类资源情况及开发利用与供应、基础设施建设、城乡建设等的现状及发展规划资料。

3.2.2 经济资料，应主要包括工程影响范围内的国内生产总值（GDP）、居民收入水平、产业结构、地方财政收入等资料，以及工业、农业、林业、服务业等的现状及发展规划资料。

3.3 流域（河段）开发利用资料

3.3.1 流域（河段）基本情况、水能资源开发利用现状及存在问题等资料。

3.3.2 流域综合规划、专业规划及其相应审批文件，流域（河段）防灾减灾体系建设、水环境治理、水资源配置和综合管理等方面相关要求资料。

3.3.3 与设计水电工程有相互影响的上下游已建、在建和近期拟建水利水电工程的特征值、综合利用要求、运行方式等资料。

3.3.4 必要时还应收集远近相关大型调蓄水库、跨流域调水等工程规划设计资料。

3.4 电力系统资料

3.4.1 电力系统现状资料，应包括系统负荷及其特性、电源构成及其运行特性（技术最小出力、燃料消耗特性、水电调节性能等）、燃料价格、电价水平及其相关政策、调峰措施及调峰途径、网架结构、运行存在的问题等。

3.4.2 电力系统发展规划资料，应包括负荷水平及负荷特性预测、电源与电网建设（含跨区送受电）、燃料供应及运输条件、新建电源的运行特性、新建电源和输变电工程投资指标，以及电力系统对水电开发的要求等。

3.5 综合利用资料

3.5.1 防洪（涝、凌）资料，应包括防护地区历史重大洪涝、冰凌灾害情况及其危害与影响、灾害成因、防洪（涝、凌）工程设施现状及存在问题，规划防洪（涝、凌）对象及其防御标准、控制断面安全泄量（水位）、可能配合运用的防洪（涝、凌）措施，对设计水电工程和相关梯级水库的防洪（涝、凌）库容及预留方式、流量控泄方式等要求，防护对象在不同频率成灾流量情况下的受灾范围及损失等资料。

3.5.2 供水资料，应包括供水地区水资源及水质、生产生活用水状况、供水和节水设施现状、水资源开发利用情况及存在的问题，规划近远期需水量、供水保证率、当地水资源配置方案等，对设计水电工程的取水口高程和位置、近远期供水量及年内分配的要求等资料。

3.5.3 灌溉资料，应包括受水地区历史主要旱灾情况及对农业生产的影响、当地水资源情况、用水情况、灌溉和节水工程设施现状及存在的主要问题，规划灌区范围、近远期灌溉面积、作物组成及种植结构、灌溉制度、灌溉设计保证率、节水措施、当地水资源供需平衡，对设计水电工程的取水高程和位置、近远期设计取水规模及取水量、取水时间要求等资料。

3.5.4 航运资料，应包括现状水陆交通状况、航运腹地、客货运量、航道等级、滩险分布及整治与疏浚情况、通航吨位、通航设计保证率等，规划的近远期客货运量（上下行运量、货源、货种及目的地）、航道等级、通航标准、最小通航流量、通航期、规划船型及船队尺寸，对设计水电工程的库水位、上下游水利条件的要求等资料。

3.5.5 其他资料，应包括水景观、养殖、旅游等资料。

3.6 工程设计成果资料

3.6.1 动能设计依据的工程设计成果，应主要包括项目前期勘测设计及审查相关资料、水文气象、水利计算、测量、地形地质、建设征地和移民安置、水土保持和环境保护、枢纽布置、机电设备、施工设计、工程投资等资料。

3.6.2 项目前期勘测设计及审查相关资料，应主要包括设计水电站以往设计研究阶段的勘测设计过程、设计成果、审查主要结论，有关主管部门的批文和意见、与地方政府和相关部门达成的协议等。

3.6.3 水文分析成果应主要包括气象、径流、洪水、泥沙、水位流量关系曲线、冰清等成果资料。

3.6.4 水利计算成果应主要包括水库水位—面积—容积曲线、径流调节计算成果、洪水调节计算成果、水库泥沙冲淤及回水计算成果、下游非恒定流计算成果、下游航道模型试验成果等资料。

3.6.5 测量成果应主要包括地形图、河道纵横剖面等资料。

3.6.6 地质勘察成果应主要包括与特征水位方案拟定和比选有关的地形地貌特征、库区低矮垭口高程，库区塌岸、滑坡、泥石流、渗漏、地下水位、浸没、堤防稳定性等调查分析资料。

3.6.7 建设征地移民安置资料应主要包括可能涉及的重要淹没对象或敏感区域的位置、规模和控制性高程，水库淹没和工程施工影响范围，实物指标，建设征地移民安置方案等。

3.6.8 水土保持和环境保护资料应主要包括工程区及工程影响区的生态与环境状况及变化趋势，工程开发、施工和运行涉及的生态与环境敏感问题、重要环境敏感区域、重要生态敏感目标，生态与环境的保护、修复和改善要求，水土保持、环境影响评价成果，泄放生态流量要求等。

3.6.9 枢纽布置资料应主要包括枢纽布置条件、工程等级、挡水、泄水和输水建筑物的型式和布置、厂房和机组布置型式、工程量和运行条件，输水系统水头损失计算成果等。

3.6.10 机电设备及输变电工程资料应主要包括机组制造水平，大件运输条件，水轮发电机组参数、模型特性曲线、运转特性曲线，输变电工程电压等级、回路数、长度、输变电能力、输变电损失、运转特性以及投资、运行费等。

3.6.11 施工设计资料应主要包括施工条件、对外交通条件，下闸蓄水时间、允许蓄水位及水位变化速率，发电工期与总工期、机组投产计划等。

3.6.12 工程投资资料应主要包括枢纽工程投资、建设征地移民安置补偿费用、独立费用、预备费等分项投资，以及静态投资和影子投资流程等。

4 综合利用与开发任务论证

4.0.1 动能设计应在流域综合规划和河流水电规划提出的治理开发任务的基础上，进一步分析各项综合利用的具体要求和工程开发利用条件，协调处理好需要与可能经济性的关系，提出工程开发任务及主次关系，合理确定各项任务目标。对分期开发的工程或分期实施的任务，应分别提出近期和远期的开发任务和目标。

4.0.2 动能设计应进行综合利用调查研究，分析发电、防洪（涝、凌）、供水、灌溉、航运、生态与环境等方面对本工程的要求。根据本工程具体条件考虑一库多用、梯级联调等因素，通过水量供需平衡分析、水利动能计算，分析各项综合利用要求的满足程度及对发电的影响，研究本工程承担各项综合利用任务的可能性和合理性。当上、下游有库容条件较好的可承担本工程综合利用任务的调节水库时，可研究联合调度对本工程开发任务及目标的影响。

4.0.3 水电工程开发任务的主次顺序，应根据各项综合利用任务在流域或区域经济社会发展、流域（河段）综合治理开发中所处的地位和作用、需求的迫切性及工程的适应性等综合分析确定。

4.0.4 当综合利用要求不能完全满足或对发电影响较大时，应根据开发任务的主次关系、综合利用各方面的需求特点、用水量大小和可能的变动范围、设计保证率高低等因素，统筹协调各项综合利用的要求，合理调整各项任务的目标。必要时，应根据承担各项综合利用任务的代价、作用及效益，进行投资及运行费用分摊，通过经济分析比较确定各项任务目标。

4.0.5 必要时，应研究将促进地方经济社会发展及移民致富、生态环境及民族文化保护列入工程开发任务，并结合工程建设实际分析提出具体的措施。

4.0.6 引水式水电站或承担调峰任务的水电站，下游如有减水河段，应采取泄放基流等措施妥善解决减水河段的供水、灌溉、航运、景观和生态环境等方面的基本用水要求。

4.0.7 跨流域引水式水电站，应研究跨流域引水后对饮水河流和受水河流上已建、在建和计划兴建工程效益的影响，同时还应统筹考虑引水河流下游综合利用和生态环境的基本用水要求。

【依据2】大中型水电站水库调度规范（GB 17621—1998）

2.4 水库调度管理单位必须具备齐全的水库设计资料，掌握了解水库上、下游流域内的自然地理、水文气象、社会经济及综合利用等基本情况，为水库调度工作提供可靠依据。

2.8 水库调度管理单位应根据本规范结合具体情况，编制水库调度运用规程，按照隶属关系报上级主管部门审定。

3.1 水库调度运用的主要参数及指标包括：水库正常蓄水位、设计洪水位、校核洪水位、汛期限制水位、死水位及上述水位相应的水库库容，水电站装机容量、发电量、保证出力及相应保证率，控制泄量等；有防洪任务的水库还应包括防洪高水位和防洪库容，下游防洪标准和安全泄量，汛期预留防洪库容的分期起讫时间等；兼有灌溉、给水任务的水库还就应包括设计规定的灌溉、给水的水量、水位要求，以及相应的保证率和配水过程；有航运、漂木任务的水库还应包括设计规定的各类过坝运量和过坝方式，满足下游河道水深要求的相应流量等。这些参数及指标是进行水库调度的依据，应根据设计报告和有关协议文件，在年度调度运用计划、方案中予以阐明。

3.3 水库建成投入运用后，因水文条件、工程情况及综合利用任务等发生变化，水库不能按设计规定运用时，上级主管部门应组织运行管理、设计等有关单位，对水库运用参数及指标进行复核。正常情况下，每隔5～10年进行一次复核。如主要参数及指标需变更，应按原设计报批程序进行审批后方可执行。

【依据3】《水电站大坝运行安全监督管理规定》（发改委2015年23号令）

第十一条 电力企业应当按照国家规定做好水电站防洪度汛工作。

水库调度和发电运行应当以确保大坝运行安全为前提，严格遵循批准的汛期调度运用计划和水库运用与电站运行调度规程。汛期水库汛限水位以上防洪库容的运用，必须服从防汛指挥机构的调度指挥。汛期发生影响正常泄洪的情况时，电力企业应当及时处置并且报告大坝中心。

【依据4】《国家能源局防止电力生产事故的二十五项重点要求》[国能安全（2014）161号文]

24.1.3 水库设防标准及防洪标准应满足规范要求，应有可靠的泄洪等设施，启闭设备电源、水位监测设施等可靠性应满足要求。

24.3.10 强化水电厂运行管理，必须根据批准的调洪方案和防汛指挥部门的指令进行调洪，严格按照有关规程规定的程序操作闸门。

24.3.13 汛期严格按水库汛限水位运行规定调节水库水位，在水库洪水调节过程中，严格按批准的调洪方案调洪。当水库发生特大洪水后，应对水库的防洪能力进行复核。

【依据5】《水电站水工设施运行维护导则 第1部分：水工建筑物》（Q/GDW 11151.1—2013）

5.2.6 水库洪水调度的任务：根据设计确定的枢纽工程设计洪水、校核洪水和下游防护对象的防洪标准，按照设计的调洪原则，在保证枢纽工程安全的前提下，按规定拦蓄洪水和控制下泄流量，尽量减轻或避免下游洪水灾害。

5.2.7 洪水调度的原则：大坝安全第一；按设计确定的目标、任务或上级有关文件规定进行洪水调度；遇下游堤防和分、滞洪区出现紧急情况时，在水情预报及枢纽工程可靠条件下，应充分发挥水库调洪作用；遇超标准洪水，采取保证大坝安全非常措施时应尽量减少下游损失。

5.2.8 对承担下游防洪任务的水库，应根据水库设计的防洪能力和防护对象的重要程度，制定水库洪水调度方案，并明确规定遇到超过下游防洪标准洪水时水库转为保坝为主调度方式的判别方法。一般应按以下三种方法定判别：库水位达到防洪高水位；入库流量达到下游设计防洪标准的洪水量；或是库水位和入库流量双重判别，即库水位达到防洪高水位，并且入库流量达到下游设计洪峰流量。

5.2.9 具有合格洪水预报方案的水库，可采用以下几种主要的洪水预报调度方式：预泄调度、补偿和错峰调度、实时预报调度。水库调度管理单位应按批准的泄洪流量，确定闸门开启数量和开度。按规定的程序操作闸门，并向有关单位通报信息。

5.2.10 当入库洪峰已过且出现了最高库水位时，应在不影响上下游防洪安全前提下，及时腾库，以备下次洪水来前使库水位回降至汛期防洪限制水位。库水位下降的速度要符合设计规定。

5.2.11 汛末蓄水时机应根据设计规定和参照历年水文气象规律及当年水情形势确定。如需提前蓄水，应经有关部门批准。

5.2.12 同一防洪系统的水库群，应根据设计规定的洪水补偿调节方式，制定联合洪水调度运用方案，实行水库群的统一调度。

5.2.13 泥沙问题严重的水库应采取调水调沙相结合的调度方式，根据各水库的具体情况和泥沙运动规律，研究分析适宜的泥水调度方式，尽量减少水库淤积和对水轮机的磨损。

5.2.14 北方有防凌任务的水库，应认真分析凌情，根据凌汛期洪水的规律及下游河道防凌的要求，制定凌汛期水库蓄泄的调度计划，为保障下游河道防凌的安全提供条件。

【依据6】《水库洪水调度考评规定》（SL 224—98）条文说明

1.3 水库洪水调度考评以规划设计确定的水库运行指标、洪水调度方式与规则为依据，突出保证大坝安全及兼顾上下游防洪安全的因素。注重洪水调度的实际效果，采取分项评分后综合衡量的办法，提出考评结果，使其正确反映洪水调度决策的科学性、合理性和调度管理的先进性。

水库投入运行后，因各种原因使原设计成果已不适用时，应对水库运行指标进行分析研究，制定新的洪水调度方案，并经上级主管部门和防汛指挥部批准后，作为水库洪水调度考评依据。在此项工作未完成前，暂以上级主管部门和防汛指挥部批准的当年洪水调度方案作为考评依据。

2.1.5 水库调度规程是《综合利用水库调度通则》中规定要编制的，具体要求见该通则。洪水调度方案是进行水库洪水调度的具体依据。方案应适应各种可能出现的洪水情况，使得在任何情况下水库应如何调度均有所遵循。

洪水调度方案内容包括：

1 水库设计洪水标准和下游防洪对象防洪标准。
2 汛期分期防洪限制水位。
3 校核洪水位、设计洪水位、防洪高水位等特征水位。
4 水库调洪规则：调洪方式、水库泄洪判别条件、调度指标等以条文的方式，用明确的语言规定下来。

2.2.1 编制水库当年洪水调度计划是水库洪水调度中很重要的一项工作，每年在汛前，都要编制洪水调度运用计划和度汛计划。报上级主管部门审批后，作为本年度水库洪水调度的依据。水库洪水调度计划应包括：

1．当年汛期水文气象预报趋势和数值。
2．洪水调度规则。
3．汛期防洪限制水位的确定。
4．水库洪水调度控制水位、控制下泄流量要求。
5．建议和存在的问题。

非常洪水调度预案是指在发生超标准洪水时的紧急处置办法，必须安排。

6.4.1（3）本项目的查评依据如下。

【依据1】《水利水电工程设计洪水计算规范》（SL 44—2006）

2.1.1 根据设计洪水计算的需要，应搜集和整理流域自然地理概况、流域和河道特征，暴雨、洪水、潮汐，水库运行、堤防溃决、分滞洪，既往规划设计成果等资料。

2.1.2 对计算设计洪水所依据的暴雨、洪水、潮位资料和流域、河道特征资料应进行合理性检查；对水尺零点高程变动情况及大洪水年份的浮标系数、水面流速系数、推流借用断面情况等应重点检查和复核，必要时还应进行调查和比测。

【依据2】《水文资料整编规范》（SL 247—2012）

1.0.4 水文资料应逐年进行整编、审查和复审，其整编资料的图表编制除应符合本标准规定外，尚应符合 SL 460—2009 的规定。

1.0.5 水文测站的水文资料整编应由水文站或水文勘测队负责完成，条件不具备时也可在省、自治区、直辖市和流域机构的水文二级机构的指导下完成；辖区水文资料的审查应由省、自治区、直辖市和流域机构的水文二级机构负责完成；辖区水文资料的复审应由省、自治区、直辖市水行政主管部门和流域管理机构直属水文机构负责完成。

【依据3】《大中型水电站水库调度规范》（GB 17621—1998）

8.6 建立水库调度运用技术档案制度。应及时整编归档雨、水、沙、冰情资料，综合利用资料，短、中、长期预报成果，调度方案及计算成果，以及其他重要调度运用数据和文件等。

【依据 4】《水电站水工设施运行维护导则　第 1 部分：水工建筑物》（Q/GDW 11151.1—2013）

5.2.18　及时收发水情电报，掌握雨、水、沙、冰情和水库运行情况；做好水文预报，进行水库调蓄计算，提出调度意见；按授权发布调度命令，并落实。

5.2.19　建立水库调度运用技术档案制度；及时整编归档雨水沙冰情资料、短中长期预报成果、调度方案及计算成果以及其他重要调度运用数据和文件等。

6.4.1（4）本项目的查评依据如下。

【依据 1】《国家电网公司大坝安全管理办法》（国家电网生〔2010〕329 号）

第十一条　大坝运行单位须按照防汛要求，做好防汛工作，确保大坝安全度汛。

汛前、汛后对大坝近坝库岸和下游岸坡进行巡视检查，发现险情及时上报并妥善处理。

【依据 2】《水电站水工建筑物技术监督导则》（DL/T 1559—2016）

5.3.3　水库调度按水文气象情报及预报、水情自动测报系统运行维护、防洪调度、发电调度、泥沙调度、库区及下游河道管理、水库调度总结等开展水工技术监督工作。水库调度的水工技术监督内容主要包括：

c）防洪、发电机泥沙调度：按 GB 17621、GB/T 22482、DL/T 1259、水库调度方案和设计文件要求进行监督。防洪调度重点关注汛期水位控制、泄洪前上下游检查和预警、泄洪闸门启闭程序及泄洪方式、泄洪消能和下游冲刷等；发电调度重点关注水能利用率；泥沙调度重点关注水库库容变化、冲沙效果及机组磨损等。

d）库区及下游河道管理。库区回水水位在水库移民或土地征用线以下：防止水库移民迁移线或土地征用线内回迁、种植、项目开发等；下游河道保持设计的过水能力，满足泄洪要求。

5.3.6　近坝库岸及枢纽区边坡定期检查，详细记录巡查内容（影像、照片等），出现异常情况上报和处理。检查内容包括：

a）边坡及其上建筑物、坡内洞石开裂、错动、局部坍塌等的发生、发展情况。

b）库岸滑坡体水下部分堆积情况。

c）边坡加固工程完整性情况。

d）边坡排水设施通畅及排水量变化情况。

e）边坡区域人类活动情况，如居住、爆破、修路、采矿、灌溉等。

f）地震等突发事件对边坡的影响情况。

g）监测设施的运行情况。

6.4.2　大坝安全管理

6.4.2（1）本项目的查评依据如下。

【依据 1】《水库大坝安全管理条例》（1991 中华人民共和国主席令第 77 号发布实施，据 2011 年 1 月 8 日《国务院关于废止和修改部分行政法规的决定》修订）

第十八条　大坝主管部门应当配备具有相应业务水平的大坝安全管理人员。

大坝管理单位应当建立、健全安全管理规章制度。

【依据 2】《水电站大坝运行安全监督管理规定》（发改委 2015 年 23 号令）

第四条　电力企业是大坝运行安全的责任主体，应当遵守国家有关法律法规和标准规范，建立健全大坝运行安全组织体系和应急工作机制，加强大坝运行全过程安全管理，确保大坝运行安全。

第十六条　电力企业负责人及相关管理人员应当具备大坝安全专业知识和管理能力，定期培训。

从事大坝运行安全监测、维护及闸门启闭操作的作业人员应当经过相关技术培训，持证上岗。

第二十五条　大坝安全注册应当符合下列条件：

（四）有职责明确的管理机构、符合岗位要求的专业运行人员、健全的大坝安全管理规章制度和操作规程。

【依据3】《国家电网公司大坝安全管理办法》（国家电网生〔2010〕329号）

第九条　大坝运行单位履行下列职责：

（一）遵守国家有关大坝安全的法律法规和规程规范，落实上级单位有关大坝安全管理要求。

（二）设置大坝安全运行维护部门，配备从事大坝监测、水库调度、金属结构等专业的技术人员；生产管理部门配备专职水工专业管理人员；大坝运行单位配备专门负责大坝安全管理工作的水工专业副总工程师。

（三）建立健全大坝安全管理规章制度，落实大坝安全责任制，建立并落实大坝安全检查制度。

（四）编制大坝安全运行维护和技改计划并组织实施，编制大坝安全管理年度计划和长远规划。

6.4.2（2）本项目的查评依据如下。

【依据1】《中华人民共和国防汛条例》（根据2011年1月8日发布的中华人民共和国国务院令第588号修订）

第二十七条　在汛期，河道、水库、水电站、闸坝等水工程管理单位必须按照规定对水工程进行巡查，发现险情，必须立即采取抢护措施，并及时向防汛指挥部和上级主管部门报告。其他任何单位和个人发现水工程设施出现险情，应当立即向防汛指挥部和水工程管理单位报告。

【依据2】《水库大坝安全管理条例》（1991年中华人民共和国主席令第77号发布实施，据2011年1月8日《国务院关于废止和修改部分行政法规的决定》修订）

第十九条　大坝管理单位必须按照有关技术标准，对大坝进行安全监测和检查；对监测资料应当及时整理分析，随时掌握大坝运行状况。发现异常现象和不安全因素时，大坝管理单位应当立即报告大坝主管部门，及时采取措施。

第二十二条　大坝主管部门应当建立大坝定期安全检查、鉴定制度。

汛前、汛后，以及暴风、暴雨、特大洪水或者强烈地震发生后，大坝主管部门应当组织对其所管辖的大坝的安全进行检查。

【依据3】《水电站大坝运行安全监督管理规定》（发改委2015年23号令）

第八条　电力企业应当加强大坝安全监测与信息化建设工作，及时整理分析监测成果，监控大坝运行安全状态，并且按照要求向大坝中心报送大坝运行安全信息。对坝高一百米以上的大坝、库容一亿立方米以上的大坝和病险坝，电力企业应当建立大坝安全在线监控系统，并且接受大坝中心的监督。

第九条　电力企业应当对大坝进行日常巡视检查。每年汛期及汛前、汛后，枯水期、冰冻期，遭遇大洪水、发生有感地震或者极端气象等特殊情况，电力企业应当对大坝进行详细检查。

电力企业应当及时处理发现的大坝缺陷和隐患。

第十条　电力企业应当每年年底开展大坝安全年度详查，总结本年度大坝安全管理工作，整编分析大坝监测资料，分析水库、水工建筑物、闸门及启闭机、监测系统和应急电源的运行情况，提出大坝安全年度详查报告并且报送大坝中心。

第十一条　电力企业应当按照国家规定做好水电站防洪度汛工作。

水库调度和发电运行应当以确保大坝运行安全为前提，严格遵循批准的汛期调度运用计划和水库运用与电站运行调度规程。汛期水库汛限水位以上防洪库容的运用，必须服从防汛指挥机构的调度指挥。

汛期发生影响正常泄洪的情况时，电力企业应当及时处置并且报告大坝中心。

第十二条　电力企业应当建立大坝安全应急管理体系，制定大坝安全应急预案，建立与地方政府、相关单位的应急联动机制。

遇有超标准洪水、地震、地质灾害、大体积漂浮物等险情，电力企业应当按照规定启动大坝安全应急机制，采取必要措施保障大坝安全，并且报告派出机构和大坝中心。

【依据4】《水电站大坝安全注册登记监督管理办法》（国能安全〔2015〕146号）

第二十二条　电力企业应当持续改进大坝安全管理工作，每年按照本办法第九条关于大坝安全管理实绩考核评价的相关要求进行自查，并将自查情况报送大坝中心。

【依据 5】《国家电网公司大坝安全管理办法》（国家电网生〔2010〕329 号）

第九条　大坝运行单位履行下列职责：

（五）负责大坝安全运行的日常监测、检查和维护。

（六）负责对大坝勘测、设计、施工、监理、运行、安全监测的资料以及其他有关安全技术资料的收集、整理、分析和保存，建立大坝安全技术档案以及相应数据库。

（七）按照有关规定开展大坝安全评价、设备评级、日常巡查、年度详查、定期检查、特种检查、大坝安全注册的相关工作。

（八）定期对大坝安全监测仪器进行检查、率定，保证监测仪器能够可靠监测施工期和运行期的安全状况。

（九）负责实施大坝的补强加固、更新改造、隐患治理和病坝、险坝的除险加固。

（十）负责大坝险情、事故的报告和抢险工作。

（十一）多泥沙河流的水电站应定期进行水库泥沙淤积测量，复核水库库容。

【依据 6】《国家能源局防止电力生产事故的二十五项重点要求》（国能安全〔2014〕161 号文）

24.3.3 做好大坝安全检查（日常巡查、年度详查、定期检查和特种检查）、监测、维护工作，确保大坝处于良好状态，对观测异常数据及时分析、上报和采取措施。

【依据 7】《水电站水工建筑物技术监督导则》（DL/T 1559—2016）

5.3.5　水工建筑物及其附属设施检查维护按日常巡查、年度详查、定期检查、特种检查、水工建筑物维护、重大工程缺陷与隐患处理、水工金属结构检测和维护等开展水工技术监督工作。水工建筑物及其附属设施检查维护的水工技术监督内容主要包括：

a）日常巡查、年度详查按 DL/T 5178、DL/T 5259 的规定进行监督，巡查路线覆盖所有水工建筑物，频次满足规范要求，项目齐全，记录详细，对异常现象及时进行分析和处理，编制年度详查报告。

b）定期检查、特种检查按水电站大坝安全定期检查的有关规定进行监督，做好配合及开展专题工作，落实处理意见，重点关注必须处理的问题和薄弱环节。

c）水工建筑物按 DL/T 5251、SL 210、SL 230 的规定进行监督，及时进行缺陷点评估，定期开展养护、维护，记录翔实，提交总结报告，重点关注裂缝修补、渗漏处理、剥蚀修补及处理、水下修补等。

d）重大工程缺陷和隐患处理按水电站大坝除险加固管理的有关规定进行监督，补强加固方案进行专项设计、专项审查、专项施工和专项验收，控制补强加固工程进度，落实资金，保证施工安全。

e）水工金属结构检测和维护检测按 DL/T 709、DL/T 835 的规定进行监督，定期开展检测，提交检测报告；检修维护按 DL/T 5358 和设计要求进行监督，定期开展检修维护，项目齐全，详细记录维护项目、工艺等内容。

6.4.2（3）本项目的查评依据如下。

【依据 1】《中华人民共和国防洪法》（2015 年中华人民共和国主席 23 号令）

第三十六条　各级人民政府应当组织有关部门加强对水库大坝的定期检查和监督管理。对未达到设计洪水标准、抗震设防要求或者有严重质量缺陷的险坝，大坝主管部门应当组织有关单位采取除险加固措施，限期消除危险或者重建，有关人民政府应当优先安排所需资金。对可能出现垮坝的水库，应当事先制定应急抢险和居民临时撤离方案。

各级人民政府和有关主管部门应当加强对尾矿坝的监督管理，采取措施，避免因洪水导致垮坝。

【依据 2】《水电站大坝运行安全监督管理规定》（发改委 2015 年 23 号令）

第十九条　大坝中心应当定期检查大坝安全状况，评定大坝安全等级。

定期检查一般每五年进行一次，检查时间一般不超过一年半。首次定期检查后，定期检查间隔可以根据大坝安全风险情况动态调整，但不得少于三年或者超过十年。

第二十条　大坝遭受超标准洪水或者破坏性地震等自然灾害以及其他严重事件后，大坝中心应当对大坝进行特种检查，重新评定大坝安全等级。

第二十一条　大坝安全等级分为正常坝、病坝和险坝三级。

符合下列条件的大坝,评定为正常坝:

(一)防洪能力符合规范要求;或者非常运用情况下的防洪能力略有不足,但大坝安全风险低且可控。

(二)坝基良好;或者虽然存在局部缺陷但无趋势性恶化,大坝整体安全。

(三)大坝结构安全度符合规范要求;或者略有不足,但大坝安全风险低且可控。

(四)大坝运行性态总体正常。

(五)近坝库岸和工程边坡稳定或者基本稳定。

具有下列情形之一的大坝,评定为病坝:

(一)正常运用情况下的防洪能力略有不足,但风险较低;或者非常运用情况下的防洪能力不足,风险较高。

(二)坝基存在局部缺陷,且有趋势性恶化,可能危及大坝整体安全。

(三)大坝结构安全度不符合规范要求,存在安全风险,可能危及大坝整体安全。

(四)大坝运行性态异常,存在安全风险,可能危及大坝安全。

(五)近坝库岸和工程边坡有失稳征兆,失稳后影响工程正常运用。

具有下列情形之一的大坝,评定为险坝:

(一)正常运用情况下防洪能力不足,风险较高;或者非常运用情况下防洪能力不足,风险很高。

(二)坝基存在的缺陷持续恶化,已危及大坝安全。

(三)大坝结构安全度严重不符合规范要求,已危及大坝安全。

(四)大坝存在事故征兆。

(五)近坝库岸或者工程边坡有失稳征兆,失稳后危及大坝安全。

第二十二条 电力企业应当限期完成对病坝、险坝的处理。

病坝、险坝以及正常坝的重大工程缺陷和隐患的处理应当专项设计、专项审查、专项施工和专项验收。

第二十三条 大坝评定为险坝后,电力企业应当立即降低水库运行水位,直至放空水库。病坝消缺前或者消缺过程中,如情况恶化或者发生重大险情,应当降低水库运行水位,极端情况下可以放空水库。

【依据3】《水电站大坝安全定期检查监督管理办法》(国能安全〔2015〕145号)

第四条 大坝定检一般每五年进行一次。首次定检后,定检间隔可以根据大坝安全风险情况动态调整,但不得少于三年或者超过十年。

大坝首次定检应当在工程竣工安全鉴定完成五年期满前一年内启动;工程完建后五年内不能完成竣工安全鉴定的,应当在期满后六个月内启动首次大坝定检。

第八条 大坝中心应当根据大坝实际情况,组织大坝定检专家组(以下简称专家组)进行大坝定检。

专家组一般由六至九名技术水平较高、工程经验丰富并且具有高级工程师以上职称的专家组成,技术问题特别复杂的大坝可适当增加专家数量。专家组应当至少有一名参加过拟定检大坝上一次定检工作或熟悉该大坝的专家,但直接参与大坝建设或管理的专家和电力企业推荐的专家总人数不应当超过专家组总人数的三分之一。

第十条 电力企业应当按照专家组意见总结上次大坝定检或工程竣工安全鉴定以来大坝运行状况和维护情况,提出运行总结报告。

第十一条 电力企业应当按照专家组意见对大坝进行现场检查,并且提出现场检查报告。专家组应当对大坝安全重点部位和重要事项进行现场核查。

第十二条 专家组应当针对大坝具体情况,从以下方面选择确定必要的专项检查项目,提出检查内容和技术要求:

(一)地质复查;

(二)大坝的防洪能力复核;

(三)结构复核或者试验研究;

(四)水力学问题复核或试验研究;

（五）渗流复核；

（六）施工质量复查；

（七）泄洪闸门和启闭设备检测和复核；

（八）大坝安全监测系统鉴定和评价；

（九）大坝安全监测资料分析；

（十）结构老化检测和评价；

（十一）需要专项检查和研究的其他问题。

对经过多次定期检查的大坝，上述（一）至（七）项在上次定期检查时已查清，且上次定期检查以来主要影响因素无不利变化，可以不再进行专项检查。

第十三条 电力企业应当按照专家组意见，组织开展专项检查，提出专项检查报告并且经过专家组审查。

国家及相关部门对专项检查有资质要求的，专项检查承担单位应当具备相应资质。承担单位应当按照专家组的要求开展工作，提交满足大坝安全评价技术要求的技术成果。

第十四条 专家组应当根据大坝实际运行情况，对大坝的结构性态和安全状况进行综合分析，全面评价大坝安全状况，提出大坝定检报告。

大坝定检报告应当包括以下主要内容：

（一）工程概况；

（二）历次大坝定检（或竣工安全鉴定、枢纽工程专项验收）意见落实情况；

（三）本次大坝定检工作情况；

（四）大坝设计、施工质量评价（仅对首次大坝定检）；

（五）大坝运行和检查情况；

（六）专项检查（研究）成果；

（七）大坝安全评价及大坝安全等级评定意见；

（八）存在问题和处理意见；

（九）运行中应当重点关注的部位和问题。

第十八条 电力企业应当针对定检发现的问题，根据大坝除险加固有关规定，按照大坝定检审查意见提出的处理意见和要求，制订整改计划，限期完成补强加固、更新改造等整改工作，并且将整改计划及整改结果及时报送大坝中心，抄送有关派出机构。

对存在重大缺陷与隐患的大坝，电力企业应当进行大坝险情评估，并且完善大坝险情预测和应急预案。

【依据 4】《国家电网公司大坝安全管理办法》（国家电网生〔2010〕329 号）

第十八条 大坝安全检查分为日常巡查、年度详查、定期检查和特种检查。

第二十一条 定期检查由大坝中心负责。定期检查一般每五年进行一次，检查时间一般不超过一年。新建工程的第一次定期检查，在工程竣工安全鉴定完成五年后进行。已运行 40 年以上的大坝，大坝主管单位须结合定期检查进行全面复核鉴定；对有潜在危险的重要大坝，大坝主管单位须根据现行技术规程规范，及时进行安全评价。定期检查遵照电监会《水电站大坝安全定期检查办法》执行。

第二十二条 特种检查由大坝运行单位提出，主管单位审定，大坝中心组织实施。

发生特大洪水、强烈地震或者发现可能影响大坝安全的异常情况，大坝运行单位报主管单位同意后，向大坝中心提出特种检查申请。大坝运行单位根据特种检查报告进行整改。

第二十三条 从事大坝安全定期检查和特种检查的相关技术服务单位，必须具备相应的资质和良好业绩。

【依据 5】《国家能源局防止电力生产事故的二十五项重点要求》[国能安全（2014）161 号文]

24.3.11 对影响大坝、灰坝安全和防洪度汛的缺陷、隐患及水毁工程，应实施永久性的工程措施，优先安排资金，抓紧进行检修、处理。对已确认的病、险坝，必须立即采取补强加固措施，并制定险情预计和应急处理计划。检修、处理过程应符合有关规定要求，确保工程质量。隐患未除期间，应根据实际病险情况，充分论证，必要时采取降低水库运行特征水位等措施确保安全。

【依据6】《水电站水工建筑物技术监督导则》（DL/T 1559—2016）

5.3.5　水工建筑物及其附属设施检查维护按日常巡查、年度详查、定期检查、特种检查、水工建筑物维护、重大工程缺陷与隐患处理、水工金属结构检测和维护等开展水工技术监督工作。水工建筑物及其附属设施检查维护的水工技术监督内容主要包括：

a）日常巡查、年度详查按 DL/T 5178、DL/T 5259 的规定进行监督，巡查路线覆盖所有水工建筑物，频次满足规范要求，项目齐全，记录详细，对异常现象及时进行分析和处理，编制年度详查报告。

b）定期检查、特种检查按水电站大坝安全定期检查的有关规定进行监督，做好配合及开展专题工作，落实处理意见，重点关注必须处理的问题和薄弱环节。

c）水工建筑物按 DL/T 5251、SL 210、SL 230 的规定进行监督，及时进行缺陷点评估，定期开展养护、维护，记录翔实，提交总结报告，重点关注裂缝修补、渗漏处理、剥蚀修补及处理、水下修补等。

d）重大工程缺陷和隐患处理按水电站大坝除险加固管理的有关规定进行监督，补强加固方案进行专项设计、专项审查、专项施工和专项验收，控制补强加固工程进度，落实资金，保证施工安全。

e）水工金属结构检测和维护检测按 DL/T 709、DL/T 835 的规定进行监督，定期开展检测，提交检测报告；检修维护按 DL/T 5358 和设计要求进行监督，定期开展检修维护，项目齐全，详细记录维护项目、工艺等内容。

6.4.2（4）本项目的查评依据如下。

【依据1】《水电站大坝运行安全监督管理规定》（发改委 2015 年 23 号令）

第二十四条　大坝运行实行安全注册登记制度。电力企业应当在规定期限内申请办理大坝安全注册登记。

在规定期限内不申请办理安全注册登记的大坝，不得投入运行，其发电机组不得并网发电。

第二十五条　大坝安全注册应当符合下列条件：

（一）依法取得核准（或者审批）手续。

（二）新建大坝具有竣工安全鉴定报告及其专题报告；已运行大坝具有近期的定期检查报告和定期检查审查意见。

（三）有完整的大坝勘测、设计、施工、监理资料和运行资料。

（四）有职责明确的管理机构、符合岗位要求的专业运行人员、健全的大坝安全管理规章制度和操作规程。

第二十六条　大坝中心具体受理大坝安全注册登记申请，组织注册现场检查并且提出注册检查意见，经国家能源局批准后向电力企业颁发大坝安全注册登记证。

第二十七条　大坝安全注册等级分为甲、乙、丙三级。

（一）通过竣工安全鉴定或者安全等级评定为正常坝的，根据管理实绩考核结果，颁发甲级注册登记证或者乙级注册登记证；

（二）安全等级评定为病坝的，管理实绩考核结果满足要求的，颁发丙级注册登记证；

（三）安全等级评定为险坝的，在完成除险加固后颁发相应注册登记证。

不满足注册条件或者未取得注册登记证的大坝，电力企业应当在大坝中心登记备案，并且限期完成大坝安全注册。

第二十八条　大坝安全注册实行动态管理。甲级注册登记证有效期为五年，乙级、丙级注册登记证有效期为三年。

注册事项发生变化，电力企业应当及时办理注册变更。

注册登记证有效期满前，电力企业应当申请大坝安全换证注册。期满后逾期六个月仍未申请换证的，注销注册登记证。

工程降低等别应当办理大坝安全注册变更手续；大坝退役应当办理大坝安全注册注销手续。

第二十九条　新建大坝通过蓄水安全鉴定后，在其发电机组转入商业运营前，应当将工程蓄水安全鉴定报告和蓄水验收鉴定书以及有关安全管理情况等报大坝中心备案。

【依据2】《水电站大坝安全注册登记监督管理办法》（国能安全〔2015〕146号）

第二条　大坝运行实行安全注册登记制度，电力企业应当在规定期限内申请办理大坝安全注册登记。

在规定期限内不申请办理安全注册登记的大坝，不得投入运行，其发电机组不得并网发电。

不满足注册登记条件或者未取得安全注册登记证的大坝，电力企业应当在规定期限内办理登记备案手续，并且限期完成大坝安全注册登记。

第四条　大坝安全注册登记实行分类、分级管理：

（一）符合安全注册登记条件，大坝安全管理实绩考核评价满足要求的大坝，核发安全注册登记证；安全注册登记等级分为甲级、乙级和丙级。

（二）符合安全注册登记条件，大坝安全管理实绩考核评价不满足要求的大坝，出具大坝登记备案证明。

（三）因未完成工程竣工安全鉴定而不符合安全注册登记条件的已建大坝，出具大坝登记备案证明。

第五条　大坝安全注册登记实行动态管理。甲级安全注册登记证有效期为五年，乙级和丙级安全注册登记证有效期为三年。

第十条　大坝安全注册登记程序包括注册登记申请、材料审查、专家评审、注册决定、颁发证书等环节。

第十一条　对于已蓄水运行的未注册登记大坝，运行单位应当在完成工程竣工安全鉴定或者大坝安全定期检查三个月内，向大坝中心书面提出安全注册登记申请。申请时提交安全注册登记申请书、企业证照、新建水电站工程竣工安全鉴定报告等材料。

对于已注册登记大坝，运行单位应当在大坝安全注册登记证有效期届满前三个月向大坝中心提出书面安全注册登记换证申请及相关变更材料。

对于已注册登记大坝，主管单位、运行单位、大坝安全等级、以及工程等别等注册登记主要事项发生变化的，运行单位应当在三个月内将有关情况报大坝中心，办理安全注册登记变更。

第十三条　大坝中心组织专家成立检查组，对大坝进行现场检查，经专家评审后提出注册检查意见。

检查组应当由具备工程师以上职称的大坝安全管理和运行相关专业人员组成，人数一般为三至七人，其中具备高级工程师以上职称的人数不得少于总人数的三分之二。

现场检查后，大坝中心应当及时将检查结果通报大坝运行单位。运行单位对检查结果有异议的，可向大坝中心书面反映。

注册检查意见认为大坝安全管理实绩考核评价不满足要求的，大坝中心应当在五个工作日内向运行单位反馈整改意见，并按照本办法相关要求出具大坝登记备案证明。

【依据3】《国家电网公司大坝安全管理办法》（国家电网生〔2010〕329号）

第九条　大坝运行单位履行下列职责：

（七）按照有关规定开展大坝安全评价、设备评级、日常巡查、年度详查、定期检查、特种检查、大坝安全注册的相关工作。

第二十五条　按照电监会的要求，大坝运行实行安全注册制度。电监会主管水电站大坝安全注册工作，大坝中心负责办理水电站大坝安全注册具体事务。大坝主管单位和大坝运行单位应严格遵照《水电站大坝安全注册办法》要求，开展大坝注册工作。

第二十六条　新建大坝完成工程竣工安全鉴定一年内，或者大坝完成首次定期检查半年内，大坝运行单位向大坝主管单位报大坝安全注册申请，批准后向大坝中心申报大坝安全注册。

在规定期限内不申报安全注册的大坝，不得投入运行；发生事故，按照国家有关规定处理。

第二十七条　大坝安全注册等级分为甲、乙、丙三级。大坝中心根据大坝的安全状况及管理水平，按照下列规定办理大坝安全注册登记证：

（一）符合安全注册条件的正常坝，根据管理实绩考核情况，颁发甲级登记证或者乙级登记证；

（二）符合安全注册条件和管理实绩考核要求的病坝，颁发丙级登记证；

（三）大坝定期检查被评定为险坝的，不予注册。

大坝运行单位对未能注册的大坝须限期进行整治。

6.4.3　防汛工作管理

6.4.3（1）本项目的查评依据如下。

【依据1】《中华人民共和国防洪法》（2015年中华人民共和国主席23号令）

第三十八条　防汛抗洪工作实行各级人民政府首长负责制，统一指挥，分级分部门负责。

第四十条　各级防汛指挥机构和承担防汛抗洪任务的部门和单位，必须根据防御洪水方案做好防汛抗洪准备工作。

【依据2】《中华人民共和国防汛条例》（中华人民共和国国务院令第588号）

第八条　石油、电力、邮电、铁路、公路、航运、工矿以及商业、物资等有防汛任务的部门和单位，汛期应当设立防汛机构，在有管辖权的人民政府防汛指挥部统一领导下，负责做好本行业和本单位的防汛工作。

【依据3】《国家电网公司防汛及防灾减灾管理规定》[国网（运检/2）407—2014]

第六条　各级单位落实防汛工作责任制，建立健全年度防汛组织机构，编制防汛应对处置预案。各级单位根据实际情况，成立抗洪抢险队、物资和后勤保障组等组织机构，明确各级防汛岗位责任。

第三十七条　地（市）供电公司、县公司、公司系统所属发电企业（以下简称发供电企业）防汛办公室履行以下职责：

（一）贯彻执行国家及上级管理部门有关防汛工作的法律、法规、办法。

（二）在上级管理部门和有管辖权的地方政府防汛指挥机构领导下，全面负责本单位的防汛工作。

（三）建立健全防汛组织机构，对本单位防汛工作进行管理、检查和考核。

（四）负责本单位的汛情信息归口管理、报送和防汛对外联系工作。

（五）负责制定、修编防汛措施和预案，按规定报批年度防洪度汛方案。

（六）负责同地方气象及防汛部门联系，组织做好天气形势会商分析和降雨（洪水）预报预测工作。

第三十八条　发供电企业运检部履行以下职责：

（一）贯彻执行上级下达的防汛文件、通知和调度指令。

（二）严格执行各项防汛管理工作制度，负责本单位防汛设备设施的日常运检管理工作。

（三）组织本单位落实防汛措施和预案。

（四）负责组织本单位的防汛应急预案演练。

（五）组织本单位防汛设备设施缺陷和隐患排查治理，接受上级单位防汛检查指导。

第三十九条　发供电企业安质部履行以下职责：

（一）负责对本单位防汛工作进行安全督查。

（二）负责发布本单位的汛情预警信息。

（三）负责所属范围内防汛物资质量监督管理。

第四十条　建设管理单位履行以下职责：

（一）负责组织建设管理的工程项目及时开展防汛工作。

（二）负责审查建设管理的工程项目防汛措施和有关预案。

（三）掌握汛期存在灾害影响项目信息，指导建设管理的工程项目制定应对措施，并监督落实。

（四）组织建设管理的工程项目开展防汛重大灾害应急事件处置工作。

第四十一条　发供电企业物资供应中心负责所属范围内防汛物资仓储配送、防汛应急物资、防汛废旧物资的处置管理。

第四十二条　发供电企业相关部门（班组）履行以下职责：

（一）执行本单位各项防汛工作部署和要求。

（二）按照防汛检查大纲要求，进行防汛设备设施检查试验、问题整改等汛前准备工作。

（三）负责防汛物资的储备和定期检查工作。

（四）负责防汛设备设施汛期运维和消缺工作。

（五）严格执行汛期防汛值班制度，及时做好雨情、汛情、险情和灾情等信息统计工作。

（六）按职责分工参加本单位的汛情处置和抗洪抢险工作。

【依据 4】《国家能源局防止电力生产事故的二十五项重点要求》[国能安全〔2014〕161 号文]

24.3.1　建立、健全防汛组织机构，强化防汛工作责任制，明确防汛目标和防汛重点。

【依据 5】《水电站水工建筑物技术监督导则》（DL/T 1559—2016）

5.3.2　防洪度汛按防汛组织机构、防洪度汛方案、应急预案、防洪度汛设施、防汛物资及道路、防汛日常工作、防汛总结等开展水工技术监督工作。防洪度汛的水工技术监督内容主要包括：

a）防汛组织机构：每年汛前成立防汛组织机构，职责明确，人员配备齐全。

b）防洪度汛方案：年度防洪度汛方案、汛期调度运用计划按国家规定报批或报备及执行情况。

c）应急预案：防洪抢险应急预案按国家规定报批或报备，重点关注防洪抢险应急预案、水淹厂房现场处置预案等，定期开展应急预案演练。

d）防洪度汛设施：水情自动测报系统、安全监测系统、泄洪设施及备用电源、渗漏水抽排系统、通信设备、照明设施等防汛设施运行可靠，通信畅通。

e）防汛物资及道路：防汛物资储备、器材、机具、电力供应充足可靠，交通道路保持畅通。

f）防汛日常工作：开展汛前、汛中、讯后检查及整改、防汛值班、报讯、巡查等工作，开展与当地政府联动、上下游联系工作。

g）防汛总结：汛后及时编制防汛总结，总结内容包括水文气象、洪水、水情测报、防洪调度原则及执行、水工建筑物运行情况、防汛措施、存在问题和建议。

6.4.3（2）本项目的查评依据如下。

【依据 1】《水力发电企业防汛检查大纲》[国网（运检/2）407—2014]

2．防汛规章制度

2.1　上级有关部门的防汛文件。

2.2　防汛领导小组、防汛办公室及抗洪抢险队工作制度。

2.3　汛前检查与消缺管理制度。

2.4　汛期值班、巡视、联系、通报、汇报制度。

2.5　灾情和损失统计与报告制度。

2.6　汛期通信管理制度。

2.7　防汛物资管理制度。

2.8　防汛工作奖惩办法。

2.9　五规五制（水务管理规程、水工观测规程、水工机械运行检修规程、水工维护规程、水工作业安全规程，以及岗位责任制、现场防汛安全检查制、大坝检查评级制、报讯制、年度防汛总结制）。

2.10　防汛工作手册。

上述规程、制度应根据情况变化及时修订。

【依据 2】《国家电网公司水电厂重大反事故措施》（国家电网基建〔2015〕60 号文）

3.3.3.5　及时编写（修订）并严格执行防汛工作手册。

【依据 3】《国家能源局防止电力生产事故的二十五项重点要求》（国能安全〔2014〕161 号文）

24.3.2　加强防汛和大坝安全工作的规范化、制度化建设，及时修订和完善能够指导实际工作的《防汛手册》。

24.3.12　汛期加强防汛值班，确保水雨情系统完好可靠，及时了解和上报有关防汛信息。防汛抗洪中发现异常现象和不安全因素时，应及时采取措施，并报告上级主管部门。

6.4.3（3）本项目的查评依据如下。

【依据1】《中华人民共和国防汛条例》（中华人民共和国国务院令第588号）

第十三条　有防汛抗洪任务的企业应当根据所在流域或者地区经批准的防御洪水方案和洪水调度方案，规定本企业的防汛抗洪措施，在征得其所在地县级人民政府水行政主管部门同意后，由有管辖权的防汛指挥机构监督实施。

第十四条　水库、水电站、拦河闸坝等工程的管理部门，应当根据工程规划设计、经批准的防御洪水方案和洪水调度方案以及工程实际状况，在兴利服从防洪、保证安全的前提下，制订汛期调度运用计划，经上级主管部门审查批准后，报有管辖权的人民政府防汛指挥部备案，并接受其监督。

经国家防汛总指挥部认定的对防汛抗洪关系重大的水电站，其防洪库容的汛期调度运用计划经上级主管部门审查同意后，须经有管辖权的人民政府防汛指挥部批准。

汛期调度运用计划经批准后，由水库、水电站、拦河闸坝等工程的管理部门负责执行。

有防凌任务的江河，其上游水库在凌汛期间的下泄水量，必须征得有管辖权的人民政府防汛指挥部的同意，并接受其监督。

【依据2】《大中型水电站水库调度规范》（GB 17621—1998）

2.8　水库调度管理单位应根据本规范结合具体情况，编制水库调度运用规程，按照隶属关系报上级主管部门审定。

5.4　水库调度管理单位应根据设计的防洪标准和水库洪水调度原则，结合枢纽工程实际情况，制订年度洪水调度计划。承担下游防洪任务的水库，经上级主管部门审查，由上级主管部门报有管辖权的防汛领导部门批准；不承担下游防洪任务的水库，报上级主管部门审查批准，并报有关地方人民政府流域机构备案。

年度洪水调度计划主要包括：

计划编制的指导思想及主要依据。除原设计规定外，还应阐明本年度存在的特殊情况，如工程缺陷、下游梯级电站施工要求、库区存在的问题等。

枢纽工程概况及水库运用原则。

有关各项防洪指标的规定。

洪水调度规则。

绘制水库洪水调度图，并附以文字说明。按不同洪水特点，规定控制条件和提出相应的调度措施。

5.5　对承担下游防洪任务的水库，应根据水库设计的防洪能力和防护对象的重要程度，制定水库洪水调度方案，并明确规定遇到超过下游防洪标准洪水时水库转为保坝为主调度方式的判别方法。一般应按以下三种方法之一判别：

库水位判别：库水位达到防洪高水位。

入库流量判别：入库流量达到下游设计防洪标准的洪水流量。

库水位与入库流量双重判别：库水位达到防洪高水位，并且入库流量达到下游设计防洪标准的洪水流量。

【依据3】《国家电网公司大坝安全管理办法》（国家电网生〔2010〕329号）

第十条　水库调度必须以确保大坝安全为前提，充分发挥设计规定的水库综合效益。大坝运行单位按照批准的防洪标准和水库调度原则编制年度水库防洪调度方案，按规定上报审批。水库在汛期应当严格按照批准的水库防洪调度方案运行，其汛限水位以上的防洪库容及其洪水调度运用，必须服从有管辖权的防汛机构的统一指挥。

【依据4】《国家电网公司防汛及防灾减灾管理规定》〔国网（运检/2）407—2014〕

第三十七条　地（市）供电公司、县公司、公司系统所属发电企业（以下简称"发供电企业"）防汛办公室履行以下职责：

（五）负责制定、修编防汛措施和预案，按规定报批年度防洪度汛方案。

第三十八条　发供电企业运检部履行以下职责：

（三）组织本单位落实防汛措施和预案。

第四十条 建设管理单位履行以下职责：

（二）负责审查建设管理的工程项目防汛措施和有关预案。

（三）掌握汛期存在灾害影响项目信息，指导建设管理的工程项目制定应对措施，并监督落实。

【依据 5】《全国互联电网调度管理规程（试行）》

15.4.4 各水电厂应根据设计的防洪标准和水库洪水调度原则，结合枢纽工程实际情况，制订年度洪水调度计划，并按照相应程序报批后报国调备案。

15.4.5 水电厂应按批准的泄洪流量，确定闸门开启数量和开度。按规定的程序操作闸门，并向有关单位通报信息。

【依据 6】《国家电网公司水电厂重大反事故措施》（国家电网基建〔2015〕60 号文）

3.3.2.1 厂房建设过程中应满足各施工阶段的防洪标准。

3.3.2.2 应编制满足工程度汛及施工要求的临时挡水方案，报相关部门审查，并严格执行。

3.3.2.3 应编制由建设（业主）、设计、监理和施工单位共同参与的防洪抢险预案，明确抢险人员、物资及设备。

3.3.3.6 及时制定年度防汛度汛方案，按要求的时间节点完成建筑物和设备的消缺和试验工作。

【依据 7】《水电站水工建筑物技术监督导则》（DL/T 1559—2016）

5.3.2 防洪度汛按防汛组织机构、防洪度汛方案、应急预案、防洪度汛设施、防汛物资及道路、防汛日常工作、防汛总结等开展水工技术监督工作。防洪度汛的水工技术监督内容主要包括：

a）防汛组织机构：每年汛前成立防汛组织机构，职责明确，人员配备齐全。

b）防洪度汛方案：年度防洪度汛方案、汛期调度运用计划按国家规定报批或报备及执行情况。

c）应急预案：防洪抢险应急预案按国家规定报批或报备，重点关注防洪抢险应急预案、水淹厂房现场处置预案等，定期开展应急预案演练。

d）防洪度汛设施：水情自动测报系统、安全监测系统、泄洪设施及备用电源、渗漏水抽排系统、通信设备、照明设施等防汛设施运行可靠，通信畅通。

e）防汛物资及道路：防汛物资储备、器材、机具、电力供应充足可靠，交通道路保持畅通。

f）防汛日常工作：开展汛前、汛中、汛后检查及整改、防汛值班、报讯、巡查等工作，开展与当地政府联动、上下游联系工作。

g）防汛总结：汛后及时编制防汛总结，总结内容包括水文气象、洪水、水情测报、防洪调度原则及执行、水工建筑物运行情况、防汛措施、存在问题和建议。

6.4.3（4）本项目的查评依据如下。

【依据 1】《中华人民共和国防汛条例》（中华人民共和国国务院令第 588 号）

第十五条 各级防汛指挥部应当在汛前对各类防洪设施组织检查，发现影响防洪安全的问题，责成责任单位在规定的期限内处理，不得贻误防汛抗洪工作。

各有关部门和单位按照防汛指挥部的统一部署，对所管辖的防洪工程设施进行汛前检查后，必须将影响防洪安全的问题和处理措施报有管辖权的防汛指挥部和上级主管部门，并按照该防汛指挥部的要求予以处理。

【依据 2】《国家电网公司大坝安全管理办法》（国家电网生〔2010〕329 号）

第十一条 大坝运行单位须按照防汛要求，做好防汛工作，确保大坝安全度汛。

汛前，对大坝安全监测、水库调度和泄洪设施、通信、电源等系统进行全面检查，对泄洪闸门、启闭设备、动力电源进行试运转，并做好防汛器材以及交通运输的准备工作。

汛期，加强对大坝的巡视检查，做好大坝的安全监测和水库调度，确保泄水建筑物和有关设施能够按照防洪调度原则和设计规定安全运行。

汛前、汛后对大坝近坝库岸和下游岸坡进行巡视检查，发现险情及时上报并妥善处理。

第十二条 发生地震、暴风、暴雨、洪水和其他异常情况，大坝运行单位必须对大坝进行巡视检查，必要时增加监测次数和监测项目。

【依据3】《水电厂水情自动测报系统管理办法》(国家电网生〔2010〕329号)

第十条 测报系统的运行维护实行汛前检查、汛期巡查和汛后检查制度。

一、汛前检查

水电厂应把测报系统的汛前检查列为防汛检查工作的内容之一,对测报系统进行全面的检查调试,特别是野外设备的运行状况和通信的畅通率等。主管单位应进行复查,发现问题及时处理。

二、汛期巡查

水电厂在汛期应对测报系统设备进行定期巡查,发现故障,及时抢修。

三、汛后检查

水电厂在汛后应及时对测报系统设备进行认真检查维护和管理。并针对测报系统存在的问题制定整改计划,落实整改措施。重大问题报主管单位研究解决。

【依据4】《水力发电企业防汛检查大纲》[国网(运检/2)407—2014]

为加强水力发电企业防汛管理,使防汛工作标准化、规范化、制度化,确保水电厂安全度汛,根据《中华人民共和国水法》《中华人民共和国防洪法》《中华人民共和国防汛条例》《大中型水电站水库调度规程》(GB 17621)等有关法规,制定本检查大纲。

1. 组织体系与责任制

1.1 防汛组织机构健全,成立以行政第一责任人为组长的防汛领导小组,下设防汛办公室和抗洪抢险队。报上级主管单位备案。

1.2 防汛任务明确,制订当年防汛工作目标和计划。

1.3 防汛责任落实,各级防汛工作岗位责任制明确。

2. 防汛规章制度

2.1 上级有关部门的防汛文件。

2.2 防汛领导小组、防汛办公室及抗洪抢险队工作制度.

2.3 汛前检查与消缺管理制度。

2.4 汛期值班、巡视、联系、通报、汇报制度。

2.5 灾情和损失统计与报告制度。

2.6 汛期通信管理制度。

2.7 防汛物资管理制度。

2.8 防汛工作奖惩办法。

2.9 五规五制(水务管理规程、水工观测规程、水工机械运行检修规程、水工维护规程、水工作业安全规程,以及岗位责任制、现场防汛安全检查制、大坝检查评级制、报汛制、年度防汛总结制)。

2.10 防汛工作手册。

3. 防洪度汛方案、预案及措施

3.1 水电站水库防洪度汛方案。

3.2 设计防洪标准内的洪水调度方案(包括汛期时段、汛限水位、防洪高水位、下泄流量、闸门启闭程序等)。

3.3 实时洪水预报调度方案。

3.4 常规水电站泄洪雾化影响防御方案。

3.5 水文与气象短、中、长期预报方案。

3.6 水库高水位时加密观测与巡视方案。

3.7 水情自动测报系统方案及其备用方案。

3.8 Ⅲ类水工建筑物汛期运行事故预想及其险情处置方案。

3.9 保坝电源备用方案(通讯用电、厂用电、水调室用电、泄洪设施用电等)。

3.10 超标准洪水的防洪调度预案(包括洪水调度方案、工程措施、组织措施、物资储备及运输方案、人员转移方案等）。

3.11 防御水淹厂房的预案。

3.12 洪水滑坡造成进厂及上坝公路中断时保安全生产、保抗洪抢险救灾工作预案。

3.13 局地暴雨、山洪、泥石流、滑坡、台风等突发性灾害的应急处理预案。

3.14 全厂防汛图（包括排水、挡水设备设施、物资储备、备用电源、厂区孔洞封堵图、水淹厂房逃生线路等）。

3.15 防汛组织网络图（包括指挥系统、抢修抢险系统、电话联络等）。

3.16 流域梯级水库联合防洪度汛方案。

上述防洪度汛方案、预案和措施应按有关规定报批或备案。

4．水库上下游调查

4.1 汛前要调查掌握上游塌岸、滑坡、库区围垦、堰塞休、水利工程及其他不利于水库安全运行的情况，并采取相应措施。

4.2 水库下游主河道行洪能力变化情况。

5．大坝及其他水工建筑物

5.1 现场检查（裂缝、渗漏、冻融、鼓胀、坝肩及边坡稳定、下游冲刷、排水系统等）。

5.2 大坝安全监测资料整编分析（变形及扬压力、渗漏量等）。

5.3 大坝安全隐患整改。

5.4 及时进行水工建筑物评级，对Ⅲ类水工建筑物制定汛期运行事故预想及险情处置方案。

5.5 落实水工建筑物修复工程的安全度汛措施。

6．泄洪设施

6.1 所有泄洪、消能设施已进行汛前检查与维护。

6.2 所有泄洪设施已有独立、可靠的保安电源。

6.3 泄洪设施启闭试验正常。

7．报汛、通信设施

7.1 通信设施和通道已进行了全面检查、维护与调试。

7.2 汛前已签订了水文、气象服务合同。

7.3 汛前已对水文气象观测设备、水情自动测报系统、水库调度自动化系统进行了全面检查、维护与调试。

7.4 报汛备用通道通畅。

8．汛前完成发输电设备检修、预试工作，满足稳发、满发要求。

9．汛前自查、上级检查发现的问题及整改情况。

10．防汛物资与后勤保障

10.1 防汛抢险物资和设备储备充足、安全可靠，台账明晰，专项保管。

10.2 防汛交通、通信工具和备用电源应确保处于完好状态。

10.3 有必要的生活物资和医药储备。

11．与政府防汛部门联系

11.1 接受有管辖权的政府防汛部门的调度指挥，落实政府的防汛部署，积极向有关部门汇报防汛问题。

11.2 加强与气象、水文部门的联系，掌握气象和水情信息。

11.3 建立水库调度室与政府防汛部门及上下游的联系。

12．改造或扩建工程

12.1 成立由业主负责的防汛指挥部，明确业主、设计、施工和监理等相关单位的防汛分工及责任。

12.2 落实设计提出的度汛方案，并向有管辖权的防洪调度机构汇报，协调流域调洪，以保障在建工程安全度汛。

13．生活办公设施防汛措施

13.1 生活办公区排水设施。

13.2 低洼地的防水淹措施和人员转移安置方案。

14．防汛管理及程序

14.1 汛前水力发电企业对防汛工作进行全面检查，并将自查报告报主管单位。

14.2 主管单位负责所属水电厂的度汛方案审查和防汛检查，发现影响安全度汛的问题应限期整改。

14.3 公司、直属单位、省公司根据情况对有关水电厂的防汛准备工作进行抽查，并将检查结果及时通报被检的直属单位、省公司及有关水电厂。

【依据5】《国家电网公司水电厂重大反事故措施》（国家电网基建〔2015〕60号文）

3.3.3.8 应认真开展汛前检查工作，明确防汛重点部位、薄弱环节，编制防止水淹厂房预案，研究泄洪时尾水、强降雨时边坡汇集的雨水等各种外来水造成水淹厂房的应对措施，有针对性地开展防汛演练，对汛前检查及演练情况应及时上报主管单位。

【依据6】《国家能源局防止电力生产事故的二十五项重点要求》（国能安全〔2014〕161号文）

24.3.4 应认真开展汛前检查工作，明确防汛重点部位、薄弱环节，制定科学、具体、切合实际的防汛预案，有针对性地开展防汛演练，对汛前检查及演练情况应及时上报主管单位。

6.4.3（5）本项目的查评依据如下。

【依据1】《中华人民共和国防洪法》（2015年中华人民共和国主席23号令）

第三十一条 地方各级人民政府应当加强对防洪区安全建设工作的领导，组织有关部门、单位对防洪区内的单位和居民进行防洪教育，普及防洪知识，提高防水患意识；按照防洪规划和防御洪水方案建立并完善防洪体系和水文、气象、通信、预警以及洪涝灾害监测系统，提高防御洪水能力；组织防洪区内的单位和居民积极参加防洪工作，因地制宜地采取防洪避洪措施。

第四十三条 在汛期，气象、水文、海洋等有关部门应当按照各自的职责，及时向有关防汛指挥机构提供天气、水文等实时信息和风暴潮预报；电信部门应当优先提供防汛抗洪通信的服务；运输、电力、物资材料供应等有关部门应当优先为防汛抗洪服务。

中国人民解放军、中国人民武装警察部队和民兵应当执行国家赋予的抗洪抢险任务。

【依据2】《中华人民共和国防汛条例》（中华人民共和国国务院令第588号）

第十五条 各级防汛指挥部应当在汛前对各类防洪设施组织检查，发现影响防洪安全的问题，责成责任单位在规定的期限内处理，不得贻误防汛抗洪工作。

各有关部门和单位按照防汛指挥部的统一部署，对所管辖的防洪工程设施进行汛前检查后，必须将影响防洪安全的问题和处理措施报有管辖权的防汛指挥部和上级主管部门，并按照该防汛指挥部的要求予以处理。

第二十七条 在汛期，河道、水库、水电站、闸坝等水工程管理单位必须按照规定对水工程进行巡查，发现险情，必须立即采取抢护措施，并及时向防汛指挥部和上级主管部门报告。其他任何单位和个人发现水工程设施出现险情，应当立即向防汛指挥部和水工程管理单位报告。

【依据3】《大中型水电站水库调度规范》（GB 17621—1998）

4.1 水库调度管理单位应充分利用国家已有的水文气象测站，根据预报调度的要求，合理布设水文气象情报站网。站点的选择应考虑代表性、控制性和交通、通信条件，并力求稳定。

4.2 水库调度管理单位应进行与水库水量平衡有关的水文气象要素的观测及计算，其精度应符合国家有关规定。

4.3 国家水文气象部门管理的水文气象站网，是水库调度获得水文气象信息的基本手段，应为水库调度服务。

4.6 水库调度管理单位应开展洪水预报工作，使用的预报方案应符合预报规范要求，并经上级主管部门审定。对已采用的预报方案，应根据实测资料积累情况不断修改、完善。作业预报时，应根据短期天气预报和水文情势的发展进行修正预报。在实际调度中应收集气象部门的预报成果，如有必要还应开展短期天气预报。

4.7　水库调度管理单位应创造条件开展中、长期水文气象预报，并收集水文气象部门的预报成果。

4.8　在使用预报时，应根据预报用途充分计及预报误差并留有余地。

【依据4】《全国互联电网调度管理规程（试行）》

15.3.1　各水电厂要根据各自水库流域情况及相关服务的气象预报单位的预报考评结果，根据水库调度运行的需要签订气象预报服务合同，确保水库流域气象信息的来源。

6.4.3（6）项目的查评依据如下：

【依据1】《水库大坝安全管理条例》（1991中华人民共和国主席令第77号发布实施，据2011年1月8日《国务院关于废止和修改部分行政法规的决定》修订）

第二十条　大坝管理单位必须做好大坝的养护修理工作，保证大坝和闸门启闭设备完好。

【依据2】《国家电网公司大坝安全管理办法》（国家电网生〔2010〕329号）

第十一条　大坝运行单位须按照防汛要求，做好防汛工作，确保大坝安全度汛。

汛前，对大坝安全监测、水库调度和泄洪设施、通信、电源等系统进行全面检查，对泄洪闸门、启闭设备、动力电源进行试运转，并做好防汛器材以及交通运输的准备工作。

汛期，加强对大坝的巡视检查，做好大坝的安全监测和水库调度，确保泄水建筑物和有关设施能够按照防洪调度原则和设计规定安全运行。

汛前、汛后对大坝近坝库岸和下游岸坡进行巡视检查，发现险情及时上报并妥善处理。

6.4.3（7）本项目的查评依据如下。

【依据1】《国家电网公司大坝安全管理办法》（国家电网生〔2010〕329号）

第十一条　大坝运行单位须按照防汛要求，做好防汛工作，确保大坝安全度汛。

汛前，对大坝安全监测、水库调度和泄洪设施、通信、电源等系统进行全面检查，对泄洪闸门、启闭设备、动力电源进行试运转，并做好防汛器材以及交通运输的准备工作。

【依据2】《水力发电企业防汛检查大纲》[国网（运检/2）407—2014]

6．泄洪设施

6.1　所有泄洪、消能设施已进行汛前检查与维护。

6.2　所有泄洪设施已有独立、可靠的保安电源。

6.3　泄洪设施启闭试验正常。

【依据3】《国家电网公司水电厂重大反事故措施》（国家电网基建〔2015〕60号文）

3.3.3.1　汛前应做好防止水淹厂房、廊道、泵房、变电站、进厂道路以及其他生产、生活设施的可靠防范措施，防汛备用电源汛前应进行带负荷试验，特别确保地处河流附近低洼地区、水库下游地区、河谷地区排水畅通，防止河水倒灌和暴雨造成水淹。

【依据4】《国家能源局防止电力生产事故的二十五项重点要求》（国能安全〔2014〕161号文）

24.3.6　汛前应做好防止水淹厂房、廊道、泵房、变电站、进厂铁（公）路以及其他生产、生活设施的可靠防范措施，防汛备用电源汛前应进行带负荷试验，特别确保地处河流附近低洼地区、水库下游地区、河谷地区排水畅通，防止河水倒灌和暴雨造成水淹。

6.4.3（8）本项目的查评依据如下。

【依据1】《中华人民共和国防汛条例》（中华人民共和国国务院令第588号）

第二十一条　各级防汛指挥部应当储备一定数量的防汛抢险物资，由商业、供销、物资部门代储的，可以支付适当的保管费。受洪水威胁的单位和群众应当储备一定的防汛抢险物料。

防汛抢险所需的主要物资，由计划主管部门在年度计划中予以安排。

第三十二条　在紧急防汛期，为了防汛抢险需要，防汛指挥部有权在其管辖范围内，调用物资、设备、交通运输工具和人力，事后应当及时归还或者给予适当补偿。因抢险需要取土占地、砍伐林木、清除阻水障碍物的，任何单位和个人不得阻拦。

前款所指取土占地、砍伐林木的，事后应当依法向有关部门补办手续。

【依据 2】《水库大坝安全管理条例》（1991 中华人民共和国主席令第 77 号发布实施，据 2011 年 1 月 8 日《国务院关于废止和修改部分行政法规的决定》修订）

第二十四条　大坝管理单位和有关部门应当做好防汛抢险物料的准备和气象水情预报，并保证水情传递、报警以及大坝管理单位与大坝主管部门、上级防汛指挥机构之间联系通畅。

【依据 3】《国家电网公司防汛及防灾减灾管理规定》[国网（运检/2）407—2014]

第十一条　各级单位组织修编防汛物资储备定额，经审批后实施；各级单位按照防汛物资储备定额，定期补齐防汛物资。

第十三条　为保证防汛工作的顺利开展，各级单位应当优先安排防汛资金，用于防汛物资购置、防汛抢险等工作。

【依据 4】《水力发电企业防汛检查大纲》[国网（运检/2）407—2014]

10．防汛物资与后勤保障

10.1　防汛抢险物资和设备储备充足、安全可靠，台账明晰，专项保管。

10.2　防汛交通、通信工具和备用电源应确保处于完好状态。

10.3　有必要的生活物资和医药储备。

【依据 5】《国家电网公司水电厂重大反事故措施》（国家电网基建〔2015〕60 号文）

3.3.3.4　汛前应备足必要的防洪抢险设备、物资，并定期检查和试验，确保物资和资金充足、设备正常。建立抢险设备、物资保管、更新、使用等专项制度及其台账。

【依据 6】《国家能源局防止电力生产事故的二十五项重点要求》（国能安全〔2014〕161 号文）

24.3.7　汛前应备足必要的防洪抢险器材、物资，并对其进行检查、检验和试验，确保物资的良好状态。确保有足够的防汛资金保障，并建立保管、更新、使用等专项使用制度。

【依据 7】《水电站水工建筑物技术监督导则》（DL/T 1559—2016）

5.3.2　防洪度汛按防汛组织机构、防洪度汛方案、应急预案、防洪度汛设施、防汛物资及道路、防汛日常工作、防汛总结等开展水工技术监督工作。防洪度汛的水工技术监督内容主要包括：

e）防汛物资及道路：防汛物资储备、器材、机具、电力供应充足可靠，交通道路保持畅通。

6.4.3（9）本项目的查评依据如下。

【依据 1】《中华人民共和国防洪法》（2015 年中华人民共和国主席 23 号令）

第四十三条　在汛期，气象、水文、海洋等有关部门应当按照各自的职责，及时向有关防汛指挥机构提供天气、水文等实时信息和风暴潮预报；电信部门应当优先提供防汛抗洪通信的服务；运输、电力、物资材料供应等有关部门应当优先为防汛抗洪服务。中国人民解放军、中国人民武装警察部队和民兵应当执行国家赋予的抗洪抢险任务。

第四十五条　在紧急防汛期，防汛指挥机构根据防汛抗洪的需要，有权在其管辖范围内调用物资、设备、交通运输工具和人力，决定采取取土占地、砍伐林木、清除阻水障碍物和其他必要的紧急措施；必要时，公安、交通等有关部门按照防汛指挥机构的决定，依法实施陆地和水面交通管制。依照前款规定调用的物资、设备、交通运输工具等，在汛期结束后应当及时归还；造成损坏或者无法归还的，按照国务院有关规定给予适当补偿或者作其他处理。取土占地、砍伐林木的，在汛期结束后依法向有关部门补办手续；有关地方人民政府对取土后的土地组织复垦，对砍伐的林木组织补种。

【依据 2】《中华人民共和国防汛条例》（中华人民共和国国务院令第 588 号）

第二十五条　在汛期，水利、电力、气象、海洋、农林等部门的水文站、雨量站，必须及时准确地向各级防汛指挥部提供实时水文信息；气象部门必须及时向各级防汛指挥部提供有关天气预报和实时气象信息；水文部门必须及时向各级防汛指挥部提供有关水文预报；海洋部门必须及时向沿海地区防汛指挥部提供风暴潮预报。

第二十八条　在汛期，公路、铁路、航运、民航等部门应当及时运送防汛抢险人员和物资；电力部门应当保证防汛用电。

第二十九条　在汛期，电力调度通信设施必须服从防汛工作需要；邮电部门必须保证汛情和防汛指令的及时、准确传递，电视、广播、公路、铁路、航运、民航、公安、林业、石油等部门应当运用本部门的通信工具优先为防汛抗洪服务。

电视、广播、新闻单位应当根据人民政府防汛指挥部提供的汛情，及时向公众发布防汛信息。

【依据3】《水库大坝安全管理条例》（1991 中华人民共和国主席令第 77 号发布实施，据 2011 年 1 月 8 日《国务院关于废止和修改部分行政法规的决定》修订）

第二十四条　大坝管理单位和有关部门应当做好防汛抢险物料的准备和气象水情预报，并保证水情传递、报警以及大坝管理单位与大坝主管部门、上级防汛指挥机构之间联系通畅。

【依据4】《大中型水电站水库调度规范》（GB 17621—1998）

4.4　通信是保证水库调度的重要手段，应保持畅通。除充分利用邮电部门已有的通信设施，必要时还应设立专门报汛电台。

【依据5】《水力发电企业防汛检查大纲》[国网（运检/2）407—2014]

10.2　防汛交通、通信工具和备用电源应确保处于完好状态。

6.4.3（10）本项目的查评依据如下。

【依据1】《大中型水电站水库调度规范》（GB 17621—1998）

8.7　做好水库调度工作总结，每年汛末和年底分别编写洪水调度总结、兴利调度总结及有关专题技术总结。总结报告应报上级主管部门备案。总结主要内容包括：

雨、水、沙、冰情分析，主要调度运用过程，水文气象预报成果误差评定，水库实际运用指标与计划指标的比较，节水增发电量评定，综合利用效益分析，存在问题及相应改进意见。

【依据2】《国家电网公司防汛及防灾减灾管理规定》[国网（运检/2）407—2014]

第六十九条　各级单位汛后及时进行防汛总结（总结模板详见附件6），总结经验、查找问题、落实整改，按时向上级单位报送防汛总结。

附件6　防汛手册与防汛总结编写提纲

二、防汛总结编写提纲

1．雨情、汛情和灾情（电力设施损失、电量损失、直接经济损失情况）

2．防汛主要工作（落实防汛组织及责任制、防汛管理工作、防汛检查、抗洪抢险、灾后恢复等情况）

3．防汛工作存在的问题

4．防汛工作的意见和建议。

【依据3】《水力发电企业防汛检查大纲》[国网（运检/2）407—2014]

附件6　防汛手册与防汛总结编写提纲

二、防汛总结编写提纲

1．雨情、汛情和灾情（电力设施损失、电量损失、直接经济损失情况）

2．防汛主要工作（落实防汛组织及责任制、防汛管理工作、防汛检查、抗洪抢险、灾后恢复等情况）

3．防汛工作存在的问题

4．防汛工作的意见和建议

【依据4】《国家能源局防止电力生产事故的二十五项重点要求》（国能安全〔2014〕161 号文）

24.3.14　汛期后应及时总结，对存在的隐患进行整改，总结情况应及时上报主管单位。

【依据5】《水电站水工设施运行维护导则　第 1 部分：水工建筑物》（Q/GDW 11151.1—2013）

5.2.20　做好水库调度工作总结。每年汛末、年底编写洪水调度总结、兴利调度总结及有关专题技术总结，报上级主管部门备案。总结主要内容应包括：雨水沙冰情分析；主要调度运用过程；水文气象预报成果误差评定；水库实际运用指标与计划指标的比较；节水增发电量评定；综合利用效益分析；存在问题及相应改进意见。

【依据6】《水库洪水调度考评规定》（SL 224—98）条文说明

2.2.5　为了考评水库运用调度效果和不断提高调度水平，应制定水库洪水调度工作总结制度。总结工作一般在汛后或年末进行，总结内容如下：

1．水库洪水调度工作总的概况和评价，水库洪水调度基本情况和特点，取得成绩，存在问题，今后吸取的教训等。

2．水文气象预报情况、预报成果、预报误差评定及水情工作情况。

3．本年度在处理防洪和兴利之间的矛盾情况。

4．水库洪水调度主要经验、教训、体会及对今后水库洪水调度的改进意见。

【依据7】《水电站水工建筑物技术监督导则》（DL/T 1559—2016）

5.3.2 防洪度汛按防汛组织机构、防洪度汛方案、应急预案、防洪度汛设施、防汛物资及道路、防汛日常工作、防汛总结等开展水工技术监督工作。防洪度汛的水工技术监督内容主要包括：

a）防汛组织机构：每年汛前成立防汛组织机构，职责明确，人员配备齐全。

b）防洪度汛方案：年度防洪度汛方案、汛期调度运用计划按国家规定报批或报备及执行情况。

c）应急预案：防洪抢险应急预案按国家规定报批或报备，重点关注防洪抢险应急预案、水淹厂房现场处置预案等，定期开展应急预案演练。

d）防洪度汛设施：水情自动测报系统、安全监测系统、泄洪设施及备用电源、渗漏水抽排系统、通信设备、照明设施等防汛设施运行可靠，通信畅通。

e）防汛物资及道路：防汛物资储备、器材、机具、电力供应充足可靠，交通道路保持畅通。

f）防汛日常工作：开展汛前、汛中、讯后检查及整改、防汛值班、报讯、巡查等工作，开展与当地政府联动、上下游联系工作。

g）防汛总结：汛后及时编制防汛总结，总结内容包括水文气象、洪水、水情测报、防洪调度原则及执行、水工建筑物运行情况、防汛措施、存在问题和建议。

6.4.4 水库

6.4.4（1）本项目的查评依据如下。

【依据1】《水电站大坝安全定期检查办法》（电监安生〔2005〕24号）

附：1．现场检查项目

七、水库检查

水库检查应注意水库渗漏、塌方、库边冲刷、断层活动等情况，特别应注意近坝库区的情况。水库检查的主要项目如下：

（一）水库：渗漏、地下水位波动值；冒泡现象；库水流失；新的泉水；库面漂浮物情况、来源及程度。

（二）库区：附近地区渗水坑、地槽；库周水土保持和围垦情况；公路及建筑物的沉陷；矿山资源及地下水开采情况；与大坝在同一地质构造上的其他建筑物的反应。

（三）库盆（有条件时，在水库低水位时检查）：表面塌陷；渗水坑；原地面剥蚀；淤积。

塌方与滑坡：库区滑坡体规模、方位及对水库的影响和发展情况；坝区及上坝公路附近的塌方、滑坡体。

水库上游流域开发情况及库容情况。

【依据2】《水电厂水库运行管理规范》（DL/T 1259—2013）

6 水库管理

6.1 库区

6.1.1 枢纽管理单位应与库区涉及的有关单位和部门建立沟通联系机制，互通水库运行相关信息，定期对库区进行巡查，及时了解水库运行过程中库区的相关情况。

6.1.2 当库区出现船舶海损事故，或发生滑坡体变形、地震、水体污染等突发事件，需通过水库调度手段处置时，枢纽管理单位应根据相关主管部门的要求按程序实施相关调度。

6.1.3 禁止库区内非法侵占水库库容的行为和消落带开发利用项目，禁止在水库消落区进行土地耕种、建筑物搭建和废弃物堆放等活动，禁止向库区水体排放、倾倒有害有毒物质、废渣等，禁止破坏水库观测设施。

6.1.4　应对近坝库岸及工程边坡进行巡视检查，了解其稳定状态。应对近坝区库岸崩塌、滑坡等可能直接威胁枢纽安全运行的地质灾害开展监测。

6.1.5　应根据国家相关规定和枢纽设计要求进行水库诱发地震监测台网的建设和运行管理。

6.1.6　坝轴线上、下游一定范围内（具体范围可根据枢纽实际情况确定并报主管部门批准）的水面及岸库应设置为管理禁区，实施封闭管理。

6.1.7　枢纽管理单位应按照设计要求，采取措施对枢纽建筑物前聚集的漂浮物进行清理。库区相关单位和部门应从源头治理，减少水库漂浮物的产生。

6.1.8　宜开展库区水环境监测、鱼类增殖放流等生态和环境保护相关工作。

6.1.9　水库投入运行后，库区及下游新建工程应与水库正常调度运行相协调。

6.2　下游影响区

6.2.1　枢纽管理单位应与下游影响区涉及的有关单位和部门建立沟通联系机制，互通水库运行相关信息。

6.2.2　宜定期巡查下游影响区，了解下游河段泥沙冲淤、河势变化、生态环境等方面的情况。

【依据3】《水电站水工建筑物技术监督导则》（DL/T 1559—2016）

5.3.7　库区地质灾害管理按地质灾害防治条例的规定进行监督，建立地质灾害点台账，定期检查和评估地质灾害情况，编制应急预案，与地方政府建立联动机制。

6.4.4（2）本项目的查评依据如下。

【依据】《土石坝沥青混凝土面板和心墙设计规范》（DL/T 5411—2009）

4.0.3　沥青混凝土面板和心墙应具有工程所要求的防渗性、抗裂性、稳定性和耐久性，做到技术先进，经济合理，运行安全。

4.0.4　沥青混凝土防渗结构类型的选择应根据坝型、坝高、坝址区的气候、地形、地质、施工技术、材料供应和坝的运行要求等条件，经技术经济比较选定。

4.0.5　土石坝沥青混凝土防渗体的结构类型分为碾压式沥青混凝土面板、碾压式沥青混凝土心墙和浇筑式沥青混凝土心墙三种。

其中碾压式沥青混凝土面板和心墙、浇筑式沥青混凝土心墙适用于土石坝防渗，碾压式沥青混凝土面板还适用于水库库盆和渠道等防渗。浇筑式沥青混凝土面板也适用于碾压混凝土坝、混凝土坝上游面的防渗。

4.0.6　沥青混凝土防渗体应与坝基和岸坡防渗设施共同组成水工建筑的完整防渗体系。沥青混凝土面板或心墙与基础、岸坡及刚性建筑物的连接结构，可参与已建类似工程经验设计，为保证防渗的可靠性，关键部位应进行必要的试验研究。

4.0.7　沥青混凝土面板和心墙使用的沥青混凝土，其性能和各项技术指标应根据工程的具体条件确定。沥青混凝土的原材料和配合比可根据技术指标要求，通过试验选定。对某些有特殊要求的性能，应进行专门的研究。

4.0.8　在地震设计烈度Ⅷ度及Ⅷ度以上地区，碾压式土石坝沥青混凝土面板和心墙除应进行静力计算外，还应进行动力分析。地震荷载和内力计算按照DL 5073的相关要求进行。

4.0.9　本标准的试验方法除有特别说明外，均采用DL/T 5362中的试验方法。

4.0.10　沥青混凝土面板或心墙设计中有关施工技术要求和质量控制标准，除应遵照本标准外，还应参照DL/T 5363的有关规定。

7　碾压式沥青混凝土面板的设计

7.0.1　沥青混凝土面板的坡度，应满足填筑体自身稳定的要求，不宜陡于1:1.7。

7.0.2　在沥青混凝土面板斜坡平面转弯处、斜坡与库底连接处，应设置弧面过渡区与平面相切连接，其弧面过渡区的曲率应满足应力应变要求，并使摊铺机能顺利施工。

7.0.3　在沥青混凝土面板与填筑体或基础之间应设置垫层。垫层料可采用碎石或卵砾石，垫层压实后应具有渗透稳定性、低压缩性、高抗剪强度，碾压后的垫层料表面应平顺、变形模量宜大于 40MPa。

7.0.4 垫层料最大粒径不宜超过 80mm，小于 5mm 粒径含量宜为 25%～40%，小于 0.075mm 粒径含量不宜超过 5%。

7.0.5 中等高度的土石坝的垫层厚度宜大于 50cm（垂直坡面），重要工程和高坝应适当加厚。

7.0.6 垫层料的土质基础表面宜喷洒除草剂，垫层表面上应喷洒乳化沥青，其用量可为 0.5kg/m^2～2.0kg/m^2。

7.0.7 沥青混凝土面板宜采用简式断面，对防渗有特殊要求的工程采用复式断面，断面形式见图 7.0.7。

7.0.8 简式断面的沥青混凝土面板下面应设排水系统。

7.0.9 简式断面各层的要求如下：

封闭层应满足坡热稳定性和低温抗裂性的要求，其厚度宜为 2mm。

防渗层厚度为 6cm～10cm，宜单层施工。

整平胶结层厚度为 5cm～10cm，宜单层施工。

7.0.10 复式断面排水层的厚度可为 6cm～10cm，宜单层施工。

排水层沿轴线方向可每隔 20m～50m 设置防渗沥青混凝土隔水带，隔水带宽度为 1m 或摊铺机一次摊铺的宽度。

防渗底层厚度为 5cm～8cm，宜单层施工。防渗底层也可以与整平胶结层合并为一层。

7.0.11 沥青混凝土面板各层厚度应为根据荷载、填筑体的特征、施工技术水平、运行条件等，参考附录 B 的方法进行验算。

7.0.12 高温地区沥青混凝土面板宜设置防止沥青混凝土发生流淌的降温设施。

7.0.13 严寒地区的沥青混凝土面板应进行低温抗裂试验及计算分析研究。当常规沥青混凝土不能满足低温抗裂要求时，宜采用改性沥青混凝土。

7.0.14 重要工程的沥青混凝土面板土石坝，应结合坝体、基础进行面板的变形及应力应变计算。

7.0.15 应对沥青混凝土面板与基础、岸坡和刚性建筑物的连接结构进行设计，使其具有一定的相对变形能力并满足在最大水头运行条件下的防渗性和不出现开裂。连接结构的型式可参考附录 C。对重要的工程，连接结构宜进行结构模型试验。

7.0.16 沥青混凝土面板拉应变或弯曲应变比较大的部位，如面板与刚性结构连接处、反弧段、基础挖填交界处和不均匀沉陷较大部位宜铺设加筋网和加厚层。

7.0.17 与沥青混凝土面板连接部位的混凝土齿墙或岸墩，其尺寸和基础处理应满足抗滑稳定和基础防渗的要求。

7.0.18 沥青混凝土面板靠齿墙、岸墩及其他刚性建筑连接处的垫层，应采取提高防渗面板适应变形能力的措施。

7.0.19 沥青混凝土面板防渗工程初次蓄水时间，宜选在气温较高的季节，并应控制库水位上升和下降速度，蓄水初期应加强对面板的监测。

10.0.1 土石坝沥青混凝土面板或心墙应按照土石坝安全监测技术要求，根据工程的重要性、坝高和结构特点，设置必要的监测设施进行系统的监测，并及时整理分析监测资料。

10.0.2 埋设在沥青混凝土中及其周边的监测仪器应具有耐高温的性能，埋设前应进行检验和率定。

10.0.3 监测设计应针对沥青混凝土高温施工的特点，采取相应措施，并提出具体的埋设施工要求。

10.0.4 1.2 级土石坝沥青混凝土面板应设置下列监测项目，对 3 级及 3 级以下土石坝沥青混凝土面板的监测项目可适当减少。

1 面板的变形监测，面板的变形监测包括面板的水平和垂直位移、面板挠度、面板与岸坡和刚性结构接缝处的位移等。

2 渗流监测，包括面板背后的渗透压力。

3 温度监测，包括面板表面及内部的温度。

4 面板外观检查，包括斜坡流淌，裂缝、接缝、鼓包等。

特殊重要工程的沥青混凝土面板，可根据工程具体情况，设置专门性观测项目，如面板应力应变、日照辐射热等。

10.0.5 1、2级土石坝沥青混凝土心墙应设置下列监测项目，对3级及3级以下土石坝沥青混凝土心墙的监测项目可适当减少。

1 心墙的变形监测，包括心墙本身的水平位移、垂直位移、心墙与过渡料的错位变形、心墙与混凝土基座接触面的相对位移、心墙与岸坡和刚性结构接缝处的位移等。

2 渗流监测，包括心墙与混凝土基座结合部位和墙后的渗透压力等。

3 心墙内部温度监测。

特殊重要工程的沥青混凝土心墙，可根据工程具体情况，设置专门性观测项目，如心墙内部的应力应变等。

6.4.4（3）本项目的查评依据如下。

【依据1】《水电站金属技术监督导则》（Q/GDW 11299—2014）

5.1 监督范围

水电站金属技术监督的范围包括：水轮机重要金属部件、发电机重要金属部件、金属结构、起重机械、压力容器、压力管道、电瓷部件、材料、焊接。

6.9.3.4 压力钢管的安全检测应按DL/T 709的规定执行。水工钢闸门和启闭机的安全检测应按DL/T 835的规定执行。闸门、启闭机应定期检查金属锈蚀情况，对生锈腐蚀严重的金属表面做防护处理，防腐蚀方案和质量验收应按DL/T 5358的规定执行。金属结构部件运维检修阶段技术监督检验项目见表9。

表9　金属结构部件运维检修阶段技术监督检验项目

序号	设备名称	部件名称	检验项目	检修周期	备　注
1	闸门、拦污栅、压力钢管、启闭机、进水阀门	压力钢管	安全检测	结合检修	按DL/T 709的规定执行
			防腐处理	结合检修	按DL/T 5358的规定执行
2		钢闸门和启闭机	安全检测	结合检修	按DL/T 835的规定执行
			防腐处理	结合检修	按DL/T 5358的规定执行
3		拦污栅	外观检查	结合检修	
4		进水阀门	外观检查	A、C	
5	气、水、油管道	技术供水管、蜗壳取水管和与压力钢管、压力容器（压油槽、储气罐等）相连的管道等	外观检查	A、C	运行15万小时以上，试验压力为工作压力的1.25倍，且不大于设计压力
			耐压试验	A	
			测厚检查	A	
6		操作油管	外观检查	A、C	无损检测比例不低于5%，且不少于1个焊口
			无损检测	A	

6.9.3.6 溢流坝闸门、启闭机和拦污栅应在汛期前、后分别进行外观检查。

6.9.3.7 闸门、拦污栅、压力钢管、启闭机应进行腐蚀防护处理，防腐蚀方案和质量验收应按DL/T 5358的规定执行。

6.9.3.8 不常操作的闸门和启闭机要定期试验，检查闸门金属构件运行情况。

6.9.3.9 闸门、启闭机重要金属构件及重要焊缝应定期检查，检查是否有裂纹和损坏，如有缺陷要及时消除。

6.9.3.10 起重机械运维检修按照TSGQ 7015标准规定执行。

6.9.3.11 每次C级及以上检修对进水阀门应进行外观检查，必要时对焊接部位和应力集中部位进行无损检测。

6.9.3.12 水电站应根据设计单位提交的运行管理使用说明书，并结合具体情况规定引水钢管运行检查项目及要求，且符合 DL/T 709 的有关规定。

6.9.3.13 钢管管壁裂纹、裂缝检测、焊接检测、壁厚检测，投运后 5 年～10 年应进行一次，以后根据需要进行。

【依据 2】《国家电网公司水电厂重大反事故措施》（国家电网基建〔2015〕60 号文）

2.1 防止泄洪设备设施故障导致漫坝事故

2.1.1 设计阶段

2.1.1.1 水库设计应严密论证设防标准、泄洪设施的泄流能力，确保泄流时堰面上不出现过大的局部负压。

2.1.1.2 泄洪闸门的启闭设备应保证供电可靠，并配备足够容量的柴油发电机作为备用启闭电源，且柴油发电机安装高程应高于校核洪水位。

2.1.1.3 坝顶工作桥、交通桥下应有足够的净空，以满足泄洪、排凌及排漂要求；桥工作梁不应阻水，其梁底高程应满足校核洪水下泄时不阻水的要求。

2.1.1.4 坝身泄水孔、高流速的泄洪隧洞应避免孔内有压流、无压流交替出现的现象。

2.1.1.5 弧形闸门的支铰宜布置在过流时不受水流及漂浮物冲击的高程上，否则应采取防护措施。

2.1.1.6 潜孔式闸门门后不能充分通气时，应设置通气孔，其上端应与启闭机室分开，并应有防护设施。

2.1.1.7 对于大跨度上游止水的潜孔闸门，其顶部止水装置应考虑顶梁弯曲变形的影响；注意防止潜孔闸门顶部水封在启闭过程中出现翻卷现象。

2.1.1.8 泄洪设施的启闭机启闭容量应满足不同工况下提升闸门的要求。在多泥沙水流中工作的闸门，其启闭力计算时还应考虑泥沙引起的支承、止水摩阻力，泥沙与闸门间的黏着力和摩擦力，门上淤积泥沙重量等影响。

2.1.1.9 启闭机用工作油和润滑油品质要求应与工作地区的气温条件相适应。

2.1.1.10 卷扬式起重机上钢丝绳的长度、直径、结构和破断拉力应满足要求；钢丝绳与卷筒、吊钩滑轮组或起重机结构的连接应满足要求。

2.1.1.11 启闭机动滑轮组、钢丝绳等应与闸门门槽等建筑物之间留有适当间距。动滑轮组应设置防止钢丝绳滑脱的防护措施。浸入水中的动滑轮组，宜采用自润滑动轴承，轴表面应采取防腐蚀措施，采用滚动轴承时应设密封装置。

2.1.1.12 启闭机安装高程应确保启闭机电气设备和动力设备不被水淹。

2.1.1.13 双吊点启闭机，应有可靠的同步措施。对于闸门前有泥沙淤积的双吊点启闭机，其启闭力的确定应考虑两个吊点启闭荷载的不均匀系数。

2.1.1.14 有小开度或平压阀充水要求的闸门，启闭机应设有能满足小开度要求的控制装置或其他措施。

2.1.1.15 升卧式闸门卷扬式启闭机的动滑轮应布置在泥沙淤积高程以上，其基础梁底缘离开闸门顶运行轨迹线的最小距离不应小于 0.1～0.2m，在启闭过程中钢丝绳不得被机架、门叶干扰，闸门全开后吊耳中心至启闭机起吊中心的连线与铅垂线的夹角不应大于 15°。

2.1.1.16 移动式启闭机沿曲线轨道行走时，应有控制启闭机曲线行走、限制行走过载或卡轨的措施，应有行程保护和通道口开关。

2.1.1.17 液压启闭机应有油压保护、高低油位保护，应设行程限制器，行程限制器的工作原理应不同于行程检测装置，禁止采用溢流阀来代替行程限制器。液压缸无杆腔如果采用真空吸油的补油方式，应满足油的吸程要求。如不启动油泵关闭闸门，应采取措施向液压缸充分补油。

2.1.1.18 后拉式弧形液压启闭机，当液压缸在闸门全关位置成水平或倾斜布置时，应考虑液压缸自重引起的活塞杆挠度问题。

2.1.1.19 卷扬式启闭机的起升机构应装设荷载限制器，荷载限制器综合误差不应大于 5%；液压启闭机则应设有安全溢流阀。

2.1.1.20 启闭机的起升、行走和回转机构运行终端，应装设相应的行程限制器。除液压和螺杆启闭机外，启闭机的起升、行走和回转机构均应装设制动装置。

2.1.1.21 室外作业移动式启闭机应装设夹轨器（或顶轨器）。当非工作状态风压超过 $700kN/m^2$ 或者洪水可能淹没时，应增设牵缆或其他型式的锚定装置。

2.1.1.22 卷扬式启闭机起升机构的每一套独立驱动装置应至少安装一个支持制动器。支持制动器应为常闭式，制动轮应装在与传动机构刚性连接的轴上，制动所引起的启闭减速度应小于 $0.3m/s^2$。

2.1.1.23 机械式自动挂脱梁挂钩转动和滑动部位应有防止因腐蚀或被泥沙、杂物堵塞而失灵的措施；挂钩自如式自动挂脱梁挂体和卡体的体型应相配，并在启闭机上设置欠载限制器与电气联锁。

2.1.1.24 设置在低温地区且在各季节均要投入运行的液压启闭机，当油缸布置在室外时，如无油液的加热设备，则选用液压油的凝点至少比环境最低温度低 10℃。

2.1.2 基建阶段

2.1.2.1 溢洪闸门及启闭设备安装投运的同期，应安装备用柴油机，确保泄洪启闭设备和备用柴油机同时投入运行。

2.1.2.2 泄洪隧洞开挖前应掌握沿线围岩特性和地质构造，沿洞线的水文地质情况，洞口洞脸边坡稳定情况，地应力情况；应采取可靠的加固、支护处理措施，保证洞口及隧洞洞身的安全稳定性。

2.1.2.3 导流洞改建为永久泄洪隧洞时，应注意研究高速泄洪隧洞的水力条件、防蚀抗磨问题。

2.1.2.4 施工导流封孔闸门的启闭机，其启闭力应考虑在一定水头下可启门的要求，同时应有可靠的高度指示装置。

2.1.2.5 施工期建设单位应成立防洪度汛组织机构，机构应包含业主、设计、施工和监理等相关单位人员，明确各单位人员权利和职责。

2.1.2.6 施工期应编制具可操作性的施工度汛方案、超施工期洪水应急预案、防局部暴雨及小支沟洪水等应急预案。

2.1.3 运行阶段

2.1.3.1 强化水库运行管理，根据批准的调洪方案和有管辖权的防汛指挥部门的指令进行调洪，严格按照有关规程规定的程序操作闸门。

2.1.3.2 正常情况下，水库运用参数及指标应每隔 5 年～10 年复核一次；当水库发生特大洪水后，应立即复核水库防洪能力。

2.1.3.3 泄洪闸门应同步、对称、均匀地启闭，并控制水流出流平顺、流态稳定。

2.1.3.4 应定期检查和维护大坝、泄洪孔（洞）、闸门、启闭机及其电源、水位计，确保水工建筑物正常运行，确保泄洪设备电源可靠、各水封部件完好。

2.1.3.5 泄洪设备设施启闭备用电源应定期维护、启动试验，确保电源可靠。

2.1.3.6 启闭机用钢丝绳应保持良好的润滑状态，断股或达到 GB/T 5972 报废标准的钢丝绳禁止使用。钢丝绳经拆卸又重新安装投入使用前，应进行检查。

2.1.3.7 应保证启闭机液压系统的油质、油腔和活塞杆保持良好状态。

2.1.3.8 汛前应对泄洪闸门进行启闭试验，确保闸门能够正常开启。应在汛前完成影响防洪度汛缺陷的消缺工作。

2.1.3.9 闸门禁止承受冰的静压力，如需在冰冻期间操作闸门，其止水应严密，且应采取保温或加热等措施，使闸门与门槽不致冻结。

2.1.3.10 闸门启闭时，橡胶水封处宜浇水润滑。闸门启闭过程中应检查滚轮、支铰及顶、底枢等转动部位运行情况，闸门升降或旋转过程有无卡阻，启闭设备左右两侧是否同步，橡胶水封有无损伤。

9.4.3.2 应定期进行钢管管壁焊缝、壁厚、应力检测。定期检查压力钢管明管段锈蚀情况。对与压力钢管直接连接的阀门和管路焊缝应定期进行无损检测。

10.3.1.1 管道设计压力及温度应不小于在操作中可能遇到的最苛刻的压力与温度组合工况的压力。

10.3.1.2 压力管道应由有相应设计资质的单位依据设计委托方书面提供的设计条件进行设计，设计单位对设计质量负责。

10.3.2.5 压力管道安装完毕后应根据相关规程规定由有资质的单位和人员进行无损检测抽查，必要时应进行水（耐）压试验。

10.3.3.1 压力管道应根据设备状况、使用年限，结合机组检修，按照有关要求进行检验。

6.4.4（4）本项目的查评依据如下。

【依据】《国家电网公司水电厂重大反事故措施》（国家电网基建〔2015〕60号文）

8.1.1.4 油压装置应设置安全阀，其动作整定值及泄漏量满足相关规定。

8.1.3.1 应定期校验机组油压装置和压力油罐的安全阀。

10.1.1.3 压力容器工作压力低于压力源压力时，在通向压力容器进口的管道上应装设减压阀，如因介质条件减压阀无法保证可靠工作时，可用调节阀代替减压阀，在减压阀或调节阀低压侧应装设安全阀和压力表。

10.1.2.2 压力容器的安全阀、用于压力控制的压力开关等安全附件应校验合格后，方可交付使用。

10.1.3.3 定期对压力容器安全阀进行校验和排放试验，定期更换压力容器的爆破片。在压力容器定期检验或检修时，如对压力容器的安全状况有怀疑时，应进行耐压试验。

10.1.3.4 在运压力容器及其安全附件（安全阀、爆破片、排污阀、监视表计、联锁、自动装置等）禁止带缺陷运行。对于设有自动调整和保护装置的压力容器，保护装置退出须经本单位生产（技术）负责人批准，在保护装置退出后应加强监视，限期恢复。

6.4.4（5）本项目的查评依据如下。

【依据1】《水电站金属技术监督导则》（Q/GDW 11299—2014）

5.1 监督范围

水电站金属技术监督的范围包括：水轮机重要金属部件、发电机重要金属部件、金属结构、起重机械、压力容器、压力管道、电瓷部件、材料、焊接。

6.9.3.4 压力钢管的安全检测应按DL/T 709的规定执行。水工钢闸门和启闭机的安全检测应按DL/T 835的规定执行。闸门、启闭机应定期检查金属锈蚀情况，对生锈腐蚀严重的金属表面做防护处理，防腐蚀方案和质量验收应按DL/T 5358的规定执行。金属结构部件运维检修阶段技术监督检验项目见表9。

表9 金属结构部件运维检修阶段技术监督检验项目

序号	设备名称	部件名称	检验项目	检修周期	备 注
1		压力钢管	安全检测	结合检修	按DL/T 709的规定执行
			防腐处理	结合检修	按DL/T 5358的规定执行
2	闸门、拦污栅、压力钢管、启闭机、进水阀门	钢闸门和启闭机	安全检测	结合检修	按DL/T 835的规定执行
			防腐处理	结合检修	按DL/T 5358的规定执行
3		拦污栅	外观检查	结合检修	
4		进水阀门	外观检查	A、C	
5	气、水、油管道	技术供水管、蜗壳取水管和与压力钢管、压力容器（储油槽、储气罐等）相连的管道等	外观检查	A、C	运行15万小时以上，试验压力为工作压力的1.25倍，且不大于设计压力
			耐压试验	A	
			测厚检查	A	
6		操作油管	外观检查	A、C	无损检测比例不低于5%，且不少于1个焊口
			无损检测	A	

6.9.3.6 溢流坝闸门、启闭机和拦污栅应在汛期前、后分别进行外观检查。

6.9.3.7 闸门、拦污栅、压力钢管、启闭机应进行腐蚀防护处理，防腐蚀方案和质量验收应按DL/T

5358 的规定执行。

6.9.3.8　不常操作的闸门和启闭机要定期试验，检查闸门金属构件运行情况。

6.9.3.9　闸门、启闭机重要金属构件及重要焊缝应定期检查，检查是否有裂纹和损坏，如有缺陷要及时消除。

6.9.3.10　起重机械运维检修按照 TSG Q7015 标准规定执行。

6.9.3.11　每次 C 级及以上检修对进水阀门应进行外观检查，必要时对焊接部位和应力集中部位进行无损检测。

6.9.3.12　水电站应根据设计单位提交的运行管理使用说明书，并结合具体情况规定引水钢管运行检查项目及要求，且符合 DL/T 709 的有关规定。

6.9.3.13　钢管管壁裂纹裂缝检测、焊接检测、壁厚检测，投运后 5 年～10 年应进行一次，以后根据需要进行。

【依据 2】《国家电网公司水电厂重大反事故措施》（国家电网基建〔2015〕60 号文）

2.1　防止泄洪设备设施故障导致漫坝事故

2.1.1　设计阶段

2.1.1.1　水库设计应严密论证设防标准、泄洪设施的泄流能力，确保泄流时堰面上不出现过大的局部负压。

2.1.1.2　泄洪闸门的启闭设备应保证供电可靠，并配备足够容量的柴油发电机作为备用启闭电源，且柴油发电机安装高程应高于校核洪水位。

2.1.1.3　坝顶工作桥、交通桥下应有足够的净空，以满足泄洪、排凌及排漂要求；桥工作梁不应阻水，其梁底高程应满足校核洪水下泄时不阻水的要求。

2.1.1.4　坝身泄水孔、高流速的泄洪隧洞应避免孔内有压流、无压流交替出现的现象。

2.1.1.5　弧形闸门的支铰宜布置在过流时不受水流及漂浮物冲击的高程上，否则应采取防护措施。

2.1.1.6　潜孔式闸门门后不能充分通气时，应设置通气孔，其上端应与启闭机室分开，并应有防护设施。

2.1.1.7　对于大跨度上游止水的潜孔闸门，其顶部止水装置应考虑顶梁弯曲变形的影响；注意防止潜孔闸门顶部水封在启闭过程中出现翻卷现象。

2.1.1.8　泄洪设施的启闭机启闭容量应满足不同工况下提升闸门的要求。在多泥沙水流中工作的闸门，其启闭力计算时还应考虑泥沙引起的支承、止水摩阻力，泥沙与闸门间的黏着力和摩擦力，门上淤积泥沙重量等影响。

2.1.1.9　启闭机用工作油和润滑油品质要求应与工作地区的气温条件相适应。

2.1.1.10　卷扬式起重机上钢丝绳的长度、直径、结构和破断拉力应满足要求；钢丝绳与卷筒、吊钩滑轮组或起重机结构的连接应满足要求。

2.1.1.11　启闭机动滑轮组、钢丝绳等应与闸门门槽等建筑物之间留有适当间距。动滑轮组应设置防止钢丝绳滑脱的防护措施。浸入水中的动滑轮组，宜采用自润滑动轴承，轴表面应采取防腐蚀措施，采用滚动轴承时应设密封装置。

2.1.1.12　启闭机安装高程应确保启闭机电气设备和动力设备不被水淹。

2.1.1.13　双吊点启闭机，应有可靠的同步措施。对于闸门前有泥沙淤积的双吊点启闭机，其启闭力的确定应考虑两个吊点启闭荷载的不均匀系数。

2.1.1.14　有小开度或平压阀充水要求的闸门，启闭机应设有能满足小开度要求的控制装置或其他措施。

2.1.1.15　升卧式闸门卷扬式启闭机的动滑轮应布置在泥沙淤积高程以上，其基础梁底缘离开闸门顶运行轨迹线的最小距离不应小于 0.1 至 0.2m，在启闭过程中钢丝绳不得被机架、门叶干扰，闸门全开后吊耳中心至启闭机起吊中心的连线与铅垂线的夹角不应大于 15°。

2.1.1.16　移动式启闭机沿曲线轨道行走时，应有控制启闭机曲线行走、限制行走过载或卡轨的措施，应有行程保护和通道口开关。

2.1.1.17 液压启闭机应有油压保护、高低油位保护，应设行程限制器，行程限制器的工作原理应不同于行程检测装置，禁止采用溢流阀来代替行程限制器。液压缸无杆腔如果采用真空吸油的补油方式，应满足油的吸程要求。如不启动油泵关闭闸门，应采取措施向液压缸充分补油。

2.1.1.18 后拉式弧形液压启闭机，当液压缸在闸门全关位置成水平或倾斜布置时，应考虑液压缸自重引起的活塞杆挠度问题。

2.1.1.19 卷扬式启闭机的起升机构应装设荷载限制器，荷载限制器综合误差不应大于 5%；液压启闭机则应设有安全溢流阀。

2.1.1.20 启闭机的起升、行走和回转机构运行终端，应装设相应的行程限制器。除液压和螺杆启闭机外，启闭机的起升、行走和回转机构均应装设制动装置。

2.1.1.21 室外作业移动式启闭机应装设夹轨器（或顶轨器）。当非工作状态风压超过 700kN/m² 或者洪水可能淹没时，应增设牵缆或其他型式的锚定装置。

2.1.1.22 卷扬式启闭机起升机构的每一套独立驱动装置应至少安装一个支持制动器。支持制动器应为常闭式，制动轮应装在与传动机构刚性连接的轴上，制动所引起的启闭减速度应小于 0.3m/s²。

2.1.1.23 机械式自动挂脱梁挂钩转动和滑动部位应有防止因腐蚀或被泥沙、杂物堵塞而失灵的措施；挂钩自如式自动挂脱梁挂体和卡体的体型应相配，并在启闭机上设置欠载限制器与电气联锁。

2.1.1.24 设置在低温地区且在各季节均要投入运行的液压启闭机，当油缸布置在室外时，如无油液的加热设备，则选用液压油的凝点至少比环境最低温度低 10℃。

2.1.2 基建阶段

2.1.2.1 溢洪闸门及启闭设备安装投运的同期，应安装备用柴油机，确保泄洪启闭设备和备用柴油机同时投入运行。

2.1.2.2 泄洪隧洞开挖前应掌握沿线围岩特性和地质构造，沿洞线的水文地质情况，洞口洞脸边坡稳定情况，地应力情况；应采取可靠的加固、支护处理措施，保证洞口及隧洞洞身的安全稳定性。

2.1.2.3 导流洞改建为永久泄洪隧洞时，应注意研究高速泄洪隧洞的水力条件、防蚀抗磨问题。

2.1.2.4 施工导流封孔闸门的启闭机，其启闭力应考虑在一定水头下可启门的要求，同时应有可靠的高度指示装置。

2.1.2.5 施工期建设单位应成立防洪度汛组织机构，机构应包含业主、设计、施工和监理等相关单位人员，明确各单位人员权利和职责。

2.1.2.6 施工期应编制具可操作性的施工度汛方案、超施工期洪水应急预案、防局部暴雨及小支沟洪水等应急预案。

2.1.3 运行阶段

2.1.3.1 强化水库运行管理，根据批准的调洪方案和有管辖权的防汛指挥部门的指令进行调洪，严格按照有关规程规定的程序操作闸门。

2.1.3.2 正常情况下，水库运用参数及指标应每隔 5 年～10 年复核一次；当水库发生特大洪水后，应立即复核水库防洪能力。

2.1.3.3 泄洪闸门应同步、对称、均匀地启闭，并控制水流出流平顺、流态稳定。

2.1.3.4 应定期检查和维护大坝、泄洪孔（洞）、闸门、启闭机及其电源、水位计，确保水工建筑物正常运行，确保泄洪设备电源可靠、各水封部件完好。

2.1.3.5 泄洪设备设施启闭备用电源应定期维护、启动试验，确保电源可靠。

2.1.3.6 启闭机用钢丝绳应保持良好的润滑状态，断股或达到 GB/T 5972 报废标准的钢丝绳禁止使用。钢丝绳经拆卸又重新安装投入使用前，应进行检查。

2.1.3.7 应保证启闭机液压系统的油质、油腔和活塞杆保持良好状态。

2.1.3.8 汛前应对泄洪闸门进行启闭试验，确保闸门能够正常开启。应在汛前完成影响防洪度汛缺陷的消缺工作。

2.1.3.9 闸门禁止承受冰的静压力，如需在冰冻期间操作闸门，其止水应严密，且应采取保温或加热等措施，使闸门与门槽不致冻结。

2.1.3.10 闸门启闭时，橡胶水封处宜浇水润滑。闸门启闭过程中应检查滚轮、支铰及顶、底枢等转动部位运行情况，闸门升降或旋转过程有无卡阻，启闭设备左右两侧是否同步，橡胶水封有无损伤。

9.4.3.2 应定期进行钢管管壁焊缝、壁厚、应力检测。定期检查压力钢管明管段锈蚀情况。对与压力钢管直接连接的阀门和管路焊缝应定期进行无损检测。

10.3.1.1 管道设计压力及温度应不小于在操作中可能遇到的最苛刻的压力与温度组合工况的压力。

10.3.1.2 压力管道应由有相应设计资质的单位依据设计委托方书面提供的设计条件进行设计，设计单位对设计质量负责。

10.3.2.5 压力管道安装完毕后应根据相关规程规定由有资质的单位和人员进行无损检测抽查，必要时应进行水（耐）压试验。

10.3.3.1 压力管道应根据设备状况、使用年限，结合机组检修，按照有关要求进行检验。

6.4.4（6）本项目的查评依据如下。

【依据】《土石坝沥青混凝土面坝和心墙设计规范》（DL/T 5411—2009）

7.0.12 高温地区沥青混凝土面板宜设置防止沥青混凝土发生流淌的降温设施。

7.0.13 严寒地区的沥青混凝土面板应进行低温抗裂试验及计算分析研究。当沥青混凝土不能满足低温抗裂要求时，宜采用改性沥青混凝土。

6.4.4（7）本项目的查评依据如下。

【依据1】《水电站水工设施运行维护导则 第1部分：水工建筑物》（Q/GDW 11151.1—2013）

6.7 过坝通航建筑物检查

过坝建筑物检查应包括下列内容：建筑物有无裂缝、渗漏、溶蚀、磨损、空蚀、碳化和钢筋锈蚀等情况，闸室、筏道、斜坡道、输（排）水廊道有无不均匀沉陷，伸缩缝和排水管（孔）是否完好。

【依据2】《国家电网公司水电厂重大反事故措施》（国家电网基建〔2015〕60号文）

11.2 防止闸门损坏事故

11.2.1.7 船闸、升船机下沉式闸门、运输（竹木）道上下游两端闸门应设关门机械锁定装置。

11.2.1.11 船闸浮式系船柱、固定系船柱强度、刚度设计应能满足船舶系船最大拉力，且不发生金属结构永久变形和破坏事故。

11.2.3.4 船闸、升船机下沉式闸门、运输（竹木）道上下游两端闸门的关门机械锁定装置未投入，闸门禁止进行充水操作。

11.3 防止过坝设施金属结构损坏事故

11.3.1 设计阶段

11.3.1.1 在船闸、升船机、鱼道、运输（竹木）道设计时应满足地质条件、水流量及过往轮船吨位等要求，防止过坝设施金属结构损坏。

11.3.1.2 设计的升船机承船厢的结构尺寸除应满足有效水域平面尺度和水深，正常工况下纵向挠度不宜大于承船厢长度的1/1000，横向挠度不宜大于承船厢宽度的1/750。

11.3.1.3 升船机承船厢纵向两侧应装设防撞橡皮，承船厢上下游靠近卧倒门处应装设防撞梁，防止船舶撞击承船厢。

11.3.1.4 升船机承船厢应设置确保不发生冲顶和坐底损坏特大事故的安全锁定装置。

11.3.1.5 升船机主提升机电机功率应按照一台电机失效时，其余电机在额定提升力和机构惯性力作用下继续完成本次承船厢的运行而不过载。

11.3.1.6 升船机主提升机应设置工作制动器和安全制动器。

11.3.1.7 升船机主提升机和承船厢应设置运行中工作制动器和安全制动器松闸信号丢失、主卷扬过卷、主提升机异常、主提升机失电、承船厢水平度偏差超值、承船厢停靠越位、越位超限的紧急制动保护装置。

11.3.1.8　升船机主提升机应采用闭式传动，各卷扬机之间应设置机械同步轴系统，机械同步系统的设备配置应能适应设备制造、安装误差和塔柱结构的变形，同步轴系统内应设置扭矩传感器。

11.3.1.9　升船机主提升机单根提升绳的最大拉力，应考虑提升力的分配不均和水满厢工况下附加水体重量载荷的分配不均匀产生的超值拉力。

11.3.1.10　升船机每根钢丝绳应设一套长度调节装置，应在钢丝绳组件旋转部位设置防旋装置，相邻钢丝绳宜为左、右旋向间隔配置。

11.3.1.11　平衡重式垂直升船机应设置承船厢对接锁定拉紧装置、承船厢顶紧装置和对接间隙密封装置，对接间隙密封装置设计应具有适应对接期间闸首工作门变形、承船厢相对于与之对接的闸首或闸首工作门变位的能力。

11.3.1.12　上下游均设有斜坡道的双坡式斜面运输（竹木）道，应在驼峰处设置斜架车过驼峰装置。

11.3.1.13　斜面运输（竹木）道上下游导航墙应沿斜坡道布置，导航墙长度应有富余量。

11.3.1.14　运输（竹木）道牵引绞车应采用交流变频电动机拖动。

11.3.1.15　过坝金属结构的控制系统应能满足远方和现地操作。

6.4.5　大坝

6.4.5.1　坝体

6.4.5.1（1）本项目的查评依据如下。

【依据】《水电站水工设施运行维护导则　第1部分：水工建筑物》（Q/GDW 11151.1—2013）

7.3.1　保持坝面完整，局部如果有缺陷、松动及磨损，应及时修补。

7.3.4　混凝土建筑物出现裂缝、渗漏或异常位移时，应查明原因，分析研究其性质及危害程度，采取外部填补加固、灌浆、锚固等一种或多种措施处理。

7.3.7　伸缩缝各类止水设施应完整无损、无渗水或渗漏量不超过允许范围。沥青井出流管、盖板等设施应经常保养，溢出的沥青应及时清除。

7.3.8　排水设施应保持完整、通畅。坝面、廊道及其他表面的排水沟、孔应经常进行人工或机械清理。坝体、基础、溢洪道边墙及底板的排水孔应经常进行人工掏挖或机械疏通，疏通时应不损坏孔底反滤层。无法疏通的，应在附近补孔。集水井、集水廊道的淤积物应及时清除。

6.4.5.1（2）本项目的查评依据如下。

【依据】《水电站水工设施运行维护导则　第1部分：水工建筑物》（Q/GDW 11151.1—2013）

6.3.4　面板堆石坝检查应包括以下内容：坝顶有无沉陷、裂缝，上游防渗混凝土面板（含沥青混凝土面板）有无隆起、塌陷，有无剥落、掉块、疏松，有无裂缝、挤压、错动、冻融、渗漏，止水有无断裂、剥落、老化的现象；下游坝面有无滑坡、开裂，有无塌陷、隆起，渗水点、湿斑情况，植物生长和动物洞穴情况；坝趾及周边的出水点、湿斑、集中渗漏情况，植物异常生长以及冲刷情况；下游排水反滤系统排水是否通畅，排水量变化情况，水质情况，坝身测压管水位等。

7.3.4　混凝土建筑物出现裂缝、渗漏或异常位移时，应查明原因，分析研究其性质及危害程度，采取外部填补加固、灌浆、锚固等一种或多种措施处理。

6.4.5.1（3）本项目的查评依据如下。

【依据】《水电站水工设施运行维护导则　第1部分：水工建筑物》（Q/GDW 11151.1—2013）

6.3.3　土石坝坝体检查应包括下列内容：基础有无挤压、错动、松动和鼓出；坝体与基岩或岸坡结合处有无错动、开裂、脱离和渗漏情况；两岸坝肩区有无裂缝、滑坡、溶蚀、绕渗及水土流失情况；基础防渗排水设施的工况是否正常，有无溶蚀，渗漏水量和水质有无变化，扬压力是否超限。坝顶有无沉陷、裂缝，上游面的护面有无破坏，有无滑坡、裂缝，有无鼓胀或者凹凸、沉陷，有无冲刷、堆积；有无植物生长和动物洞穴；下游面及坝趾区有无滑坡、裂缝，有无泉水、渗水坑、出水点、湿斑、下陷区，渗水颜色、浑浊度、管涌情况，植物异常生长和动物洞穴；下游排水反滤系统有无堵塞或者排水不畅，化学沉淀物、水质情况，排水、渗水量变化情况，测压管水位变化情况；土石坝与混凝土结构物或者其他建筑物的接头、界面工作状况。

7.2.1 维护坝顶、坝坡、防浪墙的完整；保护各种观测设施的完好；排水沟要经常清淤，保持畅通；防止雨水对坝面的浸蚀和冲刷；维护坝体滤水设施和坝后减压设施的正常运用。

6.4.5.1（4）本项目的查评依据如下。

【依据1】《水电站水工设施运行维护导则 第1部分：水工建筑物》（Q/GDW 11151.1—2013）

6.3.5 大坝各类监测设施检查应包括下列内容：监测设施是否完好，能否正常监测；监测点防护设施（如保护盖、监测房、孔口装置等）是否完好；监测设施是否存在潮湿、锈蚀现象；遥测设施的避雷装置是否正常。

【依据2】《水电站水工设施运行维护导则 第3部分：大坝安全监测系统》（Q/GDW 11151.3—2013）

5.3.1 监测系统检查维护包括日常检查维护、年度详查、系统综合评价和故障检查维护。日常检查维护在现场操作和测读时、以及大坝安全日常巡视检查时进行。

5.3.3 监测系统的综合评价应至少每五年进行一次，宜结合大坝安全定期检查进行。通过选取有资质和经验的单位对大坝安全监测系统进行全面检查、测量和率定，提出监测系统综合评价报告。报告应评价监测系统的完备性、监测设施的精度和可靠性，分析监测系统异常状态的原因，提出监测仪器设备封存、报废及监测项目停测的建议以及对安全监测系统的改进意见等。

5.3.4 大坝运行单位应结合大坝定期检查，开展监测资料深入分析工作，监测资料分析应突出趋势性分析和异常现象诊断，对大坝的关键监测项目，应提出运行警戒值。

6.4.5.2 坝基

6.4.5.2（1）本项目的查评依据如下。

【依据1】《混凝土重力坝设计规范》（NB/T 35026—2014）

8.1.1 混凝土重力坝的基础经处理后应符合下列要求：

1 具有足够的强度，以承受坝体的压力；

2 具有足够的整体性和均匀性，以满足坝体抗滑稳定的要求和减小不均匀沉陷；

3 具有足够的抗渗性，以满足渗透稳定要求，控制渗流量，降低渗透压力；

4 具有足够的耐久性，以防止地基在各种因素的长期作用下发生恶化。

8.1.3 坝基处理设计时，应同时考虑两岸坝肩部位和上、下游附近地区的边坡稳定、变形和渗流情况，必要时应采取相应的处理措施。

【依据2】《混凝土拱坝设计规范（试行）》（SL 282—2003）

第8.1.1条 混凝土拱坝的地基经处理应符合下列要求：

1．具有整体性和抗滑稳定性；

2．具有足够的强度和刚度；

3．具有抗渗性、渗透稳定性和有利的渗流场；

4．具有在水长期作用下的耐久性；

5．控制地基接触面形状对坝体应力分布的不利影响。

6.4.5.2（2）本项目的查评依据如下。

【依据】《混凝土拱坝设计规范》（DL/T 5346—2006）

11.1.6 应进行坝肩上、下游边坡稳定分析，并采取适当的支护措施。

6.4.5.2（3）本项目的查评依据如下。

【依据】《土石坝沥青混凝土面坝和心墙设计规范》（DL/T 5411—2009）

4.0.6 沥青混凝土防渗体应与坝基和岸坡防渗设施共同组成水工建筑的完整防渗体系。沥青混凝土面板或心墙与基础、岸坡及刚性建筑物的连接结构，可参与已建类似工程经验设计，为保证防渗的可靠性，关键部位应进行必要的试验研究。

7.0.15 应对沥青混凝土面板与基础、岸坡和刚性建筑物的连接结构进行设计，使其具有一定的相对变形能力并满足在最大水头运行条件下的防渗性和不出现开裂。连接结构的型式可参考附录C。对重要的工程，连接结构宜进行结构模型试验。

6.4.5.3 廊道

6.4.5.3（1）本项目的查评依据如下。

【依据1】《国家能源局防止电力生产事故的二十五项重点要求》[国能安全〔2014〕161号文]

24.3.6 汛前应做好防止水淹厂房、廊道、泵房、变电站、进厂铁（公）路以及其他生产、生活设施的可靠防范措施，防汛备用电源汛前应进行带负荷试验，特别确保地处河流附近低洼地区、水库下游地区、河谷地区排水畅通，防止河水倒灌和暴雨造成水淹。

【依据2】《混凝土重力坝设计规范》（NBT 35026—2014）

9.2.9 廊道内应有足够的照明设施和良好的通风条件，各种电器设备与线路应保证绝缘良好，并宜设置应急照明。

6.4.5.3（2）本项目的查评依据如下。

【依据】《水电站水工设施运行维护导则》（Q/GDW 11151.1—2013）第1部分：水工建筑物

7.3.4 混凝土建筑物出现裂缝、渗漏或异常位移时，应查明原因，分析研究其性质及危害程度，采取外部填补加固、灌浆、锚固等一种或多种措施处理。

6.4.5.3（3）本项目的查评依据如下。

【依据1】《国家能源局防止电力生产事故的二十五项重点要求》（国能安全〔2014〕161号文）

24.3.6 汛前应做好防止水淹厂房、廊道、泵房、变电站、进厂铁（公）路以及其他生产、生活设施的可靠防范措施，防汛备用电源汛前应进行带负荷试验，特别确保地处河流附近低洼地区、水库下游地区、河谷地区排水畅通，防止河水倒灌和暴雨造成水淹。

【依据2】《水电站水工设施运行维护导则》（Q/GDW 11151.1—2013）第1部分：水工建筑物

7.3.8 排水设施应保持完整、通畅。坝面、廊道及其他表面的排水沟、孔应经常进行人工或机械清理。坝体、基础、溢洪道边墙及底板的排水孔应经常进行人工掏挖或机械疏通，疏通时应不损坏孔底反滤层。无法疏通的，应在附近补孔。集水井、集水廊道的淤积物应及时清除。

6.4.5.4 大坝、厂区高边坡及山体

本项目的查评依据如下。

【依据1】《国家电网公司防汛管理办法》（国家电网生〔2010〕329号）

附件二：水力发电企业防汛检查大纲

3．防洪度汛方案、预案及措施

3.12 洪水滑坡造成进厂及上坝公路中断时保安全生产、保抗洪抢险救灾工作预案。

3.13 局地暴雨、山洪、泥石流、滑坡、台风等突发性灾害的应急处理预案。

3.14 全厂防汛图（包括排水、挡水设备设施、物资储备、备用电源、厂区孔洞封堵图、水淹厂房逃生线路等）。

【依据2】《国家电网公司水电厂重大反事故措施》（国家电网基建〔2015〕60号文）

3.3.1.2 厂区防洪及排水系统设计应保证主副厂房、主变压器场地及开关站等主要建筑物在非常运用洪水标准条件下不被淹没；提出可能导致水淹厂房的孔洞、管沟、通道、预留缺口等，并采取必要的封堵和引排措施和条件。

3.3.1.3 厂区边坡需结合地质条件采用相应的防护措施，做好边坡地表水和地下水的排水设计。边坡坡顶和坡脚需设置截、排水沟以将山坡汇集的雨水排到厂区以外，防止因强降雨引起边坡失稳或水淹厂房。

【依据3】《国家能源局防止电力生产事故的二十五项重点要求》（国能安全〔2014〕161号文）

24.3.8 在重视防御江河洪水灾害的同时，应落实防御和应对上游水库垮坝、下游尾水顶托及局部暴雨造成的厂坝区山洪、支沟洪水、山体滑坡、泥石流等地质灾害的各项措施。

【依据4】《水电站水工建筑物技术监督导则》（DL/T 1559—2016）

5.3.6 近坝库岸及枢纽区边坡定期检查，详细记录巡查内容（影像、照片等），出现异常情况上报和

处理。检查内容包括：

  a）边坡及其上建筑物、坡内洞石开裂、错动、局部坍塌等的发生、发展情况。

  b）库岸滑坡体水下部分堆积情况。

  c）边坡加固工程完整性情况。

  d）边坡排水设施通畅及排水量变化情况。

  e）边坡区域人类活动情况，如居住、爆破、修路、采矿、灌溉等。

  f）地震等突发事件对边坡的影响情况。

  g）监测设施的运行情况。

6.4.6　泄水建筑物

6.4.6（1）本项目的查评依据如下。

【依据】《水电站水工设施运行维护导则　第1部分：水工建筑物》（Q/GDW 11151.1—2013）

6.5　泄水建筑物检查

6.5.1　溢洪道（泄水洞）的闸墩、胸墙、边墙、溢流面（洞身）、工作桥有无裂缝和损伤。

6.5.2　消能设施有无磨损冲蚀、淘刷和淤积情况。

6.5.3　下游河床及岸坡有无冲刷和淤积情况。

6.5.4　水流流态是否正常。

6.5.5　上游拦污设施状况是否良好。

6.6　输、泄水洞（管）检查

输、泄水洞（管）检查应包括下列内容：进水口有无滑坡，进水塔或竖井有无裂缝、渗漏、溶蚀、磨损、空蚀、碳化、钢筋锈蚀和冻害等情况；洞身有无裂缝、渗漏、溶蚀、磨损、空蚀等情况，伸缩缝开合和止水情况是否正常；消能设施有无冲刷、磨损和空蚀情况。

6.4.6（2）本项目的查评依据如下。

【依据】《水电站水工设施运行维护导则　第1部分：水工建筑物》（Q/GDW 11151.1—2013）

6.5　泄水建筑物检查

6.5.1　溢洪道（泄水洞）的闸墩、胸墙、边墙、溢流面（洞身）、工作桥有无裂缝和损伤。

6.5.2　消能设施有无磨损冲蚀、淘刷和淤积情况。

6.5.3　下游河床及岸坡有无冲刷和淤积情况。

6.5.4　水流流态是否正常。

6.5.5　上游拦污设施状况是否良好。

6.6　输、泄水洞（管）检查

输、泄水洞（管）检查应包括下列内容：进水口有无滑坡，进水塔或竖井有无裂缝、渗漏、溶蚀、磨损、空蚀、碳化、钢筋锈蚀和冻害等情况；洞身有无裂缝、渗漏、溶蚀、磨损、空蚀等情况，伸缩缝开合和止水情况是否正常；消能设施有无冲刷、磨损和空蚀情况。

6.4.6（3）本项目的查评依据如下。

【依据】《国家能源局防止电力生产事故的二十五项重点要求》（国能安全〔2014〕161号文）

24.1.3　水库设防标准及防洪标准应满足规范要求，应有可靠的泄洪等设施，启闭设备电源、水位监测设施等可靠性应满足要求。

6.4.7　引水建筑物

6.4.7（1）本项目的查评依据如下。

【依据1】《水电站进水口设计规范》（DL/T 5398—2007）

5.5.4　对于河道（沟岔）相连通的上、下水库，应对其泥沙资料进行分析，必要时，应在进/出水口的布置及型式选择中考虑泥沙的影响和防沙、排沙工程措施。

【依据2】《水电站水工设施运行维护导则 第1部分：水工建筑物》（Q/GDW 11151.1—2013）

6.4 引水建筑物检查

6.4.1 进水口有无滑坡、淤堵、裂缝及损伤，控制建筑物及进水口拦污设施状况、水流流态是否良好。

【依据3】《水电站水工建筑物技术监督导则》（DL/T 1559—2016）

5.3.6 近坝库岸及枢纽区边坡定期检查，详细记录巡查内容（影像、照片等），出现异常情况上报和处理。检查内容包括：

a）边坡及其上建筑物、坡内洞石开裂、错动、局部坍塌等的发生、发展情况。

b）库岸滑坡体水下部分堆积情况。

c）边坡加固工程完整性情况。

d）边坡排水设施通畅及排水量变化情况。

e）边坡区域人类活动情况，如居住、爆破、修路、采矿、灌溉等。

f）地震等突发事件对边坡的影响情况。

g）监测设施的运行情况。

6.4.7（2）本项目的查评依据如下。

【依据】《水电站进水口设计规范》（DL/T 5398—2007）

5.7.3 在进水口设置拦污栅，并采取门前捞漂、机械清污或提栅清污等防污措施，必要时可设置拦漂、导污设施，集中清污。

5.7.6 拦污栅和清污平台的布置应便于清污机操作和污物的清理及运输，并有一定的场地用以临时堆放污物。

5.7.8 多污物河流上进水口的拦污栅应装置监测压差的仪器，以掌握污物堵塞情况，便于及时清理。

6.4.7（3）本项目的查评依据如下。

【依据】《水电站水工设施运行维护导则 第1部分：水工建筑物》（Q/GDW 11151.1—2013）

6.4 引水建筑物检查

6.4.2 引水隧洞洞身有无裂缝、渗漏、溶蚀、磨损、空蚀等情况，伸缩缝开合和止水情况是否正常。

6.4.7（4）本项目的查评依据如下。

【依据】《水电站水工设施运行维护导则 第1部分：水工建筑物》（Q/GDW 11151.1—2013）

6.4 引水建筑物检查

6.4.1 引进水口有无滑坡、淤堵、裂缝及损伤，控制建筑物及进水口拦污设施情况、水流流态是否良好。

6.4.7（5）本项目的查评依据如下。

【依据】《水电站金属技术监督导则》（Q/GDW 11299—2014）

6.9.3.4 压力钢管的安全检测应按 DL/T 709 的规定执行。水工钢闸门和启闭机的安全检测应按 DL/T 835 的规定执行。闸门、启闭机应定期检查金属锈蚀情况，对生锈腐蚀严重的金属表面做防护处理，防腐蚀方案和质量验收应按 DL/T 5358 的规定执行。金属结构部件运维检修阶段技术监督检验项目见表9。

表9　　　　　　　　　　　金属结构部件运维检修阶段技术监督检验项目

序号	设备名称	部件名称	检验项目	检修周期	备 注
1	闸门、拦污栅、压力钢管、启闭机、进水阀门	压力钢管	安全检测	结合检修	按 DL/T 709 的规定执行
			防腐处理	结合检修	按 DL/T 5358 的规定执行
2		钢闸门和启闭机	安全检测	结合检修	按 DL/T 835 的规定执行
			防腐处理	结合检修	按 DL/T 5358 的规定执行
3		拦污栅	外观检查	结合检修	
4		进水阀门	外观检查	A、C	

序号	设备名称	部件名称	检验项目	检修周期	备 注
5	气、水、油管道	技术供水管、蜗壳取水管和与压力钢管、压力容器（压油槽、储气罐等）相连的管道等	外观检查	A、C	运行 15 万 h 以上，试验压力为工作压力的 1.25 倍，且不大于设计压力
			耐压试验	A	
			测厚检查	A	
6		操作油管	外观检查	A、C	

6.4.7（6）本项目的查评依据如下。

【依据】《水电站水工设施运行维护导则 第 1 部分：水工建筑物》（Q/GDW 11151.1—2013）

6.4 引水建筑物检查

6.4.2 引水隧洞洞身有无裂缝、渗漏、溶蚀、磨损、空蚀等情况，伸缩缝开合和止水情况是否正常。

6.4.7（7）本项目的查评依据如下。

【依据】《水电站水工设施运行维护导则 第 1 部分：水工建筑物》（Q/GDW 11151.1—2013）

6.4.3 交叉封堵堵头是否存在裂缝、渗水、析钙等情况。

6.4.8 厂房及其附属洞室

6.4.8（1）本项目的查评依据如下。

【依据】《国家电网公司水电厂重大反事故措施》（国家电网基建〔2015〕60 号文）

3.3.1.1 应根据电站的实际地形条件、厂房形式，设置合理的进厂通道。

3.3.1.4 地下厂房交通运输洞进口宜位于厂房非常运用洪水位以上，避开泄洪雨雾区和泥石流影响区，进口段宜做成反坡。若进口高程低于厂房非常运用洪水位，应设置防洪措施和人员安全进出通道。

3.3.1.7 需要利用厂房墙体挡水时，应做好墙体及其基础的防渗处理。

6.4.8（2）本项目的查评依据如下。

【依据 1】《国家电网公司水电厂重大反事故措施》（国家电网基建〔2015〕60 号文）

3.2.1.1 厂房排水系统设计应留有余量。

3.2.1.2 应配置两套不同原理的厂房集水井水位监测装置及水位过高报警装置信号。

3.2.1.3 厂房渗漏排水系统应配置正常和事故两种情况下的供电电源。

3.2.1.4 应充分考虑电站的实际运行情况，选择合理的供排水路线和管路，选用匹配的排水泵，并按相关规范要求设置一定容量的备用泵。

3.2.1.5 厂房排水系统设计为自流排水的，应选择合理的排水廊道（排水洞）充分考虑自流排水的容量及流速、避免下游侧非正常水位的倒灌。

【依据 2】《国家能源局防止电力生产事故的二十五项重点要求》（国能安全〔2014〕161 号文）

24.1.4 厂房设计应设有正常及应急排水系统。

24.3.5 水电厂应按有关规定，对大坝、水库情况、备用电源、泄洪设备、水位计等进行认真检查。既要检查厂房外部的防汛措施，也要检查厂房内部的防水淹厂房措施，厂房内部重点应对供排水系统、廊道、尾水进入孔、水轮机顶盖等部位的检查和监视，防止水淹厂房和损坏机组设备。

6.4.8（3）本项目的查评依据如下。

【依据】《国家电网公司水电厂重大反事故措施》（国家电网基建〔2015〕60 号文）

3.3.1.5 地下厂房主要洞室的防渗排水应按"以排为主、排防结合"的原则设计。洞室距离水库较近或地下水丰富的地区，应加强渗水前沿部位的防渗、排水措施，可在洞室群外围与顶部分层设置排水洞，并利用排水洞设防渗帷幕、排水幕。排水洞内应设置渗漏水流量监测装置。当设有尾水调压室时，应加强来自尾水调压室渗漏水的防、排措施。

6.4.9 尾水建筑物

6.4.9（1）本项目的查评依据如下。

【依据】《国家电网公司水电厂重大反事故措施》（国家电网基建〔2015〕60号文）

3.3.3.3 加强厂房尾水挡墙（基建期围堰）、进厂通道（孔洞）的监测、巡检和维护。在汛期，特别是强降雨期间，应增加对尾水挡墙、进厂通道（孔洞）监测和检查的频次。发现异常现象，应采取防护措施或进行工程处理。

6.4.9（2）本项目的查评依据如下。

【依据】《水电站水工建筑物技术监督导则》（DL/T 1559—2016）

5.3.6 近坝库岸及枢纽区边坡定期检查，详细记录巡查内容（影像、照片等），出现异常情况上报和处理。检查内容包括：

a）边坡及其上建筑物、坡内洞石开裂、错动、局部坍塌等的发生、发展情况。

b）库岸滑坡体水下部分堆积情况。

c）边坡加固工程完整性情况。

d）边坡排水设施通畅及排水量变化情况。

e）边坡区域人类活动情况，如居住、爆破、修路、采矿、灌溉等。

f）地震等突发事件对边坡的影响情况。

g）监测设施的运行情况。

6.4.10 渣场

6.4.10（1）本项目的查评依据如下。

【依据1】《水土保持工程设计规范》（GB 51018—2014）

5.7.1 弃渣场级别应根据堆渣量、堆渣最大高度以及弃渣场失事后对主体工程或环境造成危害程度，按表5.7.1的规定确定。

表5.7.1 弃渣场级别

渣场级别	堆渣量 V（万 m³）	最大堆渣高度 H（m）	渣场失事对主体工程或环境造成的危害程度
1	2000≥V≥1000	200≥H≥150	严重
2	1000>V≥500	150≥H≥100	较严重
3	500>V≥100	100>H≥60	不严重
4	100>V≥50	60>H≥20	较轻
5	V<50	H<20	无危害

注：1 根据堆渣量、堆渣最大高度、弃渣场失事后对主体工程或环境造成危害程度确定的渣场级别不一致时，就高不就低。

2 渣场失事对主体工程的危害指对主体工程施工和运行的影响程度，渣场失事对环境的危害指对城镇、乡村、工矿企业、交通等环境建筑物的影响程度。

3 严重危害：相关建筑物遭到大的破坏或功能受到大的影响，可能造成人员伤亡和重大财产损失的。

较严重危害：相关建筑物遭到较大破坏或功能受到较大影响，需进行专门修复后才能投入正常使用。

不严重危害：相关建筑物遭到破坏或功能受到影响，及时修复可投入正常使用。

较轻危害：相关建筑物受到的影响很小，不影响原有功能，无须修复即可投入正常使用。

【依据2】《水电建设项目水土保持方案技术规范》（DLT 5419—2009）

10.2 渣场防护工程

10.2.1 项目建设造成的弃土石渣，必须设置专门的堆放场地，并修建完善的防护工程。

10.2.2 弃渣堆放场地应根据地形地质、降雨及产汇流条件等特点综合规划。从施工运输便捷程度、占用的土地资源类型和面积、损坏的水土保持设施类型和数量、渣场水土流失防治的难易程度、防治措施工程量及投资等方面进行场址合理性分析。场址应经过综合比选后确定，并符合以下原则：

1 弃渣场选址规划应采用就近堆放和集中堆放相结合，宜选择在坑凹、山谷沟道或荒滩地，不占或少占耕地。

2 弃渣场不宜设置在集中居民点、厂矿企业、基本农田保护区等设施上游或周边，避免设置在高等级公路两侧可视范围、自然保护区、一级或二级水源保护区、风景名胜区等敏感区域内，如确不能避免，渣场防护要求应根据保护对象相应提高。

3 弃渣总量超过 10 万 m^3 的弃渣场或周边有重要防护对象的弃渣场，在防护设计时，需进行必要的地质勘探，不得在不良地质区域布设弃渣场。

4 不得在已建水库管理范围内设置弃渣场。

5 在本项目水库内设置弃渣场，应尽量避免布置在水库消落区内。对确不能避免的，在渣体稳定计算和防护设计中，应充分考虑水位消落对渣体稳定的不利影响，确保渣场稳定。

6 弃渣场应设置在河道管理范围以外，如确需要在河道管理范围内设置弃渣场，应进行必要的分析论证，确保河道现有行洪、航运、供水等功能的发挥，避免对河道上下游保护对象产生不利影响，并征得河道管理部门同意。

10.2.3 渣场各类弃渣的堆放宜采用"先拦后弃"的施工方法，各种理化性状的土渣、石渣宜分区堆存，在提高渣体稳定性的同时，为本项目后续利用或其他项目的综合利用创造条件。渣体堆放形式根据地形及弃渣情况确定，应确保渣体长期稳定，稳定性分析中应进行各种可能不利因素组合分析。渣体堆放设计宜设置专门的表层土和耕植土堆放区域。

6.4.10（2）本项目的查评依据如下。

【依据 1】《水土保持工程设计规范》（GB 51018—2014）

5.7.2 弃渣场防护工程建筑物级别应根据渣场级别分为 5 级，按表 5.7.2 的规定确定，并应符合下列要求：

1 拦渣堤、拦渣坝、挡渣墙、排洪工程建筑物级别应按渣场级别确定。

2 当拦渣工程高度不小于 15m，弃渣场等级为 1 级、2 级时，挡渣墙建筑物级别可提高 1 级。

表 5.7.2　　　　　　　　　　　　　弃渣场拦挡工程建筑物级别

渣场级别	拦渣工程			排洪工程
	拦渣堤工程	拦渣坝工程	挡渣墙工程	
1	1	1	2	1
2	2	2	3	2
3	3	3	4	3
4	4	4	5	4
5	5	5	5	5

5.7.4 弃渣场抗滑稳定安全系数应符合下列规定：

1 采用简化毕肖普法、摩根斯顿—普赖斯法计算时，抗滑稳定安全系数不应小于表 5.7.4-1 规定的数值。

表 5.7.4-1　　　　　　　　　　　　　弃渣场抗滑稳定安全系数

应用情况	弃渣场级别			
	1	2	3	4、5
正常运用	1.35	1.30	1.25	1.20
非常运用	1.15	1.15	1.10	1.05

2 采用瑞典圆弧法、改良圆弧法计算时，抗滑稳定安全系数不应小于表 5.7.4-2 规定的数值。

表 5.7.4-2　　　　　　　　　　　　　弃渣场抗滑稳定安全系数

应用情况	弃渣场级别			
	1	2	3	4、5
正常运用	1.25	1.20	1.20	1.15
非常运用	1.10	1.10	1.05	1.05

5.7.5　弃渣场拦挡工程安全稳定应符合下列要求：

1　挡渣墙（浆砌石、混凝土、钢筋混凝土）基底抗滑稳定安全系数不应小于表 5.7.5-1 规定的允许值。

表 5.7.5-1　　　　　　　　　　　　挡渣墙基底抗滑稳定安全系数

计算工况	土质地基					岩石地基					按抗剪断公式计算时
	挡渣墙级别					挡渣墙级别					
	1	2	3	4	5	1	2	3	4	5	
正常运用	1.35	1.30	1.25	1.20	1.20	1.10	1.08		1.05		3.00
非常运用	1.10			1.05		1.00					2.30

2　当土质地基上的挡渣墙沿软弱土体整体滑动时，按瑞典圆弧法或折线滑动法计算的抗滑稳定安全系数不应小于表 5.7.4-1 规定的允许值。

3　土质地基上挡渣墙的抗倾覆安全系数不应小于表 5.7.5-2 规定的允许值。

表 5.7.5-2　　　　　　　　　　　土质地基挡渣墙抗倾覆安全系数

计算工况	挡渣墙级别			
	1	2	3	4、5
正常运用	1.60	1.50	1.45	1.40
非常运用	1.50	1.40	1.35	1.30

4　岩石地基上 1 级～2 级挡渣墙，在基本荷载组合条件下，抗倾覆安全系数不应小于 1.45，3 级～5 级挡渣墙抗倾覆安全系数不应小于 1.40；在特殊荷载组合条件下，不论挡渣墙的级别，抗倾覆安全系数均不应小于 1．30。

5　采用计条块间作用力的计算方法时，拦渣堤（土堤或土石堤）边坡抗滑稳定安全系数不应小于表 5.7.5-3 规定的允许值。

表 5.7.5-3　　　　　　　　　　　　　拦渣堤抗滑稳定安全系数

拦渣提工程级别	1	2	3	4	5
正常运用	1.35	1.30	1.25	1.20	1.20
非常运用	1.15	1.15	1.10	1.05	1.05

6　采用不计条块间作用力的瑞典圆弧法计算边坡抗滑稳定安全系数时，正常运用条件最小安全系数应比表 5.7.5-3 规定的数值减小 8%。

5.7.6　挡渣墙（浆砌石、混凝土、钢筋混凝土）基底应力计算应满足下列要求：

1　在各种计算工况下，土质地基和软质岩石地基上的挡渣墙平均基底应力不应大于地基允许承载力允许值，最大基底应力不应大于地基允许承载力的 1.2 倍。

2　土质地基和软质岩石地基上挡渣墙基底应力的最大值与最小值之比不应大于 2.0，砂土宜取 2.0～3.0。

【依据2】《开发建设项目水土保持方案技术规范》（GB 50433—2008）

7 拦渣工程

7.1 一般规定

7.1.1 开发建设项目在施工期和生产运行期造成大量弃土、弃石、弃渣、尾矿和其他废弃固体物质时，必须布置专门的堆放场地，将其分类集中堆放并修建拦渣工程。

7.1.2 根据弃土、弃石、弃渣等堆放的位置和堆放方式，结合地形、地质、水文条件等布置拦渣工程，有效控制水土流失。

7.2 适用条件

7.2.1 在沟道中堆置弃土、弃石、弃渣、尾矿时必须修建拦渣坝（尾矿库）。

7.2.2 弃土、弃石、弃渣等堆置物易发生滑塌，当堆置在坡顶及斜坡面时必须修建挡渣墙。

7.2.3 弃土、弃石、弃渣等堆置于河（沟）道旁边时必须按防洪治导线布置拦渣堤。拦渣堤具有防洪要求时应结合防洪堤进行布置。

7.3 设计要求

7.3.1 拦渣坝（尾矿库）的设计应符合下列要求：

1 坝址选择应结合下列因素：

1）河（沟）谷地形平缓，河（沟）床狭窄，有足够的库容拦挡洪水、泥沙和废弃物。

2）两岸地质地貌条件适合布置溢洪道、放水设施和施工场地。

3）坝基宜为新鲜岩石或紧密的土基无断层破碎带无地下水出露。

4）坝址附近筑坝所需土、石、砂料充足且取料方便水源条件能满足施工要求。

5）排废距离近库区淹没损失小废弃物的堆放不会增加对下游河（沟）道的淤积。并不影响河道的行洪和下游的防洪。

2 防洪标准的确定应遵循下列原则：

1）项目及工矿企业的拦渣坝（尾矿库）根据库容或坝高的规模可分为四个等级防洪标准，可按照国家标准《防洪标准》GB 50201—2014 表 5.0.1 中的规定选择确定。沟道中的拦渣坝防洪标准还应符合水土保持治沟骨干工程的规定。

2）当拦渣坝（尾矿库）一旦失事对下游的城镇、工矿企业、交通运输等设施造成严重危害或有害物质会大量扩散时应比规定确定的防洪标准提高一等或二等。对于特别重要的拦渣坝（尾矿库）除采用Ⅰ等的最高防洪标准外还应采取专门的防护措施。

3 上游及周边来水处理应遵循下列原则：

1）拦渣坝上游洪水较小时。设置导洪堤或排洪渠。将区间洪水排泄至拦渣坝的溢洪道或泄洪洞进口将洪水排泄至下游。

2）拦渣坝上游有较大洪水时应在拦渣坝的上游修建拦洪坝在此情况下拦渣坝溢洪道、泄洪洞的泄洪流量由拦洪坝下泄流量与两坝之间的区间洪水流量组合调节确定。

3）拦渣坝上游来洪量较大且无条件修建拦洪坝时应修建防洪拦渣坝，该坝同时具有拦渣和防洪双重作用。经技术经济分析之后，择优确定。

可靠、经济、合理的设计和施工方案。

4 拦渣坝坝高与库容的确定应遵循下列原则：

1）拦渣坝总库容由拦渣库容、拦泥库容、滞洪库容三部分组成。

2）坝顶高程为总库容在水位—库容曲线上对应的高程加上安全超高之和。

7.3.2 挡渣墙的设计应符合下列要求：

1 水土保持工程可采用重力式、悬臂式、扶臂式和加筋式等型式的挡渣墙。

2 墙址及走向选择：

1）应沿弃土、弃石、弃渣坡脚或相对较高的坡面上布置挡渣墙，有效降低挡渣墙的高度。地基宜为新鲜不易风化的岩石或密实土层。

2）挡渣墙沿线地基土层巾的含水量和密度应均匀单一，避免地基不均匀沉陷引起墙基和墙体断裂等形式的变形。

3）挡渣墙的长度应与水流方向一致，避免截断沟谷和水流。若无法避免则应修建排水建筑物。

4）挡渣墙线应顺直，转折处采用平滑曲线连接。

3 渣体及上方与周边来水处理：

1）当挡渣墙及渣体上游集流面积较小坡面径流或洪水对渣体及挡渣墙冲刷较轻时可采取排洪渠、暗管、导洪堤等排洪工程将洪水排泄至挡渣墙下游。

2）排洪渠、暗管、涵洞、导洪堤等排洪工程设计与施工技术要求可按照本规范相关规定执行。

3）当挡渣墙及渣体上游集流面积较大坡面径流或洪水对渣体及挡渣墙造成较大冲刷时应采取引洪渠、拦洪坝等蓄洪引洪工程将洪水排泄至挡渣墙下游或拦蓄在坝内有控制地下泄。

4）引洪渠、拦洪坝等工程设计与施工技术要求可按照本规范相关规定执行。

7.3.3 拦渣堤应符合下列要求：

1. 拦渣堤宜选择在河道较宽处不宜在河流凹岸侧建设。宜少占用河床的面积。当在河漫滩地上建设拦渣堤时应减少占地面积不得影响河道的行洪宽度。

2. 拦渣堤的布设应符合下列要求：

1）应按照《河道管理条例》的要求获得相应河道管理部门的批准。

2）设计标准应与其相应的河道防洪标准相对应。

3）建设过程中严禁泥土石进入河道。

3 堤线选择与河流治导线可按照本规范中堤线选择与平面布置的有关规定执行。

4 拦渣堤可分为沟岸拦渣堤、河岸拦渣堤。弃土、弃石、弃渣堆置于沟道边时应采用沟岸拦渣堤；弃土、弃石、弃渣堆置于河道边时应采用河岸拦渣堤。

5 防洪标准应满足下列要求：

1）拦渣堤设计必须同时满足防洪和拦渣的双重要求。

2）拦渣堤的防洪标准与堤防工程相同，可按照本规范堤防工程的规定执行。

3）堤顶高程必须同时满足防洪与拦渣的双重要求，取二者的大值。防洪堤高根据设计洪水、风浪爬高、安全超高、拦渣量综合确定。

7.3.4 围渣堰的设计应符合下列要求：

1. 平地堆渣场根据堆置高度、弃土（渣、沙、石、灰）容重和岩性综合分析稳定性布置拦挡工程和土地整治工程。当堆置高度低于3m时外围修筑围渣（土、沙、石、灰）堰并平堆覆土改造成为农林草地。当堆置高度高于3m（含3m）时外围修筑挡渣（土、沙、石、灰）墙内修筑阶式水平梯田等并覆土改造成为农林草地。

2 按照筑堰材料围渣堰可分为土围堰、土石围堰、砌石围堰。根据堰外洪水冲刷作用大小对土围堰、土石围堰堰顶和外坡采用块石、混凝土或钢筋混凝土预制板（块）护坡。围渣堰断面形式可采用梯形。根据渣场地形地质、水文、施工条件、筑堰材料、弃渣岩性和数量等选择堰型。

3 应根据堰外河道防洪水位、河槽宽度并结合围渣堰周边排洪排水系统工程布置等分析确定围渣堰的平面布置。围渣堰纵断面线宜采用直线形，大弯就势、小弯取直，使表面规则平整。

4 防洪标准可按照拦渣堤的规定执行。

【依据3】《水电建设项目水土保持方案技术规范》（DL/T 5419—2009）

10.2 渣场防护工程

10.2.4 渣场防护工程由拦渣工程、排洪工程、排（蓄）水工程、植被恢复工程四部分组成，各项子工程应相互协调、合理布设。

10.2.5 拦渣工程结构型式主要包括拦渣坝、挡渣墙、拦渣堤（导洪堤）等型式，可根据渣场的规模、运行功能、渣场水文地质条件、地形地貌特征及堆渣形式的差异选用。建筑物设计应充分考虑渣体排水要求。

10.2.6　当渣场位于山谷沟道中，堆放总量或堆渣高度较大，弃渣流失危害较大，下游侧宜修建拦渣坝工程。

拦渣坝坝型可采用重力式，根据筑坝材料可分为浆（干）砌石坝、土石坝、混凝土坝、钢丝笼坝等型式，应根据拦渣规模、筑坝材料来源、水文、地质、地形及施工条件等因素，按安全、经济的原则选用。

拦渣坝宜采用低坝型式。当弃渣量较大或弃渣堆放高度较高时，可沿河道径流方向修建多级拦渣坝。

根据上游洪水情况，拦渣坝可配套布设溢洪道、泄洪洞等排洪设施，排洪设施设计标准根据渣场防洪要求确定。拦渣坝设计参照相关规范执行。

10.2.7　弃渣堆置在斜坡面，或渣体易发生表层局部塌滑，应修建挡渣墙进行渣体坡脚防护。

挡渣墙结构型式主要有重力式、半重力式、衡重式、悬臂式、扶臂式、空箱式、板桩式等，可根据不同地质、水文、墙高等条件分析选用。

挡渣墙设计应对抗滑、抗倾覆、地基承载力等进行分析，基础处理、结构计算、排水及细部结构设计，按 SL 379 执行。

6.4.10（3）本项目的查评依据如下。

【依据1】《水土保持工程设计规范》（GB 51018—2014）

5.7.3　拦渣堤（围渣堰）、拦渣坝、排洪工程防洪标准应根据其相应建筑物级别，按表 5.7.3 的规定确定，应符合下列规定：

1　拦渣堤（围渣堰）、拦渣坝工程不应设校核洪水标准，设计防洪标准应按表 5.7.3 的规定确定，拦渣堤防洪标准还应满足河道管理和防洪要求。

2　排洪工程设计、校核防洪标准按表 5.7.3 的规定确定。

表 5.7.3　　　　　　　　　　弃渣场拦挡工程防洪标准

拦渣堤（坝）工程级别	排洪工程级别	防洪标准［重现期（年）］			
		山丘、丘陵区		平原区、滨海区	
		设计	校核	设计	校核
1	1	100	200	50	100
2	2	100～50	200～100	50～30	100～50
3	3	50～30	100～50	30～20	50～30
4	4	30～20	50～30	20～10	30～20
5	5	20～10	30～20	10	20

3　拦渣堤、拦渣坝、排洪工程失事可能对周边及下游工矿企业、居民点、交通运输等基础设施等造成重大危害时，2 级以下拦渣堤、拦渣坝、排洪工程的设计防洪标准可按表 5.7.3 的规定提高 1 级。

4　弃渣场临时性拦挡工程防洪标准取 3 年一遇～5 年一遇；当弃渣场级别为 3 级以上时，可提高到 10 年一遇防洪标准。

5　弃渣场永久性截排水措施的排水设计标准采用 3 年一遇～5 年一遇 5min～10min 短历时设计暴雨。

【依据2】《开发建设项目水土保持方案技术规范》（GB 50433—2008）

7　拦渣工程

7.1.3　拦渣工程主要有拦渣坝（尾矿库）、挡渣墙、拦渣堤三种形式，其防洪标准及设计标准应按其所处位置的重要程度和河道的等级分别确定，并应进行相应的洪峰流量计算。

【依据3】《水电建设项目水土保持方案技术规范》（DL/T 5419—2009）

10.2　渣场防护工程

10.2.8　弃渣场设置在沟道或河道旁，应按防洪治导线设置防洪拦渣堤，如同时兼具防洪功能，应结合防洪要求进行布设。防洪拦渣堤应同时满足拦渣建筑物和防洪建筑物的设计要求，水工建筑物设计按GB 50286 执行。

10.2.9 渣场排洪工程由上游拦洪工程、排洪沟（渠、洞）和渣场周边截洪工程三部分组成，各项设施布置根据弃渣场上游的洪水情况、地形地质条件、渣场规模、堆渣型式以及渣体坍塌对下游造成的危害等因素确定。排洪工程的防洪设计标准按照渣场规模及特点，根据附录 D 确定。

10.2.10 渣场排（蓄）水工程包括排水设施和蓄水设施两部分。排水设施布置在渣场表面，引排渣面降水产生的地表径流；蓄水设施结合排水设施布置，收集降雨和地表径流，用于渣场植被恢复或土地整治的后期养护灌溉。排水设施设计标准根据渣场实际需要确定，一般采用两年一遇至五年一遇（P=50%～20%）。设施类型主要有排水沟、渠、涵、管等。

蓄水设施包括蓄水池、水窖等，为了便于蓄存和排泄，蓄水设施应与排水设施及天然沟道结合布设，并可根据灌溉要求配套布设喷灌、滴灌、管灌等设施。

10.2.11 渣场植被恢复工程包括渣面整地、覆土和林草种植三部分。弃渣结束后，应对弃渣场顶部平台、马道平台和坡面进行平整。在满足渣场整体稳定的前提下，对局部易造成坍塌、滑坡的渣体表面，可采取削坡开级、蓄水保土、开沟排水等综合治理措施。对易遭受暴雨、洪水冲刷的坡面，可采用大块石砌护、抛石或钢丝笼护坡（护脚）、坡体截排水等护坡工程措施。

渣场表面坡度小于25°的区域，在确保渣体稳定的前提下，可根据当地农业生产需要，复垦为耕地。

植被恢复工程设计应充分结合周边区域生态环境和自然景观特点，具体设计要求按照10.7 节。

10.2.12 渣场的拦渣坝、拦洪坝及其他工程的地质勘察，需按照相关规范要求执行。

【依据4】《国家电网公司水电厂重大反事故措施》（国家电网基建〔2015〕60 号文）

17.7.2.2 对厂区公路以及其他生产、生活设施采取可靠的防汛措施，特别是渣场、厂区公路、地处河流附近低洼地区、水库下游地区、河谷地区的生产、生活建筑及排水设施要进行详查保证排水畅通，防止河水倒灌和暴雨水淹造成道路损坏事故。

6.4.11 水工建筑物安全监测系统

6.4.11（1）本项目的查评依据如下。

【依据1】《水电站大坝安全监测工作管理办法》（电监安全〔2009〕4 号）

第十七条 水电站运行单位应按照有关要求开展大坝安全监测工作，不得擅自改变监测的项目、测点、频次和期限。

第十九条 水电站运行单位应当加强对监测系统的日常巡查，年度详查和定期检查。监测系统的定期检查一般每五年进行一次，也可结合大坝安全定期检查进行。

【依据2】《水电站大坝安全监测工作管理规定》（国家电网生技〔2005〕399 号）

第十九条 水电站运行单位应妥善保护各种监测设备和附属设施，加强监测设备的日常维护及检查，使系统始终处于良好的工作状态。

每年汛前必须结合大坝防汛检查，对安全监测系统作年度详查。其内容包括：现场检查，审阅系统运行、检查及维护记录，提出监测系统年度详查报告。

安全监测系统的定期检查一般每隔五年进行一次，也可结合大坝安全定期检查进行，水电站运行单位应通过招标选择有资质和经验的单位对大坝安全监测系统进行全面检查，提出监测系统检查鉴定专题报告。内容应包括监测系统的完备性，监测设施的精度和可靠性，对监测仪器设备封存、报废及监测项目停测的建议以及对安全监测系统的改进意见等。

6.4.11（2）本项目的查评依据如下。

【依据1】《水电站大坝安全监测工作管理办法》（电监安全〔2009〕4 号）

第十七条 水电站运行单位应按照有关要求开展大坝安全监测工作，不得擅自改变监测的项目、测点、频次和期限。

第十九条 水电站运行单位应当加强对监测系统的日常巡查，年度详查和定期检查。监测系统的定期检查一般每五年进行一次,也可结合大坝安全定期检查进行。

【依据 2】《水电站大坝安全监测工作管理规定》(国家电网生技〔2005〕399 号)

第十九条　水电站运行单位应妥善保护各种监测设备和附属设施,加强监测设备的日常维护及检查,使系统始终处于良好的工作状态。

每年汛前必须结合大坝防汛检查,对安全监测系统作年度详查。其内容包括:现场检查,审阅系统运行、检查及维护记录,提出监测系统年度详查报告。

安全监测系统的定期检查一般每隔五年进行一次,也可结合大坝安全定期检查进行,水电站运行单位应通过招标选择有资质和经验的单位对大坝安全监测系统进行全面检查,提出监测系统检查鉴定专题报告。内容应包括监测系统的完备性,监测设施的精度和可靠性,对监测仪器设备封存、报废及监测项目停测的建议以及对安全监测系统的改进意见等。

【依据 3】《水电站大坝运行安全监督管理规定》(发改委 2015 年 23 号令)

第六条　电力企业应当保证大坝安全监测系统、泄洪消能和防护设施、应急电源等安全设施与大坝主体工程同时设计、同时施工、同时投入运行。

第八条　电力企业应当加强大坝安全监测与信息化建设工作,及时整理分析监测成果,监控大坝运行安全状态,并且按照要求向大坝中心报送大坝运行安全信息。对坝高一百米以上的大坝、库容一亿立方米以上的大坝和病险坝,电力企业应当建立大坝安全在线监控系统,并且接受大坝中心的监督。

第十条　电力企业应当每年年底开展大坝安全年度详查,总结本年度大坝安全管理工作,整编分析大坝监测资料,分析水库、水工建筑物、闸门及启闭机、监测系统和应急电源的运行情况,提出大坝安全年度详查报告并且报送大坝中心。

第三十一条　大坝中心应当对电力企业大坝安全监测、检查、维护、信息化建设及信息报送等工作进行监督、检查和指导,对大坝安全监测系统进行评价鉴定,对电力企业报送的大坝运行安全信息进行分析处理,对注册(备案)登记的大坝运行安全进行远程在线技术监督。

【依据 4】《大坝安全监测系统运行维护规程》(DL/T 1558—2016)

4　总则

4.1　应制定监测工作管理制度和监测规程,开展大坝安全监测工作,进行监测系统的日常管理和维护。

4.2　监测系统应验收合格后投入运行。监测系统的功能、性能指标及运行稳定性应满足大坝安全监控要求。

4.3　监测人员应具备必要的水工专业知识,了解大坝结构特点及其运行特性,熟悉监测设施的布置及检测仪器的基本功能,掌握监测资料整编和分析方法。

4.4　应按监测规程规定的频次和技术要求进行日常监测,测值异常时应及时复测,并进行记录。

4.5　监测数据应按 DL/T 5209 和 DL/T 5256 的要求及时进行整编,监测资料按 DL/T 5178 和 DL/T 5259 的要求进行分析。

4.6　应按规定开展监测系统的日常检查、年度详查和定期检查,并进行维护和记录。

4.7　监测设施发生故障时应及时排除,故障排除后应重新检验、校正,并详细记录。

4.8　应定期对监测系统的运行性态进行鉴定评价,按规定程序审查、确认后,可对监测设施进行封存、报废和对监测项目、测点、频次进行调整。

4.9　监测系统不能满足大坝安全监控要求时,应对监测系统进行更新改造。监测系统的更新改造应当进行专项设计、专项审查、专项施工和专项验收。

4.10　监测系统运行维护工作的内容包括环境监测、变形监测、渗流监测、应力应变及温度监测等项目涉及的相关监测仪器设备的运行、检查维护和故障处理。

【依据 5】《水电站水工设施运行维护导则　第 3 部分:大坝安全监测系统》(Q/GDW 11151.3—2013)

5　总则

5.1　一般规定

5.1.1　大坝运行单位应按照相关规范的要求开展大坝安全监测工作，确保监测项目的完备性、监测系统的可靠性、监测方法的合理性，注意日常管理和维护，为大坝的运行及安全状态评价提供可靠的数据资料。

5.1.2　相关测量仪器及其配套设施的使用、检验和校正，按 GB/T 3161、GB/T 27663、GB/T 10156 等规范执行。

5.1.3　现场安装的监测仪器设备应加以保护，定期进行巡查和维护。

5.1.4　监测仪器设备故障应及时维修处理，维修后应重新率定校核，并做好维护记录，注明仪器、仪表或装置的异常和故障，记录电缆接长或剪短等情况。

5.1.5　同一项目的监测方法应相对固定。变形控制网观测的仪器、人员宜相对固定，一次观测期间不宜更换仪器和人员；仪器、位置、方法或人员变更后，应及时采取措施以保证资料的连续性。

5.1.6　监测仪器设备的操作和测读前应进行常规的外观和性能检查，操作和测读完成后应进行记录；监测数据应及时整编和分析，按时进行大坝安全监测资料年度整编，并存档。

5.1.7　监测仪器设备的封存、报废，监测项目、测点、频次和期限的调整，应按照电监安全〔2009〕4 号的相关要求，由大坝运行单位提出，大坝主管单位审查，经能源局大坝安全监察中心确认后实施。

5.1.8　监测系统在功能、性能指标、监测项目、设备精度及运行稳定性等方面不能满足大坝运行安全要求时，应进行更新改造。改造工作应按照电监安全〔2009〕4 号相关要求进行。监测系统自动化改造时应尽可能保留原有的人工监测系统。

5.1.9　新增的监测仪器及其附属设施的选购、检验、安装和埋设等应按照相关标准要求执行，更新改造完成后应重新绘制监测系统布置图，对在测、停测的仪器采用不同的方式标记。

5.1.10　大坝运行单位或大坝主管单位应按照电监安全〔2006〕38 号规定，及时报送大坝安全监测信息。

5.1.11　应建立监测资料数据库或信息管理系统。

5.3　监测系统的运行、检查和维护要求

5.3.1　监测系统检查维护包括日常检查维护、年度详查、系统综合评价和故障检查维护。日常检查维护在现场操作和测读时、以及大坝安全日常巡视检查时进行。监测系统检查维护项目及频次要求见附录 A，监测系统检查和维护记录表格形式见附录 B。

5.3.2　监测系统的年度详查宜安排在汛前，结合水工建筑物的汛前检查进行。其内容包括：检查监测测点情况，审阅上一年度监测系统运行、检查及维护记录，在水电站防汛年度详查报告中反映监测系统运行性态，分析其是否能满足监测评价大坝安全的目的。

5.3.3　监测系统的综合评价应至少每五年进行一次，宜结合大坝安全定期检查进行。通过选取有资质和经验的单位对大坝安全监测系统进行全面检查、测量和率定，提出监测系统综合评价报告。报告应评价监测系统的完备性、监测设施的精度和可靠性，分析监测系统异常状态的原因，提出监测仪器设备封存、报废及监测项目停测的建议，以及对安全监测系统的改进意见等。

5.3.4　大坝运行单位应结合大坝定期检查，开展监测资料深入分析工作，监测资料分析应突出趋势性分析和异常现象诊断，对大坝的关键监测项目，应提出运行警戒值。

5.3.5　当发生地震、非常洪水或其他可能影响大坝安全的异常情况时，大坝运行单位应加强巡视检查，增加监测频次（必要时增加监测项目），分析监测数据，评判大坝运行状态，及时上报有关情况。

5.3.6　监测系统发生故障无法正常工作时，应及时进行维修处理。在此期间，应考虑替代监测方式进行测量，直至系统恢复。

5.3.7　应定期对自动化监测系统的测点、监测站、监测管理站、监测管理中心站的仪器设备、电源和通信装置等进行检查，按设备周期进行维护和更换。

5.3.8　监测自动化系统应配备必需的备品、备件。

5.3.9　各种仪器应防挤压、防冻、防潮和防高温，精密测量仪器需防日晒、雨淋、碰撞震动。监测仪器设备运输时应妥善包装，测量仪器的电池应按说明书要求进行充放电维护以及保管。

5.3.10 对监测系统检查和维护中发现的问题，应建立完善的报告制度和处理流程。

5.3.11 应按 DL/T 5178 和 DL/T 5259 及相关规范、规程要求的时间和频次进行大坝安全监测。测值出现非正常变化时应复测确认，分析数据异常原因，必要时加密观测；若确认系监测系统故障的，应尽快查明故障原因并及时修复。

【依据 6】《国家能源局防止电力生产事故的二十五项重点要求》（国能安全〔2014〕161 号文）

24.1.2 大坝、厂房的监测设计需与主体工程同步设计，监测项目内容和设施的布置在符合水工建筑物监测设计规范的基础上，应满足维护、检修及运行要求。

【依据 7】《水电站水工建筑物技术监督导则》（DL/T 1559—2016）

5.3.4 安全监测按监测设施巡视检查、监测数据采集、监测资料整编分析、监测资料综合分析、检测系统维护及改造、大坝安全信息报送等开展水工技术监督工作。安全监测的水工技术监督内容主要包括：

a）监测设施巡视检查：按 DL/T 5187、DL/T 5259 的规定进行监督，按规定测次开展巡视检查，并做好记录和及时整理。

b）监测数据采集：检测项目、测次、精度按 DL/T 5187、DL/T 5259、DL/T 5211、DL/T 5272 及设计文件的要求进行监督，检测项目满足安全监控要求，监测频次符合规范规定，监测成果可靠，保证重要检测项目、重点部位、薄弱环节的监测资料的完整性和连续性。

c）监测资料整编分析：按 DL/T 5187、DL/T 5209、DL/T 5256、DL/T 5259 的规定进行监督，监测设备台账完整，监测数据整理规范、计算准确，及时进行资料分析，每月编制月报，每年进行年度资料整编。

d）监测资料综合分析：在定期检查、特种检查及出现异常现象时，结合工程地质、水文条件、结构特点、环境改变、运行性态等进行监测资料综合分析，评判大坝安全运行情况，提交专题报告。

e）监测系统维护及改造：按 DL/T 1254、DL/T 1271、DL/T 5178、DL/T 5211、DL/T 5259、DL/T 5272 和水电站大坝安全监测工作有关规定进行监督，监测仪器设备定期进行检验、校正，开展日常维护、故障处理、监测系统评价等；监测仪器设备的封存、报废，检测项目、测点、测次和期限的调整按规定报批并满足安全监控的要求。

f）大坝安全信息报送：按照水电站大坝安全信息报送的有关规定进行监督，报送项目满足安全监控要求，报送信息及时、有效。

【依据 8】《大坝安全监测系统综合评价导则》（Q/GDW 11575—2016）

9.1.1 监测设施综合评价应分别对环境量、变形、渗流、应力应变及温度子系统进行综合评价，每一子系统综合评价分为可靠、基本可靠、不可靠三个等级。

6.4.11（3）本项目的查评依据如下。

【依据 1】《水电站大坝安全监测工作管理办法》（电监安全〔2009〕4 号）

第十五条 大坝投入运行后，监测系统的运行管理工作由水电站运行单位负责。大坝安全监测工作人员应当经培训合格方可上岗。

第十六条 水电站运行单位应当编制大坝安全监测管理制度和操作规程，建立大坝安全监测技术档案。

第十七条 水电站运行单位应按照有关要求开展大坝安全监测工作，不得擅自改变监测的项目、测点、频次和期限。

第十八条 水电站运行单位应当及时整理、分析监测数据，每年 3 月底前完成对上一年度监测资料的整编。

第十九条 水电站运行单位应当加强对监测系统的日常巡查，年度详查和定期检查。监测系统的定期检查一般每五年进行一次，也可结合大坝安全定期检查进行。

第二十条 水电站运行单位应当结合大坝安全定期检查，组织开展监测资料的分析工作。监测资料分析应当突出趋势性分析和异常现象诊断，对大坝的关键监测项目，应当提出运行警戒值。

【依据2】《水电站大坝安全监测工作管理规定》（国家电网生技〔2005〕399号）

第二十条　水电站运行单位应按要求定时对大坝进行监测（包括巡视检查和仪器监测），不得随意减少监测项目、测次和测点，务必保证监测资料的真实、准确、可靠。

在特殊情况下，如强烈地震、特大洪水或者发现可能影响水电站大坝安全的异常情况时，应加强巡视检查，并增加测次，必要时增加监测项目。监测成果应及时整编，并尽快编写专题报告上报。

【依据3】《混凝土坝安全监测技术规范》（DL/T 5178—2016）

3.0.1　温凝土坝的安全监测应遵循如下原则：

1　对各部位施工、蓄水、运行等不同时期监测项目的选定和监测仪器设备布置应相互兼顾，统一规划，分步实施。对关键和重要部位布置的监测仪器设备或项目应有冗余，在任何条件下均能进行重要项目的监测。

2　监测站应布置在仪器比较集中、安全、通风、干燥、有电源设施及便于到达的地方。在设计时应规划监测仪器电缆线路，使电缆牵引的距离最短或施工干扰最小。各建筑物应设置必要的永久监测通道。

3　监测仪器设备应耐久、可靠、实用、有效，力求先进和便于实现自动化监测。当选用新型的监测仪器设备或监测方法时，需对其工作原理、埋设和监测方法以及测值分析技术进行必要的论证。

4　监测仪器设备应及时安装和埋设，保证首次蓄水期能够获得必要的监测成果。埋设完工后，应做好仪器的保护，并及时获得首次观测值，绘制竣工图，填写基本资料表，存档备查。

5　相关监测项目宜同步测读。应针对不同监测阶段，突出重点进行监测。发现测值异常，应立即复测，并同时记录相关施工干扰和环境量变化等情况。

6　监测资料应及时整编分析。一旦发现问题，应根据巡视检查情况，并结合工程特点，及时进行综合分析研究，评判大坝的工作状态。当发现有危及大坝安全的异常情况时，应立即上报。

7　对需要进行高频次或多项目同步监测以及受环境影响人工监测难以胜任的监测项目，宜实现自动化监测。

3.0.2　安全监测工作可分为五个阶段，各阶段的工作应满足以下要求：

1　可行性研究阶段。提出监测系统的总体设计、监测仪器设备的数量；监测系统的工程概算。对于高坝或者工程复杂的中、低坝，应提出监测系统设计专题报告。

2　招标设计阶段。以可行性研究阶段审批的监测方案为基础，复核监测系统设计，提出监测系统设计文件，包括主要部位监测方法、测点布置、电缆走线、测站位置，监测仪器设备的主要技术指标和数量清单、埋设安装和监测技术要求等，监测数据的采集、传输、处理和反馈的要求，以及监测系统布置图。

3　施工阶段。结合工程进展完善监测系统设计，提出施工详图；进行仪器设备的采购、检验、埋设、安装、调试和保护，编写埋设记录；绘制竣工图，编写竣工报告；监测工作应固定专人负责；按时进行监测资料分析，评价施工期大坝安全状况，为设计和施工提供决策依据。

4　蓄水阶段。制订监测工作计划，必要时设置临时监测设施，临时监测设施应与永久监测系统建立数据传输关系，确定蓄水基准值和主要监测项目的设计警戒值；按计划要求进行仪器监测和巡视检查；及时对大坝安全状态作出评价和反馈，为蓄水提供决策依据。

5　运行阶段。应进行日常和特殊情况下的监测工作，建立监测和信息技术档案。定期对监测设施进行检查、维护，并按国家和行业计量规定对监测仪器设备定期进行计量检定和鉴定。定期对监测资料进行整编和分析，对大坝的运行状态作出评价，为大坝运行提供技术支持。根据大坝实际运行性态、监测系统评价和监测资料分析成果，对必要的监测项目进行补充、完善和更新。

3.0.3　混凝土坝的安全监测项目分类和选择、项目测次、监测精度见附录A。

【依据4】《土石坝安全监测技术规范》（DL/T 5259—2010）

4.0.1　土石坝应根据工程等级、规模、结构型式及其地形、地质条件和地理环境等因素，设置必要的监测项目，用以监控大坝安全、掌握大坝运行性态、指导施工和运行、反馈设计。土石坝安全监测项目设置见附录 A.1。

4.0.2 土石坝的安全监测工作应遵循如下原则：

1 测点的布置应紧密结合工程实际，突出重点，兼顾全面，相关监测项目应统筹安排，各监测设施应能相互校验，临时监测设施与永久监测设施配合布置。测站及观测房的布置应综合考虑交通、接地和照明电源，保证观测作业简单方便。

2 监测仪器设备应耐久、可靠、实用，力求先进和便于实现自动化监测。

3 监测仪器设备的安装和埋设应及时，并按设计要求精心施工。埋设完工后，应做好仪器的保护，及时测读初始值，并绘制竣工图、填写基本资料表，存档备查。

4 应按规程规范和设计要求进行监测数据的测读、记录和整理分析，发现测值异常，立即复测；经整理分析发现问题，及时上报。

5 仪器监测应与巡视检查相结合。

4.0.3 典型监测断面上变形、渗流、压力（应力）等监测项目和测点宜结合布置，互相校验。典型监测断面选择原则如下：

1 典型横向监测断面宜选在最大坝高处、地形突变处、地质条件复杂处、坝内埋管处。典型监测横断面一般不宜少于 3 个。

2 典型纵向监测断面可由横向监测断面上的测点构成，必要时可根据坝体结构、地形地质情况增设纵向监测断面。

4.0.4 各监测项目的测次与施工、运行、环境变化和结构特性有关，不同情况下测次的要求见附录 A.2。相关物理量宜同时监测，并同时记录上下游水位、气温、降水量等环境量。

4.0.7 各阶段的监测工作应满足如下要求：

1 可行性研究阶段。应提出安全监测的总体设计方案，包括监测仪器设备的数量、监测系统的工程概算等，对于高坝或者监测系统复杂的中坝、低坝，应提出安全监测系统设计专题报告。

2 招标设计阶段。应以可行性研究审批的监测方案为基础，根据招标设计阶段的设计成果，复核可研阶段安全监测设计。明确主要部位监测方法、测点布置、电缆走线、测站位置，提出监测数据的采集、传输、处理和反馈的要求。完善自动化监测的规划方案。提出监测系统设计文件，包括监测系统布置图、监测仪器设备清单、各监测仪器安装埋设技术要求、测次要求等。

3 施工详图阶段。提出施工详图和技术要求；应按设计要求进行监测仪器检验、埋设、安装、调试和保护，并绘制竣工图，编写埋设记录和竣工报告；应固定专人进行测读工作，及时进行监测资料整理分析，评价施工期大坝安全状况。

4 首次蓄水期。应制订首次蓄水的监测工作计划、拟定基准值和主要监测项目的设计警戒值，按规定进行仪器监测和巡视检查工作；定时进行监测资料整理分析，对大坝安全状态作出评价，提交下闸蓄水专题报告。

5 运行期。应进行日常和特殊情况下的监测工作，定期对监测设施进行检查、维护和鉴定，定期对监测资料进行整编和分析，对大坝的运行性态作出评价，建立监测技术档案。

4.0.8 为施工期和首次蓄水期设置的临时监测设施，应与永久监测系统建立数据传递关系。

4.0.9 内部变形、渗流及压力（应力）监测仪器，均应在工程施工过程中适时安装埋设。当监测仪器缺失时，应根据实际情况，在确保结构和渗流安全的情况下，研究补设或更新改造。

4.0.12 根据工程具体情况，可设置如下专项监测项目：

1 近坝区岸坡稳定监测。

2 地下洞室稳定监测。

3 坝体强震动监测。

4 泄水建筑物水力学监测。

近坝区岸坡监测见 DL/T 5353 和 DL/T 5178；强震动监测见 DL/T 5416，泄水建筑物监测见 DL/T 5178，泄水建筑物水力学监测参见附录 K。

【依据 5】《水电站水工设施运行维护导则　第 1 部分：水工建筑物》（Q/GDW 11151.1—2013）

5.3　大坝安全监测

5.3.1　大坝监测项目和精度要求

5.3.1.1　大坝安全监控应采用仪器监测与巡视检查相结合方式。为监控水工建筑物安全、掌握运行规律，水工建筑物应设置必要的监测项目；混凝土坝和土石坝安全监测项目和测次应按照 DL/T 5178、DL/T 5259 的要求如附录 A 中表 A.1、表 A.2、表 A.3、表 A.4 的规定设立。当发生地震、大洪水以及大坝工作状态异常时，应加强巡视检查，并对重点部位的有关项目加强观测，增加测次，必要时还应增加监测项目；发现问题，及时上报。抽水蓄能电站变形监测宜实现自动化，并实时监测上水库大坝变形。

5.3.1.2　大坝的主要监测量（变形和渗流）监测精度应满足 DL/T 5178、DL/T 5259 中相关监测项目的规定。变形监测的测量中误差控制要求见附录 A 表 A.5、表 A.6。精密水准测量限差要求，见附录 A 表 A.7。

5.3.1.3　大坝监测可采用人工监测方法，条件成熟的应推广自动化监测。其中大坝监测自动化设计应按照 DL/T 5211 中的规定执行。

5.3.1.4　为施工期和首次蓄水期设置的临时监测系统，应与永久监测系统建立数据传递关系，保证永久监测系统获得初始数据。监测自动化系统应有适当措施保证实测数据的不间断采集。

5.3.1.5　首次蓄水阶段，应制订首次蓄水的监测工作计划和主要的设计监控技术指标；按计划要求做好仪器监测和大坝巡视检查；拟定基准值，定时对大坝安全状态作出评价，并为蓄水提供依据。日常运行阶段，应进行经常的和特殊情况下的监测工作；定期对监测设施进行检查、维护和鉴定，以确定是否应报废、封存或继续观测、补充、完善和更新；定期对监测资料进行整编和分析，对大坝的运行状态作出评价；建立监测技术档案。监测仪器应按国家及行业计量规定，定期由有资质的单位进行计量检定。

5.3.1.6　已建坝监测设施不全或发生损坏失效时，应根据实际情况，择要予以补设或更新改造。

5.3.1.7　根据工程具体情况，可设置专项监测项目：近坝区岸坡稳定监测、地下洞室稳定监测、坝体强震动监测、泄水建筑物水力学监测等。其中近坝岸坡监测见 DL/T 5353 和 DL/T 5178，地下洞室稳定监测见 DL/T 5006；强震动监测见 DL/T 5416，泄水建筑物水力学监测见 DL/T 5178。

【依据 6】《水电站水工建筑物技术监督导则》（DL/T 1559—2016）

5.3.4　安全监测按监测设施巡视检查、监测数据采集、监测资料整编分析、监测资料综合分析、检测系统维护及改造、大坝安全信息报送等开展水工技术监督工作。安全监测的水工技术监督内容主要包括：

a）监测设施巡视检查：按 DL/T 5187、DL/T 5259 的规定进行监督，按规定测次开展巡视检查，并做好记录和及时整理。

b）监测数据采集：检测项目、测次、精度按 DL/T 5187、DL/T 5259、DL/T 5211、DL/T 5272 及设计文件的要求进行监督，检测项目满足安全监控要求，监测频次符合规范规定，监测成果可靠，保证重要检测项目、重点部位、薄弱环节的监测资料完整性和连续性。

c）监测资料整编分析：按 DL/T 5187、DL/T 5209、DL/T 5256、DL/T 5259 的规定进行监督，监测设备台账完整，监测数据整理规范、计算准确，及时进行资料分析，每月编制月报，每年进行年度资料整编。

d）监测资料综合分析：在定期检查、特种检查及出现异常现象时，结合工程地质、水文条件、结构特点、环境改变、运行性态等进行监测资料综合分析，评判大坝安全运行情况，提交专题报告。

e）监测系统维护及改造：按 DL/T 1254、DL/T 1271、DL/T 5178、DL/T 5211、DL/T 5259、DL/T 5272 和水电站大坝安全监测工作有关规定进行监督，监测仪器设备定期进行检验、校正，开展日常维护、故障处理、监测系统评价等；监测仪器设备的封存、报废，检测项目、测点、测次和期限的调整按规定报批并满足安全监控的要求。

f）大坝安全信息报送：按照水电站大坝安全信息报送的有关规定进行监督，报送项目满足安全监控要求，报送信息及时、有效。

6.4.11（4）本项目的查评依据如下。

【依据1】《水库大坝安全管理条例》（1991中华人民共和国主席令第77号发布实施，据2011年1月8日《国务院关于废止和修改部分行政法规的决定》修订）

第十九条　大坝管理单位必须按照有关技术标准，对大坝进行安全监测和检查；对监测资料应当及时整理分析，随时掌握大坝运行状况。发现异常现象和不安全因素时，大坝管理单位应当立即报告大坝主管部门，及时采取措施。

【依据2】《水电站大坝安全监测工作管理办法》（电监安全〔2009〕4号）

第十八条　水电站运行单位应当及时整理、分析监测数据，每年3月底前完成对上一年度监测资料的整编。

第二十条　水电站运行单位应当结合大坝安全定期检查，组织开展监测资料的分析工作。监测资料分析应当突出趋势性分析和异常现象诊断，对大坝的关键监测项目，应当提出运行警戒值。

【依据3】《水电站大坝安全监测工作管理规定》（国家电网生技〔2005〕399号）

第二十条　水电站运行单位应按要求定时对大坝进行监测（包括巡视检查和仪器监测），不得随意减少监测项目、测次和测点，务必保证监测资料的真实、准确、可靠。

在特殊情况下，如强烈地震、特大洪水或者发现可能影响水电站大坝安全的异常情况时，应加强巡视检查，并增加测次，必要时增加监测项目。监测成果应及时整编，并尽快编写专题报告上报。

第二十一条　监测资料整理分日常资料整理与年度资料整编。

日常资料整理必须在每次监测后随即进行。对于人工监测，不得晚于次日12点；对于自动化监测应自动整理和报警。其内容包括监测原始数据的检查、异常值的分析判断、填制报表和绘制过程线以及巡视检查记录的整理等。

年度资料整编是在日常资料整理的基础上，将原始监测资料经过考证、复核、审查、整理分析，汇编刊印成册并存储在计算机磁光载体内，同时将监测数据库、仪器监测和巡视检查的各种现场原始记录、图表在内的文字和电子版观测资料归档。年度整编工作应在监测年度次年1月份前完成，并将整编成果上报大坝主管单位和大坝中心。

第二十二条　运行期监测资料分析分经常性监测资料分析和长期监测资料分析。

经常性资料分析，水电站运行单位可结合日常资料整理、年度资料整编及大坝安全年度详查进行。发现异常情况应及时分析、判断，并及时上报。

长期监测资料分析一般每隔五年进行一次，也可结合大坝安全定期检查进行。

长期监测资料分析应满足下列要求：

（一）揭示主要监测物理量的分布及变化规律；

（二）评价大坝工作性态；

（三）提出大坝安全运行的主要监控指标。

长期资料分析报告由大坝主管单位组织审查。

【依据4】《混凝土坝安全监测资料整编规程》（DL T5209—2005）

4　总则

4.0.1　本规程系DL/T 5178—2003的配套规程，主要目的是规范混凝土坝安全监测资料的整编工作，使之达到标准化、规范化。

4.0.2　混凝土坝安全监测资料必须及时整理整编，包括施工期、运行期的日常资料整理和定期资料整编。整理整编的成果应做到项目齐全，考证清楚，数据可靠，图表完整，规格统一，说明完备。

4.0.3　日常资料整理应在每次监测后随即进行。对于人工监测，不得晚于次日12点，对于自动化监测应在数据采集后立即自动整理和报警。

4.0.4　定期资料整编，应按规定时段对监测资料进行整编和初步分析，汇编刊印成册，并生成PDF格式标准电子文档。

4.0.7　汇编刊印成册和在计算机磁光载体内存储的整编资料，各整编单位除应至少存档二套外，还应按合同或管理制度要求报送有关部门。

4.0.8　仪器监测和巡视检查的各种现场原始记录、图表、影像资料等均应归档保存。

【依据5】《土石坝安全监测资料整编规程》（DL/T 5256—2010）

4　总则

4.0.1　本标准是《土石坝安全监测技术规范》（DL/T 5259）的配套标准，主要目的是规范土石坝安全监测资料的整编工作，使之达到标准化、规范化。

4.0.2　土石坝安全监测资料应及时整编，主要包括施工期、蓄水期、运行期的日常资料整理和定期资料整编。整理和整编的成果应做到项目齐全，数据可靠，资料、图表完整，规格统一，说明完备。

4.0.3　日常资料整理应在每次监测后随即进行。对于人工监测，不得晚于次日12点；对于自动化监测应在数据采集后立即自动整理、评判处理和报警。

4.0.4　定期资料整编应按规定时段对监测资料进行整编和初步分析，汇编刊印成册，并生成标准格式电子文档。

4.0.5　汇编刊印成册和在计算机磁光载体内储存的整编资料，各整编单位除应至少存档两套外，还应按合同或管理制度的要求报送有关部门。

4.0.6　仪器监测和巡视检查的各种现场原始记录、图表、影像资料等均应归档保存。

【依据6】《水电站水工设施运行维护导则　第3部分：大坝安全监测系统》（Q/GDW 11151.3—2013）

5.4　资料管理要求

5.4.1　仪器设备应按设计要求、规范和说明书进行安装、埋设、调试，并及时取得初始值；监测仪器设备应专库存放，建立监测仪器设备台账、仪器档案。

5.4.2　大坝运行单位应建立大坝安全监测技术档案。人工监测、自动化监测和巡视检查均应做好所采集数据（或所检查情况）的记录。每次仪器监测或巡视检查后应随即对原始记录加以检查和整理；记录应有固定的格式，数据和情况的记载应准确、清晰、齐全，同时应记录监测日期、责任人姓名及监测条件的必要说明。

5.4.3　各监测项目的检查、使用、保养、维修、鉴定均应做好记录。

5.4.4　所有监测数据测读完毕后应及时进行计算、比对，发现异常立即分析和复测，在保留原始数据的基础上对误测、误记和重测数据进行记录。

5.4.5　监测数据应及时整编和分析，监测资料整理分日常资料整理与年度资料整编，整理和整编要求应按照DL/T 5209和DL/T 5256以及相应标准进行。

5.4.6　日常资料整理应在每次监测后随即进行；自动化监测应实时自动整理和报警。内容包括监测原始数据的检查、异常值的分析判断、填制报表和绘制过程线以及巡视检查记录的整理等。

5.4.7　年度资料整编是在日常资料整理的基础上，将原始监测资料经过考证、复核、审查、整理分析，汇编刊印成册，并将数据备份存储在计算机硬盘或其他移动存储介质内，归档。监测数据库、仪器监测和巡视检查的各种现场原始记录、图表等文字和电子版观测资料也应一同归档。年度资料整编工作应在监测年度次年3月份前完成，并将整编成果上报大坝主管单位和能源局大坝安全监察中心。

5.4.8　凡历年共同性的资料，若已在前期整编资料中刊印，其后不再重印时，应在整编前言中说明已收入何年整编资料何页。

5.4.9　整编资料应完整、连续、准确，整编成果应做到项目齐全，考证清楚，数据可靠，图表完整，规格统一，说明完备。在列表统计的基础上，绘制表示各监测物理量变化的过程线图，以及在时间和空间上的分布特征图和有关因素的相关关系图。

5.4.10　监测报告和整编资料，应按档案管理规定，同时以纸质打印版与电子版及时存档。

【依据7】《国家电网公司水电厂重大反事故措施》（国家电网基建〔2015〕60号文）

3.3.2.4　按设计要求观测施工期临时监测设施（特别是地下水位），并及时进行资料整理、分析，发现异常及时上报。

【依据8】《水电站水工建筑物技术监督导则》（DL/T 1559—2016）

5.3.4 安全监测按监测设施巡视检查、监测数据采集、监测资料整编分析、监测资料综合分析、检测系统维护及改造、大坝安全信息报送等开展水工技术监督工作。安全监测的水工技术监督内容主要包括：

a）监测设施巡视检查：按 DL/T 5187、DL/T 5259 的规定进行监督，按规定测次开展巡视检查，并做好记录和及时整理。

b）监测数据采集：检测项目、测次、精度按 DL/T 5187、DL/T 5259、DL/T 5211、DL/T 5272 及设计文件的要求进行监督，检测项目满足安全监控要求，监测频次符合规范规定，监测成果可靠，保证重要检测项目、重点部位、薄弱环节的监测资料完整性和连续性。

c）监测资料整编分析：按 DL/T 5187、DL/T 5209、DL/T 5256、DL/T 5259 的规定进行监督，监测设备台账完整，监测数据整理规范、计算准确，及时进行资料分析，每月编制月报，每年进行年度资料整编。

d）监测资料综合分析：在定期检查、特种检查及出现异常现象时，结合工程地质、水文条件、结构特点、环境改变、运行性态等进行监测资料综合分析，评判大坝安全运行情况，提交专题报告。

e）监测系统维护及改造：按 DL/T 1254、DL/T 1271、DL/T 5178、DL/T 5211、DL/T 5259、DL/T 5272 和水电站大坝安全监测工作有关规定进行监督，监测仪器设备定期进行检验、校正，开展日常维护、故障处理、监测系统评价等；监测仪器设备的封存、报废，检测项目、测点、测次和期限的调整按规定报批并满足安全监控的要求。

f）大坝安全信息报送：按照水电站大坝安全信息报送的有关规定进行监督，报送项目满足安全监控要求，报送信息及时、有效。

6.4.12 水情自动测报及水库调度系统

6.4.12（1）本项目的查评依据如下。

【依据1】《水电工程水情自动测报系统技术规范》（NB/T 35003—2013）

4.4.1 遥测站应具备无人值守的全天候工作能力，应实现实时自动采集水位、雨量等水情要素并自动向上一级接收站传输的功能，并具备人工置数功能。

4.4.2 中继站应具备无人值守的全天候工作能力，应实现实时自动接收、转发遥测站信息的功能。

4.4.3 中心站信息接收处理应具备无人值守的全天候工作能力，应实现实时自动接收中继站或遥测站信息，并自动进行解码、检/纠错、转换、驻存等相关数据处理功能。

4.4.4 系统具有遥测要素越线、电源电压自动告警和设备工况自动记录功能。

4.4.5 中心站自动处理软件应具有进行信息查询与编辑、水情作业预报、信息发布等功能。

4.4.6 系统宜具有与厂内管理信息系统（management information service，MIS）、计算机监控系统、水务计算、水库调度、闸门远端控制等有关分析和处理工作的条件。

4.4.7 系统宜具有与梯级工程的水情自动测报系统、流域防洪系统等相关系统实现联网的功能。

6.2 系统运行管理措施

6.2.1 系统运行管理措施应能确保系统正常运行与功能实现。

6.2.2 应建立并及时更新系统运行管理档案。

6.2.3 系统运行管理至少应满足以下要求：

1. 制定系统运行管理规章制度并严格执行。

2. 按照值班制度进行值班操作。

3. 汛前对系统进行巡检，并进行不定期专项检查和检修。

4. 测站故障及时维修。

5. 传感器测量数据突变或误差超过允许值时，及时检测与调整，必要时更换传感器。

6. 由测站水位流量关系推算的遥测水文站应根据测站特性，定期对该站水位流量关系进行复核。

6.2.4 应根据系统运行情况购置备品备件，备品备件应满足以下要求：

1．技术性能应不低于原设备。

2．遥测终端机、中继仪、通信终端、传感器等主要设备备品数量不低于使用设备的8%，并至少有1个备品。

3．备品备件消耗后应及时补充。

4．备品备件应做好标识。

6.2.5 系统在正常维护下局部功能或总体功能明显下降时，应对系统设备或软件进行分类更换或总体改造。系统总体改造应由专业技术单位完成，改造后的系统功能和运行指标不得低于原系统。

6.2.6 年终应对系统的运行情况进行总结，编制系统年度运行报告。

【依据2】《水文自动测报系统技术规范》（SL 61—2015）

5.3 系统功能及主要技术指标

5.3.1 功能

系统功能要求应包括下列内容：

a）设计过程中，应制定系统的各项功能，并实现可行性研究报告提出的功能需求。

b）水文自动测报系统应包括但不限于下列功能：

1）准确可靠地采集和传输水文信息及相关信息。

2）将数据写入数据库和实现信息资源共享。

3）对数据进行统计计算处理，生成相应的报表和查询结果。

4）系统主要工作状态的监测。

5）对数据进行处理，提供符合整编要求的水文资料。

6）对于有水文预报要求的系统其数据处理应满足水文预报的相关要求。

5.3.2 主要技术指标要求

5.3.2.1 系统应满足在10min内完成一次本系统内实时数据收集、处理和转发的要求。

5.3.2.2 应根据所选通信方式规定数据传输信道误码率 P_e，主要通信方式信道误码率应符合表2的规定。所选通信方式所允许的误码率最大值不能满足设计要求时，应调整通信方式和组网方案。

表2 主要通信方式的数据传输信道误码率设计规定

信道	超短波	微波、卫星	数字移动通信	DDN、SDH、ADSL	PSTN
P_e	$\leq 1\times10^{-4}$	$\leq 1\times10^{-6}$	$\leq 1\times10^{-5}$	$\leq 1\times10^{-6}$	$\leq 1\times10^{-5}$

5.3.2.3 数据传输速率应依据通信方式按下列要求选择：

a）超短波信道的数据传输速率可根据系统要求的响应时间在300bit/s、600bit/s、1200bit/s、2400bit/s、4800bit/s、9600bit/s等中选择。

b）采用2.5代数字移动通信信道（GSM、CDMA等）的数据传输速率（接口速率）可选用9600bit/s。

c）有图像传输要求的系统通信信道宜选用可提供较高通信速率的微波、卫星、3G、4G、DDN、ADSL、SDH等信道。

d）利用公用信道时，应根据数据传输要求和信道指标确定传输速率和带宽。

e）宜提高通信资源的利用率，不宜过多采取专线专用方式。

f）系统中重要遥测站应配置相互独立的主、备数据传输信道，并具有传输信道的主、备模式选择设置和主备信道数据传输自动切换功能，备用信道应选择具有相对较强抗灾能力的通信信道。分中心到省级中心、省级中心到流域机构及水利部中心宜配置信息传输主、备用信道，并能相互自动切换。

g）如所选通信方式的允许最高数据传输速率不能满足系统数据传输时间要求的，应重选通信方式，调整组网方案。

5.3.2.4 系统采集的要素或信息，其值或量的精度，应符合下列规定：

a）雨量计：宜选择分辨力为 0.5mm 或 1.0mm 的雨量计；对于干旱地区可选择分辨力为 0.1mm 或 0.2mm 雨量计。选用的雨量计测量准确度应符合表 3 的规定，并至少达到Ⅲ级准确度等级要求（降雨强度 0.1～4mm/min）。

表 3 雨量传感器准确度等级测量误差

准确度等级	测量误差 19	准确度等级	测量误差 E
Ⅰ	±2%	Ⅲ	±4%
Ⅱ	±3%		

注：测试条件由室内人工滴定。

b）水位计：地表水、地下水水位监测应选择分辨力为 0.1cm 或 1.0cm 的水位计。选用的水位计准确度、灵敏度、回差、重复性误差应满足 GB/T 27993—2011 的要求。水位计测量准确度应符合表 4 的规定（95%置信度）。

表 4 水位计准确度等级允许误差

准确度等级	允许误差	
	水位变幅≤10m	水位变幅＞10m
0.3	±0.3cm	
1	±1cm	全量程的±0.1%
2	±2cm	全量程的±0.2%
3	±3cm	全量程的±0.3%

注：测试条件为 10m 水位试验台或标准压力试验台。

c）闸位计：分辨力为 1.0cm 时，其测量准确度和分辨力与分辨力为 1.0cm 的水位计相同。

d）墒情传感器：宜选用频域反射法（FDR）、时域反射法（TDR）传感器。选用的传感器精度应符合 SL 364—2006 的规定。

e）蒸发器：宜选用分辨力为 0.1mm、0.2mm、0.5mm 的遥测蒸发器，测量范围、精度等指标应符合 GB/T 21327—2007 的规定。

f）流量计：宜根据被测断面的实际情况选择适用的遥测流量计，选用声学多普勒流速仪、雷达流速仪、超声波流速仪、电磁流量计等，仪器的精度应符合相关国家标准及行业标准的要求。

g）水质传感器：其精度选用应符合国家及水环境监测行业相关标准要求。

h）气象参数传感器：其精度选用应符合国家及气象行业相关标准要求。

i）图像采集传输：宜根据应用需要选择图片或不同分辨率的图像采集传输。

5.3.2.5 水文自动测报系统的可靠性分为系统可靠性和设备可靠性两个方面，可靠性指标应按下列要求确定：

系统可靠性用系统在规定条件下和规定的时间内，数据收集的月平均畅通率和数据处理作业的完成率来衡量。系统数据收集的月平均畅通率应达到 95%，其中重要控制站的月平均畅通率应达到 98%以上。数据处理作业的完成率应大于 95%。数据存储的误差率不高于 0.01%。

系统通过网络传输数据的畅通率宜达到 99%以上。

合理选用系统各类设备的 MTBF 可靠性指标，单站设备的综合 MTBF 不应小于 8000h。MTBF 的验证符合 GB/T 18185—2014 的要求。

5.3.2.6 系统的设备应能在下列温度和湿度条件下正常运行：

a）中心站。温度：5～40℃，允许相对湿度：≤90%（40℃）。

b）遥测终端站。温度：−10～55℃，允许相对湿度：≤95%（40℃）。

【依据 3】《水电厂水情自动测报系统运行管理办法》（国家电网生〔2010〕329 号）

第八条　水电厂负责测报系统的运行管理和设备维护，做到分工明确，责任落实。

一、制定切实可行的运行维护管理规程，主管单位负责监督执行。

二、加强系统技术和运行资料的保管，保证系统技术和工程验收资料的完整，保证系统运行记录的完整可靠。

第九条　为保证测报系统设备的及时巡查和维护，水电厂应配备必要的仪器、仪表和车辆。

【依据 4】《大中型水电站水库调度规范》（GB 17621—1998）

4.5　水库调度管理单位及其上级主管部门应建设水情自动测报和水调自动化系统，并加强运行维护。

8.3　已建成投运的水情自动测报系统和水调自动化系统，应编制运行管理细则，加强设备的维护和检修，保证系统长期可靠运行。

【依据 5】《水情自动测报系统技术条件》（DL/T 1085—2008）

4　系统功能和主要技术指标

4.1　系统功能

水情自动测报系统应包括但不限于以下功能：准确可靠地采集和传输水情信息及相关信息，进行统计计算处理和存储、生成相应的报表和查询结果、提供符合要求的水文预报。水情自动测报系统还可进行水库调度分析计算、水务管理和其他功能扩充。

4.1.1　遥测站主要功能

4.1.1.1　能采用自报式、应答式或自报兼应答式的工作体制。宜采用自报兼应答式的工作体制。

4.1.1.2　能自动采集雨量、水位和其他水文气象参数，并由数据采集器进行校验和本地存储。本地存储的传感器数据能通过便携计算机（或其他终端）现场提取，或者由中心站远程提取。宜提供现场数据显示功能。

4.1.1.3　能定时发送传感器数据和电池电压等工况信息至中心站。发送数据应含站号信息，宜含采集时间、数据类别和发信序号等信息。雨量数据宜发送累计值，水位数据宜发送实际值。

4.1.1.4　能实现超阈值加报。雨量数据宜实时采集并超阈值加报，水位数据宜定时采集并超阈值加报。

4.1.1.5　能读取和修改遥测站参数。传感器测量时间间隔、定时发信时间间隔和阈值等遥测站参数能通过便携计算机（或其他终端）现场读取和修改，或者由中心站远程读取和修改。

4.1.1.6　能对实时日历时钟进行现场或远程校时。

4.1.1.7　能进行人工置数。可选配人工置数设备，采用独立装置或集成在数据采集器中。

4.1.1.8　能进行低电压告警。告警信息宜含工作温度、充电状态和相关信息。

4.1.2　中心站主要功能

4.1.2.1　能接入各类指定的通信终端，实时接收遥测站的数据并存入原始数据库。接收的数据应进行合理性检查，按照信道类型和数据特征分别存储。接收的数据异常时应进行告警提示。

4.1.2.2　能将遥测信息和其他方式接收的信息按照指定的方式进行转换、统计和整理，存入相应的数据库。

4.1.2.3　能对遥测站进行管理。应有遥测站工作状态指示，信道条件允许时能远程读取和修改遥测站参数、远程提取历史数据、远程校时和远程召测。

4.1.2.4　能提供水情信息查询、按照预定的项目和图表格式显示和打印各类报表、站点分布图、指定时段的雨量分布图和各种过程线图。

4.1.2.5　能进行数据库备份和数据库恢复。数据资料的查询和整理以及其他信息的接入均应有安全审查机制。

4.1.2.6　能实现定时水情预报、随机水情预报及给定雨量或流量的模拟水情预报。

4.1.2.7　应具有网络安全防护功能，满足安全分区、网络专用、横向隔离、纵向认证的安全防护规定。

4.1.3 中心站其他功能

4.1.3.1 应根据实际需求选配以下功能：

a）调洪演算、水库调度方案分析计算以及水库调度计划管理；

b）水量平衡计算、水电厂日、旬、月及任意时段水量运行报表制作以及资料整编；

c）发电计划制定及发电会商。

4.1.4 遥测通信网主要功能

4.1.4.1 能提供可靠的水情信息传输的通道。

4.1.4.2 能根据实际应用的需求提供双信道备份或混合组网。

5 系统应用软件

5.1 应用软件框架

5.1.1 应用软件应支持客户/服务器（C/S）和浏览器/服务器（B/S）模式，具有通用浏览的功能。

5.1.2 软件结构应采用模块化设计方法，满足不同规模的中心站、分中心站和遥测站的应用需求。

5.1.3 应用软件和数据库之间应采用高效率的数据交换技术，数据库的删除和修改应有安全审查机制。宜通过中间件技术实现数据交换。

5.2 数据库系统

5.2.1 应采用稳定、可靠的数据库软件。

5.2.2 数据库应有安全控制机制。能对不同角色的用户实行分级管理，能对用户密码进行保护。

5.2.3 应具有数据存储及备份机制。应采用至少一种数据库备份方式，实现数据库故障时的数据恢复。

5.2.4 数据库的库表结构、数据分类、数据存储和数据表示应符合相关的技术标准和规范。

5.2.5 应提供应用数据库对象的数据字典信息和数据库说明文档。

5.2.6 应具有管理数据来源、数据组织和数据统计的机制，保持数据源唯一性。

5.3 水情预报

5.3.1 应根据工程运行对水情预报的要求和水情测报预报条件，分析工程所在地区暴雨、洪水、径流特性，考虑上游水利水电工程调节对预报影响，确定预报方案配置，编制相应的预报方案。

5.3.2 编制水情预报方案依据的资料应可靠，且具有代表性和一致性；所采用的流域水文模型、经验相关关系或其他方法，应适应流域水文特性。

5.3.3 能对流域重要段面和入库的洪水在流域汇流时间范围内进行预报。

5.3.4 能实现定时自动和手动联机水情预报。自动预报时间可设定，预报时段可调整，预报具有实时校正功能。

5.3.5 能支持给定雨量或流量的模拟水情预报。

5.3.6 应具有在权限范围内对预报结果进行查询、修改、删除和发布等管理功能。

5.3.7 预报成果应符合 SL 250 水情预报精度评定要求。

5.3.8 可具有预报会商功能。

5.4 水库调度

5.4.1 应根据预报入库洪水和防洪调度规程，对入库洪水进行调节计算。

5.4.2 能编制年、月、日的水库调度计划，对计划的入库来水、水库水位和出库流量等活动因子进行人工仿真和模拟分析计算。

5.4.3 水库调度计划应充分考虑发电、航运、排沙、环境保护等综合利用要求。

5.4.4 应具有完整的流程和机制对水库调度运行计划的执行、变更等进行管理。

5.4.5 应满足 GB 17621 的要求。

5.5 水务管理

5.5.1 能实现水量平衡计算：根据采集的水位、出力、闸门启闭等信息，计算入库流量、发电流量和闸门泄流等数据。

5.5.2　能在权限范围内对水务计算所依据的源数据和计算结果进行修改。

5.5.3　能编辑、打印和转存输出满足水电厂日常需求的日、旬、月、年以及任意时段的水务报表。

5.5.4　能根据水务数据自动整编成所需的日、旬、月和年等统计数据，并以人工整编为最高整编级别。

6　系统组网

6.1　一般规定

6.1.1　通信系统能实现水情信息迅速、准确、安全和可靠传输。

6.1.2　通信信道宜采用超短波、PSTN、卫星通信和移动通信等方式。

6.1.3　通信网络可根据需要选用双信道备份或多种信道组合。

6.1.4　通信方式的选择应基于现场通信条件和技术经济综合考虑。

6.1.5　通信设备和所使用的无线电频率应符合国家有关部门的要求。

6.2　遥测通信网

6.2.1　超短波通信

6.2.1.1　信道质量：信道误码率 $Pe \leq 1 \times 10^{-4}$。

6.2.1.2　数据传输速率可选用 300bit/s～9600bit/s。

6.2.1.3　通信设备宜采用同一频率进行数据发送和接收。

6.2.1.4　通信电路需要采用中继时，中继级数不宜超过 3 级。

6.2.2　PSTN 通信

6.2.2.1　信道质量：信道误码率 $Pe \leq 1 \times 10^{-5}$。

6.2.2.2　数据传输速率可选用 300bit/s～9600bit/s。

6.2.2.3　电话线缆入户前宜采用地下敷设的方式。

6.2.2.4　应采取防雷措施。

6.2.3　卫星通信

6.2.3.1　信道质量：信道误码率 $Pe \leq 1 \times 10^{-6}$。

6.2.3.2　采用卫星通信方式的遥测站宜采用自报式工作体制为主，增加定时应答功能。

6.2.3.3　遥测站与中心站之间通信时不宜采用 VSAT 信道。

6.2.3.4　采用北斗卫星信道时，最大数据包不宜超过 98 字节，相邻 2 次发信间隔不宜小于 1min。

6.2.3.5　采用 INMARSAT-C 信道时，宜采用数据报告业务，最大数据包不宜超过 32 字节，整点时刻站点之间应错开时间发信。

6.2.4　移动通信

6.2.4.1　信道质量：信道误码率 $Pe \leq 1 \times 10^{-5}$。

6.2.4.2　移动通信方式宜采用 GSM（包括 SMS 方式和 GPRS 方式）网络和 CDMA 网络。

6.2.4.3　采用 SMS 方式组网时应综合考虑移动信道的堵塞和延迟。

6.3　中继与分中心

6.3.1　超短波中继站应采用数字再生中继方式转发中心站的指令和遥测站的数据信号。

6.3.2　超短波中继站应具有发送本站信息和识别是否应由该站转发信息的功能。

6.3.3　中继站可兼容遥测站的功能，实现信息转发、传感器测量、存储和发送。

6.3.4　可根据系统规模和管理需要设分中心站并进行处理和转发。

6.4　信息交换网络

6.4.1　水情自动测报系统与其他系统进行信息交换时，需要组建互联网络。应根据网络规模、信息流程、信息流量和节点的地理位置等要求，选择网络信道和数据传输协议。

6.4.2　网络信道质量：信道误码率 $Pe \leq 1 \times 10^{-6}$。

6.4.3　信息交换网络可选用的信道包括：PSTN、ISDN、DDN、ADSL、FR、ATM、VSAT 等。其中，VSAT 宜用于不具备地面网络连接的系统间通信或者需要组建专用网络的场合。

6.4.4 组建信息交换网络必须考虑网络安全性，应配备计算机信息安全隔离装置，阻止病毒和非法用户进入。

【依据6】《水电站水工设施运行维护导则 第4部分：水情自动测报系统》（Q/GDW 11151.4—2013）

4 总则

4.1 一般规定

4.1.1 水电站运行单位应按照国家电力调度通信中心的调调〔2000〕64号文的实用化要求建设水情自动测报系统，开展日常运行管理和设备维护，确保系统的安全可靠运行。

4.1.2 水电站水情自动测报系统运行维护管理内容主要包括：站点日常管理、巡检维护、故障维修、记录与总结、设备台账、设备备品、技术改造等。

4.1.3 水情遥测站网的布设，应根据水库流域洪水预报方案的要求确定，并保持稳定。如因流域水文特性变化或人类活动影响等原因，需调整遥测站网，应根据预报调度的要求，按照合理经济的原则，经论证审批后实施，确保能及时、准确地掌握流域内的水情和趋势。

4.1.4 新建的水电站水库水情自动测报系统，经运行考核合格后，应及时组织进行实用化验收。未达到实用化要求的水情自动测报系统，运行单位应积极进行系统改造和完善，使系统达到实用化标准要求。

4.1.5 水情自动测报系统设备计划检修/停役，如果影响与上一级调度主管部门数据通信或转发数据时，应提前一个工作日报上级调度主管部门审批。

4.1.6 水情自动测报系统软件的设置参数、水务计算方法、画面、报表、数据库结构等进行修改以及软件版本升级等工作，如果影响与上一级调度主管部门数据通信或转发数据时，应提前一个工作日报上级调度主管部门审批。

4.1.7 水情自动测报系统发生系统全停或异常，影响与上一级调度主管部门数据通信时，应尽快采取措施恢复运行，故障抢修时间超过1小时，应及时报告上级调度主管部门。

4.1.8 水电站运行单位应根据已建的水情自动测报系统的实际特点，编制切实可行的管理制度、运行维护规程和遥测站点维修作业指导书。

4.1.9 水情遥测站点巡视检查、日常维护与故障抢修作业应两人同时进行，并执行监护制度，切实做好危险点分析和安全防范措施，确保人身和设备安全。

4.1.10 水情自动测报系统建成投运后，应重视系统的运行管理，6～8年应进行系统全面的综合性评价。

4.1.11 系统应加强防雷建设，保证中心站、测点设备的防雷接地可靠。

4.2 运行维护人员要求

4.2.1 水情测报系统运行、维护人员应经岗位培训合格，方可上岗。

4.2.2 系统运行人员应熟悉系统原理、结构和有关设备的功能与技术指标，熟悉水电站工程特性和上游流域特性，熟悉系统软硬件和遥测设备仪器使用方法。

4.2.3 系统维护人员应具有水文、计算机应用等方面专业知识，并了解一定的通信专业知识，熟悉水电站工程特性和水库流域特性，熟悉水情遥测站点的布设情况、水调自动化系统软硬件设备使用方法、相应规范和操作规程，具有相应的专业技能并经培训合格。

4.3 系统管理要求

4.3.1 水情自动测报遥测站点的看护管理宜采取就近委托方式，委托相关单位或个人对测报站点进行现场管理。

4.3.2 应储备必要的备品备件和配备专用车辆以及系统维护所必需的仪器仪表和工器具，及时开展水情遥测站点的巡视检查、日常维护与故障抢修工作。汛期野外遥测站点一旦出现故障，应尽快前往排除，更换损坏零部件、排除故障。完成维修任务后，应把故障部位和性质，更换零部件和排除故障所用时间等记入技术档案。

4.3.3 水情自动测报系统的备品备件，配备数量可按系统规模确定，但不应少于系统设备数量的

15%，不足 1 个时，应按 1 个配备。备品备件应每年汛前检查一次，确保随时可用。

4.3.4 系统应建立相应的设备台账，对设备从购置到报废的全过程实现动态管理。

4.4 中心站机房管理要求

4.4.1 机房应保持清洁、卫生，室内空调的温度宜设置在 20℃～25℃之间，机房内严禁吸烟，严禁携带无关物品，尤其是易燃、易爆物品及其他危险品进入机房。

4.4.2 非机房工作人员应经机房管理人员同意方可进入机房。

4.4.3 机房内应配备灭火器材，每月检查灭火器材是否正常。机房内一旦发生火情应立即采取切断电源、报警、使用灭火器材等正确方式予以处理。

4.4.4 严禁随意对设备断电、更改设备供电线路；机房内严禁串接、并接、搭接各种电气设备和工器具。如发现用电安全隐患，应即时采取措施排除，不能及时排除时应立即向相关负责人员报告。

4.5 资料管理要求

4.5.1 水情自动测报系统总体设计或技改方案、项目实施、工程验收和年度运行总结等重要资料，应归档保存。

4.5.2 水情自动测报系统责任班组应建立运行资料库和档案库，所有技术及运行维护记录、总结、专题报告等资料，要及时归档保存。

4.5.3 水情自动测报系统责任班组应每天做好运行记录，每月统计上报主要运行指标，重要情况应及时提交专题报告；系统维护应及时记录相关内容，并及时传至生产技术管理信息系统中。

4.5.4 水电站运行单位应定期收集更新系统遥测水文站点水位流量关系等图表，以满足水文预报和水务计算的需要。

4.5.5 系统运行总结采用年度总结制。总结由水情自动测报系统运行单位在年底前完成，并于次年 1 月 10 日前上报水电站主管单位。总结内容包括设备运行情况、水文预报情况、综合效益分析、存在问题及改进意见等。

5 系统功能

5.1 遥测站

5.1.1 宜采用自报兼应答式的工作体制。

5.1.2 自动采集降水量、水位和其他水文气象数据，由数据采集器进行校验和本地存储，传感器雨量计分辨率≤1.0mm，水位计分辨率≤1.0cm，同时应具有现场数据显示功能。

5.1.3 定时发送传感器数据信息和传感器电池电压等工况信息至中心站。发送数据应含站号、数据类别和发信序号等信息。雨水量数据发送累计值，水位数据发送实际值。

5.1.4 具有实现超阈值加报功能。雨量数据宜实时采集并超阈值加报，水位数据宜定时采集并超阈值加报。

5.1.5 能进行人工置数。可选配人工置数设备，采用独立装置或集成在数据采集器中。

5.1.6 读取和修改遥测站参数。传感器测量时间间隔、定时发信时间间隔和阈值等遥测站参数能通过便携计算机（或其他终端）现场读取和修改，或者由中心站远程读取和修改。

5.1.7 对实时日历、时钟进行现场或远程校对、修改。

5.1.8 定时发送传感器电池电压等工况信息至中心站，实现低电压告警。告警信息宜含工作温度、充电状态和相关信息。

5.2 中继站和分中心站

5.2.1 中继站可兼容遥测站的功能，实现信息转发、传感器测量、存储和发送。

5.2.2 采用超短波（VHF）组网的，可由分中心站接收处理若干个遥测站的数据，再合并转发到中心站。

5.2.3 超短波中继站宜采用数字再生中继方式转发中心站的指令和遥测站的数据信号。

5.2.4 超短波中继站应具有发送本站信息和识别是否应由该站转发信息的功能。

5.3 中心站

5.3.1 接入各类指定的通信终端,实时接收各遥测站、中继站、分中心站的雨水情数据,并存入原始数据库。对接收的数据应进行合理性检查,按照信道类型和数据特征分别存储。

5.3.2 能将遥测信息和其他方式接收的信息按照指定的方式进行转换、统计和整理,存入相应的数据库。

5.3.3 能对遥测站进行管理。应有遥测站工作状态指示,信道条件允许时能远程读取和修改遥测站参数、远程提取历史数据、远程校时和远程召测。

5.3.4 能提供水情信息查询、按照预定的项目和图表格式显示和打印各类报表、站点分布图、指定时段的雨量分布图和各种过程线图。

5.3.5 提供数据库维护管理工具,能够方便对数据进行查询、检索、编辑,同时方便进行数据库备份和数据库恢复。数据资料的查询和整理以及其他信息的接入均应有安全审查机制。

5.3.6 中心站必备软件功能如下:

a)调洪演算、水库调度方案分析计算以及水库调度计划管理。

b)水务计算,水电厂日、旬、月及任意时段雨量、水位、流量等参数的运行报表制作以及资料整编。

c)发电计划制订。

d)信息转发功能。应能向上级主管部门转发有关信息、与其他系统进行信息交换、接收和处理水情电报等。

5.4 应用软件

5.4.1 应用软件应支持客户/服务器(C/S)或浏览器/服务器(B/S)模式,具有通用浏览的功能。

5.4.2 软件结构应采用模块化设计方法,满足不同规模的中心站、分中心站和遥测站的应用需求。

5.4.3 应用软件和数据库之间应采用高效率的数据交换技术,数据库的删除和修改应有安全审查机制。宜通过中间件技术实现数据交换。

5.5 数据库

5.5.1 应采用稳定、可靠的数据库管理软件,存储实时数据、历史数据和基础数据。

5.5.2 数据库应有安全控制机制。能对不同角色的用户实行分级管理,能对用户密码进行保护。

5.5.3 应具有数据存储及备份机制。应采用至少一种数据库备份方式,实现数据库故障时的数据恢复。

5.5.4 数据库的库表结构、数据分类、数据存储和数据表示应符合相关的技术标准和规范。

5.5.5 应提供应用数据库对象的数据字典信息和数据库说明文档。

5.5.6 应具有管理数据来源、数据组织和数据统计的机制,保持数据源唯一性。

5.6 水文预报软件

5.6.1 应根据工程运行对水文预报的要求和水情测报预报条件,分析工程所在地区暴雨(降水)、洪水、径流特性,考虑上下游水利水电工程调节对预报影响,确定预报方案配置,编制相应的预报方案。

5.6.2 编制水文预报方案依据的资料应可靠,且具有代表性和一致性;所采用的流域水文模型、经验相关关系或其他方法,应适应流域水文特性。

5.6.3 能对流域重要断面和入库的洪水在流域汇流时间范围内进行水文预报。

5.6.4 能实现定时自动和手动联机水文预报。自动预报时间可设定,预报时段可调整,预报具有实时校正功能。

5.6.5 能支持给定雨量或流量的模拟水文预报。

5.6.6 应具有在权限范围内对预报结果进行查询、修改、删除和发布等管理功能。

5.6.7 水文预报成果应符合 GB/T 22482 的精度评定要求。

5.6.8 可提供水文预报会商功能。

5.7 水库调度

5.7.1 应根据预报入库洪水和防洪调度规则,对入库洪水进行调洪演算。

5.7.2 能编制年、月、日的水库调度计划,对计划的入库来水、水库水位和出库流量等因子进行人工仿真和模拟分析计算。

5.7.3 水库调度计划应充分考虑发电、航运、排沙、环境保护等综合利用要求。

5.7.4 应具有完整的流程和机制对水库调度运行计划的执行、变更等进行管理。

5.7.5 水库调度成果应满足 GB 17621 的要求。

5.8 水务管理

5.8.1 能实现水量平衡计算：根据采集的水库水位、出力、闸门启闭等信息，计算入库流量、发电流量和闸门泄洪流量等数据。

5.8.2 能在权限范围内对水务计算所依据的源数据和计算结果进行修改。

5.8.3 能编辑、打印和转存输出满足水电厂日常需求的日、旬、月、年以及任意时段的水务报表。

5.8.4 能根据水务数据自动整编成所需的日、旬、月和年等统计数据，并以人工整编为最高整编级别。

5.9 信息交换

5.9.1 具备向上级调度主管部门转发有关信息的功能。

5.9.2 水情自动测报系统的建设应满足电力二次系统安全防护的要求。

5.9.3 组建信息交换网络时应确保网络安全性，应配备计算机信息安全隔离装置，满足安全分区、网络专用、横向隔离、纵向认证的安全防护要求，防止病毒和非法用户进入。

5.9.4 宜具备自动接收、处理雨水情电报功能。

【依据 7】《水电站水工设施运行维护导则 第 1 部分：水工建筑物》（Q/GDW 11151.1—2013）

5.2.16 已建成投运的水情自动测报系统和水调自动化系统应编制现场运行规程，加强设备的维护和检修保证系统长期可靠运行。

6.4.12（2）本项目的查评依据如下。

【依据 1】《水电厂水情自动测报系统运行管理办法》（国家电网生〔2010〕329 号）

第十条 测报系统的运行维护实行汛前检查、汛期巡查和汛后检查制度。

一、汛前检查

水电厂应把测报系统的汛前检查列为防汛检查工作的内容之一，对测报系统进行全面的检查调试，特别是野外设备的运行状况和通信的畅通率等。主管单位应进行复查，发现问题及时处理。

二、汛期巡查

水电厂在汛期应对测报系统设备进行定期巡查，发现故障，及时抢修。

三、汛后检查

水电厂在汛后应及时对测报系统设备进行认真检查维护和管理。并针对测报系统存在的问题制订整改计划，落实整改措施。重大问题报主管单位研究解决。

第十一条 水电厂每年汛后应对测报系统的运行情况进行全面的总结，包括设备的运行情况、水文预报的情况、测报系统的效益、存在的问题和改进的意见等。总结报告应于年底以前报主管单位。主管单位应对所辖电厂的测报系统运行情况进行全面总结，并于年底前报国家电力调度通信中心。

【依据 2】《水电站水工设施运行维护导则 第 4 部分：水情自动测报系统》（Q/GDW 11151.4—2013）

8 运行维护

8.1 日常维护

8.1.1 汛期中心站应设专人值班。值班人员每天应对中心站系统服务器、网络服务器及外围设备等进行一次例行巡视，对来自遥测站的水位数据（包括人工置数水位、流量）、雨量数据、设备电池电压、数据传达通道及设备工作状态进行监视和分析，并做好详细记录。在恶劣天气和大洪水期间可适当增加检查次数，一旦出现故障应及时处理。

8.1.2 水调值班人员应对水情自动测报系统运行状况（包括遥测站点）进行日常定时检查，发现异常或故障立即处理，无法排除时通知维护专职人员及时抢修。

8.1.3 水情测报系统维护专职人员应按时开展水情测报系统的汛前检查、汛期巡查和汛后检查，发现异常或故障立即排除，做好记录。

8.1.4　水调值班人员在交接班时应对水情自动测报系统运行状况（特别是异常或故障情况）进行详细交代。

8.1.5　中心站设备每日巡视一次，坝上、下游水位站每周巡视一次，并做好记录。巡视记录格式见附录 B。

8.2　定期维护

8.2.1　维护周期：

a）汛前、汛后应对系统各进行一次定期检查维护。在系统投入运行的前 2～3 年要适当增加定期检查次数。

b）暴雨、洪水、台风（大风）期间或过后，应根据具体情况而定，安排专项检查、维修或全面检查。

8.2.2　对系统设备的运行状态应全面地检查和测试，发现和排除故障，更换存在问题的设备或零部件，并做好记录。内容如下：

a）清洁设备。清理积在雨量器承雨器中的杂物，清洗太阳能电池板，清理水位井进水口的水草、淤沙。

b）检查设备的防水防潮情况。

c）检查电源及设备通信情况。

d）检查设备接地情况。

e）检查有无阻碍雨（水）量测量的因素，有无阻碍水位计正常运行的因素。

f）检查接头接触是否良好、有无腐蚀。

g）校核雨量计、水位计等。

8.3　信道维护

8.3.1　超短波信道维护：

a）中继站、中心站之间有无树木长大或有新的建筑物，阻碍信号传输。

b）在中继站、中心站附近有无新的干扰源。

c）复测信道。重要的信道余量应大于 10dB，其他电路应大于 5dB。

8.3.2　卫星、GSM/CDMA、PSTN 等公众信道维护：

a）当卫星、GSM/CDMA（包括 SMS 方式、GPRS 短信及 CDMA 网络等）和 PSTN 等利用公众信道通信的遥测数据全部中断时，应首先检查中心站设备。

b）中心站设备出现异常时，应及时与卫星、GSM/CDMA 和 PSTN 服务商联系并尽快处理。

8.4　电源维护

8.4.1　蓄电池

a）蓄电池充电、更换时要注意正负极性。

b）电台发信时，蓄电池电压波动大于 1V 则考虑更换蓄电池。

c）根据蓄电池相关规范进行充放电和定期容量校验。

d）长期保存的蓄电池或新买的蓄电池应严格按生产厂家提供的方法维护及检验。

8.4.2　浮充电源装置

a）太阳能电池板。检查光板防护罩是否破损，有无遮挡；检查开路电压、短路电流；检查太阳能稳压器输出电压是否在正常范围内。

b）直流电源箱。检查交流供电是否符合要求；检查避雷模块是否失效；断开交流电，检查蓄电池是否失效。

c）UPS 电源。检查交流供电是否符合要求；检查蓄电池是否失效；断开交流电源，检查 UPS 容量和供电时间是否满足设计要求；中心站机房 UPS 电源应 3 个月进行一次放电试验，充放电操作应由专业维护人员进行，操作前应做好危险点分析和安全防范措施。

8.5 数据采集器

a）检查雨量、水位等水文气象数据采集校验、存储显示功能是否正常。

b）检查数据信息的编码值是否正常，有无存在乱码现象。

c）检查定时发送和超阈值加报功能是否正常，能否按设定完成通信单元上电、发射及掉电等任务。

d）测试发射功率、反射功率、驻波比或信号强度等指标是否符合要求。

e）检查人工置数功能是否正常。

f）检查时钟设置是否准确。

8.6 软件维护

8.6.1 检查所有应用程序的进程是否稳定可靠运行。

8.6.2 检查各项功能是否正常。

8.7 预报模型维护

8.7.1 检查过去一个以上汛期的预报精度情况，是否需要重新率定参数。

8.7.2 检查上游控制站水位流量关系数据是否更新。

8.7.3 检查首场洪水或近期的预报精度情况，是否需要预报初始化。

8.8 新购设备检查

8.8.1 新设备投入运行前应根据系统设计要求进行功能检查和设备技术指标的检查。

8.8.2 对于遥测终端机、中继机、通信终端、通信控制机，要检查出厂合格证，查看其包装和外观有无损伤。

8.8.3 对于水位计、雨量计，除检查合格证外，还要对其外观及附件进行检查。

8.8.4 新购蓄电池按规定进行充、放电，以保证达到完好的使用状态。

8.8.5 对天线、避雷器、电缆等要检查外观有无损伤，紧固件是否齐全，电缆和接头间的焊接是否良好等。

8.8.6 对于交流稳压电源、UPS 电源、太阳能电池板、直流电源箱、充电机等从市场购进的设备要检查其合格证。

【依据3】《国家能源局防止电力生产事故的二十五项重点要求》（国能安全〔2014〕161 号文）

24.3.9 加强对水情自动测报系统的维护，广泛收集气象信息，确保洪水预报精度。如遇特大暴雨洪水或其他严重威胁大坝安全的事件，又无法与上级联系，可按照批准的方案，采取非常措施确保大坝安全，同时采取一切可能的途径通知地方政府。

【依据4】《水电站水工建筑物技术监督导则》（DL/T 1559—2016）

5.3.3 水库调度按水文气象情报及预报、水情自动测报系统运行维护、防洪调度、发电调度、泥沙调度、库区及下游河道管理、水库调度总结等开展水工技术监督工作。水库调度的水工技术监督内容包括：

a）水文气象情报及预报：洪水预报方案符合规范要求，已采用的预报方案，根据实测资料积累情况不断修改、完善。作业预报时，根据短期天气预报，根据预报用途充分计及预报误差并留有余地。加强已有水情测报和水调自动化系统运行维护，通信保持畅通。

b）水情自动测报系统运行维护：按 NB/T 35003、DL/T 1014 的要求进行监督，包括日常维护、定期维护、信道维护、电源维护、故障处理、主要指标（畅通率、可用度）等。

c）防洪、发电机泥沙调度：按 GB 17621、GB/T 22482、DL/T 1259、水库调度方案和设计文件要求进行监督。防洪调度重点关注汛期水位控制、泄洪前上下游检查和预警、泄洪闸门启闭程序及泄洪方式、泄洪消能和上下游冲刷等；发电调度重点关注水能利用率，泥沙调度重点关注水库库容变化、冲沙效果及机组磨损等。

d）库区上下游河道管理：库区回水水位在水库移民迁移线或土地征用线以内回迁、种植、项目开发等；下游河道保持设计的过水能力，满足泄洪要求。

e）水库调度总结：编制年度水库调度总结报告，内容包括雨、水、沙、冰情，主要调度运用过程，预报误差评定，实际运用指标，节水增发电量评定，综合利用效益分析，存在的问题和改进的意见。

6.4.12（3）本项目的查评依据如下。

【依据1】《水情自动测报系统技术条件》（DL/T 1085—2008）

4.2 系统技术指标

4.2.1 系统单次完成水情数据收集、处理和预报作业的时间应不超过 20min。

4.2.2 系统数据收集的月平均畅通率应达到 95%以上。当实际来报次数少于定时应来报次数则视为该时段不畅通。月平均畅通率按照式（1）计算：

$$M=（1-\Sigma T_j/\Sigma T_i）100\%$$

式中：M——考核期内系统数据收集月平均畅通率；

T_j——第 j 个遥测站当月实际工作总时段数；

T_i——第 i 个遥测站当月不畅通总时段数；

N——系统遥测站总数。

4.2.3 遥测站、中继站和中心站单站设备的 MTBF 应大于 6300h。MTBF 的验证符合 GB/T 18185。

4.2.4 水情预报精度应满足 SL 250 的要求。

【依据2】《水电厂水情自动测报系统运行管理办法》（国家电网生〔2010〕329号）

第三条　水电厂应按照实用化的要求加强水情自动测报系统的运行管理,保证系统的安全可靠运行。有关实用化要求的内容详见国家电力调度通信中心文件调调〔2000〕64号关于印发"水电厂水情自动测报系统实用化要求及验收细则"（试行）的通知。

【依据3】《水电厂水情自动测报系统实用化要求及验收细则（试行）》（调调〔2000〕64号）

1. 总则

1.1 为加强水电厂水情自动测报系统（以下简称系统）的管理，规范系统的实用化验收工作，使其充分发挥在防洪、发电等方面的作用，特制定本要求及细则。

1.2 制定本要求及细则的依据是：

《大中型水电站水库调度规范》（GB 17621—1998）；

《水电厂水情自动测报系统管理办法》（电力部电安生〔1996〕917）；

《水利水电工程水情自动测报系统设计规定》（DL/T 5051—1996）；

《水文情报预报规范》（SD—85）；

1.3 本要求及细则适用于国家电力公司系统的大中型水电厂水情自动测报系统，其他水电厂可参照执行。

1.4 本要求及细则由国家电力调度通信中心负责解释。

1.5 本要求及细则自颁发之日起实行。

2. 实用化要求

2.1 功能要求

2.1.1 数据实时采集及处理功能

1）系统的测站及中继站能够准确地实时采集和传输水雨情信息；

2）系统的测站及中继站具有定时自报和人工置数功能；

3）系统中心站能实时接收有关数据，并对数据进行合理性检查和纠错处理；

4）系统能自动对接收到的数据进行分类并存入数据库。

2.1.2 系统监测及报警功能

1）水雨情要素越限监测及报警；

2）设备故障监测、报警及诊断；

3）设备电源电压异常监测及报警。

2.1.3 数据管理功能

1）系统可通过人机对话的方式方便地对数据进行查询、检索及编辑，可灵活显示、绘制和打印水雨情图表；

2）可方便地对数据库进行维护管理；

3）可方便地对软件功能进行扩充及修改。

2.1.4　水文预报功能

1）定时水文预报（时段长度可调整）；

2）随机水文预报；

3）给定雨量或流量的模拟水文预报。

2.1.5　水库调度分析计算功能

1）调洪演算；

2）水库调度方案分析计算；

3）水库调度计划管理。

2.1.6　水务管理功能

1）水量平衡计算；

2）水电厂日、旬、月及任意时段运行报表制作；

3）资料整编。

2.1.7　信息交换功能

1）可向上级主管部门转发有关信息；

2）可与其他系统进行信息交换或在系统中预留有相应的接口；

3）接收、处理水情电报（可选）。

2.2　指标要求

1）系统数据畅通率：$M > 92\%$；

2）水文预报合格率：$P > 90\%$；

3）系统反应速度：少于 10min。

2.3　系统管理要求

1）应有完整的系统技术、使用、维护手册及工程验收资料；

2）应有完整的系统运行记录；

3）应制定相应的系统使用和管理规定；

4）使用管理单位应指派两名及以上人员负责系统的日常维护；

5）水调人员应能熟练地使用系统的各项基本功能。

3.　实用化验收细则

3.1　申请验收应具备的条件

3.1.1　报请实用化验收的系统必须是通过工程验收后按实用化要求考核至少一个完整汛期并有连续和完整的运行记录且自查合格的系统。

3.1.2　被验收单位应按实用化验收要求对系统组织一次自查测试，并邀请上级主管单位派人参加，在此基础上写出自查报告。

3.1.3　被验收单位须具备以下的资料：

1）系统工程验收报告；

2）连续、完整的系统运行记录；

3）按本要求及细则进行自查的自查报告，其内容应包括系统实现实用化要求的功能及完成实用化考核指标的情况；

4）考核期内的系统运行总结，应包括系统投运后设备及软件运行情况、出现的问题、采取的补救和完善措施及其效果、系统使用和管理的有关规章制度等。

3.2　验收工作的组织及程序

3.2.1 被验收单位向上级主管单位提交实用化验收书面申请及自查报告。

3.2.2 系统的实用化验收由水电厂的上级主管单位组织进行，验收单位应成立相应的验收组，人数一般为 5 人，验收时间一般为 2 天。

3.2.3 验收组成员应以具有实际相关工作经验的专业人员及对系统较为熟悉的使用人员为主，并须有系统所在电网调度部门的有关人员参加。此外，根据需要也可邀请科研单位及生产厂家的有关人员参加。

3.2.4 验收工作一般按如下程序进行：

1）被验收单位向验收组介绍系统简况、考核期内系统运行情况、改进系统所采取的措施、使用和管理系统的规章制度及执行情况。

2）验收组应对系统投运设备及运行状况进行核实，向系统使用人员及其他有关人员了解系统的实际使用情况及有关规章制度的执行情况。按照本要求及细则 2.1 条的有关规定对系统的基本功能进行核实。按照本要求及细则 2.2 条的有关规定对系统各运行考核指标逐一进行核实。

3）验收组应根据系统测试和资料审查及现场查勘情况进行讨论，写出系统验收意见，对实用化要求的基本功能和指标的考核情况进行综合评价，并指出存在的问题及改进意见，验收组成员签字生效后提交验收组织单位审批，验收单位的正式批复意见报国调中心核准备案。

3.2.5 一般情况下，验收单位每 3～5 年应对通过实用化验收的系统进行一次复查，复查可参照实用化验收的方法有所简化地进行。

3.3 实用化指标的核实

3.3.1 系统数据畅通率

1）核实办法：比测考核期内每日各测站的实际来报次数与该日定时应来报次数，当日实际来报次数多于等于定时应来报次数视为该测站当日各时段均畅通；当日来报次数每少于定时来报次数一次则视为该测站一个时段不畅通（采用卫星通信进行数据传输的测站取每日定时实际来报次数与该日定时应来报次数进行比测）。系统数据采集畅通率按月畅通率 M 计算。

2）计算公式：

式中：M 为系统某月数据采集畅通率；

T_j 为第 j 个站当月总时段数；

T_i 第 i 个不畅通站的故障持续时段数；

N 系统遥测站总数；

n 不畅通站点总和数。

3）基本要求：考核期内系统各月畅通率均需满足 $M>92\%$。

3.3.2 水文预报合格率

18．核实办法：系统水文预报合格率用下术公式计算核实：

19．式中：P 为系统洪水预报合格率；

N 为考核期内系统进行洪水预报的总次数；

n 为考核期内系统在预见期内所做的洪水预报中，洪水预报精度符合水文预报规范要求的总次数。

2）基本要求：$P>90\%$。

3.3.3 系统反应速度

系统完成一次洪水预报及调度方案计算的时间须少于 10min。

6.4.13 设备技术资料、台账管理

6.4.13（1）本项目的查评依据如下。

【依据 1】《水电站大坝运行安全监督管理规定》（发改委 2015 年 23 号令）

第十七条 电力企业应当按照国家规定及时收集、整理和保存大坝建设工程档案、运行维护资料及相应原始记录。

第二十五条　大坝安全注册应当符合下列条件：

（三）有完整的大坝勘测、设计、施工、监理资料和运行资料；

【依据2】《国家电网公司大坝安全管理办法》（国家电网生〔2010〕329号）

第九条　大坝运行单位履行下列职责：

（六）负责对大坝勘测、设计、施工、监理、运行、安全监测的资料以及其他有关安全技术资料的收集、整理、分析和保存，建立大坝安全技术档案以及相应数据库。

【依据3】《水电站大坝安全监测工作管理办法》（电监安全〔2009〕4号）

第十六条　水电站运行单位应当编制大坝安全监测管理制度和操作规程，建立大坝安全监测技术档案。

第十七条　工程竣工验收后，大坝安全监测工作由水电站运行单位负责。

水电站运行单位应编制本厂大坝安全监测工作规章制度和作业规程，并建立大坝安全监测技术档案以及相应数据库。

【依据4】《大中型水电站水库调度规范》（GB 17621—1998）

2　总则

2.4　水库调度管理单位必须具备齐全的水库设计资料，掌握了解水库上、下游流域内的自然地理、水文气象，社会经济及综合利用等基本情况，为水库调度工作提供可靠依据。

2.5　水库的设计参数及指标是指导水库运行调度的依据，未经批准不得任意改变。

3　水库运用参数和基本资料

3.1　水库调度运用的主要参数及指标应包括：水库正常蓄水位、设计洪水位、校核洪水位、汛期限制水位、死水位及上述水位相应的水库库容，水电站装机容量、发电量、保证出力及相应保证率，控制泄量等；有防洪任务的水库还应包括防洪高水位和防洪库容，下游防洪标准和安全泄量，汛期预留防洪库容的分期起讫时间等；兼有灌溉、给水任务的水库还应包括设计规定的灌溉、给水的水量、水位要求，以及相应的保证率和配水过程；有航运、漂木任务的水库还应包括设计规定的各类过坝运量和过坝方式，满足下游河道水深要求的相应流量等。

这些参数及指标是进行水库调度的依据，应根据设计报告和有关协议文件，在年度调度运用计划方案中予以阐明。

3.2　基本资料是水库调度的基础，必须充分重视，应注重资料的积累，必要时予以补充和修正。基本资料主要包括：

3.2.1　库容曲线：原始库容曲线应采用设计提供的曲线。泥沙问题严重的水库应定期进行水库淤积测量，按泥沙淤积情况复核库容曲线，新库容曲线应报上级主管部门备案，必要时需经批准。

3.2.2　设计洪水：应采用经审批的设计洪水包括分期洪水成果。

3.2.3　径流资料：应采用经整编的成果。包括年、月、旬、日径流系列及其保证率曲线，典型年过程等。

3.2.4　泄流曲线：包括各种泄水建筑物的泄流曲线。水库运行初期采用模型试验曲线，积累足够实测资料后应进行现场率定，成果报上级主管部门批准。

3.2.5　水轮发电机组特性曲线：应采用制造厂提供的资料或现场效率试验成果。

3.2.6　下游水位流量关系曲线：应采用现场实测成果。

3.2.7　引水系统水头损失曲线：应采用设计提供的资料或现场率定成果。

3.2.8　下游河道资料：应阐明水库下游河道堤防和分、滞洪区防洪体系的构成及其使用条件。

3.3　水库建成投入运用后，因水文条件、工程情况及综合利用任务等发生变化，水库不能按设计规定运用时，上级主管部门应组织运行管理、设计等有关单位，对水库运用参数及指标进行复核。正常情况下每隔5年～10年进行一次复核。如主要参数及指标需变更，应按原设计报批程序进行审批后方可执行。

8.3　已建成投运的水情自动测报系统和水调自动化系统，应编制运行管理细则，加强设备的维护和检修，保证系统长期可靠运行。

【依据5】《水电站水工建筑物技术监督导则》（DL/T 1559—2016）

5.4　工程技术档案

5.4.1　工程技术档案按 GB/T 50328、NB/T 35048、DL/T 1396 的规定进行监督，建立档案管理制度和配备档案管理人员，档案及时归档和移交，内容齐全，库房条件满足档案管理规定。

5.4.2　勘察设计技术档案包括：流域水电规划、预可行性研究报告、移民安置初步规划、水库淹没实物指标、投资估算、后期扶持原则的批准文件，选坝报告及审查会议纪要，可行性研究报告、批复，移民安置包干协议，移民补偿投资包干合同，招投标文件，施工图和施工预算等。

5.4.3　工程施工技术档案包括：土建施工文件，设计变更资料，水工金属结构安装施工文件，原材料和施工质量保证文件，监测仪器采购、检验、安装资料，施工期监测成果，缺陷处理记录；监理文件、质量监督文件、试生产文件等。

5.4.4　验收技术档案包括：阶段和单项工程验收资料、工程安全鉴定资料、各参建单位工程建设总结、工程总体竣工验收文件和单项的竣工验收文件、竣工决算报告、审计报告、竣工验收鉴定书等。

5.4.5　运行维护技术档案包括：防汛（含水文气象资料）、水库调度、安全监测（含仪器台账、整编报告）、水工建筑物及其附属设施检查维护、定期检查（含专题）、特种检查（含专题）、补强加固、水工金属结构、近坝库岸管理等有关的基础资料、运行记录和总结、科研成果、文件等。

5.4.6　水工技术监督档案包括：勘测设计、工程施工、运行维护阶段的水工技术监督成果。

6.4.13（2）本项目的查评依据如下。

【依据1】《水电站大坝运行安全监督管理规定》（发改委 2015 年 23 号令）

第八条　电力企业应当加强大坝安全监测与信息化建设工作，及时整理分析监测成果，监控大坝运行安全状态，并且按照要求向大坝中心报送大坝运行安全信息。对坝高一百米以上的大坝、库容一亿立方米以上的大坝和病险坝，电力企业应当建立大坝安全在线监控系统，并且接受大坝中心的监督。

第十条　电力企业应当每年年底开展大坝安全年度详查，总结本年度大坝安全管理工作，整编分析大坝监测资料，分析水库、水工建筑物、闸门及启闭机、监测系统和应急电源的运行情况，提出大坝安全年度详查报告并且报送大坝中心。

【依据2】《大中型水电站水库调度规范》（GB 17621—1998）

8.7　做好水库调度工作总结，每年汛末和年底分别编写洪水调度总结、兴利调度总结及有关专题技术总结。总结报告应报上级主管部门备案。总结主要内容包括：

雨、水、沙、冰情分析。

主要调度运用过程。

水文气象预报成果误差评定。

水库实际运用指标与计划指标的比较。

节水增发电量评定。

综合利用效益分析。

存在问题及相应改进意见。

【依据3】《水电站水工设施运行维护导则　第3部分：大坝安全监测系统》（Q/GDW 11151.3—2013）

5.4　资料管理要求

5.4.1　仪器设备应按设计要求、规范和说明书进行安装、埋设、调试，并及时取得初始值；监测仪器设备应专库存放，建立监测仪器设备台账、仪器档案。

5.4.2　大坝运行单位应建立大坝安全监测技术档案。人工监测、自动化监测和巡视检查均应做好所采集数据（或所检查情况）的记录。每次仪器监测或巡视检查后应随即对原始记录加以检查和整理；记录应有固定的格式，数据和情况的记载应准确、清晰、齐全，同时应记录监测日期、责任人姓名及监测条件的必要说明。

5.4.3　各监测项目的检查、使用、保养、维修、鉴定均应做好记录。

5.4.4　所有监测数据测读完毕后应及时进行计算、比对，发现异常立即分析和复测，在保留原始数据的基础上对误测、误记和重测数据进行记录。

5.4.5　监测数据应及时整编和分析，监测资料整理分日常资料整理与年度资料整编，整理和整编要求应按照 DL/T 5209 和 DL/T 5256 以及相应标准进行。

5.4.6　日常资料整理应在每次监测后随即进行；自动化监测应实时自动整理和报警。内容包括监测原始数据的检查、异常值的分析判断、填制报表和绘制过程线以及巡视检查记录的整理等。

5.4.7　年度资料整编是在日常资料整理的基础上，将原始监测资料经过考证、复核、审查、整理分析，汇编刊印成册，并将数据备份存储在计算机硬盘或其他移动存储介质内，归档。监测数据库、仪器监测和巡视检查的各种现场原始记录、图表等文字和电子版观测资料也应一同归档。年度资料整编工作应在监测年度次年 3 月份前完成，并将整编成果上报大坝主管单位和能源局大坝安全监察中心。

5.4.8　凡历年共同性的资料，若已在前期整编资料中刊印，其后不再重印时，应在整编前言中说明已收入何年整编资料何页。

5.4.9　整编资料应完整、连续、准确，整编成果应做到项目齐全，考证清楚，数据可靠，图表完整，规格统一，说明完备。在列表统计的基础上，绘制表示各监测物理量变化的过程线图，以及在时间和空间上的分布特征图和有关因素的相关关系图。

5.4.10　监测报告和整编资料，应按档案管理规定，同时以纸质打印版与电子版及时存档。

【依据 4】《水电站水工设施运行维护导则　第 4 部分：水情自动测报系统》（Q/GDW 11151.4—2013）

4.5　资料管理要求

4.5.1　水情自动测报系统总体设计或技改方案、项目实施、工程验收和年度运行总结等重要资料，应归档保存。

4.5.2　水情自动测报系统责任班组应建立运行资料库和档案库，所有技术及运行维护记录、总结、专题报告等资料，要及时归档保存。

4.5.3　水情自动测报系统责任班组应每天做好运行记录，每月统计上报主要运行指标，重要情况应及时提交专题报告；系统维护应及时记录相关内容，并及时传至生产技术管理信息系统中。

4.5.4　水电站运行单位应定期收集更新系统遥测水文站点水位流量关系等图表，以满足水文预报和水务计算的需要。

4.5.5　系统运行总结采用年度总结制。总结由水情自动测报系统运行单位在年底前完成，并于次年1月10日前上报水电站主管单位。总结内容包括设备运行情况、水文预报情况、综合效益分析、存在问题及改进意见等。

6.4.13（3）本项目的查评依据如下。

【依据 1】《大坝安全监测系统运行维护规程》（DL/T 1558—2016）

5.1.2　建立监测仪器设备台账和档案等管理制度；监测仪器设备应设置专库存放和管理，存放监测仪器设备的库房条件应满足仪器存放要求。

【依据 2】《水电站水工设施运行维护导则　第 3 部分：大坝安全监测系统》（Q/GDW 11151.3—2013）

5.4.1　仪器设备应按设计要求、规范和说明书进行安装、埋设、调试，并及时取得初始值；监测仪器设备应专库存放，建立监测仪器设备台账、仪器档案。

6.4.13（4）本项目的查评依据如下。

【依据】《水电站大坝运行安全监督管理规定》（发改委 2015 年 23 号令）

第十七条　电力企业应当按照国家规定及时收集、整理和保存大坝建设工程档案、运行维护资料及相应原始记录。

6.5 劳动安全与作业环境

6.5.1 劳动安全

6.5.1.1 电气安全

6.5.1.1.1 绝缘安全工器具

6.5.1.1.1（1）本项目的查评依据如下。

【依据1】《防止电力生产事故的二十五项重点要求》（国能安全〔2014〕161号）

1.2.2 凡从事电气作业人员应佩戴合格的个人防护用品：高压绝缘鞋（靴）、高压绝缘手套等必须选用具有国家"劳动防护品安全生产许可证书"资质单位的产品且在检验有效期内。作业时必须穿好工作服、戴安全帽，穿绝缘鞋（靴）、戴绝缘手套。

1.2.3 使用绝缘安全用具——绝缘操作杆、验电器、携带型短路接地线等必须选用具有"生产许可证""产品合格证""安全鉴定证"的产品，使用前必须检查是否贴有"检验合格证"标签及是否在检验有效期内。

【依据2】《电力安全工器具配置与存放技术要求》（DL/T 1475—2015）

5.4.1 验收

电力安全工器具应经校验、标定合格后方能入库备用。

电力安全工器具验收时，应首先进行外观检查，并核查验收生产厂家的产品批次、编号、产品合格证及产品对应标准编号等信息，以及相应认证机构提供的检验报告。

5.4.2 台账管理

管理及使用单位应建立电力安全工器具台账，并保存电力安全工器具的检查记录、试验报告、出厂说明等资料。台账中应对所配置的电力安全工器具进行分类登记，记录其名称、编号、规格型号、类别、厂家名称、出厂日期、购置日期、试验日期、试验周期、下次试验日期、报废等基本信息。

5.4.3 分类编号

电力安全工器具应在验收合格后统一进行分类和编号，编号应具备唯一性，所有管理及使用单位应采用统一的编号方式。电力安全工器具的存放位置处应设有类别标志和编号，且与电力工器具的编号相对应。

5.4.4 标签

标签应包括位置标签和本体标签，具体要求如下：

a）位置标签应包含电力安全工器具的名称、编号等信息；

b）本体标签应包括电力安全工器具的名称、编号、试验日期、下次试验日期等信息；

c）位置标签和本体标签上的编号应一致；

d）本体标签应直接粘贴在不妨碍电力安全工器具绝缘性能且醒目的部位，特殊电力安全工器具可采用吊牌；

e）标签应耐磨损、不易损坏、粘贴牢固。

【依据3】《国家电网公司电力安全工作规程变电部分》（Q/GDW 1799.1—2013）

附录J

（规范性附录）

安全工器具试验项目、周期和要求

序号	器具	项目	周期	要　求	说明
1	电容型验电器	A. 启动电压试验	1年	启动电压值不高于额定电压的40%，不低于额定电压的15%	试验时接触电极应与试验电极相接触

续表

序号	器具	项目	周期	要求	说明
1	电容型验电器	B. 工频耐压试验	1年	见下表①	
2	携带型短路接地线	A. 成组直流电阻试验	不超过5年	在各接线鼻之间测量直流电阻，对于25、35、50、70、95、120mm²的各中截面，平均每米的电阻值应分别小于0.79、0.56、0.40、0.28、0.21、0.16mΩ	同一批次抽测，不少于2条，接线鼻与软导线压接的应做该试验
		B. 操作棒的工频耐压试验	5年	见下表②	试验电压加在护环与紧固头之间
3	个人保安线	成组直流电阻试验	不超过5年	在各接线鼻之间测量直流电阻，对于10、16、25mm²各种截面，平均每米的电阻值应小于1.98、1.24、0.79mΩ	同一批次抽测，不少于两条
4	绝缘杆	工频耐压试验	1年	见下表③	
5	核相器	A. 连接导线绝缘强度试验	必要时	见下表④	浸在电阻率小于100Ω·m水中
		B. 绝缘部分工频耐压试验	1年	见下表⑤	
		C. 电阻管泄漏电流试验	半年	见下表⑥	
		D. 动作电压试验	1年	最低动作电压应达0.25倍额定电压	

① 电容型验电器工频耐压试验：

额定电压（kV）	试验长度（m）	工频耐压（kV）1min	工频耐压（kV）5min
10	0.7	45	—
35	0.9	95	—
66	1.0	175	—
110	1.3	220	—
220	2.1	440	—
330	3.2	—	380
500	4.1	—	580

② 操作棒的工频耐压试验：

额定电压（kV）	试验长度（m）	工频耐压（kV）1min	工频耐压（kV）5min
10	—	45	—
35	—	95	—
66	—	175	—
110	—	220	—
220	—	440	—
330	—	—	380
500	—	—	380

③ 绝缘杆工频耐压试验：

额定电压（kV）	试验长度（m）	工频耐压（kV）1min	工频耐压（kV）5min
10	0.7	45	—
35	0.9	95	—
66	1.0	175	—
110	1.3	220	—
220	2.1	440	—
330	3.2	—	380
500	4.1	—	580

④ 连接导线绝缘强度试验：

额定电压（kV）	工频耐压（kV）	持续时间（min）
10	8	5
35	28	5

⑤ 绝缘部分工频耐压试验：

额定电压（kV）	试验长度（m）	工频耐压（kV）	持续时间（min）
10	0.7	45	1
35	0.9	95	1

⑥ 电阻管泄漏电流试验：

额定电压（kV）	工频耐压（kV）	持续时间（min）	泄漏电流（mA）
10	10	1	≤2
35	35	1	≤2

序号	器具	项目	周期	要求			说明
6	绝缘罩	工频耐压试验	1年	额定电压（kV）	工频耐压（kV）	时间（min）	
				6～10	30	1	
				35	80	1	
7	绝缘隔板	A．表面工频耐压试验	1年	额定电压（kV）	工频耐压（kV）	持续时间（min）	e 电极间距300mm
				6～35	60	1	
		B．工频耐压试验	1年	额定电压（kV）	工频耐压（kV）	持续时间（min）	
				6～10	30	1	
				35	80	1	
8	绝缘胶垫	工频耐压试验	1年	额定电压（kV）	工频耐压（kV）	持续时间（min）	使用于带电设备区域
				高压	15	1	
				低压	3.5	1	
9	绝缘靴	工频耐压试验	半年	工频耐压（kV）	持续时间（min）	泄漏电流（mA）	
				15	1	≤7.5	

序号	器具	项目	周期	要求				说明
10	绝缘手套	工频耐压试验	半年	电压等级	工频耐压（kV）	持续时间（min）	泄漏电流（mA）	
				高压	8	1	≤9	
				低压	2.5	1	≤2.5	

序号	器具	项目	周期	要求				说明
11	导电鞋	直流电阻测试	穿用不超过200h	电阻值小于100kΩ				符合《防静电导电鞋安全技术要求》
12	绝缘夹钳	工频耐压试验	1年	额定电压（kV）	试验长度（m）	工频耐压（kV）	持续时间（min）	
				10	0.7	45	1	
				35	0.9	95	1	
13	绝缘绳	高压	每6个月1次	105kV/0.5m				

注：绝缘安全工器具的试验方法参照《电力安全工器具预防性试验规程（试行）》国电发〔2002〕777号的相关内容。

【依据4】《国家电网公司电力安全工器具管理规定》［国网（安监/4）289—2014］

第十五条 班组（站、所、施工项目部）管理职责：

（一）根据工作实际，提出安全工器具添置、更新需求。

（二）建立安全工器具管理台账，做到账、卡、物相符，试验报告、检查记录齐全。

（三）组织开展班组安全工器具培训，严格执行操作规定，正确使用安全工器具，严禁使用不合格或超试验周期的安全工器具。

（四）安排专人做好班组安全工器具日常维护、保养及定期送检工作。

第二十七条 安全工器具经预防性试验合格后，应由检验机构在合格的安全工器具上（不妨碍绝缘性能、使用性能且醒目的部位）牢固粘贴"合格证"标签或可追溯的唯一标识，并出具检测报告。预防性试验报告和合格证内容、格式要求见附件7。

第二十八条 各级单位应为班组配置充足、合格的安全工器具，建立统一分类的安全工器具台账和编号方法。使用保管单位应定期开展安全工器具清查盘点，确保做到账、卡、物一致。班组安全工器具参考配置要求见附件8，变电站安全工器具参考配置要求见附件9，各级单位可根据实际情况对照确定现场配置标准。

第三十七条 报废的安全工器具应及时清理，不得与合格的安全工器具存放在一起，严禁使用报废的安全工器具。

附件 10 二（一）电容型验电器 1. 检查要求

（2）验电器的各部件，包括手柄、护手环、绝缘元件、限度标记（在绝缘杆上标注的一种醒目标志，向使用者指明应防止标志以下部分插入带电设备中或接触带电体）和接触电极、指示器和绝缘杆等均应无明显损伤。

（3）绝缘杆应清洁、光滑，绝缘部分应无气泡、皱纹、裂纹、划痕、硬伤、绝缘层脱落、严重的机械或电灼伤痕。伸缩型绝缘杆各节配合合理，拉伸后不应自动回缩。

附件 10 二（二十一）辅助型绝缘手套 1.检查要求

（3）用卷曲法或充气法检查手套有无漏气现象。

6.5.1.1.1（2）本项目的查评依据如下。

【依据 1】《防止电力生产事故的二十五项重点要求》（国能安全〔2014〕161 号）

1.2.3 使用绝缘安全用具——绝缘操作杆、验电器、携带型短路接地线等必须选用具有"生产许可证"、"产品合格证"、"安全鉴定证"的产品，使用前必须检查是否贴有"检验合格证"标签及是否在检验有效期内。

【依据 2】《国家电网公司电力安全工器具管理规定》[国网（安监/4）289—2014]

第二十八条 各级单位应为班组配置充足、合格的安全工器具，建立统一分类的安全工器具台账和编号方法。使用保管单位应定期开展安全工器具清查盘点，确保做到账、卡、物一致。班组安全工器具参考配置要求见附件 8，变电站安全工器具参考配置要求见附件 9，各级单位可根据实际情况对照确定现场配置标准。

附件 10 一（十九）个人保安线 1. 检查要求

（1）保安线的厂家名称或商标、产品的型号或类别、横截面积（mm^2）、生产年份等标识清晰完整。

（2）保安线应用多股软铜线，其截面不得小于 $16mm^2$；保安线的绝缘护套材料应柔韧透明，护层厚度大于 1mm。护套应无孔洞、撞伤、擦伤、裂缝、龟裂等现象，导线无裸露、无松股、中间无接头、断股和发黑腐蚀。汇流夹应由 T3 或 T2 铜制成，压接后应无裂纹，与保安线连接牢固。

（3）线夹完整、无损坏，线夹与电力设备及接地体的接触面无毛刺。

（4）保安线应采用线鼻与线夹相连接，线鼻与线夹连接牢固，接触良好，无松动、腐蚀及灼伤痕迹。

附件 10 二（二）携带型短路接地线 1. 检查要求

（1）接地线的厂家名称或商标、产品的型号或类别、接地线横截面积（mm^2）、生产年份及带电作业用（双三角）符号等标识清晰完整。

（2）接地线的多股软铜线截面不得小于 $25mm^2$，其他要求同个人保安接地线。

（3）接地操作杆同绝缘杆的要求。

（4）线夹完整、无损坏，与操作杆连接牢固，有防止松动、滑动和转动的措施。应操作方便，安装后应有自锁功能。线夹与电力设备及接地体的接触面无毛刺，紧固力应不致损坏设备导线或固定接地点。

附件 10 二（三）绝缘杆 1. 检查要求

（1）绝缘杆的型号规格、制造厂名、制造日期、电压等级及带电作业用（双三角）符号等标识清晰完整。

（2）绝缘杆的接头不管是固定式的还是拆卸式的，连接都应紧密牢固，无松动、锈蚀和断裂等现象。

（3）绝缘杆应光滑，绝缘部分应无气泡、皱纹、裂纹、绝缘层脱落、严重的机械或电灼伤痕，玻璃纤维布与树脂间黏接完好不得开胶。

（4）握手的手持部分护套与操作杆连接紧密、无破损，不产生相对滑动或转动。

6.5.1.1.1（3）本项目的查评依据如下。

【依据】《国家电网公司电力安全工器具管理规定》[国网（安监/4）289—2014]

附件 10 二、绝缘安全工器具

（一）电容型验电器

2．使用要求

（1）验电器的规格必须符合被操作设备的电压等级，使用验电器时，应轻拿轻放。

（2）操作前，验电器杆表面应用清洁的干布擦拭干净，使表面干燥、清洁。并在有电设备上进行试验，确认验电器良好；无法在有电设备上进行试验时可用高压发生器等确证验电器良好。如在木杆、木梯或木架上验电，不接地不能指示者，经运行值班负责人或工作负责人同意后，可在验电器绝缘杆尾部接上接地线。

（3）操作时，应戴绝缘手套，穿绝缘靴。使用抽拉式电容型验电器时，绝缘杆应完全拉开。人体应与带电设备保持足够的安全距离，操作者的手握部位不得越过护环，以保持有效的绝缘长度。

（4）非雨雪型电容型验电器不得在雷、雨、雪等恶劣天气时使用。

（5）使用操作前，应自检一次，声光报警信号应无异常。

（二）携带型短路接地线

2．使用要求

（1）接地线的截面应满足装设地点短路电流的要求，长度应满足工作现场需要。

（2）经验明确无电压后，应立即装设接地线并三相短路（直流线路两极接地线分别直接接地），利用铁塔接地或与杆塔接地装置电气上直接相连的横担接地时，允许每相分别接地，对于无接地引下线的杆塔，可采用临时接地体。

（3）装设接地线时，应先接接地端，后接导线端，接地线应接触良好、连接应可靠，拆接地线的顺序与此相反，人体不准碰触未接地的导线。

（4）装、拆接地线均应使用满足安全长度要求的绝缘棒或专用的绝缘绳。

（5）禁止使用其他导线作接地线或短路线，禁止用缠绕的方法进行接地或短路。

（6）设备检修时模拟盘上所挂接地线的数量、位置和接地线编号，应与工作票和操作票所列内容一致，与现场所装设的接地线一致。

（三）绝缘杆

2．使用要求

（1）绝缘操作杆的规格必须符合被操作设备的电压等级，切不可任意取用。

（2）操作前，绝缘操作杆表面应用清洁的干布擦拭干净，使表面干燥、清洁。

（3）操作时，人体应与带电设备保持足够的安全距离，操作者的手握部位不得越过护环，以保持有效的绝缘长度，并注意防止绝缘操作杆被人体或设备短接。

（4）为防止因受潮而产生较大的泄漏电流，危及操作人员的安全，在使用绝缘操作杆拉合隔离开关或经传动机构拉合隔离开关和断路器时，均应戴绝缘手套。

（5）雨天在户外操作电气设备时，绝缘操作杆的绝缘部分应有防雨罩，罩的上口应与绝缘部分紧密结合，无渗漏现象，以便阻断流下的雨水，使其不致形成连续的水流柱而大大降低湿闪电压。另外，雨天使用绝缘杆操作室外高压设备时，还应穿绝缘靴。

（四）核相器

2．使用要求

（1）核相器的规格必须符合被操作设备的电压等级，使用核相器时，应轻拿轻放。

（2）操作前，核相器杆表面应用清洁的干布擦拭干净，使表面干燥、清洁。

（3）操作时，人体应与带电设备保持足够的安全距离，操作者的手握部位不得越过护手环，以保持有效的绝缘长度。

（五）绝缘遮蔽罩

2．使用要求

（1）绝缘遮蔽罩应根据使用电压的等级来选择，不得越级使用。

（2）当环境为（-25～+55）℃时，建议使用普通遮蔽罩；当环境温度为（-40～+55）℃，建议使用

C 类遮蔽罩；当环境温度为（-10～+70）℃时，建议使用 W 类遮蔽罩。

（3）现场带电安放绝缘遮蔽罩时，应戴绝缘手套。

（六）绝缘隔板

2．使用要求

（1）装拆绝缘隔板时应与带电部分保持一定距离（符合安全规程的要求），或者使用绝缘工具进行装拆。

（2）使用绝缘隔板前，应先擦净绝缘隔板的表面，保持表面洁净。

（3）现场放置绝缘隔板时，应戴绝缘手套；如在隔离开关动、静触头之间放置绝缘隔板时，应使用绝缘棒。

（4）绝缘隔板在放置和使用中要防止脱落，必要时可用绝缘绳索将其固定并保证牢靠。

（5）绝缘隔板应使用尼龙等绝缘挂线悬挂，不能使用胶质线，以免在使用中造成接地或短路。

（七）绝缘夹钳

2．使用要求：

（1）绝缘夹钳的规格应与被操作线路的电压等级相符合。

（2）操作前，绝缘夹钳表面应用清洁的干布擦拭干净，使表面干燥、清洁。

（3）操作时，应穿戴护目眼睛、绝缘手套和绝缘鞋或站在绝缘台（垫）上，精神集中，保持身体平衡，握紧绝缘夹钳不使其滑脱落下。人体应与带电设备保持足够的安全距离，操作者的手握部位不得越过护环，以保持有效的绝缘长度，并注意防止绝缘夹钳被人体或设备短接。

（4）绝缘夹钳严禁装接地线，以免接地线在空中摆动触碰带电部分造成接地短路和触电事故。

（5）在潮湿天气，应使用专用的防雨绝缘夹钳。

（八）带电作业用安全帽

2．使用要求：带电作业时应佩戴带电作业用安全帽，其他要求同安全帽。

（九）绝缘服装

2．使用要求

（1）绝缘服装应根据使用电压的高低、不同防护条件来选择。

（2）绝缘服装使用于环境温度在-25℃～+55℃。

（十）屏蔽服装

2．使用要求

（1）等电位作业人员应在衣服外面穿合格的全套屏蔽服装（包括上衣、裤子、手套、短袜、帽子、面罩、鞋子），将连接头组装好后，轻扯连接带与服装各部位的连接，确认其完好可靠并具有一定的机械强度（工作中不会自动脱开）。

（2）严禁通过屏蔽服装断、接接地电流，及空载线路和耦合电容器的电容电流。

（十一）带电作业用绝缘手套

2．使用要求

（1）带电作业用绝缘手套应根据使用电压的高低、不同防护条件来选择，不得越级使用，以免造成击穿而触电。

（2）带电作业用绝缘手套应避免不必要地暴露在高温、阳光下，也要尽量避免和机油、油脂、变压器油、工业乙醇以及强酸接触，应避免尖锐物体刺、划。

（十二）带电作业用绝缘靴（鞋）

2．使用要求：带电作业时穿带电作业用绝缘靴（鞋），其他要求同绝缘靴（鞋）。

（十三）带电作业用绝缘垫

2．使用要求：带电作业用绝缘垫应根据使用电压的高低等条件来选择，不得越级使用，其他要求同绝缘胶垫。

（十四）带电作业用绝缘毯

2．使用要求：带电作业用绝缘毯包裹导体时，应牢固不松脱。

（十五）带电作业用绝缘硬梯

2．使用要求

（1）梯子使用高度超过 5m，请务必在梯子中上部设立 $\phi 8$ 以上拉线。

（2）绝缘硬梯应根据使用电压等级来选择，不得越级使用。

（3）使用时，绝对禁止超过梯子的工作负荷，需要有人扶持梯子进行保护（同时防止梯子侧歪），并用脚踩住梯子的底脚，以防底脚发生移动。身体保持在梯梆的横撑中间，保持正直，不能伸到外面。

（十六）绝缘托瓶架

2．使用要求：绝缘托瓶架应根据使用电压等级、不同载荷条件来选择。

（十七）带电作业用绝缘绳（绳索类工具）

2．使用要求

（1）可根据工作要求选用不同机械性能的常规强度绝缘绳（绳索类工具）或高强度绝缘绳（绳索类工具）。根据不同气候条件选用常规型绝缘绳（绳索类工具）或防潮型绝缘绳（绳索类工具）。

（2）使用时，绝缘绳（绳索类工具）应避免不必要地暴露在高温、阳光下，也要避免和机油、油脂、变压器油、工业乙醇接触，严禁与强酸、强碱物质接触。

（3）常规型绝缘绳（绳索类工具）适用于晴朗干燥气候条件下的带电作业。防潮型绝缘绳（绳索类工具）适用于无雨雪、无持续浓雾的各种气候条件下作业。对已潮湿的绝缘绳（绳索类工具）应进行干燥处理，但干燥的温度不宜超过 65℃。

（4）可根据绝缘绳使用频度和状况，并考虑到电气化学和环境储存等因素可能造成的老化，确定绝缘绳（绳索类工具）的使用年限。

（十八）绝缘软梯

2．使用要求

（1）在导、地线上悬挂软梯进行等电位作业前，应检查本档两端杆塔处导、地线的紧固情况，经检查无误后方可攀登。

（2）在导线或地线上悬挂软梯时，应验算导线、地线以及交叉跨越物之间的安全距离是否满足要求。

（3）作业中，应保证带电导线及人体对被跨越的电力线路、通信线路和其他建筑物的安全距离。

（4）其他同普通软梯使用要求。

（十九）带电作业用绝缘滑车

2．使用要求

（1）使用前，应将绝缘滑车绝缘部分擦拭干净。

（2）滑车不准拴在不牢固的结构物上。线路作业中使用滑车应有防止脱钩的保险装置，否则必须采取封口措施，使用开门滑车时，应将开门勾环扣紧，防止绳索自动跑出。

（二十）带电作业用提线工具

2．使用要求：带电作业用提线工具应根据使用电压等级、载荷条件来选择。

（二十一）辅助型绝缘手套

2．使用要求

（1）辅助型绝缘手套应根据使用电压的高低、不同防护条件来选择。

（2）作业时，应将上衣袖口套入绝缘手套筒口内。

（3）按照《安规》有关要求进行设备验电、倒闸操作、装拆接地线等工作时应戴绝缘手套。

（二十二）辅助型绝缘靴（鞋）

2．使用要求

（1）辅助型绝缘鞋应根据使用电压的高低、不同防护条件来选择。

（2）穿用电绝缘皮鞋和电绝缘布面胶鞋时，其工作环境应能保持鞋面干燥。在各类高压电气设备上工作时，使用电绝缘鞋，可配合基本安全用具（如绝缘棒、绝缘夹钳）触及带电部分，并要防护跨步电压所引起的电击伤害。在潮湿、有蒸汽、冷凝液体、导电灰尘或易发生危险的场所，尤其应注意配备合适的电绝缘鞋，应按标准规定的使用范围正确使用。

（3）使用绝缘靴时，应将裤管套入靴筒内。

（4）穿用电绝缘鞋应避免接触锐器、高温、腐蚀性和酸碱油类物质，防止鞋受到损伤而影响电绝缘性能。防穿刺型、耐油型及防砸型绝缘鞋除外。

（二十三）辅助型绝缘胶垫

2．使用要求

（1）辅助型绝缘胶垫应根据使用电压的高低等条件来选择。

（2）操作时，绝缘胶垫应避免不必要地暴露在高温、阳光下，也要尽量避免和机油、油脂、变压器油、工业乙醇以及强酸接触，应避免尖锐物体刺、划。

6.5.1.1.2 手持电动工具

6.5.1.1.2（1）本项目的查评依据如下。

【依据1】《发电企业安全生产标准化规范及达标评级标准》（电监安全〔2011〕23号）

5.7.2.5 电气安全

企业应建立电气安全用具、手持电动工具、移动式电动机具台账，统一编号，专人专柜对号保管，定期试验。作业人员具备必要的电气安全知识，掌握使用方法并在有效期内正确使用。

企业购置的电气安全用具、手持电动工具、移动式电动机具经国家有关部门试验鉴定合格。

现场使用的电气安全用具、手持电动工具、移动式电动机具等设备满足附录E要求。

【依据2】《手持式电动工具的管理、使用、检查和维修安全技术规程》（GB/T 3787—2006）

3.1 工具的管理必须包括：

e）使用单位（部门）必须建立工具使用、检查和维修的技术档案。

4.3 在潮湿作业场所或金属构架上等导电性能良好的作业场所，应使用Ⅱ类或Ⅲ类工具。

5.2 工具的日常检查至少应包括以下项目：

c）保护接地线（PE）连接是否完好无损；

d）电源线是否完好无损；

f）电源开关动作是否正常、灵活，有无缺损、破裂；

g）机械防护装置是否完好；

h）工具转动部分是否转动灵活、轻快，无阻滞现象；

5.3.4 工具的定期检查项目，除5.2的规定外，还必须测量工具的绝缘电阻。

绝缘电阻应不小于表1规定的数值。

表1

测量部位	绝缘电阻/MΩ		
	Ⅰ类工具	Ⅱ类工具	Ⅲ类工具
带电零件与外壳之间	2	7	1

绝缘电阻应使用500V绝缘电阻表测量。

5.3.5 经定期检查合格的工具，应在工具的适当部位，粘贴检查"合格"标识。"合格"标识应鲜明、清晰、正确并至少应包括：

a）工具编号；

b）检查单位名称或标记；

c）检查人员姓名或标记；

d）有效日期。

【依据3】《防止电力生产事故的二十五项重点要求》（国能安全〔2014〕161号）

1.2.4 选用的手持电动工具必须具有国家认可单位发的"产品合格证"，使用前必须检查工具上贴有

"检验合格证"标识,检验周期为 6 个月。使用时必须接在装有动作电流不大于 30mA、一般型(无延时)的剩余电流动作保护器的电源上,并不得提着电动工具的导线或转动部分使用,严禁将电缆金属丝直接插入插座内使用。

【依据 4】《国家电网公司电力安全工作规程 第 3 部分:水电厂动力部分》(Q/GDW 1799.3—2015)

7.4.2 电气工具和用具:

a)电气工具和用具应由专人保管,每 6 个月应由电气试验单位进行定期检查;使用前应检查电线是否完好,有无接地线;不合格的不准使用;使用时应按有关规定接好剩余电流动作保护器(漏电保护器)和接地线;使用中发生故障,应立即修复。

i)移动式电动机械和手持电动工具的单相电源线应使用三芯软橡胶电缆;三相电源线在三相四线制系统中应使用四芯软橡胶电缆,在三相五线制系统中宜使用五芯软橡胶电缆。连接电动机械及电动工具的电气回路应单独设开关或插座,并装设剩余电流动作保护器(漏电保护器),金属外壳应接地;电动工具应做到"一机一闸一保护"。

【依据 5】《国家电网公司水电厂重大反事故措施》(国网基建〔2015〕60 号)

1.1.2.4 工作使用的手持式、移动式电动工器具,具有国家认可单位颁发的"产品合格证",使用前应检查工具上贴有"检验合格证"标识,检验周期为 6 个月。使用时应接在装有动作电流不大于 30mA、一般型(无延时)的剩余电流动作保护器的电源上,实现"一机一闸一保护"。

6.5.1.1.2(2) 本项目的查评依据如下。

【依据】《手持式电动工具的管理、使用、检查和维修安全技术规程》(GB/T 3787—2006)

3.2 按照本标准和工具产品使用说明书的要求及实际使用条件,制定相应的安全操作规程。安全操作规程的内容至少应包括:

a)工具的允许使用范围;

b)工具的正确使用方法和操作程序;

c)工具使用前应着重检查的项目和部位,以及使用中可能出现的危险和相应的防护措施;

d)工具的存放和保养方法;

e)操作者注意事项。

5.1 工具在发出或收回时,保管人员必须进行一次日常检查;在使用前,使用者必须进行日常检查。

5.2 工具的日常检查至少应包括以下项目:

a)是否有产品认证标志及定期检查合格标志;

b)外壳、手柄是否有裂缝或破损;

c)保护接地线(PE)连接是否完好无损;

d)电源线是否完好无损;

e)电源插头是否完整无损;

f)电源开关动作是否正常、灵活,有无缺损、破裂;

g)机械防护装置是否完好;

h)工具转动部分是否转动灵活、轻快,无阻滞现象;

i)电气保护装置是否良好。

5.3 工具使用单位必须有专职人员进行定期检查

5.3.1 每年至少检查一次

5.3.2 在湿热和常有温度变化的地区或使用条件恶劣的地方还应相应缩短检查周期。

5.3.3 在梅雨季节前应及时进行检查。

5.3.4 工具的定期检查项目,除 5.2 的规定外,还必须测量工具的绝缘电阻。

绝缘电阻应不小于表 1 规定的数值

表1 　　　　　　　　　　　　　绝缘电阻应使用 **500V** 兆欧表测量。

测量部位	绝缘电阻/MΩ		
	Ⅰ类工具	Ⅱ类工具	Ⅲ类工具
带电零件与外壳之间	2	7	1

6.5.1.1.3　移动式电动机具

6.5.1.1.3（1）本项目的查评依据如下。

【依据1】《发电企业安全生产标准化规范及达标评级标准》（电监安全〔2011〕23号）

5.7.2.5　电气安全

企业应建立电气安全用具、手持电动工具、移动式电动机具台账，统一编号，专人专柜对号保管，定期试验。作业人员具备必要的电气安全知识，掌握使用方法并在有效期内正确使用。

企业购置的电气安全用具、手持电动工具、移动式电动机具经国家有关部门试验鉴定合格。

现场使用的电气安全用具、手持电动工具、移动式电动机具等设备满足附录E要求。

【依据2】《国家电网公司电力安全工作规程　第3部分：水电厂动力部分》（Q/GDW 1799.3—2015）

7.4.2　电气工具和用具：

i）移动式电动机械和手持电动工具的单相电源线应使用三芯软橡胶电缆；三相电源线在三相四线制系统中应使用四芯软橡胶电缆，在三相五线制系统中宜使用五芯软橡胶电缆。连接电动机械及电动工具的电气回路应单独设开关或插座，并装设剩余电流动作保护器（漏电保护器），金属外壳应接地；电动工具应做到"一机一闸一保护"。

【依据3】《防止电力生产事故的二十五项重点要求》（国能安全〔2014〕161号）

1.4.3　机械设备各转动部位（如传送带、齿轮机、联轴器、飞轮等）必须装设防护装置。机械设备必须装设紧急制动装置，一机一闸一保护。周边必须画警戒线，工作场所应设人行通道，照明必须充足。

【依据4】《国家电网公司水电厂重大反事故措施》（国网基建〔2015〕60号）

1.1.2.4　工作使用的手持式、移动式电动工器具，具有国家认可单位颁发的"产品合格证"，使用前应检查工具上贴有"检验合格证"标识，检验周期为6个月。使用时应接在装有动作电流不大于30mA、一般型（无延时）的剩余电流动作保护器的电源上，实现"一机一闸一保护"。

6.5.1.1.4　安全用电

6.5.1.1.4（1）本项目的查评依据如下。

【依据】《剩余电流动作保护装置安装和运行》（GB 13955—2005）

4.5　必须安装剩余电流保护装置的设备和场所

4.5.1　末端保护

a）属于Ⅰ类的移动式电气设备及手持式电动工具；

b）生产用的电气设备；

c）施工工地的电气机械设备；

d）安装在户外的电气装置；

e）临时用电的电气设备；

f）机关、学校、宾馆、饭店、企事业单位和住宅等除壁挂式空调电源插座外的其他电源插座或插座回路；

g）游泳池、喷水池、浴池的电气设备；

h）安装在水中的供电线路和设备；

i）医院中可能直接接触人体的电气医用设备；

j）其他需要安装剩余电流保护装置的场所。

4.5.2　线路保护

低压配电线路根据具体情况采用二级或三级保护时，在总电源端、分支线首端或线路末端（农村集中安装电能表箱、农业生产设备的电源配电箱）安装剩余电流保护装置。

5.7　剩余电流保护装置动作参数的选择

5.7.1　手持式电动工具、移动电器、家用电器等设备应优先选用额定剩余动作电流不大于 30mA、一般型（无延时）的剩余电流保护装置。

5.7.2　单台电气机械设备，可根据其容量大小选用额定剩余动作电流 30mA 以上、100mA 及以下、一般型（无延时）的剩余电流保护装置。

5.7.3　电气线路或多台电气设备（或多住户）的电源端为防止接地故障电流引起电气火灾，安装的剩余电流保护装置，其动作电流和动作时间应按被保护线路和设备的具体情况及其泄漏电流值确定。必要时应选用动作电流可调和延时动作型的剩余电流保护装置。

5.7.4　在采用分级保护方式时，上下级剩余电流保护装置的动作时间差不得小于 0.2s。上一级剩余电流保护装置的极限不驱动时间应大于下一级剩余电流保护装置的动作时间，且时间差应尽量小。

5.7.5　选用的剩余电流保护装置的额定剩余不动作电流，应不小于被保护电气线路和设备的正常运行时泄漏电流最大值的 2 倍。

5.7.6　除末端保护外，各级剩余电流保护装置应选用低灵敏度延时型的保护装置。且各级保护装置的动作特性应协调配合，实现具有选择性的分级保护。

5.8　对特殊负荷和场所应按其特点选用剩余电流保护装置

5.8.1　本标准 4.5.1 的 i）中所列医院中的医用设备安装剩余电流保护装置时，应选用额定剩余动作电流 10mA、一般型（无延时）的剩余电流保护装置。

5.8.2　安装在潮湿场所的电气设备应选用额定剩余动作电流为（16～30）mA、一般型（无延时）的剩余电流保护装置。

5.8.3　安装在游泳池、水景喷水池、水上游乐园、浴室等特定区域的电气设备应选用额定剩余动作电流为 10mA、一般型（无延时）的剩余电流保护装置。

5.8.4　在金属物体上工作，操作手持式电动工具或使用非安全电压的行灯时，应选用额定剩余动作电流为 10mA，一般型（无延时）的剩余电流保护装置。

5.8.5　连接室外架空线路的电气设备，可能发生冲击过电压时，可采取特殊的保护措施（例如：采用电涌保护器等过电压保护装置），并选用增强耐误脱扣能力的剩余电流保护装置。

5.8.6　对应用电子元器件较多的电气设备，电源装置故障含有脉动直流分量时，应选用 A 型剩余电流保护装置。对负荷带有变频器、三相交流整流器、逆变换器、UPS 装置及特殊医疗设备（例如：X 射线设备、CT）等产生平滑直流剩余电流的电气设备，应选用特殊的对脉动直流剩余电流和平滑直流剩余电流均能动作的剩余电流保护装置。

5.8.7　对弧焊变压器应采用专用的防电击保护装置。

7.2　剩余电流保护装置投入运行后，必须定期操作试验按钮，检查其动作特性是否正常。雷击活动期和用电高峰期应增加试验次数。

7.3　用于手持式电动工具和移动式电气设备和不连续使用的剩余电流保护装置，应在每次使用前进行试验。

7.4　为检验剩余电流装置在运行中的动作特性及其变化，运行管理单位应配置专用测试仪器，并应定期进行动作特性试验。

动作特性试验项目：

a）测试剩余动作电流值；

b）测试分断时间；

c）测试极限不驱动时间。

6.5.1.1.4（2）本项目的查评依据如下。

【依据 1】《用电安全导则》（GB/T 13869—2008）

10.6　临时用电应经有关主管部门审查批准，并有专人负责管理，限期拆除。

【依据2】《电力建设安全工作规程 第3部分：变电站》（DL 5009.3—2013）

3.2.30 施工用电及照明

5 低压架空线路不得采用裸线，导线截面积不得小于16mm²，架设高度不得低于2.5m；交通要道及车辆通行处，架设高度不得低于5m。

10 电气设备不得超铭牌使用，隔离型电源总开关不得带负荷拉闸。

11 闸刀开关和熔断器的容量应满足被保护设备的要求。闸刀开关应有保护罩。不得用其他金属丝代替熔丝。

13 多路电源配电箱宜采用密封式；开关及熔断器应上口接电源，下口接负荷，不得倒接；负荷应标明名称，单相开关应标明电压。

【依据3】《发电企业安全生产标准化规范及达标评级标准》（电监安全〔2011〕23号）

5.7.1.5 电源箱及临时接线

电源箱箱体接地良好，接地线应选用足够截面的多股线，箱门完好，开关外壳、消弧罩齐全，引入、引出电缆孔洞封堵严密，室外电源箱防雨设施良好。

电源箱导线敷设符合规定，采用下进下出接线方式，内部器件安装及配线工艺符合安全要求，漏电保护装置配置合理、动作可靠，各路配线负荷标志清晰，熔丝（片）容量符合规程要求，无铜丝等其他物质代替熔丝现象。

电源箱保护接地、接零系统连接正确、牢固可靠，符合安全要求。插座相线、中性线布置符合规定，接线端子标志清楚。

临时用电电源线路敷设符合规程要求，不得在有爆炸和火灾危险场所架设临时线，不得将导线缠绕在护栏、管道及脚手架上或不加绝缘子捆绑在护栏、管道及脚手架上。

临时用电导线架空高度满足要求：室内大于2.5m、室外大于4m、跨越道路大于6m（指最大弧垂）；原则上不允许地面敷设，若采取地面敷设时应采取可靠、有效的防护措施。

临时线不得接在刀闸或开关上口，使用的插头、开关、保护设备等符合要求。

【依据4】《施工现场临时用电安全技术规范》（JGJ 46—2005）

7.1.2 架空线必须架设在专用电杆上，严禁架设在树木、脚手架及其他设施上。

7.2.9 架空电缆应沿电杆、支架或墙壁敷设，并采用绝缘子固定，绑扎线必须采用绝缘线，固定点间距应保证电缆能承受自重所带来的荷载，敷设高度应符合本规范第7.1节架空线路敷设高度的要求，但沿墙壁敷设时最大弧垂距地不得小于2.0m。

架空电缆严禁沿脚手架、树木或其他设施敷设。

6.5.1.1.4（3）本项目的查评依据如下。

【依据1】《防止电力生产事故的二十五项重点要求》（国能安全〔2014〕161号）

1.2.5 现场临时用电的检修电源箱必须装自动空气开关、剩余电流动作保护器、接线柱或插座，专用接地铜排和端子、箱体必须可靠接地，接地、接零标识应清晰，并固定牢固。对氢站、氨站、油区、危险化学品间等特殊场所，应选用防爆型检修电源箱，并使用防爆插头。

【依据2】《国家电网公司安全设施标准 第4部分：水电厂》（Q/GDW 434.4—2012）

附录C.1.2.1 检修电源箱箱门上应装设"当心触电"警告标志牌，箱门内侧或附近宜贴有检修电源箱的接线示意图和使用管理规定的文字说明标志牌。

【依据3】《国家电网公司水电厂重大反事故措施》（国网基建〔2015〕60号）

1.1.1.1 检修电源箱（柜）设计时，低压电源箱（柜）应具有防触电、防雨、防潮、防火、防小动物等功能，应永久固定，合理分布在生产现场的各个部位，有规范的、醒目的安全警示标识。

6.5.1.1.4（4）本项目的查评依据如下

【依据1】《电气装置安装工程接地装置施工及验收规范》（GB 50169—2006）

3.1.1 电气装置下列金属部分均应接地或接零：

1 电机、变压器、电器、携带式或移动式用电器具等的金属底座和外壳；

2 电气设备的传动装置；

3 屋内外配电装置的金属或钢筋混凝土构架以及靠近带电部分的金属遮栏和金属门；

4 配电、控制、保护用的屏（柜、箱）及操作台等的金属框架和底座。

【依据2】《水力发电厂接地设计技术导则》（NB/T 35050—2015）

3.1.6 保护接地及要求

1 水力发电厂下列所有电气装置及设施金属部件，除另有规定者外，均应接地或接保护线（PE线）。

1）发电机、变压器/电抗器、静止变频启动装置（SFC）和配电装置等电气设备的金属外壳。

2）电力电缆接线盒、终端盒的外壳、电缆的屏蔽铠装外皮、穿线的钢管等；非铠装或非金属护套电缆的1～2根屏蔽芯线；电缆沟和电缆隧道内，以及地上各种电缆金属支架等。

3）励磁系统、调速系统及电动机等设备的外壳及金属支架。

4）装有避雷线的电力线路杆塔。

5）在非沥青地面的居民区内，无避雷线非直接接地系统架空电力线路的金属杆塔和钢筋混凝土杆塔。

6）控制和保护用的控制柜、端子箱、保护屏、仪表屏（柜、箱）及操作台等的金属框架。

7）计算机监控、直流、通信、火灾报警、工业电视、监测等系统设备的外壳。

8）携带式及移动式用电器具等的底座和外壳。

9）船闸、升船机等过坝设备的金属部件。

10）屋内外配电装置的金属架构和钢筋混凝土架构，以及接地网以内的金属操作平台、巡视平台、围栏和金属门、窗。

11）通风空调系统的设备外壳。

12）桥机、门机、启闭机、电梯、电动葫芦等起重设备的轨道或金属外壳。

13）油、气、水系统设备的金属部分。

【依据3】《电力建设安全工作规程 第3部分：变电站》（DL 5009.3—2013）

3.2.31 接零及接地保护

3 当施工现场利用原有供电系统的电气设备时，应根据原系统要求做保护接零或保护接地。同一供电系统不得一部分设备做保护接零，另一部分做设备保护接地。

14 对地电压在127V及以上的下列电气设备及设施均应装设接地或接零保护：

1）发电机、电动机、电焊机及变压器的金属外壳。

2）开关及其传动装置的金属底座或外壳。

3）电流互感器的二次绕组。

4）配电盘、控制盘的外壳。

5）配电装置的金属构架、带电设备周围的金属围栏。

6）高压绝缘子及套管的金属底座。

7）电缆接头盒的外壳及电缆的金属外皮。

8）吊车的轨道及焊工等的工作平台。

9）架空线路的杆塔（木杆除外）。

10）室内外配线的金属管道。

11）金属制的集装箱式办公室、休息室及工具、材料间、卫生间等。

【依据4】《交流电气装置的接地设计规范》（GB 50065—2011）

3.2.1 电力系统、装置或设备的下列部分（给定点）应接地：

1 有效接地系统中部分变压器的中性点和有效接地系统中部分变压器、谐振接地、低电阻接地以及高电阻接地系统的中性点所接设备的接地端子；

2 高压并联电抗器中性点接地电抗器的接地端子；

3 电机、变压器和高压电器等的底座和外壳；

4　发电机中性点柜的外壳、发电机出线柜、封闭母线的外壳和变压器、开关柜等（配套）的金属母线槽等；

5　气体绝缘金属封闭开关设备的接地端子；

6　配电、控制和保护用的屏（柜、箱）等的金属框架；

7　箱式变电站和环网柜的金属箱体等；

8　发电厂、变电站电缆沟和电缆隧道内，以及地上各种电缆金属支架等；

9　屋内外配电装置的金属架构和钢筋混凝土架构，以及靠近带电部分的金属围栏和金属门；

10　电力电缆接线盒、终端盒的外壳，电力电缆的金属护套或屏蔽层，穿线的钢管和电缆桥架等；

11　装有地线的架空线路杆塔；

12　除沥青地面的居民区外，其他居民区内，不接地、谐振接地和高电阻接地系统中无地线架空线路的金属杆塔和钢筋混凝土杆塔；

13　装在配电线路杆塔上的开关设备、电容器等电气装置；

14　高压电气装置传动装置；

15　附属于高压电气装置的互感器的二次绕组和铠装控制电缆的外皮。

6.5.1.2　高处作业

6.5.1.2.1　安全带与安全绳

6.5.1.2.1（1）本项目的查评依据如下。

【依据1】《安全带》（GB 6095—2009）

5.1.2.3　所有零部件应顺滑，无材料或制造缺陷，无尖角或锋利边缘。8字环、品字环不应有尖角、倒角，几何面之间应采用R4以上圆角过渡。

5.1.2.4　金属环类零件不应使用焊接件，不应留有开口。

5.1.2.5　连接器的活门应有保险功能，应在两个明确的动作下才能打开。

5.1.3.7　护腰带整体硬挺度不应小于腰带的硬挺度，宽度不应小于80mm，长度不应小于600mm，接触腰的一面应有柔软、吸汗、透气的材料。

5.1.3.9　织带折头连接应使用线缝，不应使用铆钉、胶粘、热合等工艺。

5.1.3.17　缝纫线应采用与织带无化学反应的材料，颜色与织带应有区别。

7.2.1　永久性标志应缝制在主带上，内容应包括：

a）产品名称；

b）本标准号；

c）产品类别（围杆作业、区域限制或坠落悬挂）；

d）制造厂名；

e）生产日期（年、月）；

f）伸展长度；

g）产品的特殊技术性能（如果有）；

h）可更换的零部件标识应符合相应标准的规定。

【依据2】《国家电网公司电力安全工器具管理规定》[国网（安监/4）289—2014]

第二十八条　各级单位应为班组配置充足、合格的安全工器具，建立统一分类的安全工器具台账和编号方法。使用保管单位应定期开展安全工器具清查盘点，确保做到账、卡、物一致。班组安全工器具参考配置要求见附件8，变电站安全工器具参考配置要求见附件9，各级单位可根据实际情况对照确定现场配置标准。

第三十一条　安全工器具的保管及存放必须满足国家和行业标准及产品说明书要求。安全工器具保管存放具体要求见附件11。

第三十二条　安全工器具宜根据产品要求存放于合适的温度、湿度及通风条件处，与其他物资材料、设备设施应分开存放。带电作业绝缘安全工具的存放及温湿度条件见《带电作业用工具库房》（DL/T 974—

2005）的具体要求。

第三十三条　使用单位公用的安全工器具，应明确专人负责管理、维护和保养。个人使用的安全工器具，应由单位指定地点集中存放，使用者负责管理、维护和保养，班组安全员不定期抽查使用维护情况。

附件 10 一（五）安全带 1．检查要求

（1）商标、合格证和检验证等标识清晰完整，各部件完整无缺失、无伤残破损。

（2）腰带、围杆带、肩带、腿带等带体无灼伤、脆裂及霉变，表面不应有明显磨损及切口；围杆绳、安全绳无灼伤、脆裂、断股及霉变，各股松紧一致，绳子应无扭结；护腰带接触腰的部分应垫有柔软材料，边缘圆滑无角。

（3）织带折头连接应使用缝线，不应使用铆钉、胶粘、热合等工艺，缝线颜色与织带应有区分。

（4）金属配件表面光洁，无裂纹、无严重锈蚀和目测可见的变形，配件边缘应呈圆弧形；金属环类零件不允许使用焊接，不应留有开口。

（5）金属挂钩等连接器应有保险装置，应在两个及以上明确的动作下才能打开，且操作灵活。钩体和钩舌的咬口必须完整，两者不得偏斜。各调节装置应灵活可靠。

附件 11　3　纤维类安全工器具

纤维类安全工器具应放在干燥、通风、避免阳光直晒、无腐蚀及有害物质的位置，并与热源保持 1m 以上的距离。

（1）安全带不使用时，应由专人保管。存放时，不应接触高温、明火、强酸、强碱或尖锐物体，不应存放在潮湿的地方。储存时，应对安全带定期进行外观检查，发现异常必须立即更换，检查频次应根据安全带的使用频率确定。

6.5.1.2.1（2）本项目的查评依据如下。

【依据1】《坠落防护 安全绳》（GB 24543—2009）

5.1.1.1　应采用高韧性、高强度纤维丝线等材料。

5.1.1.2　织带应加锁边线。

5.1.1.11　所有零部件应顺滑，无材料或制造缺陷，无尖角或锋利边缘。

5.1.2.2　绳头不应留有散丝。

5.1.2.7　所有零部件应顺滑，无材料或制造缺陷，无尖角或锋利边缘。

5.1.3.1　应由高强度钢丝搓捻而成，且捻制均匀、紧密、不松散。

5.1.3.4　应由整根钢丝绳制成，中间不应有接头。

5.1.3.8　所有零部件应顺滑，无材料或制造缺陷，无尖角或锋利边缘。

5.1.4.2　下端环、连接环和中间环数量及内部尺寸应保证各环间转动灵活，链环形状应一致。

8.1　安全绳上的永久标识应至少包括以下内容：

a）产品名称；

b）本标准号；

c）制造厂名、厂址；

d）生产日期（年、月）、有效期；

e）总长度；

f）产品作业类别（围杆作业、区域限制或坠落悬挂）；

g）产品合格标志；

h）法律法规要求标注的其他内容；

【依据2】《国家电网公司电力安全工器具管理规定》[国网（安监/4）289—2014]

第二十八条　各级单位应为班组配置充足、合格的安全工器具，建立统一分类的安全工器具台账和编号方法。使用保管单位应定期开展安全工器具清查盘点，确保做到账、卡、物一致。班组安全工器具参考配置要求见附件8，变电站安全工器具参考配置要求见附件9，各级单位可根据实际情况对照确定现

场配置标准。

第三十一条 安全工器具的保管及存放，必须满足国家和行业标准及产品说明书要求。安全工器具保管存放具体要求见附件11。

第三十二条 安全工器具宜根据产品要求存放于合适的温度、湿度及通风条件处，与其他物资材料、设备设施应分开存放。带电作业绝缘安全工具的存放及温湿度条件见《带电作业用工具库房》（DL/T 974—2005）的具体要求。

第三十三条 使用单位公用的安全工器具，应明确专人负责管理、维护和保养。个人使用的安全工器具，应由单位指定地点集中存放，使用者负责管理、维护和保养，班组安全员不定期抽查使用维护情况。

附件10—（六）安全绳1检查要求

（1）安全绳的产品名称、标准号、制造厂名及厂址、生产日期（年、月）及有效期、总长度、产品作业类别（围杆作业、区域限制或坠落悬挂）、产品合格标志、法律法规要求标注的其他内容等永久标识清晰完整。

（2）安全绳应光滑、干燥，无霉变、断股、磨损、灼伤、缺口等缺陷。所有部件应顺滑，无材料或制造缺陷，无尖角或锋利边缘。护套（如有）完整不应破损。

（3）织带式安全绳的织带应加锁边线，末端无散丝；纤维绳式安全绳绳头无散丝；钢丝绳式安全绳的钢丝应捻制均匀、紧密、不松散，中间无接头；链式安全绳下端环、连接环和中间环的各环间转动灵活，链条形状一致。

附件11 3纤维类安全工器具

纤维类安全工器具应放在干燥、通风、避免阳光直晒、无腐蚀及有害物质的位置，并与热源保持1m以上的距离。

（2）安全绳每次使用后应检查，并定期清洗。

6.5.1.2.1（3）本项目的查评依据如下。

【依据1】《国家电网公司电力安全工器具管理规定》[国网（安监/4）289—2014]

附件4　　　　个体防护装备试验项目、周期和要求

序号	名称	项目	周期	要求			说明
				分类	试验力值（N）	试验时间（min）	
5	安全带	整体静负荷试验	1年	围杆作业安全带	2205	5	参照GB 6095—2009《安全带》和电力行业标准《安全工器具预防性试验规程》（报批稿）要求
				区域限制安全带	1200	5	
				坠落悬挂安全带	3300	5	
6	安全绳	静负荷试验	1年	施加2205N静拉力，持续时间5min。			参照《国家电网公司电力安全工作规程》

附件10—（五）安全带2.使用要求

（1）围杆作业安全带一般使用期限为3年，区域限制安全带和坠落悬挂安全带使用期限为5年，如发生坠落事故，则应由专人进行检查，如有影响性能的损伤，则应立即更换。

（2）应正确选用安全带，其功能应符合现场作业要求，如需多种条件下使用，在保证安全提前下，可选用组合式安全带（区域限制安全带、围杆作业安全带、坠落悬挂安全带等的组合）。

（3）安全带穿戴好后应仔细检查连接扣或调节扣，确保各处绳扣连接牢固。

（4）2m及以上的高处作业应使用安全带。

（5）在坝顶、陡坡、屋顶、悬崖、杆塔、吊桥以及其他危险的边沿进行工作，临空一面应装设安全网或防护栏杆，否则，作业人员应使用安全带。

（6）在没有脚手架或者在没有栏杆的脚手架上工作，高度超过1.5m时，应使用安全带。

（7）在电焊作业或其他有火花、熔融源等场所使用的安全带或安全绳应有隔热防磨套。

（8）安全带的挂钩或绳子应挂在结实牢固的构件或专为挂安全带用的钢丝绳上，并应采用高挂低用

的方式。

（9）高处作业人员在转移作业位置时不准失去安全保护。

（10）禁止将安全带系在移动或不牢固的物件上，如隔离开关（刀闸）支持绝缘子、瓷横担、未经固定的转动横担、线路支柱绝缘子、避雷器支柱绝缘子等。

（11）登杆前，应进行围杆带和后备绳的试拉，无异常方可继续使用。

附件10一（六）安全绳

2．使用要求

（1）安全绳应是整根，不应私自接长使用。

（2）在具有高温、腐蚀等场合使用的安全绳，应穿入整根具有耐高温、抗腐蚀的保护套或采用钢丝绳式安全绳。

（3）安全绳的连接应通过连接扣连接，在使用过程中不应打结。

（4）禁止将速差自控器锁止后悬挂在安全绳（带）上作业。

【依据2】《防止电力生产事故的二十五项重点要求》（国能安全〔2014〕161号）

1.1.2　正确使用安全带，安全带必须系在牢固的物件上，防止脱落。在高处作业必须穿防滑鞋、设专人监护。高处作业不具备挂安全带的情况下，应使用防坠器或安全绳。

【依据3】《国家电网公司电力安全工作规程　第3部分：水电厂动力部分》（Q/GDW 1799.3—2015）

11.1.3　在闸门上工作，应严格遵守高处作业有关规定，启闭中的闸门上禁止站人。上下攀爬闸门时应使用专用爬梯，作业人员应系好安全带和防坠器。每次落下闸门前，应检查橡胶水封是否破损、水封压板螺栓是否松动等异常情况，如有，应处理合格后再使用。在各类闸门启闭操作过程中，未浸在水中的橡胶水封应浇水润滑，不得干摩擦启闭。

12.5.5　在容器、槽箱内工作，如需站在梯子上工作，作业人员应使用安全带，绳子的一端拴在外面牢固的地方。

13.2.3　j）4）撬挖人员应保持适当间距。在悬崖、陡坡上应系好安全绳、佩戴安全带，禁止多人共用一根安全绳，一般应在白天作业。

13.6.9　在可能发生有毒有害气体的地下井、坑等有限空间内进行工作的人员，除应戴防毒面具外，还应使用安全带，安全带绳子的一端紧握在上面监护人手中。如果监护人需进入地下井、坑作救护，应先戴上防毒面具和系上安全带，并应另有其他人员在上面做监护。预防一氧化碳、氢化硫及煤气中毒，须戴上有氧气囊的防毒面具。

15.1.4　在坝顶、陡坡、屋顶、悬崖、杆塔、吊桥以及其他危险的边沿进行工作，临空一面应装设安全网或防护栏杆，否则，作业人员应使用安全带。

15.1.6　在没有脚手架或者在没有栏杆的脚手架上工作，高度超过1.5m时，应使用安全带，或采取其他可靠的安全措施。

15.1.8　在电焊作业或其他有火花、熔融源等场所使用的安全带或安全绳应有隔热防磨套。

15.1.9　安全带的挂钩或绳子应挂在结实牢固的构件上，或专为挂安全带用的钢丝绳上，并不得低挂高用。禁止挂在移动或不牢固的物件上。

15.1.11　高处作业人员在作业过程中，应随时检查安全带是否拴牢。高处作业人员在移动作业位置时不得失去保护。水平移动时，应使用水平绳或增设临时扶手，移动频繁时，宜使用双钩安全带。垂直转移时，宜使用安全自锁装置或速差自控器。

15.3.35　使用吊篮工作时，作业人员应按规定佩戴安全带；安全带应挂设在单独设置的安全绳上或建筑物的可靠处所，禁止安全绳与吊篮直接连接。

15.6.20　在软梯上只准一个人工作。在软梯上工作的人员，衣着应灵便，并应使用安全带，带工具袋。

15.7.1　在悬崖陡壁上进行工作，参加作业的人员应经过身体检查和安全训练，并穿防滑的鞋，使用安全带。

6.5.1.2.2 速差自控器

6.5.1.2.2（1）本项目的查评依据如下。

【依据1】《坠落防护 速差自控器》（GB 24544—2009）

5.2.1.1 速差器的外观应平滑，无材料和制造缺陷，无毛刺和锋利边缘。

5.2.1.2 速差器应带有可防止在下落过程中安全绳被过快抽出的自动锁死装置。

5.2.1.5 速差器应有安全绳回收装置确保安全绳独立和自动的回收。

8.1 速差器的永久标识应至少包括以下内容：

a）产品名称及标记；

b）本标准号；

c）制造厂名；

d）生产日期（年、月）、有效期；

e）法律法规要求标注的其他内容。

【依据2】《国家电网公司电力安全工器具管理规定》[国网（安监/4）289—2014]

第二十八条 各级单位应为班组配置充足、合格的安全工器具，建立统一分类的安全工器具台账和编号方法。使用保管单位应定期开展安全工器具清查盘点，确保做到账、卡、物一致。班组安全工器具参考配置要求见附件8，变电站安全工器具参考配置要求见附件9，各级单位可根据实际情况对照确定现场配置标准。

第三十一条 安全工器具的保管及存放，必须满足国家和行业标准及产品说明书要求。安全工器具保管存放具体要求见附件11。

第三十二条 安全工器具宜根据产品要求存放于合适的温度、湿度及通风条件处，与其他物资材料、设备设施应分开存放。带电作业绝缘安全工具的存放及温湿度条件见《带电作业用工具库房》（DL/T 974—2005）的具体要求。

第三十三条 使用单位公用的安全工器具，应明确专人负责管理、维护和保养。个人使用的安全工器具，应由单位指定地点集中存放，使用者负责管理、维护和保养，班组安全员不定期抽查使用维护情况。

附件10—（八）速差自控器 1 检查要求

（1）产品名称及标记、标准号、制造厂名、生产日期（年、月）及有效期、法律法规要求标注的其他内容等永久标识清晰完整。

（2）速差自控器的各部件完整无缺失、无伤残破损，外观应平滑，无材料和制造缺陷，无毛刺和锋利边缘。

（3）钢丝绳速差器的钢丝应均匀绞合紧密，不得有叠痕、突起、折断、压伤、锈蚀及错乱交叉的钢丝；织带速差器的织带表面、边缘、软环处应无擦破、切口或灼烧等损伤，缝合部位无崩裂现象。

（4）速差自控器的安全识别保险装置-坠落指示器（如有）应未动作。

（5）用手将速差自控器的安全绳（带）进行快速拉出，速差自控器应能有效制动并完全回收。

附件11 4 其他类安全工器具

（1）钢绳索速差式防坠器，如钢丝绳浸过泥水等，应使用涂有少量机油的棉布对钢丝绳进行擦洗，以防锈蚀。

6.5.1.2.2（2）本项目的查评依据如下。

【依据】《国家电网公司电力安全工器具管理规定》[国网（安监/4）289—2014]

附件4　　　　　　　　　　　个体防护装备试验项目、周期和要求

序号	名称	项目	周期	要　求	说　明
8	速差自控器	空载动作试验	1年	将速差器钢丝绳（或合成纤维带）在其全行程中任选5处，进行拉出，制动。拉出的钢丝绳（或合成纤维带）卸载或锁止卸载后，即能自动回缩，不应有卡绳（或卡带）现象	依据 DL/T 1147—2009《电力高处作业防坠器》

附件 10 一（八）速差自控器 2．使用要求

（1）使用时应认真查看速差自控器防护范围及悬挂要求。

（2）速差自控器应系在牢固的物体上，禁止系挂在移动或不牢固的物件上。不得系在棱角锋利处。速差自控器拴挂时严禁低挂高用。

（3）速差自控器应连接在人体前胸或后背的安全带挂点上，移动时应缓慢，禁止跳跃。

（4）禁止将速差自控器锁止后悬挂在安全绳（带）上作业。

6.5.1.2.3 脚手架及安全网

6.5.1.2.3（1）本项目的查评依据如下。

【依据 1】《国家电网公司电力安全工作规程 第 3 部分：水电厂动力部分》（Q/GDW 1799.3—2015）

15.1.24 使用铝合金快装脚手架前，应认真检查组件有无损坏、变形，扣件有无损坏、变形。禁止超载使用。

15.3.2 搭脚手架所用的杆柱可采用木杆、竹竿或金属管等。木杆应采用剥皮杉木或其他各种坚韧的硬木。禁止使用杨木、柳木、桦木、油松和其他防腐、折裂、枯节等易折断的木杆。竹竿应采用坚固无伤的毛竹，禁止使用青嫩、枯黄、黑斑、虫蛀、疵点、枯质或裂纹连通二节以上受机械损伤的毛竹。

15.3.18 安装金属管脚手架，禁止使用弯曲、压扁或者有裂缝的管子，各个管子的连接部分要完整无损，以防倾倒或移动。

15.3.21 木脚手板应采用杉木或松木制作。禁止使用腐朽、扭曲、破裂的或有大横透节及多节疤的材料。

15.3.22 钢脚手板的两端应有连接装置，板面应有防滑孔。禁止使用有裂纹、扭曲的脚手板。

【依据 2】《安全网》（GB 5725—2009）

附录 C.1 每张安全网宜用塑料薄膜、纸袋等独立包装，内附产品说明书、出厂检验合格证及其他按有关规定必须提供的文件。

【依据 3】《国家电网公司电力安全工器具管理规定》[国网（安监/4）289—2014]

附件 10 一（十一）安全网 1 检查要求、

（1）标准号、产品合格证、产品名称及分类标记、制造商名称及地址、生产日期等永久标识清晰完整。网体、边绳、系绳、筋绳无灼伤、断纱、破洞、变形及有碍使用的编织缺陷。所有节点固定。

（2）平网和立网的网目边长不大于 0.08m，系绳与网体连接牢固，沿网边均匀分布，相邻两系绳间距不大于 0.75m，系绳长度不小于 0.8m；平网相邻两筋绳间距不大于 0.3m。

（3）密目式安全立网的网眼孔径不大于 12mm；各边缘部位的开眼环扣牢固可靠，开眼环扣孔径不小于 0.008m。

6.5.1.2.3（2）本项目的查评依据如下。

【依据】《国家电网公司电力安全工作规程 第 3 部分：水电厂动力部分》（Q/GDW 1799.3—2015）

15.3.1 脚手架的荷载必须能足够承受站在上面的人员和物件等的重量，禁止超荷载使用。禁止在脚手架和脚手板上进行起重工作、聚集人员或放置超过计算荷重的材料。

15.3.3 禁止将脚手架直接搭靠在楼板的木楞上及未经计算过补加荷重的结构部分上，或将脚手架和脚手板固定在建筑不牢固的结构上（如栏杆、管子等）。禁止在各种管道、阀门、电缆架、仪表箱、开关箱及栏杆上搭设脚手架。

15.3.5 脚手架要同建筑物连接牢固，立杆或支杆的底端要埋入地下，深度应该视土壤性质决定；在埋入杆子的时候，要先将土夯实；如果是竹竿，应在基坑内垫以砖石，以防下沉；遇松土或者无法挖坑的时候；应绑设地杆子。

15.3.6 斜道板要满铺于架子的横杆上。在斜道两边、斜道拐弯处和脚手架工作面的外侧，应设 1200mm 高的栏杆，并在其下部加设 180mm 高的护板。

15.3.7 脚手架应装有牢固的梯子，以便作业人员上下和运送材料。用起重装置起吊重物时，不准把起重装置和脚手架的结构相连接。

15.3.10 在脚手架上进行电焊、气割作业时，应有防火措施和专人看守。

15.3.11 搭设脚手架的工作负责人应对所搭的脚手架进行检验合格并出具书面证明后方准使用。检修工作负责人每日应检查所使用的脚手架和脚手板的状况，并有检查记录。如有缺陷，应立即整修。

15.3.14 脚手架接近带电体时，应做好防止触电的措施。

15.3.23 脚手板应满铺，不准有空隙和探头板。脚手板与墙面的间距不得大于 200mm。脚手板的搭接长度不得小于 200mm。对头搭接处应设双排小横杆。双排小横杆的间距不得大于 200mm。在架子拐弯处，脚手板应交错搭接，脚手板应铺设平稳并绑牢。

15.4.1 在拆除大型的脚手架时，应遵守下列规定

c）拆除高层脚手架时，应设专人监护。

15.4.3 拆除脚手架，应由上而下地分层进行，不准上下层同时作业，拆下的构件用绳索捆牢，并用起重设备、滑车或卷扬机吊下，不准向下抛掷。拆除脚手架时不准采取将整个脚手架推倒，或先拆下层主柱的方法。

6.5.1.2.3（3）本项目的查评依据如下。

【依据】《发电企业安全生产标准化规范及达标评级标准》（电监安全〔2011〕23 号）

5.7.2.1 高处作业

企业应建立高处作业安全管理规定（含脚手架验收和使用管理规定），有关作业人员须持证上岗。

高处作业使用的脚手架应由取得相应资质的专业人员进行搭设，特殊情况或者使用场所有规定的脚手架应专门设计。

脚手架和登高用具符合附录 C 要求。

了解并正确使用合格的安全带等安全防护用品，立体交叉作业和使用脚手架等登高作业有动火防护措施和防止落物伤人、落物损坏设备等安全防护措施。

6.5.1.2.4 高空作业平台

6.5.1.2.4（1）本项目的查评依据如下。

【依据】《高空作业车》（GB/T 9465—2008）

5.1.4 作业车外部照明和信号装置、制动距离、噪声及发动机排放应符合 GB 7258 的规定；作业车作业噪声限值应符合 JG/T 5079.1 的规定。

5.1.5 最大作业高度大于或等于 20m 的作业车应备有上下联系的对讲设备。

5.1.7 制造装配置量要求如下：

a）液压、气动系统的管线应排列整齐、合理、连接紧密牢固，各元件和组件一般应可单独拆装，并维修方便；

c）作业车应设置安全警示标志；

6.5.1.2.4（2）本项目的查评依据如下。

【依据1】《高空作业车》（GB/T 9465—2008）

5.5.1 工作平台尺寸应符合以下规定：

a）工作平台四周应有护栏或其他防护结构，高度不应小于 1100mm 并应设有中间横杆。

b）踢脚板的高度应不小于 150mm，人员的进出口应不小于 100mm。

5.5.3 工作平台的工作表面应能防滑和自排水，进入工作平台可设置梯子，梯子的踏面应防滑。工作平台可设置出入门，门不得向外开，也可用栏杆、挡链或其他设施代替，宽度不应小于 350mm。梯子应与出入门对齐。

5.5.4 工作平台应备有系安全带或绳索的结点。

5.5.5 工作平台上应醒目地注明作业车额定载荷和承载人数。

5.7.1 作业车的各机构应保证平台起升、下降时的动作平稳、准确、无爬行、振颤、冲击及驱动功率异常增大等现象。

【依据2】《国家电网公司电力安全工作规程 第3部分：水电厂动力部分》（Q/GDW 1799.3—2015）

14.2.1 一般规定

k）对在用起重机械应至少每月进行一次经常性检查，并做好记录。起重机械每使用一年，至少应做一次全面技术检查。对于起重机的技术检查，首先，应检查其有无保险装置、联锁装置和防护装置，以及这些装置是否完好；其次，再检查附件（绳索、链条、吊钩、齿轮和转动装置）的状况与磨损程度和固定物（螺帽开口销等）的状况；对电力传动的起重机，还应检查接地状况。

15.1.23 移动平台工作面四周应有1200mm高的护栏，有明显的荷重标志，禁止超载使用，禁止在不平整的地面上使用。使用时应采取制动措施，防止平台移动。

【依据3】《特种设备目录》（2016）

4000 起重机械，是指用于垂直升降或者垂直升降并水平移动重物的机电设备，其范围规定为额定起重量大于或者等于0.5t的升降机；额定起重量大于或者等于3t（或额定起重力矩大于或者等于40t·m的塔式起重机，或生产率大于或者等于300t/h的装卸桥），且提升高度大于或者等于2m的起重机；层数大于或者等于2层的机械式停车设备。

6.5.1.2.4（3）本项目的查评依据如下。

【依据1】《国家电网公司电力安全工器具管理规定》[国网（安监/4）289—2014]

附件10 三（三）梯子 1.检查要求

（1）型号或名称及额定载荷、梯子长度、最高站立平面高度、制造者或销售者名称（或标识）、制造年月、执行标准及基本危险警示标志（复合材料梯的电压等级）应清晰明显。

（2）踏棍（板）与梯梁连接牢固，整梯无松散，各部件无变形，梯脚防滑良好，梯子竖立后平稳，无目测可见的侧向倾斜。

（3）升降梯升降灵活，锁紧装置可靠。铝合金折梯铰链牢固，开闭灵活，无松动。

（4）折梯限制开度装置完整牢固。延伸式梯子操作用绳无断股、打结等现象，升降灵活，锁位准确可靠。

（5）竹木梯无虫蛀、腐蚀等现象。木梯梯梁的窄面不应有节子，宽面上允许有实心的或不透的、直径小于13mm的节子，节子外缘距梯梁边缘应大于13mm，两相邻节子外缘距离不应小于0.9m。踏板窄面上不应有节子，踏板宽面上节子的直径不应大于6mm，踏棍上不应有直径大于3mm的节子。干燥细裂纹长不应大于150mm，深不应大于10mm。梯梁和踏棍（板）连接的受剪切面及其附近不应有裂缝，其他部位的裂缝长不应大于50mm。

【依据2】《国家电网公司电力安全工作规程 第3部分：水电厂动力部分》（Q/GDW 1799.3—2015）

15.6.9 人字梯应具有坚固的铰链和限制开度的拉链。

附录J 表J.1　　　　　　　　　　　登高工器具试验标准表

序号	项目	名称	周期	要求	说明
3	竹（木）梯	静负荷试验	半年	施加1765N静压力，持续时间5min	—

【依据3】《防止电力生产事故的二十五项重点要求》（国能安全〔2014〕161号）

1.1.7 登高作业应使用两端装有防滑套的合格的梯子，梯阶的距离不应大于40cm，并在距梯顶1m处设限高标志。使用单梯工作时，梯子与地面的斜角度为60°左右，梯子有人扶持，以防失稳坠落。

6.5.1.3 起重作业安全

6.5.1.3（1）本项目的查评依据如下。

【依据1】《国家电网公司电力安全工作规程 第三部分：水电厂动力部分》（Q/GDW 1799.3—2015）

附录 I 表 I.3

序号	名称	检 查 要 求		周期
11	桥式起重机	检查	仔细检查整部起重设备及其各个部件： a) 保险及防护装置： 1) 卷扬限制器在吊钩升起距起重构架 300mm 时能使吊钩自动停止； 2) 车轨末端行程限制器作用有效； 3) 荷重控制器动作正常； 4) 各制动器工作灵活可靠； 5) 齿轮、轴上螺栓、销键、靠背轮、制动盘防护罩牢固完整； 6) 电气联锁保护可靠，起重机及电动机开关外壳接地良好。 b) 起重机部件： 1) 钢丝绳无严重磨损现象，断丝根数在规程规定范围以内； 2) 吊钩无裂纹及变形，销子及滚珠轴承良好； 3) 滚筒突缘高度至少比最外层绳索表面高出该绳索的一个直径。吊钩放在最低位置时，滚筒上至少剩有 5 圈绳索，绳索固定点良好； 4) 齿轮箱良好，轴承无严重磨损	（一）一年试验检查一次 （二）结合大、小修进行检查
		试验	a) 新安装的或经过大修的吊车应进行负荷试验，按下述方法进行： 1) 以 100%额定工作荷重，跨中悬吊 10min，检查整个起重设备的状况和部件应无异常，并测量主梁挠曲度应不超过规定值； 2) 以 125%额定工作荷重，跨中悬吊 10min，卸载后检查各部结构应无永久变形； 3) 以 110%额定工作荷重，在各工作机构的全行程往复运行 3 次，检查各工作机构应工作正常。 b) 一般的定期试验以 1.1 倍容许工作荷重进行 10min 的静力试验	常用的一年进行一次；不常用的，每三年进行一次

【依据 2】《起重机械安全规程 第 1 部分：总则》（GB 6067.1—2010）

4.1.1 起升机构应满足下列要求：

d) 当吊钩处于工作位置最低点时，卷筒上缠绕的钢丝绳，除固定绳尾的圈数外，不应少于 2 圈；当吊钩处于工作位置最高点时，卷筒上还宜留有至少 1 整圈的绕绳余量。

4.2.4.2 多层缠绕的卷筒，应有防止钢丝绳从卷筒端部滑落的凸缘。当钢丝绳全部缠绕在卷筒后，凸缘应超出最外面一层钢丝绳，超出的高度不应小于钢丝绳直径的 1.5 倍（对塔式起重机是钢丝绳直径的 2 倍）。

4.2.4.3 卷筒上钢丝绳尾端的固定装置，应安全可靠并有防松或自紧的性能。如果钢丝绳尾端用压板固定，固定强度不应低于钢丝绳最小破断拉力的 80%，且至少应有两个相互分开的压板夹紧，并用螺栓将压板可靠固定。

4.2.6.1 动力驱动的起重机，其起升、变幅、运行、回转机构都应装可靠的制动装置（液压缸驱动的除外）；当机构要求具有载荷支持作用时，应装设机械常闭式制动器。在运行、回转机构的传动装置中有自锁环节的特殊场合，如能确保不发生超过许用应力的运动或自锁失效，也可以不用制动器。

9.2.1 起升高度限位器

起升机构均应装设起升高度限位器。用内燃机驱动，中间无电气、液压、气压等传动环节而直接进行机械连接的起升机构，可以配备灯光或声响报警装置，以替代限位开关。

当取物装置上升到设计规定的上极限位置时，应能立即切断起升动力源。在此极限位置的上方，还应留有足够的空余高度，以适应上升制动行程的要求。在特殊情况下，如吊运熔融金属，还应装设防止越程冲顶的第二级起升高度限位器，第二级起升高度限位器应分断更高一级的动力源。

需要时，还应设下降深度限位器；当取物装置下降到设计规定的下极限位置时，应能立即切断下降动力源。

上述运动方向的电源切断后，仍可进行相反方向运动（第二级起升高度限位器除外）。

9.2.2 运行行程限位器

起重机和起重小车（悬挂型电动葫芦运行小车除外），应在每个运行方向装设运行行程限位器，在达到设计规定的极限位置时自动切断前进方向的动力源。在运行速度大 100m/min，或停车定位要求较严的情况下，宜根据需要装设两级运行行程限位器，第一级发出减速信号并按规定要求减速，第二级应能自动断电并停车。

如果在正常作业时起重机和起重小车经常到达运行的极限位置，司机室的最大减速度不应超过 2.5m/s²。

9.2.8　支腿回缩锁定装置

工作时利用垂直支腿支承作业的流动式起重机械，垂直支腿伸出定位应由液压系统实现；且应装设支腿回缩锁定装置，使支腿在缩回后，能可靠地锁定。

9.2.10　缓冲器及端部止挡

在轨道上运行的起重机的运行机构、起重小车的运行机构及起重机的变幅机构等均应装设缓冲器或缓冲装置。缓冲器或缓冲装置可以安装在起重机上或轨道端部止挡装置上。

轨道端部止挡装置应牢固可靠，防止起重机脱轨。

有螺杆和齿条等的变幅驱动机构，还应在变幅齿条和变幅螺杆的末端装设端部止挡防脱装置，以防止臂架在低位置发生坠落。

9.3.1　起重量限制器

对于动力驱动的 1t 及以上无倾覆危险的起重机械应装设起重量限制器。对于有倾覆危险的且在一定的幅度变化范围内额定起重量不变化的起重机械也应装设起重量限制器。

需要时，当实际起重量超过 95%额定起重量时，起重量限制器宜发出报警信号（机械式除外）。当实际起重量在 100%～110%的额定起重量之间时，起重量限制器起作用，此时应自动切断起升动力源，但应允许机构作下降运动。

内燃机驱动的起升和/或非平衡变幅机构，如果中间没有电气、液压或气压等传动环节而直接与机械连接，该起重机械可以配备灯光或声响报警装置来替代起重量限制器。

9.3.2　起重力矩限制器

额定起重量随工作幅度变化的起重机，应装设起重力矩限制器。

当实际起重量超过实际幅度所对应的起重量的额定值的95%时，起重力矩限制器宜发出报警信号。

当实际起重量大于实际幅度所对应的额定值但小于 110%的额定值时，起重力矩限制器起作用，此时应自动切断不安全方向（上升、幅度增大、臂架外伸或这些动作的组合）的动力源，但应允许机构作安全方向的运动。

内燃机驱动的起升和/或平衡变幅机构，如果中间没有电气、液压或气压等传动环节而直接与机械连接，该起重机械可以配备灯光或声响报警装置来替代起重力矩限制器。

9.5　联锁保护

9.5.1　进入桥式起重机和门式起重机的门，和从司机室登上桥架的舱口门，应能联锁保护；当门打开时，应断开由于机构动作可能会对人员造成危险的机构的电源。

9.5.2　司机室与进入通道有相对运动时，进入司机室的通道口，应设联锁保护；当通道口的门打开时，应断开由于机构动作可能会对人员造成危险的机构的电源。

9.5.3　可在两处或多处操作的起重机，应有联锁保护，以保证只能在一处操作，防止两处或多处同时都能操作。

9.5.4　当既可以电动驱动，也可以手动驱动时，相互间的操作转换应能联锁。

9.5.5　夹轨器等制动装置和锚定装置应能与运行机构联锁。

9.5.6　对小车在可俯仰的悬臂上运行的起重机，悬臂俯仰机构与小车运行机构应能联锁，使俯仰悬臂放平后小车方能运行。

9.6.6　报警装置

必要时，在起重机上应设置蜂鸣器、闪光灯等作业报警装置。流动式起重机倒退运行时，应发出清晰的报警音响并伴有灯光闪烁信号。

9.6.7　防护罩

在正常工作或维修时，为防止异物进入或防止其运行对人员可能造成危险的零部件，应设有保护装置。起重机上外露的、有可能伤人的运动零部件，如开式齿轮、联轴器、传动轴、链轮、链条、传动带、皮带轮等，均应装设防护罩/栏。

在露天工作的起重机上的电气设备应采取防雨措施。

18.1.3　周检

正常情况下每周检查一次，或按制造商规定的检查周期和根据起重机械的实际使用工况制定的检查周期进行检查。除了按18.1.2规定的检查内容检查外，还应根据起重机械类型针对下列适合的内容进行检查：

b）检查所有钢丝绳外观有无断丝、挤压变形、笼状扭曲变形或其他的损坏迹象及过度的磨损和表面锈蚀情况。起重链条有无变形、过度磨损和表面锈蚀情况。

g）检查吊钩和其他吊具、安全卡、旋转接头有无损坏、异常活动或磨损。检查吊钩柄螺纹和保险螺母有无可能因磨损或锈蚀导致的过度转动。

1）检查流动式起重机上的轮胎压力以及轮胎是否有损坏、轮盘和外胎轮面的磨损情况。还需检查轮子上螺栓的紧固情况。

6.5.1.3（2）本项目的查评依据如下。

【依据】《国家电网公司电力安全工作规程　第3部分：水电厂动力部分》（Q/GDW 1799.3—2015）

附录I　表I.3

序号	名称		检 查 要 求	周 期
10	电动及机动卷扬机	检查	a）齿轮箱完整，润滑良好。 b）吊杆灵活，连接处的螺丝无松动或残缺。 c）钢丝绳无严重磨损现象，断丝数在规定范围内。 d）吊钩无裂纹，无变形。 e）滑轮杆无磨损现象。 f）滚筒突缘高度至少比最外层钢丝绳表面高出该绳直径的两倍。吊钩放至最低时，滚筒上的钢丝绳至少剩5圈，绳头固定良好。 g）机械传动部分的防护罩完整，开关及电动机外壳接地良好。 h）卷扬限制器，在吊钩升起距起重构架300mm时吊钩会自动停止。 i）荷重控制器动作正常。 j）制动器灵活良好	一个月
		试验	a）新安装或大修的，以1.25倍允许荷重进行10min的静力试验后，再以1.1倍允许荷重做动力试验，制动良好，钢丝绳无显著的局部延伸。 b）一般的定期试验，以1.1倍允许荷重进行10min的静力试验	一年

6.5.1.3（3）本项目的查评依据如下。

【依据】《国家电网公司电力安全工作规程　第3部分：水电厂动力部分》（Q/GDW 1799.3—2015）

附录I　表I.3

序号	名称		检 查 要 求	周期
5	链条葫芦	检查	a）链节无严重锈蚀、无裂纹、无打滑现象； b）齿轮完整、轮轴无磨损现象，开口销完整； c）撑牙灵活，能起刹车作用； d）撑牙平面的垫片有足够厚度，加荷重后不会打滑； e）吊钩无裂纹、无变形； f）润滑油充分	一个月
		试验	a）新装或大修的，以1.25倍允许荷重进行10min的静力试验后，再以1.1倍允许荷重做动力试验，制动性能良好，链条无拉长现象； b）一般的定期试验，以1.1倍允许荷重进行10min的静力试验	一年
9	千斤顶	检查	a）顶重头形状能防止物件的滑动； b）螺旋或齿条千斤顶，防止螺杆或齿条脱离丝扣的装置良好； c）螺纹磨损率不超过20%； d）螺旋千斤顶，自动制动功能良好	一个月
		试验	a）新安装的或经过大修的，以1.25倍容许工作荷重进行10min的静力试验后，以1.1倍容许工作荷重作动力试验，结果不应有裂纹、显著局部延伸现象； b）一般的定期试验，以1.1倍容许工作荷重进行10min的静力试验	一年

6.5.1.3（4）本项目的查评依据如下。

【依据】《国家电网公司电力安全工作规程　第3部分：水电厂动力部分》（Q/GDW 1799.3—2015）

附录 I 表 I.3

序号	名称		检查与试验的要求	周期
1	白棕绳 纤维绳	检查	绳子光滑、干燥无磨损现象	一月
		试验	以 2 倍允许负荷进行 10min 的静力试验,不应有断裂和显著的局部延伸	一年
2	起重用 钢丝绳	检查	a)绳扣可靠,无松动现象; b)钢丝绳无严重磨损现象; c)钢丝绳断丝数在规程规定的限度内	一月
		试验	以 2 倍允许负重进行 10min 的静力试验,不应有断裂及显著的局部延伸现象	一年
3	合成纤维 吊装带	检查	吊装带外部护套无破损,内芯无裂痕	每月检查 1 次,每 年试验 1 次
		试验	以 2 倍允许荷重进行 12min 的静力试验,不应有断裂现象	
4	铁链	检查	a)链节无严重锈蚀,无严重磨损,链节磨损达原直径的 10%应报废; b)链节应无裂纹,发生裂纹应报废	一月
		试验	以 2 倍容许工作荷重进行 10min 的静力试验,链条不应有断裂、显著的局部延伸 及个别链节拉长等现象,塑性变形达原长度的 5%时应报废	一年
7	绳卡 卸扣等	检查	丝扣良好,表面无裂纹	一月
		试验	以 2 倍允许荷重进行 10min 的静力试验	一年
8	吊钩	检查	a)无裂纹或显著变形; b)无严重腐蚀、磨损现象; c)防脱钩装置完好; d)润滑油充分,转动灵活	一月
		试验	a)以 1.25 倍容许工作荷重进行 10min 的静力试验,用 20 倍放大镜或其他方法 检查,不应有残余变形,裂纹及裂口。 b)磨损及变形测量。出现下述情况之一时,应予以报废: 1)危险断面磨损达原尺寸的 10%; 2)开口度比原尺寸增加 15%; 3)扭转变形超过 10°; 4)危险断面或吊钩颈部产生塑性变形	一年

6.5.1.3(5)本项目的查评依据如下。

【**依据 1**】《中华人民共和国特种设备安全法》(2014 版)

第四十条 特种设备使用单位应当按照安全技术规范的要求,在检验合格有效期届满前一个月向特种设备检验机构提出定期检验要求。

特种设备检验机构接到定期检验要求后,应当按照安全技术规范的要求及时进行安全性能检验。特种设备使用单位应当将定期检验标志置于该特种设备的显著位置。

未经定期检验或者检验不合格的特种设备,不得继续使用。

第四十五条 电梯的维护保养应当由电梯制造单位或者依照本法取得许可的安装、改造、修理单位进行。

电梯的维护保养单位应当在维护保养中严格执行安全技术规范的要求,保证其维护保养的电梯的安全性能,并负责落实现场安全防护措施,保证施工安全。

电梯的维护保养单位应当对其维护保养的电梯的安全性能负责;接到故障通知后,应当立即赶赴现场,并采取必要的应急救援措施。

第八十七条 违反本法规定,电梯、客运索道、大型游乐设施的运营使用单位有下列情形之一的,责令限期改正;逾期未改正的,责令停止使用有关特种设备或者停产停业整顿,处 2 万元以上 10 万元以下罚款:

(一)未设置特种设备安全管理机构或者配备专职的特种设备安全管理人员的;

(二)客运索道、大型游乐设施每日投入使用前,未进行试运行和例行安全检查,未对安全附件和安全保护装置进行检查确认的;

(三)未将电梯、客运索道、大型游乐设施的安全使用说明、安全注意事项和警示标志置于易于为乘客注意的显著位置的。

【**依据 2**】《特种设备安全监察条例》(2009 年修订)

第二十八条 特种设备使用单位应当按照安全技术规范的定期检验要求,在安全检验合格有效期届满前 1 个月向特种设备检验检测机构提出定期检验要求。

检验检测机构接到定期检验要求后,应当按照安全技术规范的要求及时进行安全性能检验和能效测试。

未经定期检验或者检验不合格的特种设备，不得继续使用。

第三十一条　电梯的日常维护保养必须由依照本条例取得许可的安装、改造、维修单位或者电梯制造单位进行。

电梯应当至少每 15 日进行一次清洁、润滑、调整和检查。

第八十五条　电梯、客运索道、大型游乐设施的运营使用单位有下列情形之一的，由特种设备安全监督管理部门责令限期改正；逾期未改正的，责令停止使用或者停产停业整顿，处 1 万元以上 5 万元以下罚款：

（一）客运索道、大型游乐设施每日投入使用前，未进行试运行和例行安全检查，并对安全装置进行检查确认的；

（二）未将电梯、客运索道、大型游乐设施的安全注意事项和警示标志置于易于为乘客注意的显著位置的。

【依据 3】《电梯技术条件》（GB/T 10058—2009）

3.3.9　电梯应该具备以下安全装置或保护功能，并应能正常工作：

k）轿厢内以及在井道中工作的人员存在被困危险处应设置紧急报警装置。当电梯行程大于 30m 或轿厢内与紧急操作地点之间不能直接对话时，轿厢内与紧急操作地点之间也应设置紧急报警处理。

6.5.1.3（6）本项目的查评依据如下。

【依据 1】《国家电网公司水电厂重大反事故措施》（国网基建〔2015〕60 号）

1.5.2.1　各类起重设施应按照相关规定办理检验合格证，按规定期限检测合格。起重设施应由专人定期检查维护，作业人员应持证上岗，所持证件应与所从事的工作范围相符。

【依据 2】《国家电网公司电力安全工作规程　第 3 部分：水电厂动力部分》（Q/GDW 1799.3—2015）

7.1.18　特种设备［锅炉、压力容器（含气瓶）、压力管道、电梯、起重机械、场（厂）内专用机动车辆］，在使用前应经特种设备检验检测机构检验合格，取得合格证并制定安全使用规定和定期检验维护制度。检验合格有效期届满前 1 个月向特种设备检验机构提出定期检验要求。同时，在投入使用前或者投入使用后 30 日内，使用单位应当向直辖市或者设有区的市的特种设备安全监督管理部门登记。

6.5.1.4　焊接与切割安全

6.5.1.4（1）本项目的查评依据如下。

【依据 1】《焊接与切割安全》（GB 9448—1999）

11.2.4　弧焊设备外露的带电部分必须设置完好的保护，以防人员或金属物体（如货车、起重机吊钩等）与之相接触。

【依据 2】《国家电网公司电力安全工作规程　第 3 部分：水电厂动力部分》（Q/GDW 1799.3—2015）

16.2.4　电焊工作所用的导线，应使用绝缘良好的皮线。如有接头时，则应连接牢固，并包有可靠的绝缘。连接到电焊钳上的一端，至少有 5m 的绝缘软导线。电焊机的外壳必须可靠接地，接地电阻不得大于 4Ω。

16.2.5　电焊设备（变压器、电动发电机）应使用带有保险的电源刀闸，并应装在密闭箱匣内。

【依据 3】《国家电网公司水电厂重大反事故措施》（国网基建〔2015〕60 号）

1.1.2.5　现场使用的电焊机，其高低压接线柱应装防护罩，电焊机外壳应可靠接地。不停电更换焊条应戴焊工手套，焊线不应裸露。

【依据 4】《发电企业安全生产标准化规范及达标评级标准》（电监安全〔2011〕23 号）

5.7.2.3　焊接作业

电焊机使用管理、检查试验制度完善，检查维护责任落实，建立台账，编号统一、清晰。

电焊机性能良好，符合安全要求，接线端子屏蔽罩齐全。

电焊机接线规范，金属外壳有可靠的接地（零），一、二次绕组及绕组与外壳间绝缘良好，一次线长度不超过 2～3m，二次线无裸露现象。

焊接作业人员须持证上岗，严格按操作规程作业；焊接作业现场有可靠的防火措施，作业人员按规定正确佩戴个人防护用品。

6.5.1.4（2）本项目的查评依据如下。

【依据 1】《焊接与切割安全》（GB 9448—1999）

10.2 焊炬及割炬

只有符合有关标准（JB/T 5101、JB/T 6968、JB/T 6969、JB/T 6970 和 JB/T 7947 等）的焊炬和割炬才允许使用。

使用焊炬、割炬时，必须遵守制造商关于焊、割炬点火、调节及熄火的程序规定。点火之前，操作者应检查焊、割炬的气路是否通畅、射吸能力、气密性等。

点火时应使用摩擦打火机、固定的点火器或其他适宜的火种。焊割炬不得指向人员或可燃物。

10.3 软管及软管接头

用于焊接与切割输送气体的软管，如氧气软管和乙炔软管，其结构、尺寸、工作压力、机械性能、颜色必须符合 GB/T 2550、GB/T 2551 的要求。软管接头则必须满足 GB/T 5107 的要求。

禁止使用泄漏、烧坏、磨损、老化或有其他缺陷的软管。

【依据 2】《气割机用割炬》（JB/T 5101—1991）

6.4 各气阀应保证能灵活地关闭气路及均匀地调节流量。

6.5 割炬的火焰应该燃烧稳定，火焰形状均匀而对称，不允许有紊流、偏心、回火倒袭和气体回流现象，可见切割氧不允许有偏斜现象。当风速为 10m/s 垂直吹向火焰时，火焰的焰芯应保持稳定。

6.12 割炬外表应美观整洁，无明显机械损伤、弯曲和表面缺陷。

6.5.1.4（3）本项目的查评依据如下。

【依据】《发电企业安全生产标准化规范及达标评级标准》（电监安全〔2011〕23 号）

5.7.2.3 焊接作业

电焊机使用管理、检查试验制度完善，检查维护责任落实，建立台账，编号统一、清晰。

电焊机性能良好，符合安全要求，接线端子屏蔽罩齐全。

电焊机接线规范，金属外壳有可靠的接地（零），一、二次绕组及绕组与外壳间绝缘良好，一次线长度不超过 2～3m，二次线无裸露现象。

焊接作业人员须持证上岗，严格按操作规程作业；焊接作业现场有可靠的防火措施，作业人员按规定正确佩戴个人防护用品。

6.5.1.5 机械安全

6.5.1.5（1）本项目的查评依据如下。

【依据 1】《台式钻床 第 4 部分：技术条件》（JB/T 5245.4—2006）

3.3.3 传动机构应设有防护装置，活动式防护装置应采用有效方法固定，并在防护装置明显的位置标有"打开防护罩前应切断电源"等类似的警告标志或设有打开防护装置断电的联锁机构。

3.3.7 夹持装置应可靠，正确夹持后不会使刀具和附件坠落或被甩出。应在使用说明书中说明刀具和随机供应附件的正确安装拆卸方式，以及钥匙或扳手及锥柄工具用楔在夹持和拆卸完成后不及时取下可能产生的意外危险。

【依据 2】《金属切削机床安全防护通用技术条件》（GB 15760—2004）

5.2.8 排屑装置

排屑装置不应对操作者构成危险，必要时可与防护装置的打开和机床运转的停止联锁。

验证：视检和/或检查信息。

【依据 3】《生产设备安全卫生设计总则》（GB 5083—1999）

5.8.1 生产设备必须保证操作点和操作区域有足够的照度，但要避免各种频闪效应和眩光现象。对可移动式设备，其灯光设计按有关专业标准执行。其他设备照明设计按 GB 50034 执行。

【依据 4】《国家电网公司电力安全工作规程 第 3 部分：水电厂动力部分》（Q/GDW 1799.3—2015）

7.4.1 一般工具：

h）砂轮应进行定期检查。砂轮应无裂纹及其他不良情况。砂轮应装有用钢板制成的防护罩，其强度应保证当砂轮碎裂时挡住碎块。防护罩至少要把砂轮上半部罩住。禁止使用没有防护罩的砂轮（特殊工作需要的手提式小型砂轮除外）。砂轮机的防护罩应完整。使用中应经常调节防护罩的可调护板，使可调护板和砂轮间的距离不大于 1.6mm。使用中应随时调节工件托架以补偿砂轮的磨损,使工件托架和砂轮间的距离不大于 2mm。使用砂轮研磨时,应戴防护眼镜或装设防护玻璃。用砂轮磨工具时应使火星向下。不准用砂轮的侧面研磨。无齿锯应符合上述各项规定。使用时操作人员应站在锯片的侧面,锯片应缓慢地靠近被锯物件,不准用力过猛。砂轮机的旋转方向不准正对其他机器、设备。两人以上不得同时使用同一台砂轮机。

i）安装砂轮片时,砂轮片与两侧板之间应加柔软的垫片,禁止猛击螺帽。

j）砂轮片有缺损或裂纹者禁止使用,其工作转速应与砂轮机的转速相符。

k）砂轮片的有效半径磨损到原半径的三分之一时应更换。

6.5.1.5（2）本项目的查评依据如下。

【依据1】《冷冲压安全规程》（GB 13887—2008）

5.1.1.1 下列运动部件可能对人造成伤害,必须采用防护罩防护,防止人体误入:

a）飞轮、齿轮、皮带轮和靠近人身的轴端等旋转件;

b）啮齿的齿轮、皮带轮和传动链的夹紧点;

c）滑块和相对静止部分之间的夹紧点。

防护罩应装设把手、挂钩或其他便于手提的装置。

固定或支撑防护罩的托架,至少应能承受防护罩重量 2 倍的静载荷。

5.1.1.2 下列现象中零部件可能发生断裂、松动、脱落或机械能的释放而对人造成伤害,必须采用防护罩（套）或防松装置和措施:

a）由于轴的断裂引起电机皮带轮、飞轮、离合器、齿轮或其他运动件的脱落或飞出;

b）由于螺栓的松动或断裂引起电动机、保护罩、其他固定件的脱落或飞出;

c）由于弹簧的断裂引起的飞出;

d）露于设备外部的均应装设有效的防护罩或防护盖,大型机床某些部件受条件限制时,可设置防止人员触及的防护栏;

e）移动工作台应有扫轨器,避免出现因轨道中有杂物造成飞溅引起事故。

5.2.3.1 采用摩擦离合器传动的压力机,必须具有以下特性,即当离合器接合的外部条件消除或在断电（气）后,离合器立即脱开,同时,制动器立即接合。

5.2.3.3 在离合器、制动器控制系统中,须有急停按钮。在执行停机控制的瞬时动作时,必须保证离合器立即脱开、制动器立即接合。离合器的重新接合,必须按选定的操作方式进行。

5.2.3.14 离合器动作灵敏、可靠、无连冲:

a）刚性离合器的转键、键柄和直键应无断裂;

b）操纵器的杆件、销钉或弹簧应无裂纹、折断;

c）电磁阀牵引电磁铁触点无粘连,中间继电器触点接触可靠;

d）滑块从上死点距下死点 25mm 的行程范围内需要制动时,离合器应能立即滑块制动;

e）滑块行程次数＞200r/min 的压力机不能使用滑销、转键离合器;

f）离合器安装紧固,动作可靠,确保滑块无连冲。

5.2.3.15 制动器工作可靠,与离合器相互协调联锁:

a）制动器松开时,制动闸瓦与制动轮各处间隙应基本相等,制动器最大开度（单侧）应≤1mm;

b）制动带摩擦垫片（闸皮）与制动轮的实际接触面积,应大于理论接触面积的 70%;

c）制动器各活动销轴应转动灵活,无退位、卡位、锈死等现象,开口销齐全;

d）制动器小轴或心轴表面应淬火,不许用普通螺栓代替,制动瓦摩擦垫片和制动轮表面均不许有油污或其他缺陷;

e）制动器杠杆、拉杆、制动臂或套板有裂纹,弹簧出现塑性变形或断裂,制动带摩擦片厚度已磨损达原厚度 50%,铆钉头埋头深度小于摩擦片厚度的 50%,销轴和轴孔磨损达原直径 5%时此零件应报废;

f）制动轮有裂纹应报废,轮面凹凸不平≥1.5mm,应重新车光,当制动轮轮缘磨损达原厚度的 40%时应报废制动轮;

g）制动器和离合器必须相互协调与联锁，开机时制动器先松开，离合器稍滞后再结合；

h）联锁或连接均应准确、紧固，工作时稳定、协调；

i）行程限位装置、控制装置正确，动作完好有效。

5.4.4.3　脚操纵装置的上部及两侧，必须设有防护罩，其全长应大于操纵装置。防护罩应能承担所加工零部件载荷而不产生永久变形。尖棱的前缘应橡胶软管，脚踏开关踏面应有可靠的防滑措施：

a）脚踏开关为脚踏杆的，在整个长度上均应安装防护罩（可在伸脚操作侧面开孔）；

b）防护罩设计合理，操作方便，与开关有机地连接，以便于开关检修；

c）脚踏开关的自由行程应≥15mm，开关内弹簧应是确保复位的压簧；

d）脚踏开关与防护罩均应PE（接地保护线）可靠，动作灵敏可靠，且防高温触及，无水浸泡。

【依据2】《金属切削机床安全防护通用技术条件》（GB 15760—2004）

5.2.3　运动部件

5.2.3.1　有可能造成缠绕、吸人或卷人等危险的运动部件和传动装置（链、链轮、齿轮、齿条、皮带轮、皮带、蜗轮、蜗杆、轴、丝杠、排屑装置等）应予以封闭或设置安全防护装置、或使用信息，除非它们所处位置是安全的。

验证：视检和/或检查信息。

5.2.3.2　运动部件与运动部件之间或运动部件与静止部件之间，不应存在挤压危险和/或剪切危险，否则应按GB 12265.3的有关规定采取安全措施。

验证：检查图样，视检和/或检查信息。

5.2.3.3　有惯性冲击的机动往复运动部件应设置可靠的限位装置，必要时可采取可靠的缓冲措施。当设置限位装置有困难时，应采取必要的安全措施。

验证：视检和/或检查信息。

5.2.3.4　可能由于超负荷发生损坏的运动部件应设置超负荷保险装置。因结构原因不能设置时，应在机床上（或说明书中）标明机床的极限使用条件。

验证：检查图样，视检和/或检查信息。

5.2.3.5　运动中有可能松脱的零件、部件应设置防松装置。

验证：检查图样和/或视检。

5.2.3.6　对于单向转动的部件应在明显位置标出转动方向。

验证：视检。

5.2.3.7　在紧急停止或动力系统发生故障时，运动部件应就地停止或返回设计规定的位置，垂直或倾斜运动部件的下沉不应造成危险。

验证：视检。

5.2.3.8　运动部件不允许同时运动时，其控制机构应联锁。不能实现联锁的，应在控制机构附近设置警告标志，并在说明书中说明。

验证：视检和/或检查信息。

5.2.4　夹持装置

5.2.4.1　夹持装置应确保不会使工件、刀具坠落或被甩出。必要时，在说明书中规定随机供应的夹持装置的最高安全转速。

验证：视检和/或检查信息。

5.2.4.2　手动夹持装置

手动夹持装置应采取安全措施，防止意外危险，如钥匙或扳手停留在夹持装置上随机床运转。

验证：功能检查和/或检查信息。

5.2.4.3　机动夹持装置

a）机床运转的开始应与机动夹持装置夹紧过程的结束相联锁；

b）机动夹持装置的放松应与机床运转的结束相联锁；

c）装有自动上、下料装置的机床，允许在上、下料时主轴回转，但应防止工件被甩出的危险。

验证：功能检查。

5.2.4.4　电磁吸盘

a）其外壳防护等级应不低于 IP54，其保护接地应符合 GB 5226.1—2002 中 8.2 的有关规定；

b）应符合 5.2.4.3 的规定。

验证：检查电路图、视检、功能检查和/或检查信息。

5.2.4.5　手动上下工件、刀具时，应采取安全措施，防止产生挤压手指等危险。

验证：视检和/或检查信息。

5.2.4.6　紧急停止或动力系统发生故障时，机动夹持装置或电磁吸盘应采取安全措施，防止危险产生。

验证：视检或检查信息。

5.2.4.7　采用气动夹持装置时，应避免将切屑和灰尘吹向操作者。

验证：视检和/或检查信息。

5.5.1　一般要求

安全防护装置应符合 GB/T 8196，GB/T 18831 的有关规定和下列要求：

a）性能可靠，能承受抛出零件、危险物质、辐射等；

b）不应引起附加危险和限制机床的功能，也不应过多地限制机床的操作、调整和维护；

c）防护装置与机床危险部位间的安全距离应符合 GB 12265.1，GB 12265.2，GB 12265.3 的有关规定；

d）防护罩、屏、栏的材料，以及采用网状结构、孔板结构和栏栅结构时的网眼或孔的最大尺寸和最小安全距离，应符合有关规定；

e）防护装置的可移动部分应便于操作、移动灵活；

f）经常拆卸用手搬动的防护装置应装拆方便，其质量不宜大于 16kg。不便于用手搬动的防护装置，应设置吊装孔、吊环、吊钩等，并在防护装置本体或说明书中标明其质量值（kg）；

g）观察机床运行的透明防护装置应便于观察。

验证：视检，实测和/或检查信息。

5.5.2　防护装置

5.5.2.1　固定式防护装置

应牢靠地固定或连接。可拆卸部分只能用工具拆卸。

验证：视检。

5.5.2　2　活动式防护装置

活动式防护装置应满足下列要求：

a）采用重力、卡子、定位螺栓、铰链或导轨等固定；

b）打开时应尽量与机床保持相对固定；

c）一些附属装置只能用工具拆卸；

d）采用联锁的活动式防护装置，防护装置关闭前机床不能起动，一旦打开防护装置时机床应停止运转（调整状态除外）；

e）必要时可设置防护锁。

验证：视检，功能检查和/或检查信息。

5.5.2.3　可调式防护装置

整个装置可调或带有可调部分的固定式或活动式防护装置，在特定操作期间，调整件应能保持固定，不用工具也能方便地调整。

验证：视检。

5.5.3　安全装置

5.5.3.1　联锁装置

联锁装置的联锁保护应符合 GB 5226.1—2002 中 9.3 的有关规定。

验证：检查图样，功能检查。

5.5.3.2 限位装置

机床的限位装置应尽量安装到无振动、不受影响的合适位置上，动作应可靠。

验证：视检，功能检查。

5.5.3.3 压敏装置

验证：功能检查。

压敏装置应性能可靠，并应符合 GB/T 17454.1 的有关规定。

【依据 3】《生产设备安全卫生设计总则》（GB 5083—1999）

5.8.1 生产设备必须保证操作点和操作区域有足够的照度，但要避免各种频闪效应和眩光现象。对可移动式设备，其灯光设计按有关专业标准执行。其他设备，照明设计按 GB 50034 执行。

【依据 4】《国家电网公司水电厂重大反事故措施》（国网基建〔2015〕60 号）

1.5.1.1 机械设备上的各种安全防护装置及监测、指示、报警、保险、信号装置应完好齐全，有缺损时应及时修复。禁止使用安全防护装置不完整或已失效的机械。

1.5.1.6 机床的突出、移动、分离部分应采取安全措施，防止产生磕伤、碰伤、划伤、剐伤危险。

1.5.1.7 链、链轮、齿轮、齿条、皮带轮、皮带、蜗轮、蜗杆、轴、丝杠、排屑装置等有可能造成缠绕、吸人或卷人等危险的运动部件和传动装置应予以封闭或设置安全防护装置，并设置警告提示。

6.5.1.5（3）本项目的查评依据如下。

【依据】《国家电网公司电力安全工作规程 第 3 部分：水电厂动力部分》（Q/GDW 1799.3—2015）

7.3.2.1 设定的压力值，不得超过承载负荷。

6.5.1.5（4）本项目的查评依据如下。

【依据】《防止电力生产事故的二十五项重点要求》（国能安全〔2014〕161 号）

1.4.1 操作人员必须经过专业技能培训，并掌握机械（设备）的现场操作规程和安全防护知识。

6.5.1.6 小型锅炉、空压机及启动工具

6.5.1.6（1）本项目的查评依据如下。

【依据 1】《中华人民共和国特种设备安全法》（2014 版）

第三十三条 特种设备使用单位应当在特种设备投入使用前或者投入使用后三十日内，向负责特种设备安全监督管理的部门办理使用登记，取得使用登记证书。登记标志应当置于该特种设备的显著位置。

第四十条 特种设备使用单位应当按照安全技术规范的要求，在检验合格有效期届满前一个月向特种设备检验机构提出定期检验要求。

特种设备检验机构接到定期检验要求后，应当按照安全技术规范的要求及时进行安全性能检验。特种设备使用单位应当将定期检验标志置于该特种设备的显著位置。未经定期检验或者检验不合格的特种设备，不得继续使用。

【依据 2】《锅炉安全技术监察规程》（TSG G0001—2012）

6.1.13 蒸汽锅炉安全阀排汽管

（1）排汽管应当直通安全地点，并且有足够的流通截面积，保证排汽畅通，同时排汽管应当予以固定，不得有任何来自排汽管的外力施加到安全阀上；

6.1.15 安全阀校验

（1）在用锅炉的安全阀每年至少校验一次。校验一般在锅炉运行状态下进行，如果现场校验有困难或者对安全阀进行修理后，可以在安全阀校验台上进行。

6.3.1.1 每台蒸汽锅炉锅筒（壳）至少应当装设两个彼此独立的直读式水位表，符合下列条件之一的锅炉可以只装一个直读式水位表：

（1）额定蒸发量小于或等于 0.5t/h 的锅炉；

（2）额定蒸发量小于或等于 2t/h，且装有一套可靠的水位示控装置的锅炉；

（3）装有两套各自独立的远程水位测量装置的锅炉；

（4）电加热锅炉。

6.2.3　压力表校验

压力表安装前应当进行校验，刻度盘上应当划出指示工作压力的红线，注明下次校验日期。压力表校验后应当加铅封。

7.4　汽水系统

（1）锅炉的给水系统应当保证对锅炉可靠地供水。给水系统的布置、给水设备的容量和台数按照设计规范确定。

8.1.9　锅炉水（介）质处理

8.1.9.1　基本要求

使用单位应当按照《锅炉水（介）质处理监督管理规则》（TSG G5001）的规定，做好水处理工作，保证水汽质量。无可靠的水处理措施，锅炉不应当投入运行。

水处理系统运行时应当做到：

（1）保证水处理设备及加药装置的正常运行，连续向锅炉提供合格的补给水；

（2）采用必要的检测手段监测水汽质量，及时发现和消除安全隐患；

（3）严格控制疏水、生产返回水的水质，不合格时不能够回收进入锅炉。

8.1.9.2　锅炉的水汽质量标准

工业锅炉的水质应当符合 GB/T 1576《工业锅炉水质》的规定。电站锅炉的水汽质量应当符合 GB/T 12145《火力发电机组及蒸汽动力设备水汽质量》和 DL/T 912《超临界火力发电机组水汽质量标准》的规定。

8.1.12　停（备）用锅炉及水处理设备停炉保养

锅炉使用单位应当做好停（备）用锅炉及水处理设备的防腐蚀等停炉保养工作。

【依据3】《国家电网公司电力安全工作规程　第3部分：水电厂动力部分》（Q/GDW 1799.3—2015）

7.1.18　特种设备［锅炉、压力容器（含气瓶）、压力管道、电梯、起重机械、场（厂）内专用机动车辆］，在使用前应经特种设备检验检测机构检验合格，取得合格证并制定安全使用规定和定期检验维护制度。检验合格有效期届满前1个月向特种设备检验机构提出定期检验要求。同时，在投入使用前或者投入使用后30日内，使用单位应当向直辖市或者设有区的市的特种设备安全监督管理部门登记。

【依据4】《压力容器使用管理规则》（TSG R5002—2013）

第十七条　使用单位应当对压力容器本体及其安全附件、装卸附件、安全保护装置、测量调控装置、附属仪器仪表进行日常维护保养。对发现的异常情况及时处理并且记录，保证在用压力容器始终处于正常使用状态。

第十八条　压力容器定期安全检查每月进行一次，当年度检查与定期安全检查时间重合时，可不再进行定期安全检查。定期安全检查内容主要为安全附件、装卸附件、安全保护装置、测量调控装置、附属仪器仪表是否完好，各密封面有无泄漏，以及其他异常情况等。

第十九条　使用单位应当逐台建立压力容器技术档案并且由其管理部门统一保管。技术档案至少包括以下内容：

（一）使用登记证；

（二）特种设备使用登记表；

（三）压力容器设计、制造技术文件和资料；

（四）压力容器安装、改造和维修的方案、图样、材料质量证明书和施工质量证明文件等技术资料；

（五）压力容器日常维护保养和定期安全检查记录；

（六）压力容器年度检查、定期检验报告；

（七）安全附件校验（检定）、修理和更换记录；

（八）有关事故的记录资料和处理报告。

第二十条　使用单位应当按照有关安全技术规范的要求，在压力容器定期检验有效期届满1个月前，向特种设备检验机构提出定期检验申请，并且做好定期检验相关的准备工作。检验结论意见为符合要求或者基本符合要求时，使用单位应当将检验机构出具的检验标志粘贴在使用登记证上，并且按照检验结论确定的参数使用压力容器。

6.5.1.6（2）本项目的查评依据如下。

【依据1】《国家电网公司电力安全工作规程　第3部分：水电厂动力部分》（Q/GDW 1799.3—2015）

7.4.3　空气压缩机：

a）空气压缩机应保持润滑良好，压力表准确，自动启、停装置灵敏，安全阀可靠，并应由专人维护；压力表、安全阀、调节器及储气罐等应定期进行校验。

【依据2】《电气装置安装工程接地装置施工及验收规范》（GB 50169—2006）

3.1.1　电气装置下列金属部分，均应接地或接零：

1　电机、变压器、电器、携带式或移动式用电器具等的金属底座和外壳。

6.5.1.6（3）本项目的查评依据如下。

【依据1】《国家电网公司电力安全工作规程　第3部分：水电厂动力部分》（Q/GDW 1799.3—2015）

7.4.5　风动工具：

a）不熟悉风动工具使用方法和修理方法的作业人员，不准擅自使用或修理风动工具。

b）风动工具的锤子、钻头等工作部件，应安装牢固，以防在工作时脱落。禁止将带有工作部件的风动工具对准人。工作部件停止转动前不准拆换。

c）风动工具的软管应和工具连接牢固。连接前应把软管吹净。只有在停止送风且软管泄压后才可拆装软管。

d）在移动的梯子上使用风动工具时，应将梯子固定牢固。

【依据2】《凿岩机械与气动工具安全要求》（GB 17957—2005）

4.5　凡操作者可能触及的传动、高温、电路、易碎等危险区域或部件应加防护装置（防护罩、防护板等）进行隔离。

4.7.2　软管应具有耐压、耐油、耐磨性和柔软性，并应无破损、老化等现象，应尽量采用短而整根的软管，并应使用符合规定的管接头和管夹将软管连接起来。

4.7.3　各种管接头，包括机器本身的进气（油、水）接头和螺纹连接处应采用可靠的防松脱和防漏气结构，并应保证有良好的强度。

用于连接冲击式机器的接头还应保证其具有耐冲击、耐振动的特性。

【依据3】《国家电网公司水电厂重大反事故措施》（国网基建〔2015〕60号）

1.5.1.3　风动工具的软管应和工具连接牢固，连接前应吹净软管。

6.5.1.7　劳动防护及防毒

6.5.1.7（1）本项目的查评依据如下。

【依据1】《国家电网公司电力安全工作规程　第3部分：水电厂动力部分》（Q/GDW 1799.3—2015）

4.3　作业人员的基本条件：

e）进入作业现场应正确佩戴安全帽，现场作业人员应穿全棉工作服、工作鞋。

7.1.21　工作人员的工作服不应有可能被转动的机器绞住的部分；工作时应穿着工作服，衣服和袖口应扣好；禁止戴围巾和穿长衣服。工作服禁止使用尼龙、化纤或棉与化纤混纺的衣料制作，以防工作服遇火燃烧，加重烧伤程度。工作人员进入生产现场禁止穿拖鞋、凉鞋、高跟鞋，禁止女性工作人员穿裙子。辫子、长发应盘在工作帽内。做接触高温物体的工作时，应戴手套和穿专用的防护工作服。

7.4.1　一般工具：

e）使用钻床时，应将工件设置牢固后，方可开始工作。清除钻孔内金属碎屑时，应先停止钻头的转动。不准用手直接清除铁屑。使用钻床不准戴手套。

7.4.2　电气工具和用具：

c）使用金属外壳的电气工具时应戴绝缘手套。

【依据2】《劳动防护用品配置规定》（Q/GDW 11593—2016）

表 C.1 水电企业劳动防护用品配备标准

序号	组合方式	一级岗位	次级岗位	头部防护 个		呼吸器官防护 个	眼(面)部防护 个	听觉器官防护 副		手部防护 双		足部防护 双					躯干防护 套					护肤用品 个			其他防护用品 个		
1	管理类	生产管理	—	—	1B/24	2A/1	—	4A/1	4B/24	5A/12	5K*2	6A/24	6B/24	6F/12	6G/12	6H/12	7A/6	7B/12	7C/24	7D/36	—	8B/3	—	—	9B/3	9C/6	—
2		非生产管理	—	—	—	—	—	—	—	—	—	—	—	—	—	—	7A/24	7B/24	—	—	—	8B/3	—	—	9B/3	9C/6	—
3	运维检修类	值长	—	—	1B/24	2A/3	—	4A/1	4B/12	5A/12	5K*2	6A/24	6B/12	6F/12	6G/12	6H/12	7A/6	7B/12	7C/24	7D/24	7N/24	8B/3	8C/12	8D/6	9B/3	9C/3	9D/24
4		值班员	—	—	1B/24	2A/3	—	4A/1	4B/12	5A/12	5K*2	6A/24	6B/12	6F/12	6G/12	6H/12	7A/6	7B/12	7C/24	7D/24	7N/24	8B/3	8C/12	8D/6	9B/3	9C/3	9D/24
5		检修班班长	—	—	1B/24	2A/3	—	4A/1	4B/12	5A/12	5K*2	6A/24	6B/12	6F/12	6G/12	6H/12	7A/6	7B/12	7C/24	7D/24	7N/24	8B/3	8C/12	8D/6	9B/3	9C/3	9D/24
6		检修班副班长/技术员	—	—	1B/24	2A/3	—	4A/1	4B/12	5A/12	5K*2	6A/24	6B/12	6F/12	6G/12	6H/12	7A/6	7B/12	7C/24	7D/24	7N/24	8B/3	8C/12	8D/6	9B/3	9C/3	9D/24
7		设备检修	—	—	1B/24	2A/3	—	4A/1	4B/12	5A/12	5K*2	6A/24	6B/12	6F/12	6G/12	6H/12	7A/6	7B/12	7C/24	7D/24	7N/24	8B/3	8C/12	8D/6	9B/3	9C/3	9D/24
8		维护班班长	—	—	1B/24	2A/3	—	4A/1	4B/12	5A/12	5K*2	6A/24	6B/12	6F/12	6G/12	6H/12	7A/6	7B/12	7C/24	7D/24	7N/24	8B/3	8C/12	8D/6	9B/3	9C/3	9D/24
9		维护班副班长/技术员	—	—	1B/24	2A/3	—	4A/1	4B/12	5A/12	5K*2	6A/24	6B/12	6F/12	6G/12	6H/12	7A/6	7B/12	7C/24	7D/24	7N/24	8B/3	8C/12	8D/6	9B/3	9C/3	9D/24
10		设备维护	—	—	1B/24	—	—	4A/1	4B/12	5A/12	5K*2	6A/24	6B/12	6F/12	6G/12	6H/12	7A/6	7B/12	7C/24	7D/24	7N/24	8B/3	8C/12	8D/6	9B/3	9C/3	9D/24
11	后勤保障类	修配修缮	—	—	1B/24	—	—	4A/6	4B/24	5A/24	5K*2	—	6B/24	6F/24	6G/24	6H/24	7A/24	7B/24	7C/24	7D/36	—	8B/3	8C/12	8D/6	9B/3	9C/3	—
12		绿化保洁	—	1A/24	1B/24	—	—	—	4B/24	5A/24	—	6A/24	—	—	—	—	7A/24	7B/24	7C/24	7D/24	—	8B/3	8C/12	8D/6	9B/3	9C/3	—
13		餐饮服务	—	1A/24	—	—	—	—	—	5A/24	—	6A/24	—	—	—	—	7A/24	7B/24	—	—	—	8B/3	8E/6	—	9B/3	9C/3	—
14		车辆驾驶	—	—	—	—	3C/36	—	—	—	—	—	—	—	—	—	7A/24	7B/24	—	—	—	—	—	—	9B/3	9C/6	—
15		内部治安保卫	—	1A/24	1B/24	—	—	—	4B/24	5A/24	—	—	6B/24	—	—	—	7A/24	7B/24	7C/24	7D/36	—	8B/3	8C/6	—	9B/3	9C/6	—

注1：1A 普通工作帽、7A 普通工作服（夏装）、7B 普通工作服（春秋装）的款式、材质可根据岗位的特殊性质进行适当调整。

注2：1B 普通防寒帽、4B 防寒耳罩、5A 防寒手套、6B 防寒靴、6B 防寒靴、7D 防寒裤、8A 遮光型护肤剂、8C 趋避型护肤剂、8D 防冻型护肤剂。

注3：表中"/n"表示每 n 个月发放 1 个（副/双/套）；"*i"表示每个月发放 i 个（副/双/套）；劳动防护用品编码后无"/n"且无"*i"表示该劳动防护用品无固定配备周期，根据实际情况按需配备。

【依据3】《生产过程安全卫生要求总则》（GB/T 12801—2008）

6.2.1　企业应当按照 GB 11651 和国家颁发的劳动防护用品配备标准以及有关规定，为从业人员配备劳动防护用品。

6.2.2　企业为从业人员提供的劳动防护用品，应符合国家标准或行业标准，不得超过使用期限。

6.2.4　从业人员在作业过程中，应按照安全生产规章制度和劳动防护用品使用规则，正确佩戴和使用劳动防护用品；未按规定佩戴和使用劳动防护用品的，不得上岗作业。

【依据4】《国家安全监管总局办公厅关于印发用人单位劳动防护用品管理规范的通知》（安监总厅安健〔2015〕124号）

第八条　劳动者在作业过程中，应当按照规章制度和劳动防护用品使用规则，正确佩戴和使用劳动防护用品。

第十四条　用人单位应当在可能发生急性职业损伤的有毒、有害工作场所配备应急劳动防护用品，放置于现场临近位置并有醒目标识。

用人单位应当为巡检等流动性作业的劳动者配备随身携带的个人应急防护用品。

第十五条　用人单位应当根据劳动者工作场所中存在的危险、有害因素种类及危害程度、劳动环境条件、劳动防护用品有效使用时间制定适合本单位的劳动防护用品配备标准。

第十九条　用人单位应当按照本单位制定的配备标准发放劳动防护用品，并做好登记。

第二十条　用人单位应当对劳动者进行劳动防护用品的使用、维护等专业知识的培训。

【依据5】《企业安全生产标准化基本规范》（GB/T 33000—2016）

5.4.2.2　作业行为

企业应依法合理进行生产作业组织和管理，加强对从业人员作业行为的安全管理，对设备设施、工艺技术以及从业人员作业行为等进行安全风险辨识，采取相应的措施，控制作业行为安全风险。

企业应监督、指导从业人员遵守安全生产和职业卫生规章制度、操作规程，杜绝违章指挥、违规作业和违反劳动纪律的"三违"行为。

企业应为从业人员配备与岗位安全风险相适应的、符合 GB/T 11651 规定的个体防护装备与用品，并监督、指导从业人员按照有关规定正确佩戴、使用、维护、保养和检查个体防护装备与用品。

6.5.1.7（2）本项目的查评依据如下。

【依据1】《头部防护 安全帽选用规范》（GB/T 30041—2013）

5.1.4　安全帽在使用时应戴正、带牢、锁紧帽箍，配有下颏带的安全帽应该系紧下颏带，确保使用时不发生意外脱落。

5.1.8　在安全帽内，使用方应确保永久标识齐全、清晰。

【依据2】《国家电网公司电力安全工器具管理规定》[国网（安监/4）289—2014]

附件10一（一）安全帽1检查要求

（1）永久标识和产品说明等标识清晰完整，安全帽的帽壳、帽衬（帽箍、吸汗带、缓冲垫及衬带）、帽箍扣、下颏带等组件完好无缺失。

（2）帽壳内外表面应平整光滑，无划痕、裂缝和孔洞，无灼伤、冲击痕迹。

（3）帽衬与帽壳连接牢固，后箍、锁紧卡等开闭调节灵活，卡位牢固。

（4）使用期从产品制造完成之日起计算：植物枝条编织帽不得超过两年，塑料和纸胶帽不得超过两年半；玻璃钢（维纶钢）橡胶帽不超过三年半，超期的安全帽应抽查、检验合格后方可使用，以后每年抽检一次。每批从最严酷使用场合中抽取，每项试验试样不少于2顶，有一顶不合格，则该批安全帽报废。

2　使用要求

（1）任何人员进入生产、施工现场必须正确佩戴安全帽。针对不同的生产场所，根据安全帽产品说明选择适用的安全帽。

（2）安全帽戴好后，应将帽箍扣调整到合适的位置，锁紧下颚带，防止工作中前倾后仰或其他原因造成滑落。

（3）受过一次强冲击或做过试验的安全帽不能继续使用，应予以报废。

（4）高压近电报警安全帽使用前应检查其音响部分是否良好，但不得作为无电的依据。

【依据 3】《国家电网公司安全设施标准　第 4 部分：水电厂》（Q/GDW 434.4—2012）

表 19

序号	图形示例	名称	配 置 规 范	备注
19-1		安全帽	（1）安全帽用于人员头部防护，任何人进入生产现场（办公室、控制室、值班室和检修班组室除外），应正确佩戴安全帽； （2）安全帽应符合 GB 2811 规定； （3）安全帽前面应有国家电网公司标志，后面为单位简称及编号； （4）安全帽实行分色管理，红色安全帽为管理人员使用，黄色安全帽为运行人员使用，蓝色安全帽为检修（施工、试验等）人员使用，白色安全帽为外来参观人员使用	

6.5.1.7（3）本项目的查评依据如下。

【依据 1】《电力设备典型消防规程》（DL 5027—2015）

14.4　正压式消防空气呼吸器

14.4.1　设置固定式气体灭火系统的发电厂和变电站等场所应配置正压式消防空气呼吸器，数量宜按每座有气体灭火系统的建筑物各设 2 套，可放置在气体保护区出入口外部、灭火剂储瓶间或同一建筑的有人值班控制室内。

14.4.2　长距离电缆隧道、长距离地下燃料皮带通廊、地下变电站的主要出入口应至少配置 2 套正压式消防空气呼吸器和 4 只防毒面具。水电厂地下厂房、封闭厂房等场所，也应根据实际情况配置正压式消防空气呼吸器。

14.4.3　正压式消防空气呼吸器应放置在专用设备柜内，柜体应为红色并固定设置标志牌。

【依据 2】《国家电网公司十八项电网重大反事故措施》修订版（国家电网生〔2012〕352 号）

18.1.2.2　供电生产、施工企业在有关场所应配备必要的正压式空气呼吸器、防毒面具等抢救器材，并应进行使用培训，以防止救护人员在灭火中中毒或窒息。

【依据 3】《国家电网公司电力安全工作规程　第 3 部分：水电厂动力部分》（Q/GDW 1799.3—2015）

7.3.7　遇有电气设备着火时，应立即将有关设备的电源切断，然后进行救火。对可能带电的电气设备以及发电机、电动机等，应使用干式灭火器、二氧化碳灭火器灭火；对油开关、变压器（已隔绝电源），可使用干式灭火器等灭火，不能扑灭时再用泡沫式灭火器灭火，不得已时可用干砂灭火；地面上的绝缘油着火，应用干砂灭火。扑救可能产生有毒气体的火灾（如电缆着火等）时，扑救人员应使用正压式消防空气呼吸器。

【依据4】《国家电网公司电力安全工作规程变电部分》（Q/GDW 1799.1—2013）

11.10 设备解体检修前，应对SF₆气体进行检验。根据有毒气体的含量，采取安全防护措施。检修人员需穿着防护服并根据需要佩戴防毒面具或正压式空气呼吸器。打开设备封盖后，现场所有人员应暂离现场30min。取出吸附剂和清除粉尘时，检修人员应戴防毒面具或正压式空气呼吸器和防护手套。

11.13 SF₆配电装置发生大量泄漏等紧急情况时，人员应迅速撤出现场，开启所有排风机进行排风。未佩戴防毒面具或正压式空气呼吸器人员禁止入内。只有经过充分的自然排风或强制排风，并用检漏仪测量SF₆气体合格，用仪器检测含氧量（不低于18%）合格后，人员才准进入。发生设备防爆膜破裂时，应停电处理，并用汽油或丙酮擦拭干净。

11.14 进行气体采样和处理一般渗漏时，要戴防毒面具或正压式空气呼吸器并进行通风。

【依据5】《国家电网公司电力安全工器具管理规定》[国网（安监/4）289—2014]

附件11 1（3）空气呼吸在贮存时应放入包装箱内，避免长时间暴晒，不能与油、酸、碱或其他的有害物质共同贮存，严禁重压。

【依据6】《防止电力生产事故的二十五项重点要求》（国能安全〔2014〕161号）

2.1.4 可能产生有毒、有害物质的场所应配备必要的正压式空气呼吸器、防毒面具等防护器材，并应进行使用培训，确保其掌握正确使用方法，以防止人员在灭火中因使用不当中毒或窒息。正压式空气呼吸器和防火服应每月检查一次。

【依据7】《国家电网公司水电厂重大反事故措施》（国网基建〔2015〕60号）

1.4.3.4 在地下厂房各个区域应配备一定数量的防毒面具，以备紧急情况下逃生用。在洞口或其他相对比较安全且方便取用的位置配备一定数量的正压式空气呼吸器、强光应急灯，以备紧急情况下救援使用。

6.5.1.7（4）本项目的查评依据如下。

【依据1】《国家电网公司电力安全工作规程变电部分》（Q/GDW 1799.1—2013）

11.6 工作人员进入SF₆配电装置室，入口处若无SF₆气体含量显示器，应先通风15min，并用检漏仪测量SF₆气体含量合格。尽量避免一人进入SF₆配电装置室进行巡视，不准一人进入从事检修工作。

11.8 进入SF₆配电装置低位区或电缆沟进行工作应先检测含氧量（不低于18%）和SF₆气体含量是否合格。

11.13 SF₆配电装置发生大量泄漏等紧急情况时，人员应迅速撤出现场，开启所有排风机进行排风。未佩戴防毒面具或正压式空气呼吸器人员禁止入内。只有经过充分的自然排风或强制排风，并用检漏仪测量SF₆气体合格，用仪器检测含氧量（不低于18%）合格后，人员才准进入。发生设备防爆膜破裂时，应停电处理，并用汽油或丙酮擦拭干净。

【依据2】《六氟化硫电气设备运行、试验及检修人员安全防护导则》（DL/T 639—2016）

5.3.6 工作人员在进入电缆沟或低位区域前，应先通风15min后，检测该区域内的氧含量，如发现空气中含氧量低于18%时，不得进入该区域工作。

6.5.1.7（5）本项目的查评依据如下。

【依据1】《六氟化硫电气设备运行、试验及检修人员安全防护导则》（DL/T 639—2016）

5.3.2 设备室内应具有良好的通风条件，15min内换气量应达3倍～5倍的空间体积。抽风口应设在室内下部，排气口不应朝向居民住宅、办公室或行人。

5.3.3 设备室应安装六氟化硫气体泄漏监控报警装置，应定期检测空气中六氟化硫浓度和氧含量采样口安装位置宜离地20cm～50cm。当空气中六氟化硫浓度超过1000μL/L或含氧量低于18%，仪器应发出报警信号，并进行通风、换气。六氟化硫气体泄漏监控报警装置应每年校验一次。

6.1 设备运行、试验及检修人员使用的安全防护用品，应有专用防护服、防毒面具、氧气呼吸器、防护口罩、防护手套、防护眼镜及防护脂等。安全防护用品应符合GB 11651规定并经国家相应的质监部门检测，具有生产许可证及编号标志、产品合格证者，方可使用。

【依据2】《国家电网公司电力安全工作规程变电部分》（Q/GDW 1799.1—2013）

11.1 装有SF₆设备的配电装置室和SF₆气体实验室，应装设强力通风装置，风口应设置在室内底部，排风口不应朝向居民住宅或行人。

11.3 主控制室与SF_6配电装置室间要采取气密性隔离措施。SF_6配电装置室与其下方电缆层、电缆隧道相通的孔洞都应封堵。SF_6配电装置室及下方电缆层隧道的门上应设置"注意通风"的标志。

11.5 在SF_6配电装置室低位区应安装能报警的氧量仪和SF_6气体泄漏报警仪,在工作人员入口处应装设显示器。上述仪器应定期检验,保证完好。

11.10 设备解体检修前,应对SF_6气体进行检验。根据有毒气体的含量,采取安全防护措施。检修人员需穿着防护服并根据需要佩戴防毒面具或正压式空气呼吸器。打开设备封盖后,现场所有人员应暂离现场30min。取出吸附剂和清除粉尘时,检修人员应戴防毒面具或正压式空气呼吸器和防护手套。

6.5.1.7(6)本项目的查评依据如下。

【**依据1**】《缺氧危险作业安全规程》(GB 8958—2006)

5.3 主要防护措施

5.3.1 监测人员必须装备准确可靠的分析仪器,并且应定期标定、维护,仪器的标定和维护应符合相关国家标准的要求。

5.3.2 在已确定为缺氧作业环境的作业场所,必须采取充分的通风换气措施,使该环境空气中氧含量在作业过程中始终保持在0.195以上。严禁用纯氧进行通风换气。

5.3.3 作业人员必须配备并使用空气呼吸器或软管面具等隔离式呼吸保护器具。严禁使用过滤式面具。

5.3.4 当存在因缺氧而坠落的危险时,作业人员必须使用案例带(绳),并在适当位置可靠地安装必要的安全绳网设备。

5.3.5 在每次作业前,必须仔细检查呼吸器具和安全带(绳),发现异常应立即更换,严禁勉强使用。

5.3.6 在作业人员进入缺氧作业场所前和离开时应准确清点人数。

5.3.7 在存在缺氧危险作业时,必须安排监护人员。监护人员应密切监视作业状况,不得离岗。发现异常情况,应及时采取有效的措施。

5.3.8 作业人员与监护人员应事先规定明确的联络信号,并保持有效联络。

5.3.9 当作业现场的缺氧危险可能影响附近作业场所人员的安全时,应及时通知这些作业场所。

5.3.10 严禁无关人员进入缺氧作业场所,并应在醒目处做好标志。

【**依据2**】《国家电网公司电力安全工作规程 第3部分:水电厂动力部分》(Q/GDW 1799.3—2015)

12.5.1 作业人员进入容器、槽箱内部进行检查、清洗和检修工作,应办理工作票。作业时应加强通风,但禁止向内部输送纯氧。采用气体充压对箱、罐等容器、设备找漏时,应使用压缩空气。压缩空气经可靠的减压控制阀门控制在措施规定的压力下方可进行充压。对装用过易燃介质的在用容器,充压前应进行彻底清洗和置换。禁止使用各类气体的气瓶进行充压找漏。

13.6.1 进入廊道、隧道、地下井、坑、洞室等有限空间内工作前应进行通风,必要时使用气体检测仪检测有毒有害气体,禁止使用燃烧着的火柴或火绳等方法检测残留的可燃气体;对设备进行操作、巡视、维护或检修工作,不得少于两人。

13.6.9 在可能发生有毒有害气体的地下井、坑等有限空间内进行工作的人员,除应戴防毒面具外,还应使用安全带,安全带绳子的一端紧握在上面监护人手中。如果监护人需进入地下井、坑作救护,应先戴上防毒面具和系上安全带,并应另有其他人员在上面做监护。预防一氧化碳、硫化氢及煤气中毒,须戴上有氧气囊的防毒面具。

【**依据3**】《防止电力生产事故的二十五项重点要求》(国能安全〔2014〕161号)

1.9.1 在受限空间(如电缆沟、烟道内、管道等)内长时间作业时,必须保持通风良好,防缺氧窒息。

在沟道(池)内作业时[如电缆沟、烟道、中水前池、污水池、化粪池、阀门井、排污管道、地沟(坑)、地下室等],为防止作业人员吸入一氧化碳、硫化氢、二氧化硫、沼气等中毒、窒息,必须做好以下措施:

(1)打开沟道(池、井)的盖板或人孔门,保持良好通风,严禁关闭人孔门或盖板。

(2)进入沟道(池、井)内施工前,应用鼓风机向内进行吹风,保持空气循环,并检查沟道(池、井)内的有害气体含量不超标,氧气浓度保持在19.5%~21%范围内。

（3）地下维护室至少打开 2 个人孔，每个人孔上放置通风筒或导风板，一个正对来风方向，另一个正对去风方向，确保通风畅通。

（4）井下或池内作业人员必须系好安全带和安全绳，安全绳的一端必须握在监护人手中，当作业人员感到身体不适，必须立即撤离现场。在关闭人孔门或盖板前，必须清点人数，并喊话确认无人。

1.9.2　对容器内的有害气体置换时，吹扫必须彻底，不留残留气体，防止人员中毒。进入容器内作业时，必须先测量容器内部氧气含量，低于规定值不得进入，同时做好逃生措施，并保持通风良好，严禁向容器内输送氧气。容器外设专人监护且与容器内人员定时喊话联系。

6.5.1.7（7）本项目的查评依据如下。

【依据】《中华人民共和国职业病防治法》（2016 年修订）

第二十六条　用人单位应当实施由专人负责的职业病危害因素日常监测，并确保监测系统处于正常运行状态。

用人单位应当按照国务院安全生产监督管理部门的规定,定期对工作场所进行职业病危害因素检测、评价。检测、评价结果存入用人单位职业卫生档案，定期向所在地安全生产监督管理部门报告并向劳动者公布。

职业病危害因素检测、评价由依法设立的取得国务院安全生产监督管理部门或者设区的市级以上地方人民政府安全生产监督管理部门按照职责分工给予资质认可的职业卫生技术服务机构进行。职业卫生技术服务机构所作的检测、评价应当客观、真实。

发现工作场所职业病危害因素不符合国家职业卫生标准和卫生要求时，用人单位应当立即采取相应治理措施，仍然达不到国家职业卫生标准和卫生要求的，必须停止存在职业病危害因素的作业；职业病危害因素经治理后，符合国家职业卫生标准和卫生要求的，方可重新作业。

6.5.1.7（8）本项目的查评依据如下。

【依据】《防止电力生产事故的二十五项重点要求》（国能安全〔2014〕161 号）

1.9.3　进入粉尘较大的场所作业，作业人员必须戴防尘口罩。进入有害气体的场所作业，作业人员必须佩戴防毒面罩。进入酸气较大的场所作业，作业人员必须戴好套头式防毒面具。进入液氨泄漏的场所作业时，作业人员必须穿好重型防化服。

6.5.1.8　职业健康

6.5.1.8（1）本项目的查评依据如下。

【依据 1】《中华人民共和国职业病防治法》（2016 年修订）

第三十五条　对从事接触职业病危害作业的劳动者，用人单位应当按照国务院安全生产监督管理部门、卫生行政部门的规定组织上岗前、在岗期间和离岗时的职业健康检查，并将检查结果书面告知劳动者。职业健康检查费用由用人单位承担。

用人单位不得安排未经上岗前职业健康检查的劳动者从事接触职业病危害的作业；不得安排有职业禁忌的劳动者从事其所禁忌的作业；对在职业健康检查中发现有与所从事的职业相关的健康损害的劳动者，应当调离原工作岗位，并妥善安置；对未进行离岗前职业健康检查的劳动者不得解除或者终止与其订立的劳动合同。

职业健康检查应当由省级以上人民政府卫生行政部门批准的医疗卫生机构承担。

【依据 2】《电力行业职业健康监护技术规范》（DL/T 325—2010）

4.2.1.3　企业应对接触职业性有害因素的劳动者进行上岗前、在岗期间、离岗和应急职业健康检查，并将检查结果如实告知劳动者。

【依据 3】《生产过程安全卫生要求总则》（GB/T 12801—2008）

5.9.1　对人员的基本要求：

b）从事接触职业病危害作业的人员应按照国务院卫生行政主管部门的规定进行上岗前、在岗期间和离岗时的职业健康检查，其健康状况应符合工作性质的要求。

【依据 4】《企业安全生产标准化基本规范》（GB/T 33000—2016）

5.4.2.2　作业行为

企业应该依法合理进行生产作业的组织和管理，加强对从业人员作业行为的安全管理，对设备设施、工艺技术以及从业人员作业行为等进行安全风险辨识，采取相应的措施，控制作业行为安全风险。

企业应监督、指导从业人员遵守安全生产和职业卫生规章制度、操作规程，杜绝违章指挥、违规作业和违反劳动纪律的"三违"行为。

企业应为从业人员配备与岗位安全风险相适应的、符合 GB/T 11651 规定的个体防护装备与用品并监督、指导从业人员按照有关规定正确佩戴、使用、维护、保养和检查个体防护装备与用品。

6.5.2　作业环境

6.5.2.1　生产区域照明

6.5.2.1（1）本项目的查评依据如下。

【依据1】《国家电网公司电力安全工作规程　第 3 部分：水电厂动力部分》（Q/GDW 1799.3—2015）

7.1.8　工作场所的照明，应该保证足够的亮度。在装有水位计、压力表、真空表、温度表、各种记录仪表等的仪表盘、楼梯、通道以及所有靠近机器转动部分和高温表面等的狭窄地方的照明，尤应光亮充足。在操作盘、重要表计（如水位计等）、主要楼梯、通道等地点，还应设有事故照明。此外，还应在工作地点备有相当数量的完整手电筒，以便必要时使用。

【依据2】《水利水电工程劳动安全与工业卫生设计规范》（GB 50706—2011）

4.8.12　厂房、泵房内主要通道、楼梯间、消防电梯及安全出口处，均应设置应急照明及疏散指示标志。

5.3.2　正常照明熄灭后，下列场所应设置应急照明：

1　需继续确保工作正常进行的场所；

2　需确保处在潜在危险中人员安全的场所；

3　需确保人员安全疏散的出口和通道；

4　应急照明应选用快速点燃的光源。

【依据3】《水力发电厂照明设计规范》（NB/T 35008—2013）

5.0.1　水力发电厂主、副厂房，室外配电装置，辅助生产厂房和其他枢纽建筑物的一般照明标准值见表 5.0.1。

表 5.0.1　　　　　　　　　　　　　　水力发电厂一般照明标准值

工作场所及对象名称	参考平面及其高度	照度标准值（lx）	UGR	Ra	备注
一、主副厂房及室外配电装置					
1　发电机层 [a]	地面	200	—	60	
2　水轮机层 [a]、母线层 [a]	0.75m 水平面	100	—	60	
3　蜗壳层	地面	30	—	60	
4　尾水管层	地面	20	—	60	
5　水车室、推力轴承室、外循环装置室	地面	20	—	60	
6　发电机风道	地面	30	—	60	
7　中央控制室 [a]	0.75m 水平面	500	19	80	
8　计算机室 [a]	0.75m 水平面	500	19	80	
9　一般控制室 [a]（继电保护室、消防控制室）	0.75m 水平面	300	22	80	
10　主变压器室 [a]	地面	100	—	60	
11　电容器室、电抗器室、母线廊道	地面	100	—	60	
12　0.4kV～35kV 高低压开关柜室 [a]	地面	200	25	60	
13　35kV～220kV 敞开电气配电室 [a]	地面	200	25	60	
14　气体绝缘金属封闭开关（GIS）室 [a]	地面	200	25	60	

	工作场所及对象名称	参考平面及其高度	照度标准值（lx）	UGR	Ra	备注
15	蓄电池室 ª 直流盘室	地面	200	—	60	
16	电缆室、电缆夹层	地面	30	—	20	
17	电缆隧道及廊道	地面	20	—	20	
18	油处理室、空压机室、技术供水室	地面	150	—	60	
19	深井水泵房、排水泵房	地面	100	—	60	
20	消防水泵房 ª	地面	100	—	60	
21	风机房、空调机房	地面	100	—	60	
22	主要楼梯和通道	地面	30	—	60	
23	次要楼梯和通道	地面	20	—	60	
24	厂内油库	地面	30	—	20	
25	户外开关站、升压站、出现场主要监视部位	测控点高度	75	—	20	
26	户外设备间通道	地面	20	—	20	
27	露天绝缘油库	地面	20	—	20	
二、枢纽建筑物						
1	大坝坝面	地面	1～2	—	20	
2	坝内廊道、水下建筑物部分廊道	地面	20	—	20	
3	引水坝进水口、取水口水位标尺，闸门指标器	地面（工作面）	5	—	20	
4	进水口闸操控室、泄水（洪）闸操控室、冲沙闸操控室	地面	200	25	60	
5	船闸控制室、升船机控制室	地面	200	25	60	
6	启闭机房、船闸闸门机房	地面	30	—	20	
7	阀门室、油泵室、送排风机房	地面	30	—	20	
8	船闸闸室、升船机构架及承船厢、闸门启闭机	地面	8～15	—	20	
9	坝（闸）上公路桥、进出厂公路、上下坝公路	地面	1～5	—	20	
10	尾水平台、启闭机工作桥	地面	1～5	—	20	
11	上下游主要码头、鱼道	地面	1～5	—	20	
12	辅助码头	地面	0.5	—	20	
13	导航墙面、墩面地面	地面	0.5	—	20	
14	警卫线地面	地面	0.5	—	20	
15	内外部观测室、水利学渗压室	地面	100	—	60	
16	水质化验室、油化验室	地面	200	25	60	
17	厂前绿化区	地面	0.5	—	20	
三、辅助生产厂房						
1	高压试验室	0.75m 水平面	300	22	60	
2	机修间	0.75m 水平面	200	22	60	
3	金属机械加工车间	0.75m 水平面	300	22	60	
4	电气修理间	0.75m 水平面	300	25	80	
5	仓库		50	—	20	

a 该工作场所应设置安全照明和备用照明。

5.0.2 水力发电厂交通隧洞照明推荐照度值见表 5.0.2。

表 5.0.2 　　　　　　　　　　　　水力发电厂交通隧洞照明推荐照度值

设计车速 （km/h）	白天入口附近部位						白天中间 部位 （lx）	夜间全段 （lx）	应急照明 （lx）
	第一段		第二段		第三段				
	长度（m）	照度（lx）	长度（m）	照度（lx）	长度（m）	照度（lx）			
40	20	500	20	300	40	75	30	15	0.5
20	10	300	10	150	20	50	20	10	0.5
10	5	200	5	100	10	30	10	5	0.5

9.2.1　水电厂以下主要部位应设置应急照明：

1　发电机层、中控室、计算机房、通信室、消防控制室、消防水泵房、柴油发电机室、配电室、风机房等正常照明网络失效时需要确保应急活动继续进行的场所应设置备用照明。

2　主、副厂房，楼梯间，消防电梯间及其前室等疏散通道应设置疏散照明和安全照明。

3　对需要确保处于危险之中的人员安全的场所，应装设安全照明。

6.5.2.1（2）本项目的查评依据如下。

【依据】《国家电网公司电力安全工作规程　第三部分：水电厂动力部分》（Q/GDW 1799.3—2015）

7.4.2　电气工具和用具

f）使用行灯应注意下列事项：

1）手持行灯电压不准超过36V。在特别潮湿或周围均属金属导体的地方工作时，如在蜗壳、钢管、尾水管、油槽、油罐以及其他金属容器或水箱等内部，行灯的电压不准超过12V。

2）行灯电源应由携带式或固定式的隔离变压器供给，变压器不准放在蜗壳、钢管、尾水管、油槽、油罐等金属容器的内部。

3）携带式行灯变压器的高压侧，应带插头，低压侧带插座，并采用两种不能互相插入的插头。

4）行灯变压器的外壳应有良好的接地线，高压侧宜使用单相两极带接地插头。

8.1.4　行灯变压器和行灯线要有良好的绝缘、接地装置和剩余电流动作保护器（漏电保护器），尤其是拉入引水钢管、蜗壳、转轮室、尾水管内等工作场地的行灯电压不得超过12V。特殊情况下需要加强照明时，可由电工安装220V临时性的固定电灯，电灯及电线应绝缘良好，并配有空气开关和剩余电流动作保护器（漏电保护器），安装牢固，放在碰不着人的高处。安装后应由检修工作负责人检查。禁止带电移动220V的临时电灯。

13.6.5　在廊道、隧道、地下井、坑、洞室等有限空间内工作，应用12V～36V的行灯。在有（有害）易燃气体的廊道、隧道、地下井、坑、洞室内工作，应使用携带式的防爆电灯或矿工用的蓄电池灯。

6.5.2.1（3）本项目的查评依据如下。

【依据1】《国家电网公司防止水电厂水淹厂房反事故补充措施》（国家电网基建〔2017〕61号）

27．应急照明电源应分级和分高程设计和布置，并逐级逐层设置断路器，以保证下层和下级电源遇水短路跳闸而不影响上层和上级电源供电。

【依据2】《水力发电厂照明设计规范》（NB/T 35008—2013）

9.1　应急照明电源与配电

9.1.1　应急照明电源系统应采用交流380V/220V系统供电。

9.1.2　应急照明备用电源装置根据应急照明类别、光源类别等情况，选用以下电源方式：

1　电站直流配电盘引出的专用直流回路。

2　UPS/EPS电源装置。

3　灯具自带蓄电池。

备用电源连续供电时间不应少于30min。

9.1.3　发电机层、中央控制室等重要场所和主要通道的应急照明，必须由应急照明网络供电；远离厂房区域的应急照明，可采用自带蓄电池的应急照明灯具。

9.1.4　应急照明配电方式宜采用树干式系统。

9.1.5　应急照明回路不应接与应急照明无关的负荷。

6.5.2.1（4）本项目的查评依据如下。

【依据】《国家电网公司防止水电厂水淹厂房反事故补充措施》（国家电网基建〔2017〕61号）

26．排水廊道、蜗壳层、水轮机层（含水车室）等区域应安装防护等级不低于IP66的应急照明。

6.5.2.2　安全设施及标志

6.5.2.2（1）本项目的查评依据如下。

【依据】《高压配电装置设计技术规程》（DL/T 5352—2006）

8.5.2　屋内单台电气设备的油量100kg以上，应设置储油设施或挡油设施。挡油设施的容积宜按容纳20%油量设计，并应有将事故油排至安全处的设施，当不能满足上述要求时，应设置能容纳100%油量的储油设施。排油管的内径不应小于150mm，管口应加装铁栅滤网。

8.5.3　屋外充油电气设备单台油量在1000kg以上时，应设置储油或挡油设施。当设置有容纳20%油量的储油或挡油设施时，应有将油排到安全处所的设施，且不应引起污染危害。当不能满足上述要求时，应设置能容纳100%油量的储油或挡油设施。储油和挡油设施应大于设备外廓每边各1000mm。储油设施内应铺设卵石层，其厚度不应小于250mm卵石直径宜为50mm～80mm。

当设置有总事故储油池时，其容量宜按最大一个油箱容量的100%确定。

6.5.2.2（2）本项目的查评依据如下。

【依据】《国家电网公司安全设施标准　第4部分：水电厂》（Q/GDW 434.4—2012）

表19-19

序号	图形示例	名称	配 置 规 范	备注
19-19	≥400mm	防小动物挡板	（1）设置在配电装置室、电缆室、通信室和继电保护室等容易因小动物引发短路故障造成电气事故的出入口处； （2）防小动物挡板宜采用不锈钢、铝合金等不易生锈、变形的材料制作，高度应不低于400mm，其上部应设有45°黑黄相间色斜条防止绊跤线标志，标志线宽宜为50～100mm； （3）防小动物挡板应易于安装和取下	

6.5.2.2（3）本项目的查评依据如下。

【依据】《水力发电厂安全设施标准化建设验收评价大纲》（安质三〔2013〕135号）

8.1.1　安全标志

安全标志所用的颜色、图形符号、几何形状、文字、标志牌的材质、表面质量、衬边及型号选用、设置高度、使用要求应符合标准的规定：

1．禁止标志牌基本型式是带斜杠的圆边框，禁止标志牌长方形衬底色为白色，带斜杠的圆边框为红色，标志符号为黑色，文字辅助标志为红底白字；警告标志基本型式是正三角形，警告标志牌长方形衬底色为白色，正三角形边框底色为黄色，边框及标志符号为黑色，文字辅助标志为白底黑框黑字；指令标志基本型式是圆形边框，指令标志牌长方形衬底色为白色，圆形边框底色为蓝色，标志符号为白色，文字辅助标志为蓝底白字；提示标志基本型式是正方形边框，提示标志牌衬底色为绿色，标志符号为白色，文字为黑色。

2．安全标志牌应采用坚固耐用的材料制作，不应使用遇水变形、变质或易燃的材料，有触电危险的作业场所应使用绝缘材料。

3．标志牌应图形清楚，无毛刺、空洞和影响使用的任何疵病。

4．安全标志牌设置的高度尽量与人眼的视线高度相一致，悬挂式和柱式的环境信息标志牌的下缘距地面的高度不宜小于2m，局部信息标志的设置高度应视具体情况确定。

5．多个安全标志一起配置使用，应按照警告、禁止、指令、提示类型的顺序，先左后右、先上后下排列。

8.1.2 设备、构（建）筑物标志

设备、构（建）筑物标志设置应符合国家电网公司安全设施标准的相关要求：

1. 生产场所、构（建）筑物入口醒目位置，应根据内部设备、介质的安全要求，按设置规范设置相应的安全标志牌；

2. 设备命名应为双重名称，由设备名称和设备编号组成，设备、构（建）筑物名称定义清晰，具有唯一性，功能、用途完全相同的设备、构（建）筑物，其名称应统一；

3. 设备、构（建）筑物标志牌基本形式为矩形，衬底为白色，边框、编号文字为红色（接地设备标志牌的边框、文字为黑色），采用反光黑体字；

4. 标志牌应采用坚固耐用的材料制作，不应使用遇水变形、变质或易燃的材料。

8.1.3 安全警示线

电厂安全警示线设置应符合国家电网公司安全设施标准的相关要求：

1. 禁止阻塞线采用由左下向右上侧呈45°黄色与黑色相间的等宽条纹，宽度为50mm～150mm，长度不小于禁止阻塞物1.1倍，宽度不小于禁止阻塞物1.5倍；

2. 减速提示线一般采用由左下向右上侧呈45°黄色与黑色相间的等宽条纹，宽度为100mm～200mm，可采取减速带代替减速提示线；

3. 安全警戒线采用黄色，宽度为50mm～150mm；

4. 防撞警示线采用由左下向右上侧呈45°黄色与黑色相间的等宽条纹，宽度为50mm～150mm（圆柱体采用无斜角环形条纹）；

5. 防止绊跤线采用由左下向右上侧呈45°黄色与黑色相间的等宽条纹，宽度为50mm～150mm；

6. 防止踏空线采用黄色线，宽度为100mm～150mm。

8.2.1.2 厂区道路

主要道路交叉路口应设置交通指示标志牌；主要道路起始段、弯道及叉道口、交通洞及主要生产现场入口等处应设置"限制速度"禁令标志牌，具体限速数值根据现场实际情况确定；主要道路急转弯处应设置线形诱导指示标志牌，影响驾驶人员观察视线的转弯地段应设置反光镜；禁止车辆驶入的路段或支洞应设置"禁止驶入"禁令标志牌；主要道路危险地段边坡应设置护栏及相应的交通安全标志牌；洞室、隧道等限制高度和宽度的地方应设置限制高度和限制宽度禁令标志牌；地下管沟、电缆沟、涵洞、桥梁、大坝等限制重量的地方应配置"限制质量"禁令标志牌。

8.2.1.3 航道

有通航设施的大坝上、下游引航道（导航墩）入口禁止通航区域，应设置"禁止船舶驶入标"禁令标志牌；有通航设施的大坝上、下游引航道（导航墩）入口，应设置船舶"靠右（左）航行"指示标志牌，"禁止追越标""禁止掉头标"禁令标志牌；上下游通航设施入口应设置"航道限速标"和"船舶吃水标"禁令标志牌；靠近节制闸上游或上、下游一侧的岸上应设置"节制闸标"信号标志牌；通航控制河段或上、下行船舶不能相互通视的急弯航道的上下游两端河岸应设置"鸣笛标"信号标志牌；过河航道的起点或终点应设置"过河标"航行标志牌；沿岸航道所在的岸别应设置"沿岸标"航行标志牌；指示标志牌浅滩、礁石、沉船或其他碍航物靠近航道一侧应设置"侧面标"航行标志牌。

8.2.1.4 船闸

船闸临空部位应设置固定防护栏杆，在栏杆上应设置"当心坠落"或"当心落水"警告标志牌和"禁止跨越"禁止标志牌，并配备必要的救生设施，在船闸闸室两端应设置安全停靠线。

8.2.2.1 水库、河道周边

管辖水库周围危险地段应设置护栏，护栏上应设置"当心落水"或"当心坠落"警告标志牌，"禁止钓鱼""禁止游泳""禁止跨越"禁止标志牌；冬季水面结冰的水库还应配置"禁止滑冰"禁止标志牌。通往水面的通道入口（包括爬梯）应设置"止步危险"警告标志牌。管辖河道周边及主要入口设置"河道危险禁止进入"文字说明标志，下游河道大坝安全保护区边界的两侧护坡应设置"大坝保护区 禁止入内"的文字说明标志；有必要的地点应适当设置"涨水危险 禁止嬉水""水流湍急 禁止游泳"等文

字说明标志和"禁航标志"。

8.2.2.3 大坝坝顶

大坝坝顶的挡墙或栏杆上应设置"当心坠落"警告标志牌"禁止跨越"禁止标志牌等。

坝顶涉及道路交通的应有相关道路安全标志。

8.2.3.1 站用变电站及出线场入口

入口应设置区域标志牌和多重标志牌。多重标志牌应包括"当心触电"警告标志牌"禁止烟火""未经许可 不得入内""禁止使用雨伞"禁止标志牌,以及其他必要的文字说明标志牌。

8.2.3.2 站用变电站及出线场四周

变电站及出线场四周应设置全封闭的围墙(栏),设置向外悬挂的"止步 高压危险"警告标志牌和"禁止攀登"禁止标志牌。

8.2.3.3 出线场内构架

出线场架构在安全距离允许情况下应设置爬梯,爬梯应有可靠的接地,爬梯应装设爬梯遮栏门,加锁并设置"禁止攀登 高压危险"禁止标志牌。出线场内易攀登的构架上应设置"禁止攀登 高压危险"禁止标志牌。

8.2.3.4 室外出线场、变电站、出线架通道口

在有出线架的通道口应设置限高、限宽、限速标志牌。

8.2.4.1 交通洞

交通洞入口应设置减速带、停车检查标志、限速标志、有限高、限宽要求的应设置限高、限宽标志;交通洞内道路应设置反光路基标志、道路两旁或地面凸出墙面或地面大于等于 300mm 的部位应设置反光防撞标志、弯道处应设置转弯导向标志;支洞入口处应设置反光指示路标和支洞命名标志。

8.2.4.2 厂房出入口

厂房出入口应根据厂房内的实际情况和存在的风险设置多重标志牌,应包括"注意安全"安全警告标志、"未经许可、不得入内"安全禁止标志、"必须戴安全帽"安全指令标志,有落石危险的还应设置"当心落石"警告标志牌;在视线所及的部位应清晰醒目的设置安全出口指示、具备发光功能的紧急疏散导向标志和紧急疏散指示图,以及其他必要的文字说明标志牌。

8.2.4.3 主厂房安装场

应分别对转子存放地点、转轮存放地点和其他大型机件存放地点分别设置地面载荷标志;应设置大型机件定置标志;应设置紧急疏散通道及安全出口、紧急疏散指示图和具有发光功能紧急疏散导向标志;应设置消防设施点和消防器材指示标志和禁止阻塞标志。

8.2.4.4 厂房内通道、楼梯步道

主厂房通道应设置紧急疏散通道和禁止阻塞标志、具有发光功能的紧急疏散导向标志、安全出口标志;

厂房人行通道地面上高出平面 300mm 的障碍物应设置防止绊跤线;

厂房人行通道上高度低于 1800mm 的悬空障碍物应设置防止碰头线;

厂房人行通道两旁凸出墙面 300mm 的障碍物上应设置防止碰撞线;

厂房内楼梯第一级台阶和最后一级台阶上应设置防止踏空线。

8.2.5.1 机组及其主要机械辅助设备标志

机组及其主要机械辅助设备的醒目处应设置包含设备编号和名称的设备命名标志和设备铭牌。

8.2.5.2 机组及其主要机械辅助设备区域其他安全设施

机组及其主要机械辅助设备的运行区域应设置封闭的运行区域安全警戒线(50mm~150mm 宽的黄实线);

机组盖板上的孔洞盖板、吊物孔盖板应设置禁止阻塞线(由左下向右上呈 45°黄与黑相间的等宽条纹,宽度为 50mm~150mm),吊物孔盖板上和发电机层地面上或对应的墙上应设置载荷标志。

8.2.5.3 风洞、尾水管、蜗壳、主进水阀、水车室等区域

风洞进人门(孔)处应设置设备命名标志牌、"必须带护耳器""进出请登记"安全标志牌,"安全注

意事项"文字说明标志牌；尾水管、蜗壳和压力钢管进人门（孔）处应设置设备命名标志牌、"注意通风""进出请登记"安全标志牌，"安全注意事项"文字说明标志牌；主进水阀应设置设备命名标志、"安全注意事项"文字说明标志牌、配重块下方应设置禁止阻塞线。

机组水车室入口处应设置命名标志、"必须戴护耳器""当心机械伤人"安全标志；水车室内转动部位应设置明显的安全提示色彩；水车室内的爬梯、步道应设置防止踏空线；吊耳吊环应设置载荷标志。水车室机坑围栏应设置"禁止跨越"禁止标志牌。

室外布置的裸露的机组定子引出线和中性点处应设置安全护网并向外悬挂"止步高压危险"安全标志和命名标志。

8.2.6.1　变压器设备标志

变压器变本体、冷却器、中性点接地装置、避雷器、阀门等设备的明显位置应设置命名标志牌。

各个接地点应设置接地点标志；高、（中）低压引线明显位置应标注相序相色或相别标识。

8.2.6.2　变压器区域其他安全设施

变压器运行区域入口应设置区域命名标志牌、"未经许可　不得入内"禁止标志牌，室外裸露的变压器运行区域入口应设置"×××kV 设备不停电安全距离×.×××米"文字说明标志牌；如是油浸式变压器应设置"防火重点部位"和"禁止烟火"标志牌；有裸露带电导体的变压器的固定围栏（护网）、隔墙应设置向外的"止步　高压危险""禁止跨越"等安全标志。区域内应设置消防设施和消防器材指示标志牌及禁止阻塞线。

主变压器本体爬梯爬应装设爬梯遮栏门，加锁并设置"禁止攀登　高压危险"禁止标志牌。

变压器运行区域与通道或其他设备相邻的区域应设置安全警戒线。

8.2.7.1　高压电气设备标志（裸露的高压电气设备标志）

高压设备醒目处应设置设备命名标志牌母线、开关、闸刀、互感器、电抗器、接地刀闸等，还应标注相色或相别标识；高压设备外壳应设置接地点设备标志。

8.2.7.2　高压电气设备区域其他安全设施

裸露的高压电器周围应设置固定安全防护遮拦和运行区域安全警戒线，遮拦上向外设置"止步　高压危险"、"当心触电"安全标志。

GIS 设备应设置"未经允许　不得入内"禁止标志牌、"当心中毒"警告标志牌、"安全注意事项"文字说明标志牌，室内 GIS 还应设置"注意通风"安全标志。

8.2.8.1　配电设备标志

配电盘柜前后门楣上设置盘柜双重命名标志牌；配电盘柜应设置"当心触电"警告标志牌；配电盘柜上小车式（抽屉式）开关、地刀，PT 均应设置命名标志牌。

配电盘柜内的电缆孔应规范设置电缆标志牌；母线应设置相别相色或色标，直流母线应设置正负相标。

8.2.8.2　配电设备区域其他安全设施

配电盘柜周围应设置安全警戒线，地面按要求敷设相应电压等级的绝缘垫，与相邻盘柜间的沟渠孔洞应设置盖板。

敞开的配电盘柜或裸露的配电设备应设置防止误碰的防护网并向外设置"当心触电"标志；配电盘柜的保护接地应设置接地点标志。

8.2.10.1　中控室入口

应设置"命名标志牌""未经许可　不得入内""防火重点部位""禁止烟火""禁止用水灭火"等安全标志牌。

8.2.10.2　计算机房入口

应设置"命名标志牌""未经许可　不得入内""防火重点部位""禁止烟火"、"禁止用水灭火"安全标志和防小动物挡板。

8.2.10.3　通信设备室入口

应设置"命名标志牌""未经许可　不得入内""防火重点部位""禁止烟火""禁止用水灭火"等安全标志和防小动物挡板。

8.2.10.4　GIS 设备室及装有 SF₆ 设备室入口

应设置命名标志牌、"注意通风""当心中毒""未经许可　不得入内"等安全标志、"安全注意事项"文字说明标志牌牌和防小动物挡板。

8.2.10.5　柴油机房入口

应设置命名标志牌、"未经许可　不得入内""禁止烟火"等安全标志和"防火重点部位"牌和防小动物挡板。

8.2.10.6　油库、油处理室入口

应设置命名标志牌、"未经许可　不得入内""禁止穿钉鞋""禁止穿化纤衣服""禁止用水灭火""禁止开启无线移动通信设备""防火重点部位""禁止烟火"等安全标志。

8.2.10.7　蓄电池室入口

应设置命名标志牌、"注意通风"、"当心腐蚀"、"未经许可　不得入内"、"禁止烟火"、"防火重点部位"等安全标志和"安全注意事项"文字说明标志牌和防小动物挡板。

8.2.10.9　低压配电设备间入口

应设置"命名标志牌""未经许可　不得入内""禁止烟火""当心触电""禁止用水灭火"等安全标志和防小动物挡板。

8.2.10.10　继电保护室入口

应设置"命名标志牌""未经许可　不得入内""防火重点部位""禁止烟火""禁止开启无线移动通信设备""禁止用水灭火"安全标志和防小动物挡板。

8.2.10.11　高低压气机室入口

应设置命名标志、"未经许可　不得入内"、噪声大的应设置"必须戴护耳器"、噪声超标的应设置"职业健康危害告知"。

8.2.10.12　通风机、空调机室及通风道入口

通风机、空调机室及通风道入口应设置命名标志。通风道进人门（孔）应设置"未经许可　不得入内"安全标志。

8.2.10.13　加工车间

入口处应设置命名标志、"必须戴防护帽"安全标志；车间内各设备旁应设置对应设备"安全操作规定"文字说明标志牌。

车床、台钻、砂轮的设备旁设置"当心机械伤人""必须戴防护眼镜""禁止戴手套"等安全标志。

8.2.11.1　调压井区域

调压井区域应设置安全围栏，在安全围栏上应向外设置"止步　危险""禁止跨越"等安全标志。

调压井上方应设置防止人员坠落和防止物体落入的固定防护措施如永久建筑或其他防护设施，其入口处应设置"命名标志"和"未经许可　不得入内"等安全标志。

8.2.11.2　电缆隧道、电缆沟、电缆夹层

电缆隧道、电缆沟、电缆夹层入口应设置常闭防火门、命名标志、"注意通风"标志、"禁止烟火"标志，"防火重点部位"标志并装设防小动物板；电缆隧道、电缆沟、电缆夹层内应保持通道畅通，通道上低于 180cm 的障碍物应设置防撞警示线、影响通道通行的建筑物立柱、墙角等障碍物上应设防撞警示线。

电缆隧道、电缆沟、电缆夹层内每 60m 应设置防火墙，电缆沟进入设备室和分接处应设防火墙，并将盖板涂成红色，标注"防火墙字样"并编号；垂直电缆竖井每隔 7m 应设置电缆阻燃段。

8.2.11.3　集水井区域

井口处应设置固定式安全围栏或井口加盖板并设置禁阻线、围栏周围向外设置命名标志、"注意通风""禁止跨越""当心坠落""禁止倚靠"安全标志。

8.2.11.4 楼梯、钢斜梯、作业平台

在上、下楼梯第一台阶上应设置"防止踏空线"。

在人行通道高度小于 1.8m 楼梯应标注"防撞警示线"，作业平台应设置"当心坠落""禁止跨越""禁止抛物"等安全标志。

8.2.11.5 吊物孔、竖井、孔洞等处

吊物孔、孔洞盖板上应标注荷重标志，地下设施入口盖板上应标注禁止阻塞线。

6.5.2.2（4）本项目的查评依据如下。

【依据1】《国家电网公司安全设施标准 第 4 部分：水电厂》（Q/GDW 434.4—2012）

附录

C.1.1.4 脚手架设在邻近通道处时，应在脚手架周围设置临时提示遮栏，并在遮栏四周外侧悬挂"当心落物"警告标志牌。

C.1.3.1 施工现场临近高温、陡坎、深坑及高压带电区等处所，均应设置临时遮栏及"止步 危险"或"止步 高压危险"警告标志牌，危险处所光线不充足时应设红灯示警。

C.1.3.2 因检修施工打开的坑、沟、孔、洞等，若无法铺设与地面平齐、有防滑措施的盖板，应设置可靠的遮栏、挡脚板及"止步 危险"警告标志牌，并视现场情况悬挂"当心坠落"警告标志牌，"禁止跨越""禁止倚靠"禁止标志牌，光线不充足的处所应设红灯示警。

C.1.3.3 因检修施工破坏的常用楼梯、通道等，危险的出入口处应设置临时遮栏并悬挂醒目的"止步危险"警告标志牌，光线不充足时应设红灯示警。

C.1.3.5 有可能造成高空落物和焊接作业的下方，应设置临时提示遮栏，并在遮栏上悬挂"当心落物"警告标志牌。

C.1.5.2 使用砂轮机、用凿子凿坚硬或脆性物体时应戴防护眼镜，必要时应在工作区域周围设置遮栏，并在遮栏上悬挂"必须戴防护眼镜"指令标志牌。

C.1.5.3 现场使用卷扬机时，通道上的钢丝绳周围区域应设置遮栏，并在遮栏上悬挂"禁止跨越""禁止通行 施工现场"禁止标志牌。

C.2.1 机组检修时，在各层检修现场四周应设置牢固的临时遮栏，在遮栏入口应悬挂"从此进出"提示标志牌。

C.2.5 发电机（电动机）进行电气预防性试验时，发电机内部工作人员应全部撤出，各检修人孔门应设临时围栏，悬挂"止步 高压危险"警告标志牌。

C.2.7 现场进行射线探伤时，应在工作区域外设置临时遮栏，并在遮栏上悬挂"当心辐射"警告标志牌、"未经许可 不得入内"禁止标志牌。

C.2.8 在机组检修区域内，未泄压的压力容器、压力管路等应设置临时遮栏或保护罩，悬挂"止步 危险"警告标志牌。

C.3.1 在室外高压设备或 GIS 上工作，应在工作地点四周装设围栏，其出入口要围至临近道路旁边，并设有"从此进出"的标志牌。工作地点四周围栏上悬挂适当数量的"止步 高压危险"警告标志牌，标志牌必须朝向围栏里面。若室外配电装置的大部分设备停电，只有个别地点保留有带电设备而其他设备无触及带电导体的可能时，可以在带电设备四周装设全封闭围栏，围栏上悬挂适当数量的"止步 高压危险"警告标志牌，标志牌必须朝向围栏外面。

C.4.1 施工现场应设置遮栏和警示标志，夜间应设灯光警示。

【依据2】《国家电网公司水电厂重大反事故措施》（国网基建〔2015〕60 号）

1.1.2.7 临近带电设备检修作业时应采用全封闭的检修临时围栏，防止误碰带电设备。

【依据3】《企业安全生产标准化基本规范》（GB/T 33000—2016）

5.4.4 警示标志

企业应按照有关规定和工作场所的安全风险特点，在有重大危险源、较大危险因素和严重职业病危害因素的工作场所，设置明显的、符合有关规定要求的安全警示标志和职业病危害警示标识。其中，警示标志的安全色和安全标志应分别符合 GB 2893 和 GB 2894 的规定，道路交通标标志和标线应符合 GB 5768（所有部分）的规定，工业管道安全标识应符合 GB 7231 的规定，消防安全标志应符合 GB 13495.1 的规定，工作场所职业病危害警示标识应符合 GBZ 158 的规定。安全警示标志和职业病危害警示标识应标明安全风险内容、危险程度、安全距离、防控办法、应急措施等内容，在有重大的隐患的工作场所和设备设施上设置安全警示标志，标明治理责任、期限以及应急措施；在有安全风险的工作岗位设置安全告知卡，告知从业人员本企业、本岗位的主要危险有害因素、后果、事故预防及应急措施、报告电话等内容。

企业应定期对警示标志进行检查维护，确保其完好有效。

企业应在设备设施施工、吊装、检维修等作业现场设置警戒区域和警示标志，在检维修现场的坑、井、渠、沟、陡坡等场所设置围栏和警示标志，进行危险提示、警示，告知危险的种类、后果及应急措施等。

6.5.2.2（5）本项目的查评依据如下。

【依据】《国家电网公司防止水电厂水淹厂房反事故补充措施》（国家电网基建〔2017〕61 号）

25 地下或坝后式厂房各层逃生通道显著位置应装设逃生路线指示图，逃生路线指示图应采用荧光材料制作，逃生通道应安装防护等级不低于 IP66 的应急照明。

6.5.2.3 设备编号

6.5.2.3（1）本项目的查评依据如下。

【依据】《国家电网公司安全设施标准 第 4 部分：水电厂》（Q/GDW 434.4—2012）

6.1.2 设备命名应为双重名称，由设备名称和设备编号组成，企业可根据需要在设备标志中增加设备编码。

6.1.3 设备、建（构）筑物名称应定义清晰，具有唯一性。

6.1.4 功能、用途完全相同的设备、建（构）筑物，其名称应统一。

6.5.2.3（2）本项目的查评依据如下。

【依据】《国家电网公司安全设施标准 第 4 部分：水电厂》（Q/GDW 434.4—2012）

B.3.4.1 配电盘柜前后门楣处应装设一致的设备标志牌。柜盘面上的仪表、指示灯、操作按钮、操作手柄均应有名称标志。

B.3.4.8 盘柜内开关、继电器、控制模块均应设置设备标志牌。

6.5.2.3（3）本项目的查评依据如下。

【依据】《国家电网公司安全设施标准 第 4 部分：水电厂》（Q/GDW 434.4—2012）

6.4.4 现场动力、控制电缆两端应悬挂标明电缆编号名称、起点、终点、型号的标志牌，电力电缆还应标注电压等级、长度。

6.5.2.4 生产区域通道

6.5.2.4（1）本项目的查评依据如下。

【依据】《电力设备典型消防规程》（DL 5027—2015）

6.1.6 疏散通道、安全出口应保持畅通，并设置符合规定的消防安全疏散指示标志和应急照明设施。保持防火门、防火卷帘、消防安全疏散指示标志、应急照明、机械排烟送风、火灾事故广播等设施处于正常状态。

6.1.23 发电厂还应符合下列要求：

1 厂区的消防通道应随时保持畅通。

6.5.2.4（2）本项目的查评依据如下。

【依据 1】《国家电网公司防止水电厂水淹厂房反事故补充措施》（国家电网基建〔2017〕61 号）

23．主厂房蜗壳层应至少设置两个安全通道。

24．地下厂房安全出口大门，应有从内部打开的措施。

【依据 2】《国家电网公司水电厂重大反事故措施》（国网基建〔2015〕60 号）

17.1.1 水电厂地下厂房、各类控制室、继电保护室、计算机房、通信室、高低压配电室等重点防火部位应设置火灾自动报警系统，火灾报警信号应接入有人监视的场所。单台机组容量为 300MW 及以上的上述部位宜设置自动气体灭火系统，相应安全出口应不少于两个。变压器室、电容器室、蓄电池室、油处理室、配电室等应采用向外开启的甲级防火门。蓄电池室应注意保持良好通风。

【依据3】《水电工程设计防火规范》（GB 50872—2014）

5.1.2 水电工程中丙类生产场所局部分隔应符合下列要求：

1 油浸式变压器室、油浸式电抗器室、油浸式消弧线圈室、绝缘油油罐室、透平油油罐室及油处理室、柴油发电机室及其储油间等场所应采用耐火极限不低于3.00h的防火隔墙和不低于1.50h的楼板与其他部位隔开，防火墙壁上的门应该为甲级防火门。柴油发电机室的储油间门应能自动关闭。

2 继电保护盘室，辅助盘室，自动和运动装置室、电子计算机房、通信室等场所应采用耐火极限不低于2.00h的防火隔墙和不低于1.00h的楼板与其他部位隔开，防火隔墙上的门应该为甲级防火门。

5.1.3 水电工程中部分其他类别生产场所局部分隔应符合下列要求：

1 中央控制室应采用耐火极限不低于2.00h的防火隔墙和不低于1.00的楼板与其他部位隔开。防火隔墙上的门应为甲级防火门，窗应为固定式甲级防火窗。

3 消防水泵房采用耐火极限不低于2.00h的防火隔墙和不低于1.50h的楼板与其他部位隔开。防火隔墙上的门应为甲级防火门。

5.2.1 主厂房的电机层的安全出口不应少于两个，且必须有一个直通室外地面。

6.5.2.5 生产区域梯、台

6.5.2.5（1）本项目的查评依据如下。

【依据1】《国家电网公司水电厂重大反事故措施》（国网基建〔2015〕60号）

1.2.5 楼梯、钢梯、平台均应采取防滑措施。高度超过3m且斜面倾角在75°（含）至90°（含）间的直钢梯应装设护笼，防止上、下楼梯时发生坠落。户外的楼梯、钢梯、金属平台应定期做防腐和检查，及时消除安全隐患。

【依据2】《固定式钢梯及平台安全要求 第1部分：钢直梯》（GB 4053.1—2009）

5.3.1 单段梯高宜不大于10m，攀登高度大于10m时宜采用多段梯，梯段水平交错布置，并设梯间平台，平台的垂直间距宜为6m。单段梯及多段梯的梯高均应不大于15m。

5.5.1 梯子的整个攀登高度上所有的踏棍垂直间距应相等，相邻踏棍垂直间距应为225mm～300mm，梯子下端的第一级踏棍距基准面距离应不大于450mm。

5.7.1 护笼宜采用圆形结构，应包括一组水平笼箍和至少5根立杆。其他等效结构也可采用。

5.7.7 护笼顶部在平台或梯子顶部进、出平面之上的高度应不小于GB 4053.3中规定的栏杆高度，并有进、出平台的措施或进出口。

【依据3】《固定式钢梯及平台安全要求 第2部分：钢斜梯》（GB 4053.2—2009）

5.1.2 单梯段的梯高应不大于6m，梯级数宜不大于16。

5.2.2 斜梯内侧净宽度应不小于450mm，宜不大于1100mm。

5.3.1 踏板的前后深度应不小于80mm，相邻两踏板的前后方向重叠应不小于10mm，不大于35mm。

5.6.7 斜梯敞开边的扶手高度应不低于GB 4053.3中规定的栏杆高度。

6.5.2.5（2）本项目的查评依据如下。

【依据1】《国家电网公司水电厂重大反事故措施》（国网基建〔2015〕60号）

1.2.2 坠落高度在2.0m及以上的工作平台和人行通道，在临空侧应设置安全网或不低于1.2m的固定式防护栏杆。当桥机轨道等高处行走区域不能够装设防护栏杆时，应设置1.05m高的安全水平扶绳，且每隔2m应设一个固定支撑点。

1.2.5 楼梯、钢梯、平台均应采取防滑措施。高度超过3m且斜面倾角在75°（含）至90°（含）间的直钢梯应装设护笼，防止上、下楼梯时发生坠落。户外的楼梯、钢梯、金属平台应定期做防腐和检查，及时消除安全隐患。

【依据2】《固定式钢梯及平台安全要求 第3部分：工业防护栏杆及钢平台》（GB 4053.3—2009）

4.1.1 距下方相邻地板或地面1.2m及以上的平台、通道或工作面的所有敞开边缘应设置防护栏杆。

4.1.2 在平台、通道或工作面上可能使用工具、机器部件或物品场合，应在所有敞开边缘设置带踢脚板的防护栏杆。

4.5.2 防护栏杆制造安装工艺应确保所有构件及其连接部分表面光滑、无锐边、尖角、毛刺或其他可能对人员造成伤害或妨碍其通过的外部缺陷。

4.5.4 安装后的平台钢梁应平直，铺板应平整，不应有歪斜、翘曲、变形及其他缺陷。

5.2.1 当平台、通道及作业场所距基准面高度小于 2m 时，防护栏杆高度应不低于 900mm。

5.2.2 当距基准面高度大于等于 2m 并小于 20m 的平台、通道及作业场所的防护栏杆高度应不低于 1050mm。

5.2.3 在距基准面高度不小于 20m 的平台、通道及作业场所的防护栏杆高度应不低于 1200mm。

5.4.1 在扶手和踢脚板之间，应至少设置一道中间栏杆。

5.5.1 防护栏杆端部应设置立柱或确保与建筑物或其他固定结构牢固连接，立柱间距应不大于 1000mm。

6.1.2 通行平台的无障碍宽度应不小于 750mm，单人偶尔通行的平台宽度可适当减小，但应不小于 450mm。

6.1.3 梯间平台（休息平台）的宽度应不小于梯子宽度，且对直梯应不小于 700mm，斜梯应不小于 760mm，两者取较大值；梯间平台（休息平台）在行进方向的长度应不小于梯子宽度，且对直梯应不小于 700mm，斜梯应不小于 850mm，两者取较大值。

6.4.1 平台地板宜采用不小于 4mm 厚的花纹钢或经防滑处理的钢板铺装，相邻钢板不应搭接。相邻钢板上表面的高度差应不大于 4mm。

6.5.2.6 工作现场防护

6.5.2.6（1）本项目的查评依据如下。

【依据1】《国家电网公司电力安全工作规程 第 3 部分：水电厂动力部分》（Q/GDW 1799.3—2015）

7.1.4 生产厂房内外工作场所的井、坑、孔、洞或沟道，应覆以与地面齐平的坚固的盖板。在检修工作中如需将盖板取下，应设临时围栏。临时打的孔、洞，施工结束后，应恢复原状。

7.1.5 所有升降口、大小孔洞、楼梯和平台，应装设不低于 1050mm 高的栏杆和不低于 100mm 高的护板。在距基准面高度不小于 20m 的平台、通道及作业场所的防护栏杆应不低于 1200mm。如在检修期间需将栏杆拆除时，应装设临时遮栏，并在检修结束时将栏杆立即装回。临时遮栏应由上、下两道横杆及栏杆柱组成，上杆离地高度为 1050mm～1200mm，下杆离地高度为 500mm～600mm，并在栏杆下边设置严密固定的高度不低于 180mm 的挡脚板。坡度大于 1:22 的屋面，临时遮栏应高于 1500mm，并加挂安全立网。原有高度 1000mm 或 1050mm 的栏杆可不做改动。

7.1.6 所有楼梯、平台、通道、栏杆都应保持完整，铁板应铺设牢固。铁板表面应有纹路以防滑跌。

【依据2】《国家电网公司安全设施标准 第 4 部分：水电厂》（Q/GDW 434.4—2012）

B.2.4.2 主厂房安装场与楼板分界线两侧、吊物孔盖板以及其他承重分界线两侧应标注荷重标志。

6.5.3 防火、防爆

6.5.3.1 消防组织建设

6.5.3.1（1）本项目的查评依据如下。

【依据1】《国家电网公司水电厂重大反事故措施》（国网基建〔2015〕60 号）

17.1.3 应建立健全防止火灾事故组织机构，企业行政正职为消防工作第一责任人，还应配备消防专责人员并建立有效的消防组织网络。

【依据2】《防止电力生产事故的二十五项重点要求》（国能安全〔2014〕161 号）

2.1.1 单位应建立健全防止火灾事故组织机构，健全消防工作制度，落实各级防火责任制，建立火灾隐患排查治理常态机制。配备消防专责人员并建立有效的消防组织网络和训练有素的群众性消防队伍。定期进行全员消防安全培训、开展消防演练和火灾疏散演习，定期开展消防安全检查。

【依据3】《机关、团体、企业、事业单位消防安全管理规定》（公安部令第61号）

第二十三条　单位应当根据消防法规的有关规定，建立专职消防队、义务消防队，配备相应的消防装备、器材，并组织开展消防业务学习和灭火技能训练，提高预防和扑救火灾的能力。

6.5.3.2　防火责任制落实

6.5.3.2（1）本项目的查评依据如下。

【依据1】《中华人民共和国消防法》（2009年5月1日施行）

第十六条　机关、团体、企业、事业等单位应当履行下列消防安全职责：

（一）落实消防安全责任制，制定本单位的消防安全制度、消防安全操作规程，制定灭火和应急疏散预案。

【依据2】《电力设备典型消防规程》（DL 5027—2015）

4.1　消防安全管理制度

4.1.1　消防安全管理制度应包括下列内容：

1　各级和各岗位消防安全职责、消防安全责任制考核、动火管理、消防安全操作规定、消防设施运行规程、消防设施检修规程。

2　电缆、电缆间、电缆通道防火管理，消防设施与主体设备或项目同时设计、同时施工、同时投产管理，消防安全重点部位管理。

3　消防安全教育培训，防火巡查、检查，消防控制室值班管理，消防设施、器材管理，火灾隐患整改，用火、用电安全管理。

4　易燃易爆危险物品和场所防火防爆管理，专职和志愿消防队管理，疏散、安全出口、消防车通道管理，燃气和电气设备的检查和管理（包括防雷、防静电）。

5　消防安全工作考评和奖惩，灭火和应急疏散预案以及演练。

6　根据有关规定和单位实际需要制定其他消防安全管理制度。

4.1.2　应建立健全消防档案管理制度。消防档案应当包括消防安全基本情况和消防安全管理情况。消防档案应当翔实，全面反映单位消防工作的基本情况，并附有必要的图表，根据情况变化及时更新。单位应对消防档案统一保管。

【依据3】《防止电力生产事故的二十五项重点要求》（国能安全〔2014〕161号）

2.1.1　各单位应建立健全防止火灾事故的组织机构，健全消防工作制度，落实各级防火责任制，建立火灾隐患排查治理常态机制。配备消防专责人员并建立有效的消防组织网络和训练有素的群众性消防队伍。定期进行全员消防安全培训、开展消防演练和火灾疏散演习，定期开展消防安全检查。

【依据4】《机关、团体、企业、事业单位消防安全管理规定》（公安部令第61号）

第五条　单位应当落实逐级消防安全责任制和岗位消防安全责任制，明确逐级和岗位消防安全职责，确定各级、各岗位的消防安全责任人。

6.5.3.3　消防安全重点部位及责任人

6.5.3.3（1）本项目的查评依据如下。

【依据1】《电力设备典型消防规程》（DL 5027—2015）

4.2　消防安全重点单位和重点部位

4.2.1　发电单位和电网经营单位是消防安全重点单位，应严格管理。

4.2.2　消防安全重点部位应包括下列部位：

1　油罐区（包括燃油库、绝缘油库、透平油库），制氢站、供氢站、发电机、变压器等注油设备，电缆间以及电缆通道、调度室、控制室、集控室、计算机房、通信机房、风力发电机组机舱及塔筒。

2　换流站阀厅、电子设备间、铅酸蓄电池室、天然气调压站、储氨站、液化气站、乙炔站、档案室、油处理室、秸秆仓库或堆场、易燃易爆物品存放场所。

3　发生火灾可能严重危及人身、电力设备和电网安全以及对消防安全有重大影响的部位。

4.2.3　消防安全重点部位应当建立岗位防火职责，设置明显的防火标志，并在出入口位置悬挂防火警示标示牌。标示牌的内容应包括消防安全重点部位的名称、消防管理措施、灭火和应急疏散方案及防火责任人。

【依据2】《机关、团体、企业、事业单位消防安全管理规定》（公安部令第61号）

第十九条 单位应当将容易发生火灾、一旦发生火灾可能严重危及人身和财产安全以及对消防安全有重大影响的部位确定为消防安全重点部位，设置明显的防火标志，实行严格管理。

6.5.3.3（2）本项目的查评依据如下。

【依据1】《中华人民共和国消防法》（2009年5月1日施行）

第十六条 机关、团体、企业、事业等单位应当履行下列消防安全职责：

（一）落实消防安全责任制，制定本单位的消防安全制度、消防安全操作规程，制定灭火和应急疏散预案。

【依据2】《电力设备典型消防规程》（DL 5027—2015）

3.4.3 指导、督促各相关部门制定和执行各岗位消防安全职责、消防安全操作规程，消防设施运行和检修规程等制度，以及制定发电厂厂房、车间、变电站、换流站、调度楼、控制楼、油罐区等重要场所及重点部位的灭火和应急疏散预案。

6.5.3.4 消防备案

6.5.3.4（1）本项目的查评依据如下。

【依据】《机关、团体、企业、事业单位消防安全管理规定》（公安部令第61号）

第十三条 下列范围的单位是消防安全重点单位，应当按照本规定的要求，实行严格管理：

（七）发电厂（站）和电网经营企业；

第十四条 消防安全重点单位及其消防安全责任人、消防安全管理人应当报当地公安消防机构备案。

6.5.3.4（2）本项目的查评依据如下。

【依据1】《中华人民共和国消防法》（2009年5月1日施行）

第十三条 按照国家工程建设消防技术标准需要进行消防设计的建设工程竣工，依照下列规定进行消防验收、备案：

（一）本法第十一条规定的建设工程，建设单位应当向公安机关消防机构申请消防验收；

（二）其他建设工程，建设单位在验收后应当报公安机关消防机构备案，公安机关消防机构应当进行抽查。

依法应当进行消防验收的建设工程，未经消防验收或者消防验收不合格的，禁止投入使用；其他建设工程经依法抽查不合格的，应当停止使用。

【依据2】《建设工程消防监督管理规定》（公安部令第106号发布，119号修订）

第十四条 对具有下列情形之一的特殊建设工程，建设单位应当向公安机关消防机构申请消防设计审核，并在建设工程竣工后向出具消防设计审核意见的公安机关消防机构申请消防验收：

（二）国家机关办公楼、电力调度楼、电信楼、邮政楼、防灾指挥调度楼、广播电视楼、档案楼；

（五）城市轨道交通、隧道工程、大型发电、变配电工程；

6.5.3.5 消防队伍建设

6.5.3.5（1）本项目的查评依据如下。

【依据1】《中华人民共和国消防法》（2009年5月1日施行）

第三十九条 下列单位应当建立单位专职消防队，承担本单位的火灾扑救工作：

（一）大型核设施单位、大型发电厂、民用机场、主要港口；

【依据2】《电力设备典型消防规程》（DL 5027—2015）

4.3 消防安全教育培训

4.3.1 应根据本单位特点，建立健全消防安全教育培训制度，明确机构和人员，保障教育培训工作经费。按照下列规定对员工进行消防安全教育培训：

1 定期开展形式多样的消防安全宣传教育。

水力发电厂安全性评价查评依据

2 对新上岗和进入新岗位的员工进行上岗前消防安全培训，经考试合格方能上岗。

3 对在岗的员工每年至少进行一次消防安全培训。

4.3.2 下列人员应接受消防安全专门培训：

1 单位的消防安全责任人、消防安全管理人。

2 专、兼职消防管理人员。

3 消防控制室值班人员、消防设施操作人员，应通过消防行业特有工种职业技能鉴定，持有初级技能以上等级的职业资格证书。

4 其他依照规定应当接受消防安全专门培训的人员。

4.3.3 消防安全教育培训的内容应符合全国统一的消防安全教育培训大纲的要求，主要包括国家消防工作方针、政策，消防法律法规，火灾预防知识，火灾扑救、人员疏散逃生和自救互救知识，其他应当教育培训的内容。

4.3.4 应根据不同对象开展有侧重的培训。通过培训应使员工懂基本消防常识、懂本岗位产生火灾的危险源、懂本岗位预防火灾的措施、懂疏散逃生方法；会报火警、会使用灭火器材灭火、会查改火灾隐患、会扑救初起火灾。

【依据3】《国家电网公司水电厂重大反事故措施》（国网基建〔2015〕60号）

17.1.4 健全消防工作制度，建立训练有素的群众性消防队伍，定期进行全员消防安全培训、开展消防演练和火灾疏散演习，定期开展消防安全检查。应确保各级人员了解各自管辖范围内的重点防火要求和灭火方案。

【依据4】《防止电力生产事故的二十五项重点要求》（国能安全〔2014〕161号）

2.1.1 单位应建立健全防止火灾事故组织机构，健全消防工作制度，落实各级防火责任制，建立火灾隐患排查治理常态机制。配备消防专责人员并建立有效的消防组织网络和训练有素的群众性消防队伍。定期进行全员消防安全培训、开展消防演练和火灾疏散演习，定期开展消防安全检查。

6.5.3.6 消防器材管理

6.5.3.6（1）本项目的查评依据如下。

【依据1】《电力设备典型消防规程》（DL 5027—2015）

14.3 消防器材配置

14.3.1 各类发电厂和变电站的建（构）筑物、设备应按照其火灾类别及危险等级配置移动式灭火器。

14.3.2 各类发电厂和变电站的灭火器配置规格和数量应按《建筑灭火器配置设计规范》GB 50140计算确定，实配灭火器的规格和数量不得小于计算值。

14.3.3 一个计算单元内配置的灭火器不得少于2具，每个设置点的灭火器不宜多于5具。

14.3.4 手提式灭火器充装量大于3.0kg时应配有喷射软管，其长度不小于0.4m，推车式灭火器应配有喷射软管，其长度不小于4.0m。除二氧化碳灭火器外，贮压式灭火器应设有能指示其内部压力的指示器。

14.3.5 油浸式变压器、油浸式电抗器、油罐区、油泵房、油处理室、特种材料库、柴油发电机、磨煤机、给煤机、送风机、引风机和电除尘等处应设置消防沙箱或沙桶，内装干燥细黄沙。消防沙箱容积为1.0m³，并配置消防铲，每处3把～5把，消防沙桶应装满干燥黄沙。消防沙箱、沙桶和消防铲均应为大红色，沙箱的上部应有白色的"消防沙箱"字样，箱门正中应有白色的"火警119"字样，箱体侧面应标注使用说明。消防沙箱的放置位置应与带电设备保持足够的安全距离。

14.3.6 设置室外消火栓的发电厂和变电站应集中配置足够数量的消防水带、水枪和消火栓扳手，宜放置在厂内消防车库内。当厂内不设消防车库时，也可放置在重点防火区域周围的露天专用消防箱或消防小室内。根据被保护设备的性质合理配置19mm直流或喷雾或多功能水枪，水带宜配置有衬里消防水带。

14.3.7 每只室内消火栓箱内应配置65mm消火栓及隔离阀各1只、25m长DN65有衬里水龙带1根带快装接头、19mm直流或喷雾或多功能水枪1只、自救式消防水喉1套、消防按钮1只。带电设施附近的消火栓应配备带喷雾功能水枪。当室内消火栓栓口处的出水压力超过 0.5MPa 时，应加设减压孔板或采用减压稳压型消火栓。

【依据 2】《建筑消防设施的维护管理》（GA 587—2005）

7.1　一般要求

建筑消防设施的单项检查应当每月至少一次，并填写表 A.3。

7.2　单项检查内容

7.2.13　灭火器：检查灭火器型号、压力值和维修期限。检查数量不少于总数量的 25%。

6.5.3.7　禁火区动火作业管理

6.5.3.7（1）本项目的查评依据如下。

【依据 1】《电力设备典型消防规程》（DL 5027—2015）

5.3　动火安全组织措施

5.3.1　动火作业应落实动火安全组织措施，动火安全组织措施应包括动火工作票、工作许可、监护、间断和终结等措施。

5.3.2　在一级动火区进行动火作业必须使用一级动火工作票，在二级动火区进行动火作业必须使用二级动火工作票。

5.3.3　发电单位一级动火工作票可使用附录 A 样张，电网经营单位一级动火工作票可使用附录 B 样张，二级动火工作票可使用附录 C 样张。

5.3.4　动火工作票应由动火工作负责人填写。动火工作票签发人不准兼任该项工作的工作负责人。动火工作票的审批人、消防监护人不准签发动火工作票。一级动火工作票一般应提前 8h 办理。

5.3.5　动火工作票至少一式三份。一级动火工作票一份由工作负责人收执，一份由动火执行人收执，另一份由发电单位保存在单位安监部门、电网经营单位保存在动火部门（车间）。二级动火工作票一份由工作负责人收执，一份由动火执行人收执，一份保存在动火部门（车间）。若动火工作与运行有关时，还应增加一份交运行人员收执。

5.3.6　动火工作票的审批应符合下列要求：

1　一级动火工作票：

1）发电单位：由申请动火部门（车间）负责人或技术负责人签发，单位消防管理部门和安监部门负责人审核，单位分管生产的领导或总工程师批准，包括填写批准动火时间和签名。

2）电网经营单位：由申请动火班组班长或班组技术负责人签发，动火部门（车间）消防管理负责人和安监负责人审核，动火部门（车间）负责人或技术负责人批准，包括填写批准动火时间和签名。

3）必要时应向当地公安消防部门提出申请，在动火作业前到现场进行消防安全检查和指导工作。

2　二级动火工作票由申请动火班组班长或班组技术负责人签发，动火部门（车间）安监人员审核，动火部门（车间）负责人或技术负责人批准，包括填写批准动火时间和签名。

5.3.7　动火工作票经批准后，允许实施动火条件：

1　与运行设备有关的动火工作必须办理运行许可手续。在满足运行部门可动火条件，运行许可人在动火工作票填写许可动火时间和签名，完成运行许可手续。

2　一级动火：

1）发电单位：在检查应配备的消防设施和采取的消防措施、安全措施已符合要求，可燃性、易爆气体含量或粉尘浓度合格，动火执行人、消防监护人、动火工作负责人、动火部门负责人、单位安监部门负责人、单位分管生产领导或总工程师分别在动火工作票签名确认，并由单位分管生产领导或总工程师填写允许动火时间。

2）电网经营单位：在检查应配备的消防设施和采取的消防措施、安全措施已符合要求，可燃性、易爆气体含量合格，动火执行人、消防监护人、动火工作负责人、动火部门（车间）安监负责人、动火部门（车间）负责人或技术负责人分别在动火工作票签名确认，并由动火部门（车间）负责人或技术负责人填写允许动火时间。

3 二级动火：在检查应配备的消防设施和采取的消防措施、安全措施已符合要求，可燃性、易爆气体含量或粉尘浓度合格后，动火执行人、消防监护人、动火工作负责人、动火部门（车间）安监人员分别签名确认，并由动火部门（车间）安监人员填写允许动火时间。

5.3.8 动火作业的监护，应符合下列要求：

1 一级动火时，消防监护人、工作负责人、动火部门（车间）安监人员必须始终在现场监护。

2 二级动火时，消防监护人、工作负责人必须始终在现场监护。

3 一级动火在首次动火前，各级审批人和动火工作票签发人均应到现场检查防火、灭火措施正确、完备，需要检测可燃性、易爆气体含量或粉尘浓度的检测值应合格，并在监护下作明火试验，满足可动火条件后方可动火。

4 消防监护人应由本单位专职消防员或志愿消防员担任。

5.3.9 动火作业间断，应符合下列要求：

1 动火作业间断，动火执行人、监护人离开前，应清理现场，消除残留火种。

2 动火执行人、监护人同时离开作业现场，间断时间超过 30min，继续动火前，动火执行人、监护人应重新确认安全条件。

3 一级动火作业，间断时间超过 2.0h，继续动火前，应重新测定可燃性、易爆气体含量或粉尘浓度，合格后方可重新动火。

4 一级、二级动火作业，在次日动火前必须重新测定可燃性、易爆气体含量或粉尘浓度，合格后方可重新动火。

5.3.10 动火作业终结，应符合下列要求：

1 动火作业完毕，动火执行人、消防监护人、动火工作负责人应检查现场无残留火种等，确认安全后，在动火工作票上填明动火工作结束时间，经各方签名，盖"已终结"印章，动火工作告终结。若动火工作经运行许可的，则运行许可人也要参与现场检查和结束签字。

2 动火作业终结后工作负责人、动火执行人的动火工作票应交给动火工作票签发人，发电单位一级动火一份留存班组，一份交单位安监部门；二级动火一份留存班组，一份交动火部门（车间）；电网经营单位一份留存班组，一份交动火部门（车间）。动火工作票保存三个月。

5.3.11 动火工作票所列人员的主要安全责任：

1 各级审批人员及工作票签发人主要安全责任应包括下列内容：

1）审查工作的必要性和安全性。

2）审查申请工作时间的合理性。

3）审查工作票上所列安全措施正确、完备。

4）审查工作负责人、动火执行人符合要求。

5）指定专人测定动火部位或现场可燃性、易爆气体含量或粉尘浓度符合安全要求。

2 工作负责人主要安全责任应包括下列内容：

1）正确安全地组织动火工作。

2）确认动火安全措施正确、完备，符合现场实际条件，必要时进行补充。

3）核实动火执行人持有允许进行焊接与热切割作业的有效证件，督促其在动火工作票上签名。

4）向有关人员布置动火工作，交代危险因数、防火和灭火措施。

5）始终监督现场动火工作。

6）办理动火工作票开工和终结手续。

7）动火工作间断、终结时检查现场无残留火种。

3 运行许可人主要安全责任应包括下列内容：

1）核实动火工作时间、部位。

2）工作票所列有关安全措施正确、完备，符合现场条件。

3）动火设备与运行设备确已隔绝，完成相应安全措施。

4）向工作负责人交代运行所做的安全措施。

4 消防监护人主要安全责任应包括下列内容：

1）动火现场配备必要、足够、有效的消防设施、器材。

2）检查现场防火和灭火措施正确、完备。

3）动火部位或现场可燃性、易爆气体含量或粉尘浓度符合安全要求。

4）始终监督现场动火作业，发现违章立即制止，发现起火及时扑救。

5）动火工作间断、终结时检查现场无残留火种。

5 动火执行人主要安全责任应包括下列内容：

1）在动火前必须收到经审核批准且允许动火的动火工作票。

2）核实动火时间、动火部位。

3）做好动火现场及本工种要求做好的防火措施。

4）全面了解动火工作任务和要求，在规定的时间、范围内进行动火作业。

5）发现不能保证动火安全时应停止动火，并报告部门（车间）领导。

6）动火工作间断、终结时清理并检查现场有无残留火种。

5.3.12 一、二级动火工作票签发人、工作负责人应进行本规程等制度的培训，并经考试合格。动火工作票签发人由本单位分管领导或总工程师批准，动火工作负责人由部门（车间）领导批准。动火执行人必须持政府有关部门颁发的允许电焊与热切割作业的有效证件。

5.3.13 动火工作票应用钢笔或圆珠笔填写，内容应正确清晰，不得任意涂改。如有个别错、漏字需要修改，应字迹清楚，并经签发人审核签字确认。

5.3.14 非本单位人员到生产区域内动火时，动火工作票由本单位签发和审批。承发包工程中，动火工作票可实行"双签发"形式，但应符合第5.3.12条要求和本单位审批。

5.3.15 一级动火工作票的有效期为24h（1天），二级动火工作票的有效期为120h（5天）。必须在批准的有效期内进行动火工作，需延期时应重新办理动火工作票。

【依据2】《国家电网公司电力安全工作规程 第三部分：水电厂动力部分》（Q/GDW 1799.3—2015）

5.7 动火工作票制度

5.7.1 在防火重点部位或场所以及禁止明火区动火作业，应填用动火工作票，其方式有下列两种：

a）填用发电厂一级动火工作票（见附录E）。

b）填用发电厂二级动火工作票（见附录F）。

注：本规程所指动火作业，是指能直接或间接产生明火的作业，包括熔化焊接、切割、喷枪、喷灯、钻孔、打磨、锤击、破碎、切削等。

5.7.2 在一级动火区动火作业，应填用一级动火工作票。

注：一级动火区，是指火灾危险性很大，发生火灾时后果很严重的部位、场所或设备。

5.7.3 在二级动火区动火作业，应填用二级动火工作票。

注：二级动火区，是指一级动火区以外的所有防火重点部位、场所、设备及禁火区。

5.7.4 各单位可参照附录G和现场情况划分一级和二级动火区，制定出需要执行一级和二级动火工作票的工作项目一览表，并经本单位分管生产的领导或总工程师批准后执行。

5.7.5 动火工作票不得代替设备停复役手续或工作票、工作任务单和事故紧急抢修单，动火工作票备注栏中应注明对应的工作票、事故紧急抢修单和工作任务单的编号。

5.7.6 动火工作票的填写与签发：

a）动火工作票应使用黑色或蓝色钢（水）笔、圆珠笔填写与签发，内容应正确、填写应清楚，不得任意涂改。如有个别错、漏字需要修改，应使用规范的符号，字迹应清楚。用计算机生成或打印的动火工作票应使用统一的票面格式，由工作票签发人审核无误，手工或电子签名后方可执行。

b）动火工作票一般至少一式三份，一份由工作负责人收执，一份由动火执行人收执，一份保存在安监部门（或具有消防管理职责的部门）（指一级动火工作票）或动火部门（指二级动火工作票）。若动火工作与运行有关，即需要运行人员对设备系统采取隔离、冲洗等防火安全措施者，还应多一份交运行人员收执。

c）一级动火工作票由动火工作票签发人签发，本单位安监部门负责人、消防管理部门负责人审核，本单位分管生产的领导或总工程师批准，必要时还应报当地公安消防部门批准。

d）二级动火工作票由动火工作票签发人签发，本单位安监人员、消防人员审核，动火部门负责人或技术负责人批准。

e）动火工作票经批准后由工作负责人送交运行值班负责人。

f）动火工作票签发人不得兼任该项工作的工作负责人。动火工作票由动火工作负责人填写。动火工作票的审批人、消防监护人不得签发动火工作票。

g）外单位到生产区域内动火时，动火工作票由设备运维管理单位签发和审批，也可由外单位和设备运维管理单位实行"双签发"，各自承担相应的安全责任。

5.7.7 动火工作票的有效期：

a）一级动火工作票应提前办理。一级动火工作票的有效期为24h，二级动火工作票的有效期120h。

b）动火作业超过有效期限，应重新办理动火工作票。

5.7.8 动火工作票所列人员的基本条件：

a）一、二级动火工作票签发人应是经本单位考试合格，并经本单位分管生产领导或总工程师批准且公布的有关部门负责人、技术负责人或其他人员。

b）动火工作负责人应是具备检修工作负责人资格并经本单位考试合格的人员。

c）动火执行人应具备政府有关部门颁发的合格有效的动火作业证件。

5.7.9 动火工作票所列人员的安全责任：

a）各级审批人员和签发人：

1）确认工作的必要性。

2）确认工作的安全性。

3）确认工作票上所填安全措施正确完备。

b）动火工作负责人：

1）正确安全地组织动火工作。

2）负责检修应做的安全措施并使其完善。

3）向有关人员布置动火工作，交代防火安全措施和进行安全教育。

4）始终监督现场动火工作。

5）负责办理动火工作票开工和终结。

6）动火工作间断、终结时检查现场有无残留火种。

c）运行许可人：

1）工作票所列安全措施是否正确完备，是否符合现场条件。

2）动火设备与运行设备是否确已隔绝。

3）向工作负责人现场交代运行所做的安全措施是否完善。

d）消防监护人：

1）负责动火现场配备必要的、足够的消防设施。

2）负责检查现场消防安全措施的完善和正确。

3）测定或指定专人测定动火部位（现场）可燃气体、易燃液体的可燃蒸汽含量或粉尘浓度符合安全要求。

4）始终监视现场动火作业的动态，发现失火及时扑救。

5）动火工作间断、终结时检查现场有无残留火种。

e）动火执行人：

1）动火前应收到经审核批准且允许动火的动火工作票。

2）按本工种规定的防火安全要求做好安全措施。

3）全面了解动火工作任务和要求，并在规定的范围内执行动火。

4）动火工作间断、终结时清理并检查现场有无残留火种。

5.7.10 动火作业安全防火要求：

a）有条件拆下的构件，如油管、阀门等应拆下来移至安全场所。

b）可以采用不动火的方法代替而同样能够达到效果时，尽量采用替代的方法处理。

c）尽可能地把动火时间和范围压缩到最低限度。

d）凡盛有或盛过易燃易爆等化学危险物品的容器、设备、管道等生产及储存装置，在动火作业前应将其与生产系统彻底隔离，并进行清洗置换，检测可燃气体、易燃液体的可燃蒸汽含量合格后，方可动火作业。

e）动火点与易燃易爆物容器、设备、管道等相连的，应与其可靠隔离、封堵或拆除，与动火点直接相连的阀门上应加锁、挂"禁止操作 有人工作"安全标志牌。

f）在可能转动或来电的设备上进行动火作业，应事先做好停电、隔离等确保安全的措施。

g）高空进行动火作业时，其下部地面如有可燃物、孔洞、窨井、地沟等，应检查分析并采取防止火花溅落措施，以防火花溅落引起火灾、爆炸事故，并应在火花可能溅落的部位安排监护人。

h）在地面进行动火作业时，周围有可燃物，应保持安全距离并采取防止火花溅落措施。动火点附近如有窨井、地沟、水封等，应进行检查、分析，并根据现场的具体情况采取相应的安全防火措施。

i）动火作业应有专人监护，动火作业前应清除动火现场、周围及上、下方的易燃物品，或采取其他有效的安全防火措施，配备足够、适用、有效的消防器材。

j）动火作业现场的通、排风要良好，以保证泄漏的气体能顺畅排走。

k）动火作业间断或终结后，应清理现场，确认无残留火种后，方可离开。

l）下列情况禁止动火：

1）油船、油车停靠区域。

2）压力容器或管道未泄压前。

3）存放易燃易爆物品的容器未清理干净前或未进行有效置换前。

4）风力达 5 级以上的露天作业。

5）喷漆现场。

6）遇有火险异常情况未查明原因和消除前。

7）按国家和政府部门有关规定必须禁止动用明火的。

5.7.11 动火的现场监护：

a）一、二级动火在首次动火时，各级审批人（二级动火时各单位分管生产领导或总工程师可不到现场）和动火工作票签发人均应到现场检查防火安全措施是否正确完备，测定可燃气体、易燃液体的可燃蒸汽含量或粉尘浓度是否合格，并在监护下做明火试验，确无问题后方可动火。

b）一级动火时，动火部门负责人或技术负责人、消防（专职）人员应始终在现场监护。

c）二级动火时，动火部门应指定人员，并和消防（专职）人员或指定的志愿消防员始终在现场监护。

d）动火执行人、监护人同时离开作业现场，间断时间超过 30min，继续动火前，动火执行人、监护人应重新确认安全条件。一级动火作业，间断时间超过 2h，继续动火前，应重新测定可燃气体、易燃液体的可燃蒸汽含量或粉尘浓度，合格后方可重新动火。

e）一级动火工作过程中，应每隔 2h～4h 测定一次现场可燃气体、易燃液体的可燃蒸汽含量或粉尘浓度是否合格，当发现不合格或异常升高时应立即停止动火，在未查明原因或排除险情前不得动火。

5.7.12 动火工作完毕，动火执行人、消防监护人、动火工作负责人和运行许可人应检查现场有无残留火种，是否清洁等。确认无问题后，在动火工作票上填明动火工作结束时间，经四方签名后（若动火工作与运行无关，则三方签名即可），盖上"已终结"印章，动火工作方告终结。

5.7.13 已终结的动火工作票至少应保存 1 年。

6.5.3.8 易燃、易爆品管理

6.5.3.8（1）本项目的查评依据如下。

【依据1】《电力设备典型消防规程》（DL 5027—2015）

6.1.15 生产现场禁止存放易燃易爆物品。生产现场禁止存放超过规定数量的油类。运行中所需的小量润滑油和日常使用的油壶、油枪等，必须存放在指定地点的储藏室内。

12.2 易燃液体的库房，宜单独设置。当易燃液体与可燃液体储存在同一库房内时，两者之间应设防火墙。

【依据2】《国家电网公司电力安全工作规程 第3部分：水电厂动力部分》（Q/GDW 1799.3—2015）

7.1.10 禁止在工作场所存储易燃物品，例如汽油、煤油、酒精等。运行中所需少量的润滑油和日常需用的油壶、油枪，应存放在指定地点的储藏室内。

6.5.3.9 高压气瓶运输、使用、存放

6.5.3.9（1）本项目的查评依据如下。

【依据1】《国家电网公司电力安全工作规程 第3部分：水电厂动力部分》（Q/GDW 1799.3—2015）

16.3.8 气瓶的搬运应遵守下列规定：

a）气瓶搬运应使用专门的抬架或手推车。

b）运输气瓶时应安放在特制半圆形的承窝木架内。如没有承窝木架时，可以在每一气瓶上套以厚度不少于 25mm 的绳圈或橡皮圈两个，以免互相撞击。

g）不论是已充气或空的气瓶，应将瓶颈上的保险帽和气门侧面连接头的螺帽盖盖好后才允许运输。

16.4.4 氧气瓶应涂天蓝色，用黑颜色标明"氧气"字样；乙炔气瓶应涂白色，并用红色标明"乙炔"字样；氮气瓶应涂黑色，并用黄色标明"氮气"字样；二氧化碳气瓶应涂铝白色，并用黑色标明"二氧化碳"字样；氩气瓶应涂灰色，并用绿色标明"氩气"字样。其他气体的气瓶也均应按规定涂色和标字气瓶在保管、使用中，禁止改变气瓶的涂色和标志，以防止表层涂色脱落造成误充气。

16.4.7 使用中的氧气瓶和乙炔气瓶应垂直放置并固定起来。氧气瓶和乙炔气瓶的距离不得小于 5m，气瓶的放置地点，不准靠近热源，距明火 10m 以外。

【依据2】《焊接与切割安全》（GB 9448—1999）

10.5 气瓶

所有用于焊接与切割的气瓶都必须按有关标准及规程［参见附录A（提示的附录）］制造、管理、维护并使用。

使用中的气瓶必须进行定期检查，使用期满或送检未合格的气瓶禁止继续使用。

10.5.4 气瓶在现场的安放、搬运及使用

气瓶在使用时必须稳固竖立或装在专用车（架）或固定装置上。

气瓶不得置于受阳光暴晒、热源辐射及可能受到电击的地方。气瓶必须距离实际焊接或切割作业点足够远（一般为 5m 以上），以免接触火花、热渣或火焰，否则必须提供耐火屏障。

气瓶不得置于可能使其本身成为电路一部分的区域。避免与电动机车轨道、无轨电车电线等接触。气瓶必须远离散热器、管路系统、电路排线等，及可能供接地（电焊机）的物体。禁止用电极敲击气瓶，在气瓶上引弧。

搬运气瓶时，应注意：

——关紧气瓶阀，而且不得提拉气瓶上的阀门保护帽；

——用吊车、起重机运送气瓶时，应使用吊架或合适的台架，不得使用吊钩、钢索或电磁吸盘；

——避免可能损伤瓶体、瓶阀或安全装置的剧烈碰撞。

气瓶不得作为滚动支架或支撑重物的托架。

气瓶应配置手轮或专用扳手启闭瓶阀。气瓶在使用后不得放空，必须留有不小于 98kPa～196kPa 表压的余气。

当气瓶冻住时，不得在阀门或阀门保护帽下面用撬杠撬动气瓶松动。应使用 40℃ 以下的温水解冻。

【依据 3】《电力设备典型消防规程》（DL 5027—2015）

12.1.14　乙炔气瓶禁止放在高温设备附近，应距离明火 10m 以上，使用中应与氧气瓶保持 5.0m 以上距离。

【依据 4】《气瓶安全技术监察规程》（TSG R0006—2014）

6.3　固定充装制度

气瓶实行固定充装单位充装制度，气瓶充装单位应当充装本单位自有并且办理使用的登记气瓶（车用气瓶、非重复重装气瓶、呼气器用气瓶以及托管气瓶除外）。气瓶充装单位应当在充装完毕验收合格的气瓶上牢固粘贴充装产品的合格标签，标签上至少注明充装单位名称和电话、气体名称、充装日期和充装人员代号。无标签的气瓶不准出充装单位。

严禁充装超级未检气瓶、改装气瓶、翻新气瓶和报废气瓶。

气瓶充装单位发生暂停充装等特殊情况，应当向所在市级质监部门报告，可以委托辖区内有相应资质的单位临时充装，并告知省级质监部门。

6.4.4　警示标签

气瓶充装单位应当在自有产权或者托管的气瓶上粘贴气瓶警示标签。警示标签的式样和制作方法及应用应当符合 GB 16804《气瓶警示标签》的规定。

6.5.3.10　常用化学气体安全防护

6.5.3.10（1）本项目的查评依据如下。

【依据】《国家电网公司电力安全工作规程　第 3 部分：水电厂动力部分》（Q/GDW 1799.3—2015）

7.1.20　使用可燃物品（乙炔、氢气、油类、瓦斯等）的人员，应熟悉这些材料的特性及防火防爆规定。

6.5.3.11　电缆防火

6.5.3.11（1）本项目的查评依据如下。

【依据 1】《电力设备典型消防规程》（DL 5027—2015）

10.5.3　凡穿越墙壁、楼板和电缆沟道而进入控制室、电缆夹层、控制柜及仪表盘、保护盘等处的电缆孔、洞、竖井和进入油区的电缆入口必须用防火堵料严密封堵。发电厂的电缆沿一定长度可涂以耐火涂料或其他阻燃物质。靠近充油设备的电缆沟，应设有防火延燃措施，盖板应封堵。防火封堵应符合现行行业标准《建筑防火封堵应用技术规程》CECS 154 的有关规定。

【依据 2】《水电工程设计防火规范》（GB 50872—2014）

9.0.3　阻燃或耐火电缆可不刷防火涂料，当敷设在电缆井、电缆沟内时，可不采取防火保护措施。

9.0.5　电缆通（廊、沟）道的下列部位应设防火封堵：

1　穿越电气设备房间处；

2　穿越厂房外墙处；

3　电缆通（廊、沟）道的进出口、分支处。

【依据 3】《防止电力生产事故的二十五项重点要求》（国能安全〔2014〕161 号）

2.2.6　控制室、开关室、计算机室等通往电缆夹层、隧道、穿越楼板、墙壁、柜、盘等处的所有电缆孔洞和盘面之间的缝隙（含电缆穿墙套管与电缆之间缝隙）必须采用合格的不燃或阻燃材料封堵。

【依据 4】《电力工程电缆防火封堵施工工艺导则》（DL/T 5707—2014）

5　电缆穿墙防火封堵施工

5.1　采用耐火隔板和阻火包封堵施工

5.1.1　电缆穿墙采用耐火隔板和阻火包封堵，可按图 5.1.1 施工。

5.1.2　电缆穿墙采用耐火隔板和阻火包封堵，可按下列流程进行：

清理封堵部位→电缆间隙中填充柔性有机堵料或防火密封胶→电缆束外围包柔性有机堵料→堆砌阻火包→测量封堵孔洞尺寸→切割耐火隔板→拼装、固定耐火隔板→缝隙处填充柔性有机堵料密封→涂刷电缆防火涂料→清理现场。

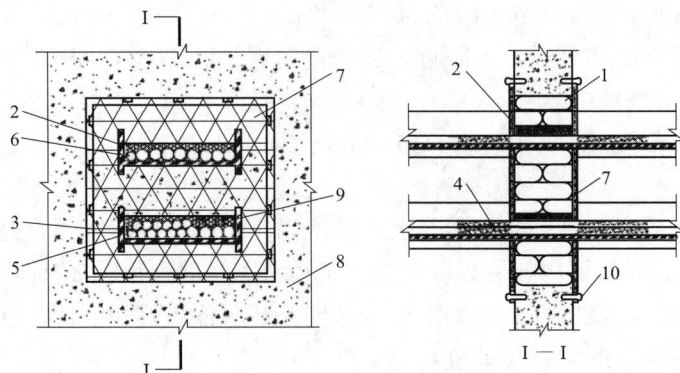

图 5.1.1　电缆穿墙采用耐火隔板和阻火包封堵示意图

1—阻火包；2—柔性有机堵料；3—柔性有机堵料或防火密封胶；4—防火涂料；5—电缆桥架；6—电缆；

7—耐火隔板；8—混凝土墙或砖墙；9—备用电缆通道；10—膨胀螺栓

5.1.3　电缆穿墙采用耐火隔板和阻火包封堵，应符合下列工艺要求：

1　将电缆孔洞处的建筑垃圾、施工遗留物及电缆表面清理干净。

2　将电缆束打开，采用柔性有机堵料或防火密封胶填充电缆的缝隙，并及时整理电缆束。

3　用柔性有机堵料包绕应封堵的电缆束外围，其包绕厚度不小于 20mm。

4　采用交叉错缝方式堆砌阻火包，阻火包堆砌应整齐、稳固，其厚度与墙体平齐。同时在紧靠电缆处贯穿墙体每层预置柔性有机堵料作为备用电缆通道；阻火包与电缆及墙体缝隙应用柔性有机堵料严密封堵。

5　测量待封堵的孔洞及电缆桥架的尺寸，按现场实际形状切割耐火隔板。切割时，耐火隔板尺寸比孔洞大 80mm～100mm，同时在耐火隔板上预留备用电缆孔洞。

6　拼装、固定耐火隔板时，按实际尺寸钻孔，间距不大于 240mm，用膨胀螺栓将耐火隔板固定在电缆孔洞墙体上。

7　将耐火隔板拼隙间、耐火隔板与墙体及电缆间的缝隙、耐火隔板上备用电缆通道用柔性有机堵料密封整形。增敷电缆完毕，应及时恢复防火封堵。

8　封堵部位应无缝隙、外观平整。

9　在电缆封堵墙体的两侧电缆表面均匀涂刷电缆防火涂料，厚度不小于1mm，长度不小于1500mm。

10　将施工作业区的施工遗留物、垃圾、杂物清理干净。

5.2　采用阻火模块封堵施工

5.2.1　电缆穿墙采用阻火模块封堵，可按图 5.2.1 施工。

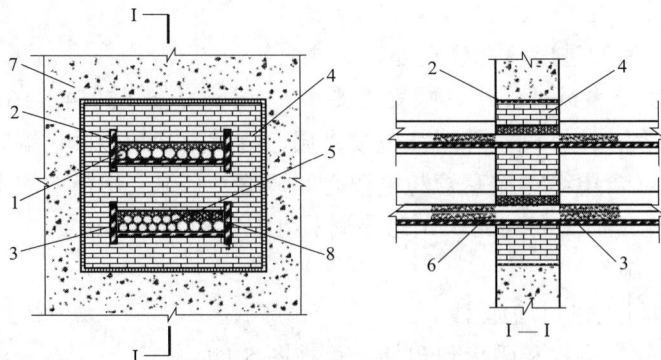

图 5.2.1　电缆穿墙采用阻火模块封堵示意图

1—电缆；2—柔性有机堵料；3—电缆桥架；4—阻火模块；5—柔性有机堵料或防火密封胶；6—防火涂料；

7—混凝土墙或砖墙；8—备用电缆通道

5.2.2 电缆穿墙采用阻火模块封堵，可按下列流程进行：

清理封堵部位→电缆间隙中填充柔性有机堵料或防火密封胶→电缆束外围包绕柔性有机堵料→砌筑阻火模块→采用无机堵料进行勾缝、抹平→电缆与阻火模块缝隙处填充柔性有机堵料密封→涂刷电缆防火涂料→清理现场。

5.2.3 电缆穿墙采用阻火模块封堵，应符合下列工艺要求：

1 将电缆孔洞处的建筑垃圾、施工遗留物及电缆表面清理干净。

2 将电缆束打开，采用柔性有机堵料或防火密封胶填充电缆间的缝隙，并及时整理电缆束。

3 用柔性有机堵料包绕应封堵的电缆束外围，其包绕厚度不小于20mm。

4 采用交叉错缝方式砌筑阻火模块，与墙面平齐。砌筑时，在每层电缆桥架内电缆上部，贯穿阻火段预置柔性有机堵料作为备用电缆通道。

5 自粘型阻火模块直接砌筑，其阻火模块与墙体的缝隙，应填充柔性有机堵料或防火密封胶密封。非自粘型阻火模块砌筑，采用混合好的无机堵料进行勾缝、抹平。

6 在阻火模块与电缆、墙体缝隙以及备用电缆通道，用柔性有机堵料严密封堵并整形。增敷电缆完毕，应及时恢复防火封堵。

7 封堵部位应无缝隙、外观平整。

8 在电缆封堵墙体的两侧电缆表面均匀涂刷电缆防火涂料，厚度不小于1mm，长度不小于1500mm。

9 将施工作业区的施工遗留物、垃圾、杂物清理干净。

5.3 采用防火复合板封堵施工

5.3.1 电缆穿墙采用防火复合板封堵，可按图5.3.1施工。

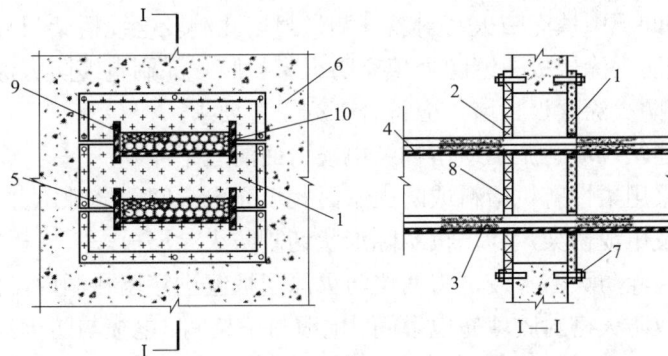

图5.3.1 电缆穿墙采用防火复合板封堵示意图

1—防火复合板；2—柔性有机堵料；3—防火涂料；4—电缆桥架；5—电缆；6—混凝土墙或砖墙；7—膨胀螺栓；
8—耐火隔板；9—备用电缆通道；10—柔性有机堵料或防火密封胶

5.3.2 电缆穿墙采用防火复合板封堵，可按下列流程进行：

清理封堵部位→电缆间隙中填充柔性有机堵料或防火密封胶→测量封堵孔洞及电缆桥架尺寸→切割防火复合板、耐火隔板→拼装、固定防火复合板和耐火隔板→缝隙处填充柔性有机堵料或防火密封胶→涂刷电缆防火涂料→清理现场。

5.3.3 电缆穿墙采用防火复合板封堵，应符合下列工艺要求：

1 将电缆孔洞处的建筑垃圾、施工遗留物及电缆表面清理干净。

2 将电缆束打开，采用柔性有机堵料或防火密封胶填充电缆间的缝隙，并及时整理电缆束。

3 测量待封堵孔洞及电缆桥架尺寸，按现场实际形状切割防火复合板和耐火隔板。切割时，在每层桥架内紧靠电缆处预留备用电缆通道，备用电缆通道在墙体两侧防火复合板和耐火隔板上的位置应对应一致。

4 拼装、固定防火复合板、耐火隔板时，按实际尺寸钻孔，间距不大于240mm，用膨胀螺栓将防火复合板和耐火隔板分别固定在电缆孔洞的墙体两侧。

609

5 用柔性有机堵料将备用电缆通道封堵严密，并用柔性有机堵料或防火密封胶填充电缆间、电缆与桥架间、电缆与防火复合板间等的缝隙。增敷电缆完毕，应及时恢复防火封堵。

6 封堵部位应无缝隙、外观平整。

7 在电缆封堵墙体的两侧电缆表面均匀涂刷电缆防火涂料，厚度不小于1mm，长度不小于1500mm。

8 将施工作业区的施工遗留物、垃圾、杂物清理干净。

5.4 采用防火涂层板封堵施工

5.4.1 电缆穿墙采用防火涂层板封堵，可按图5.4.1施工。

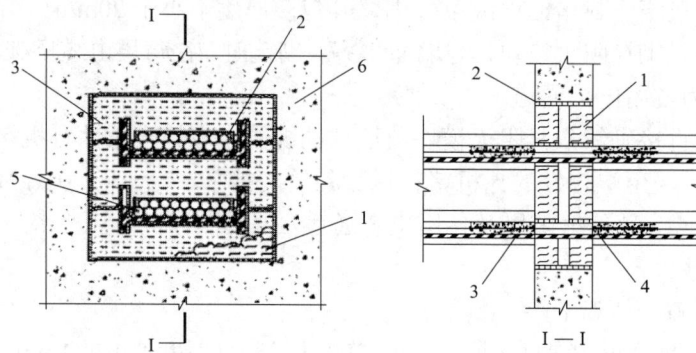

图5.4.1 电缆穿墙采用防火涂层板封堵示意图

1—防火涂层板；2—防火密封胶；3—防火涂料；4—电缆桥架；5—电缆；6—混凝土墙或砖墙

5.4.2 电缆穿墙采用防火涂层板封堵，可按下列流程进行：

清理封堵部位→电缆间隙中填充防火密封胶→测量封堵孔洞及电缆桥架尺寸→切割防火涂层板→涂防火密封胶→拼装、镶嵌防火涂层板→缝隙处填充防火密封胶→涂刷电缆防火涂料→清理现场。

5.4.3 电缆穿墙采用防火涂层板封堵，应符合下列工艺要求：

1 将电缆孔洞处的建筑垃圾、施工遗留物及电缆表面清理干净。

2 将电缆束打开，采用柔性有机堵料或防火密封胶填充电缆间的缝隙，并及时整理电缆束。

3 测量待封堵孔洞及电缆桥架尺寸，按实际形状切割防火涂层板。

4 在防火涂层板周边涂防火密封胶，将两层防火涂层板镶进穿墙孔洞内，两侧与墙面平齐。

5 用柔性有机堵料或防火密封胶填充电缆间、电缆与桥架间、电缆与防火涂层板及防火涂层板间的缝隙。

6 封堵部位应无缝隙、外观平整。

7 防火涂层板安装后，在防火涂层板表面均匀涂刷电缆防火涂料。

8 在电缆封堵墙体的两侧电缆表面均匀涂刷电缆防火涂料，厚度不小于1mm，长度不小于1500mm。

9 将施工作业区的施工遗留物、垃圾、杂物清理干净。

10 增敷电缆时，防火涂层板可采用开孔器开孔，增敷完毕，按封堵工艺及时严密封堵。

5.5 采用密封模块封堵施工

5.5.1 电缆穿墙采用密封模块封堵，可按图5.5.1施工。

5.5.2 电缆穿墙采用密封模块封堵，可按下列流程进行：

清理封堵部位→选择密封模块框架和模块→固定密封模块框架→密封模块框架接地→穿入电缆→安装密封模块→安装隔层板→安装楔形紧固套件→清理现场。

5.5.3 电缆穿墙采用密封模块封堵，应符合下列工艺要求：

1 将电缆孔洞处的建筑垃圾、施工遗留物及电缆表面清理干净。

2 根据电缆规格、数量及预留量，选择框架及模块。

3 安装框架预埋金属件，框架与孔洞间隙不小于20mm。

4 将框架固定，可靠接地，框架与墙体的间隙用混凝土密封。

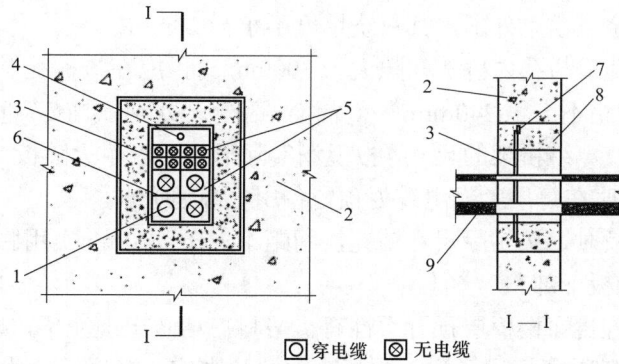

图 5.5.1　电缆穿墙采用密封模块封堵示意图

1—电缆；2—混凝土墙或砖墙；3—密封模块框架；4—楔形紧固套件；5—多径密封模块；6—隔层板；

7—预埋金属件；8—混凝土密封层；9—防火涂料

5　清洁框架内表面，穿入电缆。

6　安装模块及密封圈，使模块与电缆间隙不大于 1mm；有电磁屏蔽要求时，应将电缆被压紧部位剥至屏蔽层，使模块导电箔压紧电缆屏蔽层。

7　逐层排放模块，层间防一块隔层板，填放最后一排模块前，加入两块隔层板。

8　压紧模块，拧紧螺栓。

9　增敷电缆前，取出压紧件，将增敷电缆穿入，恢复压紧件。

10　在封堵部位两侧电缆表面均匀涂刷电缆防火涂料，厚度不小于 1mm，长度不小于 1500mm。

11　将施工作业区的施工遗留物、垃圾、杂物清理干净。

6　电缆穿楼板防火封堵施工

6.1　采用耐火隔板和无机堵料封堵施工

6.1.1　电缆穿楼板采用耐火隔板和无机堵料封堵，可按图 6.1.1 施工。

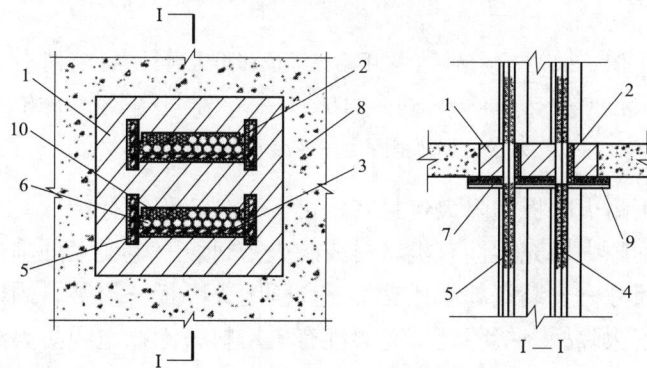

图 6.1.1　电缆穿楼板采用耐火隔板和无机堵料封堵示意图

1—无机堵料；2—柔性有机堵料；3—柔性有机堵料或防火密封胶；4—防火涂料；5—电缆桥架；6—电缆；

7—耐火隔板；8—楼板；9—支架；10—备用电缆通道

6.1.2　电缆穿楼板采用耐火隔板和无机堵料封堵，可按下列流程进行：

清理封堵部位→电缆间隙中填充柔性有机堵料或防火密封胶→电缆束外围包绕柔性有机堵料→安装承托支架→测量待封堵的孔洞及电缆桥架尺寸→切割耐火隔板→在楼板下部拼装固定耐火隔板→将混合好的无机堵料填注孔洞→勾缝抹平→涂刷电缆防火涂料→清理现场。

6.1.3　电缆穿楼板采用耐火隔板和无机堵料封堵，应符合下列工艺要求：

1　将电缆孔洞处的建筑垃圾、施工遗留物及电缆表面清理干净。

2　将电缆束打开，采用柔性有机堵料或防火密封胶填充电缆间的缝隙，并及时整理电缆束。

3 用柔性有机堵料包绕电缆束外围，其包绕厚度不小于20mm。

4 安装承托支架，当孔口与孔内桥架间隙大于300mm时，应在楼板孔洞中间设置承托无机堵料支架，承受自重载荷的支架间距不大于240mm，承受作业巡视人员载荷的支架间距不大于200mm。

5 测量待封堵的孔洞及电缆桥架的尺寸，按现场实际形状切割耐火隔板，切割时，耐火隔板尺寸比孔洞大80mm～100mm，同时在每层紧靠电缆处预留备用电缆通道。

6 拼装、固定耐火隔板时，按实际尺寸钻孔，间距不大于240mm，用膨胀螺栓将耐火隔板及其固定支架固定在电缆孔洞的楼板下部。

7 在备用电缆通道位置贯穿楼板层预置柔性有机堵料；增敷电缆完毕，应及时恢复防火封堵。

8 将混合好的无机堵料紧密填注至耐火隔板上，填注密实，厚度符合设计，无设计时填注至楼板厚度。

9 封堵部位表面平整、无裂痕。

10 在封堵处两侧的电缆表面均匀涂刷电缆防火涂料，厚度不小于1mm，长度不小于1500mm。

11 将施工作业区的施工遗留物、垃圾、杂物清理干净。

6.2 采用耐火隔板和阻火包封堵施工

6.2.1 电缆穿楼板采用耐火隔板和阻火包封堵，可按图6.2.1施工。此组件形式同样适用于盘孔楼板封堵及临时封堵。

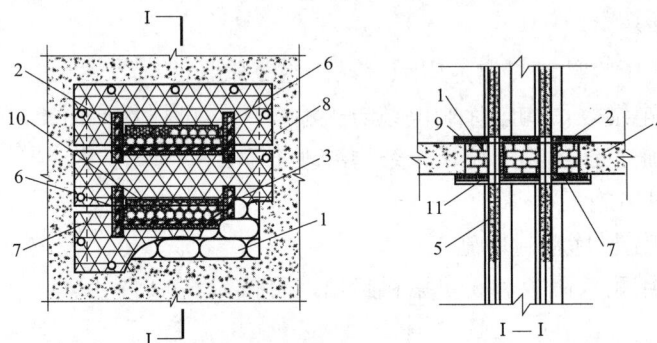

图6.2.1 电缆穿楼板采用耐火隔板和阻火包封堵示意图

1—阻火包；2—柔性有机堵料；3—柔性有机堵料或防火密封胶；4—防火涂料；5—电缆桥架；6—电缆；7—耐火隔板；

8—楼板；9—膨胀螺栓；10—备用电缆通道；11—支架

6.2.2 电缆穿楼板采用耐火隔板和阻火包封堵，可按下列流程进行：

清理封堵部位→电缆间隙中填充柔性有机堵料或防火密封胶→电缆束外围包绕柔性有机堵料→测量待封堵的孔洞及电缆桥架尺寸→安装底部承托支架→切割耐火隔板→拼装、固定楼板下部耐火隔板→堆砌阻火包→安装楼板上部耐火隔板→缝隙处填充柔性有机堵料→涂刷电缆防火涂料→清理现场。

6.2.3 电缆穿楼板采用耐火隔板和阻火包封堵，应符合下列工艺要求：

1 将电缆孔洞处的建筑垃圾及电缆表面清理干净。

2 将电缆束打开，采用柔性有机堵料或防火密封胶填充电缆间的缝隙，并及时整理电缆束。

3 用柔性有机堵料包绕电缆束外围，其包绕厚度不小于20mm。

4 测量待封堵孔洞及电缆桥架的尺寸，孔口与桥架间隙大于300mm时，应在耐火隔板下安装承托支架。

5 按现场实际形状切割耐火隔板，切割时，耐火隔板尺寸比孔洞大80mm～100mm，同时在每层桥架内紧靠电缆处预留备用电缆通道。

6 拼装、固定耐火隔板时，按实际尺寸钻孔，间距不大于240mm，用膨胀螺栓将耐火隔板及其固定支架固定在电缆孔洞的楼板下部。同时在备用电缆通道的位置贯穿楼板层预置柔性有机堵料。

7 在待封堵孔洞内采用交叉错缝方式堆砌阻火包，阻火包堆砌应整齐、稳固，厚度与楼板平齐，阻火包与电缆及楼板的间隙采用柔性有机堵料严密封堵。

8 阻火包上部安装耐火隔板，上、下耐火隔板备用电缆通道位置应一致。

9 在耐火隔板拼缝间、耐火隔板与楼板、耐火隔板与电缆间的缝隙及备用电缆通道，采用柔性有机堵料密封。增敷电缆完毕，应及时恢复防火封堵。

10 封堵部位表面平整、无裂痕。

11 在封堵处两侧的电缆表面均匀涂刷电缆防火涂料，厚度不小于 1mm，长度不小于 1500mm。

12 将施工作业区的施工遗留物、垃圾、杂物清理干净。

6.3 采用防火复合板封堵施工

6.3.1 电缆穿楼板采用防火复合板封堵施工，可按图 6.3.1 施工。

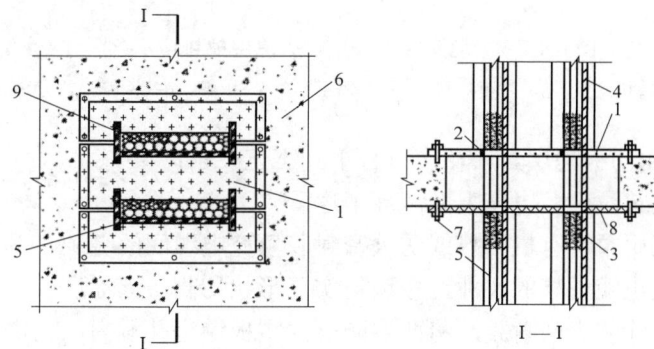

图 6.3.1 电缆穿楼板采用防火复合板封堵示意图

1—防火复合板；2—柔性有机堵料或防火密封胶；3—防火涂料；4—电缆桥架；5—电缆；6—楼板；7—膨胀螺栓；

8—耐火隔板；9—备用电缆通道

6.3.2 电缆穿楼板采用防火复合板封堵，可按下列流程进行：

清理封堵部位→电缆间隙中填充柔性有机堵料或防火密封胶→测量封堵孔洞及电缆桥架尺寸→切割防火复合板、耐火隔板→拼装固定防火复合板、耐火隔板→缝隙处填充柔性有机堵料或防火密封胶→涂刷电缆防火涂料→清理现场。

6.3.3 电缆穿楼板采用防火复合板封堵，应符合下列工艺要求：

1 将电缆孔洞处的建筑垃圾及电缆表面清理干净。

2 将电缆束打开，采用柔性有机堵料或防火密封胶填充电缆间的缝隙，并及时整理电缆束。

3 测量待封堵孔洞及电缆桥架的尺寸，按现场实际形状切割防火复合板和耐火隔板。切割时，在每层桥架内紧靠电缆处预留备用电缆通道，备用电缆通道在楼板上下两侧的防火复合板和耐火隔板上位置应对应一致。

4 拼装、固定防火复合板和耐火隔板时，按实际尺寸钻孔，间距不大于 240mm，用膨胀螺栓将防火复合板和耐火隔板分别固定在电缆孔洞的楼板上下侧。

5 用柔性有机堵料将备用电缆通道封堵严密，用柔性有机堵料或防火密封胶填充电缆间、电缆与桥架间、电缆与防火复合板间等的缝隙。增敷电缆完毕，应及时恢复防火封堵。

6 封堵部位应无缝隙、外观平整。

7 在电缆封堵部位两侧的电缆表面均匀涂刷电缆防火涂料，厚度不小于 1mm，长度不小于 1500mm。

8 将施工作业区的施工遗留物、垃圾、杂物清理干净。

6.4 采用防火涂层板封堵施工

6.4.1 电缆穿楼板采用防火涂层封堵施工，可按图 6.4.1 施工。本组件型式适用于非承重的楼板孔洞封堵。

6.4.2 电缆穿楼板采用防火涂层封堵，可按下列流程进行：

清理封堵部位→电缆间隙中填充防火密封胶→测量封堵孔洞及电缆桥架尺寸→切割防火涂层板→涂抹固定用防火密封胶→拼装、镶嵌防火涂层板→缝隙处填充防火密封胶→涂刷电缆防火涂料→清理现场。

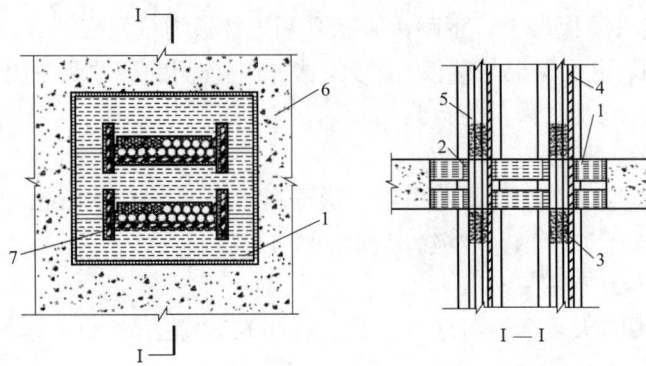

图 6.4.1 电缆穿楼板采用防火涂层板封堵示意图

1—防火涂层板；2—柔性有机堵料；3—防火涂料；4—电缆桥架；5—电缆；6—楼板；7—柔性有机堵料或防火密封胶

6.4.3 电缆穿楼板采用防火涂层封堵，应符合下列工艺要求：

1 将电缆孔洞处的建筑垃圾及电缆表面清理干净。

2 将电缆束打开，采用柔性有机堵料或防火密封胶填充电缆间的缝隙，并及时整理电缆束。

3 测量待封堵孔洞及电缆桥架的尺寸，按现场实际形状切割防火涂层板。

4 在防火涂层板周边涂防火密封胶，将两层防火涂层板镶进孔洞内，两侧与楼板平齐。

5 用柔性有机堵料或防火密封胶填充电缆间、电缆与桥架间、电缆与防火涂层板间等的缝隙。

6 封堵部位应无缝隙、外观平整。

7 在防火涂层板表面均匀涂刷电缆防火涂料。

8 在电缆封堵楼板上下两侧的电缆表面均匀涂刷电缆防火涂料，厚度不小于 1mm，长度不小于 1500mm。

9 将施工作业区的施工遗留物、垃圾、杂物清理干净。

10 增敷电缆时，防火涂层板可采用开孔器开孔，电缆敷设完毕，按封堵工艺及时严密封堵。

6.5 采用密封模块防火封堵施工

6.5.1 电缆穿楼板采用密封模块封堵，可按图 6.5.1 施工。

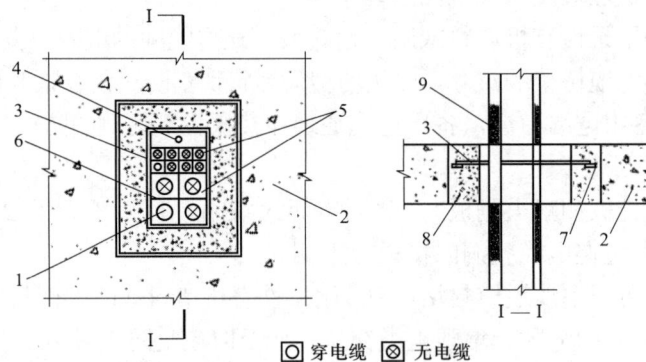

□ 穿电缆 ⊗ 无电缆

图 6.5.1 电缆穿楼板采用密封模块封堵示意图

1—电缆；2—楼板；3—密封模块框架；4—楔形紧固套件；5—多径密封模块；6—隔层板；7—预埋金属件；

8—混凝土密封层；9—防火涂料

6.5.2 电缆穿楼板采用密封模块封堵，可按下列流程进行：

清理封堵部位→选择模块和框架→固定框架→框架接地→穿电缆→安装模块→安装隔层板→安装楔形紧固套件→清理现场。

6.5.3 电缆穿楼板采用密封模块封堵，应符合下列工艺要求：

1 将电缆孔洞处的建筑垃圾、施工遗留物及电缆表面清理干净。

2　根据电缆规格、数量及预留量，选择框架及模块。

3　安装框架预埋金属件，框架与孔洞间隙不小于20mm。

4　将框架固定，可靠接地，框架与墙体的间隙用混凝土密封。

5　清洁框架内表面，穿入电缆。

6　安装模块及密封圈，使模块与电缆间隙不大于1mm；有电磁屏蔽要求时，应将电缆被压紧部位剥至屏蔽层，使模块导电箔压紧电缆屏蔽层。

7　逐层排放模块，层间防一块隔层板，填放最后一排模块前，加入两块隔层板。

8　压紧模块，拧紧螺栓。

9　增敷电缆前，取出压紧件，将增敷电缆穿入，恢复压紧件。

10　在封堵部位两侧电缆表面均匀涂刷电缆防火涂料，厚度不小于1mm，长度不小于1500mm。

11　将施工作业区的施工遗留物、垃圾、杂物清理干净。

7　电缆进盘、柜、箱防火封堵施工

7.1　采用耐火隔板和阻火包封堵施工

7.1.1　电缆进盘、柜、箱采用耐火隔板和阻火包封堵，可按图7.1.1施工。

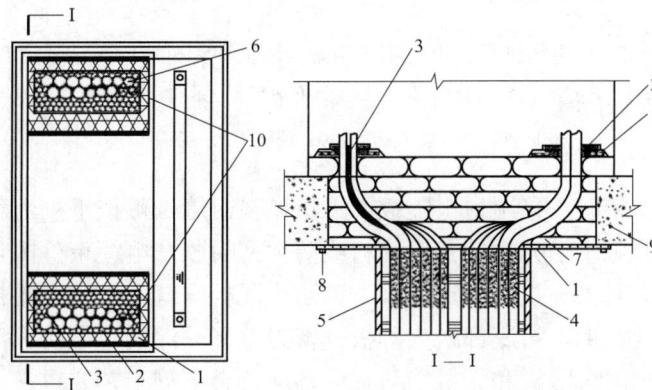

图7.1.1　电缆进盘、柜、箱采用耐火隔板和阻火包封堵示意图

1—耐火隔板；2—柔性有机堵料；3—柔性有机堵料或防火密封胶；4—防火涂料；5—电缆桥架；6—电缆；
7—阻火包；8—膨胀螺栓；9—楼板；10—备用电缆通道

7.1.2　电缆进盘、柜、箱采用耐火隔板和阻火包封堵，可按下列流程进行：

清理封堵部位→电缆间隙中填充柔性有机堵料或防火密封胶→电缆束外围包绕柔性有机堵料→测量待封堵盘孔尺寸→切割耐火隔板→拼装、固定楼板下部耐火隔板→堆砌阻火包→缝隙处填充柔性有机堵料→拼装盘、柜、箱底部耐火隔板→密封整形→涂刷电缆防火涂料→清理现场。

7.1.3　电缆进盘、柜、箱采用耐火隔板和阻火包封堵，应符合下列工艺要求：

1　将待封堵处建筑垃圾、施工遗留物及电缆表面清理干净。

2　将电缆束打开，采用柔性有机堵料或防火密封胶填充电缆的缝隙，并及时整理电缆束。

3　用柔性有机堵料包绕电缆束外围，其包绕厚度不小于20mm。

4　测量待封堵孔洞尺寸，按实际形状切割耐火隔板。切割时，楼板下部耐火隔板尺寸比楼板孔洞大80mm～100mm；盘、柜、箱底部耐火隔板尺寸比盘、柜、箱孔尺寸大50mm；预留备用电缆通道。

5　拼装、固定楼板下部耐火隔板时，按实际尺寸钻孔，间距不大于240mm，用膨胀螺栓固定。

6　在孔洞内交叉错缝堆砌阻火包至盘、柜、箱底板。用柔性有机堵料封堵所有缝隙及备用电缆通道。

7　拼装、固定盘、柜、箱底部电缆孔洞处的耐火隔板。

8　电缆与耐火隔板间隙、耐火隔板周边及拼缝采用柔性有机堵料密封，柔性有机堵料应高出耐火隔板表面20mm。

9　对封堵部位进行整形，形状宜规则，表面无缝隙，外观平整。增敷电缆完毕，应及时恢复防火封堵。

10 在封堵孔洞下方电缆表面均匀涂刷电缆防火涂料，厚度不小于 1mm，长度不小于 1500mm。

11 将施工作业区的施工遗留物、垃圾、杂物清理干净。

7.2 采用耐火隔板和无机堵料封堵施工

7.2.1 电缆进盘、柜、箱时，采用耐火隔板、无机堵料封堵，可按图 7.2.1 施工。

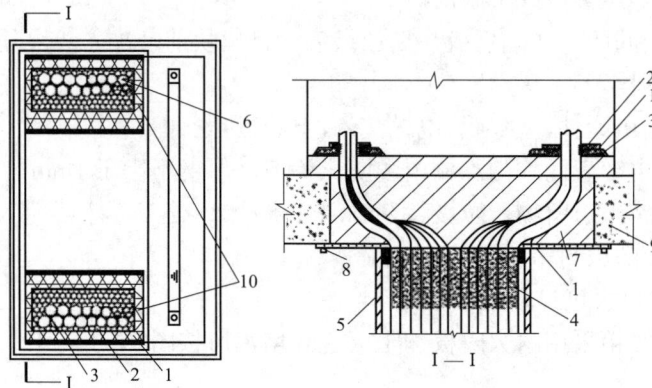

图 7.2.1 电缆进盘、柜、箱采用耐火隔板和无机堵料封堵示意图

1—耐火隔板；2—柔性有机堵料；3—柔性有机堵料或防火密封胶；4—防火涂料；5—电缆桥架；6—电缆；

7—无机堵料；8—膨胀螺栓；9—楼板；10—备用电缆通道

7.2.2 电缆进盘、柜、箱时，采用耐火隔板、无机堵料封堵，可按下列流程进行：

清理封堵部位→电缆间隙中填充柔性有机堵料或防火密封胶→电缆束外围包绕柔性有机堵料→测量待封堵盘孔尺寸→切割耐火隔板→拼装固定楼板下部耐火隔板→缝隙处填充柔性有机堵料→将混合好的无机堵料填注孔洞→拼装盘、柜、箱底部耐火隔板→密封整形→涂刷电缆防火涂料→清理现场。

7.2.3 盘、柜、箱采用耐火隔板和无机堵料封堵，应符合下列工艺要求：

1 将待封堵孔洞周围建筑垃圾、施工遗留物及电缆表面清理干净。

2 将电缆束打开，采用柔性有机堵料或防火密封胶填充电缆的缝隙，并及时整理电缆束。

3 用柔性有机堵料包绕电缆束外围，其包绕厚度不小于 20mm。

4 测量待封堵孔洞尺寸，按实际形状切割耐火隔板。切割时，楼板下部耐火隔板尺寸比楼板孔洞大 80mm～100mm；盘、柜、箱底部耐火隔板尺寸比盘、柜、箱孔尺寸大 50mm；预留备用电缆通道。

5 拼装、固定楼板下部耐火隔板时，按实际尺寸钻孔，间距不大于 240mm，用膨胀螺栓固定。

6 在备用电缆通道位置处预置柔性有机堵料；同时采用柔性有机堵料将楼板下部耐火隔板拼缝、耐火隔板与电缆、耐火隔板与楼板的缝隙封堵严密。

7 填注混合好的无机堵料，填注密实。填注厚度符合设计，设计未要求时，封堵与盘、柜、箱底板平齐。

8 拼装固定盘、柜、箱底部电缆孔洞处的耐火隔板。

9 电缆与耐火隔板间隙、耐火隔板周边及拼缝采用柔性有机堵料密封，柔性有机堵料应高出耐火隔板表面 20mm。

10 对封堵部位进行整形，形状宜规则，表面无缝隙，外观平整。增敷电缆完毕，应及时恢复防火封堵。

11 在电缆封堵孔洞下方电缆表面均匀涂刷电缆防火涂料，厚度不小于 1mm，长度不小于 1500mm。

12 将施工作业区的施工遗留物、垃圾、杂物清理干净。

7.3 采用耐火隔板和柔性有机堵料封堵施工

7.3.1 电缆进盘、柜、箱采用耐火隔板和柔性有机堵料封堵，盘、柜、箱上进线可按图 7.3.1-1 施工；盘、柜、箱侧进线可按图 7.3.1-2 施工；盘、柜、箱下进线可按图 7.3.1-3 施工。

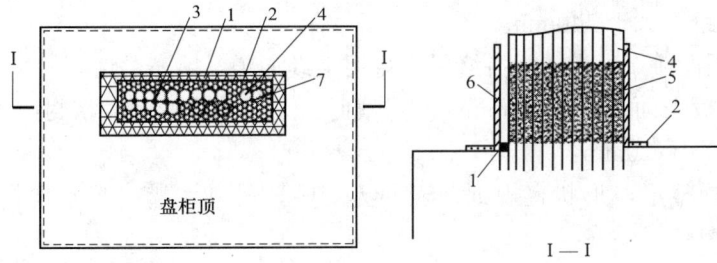

图 7.3.1-1 盘、柜、箱采用耐火隔板、柔性有机堵料封堵示意图（上进线）

1—柔性有机堵料；2—耐火隔板；3—柔性有机堵料或防火密封胶；4—电缆；5—防火涂料；

6—电缆桥架；7—备用电缆通道

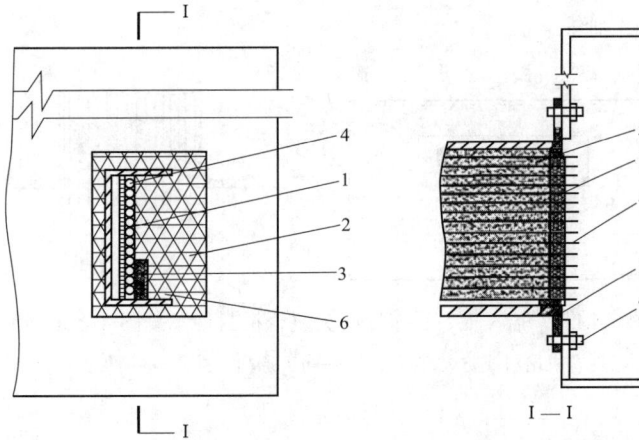

图 7.3.1-2 盘、柜、箱采用耐火隔板和柔性有机堵料封堵示意图（盘柜侧进线）

1—柔性有机堵料；2—耐火隔板；3—柔性有机堵料或防火密封胶；4—电缆；5—防火涂料；6—备用电缆通道；7—螺栓

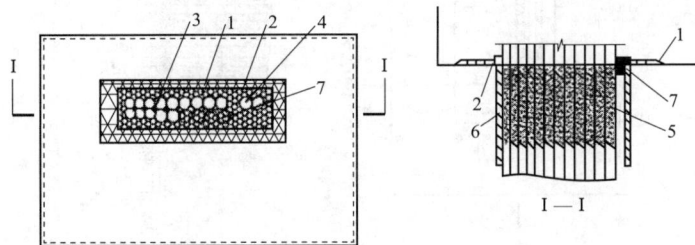

图 7.3.1-3 盘、柜、箱采用耐火隔板、柔性有机堵料封堵示意图（下进线）

1—柔性有机堵料；2—耐火隔板；3—柔性有机堵料或防火密封胶；4—电缆；5—防火涂料；6—电缆桥架；7—备用电缆通道

7.3.2 电缆进盘、柜、箱采用耐火隔板和柔性有机堵料封堵，可按下列流程进行：

清理封堵部位→电缆间隙中填充柔性有机堵料或防火密封胶→电缆束外围包绕柔性有机堵料→测量封堵孔洞及电缆桥架尺寸→切割耐火隔板→拼装、固定耐火隔板→缝隙处填充柔性有机堵料→密封整形→涂刷电缆防火涂料→清理现场。

7.3.3 电缆进盘、柜、箱采用耐火隔板和柔性有机堵料封堵，应符合下列工艺要求：

1 将待封堵孔洞周围建筑垃圾、施工遗留物及电缆表面清理干净。

2 将电缆束打开，采用柔性有机堵料或防火密封胶填充电缆的缝隙，并及时整理电缆束。

3 用柔性有机堵料包绕电缆束外围，其包绕厚度不小于 20mm。

4 测量待封堵孔洞尺寸，按实际形状切割耐火隔板。耐火隔板尺寸比盘、柜、箱孔尺寸大 50mm；预留备用电缆通道。

5 拼装、固定耐火隔板，上进线、下进线的耐火隔板采用柔性有机堵料或防火密封胶黏结固定在盘、柜、箱孔处；侧进线耐火隔板按现场实际，确定钻孔位置，钻孔后螺栓将耐火隔板固定在盘、柜、箱的侧面盘孔位置，螺栓间距不大于 240mm。

6　电缆与耐火隔板间隙、耐火隔板拼缝以及备用电缆通道，填充柔性有机堵料密封。上进线时，柔性有机堵料高处耐火隔板表面不小于 50mm；侧进线时，采用防火密封胶密封；下进线时，柔性有机堵料高处耐火隔板表面不小于 20mm。

7　对封堵部位进行整形，形状宜规则，表面无缝隙，外观平整。增敷电缆完毕，应及时恢复防火封堵。

8　在封堵部位外侧的电缆表面均匀涂刷电缆防火涂料，厚度不小于 1mm，长度不小于 1500mm。

9　将施工作业区的施工遗留物、垃圾、杂物清理干净。

7.4　采用防火复合板封堵施工

7.4.1　电缆进盘、柜、箱采用防火复合板封堵，上进线可按图 7.4.1-1 施工，侧进线可按图 7.4.1-2 施工，下进线可按图 7.4.1-3 施工。

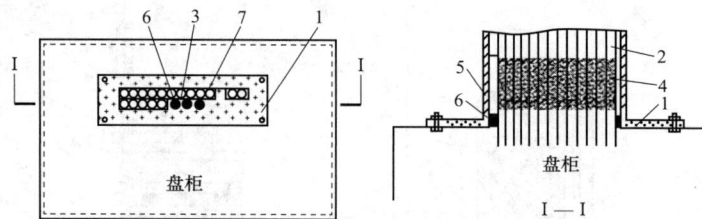

图 7.4.1-1　盘、柜、箱采用防火复合板封堵示意图（上进线）

1—防火复合板；2—电缆；3—柔性有机堵料或防火密封胶；4—防火涂料；5—电缆桥架；6—柔性有机堵料；7—备用电缆通道

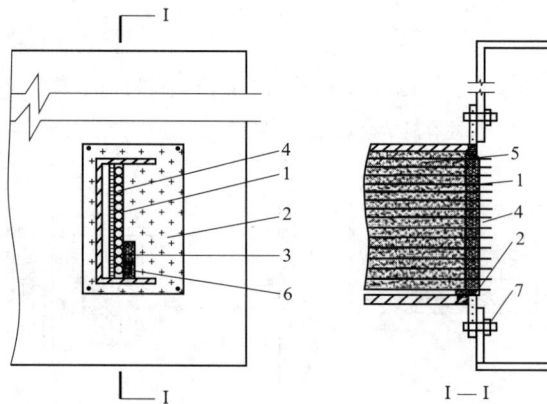

图 7.4.1-2　盘、柜、箱采用防火复合板封堵示意图（侧进线）

1—柔性有机堵料；2—防火复合板；3—柔性有机堵料或防火密封胶；4—电缆；5—防火涂料；6—备用电缆通道；7—螺栓

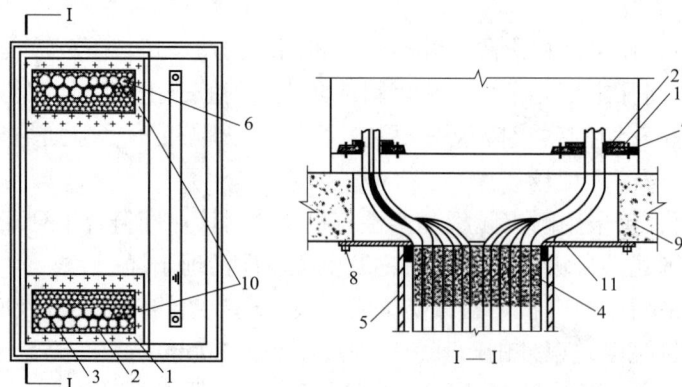

图 7.4.1-3　盘、柜、箱采用防火复合板封堵示意图（下进线）

1—防火复合板；2—柔性有机堵料；3—柔性有机堵料或防火密封胶；4—防火涂料；5—电缆桥架；6—电缆；

7—螺栓；8—膨胀螺栓；9—楼板；10—备用电缆通道；11—耐火隔板

7.4.2 电缆进盘、柜、箱采用防火复合板封堵，可按下列流程进行：

清理封堵部位→电缆间隙中填充柔性有机堵料或防火密封胶→电缆束外围包绕柔性有机堵料→测量待封堵盘孔尺寸→切割防火复合板→拼装、固定防火复合板→缝隙处填充柔性有机堵料或防火密封胶→涂刷电缆防火涂料→清理现场。

7.4.3 盘、柜、箱采用防火复合板封堵，应符合下列工艺要求：

1 将待封堵处的建筑垃圾、施工遗留物及电缆表面清理干净。

2 将电缆束打开，采用柔性有机堵料或防火密封胶填充电缆的缝隙，并及时整理电缆束。

3 用柔性有机堵料包绕电缆束外围，其包绕厚度不小于20mm。

4 测量待封堵孔洞尺寸，按实际形状切割防火复合板。防火复合板尺寸比盘、柜、箱孔尺寸大50mm；下进线封堵时，楼板下部耐火隔板比楼板孔洞大80mm～100mm；预留备用电缆通道。

5 拼装、固定防火复合板和耐火隔板时，按实际尺寸钻孔，间距不大于240mm，将防火复合板固定在盘、柜、箱进线孔处，并将耐火隔板用膨胀螺栓固定在对应楼板孔下侧。

6 在备用电缆通道位置处预置柔性有机堵料，同时采用柔性有机堵料或防火密封胶填充电缆间、电缆与桥架间、电缆与防火复合板及防火复合板间、电缆与耐火隔板间等的缝隙。

7 对封堵部位进行整形，形状宜规则，表面无缝隙，外观平整。增敷电缆完毕，应及时恢复防火封堵。

8 在封堵部位外侧的电缆表面均匀涂刷电缆防火涂料，厚度不小于1mm，长度不小于1500mm。

9 将施工作业区的施工遗留物、垃圾、杂物清理干净。

7.5 采用防火涂层板封堵施工

7.5.1 电缆进盘、柜、箱采用防火涂层板封堵，可按图7.5.1施工，本组件形式适用于盘、柜、箱上进线。

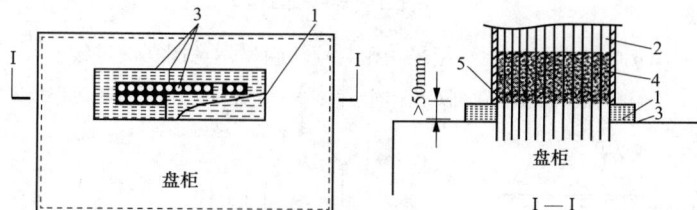

图7.5.1 盘、柜、箱采用防火涂层板封堵示意图

1—防火涂层板；2—电缆；3—防火密封胶；4—防火涂料；5—电缆桥架

7.5.2 电缆进盘、柜、箱采用防火涂层板封堵，可按下列流程进行：

清理封堵部位→电缆间隙中填充防火密封胶→测量封堵孔洞及电缆尺寸→切割防火涂层板→涂抹防火密封胶→拼装、固定防火涂层板→缝隙处填充柔性有防火密封胶→涂刷电缆防火涂料→清理现场。

7.5.3 电缆进盘、柜、箱采用防火涂层板封堵，应符合下列工艺要求：

1 将待封堵处的建筑垃圾、施工遗留物及电缆表面清理干净。

2 将电缆束打开，采用防火密封胶填充电缆的缝隙，并及时整理电缆束。

3 测量待封堵盘孔及电缆桥架尺寸，按实际形状切割防火涂层板。

4 在防火涂层板周边涂防火密封胶，将防火涂层板拼装固定在盘、柜、箱顶。

5 用防火密封胶填充电缆间、电缆与桥架间、电缆与防火涂层板间等缝隙。

6 抹平防火密封胶。

7 封堵部位应无缝隙、外观平整。

8 在防火涂层板表面均匀涂刷电缆防火涂料。

9 在电缆封堵部位外侧的电缆表面均匀涂刷电缆防火涂料，厚度不小于1mm，长度不小于1500mm。

10 将施工作业区的施工遗留物、垃圾、杂物清理干净。

11 增敷电缆时，防火涂层板可采用开孔器开孔，敷设完毕，按封堵工艺及时严密封堵。

7.6 采用密封模块封堵施工

7.6.1 电缆进盘、柜、箱采用密封模块封堵时，上进线可按图 7.6.1-1 施工，侧进线可按图 7.6.1-2 施工，下进线可按图 7.6.1-3 施工。

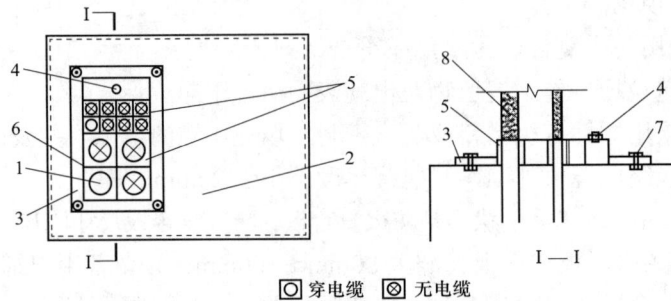

◎穿电缆 ⊗无电缆

图 7.6.1-1 盘、柜、箱采用密封模块封堵示意图（上进线）

1—电缆；2—盘、柜、箱；3—密封模块框架；4—楔形紧固套件；5—多径密封模块；6—隔层板；7—螺栓；8—防火涂料

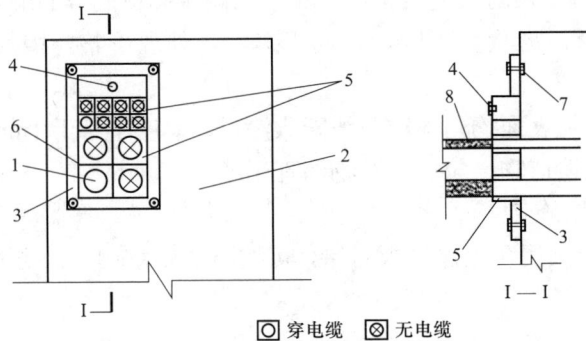

◎穿电缆 ⊗无电缆

图 7.6.1-2 盘、柜、箱采用密封模块封堵示意图（侧进线）

1—电缆；2—盘、柜、箱；3—密封模块框架；4—楔形紧固套件；5 多径密封模块；6—隔层板；7—螺栓；8—防火涂料

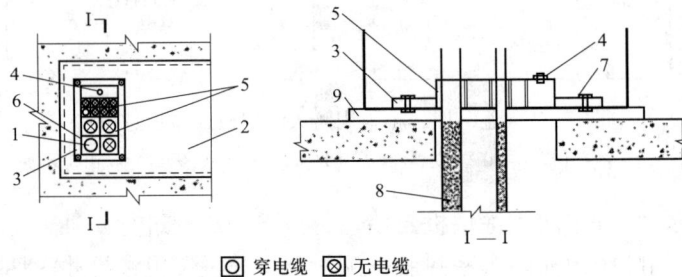

◎穿电缆 ⊗无电缆

图 7.6.1-3 盘、柜、箱采用密封模块封堵示意图（下进线）

1—电缆；2—盘、柜、箱；3—密封模块框架；4—楔形紧固套件；5—多径密封模块；6—隔层板；

7—螺栓；8—防火涂料；9—基础槽钢

7.6.2 电缆进盘、柜、箱采用密封模块封堵，可按下列流程进行：

清理封堵部位→选择密封模块和框架→固定框架→框架接地→穿入电缆→安装密封模块→安装隔层板→安装楔形紧固套件→清理现场。

7.6.3 电缆进盘、柜、箱采用密封模块封堵，应符合下列工艺要求：

1 将待封堵处的建筑垃圾、施工遗留物及电缆表面清理干净。

2 根据电缆规格、数量及预留量，选择框架及模块。

3 在盘、柜、箱进线孔四周钻孔。

4 将框架固定，可靠接地。

5 清洁框架内表面，穿入电缆。

6 安装模块及密封圈，使模块与电缆间隙不大与 1mm；有电磁屏蔽要求时，应将电缆被压紧部位剥至屏蔽层，使模块导电箔压紧电缆屏蔽层。

7 逐层排放模块，层间防一块隔层板，填放最后一排模块前，加入两块隔层板。

8 压紧模块，拧紧螺栓。

9 增敷电缆前，取出压紧件，将增敷电缆穿入，恢复压紧件。

10 在封堵部位外侧电缆表面均匀涂刷电缆防火涂料，厚度不小于1mm，长度不小于1500mm。

11 将施工作业区的施工遗留物、垃圾、杂物清理干净。

7.7 采用柔性有机堵料封堵施工

7.7.1 电缆保护管进盘、柜、箱采用柔性有机堵料封堵，可按图7.7.1施工。

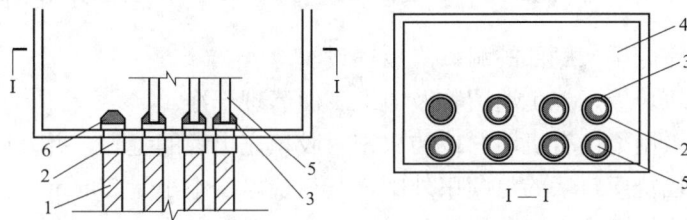

图 7.7.1 电缆保护管进盘、柜、箱采用柔性有机堵料封堵示意图
1—电缆保护管；2—管接头；3—柔性有机堵料；4—盘、柜、箱；5—电缆；6—备用电缆通道

7.7.2 电缆保护管进盘、柜、箱采用柔性有机堵料封堵，可按下列流程进行：

清理封堵部位→电缆间缝隙填充柔性有机堵料或防火密封胶→电缆保护管口填充柔性有机堵料→密封整形→清理现场。

7.7.3 电缆保护管进盘、柜、箱采用柔性有机堵料封堵，应符合下列工艺要求：

1 将电缆保护管口及电缆表面清理干净。

2 多根电缆时，采用柔性有机堵料或防火密封胶填充电缆间的缝隙，并及时整理电缆束。

3 电缆保护管管口内电缆周围用柔性有机堵料填充，嵌入管口深度不小于40mm；露出管口部分高度不小于10mm。

4 封堵部位密封整形一致，无缝隙。

5 将施工作业区的施工遗留物、垃圾、杂物清理干净。

6.5.3.11（2）本项目的查评依据如下。

【依据1】《国家电网公司水电厂重大反事故措施》（国网基建〔2015〕60号）

17.5.1.4 电缆竖井和电缆沟应分段做防火隔离。敷设于隧道、主控室和厂房内构架上的电缆应采取分段阻燃措施。并排安装的多个电缆头之间应加装隔板或填充阻燃材料。

【依据2】《防止电力生产事故的二十五项重点要求》（国能安全〔2014〕161号）

2.2.9 电缆竖井和电缆沟应分段做防火隔离，对敷设在隧道和主控室或厂房内构架上的电缆要采取分段阻燃措施。

【依据3】《电力工程电缆防火封堵施工工艺导则》（DL/T 5707—2014）

8 电缆桥架防火封堵施工

8.1 采用耐火隔板和阻火包封堵施工

8.1.1 电缆桥架采用耐火隔板和阻火包封堵，可按图8.1.1施工。

8.1.2 电缆桥架采用耐火隔板和阻火包封堵，可按下列流程进行：

铺设桥架底部耐火隔板→清理封堵部位→电缆间隙中填充柔性有机堵料或防火密封胶→电缆束外围包绕柔性有机堵料→堆砌阻火包→安装耐火隔板盖板→缝隙处填充柔性有机堵料→堆砌层间阻火包→缝隙处填充柔性有机堵料→密封整形涂刷电缆防火涂料→清理现场。

8.1.3 电缆桥架采用耐火隔板和阻火包封堵，应符合下列工艺要求：

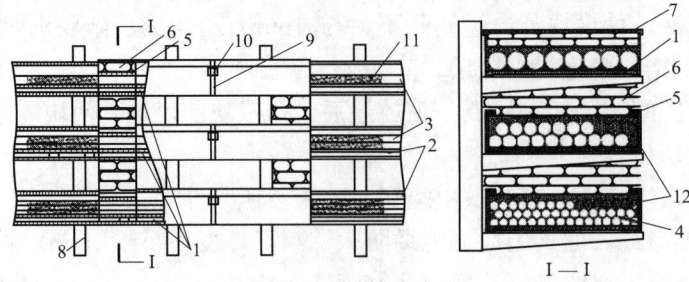

图 8.1.1　电缆桥架采用耐火隔板和阻火包封堵示意图

1—耐火隔板底板；2—电缆桥架；3—电缆；4—柔性有机堵料或防火密封胶；5—柔性有机堵料；6—阻火包；

7—耐火隔板盖板；8—电缆桥架托臂；9—扎带；10—扎带卡扣；11—防火涂料；12—备用电缆通道

1　在电缆敷设之前完成桥架底部的耐火隔板铺设。

2　将待封堵处的建筑垃圾、施工遗留物及电缆表面清理干净。

3　将电缆束打开，采用柔性有机堵料或防火密封胶填充电缆的缝隙，并及时整理电缆束。

4　用柔性有机堵料包绕应封堵的电缆束外围，其包绕厚度不小于20mm。

5　采用交叉错缝方式堆砌阻火包至桥架顶部，阻火包堆砌应整齐、稳固，其厚度符合设计，设计未要求时应不小于300mm。

6　堆砌阻火包时，应在桥架内用柔性有机堵料预置备用电缆通道；阻火包与电缆及桥架间的缝隙应封堵严密。

7　安装桥架顶部耐火盖板，缝隙处用柔性有机堵料密封。

8　多层桥架间应有阻火包和柔细有机堵料封堵严密。

9　用柔性有机堵料密封整形，封堵部位外观平整。增敷电缆完毕，应及时恢复防火封堵。

10　在封堵处两侧的电缆表面均匀涂刷电缆防火涂料，厚度不小于1mm，长度不小于1500mm。

11　将施工作业区的施工遗留物、垃圾、杂物清理干净。

8.2　采用阻燃槽盒和阻火包封堵施工

8.2.1　电缆桥架采用阻燃槽盒和阻火包封堵，可按图8.2.1施工。

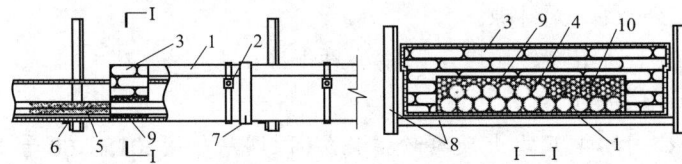

图 8.2.1　电缆桥架采用阻燃槽盒和阻火包封堵示意图

1—阻燃槽盒；2—槽盒附件（扎带及卡扣）；3—阻火包；4—柔性有机堵料或防火密封胶；5—防火涂料；

6—连接螺栓；7—固定螺栓；8—吊架及托臂；9—柔性有机堵料；10—备用电缆通道

8.2.2　电缆桥架采用阻燃槽盒和阻火包封堵，可按下列流程进行：

清理封堵部位→电缆间隙中填充柔性有机堵料或防火密封胶→电缆束外围包绕柔性有机堵料→填充阻火包及柔性有机堵料→安装阻燃槽盒盖板→安装槽盒附件→堆砌层间阻火包→缝隙处填充柔性有机堵料→涂刷电缆防火涂料→清理现场。

8.2.3　电缆桥架采用阻燃槽盒和阻火包封堵，应符合下列工艺要求：

1　阻火段采用阻燃槽盒作为桥架时，清理槽盒内部及电缆表面。

2　将电缆束打开，采用柔性有机堵料或防火密封胶填充电缆间的缝隙，并及时整理电缆束。

3　用柔性有机堵料包绕应封堵的电缆束外围，其包绕厚度不小于20mm。

4　槽盒内填充阻火包，阻火包与电缆及槽盒间的缝隙应封堵严密。

5　安装槽盒盖板，同时用扎带和卡扣锁紧，缝隙处用柔性有机堵料密封。

6 多层槽盒层间应用阻火包和柔性有机堵料封堵严密。

7 在槽盒内增敷电缆后，应及时恢复防火封堵。

8 在封堵处两端的电缆表面均匀涂刷电缆防火涂料，厚度不小于 1mm，长度不小于 1500mm。

9 将施工作业区的施工遗留物、垃圾、杂物清理干净。

9 电缆竖井防火封堵施工

9.1 采用耐火隔板和无机堵料封堵施工

9.1.1 电缆竖井采用耐火隔板和无机堵料封堵，砖混竖井可按图 9.1.1-1 施工，钢制竖井可按图 9.1.1-2 施工。

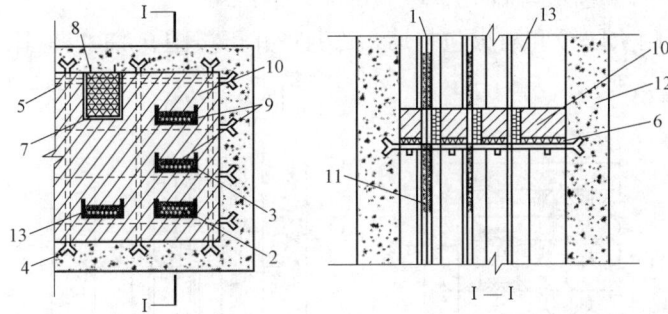

图 9.1.1-1 电缆竖井采用耐火隔板和无机堵料封堵示意图（砖混竖井）

1—电缆；2—柔性有机堵料或防火密封胶；3—柔性有机堵料；4—预埋件；5—承托支架；6—耐火隔板；7—人孔；

8—爬梯；9—备用电缆通道；10—无机堵料；11—防火涂料；12—电缆竖井壁；13—电缆桥架

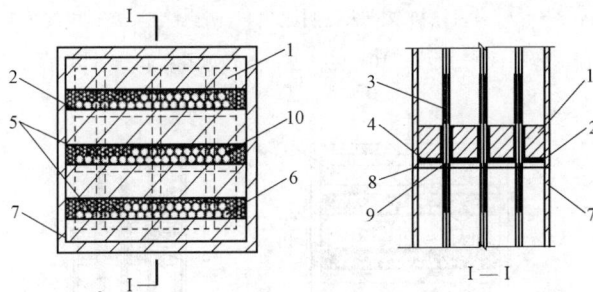

图 9.1.1-2 电缆竖井采用耐火隔板和无机堵料封堵示意图（钢制竖井）

1—无机堵料；2—柔性有机堵料；3—防火涂料；4—耐火隔板；5—备用电缆通道；6—电缆；7—钢制竖井；

8—钢制竖井内主骨架；9—承托支架；10—柔性有机堵料或防火密封胶

9.1.2 电缆竖井采用耐火隔板和无机堵料封堵，可按下列流程进行：

清理封堵部位→电缆间隙中填充柔性有机堵料或防火密封胶→电缆束外围包绕柔性有机堵料→安装承托支架→测量竖井及电缆尺寸→切割耐火隔板→拼装、固定耐火隔板→填注无机堵料→密封整形→安装人孔耐火隔板盖板→用柔性有机堵料封堵人孔耐火隔板缝隙→涂刷电缆防火涂料→清理现场。

9.1.3 电缆竖井采用耐火隔板和无机堵料封堵，应符合下列工艺要求：

1 将待封堵处的建筑垃圾、施工遗留物及电缆表面清理干净。

2 将电缆束打开，采用柔性有机堵料或防火密封胶填充电缆间的缝隙，并及时整理电缆束。

3 用柔性有机堵料包绕电缆束外围，其包绕厚度不小于 20mm。

4 在封堵部位，可利用竖井内预埋件或竖井内的钢支撑，安装承托支架，间距不大于 400mm。

5 按现场实际切割耐火隔板，在紧靠电缆处预留备用电缆通道。大型砖混电缆竖井的封堵，在爬梯处按设计预留人孔，设计未要求时，应设置 800mm×600mm 的人孔。

6 将耐火隔板拼装、固定在承托支架上，支架的承载能力应符合设计。

7 在耐火隔板备用电缆通道处，填充柔性有机堵料。

8 人孔四周安装耐火隔板围挡，高度与封堵层厚度一致。

9 采用柔性有机堵料严密封堵耐火隔板、桥架、电缆及竖井壁间的缝隙。

10 将混合好的无机堵料填注至已安装好的耐火隔板上，填注密实。填注厚度符合设计，无设计时不小于240mm。

11 封堵部位表面平整、封堵严密。增敷电缆完毕，应及时恢复防火封堵。

12 在砖混竖井人孔处应安装耐火隔板盖板，缝隙封堵严密。

13 在封堵处上、下两侧的电缆表面均匀涂刷电缆防火涂料，厚度不小于1mm，长度不小于1500mm。

14 将施工作业区的施工遗留物、垃圾、杂物清理干净。

9.2 采用耐火隔板和阻火包封堵施工

9.2.1 电缆竖井采用耐火隔板和阻火包封堵，砖混竖井可按图9.2.1-1施工；钢制竖井可按图9.2.1-2施工。

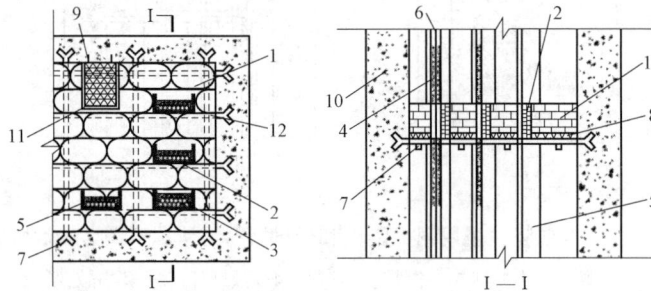

图9.2.1-1 电缆竖井采用耐火隔板和阻火包封堵示意图（砖混竖井）

1—阻火包；2—柔性有机堵料；3—柔性有机堵料或防火密封胶；4—防火涂料；5—电缆桥架；6—电缆；7—承托支架；

8—耐火隔板；9—爬梯；10—竖井壁；11—人孔；12—备用电缆通道

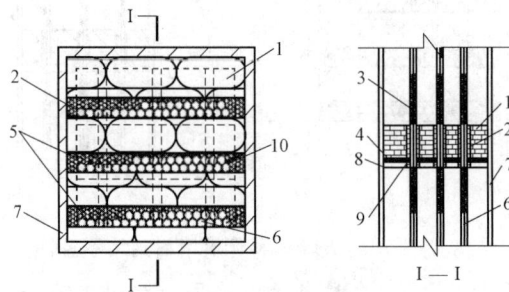

图9.2.1-2 电缆竖井采用耐火隔板和阻火包封堵示意图（钢制竖井）

1—阻火包；2—柔性有机堵料；3—防火涂料；4—耐火隔板；5—备用电缆通道；6—电缆；7—钢制竖井；

8—钢制竖井内主骨架；9—承托支架；10—柔性有机堵料或防火密封胶

9.2.2 电缆竖井采用耐火隔板和阻火包封堵，可按下列流程进行：

清理封堵部位→电缆间隙中填充柔性有机堵料或防火密封胶→电缆束外围包绕柔性有机堵料→安装承托支架→测量竖井及电缆尺寸→切割耐火隔板→拼装、固定下部耐火隔板→堆砌阻火包→拼装阻火包上部耐火隔板→密封整形→安装人孔耐火盖板→封堵人孔盖板缝隙→涂刷电缆防火涂料→清理现场。

9.2.3 电缆竖井采用耐火隔板和阻火包封堵，应符合下列工艺要求：

1 将待封堵处的建筑垃圾、施工遗留物及电缆表面清理干净。

2 将电缆束打开，采用柔性有机堵料或防火密封胶填充电缆间的缝隙，并及时整理电缆束。

3 用柔性有机堵料包绕电缆束外围，其包绕厚度不小于20mm。

4 在封堵部位，可利用竖井内预埋件或竖井内的钢支撑，安装承托支架，间距不大于400mm。

5 按现场实际切割耐火隔板，在紧靠电缆处预留备用电缆通道，将耐火隔板固定在承托支架上。

6 大型砖混电缆竖井，在爬梯处按设计预留人孔，设计未要求时，应设置800mm×600mm的人孔。

人孔四周安装耐火隔板围挡，其高度与封堵层厚度一致。

7 采用交叉错缝方式堆砌阻火包，预留备用电缆通道，阻火包与电缆及竖井壁的间隙采用柔性有机堵料严密封堵。

8 安装上部耐火隔板，上、下耐火隔板备用电缆通道位置应一致。同时用柔性有机堵料将耐火隔板、桥架、电缆和竖井壁间的缝隙封堵严密。

9 对封堵部位进行整形，形状规则、表面无缝隙，外观平整。增敷电缆完毕，应及时恢复防火封堵。

10 在人孔处安装耐火隔板盖板，用柔性有机堵料封堵人孔隔板的缝隙。

11 在封堵处电缆两侧涂刷电缆防火涂料，厚度不小于 1mm，长度不小于 1500mm。

12 将施工作业区的施工遗留物、垃圾、杂物清理干净。

9.3 采用防火复合板封堵施工

9.3.1 电缆竖井采用防火复合板封堵，砖混竖井可按图 9.3.1-1 施工，钢制竖井可按图 9.3.1-2 施工。

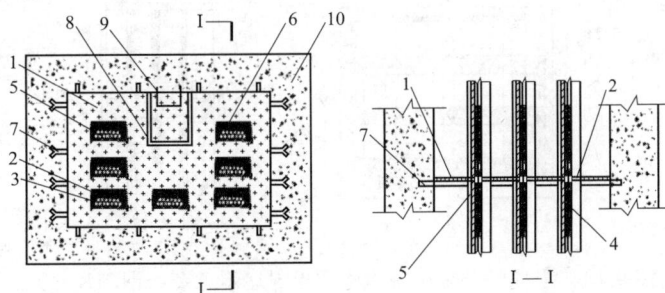

图 9.3.1-1 电缆竖井采用防火复合板封堵示意图（砖混竖井）

1—防火复合板；2—柔性有机堵料；3—柔性有机堵料或防火密封胶；4—防火涂料；5—电缆桥架；6—电缆；

7—承托支架；8—人孔；9—爬梯；10—竖井壁

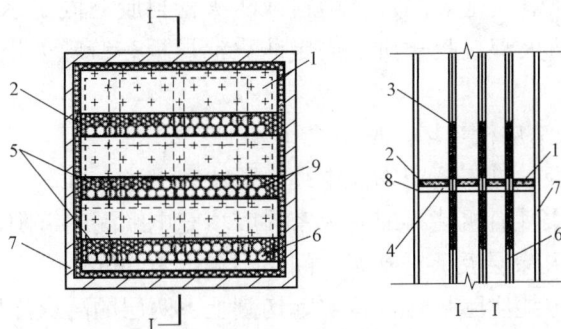

图 9.3.1-2 电缆竖井采用防火复合板封堵示意图（钢制竖井）

1—防火复合板；2—柔性有机堵料；3—防火涂料；4—承托支架；5—备用电缆通道；6—电缆；7—钢制竖井；

8—钢制竖井内主骨架；9—柔性有机堵料或防火密封胶

9.3.2 电缆竖井采用防火复合板封堵，可按下列流程进行：

清理封堵部位→电缆间隙中填充柔性有机堵料或防火密封胶→制作安装承托支架→测量竖井及电缆尺寸→切割防火复合板→拼装、固定防火复合板→缝隙处填充柔性有机堵料或防火密封胶→涂刷电缆防火涂料→清理现场。

9.3.3 电缆竖井采用防火复合板封堵，应符合下列工艺要求：

1 将待封堵处的建筑垃圾、施工遗留物及电缆表面清理干净。

2 将电缆束打开，采用柔性有机堵料或防火密封胶填充电缆间的缝隙，并及时整理电缆束。

3 制作安装防火复合板承托支架，间距不大于 400mm。

4 按现场实际切割耐火隔板，在紧靠电缆处预留备用电缆通道，将耐火隔板固定在承托支架上。

5 大型砖混电缆竖井，在爬梯处按设计预留人孔，设计未要求时，应设置 800mm×600mm 的人孔。

6 将防火复合板安装在竖井内承托支架上。

7 用柔性有机堵料将备用电缆通道、电缆间、电缆与桥架间、电缆与防火复合板间、竖井与防火复合板间等的缝隙严密封堵。

8 在人孔盖板处，用柔性有机堵料封堵严密。

9 对封堵部位进行整形，形状规则、表面无缝隙，外观平整。增敷电缆完毕，应及时恢复防火封堵。

10 在电缆封堵部位的上下两侧电缆表面，均匀涂刷电缆防火涂料，厚度不小于1mm，长度不小于1500mm。

11 将施工作业区的施工遗留物、垃圾、杂物清理干净。

9.4 采用防火涂层板封堵施工

9.4.1 电缆竖井采用防火涂层板封堵，仅适用于非承重的电缆竖井，可按图9.4.1施工。

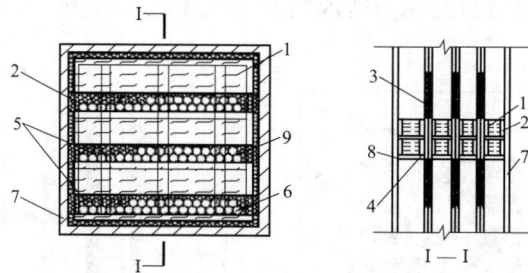

图9.4.1 电缆竖井采用防火涂层板封堵示意图（钢制竖井）

1—防火涂层板；2—柔性有机堵料或防火密封胶；3—防火涂料；4—承托支架；5—备用电缆通道；
6—电缆；7—钢制竖井；8—钢制竖井内主骨架；9—防火密封胶

9.4.2 电缆竖井采用防火涂层板封堵，可按下列流程进行：

清理封堵部位→电缆间隙中填充柔性有机堵料或防火密封胶→固定承托支架→测量竖井及电缆尺寸→切割防火涂层板→涂抹防火密封胶→拼装固定防火涂层板→缝隙处填充防火密封胶→涂刷电缆防火涂料→清理现场。

9.4.3 电缆竖井采用防火涂层板封堵，应符合下列工艺要求：

1 将待封堵处的建筑垃圾、施工遗留物及电缆表面清理干净。

2 将电缆束打开，采用柔性有机堵料或防火密封胶填充电缆间的缝隙，并及时整理电缆束。

3 在封堵部位，安装防火涂层板承托支架，间距不大于400mm。

4 测量待封堵的竖井、电缆实际尺寸，按实际切割上下两层的防火涂层板。

5 在防火涂层板周边涂防火密封胶，将防火涂层板安装在承托支架上。

6 用柔性有机堵料或防火密封胶填充电缆间、电缆与竖井间、电缆与防火涂层板间、防火涂层板与竖井间等的缝隙。

7 封堵部位应无缝隙、外观平整。

8 在防火涂层板表面均匀涂刷电缆防火涂料。

9 在封堵部位两侧电缆表面均匀涂刷电缆防火涂料，厚度不小于1mm，长度不小于1500mm。

10 将施工作业区的施工遗留物、垃圾、杂物清理干净。

11 增敷电缆时，防火涂层板可采用开孔器开孔，增敷完毕，按封堵工艺及时严密封堵。

9.5 采用无机堵料封堵施工

9.5.1 电缆竖井采用无机堵料封堵，砖混竖井可按图9.5.1-1施工；钢制竖井可按图9.5.1-2施工。

9.5.2 电缆竖井采用无机堵料封堵，可按下列流程进行：

清理封堵部位→电缆间隙中填充柔性有机堵料或防火密封胶→电缆束外围包绕柔性有机堵料→固定承托支架→封堵部位支模→无机堵料和水按比例混合→填注无机堵料→拆模→密封整形→安装人孔耐火隔板盖板→用柔性有机堵料封堵人孔耐火隔板盖板缝隙→涂刷电缆防火涂料→清理现场。

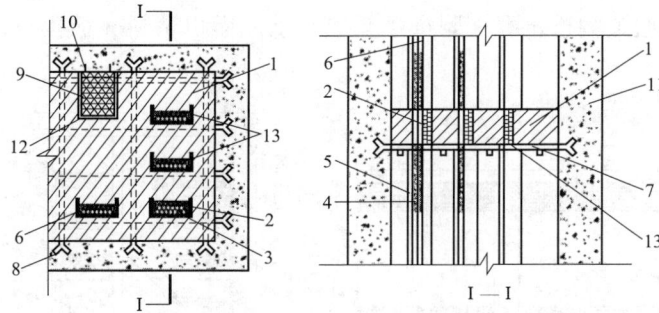

图 9.5.1-1 电缆竖井采用无机堵料封堵示意图（砖混竖井）

1—无机堵料；2—柔性有机堵料；3—柔性有机堵料或防火密封胶；4—防火涂料；5—电缆桥架；6—电缆；7—承托支架；

8—预埋件；9—耐火隔板；10—爬梯；11—竖井壁；12—人孔；13—备用电缆通道

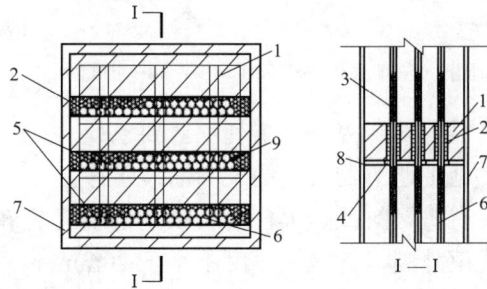

图 9.5.1-2 电缆竖井采用无机堵料封堵示意图（钢制竖井）

1—无机堵料；2—柔性有机堵料；3—防火涂料；4—承托支架；5—备用电缆通道；6—电缆；7—钢制竖井；

8—钢制竖井内主骨架；9—防火密封胶或柔性有机堵料

9.5.3 电缆竖井采用无机堵料封堵，应符合下列工艺要求：

1 将待封堵处的建筑垃圾、施工遗留物及电缆表面清理干净。

2 将电缆束打开，采用柔性有机堵料或防火密封胶填充电缆间的缝隙，并及时整理电缆束。

3 用柔性有机堵料包绕电缆束外围，其包绕厚度不小于 20mm.

4 在封堵部位，可利用竖井内预埋件或竖井内的钢支撑，安装承托无机堵料的支架，间距不大于 200mm。

5 按现场实际切割模板，切割时预留备用电缆通道。大型电缆竖井，在爬梯处按设计预留人孔，设计未要求时，应设置 800mm×600mm 的人孔。

6 在承托无机堵料支架下支模，支模时在模板上备用电缆通道处预留柔性有机堵料；人孔四周采用模板拼装围挡，其高度与封堵层厚度一致。

7 将混合好的无机堵料填注在已支好的模板上，填注密实，填注厚度应不小于 240mm 或符合设计要求。

8 待无机堵料凝固后拆除模板，做好成品保护，对不易拆卸的模板可用耐火隔板做模板。

9 拆模后，整形封堵部位。增敷电缆完毕，应及时恢复防火封堵。

10 在人孔处安装耐火隔板盖板，用柔性有机堵料封堵严密。

11 在封堵部位两侧电缆表面均匀涂刷电缆防火涂料，厚度不小于 1mm，长度不小于 1500mm。

12 将施工作业区的施工遗留物、垃圾、杂物清理干净。

10 电缆隧（沟）道防火封堵施工

10.1 采用无机堵料封堵施工

10.1.1 电缆沟道采用无机堵料封堵，可按图 10.1.1 施工。本组件形式适用于电缆沟道内防火封堵。

10.1.2 电缆沟道采用无机堵料封堵浇注阻火墙封堵，可按下列流程进行：

清理封堵部位→电缆间隙中填充柔性有机堵料或防火密封胶→电缆束外围包绕柔性有机堵料→固定

承托支架→预留备用电缆通道和排水孔→阻火墙支模→填注无机堵料→拆模→密封整形→涂刷电缆防火涂料→清理现场。

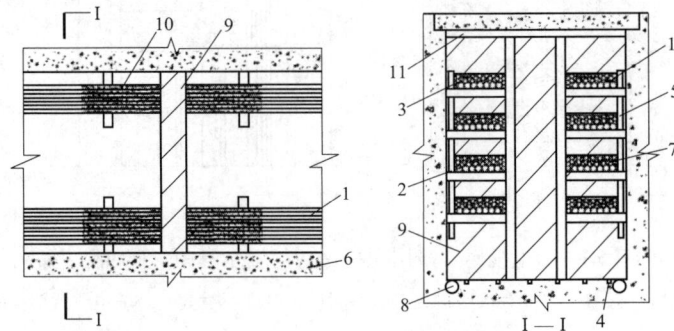

图 10.1.1　电缆沟道内采用无机堵料封堵示意图

1—电缆；2—柔性有机堵料或防火密封胶；3—柔性有机堵料；4—膨胀螺栓；5—电缆桥（支）架；6—电缆沟道壁；

7—备用电缆通道；8—排水孔；9—无机堵料；10—防火涂料；11—承托支架

10.1.3　电缆沟道采用无机堵料封堵，应符合下列工艺要求：

1　将待封堵处的建筑垃圾、施工遗留物及电缆表面清理干净。

2　将电缆束打开，采用柔性有机堵料或防火密封胶填充电缆间的缝隙，并及时整理电缆束。

3　用柔性有机堵料包绕电缆束外围，其包绕厚度不小于 20mm。

4　在封堵部位用预埋件和膨胀螺栓安装承托支架。阻火墙厚度应符合设计要求，设计无要求时应不小于 240mm。

5　在每层电缆桥（支）架电缆上部，用柔性有机堵料预置备用电缆通道。

6　按设计预留排水孔，无设计时在两个底角预留排水孔。

7　按现场实际切割模板，切割时在两侧模板上预留备用电缆通道和水孔。

8　在承托无机堵料的支架两侧支模，采用柔性有机堵料严密封堵备用电缆通道。

9　将混合好的无机堵料填注模板内，填注密实。

10　带无机堵料凝固后拆除模板，做好成品保护，对不易拆卸的模板可用耐火隔板做模板。

11　拆模后，整形封堵部位，并将阻火墙与电缆沟盖板间避障严密封堵。增敷电缆完毕，应及时恢复防火封堵。

12　在封堵部位两侧电缆表面均匀涂刷电缆防火涂料，厚度不小于 1mm，长度不小于 1500mm。

13　将施工作业区的施工遗留物、垃圾、杂物清理干净。

10.2　采用耐火隔板和阻火包封堵施工

10.2.1　电缆隧（沟）道采用耐火隔板和阻火包封堵，隧道内可按图 10.2.1-1 施工；沟道内可按图 10.2.1-2 施工。

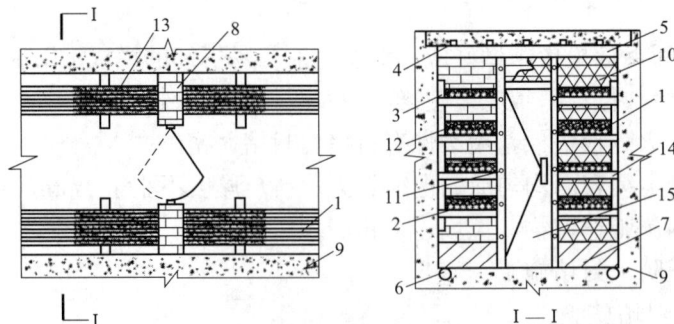

图 10.2.1-1　电缆隧道内采用耐火隔板和阻火包封堵示意图

1—电缆；2—柔性有机堵料或防火密封胶；3—柔性有机堵料；4—膨胀螺栓；5—承托支架；6—排水孔；7—耐火模块基础；

8—阻火包；9—电缆隧道壁；10—耐火隔板；11—螺栓；12—备用电缆通道；13—防火涂料；14—电缆桥（支）架；15—防火门

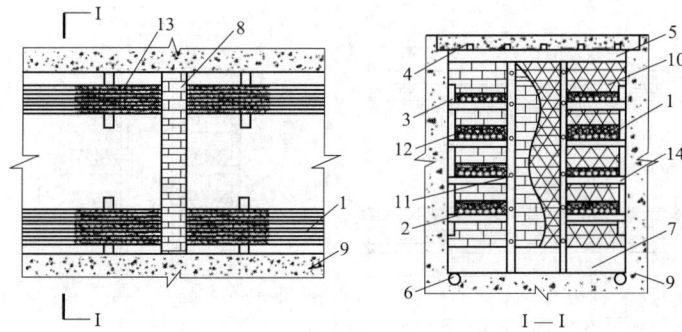

图 10.2.1-2　电缆沟道内采用耐火隔板和阻火包封堵示意图

1—电缆；2—柔性有机堵料或防火密封胶；3—柔性有机堵料；4—膨胀螺栓；5—承托支架；6—排水孔；7—耐火模块基础；
8—阻火包；9—电缆沟壁；10—耐火隔板；11—螺栓；12—备用电缆通道；13—防火涂料；14—电缆桥（支）架

10.2.2　电缆隧（沟）道采用耐火隔板和阻火包封堵，可按下列流程进行：

清理封堵部位→电缆间隙中填充柔性有机堵料或防火密封胶→电缆束外围包绕柔性有机堵料→安装固定阻火墙防火门→砌筑耐火模块基础→堆砌阻火包→制作耐火隔板支架→安装耐火隔板→缝隙处填充柔性有机堵料或防火密封胶→密封整形→涂刷电缆防火涂料→清理现场。

10.2.3　电缆隧（沟）道采用耐火隔板和阻火包封堵，应符合下列工艺要求：

1　将待封堵处的建筑垃圾、施工遗留物及电缆表面清理干净。

2　将电缆束打开，采用柔性有机堵料或防火密封胶填充电缆间的缝隙，并及时整理电缆束。

3　用柔性有机堵料包绕电缆束外围，其包绕厚度不小于20mm.

4　采用耐火模块砌筑阻火墙基础，阻火墙厚度应符合设计要求，设计未要求时，应不小于240mm。砌筑时在阻火墙底部预留排水孔。

5　在阻火墙基础上交叉错缝堆砌阻火包。堆砌时，在每层电缆桥（支）架内电缆上部用柔性有机堵料预置备用电缆通道；堆砌结束后，在阻火包与电缆、电缆桥架、电缆隧（沟）道壁及顶部间、防火门的缝隙处采用柔性有机堵料严密封堵、

6　按现场实际加工、制作、安装阻火墙两侧耐火隔板支架，并用膨胀螺栓将组装好的支架安装固定在电缆隧（沟）道壁上。

7　按现场实际切割耐火隔板，切割时在两侧耐火隔板上对应预留备用电缆通道，将切割好的耐火隔板拼装带耐火隔板支架上、

8　在耐火隔板拼缝间、耐火隔板与隧（沟）道壁及顶部间、电缆以及防火门的缝隙用柔性有机堵料或防火密封胶密封，备用电缆通道位置采用柔性有机堵料严密封堵。

9　对封堵部位进行整形，表面无缝隙，外观平整。增敷电缆完毕，应及时恢复防火封堵。

10　在封堵部位两侧电缆表面均匀涂刷电缆防火涂料，厚度不小于1mm，长度不小于1500mm。

11　将施工作业区的施工遗留物、垃圾、杂物清理干净。

10.3　采用阻火模块封堵施工

10.3.1　电缆隧（沟）道采用阻火模块封堵，隧道内可按图10.3.1-1施工；沟道内可按图10.3.1-2施工。

10.3.2　电缆隧（沟）道采用阻火模块封堵，可按下列流程进行：

清理封堵部位→电缆间隙中填充柔性有机堵料或防火密封胶→电缆束外围包绕柔性有机堵料→安装固定阻火墙防火门→堆砌阻火模块→缝隙处填充柔性有机堵料→密封整形→涂刷电缆防火涂料→清理现场。

10.3.3　电缆隧（沟）道采用阻火模块封堵，应符合下列工艺要求：

1　将待封堵处的建筑垃圾、施工遗留物及电缆表面清理干净。

2　将电缆束打开，采用柔性有机堵料或电缆防火密封胶填充电缆间的缝隙，并及时整理电缆束。

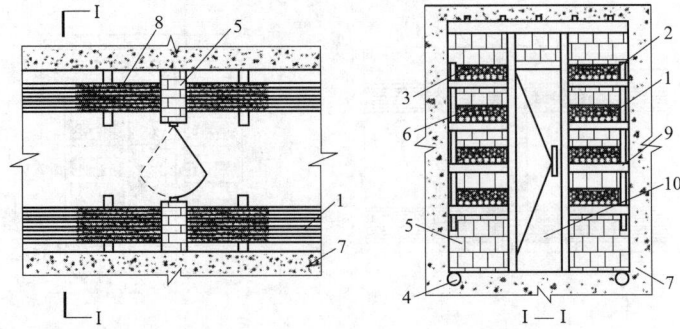

图 10.3.1-1　电缆隧道内采用阻火模板封堵示意图

1—电缆；2—柔性有机堵料或防火密封胶；3—柔性有机堵料；4—排水孔；5—阻火模块；6—备用电缆通道；

7—电缆隧道；8—防火涂料；9—电缆桥（支）架；10—防火门

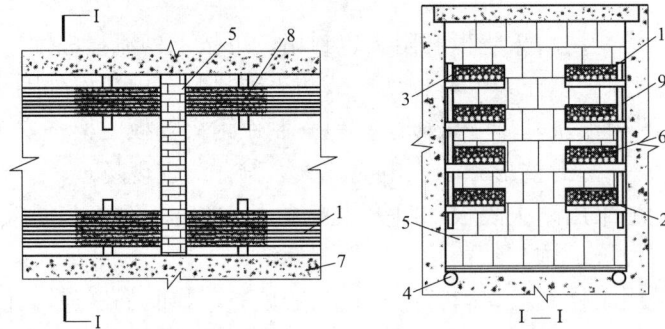

图 10.3.1-2　电缆沟道内采用阻火模板封堵示意图

1—电缆；2—柔性有机堵料或防火密封胶；3—柔性有机堵料；4—排水孔；5—阻火模块；6—备用电缆通道；

7—电缆沟道；8—防火涂料；9—电缆桥（支）架

3　用柔性有机堵料包绕电缆束外围，其包绕厚度不小于 20mm。

4　在封堵处交叉错缝砌筑阻火模块，阻火墙厚度应符合设计，无设计时应不小于 240mm。砌筑时在阻火墙底部预留排水孔，同时在每层电缆桥架内电缆上部备用电缆通道。

5　自粘型阻火模块直接砌筑，与沟壁及顶部的缝隙填充柔性有机堵料或防火密封胶密封；非自粘型阻火模块砌筑，采用混合好的无机堵料进行勾缝、抹平。

6　在阻火模块与电缆桥（支）架、电缆、防火门、电缆隧（沟）道壁及顶部的缝隙以及备用电缆通道用柔性有机堵料严密封堵并整形。增敷电缆完毕，应及时恢复防火封堵。

7　在电缆封堵墙体两侧的电缆表面涂刷电缆防火涂料，厚度不小于 1mm，长度不小于 1500mm。

8　将施工作业区的施工遗留物、垃圾、杂物清理干净。

10.4　采用防火复合板封堵施工

10.4.1　电缆隧（沟）道采用防火复合板封堵，隧道内可按图 10.4.1-1 施工；沟道内可按图 10.4.1-2 施工。

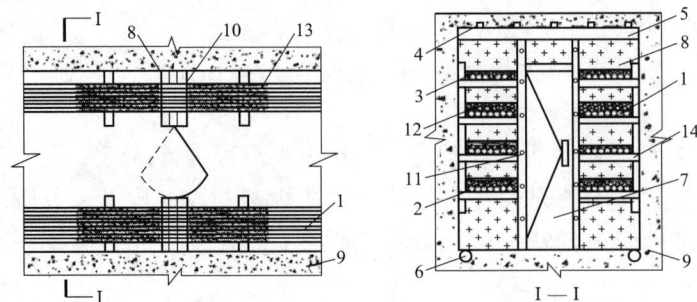

图 10.4.1-1　电缆隧道内采用防火复合板封堵示意图

1—电缆；2—柔性有机堵料或防火密封胶；3—柔性有机堵料；4—膨胀螺栓；5—承托支架；6—排水孔；7—防火门；

8—防火复合板；9—电缆隧道壁；10—耐火隔板；11—螺栓；12—备用电缆通道；13—防火涂料；14—电缆桥（支）架

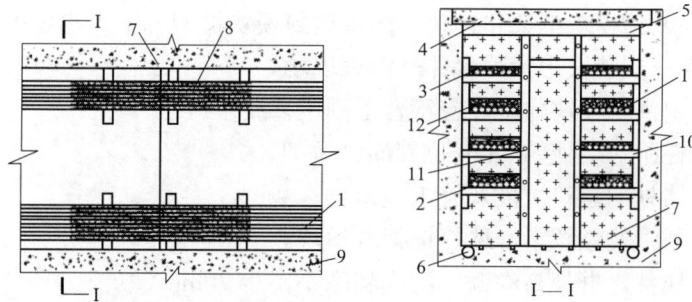

图 10.4.1-2　电缆沟道内采用防火复合板封堵示意图

1—电缆；2—柔性有机堵料或防火密封胶；3—柔性有机堵料；4—膨胀螺栓；5—承托支架；6—排水孔；7—防火复合板；

8—防火涂料；9—电缆沟壁；10—电缆桥（支）架；11—螺栓；12—备用电缆通道

10.4.2　电缆隧（沟）道采用防火复合板封堵，可按下列流程进行：

清理封堵部位→电缆间隙中填充柔性有机堵料或防火密封胶→电缆束外围包绕柔性有机堵料→安装固定阻火墙防火门→制作安装防火复合板固定支架→切割防火复合板→安装防火复合板→缝隙处填充柔性有机堵料或防火密封胶→涂刷电缆防火涂料→清理现场。

10.4.3　电缆隧（沟）道采用防火复合板封堵，应符合下列工艺要求：

1　将待封堵处的建筑垃圾、施工遗留物及电缆表面清理干净。

2　将电缆束打开，采用柔性有机堵料或电缆防火密封胶填充电缆间的缝隙，并及时整理电缆束。

3　用柔性有机堵料包绕电缆束外围，其包绕厚度不小于 20mm。

4　按现场实际尺寸，制作安装防火复合板固定支架。

5　按实际形状切割防火复合板和耐火隔板，每层预留备用电缆通道，备用电缆通道在墙两侧的防火复合板和耐火隔板上位置应对应一致。

6　拼装、固定防火复合板、耐火隔板时，按现场实际确定固定孔位置，钻孔后将防火复合板和耐火隔板分别固定在电缆隧（沟）道墙体两侧，固定孔间距不大于 240mm。

7　用柔性有机堵料将备用电缆通道封堵严密，用柔性有机堵料或防火密封胶填充电缆间、电缆与桥架间、电缆与防火复合板间等的缝隙。增敷电缆完毕，应及时恢复防火封堵。

8　封堵部位应无缝隙、外观平整。

9　在封堵部位的两侧电缆表面均匀涂刷电缆防火涂料，厚度不小于 1mm，长度不小于 1500mm。

10　将施工作业区的施工遗留物、垃圾、杂物清理干净。

10.5　采用密封模块封堵施工

10.5.1　电缆沟道采用密封模块封堵，可按图 10.5.1 施工。本组件形式适用于电缆沟道内阻火墙封堵。

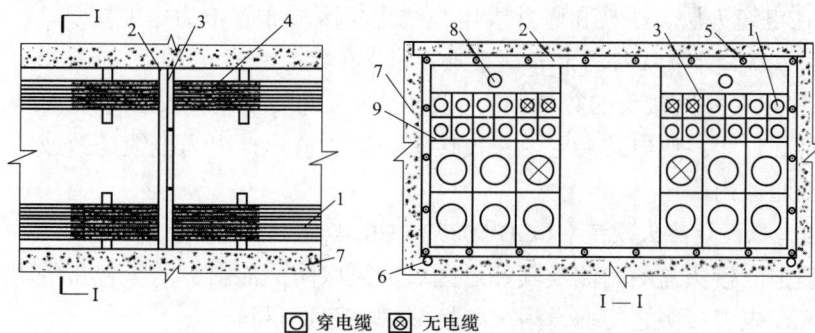

□ 穿电缆　⊗ 无电缆

图 10.5.1　电缆桥架采用密封模块封堵示意图

1—电缆；2—密封模块框架；3—多径密封模块；4—防火涂料；5—螺栓；6—排水孔；

7—电缆沟壁；8—楔形紧固套件；9—隔层板

10.5.2　电缆沟道采用密封模块封堵，可按下列流程进行：

清理封堵部位→选择密封模块框架和模块→固定密封模块框架→密封模块框架接地→穿入电缆→安装密封模块→安装隔层板→安装楔形紧固套件→清理现场。

10.5.3 电缆沟道采用密封模块封堵，应符合下列工艺要求：

1 采用桥架时，需在距封堵处 500mm 位置断开桥架。

2 清理电缆沟需封堵处的建筑垃圾及施工遗留物。

3 根据电缆规格、数量及预留量，选择框架及模块。

4 安装框架预埋金属件，框架与沟壁、沟底间隙不小于 20mm。

5 将框架固定牢靠，可靠接地，框架与沟壁、沟底的间隙用混凝土密封。

6 清洁框架内表面，穿入电缆。

7 安装模块及密封圈，使模块与电缆间隙不大于 1mm；有电磁屏蔽要求时，应将电缆被压紧部位剥至屏蔽层，使模块导电箔压紧电缆屏蔽层。

8 逐层排放模块，层间防一块隔层板，填放最后一排模块前，加入两块隔层板。

9 压紧模块，拧紧螺栓。

10 增敷电缆前，取出压紧件，将增敷电缆穿入，恢复压紧件。

11 在封堵模块两侧电缆表面均匀涂刷电缆防火涂料，厚度不小于 1mm，长度不小于 1500mm。

12 将施工作业区的施工遗留物、垃圾、杂物清理干净。

【依据4】《水电工程设计防火规范》（GB 50872—2014）

9.0.3 阻燃或耐火电缆可不刷防火涂料，当敷设在电缆井、电缆沟时，可不采取防保护措施。

9.0.7 电缆竖井应按下列要求进行防火封堵：

1 应在竖井的上、下两端，进出电缆的孔口处及竖井的每一层楼层处进行防火封堵；

2 敷设 110kV 及以上的电缆的竖井，在同一井道内敷设 2 回路及以上电缆时，不同的回路之间应用防火隔板进行分隔；

3 当竖井内设有水喷雾、细水雾等固定式灭火设施时，竖井的防火封堵可不受上述要求的限制；

4 电缆竖井封堵应采用耐火极限不低于 1.00h 的防火封堵材料，封堵层应能承受巡检人员的载荷。活动人孔可采用承重型防火隔板制作。

【依据5】《电力电缆线路运行规程》（DL/T 1253—2013）

5.6.6.3 隧道中应设置防火墙或防火隔断，电缆竖井中应分层设置防火隔板，电缆沟每隔一定的距离应采取防火隔离措施，还可采用回填土回填，其深度为距电缆顶部不小于 100mm。电缆通道与变电站和重要用户的接合处应设置防火隔断。

6.5.3.11（3）本项目的查评依据如下。

【依据1】《国家电网公司水电厂重大反事故措施》（国网基建〔2015〕60号）

17.5.2.5 严禁在电缆夹层、桥架和竖井等电缆线密集区域布置电力电缆接头。

【依据2】《防止电力生产事故的二十五项重点要求》（国能安全〔2014〕161号）

2.2.10 尽量减少电缆中间接头的数量。如需要，应按工艺要求制作安装电缆头，经质量验收合格后，再用耐火防爆槽盒将其封闭。变电站夹层内在役接头应逐步移出，电力电缆切改或故障抢修时，应将接头布置在站外的电缆通道内。

【依据3】《水电工程设计防火规范》（GB 50872—2014）

9.0.4 电力电缆中间接头盒的两侧及其邻近区域应采取防火涂料、防火包带等阻燃措施。多个电缆接头并排安装时，应在电缆接头之间增设耐火隔板或填充阻燃材料。

【依据4】《电力设备典型消防规程》（DL 5027—2015）

10.5.11 电力电缆中间接头盒的两侧及其邻近区域，应增加防火包带等阻燃措施。

6.5.3.11（4）本项目的查评依据如下。

【依据1】《国家电网公司水电厂重大反事故措施》（国网基建〔2015〕60号）

17.5.1.6 在电缆交叉、密集及中间接头等部位应设置自动灭火装置。电缆室（层）、大型电缆通道

（廊道）和大型电缆竖（斜）井应安装火灾探测器，并保证可靠运行。

【依据2】《水电工程设计防火规范》（GB 50872—2014）

13.3.3 下列场所应设置火灾探测器：

7 电缆室（夹层）、大型电缆通道（廊道）和大型电缆竖（斜）井。

【依据3】《国家电网公司十八项电网重大反事故措施》（国家电网生〔2012〕352号）

13.2.2.6 变电站夹层宜安装温度、烟气监视报警器，重要的电缆隧道应安装温度在线监测装置，并应定期传动、检测，确保动作可靠、信号准确。

6.5.3.11（5）本项目的查评依据如下。

【依据1】《国家电网公司水电厂重大反事故措施》（国网基建〔2015〕60号）

17.5.1.5 采用排管、电缆沟、隧道、桥梁及桥架敷设的阻燃电缆，其成束阻燃性能应不低于C级。与电力电缆同通道敷设的低压电缆、控制电缆、非阻燃通信光缆等应穿入阻燃管保护。

【依据2】《防止电力生产事故的二十五项重点要求》（国能安全〔2014〕161号）

2.2.4 采用排管、电缆沟、隧道、桥梁及桥架敷设的阻燃电缆，其成束阻燃性能应不低于C级。与电力电缆同通道敷设的低压电缆、控制电缆、非阻燃通信光缆等应穿入阻燃管，或采取其他防火隔离措施。

6.5.3.11（6）本项目的查评依据如下。

【依据1】《电力设备典型消防规程》（DL 5027—2015）

10.5.6 电缆夹层、隧（廊）道、竖井、电缆沟内应保持整洁，不得堆放杂物，电缆沟洞严禁积油。

【依据2】《国家电网公司十八项电网重大反事故措施》（国家电网生〔2012〕352号）

13.2.2.2 运行部门应保持电缆通道、夹层整洁、畅通，消除各类火灾隐患，通道沿线及其内部不得积存易燃、易爆物。

【依据3】《国家电网公司水电厂重大反事故措施》（国网基建〔2015〕60号）

17.5.2.1 定期对电缆夹层、沟道及其消防设施进行巡视检查，定期对电气设备连接点、触头、电缆中间接头进行红外测温，并按照规定要求进行预防性试验。

17.5.2.2 电缆夹层、竖井、电缆隧道和电缆沟等场所应保持清洁，采取安全电压的照明应充足，禁止堆放杂物，并有防火、防水、通风的措施。

6.5.3.11（7）本项目的查评依据如下。

【依据1】《电力工程电缆设计规范》（GB 50217—2007）

7.0.7 在外部火势作用一定时间内需维持通电的下列场所或回路，明敷的电缆应实施耐火防护或选用具有耐火性的电缆：

1 消防、报警、应急照明、断路器操作直流电源和发电机组紧急停机的保安电源等重要回路。

2 计算机监控、双重化继电保护、保安电源或应急电源等双回路合用同一通道未相互隔离时的其中一个回路。

【依据2】《水电站直流系统运行维护导则》（Q/GDW 11459—2015）

4.1.3.6 直流系统的电缆应采用阻燃电缆，蓄电池组出口电缆正负极不应共缆，新建蓄电池的电缆应分别铺设在各自独立的通道内；原有蓄电池电缆无法新建独立通道的，应加穿金属套管，可使用防火枕等防火隔离措施，在穿越电缆竖井时，蓄电池电缆应加穿金属套管，并分别在蓄电池的出口处进行正负极的标识。

6.5.3.12 设备设施灭火系统

6.5.3.12（1）本项目的查评依据如下。

【依据1】《建筑消防设施的维护管理》（GB 25201—2010）

4.4 建筑消防设施维护管理单位应与消防设备生产厂家、消防设施施工安装企业等有维修、保养能力的单位签订消防设施维修、保养合同。维护管理单位自身有维修、保养能力的应明确维修、保养职能部门和人员。

6.1.2 从事建筑消防设施巡查的人员，应通过消防行业特有工种职业技能鉴定，持有初级技能以上等级的职业资格证书。

6.1.4 建筑消防设施巡查频次应满足下列要求：

b）消防安全重点单位，每日巡查一次。

7.1.1 建筑消防设施应每年至少检测一次，检测对象包括全部系统设备、组件等。设有自动消防系统的宾馆、饭店、商场、市场、公共娱乐场所等人员密集场所、易燃易爆单位以及其他一类高层公共建筑等消防安全重点单位，应自系统投入运行后每一年底前，将年度检测记录报当地公安机关消防机构备案。在重大节日、重大活动前或者期间，应根据当地公安机关消防机构的要求对建筑消防设施进行检测。

9.1.2 从事建筑消防设施保养的人员，应通过消防行业特有工种职业技能鉴定，持有高级技能以上等级职业资格证书。

附录 E 表 E.1　　　　　　　　建构筑物消防设施维护保养计划表

序号：　　　　　　　日期：

序号	检查保养项目		保 养 内 容	周期
1	消防水泵	外观清洁	擦洗，除污	一个月
		泵中心轴	长期不用时，定期盘动	半个月
		主回路控制回路	测试、检查、紧固	半年
		水泵	检查或更换盘根填料	半年
		机械润滑	加 0 号黄油	三个月
2	管道		补漏，除锈，刷漆	半年
	阀门		加或更换盘根，补漏，除锈，刷漆，润滑	半年

消防泵、喷淋泵、送风机、排烟机应定期试验
注 1：保养内容、周期，可根据设施、设备使用说明书、国家有关标准、安装场所华宁等综合确定。
注 2：本表为样表，单位可根据建筑消防设施的类别，分别制表，如消火栓系统维护保养计划表、自动喷水灭火系统维护保养计划表等

消防安全责任人或消防安全管理人（签字）：　　　　制订人：　　　　审核人：

【依据2】《社会消防技术服务管理规定》（公安部令第 129 号，第 136 号修订）

第八条　消防设施维护保养检测机构二级资质应当具备下列条件：

（一）企业法人资格，场所建筑面积二百平方米以上；

（二）与消防设施维护保养检测业务范围相适应的仪器、设备、设施；

（三）注册消防工程师六人以上，其中一级注册消防工程师至少三人；

（四）操作人员取得中级技能等级以上建（构）筑物消防员职业资格证书，其中高级技能等级以上至少占百分之三十；

（五）健全的质量管理体系；

（六）法律、行政法规规定的其他条件。

第九条　消防设施维护保养检测机构一级资质应当具备下列条件：

（一）取得消防设施维护保养检测机构二级资质三年以上，且申请之日前三年内无违法执业行为记录；

（二）场所建筑面积三百平方米以上；

（三）与消防设施维护保养检测业务范围相适应的仪器、设备、设施；

（四）注册消防工程师十人以上，其中一级注册消防工程师至少六人；

（五）操作人员取得中级技能等级以上建（构）筑物消防员职业资格证书，其中高级技能等级以上至少占百分之三十；

（六）健全的质量管理体系；

（七）申请之日前三年内从事过至少二十项设有自动消防设施的单体建筑面积二万平方米以上的工业建筑、民用建筑的消防设施维护保养检测活动；

（八）法律、行政法规规定的其他条件。

第二十六条　一级资质、临时一级资质的消防设施维护保养检测机构可以从事各类建筑的建筑消防设施的检测、维修、保养活动。一级资质、临时一级资质的消防安全评估机构可以从事各种类型的消防安全评估以及咨询活动。

二级资质的消防设施维护保养检测机构可以从事单体建筑面积四万平方米以下的建筑、火灾危险性为丙类以下的厂房和库房的建筑消防设施的检测、维修、保养活动。二级资质的消防安全评估机构可以从事社会单位消防安全评估以及消防法律法规、消防技术标准、一般火灾隐患整改等方面的咨询活动。

【依据3】《中华人民共和国消防法》（2009年5月1日施行）

第十六条　机关、团体、企业、事业等单位应当履行下列消防安全职责：

（三）对建筑消防设施每年至少进行一次全面检测，确保完好有效，检测记录应当完整准确，存档备查；

6.5.3.12（2）本项目的查评依据如下。

【依据1】《建筑消防设施的维护管理》（GB 25201—2010）

5.2　消防控制室值班时间和人员应符合以下要求：

a）实行每日24h值班制度。值班人员应通过消防行业特有工种职业技能鉴定，持有初级技能以上等级的职业资格证书。

b）每班工作时间不大于8h，每班人员应不少于2人。值班人员对火灾报警控制器进行日检查、接班、交班时，应填写《消防控制室值班记录表》见 附录A中表A.1相关内容。值班期间每2h记录一次消防控制室内消防设备的运行情况，及时记录消防控制室内消防设备的火警或故障情况。

【依据2】《火灾自动报警系统设计规范》（GB 50116—2013）

3.4.4　消防控制室有相应的竣工图纸、各分系统控制逻辑关系说明、设备使用说明书、系统操作规程、应急预案、值班制度、维护保养制度及值班记录等文件资料。

6.5.3.12（3）本项目的查评依据如下。

【依据1】《电力设备典型消防规程》（DL 5027—2015）

13.2.2　消防给水系统应符合下列要求：

1　采用自流供水方式的高压系统时，取水口不应少于两个，必须在任何情况下保证消防给水。

2　采用水泵供水方式的临时高压系统时，应设置备用泵和消防水箱，备用泵的工作能力不应小于最大一台主泵，消防水箱应储存10min的消防水量但可不超过18m³。

3　采用消防水池供水方式时，水池容量应满足火灾延续时间内的消防用水量要求。

【依据2】《水电工程设计防火规范》（GB 50872—2014）

11.1.3　水电工程同一时间内的火灾次数为一次，消防给水量应按下列两项灭火水量的较大者确定：

1　一个设备一次灭火的最大灭火水量；

2　一个建筑物一次灭火的最大灭火水量。

11.1.4　室外消防给水可采用高压或临时高压给水系统或低压给水系统，并应符合下列要求：

1　室外高压或临时高压给水系统的管道压力应保证当消防用水量达到最大，且水枪在任何建筑物的最高处时水枪的充实水柱不小于10m；

2　室外临时高压给水系统应保证在消防水泵启动前最不利点室外消火栓的水压不小于0.02MPa；

3　室外低压给水系统的管道压力应保证灭火时最不利点消火栓的水压不小于0.1MPa。

11.1.5　室内消防给水可采用高压或临时高压给水系统，室内高压或临时高压给水系统应保证灭火时室内最不利点消防设备水量和水压的要求。

11.2.2　由水库直接供水时取水口不应少于两个；从蜗壳或压力钢管取水时，应至少在两个蜗壳或压力钢管上设取水口，且应结合机组或压力钢管检修时的供水措施。每个取水口均应满足消防用水要求。

【依据3】《建筑消防设施的维护管理》（GB 25201—2010）

附录C 表C.1 消 防 供 水 设 施

巡查项目	巡查内容	巡查情况					
		部位	数量	正常	故障及处理		
					故障描述	当场处理情况	报修情况
消防供水设施	消防水池、消防水箱外观，液位显示装置外观及运行状况，天然水源水位、水量、水质情况，进户管外观						
	消防水泵及控制柜工作状态						
	稳压泵、增压泵、气压水罐及控制柜工作状态						
	水泵接合器外观、标识						
	系统减压、泄压装置、测试装置、压力表等外观及运行状态						
	管网控制阀门启闭状态						
	泵房照明、排水等工作环境						

6.5.3.12（4）本项目的查评依据如下。

【依据1】《水电工程设计防火规范》（GB 50872—2014）

8.0.1 额定容量为25MW及以上的水轮发电机组（含抽水蓄能机组）应设置自动灭火系统。

11.4.1 在水轮发电机的定子上下端部线圈圆周长度上的设计喷雾强度不应小于10L/（min·m）。

13.3.3 下列场所应设置火灾探测器：

3 单机容量为25MW及以上的立式水轮发电机风罩内；

4 单机容量为25MW及以上的贯流式水轮发电机内；

【依据2】《水轮发电机基本技术条件》（GB/T 7894—2009）

13.1 水轮发电机应该设置灭火系统该系统应设有自动控制、手动控制、和应急操作三种控制功能。灭火介质可采用水、二氧化碳或对绝缘无损害、对环境无污的介质。

13.2 消防供水系统的工作水压一般为0.3MPa～0.6MPa，其工作水压应满足喷头前的供水压力不小于0.35MPa。喷水量设计应不小于10L/（m·min），水喷雾的持续时间不小于10min。

【依据3】《电力设备典型消防规程》（DL 5027—2015）

10.1.1 水轮发电机的采暖取风口和补充空气的进口处应设置阻风门（防火阀），当发电机发生火灾时应自动关闭。

【依据4】《国家电网公司水电厂重大反事故措施》（国网基建〔2015〕60号）

17.1.6 应具有完善的消防设施，并定期对火灾自动报警系统、发电机自动灭火系统、主变自动灭火系统及消防水系统进行检测、检修，确保消防设施正常运行。

17.2.1 额定容量为25MW及以上水轮发电机应设火灾探测器、水喷雾或其他固定式灭火装置，应能满足火灾初期发出警报，能进行火灾的集中监视及消防装置的远方和现场启动。

6.5.3.12（5）本项目的查评依据如下。

【依据1】《电力设备典型消防规程》（DL 5027—2015）

10.3.5 户外油浸式变压器、户外配电装置之间及与各建（构）筑物的防火间距，户内外含油设备事故排油要求应符合现行国家标准《火力发电厂与变电站设计防火规范》GB 50229的有关规定。

10.3.10 变压器防爆筒的出口端应向下，并防止产生阻力，防爆膜宜采用脆性材料。

10.3.13 变压器火灾报警探测器两点报警，或一点报警且重瓦斯保护动作，可认为变压器发生火灾，应联动相应灭火设备。

注：《火力发电厂与变电站设计防火规范》（GB 50229—2006）

6.6.2　油量为 2500kg 及以上的屋外油浸式变压器之间的最小间距应符合表 6.6.2 的规定。

表 6.6.2　　　　　　　　　　　屋外油浸式变压器之间的最小间距　　　　　　　　　　　（m）

电压等级	最小间距	电压等级	最小间距
35kV 及以下	5	110kV	8
66kV	6	220kV 及以上	10

6.6.3　当油量为 2500kg 及以上的屋外油浸式变压器之间的防火间距不能满足表 6.6.2 的要求时，应设置防火墙。防火墙的高度应高于变压器油枕，其长度不应小于变压器的贮油池两侧各 1m。

6.6.4　油量为 2500kg 及以上的屋外油浸式变压器或电抗器与本回路油量为 600kg 以上且 2500kg 以下的带油电气设备之间的防火间距不应小于 5m。

【依据 2】《水电工程设计防火规范》（GB 50872—2014）

7.0.1　油量在 2500kg 及以上的油浸式变压器之间或油浸式电抗器之间的最小防火间距应符合表 7.0.1 的规定。

表 7.0.1　　　　　　　　　　油浸式变压器之间或油浸式电抗器之间的最小防火间距

电压等级	最小间距（m）	电压等级	最小间距（m）
35kV 及以下	5	220kV～330kV	10
63kV	6	500kV 及以上	12
110kV	8		

7.0.2　油量在 2500kg 及以上的油浸式变压器及油浸式电抗器与其他充油式电气设备之间的防火间距不应小于 5m；油量在 2500kg 及以下的油浸式变压器及油浸式电抗器与其他充油式电气设备之间的防火间距不应小于 3m。

7.0.3　当油浸式变压器、油浸式电抗器各自之间及其他充油式电气设备之间的防火间距不能满足本规范第 7.0.1 条、第 7.0.2 条要求时，应设置防火隔墙。当防火隔墙高度不能满足要求时，应在防火隔墙顶部加设防火分隔水幕。

单相浸油式变压器之间宜设置防火隔墙或防火分隔水幕。

7.0.4　油浸式变压器的防火隔墙设置应满足下列要求：

1　高度应高于变压器油枕顶部 0.3m；

2　长度应超出贮油池（坑）两端各 0.5m；

3　当防火隔墙顶部设置防火分隔水幕时，水幕高度应比变压器顶面高出 0.5m；

4　防火隔墙的耐火极限不应低于 2.00h。

8.0.4　单台容量在单相 50MVA 及以上、3 相 90MVA 及以上的油浸式变压器应设置固定式灭火设施。单台容量在单相 50MVA 及以下、3 相 90MVA 及以下的油浸式主变压器应在主变压器附近设置移动式灭火器或室内消火栓。

8.0.5　油浸式变压器的事故排油排油阀应设在房间外安全处。

【依据 3】《国家电网公司水电厂重大反事故措施》（国网基建〔2015〕60 号）

17.1.6　应具有完善的消防设施，并定期对火灾自动报警系统、发电机自动灭火系统、主变自动灭火系统及消防水系统进行检测、检修，确保消防设施正常运行。

17.3.1.1　单台容量在单相 50MVA 及以上、三相 90MVA 及以上的油浸式变压器，应设置固定式灭火设施。

6.5.3.12（6）本项目的查评依据如下。

【依据】《建筑消防设施的维护管理》（GB 25201—2010）

附录 D 表 D.1　　　　　自动喷水灭火系统、气体灭火系统、防火分隔

检测项目		检 测 内 容	实测记录	故障记录及处理		
				故障描述	当场处理情况	报修情况
自动喷水灭火系统	报警阀组	试验报警阀组试验排放阀排水功能,压力开关、水力警铃报警功能				
	末端试水装置	试验末端试水测试压力、水流指示器、压力开关动作信号、水质情况,楼层末端试验阀功能试验				
	水流指示器	核对反馈信号				
	探测、控制装置	测试火灾探测传动装置的火灾探测及控制功能、手动控制装置控制功能				
	充、排气装置	测试充气、排气装置充、排气功能				
	联动控制功能	在系统末端放水或排气,进行系统联动功能试验,测试水流指示器、压力开关、水力警铃报警功能;具有火灾探测传动控制功能应模拟系统自动启动				
气体灭火系统	瓶组与储罐	核对灭火剂存储量,主、备瓶组切换试验				
	捡漏装置	测试称重、检漏报警功能				
	紧急启/停功能	测试紧急启动/停止按钮的紧急功能				
	启动装置、选择阀	测试启动装置、选择阀手动启动功能				
	联动控制功能	以自动方式进行模拟喷气试验,检验系统报警、联动功能				
	通风换气设备	测试通风换气功能				
	备用瓶切换	测试主、备用瓶组切换功能				
防火分隔	防火门	试验非电动防火门的启闭功能及密封性能,测试电动防火门自动、现场释放功能及信号反馈功能,通过报警联动,检查电动防火门释放功能,喷水冷却装置的联动启动功能				
	防火卷帘	试验防火卷帘的手动、机械应急和自动控制功能,信号反馈功能,封闭性能。通过报警联动,检查防火卷帘门自动释放功能及喷水冷却装置的联动启动功能。测试有延时功能的防火卷帘门的延时时间、声光指示				
	电动防火阀	通过报警联动、检查电动防火阀的关闭功能及密封性				

6.5.3.12（7）本项目的查评依据如下。

【依据1】《电力设备典型消防规程》（DL 5027—2015）

13.2.3　主厂房、副厂房、泵房、油罐室、升压开关站等处应设置室内消火栓,每个消火栓处应设直接启动消防泵的按钮,保证在火警后 5min 内开始工作。

【依据2】《水电工程设计防火规范》（GB 50872—2014）

11.2.3　消防水泵应符合下列要求:

1　消防水泵应设置备用泵,其工作能力不应小于一台主要水泵的能力。

2　消防水泵应保证在火警后 30s 内启动。

3　一组消防水泵的吸水管不应该少于两条。当其中一条关闭时,其余的吸水管应仍能通过全部水量。消防水泵应采用自灌式吸水,并应在吸水管上设置检修阀门。

4　当消防给水管道为环状布置时,消防水泵房应有不少于两条的出水管直接与环状消防给水管网连接。当其中的一条出水管关闭时,其余的出水管应仍能通过全部用水量,出水管上应设置试验和检查用的压力表和 DN65 的放水阀门。当存在超压的可能时,出水管应设置防超压设施。

13.1.2　消防用电设备的供电应该在配电线路最末一级配电装置处设置双电源的自动切换装置。当火灾发生时,仍应能保证消防用电。消防配电室应有明显标志。

6.5.3.12（8）本项目的查评依据如下。

【依据】《建筑消防设施的维护管理》（GB 25201—2010）

附录 D 表 D.1 　　　　　　　　　　　　火 灾 自 动 报 警 系 统

检测项目		检 测 内 容	实测记录	故障记录及处理		
				故障描述	当场处理情况	报修情况
火灾自动报警系统	火灾探测器	试验报警功能				
	手动报警按钮	试验报警功能				
	监管装置	试验监管装置报警功能，屏蔽信息显示功能				
	警报装置	试验警报功能				
	报警控制器	试验火灾报警、故障报警、火警优先、打印机打印、自检、消音等功能，火灾显示盘和 CRT 显示器的报警、显示功能				
	消防联动控制器	试验联动控制器及控制模块的手动、自动联动控制功能。试验控制器显示功能，试验电源部分主、备用电源切换功能，备用电源充、放电功能				
	远程监控系统	试验信息传输装置显示、传输功能，试验监控主机信息显示、告警受理、派单、接单、远程开锁等功能，试验电源部分主、备用电源切换，备用电源充、放电功能				

6.5.3.12（9）本项目的查评依据如下。

【依据 1】《国家电网公司水电厂重大反事故措施》（国网基建〔2015〕60 号）

17.1.2 消防设施的备用电源应由保安电源供给，未设置保安电源的应按二类负荷供电。

17.5.1.8 消防系统动力柜应与生产盘柜相互独立，并有双路供电。

【依据 2】《水电工程设计防火规范》（GB 50872—2014）

13.1.1 消防用电设备的电源应该按二级负荷供电。

13.1.2 消防用电设备的供电应在配电线路的最末一级配电装置处设置双电源自动切换装置。当火灾发生时，仍应保证消防用电，消防配电设备应有明显标志。

【依据 3】《国家电网公司十八项电网重大反事故措施》（国家电网生〔2012〕352 号）

18.1.2.3 在新、扩建工程设计中，消防水系统应同工业水系统分离，以确保消防水量、水压不受其他系统影响，消防设施的备用电源应由保安电源供给，未设置保安电源的应按Ⅱ类负荷供电。消防水系统应该定期检查、维护。

【依据 4】《防止电力生产事故的二十五项重点要求》（国能安全〔2014〕161 号）

2.1.3 消防水系统应同工业水系统分离，以确保消防水量、水压不受其他系统影响，消防设施的备用电源应由保安电源供给，未设置保安电源的应按二类负荷供电。消防水系统应该定期检查维护。正常工作状态下，不应将自动喷水灭火系统、防烟排烟系统和联动控制的防火卷帘分隔设施设置在手动控制状态。

6.5.3.12（10）本项目的查评依据如下。

【依据 1】《水电工程设计防火规范》（GB 50872—2014）

13.2.1 室内主要疏散通道、楼梯间、消防（疏散）电梯、安全出口处和厂房内重要部位，均应设置消防应急照明及疏散指示标志。

【依据 2】《建筑消防设施的维护管理》（GB 25201—2010）

附录 C 表 C.1 　　　　　　　　　　　　应急照明和疏散指示标志

巡查项目	巡 查 内 容	巡 查 情 况					
		部位	数量	正常	故障及处理		
					故障描述	当场处理情况	报修情况
应急照明和疏散指示标志	应急灯具外观工作状态						
	疏散指示标志外观工作状态						

巡查项目	巡查内容	巡查情况					
		部位	数量	正常	故障及处理		
					故障描述	当场处理情况	报修情况
应急照明和疏散指示标志	集中供电型应急照明灯具、疏散指示标志灯外观、工作状况、集中电源工作状态						
	字母型应急照明灯具、疏散指示标志灯外观工作状态						

【依据3】《电力设备典型消防规程》（DL 5027—2015）

6.1.22 电缆隧道内应设置指向最近安全出口的导向箭头，主隧道、各分支拐弯处醒目位置装设整个电缆隧道的平面示意图，并在示意图上标注所处位置及各出入口位置。

【依据4】《机关、团体、企业、事业单位消防安全管理规定》（公安部令第61号）

第二十一条 单位应当保障疏散通道、安全出口畅通，并设置符合国家规定的消防安全疏散指示标志和应急照明设施，保持防火门、防火卷帘、消防安全疏散指示标志、应急照明、机械排烟送风、火灾事故广播等设施处于正常状态。

6.5.3.12（11）本项目的查评依据如下。

【依据1】《建筑消防设施检测技术规程》（GA 503—2004）

4.5.1 室内消火栓

4.5.1.1 消火栓箱应有明显标志。

4.5.1.2 消火栓箱组件应齐全，箱门应开关灵活，开度应符合要求。

4.5.1.3 消火栓的阀门应启闭灵活，栓口位置应便于连接水带。

4.5.2 室外消火栓

4.5.2.1 阀门应启闭灵活。

4.5.2.2 地下式消火栓应有明显标志，井内应无积水。

4.5.2.3 寒冷地区防冻措施应完好。

【依据2】《建筑消防设施的维护管理》（GB 25201—2010）

附录C 表C.1 消火栓（消防炮）灭火系统

巡查项目	巡查内容	巡查情况					
		部位	数量	正常	故障及处理		
					故障描述	当场处理情况	报修情况
消防栓（消防炮）灭火系统	室内消火栓、消防卷盘外观及配件完整情况						
	屋顶试验消火栓外观及配件完整情况、压力显示装置外观状态显示						
	室外消火栓外观、地下消火栓标识、栓井环境						
	消防炮、炮塔、现场火灾探测控制装置、回旋装置等外观及周边环境						
	启泵按钮外观						

6.5.3.12（12）本项目的查评依据如下。

【依据1】《电力设备典型消防规程》（DL 5027—2015）

13.2.3 主厂房、副厂房、泵房、油罐室、升压开关站等处应设置室内消火栓，每个消火栓处应设直接启动消防泵的按钮，保证在火警后5min内开始工作。

【依据2】《水电工程设计防火规范》（GB 50872—2014）

5.3.1 主、副厂房及屋内开关站应设置室内消火栓。厂房外独立设置的油罐室，体积不超过3000m³

的丁、戊类设备用房（闸门启闭室、闸室、水泵房、水处理室等）、器材库、机修间等，可不设置室内消火栓。

11.3.7　进厂交通洞的消防给水设计应符合下列要求：

1　在厂房入口处 40m 范围内设置室外消火栓，消火栓的设置应便于消防车取水且不得影响交通；

2　在进厂交通洞的两侧设置灭火器，每个设置点不应少于两具，设置间距不应大于 100m。

6.5.3.12（13）本项目的查评依据如下。

【依据1】《气体灭火系统设计规范》（GB 50370—2005）

3.2.7　防护区应设置泄压口，七氟丙烷灭火系统的泄压口应位于防护区净高的 2/3 以上。

3.2.9　喷放灭火剂前，防护区内除泄压口外的开口应能自行关闭。

4.1.2　储存容器、驱动气体储瓶的设计与使用应符合国家现行《气瓶安全监察规程》及《压力容器安全技术监察规程》的规定。

6.0.1　防护区应有保证人员在 30s 内疏散完毕的通道和出口。

6.0.3　防护区的门应向疏散方向开启，并能自行关闭；用于疏散的门必须能从防护区内打开。

6.0.4　灭火后的防护区应通风换气，地下防护区和无窗或设固定窗扇的地上防护区，应设置机械排风装置，排风口宜设在防护区的下部并应直通室外。

【依据2】《气瓶安全技术监察规程》（TSG R0006—2014）

7.4.1.1　钢制无缝气瓶、钢制焊接气瓶（注 7-1）、铝合金无缝气瓶

（1）盛装氮、六氟化硫、惰性气体及纯度大于等于 99.999% 的无腐蚀性高纯气体的气瓶每 5 年检验 1 次；

（2）盛装对瓶体材料能产生腐蚀作用的气体的气瓶、潜水气瓶以及常与海水接触的气瓶，每 2 年检验 1 次；

（3）盛装其他气体的气瓶，每 3 年检验 1 次。

盛装混合气体的前款气瓶，其检验周期应当按照混合气体中检验周期最短的气体确定。

注 7-1：不含液化石油气钢瓶、液化二甲醚钢瓶、溶解乙炔气瓶、车用气瓶及焊接绝热气瓶。

6.5.4　安全保卫

6.5.4.1　安全保卫人员培训

6.5.4.1　本项目的查评依据如下。

【依据1】《企业事业单位内部治安保卫条例》（国务院令第 421 号）

第九条　单位内部治安保卫人员应当接受有关法律知识和治安保卫业务、技能以及相关专业知识的培训、考核。

【依据2】《公安机关实施保安服务管理条例办法》（公安部令第 112 号）

第二十三条　申请人考试成绩合格的，设区市的公安机关核发保安员证，由县级公安机关通知申请人领取。

二十四条　保安从业单位直接从事保安服务的人员应当持有保安员证。

保安从业单位应当招用持有保安员证的人员从事保安服务工作，并与被招用的保安员依法签订劳动合同。

6.5.4.2　发电企业内部安全保卫制度

6.5.4.2　本项目的查评依据如下。

【依据1】《企业事业单位内部治安保卫条例》（国务院令第 421 号）

第七条　单位内部治安保卫工作的要求是：

（一）有适应单位具体情况的内部治安保卫制度、措施和必要的治安防范设施；

第八条　单位制定的内部治安保卫制度应当包括下列内容：

（一）门卫、值班、巡查制度；

（二）工作、生产、经营、教学、科研等场所的安全管理制度；

（三）现金、票据、印鉴、有价证券等重要物品使用、保管、储存、运输的安全管理制度；

（四）单位内部的消防、交通安全管理制度；

（五）治安防范教育培训制度；

（六）单位内部发生治安案件、涉嫌刑事犯罪案件的报告制度；

（七）治安保卫工作检查、考核及奖惩制度；

（八）存放有爆炸性、易燃性、放射性、毒害性、传染性、腐蚀性等危险物品和传染性菌种、毒种以及武器弹药的单位，还应当有相应的安全管理制度；

（九）其他有关的治安保卫制度。

单位制定的内部治安保卫制度不得与法律、法规、规章的规定相抵触。

【依据2】《保安服务操作规程与质量控制》（GA/T 594—2006）

4.4 勤务制度

4.4.1 交接班制度

1）保安员要严格遵守交接班制度，按规定的时间交接班。因故不能执勤的，必须提前办理请假手续。

2）上岗前的准备工作

接班人员做好上岗准备，按规定着装，携带执勤用品，准时接班。

3）交班

接班人员到达岗位后，交接时双方先行敬礼，然后边注意观察，边做交接班事宜。交班人员应告知本班发生的情况和处理结果，并交代需要继续办理的事项。移交勤务登记簿，双方签字备查。接班者未到或未办理交接班手续，当班者不能离开。

4.4.2 请示报告制度

保安员遇到紧急情况和重大问题时要及时、具体、准确地向客户单位、上级领导和公安机关等有关部门请示、报告。对客户单位、上级领导及公安机关等部门有关处置紧急情况的工作指示，要立即、坚决执行，执行结果要及时反馈，并做详细记录。

4.4.3 勤务检查制度

驻勤单位保安组织负责人或指定的勤务检查人员，负责对保安员执勤情况进行检查。勤务检查的内容以保安员履行岗位职责的情况为主。对勤务检查中发现的问题和处理结果，应做好记录，重要问题应及时向上级汇报。

4.4.4 勤务登记制度

勤务登记由当班人员负责记录。主要记载上级指示、通知、交办的事项及值班期间发生和处理的问题，记录必须清晰、准确，不得随意涂改，并妥善保管。

6.5.4.3 生产区域保卫措施建设

6.5.4.3（1）本项目的查评依据如下。

【依据】《企业事业单位内部治安保卫条例》（国务院令第421号）

第十四条 治安保卫重点单位应当确定本单位的治安保卫重要部位，按照有关国家标准对重要部位设置必要的技术防范设施，并实施重点保护。

6.5.4.3（2）本项目的查评依据如下。

【依据】《电力行业反恐怖防范标准（试行）》（水电工程部分）

4.2.1.5 管理单位应加强宣传教育，提高员工的反恐怖防范意识，并定期对重点部门和重要岗位员工进行有针对性的教育培训。

5.1 应急组织机构

管理单位的防恐怖防范工作领导小组承担本单位反恐怖防范应急管理工作，安全保卫部门负责反恐怖防范应急管理的具体工作，根据平战结合的原则设立应急队伍，配备应急物资、装备。

5.2 应急预案

管理单位应组织制定单位、部门的反恐怖防范应急预案，形成预案体系。预案要包括应急处置的指导思想、编制依据、工作原则、应急指挥体系（含应急联动、指挥权限、指挥程序）、应急响应的启动-变更-解除机制、应急保障等内容。

5.3 应急演练

管理单位应结合实际，有计划、有重点、分层次、定期组织开展反恐怖防范应急演练，做好演练评估工作。同时应积极参与由政府相关部门、电力监管机构组织开展的反恐怖防范联合应急演练，提高协调联动能力。应急演练每年应不少于一次。

6.5.4.3（3）本项目的查评依据如下。

【依据】《电力行业反恐怖防范标准（试行）》（水电工程部分）

4.2.2.3　防护区应该按照批准的方案，提请当地人民政府划定管理和保卫范围，设置实物屏障，树立明显的警示标识。防护区包括陆域、水域。

4.2.2.4　应在监视区周围界设置封闭式的实物屏障、照明设施、警戒标志、进出口设置24小时值守的固定门岗，在大门内外适当位置划定警戒线，设置"停车检查""限速""禁行"等标志，对进出人员、车辆进行登记、检查。

实物屏障一般包括围墙（护栏、钢网墙）、警戒标志等。

围栏（墙）的高度不应该低于2.2m，围栏（墙）应结构坚固，不易攀爬，一般采用钢板网、钢筋网、钢筋混凝土预制板、砖石墙等结构形式。

4.2.2.5　禁区周界应设置封闭式的实物屏障、照明设施、警戒标志、巡逻通道、监控设施。

禁区周围围栏（墙）的高度不应该低于2.5m，宜配套设置入侵探测器，紧急报警装置。

附录 B

（规范性附录）

防范区域划分表

防范区域	防范目标和设施
防护区	为水电工程服务的专用道路交通设施、水文站，办公楼、仓库、码头、宿舍、运动场馆、宾馆等公共区内其他设施。
监视区	运行水电工程的行政办公楼、档案楼、油库、重要设备备品库、水域禁航区等。 水电施工工期的民爆器材库、化学品库、水厂、主变电站等。
禁区	运行水电工程的主大坝、常年挡水的副坝（段），输水道、电站厂房、开关站（升压站）、输变电设施、中央控制室，溢洪道，泄水闸、启闭机房及集控室，应急发电机房，船闸及上下游引航道，专用通信机房，安防监控中心等。 水电施工工程施工期的临时性挡水（包括大坝、基坑围堰）和泄水性建筑。

6.5.4.3（4）本项目的查评依据如下。

【依据1】《电力设施治安风险等级和安全防范要求》（GA 1089—2013）

4.2　水电站的治安风险等级划分应符合下列规定：

a）DL 5180规定的水库库容大于等于$10^7 m^3$，且小于$10^8 m^3$，或装机容量大于等于50MW，且小于300MW的中型水电站的风险等级确定为三级；

b）DL 5180规定的水库库容大于等于$10^8 m^3$，且小于$10^9 m^3$，或装机容量大于等于300MW，且小于1200MW的大（2）型水电站的风险等级确定为二级；

c）DL 5180规定的水库库容大于等于$10^9 m^3$、或装机容量大于等于1200MW的大（1）型水电站的风险等级确定为一级。

4.4　电网的治安风险等级划分应符合下列规定：

a）地（市、州、盟）级电力调度控制中心，220kV变电站，110kV重要负荷变电站的风险等级确定为三级；

b）省、自治区、直辖市以及省会城市、计划单列市电力调度控制中心，330kV～750kV电压等级的变电站，以及向 GB/Z 29328—2012 规定的二级重要电力用户供电的变电站或配电站的风险等级确定为二级；

c）国家和区域电力调度控制中心，800kV 及以上电压等级的变电站，以及向 GB/Z 29328—2012 规定的特级和一级重要电力用户供电的变电站或配电站的风险等级确定为一级。

5.3.1 电力设施安全防范系统基本配置应符合表 1 的规定。

表 1　　　　　　　　　　电力设施的安全防范系统基本配置表

序号	配置项目		防范区域	配置要求		
				三级安全防护	二级安全防护	一级安全防护
1	视频安防监控系统	摄像机	发电站厂区出入口	应	应	应
4			发电站入主厂房的主要通道或发电站连接主厂房的主要通道、发电机层、电梯轿厢	可	宜	应
5			水电枢纽工程的壅水建筑物和主副厂房区、办公楼出入口	可	宜	应
7			变电站、重要电力用户配电站的出入口	应	应	应
8			变电站、重要电力用户配电站的周界	宜	应	应
9			机动车车库出入口	可	宜	应
10			安防监控中心出入口	应	应	应
11		控制、显示装置	安防监控中心或调度控制中心监控室	应	应	应

6.2 视频安防监控系统

6.2.1 视频安防监控系统应对监控区域内的人员和机动车的出入、活动情况及治安秩序进行 24h 视频监控并录像，显示图像应能编程、自动或手动切换，图像上应有摄像机编号、地址、时间、日期显示和前端设备控制等功能。

6.2.2 视频安防监控系统的显示图像质量主观评价应按照 GB 50198—2011 中表 5.4.1-1 规定的五级损伤制评定的评分规定，不应低于 4 分的要求，图像水平分辨力应大于 400TVL。

6.2.3 图像记录、回放帧速应符合下列规定：

a）应以 25frame/s 与 2frame/s 帧速分别保存图像记录，其中以 25frame/s 的帧速记录的图像保存时间应大于等于 10d，其余 20d 的图像保存宜以大于等于 2frame/s 的帧速记录，亦可采用仅以 25frame/s 的帧速保存图像大于等于 30d 的记录方式；

b）图像记录宜在本机播放，亦可通过其他通用设备在本地进行联机播放。

6.2.4 视频安防监控系统应能与入侵报警系统和出入口控制系统联动。

6.2.5 当报警发生时，应能对报警现场进行图像复核，并将现场图像自动切换到指定的显示装置上。经复核后的报警视频图像应长期保存，重要图像宜备份存储。

6.2.6 视频安防监控设备的编解码宜符合 GB/T 25724 的有关规定。

6.2.7 系统的其他要求应符合 GB 50395 的有关规定。

【依据 2】《电力行业反恐怖防范标准（试行）》（水电工程部分）

4.2.3.3 视频安防监控系统由前端摄像机、传输网络、控制、记录与显示装置等组成。系统应能对监控的场所、部位、通道等进行实时、有效的视频探测、视频监视，图像显示、记录与回放，且具有视频入侵报警功能，与入侵报警系统联合设置的视频安防监控系统，应有图像复核功能。

视频安防监控系统的设计应符合 GB 50395 的要求。

6.5.4.3（5）本项目的查评依据如下。

【依据 1】《电力设施治安风险等级和安全防范要求》（GA 1089—2013）

4.2 水电站的治安风险等级划分应符合下列规定：

a）DL 5180 规定的水库库容大于等于 10^7m^3，且小于 10^8m^3，或装机容量大于等于 50MW，且小于 300MW 的中型水电站的风险等级确定为三级；

b）DL 5180 规定的水库库容大于等于 10^8m^3，且小于 10^9m^3，或装机容量大于等于 300MW，且小于 1200MW 的大（2）型水电站的风险等级确定为二级；

c）DL 5180 规定的水库库容大于等于 10^9m^3、或装机容量大于等于 1200MW 的大（1）型水电站的风险等级确定为一级。

4.4 电网的治安风险等级划分应符合下列规定：

a）地（市、州、盟）级电力调度控制中心，220kV 变电站，110kV 重要负荷变电站的风险等级确定为三级；

b）省、自治区、直辖市以及省会城市、计划单列市电力调度控制中心，330kV～750kV 电压等级的变电站，以及向 GB/Z 29328—2012 规定的二级重要电力用户供电的变电站或配电站的风险等级确定为二级；

c）国家和区域电力调度控制中心，800kV 及以上电压等级的变电站，以及向 GB/Z 29328—2012 规定的特级和一级重要电力用户供电的变电站或配电站的风险等级确定为一级。

5.3.1 电力设施安全防范系统基本配置应符合表 1 的规定。

表 1　　电力设施安全防范系统基本配置表

序号	配置项目		防 范 范 围	配置要求		
				三级安全防护	二级安全防护	一级安全防护
12	入侵报警系统	入侵探测装置	有周界围墙的发电站、电力调度控制中心等封闭屏障处	可	宜	应
13			变电站、重要电力用户配电站的周界围墙或栅栏	应	应	应
14		紧急报警装置	发电站警卫室	应	应	应
15			安防监控中心或调度控制中心监控室	应	应	应

6.3 入侵报警系统

6.3.1 入侵报警系统应配置满足现场要求的声光报警装置，应能按时间、区域、部位任意编程设防或撤防；能对设备运行状态和信号传输线路进行检测，能及时发出故障报警并指示故障位置；应具有防破坏功能，当探测器被拆或线路被切断时，系统应能发出报警，并显示和记录报警部位及有关警情数据。

6.3.2 三级安全防护要求的防盗报警控制器应符合 GB 12663—2001 中 A 级的规定，二级安全防护要求的防盗报警控制器应符合 B 级的规定，一级安全防护要求的防盗报警控制器应符合 C 级的规定。

6.3.3 脉冲电子围栏前端每根导线脉冲电压应在 5000V～10000V 之间，其他要求应符合 GB/T 7946 的有关规定。

6.3.4 系统的其他要求应符合 GB 50394 的有关规定。

【依据 2】《电力行业反恐怖防范标准（试行）》（水电工程部分）

4.2.3.4 入侵报警系统由入侵探测器、紧急报警装置、传输网络、报警控制器、告警器等组成。系统应能对设防区域的非法入侵进行实时有效的探测与报警；系统应能独立运行，有输出接口，可用手动、自动操作以有线或无线方式报警，且具有防破坏报警功能；系统的前端应按需要选择、安装各类入侵探测设备，构成点、线、面、空间综合防护系统；系统应能按时间、区域、部位任意编程设防和撤防。

入侵报警系统的设计应符合 GB 50394 的要求。

6.5.4.3（6）本项目的查评依据如下。

【依据 1】《电力设施治安风险等级和安全防范要求》（GA 1089—2013）

4.2 水电站的治安风险等级划分应符合下列规定：

a）DL 5180 规定的水库库容大于等于 10^7m^3，且小于 10^8m^3，或装机容量大于等于 50MW，且小于

300MW 的中型水电站的风险等级确定为三级；

b）DL 5180 规定的水库库容大于等于 10^8m^3，且小于 10^9m^3，或装机容量大于等于 300MW，且小于 1200MW 的大（2）型水电站的风险等级确定为二级；

c）DL 5180 规定的水库库容大于等于 10^9m^3、或装机容量大于等于 1200MW 的大（1）型水电站的风险等级确定为一级。

4.4 电网的治安风险等级划分应符合下列规定：

a）地（市、州、盟）级电力调度控制中心，220kV 变电站，110kV 重要负荷变电站的风险等级确定为三级；

b）省、自治区、直辖市以及省会城市、计划单列市电力调度控制中心，330kV～750kV 电压等级的变电站，以及向 GB/Z 29328—2012 规定的二级重要电力用户供电的变电站或配电站的风险等级确定为二级；

c）国家和区域电力调度控制中心，800kV 及以上电压等级的变电站，以及向 GB/Z 29328—2012 规定的特级和一级重要电力用户供电的变电站或配电站的风险等级确定为一级。

5.3.1 电力设施安全防范系统基本配置应符合表 1 的规定。

表 1　　　　　　　　　　　　　电力设施安全防范系统基本配置表

序号	配置项目	防 范 区 域	配置要求		
			三级安全防护	二级安全防护	一级安全防护
16	出入口控制系统	发电站、发电站控制室出入口	可	宜	应
17		电力调度控制中心、调度室、通信机房，变电站、重要电力用户配电站出入口	可	宜	应

6.4 出入口控制系统

6.4.1 出入口现场控制设备中的每个出入口记录总数应大于 1000 条。

6.4.2 系统应保存不小于 180d 的最新事件记录。

6.4.3 系统应对设防区域的位置、通过对象及通过时间等进行实时控制或程序控制。系统应有报警功能。

6.4.4 系统的其他要求应符合 GB 50396 的有关规定。

【依据 2】《电力行业反恐怖防范标准（试行）》（水电工程部分）

4.2.3.5 出入口控制系统由识读（显示）装置、传输网络、管理控制器、记录设备、执行机构等组成。系统的各类识别装置、执行机构应保证操作的有效性和可靠性，应有防尾随措施。对非法闯入的行为，应发出报警信号，同时系统应满足紧急逃生时人员疏散的相关要求。系统应具有人员出入时间、地点、顺序等数据设置、显示、记录、查询和打印等功能，并有防篡改、防销毁等措施。

出入口控制系统的设计应符合 GB 50396 的要求。

6.5.4.3（7）本项目的查评依据如下。

【依据 1】《电力设施治安风险等级和安全防范要求》（GA 1089—2013）

4.2 水电站的治安风险等级划分应符合下列规定：

a）DL 5180 规定的水库库容大于等于 10^7m^3，且小于 10^8m^3，或装机容量大于等于 50MW，且小于 300MW 的中型水电站的风险等级确定为三级；

b）DL 5180 规定的水库库容大于等于 10^8m^3，且小于 10^9m^3，或装机容量大于等于 300MW，且小于 1200MW 的大（2）型水电站的风险等级确定为二级；

c）DL 5180 规定的水库库容大于等于 10^9m^3、或装机容量大于等于 1200MW 的大（1）型水电站的风险等级确定为一级。

5.3.1 电力设施安全防范系统基本配置应符合表 1 的规定。

表1 　　　　　　　　　　　　　　电力设施安全防范系统基本配置表

序号	配置项目	防 范 区 域	配置要求		
			三级安全防护	二级安全防护	一级安全防护
19	电子巡查系统	水电枢纽工程壅水建筑物	可	宜	应

6.5　电子巡查系统

6.5.1　采集装置存储的巡查信息记录应不小于4000条。

6.5.2　系统的其他要求应符合GA/T 644的有关规定。

【依据2】《电力行业反恐怖防范标准（试行）》（水电工程部分）

4.2.3.7　电子巡查系统由信息标识、数据采集器、数据转换传输装置及管理软件等组成，系统信息采集点（巡查点）装置应安装在重要部位及巡查路线上，且安装应牢固、隐蔽。系统在授权情况下应该能对巡查路线、时间、巡查点进行设定和调整。监控中心应能查阅、打印各巡查人员的到位时间，应具有对巡查时间、地点、人员和顺序等数据显示、储存、查询和打印等功能，并具有违规记录提示。

电子巡查系统的设计应符合GA/T 644的要求。

6.5.4.3（8）本项目的查评依据如下。

【依据1】《电力设施治安风险等级和安全防范要求》（GA 1089—2013）

4.2　水电站的治安风险等级划分应符合下列规定：

a）DL 5180规定的水库库容大于等于$10^7 m^3$，且小于$10^8 m^3$，或装机容量大于等于50MW，且小于300MW的中型水电站的风险等级确定为三级；

b）DL 5180规定的水库库容大于等于$10^8 m^3$，且小于$10^9 m^3$，或装机容量大于等于300MW，且小于1200MW的大（2）型水电站的风险等级确定为二级；

c）DL 5180规定的水库库容大于等于$10^9 m^3$、或装机容量大于等于1200MW的大（1）型水电站的风险等级确定为一级。

5.3.1　电力设施安全防范系统基本配置应符合表1的规定。

表1 　　　　　　　　　　　　　　电力设施安全防范系统基本配置表

序号	配置项目	防 范 区 域	配置要求		
			三级安全防护	二级安全防护	一级安全防护
21	停车库管理系统	停车库（场）	可	宜	应

6.6　停车库（场）安全管理系统

停车库（场）安全管理系统应符合GA/T 761的有关规定。

【依据2】《电力行业反恐怖防范标准（试行）》（水电工程部分）

4.2.3.6　防护区内建有停车库（场）的应设置停车库（场）安全管理系统。系统应能根据建筑物的使用功能和安全防范管理的需要，对停车库（场）的车辆通行道口实施出入控制、监视、行车信号指示、停车管理及车辆防盗报警等综合管理：系统可独立运行，也可与出入口控制器系统联合设置，与视频安防监控系统联动。

停车库（场）安全管理系统的设计应符合GA/T 761的要求。

6.5.4.3（9）本项目的查评依据如下。

【依据】《电力设施治安风险等级和安全防范要求》（GA 1089—2013）

4.2　水电站的治安风险等级划分应符合下列规定：

a）DL 5180规定的水库库容大于等于$10^7 m^3$，且小于$10^8 m^3$，或装机容量大于等于50MW，且小于300MW的中型水电站的风险等级确定为三级；

b）DL 5180 规定的水库库容大于等于 $10^8 m^3$，且小于 $10^9 m^3$，或装机容量大于等于 300MW，且小于 1200MW 的大（2）型水电站的风险等级确定为二级；

c）DL 5180 规定的水库库容大于等于 $10^9 m^3$、或装机容量大于等于 1200MW 的大（1）型水电站的风险等级确定为一级。

5.3.1 电力设施安全防范系统基本配置应符合表 1 的规定。

表 1   电力设施安全防范系统基本配置表

序号	配置项目	防 范 区 域	配置要求		
			三级安全防护	二级安全防护	一级安全防护
22	防盗安全门	重要物品储存库、电力调度控制中心调度室、安防监控中心等出入口	应	应	应
23	防盗栅栏	无人值守的变电站、重要电力用户配电站与外界直接相通的1、2层的窗户和风口	应	应	应
24		重要物品储存库等重要办公场所的窗户	应	应	应

注：外界是指周围社会环境。

6.7 其他

防盗安全门应不低于 GB 17565—2007 中乙级的相关规定。

6.5.5 交通安全

6.5.5（1）本项目的查评依据如下。

【依据 1】《国家电网公司十八项电网重大反事故措施》修订版（国家电网生〔2012〕352 号）

18.2.2 加强对各种车辆维修管理。各种车辆的技术状况应符合国家规定，安全装置完善可靠。对车辆应定期进行检修维护，在行驶前、行驶中、行驶后对安全装置进行检查，发现危及交通安全问题，应及时处理，严禁带病行驶。

【依据 2】《国家电网公司水电厂重大反事故措施》（国网基建〔2015〕60 号）

17.8.1.6 加强对各种车辆、船舶维修管理。各种车辆、船舶的技术状况应符合国家规定，安全装置完善可靠。对车辆、船舶应定期进行检修维护，在行驶前、行驶中、行驶后对安全装置进行检查，发现危及交通安全问题，应及时处理，严禁带病行驶。

6.5.5（2）本项目的查评依据如下。

【依据 1】《国家电网公司十八项电网重大反事故措施》修订版（国家电网生〔2012〕352 号）

18.2.1.1 建立健全交通安全管理机构（如交通安全委员会），按照"谁主管、谁负责"的原则，对本单位所有车辆驾驶人员进行安全管理和安全教育。交通安全应该与安全生产同布置、同考核、同奖惩。

18.2.1.2 建立健全本企业有关车辆交通管理规章制度并严格执行，完善安全管理措施（含场内车辆和驾驶员），做到不失控、不漏管、不留死角，监督、检查、考核到位，严禁客货混装，保障车辆运输安全。

【依据 2】《防止电力生产事故的二十五项重点要求》（国能安全〔2014〕161 号）

1.10.1 建立健全交通安全管理规章制度，明确责任，加强交通安全监督及考核，严格执行车辆交通管理规章制度。

【依据 3】《国家电网公司水电厂重大反事故措施》（国网基建〔2015〕60 号）

17.8.1.1 建立健全交通安全管理机构（交通安全委员会），按照"谁主管、谁负责"的原则，对本单位所有交通工具（车辆、船舶，下同）驾驶人员进行安全管理和安全教育。交通安全应该与安全生产同布置、同考核、同奖惩。

17.8.1.2 建立健全本企业有关车辆交通管理规章制度并严格执行，完善安全管理措施（含场内车辆、船舶和驾驶员），做到不失控、不漏管、不留死角，监督、检查、考核到位，严禁客货混装，保障运输安全。

6.5.5（3）本项目的查评依据如下。

【依据1】《国家电网公司十八项电网重大反事故措施》修订版（国家电网生〔2012〕352号）

18.2.1.2 建立健全本企业有关车辆交通管理规章制度并严格执行，完善安全管理措施（含场内车辆和驾驶员），做到不失控、不漏管、不留死角，监督、检查、考核到位，严禁客货混装，保障车辆运输安全。

【依据2】《国家电网公司水电厂重大反事故措施》（国网基建〔2015〕60号）

17.8.1.3 建立健全交通安全监督、考核、保障制约机制，通过车辆 GPS 定位系统，杜绝超速等违章驾驶现象的发生，严格落实责任制，应实行"准驾证"制度，无本企业准驾证的人员严禁驾驶本企业车辆，强化副驾驶座位人员的监护责任。

6.5.5（4）本项目的查评依据如下。

【依据】《国家电网公司电力安全工作规程 第3部分：水电厂动力部分》（Q/GDW 1799.3—2015）

14.6.1 码头上应在明显的地方备有一定数量的救生设施和消防器材，并设置安全标志牌。

14.6.2 应及时清除码头工作场所的油渍、霜、雪。冰冻期间应铺上草包，以防滑跌。码头上不准堆积杂物及易燃易爆物品。

6.5.5（5）本项目的查评依据如下。

【依据1】《中华人民共和国内河交通安全管理条例》（2011修订）

第六条 船舶具备下列条件，方可航行：

（一）经海事管理机构认可的船舶检验机构依法检验并持有合格的船舶检验证书；

（二）经海事管理机构依法登记并持有船舶登记证书；

（三）配备符合国务院交通主管部门规定的船员；

（四）配备必要的航行资料。

第九条 船员经水上交通安全专业培训，其中客船和载运危险货物船舶的船员还应当经相应的特殊培训，并经海事管理机构考试合格，取得相应的适任证书或者其他适任证件，方可担任船员职务。严禁未取得适任证书或者其他适任证件的船员上岗。

船员应当遵守职业道德，提高业务素质，严格依法履行职责。

第十条 船舶、浮动设施的所有人或者经营人，应当加强对船舶、浮动设施的安全管理，建立、健全相应的交通安全管理制度，并对船舶、浮动设施的交通安全负责；不得聘用无适任证书或者其他适任证件的人员担任船员；不得指使、强令船员违章操作。

【依据2】《国家电网公司电力安全工作规程 第3部分：水电厂动力部分》（Q/GDW 1799.3—2015）

14.5.7 船上应备有救生设备和消防设备。乘船人员应遵守乘船规定，禁止下水游泳。船未停妥，不准上下。船上应指定维护安全的人员。

6.6 安全生产管理

6.6.1 组织体系及目标

6.6.1（1）本项目的查评依据如下。

【依据】《国家电网公司安全工作规定》[国网（安监/2）406—2014]

第二十四条 公司各级单位应设立安全生产委员会，主任由单位行政正职担任，副主任由党组（委）书记和分管副职担任，成员由各职能部门负责人组成。安全生产委员会办公室设在安全监督管理部门。

6.6.1（2）本项目的查评依据如下。

【**依据 1**】《中华人民共和国安全生产法（2014 版）》（主席令第 13 号）

第二十一条　矿山、金属冶炼、建筑施工、道路运输单位和危险物品的生产、经营、储存单位，应当设置安全生产管理机构或者配备专职安全生产管理人员。

前款规定以外的其他生产经营单位，从业人员超过一百人的，应当设置安全生产管理机构或者配备专职安全生产管理人员；从业人员在一百人以下的，应当配备专职或者兼职的安全生产管理人员。

【**依据 2**】《国家电网公司安全工作规定》[国网（安监/2）406—2014]

第十八条　公司、省公司级单位和省公司级单位所属的检修、运行、发电、施工、煤矿企业（单位）以及地市供电企业、县供电企业，应设立安全监督管理机构。机构设置及人员配置执行公司"三集五大"体系机构设置和人员配置指导方案。

省公司级单位所属的电力科学研究院、经济技术研究院、信息通信（分）公司、物资供应公司、培训中心、综合服务中心等下属单位，地市供电企业、县供电企业两级单位所属的建设部、调控中心、业务支撑和实施机构及其二级机构（工地、分场、工区、室、所、队等，下同）等部门、单位，应设专职或兼职安全员。

地市供电企业、县供电企业两级单位所属业务支撑和实施机构下属二级机构的班组应设专职或兼职安全员。

第十九条　公司和省公司级单位的安全监督管理机构由本单位行政正职或行政正职委托的行政副职主管；地市供电企业、县供电企业安全监督管理机构由行政正职主管。

第二十条　安全监督管理机构应满足以下基本要求：

（一）从事安全监督管理工作的人员符合岗位条件，人员数量满足工作需要；

（二）专业搭配合理，岗位职责明确；

（三）配备监督管理工作必需的装备。

第二十一条　安全监督管理机构的职责：

（一）贯彻执行国家和上级单位有关规定及工作部署，组织制定本单位安全监督管理和应急管理方面的规章制度，牵头并督促其他职能部门开展安全性评价、隐患排查治理、安全检查和安全风险管控等工作，积极探索和推广科学、先进的安全管理方式和技术。

（二）监督本单位各级人员安全责任制的落实；监督各项安全规章制度、反事故措施、安全技术劳动保护措施和上级有关安全工作要求的贯彻执行；负责组织基建、生产、发电、供用电、农电、信息等安全的监督、检查和评价；负责组织交通安全、电力设施保护、防汛、消防、防灾减灾的监督检查。

（三）监督涉及电网、设备、信息安全的技术状况，涉及人身安全的防护状况；对监督检查中发现的重大问题和隐患，及时下达安全监督通知书，限期解决，并向主管领导报告。

（四）监督建设项目安全设施"三同时"（与主体工程同时设计、同时施工、同时投入生产和使用）执行情况；组织制定安全工器具、安全防护用品等相关配备标准和管理制度，并监督执行。

（五）参加和协助本单位领导组织安全事故调查，监督"四不放过"（即事故原因未查清不放过、责任人员未处理不放过、整改措施未落实不放过、有关人员未受教育不放过）原则的贯彻落实，完成事故统计、分析、上报工作并提出考核意见；对安全做出贡献者提出给予表扬和奖励的建议或意见。

（六）参与电网规划、工程和技改项目的设计审查、施工队伍资质审查和竣工验收以及安全方面科研成果鉴定等工作。

（七）负责编制安全应急规划并组织实施；负责组织协调公司应急体系建设及公司应急管理日常工作；负责归口管理安全生产事故隐患排查治理工作并进行监督、检查与评价；负责人武、保卫管理；负责指导集体企业安全监察相关管理工作。

6.6.1（3）本项目的查评依据如下。

【依据】《国家电网公司安全工作规定》［国网（安监/2）406—2014］

第十条 省（直辖市、自治区）电力公司支撑实施机构、直属单位、地市供电企业和公司直属单位下属单位（以下简称"地市公司级单位"）的安全目标：

（一）不发生重伤及以上人身事故；

（二）不发生五级及以上电网、设备事件；

（三）不发生一般及以上火灾事故；

（四）不发生六级及以上信息系统事件；

（五）不发生煤矿较大及以上非伤亡事故；

（六）不发生本单位负同等及以上责任的重大交通事故；

（七）不发生其他对公司和社会造成重大影响的事故（事件）。

第十一条 地市公司级单位直属单位、县供电企业、公司直属单位下属单位子企业（以下简称"县公司级单位"）的安全目标：

（一）不发生五级及以上人身事故；

（二）不发生六级及以上电网、设备事件；

（三）不发生一般及以上火灾事故；

（四）不发生七级及以上信息系统事件；

（五）不发生煤矿一般及以上非伤亡事故；

（六）不发生本单位负同等及以上责任的重大交通事故；

（七）不发生其他对公司和社会造成重大影响的事故（事件）。

6.6.2 安全生产责任制

6.6.2（1）本项目的查评依据如下。

【依据1】《中华人民共和国安全生产法（2014版）》（主席令第13号）

第五条 生产经营单位的主要负责人对本单位的安全生产工作全面负责。

第十九条 生产经营单位的安全生产责任制应当明确各岗位的责任人员、责任范围和考核标准等内容。

生产经营单位应当建立相应的机制，加强对安全生产责任制落实情况的监督考核，保证安全生产责任制的落实。

【依据2】《电力安全生产监督管理办法》（国家发展和改革委员会令第21号）

第七条 电力企业的主要负责人对本单位的安全生产工作全面负责。电力企业从业人员应当依法履行安全生产方面的义务。

【依据3】《国家电网公司安全工作规定》［国网（安监/2）406—2014］

第十二条 公司各级单位行政正职是本单位的安全第一责任人，对本单位安全工作和安全目标负全面责任。

第十四条 公司各级单位行政副职对分管工作范围内的安全工作负领导责任，向行政正职负责；总工程师对本单位的安全技术管理工作负领导责任；安全总监协助负责安全监督管理工作。

第十五条 公司各级单位的各部门、各岗位应有明确的安全管理职责，做到责任分担，并实行下级对上级的安全逐级负责制。安全保证体系对业务范围内的安全工作负责，安全监督体系负责安全工作的综合协调和监督管理。

第十九条 公司和省公司级单位的安全监督管理机构由本单位行政正职或行政正职委托的行政副职主管；地市供电企业、县供电企业安全监督管理机构由行政正职主管。

【依据4】《国家电网公司安全职责规范》（国网安质〔2014〕1528号）

第三条 各级行政正职是本单位的安全第一责任人，对安全工作负全面领导责任。各级行政副职协助行政正职开展工作，是分管工作范围内的安全第一责任人，对分管工作范围内的安全工作负领导责任。各级工会应依法组织员工参与本单位安全生产工作的民主管理与民主监督，维护员工在安全生产方面的合法权益。各级党委（党组）书记与行政正职负同等责任。

第四条　安全生产，人人有责。各级、各部门人员，都应执行有关安全生产的法律法规和上级有关规程规定，落实各项安全生产措施，接受安全监督管理机构（以下简称安监部门）的安全监督和指导。在计划、布置、检查、总结、考核生产工作的同时，计划、布置、检查、总结、考核安全工作（简称"五同时"）。

6.6.2（2）本项目的查评依据如下。

【依据】《国家电网公司发电企业安全监督检查大纲》[安监三（2012）157号]

4　水电厂安全监督检查大纲

4.1　春季安全大检查督查大纲

2.1　制定年度安全生产目标、分解目标及保证安全生产目标实现的措施；逐级（单位、部门、班组）签订安全目标责任书。

6.6.2（3）本项目的查评依据如下。

【依据1】《国家电网公司安全工作规定》[国网（安监/2）406—2014]

第六十六条　作业安全风险管控。公司各级单位应针对运维、检修、施工等生产作业活动，从计划编制、作业组织、现场实施等关键环节，分析辨识作业安全风险，开展安全承载能力分析，实施作业安全风险预警，制定落实风险管控措施，落实到岗到位要求。

【依据2】《国家电网公司生产作业安全管控标准化工作规范（试行）》（国家电网安质〔2016〕356号）

4.7　到岗到位

4.7.1　各级单位应建立健全作业现场到岗到位制度，按照"管业务必须管安全"的原则，明确到岗到位人员责任和工作要求。

4.7.2　各级单位应严格按照《生产作业现场到岗到位标准》（附录E），落实到岗到位要求。

4.7.3　到岗到位工作重点。

a）检查"两票""三措"执行及现场安全措施落实情况。

b）安全工器具、个人防护用品使用情况。

c）大型机械安全措施落实情况。

d）作业人员不安全行为。

e）文明生产。

4.7.4　到岗到位人员对发现的问题应立即责令整改，并向工作负责人反馈检查结果。

6.6.3　规程制度

6.6.3（1）本项目的查评依据如下。

【依据】《国家电网公司安全工作规定》[国网（安监/2）406—2014]

第二十七条　公司各级单位应建立健全保障安全的各项规程制度：

（一）根据上级颁发的制度标准及其他规范性文件和设备厂商的说明书，编制企业各类设备的现场运行规程和补充制度，经专业分管领导批准后按公司有关规定执行；

（二）在公司通用制度范围以外，根据上级颁发的检修规程、技术原则，制定本单位的检修管理补充规程，根据典型技术规程和设备制造说明，编制主、辅设备的检修工艺规程和质量标准，经专业分管领导批准后执行；

（三）根据国务院颁发的《电网调度管理条例》和国家颁发的有关规定以及上级的调控规程或细则，编制本系统的调控规程或细则，经专业分管领导批准后执行；

（四）根据上级颁发的施工管理规定，编制工程项目的施工组织设计和安全施工措施，按规定审批后执行。

6.6.3（2）本项目的查评依据如下。

【依据】《国家电网公司安全工作规定》［国网（安监/2）406—2014］

第二十八条　公司所属各级单位应及时修订、复查现场规程，现场规程的补充或修订应严格履行审批程序。

（一）当上级颁发新的规程和反事故技术措施、设备系统变动、本单位事故防范措施需要时，应及时对现场规程进行补充或对有关条文进行修订，书面通知有关人员；

（二）每年应对现场规程进行一次复查、修订，并书面通知有关人员；不需修订的，也应出具经复查人、审核人、批准人签名的"可以继续执行"的书面文件，并通知有关人员；

（三）现场规程宜每3～5年进行一次全面修订、审定并印发。

6.6.3（3）本项目的查评依据如下。

【依据】《国家电网公司安全工作规定》［国网（安监/2）406—2014］

第二十九条　省公司级单位应定期公布现行有效的规程制度清单；地市公司级单位、县公司级单位应每年至少一次对安全法律法规、标准规范、规章制度、操作规程的执行情况进行检查评估，公布一次本单位现行有效的现场规程制度清单，并按清单配齐各岗位有关的规程制度。

6.6.4　运维检修管理

6.6.4.1　两票三制

6.6.4.1（1）本项目的查评依据如下。

【依据】《国家电网公司发电企业安全监督检查大纲》［安监三（2012）157号］

4　水电厂安全监督检查大纲

4.1　春季安全大检查督查大纲

4.4　"两票"管理制度健全，符合规程及上级要求，宣传贯彻到位。

6.6.4.1（2）本项目的查评依据如下。

【依据1】《国家电网公司水电运维管理规定》［国网（运检/4）308—2014］

第十四条　水电厂运维部门每月应对工作票、操作票的填写与执行情况进行检查，统计工作票、操作票合格率。

【依据2】《国家电网公司电力安全工作规程》（国家电网企管〔2013〕1650号）

6.6.4.1（3）本项目的查评依据如下。

【依据】《国家电网公司发电企业安全监督检查大纲》［安监三（2012）157号］

4　水电厂安全监督检查大纲

4.1　春季安全大检查督查大纲

4.5　运行交接班记录完整，能够对设备运行方式、运行状态、存在的安全风险进行分析；

编制设备巡检台账，明确巡检路线、内容和周期，按时开展巡检工作；

编制设备定期轮换与试验台账，明确设备切换周期，并定期进行切换。

6.6.4.1（4）本项目的查评依据如下。

【依据】《国家电网公司防止电气误操作安全管理规定》（国家电网安监〔2006〕904号）

3.1　设备停复役申请

电气设备停复役申请应充分考虑防止电气误操作工作的安全要求，其工作流程应满足各级调度部门的有关规定。

3.2　操作票管理要求

3.2.1　操作票的填写、审核和使用及倒闸操作的基本条件和要求执行《国家电网公司电力安全工作规程（试行）》有关规定。

3.2.2　倒闸操作典型操作票的编写、审核、批准执行《国家电网公司变电站管理规范》有关要求。

3.3 倒闸操作管理要求

3.3.1 基本要求

3.3.1.1 操作人员应考试合格且名单经运行管理单位批准公布。

3.3.1.2 现场设备应有明显标志，包括命名、编号、分合指示、旋转方向、切换位置的指示和区别电气相别的色标。

3.3.1.3 一次系统模拟图或电子接线图应与现场实际相符合。

3.3.1.4 应具备齐全和完善的运行规程、典型操作票和统一规范的调度操作术语。

3.3.1.5 应有确切的操作指令和合格的操作票。

3.3.1.6 应有合格的操作工具、安全用具和设施（包括对号放置接地线的专用装置）。

3.3.1.7 电气设备应有完善的防止电气误操作闭锁装置。

3.3.2 基本步骤

3.3.2.1 操作人员按预先布置的操作任务（操作步骤）正确填写操作票。

3.3.2.2 经审票并预演正确。

3.3.2.3 操作前明确操作目的，做好危险点分析和预控。

3.3.2.4 接受调度发布的操作指令及发令时间。

3.3.2.5 操作人员检查核对设备命名、编号和状态。

3.3.2.6 按操作票逐项唱票、复诵、监护、操作，确认设备状态与操作票内容相符并打钩。

3.3.2.7 向调度汇报操作结束及时间。

3.3.2.8 做好记录并使系统模拟图与设备状态一致，然后签销操作票。

6.6.4.2 技术监督管理

6.6.4.2（1）本项目的查评依据如下。

【依据1】《国家电网公司运维检修管理通则》[国网（运检/1）94—2014]

第五十二条 技术监督管理工作主要要求如下：

（一）建立质量、标准、检测三位一体的技术监督体系，强化队伍建设和装备配置，健全技术监督工作机制，统一规划设计、物资采购、工程建设、设备运维等各阶段技术标准，加强家族缺陷管理和新建、改扩建工程验收，督促技术标准、反事故措施和差异化设计在各阶段的执行落实。

（二）完善组织制度保障。健全技术监督网络，完善技术监督制度标准，明晰各部门、各岗位的技术监督职责，明确工作目标和重点措施，完善组织协调、监督检查、计划编制执行、预告警单管理、监督质量考评等制度标准，规范技术监督工作。

（三）健全技术监督机制。通过开展全过程、全方位技术监督，对查出的技术标准执行重大偏差、设备严重隐患等严重问题，及时发布预、告警单，责令相关部门和单位限期整改并跟踪落实情况，增强技术监督的权威性和严肃性。建立量化考评体系，定期对各阶段、各专业技术监督工作质量进行评价。根据电网各个时期的运行特点、难点调整技术监督工作重点，针对电网专业技术与管理的薄弱点、危险点进行适时有效地监督。将常规技术监督和专项技术监督相结合，将专业技术监督与设备技术监督相结合，统筹做好全过程技术监督。

（四）加强工程启动验收工作。为保证基建和运检阶段的无缝衔接，工程启动验收工作由基建和运检部门共同组织。健全规章制度，明确相应职责分工和工作流程，建立基建运检协同高效、标准统一、执行规范的工程验收机制。同时做好可研设计、设备采购、工程建设、安装调试等启动验收前的技术监督工作，及时向工程组织单位反馈问题，并督促整改。

【依据2】《国家电网公司技术监督管理规定》[国网（运检/2）106—2017]

第九条 地市公司技术监督组织机构及职责

（一）成立由地市公司分管领导（或总工程师）任组长的技术监督领导小组，作为地市公司技术监督工作的领导机构。成员包括运检部、发展部、营销部、基建部、调控中心等部门以及设备状态评价分中心主要负责人。主要职责：

1．贯彻落实国家、行业及公司各级技术监督方针政策、法规、标准、规程、制度等。

2．批准年度技术监督计划，落实技术监督专项费用。

3．审批技术监督工作考核评比结果。

4．协调解决地市公司技术监督工作中的重大问题。

（二）地市公司技术监督领导小组下设技术监督办公室，设在地市公司运检部，在技术监督领导小组的领导下负责地市公司技术监督日常管理工作。办公室主任由运检部主要负责人兼任，成员包括运检部、发展部、营销部、基建部、调控中心等部门以及设备状态评价分中心相关负责人及有关人员。主要职责：

1．归口管理地市公司技术监督工作。

2．指导地市公司各级技术监督组织体系建设和日常管理。

3．建立并完善办公室工作机制，协调相关部门和单位具体开展全过程技术监督。

4．组织制定地市公司技术监督工作规划与年度计划（含专项费用）。

5．审批、发布地市公司技术监督预警单和告警单。

6．对地市公司各部门、各单位技术监督工作开展情况提出考评意见，报领导小组审批。

7．组织召开地市公司年度技术监督工作会议和技术监督办公室季度例会。

8．建立健全技术监督专家管理机制，组建并维护地市公司级技术监督专家库。

第十五条 技术监督应贯穿规划可研、工程设计、设备采购、设备制造、设备验收、设备安装、设备调试、竣工验收、运维检修、退役报废等全过程，在电能质量、电气设备性能、化学、电测、金属、热工、保护与控制、自动化、信息通信、节能、环境保护、水机、水工等各个专业方面，对电力设备（电网输变配电主要一、二次设备，发电设备，自动化、信息、电力通信设备等）的健康水平和安全、质量、经济运行方面的重要参数、性能和指标，以及生产活动过程进行监督、检查、调整及考核评价。全过程技术监督管理流程见附录1。

（一）全过程技术监督内容

1．规划可研阶段：监督规划可研相关资料是否满足公司有关规划可研标准、设备选型标准、预防事故措施、差异化设计要求等。

2．工程设计阶段：监督工程设计图纸、施工图纸、设备选型等内容是否满足公司有关工程设计标准、设备选型标准、预防事故措施、差异化设计要求等。

3．设备采购阶段：依据采购标准和有关技术标准要求，监督设备招、评标环节所选设备是否符合安全可靠、技术先进、运行稳定、高性价比的原则。对明令停止供货（或停止使用）、不满足预防事故措施、未经鉴定、未经入网检测或入网检测不合格的产品，技术监督办公室以告警单形式提出书面禁用意见。

4．设备制造阶段：监督设备制造过程中订货合同和有关技术标准的执行情况，必要时可派监督人员到制造厂采取过程见证、部件抽测、试验复测等方式开展专项技术监督。

5．设备验收阶段：设备验收阶段分为出厂验收和现场验收。出厂验收阶段，监督设备制造工艺、装置性能、检测报告等是否满足订货合同、设计图纸、相关标准和招投标文件要求；现场验收阶段，依据公司现场交接验收有关要求，监督设备供货单与供货合同及实物一致性等。

6．运输储存阶段：监督设备运输、储存过程中相关技术标准和反事故措施的执行情况。

7．安装调试阶段：依据《电气装置安装工程施工及验收规范》等标准，监督安装单位及人员资质、工艺控制资料、安装过程是否符合相关规定，对重要工艺环节开展安装质量抽检；在设备单体调试、系统调试、系统启动调试过程中，监督调试方案、重要记录、调试仪器设备、调试人员是否满足相关标准和预防事故措施的要求。

8．竣工验收阶段：对前期各阶段技术监督发现问题的整改落实情况进行监督检查。220kV及以上电网设备投产前，技术监督办公室应结合工程竣工验收，组织开展现场技术监督，编写《工程投产前技术监督报告》（模板见附录2），并作为工程验收依据之一，与工程竣工资料一起存档。

9．运维检修阶段：监督设备状态信息收集、状态评价、检修策略制定、检修计划编制、检修实施和绩效评价等工作中相关技术标准和预防事故措施的执行情况。

10．退役报废阶段：监督设备退役报废处理过程中相关技术标准和预防事故措施的执行情况。

（二）专业技术监督内容

1．电能质量监督

电网频率和电压质量。电网频率质量包括频率允许偏差，频率合格率；电压质量包括电压允许偏差、允许波动和闪变、电压暂升和暂降、短时间中断、三相电压允许不平衡度和正弦波形畸变率；影响电网运行的无功补偿设备的运行、管理；非线性负荷的入网管理，电能质量在线监测装置的检定、维护，电能质量超标用户的治理方案审核、验收等。

2．电气设备性能监督

电气设备的绝缘强度（包括外绝缘防污闪）、通流能力、过电压保护及接地系统，包括对变压器、电抗器、组合电器、断路器、隔离开关、互感器、避雷器、耦合电容器、电容器、输电线路、电力电缆、接地装置、直流电源系统、发电机、电动机、封闭母线、高压直流输电换流设备、晶闸管等电气设备的技术监督。

3．化学监督

水、汽、油、气、燃料品质，生产用各种药品质量，热力设备的腐蚀、结垢、积盐和停、备用设备保护，化学仪器仪表，电气设备的化学腐蚀。

4．电测监督

各类电测量仪表、装置、变换设备及回路计量性能，及其量值传递和溯源；电能计量装置计量性能；电测量计量标准；各类用电信息采集终端；上述设备电磁兼容性能。

5．金属监督

电气设备的金属线材、金属部件、电瓷部件、压力容器和承压管道及部件、蒸汽管道、高速转动部件的材质、组织和性能变化分析、安全和寿命评估；焊接材料、胶接材料、焊缝、胶接面的质量，部件、焊缝、胶接面和材料的无损检验。

6．热工监督

各类温度、压力、液位、流量测量仪表、装置、变换设备及回路计量性能，及其量值传递和溯源；热工计量标准。

7．节能与环境保护监督

输电线路及变电设备电能损耗，输变电系统噪声、工频电场、工频磁场、合成电场、无线电干扰、六氟化硫气体、废水、废油、固体废弃物和环境保护设施。

8．保护与控制系统监督

电力系统继电保护和安全自动装置及其投入率、动作正确率；高压直流输电系统、串联补偿装置、静止无功补偿装置等各类电力电子设备控制系统；发电机组励磁系统、辅助控制系统、调速系统的控制范围、特性、功能。

9．自动化监督

自动化系统的性能、运行指标等，包括电力调度自动化系统、水调自动化系统、电能量计费系统、配电管理系统；厂、站综合自动化系统等。

10．信息通信监督

信息通信系统在架构、标准、功能、性能、安全、运行、应用等方面的指标和要求，具体包括信息通信机房和基础设施、通信设备、通信链路、网络设备、主机设备、数据库、中间件、安全设备、存储设备、基础平台、业务应用、安全监控系统、灾备系统、监控管理系统等设备、设施和系统。

11．水机监督

水电厂水轮发电机组、水轮机控制系统及油压装置、水机自动化。

12．水工监督

水工建筑物、大坝安全监测系统、水工金属结构设备。

第十六条　技术监督应坚持"公平、公正、公开、独立"的工作原则，按全过程、闭环管理方式开展工作。

第十七条　技术监督工作应以技术标准和预防事故措施为依据，结合实际，对现场工作进行抽查，对设备质量进行抽检，有重点、有针对性地开展专项技术监督工作。抽查和抽检也可委托第三方进行。

第十八条　技术监督工作应建立开放性的长效机制，建立由现场经验丰富、理论知识扎实、责任心强的人员组成的技术监督专家库，为技术监督工作提供技术支撑。

第十九条　技术监督工作应建立动态管理、预警和跟踪、告警和跟踪、检查评估和考核、报告、例会六项制度。

（一）动态管理制度

技术监督办公室根据科技进步、电网发展以及新技术、新设备应用情况，按年度对技术监督工作的内容、方式、手段进行拓展和完善，提高各专业技术监督工作的水平，做到对各类设备的有效、及时监督。

（二）预警和跟踪制度

技术监督办公室在全过程、全方位开展技术监督工作的基础上，结合对设备的运行指标分析、评估、评价，针对技术监督工作过程中发现的具有趋势性、苗头性、普遍性的问题及时发布技术监督工作预警单，并跟踪整改落实情况。

技术监督工作预警单由设备状态评价中心（分中心）组织专家编制并签字确认，经技术监督办公室审批盖章后，及时向相关单位和部门进行发布。预警单发布后 10 个工作日内，由主管部门组织相关单位向技术监督办公室提交反馈单。预警单和反馈单模板见附录 3、4，发布流程见附录 5。

（三）告警和跟踪制度

技术监督办公室在监督中发现设备存在严重缺陷或隐患、技术标准或反措执行存在重大偏差等严重问题，将对电网安全生产带来较大影响时，应及时发布技术监督工作告警单，并跟踪整改落实情况。

技术监督工作告警单由设备状态评价中心（分中心）组织专家编制并签字确认，经技术监督办公室审批盖章后，及时向相关单位和部门进行发布。告警单发布后 5 个工作日内，由主管部门组织相关单位向技术监督办公室提交反馈单。告警单和反馈单模板见附录 4、6，告警单发布流程见附录 7。

（四）检查、评估和考核制度

技术监督工作应建立检查、评估和考核制度。应分阶段、分专业、分设备，有重点地对技术监督工作的内容、标准和实施情况进行检查、分析、评估和考核，及时发现技术监督工作存在的问题。对严重违反技术标准、技术监督不到位，造成严重后果的单位，要责令限期整改。

（五）报告制度

公司实行年报、季报制度。省公司在二、三、四季度首月 20 日前向公司技术监督办公室、公司设备状态评价中心上报上季度技术监督季度报告，公司设备状态评价中心于当月 30 日前汇总分析后形成公司技术监督季度报告，并上报公司技术监督办公室；省公司于次年首月 20 日前向公司技术监督办公室、公司设备状态评价中心上报上年度技术监督年度总结报告，公司设备状态评价中心于当月 30 日前汇总分析后上报公司技术监督办公室，报告格式见附录 8。

省公司实行月报制度，地市公司在本月 5 日前向省公司技术监督办公室报送上月技术监督月报，县公司、工区（班组）按照上级单位要求提供相关材料。

专项技术监督工作应形成专项技术监督报告，由工作负责人和执行单位签字盖章，在监督结束后一周内上报技术监督办公室，报告格式见附录 9。

（六）例会制度

技术监督办公室每季度组织召开由办公室成员参加的季度例会，听取各相关部门工作开展情况汇报，协调解决工作中的具体问题，提出下阶段工作计划。必要时临时召集相关会议。

第二十条　计划编制与下达

公司技术监督办公室结合生产实际和年度重点工作，组织公司设备状态评价中心制定年度工作计划，经公司领导小组审核批准后，在当年 12 月底前下达各有关单位和部门执行。公司各相关部门应于当年

11 月底前向技术监督办公室提交下年度工作计划，年度计划中要明确工作项目、重点监督内容、实施时间以及费用。

各省公司技术监督办公室应于1月25日之前将本单位年度技术监督工作计划上报公司技术监督办公室备案。

各地市公司按照省公司要求将本单位年度技术监督工作计划上报省公司技术监督办公室。

第二十一条 信息保障

在 PMS 系统中建立技术监督模块，构建相关流程和文本格式。技术监督办公室应定期组织人员核查信息质量，提高基层单位上报信息的及时性和准确性。

6.6.4.2（2）本项目的查评依据如下。

【依据】《国家电网公司技术监督管理规定》[国网（运检/2）106—2017]

第十九条 技术监督工作应建立动态管理、预警和跟踪、告警和跟踪、检查评估和考核、报告、例会六项制度。

（一）动态管理制度

技术监督办公室根据科技进步、电网发展以及新技术、新设备应用情况，按年度对技术监督工作的内容、方式、手段进行拓展和完善，提高各专业技术监督工作的水平，做到对各类设备的有效、及时监督。

（二）预警和跟踪制度

技术监督办公室在全过程、全方位开展技术监督工作的基础上，结合对设备的运行指标分析、评估、评价，针对技术监督工作过程中发现的具有趋势性、苗头性、普遍性的问题及时发布技术监督工作预警单，并跟踪整改落实情况。

技术监督工作预警单由设备状态评价中心（分中心）组织专家编制并签字确认，经技术监督办公室审批盖章后，及时向相关单位和部门进行发布。预警单发布后 10 个工作日内，由主管部门组织相关单位向技术监督办公室提交反馈单。预警单和反馈单模板见附录3、4，发布流程见附录5。

（三）告警和跟踪制度

技术监督办公室在监督中发现设备存在严重缺陷或隐患、技术标准或反措执行存在重大偏差等严重问题，将对电网安全生产带来较大影响时，应及时发布技术监督工作告警单，并跟踪整改落实情况。

技术监督工作告警单由设备状态评价中心（分中心）组织专家编制并签字确认，经技术监督办公室审批盖章后，及时向相关单位和部门进行发布。告警单发布后 5 个工作日内，由主管部门组织相关单位向技术监督办公室提交反馈单。告警单和反馈单模板见附录4、6，告警单发布流程见附录7。

（四）检查、评估和考核制度

技术监督工作应建立检查、评估和考核制度。应分阶段、分专业、分设备，有重点地对技术监督工作的内容、标准和实施情况进行检查、分析、评估和考核，及时发现技术监督工作存在的问题。对严重违反技术标准、技术监督不到位，造成严重后果的单位，要责令限期整改。

（五）报告制度

公司实行年报、季报制度。省公司在二、三、四季度首月20 日前向公司技术监督办公室、公司设备状态评价中心上报上季度技术监督季度报告，公司设备状态评价中心于当月30 日前汇总分析后形成公司技术监督季度报告，并上报公司技术监督办公室；省公司于次年首月20 日前向公司技术监督办公室、公司设备状态评价中心上报上年度技术监督年度总结报告，公司设备状态评价中心于当月30 日前汇总分析后上报公司技术监督办公室，报告格式见附录8。

省公司实行月报制度，地市公司在本月5 日前向省公司技术监督办公室报送上月技术监督月报，县公司、工区（班组）按照上级单位要求提供相关材料。

专项技术监督工作应形成专项技术监督报告，由工作负责人和执行单位签字盖章，在监督结束后一周内上报技术监督办公室，报告格式见附录9。

（六）例会制度

技术监督办公室每季度组织召开由办公室成员参加的季度例会,听取各相关部门工作开展情况汇报,协调解决工作中的具体问题,提出下阶段工作计划。必要时临时召集相关会议。

第二十条　计划编制与下达

公司技术监督办公室结合生产实际和年度重点工作,组织公司设备状态评价中心制定年度工作计划,经公司领导小组审核批准后,在当年12月底前下达各有关单位和部门执行。公司各相关部门应于当年11月底前向技术监督办公室提交下年度工作计划,年度计划中要明确工作项目、重点监督内容、实施时间以及费用。

各省公司技术监督办公室应于1月25日之前将本单位年度技术监督工作计划上报公司技术监督办公室备案。

各地市公司按照省公司要求将本单位年度技术监督工作计划上报省公司技术监督办公室。

6.6.4.2（3）本项目的查评依据如下。

【依据】《国家电网公司技术监督管理规定》[国网（运检/2）106—2017]

第十九条　技术监督工作应建立动态管理、预警和跟踪、告警和跟踪、检查评估和考核、报告、例会六项制度。

（一）动态管理制度

技术监督办公室根据科技进步、电网发展以及新技术、新设备应用情况,按年度对技术监督工作的内容、方式、手段进行拓展和完善,提高各专业技术监督工作的水平,做到对各类设备的有效、及时监督。

（二）预警和跟踪制度

技术监督办公室在全过程、全方位开展技术监督工作的基础上,结合对设备的运行指标分析、评估、评价,针对技术监督工作过程中发现的具有趋势性、苗头性、普遍性的问题及时发布技术监督工作预警单,并跟踪整改落实情况。

技术监督工作预警单由设备状态评价中心（分中心）组织专家编制并签字确认,经技术监督办公室审批盖章后,及时向相关单位和部门进行发布。预警单发布后10个工作日内,由主管部门组织相关单位向技术监督办公室提交反馈单。预警单和反馈单模板见附录3、4,发布流程见附录5。

（三）告警和跟踪制度

技术监督办公室在监督中发现设备存在严重缺陷或隐患、技术标准或反措执行存在重大偏差等严重问题,将对电网安全生产带来较大影响时,应及时发布技术监督工作告警单,并跟踪整改落实情况。

技术监督工作告警单由设备状态评价中心（分中心）组织专家编制并签字确认,经技术监督办公室审批盖章后,及时向相关单位和部门进行发布。告警单发布后5个工作日内,由主管部门组织相关单位向技术监督办公室提交反馈单。告警单和反馈单模板见附录4、6,告警单发布流程见附录7。

（四）检查、评估和考核制度

技术监督工作应建立检查、评估和考核制度。应分阶段、分专业、分设备,有重点地对技术监督工作的内容、标准和实施情况进行检查、分析、评估和考核,及时发现技术监督工作存在的问题。对严重违反技术标准、技术监督不到位,造成严重后果的单位,要责令限期整改。

（五）报告制度

公司实行年报、季报制度。省公司在二、三、四季度首月20日前向公司技术监督办公室、公司设备状态评价中心上报上季度技术监督季度报告,公司设备状态评价中心于当月30日前汇总分析后形成公司技术监督季度报告,并上报公司技术监督办公室;省公司于次年首月20日前向公司技术监督办公室、公司设备状态评价中心上报上年度技术监督年度总结报告,公司设备状态评价中心于当月30日前汇总分析后上报公司技术监督办公室,报告格式见附录8。

省公司实行月报制度,地市公司在本月5日前向省公司技术监督办公室报送上月技术监督月报,县公司、工区（班组）按照上级单位要求提供相关材料。

专项技术监督工作应形成专项技术监督报告，由工作负责人和执行单位签字盖章，在监督结束后一周内上报技术监督办公室，报告格式见附录9。

（六）例会制度

技术监督办公室每季度组织召开由办公室成员参加的季度例会，听取各相关部门工作开展情况汇报，协调解决工作中的具体问题，提出下阶段工作计划。必要时临时召集相关会议。

6.6.4.3 检修管理

6.6.4.3（1）本项目的查评依据如下。

【依据1】《国家电网公司水电设备检修工作管理规定》[国网（运检/4）314—2014]

第十三条 各级运检部门应加强设备检修项目前期管理，规范开展项目可行性研究、项目储备、年度检修计划编制等工作。

第十四条 严格执行公司业务外包管理规定，加强外包施工单位资质审查，将外包施工单位安全管理纳入本单位安全生产管理体系统一管理。

第十五条 水电厂应在设备检修开工前根据已确定的检修设备明确检修目标，包括安全目标、质量目标、工期目标、环境目标等。

第十六条 水电厂生产技术部门应在重大检修项目和发电机组A/B级检修开工前6个月，启动修前准备，成立组织机构，部署检修策划，组织编制检修指导手册和检修作业手册。

（一）水电厂生产技术部门应根据设备检修内容、计划进度要求组织编制检修指导手册。检修指导手册主要应包括适用范围、检修目标、检修项目、组织措施、技术措施、安全措施、主线进度、现场管理、检修作业指导书清单等内容。

（二）水电厂检修部门应根据检修指导手册组织编制检修作业手册。检修作业手册应以指导手册为编制依据，能够满足检修要求、涵盖现场作业，主要包括检修目标、组织措施、安全措施、技术措施、网络进度图、现场管理办法、检修作业指导书等内容。

第十七条 水电厂生产技术部门应将检修项目汇编成检修项目清单。检修项目主要应包括标准项目、非标项目、技改项目和科技项目。机组A/B级检修应主要根据国家发展和改革委员会《水电站设备检修管理导则》、国网公司《抽水蓄能电站检修导则》和设备运行状况等确定检修项目。

第十八条 检修项目清单应明确每一检修项目实施过程的工序W/H点设置和项目验收等级、质量标准、项目负责人等。

（一）W点（见证点）的设置原则

W点适用于重要的质量控制点，是质量计划中的主要控制点类型。以下工作内容宜设置W点：

1．选择重要设备的检修过程中的检查和试验工序；

2．根据以往经验，容易出现质量问题的环节；

3．使用不常用工艺技术的环节。

（二）H点（停工待检点）的设置原则

H点适用于关键工序，与安全相关系统设备、重要设备及影响发电企业指标的检修质量控制点，在选取时应遵循保证检修质量的原则，并充分考虑该环节检修质量对设备性能可能造成的影响。以下工作步骤宜设置H点：

1．出现质量问题事后不能进行复检或复检非常困难的工序，如：设备常规检修后扣盖复装；

2．出现的质量问题不能通过返工加以纠正或将花费巨大代价才能纠正的工序，如：确定某些加工件尺寸、加工标准的环节和加工过程的环节；

3．验证是否符合工艺技术标准的关键环节，如：测量设备零部件的装配间隙、转动机械联轴器中心的最终检查等工序；

4．重要关键设备检修开工前的先决条件检查；

5．工作结束前的检查。

（三）质量验收标准按照国家标准、行业规范、规程规定以及设备厂家的技术要求来确定

第十九条　设备检修应执行三级验收。三级验收是指根据检修项目的重要性和难易程度而确定的检修项目验收级别，是一种检修项目的整体验收方式。三级验收项目分为一级验收、二级验收、三级验收。

一级验收、二级验收、三级验收分别指检修班组验收、检修部门验收、生产技术部门验收。

第二十条　设备检修前应制定文明检修措施，加强检修施工过程及现场文明管理，规范检修施工人员行为。

第二十一条　水电厂检修部门应建立三级工期进度控制体系，明确各级工期进度管理人员的职责。

第二十二条　水电厂检修部门应根据"主线进度计划图"，结合检修人员、检修项目的逻辑关系、检修工艺的难易程度、检修工器具的配备、检修材料以及备品备件等因素，编制详细、便于控制的工期进度计划（二级工期进度计划网络图）。A/B 级检修，检修单位各专业需制定三级工期进度计划网络图。

第二十三条　水电厂检修部门应在设备检修开工前，对特种设备、安全工器具、专用工具和仪器仪表进行检查、试验或校验。

第二十四条　为确保修前准备工作有序进行，水电厂生产技术部门应进行"准备工作流程"策划。在开工前，水电厂生产技术部门应分阶段、逐项检查落实情况，直至满足开工条件。

（一）"准备工作流程"策划

水电厂生产技术部门组织策划"检修准备工作流程"，并应按流程逐步督促、检查本单位相关部门的完成情况，同时督促检修部门做好相应准备工作。

（二）开工许可

水电厂生产技术部门应对照"准备工作流程"进行检查，确认所有内容都已完成且停役计划申请得到调度批准，具备开工条件，许可开工。水电厂应在重大特殊项目开工许可当日向上级主管部门上报"开工报告单"。

第二十五条　水电厂检修班组应严格按照检修指导手册、检修作业手册的要求实施检修作业，做好检修中的安全、质量、进度控制和检修现场管理工作。

第二十六条　水电厂检修部门应落实检修现场安全隔离措施，明确现场安全隔离点和作业区域。

第二十七条　水电厂检修部门应对各工作面负责人进行安全交底，各作业面负责人应对工作人员进行安全交底。各级安全交底活动必须履行签字确认手续。

（一）开工安全交底。水电厂检修部门应组织安全专责对各工作面负责人（安全员）进行安全交底，其内容宜包括：

1．检修项目的危险点；

2．针对危险点的具体预防措施；

3．应注意的安全事项；

4．相应的安全操作规程和标准；

5．发生事故后应及时采取的避难和急救措施。

（二）作业安全交底。检修项目作业前，各作业面负责人应对工作人员进行安全交底，其内容宜包括：

1．作业指导书中的安全注意事项；

2．本次作业的危险点及预控措施；

3．开工安全交底相关内容；

4．其他安全注意事项。

第二十八条　检修期间应不定期组织召开现场安全分析会，进行安全风险分析，交代安全注意事项。水电厂检修部门应每日召开班前会、每周开展安全活动，进行风险辨识，总结安全情况。

第二十九条　工作负责人应对工作班组成员进行技术交底，明确工作内容、质量标准和工艺要求以及在检修中应严格执行的相关标准、规范、规程和规定。

第三十条　检修期间，项目负责人、安全专责和技术人员，应依据检修安全管理制度、技术要求和检修指导手册、检修作业手册等，对检修现场进行全面监督检查，查出问题立即进行整改。

第三十一条　设备检修应严格执行相关标准、规范、规程；严格按规定程序和工艺要求执行；严格按照检修作业指导书进行工作。

第三十二条　检修作业应按照 W/H 点和项目验收级别的要求，做好设备解体检查、修理和复装三个阶段的检修工序控制和质量验收，并做好记录。

第三十三条　水电厂检修部门在检修过程中发现专业技术重大难题应立即报告，水电厂生产技术部门应及时组织解决。

第三十四条　水电厂检修班组应严格按照规定的工艺标准进行操作。检修过程中，水电厂检修班组要做好技术记录，记录的主要内容包括：设备技术状况、存在问题、修理内容、系统和设备结构改动、测量数据和试验结果等。

第三十五条　各类检修记录应做到完整、准确、简明、实用。水电厂生产技术部门应加强检修现场检修质量的监督检查和指导，发现问题及时提出整改方案。

第三十六条　新采购的备品备件、材料、工器具等应进行现场验收，未经检验或检验不合格的不得使用。

第三十七条　水电厂检修部门应严格按照工期进度计划网络图开展工作。当检修实际与计划进度存在偏差时，检修部门应做好工序控制，合理调配各种资源，确保检修工期按计划实施。

第三十八条　检修过程中出现因电网、设备、资源等原因影响计划执行时，水电厂生产技术部门应及时采取措施协调解决。

第三十九条　水电厂生产技术部门、检修部门应定期组织召开协调会，根据现场检修作业进展情况，做好协调工作。

第四十条　设备检修应实行文明检修，检修场地应照明充足，道路畅通，工具摆放整齐，拆下的零件、部件必须下铺上盖，检修过程做到工完、料净、场地清。

第四十一条　设备检修区域应进行隔离，并设置明显隔离标志，工作人员应凭证件出入检修区域。

第四十二条　检修现场应按照定置图实施定置管理，施工现场的备品备件、工器具、拆卸下来的零部件及设备等物品应按照定置图规定位置存放。

第四十三条　常用工具应整齐地排列在白布或薄膜上，或者排放在专用盘中，禁止乱扔乱放。

第四十四条　所有拆卸的零部件不得直接放在地面上，应放在事先准备的橡胶垫上，对于可能有油类或其他赃物漏出的零部件，应在橡胶垫下铺置塑料薄膜。

第四十五条　检修完成后，水电厂生产技术部门应组织进行冷态验收。冷态验收通过后，水电厂生产技术部门应组织进行整体试运行。试运行结束后，水电厂生产技术部门应申请设备复役。

第四十六条　水电厂生产技术部门应严格依据国家及行业有关法规、检修规程和工艺标准、检修指导手册、技术资料等，组织竣工验收。

第四十七条　竣工验收后，水电厂生产技术部门应认真总结经验，对检修中的安全、质量、项目、工时、材料消耗、费用等进行统计分析，对设备运行情况和存在的问题进行总结。

第四十八条　设备检修技术记录、试验报告、质检报告、设备异动、标准化作业卡、质量验收单、检修管理程序或检修文件等技术资料应按规定存档。

第四十九条　水电厂生产技术部门应按照公司竣工验收资料编制相关要求，组织编制项目竣工资料，并在项目竣工验收合格后 30 日内完成归档工作。

【依据 2】《国家电网公司水电运检管理规定》[国网（基建/3）805—2016]

第二十三条　水电厂根据设备检修导则和设备设施健康状况等确定检修等级及检修内容，并报上一级主管单位审批。

第二十四条　水电检修按照标准化检修要求实施，规范水电检修作业流程和管理体系。

第二十五条　水电厂是水电检修工作开展主体，负责制定检修计划、实施经批准的检修项目和计划。

第二十六条　水电检修应加强安全和质量控制，开展计划执行、项目进度质量的管控，执行三级验收，确保质量和安全。

6.6.4.4 标准化作业

6.6.4.4（1）本项目的查评依据如下。

【依据】《国家电网公司关于开展现场标准化作业工作的指导意见》（国家电网生〔2006〕356号）

第六条 开展现场标准化作业应本着"全面推进、积极实施、持续完善"的工作方针，密切结合各单位工作实际，做好与现有安全管理、技术管理、工作管理机制的衔接和融合，抓紧安全和质量两条工作主线，实现对现场作业的全过程、全方位管理和控制，不断提高现场作业的安全水平和工作质量。

第七条 各单位都要将现场标准化作业工作纳入安全生产长效管理机制当中，从实际出发制定适合本单位具体情况的管理体制和工作机制，落实管理责任，切实保证现场标准化作业工作深入、广泛、有效地开展。开展现场标准化作业工作切忌照搬照抄，脱离实际，给正常的安全生产工作造成负面影响。

第八条 现场标准化作业工作应与各单位现行的各种现场规程规定、安全管理规定、措施等相互配合，形成一个有机的整体，共同保证现场作业的安全和质量。当前现场普遍采用操作票、工作票、安全措施、技术措施、组织措施、实施方案等都应作为现场标准化作业工作的有机组成部分。不能将现场标准化作业和作业指导书与现有安全措施割裂，造成现场安全管理混乱。

6.6.4.4（2）本项目的查评依据如下。

【依据1】《国家电网公司关于开展现场标准化作业工作的指导意见》（国家电网生〔2006〕356号）

第八条 现场标准化作业工作应与各单位现行的各种现场规程规定、安全管理规定、措施等相互配合，形成一个有机的整体，共同保证现场作业的安全和质量。当前现场普遍采用操作票、工作票、安全措施、技术措施、组织措施、实施方案等都应作为现场标准化作业工作的有机组成部分。不能将现场标准化作业和作业指导书与现有安全措施割裂，造成现场安全管理混乱。

【依据2】《国家电网公司水电设备检修工作管理规定》[国网（运检/4）314—2014]

第十六条 水电厂生产技术部门应在重大检修项目和发电机组A/B级检修开工前6个月，启动修前准备，成立组织机构，部署检修策划，组织编制检修指导手册和检修作业手册。

（一）水电厂生产技术部门应根据设备检修内容、计划进度要求组织编制检修指导手册。检修指导手册主要应包括适用范围、检修目标、检修项目、组织措施、技术措施、安全措施、主线进度、现场管理、检修作业指导书清单等内容。

（二）水电厂检修部门应根据检修指导手册组织编制检修作业手册。检修作业手册应以指导手册为编制依据，能够满足检修要求、涵盖现场作业，主要包括检修目标、组织措施、安全措施、技术措施、网络进度图、现场管理办法、检修作业指导书等内容。

6.6.4.4（3）本项目的查评依据如下。

【依据1】《国家电网公司生产作业安全管控标准化工作规范（试行）》（国家电网安质〔2016〕356号）

4 作业实施

作业实施包括倒闸操作、安全措施布置、许可开工、安全交底（站班会、开工会）、现场作业、作业监护、到岗到位、验收及工作终结、班后会。

4.1 倒闸操作

4.1.1 操作人和监护人应经考试合格，由设备运维管理单位审核、批准并公布。

4.1.2 运维人员应根据工作任务、设备状况及电网运行方式，分析倒闸操作过程中的危险点并制定防控措施。

4.1.3 严格执行倒闸操作制度，严格执行防误操作安全管理规定，不准擅自更改操作票，不准随意解除闭锁装置。

4.2 安全措施布置

4.2.1 变电专业安全措施应由工作许可人负责布置，采取电话许可方式的变电站第二种工作票安全措施可由工作人员自行布置，工作结束后应汇报工作许可人。输、配电专业工作许可人所做安全措施由其负责布置，工作班所做安全措施由工作负责人负责布置。安全措施布置完成前，禁止作业。

4.2.2 工作许可人应审查工作票所列安全措施正确完备性，检查工作现场布置的安全措施是否完善（必要时予以补充）和检修设备有无突然来电的危险。对工作票所列内容即使发生很小疑问，也应向工作票签发人询问清楚，必要时应要求作详细补充。

4.2.3 10kV及以上双电源用户或备有大型发电机用户配合布置和解除安全措施时，作业人员应现场检查确认。

4.2.4 现场为防止感应电或完善安全措施需加装接地线时，应明确装、拆人员，每次装、拆后应立即向工作负责人或小组负责人汇报，并在工作票中注明接地线的编号，装、拆的时间和位置。

4.3 许可开工

4.3.1 许可开工前，作业班组应提前做好作业所需工器具、材料等准备工作。

4.3.2 现场履行工作许可前，工作许可人会同工作负责人检查现场安全措施布置情况，指明实际的隔离措施、带电设备的位置和注意事项，证明检修设备确无电压，并在工作票上分别确认签字。电话许可时由工作许可人和工作负责人分别记录双方姓名，并复诵核对无误。

4.3.3 所有许可手续（工作许可人姓名、许可方式、许可时间等）均应记录在工作票上。若需其他单位配合停电的作业应履行书面许可手续。

4.4 安全交底

4.4.1 工作许可手续完成后，工作负责人组织全体作业人员整理着装，统一进入作业现场，进行安全交底，列队宣读工作票，交代工作内容、人员分工、带电部位、安全措施和技术措施，进行危险点及安全防范措施告知，抽取作业人员提问无误后，全体作业人员确认签字。

4.4.2 执行总、分工作票或小组工作任务单的作业，由总工作票负责人（工作负责人）和分工作票（小组）负责人分别进行安全交底。

4.4.3 现场安全交底宜采用录音或影像方式，作业后由作业班组留存一年。

4.5 现场作业

4.5.1 现场作业人员安全要求

a）作业人员应正确佩戴安全帽，统一穿全棉长袖工作服、绝缘鞋。

b）特种作业人员及特种设备操作人员应持证上岗。开工前，工作负责人对特种作业人员及特种设备操作人员交代安全注意事项，指定专人监护。特种作业人员及特种设备操作人员不得单独作业。

c）外来工作人员须经过安全知识和《电力安全工作规程》培训考试合格，佩戴有效证件，配置必要的劳动防护用品和安全工器具后，方可进场作业。

4.5.2 安全工器具和施工机具安全要求

a）作业人员应正确使用施工机具、安全工器具，严禁使用损坏、变形、有故障或未经检验合格的施工机具、安全工器具。

b）特种车辆及特种设备应经具有专业资质的检测检验机构检测、检验合格，取得安全使用证或者安全标志后，方可投入使用。

4.5.3 工作负责人需携带工作票、现场勘察记录、"三措"等资料到作业现场。

4.5.4 涉及多专业、多单位的大型复杂作业，应明确专人16负责工作总体协调。

4.6 作业监护

4.6.1 工作票签发人或工作负责人对有触电危险、施工复杂容易发生事故等作业，应增设专责监护人，确定被监护的人员和监护范围，专责监护人应佩戴明显标识，始终在工作现场，及时纠正不安全的行为。

4.6.2 专责监护人不得兼做其他工作。专责监护人临时离开时，应通知被监护人员停止工作或离开工作现场，待专责监护人回来后方可恢复工作。若专责监护人必须长时间离开工作现场时，应由工作负责人变更专责监护人，履行变更手续，并告知全体被监护人员。

4.7 到岗到位

4.7.1 各级单位应建立健全作业现场到岗到位制度，按照"管业务必须管安全"的原则，明确到岗到位人员责任和工作要求。

4.7.2 各级单位应严格按照《生产作业现场到岗到位标准》（附录 E），落实到岗到位要求。

4.7.3 到岗到位工作重点

a）检查"两票""三措"执行及现场安全措施落实情况。

b）安全工器具、个人防护用品使用情况。

c）大型机械安全措施落实情况。

d）作业人员不安全行为。

e）文明生产。

4.7.4 到岗到位人员对发现的问题应立即责令整改，并向工作负责人反馈检查结果。

4.8 验收及工作终结

4.8.1 验收工作由设备运维管理单位或有关主管部门组织，作业单位及有关单位参与验收工作。

4.8.2 验收人员应掌握验收现场存在的危险点及预控措施，禁止擅自解锁和操作设备。

4.8.3 已完工的设备均视为带电设备，任何人禁止在安全措施拆除后处理验收发现的缺陷和隐患。

4.8.4 工作结束后，工作班应清扫、整理现场，工作负责人应先周密检查，待全体作业人员撤离工作地点后，方可履行工作终结手续。

4.8.5 执行总、分票或多个小组工作时，总工作票负责人（工作负责人）应得到所有分工作票（小组）负责人工作结束的汇报后，方可与工作许可人履行工作终结手续。

4.9 班后会

4.9.1 班后会一般在工作结束后由班组长组织全体班组人员召开。

4.9.2 班后会应对作业现场安全管控措施落实及"两票三制"执行情况总结评价，分析不足，表扬遵章守纪行为，批评忽视安全、违章作业等不良现象。

【依据 2】《国家电网公司发电企业安全监督检查大纲》[安监三（2012）157 号]

4 水电厂安全监督检查大纲

4.1 春季安全大检查督查大纲

5.1 现场检修作业过程中严格执行标准作业指导书的作业步骤和工艺要求。

6.6.4.5 防误管理

6.6.4.5（1）本项目的查评依据如下。

【依据 1】《国家电网公司防止电气误操作安全管理规定》（国家电网安监〔2006〕904）

2.4 各供电公司（局）、超高压公司（局）、发电厂（公司）应成立防止电气误操作工作小组，由主管生产的行政副职或总工程师任组长，安监、生产、基建、农电、调度等部门参加，并在安监部或生产部设立专责（职）人员。

2.4.1 工作小组应组织制定本单位防止电气误操作工作岗位责任制，明确各有关部门和人员的管理职责。

2.4.2 定期分析防止电气误操作工作存在问题，提出工作目标和计划，检查、督促和考核工作落实情况。

2.4.3 制定防止电气误操作及防误装置管理规定实施细则和相关规章制度，定期检查落实情况。

3.4.3.2 防误装置的解锁工具（钥匙）或备用解锁工具（钥匙）必须有专门的保管和使用制度，内容包括：倒闸操作、检修工作、事故处理、特殊操作和装置异常等情况下的解锁申请、批准、解锁监护、解锁使用记录等解锁规定；微机防误装置授权密码和解锁钥匙应同时封存。

【依据 2】《国家电网公司电力安全工作规程　第 1 部分：变电部分》（Q/GDW 1799.1—2013）

5.3.5.3 高压电气设备都应安装完善的防误操作闭锁装置。防误操作闭锁装置不得随意退出运行，停用防误操作闭锁装置应经本单位分管生产的行政副职或总工程师批准；短时间退出防误操作闭锁装置时，应经变电站站长或发电厂当班值长批准，并应按程序尽快投入。

6.6.4.6 反事故措施

6.6.4.6（1）本项目的查评依据如下。

【依据】《国家电网公司水电运维管理规定》[国网（运检/4）308—2014]

第五十五条 水电厂生产技术部门每年12月31日前应根据上级单位发布的下年度重点反事故措施以及其他需要制定反事故措施的要求，结合本电站实际情况制定下年度反事故措施工作计划，经批准后执行。工作计划应明确计划完成时间和责任人，并通过水电生产管理信息系统发布。

6.6.4.6（2）本项目的查评依据如下。

【依据】《国家电网公司安全工作规定》[国网（安监/2）406—2014]

第三十九条 省公司级单位、地市公司级单位、县公司级单位及他们所属的检修、运行、发电、煤矿企业（单位）负责人应定期检查反事故措施计划、安全技术劳动保护措施计划的实施情况，并保证反事故措施计划、安全技术劳动保护措施计划的落实；列入计划的反事故措施和安全技术劳动保护措施若需取消或延期，必须由责任部门提前征得分管领导同意。

6.6.4.7 缺陷管理

6.6.4.7（1）本项目的查评依据如下。

【依据】《国家电网公司水电运维管理规定》[国网（运检/4）308—2014]

第二十五条 危急缺陷必须在24h内消除或采取必要安全技术措施进行临时处理，并明确消除时间。严重缺陷应在24h内采取临时防范措施，在一周内安排处理消除。一般缺陷应按照一个工作日内处置的原则进行，并应在最近一次检修期间消除。

第二十六条 缺陷管理工作包括缺陷的登录、统计、分析、处理、验收、上报等。各级单位运检部门应对缺陷实现责任明确的全过程闭环管理，并录入水电生产管理信息系统。

第二十七条 缺陷延期时，水电厂运维班组应在水电生产管理信息系统中提交延时消缺申请，其中危急缺陷由水电厂主管领导批准，严重缺陷由水电厂生产技术部门批准，一般缺陷由水电厂运维部门批准。

第二十八条 对经批准延期处理的缺陷，水电厂运维部门应制定监视措施，做好事故预想，防止缺陷蔓延或扩大。缺陷的延期处理一般不得超过相应的检修周期。

第二十九条 水电厂生产技术部门应按照缺陷性质组织缺陷的消除和验收工作，危急缺陷应上报省公司运检部；省公司运检部应协调、监督、指导危急缺陷的消除工作，并及时上报国网运检部。

6.6.4.8 设备异动

6.6.4.8（1）本项目的查评依据如下。

【依据】《国家电网公司水电运维管理规定》[国网（运检/4）308—2014]

第四十二条 设备异动手续应采用一对一方式，一份异动申请对应一个设备，对不同设备的相同异动，采用多份异动申请。设备异动申请内容应包括：异动描述、异动计划时间、异动原因、异动方案，异动前后的对比图纸文档。

第四十三条 水电厂运维班组根据生产实际和各类反措要求，通过水电生产管理信息系统提出异动申请，经批准后执行。现场异动实施完成后，应进行异动验收，必要时应进行相关试验，并及时将执行和验收情况录入水电生产管理信息系统。

第四十四条 异动验收完成后，水电厂运维部门应在15天内完成图纸修改及相关异动资料归档。水电厂生产技术部门应根据异动竣工资料，完成台账、规程等相关内容的修改。

6.6.4.9 定值管理

6.6.4.9（1）本项目的查评依据如下。

【依据】《国家电网公司水电运维管理规定》[国网（运检/4）308—2014]

第四十六条 定值的调整和更改应按定值通知单的要求执行。定值单应经水电厂运维部门校核，水电厂生产技术部门审核，主管领导批准。

第四十七条 水电厂生产技术部门每年应发布现行有效的设备定值清单。水电厂运维部门应保存一套齐全的设备定值纸质台账。

第四十八条　涉网设备定值应按照电网调度机构下达的定值单执行。

第四十九条　水电厂运维部门应定期检查或校验设备的参数、定值，重要的电气、机械保护定值每年应至少检查或检验一次。

6.6.4.10　运行分析与状态评价

6.6.4.10（1）本项目的查评依据如下。

【依据】《国家电网公司水电运维管理规定》[国网（运检/4）308—2014]

第五十六条　各级单位运检部门应认真做好月度、年度运行分析和典型故障、缺陷的专题分析工作。

第五十七条　省公司运检部组织，省公司电科院负责，水电厂生产技术部门配合，定期对水电设备的运行状况开展状态评价。

第五十八条　水电设备状态评价主要指水电厂主设备的状态评价，包括发电机、水轮机、主变压器等。

（一）发电机主要针对发电机定子、转子、机架、轴承等部位的摆度、振动、温度、空气气隙、绝缘等指标进行评价。

（二）水轮机主要针对转轮、导叶、顶盖、水导轴承、尾水管等部位的振动、摆度、温度、压力脉动等指标进行评价。

（三）主变压器主要针对本体、套管、分接开关等部件的温度、总烃、乙炔、氢、局放、电容量、介损量等指标进行评价和对整台变压器进行整体评价。

第五十九条　各级单位运检部门应组织退役水电设备的技术鉴定，并及时办理报废手续。

6.6.5　安全管理

6.6.5.1　安全生产例行管理工作

6.6.5.1（1）本项目的查评依据如下。

【依据】《国家电网公司安全工作规定》[国网（安监/2）406—2014]

第五十四条　安全例会。公司各级单位应定期召开各类安全例会。

（一）年度安全工作会。公司各级单位应在每年初召开一次年度安全工作会，总结本单位上年度安全情况，部署本年度安全工作任务。

（二）月、周、日安全生产例会。省公司级单位、地市公司级单位、县公司级单位应建立安全生产月、周、日例会制度，对安全生产实行"月计划、周安排、日管控"，协调解决安全工作存在的问题，建立安全风险日常管控和协调机制。

（三）安全监督例会。省公司级单位应每半年召开一次安全监督例会，地市公司级单位、县公司级单位应每月召开一次安全网例会。

6.6.5.1（2）本项目的查评依据如下。

【依据】《国家电网公司安全工作规定》[国网（安监/2）406—2014]

第五十五条　班前会和班后会。班前会应结合当班运行方式、工作任务，开展安全风险分析，布置风险预控措施，组织交代工作任务、作业风险和安全措施，检查个人安全工器具、个人劳动防护用品和人员精神状况。班后会应总结讲评当班工作和安全情况，表扬遵章守纪，批评忽视安全、违章作业等不良现象，布置下一个工作日任务。班前会和班后会均应做好记录。

6.6.5.1（3）本项目的查评依据如下。

【依据】《国家电网公司安全工作规定》[国网（安监/2）406—2014]

第五十六条　安全活动。公司各级单位应定期组织开展各项安全活动。

（一）年度安全活动。根据公司年度安全工作安排，组织开展专项安全活动，抓好活动各项任务的分解、细化和落实；

（二）安全生产月活动。根据全国安全生产月活动要求，结合本单位安全工作实际情况，每年开展为期一个月的主题安全月活动；

（三）安全日活动。班组每周或每个轮值进行一次安全日活动，活动内容应联系实际，有针对性，并做好记录。班组上级主管领导每月至少参加一次班组安全日活动并检查活动情况。

6.6.5.1（4）本项目的查评依据如下。

【依据】《国家电网公司安全工作规定》[国网（安监/2）406—2014]

第五十七条 安全检查。公司各级单位应定期和不定期进行安全检查，组织进行春季、秋季等季节性安全检查，组织开展各类专项安全检查。

安全检查前应编制检查提纲或"安全检查表"，经分管领导审批后执行。对查出的问题要制定整改计划并监督落实。

6.6.5.2 安全生产教育培训

6.6.5.2（1）本项目的查评依据如下。

【依据1】《生产经营单位安全培训规定》[国家安全生产监督管理总局第80号令（2015）]

第二十一条 生产经营单位应当将安全培训工作纳入本单位年度工作计划。保证本单位安全培训工作所需资金。

生产经营单位的主要负责人负责组织制定并实施本单位安全培训计划。

第二十二条 生产经营单位应当建立健全从业人员安全生产教育和培训档案，由生产经营单位的安全生产管理机构以及安全生产管理人员详细、准确记录培训的时间、内容、参加人员以及考核结果等情况。

【依据2】《国家电网公司安全工作规定》[国网（安监/2）406—2014]

第四十八条 地市公司级单位、县公司级单位应按规定建立安全培训机制，制定年度培训计划，定期检查实施情况；保证员工安全培训所需经费；建立员工安全培训管理档案，详细、准确记录企业主要负责人、安全生产管理人员、特种作业人员培训和持证情况、生产人员调换岗位和其岗位面临新工艺、新技术、新设备、新材料时的培训情况以及其他员工安全培训考核情况。

6.6.5.2（2）本项目的查评依据如下。

【依据1】《生产经营单位安全培训规定》[国家安全生产监督管理总局第80号令（2015）]

第十三条 生产经营单位新上岗的从业人员，岗前安全培训时间不得少于24学时。

煤矿、非煤矿山、危险化学品、烟花爆竹、金属冶炼等生产经营单位新上岗的从业人员安全培训时间不得少于72学时，每年再培训的时间不得少于20学时。

【依据2】《国家电网公司安全工作规定》[国网（安监/2）406—2014]

第四十条 新入单位的人员（含实习、代培人员），应进行安全教育培训，经《电力安全工作规程》考试合格后方可进入生产现场工作。

6.6.5.2（3）本项目的查评依据如下。

【依据1】《生产经营单位安全培训规定》[国家安全生产监督管理总局第80号令（2015）]

第九条 生产经营单位主要负责人和安全生产管理人员初次安全培训时间不得少于32学时。每年再培训时间不得少于12学时。

第十三条 生产经营单位新上岗的从业人员，岗前安全培训时间不得少于24学时。

煤矿、非煤矿山、危险化学品、烟花爆竹、金属冶炼等生产经营单位新上岗的从业人员安全培训时间不得少于72学时，每年再培训的时间不得少于20学时。

第十四条 厂（矿）级岗前安全培训内容应当包括：

（一）本单位安全生产情况及安全生产基本知识；

（二）本单位安全生产规章制度和劳动纪律；

（三）从业人员安全生产权利和义务；

（四）有关事故案例等。

煤矿、非煤矿山、危险化学品、烟花爆竹、金属冶炼等生产经营单位厂（矿）级安全培训除包括上述内容外，应当增加事故应急救援、事故应急预案演练及防范措施等内容。

第十五条　车间（工段、区、队）级岗前安全培训内容应当包括：

（一）工作环境及危险因素；

（二）所从事工种可能遭受的职业伤害和伤亡事故；

（三）所从事工种的安全职责、操作技能及强制性标准；

（四）自救互救、急救方法、疏散和现场紧急情况的处理；

（五）安全设备设施、个人防护用品的使用和维护；

（六）本车间（工段、区、队）安全生产状况及规章制度；

（七）预防事故和职业危害的措施及应注意的安全事项；

（八）有关事故案例；

（九）其他需要培训的内容。

第十六条　班组级岗前安全培训内容应当包括：

（一）岗位安全操作规程；

（二）岗位之间工作衔接配合的安全与职业卫生事项；

（三）有关事故案例；

（四）其他需要培训的内容。

【依据2】《国家电网公司安全工作规定》[国网（安监/2）406—2014]

第四十一条　新上岗生产人员应当经过下列培训，并经考试合格后上岗：

（一）运维、调控人员（含技术人员）、从事倒闸操作的检修人员，应经过现场规程制度的学习、现场见习和至少2个月的跟班实习；

（二）检修、试验人员（含技术人员），应经过检修、试验规程的学习和至少2个月的跟班实习；

（三）用电检查、装换表、业扩报装人员，应经过现场规程制度的学习、现场见习和至少1个月的跟班实习；

（四）特种作业人员，应经专门培训，并经考试合格取得资格、单位书面批准后，方能参加相应的作业。

6.6.5.2（4）本项目的查评依据如下。

【依据】《国家电网公司安全工作规定》[国网（安监/2）406—2014]

第四十二条　在岗生产人员的培训：

（一）在岗生产人员应定期进行有针对性的现场考问、反事故演习、技术问答、事故预想等现场培训活动；

（二）因故间断电气工作连续3个月以上者，应重新学习《电力安全工作规程》，并经考试合格后，方可再上岗工作；

（三）生产人员调换岗位或者其岗位需面临新工艺、新技术、新设备、新材料时，应当对其进行专门的安全教育和培训，经考试合格后，方可上岗；

（四）变电站运维人员、电网调控人员，应定期进行仿真系统的培训；

（五）所有生产人员应学会自救互救方法、疏散和现场紧急情况的处理，应熟练掌握触电现场急救方法，所有员工应掌握消防器材的使用方法；

（六）各基层单位应积极推进生产岗位人员安全等级培训、考核、认证工作；

（七）生产岗位班组长应每年进行安全知识、现场安全管理、现场安全风险管控等知识培训，考试合格后方可上岗；

（八）在岗生产人员每年再培训不得少于8学时；

（九）离开特种作业岗位6个月的作业人员，应重新进行实际操作考试，经确认合格后方可上岗作业。

6.6.5.2（5）本项目的查评依据如下。

【依据1】《生产经营单位安全培训规定》[国家安全生产监督管理总局第80号令（2015）]

第四条　生产经营单位应当进行安全培训的从业人员包括主要负责人、安全生产管理人员、特种作业人员和其他从业人员。

【依据2】《国家电网公司安全工作规定》[国网（安监/2）406—2014]

第四十三条　外来工作人员必须经过安全知识和安全规程的培训，并经考试合格后方可上岗。

6.6.5.2（6）本项目的查评依据如下。

【依据1】《生产经营单位安全培训规定》[国家安全生产监督管理总局第80号令（2015）]

第二章　主要负责人、安全生产管理人员的安全培训

第六条　生产经营单位主要负责人和安全生产管理人员应当接受安全培训，具备与所从事的生产经营活动相适应的安全生产知识和管理能力。

第七条　生产经营单位主要负责人安全培训应当包括下列内容：

（一）国家安全生产方针、政策和有关安全生产的法律、法规、规章及标准；

（二）安全生产管理基本知识、安全生产技术、安全生产专业知识；

（三）重大危险源管理、重大事故防范、应急管理和救援组织以及事故调查处理的有关规定；

（四）职业危害及其预防措施；

（五）国内外先进的安全生产管理经验；

（六）典型事故和应急救援案例分析；

（七）其他需要培训的内容。

第八条　生产经营单位安全生产管理人员安全培训应当包括下列内容：

（一）国家安全生产方针、政策和有关安全生产的法律、法规、规章及标准；

（二）安全生产管理、安全生产技术、职业卫生等知识；

（三）伤亡事故统计、报告及职业危害的调查处理方法；

（四）应急管理、应急预案编制以及应急处置的内容和要求；

（五）国内外先进的安全生产管理经验；

（六）典型事故和应急救援案例分析；

（七）其他需要培训的内容。

第九条　生产经营单位主要负责人和安全生产管理人员初次安全培训时间不得少于32学时。每年再培训时间不得少于12学时。

煤矿、非煤矿山、危险化学品、烟花爆竹、金属冶炼等生产经营单位主要负责人和安全生产管理人员初次安全培训时间不得少于48学时，每年再培训时间不得少于16学时。

第十条　生产经营单位主要负责人和安全生产管理人员的安全培训必须依照安全生产监管监察部门制定的安全培训大纲实施。

非煤矿山、危险化学品、烟花爆竹、金属冶炼等生产经营单位主要负责人和安全生产管理人员的安全培训大纲及考核标准由国家安全生产监督管理总局统一制定。

煤矿主要负责人和安全生产管理人员的安全培训大纲及考核标准由国家煤矿安全监察局制定。

煤矿、非煤矿山、危险化学品、烟花爆竹、金属冶炼以外的其他生产经营单位主要负责人和安全管理人员的安全培训大纲及考核标准，由省、自治区、直辖市安全生产监督管理部门制定。

【依据2】《国家电网公司安全工作规定》[国网（安监/2）406—2014]

第四十四条　企业主要负责人、安全生产管理人员、特种作业人员应由取得相应资质的安全培训机构进行培训，并持证上岗。

发生或造成人员死亡事故的，其主要负责人和安全生产管理人员应当重新参加安全培训。

对造成人员死亡事故负有直接责任的特种作业人员，应当重新参加安全培训。

【依据3】《电力安全培训监督管理办法》（国能安全〔2013〕475）

第七条　下列人员应当由电力安全培训机构进行培训：

（一）电力企业相关负责人、各级安全生产管理人员；

（二）电力安全培训教师。

第十四条　电力建设施工企业相关负责人、项目负责人、安全生产管理人员安全资格培训时间不得少于48学时。每年再培训不得少于16学时。

发电企业和电网企业相关负责人、安全生产管理人员首次培训时间不得少于32学时。每年再培训时间不得少于12学时。

电力安全培训教师初次安全资格培训时间不得少于32学时，每年再培训时间不得少于12学时。

6.6.5.2（7）本项目的查评依据如下。

【**依据1**】《国家电网公司安全工作规定》[国网（安监/2）406—2014]

第四十五条　安全法律法规、规章制度、规程规范的定期考试：

（一）省公司级单位领导、安全监督管理机构负责人应自觉接受公司和政府有关部门组织的安全法律法规考试；

（二）省公司级单位对本单位运检、营销、农电、建设、调控等部门的负责人和专业技术人员，对所属地市公司级单位的领导、安全监督管理机构负责人，一般每两年进行一次有关安全法律法规和规章制度考试；

（三）地市供电企业对所属的县供电企业负责人，地市公司级单位和县公司级单位对所属的建设部、调控中心、业务支撑和实施机构及其二级机构的负责人、专业技术人员，每年进行一次有关安全法律法规、规章制度、规程规范考试；

（四）地市公司级单位、县公司级单位每年至少组织一次对班组人员的安全规章制度、规程规范考试。

【**依据2**】《国家电网公司电力安全工作规程　第3部分：水电厂动力部分》（Q/GDW 1799.3—2015）

4.3　作业人员的基本条件：

a）经医师鉴定，无妨碍工作的病症（体格检查每两年至少一次）；

b）具备必要的相关知识和业务技能，且按工作性质，熟悉本部分的相关部分，并经考试合格；

c）具备必要的安全生产知识，学会紧急救护法；

d）特种作业人员应持证上岗；

e）进入作业现场应正确佩戴安全帽，现场作业人员应穿全棉工作服、工作鞋。

4.4　教育和培训的要求：

a）各类作业人员应接受相应的安全生产教育和岗位技能培训，经考试合格上岗；

b）作业人员对本部分应每年考试一次。因故间断工作连续三个月以上者，应重新学习本部分，并经考试合格后，方能恢复工作；

c）新参加工作的人员、实习人员和临时参加劳动的人员（管理人员、非全日制用工等），应经过安全知识教育后，方可到现场参加指定的工作，并且不得单独工作；

d）承担或参与公司系统有关工作的外单位工作人员或外来工作人员应熟悉本部分，经考试合格，并经设备运维管理单位认可，方可参加工作。工作前，设备运维管理单位应告知现场相关设备运行情况、危险点和安全注意事项。

【**依据3**】《国家电网公司电力安全工作规程（变电部分）》（Q/GDW 1799.1—2013）

4.3　作业人员的基本条件。

4.3.1　经医师鉴定，无妨碍工作的病症（体格检查每两年至少一次）。

4.3.2　具备必要的电气知识和业务技能，且按工作性质，熟悉本部分的相关部分，并经考试合格。

4.3.3　具备必要的安全生产知识，学会紧急救护法，特别要学会触电急救。

4.4　教育和培训。

4.4.1　各类作业人员应接受相应的安全生产教育和岗位技能培训，经考试合格上岗。

4.4.2　作业人员对本部分应每年考试一次。因故间断电气工作连续3个月以上者，应重新学习本部分，并经考试合格后，方能恢复工作。

4.4.3 新参加电气工作的人员、实习人员和临时参加劳动的人员（管理人员、非全日制用工等），应经过安全知识教育后，方可下现场参加指定的工作，并且不得单独工作。

4.4.4 外单位承担或外来人员参与公司系统电气工作的工作人员应熟悉本部分、并经考试合格，经设备运维管理单位（部门）认可，方可参加工作。工作前，设备运维管理单位（部门）应告知现场电气设备接线情况、危险点和安全注意事项。

6.6.5.2（8）本项目的查评依据如下。

【依据】《国家电网公司安全工作规定》[国网（安监/2）406—2014]

第四十七条 地市公司级单位、县公司级单位每年应对工作票签发人、工作负责人、工作许可人进行培训，经考试合格后，书面公布有资格担任工作票签发人、工作负责人、工作许可人的人员名单。

6.6.5.2（9）本项目的查评依据如下。

【依据】《国家电网公司安全工作规定》[国网（安监/2）406—2014]

第四十九条 对违反规程制度造成安全事故、严重未遂事故的责任者，除按有关规定处理外，还应责成其学习有关规程制度，并经考试合格后，方可重新上岗。

6.6.5.3 承、发包工程和委托业务

6.6.5.3（1）本项目的查评依据如下。

【依据】《国家电网公司安全工作规定》[国网（安监/2）406—2014]

第九十条 公司所属各级单位应建立承、发包工程和委托业务管理补充制度，规范管理流程，明确安全工作的评价考核标准和要求。

6.6.5.3（2）本项目的查评依据如下。

【依据1】《国家电网公司安全工作规定》[国网（安监/2）406—2014]

第九十三条 发包方应承担以下安全责任：

（一）对承包方的资质进行审查，确定其符合本规定第九十二条所列条件；

（二）开工前对承包方项目经理、现场负责人、技术员和安全员进行全面的安全技术交底，并应有完整的记录或资料；

第九十二条 公司所属各级单位在工程项目和外委业务招标前必须对承包方以下资质和条件进行审查：

（一）企业资质（营业执照、法人资格证书）、业务资质（建设主管部门和电力监管部门颁发的资质证书）和安全资质（安全生产许可证、近3年安全情况证明材料）是否符合工程要求；

（二）企业负责人、项目经理、现场负责人、技术人员、安全员是否持有国家合法部门颁发有效安全证件，作业人员是否有安全培训记录，人员素质是否符合工程要求；

（三）施工机械、工器具、安全用具及安全防护设施是否满足安全作业需求；

（四）具有两级机构的承包方应设有专职安全管理机构；施工队伍超过30人的应配有专职安全员，30人以下的应设有兼职安全员。

【依据2】《国家电网公司业务外包安全监督管理办法》[国网（安监/4）853—2017]

第十七条 发包单位应对外包项目的承包单位明确提出安全资信要求和安全条件，并进行审查。包括但不限于以下内容：

（一）企业资质（营业执照、法定代表人资格证书）、业务资质（建设主管部门和电力监管部门颁发的资质证书）和安全资质（安全生产许可证）是否符合要求；

（二）企业负责人、项目负责人、专职安全生产管理人员是否持有国家有关部门规定的有效安全证件，作业人员是否有安全培训记录，人员素质是否符合要求；

（三）施工机械、工器具、安全用具及安全防护设施是否满足安全作业要求；

（四）施工作业队伍超过30人的应配有专职安全员，30人以下的应设有兼职安全员。

6.6.5.3（3）本项目的查评依据如下。

【依据1】《国家电网公司安全工作规定》[国网（安监/2）406—2014]

第九十二条 公司所属各级单位在工程项目和外委业务招标前必须对承包方以下资质和条件进行审查：

（一）企业资质（营业执照、法人资格证书）、业务资质（建设主管部门和电力监管部门颁发的资质证书）和安全资质（安全生产许可证、近3年安全情况证明材料）是否符合工程要求；

（二）企业负责人、项目经理、现场负责人、技术人员、安全员是否持有国家合法部门颁发有效安全证件，作业人员是否有安全培训记录，人员素质是否符合工程要求；

（三）施工机械、工器具、安全用具及安全防护设施是否满足安全作业需求；

（四）具有两级机构的承包方应设有专职安全管理机构；施工队伍超过30人的应配有专职安全员，30人以下的应设有兼职安全员。

第九十三条 发包方应承担以下安全责任：

（二）开工前对承包方项目经理、现场负责人、技术员和安全员进行全面的安全技术交底，并应有完整的记录或资料。

【依据2】《特种设备作业人员监督管理办法》（质监总局令 第140号）

第五条 特种设备生产、使用单位（以下统称用人单位）应当聘（雇）用取得《特种设备作业人员证》的人员从事相关管理和作业工作，并对作业人员进行严格管理。

特种设备作业人员应当持证上岗，按章操作，发现隐患及时处置或者报告。

【依据3】《特种作业人员安全技术培训考核管理规定》（安监总局令 第80号）

第四条 特种作业人员应当符合下列条件：

（一）年满18周岁，且不超过国家法定退休年龄；

（二）经社区或者县级以上医疗机构体检健康合格，并无妨碍从事相应特种作业的器质性心脏病、癫痫病、美尼尔氏症、眩晕症、癔病、震颤麻痹症、精神病、痴呆症以及其他疾病和生理缺陷；

（三）具有初中及以上文化程度；

（四）具备必要的安全技术知识与技能；

（五）相应特种作业规定的其他条件。

危险化学品特种作业人员除符合前款第一项、第二项、第四项和第五项规定的条件外，应当具备高中或者相当于高中及以上文化程度。

【依据4】《国家电网公司业务外包安全监督管理办法》[国网（安监/4）853—2017]

第三十一条 对需到生产运行场所施工作业的承包单位相关人员，发包单位应对其进行《电力安全工作规程》考试，合格后经设备运维管理单位认可方可进场开展工作。

6.6.5.3（4）本项目的查评依据如下。

【依据1】《国家电网公司安全工作规定》[国网（安监/2）406—2014]

第九十一条 公司所属各级单位对外承、发包工程和委托业务应依法签订合同，并同时签订安全协议。合同的形式和内容应统一规范；安全协议中应具体规定发包方（含委托方，下同）和承包方各自应承担的安全责任和评价考核条款，并由本单位安全监督管理机构审查。

第九十三条（四）安全协议中规定由发包方承担的有关安全、劳动保护等其他事宜。

【依据2】《国家电网公司业务外包安全监督管理办法》[国网（安监/4）853—2017]

第十九条 外包项目确定承包单位后，发包单位应与承包单位依法签订承包合同及安全协议，安全协议作为承包合同的附件，随承包合同同步履行。

第二十条 承包合同和安全协议的格式、内容应符合国家及公司的相关要求，统一规范；安全协议中应具体规定发包单位和承包单位各自应承担的安全责任和评价考核条款，由发包单位安质部门审查。

6.6.5.3（5）本项目的查评依据如下。

【依据1】《中华人民共和国安全生产法（2014版）》（主席令第13号）

第四十六条　生产经营单位不得将生产经营项目、场所、设备发包或者出租给不具备安全生产条件或者相应资质的单位或者个人。

生产经营项目、场所发包或者出租给其他单位的，生产经营单位应当与承包单位、承租单位签订专门的安全生产管理协议，或者在承包合同、租赁合同中约定各自的安全生产管理职责；生产经营单位对承包单位、承租单位的安全生产工作统一协调、管理，定期进行安全检查，发现安全问题的，应当及时督促整改。

【依据2】《国家电网公司业务外包安全监督管理办法》[国网（安监/4）853—2017]

第十九条　外包项目确定承包单位后，发包单位应与承包单位依法签订承包合同及安全协议，安全协议作为承包合同的附件，随承包合同同步履行。

第二十条　承包合同和安全协议的格式、内容应符合国家及公司的相关要求，统一规范；安全协议中应具体规定发包单位和承包单位各自应承担的安全责任和评价考核条款，由发包单位安质部门审查。

6.6.5.4　安全技术劳动保护措施管理

6.6.5.4（1）本项目的查评依据如下。

【依据】《国家电网公司安全技术劳动保护措施计划管理办法（试行）》（国家电网安监〔2006〕1114号）

第十条　企业应根据安措计划项目内容和下一年度生产经营情况预测，结合生产实际情况编制下一年度安措计划。安措计划中应明确项目及其内容、资金、执行和完成时间、责任部门/单位、执行部门/单位。

第十一条　安措计划项目内容第（一）、（三）、（四）部分由企业安全监察部门负责商其他有关部门编制计划，第（二）部分由企业生产管理部门负责商其他有关部门编制计划。安全监察部门负责安措计划项目的统一汇总、审核、报批。

6.6.5.4（2）本项目的查评依据如下。

【依据】《国家电网公司安全工作规定》[国网（安监/2）406—2014]

第三十九条　省公司级单位、地市公司级单位、县公司级单位及他们所属的检修、运行、发电、煤矿企业（单位）负责人应定期检查反事故措施计划、安全技术劳动保护措施计划的实施情况，并保证反事故措施计划、安全技术劳动保护措施计划的落实；列入计划的反事故措施和安全技术劳动保护措施若需取消或延期，必须由责任部门提前征得分管领导同意。

6.6.5.5　隐患排查治理

6.6.5.5（1）本项目的查评依据如下。

【依据1】《电力安全隐患监督管理暂行规定》[国家电监会（电监安全〔2013〕5号）]

第二十条　电力企业要建立隐患管理台账，制定切实可行的整治方案，落实整改责任、整改资金、整改措施、整改预案和整改期限，限期将隐患整改到位。在重大隐患治理过程中，应当加强监测，采取有效的预防措施，制定应急预案，开展应急演练，实现重大隐患的可控在控。

【依据2】《国家电网公司安全隐患排查治理管理办法》[国网（安监/3）481—2014]

第二十三条　隐患排查治理应纳入日常工作中，按照"排查（发现）-评估报告-治理（控制）-验收销号"的流程形成闭环管理。（见附件1）

第二十四条　安全隐患排查（发现）包括：

各级单位、各专业应采取技术、管理措施，结合常规工作、专项工作和监督检查工作排查、发现安全隐患，明确排查的范围和方式方法，专项工作还应制定排查方案。

（一）排查范围应包括所有与生产经营相关的安全责任体系、管理制度、场所、环境、人员、设备设施和活动等。

（二）排查方式主要有：电网年度和临时运行方式分析；各类安全性评价或安全标准化查评；各级各类安全检查；各专业结合年度、阶段性重点工作和"二十四节气表"组织开展的专项隐患排查；设备日常巡视、检修预试、在线监测和状态评估、季节性（节假日）检查；风险辨识或危险源管理；已发生事故、异常、未遂、违章的原因分析，事故案例或安全隐患范例学习等。

（三）排查方案编制应依据有关安全生产法律、法规或者设计规范、技术标准以及企业的安全生产目标等，确定排查目的、参加人员、排查内容、排查时间、排查安排、排查记录要求等内容。

第二十五条　安全隐患评估报告包括：

（一）安全隐患的等级由隐患所在单位按照预评估、评估、认定三个步骤确定。重大事故隐患由省公司级单位或总部相关职能部门认定，一般事故隐患由地市公司级单位认定，安全事件隐患由地市公司级单位的二级机构或县公司级单位认定。

（二）地市和县公司级单位对于发现的隐患应立即进行预评估。初步判定为一般事故隐患的，1周内报地市公司级单位的专业职能部门，地市公司级单位接报告后1周内完成专业评估、主管领导审定，确定后1周内反馈意见；初步判定为重大事故隐患的，立即报地市公司级单位专业职能部门，经评估仍为重大隐患的，地市公司级单位立即上报省公司级单位专业职能部门核定，省公司级单位应于3天内反馈核定意见，地市公司级单位接核定意见后，应于24小时内通知重大事故隐患所在单位。

（三）地市公司级单位评估判断存在重大事故隐患后应按照管理关系以电话、传真、电子邮件或信息系统等形式立即上报省公司级单位的专业职能部门和安全监察部门，并于24小时内将详细内容报送省公司级单位专业职能部门核定。

（四）省公司级单位对主网架结构性缺陷、主设备普遍性问题，以及由于重要枢纽变电站、跨多个地市公司级单位管辖的重要输电线路处于检修或切改状态造成的隐患进行评估，确定等级。

（五）跨区电网出现重大事故隐患，受委托的省公司级单位应立即报告委托单位有关职能部门和安全监察部门。

第二十六条　安全隐患治理（控制）包括：

安全隐患一经确定，隐患所在单位应立即采取防止隐患发展的控制措施，防止事故发生，同时根据隐患具体情况和急迫程度，及时制定治理方案或措施，抓好隐患整改，按计划消除隐患，防范安全风险。

（一）重大事故隐患治理应制定治理方案，由省公司级单位专业职能部门负责或其委托地市公司级单位编制，省公司级单位审查批准，在核定隐患后30天内完成编制、审批，并由专业部门定稿后3天内抄送省公司级单位安全监察部门备案，受委托管理设备单位应在定稿后5天内抄送委托单位相关职能部门和安全监察部门备案。

重大事故隐患治理方案应包括：隐患的现状及其产生原因；隐患的危害程度和整改难易程度分析；治理的目标和任务；采取的方法和措施；经费和物资的落实；负责治理的机构和人员；治理的时限和要求；防止隐患进一步发展的安全措施和应急预案。

（二）一般事故隐患治理应制定治理方案或管控（应急）措施，由地市公司级单位负责在审定隐患后15天内完成。其中，第十七条第四款规定的隐患治理方案由省公司级单位专业职能部门编制，并经本单位批准。

（三）安全事件隐患应制定治理措施，由地市公司级单位二级机构或县公司级单位在隐患认定后1周内完成，地市公司级单位有关职能部门予以配合。

（四）安全隐患治理应结合电网规划和年度电网建设、技改、大修、专项活动、检修维护等进行，做到责任、措施、资金、期限和应急预案"五落实"。

（五）公司总部、分部、省公司级单位和地市公司级单位应建立安全隐患治理快速响应机制，设立绿色通道，将治理隐患项目统一纳入综合计划和预算优先安排，对计划和预算外急需实施的项目须履行相应决策程序后实施，报总部备案，作为综合计划和预算调整的依据；对治理隐患所需物资应及时调剂、保障供应。

（六）未能按期治理消除的重大事故隐患，经重新评估仍确定为重大事故隐患的须重新制定治理方案，进行整改。对经过治理、危险性确已降低、虽未能彻底消除但重新评估定级降为一般事故隐患的，经省公司级单位核定可划为一般事故隐患进行管理，在重大事故隐患中销号，但省公司级单位要动态跟踪直至彻底消除。

（七）未能按期治理消除的一般事故隐患或安全事件隐患，应重新进行评估，依据评估后等级重新填写"重大、一般事故或安全事件隐患排查治理档案表"，重新编号，原有编号消除。

第二十七条 安全隐患治理验收销号包括：

（一）隐患治理完成后，隐患所在单位应及时报告有关情况、申请验收。省公司级单位组织对重大事故隐患治理结果和第十七条第四款规定的安全隐患进行验收，地市公司级单位组织对一般事故隐患治理结果进行验收，县公司级单位或地市公司级单位二级机构组织对安全事件隐患治理结果进行验收。

（二）事故隐患治理结果验收应在提出申请后 10 天内完成。验收后填写"重大、一般事故或安全事件隐患排查治理档案表"。重大事故隐患治理应有书面验收报告，并由专业部门定稿后 3 天内抄送省公司级单位安全监察部门备案，受委托管理设备单位应在定稿后 5 天内抄送委托单位相关职能部门和安全监察部门备案。

（三）隐患所在单位对已消除并通过验收的应销号，整理相关资料，妥善存档；具备条件的应将书面资料扫描后上传至信息系统存档。

第二十八条 省、地市和县公司级单位应开展定期评估，全面梳理、核查各级各类安全隐患，做到准确无误，对隐患排查治理工作进行评估。定期评估周期一般为地市、县公司级单位每月一次，省公司级单位至少每季度一次，可结合安委会会议、安全分析会等进行。

【依据3】《国家电网公司安全工作规定》[国网（安监/2）406—2014]

第六十五 隐患排查治理。公司各级单位应按照"全方位覆盖、全过程闭环"的原则，实施隐患"发现、评估、报告、治理、验收、销号"的闭环管理。按照"预评估、评估、核定"步骤定期评估隐患等级，建立隐患信息库，实现"一患一档"管理，保证隐患治理责任、措施、资金、期限、预案"五落实"。建立隐患排查治理定期通报工作机制。

6.6.5.6 作业风险管控

6.6.5.6（1）本项目的查评依据如下。

【依据1】《国家电网公司安全隐患排查治理管理办法》[国网（安监/3）481—2014]

第二十六条 安全隐患治理（控制）包括：

安全隐患一经确定，隐患所在单位应立即采取防止隐患发展的控制措施，防止事故发生，同时根据隐患具体情况和急迫程度，及时制定治理方案或措施，抓好隐患整改，按计划消除隐患，防范安全风险。

（一）重大事故隐患治理应制定治理方案，由省公司级单位专业职能部门负责或其委托地市公司级单位编制，省公司级单位审查批准，在核定隐患后 30 天内完成编制、审批，并由专业部门定稿后 3 天内抄送省公司级单位安全监察部门备案，受委托管理设备单位应在定稿后 5 天内抄送委托单位相关职能部门和安全监察部门备案。

重大事故隐患治理方案应包括：隐患的现状及其产生原因；隐患的危害程度和整改难易程度分析；治理的目标和任务；采取的方法和措施；经费和物资的落实；负责治理的机构和人员；治理的时限和要求；防止隐患进一步发展的安全措施和应急预案。

（二）一般事故隐患治理应制定治理方案或管控（应急）措施，由地市公司级单位负责在审定隐患后 15 天内完成。其中，第十七条第四款规定的隐患治理方案由省公司级单位专业职能部门编制，并经本单位批准。

（三）安全事件隐患应制定治理措施，由地市公司级单位二级机构或县公司级单位在隐患认定后 1 周内完成，地市公司级单位有关职能部门予以配合。

（四）安全隐患治理应结合电网规划和年度电网建设、技改、大修、专项活动、检修维护等进行，做到责任、措施、资金、期限和应急预案"五落实"。

（五）公司总部、分部、省公司级单位和地市公司级单位应建立安全隐患治理快速响应机制，设立绿色通道，将治理隐患项目统一纳入综合计划和预算优先安排，对计划和预算外急需实施的项目须履行相应决策程序后实施，报总部备案，作为综合计划和预算调整的依据，对治理隐患所需物资应及时调剂、保障供应。

（六）未能按期治理消除的重大事故隐患，经重新评估仍确定为重大事故隐患的须重新制定治理方案，进行整改。对经过治理、危险性确已降低、虽未能彻底消除但重新评估定级降为一般事故隐患的，经省公司级单位核定可划为一般事故隐患进行管理，在重大事故隐患中销号，但省公司级单位要动态跟踪直至彻底消除。

（七）未能按期治理消除的一般事故隐患或安全事件隐患，应重新进行评估，依据评估后等级重新填写"重大、一般事故或安全事件隐患排查治理档案表"，重新编号，原有编号消除。

【依据 2】《国网安质部关于实施"两单一表"制度强化重大安全隐患整改管控的通知》[安质二（2016）10 号]

二、管控流程

重大安全隐患的整改闭环管控，按照"签发督办单-制定管控表-上报反馈单"的流程开展。

（一）签发安全督办单

1．获知或直接发现下级单位存在重大安全隐患的上级单位，应通过签发《安全督办单》（以下简称督办单，见附件 1），对下级单位的整改工作进行督导。

2．督办单由发出单位分管负责人或安全监督管理部门负责人签发，加盖单位或部门公章，通过传真、邮件（扫描件）等形式及时发出。

（二）制定安全整改过程管控表

1．督办单接收单位在制定重大隐患整改方案基础上，编制《安全整改过程管控表》（以下简称管控表，见附件 2），明确主要整改措施、责任单位（部门）、节点计划等内容。

2．督办单接收单位在接到督办单后 5 日内，将本单位负责人签字、盖章的管控表，通过传真、邮件（扫描件）等形式，报督办单发出单位（部门）备案。

3．对整改期限超过 30 日的重大安全隐患，督办单接收单位按照管控表上明确的节点计划，通过传真、邮件（扫描件）等方式，向督办单发出单位（部门）反馈整改工作进展。

（三）上报安全整改反馈单

1．督办单接收单位完成整改后，应填写《安全整改反馈单》（以下简称反馈单，见附件 3），并附佐证材料，本单位负责人签字、盖章后通过传真、邮件（扫描件）等形式，报督办单发出单位（部门）备案。

2．到期没完成整改的，督办单接收单位要以书面形式向督办单发出单位（部门）"说清楚"，重新制定管控表并报督办单发出单位（部门）备案。

三、填写规范

（一）督办单

1．采用"单位（部门）简称+年份（四位）+序号（两位）"原则连续编号。

2．抬头填写接收单位名称（全称）。除抬头外，其他均使用单位简称。

3．重大隐患描述应清楚，客观实际。可附页、附图。

（二）管控表

1．编号及重大隐患栏应与督办单上保持一致。

2．整改主要措施按照实施责任主体分别描述，按照实施完成时间先后顺序填写。

3．责任部门与每条措施相对应，填写简称。

4．计划完成期限应与每条措施相对应，具体到天。如：2016.06.10，2016.08.12 等。

5．备注栏与每条措施相对应，已按计划完成的，打"√"；没完成的，填写实际完成时间，并说明原因。

6．第一次报送时，签字栏由督办单接收单位负责人手签。

（三）反馈单

1．抬头填督办单发出单位（部门）全称。

2．反馈内容包括采取的主要措施，整改后的效果等。可另附相应的文件、图片、视频等资料佐证。

3．反馈单应由本单位负责人手签，并加盖公章。

6.6.5.6（2）本项目的查评依据如下。

【依据】《国家电网公司安全工作规定》［国网（安监/2）406—2014］

第六十六条　作业安全风险管控。公司各级单位应针对运维、检修、施工等生产作业活动，从计划编制、作业组织、现场实施等关键环节，分析辨识作业安全风险，开展安全承载能力分析，实施作业安全风险预警，制定落实风险管控措施，落实到岗到位要求。

6.6.5.6（3）本项目的查评依据如下。

【依据】《国家电网公司直属产业安全风险预警管控工作规范（试行）》

第十五条　充分发挥安全生产例会、安监一体化信息系统"两个平台"作用，规范直属产业安全风险预警评估、发布、承办、解除等各环节工作。

第十六条　风险评估。各单位应结合本企业特点，建立安全风险评估机制，对照预警相关内容及发布条件，定期评估本企业存在的安全风险。

第十七条　预警发布。生产技术管理部门负责编写安全风险预警通知单，经相关部门负责人会签、分管安全生产的领导或总工程师签发后，由安全监督管理部门在安监一体化信息平台挂网发布。计划性工作，安全风险预警通知单在工作实施3个工作日前发布；突发性情况，安全风险预警通知单要立即发布。

第十八条　预警承办。按照"谁签收、谁落实、谁反馈"的原则，由签收单位组织落实风险管控措施，并在安全生产例会上反馈落实情况，具体按以下原则执行：

1. 基层单位相关责任部门签收一般安全风险预警通知单后，应立即组织落实风险管控措施。

2. 基层单位签收特别重大、重大安全风险预警通知单后，应立即组织召开专题会议，迅速落实风险管控措施，同时通过邮件、传真、电话等方式向省级公司及时汇报。

3. 预警执行过程中，如设备设施、自然条件、电网状况等发生重大变化或出现突发事件，应立即报告预警发布单位。

第十九条　预警解除。按照"谁发布，谁解除"的原则进行。由生产技术管理部门提出，经相关部门负责人会签、分管安全生产的领导或总工程师签发后，安全监督管理部门发布解除通知，并上报备案。

6.6.5.7　反违章

6.6.5.7（1）本项目的查评依据如下。

【依据】《国家电网公司安全生产反违章工作管理办法》［国网（安监/3）156—2014］

第八条　各单位应成立反违章工作领导机构，负责制定本单位反违章工作目标、重点措施、奖惩办法和考核规则，组织实施本单位反违章工作，并为反违章工作开展提供人员、资金和装备保障。

6.6.5.7（2）本项目的查评依据如下。

【依据】《国家电网公司安全生产反违章工作管理办法》［国网（安监/3）156—2014］

第十四条　完善安全规章制度。根据国家安全生产法律法规和公司安全生产工作要求、生产实践发展、电网技术进步、管理方式变化、反事故措施等，及时修订补充安全规程规定等规章制度，从组织管理和制度建设上预防违章。

第十五条　健全安全培训机制。分层级、分专业、分工种开展安全规章制度、安全技能知识、安全监督管理等培训，从安全素质和技能培训上提高各级人员辨识违章、纠正违章和防止违章的能力。

第十六条　开展违章自查自纠。充分调动基层班组和一线员工的积极性、主动性，紧密结合生产实际，鼓励员工自主发现违章，自觉纠正违章，相互监督整改违章。

第十七条　执行违章"说清楚"。对查出的每起违章，应做到原因分析清楚，责任落实到人，整改措施到位。在分析违章直接原因的同时，还应深入查找其背后的管理原因，着力做好违章问题的根治。对性质特别恶劣的违章、反复发生的同类性质违章，以及引发安全事件的违章，责任单位要到上级单位"说清楚"。

第十八条　建立违章曝光制度。在网站、公示栏等内部媒体上开辟反违章工作专栏，对事故监察、安全检查、专项监督、违章纠察（稽查）等查出的违章现象，予以曝光，形成反违章舆论监督氛围。

第十九条　开展违章人员教育。对严重违章的人员，应进行教育培训；对多次发生严重违章或违章导致事故发生的人员，应进行待岗教育培训，经考试、考核合格后方可重新上岗。

第二十条　推行违章记分管理。根据违章种类和违章性质等因素，分级制定违章减分和反违章加分规则，并将违章记分纳入个人和单位安全考核以及评选先进的依据。

第二十一条　开展违章统计分析。以月、季、年为周期，统计违章现象，分析违章规律，研究制定防范措施，定期在安委会会议、安全生产分析会、安全监督（安全网）例会上通报有关情况。

第二十二条　深入开展反违章活动。总结反违章活动工作经验，根据国家及公司安全工作部署，深入开展安全生产专项活动，组织开展"无违章企业""无违章分部""无违章班组""无违章员工"等创建活动，大力宣传遵章守纪典型，广泛交流反违章工作经验，形成党政工团齐抓共管氛围。

6.6.5.7（3）本项目的查评依据如下。

【依据】《国家电网公司安全生产反违章工作管理办法》［国网（安监/3）156—2014］

第三十条　各单位应加强反违章工作监督管理和考核，建立完善反违章工作考核激励约束机制。

第三十一条　对反违章工作成效显著或及时发现纠正违章现象、避免安全事故发生的企业、分部、班组和员工，应按照《国家电网公司员工奖惩规定》和《国家电网公司安全工作奖惩规定》等给予表扬和奖励。

第三十二条　对反违章工作组织不力因违章导致安全事故发生的企业、分部、班组和员工，应按照《国家电网公司员工奖惩规定》和《国家电网公司安全工作奖惩规定》等给予批评和处罚。

第三十三条　违章考核实行"自查、自纠、自处"的原则，本级发现并按规定给予考核的，上级不再进行考核。班组自查自纠、作业现场工作班成员间及时发现并纠正的违章行为可不记分，但应进行记录。

第三十四条　省（自治区、直辖市）电力公司、产业公司、专业公司应将所属单位、分部反违章工作纳入安全生产绩效考核。

6.6.6　应急管理

6.6.6（1）本项目的查评依据如下。

【依据】《国家电网公司应急工作管理规定》［国网（安监/2）483—2014］

第六条　公司建立由各级应急领导小组及其办事机构组成的，自上而下的应急领导体系；由安质部归口管理、各职能部门分工负责的应急管理体系；根据突发事件类别和影响程度，成立专项事件应急处置领导机构（临时机构）。

形成领导小组决策指挥、办事机构牵头组织、有关部门分工落实、党政工团协助配合、企业上下全员参与的应急组织体系，实现应急管理工作的常态化。

第七条　公司应急领导小组全面领导应急工作。组长由董事长担任，或董事长委托一位公司领导担任，副组长由其他公司领导担任，成员由助理、总师，部门、分部主要负责人，相关单位主要负责人组成。

第八条　公司应急领导小组根据突发事件处置需要，决定是否成立专项事件应急处置领导机构，或授权相关分部，领导、协调，组织、指导突发事件处置工作。

第九条　公司应急领导小组下设安全应急办公室和稳定应急办公室（两个应急办公室以下均简称"应急办"）作为办事机构。

安全应急办设在国网安质部，负责自然灾害、事故灾难类突发事件，以及社会安全类突发事件造成的公司所属设施损坏、人员伤亡事件的有关工作。

稳定应急办设在国网办公厅，负责公共卫生、社会安全类突发事件的有关工作。

第十条　国网安质部是公司应急管理归口部门，负责日常应急管理、应急体系建设与运维、突发事件预警与应对处置的协调或组织指挥、与政府相关部门的沟通汇报等工作。

第十一条　各职能部门按照"谁主管、谁负责"原则，贯彻落实公司应急领导小组有关决定事项，负责管理范围内的应急体系建设与运维、相关突发事件预警与应对处置的组织指挥、与政府专业部门的沟通协调等工作。

第十二条　各分部参照总部成立应急领导小组、安全应急办公室和稳定应急办公室，明确应急管理归口部门，视需要临时成立相关事件应急处置指挥机构，形成健全的应急组织体系，按照总、分部一体化要求，常态开展应急管理工作。

第十三条　各省（自治区、直辖市）电力公司、直属单位（以下简称"公司各单位"）行政正职是本单位应急工作第一责任人，对应急工作负全面的领导责任。其他分管领导协助行政正职开展工作，是分管范围内应急工作的第一责任人，对分管范围内应急工作负领导责任，向行政正职负责。

第十四条　公司各单位相应成立应急领导小组。组长由本单位行政正职担任。领导小组成员名单及常用通信联系方式上报公司应急领导小组备案。

第十五条　公司各单位应急领导小组主要职责：贯彻落实国家应急管理法律法规、方针政策及标准体系；贯彻落实公司及地方政府和有关部门应急管理规章制度；接受上级应急领导小组和地方政府应急指挥机构的领导；研究本企业重大应急决策和部署；研究建立和完善本企业应急体系；统一领导和指挥本企业应急处置实施工作。

第十六条　公司各单位应急领导小组下设安全应急办公室和稳定应急办公室。安全应急办公室设在安质部，稳定应急办公室设在办公室（或综合管理部门），工作职责同第九条规定的公司安全应急办公室和稳定应急办公室的职责。

第十七条　公司各单位安质部及其他职能部门应急工作职责分工，同第十条国网安质部、第十一条国网各职能部门职责。

第十八条　公司各单位根据突发事件处置需要，临时成立专项事件应急处置指挥机构，组织、协调、指挥应急处置。专项事件应急处置指挥机构应与上级相关机构保持衔接。

6.6.6（2）本项目的查评依据如下。

【依据1】《国家电网公司应急工作管理规定》[国网（安监/2）483—2014]

第十九条　公司建立"统一指挥、结构合理、功能实用、运转高效、反应灵敏、资源共享、保障有力"的应急体系，形成快速响应机制，提升综合应急能力。

第二十条　应急体系建设内容包括：持续完善应急组织体系、应急制度体系、应急预案体系、应急培训演练体系、应急科技支撑体系，不断提高公司应急队伍处置救援能力、综合保障能力、舆情应对能力、恢复重建能力，建设预防预测和监控预警系统、应急信息与指挥系统。

第二十一条　应急预案体系由总体预案、专项预案、现场处置方案构成（见附件1），应满足"横向到边、纵向到底、上下对应、内外衔接"的要求。总部、分部、各省（自治区、直辖市）电力公司原则上设总体预案、专项预案，根据需要设现场处置方案。市级供电公司、县级供电企业设总体预案、专项预案、现场处置方案。各直属单位及所属厂矿企业根据工作实际，参照设置相应预案。

第二十二条　应急制度体系是组织应急工作过程和进行应急工作管理的规则与制度的总和，是公司规章制度的重要组成部分，包括应急技术标准，以及其他应急方面规章制度性文件。

【依据2】《生产安全事故应急预案管理办法》（安监总局令第17号）

第五条　应急预案的编制应当符合下列基本要求：

（一）符合有关法律、法规、规章和标准的规定；

（二）结合本地区、本部门、本单位的安全生产实际情况；

（三）结合本地区、本部门、本单位的危险性分析情况；

（四）应急组织和人员的职责分工明确，并有具体的落实措施；

（五）有明确、具体的事故预防措施和应急程序，并与其应急能力相适应；

（六）有明确的应急保障措施，并能满足本地区、本部门、本单位的应急工作要求；

（七）预案基本要素齐全、完整，预案附件提供的信息准确；

（八）预案内容与相关应急预案相互衔接。

第六条　地方各级安全生产监督管理部门应当根据法律、法规、规章和同级人民政府以及上一级安全生产监督管理部门的应急预案，结合工作实际，组织制定相应的部门应急预案。

第七条　生产经营单位应当根据有关法律、法规和《生产经营单位安全生产事故应急预案编制导则》（AQ/T 9002—2006），结合本单位的危险源状况、危险性分析情况和可能发生的事故特点，制定相应的应急预案。

生产经营单位的应急预案按照针对情况的不同，分为综合应急预案、专项应急预案和现场处置方案。

第八条　生产经营单位风险种类多、可能发生多种事故类型的，应当组织编制本单位的综合应急预案。

综合应急预案应当包括本单位的应急组织机构及其职责、预案体系及响应程序、事故预防及应急保障、应急培训及预案演练等主要内容。

第九条　对于某一种类的风险，生产经营单位应当根据存在的重大危险源和可能发生的事故类型，制定相应的专项应急预案。

专项应急预案应当包括危险性分析、可能发生的事故特征、应急组织机构与职责、预防措施、应急处置程序和应急保障等内容。

第十条　对于危险性较大的重点岗位，生产经营单位应当制定重点工作岗位的现场处置方案。

现场处置方案应当包括危险性分析、可能发生的事故特征、应急处置程序、应急处置要点和注意事项等内容。

第十一条　生产经营单位编制的综合应急预案、专项应急预案和现场处置方案之间应当相互衔接，并与所涉及的其他单位的应急预案相互衔接。

第十二条　应急预案应当包括应急组织机构和人员的联系方式、应急物资储备清单等附件信息。附件信息应当经常更新，确保信息准确有效。

【依据3】《国家电网公司应急预案体系框架方案》（国家电网办〔2010〕1511号）

一、严格按照"框架方案"设置本单位应急预案

公司应急预案体系由总体预案、专项预案、现场处置方案构成。总部、各网省公司、直属单位原则上设总体预案、专项预案，根据需要设现场处置方案；市、县级供电企业、发电企业以及其他相关单位设总体预案、专项预案、现场处置方案。各级单位必须严格按照"框架方案"要求设置预案，以确保公司应急预案体系满足集团化管理要求。

【依据4】《国家电网公司应急预案编制规范》（国家电网安监〔2007〕98号）

4.3.1　广泛收集编制应急预案所需的各种材料，包括相关法律法规、应急预案、技术标准、国内外同行业事故案例分析、本单位技术资料等。

4.3.2　立足本单位应急管理基础和现状，对本单位应急装备、应急队伍等应急能力进行评估，充分利用本单位现有应急资源，建立科学有效的应急预案体系。

4.3.3　应急预案编制过程中，对于机构设置、预案流程、职责划分等具体环节，应符合本单位实际情况和特点，保证预案的适应性、可操作性和有效性。

6.6.6（3）本项目的查评依据如下。

【依据1】《生产安全事故应急预案管理办法》（安监总局令第17号）

第十九条　中央管理的总公司（总厂、集团公司、上市公司）的综合应急预案和专项应急预案，报国务院国有资产监督管理部门、国务院安全生产监督管理部门和国务院有关主管部门备案；其所属单位的应急预案分别抄送所在地的省、自治区、直辖市或者设区的市人民政府安全生产监督管理部门和有关主管部门备案。

前款规定以外的其他生产经营单位中涉及实行安全生产许可的，其综合应急预案和专项应急预案，按照隶属关系报所在地县级以上地方人民政府安全生产监督管理部门和有关主管部门备案；未实行安全生产许可的，其综合应急预案和专项应急预案的备案，由省、自治区、直辖市人民政府安全生产监督管理部门确定。

煤矿企业的综合应急预案和专项应急预案除按照本条第一款、第二款的规定报安全生产监督管理部门和有关主管部门备案外，还应当抄报所在地的煤矿安全监察机构。

第二十条　生产经营单位申请应急预案备案，应当提交以下材料：

（一）应急预案备案申请表；

（二）应急预案评审或者论证意见；

（三）应急预案文本及电子文档。

【依据2】《国家电网公司应急预案管理办法》[国网（安监/3）484—2014]

第十三条　总体应急预案的评审由本单位应急管理归口部门组织；专项应急预案和现场处置方案的评审由预案编制责任部门负责组织。

第十四条　总体、专项应急预案以及涉及多个部门、单位职责，处置程序复杂、技术要求高的现场处置方案编制完成后，必须组织评审。应急预案修订后，若有重大修改的应重新组织评审。

第十五条　总体应急预案的评审应邀请上级主管单位参加。涉及网厂协调和社会联动的应急预案，参加应急预案评审的人员应包括应急预案涉及的政府部门、能源监管机构和相关单位的专家。

第十六条　应急预案评审采取会议评审形式。评审会议由本单位业务分管领导或其委托人主持，参加人员包括评审专家组成员、评审组织部门及应急预案编写组成员。评审意见应形成书面意见，并由评审组织部门存档。

第十七条　应急预案评审包括形式评审和要素评审。

形式评审：是对应急预案的层次结构、内容格式、语言文字和编制程序等方面进行审查，重点审查应急预案的规范性和编制程序。

要素评审：是对应急预案的合法性、完整性、针对性、实用性、科学性、操作性和衔接性等方面进行评审。

第十八条　应急预案经评审、修改，符合要求后，由本单位主要负责人（或分管领导）签署发布。

应急预案发布时，应统一进行编号。编号采用英文字母和数字相结合，应包含编制单位、预案类别和顺序编号等信息。

第十九条　公司所属各级单位应急预案按照以下规定做好公司系统内部备案工作。

（一）备案对象：由应急管理归口部门负责向直接主管上级单位报备；

（二）备案内容：总体、专项应急预案的文本，现场处置方案的目录；

（三）备案形式：正式文件；

（四）备案时间：应急预案发布后20个工作日内。

第二十条　受理备案单位的应急管理归口部门应当对预案报备进行审查，符合要求后，予以备案登记。

第二十一条　国网安质部负责按国家有关部门的要求做好总部应急预案的备案工作。公司各级单位应急管理归口部门负责按当地政府有关部门和能源监管机构的要求开展本单位应急预案备案工作，并监督、指导所辖单位做好应急预案备案工作。

【依据3】《国家电网公司应急预案评审管理办法》[国网（安监/3）485—2014]

第二条　公司应急预案管理工作应当遵循统一标准、分类管理、分级负责、条块结合、协调衔接的原则。对涉及企业秘密的应急预案，应当严格按照保密规定进行管理。

【依据4】《电力企业应急预案评审与备案细则》（国能综安全2014-953号）

第三条　电力企业应急预案编制修订完成后，应当按照本细则规定及时组织开展应急预案评审工作，以确保应急预案的合法性、完整性、针对性、实用性、科学性、操作性和衔接性。

第十三条　电力企业应急预案经评审合格后，由电力企业主要负责人签署印发。

第十四条　电力企业应在应急预案正式签署印发后20个工作日内，将本单位相关应急预案按以下规定备案：

（一）中央电力企业（集团公司或总部）向国家能源局备案。

中国南方电网有限责任公司同时向当地国家能源局区域派出机构备案。

（二）国家能源局派出机构监管范围内地调以上调度的发电企业向所在地派出机构备案。

国家能源局派出机构监管范围内地（市）级以上的供电企业向所在地派出机构备案。

国家能源局派出机构监管范围内工期两年以上的电力建设工程，其电力建设单位向所在地派出机构备案。

（三）政府其他有关部门对应急预案有备案要求的，同时报备。

第二十一条　电力企业每三年至少对本单位应急预案进行一次修订。修订时，涉及应急指挥体系与职责、应急处置程序、主要处置措施、事件分级标准等关键要素的，修订工作应参照《电力企业应急预案管理办法》以及本细则规定的预案编制、评审与发布、备案程序组织进行。仅涉及一般要素的，修订程序可根据情况适当简化。

6.6.6（4）本项目的查评依据如下。

【依据1】《生产安全事故应急预案管理办法》（安监总局令第17号）

第三十条　有下列情形之一的，应急预案应当及时修订：

（一）生产经营单位因兼并、重组、转制等导致隶属关系、经营方式、法定代表人发生变化的；

（二）生产经营单位生产工艺和技术发生变化的；

（三）周围环境发生变化，形成新的重大危险源的；

（四）应急组织指挥体系或者职责已经调整的；

（五）依据的法律、法规、规章和标准发生变化的；

（六）应急预案演练评估报告要求修订的；

（七）应急预案管理部门要求修订的。

【依据2】《电力企业应急预案管理办法》（国能安全2014-508号）

第三十一条　电力企业编制的应急预案应当每三年至少修订一次，预案修订结果应当详细记录。

第三十二条　有下列情形之一的，电力企业应当及时对应急预案进行相应修订：

（一）企业生产规模发生较大变化或进行重大技术改造的；

（二）企业隶属隶属关系发生变化的；

（三）周围环境发生变化、形成重大危险源的；

（四）应急指挥体系、主要负责人、相关部门人员或职责已经调整的；

（五）依据的法律、法规和标准发生变化的；

（六）应急预案演练、实施或应急预案评估报告提出整改要求的；

（七）国家能源具及其派出机构或有关部门提出要求的。

【依据3】《国家电网公司应急预案管理办法》[国网（安监/3）484—2014]

第三十一条　公司各级单位应每年至少进行一次应急预案适用情况的评估，分析评价其针对性、实效性和操作性，实现应急预案的动态优化，并编制评估报告。

第三十二条　应急预案每三年至少修订一次，有下列情形之一的，应进行修订。

（一）本单位生产规模发生较大变化或进行重大技术改造的；

（二）本单位隶属关系或管理模式发生变化的；

（三）周围环境发生变化、形成重大危险源的；

（四）应急组织指挥体系或者职责发生变化的；

（五）依据的法律、法规和标准发生变化的；

（六）应急处置和演练评估报告提出整改要求的；

（七）政府有关部门提出要求的。

6.6.6（5）本项目的查评依据如下。

【依据1】《电力企业应急预案管理办法》（国能安全2014-508号）

第二十七条　电力企业应当对应急预案演练进行整体规×划，并制定具体的应急预案演练计划。

第二十八条　电力企业根据本单位的风险防控重点，每年应当至少组织一次专项应急预案演练，每半年应当至少组织一次现场处置方案演练。

【依据2】《国家电网公司应急预案管理办法》[国网（安监/3）484—2014]

第二十二条　公司总部各部门、各级单位应当将应急预案培训作为应急管理培训的重要内容，对与应急预案实施密切相关的管理人员和作业人员等组织开展应急预案培训。

第二十三条　公司总部各部门、各级单位应结合本部门、本单位安全生产和应急管理工作组织应急预案演练，以不断检验和完善应急预案，提高应急管理水平和应急处置能力。

第二十四条　公司总部各部门、各级单位应制定年度应急演练和培训计划，并将其列入本部门、本单位年度培训计划。总体应急预案的培训和演练每两年至少组织一次，各专项应急预案的培训和演练每年至少组织一次，各现场处置方案的培训和演练每半年至少组织一次。

第二十五条　应急预案演练分为综合演练和专项演练，可以采取桌面推演、现场实战演练或其他演练方式。

第二十六条　总体应急预案的演练经本单位主要领导批准后由应急管理归口部门负责组织，专项应急预案的演练经本单位分管领导批准后由相关职能部门负责组织，现场处置方案的演练经相关职能部门批准后由相关部门、车间或班组负责组织。

第二十七条　在开展应急预案演练前，应制定演练方案，明确演练目的、范围、步骤和保障措施和评估要求等。应急预案演练方案经批准后实施。

第二十八条　应急演练组织单位应当对演练进行评估，并针对演练过程中发现的问题，对修订预案、应急准备、应急机制、应急措施提出意见和建议，形成应急演练评估报告。

【依据3】《国家电网公司安全工作规定》[国网（安监/2）406—2014]

第七十二条　公司各级单位应定期组织开展应急演练，每两年至少组织一次综合应急演练或社会应急联合演练，每年至少组织一次专项应急演练。

6.6.6（6）本项目的查评依据如下。

【依据】《国家电网公司应急工作管理规定》[国网（安监/2）483—2014]

第二十五条　应急队伍由应急救援基干分队、应急抢修队伍和应急专家队伍组成。应急救援基干分队负责快速响应实施突发事件应急救援；应急抢修队伍承担公司电网设施大范围损毁修复等任务；应急专家队伍为公司应急管理和突发事件处置提供技术支持和决策咨询。

第二十六条　综合保障能力是指公司在物质、资金等方面，保障应急工作顺利开展的能力。包括各级应急指挥中心、电网备用调度系统、应急电源系统、应急通信系统、特种应急装备、应急物资储备及配送、应急后勤保障、应急资金保障、直升机应急救援等方面内容。

6.6.6（7）本项目的查评依据如下。

【依据1】《国家电网公司应急工作管理规定》[国网（安监/2）483—2014]

第三十七条　公司各单位均应定期开展应急能力评估活动，应急能力评估宜由本单位以外专业评估机构或专业人员按照既定评估标准，运用核实、考问、推演、分析等方法，客观、科学的评估应急能力的状况、存在的问题，指导本单位有针对性开展应急体系建设。

【依据2】《国家电网公司安全工作规定》[国网（安监/2）406—2014]

第七十三条　公司各级单位应建立应急资金保障机制，落实应急队伍、应急装备、应急物资所需资金，提高应急保障能力；以3～5年为周期，开展应急能力评估。

【依据3】《发电企业应急能力建设评估规范（试行）》

5.3　评估周期

发电企业至少每两年开展一次评估，评估所查评资料至少包括一个整年度。

6.6.6（8）本项目的查评依据如下。

【依据】《国家电网公司应急工作管理规定》[国网（安监/2）483—2014]

第四十一条　总部及公司各单位应加强应急指挥中心运行管理，定期进行设备检查调试，组织开展相关演练，保证应急指挥中心随时可以启用。

6.6.7 事故调查及安全奖惩

6.6.7（1）本项目的查评依据如下。

【依据1】《电力安全事故应急处置和调查处理条例》（国务院令第599号）

第八条　事故发生后，事故现场有关人员应当立即向发电厂、变电站运行值班人员、电力调度机构值班人员或者本企业现场负责人报告。有关人员接到报告后，应当立即向上一级电力调度机构和本企业负责人报告。本企业负责人接到报告后，应当立即向国务院电力监管机构设在当地的派出机构（以下称事故发生地电力监管机构）、县级以上人民政府安全生产监督管理部门报告；热电厂事故影响热力正常供应的，还应当向供热管理部门报告；事故涉及水电厂（站）大坝安全的，还应当同时向有管辖权的水行政主管部门或者流域管理机构报告。

电力企业及其有关人员不得迟报、漏报或者瞒报、谎报事故情况。

第十条　事故报告应当包括下列内容：

（一）事故发生的时间、地点（区域）以及事故发生单位；

（二）已知的电力设备、设施损坏情况，停运的发电（供热）机组数量、电网减供负荷或者发电厂减少出力的数值、停电（停热）范围；

（三）事故原因的初步判断；

（四）事故发生后采取的措施、电网运行方式、发电机组运行状况以及事故控制情况；

（五）其他应当报告的情况。

事故报告后出现新情况的，应当及时补报。

【依据2】《生产安全事故报告和调查处理条例》（国务院令第493号）

第四条　事故报告应当及时、准确、完整，任何单位和个人对事故不得迟报、漏报、谎报或者瞒报。

事故调查处理应当坚持实事求是、尊重科学的原则，及时、准确地查清事故经过、事故原因和事故损失，查明事故性质，认定事故责任，总结事故教训，提出整改措施，并对事故责任者依法追究责任。

第九条　事故发生后，事故现场有关人员应当立即向本单位负责人报告；单位负责人接到报告后，应当于1小时内向事故发生地县级以上人民政府安全生产监督管理部门和负有安全生产监督管理职责的有关部门报告。

情况紧急时，事故现场有关人员可以直接向事故发生地县级以上人民政府安全生产监督管理部门和负有安全生产监督管理职责的有关部门报告。

第十条　安全生产监督管理部门和负有安全生产监督管理职责的有关部门接到事故报告后，应当依照下列规定上报事故情况，并通知公安机关、劳动保障行政部门、工会和人民检察院：

（一）特别重大事故、重大事故逐级上报至国务院安全生产监督管理部门和负有安全生产监督管理职责的有关部门；

（二）较大事故逐级上报至省、自治区、直辖市人民政府安全生产监督管理部门和负有安全生产监督管理职责的有关部门；

（三）一般事故上报至设区的市级人民政府安全生产监督管理部门和负有安全生产监督管理职责的有关部门。

安全生产监督管理部门和负有安全生产监督管理职责的有关部门依照前款规定上报事故情况，应当同时报告本级人民政府。国务院安全生产监督管理部门和负有安全生产监督管理职责的有关部门以及省级人民政府接到发生特别重大事故、重大事故的报告后，应当立即报告国务院。

必要时，安全生产监督管理部门和负有安全生产监督管理职责的有关部门可以越级上报事故情况。

第十一条　安全生产监督管理部门和负有安全生产监督管理职责的有关部门逐级上报事故情况，每级上报的时间不得超过2小时。

第十二条　报告事故应当包括下列内容：

（一）事故发生单位概况；

（二）事故发生的时间、地点以及事故现场情况；

（三）事故的简要经过；

（四）事故已经造成或者可能造成的伤亡人数（包括下落不明的人数）和初步估计的直接经济损失；

（五）已经采取的措施；

（六）其他应当报告的情况。

第十三条　事故报告后出现新情况的，应当及时补报。

自事故发生之日起 30 日内，事故造成的伤亡人数发生变化的，应当及时补报。道路交通事故、火灾事故自发生之日起 7 日内，事故造成的伤亡人数发生变化的，应当及时补报。

第十四条　事故发生单位负责人接到事故报告后，应当立即启动事故相应应急预案，或者采取有效措施，组织抢救，防止事故扩大，减少人员伤亡和财产损失。

【依据3】《国家电网公司安全工作规定》［国网（安监/2）406—2014］

第七十六条　公司各级单位发生安全事故后，应严格依据国家、行业和公司的有关规定，及时、准确、完整报告事故情况，任何单位和个人对事故不得迟报、漏报、谎报或者瞒报。

事故发生单位应按照相关规定做好事故资料的收集、整理、信息统计和存档工作，并按时向上级相关单位提交事故报告（报表）。

6.6.7（2）本项目的查评依据如下。

【依据1】《国家电网公司安全工作规定》［国网（安监/2）406—2014］

第七十六条　公司各级单位发生安全事故后，应严格依据国家、行业和公司的有关规定，及时、准确、完整报告事故情况，任何单位和个人对事故不得迟报、漏报、谎报或者瞒报。

事故发生单位应按照相关规定做好事故资料的收集、整理、信息统计和存档工作，并按时向上级相关单位提交事故报告（报表）。

第七十八条　事故调查应坚持实事求是、尊重科学的原则，及时、准确地查清事故经过、原因和损失，明确事故性质，认定事故责任，总结事故教训，提出整改措施，并对事故责任者提出处理意见，严格执行"四不放过"。

事故调查和处理的具体办法按照国家、行业和公司的有关规定执行。

【依据2】《国家电网公司安全事故调查规程》（国家电网安监〔2011〕2024 号）

第 1.6 条　安全事故调查应坚持实事求是、尊重科学的原则，及时、准确地查清事故经过、原因和损失，查明事故性质，认定事故责任，总结事故教训，提出整改措施，并对事故责任者提出处理意见。做到事故原因未查清不放过、责任人员未处理不放过、整改措施未落实不放过、有关人员未受到教育不放过（简称"四不放过"）。

6.6.7（3）本项目的查评依据如下。

【依据1】《生产安全事故报告和调查处理条例》（国务院令第 493 号）

第四条　事故报告应当及时、准确、完整，任何单位和个人对事故不得迟报、漏报、谎报或者瞒报。

事故调查处理应当坚持实事求是、尊重科学的原则，及时、准确地查清事故经过、事故原因和事故损失，查明事故性质，认定事故责任，总结事故教训，提出整改措施，并对事故责任者依法追究责任。

【依据2】《国家电网公司质量事件调查管理办法》（企管 2016 第 648 号）

第三条　本办法所称的质量事件调查是指依据有关法律法规、制度标准等，坚持实事求是、尊重科学的原则，及时、准确地查清事件经过、原因、损失及影响，认定事件类别、等级及其责任单位、部门和人员，提出整改措施和处理意见，并督促整改措施有效落实，促进各项质量管理工作协调开展。

第五条　质量事件报告应及时、准确、完整，任何单位、部门和个人对质量事件不得迟报、漏报、谎报或者瞒报。

第三十一条　事件发生后，经初步判断与质量原因相关，事件现场有关人员应当立即向本单位现场负责人报告。现场负责人接到报告后，应立即向本单位负责人和质量监督部门等相关人员报告。

情况紧急时，事件现场有关人员可以直接向本单位负责人报告。

第三十二条　各有关单位接到事件报告后，应当依照下列规定立即上报事件情况：

（一）发生五级以上质量事件，应立即按资产关系或管理关系逐级上报至国家电网公司总部及相关区域分部。

（二）发生六、七级质量事件，应立即按资产关系或管理关系逐级上报至省（直辖市、自治区）电力公司或国家电网公司直属公司。

（三）一至七级质量事件，通过电话、邮件、短信、传真等方式报送，逐级上报时间不得超过1小时。

（四）发生八级质量事件应按资产关系或管理关系上报至上一级单位。

第七章　质量事件调查及报告

第三十五条　公司系统各单位根据质量事件等级的不同，分别组织调查组进行调查，并按要求填写质量事件调查报告。

第三十六条　一至四级质量事件由国家电网公司总部组织调查。

第三十七条　五、六级质量事件由国家电网公司总部或其授权的分部、省公司级单位组织调查；七级质量事件由地市公司级单位（或其授权的单位）或事件发生单位组织调查；八级质量事件由事件发生单位相关部门组织调查。

第三十八条　上级管理单位认为有必要时可以组织、派员参加或授权有关单位调查下级单位的质量事件。

第三十九条　质量事件调查由相应调查组织单位的领导或其指定人员主持，按质量事件初步判定的不同等级和性质（分类），发展、安质、运检、营销、科技、建设、信通、物资、调控、试验等有关部门（单位）人员和车间（工区、工地）负责人参加。调查组可根据质量事件的具体情况，指定有关发、供电单位参加，必要时可指定设计、制造、施工、监理单位参加。质量事件调查组主要职责为：

（一）查明事件情况，包括事件发生经过、损失、影响等情况。

（二）分析事件发生、扩大的直接和间接原因，必要时组织进行技术鉴定和专家论证。

（三）认定事件的性质（包括分类、分级）和责任。

（四）依照公司相关规定提出对事件责任单位和责任人员的处理建议。

（五）总结事件教训，提出防范和整改措施。

第四十条　质量事件调查组根据事件调查的事实，通过对直接原因和间接原因的分析，确定事件的直接责任者和间接责任者；根据其在事件发生过程中的作用，确定事件发生的主要责任者、同等责任者、次要责任者、事件扩大的责任者；根据事件调查结果，确定相关单位承担主要责任、同等责任、次要责任或无责任。

第四十一条　六级以上质量事件调查报告

（一）六级以上质量事件调查报告由质量事件调查的组织单位以文件形式在事件发生后30天内逐级报送至国家电网公司；特殊情况下，经上级单位同意可延长至60天。

（二）质量事件调查报告应包括以下内容：

1．事件发生单位、项目基本情况。

2．事件发生经过和处置情况。

3．事件分类、等级和造成的经济损失、质量降低、社会影响等情况。

4．事件有关质量检测、技术分析情况等。

5．事件发生的原因和性质。

6．事件防范和整改措施。

7．事件暴露问题。

8．事件责任的认定和事件责任者的处理建议。

9．事件调查组人员名单。

（三）事件调查报告应当附有关证据材料，事件调查组成员应当在事件调查报告上签名。

第四十二条 七级至八级质量事件报告

（一）七级质量事件报告由地市公司级单位在事件发生后 30 天内逐级报送至国家电网公司；特殊情况下，经上级单位同意可延长至 60 天。八级质量事件报告由县公司级单位在事件发生后 30 天内逐级报送至省公司级单位，特殊情况下，经上级单位同意可延长至 60 天。

（二）质量事件报告应包括以下内容：

1．事件发生单位、项目基本情况。

2．事件发生经过和处置情况。

3．事件分类、等级和造成的经济损失、质量降低、社会影响等情况。

4．事件有关质量检测、技术分析情况等。

5．事件发生的原因和性质。

6．事件暴露问题。

7．事件防范和整改措施。

第四十二条 公司对质量事件实行终身责任追究。质量事件调查组在事件责任确定后，根据有关规定提出对事件责任人员的处理意见。对公司系统内责任单位和责任人员，由有关单位和部门按照人事管理权限，依据《国家电网公司员工奖惩规定》等制度标准和管理要求进行处理。对公司系统外责任单位和责任人员，依据国家、地方相关法律法规和合同规定进行责任追究。

6.6.7（4）本项目的查评依据如下。

【依据 1】《国家电网公司发电企业安全监督检查大纲》［安监三（2012）157 号］

4.9 反违章专项督查大纲

9 按照精神鼓励与物质奖励、批评教育与经济处罚相结合的原则，建立完善反违章工作考核奖惩机制。

4.10 隐患排查治理专项督查大纲

6 建立事故隐患报告和举报奖励制度，对发现、排除和举报事故隐患的人员，应当给予表彰和奖励。

4.12 两措及技术监督专项督查大纲

11 定期对工作开展情况、执行情况、问题整改情况等方面进行考核。

【依据 2】《国家电网公司安全工作规定》［国网（安监/2）406—2014］

第十四章 考核与奖惩

第一百〇四条 国家电网公司安全工作实行安全目标管理和以责论处的奖惩制度。安全奖惩坚持精神奖励与物质奖励相结合、惩罚和教育相结合的原则。

第一百〇五条 公司各级单位应设立安全奖励基金，对实现安全目标的单位和对安全工作做出突出贡献的个人予以表扬和奖励；至少每年一次以适当的形式表彰、奖励对安全工作做出突出贡献的集体和个人。

第一百〇六条 公司各级单位应按照职责管理范围，从规划设计、招标采购、施工验收、生产运行和教育培训等各个环节，对发生安全事故（事件）的单位及责任人进行责任追究和处罚。对造成后果的单位和个人，在评先、评优等方面实行"一票否决制"。

第一百〇七条 公司实行安全事故"说清楚"制度，发生事故的单位应在限定时间内向上级单位说清楚。

第一百〇八条 生产经营单位主要领导、分管领导因安全事故受到撤职处分的，自受处分之日起，五年内不得担任任何生产经营单位的主要领导。

6.6.7（5）本项目的查评依据如下。

【依据 1】《国家电网公司安全工作奖惩规定》［国网（安监/3）480—2015］

第二条 公司实行安全目标管理和以责论处的奖惩制度。对实现安全目标的单位和对安全工作做出突出贡献的个人予以表扬和奖励；按照职责管理范围，从规划设计、招标采购、施工验收、生产运行和教育培训等各个环节，对发生安全事故（事件）（以下简称：事故）的单位及责任人进行责任追究和处罚；

对事故单位党组（党委）书记按照一岗双责、同奖同罚的原则进行相应的处罚。

【**依据2**】《国家电网公司安全工作规定》[国网（安监/2）406—2014]

第十四章　考核与奖惩

第一百〇四条　国家电网公司安全工作实行安全目标管理和以责论处的奖惩制度。安全奖惩坚持精神奖励与物质奖励相结合、惩罚和教育相结合的原则。

第一百〇五条　公司各级单位应设立安全奖励基金，对实现安全目标的单位和对安全工作做出突出贡献的个人予以表扬和奖励；至少每年一次以适当的形式表彰、奖励对安全工作做出突出贡献的集体和个人。

第一百〇六条　公司各级单位应按照职责管理范围，从规划设计、招标采购、施工验收、生产运行和教育培训等各个环节，对发生安全事故（事件）的单位及责任人进行责任追究和处罚。对造成后果的单位和个人，在评先、评优等方面实行"一票否决制"。

第一百〇七条　公司实行安全事故"说清楚"制度，发生事故的单位应在限定时间内向上级单位说清楚。

第一百〇八条　生产经营单位主要领导、分管领导因安全事故受到撤职处分的，自受处分之日起，五年内不得担任任何生产经营单位的主要领导。

【**依据3**】《国家电网公司集体企业安全生产管理工作规范》（国家电网产业〔2018〕114号）

第二条　坚持"谁主办谁负责、管业务必须管安全"的原则，公司总部、省级公司和主办单位的相关部门按照职责分工，对集体企业安全生产工作各尽其责、协同推进。

第三条　集体企业必须严格执行国家法律法规、行业标准规范和公司规章制度，将安全生产理念融入企业经营管理、安全生产要求落实到每个业务环节，持续推进安全生产制度化、规范化、标准化和常态化。

第三十六条　公司总部、省级公司、省地（市）级主办单位、平台企业应将集体企业安全生产工作纳入企业负责人业绩考核。